ギリシャ文字

アルファ	Α	α	イオタ	Ι	ι	ロー	Ρ	ρ
ベータ	Β	β	カッパ	Κ	κ	シグマ	Σ	σ
ガンマ	Γ	γ	ラムダ	Λ	λ	タウ	Τ	τ
デルタ	Δ	δ	ミュー	Μ	μ	ウプシロン	Υ	υ
イプシロン	Ε	ε	ニュー	Ν	ν	ファイ	Φ	ϕ
ゼータ	Ζ	ζ	グザイ	Ξ	ξ	カイ	Χ	χ
イータ	Η	η	オミクロン	Ο	ο	プサイ	Ψ	ψ
シータ	Θ	θ	パイ	Π	π	オメガ	Ω	ω

単位の換算

長　さ		
	メートル(SI 単位)	m
	センチメートル	$1\ \mathrm{cm} = 10^{-2}\ \mathrm{m}$
	オングストローム	$1\ \mathrm{Å} = 10^{-10}\ \mathrm{m}$
	マイクロメートル	$1\ \mu\mathrm{m} = 10^{-6}\ \mathrm{m}$
体　積		
	立方メートル(SI 単位)	m^3
	リットル	$1\ \mathrm{L} = 1\ \mathrm{dm}^3 = 10^{-3}\ \mathrm{m}^3$
質　量		
	キログラム(SI 単位)	kg
	グラム	$1\ \mathrm{g} = 10^{-3}\ \mathrm{kg}$
	トン	$1\ \mathrm{t} = 1\ \mathrm{Mg} = 10^3\ \mathrm{kg}$
エネルギー		
	ジュール(SI 単位)	J
	エルグ	$1\ \mathrm{erg} = 10^{-7}\ \mathrm{J}$
	リュードベリ	$1\ \mathrm{Ry} = 2.179\,87 \times 10^{-18}\ \mathrm{J}$
	電子ボルト	$1\ \mathrm{eV} = 1.602\,176\,6208 \times 10^{-19}\ \mathrm{J}$
	(波数)	$1\ \mathrm{cm}^{-1} = 1.986\,445\,824 \times 10^{-23}\ \mathrm{J}$
	熱化学カロリー	$1\ \mathrm{Cal} = 4.184\ \mathrm{J}$
	リットル気圧	$1\ \mathrm{L\ atm} = 101.325\ \mathrm{J}$
圧　力		
	パスカル(SI 単位)	Pa
	気圧	$1\ \mathrm{atm} = 101\,325\ \mathrm{Pa}$
	バール	$1\ \mathrm{bar} = 10^5\ \mathrm{Pa}$
	トル	$1\ \mathrm{Torr} = 133.322\ \mathrm{Pa}$
	ポンド毎平方インチ	$1\ \mathrm{psi} = 6.894\,757 \times 10^3\ \mathrm{Pa}$
工　率		
	ワット(SI 単位)	W
	馬力	$1\ \mathrm{hp} = 745.7\ \mathrm{W}$
角　度		
	ラジアン(SI 単位)	rad
	度	$1^\circ = 2\pi/360\ \mathrm{rad} = (1/57.295\,78)\ \mathrm{rad}$
電気双極子モーメント		
	(SI 単位)	C m
	デバイ	$1\ \mathrm{D} = 3.335\,64 \times 10^{-30}\ \mathrm{C\ m}$

Thomas Engel
University of Washington

Philip Reid
University of Washington

Chapter 26,
"Computational Chemistry,"
was contributed by

Warren Hehre
CEO, Wavefunction, Inc.

PEARSON

エンゲル・リード

物理化学（下）

稲葉　章　訳

東京化学同人

PHYSICAL
CHEMISTRY
Third Edition

PEARSON

Authorized translation from the English language edition, entitled PHYSICAL CHEMISTRY, 3rd Edition, ISBN: 032181200X by ENGEL, THOMAS; REID, PHILIP, published by Pearson Education, Inc., Copyright © 2013 Pearson Education, Inc.

JAPANESE language edition published by TOKYO KAGAKU DOZIN CO., LTD., Copyright © 2016 TOKYO KAGAKU DOZIN CO., LTD.

本書は，Pearson Education, Inc. より出版された英語版 ENGEL, THOMAS; REID, PHILIP 著 PHYSICAL CHEMISTRY 第 3 版（ISBN: 032181200X）の同社との契約に基づく日本語版で，原書著作権は Pearson Education が保有する．Copyright © 2013 Pearson Education, Inc.

本書の日本語版は（株）東京化学同人から刊行された．
Copyright © 2016（株）東京化学同人

要 約 目 次

上 巻

下 巻

目　次

多電子原子 21

電子を２個以上もつ原子では，ポテンシャルエネルギーに電子–電子反発項があるため，シュレーディンガー方程式を解析的に解くことはできない．しかし，代わりに近似的な数値計算の方法を使えば，多電子原子のシュレーディンガー方程式の固有関数と固有値を求めることができる．原子に２個以上の電子があると，これまで考えなかった新しい問題も出てくる．それは，電子は互いに区別できないという同一性や電子スピンの存在，オービタルとスピンの磁気モーメントの相互作用の問題である．ハートリー–フォックの方法を使えば，個々の電子の運動に相関がないとした極限で，多電子原子の全エネルギーとオービタルエネルギーを計算することができる．

21・1 ヘリウム：最小の多電子原子

水素原子には電子が１個しかないから，シュレーディンガー方程式を解析的に解くことができる．2 個以上の電子を含む系のシュレーディンガー方程式を解くときの複雑さは，He 原子を例に考えればよくわかるだろう．核を中心とする座標系を考え，核の運動エネルギーを無視すれば，シュレーディンガー方程式はつぎのかたちをしている．

$$\left(-\frac{\hbar^2}{2m_e}\nabla_{e1}^2-\frac{\hbar^2}{2m_e}\nabla_{e2}^2-\frac{2e^2}{4\pi\varepsilon_0 r_1}-\frac{2e^2}{4\pi\varepsilon_0 r_2}+\frac{e^2}{4\pi\varepsilon_0 r_{12}}\right)\psi(\boldsymbol{r}_1,\boldsymbol{r}_2)$$
$$=E\,\psi(\boldsymbol{r}_1,\boldsymbol{r}_2) \qquad (21\cdot1)$$

$r_1=|\boldsymbol{r}_1|$，$r_2=|\boldsymbol{r}_2|$ はそれぞれ電子１と電子２の核からの距離であり，$r_{12}=|\boldsymbol{r}_1-\boldsymbol{r}_2|$ である．∇_{e1}^2 は，つぎの演算子を略して表したものである．

$$\frac{1}{r_1^2}\frac{\partial}{\partial r_1}\left(r_1^2\frac{\partial}{\partial r_1}\right)+\frac{1}{r_1^2\sin^2\theta_1}\frac{\partial^2}{\partial\phi_1^2}+\frac{1}{r_1^2\sin\theta_1}\frac{\partial}{\partial\theta_1}\left(\sin\theta_1\frac{\partial}{\partial\theta_1}\right)$$

この式は，電子１の運動エネルギーの演算子の部分を極座標で表したものである．(21·1)式の左辺の後の３項はポテンシャルエネルギー演算子であり，電子–核間の引力相互作用と電子–電子間の反発相互作用を表している．変数 $r_1=|\boldsymbol{r}_1|$，$r_2=|\boldsymbol{r}_2|$，$r_{12}=|\boldsymbol{r}_1-\boldsymbol{r}_2|$ の定義を図 21·1 に示しておく．

このシュレーディンガー方程式の固有関数は両方の電子の座標に依存する．これをアルゴンに適用すれば，それぞれの多電子固有関数は 18 個の電子の座標に同時に依存することになる．しかし，原子オービタルが違えばその電子の性質が違うこともわかっている．たとえば，価電子は化学結合に関与するが，内殻電子はこれに関わらない．したがって，電子１個の座標にのみ依存する各電子のオービタルを使って多電子固有関数を表すのが合理的と思われる．これを

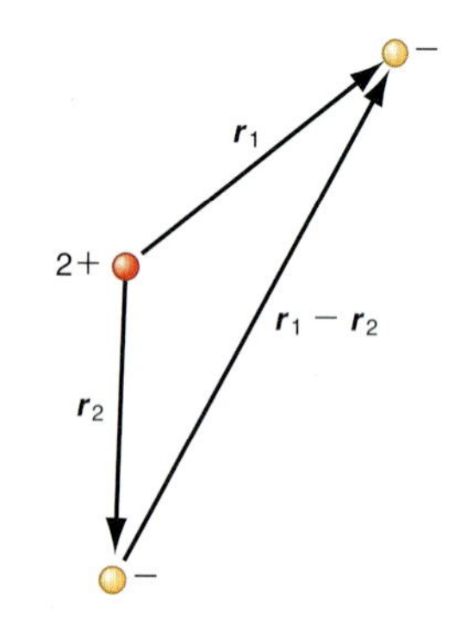

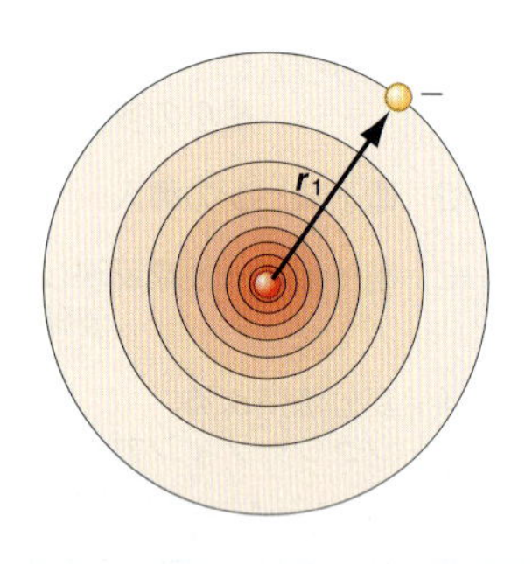

図 21·1 上の図は，He 原子のプロトンと 2 個の電子である．下の図は，電子 2 の位置をその軌道にわたって平均化したときに電子 1 が見る電荷分布であり，それはプロトンと電子 2 によってつくられた球対称の電荷分布による．

オービタル近似[1]といい，シュレーディンガー方程式の多電子固有関数を電子 1 個のオービタルの積のかたちでつぎのように表す．

$$\psi(\boldsymbol{r}_1, \boldsymbol{r}_2, \cdots, \boldsymbol{r}_n) = \phi_1(\boldsymbol{r}_1)\phi_2(\boldsymbol{r}_2)\cdots\phi_n(\boldsymbol{r}_n) \tag{21·2}$$

こう近似したからといって，すべての電子が互いに独立であるとしたわけではない．すぐ後でわかるように，それぞれの $\phi_n(\boldsymbol{r}_n)$ の関数形は他のすべての電子の影響を受けたものだからである．一電子オービタル $\phi_n(\boldsymbol{r}_n)$ は，20 章で水素原子について得られた関数 $\psi_{nlm_l}(r,\theta,\phi)$ によく似たものであり，それを 1s, 2p, 3d などという記号で表す．それぞれの $\phi_n(\boldsymbol{r}_n)$ は，一電子**オービタルエネルギー**[2] ε_n を伴う．

このようなオービタル近似を使えば，n 個の電子から成る系のシュレーディンガー方程式を，各電子についての一電子シュレーディンガー方程式 n 個で書くことができる．しかし，これら n 個の方程式を解くには別の問題が生じる．**電子−電子間の反発**[3]の項が $e^2/(4\pi\varepsilon_0 r_{12})$ のかたちをしているために，ポテンシャルエネルギー演算子はもはや球対称をもたず，ポテンシャルを $V = V(r)$ のかたちで表せないのである．これは，図 21·1 のベクトル $\boldsymbol{r}_1 - \boldsymbol{r}_2$ の始点が核にないことから明らかである．したがって，このシュレーディンガー方程式を解析的に解くことはできず，数値計算の方法を使わなければならない．しかし，そのためにはオービタル近似に加えてさらなる近似が必要となる．その近似で最も重大な問題となるのは，多電子原子の中で電子が自然に振舞っている状況，つまり，互いに相関をもちながら邪魔し合わない運動をしている状況を簡単には取込めないことであろう．**電子相関**[4]は電子間の反発を最小化するものであるが，シュレーディンガー方程式を解くのに本章で導入する数値計算法では，電子は互いに独立に運動すると仮定している．26 章で説明するように，この仮定によって生じる誤差の大半を取除けるような補正が可能である．

He 原子について，電子相関を無視すればシュレーディンガー方程式を解く問題がどれほど単純になるかを図 21·1 に示してある．初等化学で学んだと思うが，電子は 2 個とも 1s **オービタル**[5]を占めている．すなわち，その波動関数は，

$$\frac{1}{\sqrt{\pi}}\left(\frac{\zeta}{a_0}\right)^{3/2} \mathrm{e}^{-\zeta r/a_0}$$

に似たものである．ζ（ゼータ）は電子が感じる**実効核電荷**[6]である．化学的性質を決めるうえでの ζ の重要性については，この章の後半で説明する．電子 1 と 2 の運動に相関がないと仮定すれば，電子 1 は核との相互作用に加え，電子 2 による空間的に平均化された電荷分布と相互作用を行う．この空間平均された電荷分布は $\phi^*(\boldsymbol{r}_2)\,\phi(\boldsymbol{r}_2)$ で決まる．電子 2 の分布が平均化された結果，電子 2 は体積素片 $\mathrm{d}\tau$ に $-e\,\phi^*(\boldsymbol{r}_2)\,\phi(\boldsymbol{r}_2)\,\mathrm{d}\tau$ に比例した負電荷をもち，核のまわりで球対称を示すと考えられる．

この近似の利点は図 21·1 で明らかなように，電子 1 が感じる実効電荷分布が球対称であることによる．ポテンシャルエネルギー V は r にのみ依存するから，それぞれの一電子波動関数を動径関数と方角を表す方位関数の積で $\phi(\boldsymbol{r}) = \phi(r,\theta,\phi) = R(r)\,\Theta(\theta)\,\boldsymbol{\Phi}(\phi)$ と書けるのである．その動径関数は水素原子のものと異なるが，方位関数は同じであり，水素原子で用いた記号 s, p, d, f は多電子原子にも使える．

1）orbital approximation 2）orbital energy 3）electron–electron repulsion
4）electron correlation 5）orbital 6）effective nuclear charge

ヘリウム原子について示した以上のアプローチを，本章では他の多電子原子にも適用する．多電子原子では，真の波動関数を1電子の座標にのみ依存するオービタルの積で近似し，そのシュレーディンガー方程式を解く．この近似によって，n電子系のシュレーディンガー方程式はn個の一電子系シュレーディンガー方程式となる．そこで，n個の組の方程式を解いて，一電子エネルギーε_iと一電子オービタルϕ_iを得る．得られた解はオービタル近似によるもので，電子相関を無視しているから近似解である．しかしながら，このアプローチに従って実際に計算を行う前に，二つの重要な概念を導入しておく必要がある．それは，電子スピンと電子の同一性である．

21・2 電子スピンの導入

電子スピン[1]は，多電子原子のシュレーディンガー方程式を構成する重要な部分である．17章のシュテルン-ゲルラッハの実験の説明では交換関係に注目しただけで，この実験のそれ以外の驚くべき結果には立ち入らなかった．それは，2個の偏向ビームが観測され，しかも2個しかないという事実であった．銀原子が不均一磁場の中で偏向するためには，この原子に磁気モーメントとそれに伴う角運動量が存在しなければならない．この磁気モーメントの起源は何だろうか．ループ状の回路に電流を流せば磁場が生じるから，このループという実体があれば磁気モーメントは存在する．核のまわりで軌道を描く$l>0$の電子の電荷分布は球対称でないから，その角運動量は0でない．しかし，Agには閉殻配置のほかに5sの価電子が1個あるだけである．閉殻電子による電荷分布は球対称であるから，正味の角運動量はない．したがって，磁気モーメントは5s電子に付随するものでなければならない．しかし，5s電子は$l=0$であるからオービタル角運動量はない．そこで，この電子が固有の角運動量sをもてば，それが磁石を通過して$2s+1$個の成分に分裂するはずである．シュテルン-ゲルラッハの実験で2成分が観測されたという事実は，$s=\frac{1}{2}$を示したことになる．したがって，5s電子には角運動量のz成分 $s_z=m_s\hbar=\pm\hbar/2$ が存在するのである．s電子では$l=0$であるから，その起源はオービタル角運動量ではない．また，オービタル角運動量なら2倍の量子が関与するはずである．この固有の電子スピン角運動量はベクトル量であり，これを$\boldsymbol{s}$で表す．そのz成分をs_zで表し，オービタル角運動量と区別する．固有の角運動量というのは，電子スピンがこれを取囲む環境と無関係に存在するからである．スピンという用語は，電子がある軸のまわりに回転しているのを思わせる．その名称は直感に訴える利点はあるものの，この関連づけに物理的な根拠はない．

電子にスピンが存在することで，これまでの議論にどんな変更が加わるであろうか．あとで示すように，多電子原子の各オービタルには電子が2個まで占有できる．1個は$m_s=+\frac{1}{2}$，もう1個は$m_s=-\frac{1}{2}$である．こうして，H原子の固有関数を指定する四番目の量子数が加わり，これを$\psi_{nlm_lm_s}(r,\theta,\phi)$で表す．電子スピンは電子に固有な性質であるから，空間変数であるrやθ,ϕには依存しない．

水素原子を表す式に，この追加の量子数をどう組込めばよいだろうか．それにはスピン波動関数としてαとβを定義すればよい．いずれもスピン角運動量演算子$\hat{s}^2$, $\hat{s}_z$の固有関数である．角運動量演算子はすべて同じ性質をもつから，スピン演算子も(18・59)式の交換関係に従う．オービタル角運動量の場合と同じで，

1) electron spin

同時に知ることができるのはスピン角運動量の大きさとその1成分だけである．スピン演算子 $\hat{s}^2$, $\hat{s}_z$ にはつぎの性質がある．

$$\hat{s}^2\alpha = \hbar^2 s(s+1)\alpha = \frac{\hbar^2}{2}\left(\frac{1}{2}+1\right)\alpha$$

$$\hat{s}^2\beta = \hbar^2 s(s+1)\beta = \frac{\hbar^2}{2}\left(\frac{1}{2}+1\right)\beta$$

$$\hat{s}_z\alpha = m_s\hbar\alpha = \frac{\hbar}{2}\alpha, \quad \hat{s}_z\beta = m_s\hbar\beta = -\frac{\hbar}{2}\beta \tag{21・3}$$

$$\int\alpha^*\beta\,\mathrm{d}\sigma = \int\beta^*\alpha\,\mathrm{d}\sigma = 0$$

$$\int\alpha^*\alpha\,\mathrm{d}\sigma = \int\beta^*\beta\,\mathrm{d}\sigma = 1$$

これらの式に現れる σ はスピン変数である．スピン変数は空間変数ではないから，σ による“積分”といっても，それは直交性が定義できるように形式的に存在しているだけである．こうしてH原子の固有関数は，α または β を掛け，スピン量子数を添えることで定義し直すことになる．たとえば，H原子の1s固有関数をつぎのかたちで表す．

$$\psi_{100+\frac{1}{2}}(r) = \frac{1}{\sqrt{\pi}}\left(\frac{1}{a_0}\right)^{3/2}\mathrm{e}^{-r/a_0}\,\alpha$$

$$\psi_{100-\frac{1}{2}}(r) = \frac{1}{\sqrt{\pi}}\left(\frac{1}{a_0}\right)^{3/2}\mathrm{e}^{-r/a_0}\,\beta \tag{21・4}$$

この固有関数は，つぎの関係があるから依然として互いに直交している．

$$\iiiint\psi^*_{100+\frac{1}{2}}(r,\sigma)\,\psi_{100-\frac{1}{2}}(r,\sigma)\,\mathrm{d}r\,\mathrm{d}\theta\,\mathrm{d}\phi\,\mathrm{d}\sigma$$

$$= \iiint\psi^*_{100}(r)\,\psi_{100}(r)\,\mathrm{d}r\,\mathrm{d}\theta\,\mathrm{d}\phi\int\alpha^*\beta\,\mathrm{d}\sigma = 0$$

$$\iiiint\psi^*_{100+\frac{1}{2}}(r,\sigma)\,\psi_{100+\frac{1}{2}}(r,\sigma)\,\mathrm{d}r\,\mathrm{d}\theta\,\mathrm{d}\phi\,\mathrm{d}\sigma \tag{21・5}$$

$$= \iiint\psi^*_{100}(r)\,\psi_{100}(r)\,\mathrm{d}r\,\mathrm{d}\theta\,\mathrm{d}\phi\int\alpha^*\alpha\,\mathrm{d}\sigma = 1$$

(21・1)式の全エネルギー演算子はスピンに依存しないから，この二つの固有関数のエネルギーは同じである．以上で電子スピンを波動関数にどう組込むかを説明したから，ここからは多電子原子の電子を記述する問題に取組もう．

21・3 電子の同一性を反映した波動関数

21・1節のHe原子の説明では電子に1と2という番号を付けた．巨視的な物体では互いに区別が可能であるが，原子では2個の電子を区別する方法がない．そこで，波動関数をつくるときこれを取入れる必要がある．オービタル近似にこの**同一性**[1]をどう導入すればよいだろうか．n 個の一電子波動関数の積のかたちで書いた n 電子波動関数 $\psi(1, 2, \cdots, n) = \psi(r_1, \theta_1, \phi_1, \sigma_1,\ \ r_2, \theta_2, \phi_2, \sigma_2,\ \cdots,$

1) indistinguishability

$r_n, \theta_n, \phi_n, \sigma_n$）について考えよう．ここでは電子に注目することにして，位置変数を省略しよう．電子の同一性は，波動関数を書くときどう反映されるだろうか．波動関数そのものを観測することはできないが，波動関数の絶対値の2乗が電子密度に比例していて，それがオブザーバブルであることはわかっている．He原子の2個の電子は区別できないから，電子に付けた番号1と2を交換しても系のオブザーバブルは変化しない．したがって $\psi^2(1,2)=\psi^2(2,1)$ である．この式は，$\psi(1,2)=\psi(2,1)$ でも $\psi(1,2)=-\psi(2,1)$ でも成り立つ．そこで，$\psi(1,2)=\psi(2,1)$ ならその波動関数を**対称波動関数**[1]といい，$\psi(1,2)=-\psi(2,1)$ なら**反対称波動関数**[2]という．基底状態のHe原子の対称波動関数と反対称波動関数はつぎのように表される．

$$\begin{aligned}\psi_{\text{対称}}(1,2) &= \phi_{1s}(1)\alpha(1)\phi_{1s}(2)\beta(2)+\phi_{1s}(2)\alpha(2)\phi_{1s}(1)\beta(1)\\ \psi_{\text{反対称}}(1,2) &= \phi_{1s}(1)\alpha(1)\phi_{1s}(2)\beta(2)-\phi_{1s}(2)\alpha(2)\phi_{1s}(1)\beta(1)\end{aligned} \tag{21・6}$$

ここで，$\phi(1)=\phi(\boldsymbol{r}_1)$ である．パウリ[3]は，量子力学のもう一つの基本原理となりうる結論として，電子の場合は反対称波動関数しか許されないとした．

基本原理6

多電子系を表す波動関数は，任意の2個の電子の交換によってその符号を変えなければならない（反対称である）．

この基本原理は**パウリの原理**[4]としても知られる．この原理によれば，任意の2個の電子が入れ替わったときは波動関数が符号を変えなければならず，それには $\psi(1,2,3,\cdots,n)=\phi_1(1)\phi_2(2)\cdots\phi_n(n)$ のタイプで積の異なる波動関数を組合わせる必要がある．この積のかたちの波動関数1個だけで表す限り，2個の電子の交換で反対称にはなりえないから，組合わせが必要なのである．たとえば，$\phi_{1s}(1)\alpha(1)\phi_{1s}(2)\beta(2)\neq-\phi_{1s}(2)\alpha(2)\phi_{1s}(1)\beta(1)$ となるからである．

実際どうすれば反対称波動関数をつくれるだろうか．うまく簡単に表すには行列式を使う方法がある．それは**スレーター行列式**[5]というもので，つぎのかたちをしている．

$$\psi(1,2,3,\cdots,n)=\frac{1}{\sqrt{n!}}\begin{vmatrix}\phi_1(1)\alpha(1) & \phi_1(1)\beta(1) & \cdots & \phi_m(1)\beta(1)\\ \phi_1(2)\alpha(2) & \phi_1(2)\beta(2) & \cdots & \phi_m(2)\beta(2)\\ \cdots & \cdots & \cdots & \cdots\\ \phi_1(n)\alpha(n) & \phi_1(n)\beta(n) & \cdots & \phi_m(n)\beta(n)\end{vmatrix} \tag{21・7}$$

ここで，n が偶数なら $m=n/2$ で，n が奇数なら $m=(n+1)/2$ である．1行で一電子オービタルを表し，各行に電子1個ずつ満たされる．行列式の前の因子は，個々の一電子オービタルが規格化されているときの全体の規格化定数である．スレーター行列式は単に反対称波動関数をつくるための処方箋にすぎず，行列要素を入れ換えれば別の意味になってしまう．He原子の基底状態の反対称波動関数は，2×2行列式で表すことができ，

1) symmetric wave function 2) antisymmetric wave function 3) Wolfgang Pauli
4) Pauli principle 5) Slater determinant

$$\psi(1,2) = \frac{1}{\sqrt{2}}\begin{vmatrix} 1s(1)\alpha(1) & 1s(1)\beta(1) \\ 1s(2)\alpha(2) & 1s(2)\beta(2) \end{vmatrix}$$

$$= \frac{1}{\sqrt{2}}[1s(1)\alpha(1)1s(2)\beta(2) - 1s(1)\beta(1)1s(2)\alpha(2)]$$

$$= \frac{1}{\sqrt{2}}1s(1)1s(2)[\alpha(1)\beta(2) - \beta(1)\alpha(2)] \qquad (21\cdot8)$$

となる．ここで行列要素を表すのに簡単な表記を使った．たとえば，$\phi_{1s}(1)\alpha(1) = \phi_{100+\frac{1}{2}}(r_1, \theta_1, \phi_1, \sigma_1) = 1s(1)\alpha(1)$ とした．

反対称波動関数をつくるのに行列式を使うのは，行列式の２行（別の電子に相当）を入れ換えると自動的に符号が反転するからである．このことは，つぎの行列式の値を比較すればすぐわかる．

$$\begin{vmatrix} 3 & 6 \\ 4 & 2 \end{vmatrix} \qquad \begin{vmatrix} 4 & 2 \\ 3 & 6 \end{vmatrix}$$

波動関数を行列式で書くことは，パウリの原理のもう一つの表し方である．２行がまったく同一の行列式の値は０である．すなわち，任意の２個の電子の量子数がすべて同一なら，その波動関数は０である．例題 21·1 で行列式の扱い方を示そう．行列式に関する詳しい説明は上巻 巻末付録Ａ「数学的な取扱い」にある．

例題 21・1

つぎの行列式を考えよう．

$$\begin{vmatrix} 3 & 1 & 5 \\ 4 & -2 & 1 \\ 3 & 2 & 7 \end{vmatrix}$$

a. １行目を余因子として展開し，この行列式の値を求めよ．
b. 上の２行が同じ要素でできたつぎの行列式の値は０であることを示せ．

$$\begin{vmatrix} 4 & -2 & 1 \\ 4 & -2 & 1 \\ 3 & 2 & 7 \end{vmatrix}$$

c. 上の２行を入れ換えれば，行列式の値の符号が変わることを示せ．

解答　2×2 行列式の値は，

$$\begin{vmatrix} a & b \\ c & d \end{vmatrix} = ad - bc$$

で計算できる．高次の行列式は，行または列の余因子で展開して 2×2 行列式をつくる（「数学的な取扱い」を見よ）．どの行または列を使って展開しても最終的に得られる結果は同じである．第 i 行，第 j 列の行列要素 a_{ij} の余因子とは，その要素を除く残りの要素でつくった $(n-1)\times(n-1)$ 行列式のことである．この問題では 3×3 行列式が与えられているから，第１行の余因子それぞれに $(-1)^{i+j}a_{ij}$ を掛けたものの和で表される．それぞれについて計算すればつぎのようになる．

$$\text{a.}\quad \begin{vmatrix} 3 & 1 & 5 \\ 4 & -2 & 1 \\ 3 & 2 & 7 \end{vmatrix} = 3(-1)^{1+1}\begin{vmatrix} -2 & 1 \\ 2 & 7 \end{vmatrix} + 1(-1)^{1+2}\begin{vmatrix} 4 & 1 \\ 3 & 7 \end{vmatrix} + 5(-1)^{1+3}\begin{vmatrix} 4 & -2 \\ 3 & 2 \end{vmatrix}$$

$$= 3(-14-2) - 1(28-3) + 5(8+6) = -3$$

$$\text{b.}\quad \begin{vmatrix} 4 & -2 & 1 \\ 4 & -2 & 1 \\ 3 & 2 & 7 \end{vmatrix} = 4(-1)^{1+1}\begin{vmatrix} -2 & 1 \\ 2 & 7 \end{vmatrix} + (-2)(-1)^{1+2}\begin{vmatrix} 4 & 1 \\ 3 & 7 \end{vmatrix} + 1(-1)^{1+3}\begin{vmatrix} 4 & -2 \\ 3 & 2 \end{vmatrix}$$

$$= 4(-14-2) + 2(28-3) + 1(8+6) = 0$$

$$\text{c.}\quad \begin{vmatrix} 4 & -2 & 1 \\ 3 & 1 & 5 \\ 3 & 2 & 7 \end{vmatrix} = 4(-1)^{1+1}\begin{vmatrix} 1 & 5 \\ 2 & 7 \end{vmatrix} - 2(-1)^{1+2}\begin{vmatrix} 3 & 5 \\ 3 & 7 \end{vmatrix} + 1(-1)^{1+3}\begin{vmatrix} 3 & 1 \\ 3 & 2 \end{vmatrix}$$

$$= 4(7-10) + 2(21-15) + 1(6-3) = +3$$

基底状態のヘリウム原子の2個の電子では，n, l, m_l の値は同じだが，m_s の値は一方が $+\frac{1}{2}$，もう一方は $-\frac{1}{2}$ である．次に，電子をある配置でオービタルに割り当てる方法について説明しよう．**配置**[1]は各電子の n と l の値を指定するものである．たとえば，基底状態の He の配置は $1s^2$ であり，基底状態の F の配置は $1s^2 2s^2 2p^5$ である．電子配置では量子数 m_l や m_s を指定しない．しかし，22章で説明するように，原子の量子状態を記述するにはこの情報が必要である．

例題 21・2

この問題では，行列式波動関数を使えば1組のオービタルにαスピンとβスピンをどのように組込めるかを示そう．ヘリウム原子の第一励起状態は配置 $1s^1 2s^1$ と書ける．しかし，つぎの図で示すように，この配置表現には4通りの異なるスピン配向が可能である．すなわち，これら四つの状態はスピンを含めれば区別可能となる．

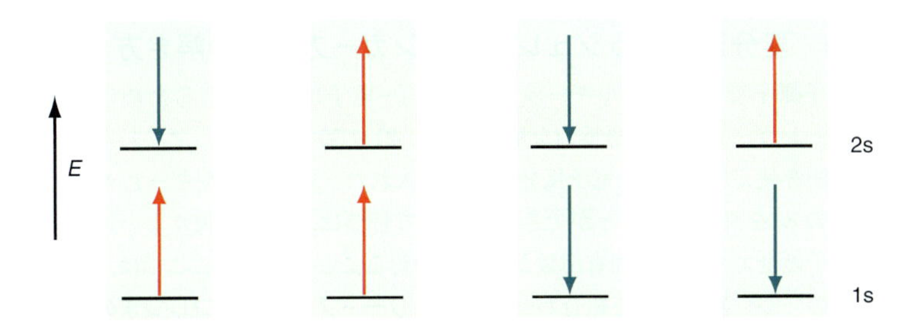

αスピンとβスピンを簡単に表すのに↑と↓がよく使われるが，正確には18章で説明したベクトルモデルで表されるのを忘れてはならない．ここでもそれを

1) configuration

示しておこう．

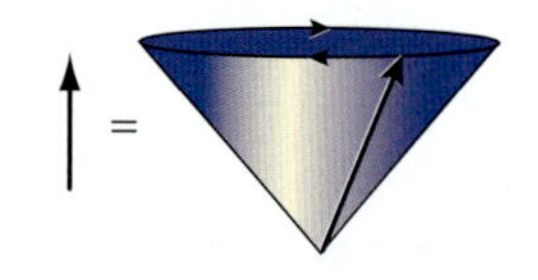

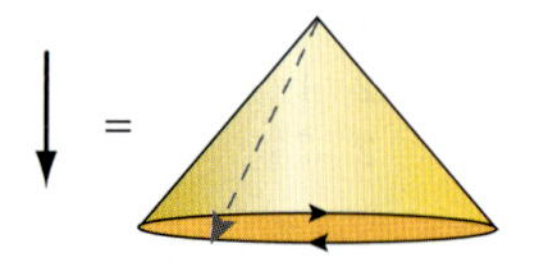

これらの図に相当する行列式波動関数を書け．

解答

$$\psi_1(1,2) = \frac{1}{\sqrt{2}}\begin{vmatrix} 1s(1)\alpha(1) & 2s(1)\beta(1) \\ 1s(2)\alpha(2) & 2s(2)\beta(2) \end{vmatrix} \qquad \psi_2(1,2) = \frac{1}{\sqrt{2}}\begin{vmatrix} 1s(1)\alpha(1) & 2s(1)\alpha(1) \\ 1s(2)\alpha(2) & 2s(2)\alpha(2) \end{vmatrix}$$

$$\psi_3(1,2) = \frac{1}{\sqrt{2}}\begin{vmatrix} 1s(1)\beta(1) & 2s(1)\beta(1) \\ 1s(2)\beta(2) & 2s(2)\beta(2) \end{vmatrix} \qquad \psi_4(1,2) = \frac{1}{\sqrt{2}}\begin{vmatrix} 1s(1)\beta(1) & 2s(1)\alpha(1) \\ 1s(2)\beta(2) & 2s(2)\alpha(2) \end{vmatrix}$$

電子を 3 個もつ中性原子は Li である．もし，三番目の電子を 1s オービタルに入れると，その行列式波動関数は，

$$\psi(1,2,3) = \frac{1}{\sqrt{3!}}\begin{vmatrix} 1s(1)\alpha(1) & 1s(1)\beta(1) & 1s(1)\alpha(1) \\ 1s(2)\alpha(2) & 1s(2)\beta(2) & 1s(2)\alpha(2) \\ 1s(3)\alpha(3) & 1s(3)\beta(3) & 1s(3)\alpha(3) \end{vmatrix}$$

と書ける．ここで，第三の電子は α スピンまたは β スピンをとれる．しかしながら，上の行列式では第一列と第三列が同じであるから，$\psi(1,2,3)=0$ である．したがって，第三の電子は次に高いエネルギーの $n=2$ のオービタルに入らなければならない．この例は，パウリの排他原理は各オービタルの電子の最大占有数が 2 であることを要請することを表している．基底状態の Li の配置は $1s^2 2s^1$ である．$n=2$ の場合は，l の値が 0 なら m_l の値は 0 だけが可能で，l の値が 1 なら m_l の値は 0, +1, −1 をとれる．これら可能な n, l, m_l の組それぞれについて $m_s = \pm\frac{1}{2}$ を組合わせることができる．したがって，$n=2$ では量子数の異なる 8 個の組がある．n と l の値が同じオービタルの組は**副殻**[1]をつくり，n の値が同じオービタルの組は**殻**[2]をつくる．殻の実体は図 20·12 に表してある．

21・4 変分法によるシュレーディンガー方程式の解き方

多電子原子では全エネルギー演算子に電子−電子反発項があるために，シュレーディンガー方程式に解析的な解がないと 21·1 節では結論した．しかし，数値計算法を使えば，電子−電子反発を考慮に入れた一電子エネルギー ε_i や各オービタルの ϕ_i を計算することができる．そこで目標は，可能な限りよい近似で多電子原子の全エネルギー固有関数と固有値を得ることである．ここでは，これらの方法の一つ，**変分法**[3]を組合わせた**ハートリー−フォックのつじつまの合う場の方法**[4]についてのみ説明しよう．電子相関を含めることによってハートリー−フォックを超えた方法については 26 章で説明する．

1) subshell 2) shell 3) variation method
4) Hartree−Fock self-consistent field method

次に，計算化学の分野でよく使われる変分法について説明しよう．エネルギー E_0，対応する固有関数 ψ_0 で $\hat{H}\psi_0 = E_0\psi_0$ を満たす基底状態の系について考えよう．両辺の左側から ψ_0^* を掛けて積分すれば，つぎの式が得られる．

$$E_0 = \frac{\int \psi_0^* \hat{H} \psi_0 \, \mathrm{d}\tau}{\int \psi_0^* \psi_0 \, \mathrm{d}\tau} \tag{21·9}$$

この式の分母は，波動関数が規格化されていない場合に必要である．多電子原子では，全エネルギー演算子はつくれるが，その厳密な全エネルギー固有関数はわからない．この場合，どうすればエネルギーを計算できるだろうか．**変分定理**[†1] によれば，(21·9)式の基底状態の固有関数にどんな近似波動関数 $\boldsymbol{\Phi}$ を代入しても，これから得られるエネルギーは必ず真のエネルギーより大きいか，あるいは等しいはずである．この定理を数学的に表せば，

$$E = \frac{\int \Phi^* \hat{H} \Phi \, \mathrm{d}\tau}{\int \Phi^* \Phi \, \mathrm{d}\tau} \geq E_0 \tag{21·10}$$

となる．この定理の証明については章末問題で扱う．この方法をどのように実行すれば近似的な波動関数とエネルギーが得られるだろうか．それには**試行波動関数**[1] $\boldsymbol{\Phi}$ をパラメーターで表し，系のエネルギーを最小化するようにいろいろなパラメーターを調節することにより，各パラメーターの最適値を見いだせばよい．この方法によって，ある特定の試行関数について最適なエネルギーが得られる．また，試行関数としてよりよいものを選べば，エネルギーの計算値は真の値に近づくのである．

箱の中の粒子を例としてその数学的な取扱いを示そう．どんな試行関数であっても種々の一般条件（1価関数であること，規格化できること，その関数ならびに一階導関数が連続であること）に加えて，箱の両端で波動関数が0という境界条件を満たしていなければならない．ここでは(21·11)式を試行関数として，その基底状態の波動関数を近似することにしよう．この波動関数は上に列挙した条件をすべて満たしている．この関数にはエネルギーを最小化するための唯一のパラメーター α が含まれている．

$$\Phi(x) = \left(\frac{x}{a} - \frac{x^3}{a^3}\right) + \alpha\left(\frac{x^5}{a^5} - \frac{1}{2}\left(\frac{x^7}{a^7} + \frac{x^9}{a^9}\right)\right) \qquad (0 < x < a) \tag{21·11}$$

まず，$\alpha = 0$ でのエネルギーを計算すれば，

$$E = \frac{-\dfrac{\hbar^2}{2m}\displaystyle\int_0^a \left(\frac{x}{a} - \frac{x^3}{a^3}\right)\frac{\mathrm{d}^2}{\mathrm{d}x^2}\left(\frac{x}{a} - \frac{x^3}{a^3}\right)\mathrm{d}x}{\displaystyle\int_0^a \left(\frac{x}{a} - \frac{x^3}{a^3}\right)^2 \mathrm{d}x} = 0.133\,\frac{h^2}{ma^2} \tag{21·12}$$

が得られる．この試行関数は基底状態を表す厳密な波動関数ではないから，そのエネルギーは厳密な値 $E_0 = 0.125(h^2/ma^2)$ より高いのがわかる．この試行関数は基底状態の固有関数とどれくらい似ているだろうか．厳密解と $\alpha = 0$ の試行関数の比較を図21·2aに示す．

最適な α の値を見いだすには，E を h, m, a, α で表しておき，それを α について最小化する．まず，エネルギーを表せば，

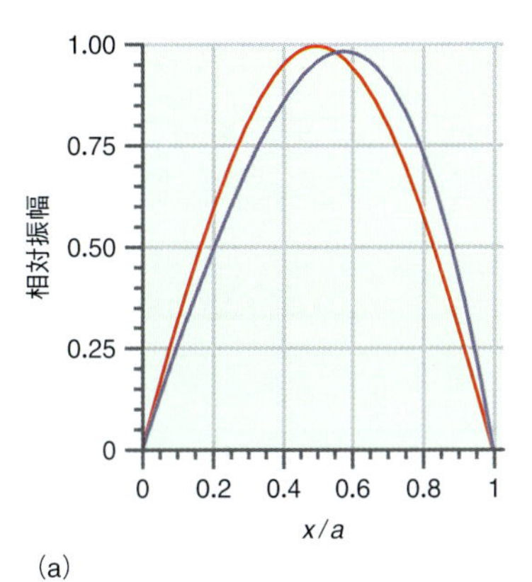

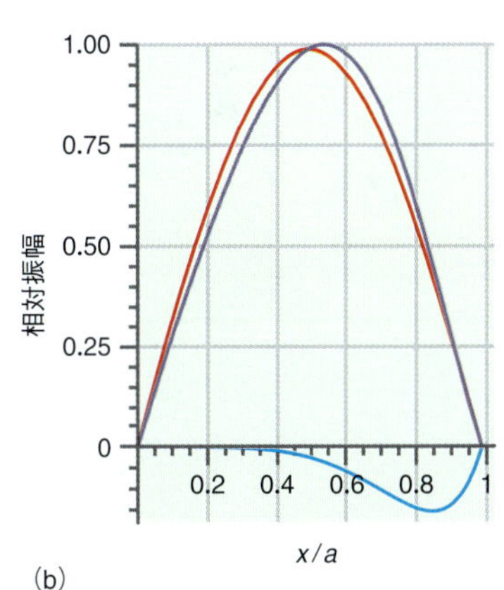

図21·2 箱の中の粒子の基底状態を表す厳密な波動関数（赤色の曲線）と近似的な波動関数（紫色の曲線）．(a) この近似波動関数は，(21·11)式の第1項だけからなる．(b) 最適化されたこの近似波動関数は，(21·11)式のどちらの項も含んでいる．青色の曲線は，近似波動関数に対する(21·11)式の第2項の寄与を表す．

---

†1 variation theorem. 訳注：変分原理（variation principle）といわれることが多い．
1) trial wave function

$$E = \frac{-\frac{\hbar^2}{2m}\int_0^a \left[\left[\left(\frac{x}{a}-\frac{x^3}{a^3}\right)+\alpha\left(\frac{x^5}{a^5}-\frac{1}{2}\left(\frac{x^7}{a^7}+\frac{x^9}{a^9}\right)\right)\right]\times \frac{\mathrm{d}^2}{\mathrm{d}x^2}\left[\left(\frac{x}{a}-\frac{x^3}{a^3}\right)+\alpha\left(\frac{x^5}{a^5}-\frac{1}{2}\left(\frac{x^7}{a^7}+\frac{x^9}{a^9}\right)\right)\right]\right]\mathrm{d}x}{\int_0^a \left[\left(\frac{x}{a}-\frac{x^3}{a^3}\right)+\alpha\left(\frac{x^5}{a^5}-\frac{1}{2}\left(\frac{x^7}{a^7}+\frac{x^9}{a^9}\right)\right)\right]^2 \mathrm{d}x} \tag{21·13}$$

と書ける．この式の積分を行えば，E を $\hbar, m, a, \alpha$ で表すことができる．

$$E = \frac{\hbar^2}{2ma^2}\frac{\left(\frac{4}{5}+\frac{116\alpha}{231}+\frac{40\,247\alpha^2}{109\,395}\right)}{\left(\frac{8}{105}+\frac{8\alpha}{273}+\frac{1514\alpha^2}{230\,945}\right)} \tag{21·14}$$

変分パラメーター α についてエネルギーを最小化するには，この関数を α で微分し，その結果を 0 とおき，それを α について解けばよい．その解は $\alpha = -5.74$ と $\alpha = -0.345$ である．この 2 番目の解が E の最小を与える解である．この値を (21·14) 式に代入すれば $E = 0.127(h^2/ma^2)$ が得られ，これは真の値 $0.125(h^2/ma^2)$ に非常に近い．こうして最適化された試行関数を図 21·2b に示す．α の最適値を選ぶことによって，$E \to E_0$, $\Phi \to \psi_0$ になるのがわかる．試行関数としてこの関数を選ぶ限りは，これ以上よいエネルギーの値を得ることはできない．これが変分法の限界である．この方法で得られる“最良の”エネルギーは，試行関数の選び方による．たとえば，$\Phi(x) = x^\alpha(a-x)^\alpha$ のタイプの関数を α について最小化すればもっと低いエネルギーが得られる．この例は，変分法を使う際には，シュレーディンガー方程式の近似解の最適な選び方がいかに重要かを示している．

21・5 ハートリー-フォックのつじつまの合う場の方法

さて，多電子原子のシュレーディンガー方程式を解く問題に戻ろう．出発点はオービタル近似を使うことであり，パウリの排他原理を考慮に入れる．波動関数をスレーター行列式でつぎのように表せば，電子の交換で波動関数は自動的に反対称になっている．

$$\psi(1,2,3,\cdots,n) = \frac{1}{\sqrt{n!}}\begin{vmatrix} \phi_1(1)\alpha(1) & \phi_1(1)\beta(1) & \cdots & \phi_m(1)\beta(1) \\ \phi_1(2)\alpha(2) & \phi_1(2)\beta(2) & \cdots & \phi_m(2)\beta(2) \\ \cdots & \cdots & \cdots & \cdots \\ \phi_1(n)\alpha(n) & \phi_1(n)\beta(n) & \cdots & \phi_m(n)\beta(n) \end{vmatrix} \tag{21·15}$$

ここで，それぞれの ϕ_j は後で説明する H 原子の改良されたオービタルである．ハートリー-フォック法は，電子相関のない基底状態の原子について，その最低エネルギーを与える 1 個のスレーター行列式を見いだすための処方箋である．(正確にいえば，2 個以上の不対電子がある電子配置では，2 個以上のスレーター行列式が必要である．)

21·1 節でヘリウム原子について説明したように，電子間に相関がないとし，1 個の電子に注目すれば，それは残りの $n-1$ 個の電子による空間的に平均化された電荷分布を感じると仮定する．これらの近似を使えば，n 電子系のシュレーディンガー方程式の動径部分は，つぎのかたちをした n 個の一電子シュレーディンガー方程式で表される．

$$\left(\frac{\hbar^2}{2m}\nabla_i^2 + V_i^{\text{実効}}(r)\right)\phi_i(r) = \varepsilon_i\phi_i(r) \qquad (i = 1, \cdots, n) \tag{21・16}$$

ここで，電子1が感じる実効ポテンシャルエネルギー $V_1^{\text{実効}}(r)$ は，電子–核の引力と電子1とそれ以外のすべての電子との間の反発力を考慮に入れたものである．ハートリー–フォック法を使えば最良の（変分法という意味で）一電子オービタル $\phi_i(r)$ とそれに対応するオービタルエネルギー ε_i を計算できる．

電子相関を無視しているから，その実効ポテンシャルは球対称である．したがって，波動関数の角度部分は水素原子の解と同じである．すなわち，水素原子に使った s, p, d, … オービタルの名称は，すべての原子の一電子オービタルにもそのまま使える．シュレーディンガー方程式の動径部分の解のかたちもそのまま使えるのがわかる．

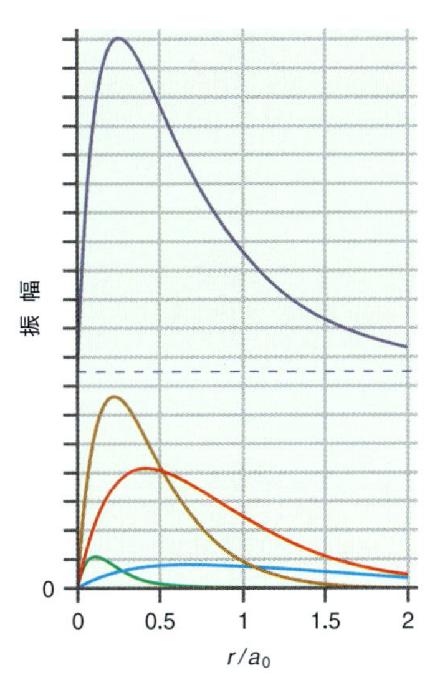

図21・3　一番上の曲線は，ハートリー–フォック計算で求めたNe原子の2pオービタルの動径関数を示しており，見やすくするために上側にシフトして描いてある．下の四つの曲線は，基底セットの4個の要素の各項を示している．

行列式波動関数の動径部分を最適化するには，21・4節で説明した変分法を使う．行列式の要素となる個々の $\phi_j(r)$ にどんな関数を使うべきだろうか．それぞれの $\phi_j(r)$ は，(21・17)式で表されるような適切な**基底関数**[1] $f_i(r)$ の一次結合で表される．

$$\phi_j(r) = \sum_{i=1}^{m} c_i f_i(r) \tag{21・17}$$

適切な関数の組とはどのようなものだろうか．素直な関数を表すのに，sin 関数と cos 関数の和としたフーリエ級数による展開が使えたのを思い出そう．それが基底関数として使える．基底セットの構成要素としてほかにもいろいろな選び方がある．“よい” 基底セットの基準は，$\phi_j(r)$ で表す和の項数 m ができる限り少ないこと，ハートリー–フォック計算が迅速に行える基底関数であることである．原子オービタルの基底セットの展開例を二つ，図21・3と図21・4に示そう．

図21・3には，ハートリー–フォック計算で得られたNeの2p原子オービタルと（21・17)式の各項の寄与を示してある．ここで，$m = 4$ の基底セットの各項は

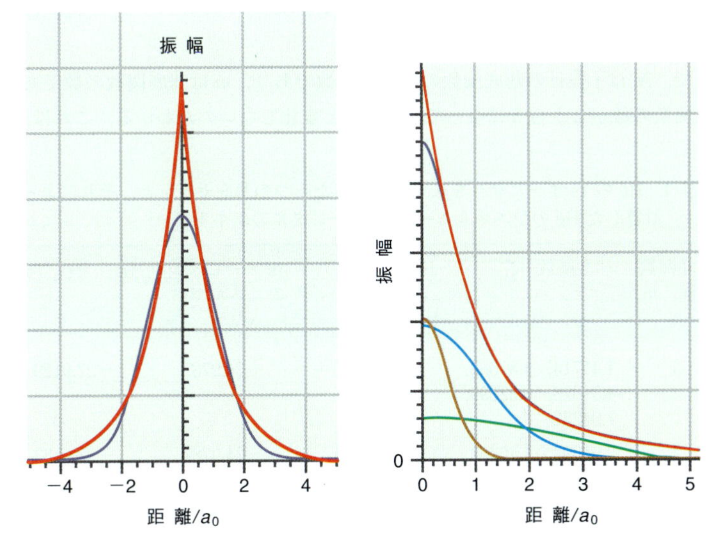

図21・4　左の図は，ガウス関数1個でH1sオービタル（赤色の曲線）に合わせたもの（紫色の曲線）を示してあり，一致はよくない．右の図は，3個のガウス関数の基底セット（それぞれを描いてある）を使って合わせた最良のもの（紫色の曲線）である．核にきわめて近いところを除いて，3個の基底関数によるフィットは非常によい．

1) basis function

$f_i(r) = N_i r \exp[-\zeta_i r/a_0]$ のかたちをしている．N_i は規格化定数である．第二の例では，H の 1s 原子オービタルと (21･17) 式の $m=3$ の基底セットの各項の寄与を図 21･4 に示してある．その基底セットの関数は $f_i(r) = N_i \exp[-\zeta_i (r/a_0)^2]$（ガウス関数）のかたちをしている．どちらの例でも (21･17) 式の係数 c_i を変分パラメーターとして $\phi_j(r)$ を最適化し，ζ_i の値は別に最適化している．ガウス関数は，H 原子の核の近傍での 1s 関数を正確に表せないが，ハートリー-フォック計算には適しており，計算化学では最も広く使われている基底関数である．（ガウス型基底関数の詳しい説明については 26 章を見よ．）

ここまでは，オービタルのエネルギーを計算するための入力について説明したが，計算を進める上での問題もある．電子 1 のシュレーディンガー方程式を解くには $V_1^{実効}(r)$ がわかっていなければならない．すなわち，他のすべてのオービタル $\phi_2(\boldsymbol{r}_2)$，$\phi_3(\boldsymbol{r}_3)$，…，$\phi_n(\boldsymbol{r}_n)$ の関数形を知る必要がある．同じことは，残りの $n-1$ 個の電子についてもいえる．いいかえれば，問題を解くのに答がわかっていなければならないということである．

この難局を克服するには反復法を使う．はじめに $\phi_j(r)$ のセットについて何らかの合理的な推測を行う．これらのオービタルを使って実効ポテンシャルを計算し，n 個の電子それぞれについてエネルギーと改良したオービタル関数 $\phi_j'(r)$ を計算する．この $\phi_j'(r)$ を使って新しい実効ポテンシャルを計算する．また，それを使ってもっと改良したオービタルセット $\phi_j''(r)$ を計算し，この手続きをすべての電子についてエネルギーとオービタルの解のつじつまが合うまで繰返す．つまり，計算を繰返しても有意な変化が見られなくなるまで続けるわけである．この方法は，オービタルのパラメーターを最適化する変分法と合わせると非常に効果的であり，電子相関のない多電子原子については最良の一電子オービタルとエネルギーが得られる．電子相関を含めたもっと正確な計算については 26 章で説明する．

ハートリー-フォック計算の正確さはおもに基底セットの大きさで決まる．その例を表 21･1 に示す．三つの基底セットについて，計算で得られた He の全エネルギーと 1s オービタルのエネルギーを示してある．どの場合も，$\phi_{1s}(r)$ はつぎのかたちをしている．

$$\phi_{1s}(r) = \sum_{i=1}^{m} c_i N_i \mathrm{e}^{-\zeta_i r/a_0} \tag{21·18}$$

ここで，N_i は i 番目の基底関数の規格化定数であり，m は基底関数の数である．基底関数の数が 2 から 5 になってもほとんど変化しないのがわかる．これは，基

表 21･1　He の 1s オービタルを表すのに使った三つの基底セットと，それによって計算した He の全エネルギーと 1s オービタルのエネルギー

基底関数の数，m	べき指数，ζ_i	He の全エネルギー，$\varepsilon_{全}$/eV	1s オービタルのエネルギー，ε_{1s}/eV	$(\varepsilon_{全}-2\varepsilon_{1s})$/eV
5	1.41714，2.37682，4.39628，6.52699，7.94252	−77.8703	−24.9787	−27.9129
2	2.91093，1.45363	−77.8701	−24.9787	−27.9133
1	1.68750	−77.4887	−24.3945	−28.6998

出典：Clementi, E., Roetti., C., ‘Roothaan-Hartree-Fock Atomic Wavefunctions: Basis Functions and Their Coefficients for Ground and Certain Excited States of Neutral and Ionized Atoms, $Z \leq 54$’, *Atomic Data and Nuclear Data Tables*, **14**, 177 (1974) のデータより．

底関数を改良して得られる完全系のハートリー-フォック極限を表している．ζ の値を1個しか使わない基底セットでは，ハートリー-フォック極限値とかなり異なるエネルギーが得られる．これについては，あとで実効核電荷について説明するときに考える．He の 1s オービタルは，水素原子の場合のように単一の指数関数では正確に表せないことがわかる．

原子の全エネルギーは，個々のオービタルエネルギーの和で表せると思うかもしれない．すなわち，ヘリウムでは $\varepsilon_{全} = 2\varepsilon_{1s}$ である．しかし，表21・1を見ればわかるように $\varepsilon_{全} - 2\varepsilon_{1s} < 0$ である．この結果は，ハートリー-フォック計算で電子-電子反発をどう扱ったかを考えれば理解できるだろう．1s オービタルのエネルギーは，オービタル内にある2個の電子の間の反発を含む実効ポテンシャルを使って計算されたものである．したがって，$\varepsilon_{全} = 2\varepsilon_{1s}$ としてしまうと2個の電子の間の反発を2回数えたことになり，その $\varepsilon_{全}$ は真の全エネルギーよりも正で大きい値を与えてしまうのである．

もっと大きな基底セットのハートリー-フォック極限として，Ar の動径関数を図21・5に示す．水素原子と同じ節の構造が見られる．

ハートリー-フォック動径関数を使えば，多電子原子の動径分布関数が次式で得られる．

$$P(r) = \sum_i n_i r^2 R_i^2(r) \tag{21・19}$$

$R_i(r)$ は i 番目の副殻，2s, 3p, 4d などに相当する動径関数である．n_i はそれぞれの副殻内の電子数である．Ne, Ar, Kr の $P(r)$ を図21・6に示す．その動径分布は占有された殻の数だけ極大を示し，異なる殻の寄与が重なっているのがわかる．n の増加とともに $P(r)$ の幅は広くなっており，$n = 1$ の幅は最も狭く，最

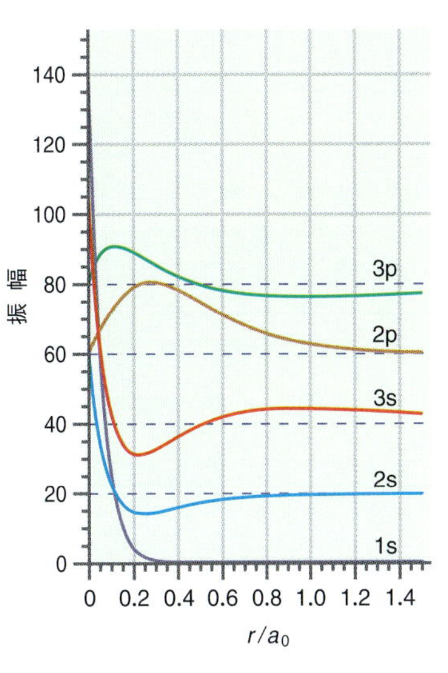

図21・5 Ar のハートリー-フォック動径関数．比較しやすいように，それぞれの曲線は縦方向にシフトして描いてある．[Clementi, E., Roetti, C., 'Roothaan–Hartree–Fock Atomic Wavefunctions: Basis Functions and Their Coefficients for Ground and Certain Excited States of Neutral and Ionized Atoms, $Z \leq 54$', *Atomic Data and Nuclear Data Tables*, 14, 177 (1974) のデータより計算した.]

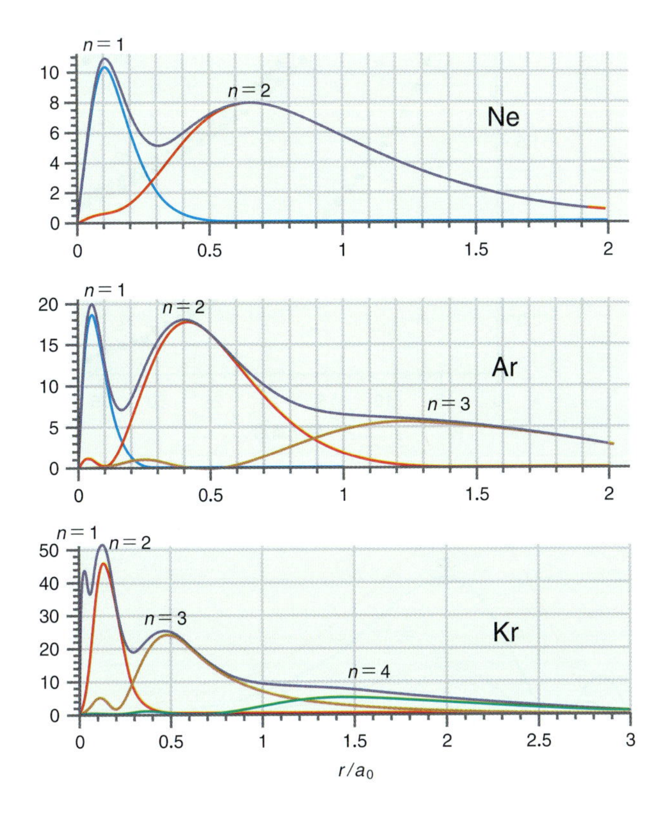

図21・6 ハートリー-フォック波動関数から計算した Ne, Ar, Kr の動径分布関数．色を変えて殻の違いを表してあり，紫色の曲線は全動径分布関数である．Kr の n=1 の曲線は見にくいので省略してある．[Clementi, E., Roetti, C., 'Roothaan–Hartree–Fock Atomic Wavefunctions: Basis Functions and Their Coefficients for Ground and Certain Excited States of Neutral and Ionized Atoms, $Z \leq 54$' *Atomic Data and Nuclear Data Tables*, 14, 177 (1974) のデータより計算した.]

大の n では幅が最も広い．

図21·7に，周期表のはじめの36個の元素について，ハートリー-フォックのオービタルエネルギー ε_i を示してある．この計算の重要な結果の一つは，多電子原子の ε_i は主量子数 n と角運動量量子数 l の両方に依存していることである．同じ主量子数 n の殻内では $\varepsilon_{ns} < \varepsilon_{np} < \varepsilon_{nd} < \cdots$ である．これはH原子には当てはまらない．この結果は，図21·8に示すKrの動径分布関数を考えれば理解できるだろう．20章で説明したように，この関数は核からある距離のところに電子を見いだす確率を与えている．3sの動径分布関数の $r = 0.02\,a_0$ に見られる極大は，3s電子が3p電子や3d電子よりも核の近くに見いだされる確率が高いことを示している．核と電子の間の引力によるポテンシャルエネルギーは $1/r$ で減衰するから，その大きさは電子が核に近づくほど急激に大きくなる．その結果，3s電子は核に強く束縛されるから，そのオービタルエネルギーは3p電子や3d電子に比べて負で大きい．同じ考えで，3pオービタルが3dオービタルよりエネルギーが低い理由が理解できるだろう．図21·7で同じオービタルに注目すれば，原子番号とともにエネルギーが急激に減少しているのがわかる．これは，核の電

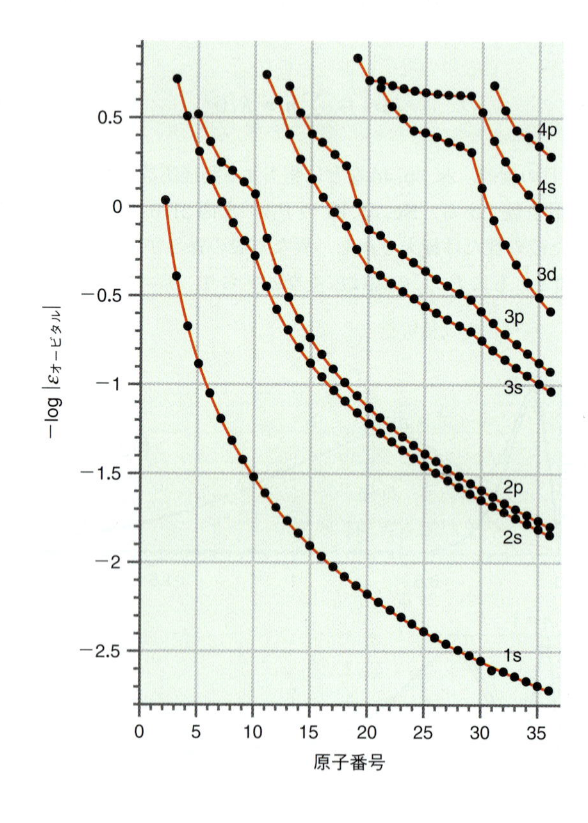

図21·7　周期表の最初の36元素について，ハートリー-フォック計算によって得られた一電子オービタルのエネルギーの対数を原子番号に対してプロットしたもの.［Clementi, E., Roetti, C., 'Roothaan-Hartree-Fock Atomic Wavefunctions: Basis Functions and Their Coefficients for Ground and Certain Excited States of Neutral and Ionized Atoms, $Z \leq 54$', *Atomic Data and Nuclear Data Tables*, **14**, 177 (1974) のデータより.］

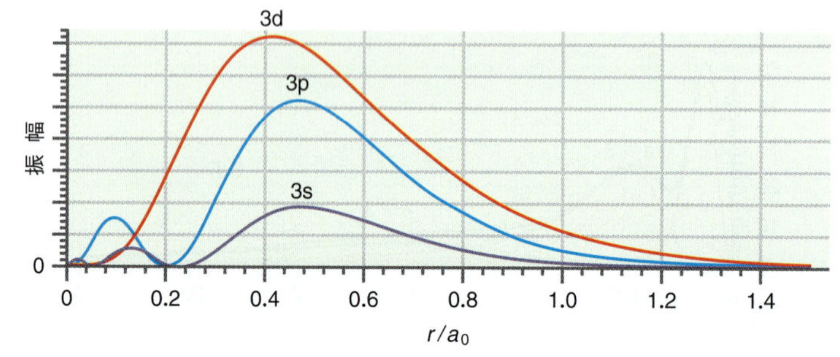

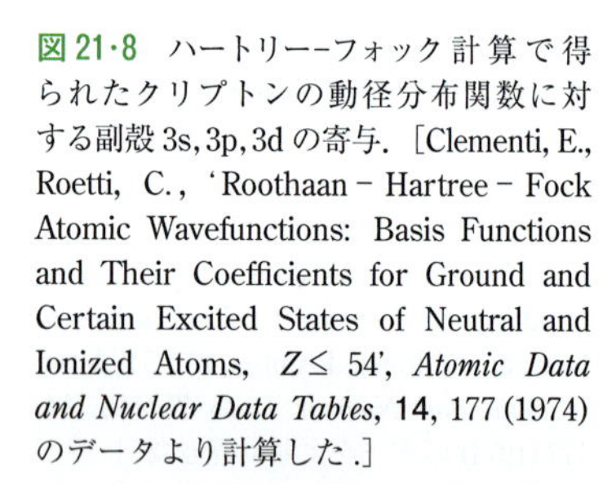

図21·8　ハートリー-フォック計算で得られたクリプトンの動径分布関数に対する副殻3s, 3p, 3dの寄与.［Clementi, E., Roetti, C., 'Roothaan－Hartree－Fock Atomic Wavefunctions: Basis Functions and Their Coefficients for Ground and Certain Excited States of Neutral and Ionized Atoms, $Z \leq 54$', *Atomic Data and Nuclear Data Tables*, **14**, 177 (1974) のデータより計算した.］

荷が増加するにつれ，核と電子の間の引力が増加するからである．

多電子原子の ε_i は他のすべての電子の平均分布によっても決まるから，電子配置だけでなく原子の電荷にも依存する．たとえば，中性の Li 原子の ε_{1s} のハートリー–フォック極限値は −67.4 eV であるが，2s 電子を取除いた Li^+ イオンでは −76.0 eV である．

ハートリー–フォック計算で得られるもう一つの重要な結果は，実効核電荷 ζ の値である．実効核電荷は，核から離れた電子が内殻電子より小さな核電荷を感じるのを考慮に入れたものである．それは図 21･1 を見ればわかる．核から離れた電子にとっては，平均化されぼやけた他の電子が存在することによって核の電荷は減少したように見える．この効果が特に重要なのは価電子であり，このとき核の全電荷は核の近くの内殻電子によって**遮蔽**[1]されているという．表 21･2 は，周期表の最初の 10 原子について，すべての被占オービタルの ζ の値を示している．これらの ζ の値は，前に説明した（表 21･1 を見よ）単一の ζ の基底セットを使ったハートリー–フォック計算から得られたものである．真の核電荷と実効核電荷の違いは，遮蔽効果の直接の目安となる．実効核電荷は，1s オービタルでは核電荷にほぼ等しいが，主量子数が増加したとき，外殻電子では急激に減少する．n の値の小さな電子は，より大きな n の電子に対して核の全電荷を効果的に遮蔽するが，同じ殻内の電子による遮蔽効果はずっと小さい．したがって，周期表の後ほど $Z-\zeta$ の差は大きくなる．しかしながら，例題 21･3 で示すように，微妙な問題も関係してくる．

例題 21・3

Li の 2s 電子が見る実効核電荷 ζ は表 21･2 に示すように 1.28 である．予想されるのは 1.28 でなく 1.0 である．ζ が 1 より大きいのはなぜか．同様に，炭素の 2s 電子が見る実効核電荷について説明せよ．

解 答

Li の 1s 電子に伴う電荷がすべて核と 2s 殻の間にあれば，2s 電子が見る核電荷は 1.0 にしかならない．図 20･10 を見ればわかるように，1s 電子の電荷の一部は 2s 殻より外にあり，2s 電子の電荷の一部は核のごく近いところにある．したがって，2s 電子が見る実効核電荷は 2 より小さな数しか減らないのである．Li の場合と同じ考え方をすれば，炭素の 1s 電子による遮蔽は不完全なものであるから，炭素の 2s 電子が感じる実効核電荷は 4 より大きいと予測される．しかしながら，炭素では $n=2$ の殻に電子が 4 個ある．同じ殻内の電子による遮蔽は内殻電子による遮蔽ほど効果的ではないが，それでも $n=2$ の電子 4 個全部の効果として，2s 電子が見る実効核電荷は 3.22 になっている．

表 21･2　代表的な原子の実効核電荷

	H(1)							He(2)
1s	1.00							1.69
	Li(3)	**Be(4)**	**B(5)**	**C(6)**	**N(7)**	**O(8)**	**F(9)**	**Ne(10)**
1s	2.69	3.68	4.68	5.67	6.66	7.66	8.65	9.64
2s	1.28	1.91	2.58	3.22	3.85	4.49	5.13	5.76
2p			2.42	3.14	3.83	4.45	5.10	5.76

1）shielded

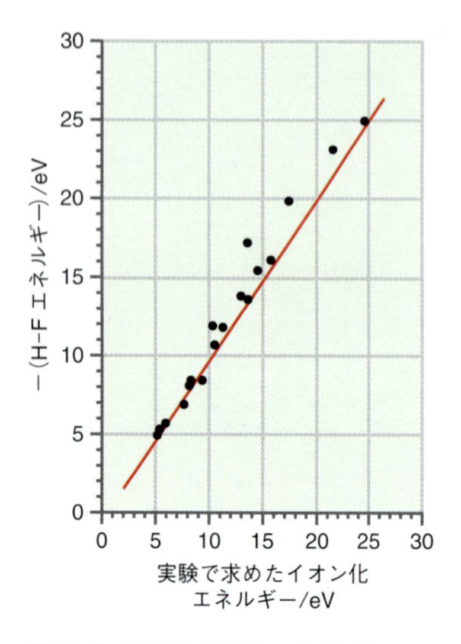

図 21・9　周期表の最初の 18 元素について，ハートリー–フォック計算で得られた最高被占オービタルのエネルギーの負の値を，実験で求めた第一イオン化エネルギーに対してプロットしたグラフ．両方の値が一致すれば，すべての点は赤色の直線上にあるはずである．

さて，オービタルのエネルギー ε_i に注目しよう．どんなオブザーバブルがオービタルエネルギーと関係があるだろうか．ε_i と直結する物理的性質はイオン化エネルギーである．妥当な近似として，最高被占オービタルの $-\varepsilon_i$ を第一**イオン化エネルギー**[1]とすることができる．この関係は，イオン化によって電子を取除いても原子内の電子分布は影響を受けないと仮定した“凍結芯”極限での**クープマンスの定理**[2]という．図 21・9 は，実験で求めた第一イオン化エネルギーと最高被占オービタルエネルギーの一致が非常によいことを示している．

これとの類推から，原子の最低空オービタルの $-\varepsilon_i$ は，その原子の**電子親和力**[3]を与えるはずである．しかしながら，ハートリー–フォックの電子親和力の計算は，イオン化エネルギーよりも精度が悪い．たとえば，F の最低空オービタルの $-\varepsilon_i$ に基づく電子親和力の計算値は負である．この結果は，F^- イオンが中性の F 原子より不安定ということを表し，実験結果に反している．F の電子親和力のよりよい推定値は，F と F^- の全エネルギーを比較して得られる．しかし，その電子親和力の値は 0.013 eV であり，実験値の 3.34 eV よりまだかなり小さい．いろいろな原子について正確なイオン化エネルギーと電子親和力を得るには，26 章で説明する電子相関を考慮に入れたもっと正確な計算が必要である．

たいていの原子の電子配置は，図 21・10 を使って得られる．この図は原子オービタルがふつう満たされる順序を表しており，それは図 21・7 のエネルギーの順に基づいている．オービタルをこの順に満たすことを**構成原理**[4]という．よく，オービタルエネルギーの順序から周期表の原子の電子配置が決まるといわれる．しかし，常にそうなるとは限らない．

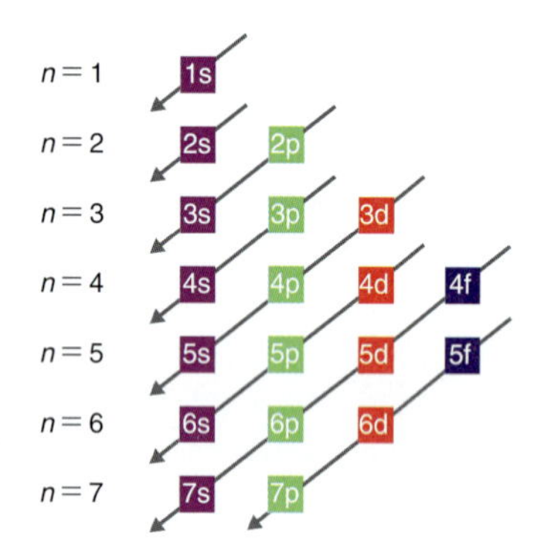

図 21・10　たいていの多電子原子で見られるオービタルが満たされる順序を灰色の線で示してある．図の上から始まる．40 個ある遷移元素のうち 12 個ではこの順序から外れる．

このことを表すために，表 21・3 に示した第一遷移系列についてわかっている電子配置を考えよう．図 21・7 によれば，K と Ca では 4s オービタルは 3d オービタルよりエネルギーが低いが，原子番号がもっと大きくなれば順序は逆転している．第 4 周期で s 副殻と d 副殻が満たされる順序は，オービタルのエネルギーの相対関係で説明できるだろうか．もし説明できれば，Sc から Ni の $n = 3, \cdots, 10$ について配置 $[Ar]4s^0 3d^n$ が予測される．ここで，[Ar] は Ar の配置を省略して表している．しかしながら，Cr と Cu を除けば，Sc から Zn の $n = 1, \cdots, 10$ について実験で求めた配置は $[Ar]4s^2 3d^n$ で与えられる．Cr と Cu では 4s 電子が 1 個である．それは，d 副殻を半分もしくは全部満たすほうが原子のエネルギーを下げるからである．

L.G. Vanquickenbourne らが示したように［'Transition Metals and the Aufbau Principle', *J. Chemical Education*, **71**, 469–471 (1994)］，可能ないろいろな配置についてオービタルエネルギーではなく全エネルギーを比較すれば，観測された配

表 21・3　第 4 周期の原子の電子配置

核電荷	元 素	電子配置	核電荷	元 素	電子配置
19	K	$[Ar]4s^1$	25	Mn	$[Ar]4s^2 3d^5$
20	Ca	$[Ar]4s^2$	26	Fe	$[Ar]4s^2 3d^6$
21	Sc	$[Ar]4s^2 3d^1$	27	Co	$[Ar]4s^2 3d^7$
22	Ti	$[Ar]4s^2 3d^2$	28	Ni	$[Ar]4s^2 3d^8$
23	V	$[Ar]4s^2 3d^3$	29	Cu	$[Ar]4s^1 3d^{10}$
24	Cr	$[Ar]4s^1 3d^5$	30	Zn	$[Ar]4s^2 3d^{10}$

1) ionization energy　2) Koopmans' theorem
3) electron affinity　4) Aufbau principle

置を説明できる．そこで，中性原子で電子が d オービタルに入る前に s オービタルを満たす方が都合がよいという状況を説明するのに，4s 電子を 3d 電子に移動するときのエネルギー代価を考えることにしよう．この 2 通りの配置の全エネルギーの差は，オービタルのエネルギーと昇位による電子間の静電反発との兼ね合いによって決まる．$4s^2 3d^n \longrightarrow 4s^1 3d^{n+1}$ の昇位による ΔE は，

$$\Delta E(4s \rightarrow 3d) \approx (\varepsilon_{3d} - \varepsilon_{4s}) + [E_{反発}(3d, 3d) - E_{反発}(3d, 4s)] \qquad (21\cdot20)$$

で与えられる．この式の第 2 項は，二つの配置の間の反発エネルギーの差を表している．この第 2 項の符号はどうなるだろうか．図 21･8 によれば，代表的な多電子原子の動径確率分布の最大を示す距離は 3s > 3p > 3d の順に従う．すなわち，d 電子は s 電子よりも局在しており，したがって反発エネルギーの順を $E_{反発}(3d, 3d) > E_{反発}(3d, 4s) > E_{反発}(4s, 4s)$ とすることができる．つまり，(21･20) 式の第 2 項は正である．この遷移金属系列では，反発項の大きさはオービタルエネルギーの差より大きい．したがって，Sc の場合は $(\varepsilon_{3d} - \varepsilon_{4s}) < 0$ であるが，$(\varepsilon_{3d} - \varepsilon_{4s}) + [E_{反発}(3d, 3d) - E_{反発}(3d, 4s)] > 0$ となるから $4s^2 3d^1 \longrightarrow 4s^0 3d^3$ という昇位は起こらない．昇位してオービタルエネルギーが下がることで全エネルギーも低下するには，電子間反発によるエネルギー上昇分を凌駕(りょうが)しなければならないのである．こうして，Sc の配置は $[Ar]4s^0 3d^3$ ではなく，$[Ar]4s^2 3d^1$ をとるのである．

このような計算を行えば，Sc から Zn の 2 価イオンの異常と思える配置，つまり $n = 1, \cdots, 10$ で $[Ar]\,4s^0 3d^n$ となることについても説明できる．電子を 2 個取除けば，残りの電子が感じる実効核電荷は増加する．その結果，ε_{4s} も ε_{3d} もかなり低下するが，ε_{3d} の方が大きく低下する．したがって，$\varepsilon_{3d} - \varepsilon_{4s}$ は負でもっと大きくなる．一方，2 価イオンの反発項の大きさはオービタルエネルギーの差より小さい．その結果，これら 2 価イオンの配置は，4s オービタルに入る前にエネルギーの低い 3d オービタルを満たすと予測できる．

ハートリー–フォック計算では電子相関を無視していることを思い出そう．したがって，得られた全エネルギーは真のエネルギーより**相関エネルギー**[1)]の分だけ大きい．たとえば，He の相関エネルギーは 110 kJ mol^{-1} である．この値は，原子の電子数が多くなれば，それ以上の速さで増加する．相関エネルギーは原子の全エネルギーの一部を占めるだけで，しかも原子番号が大きくなるともっと小さくなるが（He では 1.4 パーセント，K では 0.1 パーセント），ハートリー–フォック計算を化学反応に適用するときには，つぎの理由によって問題が起こる．化学反応では，反応物と生成物の全エネルギーに関心があるわけでなく，$\Delta_R G$ と $\Delta_R H$ が問題である．その変化は 100 kJ mol^{-1} 程度の大きさであるから，電子相関を無視した量子化学計算の誤差は熱力学量の計算にとっては大きい．しかしながら，電子相関を無視しても予想するほど重大でないことが多い．反応物と生成物で不対電子の数が同じであれば，両者の全エネルギーの誤差は同じ程度であることが多いからである．このような反応の熱力学計算では，電子相関を無視した効果の大部分は相殺される．また，多数の量子化学者によって何十年にもわたって組織的な研究が行われ，電子相関を含めることによるハートリー–フォック法を超えた計算法が開発されてきた．これらの発展のおかげで，実験で求めるのが非常に困難な多くの反応についても熱力学関数や活性化エネルギーを計算するのが可能になった．これらの計算法については 26 章で説明する．

1）correlation energy

21・6 ハートリー-フォックの計算と周期表に現れる傾向

ここで，原子に関するハートリー-フォック計算のおもな結果を簡単にまとめておこう．

- オービタルエネルギーは n と l に依存する．主量子数 n の殻内では，$\varepsilon_{ns} < \varepsilon_{np} < \varepsilon_{nd} < \cdots$ である．
- 多電子原子の電子は，他の電子によって全核電荷を遮蔽されている．遮蔽効果は実効核電荷で表せる．内殻電子は，同じ殻内の電子より外殻電子に対して核電荷を効果的に遮蔽する．
- 原子の基底状態の電子配置は，オービタルエネルギーと電子-電子間の反発との兼ね合いで決まる．

オービタルエネルギーのほかに，ハートリー-フォック法を使って計算できるパラメーターが二つあり，周期表の化学的な傾向を理解するうえで非常に有用である．それは，原子半径と電気陰性度である．原子半径の値は，電子による電荷の約 90 パーセントを含む球の半径を計算して得られる．この半径は原子価殻の電子が感じる実効電荷から求められる．

反応によってある原子が別の原子と電子をやりとりする度合いは，その原子の第一イオン化エネルギーと電子親和力に密接に関係している．これを HOMO と LUMO に関係づけよう．たとえば，これらのオービタルのエネルギーがわかれば，イオン性の化学種 NaCl が $Na^{+}Cl^{-}$ と $Na^{-}Cl^{+}$ のどちらでうまく表せるかを予測できる．無限遠に離れた Na^{+} と Cl^{-} を生成するには，

$$\Delta E = E^{\mathrm{Na}}_{\text{イオン化}} - E^{\mathrm{Cl}}_{\text{電子親和力}} = 5.14\ \mathrm{eV} - 3.61\ \mathrm{eV} = 1.53\ \mathrm{eV} \qquad (21\cdot21)$$

のエネルギーが必要である．一方，電荷の符号が逆転したイオンの生成では，

$$\Delta E = E^{\mathrm{Cl}}_{\text{イオン化}} - E^{\mathrm{Na}}_{\text{電子親和力}} = 12.97\ \mathrm{eV} - 0.55\ \mathrm{eV} = 12.42\ \mathrm{eV} \qquad (21\cdot22)$$

である．どちらの場合も，両イオンが近づけば余分のエネルギーが得られるが，$Na^{-}Cl^{+}$ より $Na^{+}Cl^{-}$ を生成するほうが明らかに有利である．**電気陰性度**[1]は記号 χ で表す．それは，化学結合で相手の原子と電子を受け渡しする傾向を定量化するものである．18 族の貴ガスは化学結合をつくらないから（数少ない例外を除く），それには χ の値を与えない．

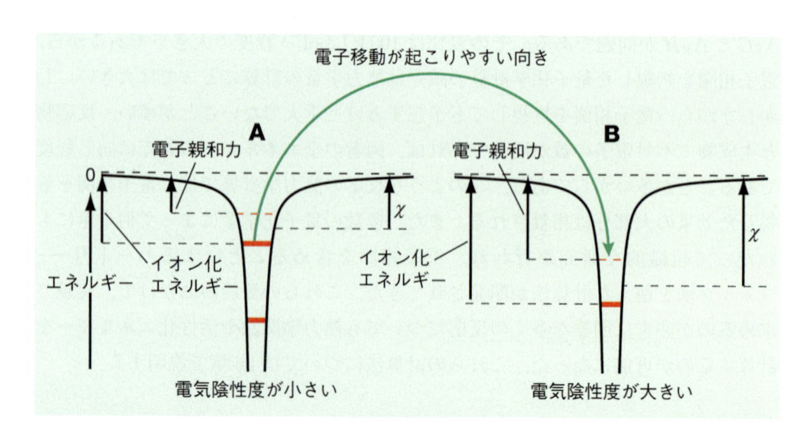

図 21・11 分子 AB のエネルギーは，電子の電荷を A から B に移動する方が，B から A に移動するより低くなる．

1) electronegativity

電気陰性度（単位はない[†2]）の定義はいくつかある．しかし，同じ数値の範囲にスケールすればすべて似た結果を与える．たとえば，マリケンの定義によるχは，

$$\chi = 0.187(E_{\text{イオン化}}/\text{eV} + E_{\text{電子親和力}}/\text{eV}) + 0.17 \qquad (21\cdot23)$$

で与えられる．$E_{\text{イオン化}}$は第一イオン化エネルギー，$E_{\text{電子親和力}}$は電子親和力である．それは，ほぼ第一イオン化エネルギーと電子親和力の平均であるが，結合エネルギーに基づいて決めた当時のポーリングの電気陰性度の目盛との相関を考慮に入れたパラメーターとして 0.187 と 0.17 が使われている．マリケンによるχの定義は，図21・11を使えば理解しやすい．

イオン化エネルギーと電子親和力の小さな原子（A）が，イオン化エネルギーと電子親和力の大きな原子（B）と結合を形成するとしよう．電荷の一部がAからBに移動すれば系のエネルギーが下がるから，その逆でエネルギーが上がる過程より都合がよい．χが大きく異なる原子間で化学結合が生じれば，両者でかなりの電子移動が起こるので，その結合は強いイオン性を帯びる．χの値が似た原子間の化学結合では，このような電子移動が起こる駆動力は小さいから，両原子の価電子をほぼ等価に共有することにより結合は共有結合性を帯びる．

図21・12では，$Z = 55$以下の原子について原子半径，第一イオン化エネルギー，χの値を原子番号の関数でプロットして比較している．第1周期では1sオービタルだけが満たされ，次の二つの短周期ではsオービタルとpオービタルだけが満たされ，次の二つの長周期ではsとpに加えてdオービタルも満たされ

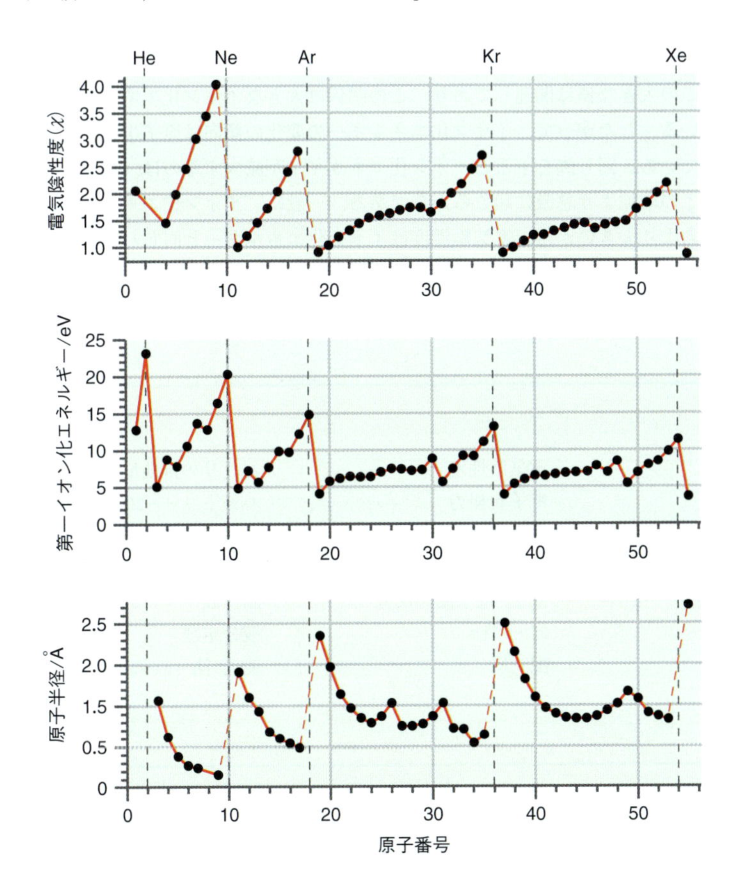

図21・12　周期表の最初の55元素について，電気陰性度，第一イオン化エネルギー，共有結合原子半径を原子番号の関数でプロットしてある．縦の破線は各周期の完成を示している．

†2　訳注：もともとはエネルギーの単位にeVを使って表したものである．

H 1s 1							He 1s 1.69
Li 2s 1.28	Be 2s 1.91	B 2s 2.58 2p 2.42	C 2s 3.22 2p 3.14	N 2s 3.85 2p 3.83	O 2s 4.49 2p 4.45	F 2s 5.13 2p 5.10	Ne 2s 5.76 2p 5.76
Na 3s 2.51	Mg 3s 3.31	Al 3s 4.12 3p 4.07	Si 3s 4.90 3p 4.29	P 3s 5.64 3p 4.89	S 3s 6.37 3p 5.48	Cl 3s 7.07 3p 6.12	Ar 3s 7.76 3p 6.76
K 4s 3.50	Ca 4s 4.40	Ga 4s 7.07 4p 6.22	Ge 4s 8.04 4p 6.78	As 4s 8.94 4p 7.45	Se 4s 9.76 4p 8.29	Br 4s 10.55 4p 9.03	Kr 4s 11.32 4p 9.77
Rb 5s 4.98	Sr 5s 6.07	In 5s 9.51 5p 8.47	Sn 5s 10.63 5p 9.10	Sb 5s 10.61 5p 9.99	Te 5s 12.54 5p 10.81	I 5s 13.40 5p 11.61	Xe 5s 14.22 5p 12.42

図 21·13　周期表の最初の 5 周期の主要族元素の原子価殻電子について，実効核電荷を示してある．

る．まず，共有結合半径については，価電子の実効核電荷 ζ の計算値から予測される傾向が見られる．すなわち，図 21·13 で主要族元素について示してあるように，同じ周期を右に進んだり，同じ族を下りたりすれば価電子の ζ の計算値は増加するからである．

原子半径は，同じ周期を右に進むと連続的に減少するが，n が 1 増加して次の周期に進むときは急激に増加している．同じ族を下ると n とともに原子半径は増加する．それは，核電荷が増えると ζ の値が大きくなるが，同じ族を下る方が同じ周期で右に進むより ζ は緩やかに増加するからである．原子半径が小さいことと ζ の大きな値は関連しており，この関係は大きなイオン化エネルギーにも及んでいる．したがって，イオン化エネルギーの変化の傾向は原子半径の変化と逆転している．同じ族を下るとイオン化エネルギーが減少するのは，原子半径の増加が ζ の増加より急激に起こるからである．一般に，イオン化エネルギーは電子親和力より大きいから，電気陰性度はイオン化エネルギーと同じパターンを示している．

用語のまとめ

イオン化エネルギー
オービタル
オービタルエネルギー
オービタル近似
殻
基底関数
クープマンスの定理
構成原理
試行波動関数
実効核電荷
遮　蔽
スレーター行列式
相関エネルギー
対称波動関数
電気陰性度
電子親和力
電子スピン
電子相関
電子–電子間の反発
同一性
配　置
パウリの排他原理
ハートリー–フォックのつじつまの合う場の方法
反対称波動関数
副　殻
変分定理
変分法

文章問題

Q 21.1　酸素がフッ素になると，1s オービタルの実効核電荷は 0.99 増加するのに，2p オービタルでは 0.65 しか増加しないのはなぜか．

Q 21.2　クリプトンでは $n = 3$ の殻に 18 個，$n = 4$ の殻に 8 個の電子がある．このことを考えたとしても，図 21·6 の動径分布関数のピークの高さは $n = 3$ より $n = 4$ の方がずっと低い．これについて説明せよ．

Q 21.3 実効核電荷は，ハートリー–フォック計算の基底セットの大きさとどう関係しているか．

Q 21.4 ハートリー–フォックの一電子オービタルの方位関数 $\Theta(\theta)\Phi(\phi)$ は水素原子の場合と同じで，動径関数と動径分布関数も水素原子と似ている．等高線プロットの色については図 20·7 で説明した．つぎの図は，一電子オービタルの (a) 縦軸を y 軸とする xy 面内の等高線プロット，(b) 動径関数，(c) 動径分布関数 である．このオービタルは何か（2s, $4d_{xz}$ など）．

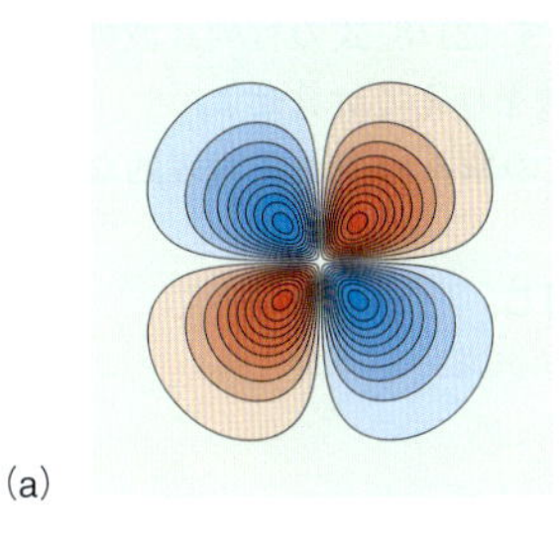
(a)

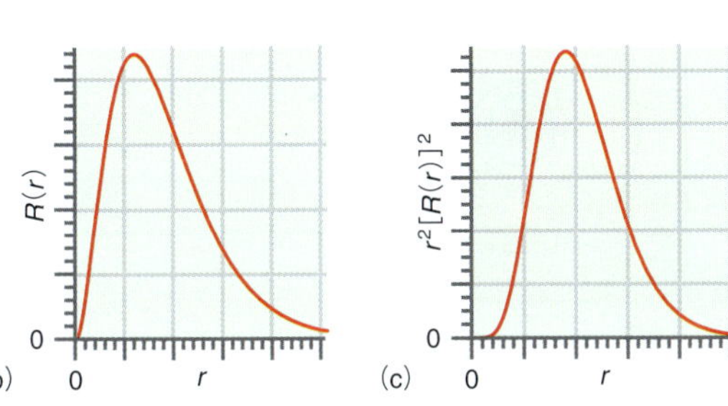

(b) (c)

Q 21.5 図 21·7 に示した 1s オービタルのエネルギーの Z 依存性について，その関数形を求めよ．実際に数点のデータを使って答を確かめよ．

Q 21.6 問題は Q21·4 と同じ．

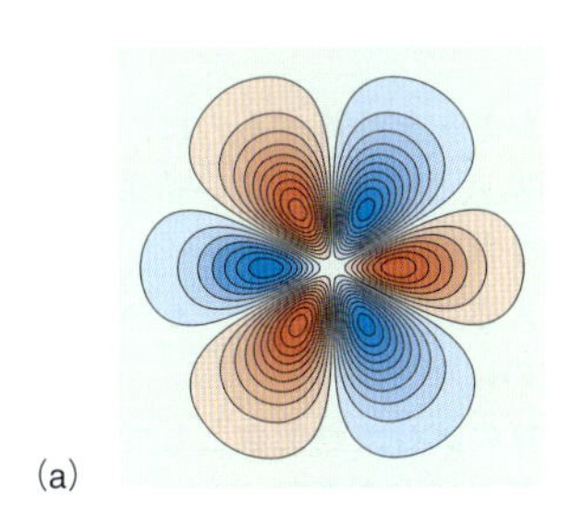
(a)

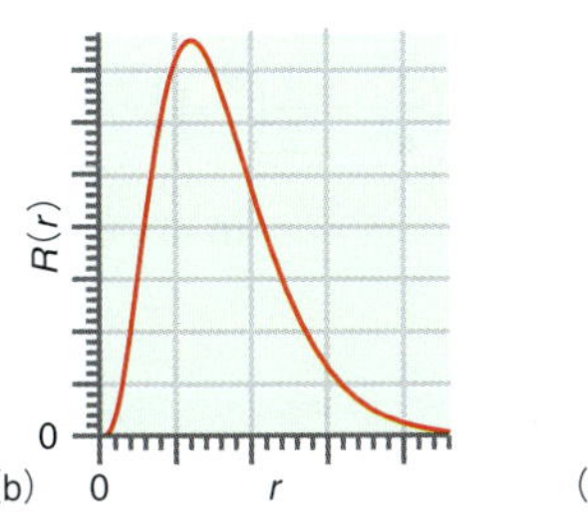

(b)

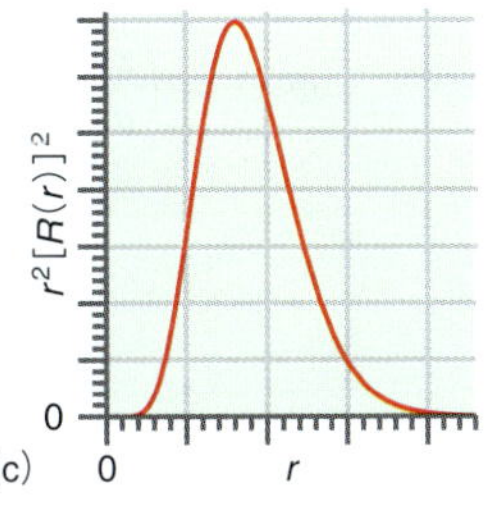

(c)

Q 21.7 遮蔽効果は，同じ主量子数の電子より，主量子数の小さな殻の電子による方が効果的なのはなぜか．

Q 21.8 基底セットの各要素を実験で観測することはできるか．その答の根拠を説明せよ．

Q 21.9 例をあげて，パウリの排他原理に関するつぎの表現が等価であることを示せ．

a. 多電子系を表す波動関数では，2 電子を交換すれば符号を変えなければならない．

b. 四つの量子数すべてが等しい 2 電子は存在しない．

Q 21.10 問題は Q21·4 と同じ．

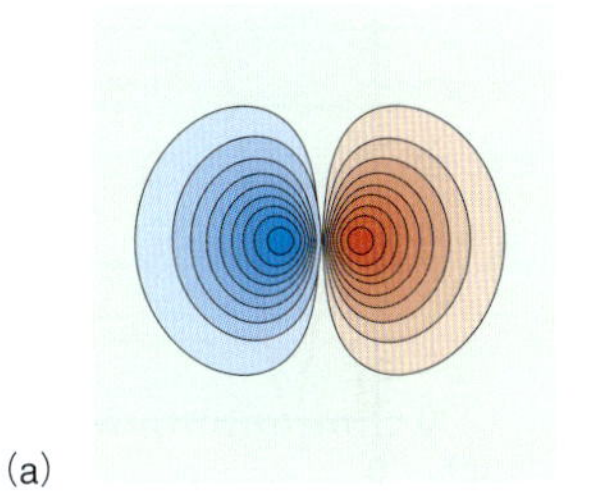
(a)

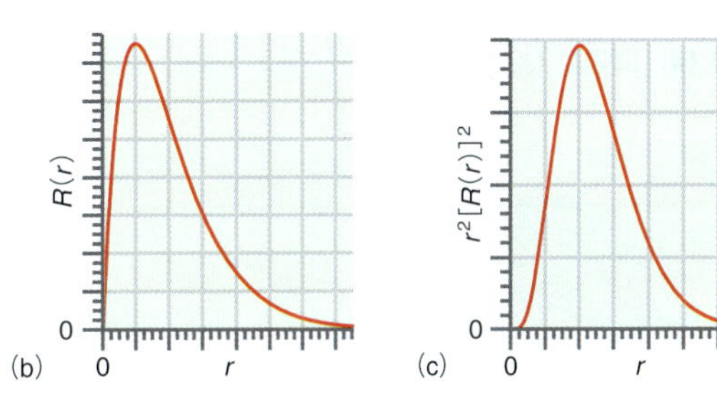

(b) (c)

Q 21.11 問題は Q21·4 と同じ．

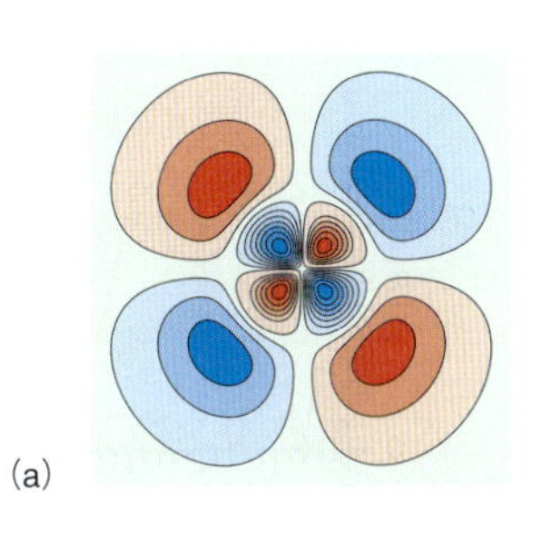
(a)

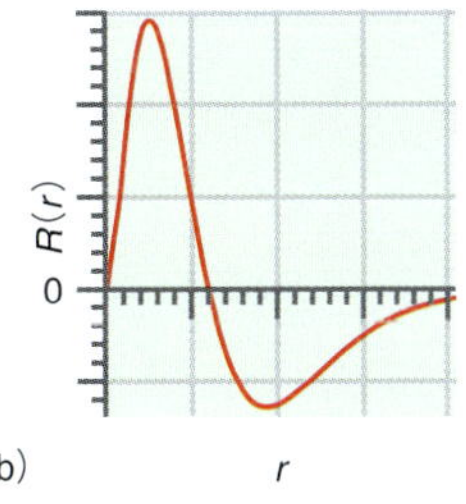

(b)

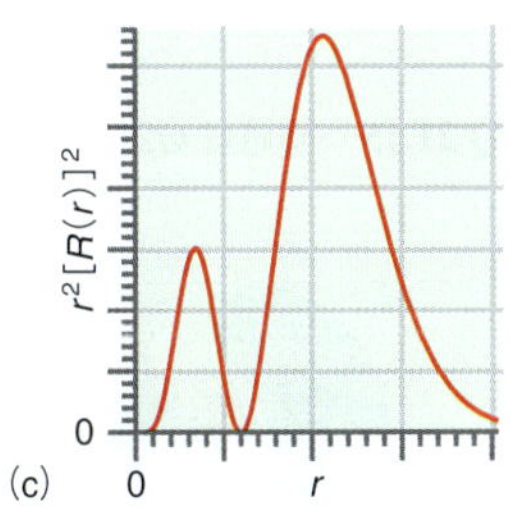

(c)

Q 21.12 多電子原子の全エネルギーは，各電子のオービタルエネルギーの和と等しくない．なぜか．

Q 21.13 問題は Q21·4 と同じ.

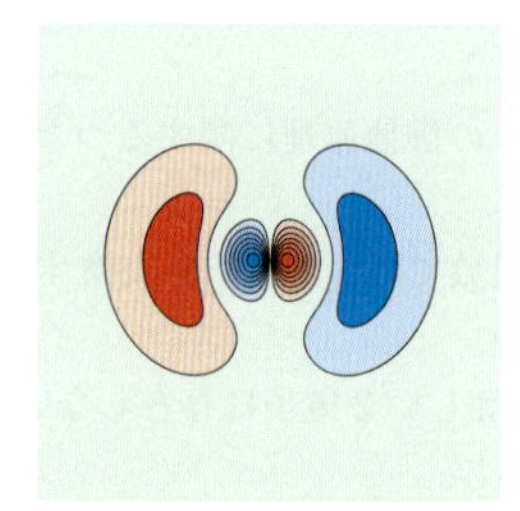

(a)

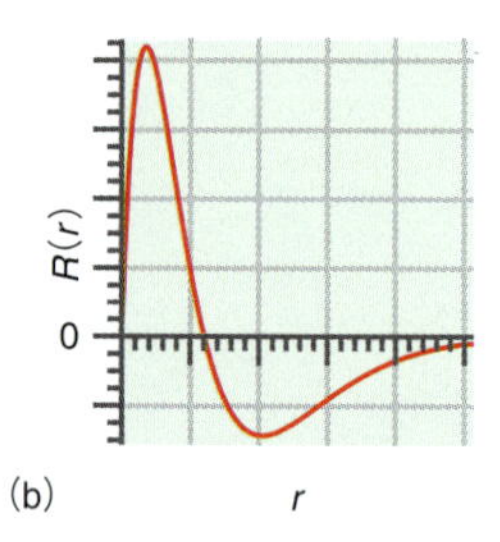

(b)

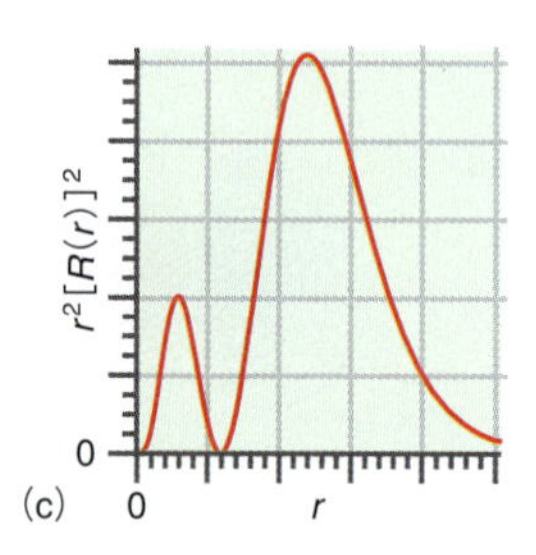

(c)

Q 21.14 問題は Q21·4 と同じ.

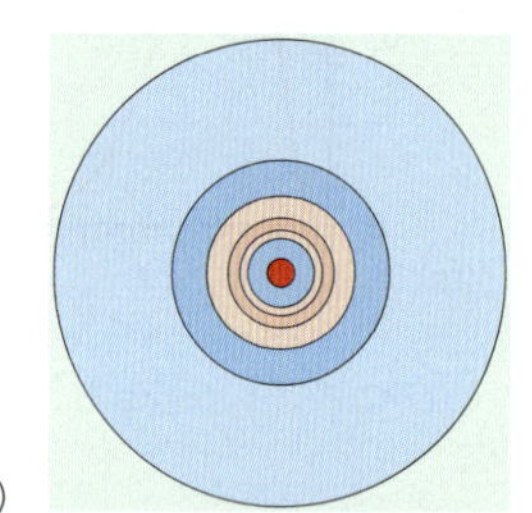

(a)

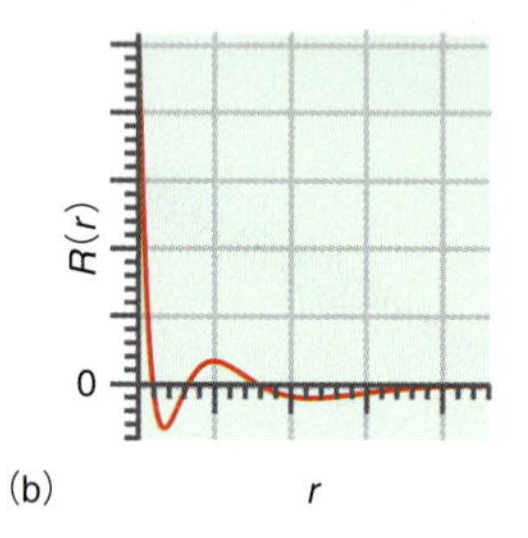

(b)

(c)

Q 21.15 問題は Q21·4 と同じ.

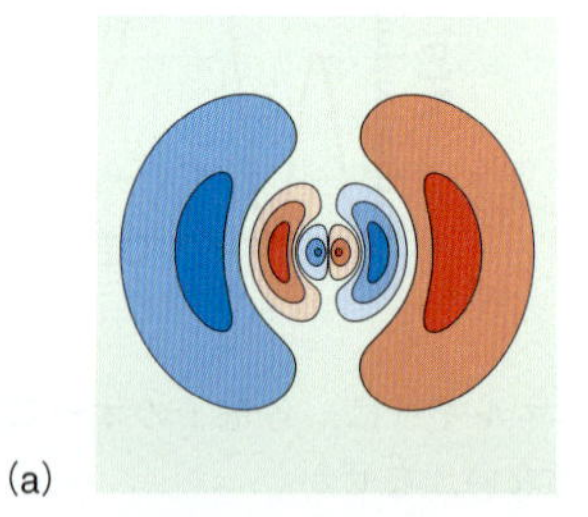

(a)

(b)

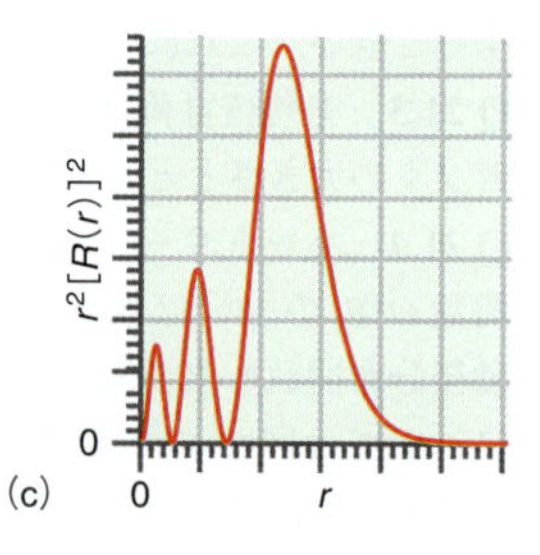

(c)

Q 21.16 波動関数をスレーター行列式で表せば，パウリの排他原理が自動的に組込まれることをつぎの実例によって示せ．He の基底状態を表す (21·8) 式の行列式波動関数で，両方の電子に同じ量子数を与えて計算せよ．

Q 21.17 スレーター行列式の個々の要素に物理的な意味はあるか．

Q 21.18 問題は Q21·4 と同じ.

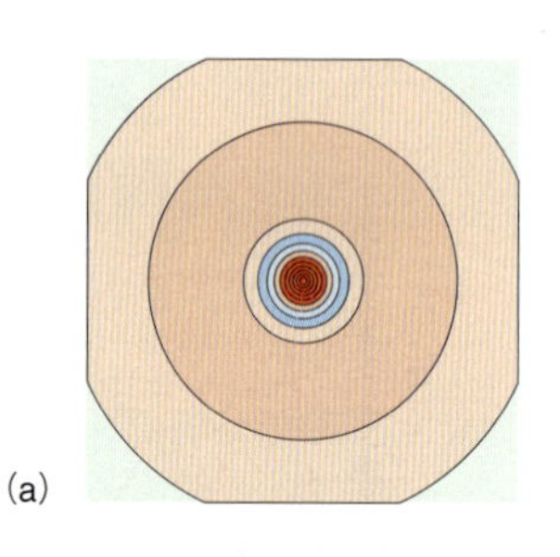

(a)

(b)

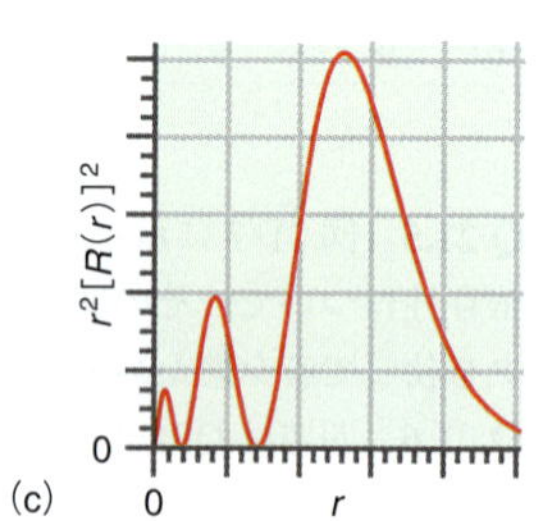

(c)

Q 21.19 ある原子の全エネルギーを計算するのに，ある基底セットを使った方が別の基底セットよりよい結果が得られたとき，これをどう表現すればよいか．

Q 21.20 H 原子について導入された s, p, d, … という名称が，多電子原子でも使えるのはなぜか．

Q 21.21 21·4 節で行った計算の試行波動関数として，つぎの波動関数は適切か．その答の根拠を説明せよ．

$$\Phi(x) = \left(\frac{x}{a} - \frac{x^3}{a^3}\right) + \alpha\left(\frac{x^5}{a^5} - \frac{1}{2}\left(\frac{x^7}{a^7}\right)\right)$$

$$(0 < x < a)$$

数値問題

赤字番号の問題の解説が解答·解説集にある（上巻 vii 頁参照）.

P 21.1 波動関数
$\psi(1,2) = 1s(1)\alpha(1)1s(2)\beta(2) + 1s(2)\alpha(2)1s(1)\beta(1)$ は演算子 $\hat{S}_z$ の固有関数か．そうなら，その固有値 M_S を求めよ．

P 21.2 個々の電子のスピン角運動量ベクトルが z 軸となす角度を計算せよ．

P 21.3 この問題では，スピン固有関数とスピン演算子をそれぞれベクトルと行列で表そう．

a. スピン固有関数をつぎのように列ベクトルで表すことがよくある．

$$\alpha = \begin{pmatrix} 1 \\ 0 \end{pmatrix} \qquad \beta = \begin{pmatrix} 0 \\ 1 \end{pmatrix}$$

この表し方を使って，α と β が直交することを示せ．

b. スピン角運動量演算子をつぎのように行列で表す．

$$\hat{s}_x = \frac{\hbar}{2}\begin{pmatrix} 0 & 1 \\ 1 & 0 \end{pmatrix}, \quad \hat{s}_y = \frac{\hbar}{2}\begin{pmatrix} 0 & -\mathrm{i} \\ \mathrm{i} & 0 \end{pmatrix}, \quad \hat{s}_z = \frac{\hbar}{2}\begin{pmatrix} 1 & 0 \\ 0 & -1 \end{pmatrix}$$

このとき，交換関係 $[\hat{s}_x, \hat{s}_y] = \mathrm{i}\hbar\hat{s}_z$ が成り立つことを示せ．

c. つぎの関係を示せ．

$$\hat{s}^2 = \hat{s}_x^2 + \hat{s}_y^2 + \hat{s}_z^2 = \frac{\hbar^2}{4}\begin{pmatrix} 3 & 0 \\ 0 & 3 \end{pmatrix}$$

d. α と β が $\hat{s}_z$ と $\hat{s}^2$ の固有関数であることを示せ．その固有値はいくらか．

e. α と β は $\hat{s}_x$ や $\hat{s}_y$ の固有関数でないことを示せ．

P 21.4 この問題では，変分法を使って得られた系の基底状態のエネルギーは真のエネルギーより大きいことを示そう．

a. 近似波動関数 Φ は，全エネルギー演算子の真の（ただし未知の）固有関数 ψ_n を使って $\Phi = \sum_n c_n \psi_n$ のかたちに展開できる．つぎの式に $\Phi = \sum_n c_n \psi_n$ を代入すれば，

$$E = \frac{\int \Phi^* \hat{H} \Phi \, \mathrm{d}\tau}{\int \Phi^* \Phi \, \mathrm{d}\tau}$$

その結果は次式で表されることを示せ．

$$E = \frac{\sum_n \sum_m \int (c_n^* \psi_n^*) \hat{H} (c_m \psi_m) \, \mathrm{d}\tau}{\sum_n \sum_m \int (c_n^* \psi_n^*)(c_m \psi_m) \, \mathrm{d}\tau}$$

b. ψ_n は $\hat{H}$ の固有関数であるから，それらは互いに直交しており，$\hat{H}\psi_n = E_n \psi_n$ である．このことから，(a) の E の式はつぎのような簡単なかたちで表せることを示せ．

$$E = \frac{\sum_m E_m c_m^* c_m}{\sum_m c_m^* c_m}$$

c. 上の和で表された各項を整理して，最初の項を真の基底状態エネルギー E_0 とし，m とともにエネルギーが大きくなるかたちで表せ．$E - E_0 \geq 0$ とできるのはなぜか．

P 21.5 この問題では，$n = 2$ の副殻 $l = 1$ が満たされたとき，その電荷密度は球対称であり，したがって $\boldsymbol{L} = 0$ であることを示そう．電子の電荷の角度分布は，$l = 1$ で $m_l = -1, 0, 1$ の波動関数の角度部分の絶対値の2乗の和で表される．

a. これらの関数の角度部分はつぎのように与えられる．

$$Y_1^0(\theta, \phi) = \left(\frac{3}{4\pi}\right)^{1/2} \cos\theta$$

$$Y_1^1(\theta, \phi) = \left(\frac{3}{8\pi}\right)^{1/2} \sin\theta \, \mathrm{e}^{\mathrm{i}\phi}$$

$$Y_1^{-1}(\theta, \phi) = \left(\frac{3}{8\pi}\right)^{1/2} \sin\theta \, \mathrm{e}^{-\mathrm{i}\phi}$$

このとき，$|Y_1^0(\theta,\phi)|^2 + |Y_1^1(\theta,\phi)|^2 + |Y_1^{-1}(\theta,\phi)|^2$ の式を書け．

b. $|Y_1^0(\theta,\phi)|^2 + |Y_1^1(\theta,\phi)|^2 + |Y_1^{-1}(\theta,\phi)|^2$ が θ や ϕ に依存しないことを示せ．

c. この結果が，$n = 2$，$l = 1$ が満ちた副殻の電荷密度が球対称であることを示しているのはなぜか．

P 21.6 電子2個の全スピンの2乗の演算子は，$\hat{S}_{全}^2 = (\hat{S}_1 + \hat{S}_2)^2 = \hat{S}_1^2 + \hat{S}_2^2 + 2(\hat{S}_{1x}\hat{S}_{2x} + \hat{S}_{1y}\hat{S}_{2y} + \hat{S}_{1z}\hat{S}_{2z})$ である．つぎの関係から，$\alpha(1)\alpha(2)$ と $\beta(1)\beta(2)$ が演算子 $\hat{S}_{全}^2$ の固有関数であることを示せ．

$$\hat{S}_x \alpha = \frac{\hbar}{2}\beta, \qquad \hat{S}_y \alpha = \frac{\mathrm{i}\hbar}{2}\beta, \qquad \hat{S}_z \alpha = \frac{\hbar}{2}\alpha$$

$$\hat{S}_x \beta = \frac{\hbar}{2}\alpha, \qquad \hat{S}_y \beta = -\frac{\mathrm{i}\hbar}{2}\alpha, \qquad \hat{S}_z \beta = -\frac{\hbar}{2}\beta$$

それぞれについて固有値を求めよ．

P 21.7 関数 $[\alpha(1)\beta(2) + \beta(1)\alpha(2)]/\sqrt{2}$ と $[\alpha(1)\beta(2) - \beta(1)\alpha(2)]/\sqrt{2}$ は $\hat{S}_{全}^2$ の固有関数であることを示せ．それぞれについて固有値を求めよ．

P 21.8 この問題では，変分パラメーターを α とした試行関数 $\Phi(r) = \mathrm{e}^{-\alpha r}$ を使って，変分法によって最適化した水素原子の 1s 波動関数を見いだそう．そのために，α についてのつぎの関数を最小化する．

$$E(\alpha) = \frac{\int \Phi^* \hat{H} \Phi \, \mathrm{d}\tau}{\int \Phi^* \Phi \, \mathrm{d}\tau}$$

a. つぎの式が書けることを示せ．

$$\hat{H}\Phi = -\frac{\hbar^2}{2m_e}\frac{1}{r^2}\frac{\partial}{\partial r}\left(r^2\frac{\partial\Phi(r)}{\partial r}\right) - \frac{e^2}{4\pi\varepsilon_0 r}\Phi(r)$$

$$= \frac{\alpha\hbar^2}{2m_e r^2}(2r-\alpha r^2)e^{-\alpha r} - \frac{e^2}{4\pi\varepsilon_0 r}e^{-\alpha r}$$

b. 上巻 付録A「数学的な取扱い」にある積分公式を使って,

$$\int \Phi^* \hat{H}\Phi\, d\tau = 4\pi\int_0^\infty r^2\Phi^*\hat{H}\Phi\, dr$$

$$= \frac{\pi\hbar^2}{2m_e\alpha} - \frac{e^2}{4\varepsilon_0\alpha^2}$$

を導け.

c.「数学的な取扱い」にある積分公式を使って,

$$\int \Phi^*\Phi\, d\tau = 4\pi\int_0^\infty r^2\Phi^*\Phi\, dr = \pi/\alpha^3$$

を示せ.

d. 以上で, $E(\alpha) = \hbar^2\alpha^2/(2m_e) - e^2\alpha/(4\pi\varepsilon_0)$ が得られる. この関数を α について最小化し, α の最適値を求めよ.

e. $E(\alpha_{最適})$ は真のエネルギーに等しい, もしくはより大きいといえるか.

P 21.9 第二イオン化エネルギーの測定を二つの独立した研究チームに依頼した. 両者の結果が一致しなかったため, そのデータをすでにわかっている第一イオン化エネルギーの値とともにプロットした. それをつぎの図に示す.

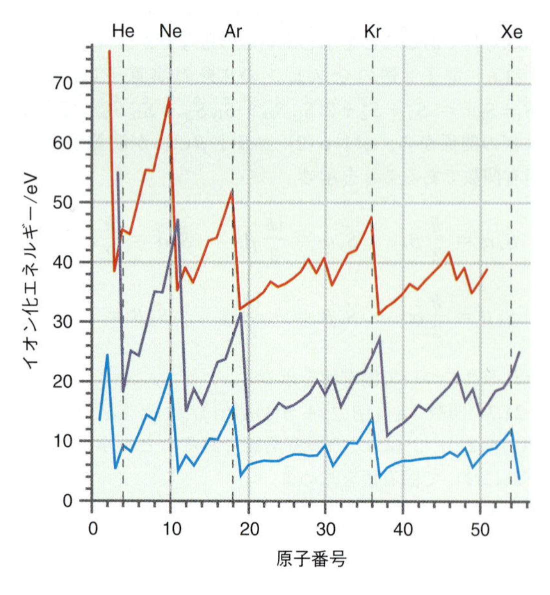

一番下の曲線は第一イオン化エネルギーのデータである. 上の二つの曲線は, それぞれの研究チームによる第二イオン化エネルギーの結果である. ただし, 一番上の曲線は他の曲線と重ならないように縦方向にシフトしてある. 周期表について学習した事柄に基づけば, どちらのデータが正しいかすぐに判断でき, 一方の研究チームがした間違いを指摘できるはずである. どちらのデータが正しいか. その答の根拠を説明せよ.

P 21.10 電子1と2の交換について, つぎの関数が対称か, 反対称か, それともどちらでもないかを分類せよ.

a. $[1s(1)\,2s(2) + 2s(1)\,1s(2)] \times [\alpha(1)\beta(2) - \beta(1)\alpha(2)]$

b. $[1s(1)\,2s(2) + 2s(1)\,1s(2)] \times \alpha(1)\alpha(2)$

c. $[1s(1)\,2s(2) + 2s(1)\,1s(2)] \times [\alpha(1)\beta(2) + \beta(1)\alpha(2)]$

d. $[1s(1)\,2s(2) - 2s(1)\,1s(2)] \times [\alpha(1)\beta(2) + \beta(1)\alpha(2)]$

e. $[1s(1)\,2s(2) + 2s(1)\,1s(2)]$
$\times [\alpha(1)\beta(2) - \beta(1)\alpha(2) + \alpha(1)\alpha(2)]$

P 21.11 Be の基底状態の電子配置についてスレーター行列式を書け.

P 21.12 He 原子の基底状態の正確なエネルギーは −79.01 eV である. 表 21·1 の結果を使って, He 原子の相関エネルギーと全エネルギーに対する相関エネルギーの比を計算せよ.

P 21.13 Li^{2+} イオンの基底状態の波動関数は $\pi^{-1/2}(Z/a_0)^{3/2}\,e^{-Zr/a_0}$ である. Z は核電荷である. Li^{2+} イオンのポテンシャルエネルギーの期待値を計算せよ.

P 21.14 問題 P21·13 の波動関数を使って, 基底状態にある Li^{2+} イオンの動径分布関数の最大位置を計算せよ.

問題 P21·15〜P21·20 は, 周期表の最初の 11 元素の第一イオン化エネルギーと電子親和力に関するものである. そのデータ（単位 eV）をつぎの表に示す.

元　素	H	He
第一イオン化エネルギー/eV（上段）	13.6	24.6
電子親和力/eV（下段）	0.8	<0

Li	Be	B	C	N	O	F	Ne	Na
5.4	9.3	8.3	11.3	14.5	13.6	17.4	21.6	5.1
0.6	<0	0.3	1.3	−0.1	1.5	3.4	<0	0.5

P 21.15 これらの元素について, 電子親和力の大きさが第一イオン化エネルギーより小さいのはなぜか.

P 21.16 He, Be, Ne の電子親和力が負であるということは, その負イオンが中性原子より不安定ということである. これら 3 元素でそうなる理由を説明せよ.

P 21.17 第一イオン化エネルギーが原子番号とともに変化する傾向を説明するのに, 図 21·13 に掲げた実効核電荷の情報は役に立つか. その答の根拠を説明せよ.

P 21.18 電子親和力が原子番号とともに変化する傾向を説明するのに, 図 21·13 に掲げた実効核電荷の情報は役に立つか．その答の根拠を説明せよ．

P 21.19 Nの電子親和力が負である理由を説明せよ．

P 21.20 Fの第一イオン化エネルギーと電子親和力がOより大きい理由を説明せよ．

計算問題

Spartan Student（学生自習用の分子モデリングソフトウエア）を使ってこの計算を行うときは，ウエブサイト www.masteringchemistry.com にある詳しい説明を見よ．ガウス型基底セットについては26章で説明する．

C 21.1 ハートリー–フォック法と（a）3-21G，（b）6-31G*，（c）6-311+G**基底セットを使って，Ne原子の全エネルギーと1sオービタルエネルギーを計算せよ．計算に使用する基底関数の数に注意せよ．それぞれの基底セットについて得られた結果を，ハートリー–フォック極限値である −128.854705 ハートリー[†3]と比較して相対誤差を計算せよ．これらの基底セットを全エネルギーのハートリー–フォック極限に近い順に並べよ．

C 21.2 ハートリー–フォック法と（a）3-21G，（b）6-31G*基底セットを使って，K原子の全エネルギーと4sオービタルエネルギーを計算せよ．計算に使用する基底関数の数に注意せよ．得られた結果について，全エネルギーと4sオービタルエネルギーのハートリー–フォック極限値，−16245.7 eVと−3.996 eVからの相対誤差をそれぞれ百分率で計算せよ．これらの基底セットを全エネルギーのハートリー–フォック極限に近い順に並べよ．また，全エネルギーのハートリー–フォック極限値からの誤差の何パーセントが，代表的な反応エンタルピー 100 kJ mol^{-1} に相当するか．

C 21.3 ハートリー–フォック法と6-311+G**基底セットを使って，（a）Li，（b）F，（c）S，（d）Cl，（e）Neのイオン化エネルギーを計算せよ．ただし，つぎの二つの異なる方法で計算を行え．（a）クープマンスの定理を使うやり方，（b）中性原子と1価イオンの全エネルギーを比較するやり方．得られた答を文献値と比較せよ．

C 21.4 ハートリー–フォック法と6-311+G**基底セットを使って，中性原子と1価イオンの全エネルギーを比較することによって，（a）Li，（b）F，（c）S，（d）Clの電子親和力を計算せよ．得られた答を文献値と比較せよ．

C 21.5 問題C21.3と問題C21.4の答を使って，（a）Li，（b）F，（c）S，（d）Clのマリケンの電気陰性度を計算せよ．得られた答を文献値と比較せよ．

C 21.6 反応に伴うエネルギー変化をハートリー–フォック法で計算したときの正確さを評価するために，ハートリー–フォック法と6-31G*基底セットを使って反応物と生成物の全エネルギーの差（ΔU）を計算することによって，反応 $CH_3OH \rightarrow CH_3 + OH$ の全エネルギー変化を計算せよ．得られた結果を，B3LYP法と同じ基底セットとを使って計算した結果および実験値 410 kJ mol^{-1} と比較せよ．26章で説明するが，B3LYP法は電子相関を考慮に入れた方法である．ハートリー–フォック法で計算した CH_3OH の全エネルギーの相対誤差の何パーセントが，ΔU の計算値と実験値の差に相当するか．

---

†3 訳注：“ハートリー”は，エネルギーの原子単位の一つ．リュードベリ定数の2倍に相当する．

22 多電子原子の量子状態と原子分光法

原子に２個以上の電子があると，電子の同一性や電子スピン，オービタルとスピンの磁気モーメント間の相互作用に関する問題が現れる．これらの問題を考慮に入れれば，多電子原子の状態を指定する新しい量子数の組を導入することができ，その状態を準位，さらには項に分類することができる．種々の原子分光法は，原子の離散的なエネルギー準位に関する詳細な情報を与えるだけでなく，多電子原子におけるスピンとオービタルの角運動量ベクトルのカップリングの状況を理解するうえで重要な基礎を提供する．原子の離散的なエネルギー準位は原子によって異なるものであるから，原子分光法を使えば試料に含まれる原子を特定し，その濃度を求めるための情報が得られる．そのため，原子分光法は分析化学の分野で広く使われている．原子の離散的なエネルギースペクトルとその量子状態間の遷移速度の違いをうまく利用すれば，強力でコヒーレントな単色光源であるレーザーをつくることができる．原子分光法は，固体表面の数原子層にねらいを定めた元素識別にも利用されている．電子励起された原子が関与する反応は基底状態にある原子の反応と著しく異なることがあり，それは大気圏内の反応でも確認されている．

22・1 よい量子数，項，準位，状態

多電子原子の量子数はどう割り当てればよいだろうか．H 原子の全エネルギー固有関数を指定するのに使った量子数 n, l, m_l, m_s は，演算子 $\hat{H}, \hat{l}^2, \hat{l}_z, \hat{s}_z$ の固有値に直結している．ある演算子の固有値は，その演算子が $\hat{H}$ と可換でなければ，時間によらない固有値とならない．H 原子では一組の演算子 $\hat{l}^2, \hat{l}_z, \hat{s}^2, \hat{s}_z$ が全エネルギー演算子 $\hat{H}$ と可換であるから，H 原子の量子数はいずれも**よい量子数**[1]である．われわれが特に関心があるのは，よい量子数を生み出す演算子である．それによって原子や分子の時間によらないオブザーバブルの値が得られるからである．

残念ながら，多電子原子や多電子イオンの量子数 n, l, m_l, m_s はよい量子数とならない．したがって，$\hat{H}$ と可換な演算子に対応する別の量子数の組を見つけなければならない．ここではまず，$Z < 40$ の原子をうまく記述できるモデルに注目しよう．22･3 節で，このモデルを $Z > 40$ の原子に拡張する．この原子番号で話を分ける理由についてもそこで説明する．よい量子数をつくるには，電子のオービタル角運動量のベクトル和 $\boldsymbol{L}$ とスピン角運動量のベクトル和 $\boldsymbol{S}$ をつぎのように別々につくることである．その z 成分はそれぞれ M_L と M_S である．ただし，この和に参加できる電子は，満たされていない副殻にある電子だけである．

1) good quantum number

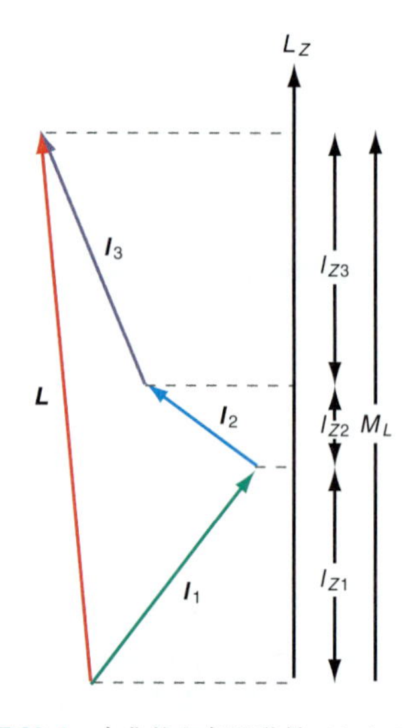

図 22·1　古典的な角運動量ベクトルの和のとり方．$\boldsymbol{L}$ を計算するには各ベクトルの方向を知る必要があるが，M_L を計算するだけなら必要ない．18·8 節で説明したように，量子力学ではそれぞれの角運動量ベクトルを $\hat{l}_x, \hat{l}_y, \hat{l}_z$ の間の交換関係に従う円錐で表す必要がある．

$$\boldsymbol{L} = \sum_i \boldsymbol{l}_i \qquad \boldsymbol{S} = \sum_i \boldsymbol{s}_i \tag{22·1}$$

角運動量ベクトル $\boldsymbol{l}$ の和については 18 章で説明したが，$\boldsymbol{L}$ と $\boldsymbol{S}$ の大きさはそれぞれ $\sqrt{L(L+1)}\,\hbar$，$\sqrt{S(S+1)}\,\hbar$ である．

古典物理学でのベクトル和のとり方を図 22·1 に示す．このベクトル和をとるには，三つのベクトルの成分すべてがわかっていなければならないことに注意しよう．しかし，量子力学では，$\hat{l}_x, \hat{l}_y, \hat{l}_z$ の間の交換関係（18·59 式を見よ）によって，角運動量ベクトルの長さと成分の一つ（これを z 軸に選ぶ）の大きさしか知ることができない．すなわち，図 22·1 で示した和は実際にはとれないのがわかる．一方，既知成分 l_{zi} については，スカラー量であるから簡単に $M_L = \sum_i l_{zi}$ として和をとれる．すぐ後でわかるように，よい量子数 L と S を求めるには M_L と M_S を知るだけで十分である．

次に，一電子演算子からつくった多電子原子の演算子 $\hat{L}^2, \hat{L}_z, \hat{S}^2, \hat{S}_z$ について考えよう．これらの演算子は $Z < 40$ の多電子原子の $\hat{H}$ と可換である．演算子を大文字で書くことで，原子の満たされていない副殻にある全電子について合計した演算子であることを表している．これらの演算子は，

$$\hat{S}_z = \sum_i \hat{s}_{z,i} \qquad \hat{S}^2 = \left(\sum_i \hat{s}_i\right)^2$$
$$\hat{L}_z = \sum_i \hat{l}_{z,i} \qquad \hat{L}^2 = \left(\sum_i \hat{l}_i\right)^2 \tag{22·2}$$

で定義される．引数 i は，満たされていない副殻にある個々の電子を表している．こうしておけば，$Z < 40$ の多電子原子のよい量子数は L, S, M_L, M_S で表せる．

(22·2) 式でわかるように $\hat{S}^2$ の計算は少し複雑であり，ここでは触れない．これに対して $\hat{S}_z$ は例題 22·1 で示すように簡単に計算できる．

例題 22・1

波動関数 $\psi(1,2) = 1s(1)\alpha(1)1s(2)\beta(2) - 1s(2)\alpha(2)1s(1)\beta(1)$ は演算子 $\hat{S}_z$ の固有関数か．そうなら，その固有値 M_S を求めよ．

解答

$$\hat{S}_z = \hat{s}_z(1) + \hat{s}_z(2) \qquad \hat{s}_z(i)\ \text{は電子}\ i\ \text{にのみ作用する}$$

$$\begin{aligned}
\hat{S}_z\psi(1,2) &= (\hat{s}_z(1) + \hat{s}_z(2))\,\psi(1,2) \\
&= (\hat{s}_z(1) + \hat{s}_z(2))\,[1s(1)\alpha(1)1s(2)\beta(2) - 1s(2)\alpha(2)1s(1)\beta(1)] \\
&= (\hat{s}_z(1))\,[1s(1)\alpha(1)1s(2)\beta(2) - 1s(2)\alpha(2)1s(1)\beta(1)] \\
&\qquad + (\hat{s}_z(2))\,[1s(1)\alpha(1)1s(2)\beta(2) - 1s(2)\alpha(2)1s(1)\beta(1)] \\
&= \frac{\hbar}{2}[1s(1)\alpha(1)1s(2)\beta(2)] + \frac{\hbar}{2}[1s(2)\alpha(2)1s(1)\beta(1)] \\
&\qquad - \frac{\hbar}{2}[1s(1)\alpha(1)1s(2)\beta(2)] - \frac{\hbar}{2}[1s(2)\alpha(2)1s(1)\beta(1)] \\
&= \left(\frac{\hbar}{2} - \frac{\hbar}{2}\right)[1s(1)\alpha(1)1s(2)\beta(2) - 1s(2)\alpha(2)1s(1)\beta(1)] = 0 \times \psi(1,2)
\end{aligned}$$

この波動関数は $\hat{S}_z$ の固有関数であり，$M_S = 0$ である．

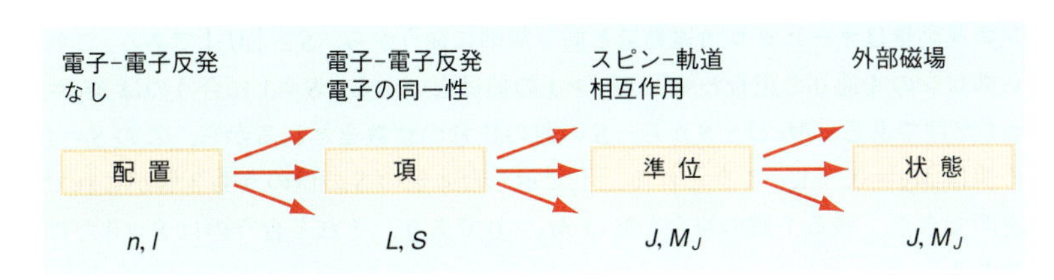

図 22・2 近似の度合いと見える相互作用．上に近似の度合いを表し，中央にはエネルギーが縮退して見える状態の組，下には各近似で使えるよい量子数を示してある．

原子の被占オービタルは**配置**[1]で指定される．たとえば，ネオンの電子配置は $1s^2 2s^2 2p^6$ である．配置は原子の電子構造を表すには便利であるが，それは 1 電子の場合の量子数 n と l に基づいているから，多電子原子の量子状態を完全に指定したことにはならない．電子-電子の反発を考慮に入れ，パウリの排他原理の要請を取入れれば，配置は図 22・2 に示すように項に分かれる．**項**[2]というのは，L と S が同じ値をとる状態の組である．$Z < 40$ の核電荷の原子については，多電子原子の状態を項で表してもよい．それは，これらの原子では L と S が"十分よい"量子数だからである．すなわち，同じ項の量子状態のエネルギー差は，項の間のエネルギー間隔に比べて非常に小さいのである．準位については 22・3 節で説明する．

22・2 オービタル角運動量とスピン角運動量に依存する配置のエネルギー

補遺 22・11 節でわかるが，原子のエネルギーは量子数 S の値に依存している．原子に少なくとも 2 個の不対電子（同じオービタルに電子が 1 個しか入っていないときの電子）があれば，その原子は 2 個以上の S の値をとれる．電子配置 $1s^1 2s^1$ で表される He 原子の励起状態について考えよう．どちらの電子も $l=0$ であるから $|\boldsymbol{L}|=0$ である．次に，$1s^1 2s^1$ の配置に合う $|\boldsymbol{S}|$ の値は 2 個あることを示し，S のそれぞれの値に相当する反対称波動関数を書くことにしよう．

それぞれの電子は，大きさが $|\boldsymbol{s}| = \sqrt{s(s+1)}\,\hbar$ のスピン角運動量ベクトルで表せる．この量子数 s は $s=1/2$ の値しかとれない．ベクトル $\boldsymbol{s}$ は，$2s+1=2$ の可能な配向をもち，その z 成分は $s_z = \pm 1/2\hbar$ である．この 2 個のスピンは**平行**[3]，つまり $\alpha(1)\alpha(2)$ および $\beta(1)\beta(2)$，または**反平行**[4]，つまり $\alpha(1)\beta(2)$ および $\beta(1)\alpha(2)$ のいずれかになっている．

図 22・3 には，この 2 個の電子のスカラー成分 m_s を加えてできる 4 通りの場合を示してあるが，$M_S = m_{s1} + m_{s2} = 0$ となるのが 2 通り，$M_S = m_{s1} + m_{s2} = +1$ と -1 がそれぞれ 1 通りあるのがわかる．驚くべきことに，$1s^1 2s^1$ の配置の He 原子がとれる S の値は，M_S に関するこの情報だけから導くことができる．スピ

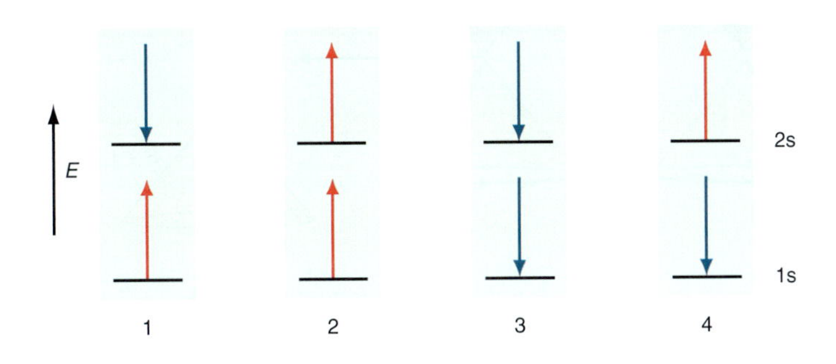

図 22・3 He 原子の電子配置 $1s^1 2s^1$ におけるスピンの可能な並べ方．上向きの矢は $m_s = +1/2$，下向きの矢は $m_s = -1/2$ に相当する．

1) configuration 2) term 3) parallel 4) antiparallel

ン角運動量はオービタル角運動量と同じ規則に従うから，$S \geq |M_S|$ である．これらスピンの4通りの組合わせに $M_S > 1$ の値はないから，$S=1$ に合うのは $M_S = \pm1$ だけである．M_S は $+S$ から $-S$ の間の任意の整数をとれるから，この $S=1$ の組は $M_S = 0, +1, -1$ をとれる．上で示した4個の S の値のうち3個がこれで説明できた．残る1個の組合わせは $M_S = 0$ であり，それと合うのは $S=0$ だけである．

以上で，スピンの向きの4通りの組合わせのうち3通りは $S=1$ で $M_S = \pm1, 0$ であり，残る1通りは $S=0$ で $M_S = 0$ であることを示せた．M_S がとれる数に由来して，$S=0$ のスピンの組合わせを**一重項**[1]といい，$S=1$ の組合わせを**三重項**[2]という．一重項状態や三重項状態は化学ではよく見かけるもので，それぞれ**対電子**[3]と**不対電子**[4]に関係しているのである．

He原子の $1s^1 2s^1$ について，4個のスピンの組合わせでとれる S の値がわかったから，$S=0$ と $S=1$ の $\hat{S}^2$ の固有関数である反対称波動関数をつぎのように書くことができる．

$$S=0 \quad \psi_{一重項} = \frac{1}{\sqrt{2}}[1s(1)2s(2) + 2s(1)1s(2)]\frac{1}{\sqrt{2}}[\alpha(1)\beta(2) - \beta(1)\alpha(2)]$$

$$S=1 \quad \psi_{三重項} = \frac{1}{\sqrt{2}}[1s(1)2s(2) - 2s(1)1s(2)] \times \begin{bmatrix} \alpha(1)\alpha(2) & あるいは \\ \beta(1)\beta(2) & あるいは \\ \frac{1}{\sqrt{2}}[\alpha(1)\beta(2) + \beta(1)\alpha(2)] & \end{bmatrix} \tag{22・3}$$

三重項 $S=1$ でとれる三つの状態を表す波動関数では $|\boldsymbol{S}| = \sqrt{2}\,\hbar$ であり，(式の上から順に) $M_S = 1, -1, 0$ に相当する．一重項は $S=0$ で $M_S = 0$ の状態だけからなる．一重項の波動関数は空間部分が対称でスピン部分が反対称であること，三重項の波動関数ではその逆であること，いずれの場合も全波動関数は反対称になっていることに注目しよう．

角運動量をベクトルモデルで表せば，一重項状態と三重項状態を図22・4のよ

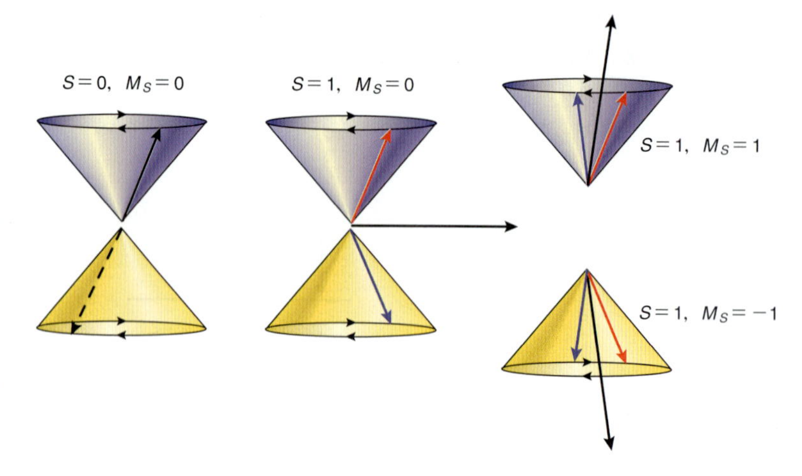

図22・4　一重項状態と三重項状態のベクトルモデル．三重項状態(右側)については，それぞれのスピン角運動量ベクトルとそのベクトル和 $\boldsymbol{S}$ (黒色の矢印)を示してある．一重項状態(左側)では $|\boldsymbol{S}| = 0$ および $M_S = 0$ である．黄色の円錐面上の破線矢印で示したベクトルは，紫色の円錐面上のベクトルの反対側(向こう側)にある．

1) singlet　2) triplet　3) paired electron　4) unpaired electron

うに描ける．それぞれのスピンは円錐面上でじっとしているわけでなく，その運動は一重項状態では $M_S=0$ と $S=0$ を満たすようにカップルしている．三重項状態でも同じように両者が協調して歳差運動を起こすが，この場合はベクトル和で両者が打ち消し合うことはなく，$S=1$ をつくる．$S=1$ であるから，$M_S=-1, 0, 1$ に相当する3個の円錐が存在している．

次に，多電子原子の全エネルギーは $|\boldsymbol{L}|$ に依存してもおかしくないことを示そう．ハートリー–フォックのつじつまの合う場の方法では，電子の位置をその平均位置で近似しているから，閉じた副殻の電荷分布は球対称である．21章で説明したように，この近似を使うことで多電子原子のオービタルエネルギーや波動関数の計算は著しく単純になっている．しかしながら，水素原子の波動関数の角度部分を見ればわかるように（図20･7），l が0でなければ（炭素の2p電子など）電子の確率分布は球対称でない．同じ $l=1$ でも $m_l\ (-1, 0, +1)$ の値が異なる状態の電子は，同じ空間確率分布をもちながら違う方向を向いている．したがって，m_l の値によって2個の電子の間には異なる反発相互作用が働く．図18･13を見ればわかるように，電子が2個とも同じ p_x オービタルに入れば，p_x オービタルに1個と p_z または p_y オービタルに1個ある場合より強く反発し合うだろう．

パウリの原理によって，電子が同じオービタルに入れる m_l は m_s の値で制約を受けるから，その電子間反発相互作用は l と s の両方で決まることになる．電子配置は電子の n と l の値を指定しているだけで，m_l や m_s の値を指定しないことを思い出そう．多電子原子の配置は，その量子状態を完全には表していないのである．角運動量が原子のオービタルエネルギーに影響を与えるのはどんな場合で，どんな影響があるのだろうか．章末問題で証明することになるが，一部しか満たされていない副殻では $\boldsymbol{L}$ と $\boldsymbol{S}$ に影響が現れる．同じ配置でも m_l と m_s の値によって電子の空間分布が違ったものとなり，そのために，電子–電子反発も違ったものになるのはどんな場合だろうか．それは，原子価殻に電子が少なくとも2個存在し，その電子についてパウリの原理と配置を満たす m_l と m_s の選び方が複数存在する場合である．このようなことは貴ガスやアルカリ金属，アルカリ土類金属，3族，ハロゲンの基底状態では起こらない．これらの原子では殻や副殻が満ちているか，そこに電子が1個しかない，あるいは副殻に入れる最大電子数より電子が1個少ない．これらの原子はどれも基底状態で2個以上の不対電子をもつことがなく，電子配置だけで完全に記述できるのである．一方，炭素や窒素，酸素の基底状態は電子配置だけでは完全に表せない．同じ配置でありながら複数の量子状態をとることが可能で，それらは化学反応性が異なるだけでなく，全エネルギーの値もかなり違っている．

$Z<40$ の原子の全エネルギーは M_S と M_L にほぼ無関係である．したがって，M_L や M_S の値が違っていても，L と S の値が同じ量子状態のエネルギーは縮退している．この一群の状態を項という．項の L や S の値は，**項の記号**[1] $^{(2S+1)}L$ によって表される．$L=0, 1, 2, 3, 4, \cdots$ の項にはそれぞれ記号 S, P, D, F, G, ⋯ を使って表す．ある L の値に対して $2L+1$ 個の量子状態（異なる M_L の値）が存在し，ある S の値に対しても $2S+1$ 個の量子状態（異なる M_S の値）が存在するから，項には $(2L+1)(2S+1)$ 個の量子状態が存在する．その全部がエネルギーは等しいと近似できるのである．これが**項の縮退**[2]である．上付きの $2S+1$ を**多重度**[3]という．一重項と三重項はそれぞれ $2S+1=1$ と3に相当する．これを拡張すれば，$2S+1=2$ と4は二重項と四重項となる．副殻や殻が満員であれば，

1) term symbol 2) degeneracy of a term 3) multiplicity

$$M_L = \sum_i m_{li} = M_S = \sum_i m_{si} = 0 \qquad (22\cdot4)$$

であり，$M_L = 0$ と $M_S = 0$ は $L = 0$ と $S = 0$ でしかありえない．したがって，副殻や殻が満員で不対電子をもたない原子はすべて項 ^{1}S で表される．ここで，項の記号は原子価殻の主量子数によらないことに注意しよう．たとえば，炭素の電子配置は $1s^2 2s^2 2p^2$ であり，$1s^2 2s^2 2p^6 3s^2 3p^2$ の配置をとるケイ素と同じ項で表される．

ある電子配置に対して項はどう与えられるのだろうか．最も単純なのは副殻に電子が1個入った配置である．一例はCの $1s^2 2s^2 2p^1 3d^1$ であり，電子1個が2pオービタルから3dオービタルに昇位した配置である．この2p電子と3d電子だけを考えればよい．それ以外の電子は満員の副殻にあるからである．L や S がとれる値は**クレブシュ－ゴーダン級数**[1]で与えられる．電子が2個の場合に適用すれば，L がとれる値は $l_1 + l_2$, $l_1 + l_2 - 1$, $l_1 + l_2 - 2$, …, $|l_1 - l_2|$ で与えられる．同じ規則を使えば，S がとれる値は $s_1 - s_2$ と $s_1 + s_2$ で与えられる．いまの例では，$l_1 = 1$, $l_2 = 2$ と $s_1 = s_2 = 1/2$ である．したがって，L の値は3, 2, 1をとることができ，S の値は1と0である．そこで，$1s^2 2s^2 2p^1 3d^1$ という配置は ^{3}F, ^{3}D, ^{3}P, ^{1}F, ^{1}D, ^{1}P の項をつくる．項の縮退度 $(2L+1)(2S+1)$ はそれぞれ，21, 15, 9, 7, 5, 3であり，全部で60個の量子状態が存在する．配置に戻って考えれば，2p電子は $m_l = \pm 1$ と0をとることができ，$m_s = \pm 1/2$ である．m_l と m_s で6通りの組合わせがある．3d電子は $m_l = \pm 1, \pm 2, 0$ をとることができ，$m_s = \pm 1/2$ である．m_l と m_s で10通りの組合わせがある．2p電子のどの組合わせを使っても3d電子のそれぞれの組合わせとの組合わせが可能であるから，$1s^2 2s^2 2p^1 3d^1$ という配置には全部で $6 \times 10 = 60$ 通りの m_l と m_s の組合わせが存在する．この組合わせが ^{3}F, ^{3}D, ^{3}P, ^{1}F, ^{1}D, ^{1}P の項に属する60個の状態を生むのである．

これと同じ方法を3個以上の電子の場合に拡張するには，まず2個の電子について L と S を計算し，次の電子を1個ずつ加えていけばよい．たとえば，Cの $1s^2 2s^1 2p^1 3p^1 3d^1$ の配置の L の値を考えよう．2s電子と2p電子では $L = 1$ しかとれない．この L の値を3p電子と組合わせれば，2, 1, 0がとれる．さらに3d電子と組合わせれば，L は4, 3, 2, 1, 0の値がとれる．一方，電子1個で占有されている副殻の数を n とすれば，S の最大値は $n/2$ である．S の最小値は，n が偶数なら0，n が奇数なら1/2である．いまの例では，S は2, 1, 0をとれる．これらの L と S の値からどの項が生じるだろうか．

副殻に2個以上の電子があるときはパウリの原理に従わなければならないから，その配置に項を割り当てるのはずっと複雑である．それを例で示すのに，炭素の基底状態の配置 $1s^2 2s^2 2p^2$ を考えよう．2p電子について考えるだけでよいから，m_l は $-1, 0, +1$ のどれかの値をとることができ，m_s は $+1/2$ と $-1/2$ の値をとれる．そこで，最初の電子では，量子数 m_s と m_l の可能な組合わせは6通りある．2番目の電子は，パウリの原理によって可能な組合わせが一つだけ少なくなる．その結果，2個の電子で量子数の組合わせは全部で $6 \times 5 = 30$ ある．しかし，これは電子が区別できるものと仮定したからである．つまり，組合わせの数を2倍に多く数えている．これを考えれば，炭素原子の配置 $1s^2 2s^2 2p^2$ に合う可能な量子状態は15個あることになり，それを図22・5に示してある．

p^2 の配置に合う可能な項を求めるには，図22・5の情報を表22・1で示すように表にしておくとわかりやすい．表22・1には z 成分 m_{si} と m_{li} だけを記してあ

1) Clebsch–Gordan series

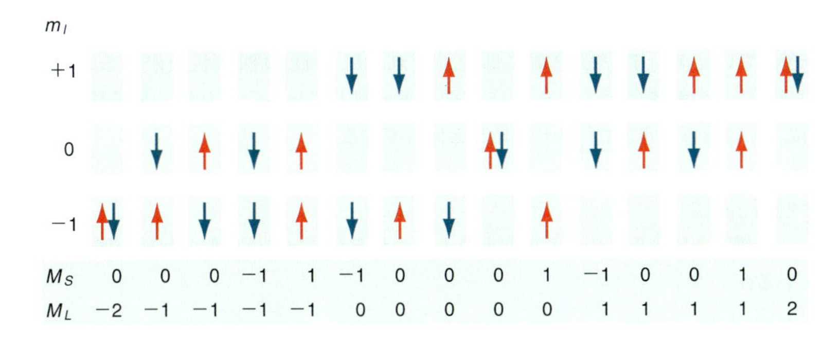

図 22·5　2 個の電子を p オービタルに入れる可能なやり方．上向きの矢は $m_s=+1/2$ を，下向きの矢は $m_s=-1/2$ を表している．M_S と M_L は，それぞれ m_s と m_l のスカラー和である．

表 22·1　電子配置 $n\mathrm{p}^2$ の状態と項

m_{l1}	m_{l2}	$M_L=m_{l1}+m_{l2}$	m_{s1}	m_{s2}	$M_S=m_{s1}+m_{s2}$	項
−1	−1	−2	1/2	−1/2	0	^{1}D
0	−1	−1	−1/2	−1/2	−1	^{3}P
			−1/2	1/2	0	^{1}D, ^{3}P
			1/2	−1/2	0	
			1/2	1/2	1	^{3}P
0	0	0	1/2	−1/2	0	^{1}D, ^{3}P, ^{1}S
1	−1	0	−1/2	1/2	0	
			1/2	−1/2	0	
			−1/2	−1/2	−1	^{3}P
			1/2	1/2	1	^{3}P
1	0	1	−1/2	−1/2	−1	^{3}P
			−1/2	1/2	0	^{1}D, ^{3}P
			1/2	−1/2	0	
			1/2	1/2	1	^{3}P
1	1	2	1/2	−1/2	0	^{1}D

る．ベクトル和を使うことがないから，この成分の情報から $M_S=\sum_i m_{si}$ と $M_L=\sum_i m_{li}$ を簡単に計算できる．この表から項を導くには，表にある M_S と M_L の値と合う L と S の値を求める必要がある．M_S と M_L だけからどうやって求めるのだろうか．まず，$-S\leq M_S\leq +S$ および $-L\leq M_L\leq +L$ であるから，これから表にある M_S と M_L の値と合う L と S の値を求める．賢明なやり方は $|M_L|$ の最大値から始めることである．一つひとつ几帳面な取扱いが必要である．

表の最上段と最下段は最大の $|M_L|$ を示す $M_L=-2$ と $+2$ にそれぞれ相当している．どちらも $L=2$ の項 (D 項) に属する．それは $|M_L|$ は L を超えないからである．2 個の電子の量子数は違っていなければならないから，M_L が -2 と $+2$ の状態はすべて $M_S=0$ である．別のいい方をすれば，$m_{l1}=m_{l2}$ であるから $m_{s1}\neq m_{s2}$ となり，したがって $M_S=0$ である．$S=0$ で $2S+1=1$ であるから，この D 項は ^{1}D でなければならない．^{1}D に注目すれば，この項には $(2S+1)(2L+1)=5$ の状態がある．それは $M_L=-2, -1, 0, +1, +2$ の状態であり，すべて $M_S=0$ である．表からこれら 5 個の状態を除けば，残りは 10 個の状態である．そのうち，次に大きな $|M_L|$ は 1 であり，これは P 項に属する．$M_L=1$ と $M_S=1$ の組合わせがあるから，その P 項は ^{3}P でなければならない．^{3}P に注目すれば，この項には $(2S+1)(2L+1)=9$ の状態があり，表からこれら 9 個の状態を除けば，残りの 1 個の状態は $M_L=M_S=0$ である．これは完全な ^{1}S 項である．こうして，配置 $1s^2 2s^2 2p^2$ に合う m_l と m_s の 15 個の組合わ

せを ^{1}D, ^{1}S, ^{3}P 項に分類できることがわかった．このことは任意の np^2 配置についていえる．^{1}D, ^{1}S, ^{3}P 項にはそれぞれ 5 個，1 個，9 個の状態があるから，1s^{2}2s^{2}2p^2 の配置の項には合計 15 個の状態が属している．これは，量子数 n, l, m_s, m_l に基づく分類で得られた結果と同じである．

例題 22・2

配置 ns^{1}d^1 から得られる項を求めよ．それぞれの項には何個の状態が属しているか．

解答

2 個の電子は同じ副殻にないから，m_l と m_s の組合わせはパウリの原理によって制約されない．上で説明した方針に従えば，$S_{\min}=1/2-1/2=0$，$S_{\max}=1/2+1/2=1$，$L_{\min}=2-0=2$，$L_{\max}=2+0=2$ である．したがって，配置 ns^{1}d^1 から生じる項は ^{3}D と ^{1}D である．表 22・2 は，これらの項がそれぞれの量子数からどう生じるかを示している．この表をつくるにはベクトルの z 成分，m_{si} と m_{li} さえあればよい．ベクトル和を考えなくてよいから，$M_S=\sum_i m_{si}$ と $M_L=\sum_i m_{li}$ は簡単に計算できる．それぞれの項には $(2S+1)(2L+1)$ 個の状態があるから，表 22・2 に示すように，^{3}D 項は 15 個の状態からなり，^{1}D 項は 5 個の状態からなる．

上の説明では，ある特定の配置について項のつくりかたを示した．任意の配置でも同じ手法に従うことができ，電子が同じ殻内にある場合を表 22・3 に示す．項の記号の後ろの（　）内の数字は，同じタイプの配置に属する異なる項の数を示している．すぐにわかる特徴は，副殻に存在する電子数と“存在しない電子”（正孔ともいう）の数が同じなら同じ項が得られることである．たとえば，d^1 と d^9 の配置は同じ項を与える．すでに説明したように，満たされていない殻や副

表 22・2　電子配置 ns^{1}d^1 の状態と項

m_{l1}	m_{l2}	$M_L=m_{l1}+m_{l2}$	m_{s1}	m_{s2}	$M_S=m_{s1}+m_{s2}$	項
0	−2	−2	−1/2	−1/2	−1	^{3}D
			−1/2	1/2	0	^{1}D, ^{3}D
			1/2	−1/2	0	
			1/2	1/2	1	^{3}D
0	−1	−1	−1/2	−1/2	−1	^{3}D
			−1/2	1/2	0	^{1}D, ^{3}D
			1/2	−1/2	0	
			1/2	1/2	1	^{3}D
0	0	0	−1/2	−1/2	−1	^{3}D
			−1/2	1/2	0	^{1}D, ^{3}D
			1/2	−1/2	0	
			1/2	1/2	1	^{3}D
0	1	1	−1/2	−1/2	−1	^{3}D
			−1/2	1/2	0	^{1}D, ^{3}D
			1/2	−1/2	0	
			1/2	1/2	1	^{3}D
0	2	2	−1/2	−1/2	−1	^{3}D
			−1/2	1/2	0	^{1}D, ^{3}D
			1/2	−1/2	0	
			1/2	1/2	1	^{3}D

表 22・3 電子配置と可能な項の記号

電子配置	項の記号
s^1	^2S
p^1, p^5	^2P
p^2, p^4	^1S, ^1D, ^3P
p^3	^2P, ^2D, ^4S
d^1, d^9	^2D
d^2, d^8	^1S, ^1D, ^1G, ^3P, ^3F
d^3, d^7	^4F, ^4P, ^2H, ^2G, ^2F, $^2D(2)$, ^2P
d^4, d^6	^5D, ^3H, ^3G, $^3F(2)$, ^3D, $^3P(2)$, ^1I, $^1G(2)$, ^1F, $^1D(2)$, $^1S(2)$
d^5	^6S, ^4G, ^4F, ^4D, ^4P, ^2I, ^2H, $^2G(2)$, $^2F(2)$, $^2D(3)$, ^2P, ^2S

殻に電子が 1 個ある配置か，あるいは正孔が 1 個ある配置では項は一つしかない．殻や副殻が満員なら m_l と m_s は最大の正の値から最大の負の値まですべての値がとれるから，$M_L = M_S = 0$ である．そのため，s^2, p^6, d^{10} の項の記号は ^1S である．

例題 22・3

電子配置 d^2 に合う状態は何個あるか．この配置の L の値はいくらか．

解 答

最初の電子の m_l は $\pm2, \pm1, 0$ のどれかの値をとり，m_s は $\pm1/2$ のどちらかである．これで 10 通りの組合わせがある．第二の電子には 9 通りの組合わせがあり，電子 2 個で合計 $10 \times 9 = 90$ の組合わせがある．しかし，電子は区別できないから 2 で割れば，45 個の状態があることになる．一方，$L = l_1 + l_2, l_1 + l_2 - 1, \cdots, |l_1 - l_2|$ の関係を使えば，L のとれる値は 4, 3, 2, 1, 0 であるのがわかる．したがって，この配置から G, F, D, P, S の項が生じる．表 22・3 によれば，これらの L の値で許される項は，$^1S, ^1D, ^1G, ^3P, ^3F$ である．それぞれの項の縮退度は $(2L+1)(2S+1)$ で与えられるから，1, 5, 9, 9, 21 である．したがって，d^2 配置は m_l と m_s の可能な組合わせから計算した数と同じ 45 個の量子状態を生じる．

これまで，項が違えばエネルギーが異なることについて説明しなかった．フント[1]は膨大な分光学データを調べて，つぎの**フントの規則**[2]を導いた．ある配置が与えられたとき，つぎのことがいえる．

規則 1

最低エネルギーを示す項は，スピン多重度が最大のものである．たとえば，np^2 配置の項 ^3P のエネルギーは ^1D や ^1S の項より低い．

規則 2

スピン多重度が同じ項の中では，オービタル角運動量の最大の項がエネルギーは最も低い．たとえば，np^2 配置の項 ^1D のエネルギーは ^1S の項より低い．

1) Friedrich Hund　2) Hund's rule

フントの規則の予測によれば，一電子オービタルに電子を入れるとき，不対電子の数が最大の配置でなければならない．Cr が [Ar] $4s^2 3d^4$ でなく，[Ar] $4s^1 3d^5$ の配置をとるのはこのためである．フントの規則は，電子-電子の反発が抑えられるエネルギー効果は，オービタル角運動量よりスピン角運動量の方が大きいことを示している．22·10 節でわかるように，原子が異なる項に属する量子状態にあれば，まったく異なる化学反応性を示すことがある．

p^n や d^n など特定の配置に属する項を求めるには細心の注意が必要であるが，可能な項の中で最低のエネルギーの項を予測するだけならつぎの処方箋に従うのが簡単である．m_l のとれる値それぞれに箱をつくる．与えられた配置に従って，$M_L=\sum_i m_{li}$ が最大で，不対電子スピンの数が最大になるように，その箱の中に電子を入れる．このとき，最低エネルギーの項の L と S は，$L=M_{L,\max}$，$S=M_{S,\max}$ である．p^2 と d^6 の配置について，例題 22·4 でそのやり方を示そう．

例題 22・4

配置 p^2 と d^6 について，最低エネルギーの項を求めよ．

解答　電子の入れ方をつぎの図に示す．

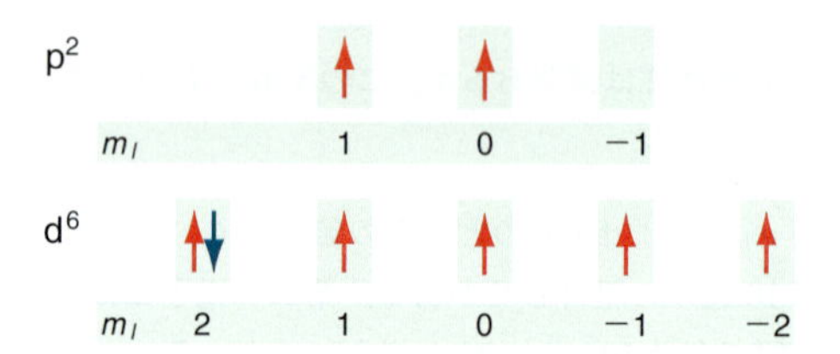

配置 p^2 については，$M_{L,\max}=1$，$M_{S,\max}=1$ である．したがって，最低エネルギーの項は ^3P である．配置 d^6 では，$M_{L,\max}=2$，$M_{S,\max}=2$ であるから，最低エネルギーの項は ^5D である．この方法は，最低エネルギーの項を見いだすための処方箋にすぎないことに注意しよう．このような事態が実際に起こっている根拠はない．ある項が m_s や m_l の特定の値と関係があるとはいえないからである．

22・3　スピン-軌道カップリングによる項の準位への分裂

ここまでは，同じ項の状態はすべて同じエネルギーをもつとしてきた．これは，$Z<40$ ではよい近似である．しかし，これらの原子の項でも，密集したいろいろな準位に分かれている．この分裂は何によるものだろうか．$L>0$ で $S>0$ のとき，電子の磁気モーメントが 0 でないのはわかっている．別々に存在しているスピン磁気モーメントとオービタル磁気モーメントであるが，ちょうど 2 個の棒磁石が相互作用するように，**スピン-軌道カップリング**[1]によって相互作用しうるのである．この相互作用があれば，全エネルギー演算子には $\boldsymbol{L}\cdot\boldsymbol{S}$ に比例した追加項が含まれる．この状況では，もはや演算子 $\hat{L}^2$, $\hat{L}_z$, $\hat{S}^2$, $\hat{S}_z$ は $\hat{H}$ と可換ではない．それに代わって，**全角運動量**[2] $\boldsymbol{J}$ をつぎのように定義すれば，

$$\boldsymbol{J}=\boldsymbol{L}+\boldsymbol{S} \tag{22·5}$$

演算子 $\hat{J}^2$ や $\hat{J}_z$ が $\hat{H}$ と可換となる．このカップリングが $Z>40$ の原子と同じ

1) spin-orbit coupling　2) total angular momentum

ほど大きくなれば，よい量子数は J と M_J，つまり $\boldsymbol{J}$ の z 軸上への射影だけとなる．その $\boldsymbol{J}$ の大きさは $J=L+S,\ L+S-1,\ L+S-2,\ \cdots,\ |L-S|$ のすべての値をとれ，M_J は 0 と J の間の 1 ずつ異なるすべての値をとれる．

たとえば，^{3}P 項の J の値は 2, 1, 0 である．J の値が同じ量子状態はすべて同じエネルギーをもち，同じ**準位**[1]に属する．準位を特定するときは，追加の量子数 J を $^{(2S+1)}L_J$ のように下付きで表す．状態を考慮に入れれば，各 J の値に伴う M_J の値それぞれについて $2J+1$ 個の状態がある．そこで，$^3P_2$ 項には 5 個の状態があり，$^3P_1$ 項には 3 個の状態があり，$^3P_0$ 項には 1 個の状態がある．この三つの準位にある合計 9 個の状態は，$(2L+1)(2S+1)$ から計算した ^{3}P 項の状態数に等しい．

スピン–軌道カップリングを考慮に入れれば，フントの規則はつぎのようになる．

規則 3

同じ項に属する準位のエネルギーの順序はつぎのように与えられる．

- 満員でない副殻が半分またはそれ以上に詰まっている場合，J の値が最も大きな準位のエネルギーが最低である．
- 満員でない副殻が半分未満しか詰まっていない場合，J の値が最も小さな準位のエネルギーが最低である．

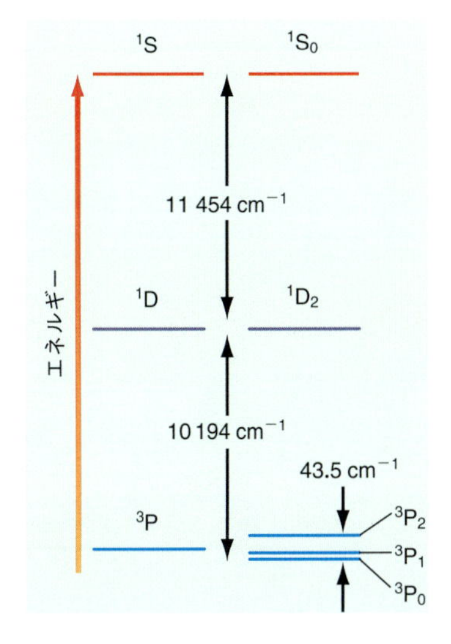

図 22・6　炭素原子の電子配置は，球対称の電子分布を仮定してしまえば唯一のエネルギーで表される．電子間反発による L と S の方向依存性を考慮に入れれば，配置はここに示すようにエネルギーの異なる項に分かれる．L と S のカップリングを考慮に入れれば，右側に示すように項は J の値によって異なる準位にさらに分裂する．見やすくするために，^{3}P 項の準位の間隔は他に比べ 25 倍してある．

したがって，$n\mathrm{p}^2$ 配置では $^3P_0$ 項の準位のエネルギーが最低である．O 原子のような $n\mathrm{p}^4$ 配置では $^3P_2$ 項の準位が最低のエネルギーをもつ．

磁場中では，J が同じでも M_J の値が違えばその状態は異なるエネルギーをもつ．$Z<40$ の原子では，このエネルギー分裂は準位間のエネルギー間隔より小さいから，項間のエネルギー間隔よりずっと小さいことになる．しかしながら，炭素について図 22・6 で示すように，これらの効果は小さくても分光法によってすべて観測可能であり，分析化学ではそのほとんどが実用的に重要な意味をもつ．水素原子と比較すれば，多電子原子のエネルギー準位は格段に複雑である．しかし，その複雑さから原子に関する詳細な情報が得られるのであって，分光実験によって多電子原子の量子力学がよりよく理解できるのである．

例題 22・5

^{2}P 項と ^{3}D 項に合う J の値はいくらか．M_J の異なる値それぞれに対応して状態は何個あるか．

解答

量子数 J は，$J=L+S,\ L+S-1,\ L+S-2,\ \cdots,\ |L-S|$ のすべての値をとれる．^{2}P 項では $L=1,\ S=1/2$ であるから，J は 3/2 と 1/2 をとれる．M_J には $2J+1$ 個の値があるから，それぞれ 4 個と 2 個の状態がある．

^{3}D 項では $L=2,\ S=1$ であるから，J は 3, 2, 1 をとれる．M_J には $2J+1$ 個の値があり，それぞれ 7 個，5 個，3 個の状態がある．

1）level

22・4 原子分光法の基礎

多電子原子の量子状態について理解できたところで，原子分光法に注目しよう．あらゆる分光法では電磁放射線の吸収または放出が関与しており，それが量子力学系の状態間で遷移をひき起こす．本章では，原子の電子状態間の遷移について説明しよう．回転遷移や振動遷移に伴うエネルギーは，それぞれ $1\ \mathrm{kJ\ mol^{-1}}$，$10\ \mathrm{kJ\ mol^{-1}}$ の程度であるが，電子遷移に伴うフォトンのエネルギーは 200〜1000 $\mathrm{kJ\ mol^{-1}}$ の程度である．このような大きなエネルギーは，可視光，UV 光，X 線のフォトンによるのが一般的である．

これまでの節で説明した原子のエネルギー準位に関する情報は，原子スペクトルから得られる．そのスペクトルを解釈するには，使用した分光法の選択律に関する知識が必要である．**選択律**[1]は，**双極子近似**[2]（19・4 節）に基づいて導かれる．双極子近似で禁制の遷移であっても高度な理論で許容となる場合があるが，その吸収ピークや発光ピークは非常に弱い．19 章では，振動遷移について双極子遷移の選択律 $\Delta n = \pm 1$ を導き，二原子分子の回転遷移の選択律については証明しなかったが $\Delta J = \pm 1$ であると述べた．原子の準位間の遷移ではどんな選択律が適用されるだろうか．22・2 節で説明した ***L–S*** カップリングの図式を適用すれば（原子番号が 40 以下の場合），原子の双極子遷移の選択律は $\Delta l = \pm 1$ と $\Delta L = 0, \pm 1$，$\Delta J = 0, \pm 1$ となる．スピン角運動量については追加の選択律 $\Delta S = 0$ がある．最初の選択律は遷移に関与する電子の角運動量についてのものであるが，それ以外は原子内のすべての電子のベクトル和についてのものであることに注意しよう．また，回転分光法の選択律には回転量子数 J を用いたが，本章で使う量子数 J は電子の全角運動量を表すものであり，回転角運動量と混同しないように注意しよう．

原子分光法は，本章で説明する分析化学やレーザーへの応用など多くの実用面で重要な役目を果たしている．一方，基礎研究の分野で分光法を使えば，個々の量子状態の相対エネルギーを高精度で測定することができる．このような高精度測定を応用した一例として，時間の単位である秒の標準を決める研究がある．秒は，セシウム原子のある状態間の遷移の振動数 $9.192\,631\,770 \times 10^9\ \mathrm{s^{-1}}$ に基づいて決められている．

水素原子のエネルギー準位は，

$$E_n = -\frac{\mu e^4}{8\varepsilon_0^2 h^2 n^2} \qquad (22\cdot 6)$$

で表せる．n は主量子数である．水素原子の吸収スペクトル線の振動波数は，

$$\tilde{\nu} = \frac{\mu e^4}{8\varepsilon_0^2 h^3 c}\left(\frac{1}{n_{始}^2} - \frac{1}{n_{終}^2}\right) = R_{\mathrm{H}}\left(\frac{1}{n_{始}^2} - \frac{1}{n_{終}^2}\right) \qquad (22\cdot 7)$$

で与えられる．R_{H} はリュードベリ定数であり，μ は水素原子の換算質量である．この式を導出できたのは，初期の量子力学の主要な功績の一つであった．リュードベリ定数は，基礎物理定数の中で最も精密にわかっている一つであり，その値は $109\,677.581\ \mathrm{cm^{-1}}$ である．$n_{始} = 1$ に相当する一連のスペクトル線をライマン系列といい，$n_{始} = 2, 3, 4, 5$ に相当するのはそれぞれ，バルマー系列，パッシェン系列，ブラケット系列，フント系列である．その名称は，それぞれのスペクトル線を見つけた分光学者に因んでつけられた．

---
1) selection rule 2) dipole approximation

例題 22・6

水素原子の吸収スペクトルは，82258，97491，102823，105290，106631 cm^{-1} にスペクトル線を示す．そのスペクトルにはこれより低い振動数のものは存在しない．グラフを描いて $n_{始}$ を求め，その状態の水素原子のイオン化エネルギーを求めよ．

解答

観測された遷移の振動数が (22･7)式のような式に従うことがわかれば，限られた状態間の遷移から目的とする $n_{始}$ とイオン化エネルギーがわかる．$1/n_{始}^2$ に対して波数 $\tilde{\nu}$ をプロットしたグラフを描けば，勾配は $-R_H$ であり，波数軸の切片は $R_H/n_{始}^2$ に相当する．しかしながら，$n_{始}$ も $n_{終}$ も未知であるから，データをプロットするときは，それぞれの測定振動数に対して $n_{終}$ の値を割り当てなければならない．最も低いエネルギーの遷移の $n_{終}$ は $n_{始}+1$ である．グラフの勾配と切片が $-R_H$ と $R_H/n_{始}^2$ の予測値と合うかどうかを調べるには，$n_{終}$ と $n_{始}$ の値の組合わせをいろいろ試してみればよい．観測された一連のスペクトル線のデータを，$n_{始}=1$ と仮定して $n_{終}=2, 3, 4, 5, 6$ に相当するとした場合，$n_{始}=2$ と仮定して $n_{終}=3, 4, 5, 6, 7$ に相当するとした場合，$n_{始}=3$ と仮定して $n_{終}=4, 5, 6, 7, 8$ に相当するとした場合についてつぎの図にプロットしてある．

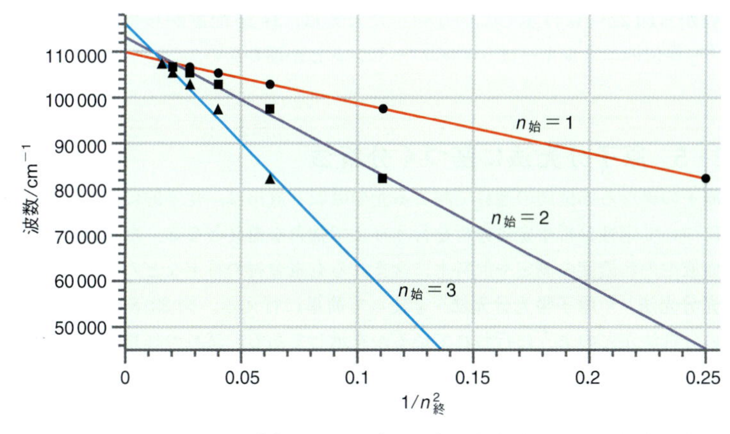

それぞれの $n_{始}$ について，計算によって求めた勾配と切片はつぎの通りである．

$n_{始}$	勾配 /cm^{-1}	切片 /cm^{-1}
1	-1.10×10^5	1.10×10^5
2	-2.71×10^5	1.13×10^5
3	-5.23×10^5	1.16×10^5

求めた勾配が $-R_H$ と等しくなるのは $n_{始}=1$ の場合だけである．この状態の水素原子のイオン化エネルギーは $n_{終} \longrightarrow \infty$ としたときの hcR_H であり，それは 2.18×10^{-18} J である．ここではデータから得られる勾配と切片の有効数字について厳密に考えなかったが，正式にはデータの誤差解析に基づくべきである．

原子スペクトルから得られた情報は一般に，**グロトリアン図**[1]という標準形式で表される．一例を ***L–S*** カップリングのモデルがよく成り立つ He 原子につい

1) Grotrian diagram

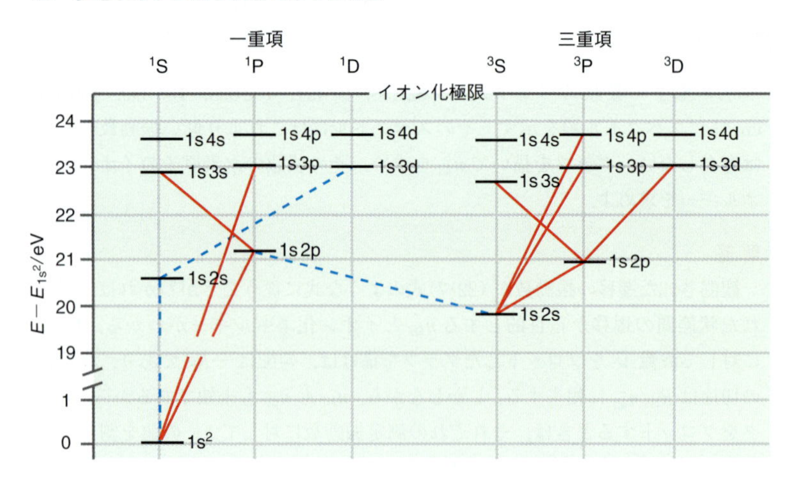

図 22·7　He 原子の基底状態と比較的エネルギーの低い励起状態のエネルギー図．見やすくするために，$l>2$ と $n>4$ の項はすべて省略してある．グラフの上端は He のイオン化エネルギーに相当している．これ以下の状態はすべて離散的なエネルギーをもつ．これ以上では，エネルギースペクトルは連続的である．おもな許容遷移（赤色の実線）と禁制遷移（青色の破線）を示してある．これらの禁制遷移はどの選択律に違反しているかを考えよ．

て図 22·7 に示す．この図では，各エネルギー準位の隣に配置の情報を示してあり，それらの配置はエネルギーと項の記号によって整理して並べてある．見やすくするために，三重項状態と一重項状態は別々にまとめて示してある．$\Delta S=0$ の選択律により，両者の状態間の遷移は起こらないからである．He の ^{3}P 項と ^{3}D 項は異なる J の準位に分裂しているが，He ではスピン–軌道相互作用が非常に小さいから図 22·7 には示していない．たとえば，1s 2p 配置から生じる $^3P_0$ 準位と $^3P_2$ 準位のエネルギーは 0.0006 パーセントしか違わない．

22・5 原子分光法に基づく分析法

原子の異なる準位間の遷移で起こる光の吸収と放出は，化学的に関心のある試料について定性分析や定量分析を行ううえで強力な道具となる．たとえば，ヒトの血液中の鉛濃度の測定や飲料水に含まれる有毒金属の特定などの分析は，**原子発光分光法**[1] や**原子吸光分光法**[2] を使って簡単に行える．図 22·8 には，この二つの分析法がどのように行われているかを示してある．試料の理想的な形態は溶液の非常に小さな液滴（直径 1〜10 μm）または懸濁液であり，それを分光計の加

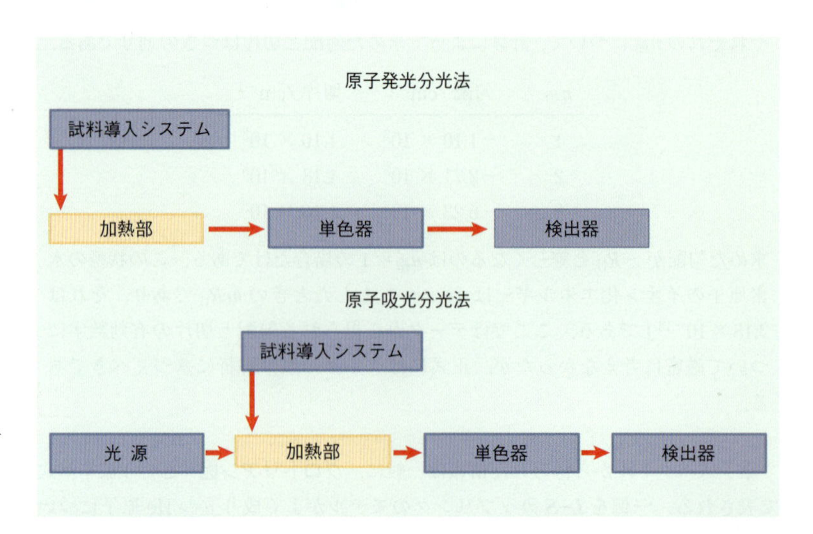

図 22·8　原子発光分光法と原子吸光分光法の構成．

1) atomic emission spectroscopy　2) atomic absorption spectroscopy

熱部に注入する．加熱部には炎やグラファイトの電気炉，プラズマアーク熱源などが使われる．加熱部の重要な役目は，注目する試料に含まれる分子の一部を基底状態や励起状態の原子に変換することである．

まず原子発光分光法について説明しよう．この方法では，励起状態の原子が基底状態に落ちる遷移で放射された光が単色器によって成分波長に分散され，その放射線の強度が波長の関数として測定される．その発光強度は励起状態の原子数に比例し，発光が起こる波長は原子に固有のものであるから，この方法は定性分析にも定量分析にも使える．炎やグラファイト炉では 1800 K〜3500 K の温度が得られ，プラズマアークでは 10 000 K もの高温が得られる．例題 22･7 で示すように，光を放射する励起状態の原子を大量につくるにはこのような高温が必要である．

例題 22・7

ナトリウムの $^2S_{1/2} \rightarrow {}^2P_{3/2}$ 遷移の光の波長は 589.0 nm である．これは，街灯に使われているナトリウム蒸気ランプの固有スペクトル線の一つであり，黄色ないしオレンジ色である．1500 K，2500 K，3500 K におけるこれら 2 状態の原子数の比を計算せよ．つぎの図は Na のグロトリアン図（尺度は正確でない）であり，注目する遷移を青色の線で示してある．

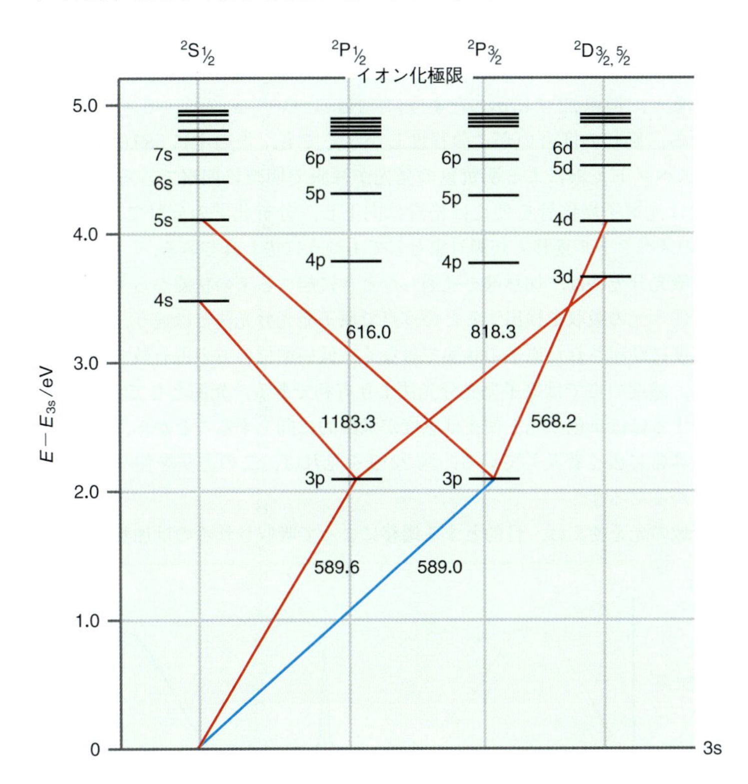

解答

上の準位と下の準位の原子数の比はボルツマン分布で与えられる．

$$\frac{n_{上}}{n_{下}} = \frac{g_{上}}{g_{下}} \mathrm{e}^{-(\varepsilon_{上} - \varepsilon_{下})/k_{\mathrm{B}}T}$$

縮退度 g は各準位の状態数 $2J + 1$ で与えられる．

$$g_{上} = 2 \times \frac{3}{2} + 1 = 4 \qquad g_{下} = 2 \times \frac{1}{2} + 1 = 2$$

ボルツマン分布を使えばつぎのように計算できる．

$$\frac{n_{上}}{n_{下}} = \frac{g_{上}}{g_{下}} \exp(-hc/\lambda_{遷移} k_{\mathrm{B}} T)$$

$$= \frac{4}{2} \exp\left[-\frac{(6.626 \times 10^{-34}\,\mathrm{J\,s})(2.998 \times 10^{8}\,\mathrm{m\,s^{-1}})}{(589.0 \times 10^{-9}\,\mathrm{m})(1.381 \times 10^{-23}\,\mathrm{J\,K^{-1}}) \times T}\right]$$

$$= 2 \exp\left(-\frac{24420}{T/\mathrm{K}}\right) = 1.699 \times 10^{-7} \quad 1500\,\mathrm{K}\ のとき$$

$$1.145 \times 10^{-4} \quad 2500\,\mathrm{K}\ のとき$$

$$1.866 \times 10^{-3} \quad 3500\,\mathrm{K}\ のとき$$

上の例題で見たように，励起状態にある原子の割合は非常に少ないが，温度上昇とともに急激に増加する．プラズマアークによれば非常に高い温度が得られ，より高度に励起された状態やイオンからの発光も観測されるから，これは広く使われている．また，測定感度も格段に向上する．一方，フォトンは非常に高い効率で検出できるから，$n_{上}/n_{下}$ が非常に小さな系でも測定できる．たとえば，酸素と天然ガスの炎では約 3000 K の温度が得られる．この炎の中に少量の NaCl を入れると，例題 22･7 に示したように，Na について $n_{上}/n_{下} \sim 6 \times 10^{-4}$ の比が得られる．励起の度合いがこの程度しかなくても，炎の中に 589.0 nm と 589.6 nm のスペクトル線による明黄色の発光が裸眼で明瞭に観察できる．この方法の感度は光電子増倍管を使えば格段に向上し，分析化学の分野では $n_{上}/n_{下} < 10^{-10}$ のスペクトル遷移も観測対象としてふつうに扱われている．

原子吸光分光法は，加熱部を通過したときに起こる下の状態から上の状態への遷移に伴う光の吸収を検出するという点で原子発光分光法とは違う．この方法では，高度に励起された原子の状態ではなく，低い準位の方の占有数で強度が決まるから，感度の点では原子発光分光法より有利である．光源として波長 $\lambda_{遷移}$ を中心とするほぼ単色の光を使えば感度が飛躍的に向上することから，この方法は今では非常に広く普及している．図 22･9 を見れば，この方法を使った場合の利点がわかるだろう．

広帯域の光を使えば，目的とする遷移によって吸収されるのは加熱部を通った

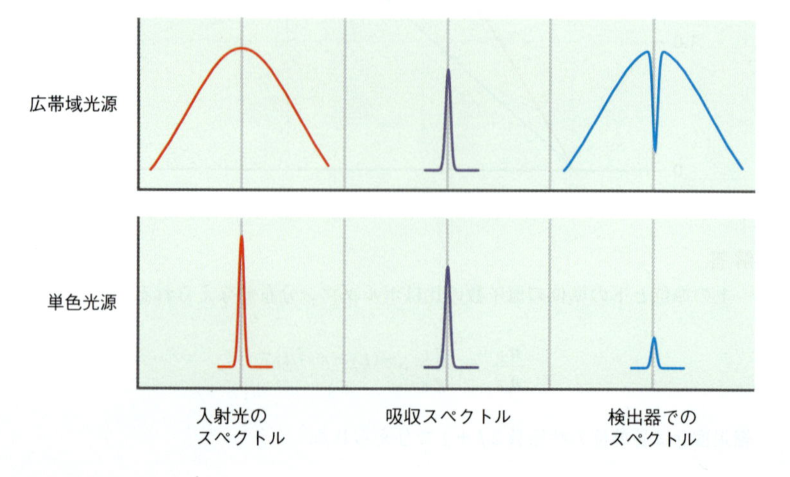

図 22･9　広帯域の光源と単色光源を使った場合について，分光器の加熱部入口（入射光）と検出器における光の強度を振動数の関数で表してある．中央に示してあるのは，検出すべき原子の本来の吸収スペクトルである．

光のごく一部でしかない．その吸収を検出するには回折格子で光を分散させる必要があり，それから光の強度を振動数の関数として測定しなければならない．単色の光源を使って，振動数だけでなく線幅まで遷移と合わせれば，吸収光の検出はずっと簡単になる．バックグラウンドの光を取除くには，光が検出器に入る前にごく簡単な単色器があればよい．この方法が成功を収める鍵となったのはホロカソード気体放電ランプの開発にあり，このランプから放射される光はカソード材料の固有振動数で決まる．比較的安価なこのランプを一つの分光器に複数設置しておけば，注目するいろいろな元素の分析を同時に行えるのである．

原子発光分光法と原子吸光分光法の感度は元素にもよるが，Mg の場合の 10^{-4} μg mL^{-1} から Pt の場合の 10^{-2} μg mL^{-1} 程度である．どちらの方法も，飲料水の分析やエンジンオイルに含まれる痕跡量の摩耗金属の検出など多方面で応用されている．

22・6 ドップラー効果

原子分光法の最新の応用に，**ドップラー効果**[1]を利用したものがある．光源が光を放射しながら観測者と相対的に動けば，観測者は元の光の振動数とは違う振動数を観測する．これと同じ現象で，音の場合を図 22・10 に示す．

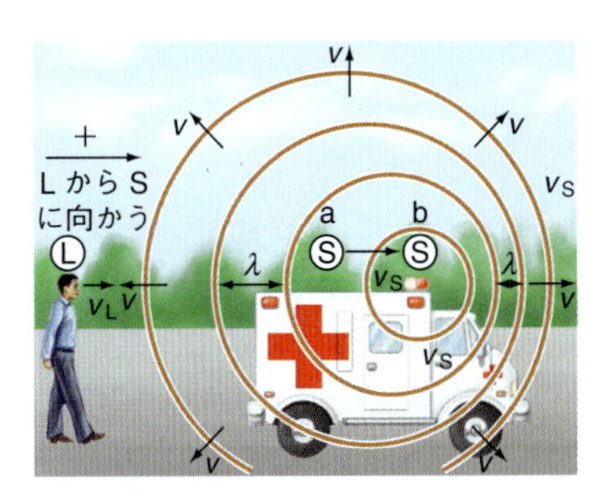

図 22・10 観測者 L の位置で観測される光（音）の振動数は，光源（音源）S の速度 v_S と観測者 L の速度 v_L との相対速度に依存する．

ドップラー効果による振動数のシフトは，

$$\omega = \omega_0 \sqrt{(1 \pm v_z/c)/(1 \mp v_z/c)} \tag{22・8}$$

で表せる．v_z は光源の速度 v_S の観測方向の速度成分であり，c は光速，ω_0 は光源が静止した座標系における光の振動数である．上下の符号はそれぞれ，物体（光源となる）が観測者に近づく場合と遠ざかる場合に相当する．振動数シフトは物体が近づくとき正（これを“ブルーシフト”という）で，物体が遠ざかるとき負（これを“レッドシフト”という）となることに注目しよう．この**ドップラーシフト**[2]を利用すれば，光を放ちながら地球に対して相対的に動く星座やその他の天体の速さを測定することができる．

例題 22・8

原子状水素のライマン系列のある発光スペクトル線（$n_{終} = 1$）の波長は，原子が静止しているときは 121.6 nm であるが，ある準星からの同じスペクトル線は 445.1 nm に観測された．この光源は観測者に近づいているか，それとも遠ざかっているか．その速度の大きさはいくらか．

解答

観測された振動数は，静止している原子で観測される振動数より小さい（波長が長い）から，この物体は遠ざかっている．その相対速度はつぎのように計算できる．

$$\left(\frac{\omega}{\omega_0}\right)^2 = \left(1 - \frac{v_z}{c}\right) \Big/ \left(1 + \frac{v_z}{c}\right)$$

$$\frac{v_z}{c} = \frac{1-(\omega/\omega_0)^2}{1+(\omega/\omega_0)^2} = \frac{1-(\lambda_0/\lambda)^2}{1+(\lambda_0/\lambda)^2}$$

$$= \frac{1-(121.6/445.1)^2}{1+(121.6/445.1)^2} = 0.8611; \quad v_z = 2.581 \times 10^8 \text{ m s}^{-1}$$

1) Doppler effect 2) Doppler shift

光源の速度が光速よりずっと遅い場合は，非相対論的なつぎの式が使える．

$$\omega = \omega_0\left(1 \mp \frac{v_z}{c}\right) \qquad (22\cdot9)$$

この式は，気体中の原子や分子の速さ分布がマクスウェル–ボルツマン分布で表せる場合に使える．ある特定の速さに注目すれば，それはすべての方向に等しく現れるから，ある温度の気体の v_z は $v_z = 0$ を中心としてかなり広がっている．したがって，中心振動数はシフトしないが，スペクトル線の幅は広がる．これを**ドップラーブロードニング**[1]という．原子や分子の速さは光速に比べれば非常に遅いから，振動数 ω_0 のスペクトル線の幅は 10^6 分の 1 程度である．この効果は，上の準星の振動数シフトほど大きくはないが，次節で見るように，レーザーの線幅を決めるうえできわめて重要である．

22・7 ヘリウム–ネオンレーザー

この節では，これまで説明してきた種々の基本原理がレーザーの作動原理に関係していることを示そう．ここでは He–Ne レーザーに注目する．このレーザーを理解するには 19 章で導入した吸収，自然放出，誘導放出の概念を使う．どの過程でも原子については同じ選択律に従う．すなわち，1 電子について $\Delta l = \pm 1$ であり，$\Delta L = 0$ または ± 1 である．

自然放出と誘導放出は重要な違いがある．**自然放出**[2]は時間についてまったくランダムな過程であり，放射されたフォトンはインコヒーレント（非干渉性）であるから位相はばらばらである．白熱電球は**インコヒーレントフォトンの光源**[3]である．この光源からの光はあらゆる方向に等しく伝搬するから，その強度は距離の 2 乗で減衰する．**誘導放出**[4]では，位相も伝搬方向も入射フォトンと同じである．これをコヒーレントフォトンの放射という．**レーザー**[5]はコヒーレントフォトンの光源である．すべてのフォトンの位相は揃っており，伝搬方向は同じであるから，そのビームの広がりは非常に小さい．このため，月で反射したレーザービームが地球に戻ってきても測定可能な強度が得られる．この説明からも明らかなように，**コヒーレントフォトンの光源**[6]は自然放出ではなく，誘導放出に基づくものである．しかし，19·2 節で示したように $B_{12} = B_{21}$ であるから，$N_1 = N_2$ であれば吸収の速度と誘導放出の速度は等しい．誘導放出の速度が吸収を上回るのは $N_2 > N_1$ の場合に限る．両準位の縮退度が同じとすれば，占有数はエネルギーの高い準位の方が多いから，この条件を**占有数の逆転**[7]という．実用になるレーザーをつくる鍵は，占有数の逆転を安定してつくり続けることである．平衡条件では占有数の逆転をつくれないが，準位間の遷移の相対速度が適当であれば，定常状態の条件下でこのような分布を維持することができる．この状況を図 22·11 に示す．

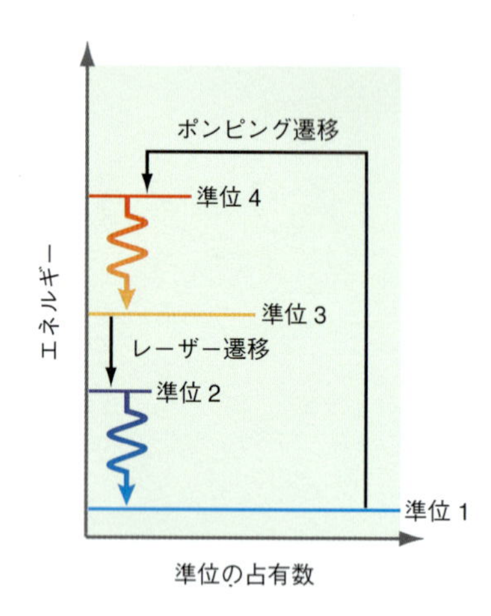

図 22·11　四準位レーザーの作動原理．縦軸はエネルギーである．各準位の占有数は水平線の長さで表してある．

図 22·11 を使えば，2 準位間で起こるレーザー遷移に必須の占有数の逆転がどのように達成され，それを維持できるかを理解することができる．図中の準位を表す水平線の長さは占有数に比例して描いてあり，それによって N_1 から N_4 の準位の占有数の比を表している．最初の段階は，準位 1 からの遷移で準位 4 の占有数を増加させることである．これには外部光源を使うが，He–Ne レーザーの場合は，この気体混合物を入れてある管内で起こる放電を利用している．波形の

1) Doppler broadening　2) spontaneous emission　3) incoherent photon source
4) stimulated emission　5) laser (light amplification by stimulated emission of radiation の頭文字からの造語)　6) coherent photon source　7) population inversion

矢で示した準位3への緩和は，フォトンの自然放出によって起こる．同じく，準位2から準位1への緩和もフォトンの自然放出で起こる．この2番目の緩和過程がはじめの緩和過程に比べて速く起こる場合は，上の準位のN_3がN_2より大きいまま維持される．こうして，準位2と3の間で占有数の逆転が達成される．レーザー遷移が準位2と1の間でなく，準位3と2の間で起こると有利な点は，準位2から1への緩和が速ければN_2を小さく維持できることである．一方，基底状態の原子はそれより低い状態へと減衰できないから，N_1を小さく保つことはできない．

以上の説明で，どうすれば占有数の逆転を達成できるかは理解できただろう．それでは具体的にどうすれば，誘導放出に基づく連続的なレーザー遷移を維持できるだろうか．図22·12に示すように，**光共振器**[1]の中で図22·11に示した過程を行えば可能である．

He-Neレーザーの光共振器はガラス管にHe-Ne混合気体を封入したもので，その両端には平行鏡を注意深く調整して設置してある．これに電極が挿入してあり，気体放電によって準位1から4へのポンピングを維持するのである．$n\lambda = n(c/\nu) = 2d$の条件を満たせば，光共振器の中で光は2枚の鏡の間で反射を繰返し，互いに強め合いの干渉を起こす．dは鏡の間の距離，nは整数である．次の

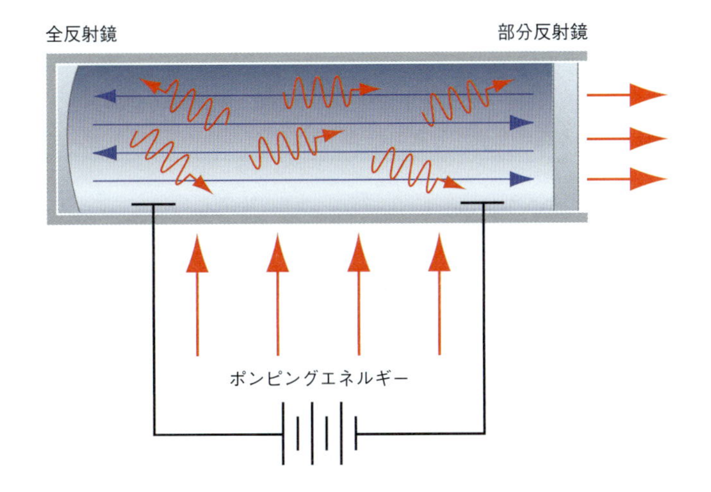

図22·12　光共振器として働くHe-Neレーザーの模式図．共振器の中に描いた平行線は，共振器で増幅されるコヒーレントな誘導放出を表している．赤色の波はインコヒーレントな自然放出の過程を表している．

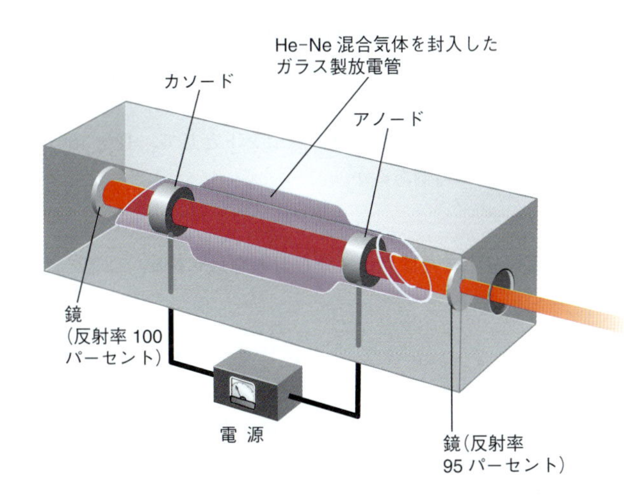

図22·13　He-Neレーザーの概略図

1) optical resonator

強め合いの干渉は $n \to n+1$ で起こるが，この二つのモードの振動数の差は $\Delta\nu = c/2d$ であり，それがこの共振器のバンド幅を決めている．レーザー作用に参加するモードの数は，**共振器モード**[1] の振動数と誘導放出の遷移振動数の幅という二つの因子の兼ね合いで決まる．その遷移の幅は，Ne 原子の気相での熱運動で生じるドップラーブロードニングで決まるものである．実際の He-Ne レーザーの概略を図 22·13 に示す．光共振器のほか，アノード，カソード，放電を維持するために必要な電源を示してある．

図 22·14 には共振器モードを 6 個だけ示してある．一方，“ドップラー線幅” と記してある曲線は，共振器内で光を放射する原子数をその振動数の関数で表したものである．この二つの関数の積が，共振器の助けを借りて持続できる誘導放出の相対強度を与える．その積を振動数の関数として図 22·14b に表してある．実際には共振器に損失があるから，準位 3 の原子数は絶えず減衰している．そこで，共振器の共鳴によって十分な数の原子を励起状態に維持できるレーザー遷移だけが生き残れる．図 22·14 では，レーザー遷移を持続できる十分な強度をもつのは 2 個の共振器モードだけである．光共振器の重要な働きは，レーザー遷移の振動数による $\Delta\nu$ をドップラー極限以下に減少させることである．例題 22·9 では，共振器で増幅できるモードの数が気体の温度とともにどう変化するかを示そう．

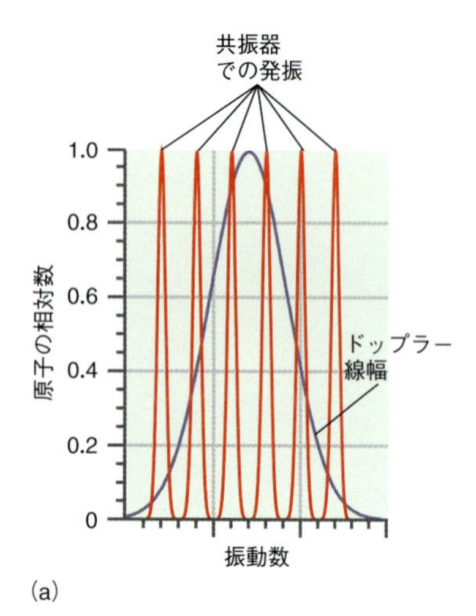

(a)

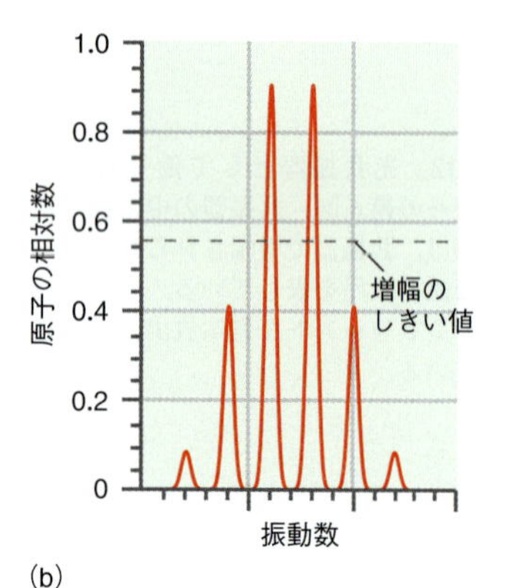

(b)

図 22·14　He-Ne レーザーの遷移の線幅は，マクスウェル-ボルツマンの速さ分布に基づくドップラーブロードニングで決まる．(a) 共振器での発振によって，レーザー遷移の個々の線幅はドップラー極限以下まで狭くなっている．(b) 増幅のしきい値を超えないレーザー遷移があるため，観測されるレーザー遷移（振動数が同じ）モードの数はさらに減少する．

例題 22・9

33 章で示すが，温度 T の気体中の原子について，一次元方向の速さがある特定の値 v である確率を表す分布関数は，

$$f(v)\,\mathrm{d}v = \sqrt{\frac{m}{2\pi k_\mathrm{B}T}}\,\mathrm{e}^{-mv^2/2k_\mathrm{B}T}\,\mathrm{d}v$$

で与えられる．この速さ分布が原因で，レーザー振動数には次式で表されるブロードニングが起こる．

$$I(\nu)\,\mathrm{d}\nu = \sqrt{\frac{mc^2}{2\pi k_\mathrm{B}T\nu_0^2}}\,\exp\left\{-\frac{mc^2}{2k_\mathrm{B}T}\left(\frac{\nu-\nu_0}{\nu_0}\right)^2\right\}\mathrm{d}\nu$$

c は光速，k_B はボルツマン定数である．次に，He-Ne レーザーの 632.8 nm の線のブロードニングを T の関数で計算しよう．

a. Ne 原子の質量を使って，$T = 100.0$ K，300.0 K，1000 K での $I(\nu)$ をプロットし，三つの温度それぞれについて $I(\nu)$ の最大振幅の半値に相当する振動数の幅を求めよ．

b. 増幅のしきい値を最大振幅の 50 パーセントとして，長さ 100 cm の共振器で増幅されるモードは何個あるか．

解答

a. この関数は正規分布またはガウス分布の形をしており，つぎの式で表される．

$$f_{\nu_0,\sigma}(\nu)\,\mathrm{d}\nu = \frac{1}{\sigma\sqrt{2\pi}}\,\mathrm{e}^{-(\nu-\nu_0)/2\sigma^2}\,\mathrm{d}\nu$$

最大の半値全幅は 2.35σ であり，いまの場合は $2.35\sqrt{k_\mathrm{B}T\nu_0^2/mc^2}$ である．これから，100.0 K，300.0 K，1000 K での半値全幅はそれぞれ，7.554×10^8

1) resonator mode

s^{-1}, $1.308 \times 10^9\ s^{-1}$, $2.388 \times 10^9\ s^{-1}$ である．関数 $I(\nu)$ のプロットをつぎに示す．

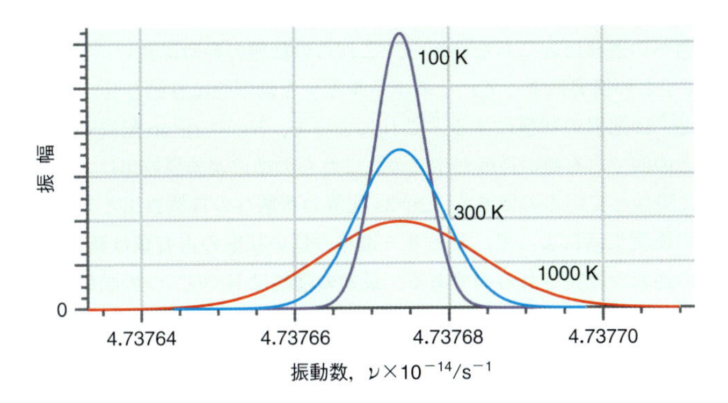

b. 二つのモードの振動数の間隔は，

$$\Delta\nu = \frac{c}{2d} = \frac{2.998 \times 10^8\ \mathrm{m\ s^{-1}}}{2 \times 1.00\ \mathrm{m}} = 1.50 \times 10^8\ \mathrm{s^{-1}}$$

で与えられる．速さ分布の幅は 100.0 K で 5 個，300.0 K で 8 個，1000 K で 15 個のモードを含んでいる．低温ではドップラーブロードニングが小さくなるから，可能なモード数がかなり減少する．

レーザー管に光学フィルターを取付けておけば，光共振器における多数回の反射で増強された唯一のモードを取出すことができる．また，振動数が正しい値でも伝搬方向が鏡と厳密に垂直でない光はすべて，多数回の反射で増幅されることがない．こうして，共振器はレーザー振動数で伝搬方向がレーザー管の軸に揃った定在波をつくる．この定在波はさらにフォトンをつくりだし，レーザー媒質(He–Ne 混合気体) から誘導放出によって放射するのである．すでに説明したように，これらのフォトンは発光を誘導したフォトンと位相が完全に一致しており，伝搬方向も同じである．これらのフォトンは元の定在波をさらに増幅し，その強度はもっと強くなるから，さらなる誘導放出がひき起こされる．そこで，一方の鏡を光の一部が透過できるようにしておけば，コヒーレントで指向性の高いレーザービームを取出せる．

以上でレーザー作用の概略を説明した．それでは，図 22·15 に模式的に示す He と Ne の原子エネルギー準位を使って，レーザー作用をどう理解できるだろうか．まず，レーザー管の放電によって電子と正に帯電したイオンができる．その電子は電場中で加速され，He 原子を $1s^2$ 配置の ^1S 項の状態から 1s2s 配置の ^1S

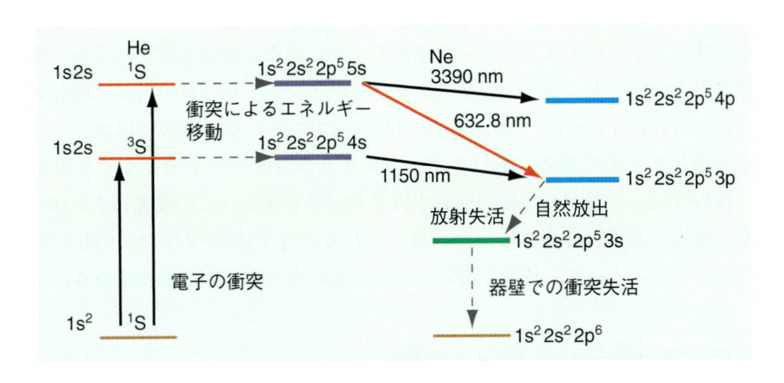

図 22·15 He–Ne レーザーの遷移．右上の三つの斜線は，可能なレーザー遷移を表している．

項と ^{3}S 項の状態へと励起する．これは図 22･11 の模式図の**ポンピング遷移**[1]である．この遷移は，フォトンの吸収によるのではなく衝突によって起こるから，通常の選択律は適用されない．一方，$\Delta S=0$ と $\Delta l=\pm1$ という選択律によって基底状態への遷移は起こらないから，これらの状態の寿命は長い．励起 He 原子は Ne 原子との衝突によって，そのエネルギーを効率的に移動させ，Ne を $2p^55s$ 配置と $2p^54s$ 配置の状態にする．これによって，Ne の $2p^54p$ 配置や $2p^53p$ 配置の状態との間で占有数の逆転が生じる．これらの準位が誘導放出による**レーザー遷移**[2]に関与しているのである．$2p^53s$ 配置の状態への自然放出と光共振器の内表面での衝突失活によって，レーザー遷移の低い状態の占有数は減少するから，占有数の逆転が維持されるのである．最初の励起は He の二つの励起状態へのもので，それはどちらも単一の項からなる．一方，Ne の励起状態の配置からは複数の項ができる（$2p^54s$ と $2p^55s$ からは ^{3}P と ^{1}P，$2p^53p$ と $2p^54p$ からは ^{3}D，^{1}D，^{3}P，^{1}P，^{3}S，^{1}S）．これらの状態は図の太線で表してあり，エネルギーも示してある．

ここで，複数の波長のレーザー遷移が生じていることに注目しよう．光共振器の鏡に被膜を施しておけば，目的とする波長の光だけを反射させることができる．この共振器ではふつう，スペクトルの可視領域にある 632.8 nm の遷移が維持されるように設定してある．これが He-Ne レーザー固有の赤色光である．

22・8　レーザー同位体分離

原子や分子を異なる同位体ごとに分離する方法はいろいろある．気体中では分子の速さは相対分子質量 M に $M^{-1/2}$ で依存するから，気相なら拡散による分離が可能である．原子炉の燃料棒をつくるには，ウラン同位体 ^{234}U，^{235}U，^{238}U を含むウラン燃料を濃縮して核分裂を起こす同位体 ^{235}U を取出さなければならない．これまで大規模に行われてきた方法は，ウランをフッ素と反応させて気体分子 UF_6 をつくり，それを遠心法によって ^{235}U 同位体に濃縮するものである．

工業規模という点では実用的でないが，^{235}U 同位体の選択的レーザーイオン化法を使って濃縮度を高めることが可能である．その原理を図 22･16 に模式的に示す．線幅が非常に狭く波長可変の銅蒸気レーザーを使って基底状態のウラン原子を励起し，7s 電子が関与する励起状態をつくる．図 22･16b に示すように，同位体が違えばその電子状態のエネルギーもわずかに異なるが，このレーザーのバンド幅は非常に狭いから一つの同位体だけを選択的に励起することができる．こうして励起された同位体を第二のレーザーパルスを使ってイオン化する．できたイオンは，電圧をかけて生じる静電引力によって金属電極に集められる．どちらのレーザーも単独ではウラン原子をイオン化するのに十分なエネルギーのフォトンをつくれないから，銅蒸気レーザーの第一パルスで選択的に励起された原子だけが第二パルスでイオン化されるのである．

同位体によって原子エネルギー準位がわずかに異なるのはなぜだろうか．電子を核に引きつけておく $-1/r$ 依存のクーロンポテンシャルは核の外側では有効に働くが，直径約 1.6×10^{-14} m，あるいは $3\times10^{-4}\,a_0$ の核の内部ではポテンシャルが平坦化するのである．もはやクーロンポテンシャルが有効でなくなる距離は，核の直径，したがって核内部の中性子数に依存する．この効果は $l>0$ の状態では無視できるほど小さい．それは，これらの電子は 20･2 節で説明した実効ポテンシャルによって，核から遠いところに追いやられているからである．しか

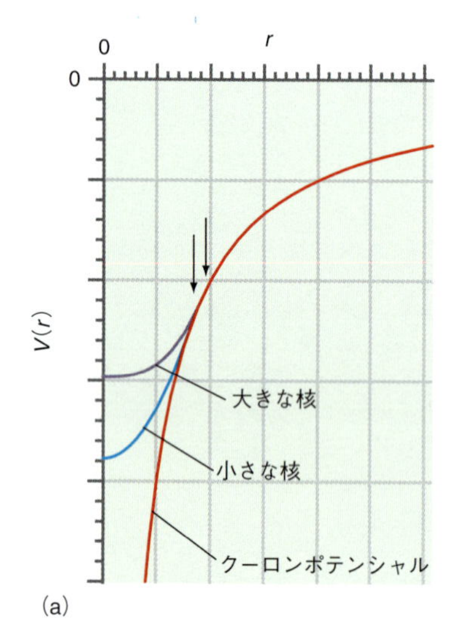

(a)

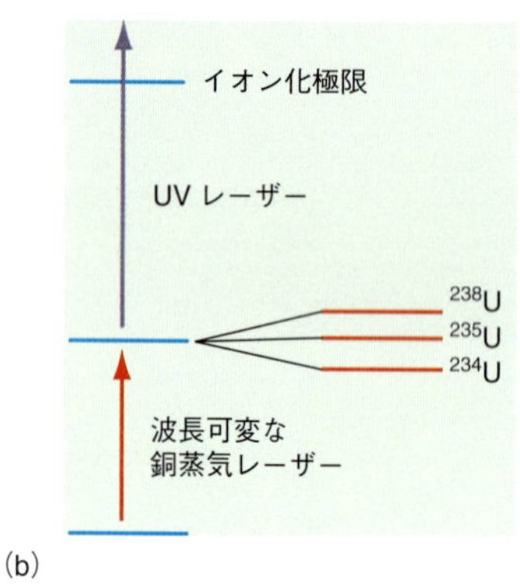

(b)

図 22･16　レーザーによる同位体励起の原理（模式図であり尺度は正確でない）．(a) 縦の矢印で核の半径の位置（2 通り）を示してあり，そこから電子–核ポテンシャルはクーロンポテンシャルから外れはじめる．この距離は核の体積に依存するから，同じ原子番号でも核の中性子数に依存している．(b) ^{234}U から ^{238}U の同位体で見られる $V(r)$ の非常に小さな変化によって，s 電子が関与する状態にエネルギー分裂が生じる．二光子励起とイオン化を組合わせれば，この分裂を利用して特定の同位体だけを選択的にイオン化することができる．

1) pumping transition　2) lasing transition

し，s電子の波動関数は核の中心で最大振幅をもつから，s状態だけがエネルギー分裂をひき起こせるのである．この分裂の大きさは核の直径で決まる．ウラン同位体での分裂はイオン化エネルギーの約 2×10^{-3} パーセントしかない．しかし，レーザーのバンド幅は非常に狭くできるから，エネルギー準位の間隔が非常に小さい場合でもただ一つの準位を選択的に励起できるのである．

22・9 オージェ電子分光法とX線光電子分光法

これまで説明した原子分光法の多くは気相の試料を対象としたものであった．分光法が役に立つもう一つの応用は，いろいろな表面の元素成分の分析である．これは，腐食や不均一系の触媒作用など，固相と気相または液相との界面で起こる化学反応を研究する分野では特に重要である．固体表面で起こっている反応を追跡するには，その部分だけを試料採取する必要があり，それには使用する分光法が固体表面の数原子層だけに高感度であればよい．この節で説明する二つの分光法は，いずれもこの要請を満たしている．ただし，どちらも気相など他の環境下でも使える分光法である．

どちらの分光法でも，固体表面の原子からそれぞれ電子を射出させて，その電子のエネルギーを測定する．射出された電子が気相分子と衝突すればエネルギー損失を受けるから，これを避けるために固体試料は真空容器内で調べられる．電子が十分なエネルギーをもって固体から真空中に飛び出してくれば，その電子は元のエネルギー準位を反映した何らかの固有のエネルギーをもっているはずである．まず，電子が真空中に飛び出すまでには，固体中から表面まで移動してこなければならない．この過程は，気相で原子が移動するのと似ている．原子は，別の原子と衝突するまでに（気体の圧力に依存した）ある距離を飛行する．衝突が起これば，その相手とエネルギーと運動量を交換するから，それまでの運動量やエネルギーに関する記憶はなくなってしまう．これと同様に，固体中で発生した電子が表面に向かって移動するとき，その経路が長すぎると他の電子と衝突して元のエネルギー準位の記憶は失われてしまう．そこで，表面から**非弾性平均自由行程**[1]の範囲内にある原子だけが，そのエネルギー準位と簡単な関係にあるエネルギーの電子を気相に射出するのである．それ以外の原子から放出された電子は，バックグラウンドの信号にしかならない．この電子の平均自由行程は電子のエネルギーに依存するが，物質によってあまり変化がなく，約 40 eV で約 2 原子層という最小値を示し，そこから緩やかに増加して 1000 eV では 10 原子層に達する．原子から射出されこの範囲のエネルギーをもつ電子は，表面に特に敏感な情報を提供することができる．

例題 22・10

実験室のX線源を使ってX線を照射すれば，バルクの TiO_2 の表面近傍のチタン原子は 790 eV のエネルギーの電子を真空中に放出する．この電子にはバルク中での平均自由行程があるから，Ti 原子の信号は表面から深くなるにつれ $[I(d)]/[I(0)]=e^{-d/\lambda}$ で減衰する．この式の d は表面からの深さ，λ は平均自由行程である．λ が 2.0 nm のとき，表面から 10.0 nm の深さにある Ti 原子の感度は，表面と比べてどれだけか．

解答 与えられた式 $[I(d)]/[I(0)]=e^{-d/\lambda}$ に数値を代入すれば，

1) inelastic mean free path

$$\frac{I(10.0\,\mathrm{nm})}{I(0)} = \mathrm{e}^{-10.0/2.0} = 6.7 \times 10^{-3}$$

が得られる．これが，この分光法の表面感度を表している．

オージェ電子分光法[1]（AES）の概略を図22･17に示す．電子（またはフォトン）によって原子の低いエネルギー準位にあった電子がたたき出される．これでできた穴は，高いエネルギー状態からの遷移によってすぐに埋められる．しかし，こ

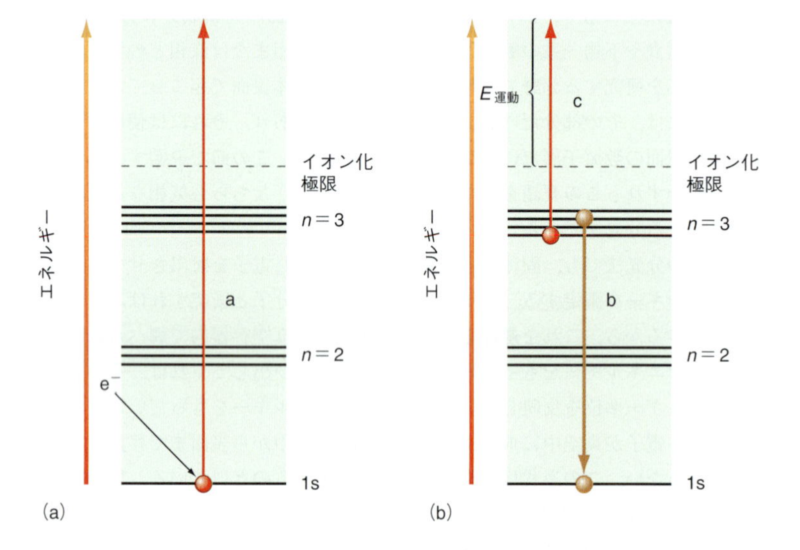

図22･17　オージェ電子分光法の原理．(a) 入射したフォトンまたは電子からのエネルギー移動によって内殻の準位に穴ができる（図中a）．(b) この穴は高い準位から電子が緩和して埋められ（図中b），第三の電子（二次電子）が放出されて（図中c）エネルギー保存が成立する．この電子のエネルギーを測定すれば，それが元素に固有な性質を反映している．

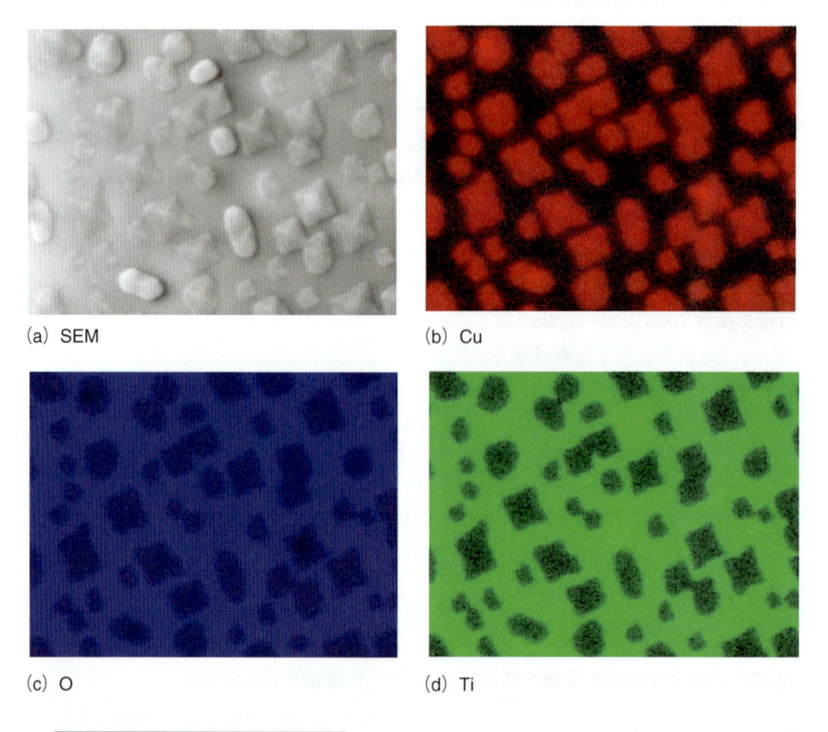

図22･18　Cu_2O ナノドットを $SrTiO_3$ 結晶表面に析出させた試料について得られた走査電子顕微鏡法の像と走査オージェ分光法による銅と酸素，チタンの像．いずれも約 0.5×0.5 μm の領域の像である．Cu_2O ナノドットは，酸素を含むプラズマ中で Cu を蒸発させてつくったもの．(a) エネルギー分析を行わずに得られた SEM 像には構造が見られるものの，元素の分布に関する情報がない．(b), (c), (d) は後方散乱した電子のエネルギーを分析して得られた像．明るい領域には Cu(b)，O(c)，Ti(d) がそれぞれ高濃度で存在しており，暗い領域ではその濃度が低い．データの分析によれば，(b) の明るい領域には Cu と O が存在するが，Ti は存在していない．また，(d) の暗い領域に Ti は存在しない．
出典：Liang, Y., Lea, A. S., McCready, D. E., Meethunkij, P., "Proceedings-Electrochemical Society", 125 (2001).

1) Auger electron spectroscopy

の遷移だけでエネルギー保存が成り立つわけではない．エネルギー保存は，同時に気相へと放出される二次電子を含めて成り立っている．そこで，この電子の運動エネルギーを測定するのである．この分光法には三つのエネルギー準位が関与するが，これによって原子の特徴を簡単に見分けることができる．最初に電子の穴をつくるのにフォトンでなく電子を使う利点は，よい空間分解能が得られることである．使用する電子ビームのサイズを10〜100 nmの程度まで絞れるから，電子励起によるオージェ分光法は，固体表面における元素分布の地図を高分解能でつくることができ，多方面で日常的に使われている．

走査オージェ分光法を使って，$SrTiO_3$の結晶表面でのCu_2Oのナノドットの成長を調べた結果を図22･18に示す．走査電子顕微鏡法（SEM）の像は表面構造を示すものの，元素成分に関する情報は与えない．同じ領域の走査オージェ分光法によってCu, Ti, Oの像が得られている．それによれば，Cuは表面を均一に覆っているわけではなく，三次元の微結晶をつくっている．それは，ナノドット間の領域にCuがなく，そこにTiが存在していることからわかる．酸素の像では，Cu_2Oナノドットは下地の$SrTiO_3$表面より暗く見える（O含量が低い）．それは，Cu_2Oは2個のCuカチオンに対してOが1個しかないが，$SrTiO_3$表面には2個のカチオンに対してOが3個あるからである．この結果は，ナノドットの析出過程が表面敏感分光法を使って理解できることを示している．

X線光電子分光法[1]（XPS）は，準位が1個しか関与しないという点でAESより単純である．原子によってフォトンのエネルギーが吸収され，つぎの運動エネルギーをもつ電子が放出されてエネルギーが保存される．

$$E_{運動} = h\nu - E_{結合} \qquad (22\cdot10)$$

固体の仕事関数（12章で説明した）と検出器に関するわずかな補正は省略してある．放出された電子に起こる過程について模式図を図22･19に示す．現時点ではX線レーザーが市販されておらず，バンド幅の非常に狭い線源は入手できない．しかしながら，単色化したX線源を使えば，同じ原子でも化学的に非等価な環境に置かれた原子がある物質では，明確に異なるピークが観測される．この**化学シフト**[2]についても図22･19に示してある．化学シフトが正の値を示すのは，原子内の電子の結合エネルギーが，自由原子より大きいことを示している．化学シフトの計算を正確に行うには細かな取扱いが必要であるが，その起源については簡単なモデルで理解できる．

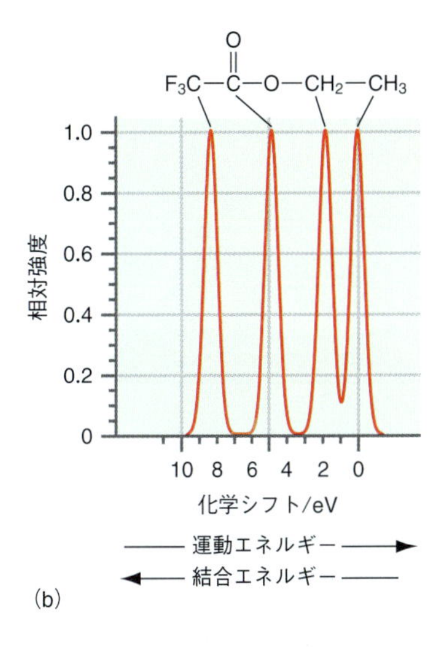

図22･19　(a) X線光電子分光法の原理．(b) トリフルオロ酢酸エチル分子の炭素1s準位の化学シフトを表すスペクトル．

図22･19bに示す構造のトリフルオロ酢酸エチルについて，その炭素原子の異なる結合環境を考えよう．CF_3基の炭素原子には電気陰性度のずっと大きなF原子が付いているから，正味の電子求引効果を受けている．したがって，その1s電子は2p電子による遮蔽効果をいくぶん失うことになり，Cの1s電子はわずかに大きな核電荷を受ける．このため，結合エネルギーが増加して，正の化学シフトを示す．それほどではないが酸素原子との間で二重結合と一重結合で結ばれた炭素原子も，やはり酸素から電子求引効果を受けている．一方，メチル基の炭素は電子移動がほとんどなく，メチレンの炭素は酸素と直接結合しているから比較的大きな電子求引効果を受ける．これらの効果は小さいが，簡単に測定できる．したがって，光電子スペクトルは元素の同定だけでなく，酸化状態に関する情報も与える．

XPSが表面に敏感であるのを利用した例を図22･20に示す．酸化マグネシウム結晶の表面で成長する鉄や酸化鉄の膜を，いろいろな条件下で観測したもので

1) X-ray photoelectron spectroscopy　2) chemical shift

ある．目的は，この膜内の鉄の酸化状態を求めることである．X線フォトンが，表面近傍にあるFeの化学種の2p準位の電子をたたき出す．その信号は表面の約1 nm以内の化学種によるものである．Feの2p準位に残っている電子のスピン角運動量$\boldsymbol{s}$はオービタル角運動量$\boldsymbol{l}$とカップルして，全角運動量ベクトル$\boldsymbol{j}$をつくる．その可能な量子数は2個あり，$j=1/2$と$3/2$である．この二つの状態のエネルギーは違うから，スペクトルには2個のピークが観測される．これらの状態からの光電子放射の測定された信号強度の比は，その縮退度の比で表される．すなわち，

$$\frac{I(2\mathrm{p}_{3/2})}{I(2\mathrm{p}_{1/2})} = \frac{2\times\left(\frac{3}{2}\right)+1}{2\times\left(\frac{1}{2}\right)+1} = 2$$

である．Feの各ピークに相当する結合エネルギーは，真空中では金属のFe，つまり0価のFeが析出することを明確に示している．鉄を析出させながら，その膜を気体酸素にさらしてつくった酸化鉄の結晶相には，Fe(Ⅱ)とFe(Ⅲ)の比の異なるものが存在している．

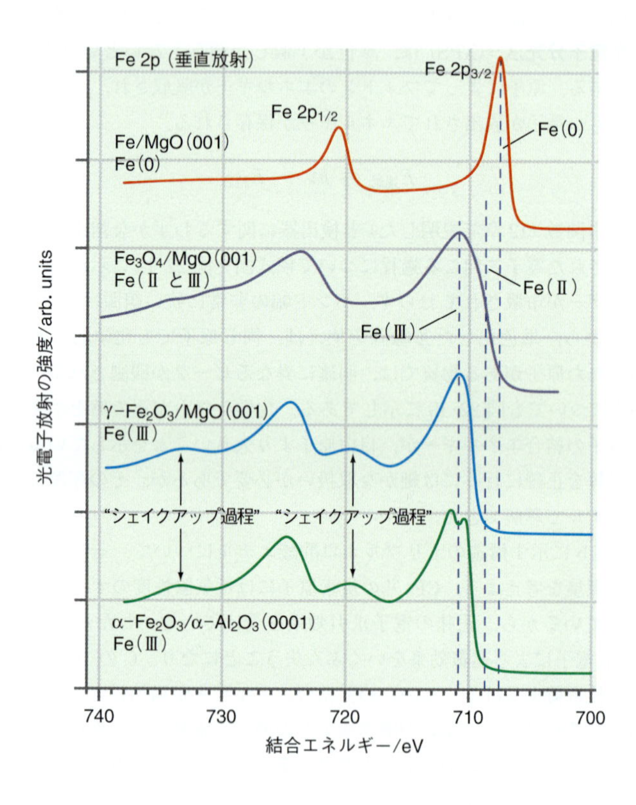

図22·20 X線光電子分光法によるMgO結晶表面に析出したFeの膜のスペクトル．内殻電子の2p準位に由来するピークに，スピン-軌道相互作用による分裂が見られることに注意しよう．光電子放射に伴う内殻のイオン化と同時に外殻電子（価電子）が高い準位に励起されると"シェイクアップ過程"が見られ，サテライトピークが現れる．この励起が起こると放出される電子の運動エネルギーは減少する．
出典：グラフはScott A., Chambers/Pacific Northwest National Laboratoryによる．

22·10 励起状態の選択反応の化学：O(^{3}P)とO(^{1}D)の違い

大気中の分子と太陽光の相互作用によって化学反応の連鎖が見られ，それは地球大気の組成を決める要因の一つになっている．これらの反応で主役を演じる化学種は酸素である．太陽からの紫外光放射は，つぎの反応によって$\mathrm{O\cdot}$, $\mathrm{O_2}$, $\mathrm{O_3}$の濃度を決めている．

$$
\begin{aligned}
&O_2 + h\nu \longrightarrow O\cdot + O\cdot \\
&O\cdot + O_2 + M \longrightarrow O_3 \\
&O_3 + h\nu \longrightarrow O\cdot + O_2 \\
&O\cdot + O_3 \longrightarrow 2O_2
\end{aligned}
\qquad (22\cdot 11)
$$

M は大気中にある他の分子であり，O_3 を生成する際に放出されるエネルギーをもち去る役目をしている．300 nm 以下の波長の光によって，成層圏内ではつぎの反応で ^1D 酸素原子がつくられる．

$$
O_3 + h\nu \longrightarrow O_2 + O\cdot(^1D) \qquad (22\cdot 12)
$$

もっと長波長の光では，基底状態の ^3P 酸素原子がつくられる．重要なことは，$O\cdot(^1D)$ の方が $O\cdot(^3P)$ より 190 kJ mol^{-1} の余分のエネルギーをもつことである．このエネルギーを使えば，反応の活性化障壁を越えることができる．たとえば，つぎの反応，

$$
O\cdot(^3P) + H_2O \longrightarrow \cdot OH + \cdot OH \qquad (22\cdot 13)
$$

は，$\Delta H = 70$ kJ mol^{-1} の吸熱反応であるが，もう一方の反応，

$$
O\cdot(^1D) + H_2O \longrightarrow \cdot OH + \cdot OH \qquad (22\cdot 14)
$$

は，$\Delta H = -120$ kJ mol^{-1} の発熱反応である．$O\cdot(^1D)$ から $O\cdot(^3P)$ への放射遷移は選択律 $\Delta S = 0$ によって禁じられているから，$O\cdot(^1D)$ 原子の寿命は長く，主として他の化学種との反応で濃度が減少するしかない．

$O\cdot(^1D)$ 原子は，つぎの反応によって反応性に富むヒドロキシラジカルとメチルラジカルを発生するおもな原因になっている．

$$
\begin{aligned}
&O\cdot(^1D) + H_2O \longrightarrow \cdot OH + \cdot OH \\
&O\cdot(^1D) + CH_4 \longrightarrow \cdot OH + \cdot CH_3
\end{aligned}
\qquad (22\cdot 15)
$$

すでに述べたように，$O\cdot(^1D)$ は電子励起による余剰エネルギーを使って反応の活性化障壁を越えることができるから，$O\cdot(^3P)$ よりずっと反応性に富む．また，$O\cdot(^1D)$ は N_2O から反応中間体 NO を発生したり，クロロフルオロカーボン[†1]から Cl· を発生したりするのに関与している．

22・11 補遺: 電子スピンと配置エネルギー

この節では，ある特別な場合の配置エネルギーが，電子スピンが対をつくっているかどうかに依存することを示そう．たとえば，$1s^12s^1$ の配置の He 原子の励起状態の場合である．それぞれの S の値について，その反対称波動関数は 22・2 節で求めたものである．以下では一重項状態と三重項状態のエネルギーを計算し，三重項状態は一重項状態よりエネルギーが低いことを示そう．

一重項状態の波動関数のシュレーディンガー方程式は，

$$
\left(\hat{H}_1 + \hat{H}_2 + \frac{e^2}{4\pi\varepsilon_0 r_{12}}\right)\psi(1,2) = E_{\text{一重項}}\,\psi(1,2) \qquad (22\cdot 16)
$$

†1 慣用名はフロン．

と書ける．$\hat{H}_1$ と $\hat{H}_2$ は電子－電子反発を無視したときの全エネルギー演算子であり，下付きは関与する電子を表している．$\psi(1,2)$ は厳密な波動関数であり，それは未知である．全エネルギー演算子はスピンに依存する項を含んでいないから，この波動関数にはスピンに関する部分はない．厳密な波動関数はわからないから，(22･3)式の単純な一重項波動関数で近似する．忘れてならないのは，一重項波動関数は全エネルギー演算子の固有関数でないということである．この近似波動関数を使って全エネルギーの期待値を得るために，この波動関数の複素共役を左側から掛けて，それを空間座標で積分する．1s 関数と 2s 関数は実であるから，その関数と複素共役とは同じである．そこで，

$$E_{一重項} = \frac{1}{2}\iint [1s(1)2s(2)+2s(1)1s(2)]\left(\hat{H}_1+\hat{H}_2+\frac{e^2}{4\pi\varepsilon_0 r_{12}}\right) \times [1s(1)2s(2)+2s(1)1s(2)]\,d\tau_1\,d\tau_2 \qquad (22\cdot17)$$

である．章末問題で扱うことになるが，$\hat{H}_1$ と $\hat{H}_2$ が関与する積分から $E_{1s}+E_{2s}$ が得られる．ここで，$E_{1s}=-e^2/(2\pi\varepsilon_0 a_0)$ と $E_{2s}=-e^2/(8\pi\varepsilon_0 a_0)$ は $\zeta=2$ のときの H 原子の固有値である．この結果を使えば，

$$E_{一重項} = E_{1s}+E_{2s} + \frac{1}{2}\iint [1s(1)2s(2)+2s(1)1s(2)]\left(\frac{e^2}{4\pi\varepsilon_0 r_{12}}\right) \times [1s(1)2s(2)+2s(1)1s(2)]\,d\tau_1\,d\tau_2 \qquad (22\cdot18)$$

となる．章末問題でわかるように，残りの積分についても簡単に表せて，$E_{一重項}$ がつぎのように得られる．

$$E_{一重項} = E_{1s}+E_{2s}+J_{12}+K_{12} \qquad (22\cdot19)$$

$$J_{12} = \frac{e^2}{8\pi\varepsilon_0}\iint [1s(1)]^2\left(\frac{1}{r_{12}}\right)[2s(2)]^2\,d\tau_1\,d\tau_2$$

$$K_{12} = \frac{e^2}{8\pi\varepsilon_0}\iint [1s(1)2s(2)]\left(\frac{1}{r_{12}}\right)[1s(2)2s(1)]\,d\tau_1\,d\tau_2 \qquad (22\cdot20)$$

三重項状態について計算を行えば，その結果は，

$$E_{三重項} = E_{1s}+E_{2s}+J_{12}-K_{12} \qquad (22\cdot21)$$

と表せる．数学的な取扱いよりも，ここでは得られた式のかたちに注目しよう．2 個の電子間の反発相互作用がなければ，全エネルギーは単に $E_{1s}+E_{2s}$ と表せる．電子間のクーロン反発を考慮に入れ，波動関数を反対称にすれば，追加の項として J_{12} と K_{12} が生じる．$E_{1s}+E_{2s}$ のエネルギーから，一重項状態では $J_{12}+K_{12}$ だけシフトし，三重項状態では $J_{12}-K_{12}$ だけシフトしている．これから，He 原子 ($1s^1 2s^1$) の三重項状態と一重項状態のエネルギー差は $2K_{12}$ である．(22･20)式の最初の積分に現れる項はすべて正であるから $J_{12}>0$ である．また，K_{12} が正であることも示せる．こうして，He の第一励起状態の三重項状態は一重項状態よりエネルギーが低いことが示せた．これは，一重項状態と三重項状態についていえる一般的な結果である．

上の考察は純粋に数学的なものである．ところで，J_{12} や K_{12} には物理的な意味があるだろうか．電子 1 と 2 は点電荷で表されるとしよう．その場合の積分 J_{12} は簡単に $e^2/(4\pi\varepsilon_0|r_1-r_2|)$ と表せる．しかし，He の電子はぼやけた電荷雲とみな

せる．そのぼやけた電荷分布を $\rho(1)=[1s(1)]^2\,d\tau_1$ と $\rho(2)=[2s(2)]^2\,d\tau_2$ で表せば，積分 J_{12} は $\rho(1)$ と $\rho(2)$ の静電相互作用にすぎない．J_{12} はこのように解釈できることから，**クーロン積分**[1] といわれる．積分 K_{12} は J_{12} と違って古典物理では解釈できない．この積 $[1s(1)2s(2)][1s(2)2s(1)]\,d\tau_1\,d\tau_2$ は $|\psi(1)|^2|\psi(2)|^2\,d\tau_1\,d\tau_2$ のかたちをしていないから，電荷の定義には合わない．この積の二つの部分の間で電子が交換されるから，K_{12} を**交換積分**[2] という．古典物理にこれに類似の描像はなく，一重項の波動関数と三重項の波動関数はパウリの原理を満足するように，二つの部分の重ね合わせで書けることから生じるものである．

一重項の波動関数と三重項の波動関数では，電子相関を含む度合いも異なる．電子同士はクーロン反発があるから互いに避け合うことはわかっている．電子 2 を電子 1 に近づければ $r_2,\theta_2,\phi_2 \longrightarrow r_1,\theta_1,\phi_1$ であるから，一重項波動関数の空間部分は，

$$\frac{1}{\sqrt{2}}[1s(1)2s(2)+2s(1)1s(2)]$$
$$\longrightarrow \frac{1}{\sqrt{2}}[1s(1)2s(1)+2s(1)1s(1)] = \frac{2}{\sqrt{2}}1s(1)2s(1)$$

となる．一方，三重項波動関数の空間部分は，

$$\frac{1}{\sqrt{2}}[1s(1)2s(2)-2s(1)1s(2)] \longrightarrow \frac{1}{\sqrt{2}}[1s(1)2s(1)-2s(1)1s(1)] = 0$$

となる．すなわち，三重項波動関数は一重項波動関数より電子相関の度合いが大きく組込まれている．それは，同じ領域に両方の電子を見いだす確率は，電子が互いに近づけば 0 になるからである．

それでは，三重項状態のエネルギーの方が一重項状態より低いのはなぜだろうか．電子相関の点で電子-電子反発が三重項状態の方が小さく，それが全エネルギーを低くしているのだろうか．しかし，実際はそうではない．もっと詳しい解析によれば，電子-電子反発は実際には一重項状態より三重項状態の方が大きい．しかしながら，三重項状態では電子が平均としてわずかに核に近いところにある．電子-電子反発より電子-核引力の方が増加して，それがより重要になる．したがって，三重項状態のエネルギーの方が低いのである．全エネルギー演算子にはスピンに関する項が含まれていないが，スピンはエネルギーに影響を与えることに注意しよう．スピンは，パウリの原理で要請される反対称化の計算に入っているのである．この結果を一般化すれば，配置が同じなら，スピンが対になっていない状態は対の状態よりエネルギーは低いといえる．

用語のまとめ

一重項	化学シフト	原子吸光分光法	項の縮退
インコヒーレントフォトンの光源	共振器モード	原子発光分光法	コヒーレントフォトンの光源
X 線光電子分光法	クレブシュ-ゴーダン級数	項	三重項
オージェ電子分光法	グロトリアン図	交換積分	自然放出
	クーロン積分	項の記号	準位

1) Coulomb integral　2) exchange integral

スピン-軌道カップリング
全角運動量
選択律
占有数の逆転
双極子近似
多重度
対電子
ドップラー効果
ドップラーシフト
ドップラーブロードニング
配置
反平行スピン
光共振器
非弾性平均自由行程
不対電子
フントの規則
平行スピン
ポンピング遷移
誘導放出
よい量子数
レーザー
レーザー遷移

文章問題

Q 22.1 (22·20)式で定義したクーロン積分 J は，負に帯電した2個の古典的な電子雲の間の相互作用を表す積分を厳密に計算すれば正である．これが正しいことを示せ．

Q 22.2 配置 $1s^1 2s^1$ の He では，三重項状態のエネルギーの方が一重項状態より低い．その理由を数式を使わずに説明せよ．

Q 22.3 レーザーの線幅は，ドップラーブロードニングによる幅よりどれほど狭くなれるか．

Q 22.4 同じ原子でも電子励起した原子の方が基底状態の原子より反応性に富むのはなぜか．

Q 22.5 いろいろな応用で，原子吸光分光法が原子発光分光法より感度が高いのはなぜか．

Q 22.6 ドップラー効果で星からの光の波長はシフトするのに，気体中の遷移にはブロードニングが見られるのはなぜか．

Q 22.7 多電子原子では量子数 n, l, m_l, m_s はよい量子数でない．なぜか．

Q 22.8 H と Li^{2+} のリュードベリ定数の関係を与える式を書け．

Q 22.9 表 22·1 のそれぞれの状態を実験で区別することは可能か．

Q 22.10 ある項の L と S の値をその状態の M_L と M_S の値だけから求めるにはどうすればよいか．

Q 22.11 XPS の化学シフトの起源は何か．

Q 22.12 レーザー同位体分離で，1個の高エネルギーのフォトンを使わず，中程度のエネルギーのフォトンを2個使うのはなぜか．

Q 22.13 XPS や AES で試料を調べるとき，その試料を真空容器内に置く必要があるのはなぜか．

Q 22.14 XPS が表面敏感な手法であるのはなぜか．

Q 22.15 図 22·20 にある Fe(0), Fe(Ⅱ), Fe(Ⅲ) の化学シフトの順について説明せよ．

数値問題

赤字番号の問題の解説が解答・解説集にある(上巻 vii 頁参照)．

P 22.1 ナトリウムの発光スペクトルの主要なスペクトル線は黄色である．詳しく調べれば，そのスペクトル線は波長が 589.0 nm と 589.6 nm の二重線であることがわかる．この二重線の起源を説明せよ．

P 22.2 水素原子の吸収スペクトルには，5334, 7804, 9145, 9953, 10 478 cm^{-1} にスペクトル線がある．これ以下の振動数にはスペクトル線がない．例題 22·6 で説明したグラフによる方法を使って $n_{始}$ を求め，この状態の水素原子のイオン化エネルギーを求めよ．試しに $n_{始}$ を 1, 2, 3 としてグラフを描け．

P 22.3 同じ配置から生じる項を掲げた表 22·3 とフントの規則を使って，H 原子から F 原子までの基底状態について，その項の記号を $^{(2S+1)}L_J$ のかたちで書け．

P 22.4 この問題では，He 原子の配置 $1s^1 2s^1$ の一重項状態に関する式 $E_{一重項} = E_{1s} + E_{2s} + J + K$ の導出で，本文で省略した部分を埋めよう．

a. (22·17)式を展開して，次式が得られることを示せ．

$$\begin{aligned}E_{一重項} = {} & \frac{1}{2}\iint [1s(1)2s(2) + 2s(1)1s(2)](\hat{H}_1)[1s(1)2s(2) + 2s(1)1s(2)]\,d\tau_1 d\tau_2 \\ & + \frac{1}{2}\iint [1s(1)2s(2) + 2s(1)1s(2)](\hat{H}_2)[1s(1)2s(2) + 2s(1)1s(2)]\,d\tau_1 d\tau_2 \\ & + \frac{1}{2}\iint [1s(1)2s(2) + 2s(1)1s(2)] \\ & \times \left(\frac{e^2}{4\pi\varepsilon_0 |r_1 - r_2|}\right) \\ & \times [1s(1)2s(2) + 2s(1)1s(2)]\,d\tau_1 d\tau_2\end{aligned}$$

b. 式 $\hat{H}_i 1s(i) = E_{1s} 1s(i)$ および $\hat{H}_i 2s(i) = E_{2s} 2s(i)$ から出発して，次式が得られることを示せ．

$$\begin{aligned}E_{一重項} = {} & E_{1s} + E_{2s} \\ & + \frac{1}{2}\iint [1s(1)2s(2) + 2s(1)1s(2)]\left(\frac{e^2}{4\pi\varepsilon_0 |r_1 - r_2|}\right) \\ & \times [1s(1)2s(2) + 2s(1)1s(2)]\,d\tau_1 d\tau_2\end{aligned}$$

c. つぎの定義を使って上の式を展開すれば，目的とする結果 $E_{一重項} = E_{1s} + E_{2s} + J + K$ が得られることを示せ．

$$J = \frac{e^2}{8\pi\varepsilon_0}\iint [1s(1)]^2 \left(\frac{1}{|r_1 - r_2|}\right)[2s(2)]^2 \mathrm{d}\tau_1 \mathrm{d}\tau_2$$

$$K = \frac{e^2}{8\pi\varepsilon_0}\iint [1s(1)2s(2)]\left(\frac{1}{|r_1 - r_2|}\right)[1s(2)2s(1)] \times \mathrm{d}\tau_1 \mathrm{d}\tau_2$$

P 22.5 ^{6}H の項で可能な J の値はいくらか．各準位にある状態の数を計算し，合計の状態数が項の記号から求めた数と等しいことを示せ．

P 22.6 同じ配置から生じる項を掲げた表22·3とフントの規則を使って，F^-イオンとCa^{2+}イオンの基底状態について，その配置と項の記号を $^{(2S+1)}L_J$ のかたちで書け．

P 22.7 気体のドップラーブロードニングは $\Delta\nu = (2\nu_0/c) \times \sqrt{2\ln 2(RT/M)}$ で表せる．M はモル質量である．ナトリウムの $3p\,^2P_{3/2} \rightarrow 3s\,^2S_{1/2}$ の遷移では $\nu_0 = 5.0933 \times 10^{14}\ \mathrm{s^{-1}}$ である．500.0 K における $\Delta\nu$ と $\Delta\nu/\nu_0$ を計算せよ．

P 22.8 H原子の1s準位から$2p_z$準位への遷移について，$\mu_z = -er\cos\theta$ として遷移双極子モーメント $\mu_z^{mn} = \int \psi_m^*(\tau)\,\mu_z\,\psi_n(\tau)\,\mathrm{d}\tau$ を計算せよ．この遷移が許容遷移であることを示せ．この積分は r, θ, ϕ によるものである．$2p_z$ の波動関数には次式を使え．

$$\psi_{210}(r,\theta,\phi) = \frac{1}{\sqrt{32\pi}}\left(\frac{1}{a_0}\right)^{3/2}\frac{r}{a_0}\,\mathrm{e}^{-r/2a_0}\cos\theta$$

P 22.9 He原子の $1snp\,^3P \rightarrow 1snd\,^3D$ 遷移について考えよう．項を準位に分裂させるスピン–軌道カップリングを考慮に入れて，エネルギー準位図を描け．各項は何個の準位に分かれるか．この場合の遷移の選択律は $\Delta J = 0, \pm 1$ である．吸収スペクトルには何個の遷移が観測されるか．エネルギー図に許容遷移を描け．

P 22.10 ある混合物の原子発光分光の実験で，カルシウムの $^1P_1 \rightarrow {^1S_0}$ 遷移に相当するスペクトル線が 422.673 nm に，カリウムの $^2P_{3/2} \rightarrow {^2S_{1/2}}$ と $^2P_{1/2} \rightarrow {^2S_{1/2}}$ 遷移による二重線が 764.494 nm と 769.901 nm にそれぞれ観測された．

a. それぞれの遷移について，$g_上/g_下$ の比を計算せよ．

b. それぞれの遷移について，1600 °C における $n_上/n_下$ を計算せよ．

P 22.11 f副殻に3個の電子を入れる方法は何通りあるか．f^3 配置の基底状態の項は何か．また，この項には何個の状態があるか．問題P22.36を見よ．

P 22.12 ライマン系列，バルマー系列，パッシェン系列それぞれの最初の三つのスペクトル線の波長を計算せよ．また，各系列の系列極限（最短波長）を計算せよ．

P 22.13 水素原子のライマン系列は，吸収スペクトルでは $n=1$ の準位から始まる一連の遷移に相当し，発光スペクトルでは $n=1$ の準位で終わる一連の遷移に相当する．この系列のエネルギーが最小と最大の遷移について，そのエネルギーと振動数（$\mathrm{s^{-1}}$ と $\mathrm{cm^{-1}}$ の単位で），波長を計算せよ．

P 22.14 固体中の電子の非弾性平均自由行程 λ は，AESやXPSなどの分析法の表面感度を決めている．表面内部で発生した電子が，そこでの元素や化学シフトの情報を伝えるには，エネルギーを失わずに表面まで出てこなければならない．いろいろな元素についてAESやXPSで発生した電子の運動エネルギーの関数として λ を与える経験式は，$\lambda = 538E^{-2} + 0.41(lE)^{0.5}$ である．λ の単位は分子層，E はeV単位で表した電子の運動エネルギー，l はnm単位で表した分子層の厚さである．この式に基づけば，0.3 nm の厚さの分子層の表面感度を最大にする運動エネルギーはいくらか．答を求めるには数学ソフトウエアを使うとよい．

P 22.15 電子が真空中に放出される前に進む実効経路長は，電子が発生した表面からの深さ d と射出角によって $d/(\lambda\cos\theta)$ で表される．λ は非弾性平均自由行程，θ は面法線と射出方向のなす角度である．

a. 真空中に出る前に電子が進む経路を図に描いて，この式を導け．

b. 固体表面の薄膜からのXPSの信号強度は，$I = I_0(1 - \mathrm{e}^{-d/(\lambda\cos\theta)})$ で与えられる．I_0 は無限に厚い膜から得られる信号強度，λ は問題P22.14で与えられている．$\theta = 0$ で $\lambda = 2d$ のときの比 I/I_0 を計算せよ．I/I_0 を 0.50 まで増加させるのに必要な射出角を計算せよ．

P 22.16 つぎの副殻について許容量子数 m_l と m_s をあげ，その副殻の最大占有数を求めよ．

a. 2p　b. 3d　c. 4f　d. 5g

P 22.17 つぎの項から生じる準位は何か．各準位に何個の状態があるか．

a. ^4F　b. ^2D　c. ^2S　d. ^4P

P 22.18 20章で説明したように，水素原子のシュレーディンガー方程式のより厳密な解を求めるには，座標系を核ではなく原子の重心に置く．その場合，核電荷が Z の一電子原子や一電子イオンのエネルギー準位は，

$$E_n = -\frac{Z^2\mu e^4}{32\pi^2\varepsilon_0^2\hbar^2 n^2}$$

で与えられる．μ はその原子の換算質量である．電子とプロトン，トリチウム（^{3}HまたはTで表す）の核の質量は，それぞれ 9.1094×10^{-31} kg，1.6726×10^{-27} kg，5.0074×10^{-27} kg である．HとTの $n=1 \rightarrow n=4$ の遷移の振動数を有効数字5桁まで計算せよ．これらの振動数は，1s → 4s，1s → 4p，1s → 4d のどの遷移に相当するか．

P 22.19 つぎの配置の基底状態の項の記号を導け．

a. d^5　b. f^3　c. p^4

P 22.20 配置 $np^1n'p^1\,(n \neq n')$ から生じうる項を計算せよ．それを np^2 について本文で導いた結果と比較せよ．どちらの配置の方が項の数は多いか．その理由を説明せよ．

P 22.21 閉殻原子では反対称波動関数を1個のスレー

ター行列式で表せる．開殻原子では 2 個以上の行列式が必要である．He $1s^1 2s^1$ の $M_S=0$ の三重項状態の波動関数は，例題 21･2 のスレーター行列式 2 個の一次結合であることを示せ．どの 2 個の行列式が必要か．その一次結合はどんなものか．

P 22.22 H 原子の 1s 準位から 2s 準位への遷移について，$\mu_z = -er\cos\theta$ として遷移双極子モーメント $\mu_z^{mn} = \int \psi_m^*(\tau)\,\mu_z\,\psi_n(\tau)\,\mathrm{d}\tau$ を計算せよ．この遷移が禁制遷移であることを示せ．この積分は r, θ, ϕ によるものである．

P 22.23 例題 22･7 に示した遷移の振動数を使って，6 個の準位の $3s^2\,S_{1/2}$ 準位との相対的なエネルギーを（J と eV の単位で）計算せよ．ただし，有効数字を考えて答えよ．

P 22.24 つぎの原子やイオンの基底状態の項の記号を導け．

a. H　**b.** F^-　**c.** Na^+　**d.** Sc

P 22.25 水素原子のスペクトルは，$1s\,^2S$ 項と $2p\,^2P$ 項の準位への分裂を反映している．各項の準位間のエネルギー差は，項間のエネルギー差よりずっと小さい．この情報から，$1s\,^2S \rightarrow 2p\,^2P$ 遷移で観測されるスペクトル線は何個あるか．これらの遷移振動数は非常によく似ているか，それとも全く異なるか．

P 22.26 同じ配置から生じる項を掲げた表 22･3 とフントの規則を使って，Cr 原子を除く K 原子から Cu 原子の基底状態について，その項の記号を ${}^{(2S+1)}L_J$ のかたちで書け．

P 22.27 つぎの電子配置について，可能な原子の項を答えよ．そのうち最も低いエネルギーを与えるのはどれか．

a. ns^1np^1　**b.** ns^1nd^1　**c.** ns^2np^1　**d.** ns^1np^2

P 22.28 量子数 $j_1 = 3/2$ と $j_2 = 5/2$ の二つの角運動量を加える．合計の角運動量をもつ状態について，その可能な J の値はいくらか．

P 22.29 つぎの配置の基底状態の項の記号を導け．

a. d^2　**b.** f^9　**c.** f^{12}

P 22.30 基底状態の He 原子の第一イオン化ポテンシャルは 24.6 eV である．その $1s2p\,^1P$ 項への遷移に伴う光の波長は 58.44 nm である．この励起状態にある He 原子のイオン化エネルギーはいくらか．

P 22.31 Na の吸収スペクトルでは，つぎの遷移が観測される．

$4p\,^2P \rightarrow 3s\,^2S$　$\lambda = 330.26$ nm
$3p\,^2P \rightarrow 3s\,^2S$　$\lambda = 589.593$ nm，588.996 nm
$5s\,^2S \rightarrow 3p\,^2P$　$\lambda = 616.073$ nm，615.421 nm

$3s\,^2S$ の基底状態を基準として，$4p\,^2P$ 状態と $5s\,^2S$ 状態のエネルギーを計算せよ．

P 22.32 図 22･7 のグロトリアン図では，He の許容電子遷移を示している．つぎの遷移のうち，項が準位に分裂したことにより多重スペクトルピークを示すのはどれか．それぞれの場合について，何個のピークが観測されるか．つぎのエネルギー準位間の遷移のうち，選択律で禁制のものはあるか．

a. $1s^2\,^1S \rightarrow 1s2p\,^1P$
b. $1s2p\,^1P \rightarrow 1s3s\,^1S$
c. $1s2s\,^3S \rightarrow 1s2p\,^3P$
d. $1s2p\,^3P \rightarrow 1s3d\,^3D$

P 22.33 つぎの項に合う量子数 L と S をあげよ．

a. ^4S　**b.** ^4G　**c.** ^3P　**d.** ^2D

P 22.34 遷移 $Al\,[Ne]\,(3s)^2(3p)^1 \rightarrow Al\,[Ne]\,(3s)^2\,(4s)^1$ は，$\tilde{\nu} = 25\,354.8\ \mathrm{cm^{-1}}$ と $\tilde{\nu} = 25\,242.7\ \mathrm{cm^{-1}}$ の 2 本のスペクトル線を示す．遷移 $Al\,[Ne]\,(3s)^2\,(3p)^1 \rightarrow Al\,[Ne]\,(3s)^2\,(3d)^1$ は，$\tilde{\nu} = 32\,444.8\ \mathrm{cm^{-1}}$，$\tilde{\nu} = 32\,334.0\ \mathrm{cm^{-1}}$，$\tilde{\nu} = 32\,332.7\ \mathrm{cm^{-1}}$ の 3 本のスペクトル線を示す．これらの状態についてエネルギー準位図を描き，それぞれのスペクトル線の起源を説明せよ．〔ヒント：最低エネルギー準位は P 項の準位で，最高エネルギー準位は D 項の準位である．D 項の準位間のエネルギー間隔は，P 項の準位間よりも大きい．〕

P 22.35 炭素の ^3P 項の準位の相対エネルギーは（$\mathrm{cm^{-1}}$ の単位で表せば），$^3P_1 - {}^3P_0 = 16.4\ \mathrm{cm^{-1}}$ および $^3P_2 - {}^3P_1 = 27.1\ \mathrm{cm^{-1}}$ である．これから，200.0 K と 1000 K における $^3P_2$ の準位と $^3P_0$ の準位にある C 原子の数の比を計算せよ．

P 22.36 与えられた配置から生じる状態の数を計算する一般的な方法はつぎのようなものである．最初の電子の m_l と m_s の組合わせを計算し，その数を n とする．このうち使った組合わせの数は電子の数であり，それを m とする．そこで，使わなかった組合わせの数は $n-m$ である．確率論によれば，n 個の組合わせを m 個の電子数に配分する場合の数は，$n!/[m!(n-m)!]$ である．たとえば，p^2 配置から生じる状態の数は $6!/[2!\,4!] = 15$ であり，この結果は 22･2 節で得られたものである．この式を使って，d 副殻に 5 個の電子を置く可能な場合の数を計算せよ．d^5 配置の基底状態の項は何か．また，この項には何個の状態があるか．

P 22.37 リン原子の基底状態の準位は $^4S_{3/2}$ である．この準位と合う L, M_l, S, M_S, J, M_J の可能な値を列挙せよ．

P 22.38 つぎの原子の基底状態の項の記号を導け．

a. F　**b.** Na　**c.** P

二原子分子の化学結合

23

化学結合は化学の中心に位置する重要な問題である．本章では H_2^+ 分子イオンを例として，化学結合を説明する定性的な分子オービタルのモデルから始める．H_2^+ では電子が分子全体にわたって非局在化しており，しかも2個の核の間の領域にも電子は局在するから，H と H^+ が遠く離れた状態より安定であることを示そう．この分子オービタルモデルによれば二原子分子の電子構造をうまく説明できるし，等核二原子分子の結合次数や結合エネルギー，結合長についてよく理解できる．この分子オービタルの考えを HF など極性の強い分子にも拡張して，その結合様式について考えよう．

23・1　分子オービタルのつくり方

化学の本質は原子間の結合に凝縮されているから，化学結合に関する理論について化学者はしっかり理解しておく必要がある．本章では，まず H_2^+ 分子を例として化学結合の起源を考えよう．続いて，第1周期と第2周期の原子からなる二原子分子の化学結合について説明する．24章では，局在結合モデルと非局在結合モデルを使って小さな分子の形状を理解し，これを予測する．本章と24章では定性的な説明を中心としており，数値計算によるいろいろな分子の量子化学計算については26章で説明する．したがって，23章や24章と26章を並行して学習するのも一法である．

2個の原子間の化学結合は，原子同士が遠く離れているよりエネルギーが低く，それが最小となる平衡位置に両原子が留まったときに形成される．化学結合が形成されると核のまわりの電子分布はどう変化するだろうか．この問いに答えるために，2個のH原子のエネルギーを H_2 分子と比較して考えよう．2個のH原子は，互いに無限遠にある4個の電荷より 2624 kJ mol^{-1} 安定である．H_2 分子は，互いに無限遠にある2個のH原子よりさらに 436 kJ mol^{-1} 安定である．つまり，孤立した2個のプロトンと2個の電子の全エネルギーの17パーセントが化学結合によって低下している．これはかなりの大きさであるが，それでも**結合エネルギー**[1]は電子と核が無限遠にあるときの全エネルギーの一部にすぎない．これは，分子の電荷分布が個々の原子の電荷分布の重ね合わせによく似ていることを示唆している．しかし，すぐ後でわかるように，核間距離が大きいときに個々の原子に局在していた価電子は，分子では**非局在化**[2]している．すなわち，分子のどこにでも一定の確率で見いだせる．これに対して内殻電子は一般に，個々の原子に局在したままである．

21章で述べたように，原子に2番目の電子を導入すれば，そのシュレーディ

1) bond energy　2) delocalized

ンガー方程式の解を見いだす作業は途方もなく複雑になる．これは分子でも同じである．電子 n 個，核 m 個からなる分子の厳密な**分子波動関数**[1]は，つぎのように全部の電子と核の位置の関数で表される．

$$\psi_i^{\text{分子}} = \psi(\boldsymbol{r}_1, \boldsymbol{r}_2, \cdots, \boldsymbol{r}_n, \boldsymbol{R}_1, \boldsymbol{R}_2, \cdots, \boldsymbol{R}_m) \qquad (23\cdot1)$$

$\boldsymbol{r}$ と $\boldsymbol{R}$ はそれぞれ電子と核の位置である．分子のシュレーディンガー方程式を解くには，数個の変数からなる近似波動関数が必要である．(23·1)式には $\psi_i^{\text{分子}}$ の核と電子の運動に関する部分がどちらも現れているが，**ボルン−オッペンハイマーの近似**[2]を使えば両者を分離することができる．電子はプロトンより約2000倍も軽いから，分子振動によって核が周期的な遅い運動をしても，電子の電荷はそれに素早く応答して配置を変えることができる．核と電子では運動のタイムスケールが非常に異なるから，この二つの運動を切り離して考えることができ，(23·1)式はつぎのかたちに書けるのである．

$$\psi_i^{\text{分子}} \approx \psi_{\text{BO}}(\boldsymbol{r}_1, \boldsymbol{r}_2, \cdots, \boldsymbol{r}_n)\,\psi_{\text{核}}(\boldsymbol{R}_1, \boldsymbol{R}_2, \cdots, \boldsymbol{R}_m) \qquad (23\cdot2)$$

$\psi_{\text{核}}$ は分子が振動や回転を行ったときの核の運動を表し，ψ_{BO} は核をある瞬間の位置に固定したときの電子の運動を表している．次に，すぐ後で説明するさらなる近似を使って，核のある固定位置における ψ_{BO} のシュレーディンガー方程式を解き，分子の全エネルギーを計算する．この手続きを多数の核の位置 $\boldsymbol{R}_1, \boldsymbol{R}_2, \cdots, \boldsymbol{R}_m$ の組について繰返せば，あるエネルギー関数 $E_{\text{全}}(\boldsymbol{R}_1, \boldsymbol{R}_2, \cdots, \boldsymbol{R}_m)$ を求めることができる．この E を最小にする $\boldsymbol{R}_1, \boldsymbol{R}_2, \cdots, \boldsymbol{R}_m$ の値が平衡の核の位置を決めている．

ボルン−オッペンハイマーの近似における二原子分子の全エネルギー演算子は，

$$\hat{H} = -\frac{\hbar^2}{2m_{\text{e}}}\sum_{i=1}^{n}\nabla_i^2 - \sum_{i=1}^{n}\left(\frac{Z_{\text{A}}e^2}{4\pi\varepsilon_0 r_{i\text{A}}} + \frac{Z_{\text{B}}e^2}{4\pi\varepsilon_0 r_{i\text{B}}}\right) + \sum_{i=1}^{n}\sum_{j>i}^{n}\frac{e^2}{4\pi\varepsilon_0 r_{ij}} + \frac{Z_{\text{A}}Z_{\text{B}}e^2}{4\pi\varepsilon_0 R_{\text{AB}}} \qquad (23\cdot3)$$

で与えられる．最初の項は電子の運動エネルギー，第2項は n 個の電子と2個の核の間のクーロン引力，第3項は 電子−電子 の反発，最後の項は 核−核 の反発をそれぞれ表している．第3項にある和の制限 $j>i$ は，電子 i と電子 j の間の 電子−電子 の反発を2回数えてしまわないためのものである．

$\hat{H}$ の最後の項は，核は動かないと仮定しているから一定である．そこで，この項を分離し，電子の全エネルギー演算子をつぎのように書いておくと考えやすい．

$$\hat{H}_{\text{電子}} = -\frac{\hbar^2}{2m_{\text{e}}}\sum_{i=1}^{n}\nabla_i^2 - \sum_{i=1}^{n}\left(\frac{Z_{\text{A}}e^2}{4\pi\varepsilon_0 r_{i\text{A}}} + \frac{Z_{\text{B}}e^2}{4\pi\varepsilon_0 r_{i\text{B}}}\right) + \sum_{i=1}^{n}\sum_{j>i}^{n}\frac{e^2}{4\pi\varepsilon_0 r_{ij}} \qquad (23\cdot4)$$

そこで，電子のシュレーディンガー方程式 $\hat{H}_{\text{電子}}\psi_{\text{電子}} = E_{\text{電子}}\psi_{\text{電子}}$ の固有値は，全エネルギー固有値とつぎの関係にある．

$$E_{\text{全}} = E_{\text{電子}} + \frac{Z_{\text{A}}Z_{\text{B}}e^2}{4\pi\varepsilon_0 R_{\text{AB}}} \qquad (23\cdot5)$$

核の反発項を分離した理由は，分子オービタルのエネルギー図を説明するときに

---

1) molecular wave function　2) Born–Oppenheimer approximation

明らかになる．$\hat{H}_{電子}$ と $\hat{H}$ のエネルギー固有関数は同じである．核間の反発項を分離した影響があるのは固有値だけである（23・5 式を見よ）．

本章の目的は，二原子分子について化学結合の定性的なモデルをつくることである．正確な結合長や結合エネルギーを求めるには，26 章で説明する計算化学による定量的なモデルが必要である．ここで考える定性的なモデルでは，原子内の電子が原子オービタルを占めたのと同じやり方で，分子内の電子が分子全体に広がった**分子オービタル**[1]（MO）を占めるものとしている．$\psi_{電子}$ の MO は，分子を構成している原子の**原子オービタル**[2]（AO）の一次結合で書ける．これを **LCAO-MO モデル**[3] という．このように仮定できるのは，AO の一次結合が分子全体にわたって電子が非局在している状況を表せる最も単純な波動関数だからである．これ以降では簡単のため，下付きの“電子”を省略して波動関数を表すことにする．しかし，$\psi_i{}^{分子}$ の電子部分だけを計算していて，しかもそれは核の固定位置の組における電子の波動関数であるのを忘れてはならない．数学的な取扱いを簡単にするため，ここでは二原子分子 AB についてのみ考え，その MO は原子 A と B それぞれについて 1 個の AO，ϕ_a と ϕ_b のみの一次結合で表せると仮定する．これらの AO はこの MO の**基底関数**[4]である．定量的な計算にはこのような小さな基底セットでは不十分であり，章末問題の計算問題を解くときはもっと大きな基底セットを使う．

次に，原子オービタルを使って近似的な MO を $\psi_1 = c_a\phi_a + c_b\phi_b$ と書いて，この AO の係数 c_a と c_b の値について MO のエネルギーを最小化する．この近似波動関数について MO エネルギー ε の期待値は，

$$\begin{aligned}\langle\varepsilon\rangle &= \frac{\int \psi_1{}^* \hat{H}_{電子}\,\psi_1\,d\tau}{\int \psi_1{}^*\psi_1\,d\tau} \\ &= \frac{\int (c_a\phi_a + c_b\phi_b)^* \hat{H}_{電子}(c_a\phi_a + c_b\phi_b)\,d\tau}{\int (c_a\phi_a + c_b\phi_b)^*(c_a\phi_a + c_b\phi_b)\,d\tau} \\ &= \frac{(c_a)^2\int \phi_a{}^*\hat{H}_{電子}\phi_a\,d\tau + (c_b)^2\int\phi_b{}^*\hat{H}_{電子}\phi_b\,d\tau + 2c_ac_b\int\phi_a{}^*\hat{H}_{電子}\phi_b\,d\tau}{(c_a)^2\int\phi_a{}^*\phi_a\,d\tau + (c_b)^2\int\phi_b{}^*\phi_b\,d\tau + 2c_ac_b\int\phi_a{}^*\phi_b\,d\tau}\end{aligned} \tag{23・6}$$

で与えられる．AO はすべて規格化されているから，(23・6)式の最右辺の分母にある二つの積分値は 1 である．そこで，

$$\langle\varepsilon\rangle = \frac{(c_a)^2 H_{aa} + (c_b)^2 H_{bb} + 2c_ac_b H_{ab}}{(c_a)^2 + (c_b)^2 + 2c_ac_b S_{ab}} \tag{23・7}$$

となる．記号 H_{ij} は，$\hat{H}_{電子}$ と i と j の AO が関与するつぎの積分を簡略化して表したものである．

$$H_{ij} = \int \phi_i{}^*(\tau)\,\hat{H}_{電子}\,\phi_j(\tau)\,d\tau \tag{23・8}$$

また，S_{ab} は**重なり積分**[5]というもので，$S_{ab} = \int\phi_a{}^*\phi_b\,d\tau$ を簡略化したものである．この重なりというのは原子の系では現れなかった新しい概念である．S_{ab} の意味を図 23・1 に表してある．それは，異なる AO が同じ領域に有限の値をも

1) molecular orbital 2) atomic orbital
3) linear combination of atomic orbital molecular orbital model 4) basis function
5) overlap integral

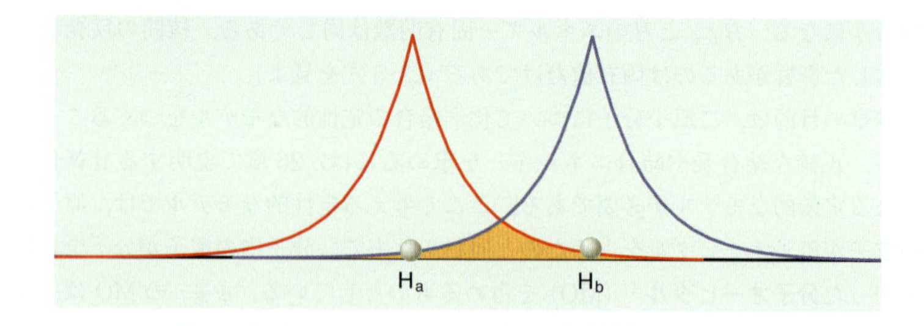

図 23・1　2 個の 1s 原子オービタルの振幅を，両原子を結ぶ軸上について示してある．重なりが現れるのは，AO の振幅が両方とも 0 でない共通の領域だけである．この領域をオレンジ色で示してある．このような重なり方は，実際には三次元空間で生じる．

つ度合いの目安を表す．S_{ab} は 0 と 1 の間の値をとる．互いの原子が遠く離れていればその値は 0 であり，近づけば 1 に向かって増加する．すぐ後でわかるように，化学結合をつくるには $S_{ab} > 0$ でなければならない．

係数 c_a と c_b について ε を最小化するには，それぞれについて ε を微分する．次に，その結果を 0 とおいて c_a と c_b について解けばよい．両辺に右辺の分母を掛けてから偏微分すれば次式が得られる．

$$(2c_a + 2c_bS_{ab})\varepsilon + \frac{\partial\varepsilon}{\partial c_a}((c_a)^2 + (c_b)^2 + 2c_ac_bS_{ab}) = 2c_aH_{aa} + 2c_bH_{ab}$$

$$(2c_b + 2c_aS_{ab})\varepsilon + \frac{\partial\varepsilon}{\partial c_b}((c_a)^2 + (c_b)^2 + 2c_ac_bS_{ab}) = 2c_bH_{bb} + 2c_aH_{ab} \tag{23・9}$$

$\partial\varepsilon/\partial c_a = 0$ および $\partial\varepsilon/\partial c_b = 0$ とおいて両式を整理すれば，c_a と c_b に関するつぎの 1 次式が得られる．これを**永年方程式**[1]という．

$$\begin{aligned} c_a(H_{aa} - \varepsilon) + c_b(H_{ab} - \varepsilon S_{ab}) &= 0 \\ c_a(H_{ab} - \varepsilon S_{ab}) + c_b(H_{bb} - \varepsilon) &= 0 \end{aligned} \tag{23・10}$$

上巻の巻末付録 A「数学的な取扱い」に示すように，両式が $c_a = c_b = 0$ 以外の解をもつのは，その**永年行列式**[2]がつぎの条件を満たすときに限る．

$$\begin{vmatrix} H_{aa} - \varepsilon & H_{ab} - \varepsilon S_{ab} \\ H_{ab} - \varepsilon S_{ab} & H_{bb} - \varepsilon \end{vmatrix} = 0 \tag{23・11}$$

この場合の永年行列式が 2×2 の行列式であるのは，基底セットが各原子 1 個の AO だけからなるためである．

この行列式を展開すれば，MO エネルギー ε についての 2 次方程式が得られる．その二つの解は，

$$\varepsilon = \frac{1}{2 - 2S_{ab}^2}[H_{aa} + H_{bb} - 2S_{ab}H_{ab}] \pm \frac{1}{2 - 2S_{ab}^2} \times \left[\sqrt{(H_{aa}^2 + 4H_{ab}^2 + H_{bb}^2 - 4S_{ab}H_{ab}H_{bb} - 2H_{aa}(H_{bb} + 2S_{ab}H_{ab} - 2S_{ab}^2H_{bb})}\right] \tag{23・12}$$

である．等核二原子分子なら $H_{aa} = H_{bb}$ であるから，(23・12)式はつぎのように簡単になる．

$$\varepsilon_1 = \frac{H_{aa} + H_{ab}}{1 + S_{ab}} \qquad \varepsilon_2 = \frac{H_{aa} - H_{ab}}{1 - S_{ab}} \tag{23・13}$$

1) secular equation　2) secular determinant

異核二原子分子については 23・8 節で説明する．H_2^+ 分子を例にすれば，あとで示すように H_{aa} と H_{ab} はいずれも負であり，$S_{ab}>0$ であるから $\varepsilon_2>\varepsilon_1$ である．(23・10) 式に ε_1 を代入すれば $c_a=c_b$ であることがわかり，ε_2 を代入すれば $c_a=-c_b$ が得られる．

図 23・2 は，H_2 について得られた結果を**分子オービタルのエネルギー図**[1]にまとめたものである．その特徴をつぎに示す．

- 局在していた 2 個の AO の S_{ab} が 0 でないとき，両者は結合して非局在化した 2 個の MO をつくる．両方の AO とも振幅が 0 でないような空間領域が存在するときそうなる．
- AO のエネルギーと比較すれば，一方の MO のエネルギーは低く，他方は高い．MO のエネルギーが AO のエネルギーとどれだけ違うかは，H_{ab} と S_{ab} に依存する．
- $S_{ab}>0$ であるから $(1+S_{ab})>(1-S_{ab})$ であり，したがって ε_1 が AO のエネルギーより低くなるのに比べて，ε_2 はそれ以上に高くなる．
- エネルギーの低い方の MO では AO の係数の符号は同じ（位相が同じ）で，エネルギーの高い方の MO では AO の係数の符号が異なる（位相が逆）．

分子オービタルのエネルギー図には，分子の全エネルギーでなく，オービタルのエネルギーを表してある．したがって，MO のエネルギーを計算するときのエネルギー演算子は $\hat{H}$ ではなく $\hat{H}_{電子}$ である．

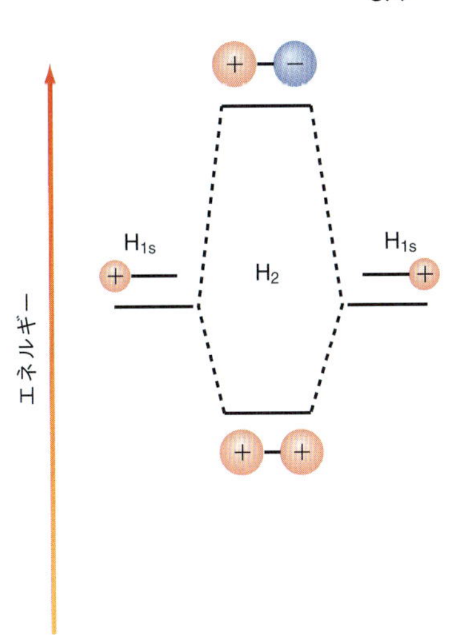

図 23・2 H_2 の結合を定性的に表した分子オービタルのエネルギー図．左右に原子オービタル，中央に分子オービタルを示してあり，各 MO とそれをつくった AO を破線で結んである．AO の係数 c_a と c_b の符号が正の場合を赤色の丸で，負の場合を紫色の丸で表してある．また，その係数の大きさに比例して丸の直径を描いてある．赤色と紫色を交換しても新たな MO をつくることはない．

例題 23・1

(23・10)式に $\varepsilon_1=\dfrac{H_{aa}+H_{ab}}{1+S_{ab}}$ を代入して，$c_a=c_b$ が得られることを示せ．

解答

$$c_a\left(H_{aa}-\frac{H_{aa}+H_{ab}}{1+S_{ab}}\right)+c_b\left(H_{ab}-\frac{H_{aa}+H_{ab}}{1+S_{ab}}S_{ab}\right)=0$$

$$c_a([1+S_{ab}]H_{aa}-[H_{aa}+H_{ab}])+c_b([1+S_{ab}]H_{ab}-[H_{aa}+H_{ab}]S_{ab})=0$$

$$c_a(H_{aa}+S_{ab}H_{aa}-H_{aa}-H_{ab})+c_b(H_{ab}+H_{ab}S_{ab}-H_{aa}S_{ab}-H_{ab}S_{ab})=0$$

$$c_a(H_{aa}S_{ab}-H_{ab})-c_b(H_{aa}S_{ab}-H_{ab})=0$$

$$c_a=c_b$$

(23・10)式の 2 番目の式に代入しても同じ結果が得られる．

23・2 最も単純な一電子分子 H_2^+ への応用

前節では，AO から MO をつくる方法の概略を説明した．次に，これを電子のシュレーディンガー方程式が厳密に解ける唯一の分子，一電子 H_2^+ 分子イオンに適用しよう．原子の場合と同じで，2 個以上の電子がある分子のシュレーディンガー方程式は厳密には解けない．ここでは厳密解について説明するのではなく，LCAO-MO モデルを使って H_2^+ を考えることにしよう．そうすれば化学結

1) molecular orbital energy diagram

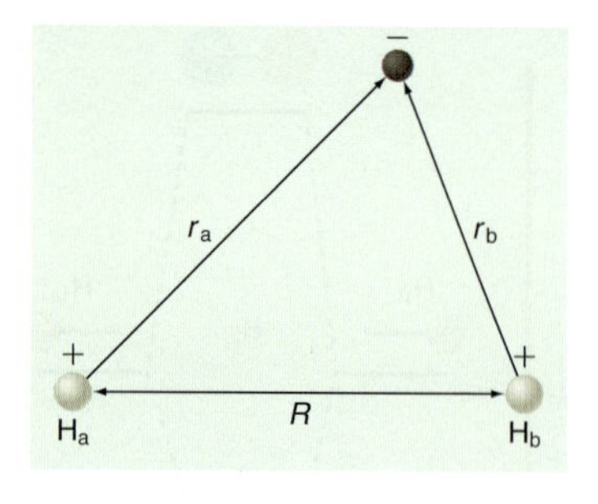

図 23·3　ある瞬間における 2 個のプロトンと 1 個の電子の位置．R, r_a, r_b はそれぞれ，荷電粒子間の距離を表している．

合の本質をよく理解できるし，何といっても重要なのは，それを多電子分子に容易に拡張できることである．

ボルン-オッペンハイマーの近似を使って，H_2^+の電子のシュレーディンガー方程式をつくることから始めよう．図 23·3 は，ある瞬間における H_2^+の 2 個のプロトンと 1 個の電子の相対位置を示したものである．この分子の全エネルギー演算子はつぎのかたちをしている．

$$\hat{H} = -\frac{\hbar^2}{2m_e}\nabla_e^2 - \frac{e^2}{4\pi\varepsilon_0}\left(\frac{1}{r_a}+\frac{1}{r_b}\right) + \frac{e^2}{4\pi\varepsilon_0}\frac{1}{R} \qquad (23\cdot14)$$

第 1 項は電子の運動エネルギー，第 2 項は電子と 2 個の核との引力的なクーロン相互作用，最後の項は 核-核 の反発をそれぞれ表している．ここでも，核の反発項を除外して，電子のエネルギー演算子をつぎのように書く．

$$\hat{H}_{電子} = -\frac{\hbar^2}{2m_e}\nabla_e^2 - \frac{e^2}{4\pi\varepsilon_0}\left(\frac{1}{r_a}+\frac{1}{r_b}\right) \qquad (23\cdot15)$$

実験によって H_2^+は安定な分子であることがわかっているから，H_2^+のシュレーディンガー方程式を解けば，少なくとも一つの結合状態が得られるはずである．H 原子と H^+ イオンが無限遠に離れた状態を全エネルギーの 0 としよう．こうしておけば，安定な分子は負のエネルギーを示すことになる．そのエネルギー関数 $E_{全}(R)$ はある距離 R_e で最小を示し，それが平衡結合長である．

次に，LCAO-MO モデルで表した H_2^+分子の近似波動関数について考える．H 原子と H^+イオンを無限遠から徐々に近づけるとしよう．無限遠では，電子は一方の核の 1s オービタルにある．しかしながら，核間距離が R_e に近づくにつれ，この 2 個の化学種のポテンシャルエネルギーの井戸は重なり合って，両者の間の障壁は低くなる．その結果，電子は 2 個の核のクーロン井戸の間を行き来することができる．図 23·4 に示すように，分子波動関数は両方の核の 1s オービタルの重ね合わせのように表され，電子は核 a にも核 b にも等しく所属するように見える．

この MO をつくるのに使う AO は 1s オービタル ϕ_{H1s} である．ただし，結合が形成されたときに核のまわりの電子分布が変われるように，それぞれの AO に**変分パラメーター**[1] ζ をつぎのように入れておく．

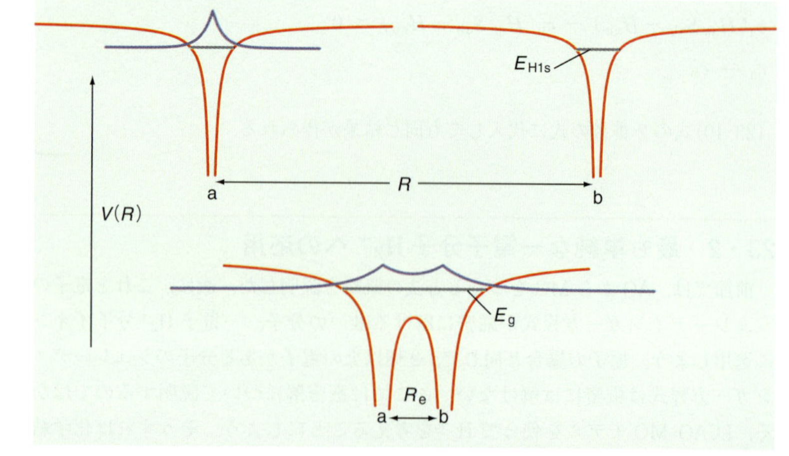

図 23·4　核間距離 R の異なる二つの場合について，H_2^+分子のポテンシャルエネルギー（赤色の曲線）を示してある．遠く離れているとき，電子は核 a または核 b の 1s オービタルに局在している．しかし，平衡結合長 R_e では，二つのクーロンポテンシャルは重なり合うから，この電子は分子全体にわたって非局在化できる．紫色の曲線は原子波動関数（上図）と分子波動関数（下図）を表している．実線で表した水平線は対応するエネルギー固有値である．

1) variational parameter

$$\phi_{H1s} = \frac{1}{\sqrt{\pi}}\left(\frac{\zeta}{a_0}\right)^{3/2} e^{-\zeta r/a_0} \tag{23・16}$$

このパラメーターは実効核電荷に似ている．章末問題で，ζ を変えればオービタルの大きさが変わるのがわかる．

前節では $c_a = \pm c_b$ を示した．係数 c_a と c_b の符号は異なるが，大きさは同じである．この結果を使えば，2 個の MO は，

$$\begin{aligned} \psi_g &= c_g(\phi_{H1s_a} + \phi_{H1s_b}) \\ \psi_u &= c_u(\phi_{H1s_a} - \phi_{H1s_b}) \end{aligned} \tag{23・17}$$

で表される．等核二原子分子の波動関数は，分子の中心で反転したとき波動関数の符号が変わるかどうかで g と u に分類される．座標系の原点を分子の中心におけば，反転操作は $\psi(x, y, z) \longrightarrow \psi(-x, -y, -z)$ に相当している．この操作で波動関数が変化しなければ，つまり $\psi(x, y, z) = \psi(-x, -y, -z)$ なら，その波動関数は **g 対称**[1] をもつ．$\psi(x, y, z) = -\psi(-x, -y, -z)$ なら，その波動関数は **u 対称**[2] をもつ．下付き添え字の g と u はドイツ語の "gerade(ゲラーデ)" と "ungerade(ウンゲラーデ)" に由来し，それぞれ "偶" と "奇" という意味で，**対称的**[3] および**反対称的**[4] であることを表している．g の MO と u の MO の例については，図 23・8 や図 23・12 を見よ．すぐあとでわかるように，化学的に結合した安定な H_2^+ 分子を表すのは ψ_g だけである．

c_g と c_u の値は，ψ_g と ψ_u を規格化すれば得られる．規格化で使う積分は，三次元すべての空間座標にわたることに注意しよう．規格化によって，

$$\begin{aligned} 1 &= \int c_g^{*}(\phi^{*}_{H1s_a} + \phi^{*}_{H1s_b})\, c_g(\phi_{H1s_a} + \phi_{H1s_b})\, d\tau \\ &= c_g^{2}\left(\int \phi^{*}_{H1s_a}\phi_{H1s_a}\, d\tau + \int \phi^{*}_{H1s_b}\phi_{H1s_b}\, d\tau + 2\int \phi^{*}_{H1s_b}\phi_{H1s_a}\, d\tau\right) \end{aligned} \tag{23・18}$$

である．H1s オービタルは規格化されているから，最右辺の最初の二つの積分は 1 である．そこで，

$$c_g = \frac{1}{\sqrt{2 + 2S_{ab}}} \tag{23・19}$$

である．係数 c_u もこれに似たつぎのかたちをしており，それについては章末問題で扱う．

$$c_u = \frac{1}{\sqrt{2 - 2S_{ab}}} \tag{23・20}$$

23・3 H_2^+ の分子波動関数 ψ_g と ψ_u のエネルギー

いま扱っているのは近似的な分子波動関数であり，(23・15)式の全エネルギー演算子の厳密な固有関数でないことを忘れないでおこう．したがって，この計算で得られるのは ψ_g に相当する状態の電子エネルギーの期待値にすぎない．そ

1) g symmetry　2) u symmetry　3) symmetric　4) antisymmetric

れは,

$$E_g = \frac{\int \psi_g{}^* \hat{H}_{電子} \psi_g \, d\tau}{\int \psi_g{}^* \psi_g \, d\tau} = \frac{H_{aa} + H_{ab}}{1 + S_{ab}} \qquad (23\cdot21)$$

であり, 23·1 節で導いたものと同じである. そこでは, $E_u = \dfrac{H_{aa} - H_{ab}}{1 - S_{ab}}$ であることも示した.

すぐあとでわかるように, ψ_g に相当する全エネルギーは ψ_u より低く, 安定な $H_2{}^+$ 分子を表すのは ψ_g だけである. ψ_g と ψ_u の違いを理解するには, 積分 H_{aa} と H_{ab} の内容についてもっと詳しく調べておく必要がある.

H_{aa} を計算するには (23·15)式の $\hat{H}_{電子}$ を使って,

$$H_{aa} = \int \phi^*_{H1s_a}\left(-\frac{\hbar^2}{2m}\nabla^2 - \frac{e^2}{4\pi\varepsilon_0 r_a}\right)\phi_{H1s_a}\, d\tau - \int \phi^*_{H1s_a}\left(\frac{e^2}{4\pi\varepsilon_0 r_b}\right)\phi_{H1s_a}\, d\tau \qquad (23\cdot22)$$

とできる. まず $\zeta = 1$ と仮定しよう. この場合の ϕ_{H1s_a} は ( ) 内の演算子の固有関数である. すなわち,

$$\left(-\frac{\hbar^2}{2m}\nabla^2 - \frac{e^2}{4\pi\varepsilon_0 r_a}\right)\phi_{H1s} = E_{1s}\,\phi_{H1s} \qquad (23\cdot23)$$

である. この原子波動関数は規格化されているから, 最初の積分は E_{1s} に等しい. したがって H_{aa} は,

$$H_{aa} = E_{1s} - J \quad ここで \quad J = \int \phi^*_{H1s_a}\left(\frac{e^2}{4\pi\varepsilon_0 r_b}\right)\phi_{H1s_a}\, d\tau \qquad (23\cdot24)$$

で表される. J は, 原子 a の側にある負に帯電した電子雲と正に帯電した核 b との相互作用エネルギーとみなせる. この結果は, ぼやけた負電荷の密度 $\phi^*_{H1s_a}\phi_{H1s_a}$ があるとき, 古典静電気学で計算したものとまったく同じである. このエネルギー H_{aa} の物理的な意味は何だろうか. H_{aa} は, 裸のプロトンから距離 R だけ離れたところにある水素原子の全エネルギーから, 核間の反発を除いたエネルギーを表している. $R \to \infty$ で $H_{aa} \to E_{1s}$ である. H_{aa} の符号は何だろうか. $E_{1s} < 0$ であることはわかっており, J の被積分関数はすべて正であるから $J > 0$ である. したがって, $H_{aa} < 0$ である.

次に, エネルギー $H_{ab} = H_{ba}$ を計算しよう. 上と同じように代入すれば,

$$H_{ba} = \int \phi^*_{H1s_b}\left(-\frac{\hbar^2}{2m}\nabla^2 - \frac{e^2}{4\pi\varepsilon_0 r_a}\right)\phi_{H1s_a}\, d\tau - \int \phi^*_{H1s_b}\left(\frac{e^2}{4\pi\varepsilon_0 r_b}\right)\phi_{H1s_a}\, d\tau \qquad (23\cdot25)$$

となる. 最初の積分は $S_{ab}E_{1s}$ を与える. また,

$$H_{ab} = S_{ab}E_{1s} - K \quad ここで \quad K = \int \phi^*_{H1s_b}\left(\frac{e^2}{4\pi\varepsilon_0 r_b}\right)\phi_{H1s_a}\, d\tau \qquad (23\cdot26)$$

である. このモデルでは, K が結合の形成をひき起こすエネルギー低下に重要な役目をしている. しかしながら, これには単純な物理的意味がない. 2 個の AO の重ね合わせで MO を書いたときに出てくる結果であり, それは (23·18)式にある $\psi_g{}^*\psi_g$ の干渉項の原因である. J も K も正であるのは, どちらの積分に現れ

る項も全積分領域ですべて正だからである．定量的な計算によれば，平衡距離 $R = R_e$ の近傍では，H_{aa} も H_{ab} も負であり，$|H_{ab}| > |H_{aa}|$ である．多電子原子では J と K に類似の積分が現れ，それぞれをクーロン積分，交換積分という．

例題 23・2 で，ψ_g と ψ_u の状態にある分子の電子エネルギーと H1s の AO のエネルギーの差，ΔE_g と ΔE_u を計算しよう．

例題 23・2

(23・13)式と(23・21)式を使って，結合形成によって生じる MO エネルギーの変化 $\Delta E_g = E_g - E_{1s}$ と $\Delta E_u = E_u - E_{1s}$ を J, K, S_{ab} で表せ．

解答

$$E_g = \frac{H_{aa} + H_{ab}}{1 + S_{ab}} = \frac{E_{1s} - J + S_{ab} E_{1s} - K}{1 + S_{ab}} = \frac{(1 + S_{ab})E_{1s} - J - K}{1 + S_{ab}}$$

$$= E_{1s} - \frac{J + K}{1 + S_{ab}}$$

$$\Delta E_g = E_g - E_{1s} = -\frac{J + K}{1 + S_{ab}}$$

$$E_u = \frac{H_{aa} - H_{ab}}{1 - S_{ab}} = \frac{E_{1s} - J - S_{ab} E_{1s} + K}{1 - S_{ab}} = \frac{(1 - S_{ab})E_{1s} - J + K}{1 - S_{ab}}$$

$$= E_{1s} - \frac{J - K}{1 - S_{ab}}$$

$$\Delta E_u = E_u - E_{1s} = -\frac{J - K}{1 - S_{ab}}$$

上で述べたように J と K は正である．定量的な計算によれば，平衡距離近傍では $|K| > |J|$ であるから ΔE_u は正，ΔE_g は負である．すなわち，H1s の AO のエネルギーに比べて u 状態は高く，g 状態は低い．この計算でも $|\Delta E_u| > |\Delta E_g|$ が示され，その結果は図 23・2 と一致している．

分子の安定性をその解離生成物との関係で考えるには，核間の反発項を含めたうえで，R の関数として $E_{電子}$ でなく $E_{全}$ を計算しなければならない．(23・17)式の近似波動関数を使えば，$E_{全}(R, \zeta)$ の解析的な式を得ることができる．詳しくは，I. N. Levine の "Quantum Chemistry" を見よ．各 R 値で，そのエネルギーを変分計算によって ζ について最小化する．得られた $E_{全}(R)$ の曲線を図 23・5 で模式的に示す．$R \to \infty$ でのエネルギーの値は，H 原子とプロトンが無限遠に

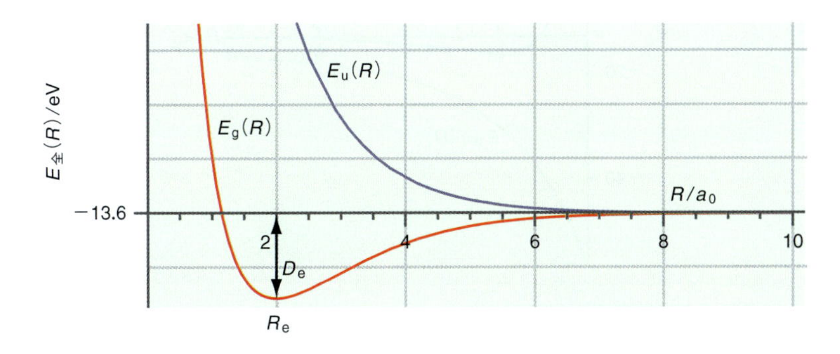

図 23・5　ここで考えている近似波動関数の g 状態と u 状態について，エネルギー関数 $E_{全}(R)$ を模式的に示してある．参照エネルギー（−13.6 eV）は，H と H^+ が無限遠にあるとき，つまり E_{1s} に相当している．それは，$R \to \infty$ での H_{aa} の極限に等しい．

離れているときの全エネルギー，つまり E_{1s} である．H 原子でも $E_{全}=E_{電子}$ である．この図から導ける最も重要な結論は，ψ_g のエネルギーは $R=R_e$ で最小値をとるから安定な H_2^+分子を表していることである．これに対して ψ_u は，すべての R で $E_u(R)>0$ であるから H と H^+の結合状態を表しておらず，解離に関してこの分子は不安定といえる．このように，ψ_g で表される H_2^+分子だけが安定な分子であるといえる．ψ_g と ψ_u の波動関数をそれぞれ**結合性分子オービタル**[1]，**反結合性分子オービタル**[2]といい，化学結合との関係を強調している．

平衡距離 R_e と結合エネルギー D_e は特に関心があり，$R_e=1.98\,a_0$，$D_e=2.36\,\text{eV}$ である．R_e での ζ の値は ψ_g で 1.24，ψ_u で 0.90 である．ψ_g で $\zeta>1$ という結果は，ψ_g をつくるのに使った最良の H1s の AO が孤立した H 原子より収縮していることを表している．すなわち，ψ_g 状態の H_2^+の電子は，孤立した H 原子より両方の核近くに押しつけられているのである．ψ_u はその逆である．

厳密な計算で得られた $E_{全}$，$E_{電子}$，核間反発エネルギー $V(R)$ の値を R の関数として図 23·6 に示す．$R\to\infty$ で $V(R)\to 0$ および $E_{電子}\to -13.6\,\text{eV}$ であり，後者は H 原子の電子エネルギーである（全エネルギーでもある）．$R\to 0$ で $E_{電子}\to -54.4\,\text{eV}$ であり，これは He^+イオンの電子エネルギーである．R の値が大きいと，$E_{全}(R)$の大部分は $E_{電子}(R)$ で占められ，それは負である．一方，R の値が小さいと，$E_{全}(R)$の大部分は $V(R)$で占められ，それは正である．両者が均衡した $R=1.98\,a_0$ で全エネルギーが最小となり，結合エネルギーは 2.79 eV，すなわち 269 kJ mol^{-1} である．単純なモデルで計算した結合エネルギー D_e は 2.36 eV であり，これは厳密な値に近く，R_e は厳密な値もモデルによる計算値も $1.98\,a_0$ である．これら近似値が厳密な値と近いということは，厳密な分子波動関数が ψ_g に非常によく似ているのを裏付けている．

ここまでのところで，化学結合の起源について何がわかっただろうか．H_{ab} や K の値で結合を判定したいところである．実際，これまで使ってきた LCAO-MO に基づく限り，このことは正しい．しかしながら，他の方法で H_2^+分子のシュレーディンガー方程式を解くとき，これらの積分は現れない．したがって，化学結合の説明として，用いた方法と無関係なものを探さなければならない．そこで，

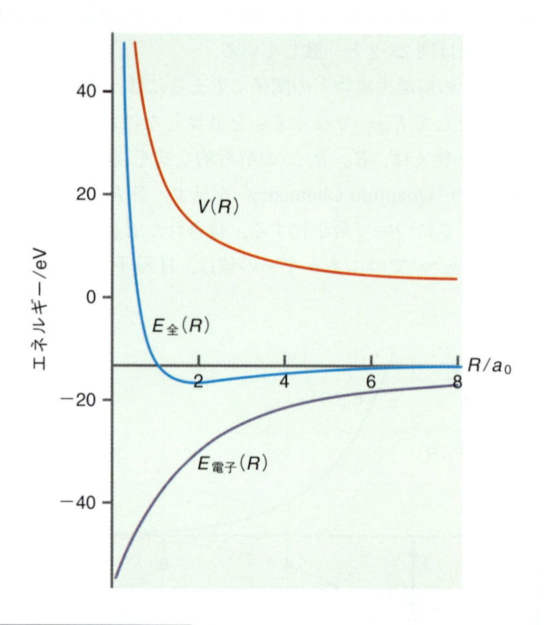

図 23·6　厳密な計算によって得られた $E_{全}$，$E_{電子}$，核間反発エネルギー $V(R)$の値を R の関数で示してある．水平線は $-13.6\,\text{eV}$ のエネルギーに相当する．$E_{電子}$ のデータは，Wind, H., 'Electron Energy for H_2^+ in the Ground State', *Journal of Chemical Physics*, **42**, 2371 (1965) を引用した．

1) bonding molecular orbital　2) antibonding molecular orbital

ψ_g と ψ_u の違いに注目して，そこに化学結合の起源を見いだすことにしよう．これらの波動関数は，それを得るのに使った方法に無関係なはずだからである．実際，いろいろ異なる方法を使って正確な計算を行った結果，これは無条件に正しいことがわかっている．

23・4 H_2^+の分子波動関数 ψ_g と ψ_u の違い

分子軸に沿った ψ_g と ψ_u の値を，そのもとになった原子オービタルとともに図 23·7 に示す．この二つの波動関数がまったく異なることに注目しよう．結合性オービタル ψ_g には節がなく，その振幅は核間でもかなり大きい．反結合性オービタル ψ_u には核間の中央に節があり，核の位置では正と負それぞれの最大振幅を示している．エネルギーが高いほど波動関数の節の数が多いというのは，これまで述べた他の量子力学系と同じである．なお，どちらの波動関数も三次元空間で規格化されている．

図 23·8 は，分子軸を含む面内で計算した ψ_g と ψ_u の等高線図である．図 23·7 と図 23·8 を比較すれば，ψ_u では 2 個の H 原子の中央にある節が節平面になっているのがわかる．

分子軸上のいろいろな点で電子を見いだす確率密度は，波動関数の 2 乗で与えられ，それを図 23·9 に示す．H_2^+の結合性オービタルと反結合性オービタルにおける電子を見いだす確率密度を，結合がないときの確率密度と比較したものである．結合がなければ，両方の核に H1s の AO ($\zeta=1$) が局在していて，電子は等しく見いだされる．この図から重要な結論が二つ導ける．まず，ψ_g でも ψ_u でも電子を見いだせる体積は，水素原子 1 個のときに電子を見いだせる体積と比べれば大きい．このことは，結合性オービタルでも反結合性オービタルでも，電子は分子全体に非局在化していることを示している．第二に，ψ_g と ψ_u では，核間の領域に電子を見いだす確率がまったく違うのがわかる．反結合性オービタルでは，2 個の核の中央で確率が 0 であるが，結合性オービタルはそこでも大きな確率を示す．この違いによって，g 状態は結合状態を表し，u 状態は反結合状態を表すことになる．

ψ_g^2 と ψ_u^2 で見られるこの顕著な違いを図 23·10 でもっと詳しく調べよう．この図では，これらのオービタルの確率密度を仮想的な非結合状態と比較したときの差を示してある．この差は，仮に核を平衡位置に置いたまま相互作用だけを急に切り替えたとしたら，電子密度がどう変化するかを示している．反結合状態では，電子密度が 2 個の核の間の領域から分子の外の領域へと移動しているのがわかる．結合状態では，核間の領域にも両方の核の近傍にも電子密度が移動してい

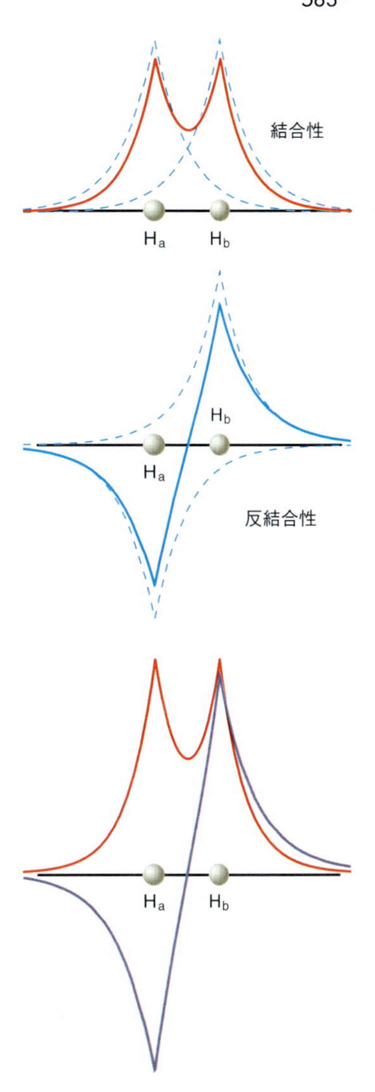

図 23·7　上の二つの図は，核間軸上の分子波動関数 ψ_g と ψ_u (実線) の計算値．分子オービタルをつくるもとになった H1s オービタル ($\zeta=1$) を破線で示してある．下の図は ψ_g と ψ_u を比較したもの．

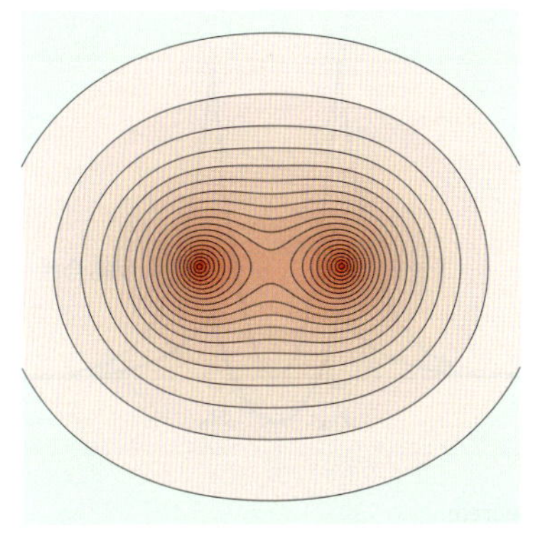
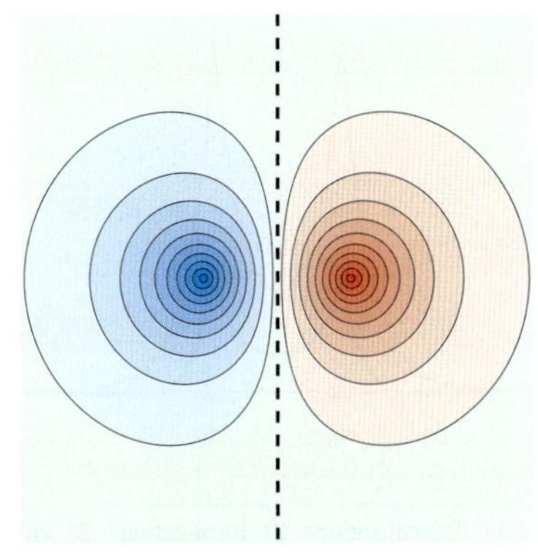

図 23·8　ψ_g(左) と ψ_u(右) の等高線プロット．正の振幅は赤色，負の振幅は青色で示してある．色が濃いほど振幅が大きい．破線は ψ_u の節平面の位置を表している．

る．結合性オービタルで核間の電子密度が増加する原因は，$(\phi_{H1s_a}+\phi_{H1s_b})^2$ の干渉項 $2\phi_{H1s_a}\phi_{H1s_b}$ である．両方の核の近傍で電子密度が増加する原因は，孤立した H 原子から H_2^+ 分子になれば ζ が 1.00 から 1.24 に増加することである．

非結合の場合と比較して，ψ_g では核間の領域の確率密度が増加し，その外側の領域でそれと同じ分だけ減少している．ψ_u ではその逆である．このことは，図 23·7 から図 23·10 ではよくわからないが，これらの波動関数では確かにそうなっている．核間の確率密度に見られる大きな変化と均衡をとるには，その外側の確率密度はごくわずか変化するだけでよい．それは，核間の領域の外側の方が積分体積はずっと大きいからである．図 23·10 の曲線で示した $\Delta\psi_g^2$ と $\Delta\psi_u^2$ のデータを，図 23·11 では等高線図としてプロットしてある．正の値を赤色で，負の値を青色でそれぞれ示してあり，色が濃いほど値は大きい．図 23·11 の $\Delta\psi_g^2$ の等高線図の最も外側は負の値を示しており，相当する領域の面積は大きいのがわかる．しかし，この負で小さな $\Delta\psi_g^2$ の値とそれに相当する広い面積の積をとれば，結合領域の正の $\Delta\psi_g^2$ の部分と大きさが等しく，その符号は反対になっている．

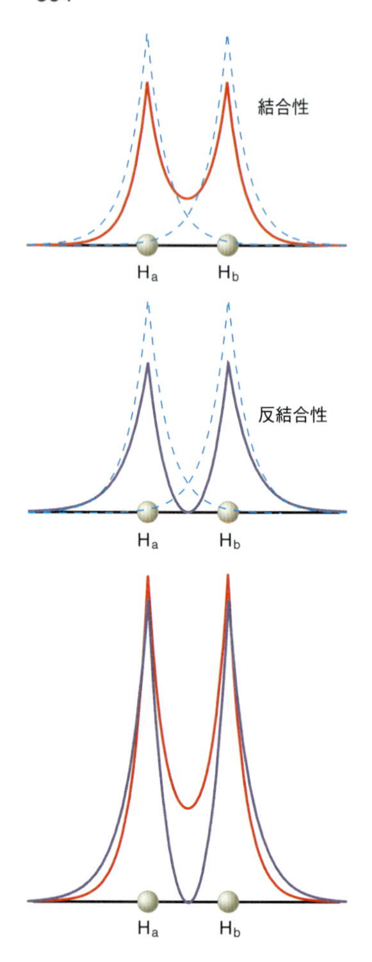

図 23·9　上の二つの図は，結合性波動関数と反結合性波動関数について核間軸上の確率密度 ψ_g^2 と ψ_u^2 を示す．破線は $\frac{1}{2}\psi_{H1s_a}{}^2$ と $\frac{1}{2}\psi_{H1s_b}{}^2$ を示しており，それは核の位置における H1s オービタル ($\zeta=1$) の確率密度である．下の図は，ψ_g^2 と ψ_u^2 を比較したもの．どちらの波動関数も三次元空間で規格化されている．

ψ_g と ψ_u の電子の電荷密度を比較すれば，化学結合形成の重要な要因を理解しやすいだろう．どちらの場合も電荷は分子全体にわたって**非局在化**[1]している．一方，電荷は分子オービタルに局在もしており，その**局在化**[2]の仕方は結合状態と反結合状態で異なる．非結合状態と比較して結合状態では，電荷の再分布によって核の近傍と核間の両方に電荷が蓄積されている．これに対して，反結合状態では電荷の再分布で核間領域の外側に電荷が蓄積される．そこで，核間での電子の電荷蓄積を化学結合の本質的な要因とすることができる．

さて，この電荷の再分布が H_2^+ 分子の運動エネルギーとポテンシャルエネルギーにどんな影響を与えているかを考えよう．詳しい説明は N. C. Baird［*J. Chemical Education*, **63**, 660 (1986)］にある．これには**ビリアル定理**[3]が非常に役に立つ．ビリアル定理は，厳密な波動関数でなくても近似波動関数でよいが，すべての可能なパラメーターについて最適化した後の波動関数であれば，これによって表された原子や分子に適用できる．この定理によれば，クーロンポテンシャルが作用している場合は，平均運動エネルギーと平均ポテンシャルエネルギーの間につぎの関係がある．

$$\langle E_{\text{ポテンシャル}}\rangle = -2\langle E_{\text{運動}}\rangle \tag{23·27}$$

$E_{\text{全}} = E_{\text{ポテンシャル}} + E_{\text{運動}}$ であるから，

$$\langle E_{\text{全}}\rangle = -\langle E_{\text{運動}}\rangle = \frac{1}{2}\langle E_{\text{ポテンシャル}}\rangle \tag{23·28}$$

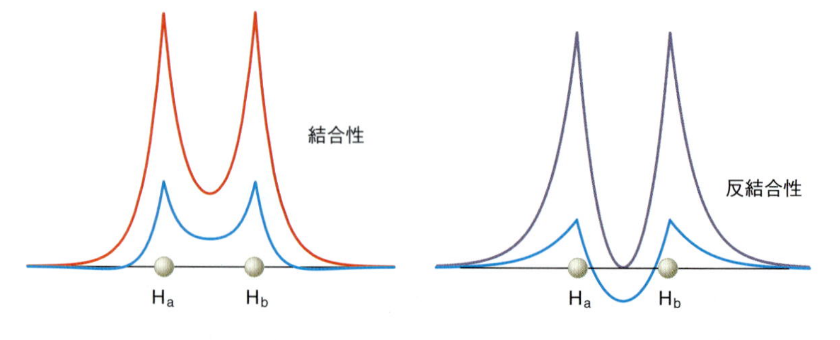

図 23·10　ψ_g^2 (左) を赤色の曲線で，ψ_u^2 (右) を紫色の曲線で示してある．青色の曲線は，左図では
$\Delta\psi_g^2 = \psi_g^2 - \frac{1}{2}(\psi_{H1s_a})^2 - \frac{1}{2}(\psi_{H1s_b})^2$
の差を，右図では
$\Delta\psi_u^2 = \psi_u^2 - \frac{1}{2}(\psi_{H1s_a})^2 - \frac{1}{2}(\psi_{H1s_b})^2$
の差を表す．これらの差は，結合形成による核近傍での電子密度の変化の目安である．結合性オービタルでは核間の領域で電荷の蓄積が起こり，反結合性オービタルでは電荷の散逸が起こっている．

1) delocalization　2) localization　3) virial theorem

となる．この式は，結合がない場合も，平衡構造の $H_2{}^+$ 分子にも使えるから，全エネルギーと運動エネルギー，ポテンシャルエネルギーの結合形成による変化を，

$$\langle \Delta E_{全} \rangle = -\langle \Delta E_{運動} \rangle = \frac{1}{2} \langle \Delta E_{ポテンシャル} \rangle \qquad (23 \cdot 29)$$

で表せる．分子が安定であれば $\langle \Delta E_{全} \rangle < 0$ だから，$\langle \Delta E_{運動} \rangle > 0$ および $\langle \Delta E_{ポテンシャル} \rangle < 0$ である．つまり，結合形成によって運動エネルギーが増加し，ポテンシャルエネルギーは減少しなければならない．この結果は，ψ_g と ψ_u で見られた電荷の局在化と非局在化の競合効果とどう関係しているだろうか．

ここでは，結合形成が二段階で起こると考え，そのときの電子の電荷分布の変化を追跡しよう．最初は，プロトンとH原子を実効核電荷 $\zeta = 1$ のまま距離 R_e まで近づけ，互いに相互作用させることである．この段階では電子の運動エネルギーが減少し，ポテンシャルエネルギーはほとんど変わらないことを示せる．したがって，全エネルギーは減少することになる．このとき運動エネルギーが減少するのはなぜだろうか．それには一次元の箱の中の粒子を考えればよい．すなわち，箱の長さが長くなれば運動エネルギーは減少するからである．同じ考えで，分子全体にわたって電子が非局在化すれば運動エネルギーは減少する．この第一段階だけで，つまり電子の非局在化だけでも結合形成を導けるのがわかる．しかし，核間距離 R_e のまま ζ を最適化すれば，分子の全エネルギーをもっと下げることができる．まず，最適値 $\zeta = 1.24$ になれば，電子による電荷の一部が核間の領域から引き抜かれて，2個の核の近傍に再分布される．つまり，各原子のまわりの“箱”の大きさは減少するから，分子の運動エネルギーが増加する．この増加分はかなり大きく，二段階の過程全体では $\langle \Delta E_{運動} \rangle > 0$ となってしまう．

一方，ζ が1.0から1.24に増加すれば，電子と2個のプロトンの間のクーロン相互作用が増加するから，分子のポテンシャルエネルギーは減少する．その結果，$\langle \Delta E_{運動} \rangle$ が増加する以上に $\langle \Delta E_{ポテンシャル} \rangle$ が低下する．こうして，第二段階で分子の全エネルギーはもっと低下するのである．ζ が1.0から1.24に増加すれば，$\langle \Delta E_{ポテンシャル} \rangle$ の変化も $\langle \Delta E_{運動} \rangle$ の変化も大きいのだが，実際には $\langle \Delta E_{全} \rangle$ はごくわずかしか変化しない．二段階の過程全体をみれば $\langle \Delta E_{運動} \rangle > 0$ であるが，結合形成のおもな駆動力は依然として電子の非局在化であり，それは $\langle \Delta E_{運動} \rangle < 0$ を伴っている．これは，結合形成で一般にいえることである．

ここで，化学結合について学んだことをまとめておこう．考えられる最も単純な分子についてシュレーディンガー方程式の近似解を求め，原子オービタルから導いた非局在分子オービタルに基づく式を求めた．化学結合の形成には，電荷の非局在化と局在化がどちらも重要な役目を果たしている．非局在化が起これば，電子は原子に局在していたときより分子の大きな領域を占めることになり，これによって運動エネルギーが下がるから結合形成が促進される．一方，ψ_g の状態では，原子オービタルの収縮による局在化と原子間に電子密度が蓄積される効果によって全エネルギーはさらに低下する．このように電子の局在化と非局在化はどちらも結合形成に重要な役目を果たしており，この正反対の要素の複雑な兼ね合いによって強い化学結合がつくられる．

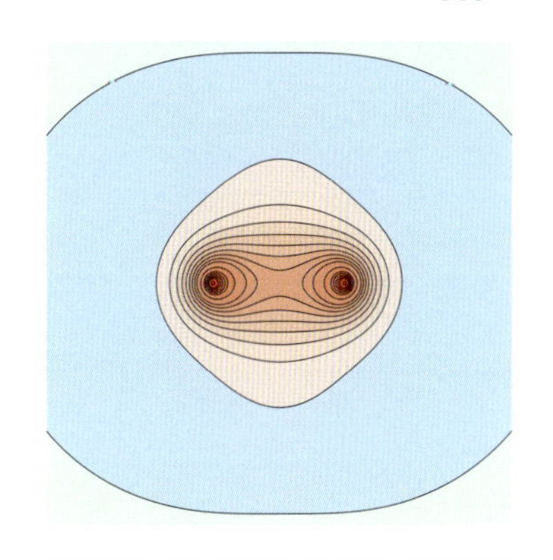

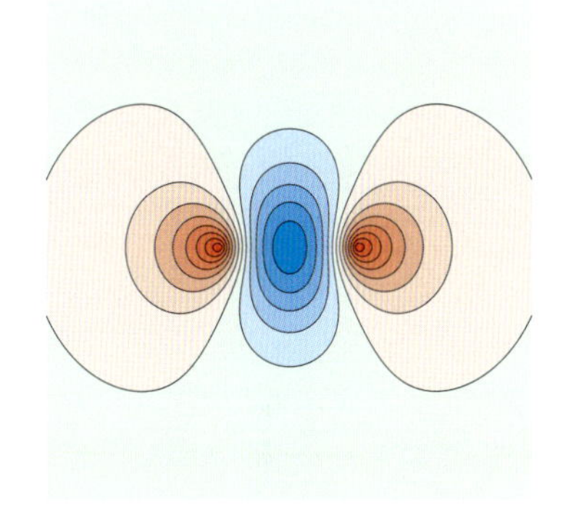

図 23・11　$\Delta\psi_g{}^2$（上）と $\Delta\psi_u{}^2$（下）の等高線プロット．振幅が正と負の領域を，それぞれ赤色と青色で示してある．色が濃いほど振幅が大きい．

23・5　等核二原子分子

この節では，等核二原子分子の分子オービタルの形と空間的な広がりを定性的に表す方法を示そう．H原子から多電子原子に移行するときにたどったのと同じ道筋に従って，$H_2{}^+$ 分子の励起状態を参考にして多電子分子のMOをつくる．そ

の MO は，第 1 周期と第 2 周期の元素からなる等核二原子分子の結合を説明するのに使える．異核二原子分子については 23·8 節で説明する．

等核二原子分子の MO はすべて，2 種の**対称操作**[1]それぞれについて二つのグループに分類することができる．最初は，z 軸として選んだ分子軸まわりの回転操作である．この回転で MO が変化しなければ，この軸を含む節はなく，その MO は **σ 対称**[2]をもつという．二原子分子で s AO を組合わせれば常に σMO ができる．分子軸を含む節平面がある MO では **π 対称**[3]がある．二原子分子の MO はすべて σ 対称か π 対称をもち，しかも g 対称か u 対称をもつ．p_x または p_y の AO を組合わせるとき，両者が共通の節平面をもてば常に πMO ができる．第二の対称操作は，分子の中心に対する反転である．分子の中心に原点をおけば，反転は $\psi(x, y, z) \longrightarrow \psi(-x, -y, -z)$ に相当する．この操作で MO が変化しなければ，その MO は g 対称をもつ．もし $\psi(x, y, z) \longrightarrow -\psi(-x, -y, -z)$ であれば，その MO は u 対称をもつ．いまの場合，すべての MO は $n=1$ と $n=2$ の AO を使ってつくられる．H_2^+ の g 対称と u 対称の分子オービタルを図 23·12 に示す．$1\sigma_g$ と $1\pi_u$ は結合性 MO であり，$1\sigma_u^*$ と $1\pi_g^*$ は反結合性 MO である．このように，u と g は常に結合性と反結合性に対応しているわけではない．記号 * は，反結合性 MO を表すのにふつう使う．

対称性が同じ原子オービタルを組合わせなければ，分子オービタルをつくれない．その例として，s 電子と p 電子だけを考えよう．図 23·13 を見ればわかるように，2 個の原子オービタルの正味の重なりが 0 でないのは，両方の AO が分子軸に対して円柱対称をもつか（σMO），それとも両者が分子軸を含む共通の節平面をもつ場合（πMO）しか起こらない．

等核二原子分子の MO を表すのに，二つの異なる表記法がふつう使われる．最初は，MO を対称性とエネルギー順によって分類するものである．たとえば，$2\sigma_g$ オービタルは $1\sigma_g$ オービタルと同じ対称性をもつが，エネルギーは $1\sigma_g$ オー

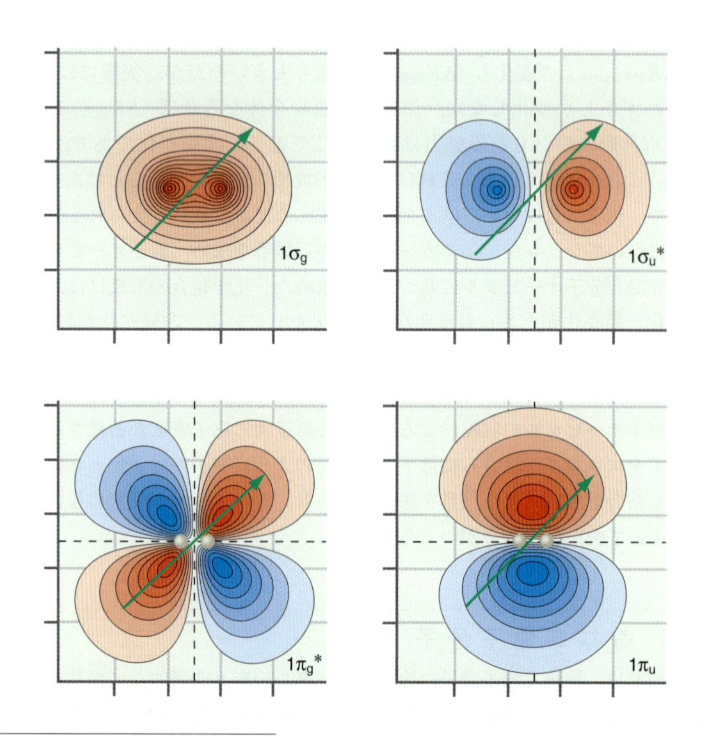

図 23·12 H_2^+ の結合性オービタルと反結合性オービタルの等高線プロット．振幅が正と負の領域を，それぞれ赤色と青色で示してある．色が濃いほど振幅が大きい．緑色の矢印は，各オービタルについて変換 $(x, y, z) \longrightarrow (-x, -y, -z)$ を示している．この変換によって波動関数の振幅の符号が変われば，その波動関数は u 対称をもつ．符号が変わらなければ g 対称をもつ．

1) symmetry operation 2) σ symmetry 3) π symmetry

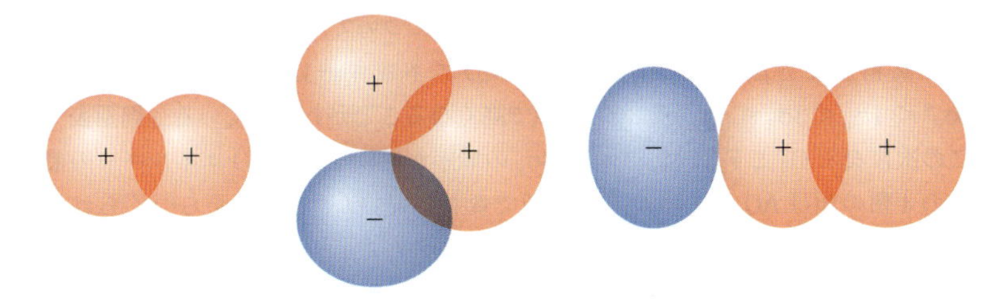

図 23・13 左から右へ順に，2 個の 1s オービタルの重なり（σ＋σ），1s と $2p_x$ または $2p_y$ の重なり（σ＋π），1s と $2p_z$ の重なり（σ＋σ）を表してある．中央の図で，影が重なった 2 カ所の領域は符号が逆であるから，対称性が違うこれら 2 個の原子オービタルの正味の重なりは 0 である．

ビタルより高い．第二の表記法は，相対的なエネルギーを示す数字を省略する代わりに，その MO をつくるもとになった AO を列挙するやり方である．たとえば，$\sigma_g(2s)$MO は $\sigma_g(1s)$MO よりエネルギーが高い．また，上付きの記号 * を使って反結合性オービタルを表す．2 個の 2p AO を組合わせると二つのタイプの MO ができる．2p オービタルの軸が分子軸上（慣習により z 軸とする）にあれば，2 個の σMO ができる．その MO を，AO の相対的な位相関係によって $3\sigma_g$ と $3\sigma_u^*$ という．両原子に $2p_x$ オービタル（または $2p_y$ オービタル）を加えると，その節平面は分子軸を含むから πMO ができる．その MO を $1\pi_u$ と $1\pi_g^*$という．

MO をつくるときは，原理的には対称性が同じ基底関数（σ か π）すべての一次結合をとるべきである．しかしながら，オービタルのエネルギーが極端に違えば，対称性が同じ AO でも混合はほとんど起こらない．たとえば，第 2 周期の等核二原子分子の 1sAO と 2sAO の混合は，ここでの議論では無視してよい．しかしながら，同じこれらの分子でも 2sAO と $2p_z$AO は同じ σ 対称をもつから，エネルギーがさほど違わなければ混合するだろう．2s AO と $2p_z$ AO のエネルギー差は Li ⟶ F の順に増加するから，第 2 周期の二原子分子では **s-p 混合**[1] は，Li_2, B_2, …, O_2, F_2 の順で減少する．これら分子における MO 形成を二段階の過程で考えれば理解しやすい．まず，2sAO と 2pAO から別々の MO をつくり，続いて対称性が同じ MO を組合わせて s-p 混合を含む新しい MO をつくりだすのである．

s-p 混合を示す MO で sAO と pAO の寄与の重要性は同じであろうか．そうではない．できた MO とエネルギーが最も近い AO の係数，つまり $\psi_j=\sum_i c_{ij}\,\phi_i$ の c_{ij} が最も大きい値をもつからである．したがって，2σMO のエネルギーは 2p オービタルより 2s オービタルに近いから，主として 2sAO がこの MO に参加している．同じ理由で，3σMO には主として $2p_z$ 原子オービタルが寄与する．第 1 周期と第 2 周期の等核二原子分子について，化学結合を説明するのに使われる MO を表 23・1 に示す．最後の欄には寄与の大きな AO を示し，（ ）内には寄与

表 23・1 等核二原子分子の化学結合を表すのに使う分子オービタル

MO の名称	別の表し方	性 質	原子オービタル
$1\sigma_g$	$\sigma_g(1s)$	結合性	1s
$1\sigma_u^*$	$\sigma_u^*(1s)$	反結合性	1s
$2\sigma_g$	$\sigma_g(2s)$	結合性	$2s(2p_z)$
$2\sigma_u^*$	$\sigma_u^*(2s)$	反結合性	$2s(2p_z)$
$3\sigma_g$	$\sigma_g(2p_z)$	結合性	$2p_z(2s)$
$3\sigma_u^*$	$\sigma_u^*(2p_z)$	反結合性	$2p_z(2s)$
$1\pi_u$	$\pi_u(2p_x, 2p_y)$	結合性	$2p_x, 2p_y$
$1\pi_g^*$	$\pi_g^*(2p_x, 2p_y)$	反結合性	$2p_x, 2p_y$

1) s-p mixing

の小さなMOを示す．$H_2 \longrightarrow N_2$ の一連の分子について，大きな基底セットを用いた高精度な方法を使って計算したMOエネルギーは $1\sigma_g < 1\sigma_u{}^* < 2\sigma_g < 2\sigma_u{}^* < 1\pi_u < 3\sigma_g < 1\pi_g{}^* < 3\sigma_u{}^*$ の順で高くなることがわかっている．周期表でこの次になる O_2 と F_2 では，$1\pi_u$ と $3\sigma_g$ の順序が逆になる．MOエネルギーの最初の4個の順はAOのエネルギーの順で変わらないが，2pAOからつくられる σMOとπMOのエネルギーが異なるのである．

$H_2{}^+$ のエネルギーの低い四つのMOについて，その等高線プロットと主要なAO（s-p混合はない）を図23･14に示す．ただし，オービタルの指数を最適化し

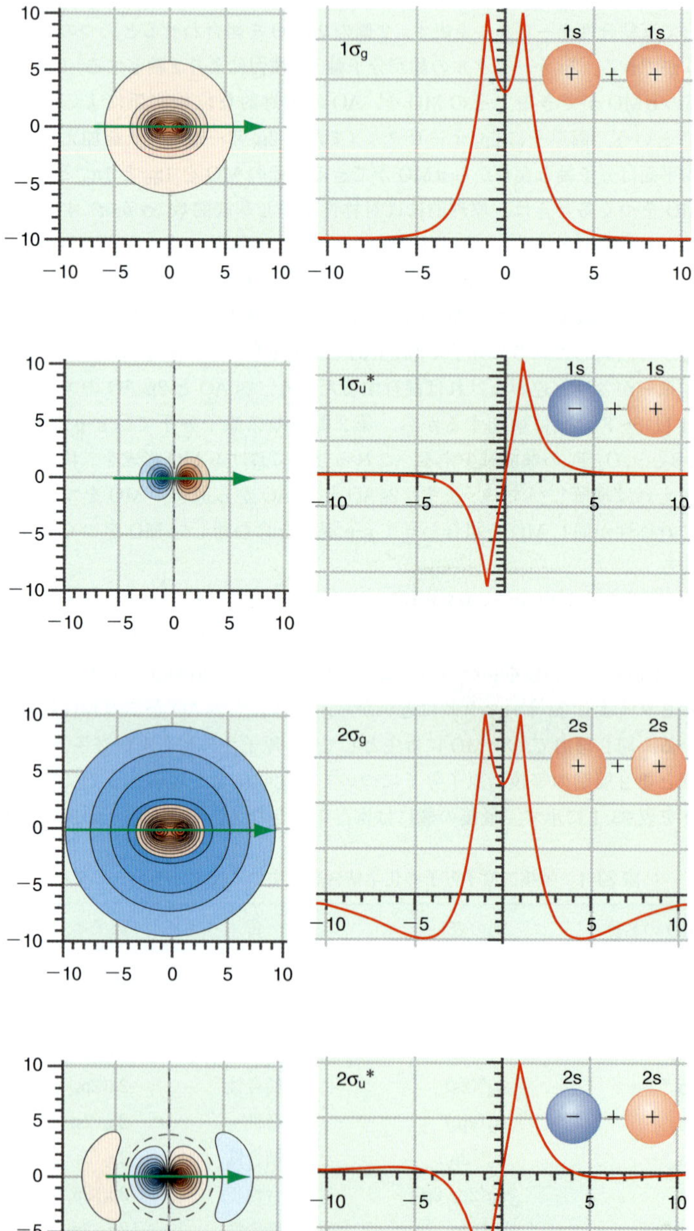

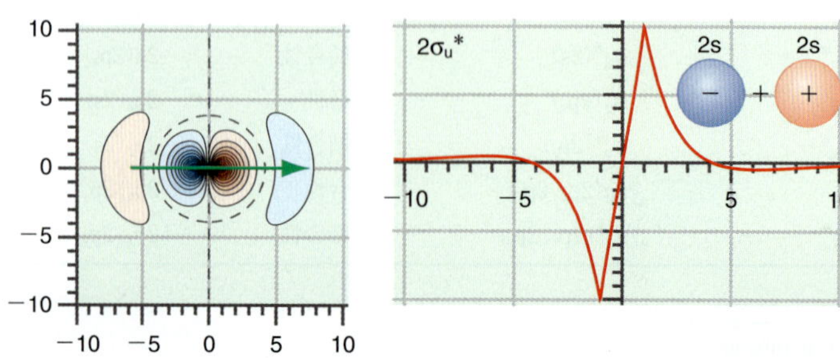

図23･14　1s, 2s, 2p原子オービタルからつくった $H_2{}^+$ の基底状態と励起状態を表すMO．左は等高線プロット．等高線図を緑色の矢で示す経路で切ったときに得られる線図を右に示す．振幅が正と負の領域を，それぞれ赤色と青色で示してある．色が濃いほど振幅が大きい．破線で表した線や曲線は節曲面を表している．図中の長さの単位は a_0 であり，$R_e = 2.00\,a_0$ である．

ていないから，すべてのAOについて$\zeta=1$である．$2\sigma_g$，$2\sigma_u{}^*$，$3\sigma_g$，$3\sigma_u{}^*$のMOについては，寄与の小さなAOを加えても図23·14のプロットを大幅に変更することにはならない．

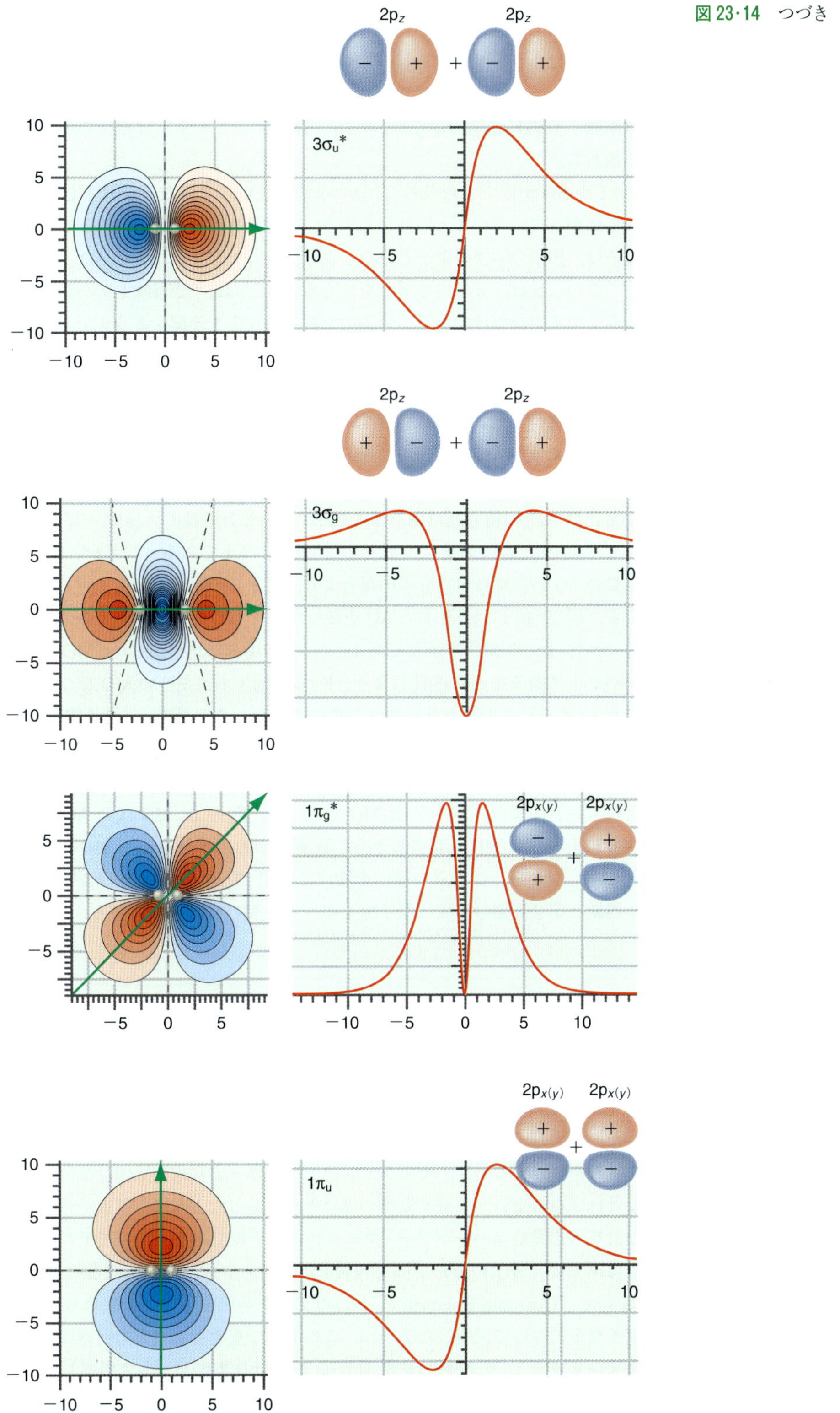

図23·14　つづき

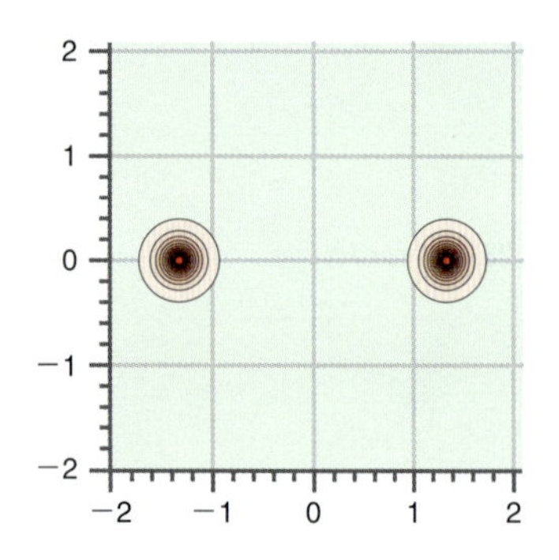

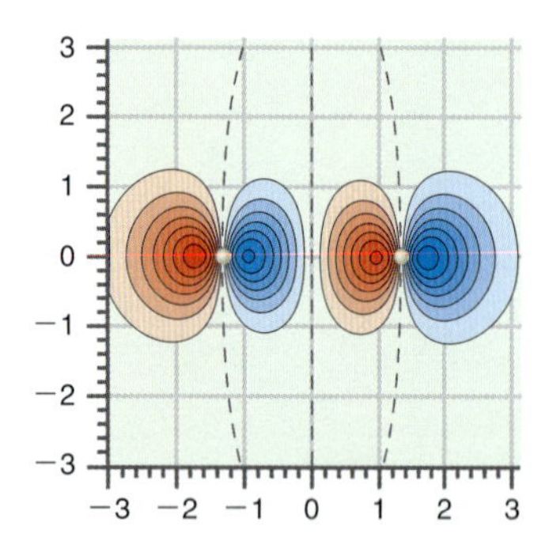

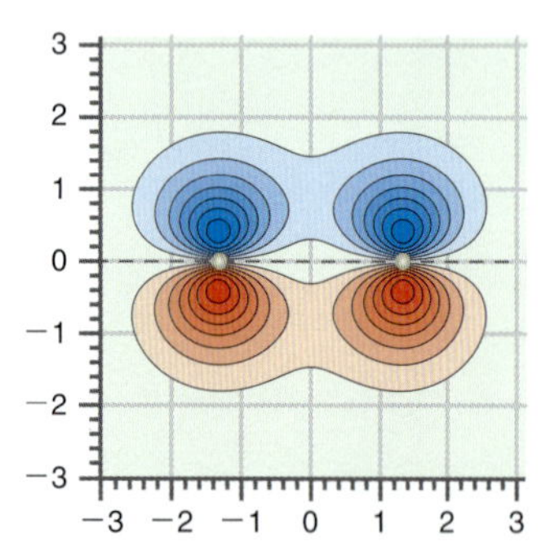

図 23・15　F_2 に合う ζ の値を用いたときの H_2^+ の MO，$1\sigma_g$(上)，$3\sigma_u^*$(中)，$1\pi_u$(下)の等高線プロット．振幅が正と負の領域を，それぞれ赤色と青色で示してある．色が濃いほど振幅が大きい．破線は節曲面を表している．小さな球は核の位置を表す．図中の長さの単位は a_0 であり，$R_e = 2.66 a_0$ である．

次に，これらのプロットの最も重要な特徴について説明しよう．予想通り $1\sigma_g$ オービタルには節がない．一方，$2\sigma_g$ オービタルには節曲面が 1 個，$3\sigma_g$ オービタルには 2 個ある．すべての σ_u^* オービタルには核間軸に垂直な節平面が 1 個ある．π オービタルには核間軸を含む節平面がある．すべての反結合性 σMO の振幅は，分子軸上の原子間の中央で 0 である．すなわち，この領域に電子を見いだす確率密度は小さい．反結合性の $1\sigma_u^*$ オービタルと $3\sigma_u^*$ オービタルには節平面が 1 個，$2\sigma_u^*$ オービタルには節平面 1 個と節曲面 1 個がある．$1\pi_u$ オービタルには核間軸上以外に節平面はない．一方，$1\pi_g^*$ オービタルには結合領域に節平面が 1 個ある．

$n=1$ の AO からできた MO は，$n=2$ の AO からできた MO ほど核から遠く離れて広がっていないことに注目しよう．いい換えれば，原子価 AO を占めている電子は，内殻の AO の電子と重なるより，近くの原子の原子価 AO と重なりやすい．このことは，分子内で結合をつくるのにどの電子が参加しているかを理解するうえで重要なだけでなく，分子間で起こる反応を理解するうえでも重要である．図 23・14 に示した MO は，H_2^+ に固有のもので，$R = 2.00 a_0$，$\zeta = 1$ を使って計算したものである．これら MO の具体的な形状は分子によって異なり，おもに実効核電荷 Z と結合長に依存する．注目する分子のハートリー–フォック計算で得られた実効核電荷を用い，H_2^+ の MO を使うことによって，その分子の MO がどんなものかという定性的な考えを得ることができる．

たとえば，F_2 の結合長は H_2^+ より約 35 パーセント長く，1s オービタルと 2p オービタルの実効核電荷はそれぞれ $\zeta = 8.65$，5.1 である．$\zeta > 1$ であるから，フッ素の AO の振幅は H_2^+ 分子の場合より，核からの距離とともにずっと速く減衰する．図 23・15 には，H_2^+ の AO を使って得た MO で，これら ζ の値における $1\sigma_g$，$3\sigma_u^*$，$1\pi_u$ の MO を示してある．$\zeta = 1$ の場合に比べ，AO と MO がずっとコンパクトであることに注目しよう．F_2 の最低エネルギーの MO をつくるのに使った 1s オービタル間の重なりは非常に小さい．このため，この MO の電子は F_2 の化学結合には参加しない．また，F_2 の $3\sigma_u^*$ オービタルは，H_2^+ の $\zeta = 1$ について図 23・14 で示したような 1 個の節ではなく，原子間に 3 個の節曲面をもつことにも注目しよう．H_2^+ の $1\pi_u$MO と違って，F_2 の $1\pi_u$MO は 2pAO の振幅が核間軸に沿って急激に減衰するから，両原子からの寄与を識別することができる．しかしながら，これらの違いを除けば，図 23・14 に示した一般的な特徴は，第 1 周期と第 2 周期の等核二原子分子すべての MO に共通している．

23・6　多電子分子の電子構造

ここまでの議論は本質的に定性的なものであった．まず，AO が 2 個相互作用すれば 2 個の MO とその形が与えられることを示した．また，H_2^+ のオービタルに基づきながら，多電子二原子分子でも使える分子オービタルが導かれたのであった．しかし，MO のエネルギーや結合長，双極子モーメントなどの二原子分子の性質を計算するには，そのシュレーディンガー方程式を数値計算によって解かなければならない．多電子原子の場合そうであったように，多電子分子の定量的な計算も出発点はハートリー–フォックのモデルである．このモデルを構築するのは原子より分子の方がずっと複雑であるから，関心のある読者は 26 章や I. N. Levine, “Quantum Chemistry” などの文献を参照することを薦める．21 章で多電子原子について説明したように，この計算で重要となる入力情報は，一電子分子オービタル ψ_j を N 個の基底関数 ϕ_i からなる基底セットで展開したものであり，そのために必要ないろいろな基底セットが市販の計算化学ソフトウエアで入手できる．

$$\psi_j = \sum_{i=1}^{N} c_{ij}\phi_i \qquad (23\cdot30)$$

ハートリー-フォックのモデルを使った計算は一般に，二原子分子の結合長や多原子分子の結合角については十分正確な値を与えるが，正確なエネルギー準位の計算を行うには26章で説明するように電子相関を考慮に入れなければならない．

MOのエネルギー準位が計算できれば，オービタルエネルギーの低い準位から順に2個ずつ電子を入れて全部の電子を配置すれば，それで**分子の電子配置**[1]が得られる．エネルギー準位の縮退度が2以上であればフントの最初の規則に従って，不対電子の全数が最大になるように電子をMOに入れる．

まず，H_2とHe_2の配置について考えよう．図23・2ではAOの係数の大きさと符号を表したが，図23・16のMOエネルギー図には電子の数とスピンの状況を示してある．図23・16の4個のMOそれぞれについて，そのAOの係数の大きさと符号について何がいえるだろうか．

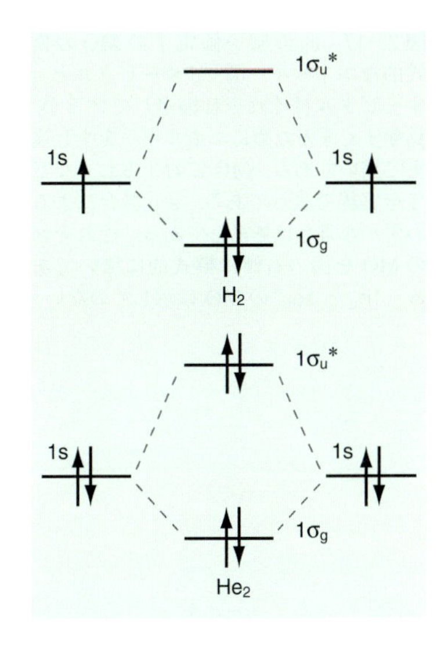

図23・16　H_2とHe_2の原子オービタルおよび分子オービタルのエネルギーと各準位の占有状況．上向きと下向きの矢はそれぞれαスピンとβスピンを表す．MOの準位間のエネルギー分裂の大きさは正確でない．

両原子の1sオービタルが相互作用すれば，図23・16で模式的に示したように，結合性MOと反結合性MOができる．それぞれのMOはスピンの符号の異なる電子を2個ずつ受け入れることができる．H_2とHe_2の配置は，それぞれ$(1\sigma_g)^2$と$(1\sigma_g)^2(1\sigma_u^*)^2$である．ところで，分子オービタルのエネルギー図を解釈するときは，つぎの二つの注意を常に念頭に置いて考えるべきである．まず，多電子原子の場合と同じで，分子の全エネルギーはMOのエネルギーの和ではない．したがって，オービタルエネルギー図に基づくだけで分子の安定性や結合の強さに関する結論を導いても，それが常に正しいとは限らない．第二に，結合性や反結合性という用語は，そのMOに参加しているAOの係数の符号について相対関係の情報を与えているだけで，その電子が分子に束縛されているかどうかを意味するものではない．安定な分子であれば，エネルギーが0以下のどのオービタルに電子を入れてもその全エネルギーは必ず低下する．たとえば，O_2と電子が無限遠にあるときに比べO_2^-は安定な化学種である．これに余分の電子を反結合性MOに入れたとしても安定である．

H_2では，どちらの電子も$1\sigma_g$MOに入る．そのエネルギーは1sAOより低い．計算によれば，$1\sigma_u^*$MOのエネルギーは0より大きい．この場合，2個の電子を$1\sigma_g$オービタルに入れれば全エネルギーは低下するが，余分の電子を$1\sigma_u^*$に入れてH_2^-とすればエネルギーは上昇する．He_2のMOモデルでは，$1\sigma_g$オービタルと$1\sigma_u^*$オービタルにそれぞれ2個ずつ電子が入っている．$1\sigma_u^*$オービタルが満たされると全エネルギーは0より大きくなるから，このモデルではHe_2は安定な分子ではない．実際，He_2は約5K以下でしか安定でない．それは，非常に弱いファンデルワールス相互作用があるためで，化学結合形成による安定化ではない．

上の例では，分子オービタルをつくるのに各原子にある1個の1sオービタルを使った．次に，sAOとpAOがMOに参加するF_2とN_2について考えよう．n個のAOを組合わせればn個のMOをつくれるから，FとNにある1s, 2s, $2p_x$, $2p_y$, $2p_z$のAOから，F_2とN_2ではそれぞれ10個のMOがつくれる．原理的には1sのAOもMOに参加できるが，そのAOのエネルギーはほかと非常に異なるから，どちらの分子でも混合は起こらない．また，2s, $2p_x$, $2p_y$のAOの間あるいは$2p_x$と$2p_y$のAOの間でも混合は起こらない．それは，正味の重なりが0だか

1) molecular configuration

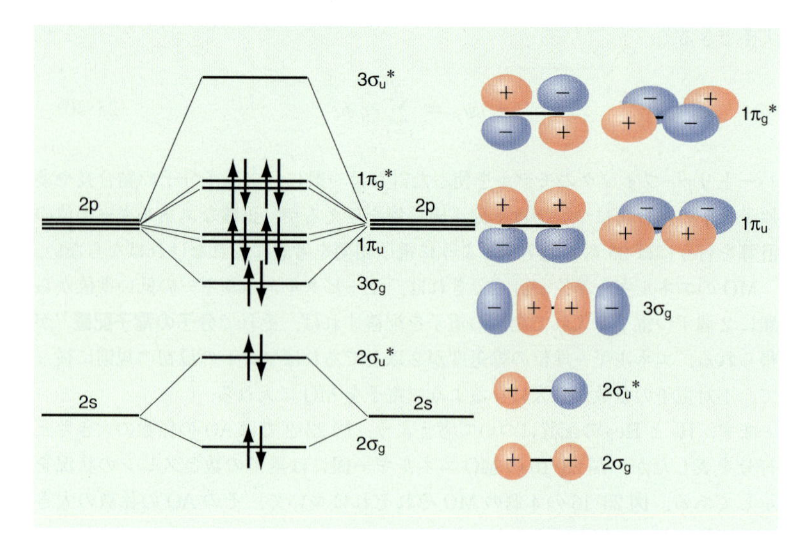

図 23・17 F_2 の原子価電子の MO の模式的なエネルギー図．p オービタルと π オービタルはそれぞれ縮退しているが，見やすくするためにエネルギーを少し違えて描いてある．MO に対するおもな寄与を実線で表してある．s-p 混合によるわずかな寄与は無視してある．それぞれの MO を図の右側に模式的に描いてある．$1\sigma_g$ と $1\sigma_u^*$ の MO は示していない．

らである．次に，2s と $2p_z$ の AO の間の混合について考えよう．F_2 については，2s AO は 2p AO の 21.6 eV も下にあるから s-p 混合は無視できる．F_2 の MO をエネルギーが高くなる順に並べれば $1\sigma_g < 1\sigma_u^* < 2\sigma_g < 2\sigma_u^* < 3\sigma_g < 1\pi_u = 1\pi_u < 1\pi_g^* = 1\pi_g^*$ となり，F_2 の配置は $(1\sigma_g)^2\,(1\sigma_u^*)^2\,(2\sigma_g)^2\,(2\sigma_u^*)^2\,(3\sigma_g)^2\,(1\pi_u)^2\,(1\pi_u)^2\,(1\pi_g^*)^2\,(1\pi_g^*)^2$ である．この分子では，2σ MO は両原子の 2s AO だけでほぼ表され，3σ MO は両原子の $2p_z$ AO だけでほぼ表される．$2p_x$ と $2p_y$ の AO は互いに正味の重なりが 0 であるから，二重縮退した $1\pi_u$ 分子オービタルと $1\pi_g^*$ 分子オービタルはどちらも原子の単一の AO からつくられている．図 23・17 は，F_2 の分子オービタルのエネルギー図を表している．$3\sigma_g$ と $3\sigma_u^*$ の MO のエネルギー間隔は，$1\pi_u$ と $1\pi_g^*$ の MO の間隔よりも大きい．これは，$2p_z$AO の重なりが $2p_x$ や $2p_y$ の MO の重なりより大きいからである．

N_2 では，2s AO は 2p AO の 12.4 eV しか下にないから，F_2 と比較すれば s-p 混合を無視できなくなっている．その MO をエネルギーの高くなる順に並べれば $1\sigma_g < 1\sigma_u^* < 2\sigma_g < 2\sigma_u^* < 1\pi_u = 1\pi_u < 3\sigma_g < 1\pi_g^* = 1\pi_g^*$ となり，その配置は $(1\sigma_g)^2\,(1\sigma_u^*)^2\,(2\sigma_g)^2\,(2\sigma_u^*)^2\,(1\pi_u)^2\,(1\pi_u)^2\,(3\sigma_g)^2$ である．s-p 混合があるために，2σ と 3σ の MO には 2s と $2p_z$ の両方の AO からかなりの寄与があり，その結果，$3\sigma_g$ MO のエネルギーは $1\pi_u$ MO より高くなっている．N_2 の MO エネルギー図を図 23・18 に示す．N_2 の 2σ と 3σ の MO の形は，s-p 混合が存在することを表している．$2\sigma_g$ MO は，s-p 混合がない場合より原子間に電子を見いだす確率が高いから結合性は強い．同じ理由によって，F_2 に比べ N_2 では，$2\sigma_u^*$MO の反結合性は弱くなり，$3\sigma_g$ MO の結合性は弱くなっている．このような AO の重なりの結果，N_2 の三重結合は，$3\sigma_g$ MO と 2 個の $1\pi_u$ MO を電子が占有して生じたものであるのがわかる．

これまで H_2, He_2, N_2, F_2 について行ってきた考察に基づけば，第 1 周期と第 2 周期のすべての等核二原子分子に拡張して MO をつくることができる．数値計算によって分子オービタルの相対的なエネルギーを求め，その MO のエネルギーが低いものから順に電子を入れれば，各分子について不対電子の数を予測することができる．第 2 周期の等核二原子分子の結果を図 23・19 に示しておく．フントの最初の規則を使えば，B_2 と O_2 にそれぞれ 2 個の不対電子が予測されるのがわかる．したがって，これらの分子には正味の磁気モーメントがある（常磁性）はずである．一方，それ以外の等核二原子分子はすべて正味の磁気モーメントがない

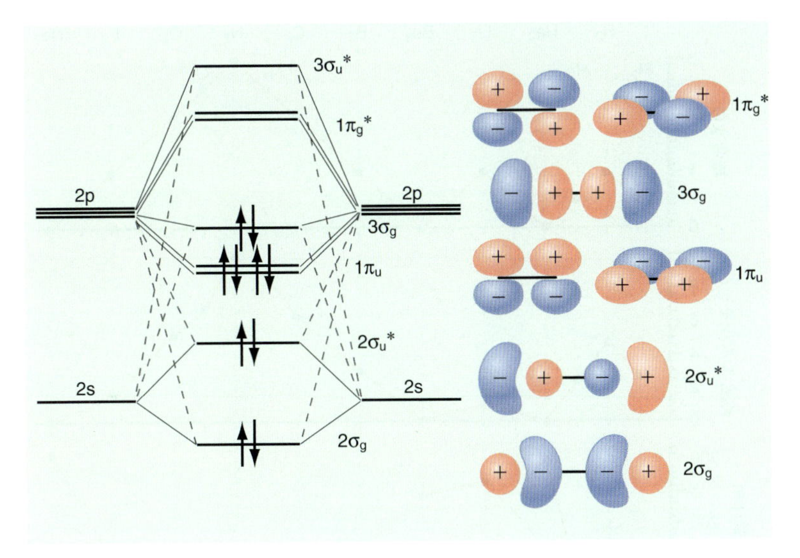

図 23・18　N_2 の原子価電子の MO の模式的なエネルギー図．p オービタルと π オービタルはそれぞれ縮退しているが，見やすくするためにエネルギーを少し違えて描いてある．MO に対するおもな寄与を実線で表してある．s-p 混合による比較的小さな寄与を破線で表してある．それぞれの MO を図の右側に模式的に描いてある．$1\sigma_g$ と $1\sigma_u^*$ の MO は示していない．

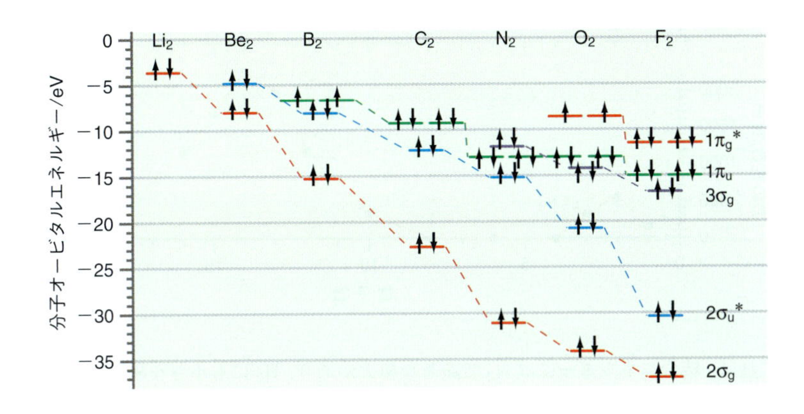

図 23・19　第 2 周期の等核二原子分子の分子オービタルのエネルギー準位と電子の占有状況．$1\sigma_g$ と $1\sigma_u^*$ のエネルギーはずっと低く，ここには示していない．[E. R. Davidson による計算．未発表]

(反磁性)．これらの予測は実験とよく一致しており，MO モデルの妥当性を強く支持している．

図 23・19 によれば，この系列では分子オービタルのエネルギーは原子番号の増加とともに低下する傾向にある．これは，周期表を進むにつれ ζ が大きくなるからである．実効核電荷が大きく，原子の大きさが小さいほど AO エネルギーは低く，したがって MO エネルギーも低くなる．しかし，この系列の $3\sigma_g$ のオービタルエネルギーは $1\pi_u$ のオービタルエネルギーより急速に低下している．これは，Li_2 から F_2 へ進むにつれ s-p 混合が減少すること，結合長と実効核電荷が変化することにより AO の重なりが変化することなど，いろいろな要因で起こる．結果として，O_2 と F_2 ではこの系列のほかの分子と違って，$1\pi_u$ と $3\sigma_g$ の分子オービタルのエネルギーの順序が逆転しているのである．

23・7　結合次数，結合エネルギー，結合長

分子軌道法は予測能力を発揮し，B_2 と O_2 で正味の磁気モーメントが観測されるのに，それ以外の第 2 周期の等核二原子分子では正味の磁気モーメントがないのを説明できた．ここでは，この理論によってこれら分子の結合エネルギーや振動の力の定数の傾向も説明できることを示そう．図 23・20 には，これらの観測量のデータを $H_2 \rightarrow Ne_2$ の系列について示してある．二原子分子の電子数が増加

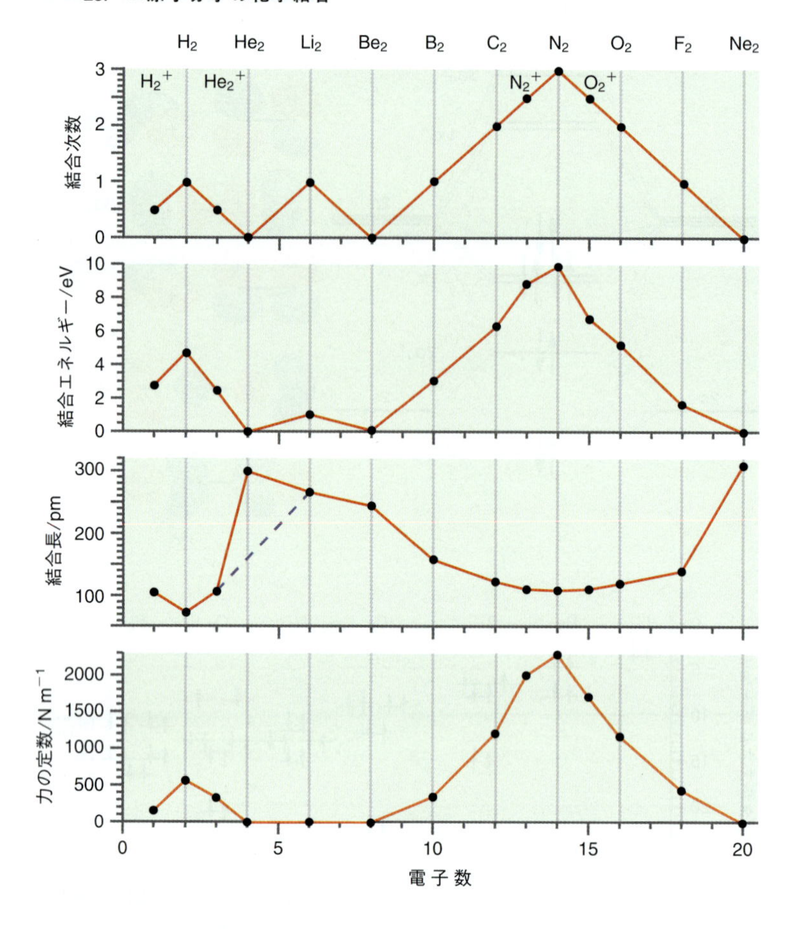

図 23·20 周期表の最初の 10 元素からなる等核二原子分子について，分子内の電子数の関数で表した結合エネルギー，結合長，振動の力の定数．一番上のグラフは，これら分子について計算した結合次数を示している．結合長のグラフにある破線は，He_2 のデータを省いたときの電子数による依存性を示す．

すれば，結合エネルギーには N_2 で顕著な極大があり，H_2 にも小さな極大がある．振動の力の定数 k にはこれと同じ傾向が見られる．$Be_2 \rightarrow N_2$ の系列で結合エネルギーや力の定数が増加するにつれ結合長は減少しているが，より軽い分子ではもっと複雑な傾向が見られる．これらのデータはすべて分子軌道法を使って定性的には理解できる．

図 23·16 の H_2 と He_2 の MO エネルギー図について考えよう．簡単のために，分子の全エネルギーはそのオービタルエネルギーの和に比例するものとする．結合性オービタルのエネルギーは，その元になる原子オービタルより低いから，電子を結合性オービタルに入れれば，その原子から見ればエネルギーが低下している．これによって原子が別々でいるより分子の方が安定となり，これが化学結合の特性である．同様にして，2 個の電子を結合性オービタルと反結合性オービタルに 1 個ずつ入れれば，原子が別々でいるより全エネルギーは大きくなる．したがって，その分子は不安定となり，2 個の原子に解離してしまう．この結果から，安定な結合形成には結合性オービタルの電子数が反結合性オービタルより多い必要があるのがわかる．そこで，つぎに定義される**結合次数**[1]の概念を導入しよう．

$$\text{結合次数} = \frac{1}{2}\left[(\text{結合性電子の数}) - (\text{反結合性電子の数})\right]$$

結合エネルギーは結合次数 0 では非常に小さく，結合次数が増えるにつれ増加すると予想できる．図 23·20 でわかるように，結合次数は結合エネルギーと同じ傾

1) bond order

向を示す．結合次数の傾向はまた，振動の力の定数とも非常によく合っている．この場合も，結合が硬いほど結合次数が高いと考えればデータを説明できるだろう．このように異なる種類の実験データを一つのモデルで矛盾なく説明できれば，そのモデルの妥当性が認められ，それが役に立つものになるというよい実例である．

結合長と分子内の電子数との関係は，結合次数だけでなく実効核電荷による原子半径の変化の影響を受けている．原子半径が同じなら，結合長は結合次数の逆数に比例すると予測される．原子半径は一定でないが徐々にしか減少しない $Be_2 \rightarrow N_2$ の系列では，ほぼこの傾向に従っている．He_2^+ が Li_2 になると結合長が増加するのは，Li の原子価電子は 1s AO でなく 2s AO にあるからである．He_2 で結合次数と結合長の相関がなくなっているのは，He 原子は実際には化学結合していないからである．全体を通して見れば，図 23・19 と図 23・20 で表された傾向は，分子軌道法の基本概念の重要なよりどころとなっている．

例題 23・3

結合次数の考えに基づいて，つぎの化学種を結合エネルギーと結合長が増加する順に並べよ．N_2^+，N_2，N_2^-，N_2^{2-}．

解答　これらの化学種の基底状態の配置はつぎの通りである．

N_2^+：　$(1\sigma_g)^2 (1\sigma_u^*)^2 (2\sigma_g)^2 (2\sigma_u^*)^2 (1\pi_u)^2 (1\pi_u)^2 (3\sigma_g)^1$

N_2：　$(1\sigma_g)^2 (1\sigma_u^*)^2 (2\sigma_g)^2 (2\sigma_u^*)^2 (1\pi_u)^2 (1\pi_u)^2 (3\sigma_g)^2$

N_2^-：　$(1\sigma_g)^2 (1\sigma_u^*)^2 (2\sigma_g)^2 (2\sigma_u^*)^2 (1\pi_u)^2 (1\pi_u)^2 (3\sigma_g)^2 (1\pi_g^*)^1$

N_2^{2-}：　$(1\sigma_g)^2 (1\sigma_u^*)^2 (2\sigma_g)^2 (2\sigma_u^*)^2 (1\pi_u)^2 (1\pi_u)^2 (3\sigma_g)^2 (1\pi_g^*)^1 (1\pi_g^*)^1$

結合次数は上から順に 2.5，3，2.5，2 である．したがって，結合次数だけで考えれば結合エネルギーの順序は，$N_2 > N_2^+$，$N_2^- > N_2^{2-}$ となる．しかし，N_2^- では N_2^+ より反結合性の $1\pi_g^*$MO に余分の電子が入っているから，結合エネルギーは N_2^- の方が小さい．結合が強くなるほど結合長は短くなるから，結合長の順は結合エネルギーとは逆である．

等核二原子分子について学んだことを復習すれば，覚えておくべき重要な概念がいくつかあったことに気づくだろう．原子に属する原子オービタルを組合わせて分子オービタルをつくれば，それから分子の電子配置を求めることができる．正確な MO エネルギーを計算するには各原子にある多数の AO（つまり，大きな基底セット）を考慮に入れる必要があるが，各原子について 1 個または 2 個という最小基底セットを使うだけでも重要な傾向を予測することはできる．原子オービタルの対称性は，そのオービタルがある分子オービタルに参加するかどうかを予測するうえで重要である．結合次数の概念を使えば，He_2, Be_2, Ne_2 がなぜ不安定で，N_2 の結合がなぜそれほど強いのかを理解することができる．

23・8 異核二原子分子

23・1 節で説明した分子オービタルのつくり方を AO エネルギーが等しくない異核二原子分子に拡張しよう．ここでも，各原子の AO を 1 個だけ考える．具体的にHF分子を例に挙げ，ϕ_1を水素の1sオービタル，ϕ_2をフッ素の$2p_z$オービタルとしよう．結合性MOと反結合性MOは，

$$\psi_1 = c_{1H}\,\phi_{H1s} + c_{1F}\,\phi_{F2p_z} \qquad \psi_2 = c_{2H}\,\phi_{H1s} + c_{2F}\,\phi_{F2p_z} \tag{23·31}$$

で表される．以下でこの係数を求める．MOに付けたラベル1と2は，それぞれAOの位相が合った組合わせと反転した組合わせに相当している．規格化によって，

$$\begin{aligned}(c_{1H})^2 + (c_{1F})^2 + 2c_{1H}c_{1F}S_{HF} &= 1\\(c_{2H})^2 + (c_{2F})^2 + 2c_{2H}c_{2F}S_{HF} &= 1\end{aligned} \tag{23·32}$$

である．ε_1, ε_2, c_{1H}, c_{2H}, c_{1F}, c_{2F}を計算するには，H_{HH}, H_{FF}, H_{HF}, S_{HF}の数値が必要である．よい近似で，H_{HH}とH_{FF}はそれぞれHとFの第一イオン化エネルギーに相当するといえる．また，実験データに合わせることで近似的な経験式 $H_{HF} = -1.75\,S_{HF}\sqrt{H_{HH}H_{FF}}$ が得られている．ここで，$S_{HF}=0.30$, $H_{HH}=-13.6\text{ eV}$, $H_{FF}=-18.6\text{ eV}$とすれば，$H_{HF}=-8.35\text{ eV}$である．ここでは精度を追求するより傾向を求めるのが目的であるから，これらの近似値で十分である．この値を(23·12)式に代入すれば，つぎのMOエネルギー準位が得られる．例題23·4で，それぞれの係数の値を求める方法を示す．

$$\begin{aligned}\varepsilon_1 &= -19.6\text{ eV} \qquad \psi_1 = 0.34\phi_{H1s} + 0.84\phi_{F2p_z}\\\varepsilon_2 &= -10.3\text{ eV} \qquad \psi_2 = 0.99\phi_{H1s} - 0.63\phi_{F2p_z}\end{aligned} \tag{23·33}$$

MOの係数の大きさが等しくないことに注目しよう．位相が合った（結合性の）MOでは，エネルギーの低いAOほどその係数は大きく，位相が反転した（反結合性の）MOでは，エネルギーの低いAOほどその係数は小さい．HFのMOエネルギーの結果を，図23·21の分子オービタルのエネルギー図に示す．図ではAOの係数の相対的な大きさをAOの大きさで表してあり，係数の符号は色で示してある．

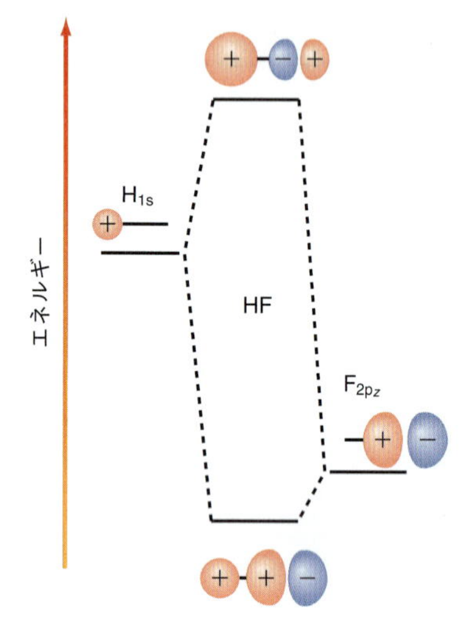

図23·21　HFの結合について定性的な説明をするための分子オービタルのエネルギー図．左右に各原子オービタル，中央に分子オービタルを示してある．それぞれのMOとそれをつくっているAOを破線で結んである．丸の大きさで係数c_{ij}の大きさを表してある．赤色と紫色で，AOの係数の符号がそれぞれ正と負であることを表す．

例題23・4

HFの$\varepsilon_2 = -10.3\text{ eV}$ の反結合性MOについて，その係数c_{2H}とc_{2F}を計算せよ．また，HFの$\varepsilon_1 = -19.6\text{ eV}$ の結合性MOについて，その係数c_{1H}とc_{1F}を計算せよ．$S_{HF}=0.30$とする．

解答

はじめに $H_{HF} = -1.75\,S_{HF}\sqrt{H_{HH}H_{FF}} = -8.35\text{ eV}$ を得る．(23·10)式の最初の式にε_1とε_2の値を代入し，それからc_{1H}/c_{1F}とc_{2H}/c_{2F}の比を計算する．まず，ε_2については，

$$c_{2H}(H_{HH} - \varepsilon_2) + c_{2F}(H_{HF} - \varepsilon_2 S_{HF}) = 0$$

であるから，$\varepsilon_2 = -10.3\text{ eV}$ を代入して，

$$c_{2H}(-13.6 + 10.3) + c_{2F}(-8.35 + 0.30 \times 10.3) = 0$$

$$\frac{c_{2H}}{c_{2F}} = -1.58$$

を得る．この結果を規格化の式 $c_{2H}^2 + c_{2F}^2 + 2c_{2H}c_{2F}S_{HF} = 1$ に代入すれば，

$$c_{2\mathrm{H}} = 0.99,\ c_{2\mathrm{F}} = -0.63 \quad そこで \quad \psi_2 = 0.99\phi_{\mathrm{H1s}} - 0.63\phi_{\mathrm{F2p_z}}$$

を得る．$\varepsilon_1 = -19.6\ \mathrm{eV}$ については，

$$c_{1\mathrm{H}}(-13.6 + 19.6) + c_{1\mathrm{F}}(-8.35 + 0.3 \times 19.6) = 0$$

$$\frac{c_{1\mathrm{H}}}{c_{1\mathrm{F}}} = 0.41$$

である．この結果を規格化の式 $c_{1\mathrm{H}}{}^2 + c_{1\mathrm{F}}{}^2 + 2c_{1\mathrm{H}}\,c_{1\mathrm{F}}\,S_{\mathrm{HF}} = 1$ に代入すれば，

$$c_{1\mathrm{H}} = 0.34,\ c_{1\mathrm{F}} = 0.84 \quad そこで \quad \psi_1 = 0.34\phi_{\mathrm{H1s}} + 0.84\phi_{\mathrm{F2p_z}}$$

を得る．$H_2{}^+$ で見たように，結合性 MO では AO の係数の符号は同じである（位相が合っている）．反結合性 MO では AO の係数の符号は反対（位相が逆）である．しかしながら，両方の AO のエネルギーは同じでないから，結合性オービタルではエネルギーの低い AO の係数の大きさの方が大きい．一方，反結合性オービタルでは小さい．

AO の係数の相対的な大きさは，つぎの単純なモデルを使えば，分子内の電荷分布に関する情報を与えることがわかる．$\psi_1 = 0.34\phi_{\mathrm{H1s}} + 0.84\phi_{\mathrm{F2p_z}}$ で表される HF の結合性 MO に入っている電子について考えよう．両方の係数の差が大きいほど分子の双極子モーメントは大きい．基本原理 1 によって，$|\psi|^2$ は確率と関係があるから，$\int \psi_1{}^* \psi_1\, \mathrm{d}\tau = (c_{1\mathrm{H}})^2 + (c_{1\mathrm{F}})^2 + 2c_{1\mathrm{H}}\,c_{1\mathrm{F}}\,S_{\mathrm{HF}} = 1$ の各項はつぎのように解釈できる．$(c_{1\mathrm{H}})^2 = 0.12$ は H 原子のまわりに電子を見いだす確率，$(c_{1\mathrm{F}})^2 = 0.71$ は F 原子のまわりに電子を見いだす確率，$2c_{1\mathrm{H}}\,c_{1\mathrm{F}}\,S_{\mathrm{HF}} = 0.17$ は F 原子と H 原子で共有された電子を見いだす確率にそれぞれ関係している．原子間で共有している確率は等分してそれぞれの原子に割り当てる．そうすれば，H 原子と F 原子に電子を見いだす確率は，それぞれ $(c_{1\mathrm{H}})^2 + c_{1\mathrm{H}}\,c_{1\mathrm{F}}\,S_{\mathrm{HF}} = 0.21$，$(c_{1\mathrm{F}})^2 + c_{1\mathrm{H}}\,c_{1\mathrm{F}}\,S_{\mathrm{HF}} = 0.79$ となる．この結果は，わかっている F と H の電気陰性度からは妥当な値である．一方，28 個の関数から成る基底セットを使ったハートリー-フォック計算によれば，H 原子と F 原子の電荷はそれぞれ $+0.48$ と -0.48 である．この電荷から計算した双極子モーメントの値は 2.03 D（$1\ \mathrm{D} = 3.34 \times 10^{-30}\ \mathrm{C\,m}$）であり，実験値 1.91 D とよい一致を示している．

マリケン[1] によるこの電荷の割り当て方は妥当なものであるが，原子の電荷は量子力学的なオブザーバブルではないから，同じ MO の中で原子に電荷を振り分ける方法は一通りでないことに注意しよう．このことは図 26・23 を見ればわかる．一方，反結合性 MO では電荷移動は逆向きに起こることに注意しよう．共有する確率の符号は，結合性オービタルでは正で，反結合性オービタルでは負である．これは，結合性 MO と反結合性 MO を見分けるのに役立つ基準の一つである．

HF の結果によれば，結合性 MO では AO エネルギーの低い F の側の振幅が大きい．いい換えれば，結合性 MO は H より F の側に局在している．この結果を X の AO エネルギーが H よりかなり低い HX のタイプの分子に一般化することができ，それには X のいろいろな AO エネルギーについて ε_1，$c_{1\mathrm{H}}$，$c_{1\mathrm{X}}$ を計算すればよい．その結果を表 23・2 に示す．ここでは $H_{\mathrm{HH}} = -13.6\ \mathrm{eV}$，$S_{\mathrm{HX}} = 0.30$ としている．

X の AO エネルギー H_{XX} が負で大きくなるにつれ，結合性 MO では X の AO

1) Robert Mulliken

表 23·2　HX 分子のいろいろな H_{XX} の値における AO の係数と MO エネルギー

H_{XX}/eV	c_{1H}	c_{1X}	ε_1/eV
−18.6	0.345	0.840	−19.9
−23.6	0.193	0.925	−24.1
−33.6	0.055	0.982	−33.7
−43.6	0.0099	1.00	−43.6

係数 → 1，H の AO 係数 → 0 となっていることに注目しよう．また，X の AO エネルギーが負で大きくなるにつれ，MO エネルギー ε_1 は低い AO の側に近づいて，それとほぼ同じになることもわかる．MO は分子全体にわたって非局在化しているとしたが，上の結果は，エネルギーがかなり異なる AO でできた MO では AO エネルギーの低い原子にほぼ局在化していることを示している．

次に，異核二原子分子の MO の名称について説明しよう．構成する 2 個の原子は違うから，反転によって核を入れ換えたときの u 対称や g 対称という名称は使えない．しかしながら，その MO にはまだ σ 対称や π 対称は残っている．そこで，異核二原子分子の MO には，Li_2 から N_2 の分子の MO とは異なる番号を付けて表すことになる．その対応関係は，

等核二原子分子	$1\sigma_g$	$1\sigma_u{}^*$	$2\sigma_g$	$2\sigma_u{}^*$	$1\pi_u$	$3\sigma_g$	$1\pi_g{}^*$	$3\sigma_u{}^*$	…
異核二原子分子	1σ	2σ	3σ	4σ	1π	5σ	2π	6σ	…

となっている．分子が大きくなると，結合性と反結合性を見分けるのは難しくなる．その場合は，反結合性を表す記号 * を使わないことが多い．ふつうの番号付けでは，最もエネルギーの低い価電子 MO を 1σMO とし，F 原子に局在している 1s 電子などはこれに含めない．

等核二原子分子と異核二原子分子の違いを明らかにするために，HF について考え，H の 1sAO と F の 2sAO および 2pAO を使って MO をつくってみよう．図 23·22 に HF の分子オービタルのエネルギー図を示す．図の右側には，MO をつくる 2 個の原子の AO を示してあり，そのオービタルを MO の係数に比例し

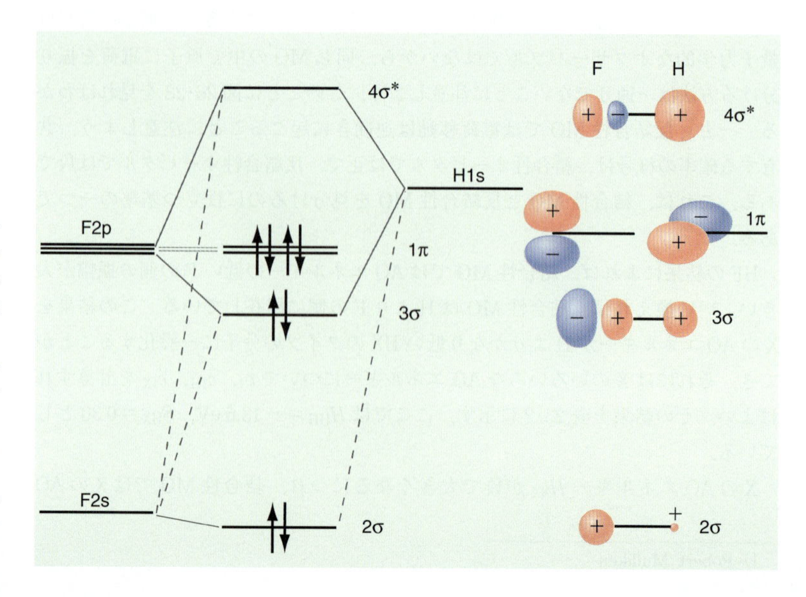

図 23·22　HF の価電子について，原子オービタルと分子オービタルのエネルギー準位の関係を表す模式的なエネルギー図．p オービタルと π オービタルはそれぞれ縮退しているが，見やすくするためにエネルギーを少し違えて描いてある．MO に対するおもな原子オービタルの寄与を実線で表してある．比較的小さな寄与を破線で表してある．右側には，MO をつくっている 2 個の原子の AO を示してある．F の 1s 電子は 1σMO をつくっており，それは F 原子に局在している．

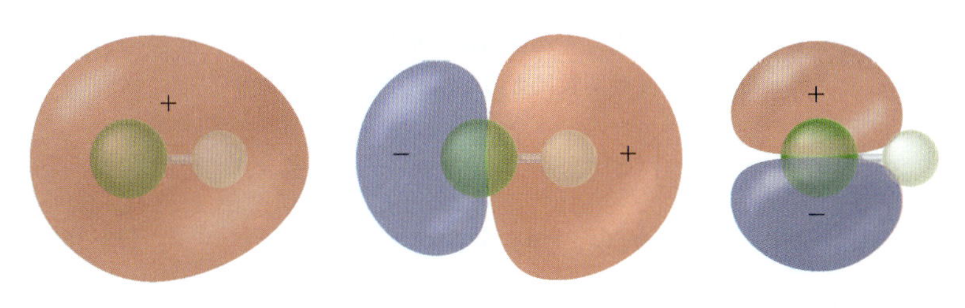

図 23・23 左から順に，HF の 2σMO，3σMO，1πMO.

た大きさで描いてある．数値計算の結果によれば，F 原子の 1s 電子は F 原子にほぼ完全に局在している．F 原子の $2p_x$ オービタルと $2p_y$ オービタルは H 原子の 1s オービタルとは正味の重なりが 0 であるから，1π 電子は F 原子に完全に局在している．ある原子に局在している MO の電子を非結合性電子という．3σMO と 4σ*MO には 2sAO と 2pAO の混合が見られ，HF 分子の電子分布を少し変えている．これは等核二原子分子 (F_2) の場合と違うところである．3σMO の結合性は弱く，4σ*MO の反結合性も弱い．3σMO がほぼ F 原子に局在し，完全な結合性とはいえず，1πMO は F 原子に局在していることから，全体として結合次数はほぼ 1 であることに注目しよう．この MO エネルギー図には，構成成分である AO によって MO を表してある．28 個の関数からなる基底セットを使った計算で得られた MO の一部を図 23・23 に示す．

予想通り，2σ 結合性オービタルの電子密度は，水素原子より電気陰性度の大きなフッ素原子の方がずっと大きい．しかし，この極性は反結合性の 4σ* オービタルでは逆転している．章末問題で扱うが，計算で求めた双極子モーメントは，基底状態より励起状態の方が小さい．

23・9 分子静電ポテンシャル

23・8 節で述べたように，分子内のある原子の電荷というのは量子力学的なオブザーバブルではないから，原子に固有な電荷を割り当てることはできない．しかしながら，極性分子では電子の電荷が均一に分布しているわけではない．たとえば，H_2O 分子では酸素のまわりの領域は正味に負の電荷を帯びており，水素原子のまわりの領域は正味に正の電荷を帯びている．均一でないこのような電荷分布をどう説明すればよいだろうか．そのために**分子静電ポテンシャル**[1)] を導入する．それは，分子のいろいろな点に置いた試験電荷が感じる電位のことである．

分子静電ポテンシャルは，価電子と原子核の寄与を別々に考えて計算する．まず，核について考えよう．大きさ q の点電荷から距離 r の点での電位 $\phi(r)$ は，

$$\phi(r) = \frac{q}{4\pi\varepsilon_0 r} \qquad (23\cdot34)$$

で与えられる．したがって，分子静電ポテンシャルに対する原子核の寄与は，

$$\phi_{核}(x_1, y_1, z_1) = \sum_i \frac{q_i}{4\pi\varepsilon_0 r_i} \qquad (23\cdot35)$$

である．q_i は核 i の原子番号，r_i は座標 (x_1, y_1, z_1) の観測点から核 i までの距離である．ここでの和は，分子内の原子すべてにわたる．

1) molecular electrostatic potential

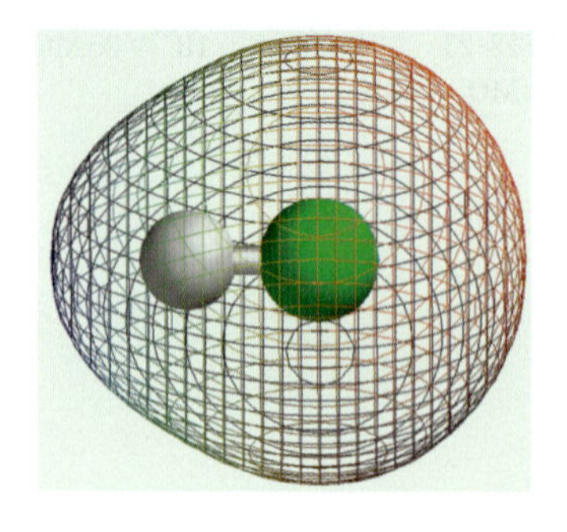

図 23・24 HF 分子について，電子密度一定の表面を網目で表したもの．フッ素原子を緑色で表す．網目の色調で分子静電ポテンシャルの値を表している．赤色と青色は，それぞれ負と正の値に相当する．

分子内の電子については電荷が連続的に分布したものと考え，座標 (x, y, z) における密度が n 電子系の波動関数によって次式で表されるとする．

$$\rho(x,y,z) = -e\int\cdots\int(\psi(x,y,z;\ x_1,y_1,z_1;\ \cdots;\ x_n,y_n,z_n))^2 \times \mathrm{d}x_1\,\mathrm{d}y_1\,\mathrm{d}z_1\cdots\mathrm{d}x_n\,\mathrm{d}y_n\,\mathrm{d}z_n \qquad (23\cdot36)$$

ここでの積分は，n 個の電子すべての位置変数にわたるものである．核と電子の寄与を合わせれば分子静電ポテンシャルは，

$$\phi(x_1,y_1,z_1) = \sum_i \frac{q_i}{4\pi\varepsilon_0 r_i} - e\iiint\frac{\rho(x,y,z)}{4\pi\varepsilon_0 r_\mathrm{e}}\,\mathrm{d}x\,\mathrm{d}y\,\mathrm{d}z \qquad (23\cdot37)$$

で表される．r_e は座標 (x_1, y_1, z_1) の観測点から電子雲の無限小体積素片までの距離である．

分子静電ポテンシャルを求めるには，ハートリー-フォックの方法や 26 章で説明する別の方法を使って数値計算しなければならない．分子内の極性を表すには，分子のまわりの電子密度を等高線で表し，その上に色調を使って分子静電ポテンシャルの値を表す．図 23・24 に HF の例を示す．負の静電ポテンシャルは赤色で表してあり，電子を受け入れる側の原子の近くに見られる．HF ではフッ素原子のまわりの領域にある．正の静電ポテンシャルは青色で表してあり，電子を与える側の原子のまわりで見られる．HF では水素原子のまわりである．

計算で得られた分子静電ポテンシャル関数を見れば，分子内で電子が豊富な箇所と少ない箇所を識別できる．この関数を使えば，酵素-基質反応で起こるような求核性あるいは求電子性の攻撃を受けやすい分子の領域を予測することができる．分子静電ポテンシャルを使って特に役立つのは，23・8 節で説明したマリケンのモデルよりずっと信頼性の高い原子の電荷の組が得られることである．それにはまず，原子にある電荷の組を与えてから，それを使って分子のまわりの近似分子静電ポテンシャルを (23・35) 式で計算する．中性分子の全電荷は 0 という制約の中で原子の電荷は系統的に変化するが，最終的には近似分子静電ポテンシャルと (23・37) 式で計算した正確な分子静電ポテンシャルの間で最良の一致が得られるのである．26 章で説明するが，Spartan などの計算化学ソフトウエアで得られる原子の電荷はこうして計算されたものである．

用語のまとめ

永年行列式
永年方程式
s-p 混合
LCAO-MO モデル
重なり積分
基底関数
局在化
結合エネルギー
結合次数
結合性分子オービタル
原子オービタル (AO)
σ 対称
g 対称
対称操作
対称波動関数
π 対称
反結合性分子オービタル
反対称波動関数
非局在
非局在化
ビリアル定理
分子オービタル (MO)
分子オービタルのエネルギー図
分子静電ポテンシャル
分子の電子配置
分子波動関数
変分パラメーター
ボルン-オッペンハイマーの近似
u 対称

文章問題

Q 23.1 つぎの図は，26 章で説明する方法を使って計算した H_2 の電子密度の等高線を表したものである．その電子密度は，$a_0{}^3$ の体積当たり，(a) 0.10，(b) 0.15，(c) 0.20，(d) 0.25，(e) 0.30 個である．

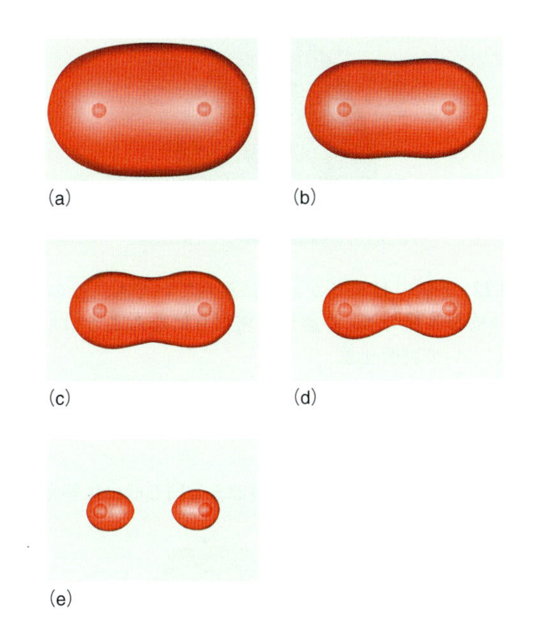

a. H_2 分子の見かけの大きさを等高線内部の体積で近似するとして，(a) から (e) の順にこのように変化するのはなぜか．その理由を説明せよ．

b. 等高線 (c) と (d) では 2 個の水素原子の間にくびれがある．このくびれから，結合領域と核の近傍での相対的な電子密度について何がわかるか．

c. この図を図 23·9 や図 23·10 と比較し，この図の等高線の形について説明せよ．

d. このくびれが消滅する電子密度の値から，H 原子間の結合領域の中央における電子密度を概算せよ．

Q 23.2　つぎに示す NH_3 分子の分子静電ポテンシャル図について考えよう．この分子では，水素原子（白色の球で示す）は電子受容体として働くか，それとも電子供与体として働くか．

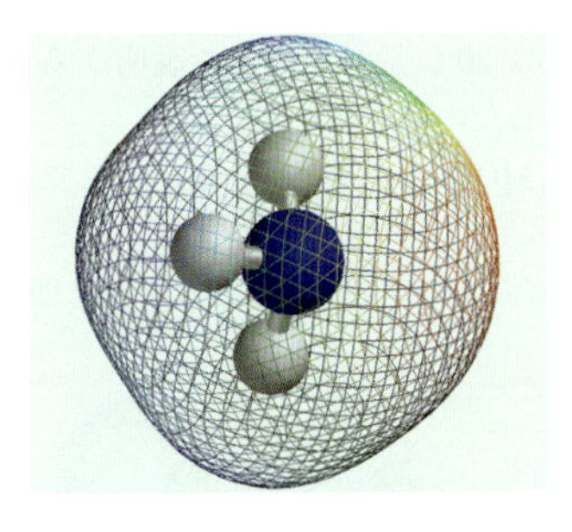

Q 23.3　二原子分子で，核間距離が 0 に近づくときに限り AO の重なりが最大値に達するような例を挙げよ．また，核間距離が 0 に近づくとき，AO の重なりがいったん最大値を示してから減少する例を挙げよ．

Q 23.4　H_{11} や H_{22} をそれぞれの中性原子のイオン化エネルギーで近似してよいのはなぜか．

Q 23.5　23·5 節で説明した二つの表記法を使って，つぎに示す F_2 の分子オービタルを表せ．分子軸は z 軸であり，y 軸は紙面の外に向かっている．

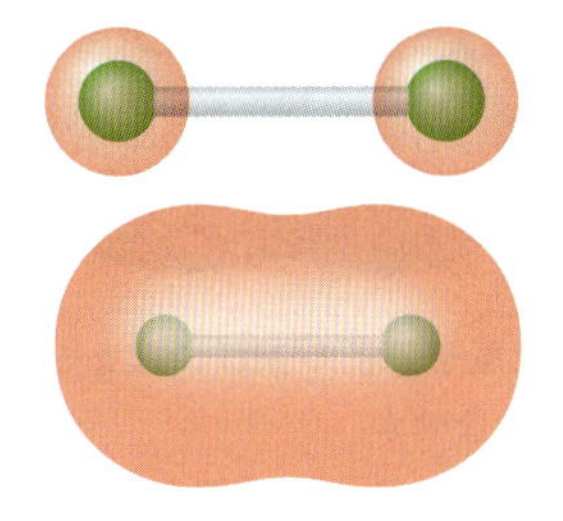

Q 23.6　LiH と HF の分子静電ポテンシャル図をつぎに示す．水素原子（白色の球で示す）の見かけの大きさから判断して，これらの分子で水素原子は電子受容体として働くか，それとも電子供与体として働くか．

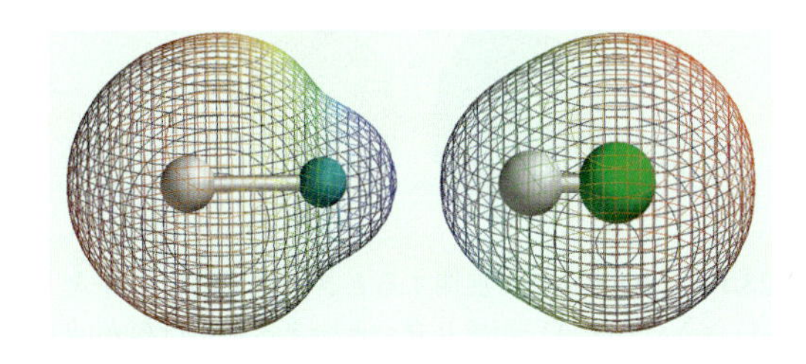

Q 23.7　H_2^+ の H_{aa} は，裸のプロトンから距離 R だけ離れた水素原子の全エネルギーを表している．その理由を説明せよ．

Q 23.8　化学結合の形成を表すのに使うつぎの概念の違いを説明せよ．基底セット，最小基底セット，原子オービタル，分子オービタル，分子波動関数．

Q 23.9　つぎに示す BH_3 分子の分子静電ポテンシャル図について考えよう．この分子では，水素原子（白色の球で示す）は電子受容体として働くか，それとも電子供与体として働くか．

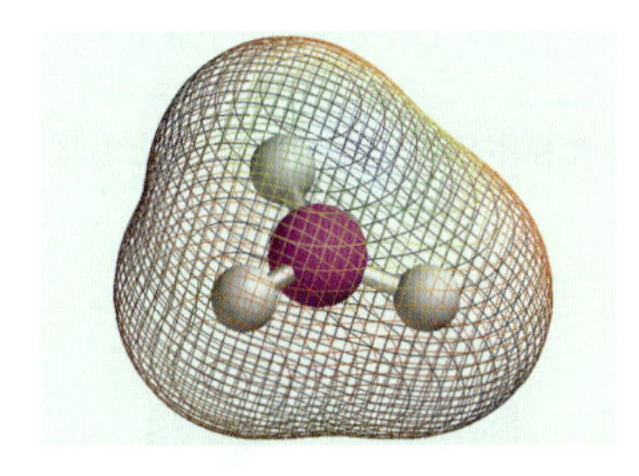

Q 23.10　図 23·9 と図 23·10 を使って，H_2^+の結合領域の外ではなぜ $\Delta\psi_g^2 < 0$，$\Delta\psi_u^2 > 0$ となるのかを説明せよ．

Q 23.11　つぎに示す BeH_2 分子の分子静電ポテンシャル図について考えよう．この分子では，水素原子（白色の球で示す）は電子受容体として働くか，それとも電子供与体として働くか．

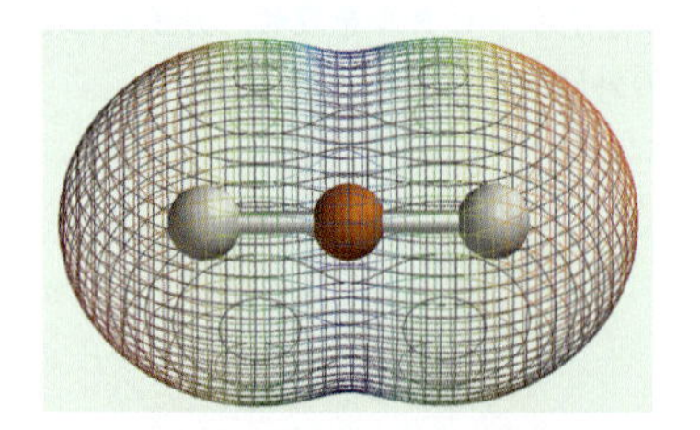

Q 23.12　異核二原子分子の MO には g や u の下付き添え字を付けないのはなぜか．

Q 23.13　つぎの図について，Q23.5 と同じ問いに答えよ．

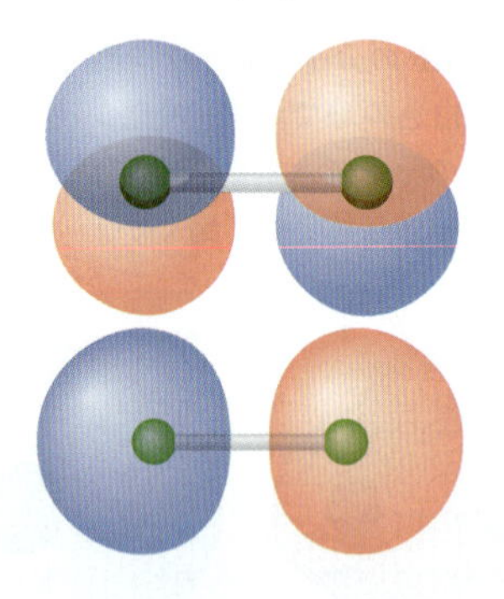

Q 23.14　MO を AO で展開するとき，原理的には等式 $\psi_j(1) = \sum_i c_{ij}\ \phi_i(1)$ が成り立つといえる根拠は何か．

Q 23.15　$H_2{}^+$ の波動関数 ψ_g と ψ_u に現れる係数 c_a と c_b の大きさが等しいのはなぜか．

Q 23.16　s-p 混合が F_2 より Li_2 で重要になるのはなぜかを説明せよ．

Q 23.17　原子の振動運動と電子の運動の時間スケールに基づいて，ボルン-オッペンハイマーの近似の妥当性を説明せよ．

Q 23.18　$H_2{}^+$ の反結合性 MO のエネルギーは，結合性 MO のエネルギーが低下する以上に上昇すると結論できるのはなぜか．

Q 23.19　反結合性オービタルに電子を入れたとき，分子の全エネルギーは上がるか，それとも下がるか．

Q 23.20　つぎに示す LiH 分子の分子静電ポテンシャル図について考えよう．この分子では，水素原子(白色の球で示す)は電子受容体として働くか，それとも電子供与体として働くか．

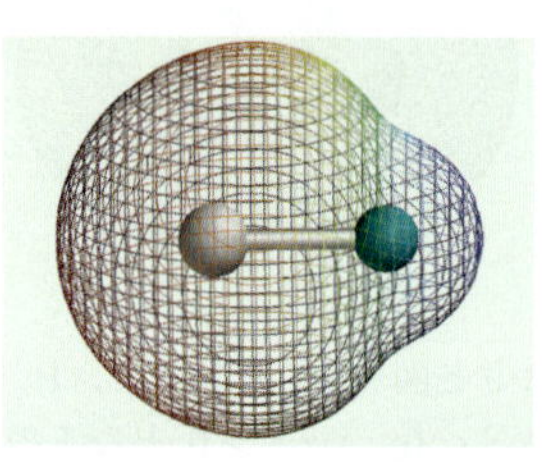

Q 23.21　つぎに示す H_2O 分子の分子静電ポテンシャル図について考えよう．この分子では，水素原子(白色の球で示す)は電子受容体として働くか，それとも電子供与体として働くか．

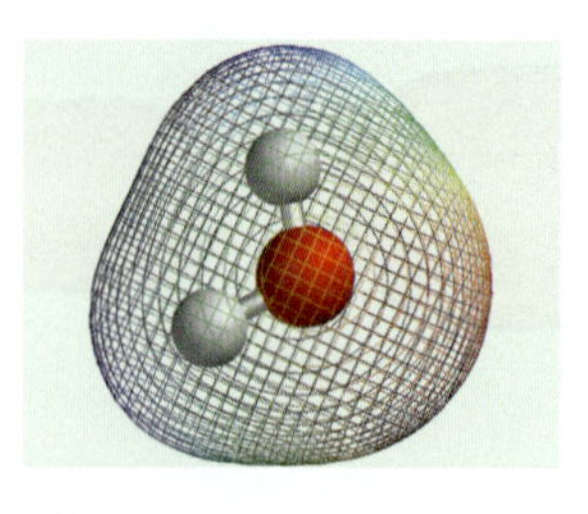

Q 23.22　2 個の H 原子が非常に離れていても，その H1s AO の重なり積分 S_{ab} の値が厳密に 0 になることはない．これについて説明せよ．

Q 23.23　ψ_u に節があるとき，この波動関数で表される電子は本当に非局在化しているか．電子は節の反対側にどうやって行くのか．

Q 23.24　つぎの図について，Q23.5 と同じ問いに答えよ．

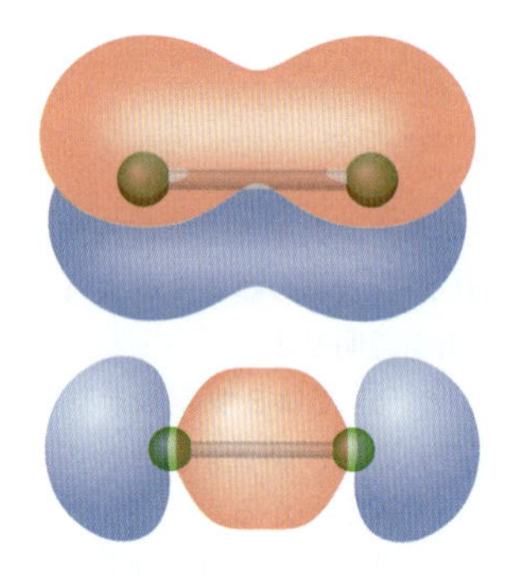

Q 23.25　つぎの 2 個の項の内容を考え，$H_2{}^+$ では J も K も正である理由を説明せよ．

$$K = \int \phi^*_{\mathrm{H1s_b}} \left(\frac{e^2}{4\pi\varepsilon_0 r_b}\right) \phi_{\mathrm{H1s_a}}\, \mathrm{d}\tau$$

$$J = \int \phi^*_{\mathrm{H1s_a}} \left(\frac{e^2}{4\pi\varepsilon_0 r_b}\right) \phi_{\mathrm{H1s_a}}\, \mathrm{d}\tau$$

Q 23.26　図 23･20 に示した傾向を説明するとき，He_2 の結合長を除外したのはなぜか．

Q 23.27　$1\sigma_g$ MO の節の構造が，H_2 と F_2 で違う理由を説明せよ．

Q 23.28　つぎの図について，Q23.5 と同じ問いに答えよ．

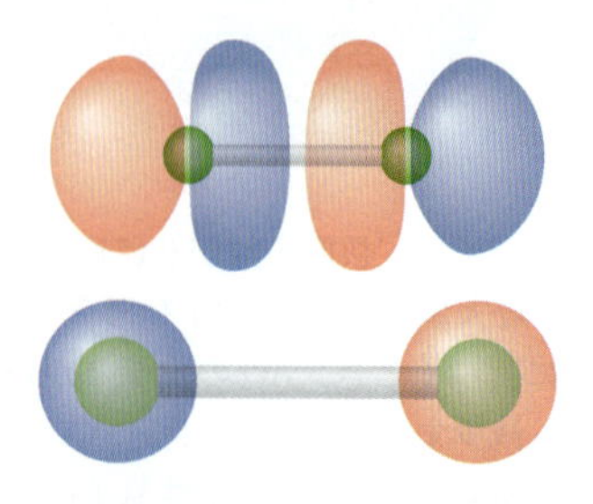

Q 23.29　図 23･2 で，“赤色と紫色を交換しても新たな MO をつくることはない” と説明した．こういえる根拠を示せ．

数値問題

赤字番号の問題の解説が解答・解説集にある（上巻 vii 頁参照）.

P 23.1　変分パラメーター ζ を使って規格化関数 $\psi_{\mathrm{H1s}} = 1/\sqrt{\pi}\,(\zeta/a_0)^{3/2}\,\mathrm{e}^{-\zeta r/a_0}$ を表しておけば，オービタルの大きさを変化することができる．このことを示すために，いろいろな ζ の値について半径 a_0 の球内部に電子を見いだす確率をつぎの積分公式を使って計算しよう．

$$\int x^2 \mathrm{e}^{-ax}\,\mathrm{d}x = -\mathrm{e}^{-ax}\left(\frac{2}{a^3} + 2\frac{x}{a^2} + \frac{x^2}{a}\right)$$

a. ζ の関数として確率を表す式を導け．

b. $\zeta = 1.5,\ 2.5,\ 3.5$ について確率を計算せよ．

P 23.2　23·3 節で定義した ψ_g と ψ_u の重なり積分は，

$$S_{\mathrm{ab}} = \mathrm{e}^{-\zeta R/a_0}\left(1 + \zeta\frac{R}{a_0} + \frac{1}{3}\zeta^2\frac{R^2}{{a_0}^2}\right)$$

で与えられる．$\zeta = 0.8,\ 1.0,\ 1.2$ のときの S_{ab} を R/a_0 の関数としてプロットせよ．それぞれの ζ について，$S_{\mathrm{ab}} = 0.4$ となる R/a_0 の値を求めよ．

P 23.3　CO の分子オービタルのエネルギー図の概略を描き，その基底状態となる準位に電子を入れよ．各 AO のイオン化エネルギーは，つぎの通りである．O2s: 32.3 eV; O2p: 15.8 eV; C2s: 19.4 eV; C2p: 10.9 eV．MO エネルギーは（低い方から高い方へ），$1\sigma, 2\sigma, 3\sigma, 4\sigma, 1\pi, 5\sigma, 2\pi, 6\sigma$ の順である．各 MO 準位と，これに参加している各原子のおもな AO の準位を結べ．

P 23.4　問題 P23.13 にある LiH の MO と HF の MO の形の違いを説明せよ．MO エネルギーから考えて，$\mathrm{LiH^+}$ は安定と予測できるか．また，$\mathrm{LiH^-}$ は安定と予測できるか．

P 23.5　つぎの化学種それぞれについて結合次数を計算せよ．それぞれのペアについて，どちらの化学種の振動数が高いかを予測せよ．

a. $\mathrm{Li_2}$ と $\mathrm{Li_2}^+$　**b.** $\mathrm{C_2}$ と $\mathrm{C_2}^+$
c. $\mathrm{O_2}$ と $\mathrm{O_2}^+$　**d.** $\mathrm{F_2}$ と $\mathrm{F_2}^-$

P 23.6　つぎの化学種について最高被占分子オービタル（HOMO）の概略図を描け．

a. $\mathrm{N_2}^+$　**b.** $\mathrm{Li_2}^+$　**c.** $\mathrm{O_2}^-$
d. $\mathrm{H_2}^-$　**e.** $\mathrm{C_2}^+$

P 23.7　CO のイオン化エネルギーは NO より大きい．この違いを分子の電子配置によって説明せよ．

P 23.8　下の表には，N と O それぞれについて 1s, 2s, $2\mathrm{p}_x, 2\mathrm{p}_y, 2\mathrm{p}_z$ の AO からなる最小基底セットを使ったハートリー-フォック計算で得られたエネルギー固有値と各 AO の係数を掲げてある．

a. 表にある MO は σ 対称か π 対称か．また，結合性か反結合性かを答えよ．つぎの図の MO はどれか．O 原子は赤色で表してある．分子軸が z 軸である．

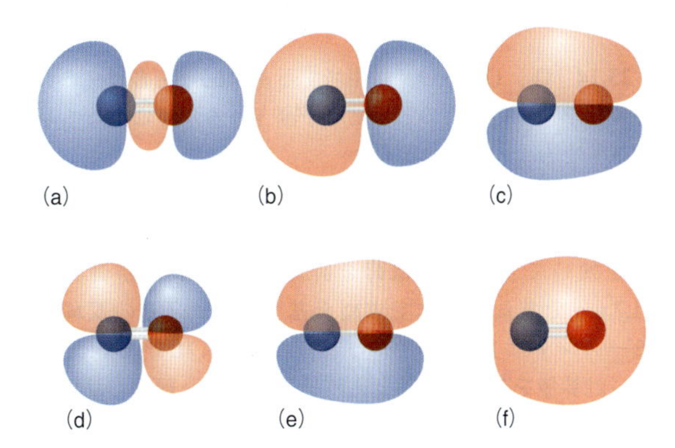

b. この計算による 5 番と 7 番の MO の形とエネルギーの結果は正しくない．これらの MO がどのようにできたかを考えて，それぞれのエネルギーと形を予測せよ．

P 23.9　例題 23·4 で，$S_{\mathrm{HF}} = 0.45$ としたときの AO の係数の値を計算せよ．$S_{\mathrm{HF}} = 0.30$ としたときに例題で計算した値とどれほど違うか．この違いについて何らかの説明ができるか．

P 23.10　問題 P23.9 の結合性 MO と反結合性 MO について，化学結合に関与している電子を H 原子と F 原子に見いだす確率をマリケンの方法を使って計算せよ．

P 23.11　つぎの化学種を結合エネルギーと結合長が小さくなる順に並べよ．$\mathrm{O_2}^+$, $\mathrm{O_2}$, $\mathrm{O_2}^-$, $\mathrm{O_2}^{2-}$.

P 23.12　つぎの化学種の結合次数を予測せよ．

a. $\mathrm{N_2}^+$　**b.** $\mathrm{Li_2}^+$　**c.** $\mathrm{O_2}^-$
d. $\mathrm{H_2}^-$　**e.** $\mathrm{C_2}^+$

P 23.13　最小基底セットを使って計算した LiH の分子オービタルをつぎに示す．この図の小さい原子は H である．H1sAO は Li2sAO よりエネルギーが低い．MO のエネル

MO	ε/eV	c_{N1s}	c_{N2s}	c_{N2p_z}	c_{N2p_x}	c_{N2p_y}	c_{O1s}	c_{O2s}	c_{O2p_z}	c_{O2p_x}	c_{O2p_y}
3	−41.1	−0.13	+0.39	+0.18	0	0	−0.20	+0.70	+0.18	0	0
4	−24.2	−0.20	0.81	−0.06	0	0	0.16	−0.71	−0.30	0	0
5	−18.5	0	0	0	0	0.70	0	0	0	0	0.59
6	−15.2	+0.09	−0.46	+0.60	0	0	+0.05	−0.25	−0.60	0	0
7	−15.0	0	0	0	0.49	0	0	0	0	0.78	0
8	−9.25	0	0	0	0	0.83	0	0	0	0	−0.74

ギーは（左から右へ順に）-63.9 eV，-7.92 eV，$+2.14$ eV である．この分子の分子オービタル図をつくり，下の各 MO をそれぞれに割り当て，その MO が占有されているか空かを記せ．どの MO が HOMO か．どの MO が LUMO か．この分子の双極子モーメントについて，H と Li のどちらが負と予測できるか．

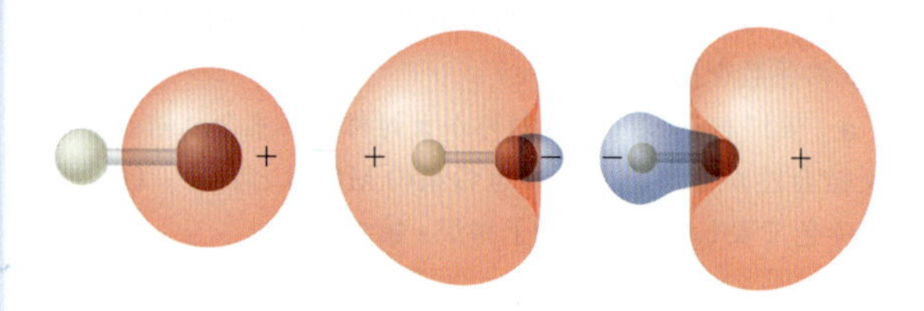

P 23.14 O_2，O_2^-，O_2^+ に相当する電子配置を書け．これらの化学種の結合長の順はどう予測されるか．このうち不対電子をもつ化学種はどれか．

P 23.15 HF の結合性 MO が（23·33）式で表されるとき，その双極子モーメントを計算せよ．23·8 節で説明した方法を使って各原子の電荷を計算せよ．HF の結合長は 91.7 pm である．実験で求めた基底状態の HF の双極子モーメントは 1.91 D である．$1\,\mathrm{D} = 3.33 \times 10^{-30}\,\mathrm{C\,m}$ である．計算値をこの実験値と比較せよ．単純な理論で双極子モーメントを正確に予測できるか．

P 23.16 2 個の H1s AO を組合わせてできる 2 個の MO のエネルギーを求めよ．ただし，分子内の原子間距離を減少させる効果をつくりだすために $S_{12} = 0.15$，0.30，0.45 とした計算を行え．また，パラメーターの値として $H_{11} = H_{22} = -13.6$ eV，$H_{12} = -1.75 S_{12}\sqrt{H_{11}H_{22}}$ を使え．得られた結果に見られる傾向について説明せよ．

P 23.17 E_g について（23·21）式で表したように E_u を計算すれば，$E_u = (H_{aa} - H_{ab})/(1 - S_{ab})$ が得られることを示せ．

P 23.18 LiH の全電荷密度の等高線を表す曲面をつぎの図に示す．分子の向きは問題 P23.13 と同じである．この曲面と問題 P23.13 に描いた MO にどんな関係があるか．この曲面の形状が，問題 P23.13 の MO の一つとよく似ているのはなぜか．

P 23.19 HF の分子オービタルのエネルギー図についてわかっていることを参考にして，OH ラジカルのエネルギー図の概略を描け．両方の図がどう違っているか．その HOMO と LUMO は反結合性，結合性，非結合性のどれか．

P 23.20 化学種 NO，CF^-，CF^+ の結合解離エネルギーは $CF^+ >$ NO $> CF^-$ の順である．この傾向について MO 法を使って説明せよ．

P 23.21 H1s AO と F2p AO を組合わせてできる 2 個の MO のエネルギーを求めよ．ただし，（23·12）式を使い，分子内の原子間距離を増加させる効果をつくりだすために $S_{HF} = 0.075$，0.18，0.40 とした計算を行え．また，パラメーターの値として $H_{11} = -13.6$ eV，$H_{22} = -18.6$ eV，$H_{12} = -1.75 S_{12}\sqrt{H_{11}H_{22}}$ を使え．得られた結果に見られる傾向について説明せよ．

P 23.22 23·8 節では，HF の H 原子と F 原子に電子を見いだす確率について，それぞれ $(c_{11})^2 + c_{11}c_{21}S_{12}$ と $(c_{12})^2 + c_{11}c_{21}S_{12}$ の式を導いた．問題 P23.21 の結果とこれらの式を使って，$S_{HF} = 0.075$，0.18，0.40 の場合について，F 原子の結合オービタルに電子を見いだす確率を計算せよ．得られた結果に見られる傾向について説明せよ．

P 23.23 23·2 節で説明した方法に従い，（23·17）式の c_u を求めよ．

P 23.24 つぎの化学種それぞれについて結合次数を計算せよ．a～d のそれぞれで，結合長が短いと予測される化学種はどちらか．

a. Li_2 と Li_2^+　　**b.** C_2 と C_2^+
c. O_2 と O_2^+　　**d.** F_2 と F_2^-

計算問題

Spartan Student（学生自習用の分子モデリングソフトウエア）を使ってこの計算を行うときは，ウエブサイト www.masteringchemistry.com にある詳しい説明を見よ．

C 23.1 フントの規則によれば，O_2 の基底状態は，二重縮退した一組の πMO に最後の 2 個の電子が入っているから三重項状態でなければならない．B3LYP 法と 6-31G* 基底セットを使って，O_2 の一重項状態と三重項状態のエネルギーを計算せよ．一重項と三重項のどちらのエネルギーが低いか．二つの状態のエネルギー差が $\Delta E \sim k_B T$ であれば，両状態とも占有されている．そうなる温度はどれくらいか．

C 23.2 O_2 の基底状態がビラジカルなら，O_2 は二量化して平面正方形の O_4 をつくり，すべての電子が対をつくった分子ができるかもしれない．B3LYP 法と 6-31G* 基底セットを使ってその形状を最適化し，三重項 O_2 と一重項 O_4 のエネルギーを計算せよ．O_4 は 2 個の O_2 分子より安定と予測されるか，それとも不安定と予測されるか．O_4

分子を構築するには非平面形を用いよ．最適化したこの分子の構造は平面形か，それとも非平面形か．

C 23.3 O_6 は O_4 より結合角が大きく，立体ひずみが小さいから安定かもしれない．B3LYP 法と 6-31G* 基底セットを使ってその形状を最適化し，O_6 のエネルギーを O_4 のエネルギーの 1.5 倍と比較せよ．O_6 は O_4 より安定か．O_6 分子を構築するには非平面形を用いよ．最適化したこの分子の構造は平面形か，それとも非平面形か．

C 23.4 LiF 結晶では，Li も F も 1 価にイオン化した化学種として存在する．B3LYP 法と 6-31G* 基底セットを使って 1 個の LiF 分子の形状を最適化し，Li と F の電荷を計算せよ．これらの原子は 1 価にイオン化しているか．得られた結合長の値を実際の結晶中の Li^+ イオンと F^- イオンの距離と比較せよ．

C 23.5 LiF が解離すると中性原子になるか，それとも Li^+ と F^- になるか．B3LYP 法と 6-31G* 基底セットを使って，反応 $LiF(g) \rightarrow Li(g) + F(g)$ と $LiF(g) \rightarrow Li^+(g) + F^-(g)$ における反応物と生成物のエネルギー差を比較して，この問いに答えよ．

C 23.6 MP2 法と 6-31G* 基底セットを使って，HF のハートリー-フォックの MO エネルギーの値を計算せよ．最低エネルギーの MO を省略し，それ以外の MO について拡大した分子エネルギー図を描け．この MO を無視してよいのはなぜか．それ以外の MO は反結合性，結合性，非結合性のどれか．

C 23.7

a. 問題 C23.6 の分子オービタルのエネルギー図に基づいたとき，電子 1 個が 1πMO から 4σ*MO に昇位した三重項の中性 HF 分子が一重項の HF より安定か，それとも不安定か．

b. MP2 法と 6-31G* 基底セットを使って，一重項 HF と三重項 HF の平衡結合長と全エネルギーを計算せよ．分子内振動の振動数を指標として使えば，どちらも安定な分子といえるか．結合長と振動数を両者で比較せよ．

c. 分子の全エネルギーを F と H の全エネルギーと比較することによって，一重項 HF と三重項 HF の結合エネルギーを計算せよ．その計算結果は，(b) で求めた結合長と振動数に矛盾しないものか．

C 23.8 分子の性質に関して傾向を調べるのに計算化学を使えば，実際には存在しない仮想分子についても計算することができる．一重項 HF と，一重項 HF より結合長を 10 パーセント長くして固定した三重項 HF について，その原子の電荷を計算せよ．得られた傾向は，図 23·22 で予測されるものと合っているか．その答の根拠を説明せよ．

多原子分子の分子構造とエネルギー準位

24

二原子分子の構造を決めているのは結合長しかない．しかし，多原子分子では結合長と結合角，各原子の配置の仕方によって分子のエネルギーが決まっている．本章では，局在化結合モデルと非局在化結合モデルについて説明するが，小さな分子であればこれによって構造予測ができる．また，小さな分子の構造とエネルギー準位を求めるうえで役に立つ計算化学についても述べる．

24・1　ルイス構造と VSEPR モデル

23 章では，二原子分子の化学結合と電子構造について説明した．しかし，3 個以上の原子から成る分子の化学結合には，結合角という新しい構造要素が関与する．本章では結合様式だけでなく，小さな分子の構造についても考察しよう．そうすれば，“H_2O の結合角は 104.5° なのに，H_2S の結合角が 92.2° なのはなぜか” というような問いに答えることができる．その単純明快な答は，H_2O の 104.5° も H_2S の 92.2° も，分子の全エネルギーを最小にする角度であるというものである．26 章で示すが，量子力学に基づく数値計算によって得られる結合角は，いずれも実験値と非常によく一致している．このことから逆に，計算に使った近似が有効であったことがわかり，分子の結合角のデータがなくても計算によって信頼できる値が得られている．そこで，結合角 104.5° がなぜ H_2O のエネルギーを最小化し，結合角 92.2° がなぜ H_2S のエネルギーを最小化するのかを理解するには，いろいろな数値計算について説明が必要であろう．

これらの計算結果を使えば，定性的で役に立つ理論モデルを立てることができる．たとえば，24・5 節で説明するウォルッシュ則によれば，H_2X のタイプの分子で，X が O, S, Se, Te で結合角がどう変化するかを予測できる．本章のおもな目的は，小さな分子がなぜある特定の構造をとるかを定性的に理解することである．

分子構造を考察するのに二つの異なる視点がある．両者の決定的な相違は分子内電子の表し方にあり，一つは原子価結合（VB）モデルのように電子は局在化しているとするもの，もう一つは分子オービタル（MO）モデルのように非局在化しているとするものである．23 章で説明したように，MO 法は分子全体にわたって非局在化した電子オービタルに基づいている．これに対し**ルイス構造**[1]では，フッ素分子を :F̤̈—F̤̈: と表すように，局在化した結合と孤立電子対によって表す．ちょっと考えると，これら二つの見方は互いに相容れないと思える．しかしながら，24・6 節で示すように，どちらの見方も表現を変えればもう一方の見方と同じものになる．

1) Lewis structure

まず，**局在化結合モデル**[1]を使った分子構造の表し方から説明しよう．それは，隣接原子間の相互作用によって化学結合を表そうという化学の古くからの慣習によるものである．量子力学が出現する以前から，すでに分子の熱化学的な性質や化学量論，構造についてはいろいろなことがわかっていた．たとえば，2 個の原子の組合わせによる結合エンタルピーの値は，実験で求められることを科学者たちは知っていた．こうして得られた結合エンタルピーの値を使えば分子の生成エンタルピーを計算することができ，生成物の結合エンタルピーの合計から反応物の結合エンタルピーの合計を差し引くだけで比較的よい精度で得られる．また，O−H など特定の 2 個の原子間の結合長は，それを含む化合物がいろいろ違ってもほぼ同じ値であるのがわかっている．19 章で説明したように，−OH などのグループに与えられた固有の特性振動数は，分子内の他の部分の構造にほとんど無関係である．これらのことから，分子は隣接原子間の化学結合の組合わせでできており，その結合同士は互いにほぼ無関係と考えてよいのがわかる．このような化学結合をつないでいくだけで分子がつくれると考えるのである．

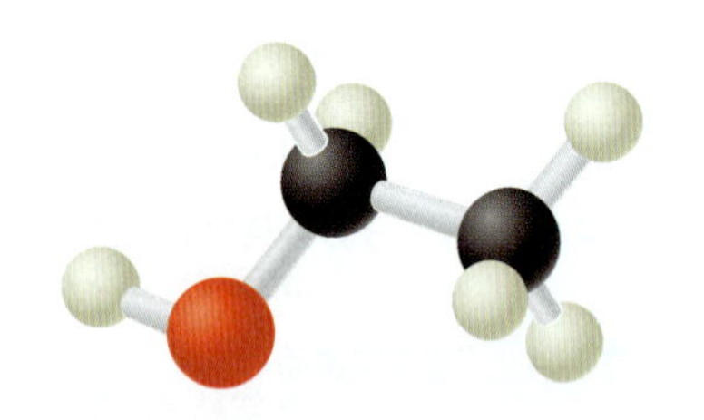

図 24·1 球棒模型で表したエタノール分子．球の色の説明は図 24·2 にある．

図 24·1 は，エタノール分子が構造模型でどう表せるかを示しており，局在化結合モデルの例を示したものである．しかし，このような図を見るといろいろな疑問が生まれることだろう．そもそも球棒模型の棒に実体があるのだろうか．局在化結合モデルでは，結合電子は隣接する原子の間に局在化しているとする．しかしながら，箱の中の粒子や水素原子，多電子原子で見たように，電子を特定の箇所に局在化させるには大きなエネルギーが必要である．また，ある電子を別の電子と区別することはできないから，F_2 のある電子を孤立電子対とし，別の電子を結合電子に割り当てることに意味があるだろうか．こう考えただけでも，結合の局在化モデルは量子力学で学んだことと合わないように思える．しかし，それでもなお化学結合の局在モデルとして上のような議論は信頼を得ているのである．本章のテーマは，化学結合と分子構造に関する局在化モデルと非局在化モデルを比較対照することである．

局在化結合について考えるには，ルイス構造から始めるのがわかりやすい．ルイス構造では，化学結合は電子対の形成に基づくとしている．両原子を結ぶ線によって結合を表し，結合に関与しない電子を点で示しておく．ここでは，代表的な小さな分子のルイス構造を示す．

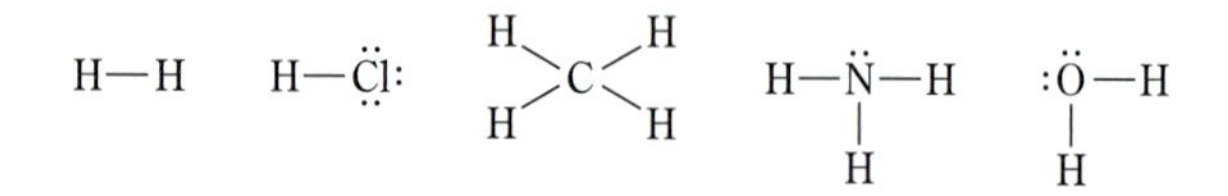

ルイス構造は分子の量論関係を知ったり，**孤立電子対**[2]という結合に関与しない電子対の役割を強調したりするには便利である．一方，分子の幾何構造を予測するにはあまり役に立たない．

原子価殻電子対反発（VSEPR）モデル[3]では，局在化結合と孤立電子対についてのルイスの考えを採用しながら，分子の構造を定性的に説明することができる．中心原子のまわりには原子から成る複数の配位子があり，場合によっては孤立電子対もあるが，このモデルの基本的な仮定はつぎのようにまとめられる．

- 中心原子のまわりにある配位子や孤立電子対は，互いに反発し合うかのように振舞う．すなわち，中心原子でなす角度が最大の三次元配置をとろうとする．
- 孤立電子対は配位子より大きな角度空間を占める．

1) localized bonding model 2) lone pair
3) valence shell electron pair repulsion (VSEPR) model

- 配位子が占める角度空間は，配位子の電気陰性度が大きいほど小さく，中心原子の電気陰性度が大きいほど大きい．
- 中心原子に多重結合した配位子は，単結合の配位子より大きな角度空間を占める．

図24·2で示すように，VSEPRモデルを使えば大多数の分子の構造が理解できる．たとえば，CH_4, NH_3, H_2O の分子の順で結合角が減少するのは，配位子より孤立電子対の方が大きな角度空間を占めることで説明できる．また，孤立電子対

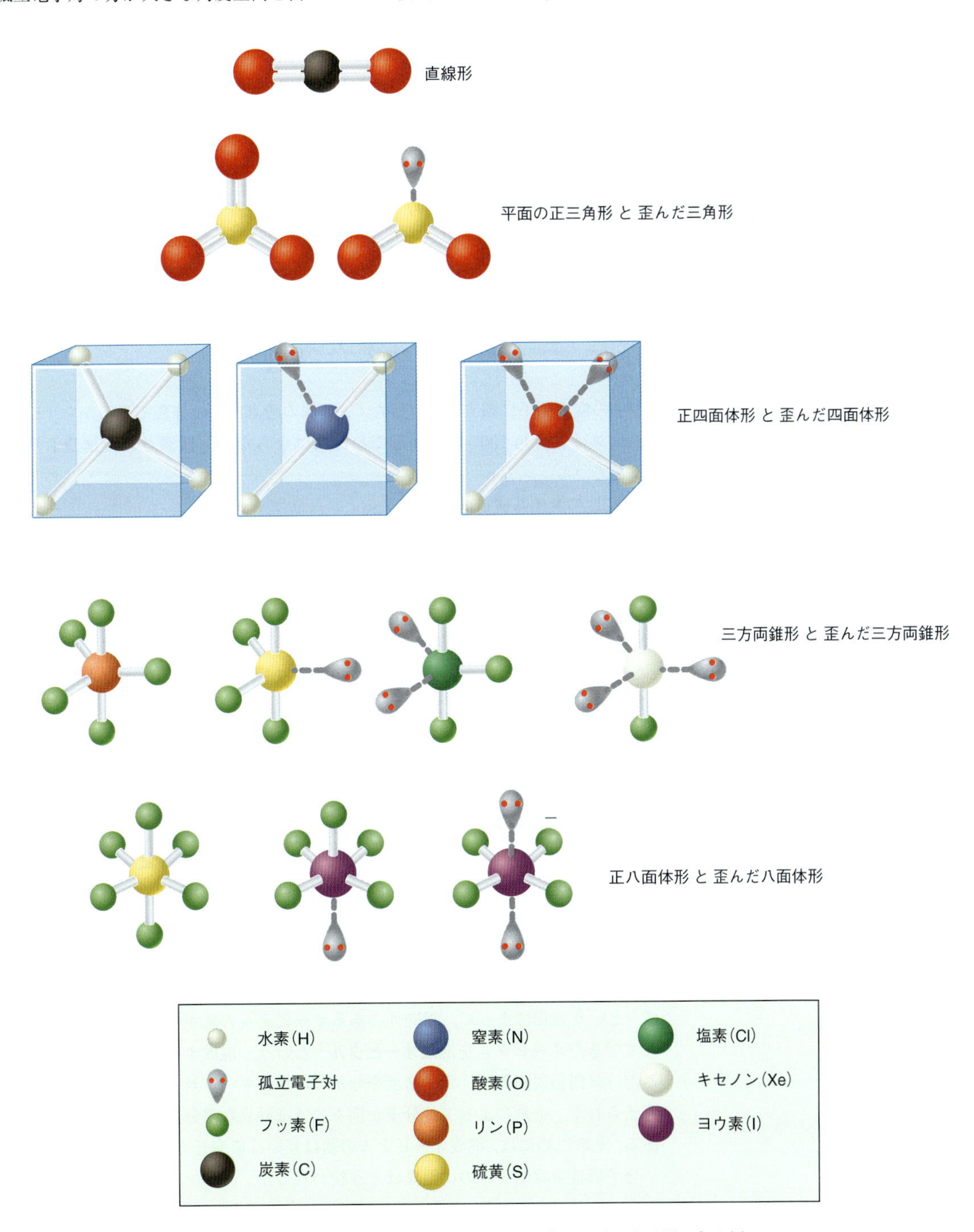

図24·2　分子の形がVSEPRモデルを使って正しく予測できる例

が角度の開きを最大にしようとする傾向によって，XeF_2 が直線形であり，SO_2 は屈曲形，IF_4^- は平面形である理由も説明できる．一方，場合によってはこのモデルを使えず，正しい分子構造を予測できないこともある．たとえば，不対電子をもつ CH_3 などのラジカルは平面形であり，VSEPR モデルと合わない．CaF_2 や $SrCl_2$ などのアルカリ土類金属のジハロゲン化物は，このモデルで予測される直線形でなく，屈曲形をしている．SeF_6^{2-} や $TeCl_6^{2-}$ は，どちらも 6 個の配位子に加えて 1 個の孤立電子対があるにもかかわらず八面体形をしている．この結果からわかるように，孤立電子対が必ずしも分子の形に大きな影響を及ぼすわけでもない．また，遷移金属錯体では孤立電子対はさほど大きな役割をしていない．

例題 24・1

VSEPR モデルを使って NO_3^- と OCl_2 の形を予測せよ．

解答　つぎのルイス構造は，硝酸イオンの三つの共鳴構造の一つを示したものである．

$$\left[\begin{array}{c} :\!O\!: \\ \| \\ :\!\ddot{O}\!-\!N\!-\!\ddot{O}\!: \end{array} \right]^-$$

中央の窒素原子に孤立電子対はなく，3 個の酸素原子は等価であるから，硝酸イオンは結合角 120° の平面形でなければならない．観測された構造もそうなっている．

OCl_2 のルイス構造は，

$$:\!\ddot{Cl}\!-\!\ddot{O}\!-\!\ddot{Cl}\!:$$

である．中央の酸素原子は 2 個の配位子と 2 対の孤立電子対に囲まれている．配位子と孤立電子対は歪んだ四面体形の配置によって表され，屈曲形の分子となっている．その結合角は正四面体角の 109.5° より小さいはずである．しかし，実測の結合角は 111° である．

24・2 混成を用いたメタン，エテン，エチンの局在化結合の表し方

VSEPR モデルは，上で述べたように多種多様な分子の形を予測できるから便利である．このモデルを使うときの規則に量子力学の用語は特に見当たらないが，**原子価結合（VB）法**[1]では局在化オービタルという概念を用いて分子構造を説明する．VB モデルでは，同じ原子に属する複数の AO が組合わさって，**混成**[2]という過程によって，指向性のあるオービタルの組ができると考える．こうしてできたオービタルを**混成オービタル**[3]という．混成オービタルは互いにできるだけ無関係に振舞い，電子密度や分子のエネルギーに対して独立に寄与すると考えられる．それによって，分子が別々のほぼ独立な部分から構築されるからである．そのためには，混成オービタルの組は互いに直交していなければならない．

分子構造を説明するのに混成はどう使われるか．メタン，エテン，エチンにつ

1) valence bond (VB) theory　2) hybridization　3) hybrid orbital

いて考えよう．初等化学で学んだと思うが，各分子の炭素はそれぞれ **sp^3 混成**[1]，**sp^2 混成**[2]，**sp 混成**[3]をしている．その混成の違いで関数形がどう異なるだろうか．その手順を詳しく説明するために，ここではエテンの混成オービタルをつくろう．

エテンの炭素は3個のσ結合をつくるのに，AOは孤立原子の電子配置 $1s^2 2s^2 2p^2$ ではなく，混成によって $1s^2 2p_y{}^1 (\psi_a)^1 (\psi_b)^1 (\psi_c)^1$ という配置をとる．オービタル ψ_a, ψ_b, ψ_c は原子価結合モデルで用いる波動関数であり，これでエテンの3個のσ結合ができる．次に，炭素の $2s, 2p_x, 2p_z$ のAOを使って ψ_a, ψ_b, ψ_c を表そう．

3個の sp^2 混成オービタル ψ_a, ψ_b, ψ_c は，図24・3で示す幾何配置を満たしていなければならない．すなわち，どのオービタルも xz 面内にあって，互いに120° の角度で張り出している．この場合の炭素AOの一次結合は，

$$\begin{aligned}\psi_a &= c_1\phi_{2p_z} + c_2\phi_{2s} + c_3\phi_{2p_x} \\ \psi_b &= c_4\phi_{2p_z} + c_5\phi_{2s} + c_6\phi_{2p_x} \\ \psi_c &= c_7\phi_{2p_z} + c_8\phi_{2s} + c_9\phi_{2p_x}\end{aligned} \qquad (24\cdot1)$$

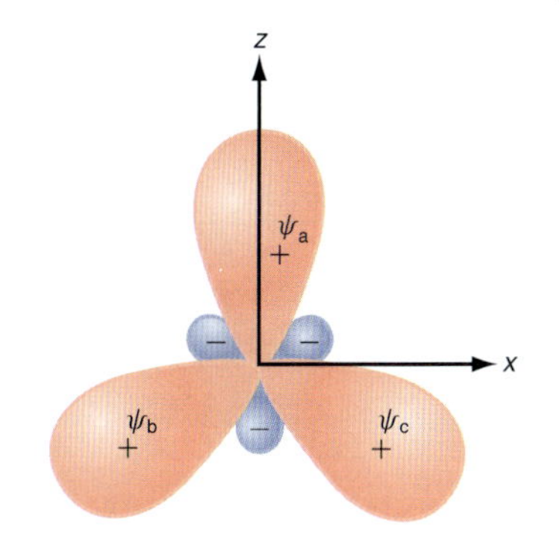

図 24・3 (24・1)式で使った sp^2 混成オービタルの幾何配置．この図にかかわらず本章ではたいていの場合，個々の混成オービタルを分離した，このような簡略図で表している．s-p 混成オービタルの正確な表し方については図24・5に示してある．

である．どうすれば係数 c_1〜c_9 を求められるだろうか．オービタルの対称性と幾何配置に注目すれば，その作業は単純化される．2sオービタルは球対称であるから，各混成オービタルに等しく寄与している．したがって，$c_2 = c_5 = c_8$ である．この3個の係数は $\sum_i (c_{2si})^2 = 1$ を満たしていなければならない．ここで，下付きの $2si$ は2sのAOを表している．この式でわかるように，混成オービタルに対する2sの寄与はこれで全部である．ここで，$c_2 < 0$ とおく．そうすれば，つぎの2sオービタルを結合領域で正の振幅で表せるからである．

$$\psi_{200}(r) = \frac{1}{\sqrt{32\pi}}\left(\frac{1}{a_0}\right)^{3/2}\left(2 - \frac{r}{a_0}\right)\mathrm{e}^{-r/2a_0}$$

(2sAOの振幅の r による変化については，図20・5と図20・6のグラフを見よ．)
したがって，

$$c_2 = c_5 = c_8 = -\frac{1}{\sqrt{3}}$$

と結論できる．

図24・3のオービタルの向きでわかるように，ψ_a は z 軸を向いているから $c_3 = 0$ である．この混成オービタルは z 軸の正の方向を向いているから $c_1 > 0$ である．また，$c_4 = c_7$ であり，どちらも負であること，$c_6 = -c_9$ であることがわかる．そこで，$c_6 > 0$ として (24・1)式を書き直せば単純になり，

$$\begin{aligned}\psi_a &= c_1\phi_{2p_z} - \frac{1}{\sqrt{3}}\phi_{2s} \\ \psi_b &= c_4\phi_{2p_z} - \frac{1}{\sqrt{3}}\phi_{2s} - c_6\phi_{2p_x} \\ \psi_c &= c_4\phi_{2p_z} - \frac{1}{\sqrt{3}}\phi_{2s} + c_6\phi_{2p_x}\end{aligned} \qquad (24\cdot2)$$

とできる．残りの未知係数については，例題24・2で示すように ψ_a, ψ_b, ψ_c を規

1) sp^3 hybridization　2) sp^2 hybridization　3) sp hybridization

格直交化すれば求められる.

例題 24・2

(24·2)式の三つの未知係数を，混成オービタルを規格直交化することにより求めよ.

解答 まず，ψ_a を規格化する. $\int \phi^*_{2p_x}\phi_{2p_z}\,d\tau$ や $\int \phi^*_{2s}\phi_{2p_x}\,d\tau$ のような項は，これらの AO がすべて互いに直交しているから，つぎの式には現れない. また，個々の AO は規格化されているから積分計算は単純になる.

$$\int \psi^*_a\psi_a\,d\tau = (c_1)^2\int \phi^*_{2p_z}\phi_{2p_z}\,d\tau + \left(-\frac{1}{\sqrt{3}}\right)^2\int \phi^*_{2s}\phi_{2s}\,d\tau$$

$$= (c_1)^2 + \frac{1}{3} = 1$$

これから，$c_1 = \sqrt{2/3}$ である. ψ_a と ψ_b を直交化すれば，

$$\int \psi^*_a\psi_b\,d\tau = c_4\sqrt{\frac{2}{3}}\int \phi^*_{2p_z}\phi_{2p_z}\,d\tau + \left(-\frac{1}{\sqrt{3}}\right)^2\int \phi^*_{2s}\phi_{2s}\,d\tau$$

$$= c_4\sqrt{\frac{2}{3}} + \frac{1}{3} = 0$$

そこで，

$$c_4 = -\sqrt{\frac{1}{6}}$$

が得られる. また，ψ_b を規格化すれば，

$$\int \psi^*_b\psi_b\,d\tau = \left(-\frac{1}{\sqrt{6}}\right)^2\int \phi^*_{2p_z}\phi_{2p_z}\,d\tau$$

$$+ \left(-\frac{1}{\sqrt{3}}\right)^2\int \phi^*_{2s}\phi_{2s}\,d\tau + (-c_6)^2\int \phi^*_{2p_x}\phi_{2p_x}\,d\tau$$

$$= (c_6)^2 + \frac{1}{3} + \frac{1}{6} = 1$$

そこで，

$$c_6 = +\frac{1}{\sqrt{2}}$$

を得る. 正の解を選んだのは，ψ_b にある ϕ_{2p_x} の係数に負号を付けたからである. これらの結果を使えば，規格直交化した混成オービタルの組を，

$$\psi_a = \sqrt{\frac{2}{3}}\,\phi_{2p_z} - \frac{1}{\sqrt{3}}\,\phi_{2s}$$

$$\psi_b = -\frac{1}{\sqrt{6}}\,\phi_{2p_z} - \frac{1}{\sqrt{3}}\,\phi_{2s} - \frac{1}{\sqrt{2}}\,\phi_{2p_x}$$

$$\psi_c = -\frac{1}{\sqrt{6}}\,\phi_{2p_z} - \frac{1}{\sqrt{3}}\,\phi_{2s} + \frac{1}{\sqrt{2}}\,\phi_{2p_x}$$

とすることができる. ψ_c はすでに規格化されており，ψ_a と ψ_b に直交している.

混成オービタルの2s性や2p性を定量的に表すにはどうすればよいだろうか．それぞれの混成オービタルについて，その係数の2乗の和は1に等しいから，これから混成オービタルのs性やp性を計算できる．上のψ_bの2p性の割合は$\frac{1}{6}+\frac{1}{2}=\frac{2}{3}$であり，2s性の割合は$\frac{1}{3}$である．2p性と2s性の比は2：1であるから，これをsp^2混成という．

これらの混成オービタルが互いに，図24·3に示すような角度で向いているのはどうすればわかるだろうか．ψ_aは$2p_x$オービタルの成分を含まないから，z軸上になければならない．つまり，その極角θは0である．一方，ψ_bオービタルが図のように向いているのを示すには，z軸となす角度θを変数としてその最大値を求めればよい．

例題 24・3

混成オービタルψ_bが図24·3の向きで張り出していることを示せ．

解答

この計算には，$2p_x$オービタルと$2p_z$オービタルのθ依存性を組込んだ20章の式を使う必要がある．それには，20·3節の式の方位角ϕを0とおいて，

$$\frac{d\psi_b}{d\theta} = \left[\frac{1}{\sqrt{32\pi}}\left(\frac{\zeta}{a_0}\right)^{3/2} e^{-\zeta r/2a_0}\right]$$

$$\times \frac{d}{d\theta}\left(-\frac{1}{\sqrt{6}}\frac{\zeta r}{a_0}\cos\theta - \frac{1}{\sqrt{3}}\left[2-\frac{\zeta r}{a_0}\right] - \frac{1}{\sqrt{2}}\frac{\zeta r}{a_0}\sin\theta\right) = 0$$

とする．これを整理すれば，

$$\frac{1}{\sqrt{6}}\sin\theta - \frac{1}{\sqrt{2}}\cos\theta = 0 \quad \text{つまり} \quad \tan\theta = \sqrt{3}$$

となる．この$\tan\theta$の値を満たすのは，$\theta=60°$と$240°$である．最大では$d^2\psi_b/d\theta^2 < 0$であるから$\theta=240°$が最大に相当し，$\theta=60°$は最小に相当することがわかる．同様にしてψ_cについて計算を行えば，その最大は120°，最小は300°にあるのがわかる．

例題24·3でわかったように，sp^2混成では互いに120°の角度をなす3個の等価な混成オービタルができる．sp混成についても同様に計算すれば，180°の角度をなす規格直交化されたsp混成オービタルの組は，

表 24·1 C−C結合のタイプ

C−C結合のタイプ	σ結合の混成様式	s性：p性の比	等価なσ結合の間の角度/°	C−C結合の結合長/pm
⋛C−C⋚	sp^3	1：3	109.5	154
>C=C<	sp^2	1：2	120	146
−C≡C−	sp	1：1	180	138

$$\psi_a = \frac{1}{\sqrt{2}}(-\phi_{2s} + \phi_{2p_z})$$
$$\psi_b = \frac{1}{\sqrt{2}}(-\phi_{2s} - \phi_{2p_z}) \qquad (24 \cdot 3)$$

で表される．また sp^3 混成についても，互いに正四面体角 109.5° をなす規格直交化された sp^3 混成オービタルの組は，

$$\psi_a = \frac{1}{2}(-\phi_{2s} + \phi_{2p_x} + \phi_{2p_y} + \phi_{2p_z})$$
$$\psi_b = \frac{1}{2}(-\phi_{2s} - \phi_{2p_x} - \phi_{2p_y} + \phi_{2p_z})$$
$$\psi_c = \frac{1}{2}(-\phi_{2s} + \phi_{2p_x} - \phi_{2p_y} - \phi_{2p_z}) \qquad (24 \cdot 4)$$
$$\psi_d = \frac{1}{2}(-\phi_{2s} - \phi_{2p_x} + \phi_{2p_y} - \phi_{2p_z})$$

で表せる．s オービタルと p オービタルを組合わせて，最大 4 個の混成オービタルがつくれるのである．5 個以上の配位子と中心原子との結合を表すには，d オービタルを加えて混成オービタルをつくる必要がある．ここでは d 性のある混成オービタルについて考えないが，それをつくるのに使う原理は上で述べたのと同じである．

C−C 結合の性質は，表 24·1 に示すように炭素原子の混成様式に依存している．この表からわかる最も重要なことで次節の議論に関係するのは，s-p 混成の s 性が増すほど結合角は増加することである．また，C−C 結合の結合長は混成の s 性が増すほど短くなり，C−C 結合の結合エネルギーは混成の s 性が増すほど増加することに注意しよう．

24・3　配位子が非等価な場合の混成オービタル

前節では，配位子が等価な場合の混成オービタルのつくり方について考えた．しかし一般には，分子に非等価な配位子や結合に関与しない孤立電子対もある．このような分子の結合角がわからないとき，その混成オービタルはどのようにつくられるのだろうか．ベント[1] は多種多様な分子について実験で求めた構造を考察し，つぎの指針をつくった．

- 中心原子が八隅則に従っていれば，これを三つの構造タイプに分類できる．単結合または孤立電子対 4 個の組合わせで囲まれた中心原子は，第一近似として，四面体形の sp^3 混成で表される．二重結合 1 個と単結合または孤立電子対 2 個の組合わせをつくる中心原子は，第一近似として，三角形の sp^2 混成で表される．二重結合 2 個もしくは三重結合 1 個と単結合 1 個または孤立電子対 1 個をつくる中心原子は，第一近似として，直線形の sp 混成で表される．

- 種類の異なる配位子があれば，非等価な配位子と孤立電子対すべてに異なる混成様式を割り当てる．個々の混成様式は，各配位子の電気陰性度によって決まる．非結合電子対は電気的に陽性であり，つまり電気陰性度は小さいと

1) Henry Bent

考えられる．ベント則によれば，電気的に陽性の配位子に向かう混成オービタルは原子のs性が強く，電気的に陰性の配位子に向かう混成オービタルはp性が強い．

次に，この指針をH_2Oに適用してみよう．H_2Oの酸素原子は，第一近似として，四面体形のsp^3混成で表される．しかし，H原子は孤立電子対より電気的に陰性であるから，水素原子に向かう混成オービタルのp性はsp^3混成の場合よりも強い．表24･1でわかるように，p性が増すほど結合角は小さくなるから，ベント則によれば，H−O−H結合角は109.5°より小さいはずである．ベント則のこの効果は，24･1節で述べたVSEPR則の効果と同じことに注目しよう．混成モデルがこれらの規則の基礎になっている．

ベント則は結合角を予測するには便利だが，定量的なものではない．定量的な予測を可能にするには，分子内の他の原子とは無関係に，特定の2原子の組合わせに混成を割り当てる方法が必要である．たとえば，D.M. Root ら［*J. American Chemical Society*, **115**, 4201–4209 (1993)］，何人かの研究者がこの要請を満たす方法を開発している．

例題 24・4

a. ベント則を使って，F_2COのX−C−X結合角がH_2COより大きいか，それとも小さいかを予測せよ．

$$\mathrm{X_2C{=}O}$$

b. ベント則を使って，FCH_3と$ClCH_3$のH−C−H結合角が109.5°からどうずれているかを予測せよ．

解答

a. この炭素原子は第一近似としてsp^2混成を示す．FはHより電気的に陰性であるから，C−F配位子の混成はC−H配位子よりp性が強い．したがって，F−C−F結合角はH−C−H結合角より小さい．

b. FCH_3と$ClCH_3$については，Hはハロゲン原子より電気的に陽性であるから，C−H結合はC−ハロゲン結合よりs性が強い．その結果，どちらの分子のH−C−H結合角も109.5°より大きい．

ベント則の予測を検証するために，すでにわかっている水の結合角を使って混成オービタルをつくり，個々の混成様式を求めよう．その孤立電子対オービタルをつくる作業は章末問題に残しておく．水分子の価電子配置は，$1s^2_{酸素}(\psi_{OH})^2(\psi_{OH})^2(\psi_{孤立対})^2(\psi_{孤立対})^2$のかたちに書ける．$\psi_{OH}$と$\psi_{孤立対}$はどちらも局在化混成オービタルを表す．すでにわかっている幾何構造によれば，図24･4に表すように，2個の結合オービタルは互いに104.5°の角度をなしている．この入力情報を手掛かりに，水素と酸素の原子オービタルからψ_{OH}と$\psi_{孤立対}$をどのようにつくれるだろうか．H_2O分子を表すには，ψ_aとψ_bという等価で互いに直交するs-p混成オービタルの組を酸素原子につくる．はじめは任意の結合角について計算を行う．

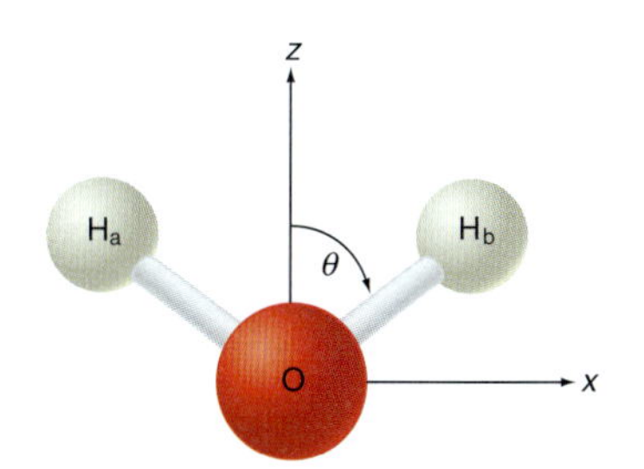

図 24･4 H_2Oの分子構造を表すのに適した酸素原子の混成オービタルをつくるために使った座標系．

この混成オービタルは，

$$\psi_a = N\left[(\cos\theta)\phi_{2p_z} + (\sin\theta)\phi_{2p_x} - \alpha\phi_{2s}\right]$$
$$\psi_b = N\left[(\cos\theta)\phi_{2p_z} - (\sin\theta)\phi_{2p_x} - \alpha\phi_{2s}\right] \quad (24\cdot5)$$

で表せる．Nは規格化定数であり，αは2pオービタルに対する2sオービタルの相対振幅である．

(24･5)式を導くには，ϕ_{2p_x}とϕ_{2p_z}をそれぞれx軸とz軸に平行なベクトルで表す．2sオービタルには動径節が1個あるから，(24･5)式の2sオービタルの係数には負号を付けてあり，これによってH原子の位置では正の振幅になっている．この2個の混成オービタルが直交するのは，

$$\int\psi_a^*\psi_b\,d\tau$$
$$= N^2\int\left[(\cos\theta)\phi_{2p_z}^* + (\sin\theta)\phi_{2p_x}^* - \alpha\phi_{2s}^*\right] \times\left[(\cos\theta)\phi_{2p_z} - (\sin\theta)\phi_{2p_x} - \alpha\phi_{2s}\right]d\tau$$
$$= N^2\left[\cos^2\theta\int\phi_{2p_z}^*\phi_{2p_z}\,d\tau - \sin^2\theta\int\phi_{2p_x}^*\phi_{2p_x}\,d\tau + \alpha^2\int\phi_{2s}^*\phi_{2s}\,d\tau\right]$$
$$= 0 \quad (24\cdot6)$$

の場合に限る．ここで，原子オービタルはすべて互いに直交しているから，この式には$\int\phi_{2p_x}^*\phi_{2p_z}\,d\tau$や$\int\phi_{2s}^*\phi_{2p_x}\,d\tau$というような項は現れない．また，各AOは規格化されているから，(24･6)式は簡単になって，

$$N^2[\cos^2\theta - \sin^2\theta + \alpha^2] = N^2[\cos 2\theta + \alpha^2] = 0$$

すなわち，

$$\cos 2\theta = -\alpha^2 \quad (24\cdot7)$$

で表される．ここで，公式$\cos^2 x - \sin^2 y = \cos(x+y)\cos(x-y)$を使った．$\alpha^2 > 0$であるから$\cos 2\theta < 0$であり，結合角は$180° \geq 2\theta \geq 90°$の範囲にある．この計算結果は何を意味しているだろうか．それは，混成に参加する2sオービタルと2pオービタルの相対寄与を変えるだけで，この範囲の結合角をなす2個の混成オービタルをつくれることを示しているのである．

(24･5)式で表された混成オービタルは，中央の酸素原子に結合する2原子が同じでさえあれば，水分子に限ったものではない．ここでは，H_2Oの正しい結合角を生じるαの値を計算しよう．わかっている値$\theta = 52.25°$を(24･7)式に代入してαを計算すれば，水の結合を表す混成オービタルを規格化定数付きでつぎのように表すことができる．

$$\psi_a = N[0.61\phi_{2p_z} + 0.79\phi_{2p_x} - 0.50\phi_{2s}]$$
$$\psi_b = N[0.61\phi_{2p_z} - 0.79\phi_{2p_x} - 0.50\phi_{2s}] \quad (24\cdot8)$$

例題 24・5

(24·8)式で与えられた混成オービタルを規格化せよ.

解答

$$\int \psi_a^* \psi_a \,d\tau = N^2(0.61)^2 \int \phi_{2p_z}^* \phi_{2p_z} \,d\tau + N^2(0.79)^2 \int \phi_{2p_x}^* \phi_{2p_x} \,d\tau + N^2(0.50)^2 \int \phi_{2s}^* \phi_{2s} \,d\tau = 1$$

原子オービタルはすべて互いに直交しているから，上の項以外は寄与しない．そこで，規格化定数はつぎのように求められる．

$$\int \psi_a^* \psi_a \,d\tau = N^2(0.61)^2 + N^2(0.79)^2 + N^2(0.50)^2 = 1.25\,N^2 = 1$$

$$N = 0.89$$

例題 24・5 の結果を使えば，規格化された混成オービタルをつぎのように書ける．

$$\begin{aligned} \psi_a &= 0.55\phi_{2p_z} + 0.71\phi_{2p_x} - 0.45\phi_{2s} \\ \psi_b &= 0.55\phi_{2p_z} - 0.71\phi_{2p_x} - 0.45\phi_{2s} \end{aligned} \tag{24·9}$$

それぞれの混成オービタルの係数の 2 乗の和が 1 に等しいことから，それぞれについて p 性と s 性を計算することができる．p 性の割合は $(0.55)^2+(0.71)^2=0.80$, s 性の割合は $(-0.45)^2=0.20$ である．したがって，この結合性混成オービタルの混成を sp^4 と表す．ベント則で予測されたように，この混成オービタルは第一近似で表した sp^3 よりも p 性が大きいのがわかる．

この 2 個の混成オービタルを図 24·5 に示す．どちらもそれぞれの結合方向を向いており，逆方向の振幅はごく小さいことに注目しよう．これらの混成オービタルの存在は，水をルイス構造で表したときの結合原子間を結ぶ線の根拠とみなすことができる．図 24·3 のような簡略図と違って，図 24·5 は混成オービタルの実際の形を表している．

H_2O についての以上の計算は，任意の相対配向をもつ結合性混成オービタルのつくり方を示したものである．一方，混成のエネルギー論についてはこれまで考察してこなかった．多電子原子では，2p オービタルのエネルギーは 2s オービタルより高い．これらのオービタルが，原子内部にエネルギーを持ち込むことなく，どのようにしてあらゆる割合で混ざることができるのであろうか．基底状態にある孤立酸素原子の被占混成オービタルの組を実際につくるには，かなりのエネルギーが必要である．しかし，あとでこの中心原子に結合ができればエネルギーは下がるから，原子が孤立しているより結合ができた方が分子全体としてはエネルギーが低くなれる．混成モデルの表現でいえば，2 個の O−H 結合をつくって得られるエネルギーは，電子配置を $1s^2 2s^2 2p^4$ から $1s^2 \psi_c{}^2 \psi_d{}^2 \psi_a{}^1 \psi_b{}^1$ に昇位させるのに必要なエネルギーより大きいのである．ここで，H_2O 分子をつくる際の O 原子の昇位やその後の O−H 結合の生成という個々の過程は，H_2O 分子の生成を説明しやすくするためでしかなく，実際に起こる過程でないことを覚えておこう．昇位の過程のみならず混成オービタルそのものも実際に観測できるものではないから，以上のような混成モデルによる説明を文字通り受け取ってはならない．モデルと実際の区別をしておくことが重要である．これらのオービタルの実体については 24·6 節で詳しく説明する．

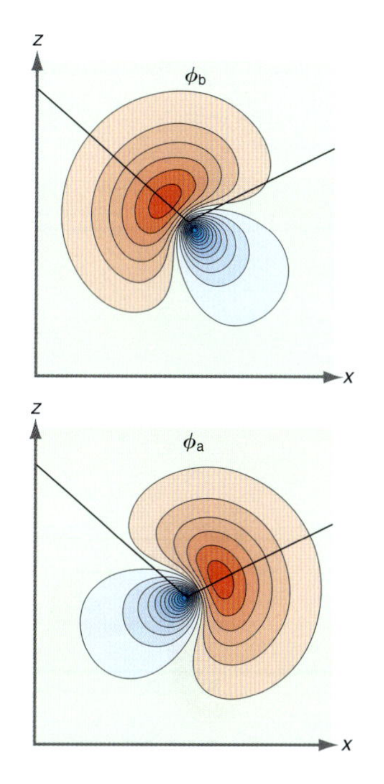

図 24·5 H_2O の結合方向を向いた混成オービタル．結合角とオービタルの向きを黒色の線で示してある．正の振幅を赤色，負の振幅を青色でそれぞれ表している．色が濃いほど振幅の大きさは大きい．

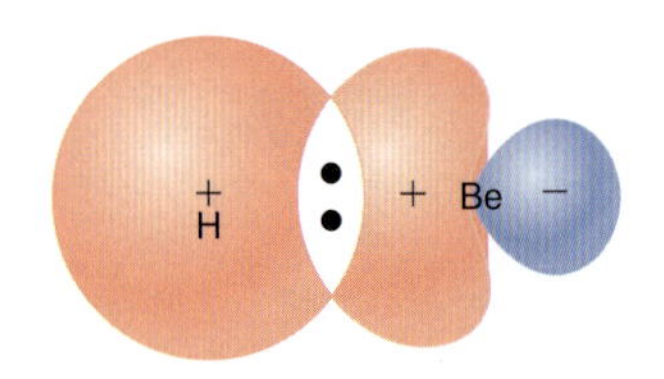

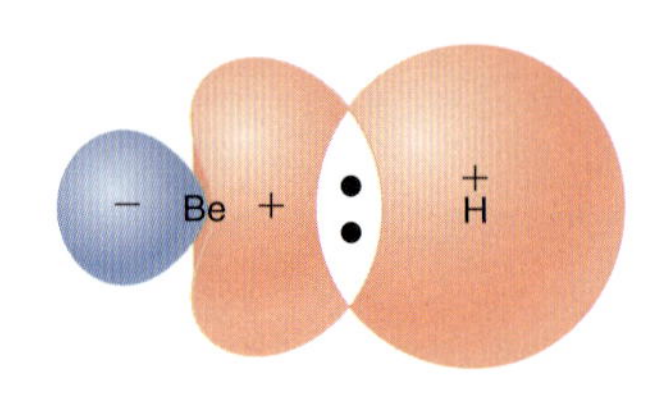

図 24·6 BeH_2 の結合は，Be の sp 混成オービタル 2 個を使って説明できる．Be−H 混成結合オービタル 2 個を別々に示してある．

24・4 混成による化学結合の説明

局在化結合オービタルをつくるのに混成モデルを使えば，ルイス構造に特有の概念に量子力学的な根拠が与えられる．一例として BeH_2 を考えよう．それは孤立分子では観測されず，BeH_2 の単位が水素結合によって安定化し重合した固体をつくる．ここでは，BeH_2 単位 1 個について考えよう．Be の電子配置は $1s^2 2s^2 2p^0$ であり，このままでは不対電子が存在しないから，H 原子との結合をルイスモデルでどう説明してよいかはわからない．一方，VB モデルでは Be 原子の 2s オービタルと 2p オービタルが混成して結合性の混成オービタルがつくれる．その結合角は 180° であることがわかっているから，(24·3) 式で与えられる直交する 2 個の等価な sp 混成オービタルがつくれる．そこで，Be は $1s^2 (\psi_a)^1 (\psi_b)^1$ と表される．この電子配置では Be が 2 個の不対電子をもつことになり，したがって混成した結果の原子は 2 価となる．そのオービタルを模式的に図 24·6 に示す．ルイス構造との対応を示すために，Be のオービタルと H のオービタルが重なる領域に結合電子対を点で表してある．実際は，結合性の電子密度が，これらのオービタルの振幅が 0 でない全領域に分布している．24·6 節で BeH_2 をもう一度考え，この分子の局在化結合モデルと非局在化結合モデルを比較することにする．

混成モデルが化学で最も役立つのは，炭素原子を含むいろいろな分子の結合様式を表すときである．図 24·7 は，エテンとエタンについて原子価結合法で混成を示したものである．エテンでは，それぞれの炭素原子は，$1s^2 2p_y^1 (\psi_a)^1 (\psi_b)^1 (\psi_c)^1$ の配置に昇位してから，C−H の σ 結合 4 個と C−C の σ 結合 1 個，C−C の π 結合 1 個をつくっている．エテンの全原子が同一平面内にあるとき，π 結合を形成するための p オービタルの重なりは最大になる．その二重結合は σ 結合 1 個と π 結合 1 個からできている．エタンでは，それぞれの炭素原子は，$1s^2 (\psi_a)^1 (\psi_b)^1 (\psi_c)^1 (\psi_d)^1$ の配置に昇位してから，C−H の σ 結合 6 個と C−C の σ 結合 1 個をつくっている．

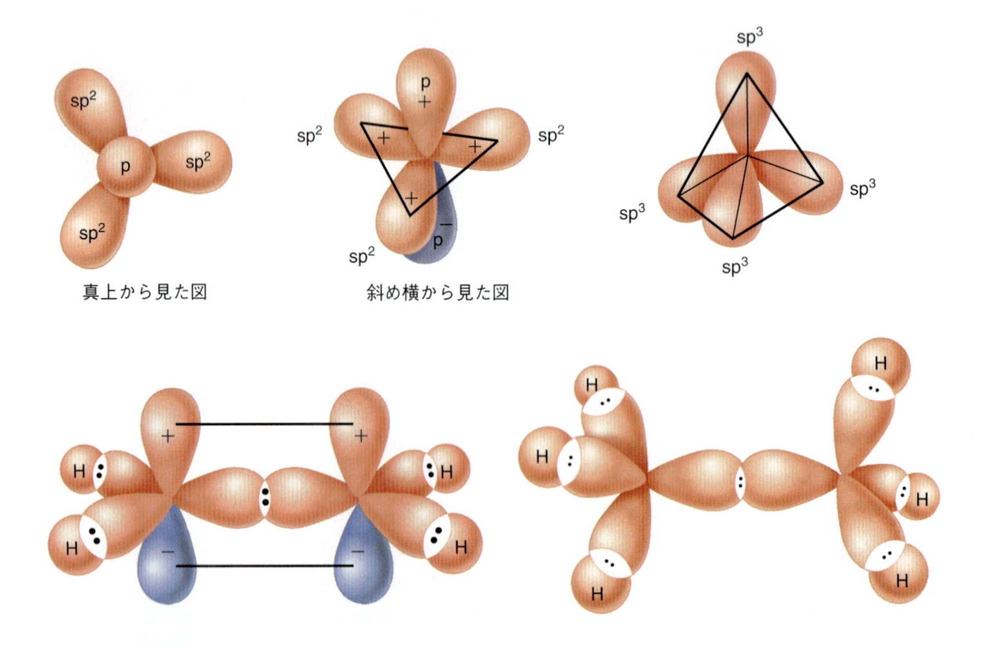

図 24·7 上段は，炭素の sp^2 混成オービタルと sp^3 混成オービタルの配置を示したもの．下段には，混成結合オービタルを使ってエテン（左）とエタン（右）の結合様式を模式的に示してある．

混成について最後に，このモデルの便利な側面を強調する一方，欠点についてもいくつか指摘しておこう．混成の概念が重宝されるのは，そのモデルが理解しやすく，ベント則などを使えば予測能力の優れたものになるからである．隣接原子と個別にできる局在結合を電子対形成によって説明するという点で，混成の概念はルイス構造のおもな特徴をそのまま残しながら，その根拠を量子力学で表現したものになっている．混成はまた，VSEPR 則の理論的な基礎も与えている．

混成は，分子内の結合角を説明する以上の役割を果たしている．多電子原子では，2sAO のエネルギー準位は 2p より低いから，s 性が大きいほど混成した原子の電気陰性度は大きい．したがって，混成モデルによれば sp 混成した炭素原子は，sp^3 混成した炭素原子より電気的に陰性である．この効果が正しいことは，N≡C−Cl の双極子モーメントの正の端が Cl 原子の側にあることからわかる．シアノ基の炭素原子の方が塩素原子より電気的に陰性であるということである．s 性が増せば結合長が短くなり，結合長が短くなれば結合は一般に強くなるから，混成モデルから s 性と結合強度の関係がわかる．

混成モデルには欠点もある．結合角がわかっている場合は，エタンや H_2O について行ったように混成を計算することができる．しかし，分子の構造情報がなくて混成オービタルの s 性や p 性を求めるには，半経験的な方法を使わざるをえない．また，メタンなど対称性のよい分子なら混成を見いだすのは簡単だが，中心原子に孤立電子対や種類の違う配位子が付いている分子ではそうはいかない．さらにいえば，図 24･7 の混成結合オービタルでは，電子密度が結合方向に集中しているように見えるが，図 24･5 の実際の混成オービタルを見ればわかるように，これは正しくない．最後に，混成オービタルをつくるのに使った概念，つまり昇位とそれに続く混成という仮想的な過程は，あまりに詳細すぎて実験では検証できないものである．

24・5　定性的な分子軌道法による分子構造の予測

次に，化学結合の**非局在化結合モデル**[1]について考えよう．MO 法では，化学結合の局在モデルとまったく異なるやり方で分子構造について考える．結合に関与する電子は，分子全体にわたって非局在化しているとする．まず，それぞれの一電子分子オービタル σ_j を，各原子オービタルの一次結合として $\sigma_j(k) = \sum_i c_{ij}\phi_i(k)$ で表す．$\sigma_j(k)$ は k 番目の電子の j 番目の分子オービタルである．そこで多電子波動関数 ψ は，この $\sigma_j(k)$ を行列要素とするスレーター行列式で書ける．

26 章で説明する定量的な分子軌道法では，シュレーディンガー方程式を解いて，分子のエネルギーが最小値をとる原子の位置を全部求めれば，自動的に分子構造が得られる．こういい表すのは簡単であるが，実際の手続きには込み入った数値計算が必要である．この節では，分子軌道法の本来の精神を伝えながら，大規模な数学を使わずに表せる定性的なアプローチに注目する．

このアプローチを具体的に示すため，H_2A のタイプの三原子分子に注目し，定性的な MO 法を使ってその結合角を吟味しよう．A は周期表の Be → O の原子の一つである．また，個々の被占分子オービタルのエネルギーが結合角とともにどう変化するかを求めて，最適な結合角に関して定性的な描像が得られることを示そう．そのために，分子の全エネルギーはオービタルエネルギーの合計に比例すると仮定しておく．この仮定は妥当なものであるが，ここでは立ち入らない

1) delocalized bonding model

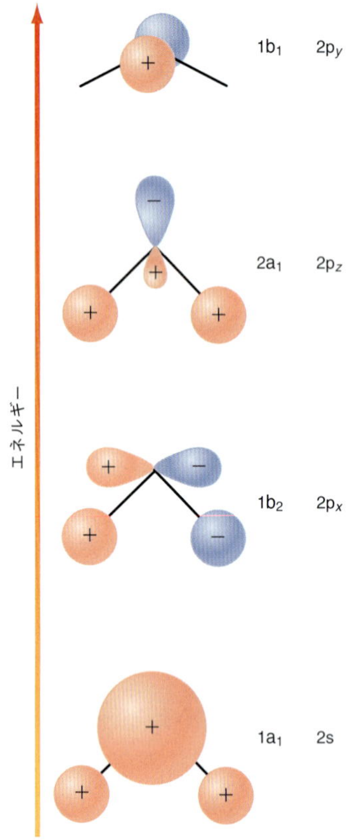

エネルギー

$1b_1$ $2p_y$

$2a_1$ $2p_z$

$1b_2$ $2p_x$

$1a_1$ 2s

図 24·8 水の基底状態で占有されている価電子 MO をエネルギー順に表したもの．それぞれの MO をつくっている AO を表してある．できた MO の対称性を左側に，それをつくった酸素原子のおもな AO を右側に示してある．

ことにする．実験によって BeH_2 は直線形分子であり，H_2O の結合角は 104.5° であることがわかっている．この両者の違いを MO 法でどう説明できるだろうか．

MO をつくるのにここで使う最小基底セットは，各 H 原子の 1s オービタルと原子 A の 1s, 2s, $2p_x$, $2p_y$, $2p_z$ オービタルである．これら 7 個の AO を使えば 7 個の MO がつくれる．しかし，酸素の 1sAO を使ってできる最低エネルギーの MO については，その電子が酸素原子に局在化していることから，以下の考察ではこれを省略しよう．水には，それ以外の 6 個の MO のうち 4 個を占める 8 個の価電子がある．

箱の中の粒子や調和振動子，H 原子の例で見たように，オービタルのエネルギーは節の数とともに増加する．また，AO のエネルギーが低いほど MO のエネルギーも低いことがわかっている．図 24·8 には，水の被占原子価 MO を，それをつくっている AO によって表している．MO の相対的なエネルギーについては後で説明する．その MO には，分子に回転や鏡映の操作をしたとき MO が不変かどうかという対称性によって名称を付けてある．AO から MO をつくる際の分子対称の重要性については，27 章で詳しく説明する．ここでは，それを単なるラベルと考えておけばよい．酸素の 2sAO のエネルギーは 2pAO より低いから，図 24·8 で $1a_1$ と記した節のない MO は，すべての原子価 MO の中でエネルギーが最も低いと予測される．その次にエネルギーが低いのは，O 原子の 2pAO と H 原子の 1sAO が関与した MO である．

酸素の 3 個の 2p オービタルは，H 原子を含む平面に対して別方向を向いている．その結果，できた MO のエネルギーはかなり異なる．図 24·4 で示したように，H_2O 分子は xz 面内にあり，H−O−H 結合角を二等分する方向が z 軸である．$2p_x$AO を使ってできる $1b_2$ MO と，$2p_z$AO を使ってできる $2a_1$ MO は，いずれも O−H 領域に節をもたないから結合性である．しかし，どちらの MO にも節は 1 個あるから，$1a_1$ MO よりエネルギーは高い．計算によれば，$2p_x$AO からできた MO のエネルギーは $2p_z$AO からできた MO より低い．2sAO と $2p_z$AO からできる $2a_1$ MO と $3a_1$ MO には，s-p 混合が見られることに注目しよう．これで $2p_x$AO と $2p_z$AO を使ってできた MO について考えたから，次に $2p_y$AO を考えよう．$2p_y$ オービタルは H 原子とに正味の重なりがなく，O 原子に局在化した非結合性の $1b_1$ MO を生じる．この MO は H の 1sAO との相互作用によって安定化することはないから，被占 MO の中で最もエネルギーが高い．数値計算で得られた分子オービタルを $3a_1$ LUMO を含めて図 24·9 に示す．

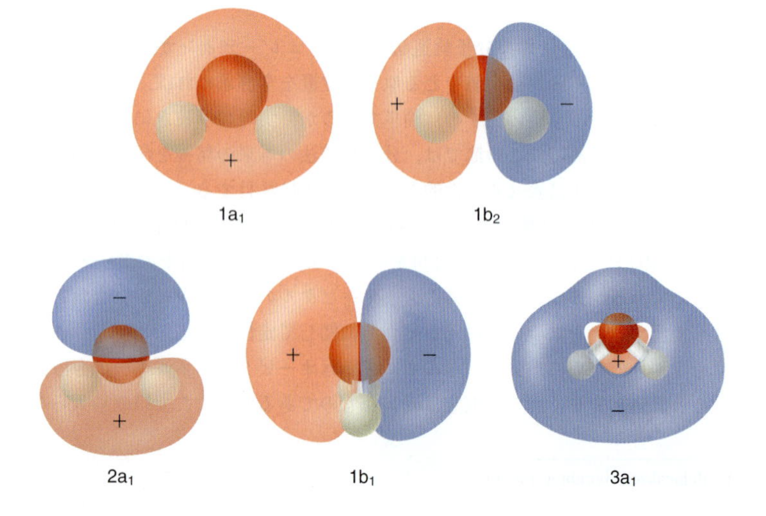

図 24·9 H_2O のエネルギーの低い 5 個の価電子 MO．$1b_1$MO は HOMO，$3a_1$MO は LUMO である．$1b_1$MO は酸素原子の非結合性の $2p_y$ 電子に相当する AO である．$1b_1$MO については，節の構造を見やすくするために分子面を回転して示してある．

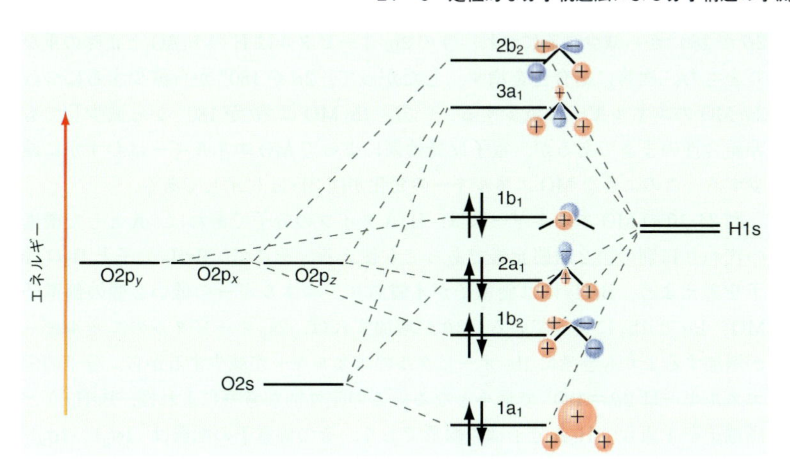

図 24・10　H_2O の平衡構造における分子オービタルのエネルギー準位図.

MO のエネルギーの相対的な関係についての以上の考察によって，図 24・10 に示すエネルギー準位図が描ける．これは，特に 105° 付近の結合角について描いた MO エネルギー準位であるが，**ウォルッシュ相関図**[1] という図 24・11 でわかるように，エネルギー準位は 2θ とともに変化する．この図に見られる傾向を理解しておくのが重要であり，これについては次に説明する．それは，MO エネルギーの角度変化が，結局のところ BeH_2 は直線形，H_2O は屈曲形の分子になる原因だからである．

$1a_1$ MO のエネルギーは 2θ とともにどう変化するだろうか．A と H の s オービタル同士の重なりは 2θ に無関係であるが，2 個の H 原子の重なりは結合角が 180° から減少するにつれ増加する．これが分子を安定化させるから，$1a_1$ のエネルギーは減少する．これと対照的に，$2p_x$ オービタルと H の 1s オービタルの重なりは 180° で最大となるから，$1b_2$ のエネルギーは 2θ の減少とともに増加する．$1a_1$ のエネルギーに与える H－H の重なり効果は二次的なものであるから，2θ が増加したときの $1b_2$ のエネルギーの減少は，$1a_1$ のエネルギー増加よりもずっと速い．

次に，$2a_1$ と $1b_1$ のエネルギーについて考えよう．$2p_y$ オービタルと $2p_z$ オービタルは非結合性であり，直線形の H_2A 分子では両者は縮退している．ところが，

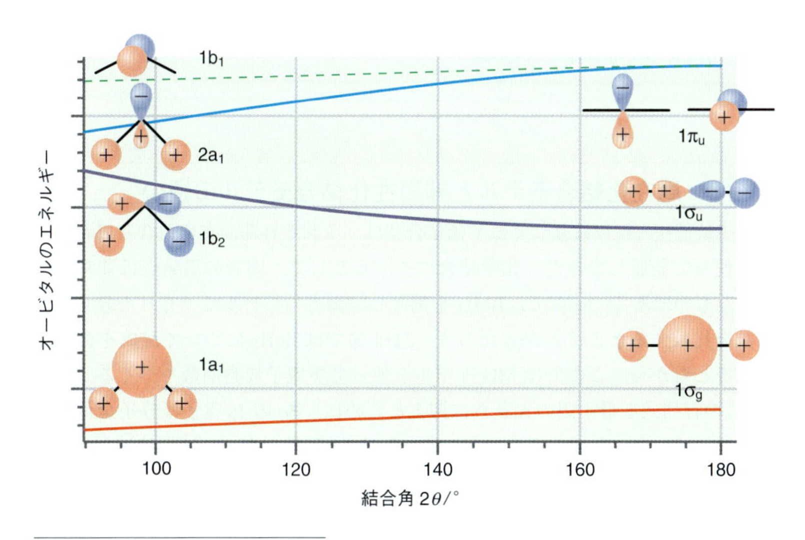

図 24・11　水の MO エネルギーの結合角による変化（模式図）．各 MO を表すのに付けた記号は対称性に基づくものであり，$2\theta < 180°$ の範囲で使える．この名称については 27 章で説明する．

1) Walsh correlation diagram

2θ が 180° から減少するにつれ，O の $2p_z$ オービタルは H の 1sAO と正味の重なりをもち，次第に結合性を増す．したがって，2θ が 180° から減少するにつれ $2a_1$ MO のエネルギーは減少する．一方，$1b_1$ MO は 2θ が 180° から減少しても非結合性のままであるが，電子反発効果によって MO エネルギーはわずかに減少する．このような MO エネルギーの変化が図 24·11 に示してある．

図 24·10 の MO エネルギー図は，H_2A タイプの分子であれば，A として酸素の代わりに別の第 2 周期元素であっても使える．そこで，BeH_2 分子と H_2O 分子を考えよう．BeH_2 には価電子が 4 個あり，エネルギーの低い 2 個の価電子 MO，$1a_1$ と $1b_2$ に入っている．2θ が増加すれば，$2a_1$ オービタルのエネルギーが増加するよりも急激に $1b_2$ オービタルのエネルギーが減少するから，分子の全エネルギーは $2\theta = 180°$ で最小となる．この定性的な考察によれば，BeH_2 など価電子を 4 個もつ H_2A 分子は直線形であり，その価電子の配置は $(1\sigma_g)^2\,(1\sigma_u)^2$ と予測できる．なお，H_2A を g 対称や u 対称の σMO で表せるのは直線形分子だけである．一方，$1a_1$ や $1b_2$ という表し方は屈曲形の分子に使える．

次に，価電子を 8 個もつ H_2O について考えよう．この場合は，エネルギーの低い 4 個の MO を電子はそれぞれ 2 個ずつ占めている．どの結合角のとき分子の全エネルギーは最小になるだろうか．水の場合は，2θ が減少したときの $1a_1$ と $2a_1$ の MO のエネルギー減少分が，$1b_2$ の MO のエネルギー増加分より大きい．したがって，H_2O は直線形でなく屈曲形となり，価電子配置は $(1a_1)^2\,(1b_2)^2\,(2a_1)^2\,(1b_1)^2$ である．その折れ曲がり具合は，MO のエネルギーが結合角とともにどれだけ速く変化するかによって決まる．水についてのこのアプローチの数値計算によれば，実験値 104.5° に非常に近い結合角が得られている．BeH_2 と H_2O のこれらの例は，結合角を予測するのに定性的な MO 法がどう使えるかを示している．

例題 24・6

定性的な MO 法を使って，H_3^+, LiH_2, NH_2 の平衡での形を予測せよ[†1]．

解 答

H_3^+ は価電子が 2 個あり，図 24·11 の $1a_1$ MO のエネルギーの角度変化で予測されるように屈曲形をしている．LiH_2 や価電子 4 個の H_2A タイプの分子は直線形と予測できる．NH_2 は H_2O より電子が 1 個少ないから，水の場合と同じ理由によって屈曲形とできる．

24・6 局在化結合モデルと非局在化結合モデルの違い

分子軌道法と混成に基づく原子価結合法は，それぞれ非局在化結合と局在化結合を使って発展してきた．化学結合のモデルとして，両者の出発点は非常に異なったものである．ここで，BeH_2 を例として両方のモデルでつくった分子波動関数を比較するとよくわかるだろう．24·4 節では BeH_2 について混成を使った説明をしたから，ここでは MO モデルを使って多電子波動関数をつくる．(24·11)式の行列式を最小限の大きさに抑えるために，Be の 1s 電子は分子全体に非局在化していないと仮定する．そこで，BeH_2 の配置を $(1s_{Be})^2\,(1\sigma_g)^2\,(1\sigma_u)^2$ で

---

†1　訳注：H_2A タイプの三原子分子について，上の議論では A を周期表の Be → O の原子と限定してきた．この問題の H_3^+ と LiH_2 はこれから逸脱している．

表す．また，直線形分子という制約があるためMOに課せられた対称性の要請により(27章を見よ)，最低エネルギーの二つのMOは，

$$\begin{aligned}\sigma_g &= c_1(\phi_{H1sA} + \phi_{H1sB}) + c_2\phi_{Be2s} \\ \sigma_u &= c_3(\phi_{H1sA} - \phi_{H1sB}) - c_4\phi_{Be2p_z}\end{aligned} \tag{24·10}$$

で表される．この多電子系でパウリの要請を満たす行列式波動関数は，

$$\psi(1,2,3,4) = \frac{1}{\sqrt{4!}}\begin{vmatrix} \sigma_g(1)\alpha(1) & \sigma_g(1)\beta(1) & \sigma_u(1)\alpha(1) & \sigma_u(1)\beta(1) \\ \sigma_g(2)\alpha(2) & \sigma_g(2)\beta(2) & \sigma_u(2)\alpha(2) & \sigma_u(2)\beta(2) \\ \sigma_g(3)\alpha(3) & \sigma_g(3)\beta(3) & \sigma_u(3)\alpha(3) & \sigma_u(3)\beta(3) \\ \sigma_g(4)\alpha(4) & \sigma_g(4)\beta(4) & \sigma_u(4)\alpha(4) & \sigma_u(4)\beta(4) \end{vmatrix} \tag{24·11}$$

となる．行列式の各要素は，MOにスピン関数を掛けたもので表されている．

ここで，行列式のある性質を使う．章末問題ではつぎの2×2行列式について証明することになる．

$$\begin{vmatrix} a & c \\ b & d \end{vmatrix} = \begin{vmatrix} a & \gamma a + c \\ b & \gamma b + d \end{vmatrix} \tag{24·12}$$

この式によれば，行列式のある列の要素に任意の定数γを掛けたものを別の列の要素に加えても，その行列式の値は変わらない．この性質を利用し，すぐ後でわかる理由によって，σ_gとσ_uのMOを新しいMO，$\sigma' = \sigma_g + (c_1/c_3)\sigma_u$ と $\sigma'' = \sigma_g - (c_1/c_3)\sigma_u$ に置き換える．これらの混成MOはそれぞれのAOとつぎの関係にある．

$$\begin{aligned}\sigma' &= 2c_1\phi_{H1sA} + \left(c_2\phi_{Be2s} - \frac{c_1c_4}{c_3}\phi_{Be2p_z}\right) \\ \sigma'' &= 2c_1\phi_{H1sB} + \left(c_2\phi_{Be2s} + \frac{c_1c_4}{c_3}\phi_{Be2p_z}\right)\end{aligned} \tag{24·13}$$

σ_gとσ_uをσ'とσ''に変換するには，(24·12)式のような操作を2回行う必要がある．この変換を行うことによって，σ'にϕ_{H1sB}が現れないし，σ''にもϕ_{H1sA}が現れなくなったことに注目しよう．上で述べた行列式の性質があるため，MO

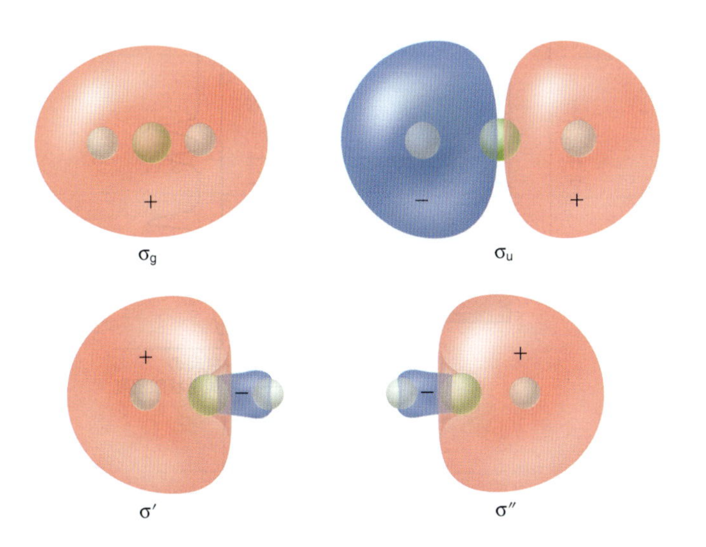

図24·12　非局在化MO，σ_gとσ_uと局在化結合オービタル，σ'とσ''の模式図．

がこのように変化しても，$\psi(1,2,3,4)$ に限らず分子のどんなオブザーバブルもなんら影響を受けることはない．したがって，$(1s_{Be})^2(1\sigma_g)^2(1\sigma_u)^2$ という配置は，$(1s_{Be})^2[1\sigma_g+(c_1/c_3)1\sigma_u]^2[1\sigma_g-(c_1/c_3)1\sigma_u]^2$ とまったく等価であり，両者を実験で区別することはできない．

それでは，なぜ以上の変更をわざわざしたのだろうか．(24·13)式と図24·12とからわかるように，新しいMOの σ' と σ'' はどちらも局在化結合MOである．前者は H_A の1sオービタルとBeのあるs-p混成AOを組合わせたMOであり，後者は H_B の1sオービタルとBeのあるs-p混成AOを組合わせたMOである．いい換えれば，2個の非局在化MO，σ_g と σ_u が，分子波動関数 $\psi(1,2,3,4)$ を変えることなく，2個の局在化MO，σ' と σ'' に変換されたのである．この結果はつぎのように一般化することができる．閉殻分子の配置であれば，その非局在化MOの組は，隣接原子2個がおもに関与する局在化MOの組へと変換することができる．この種の変換は，開殻分子や電子が一部でも分子内を非局在化しているような共役系の芳香族分子では可能でない．

BeH_2 の例でわかるように，局在化オービタルと非局在化オービタルの違いは，本章の始めに考えたほど明確なものではない．一方，σ' と σ'' で扱うには欠点もある．それは，どちらも全エネルギー演算子の固有関数でないからである．すなわち，これらの関数にオービタルエネルギーを割り当てたり，エネルギー準位図を描いたりすることができず，分子のハートリー－フォック方程式の解として得られた非局在化MOと同じようには扱えないのである．しかも，そのシュレーディンガー方程式を解くのに使う計算アルゴリズムは，局在化MOで表されている場合より非局在化MOの方がずっと効率的である．このような欠点があるため，一般には局在化MOより非局在化MOを使って分子の波動関数やエネルギー準位を計算している．

以上の考察でわかるように，その分子に固有な1電子MOの組は存在しないから，“本章や前章で描いた分子オービタルがどれほど実体を伴うものか”という疑問がわくだろう．そこで，実際のオブザーバブルと測定で得られないモデルの構成要素とを区別して考えるとわかりやすい．多電子系の波動関数 $\psi(1,\cdots,n)$ を実験で求めることはできないが，電子密度は $\sum_i|\psi_i(1,\cdots,n)|^2$ に比例してい

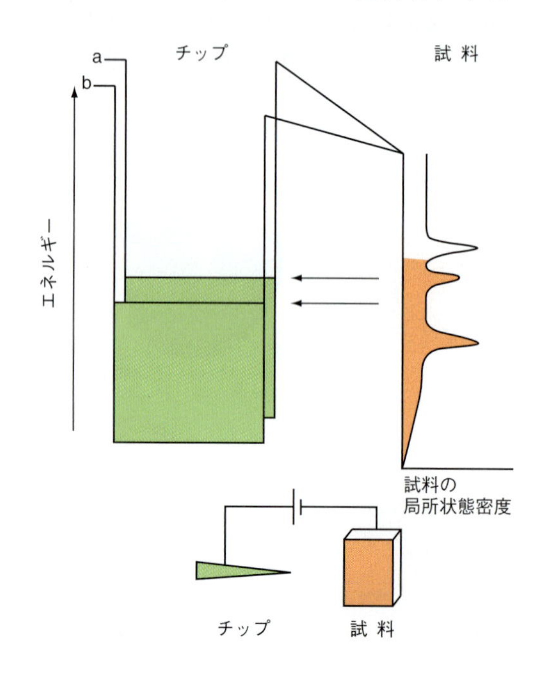

図24·13 走査トンネル顕微鏡法では，チップと試料の間にかける電圧を変化させて，チップの最高被占エネルギー準位と金属試料表面に吸着した分子のいろいろなエネルギー準位とを並べる．チップが分子を走査すると，かけた電圧に相当する分子のあるエネルギーの局所状態密度の像が得られる．これはそのMOの強度と近似してもよく，(a)の場合はHOMOの像が得られる．極性を逆転して電圧を合わせればチップの側から試料の空状態へのトンネル現象が起こり，LUMOの像を得ることができる．

るから，X線回折などの手法を使えばこれを測定することができる．しかし，X線回折で得られるのは全部の被占オービタルの和であって，個々のMOについて直接の情報が得られるわけではない．

個々の1電子MOが測定によって直接得られないとしても，あるエネルギーで分子の真の多電子波動関数の空間分布が強く反映されるような測定を行うことはできる．その一例は走査トンネル顕微鏡法によるもので，いろいろなエネルギーのトンネル電子に注目し，分子全体のトンネル電流の変化を測定すればよい．その測定原理を図24･13に示す．

16･7節で説明したように，チップと試料の最高被占エネルギー準位の差は，この二つの素子の間にSTMの電圧をかけることで変化できる．どちらも金属の試料とチップの間に図24･13に示す極性で電圧をかけると，トンネル電流（電子）は試料表面からチップの側に流れる．16･4節で説明したように，金属の伝導バンドの状態は連続的である．その金属表面に離散的なエネルギー準位をもつ分子が吸着すると，あるエネルギーの状態数（これを局所状態密度という）に複数のピークをもつ構造が現れる．そのピークはMOの離散的なエネルギー準位に相当している．トンネル現象はチップの最高被占準位に向かって起こり，しかもそのトンネル電流は吸着分子の局所状態密度に比例している．図24･13のaに示すように，チップの最高被占準位を吸着分子の局所状態密度のピークと並べれば，チップが吸着分子の上を走査したとき，ピークのエネルギーに相当する分子オービタルの強度を表す像が得られる．一方，図24･13のbに示すように，チップの最高被占準位を吸着分子の局所状態密度のピークの間隙（ギャップ）に並べれば，そこでの状態密度はほぼ一定であるから，チップが吸着分子の上を走査したとき，分子の幾何構造を表す像が得られる．

図24･14は，銅の表面に1〜3原子層のNaClの膜をつくり，その上に吸着させたペンタセン分子について上で述べた実験を行った結果である．このようなごく薄い絶縁膜によって，ペンタセンの電子状態と金属の非局在化状態のカップリングを避けることができる．上の説明では，チップの状態密度は測定に影響を与えないと仮定した．図24･14には，2種のチップを使って得られた結果を示して

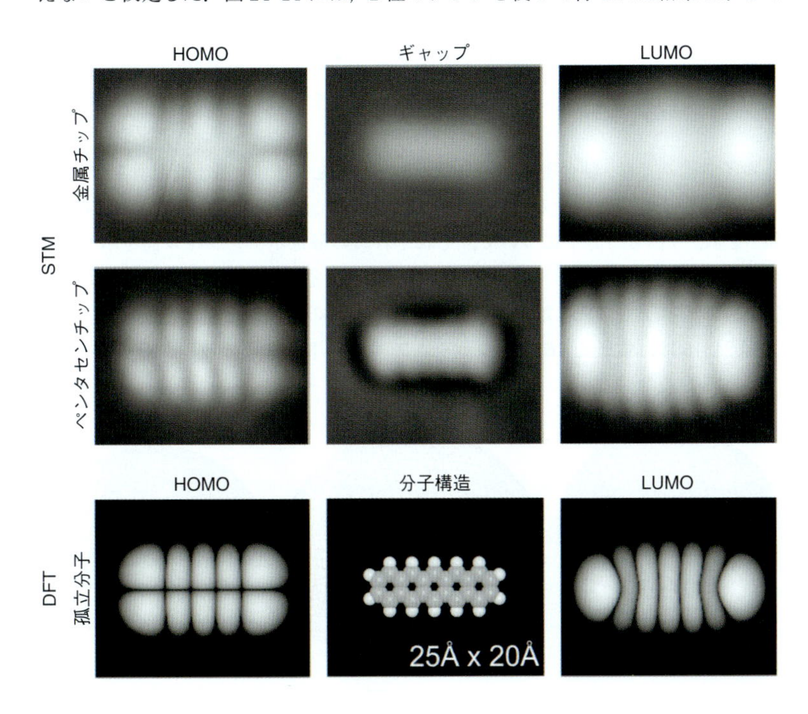

図24･14 銅表面に吸着したペンタセン分子について，異なるチップで得られた局所状態密度の像を，上の2段の左側（HOMO）と右側（LUMO）に示す．下の段には，そのHOMOとLUMOについて計算で求めた確率密度を示してある．上の2段の中央に示してあるのは，ペンタセンの局所状態密度が無視できるほど小さい（ギャップという）エネルギーで得られた結果である．
出典：Repp, J., Meyer, G., Stojkovic, S., Gourdon, A., Joachim, C., 'Molecules on Insulating Films: Scanning-Tunneling Microscopy Imaging of Individual Molecular Orbitals', *Physical Review Letters*, 94, no.2, 026803 (2005).

いる．一つは清浄な金属チップであり，もう一つは先端にペンタセン分子1個を付けたチップである．両方のチップによる結果は，全体的な特徴は似ているものの細部では異なっている．ペンタセン付きのチップで得られた結果と気相のペンタセン分子について密度汎関数法（26章を見よ）を使った計算結果とを比較すれば，HOMOとLUMOの確率密度の計算値と測定値が非常によく一致していることがわかる．

この実験は，分子オービタルの実在性について何を示しているだろうか．試料分子をこの表面に吸着させたのは，その動きを止めるのに必要だからである．しかし，この弱い“結合”によってもペンタセンの電子構造は影響を受けている．また，チップと表面の局所状態密度も結果に影響を与えるから，図24·14に示した像は孤立ペンタセン分子のHOMOやLUMOの確率密度を正確に再現した像とはいえない．しかしながら，この場合の計算と実験結果が非常によく対応しているということは，1電子MOの形を求めるためのオービタル近似が有効であったことを示している．この芳香族分子のHOMOとLUMOはπ電子で占有されるから，これらを説明するには非局在化モデルが必要である．

以上の実験結果は，せいぜい波動関数の大きさしか求められないことを示しているから，実験によって波動関数を再現することはできないという17·6節で述べたことと矛盾するわけではない．

24・7　計算化学で求めた分子構造とエネルギー準位

シュレーディンガー方程式が解析的に解けるのは，1電子から成る原子もしくは分子に限られる．多電子系の原子や分子のMOやエネルギー準位を求めるには，数値計算法を使ってシュレーディンガー方程式を解かなければならない．都合のよいことに，本章で扱うような構造であれば，簡単に入手できるソフトウエアを使えば，標準的なパーソナルコンピューターでも数分で解くことができる．このようなソフトウエアは安価に入手できたり，場合によっては無料で使えたりする．いまでは，コンピューターが出現する以前に開発された単純化しすぎた非定量的なモデルを使う必要はほとんどなくなった．計算法や使用する近似，その計算精度については26章で詳しく説明する．ここでは，計算化学で得られる結果のうち，23章と24章で考えたのとは別の側面を裏付ける結果をいくつか示そう．

ルイス構造では，結合電子と孤立電子対を区別して表す．厳密な計算をすれば，この描像が正しいと示せるだろうか．図24·15は，ルイス構造で孤立電子対を1個，2個，3個もつ分子について，それぞれ負の静電ポテンシャル面を示したものである．その表面の形と広がりだけでなく，反発相互作用を最小化するための空間分布の様子も，孤立電子対の数と合っているのがわかる．

図24·16は，電子を16個もつホルムアルデヒドの8個の被占MOについて，

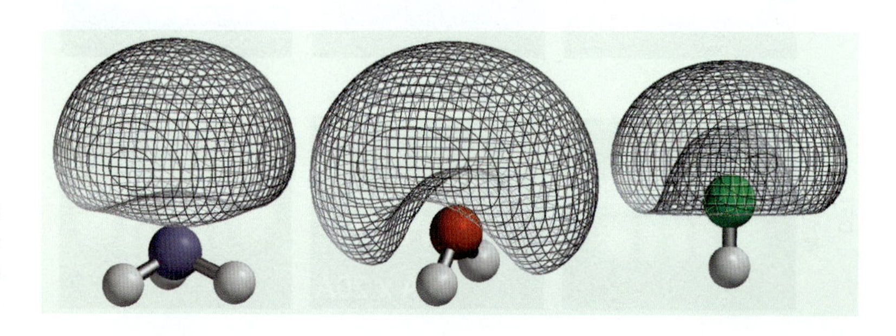

図24·15　アンモニア（左），水（中央），フッ化水素（右）の静電ポテンシャル面．孤立電子対は局在化しているという考えを支持している．

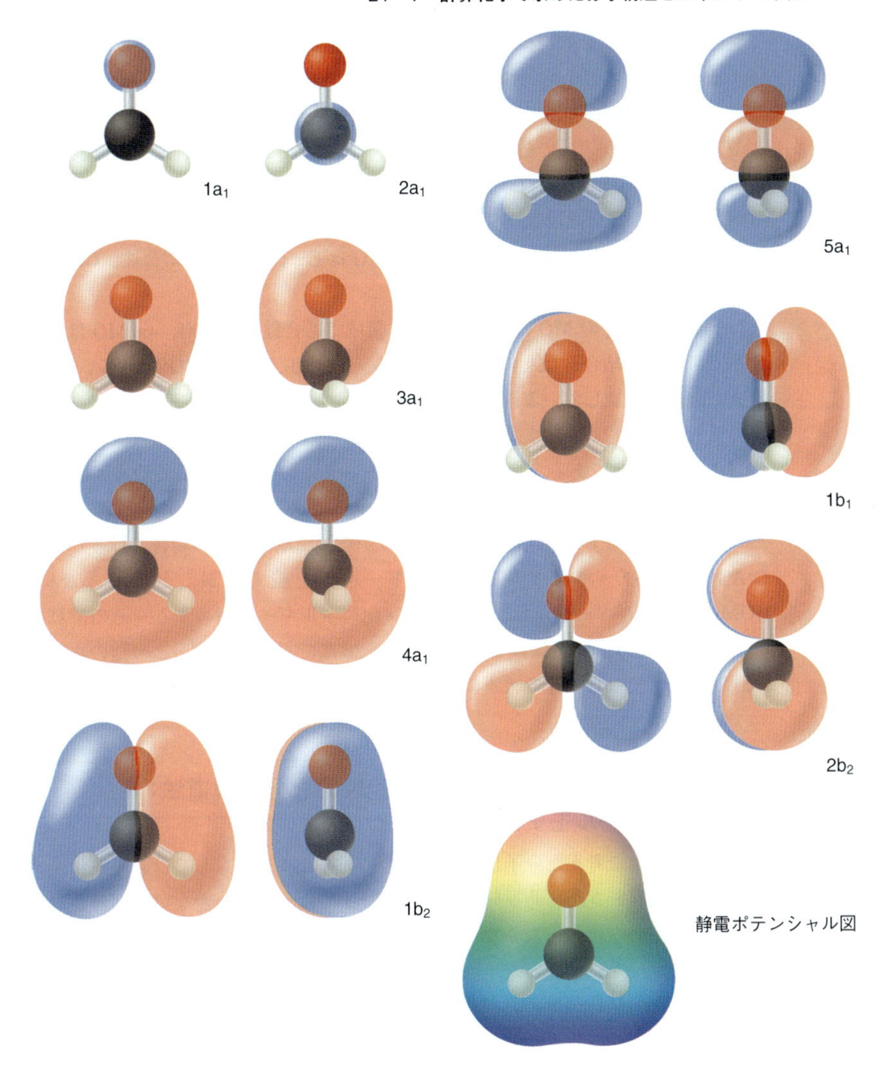

図 24・16 ホルムアルデヒドの対称適合 MO．局在化 MO 以外は，直交する 2 方向から見た分子が示してある．右下の図は電荷密度の等高面を示したもので，その内部には 90 パーセントの電子が含まれる．これに静電ポテンシャル図を重ねて描いてあり，赤色と青色はそれぞれ分子の負領域と正領域に相当している．

計算で求めた対称適合分子オービタルを示したものである．その MO の名称は，分子をある対称軸のまわりに回転したり，ある対称面で鏡映したりしたときに MO の符号が変わるかどうかを表している．これについては 27 章で説明する．ここでは単にラベルと考えておこう．

$1a_1$ で表される最低エネルギーの MO は O に局在化しており，O の 1sAO に相当する．次にエネルギーの低い $2a_1$ は C に局在化しており，C の 1sAO に相当する．これら 2 個の MO は，はじめ分子全体に非局在化していると仮定したが，計算によれば，内殻電子に予想されるように実際には局在化している．次に低い MO は $3a_1$ であり，O2s の AO と C2s の AO からの寄与のほかに，わずかながら H 原子からの寄与がある．この MO は C−O 領域で結合に寄与している．2p 電子の参加が最初に見られる MO は $4a_1$ である．これには，負の x 方向にある H 原子に向かう C の sp^2 混成 AO の寄与と O の $2p_x$ 孤立電子対の寄与がある．この MO は C−H 領域では結合性であるが，C−O 領域では反結合性である．$1b_2$ MO では，O の $2p_y$ 孤立電子対 AO が参加しており，それが C の $2p_y$ と 2 個の逆位相の H1sAO の組合わせでできた C−H 結合オービタル 2 個と位相を合わせて混合している．この MO は C−O 領域でも C−H 領域でも結合性である．$5a_1$ MO には O の $2p_x$ 孤立電子対が参加しており，それが C の sp^2 混成 AO と位相を合わせて混合している．その混成オービタルはそれぞれH原子に向かっている．このMOはC−O領域でもC−H領域でも結合性である．$1b_1$MOはC−O領域でπ結合を表し，H1sAOとの正味の重なりが0であるから，Hは寄与していない．このMOはC−O領域で結合性であり，C−H領域では非結合性である．$2b_2$MOはHOMOであり，$1b_2$MOが反結合性になったものである．Oの$2p_y$孤立電子対AOは，Cの$2p_y$AOと2個の逆位相のH1sAOの組合わせからできたC−H結合とが反結合的に相互作用している．このMOはC−O領域で非結合性，C−H領域で結合性である．

$3a_1$, $1b_2$, $5a_1$, $1b_1$のMOはすべてC−O領域で結合性を示すが，$4a_1$MOは反結合性であるから結合次数を減少させている．$4a_1$, $1b_2$, $5a_1$, $2b_2$MOはすべてC−H領域で結合に参加している．

23·8節で説明した計算によって求めた個々の原子の電荷は，H −0.064，C +0.60，O −0.47である．また，双極子モーメントの計算値は2.35 Dであり，実測値2.33 Dとよく一致している．そのMOのエネルギー準位を図24·17に示す．三つのタイプの原子のAOが関与しているから，二原子分子の場合に行ったようなAOエネルギー準位とMOエネルギー準位を線で結ぶことはできない．HOMOのエネルギー準位は，第一イオン化エネルギーに相当する．その計算値は12.0 eVであり，実測値は11 eVである．26章で説明するが，この種の物理量の計算精度は使った計算モデルにかなり依存する．

24・8　共役分子や芳香族分子の定性的な分子軌道法：ヒュッケルモデル

これまでの節で考えた分子は，化学結合の局在化モデルもしくは非局在化モデルを使って説明できた．共役分子や芳香族分子ではそうはいかない，別の非局在化モデルを使わなければならない．1,3-ブタジエンなどの**共役分子**[1]は，単結合と二重結合が交互に連なった平面形の炭素骨格から成る．1,3-ブタジエンの単結合と二重結合の結合長はそれぞれ147 pm，134 pmである．この単結合はエタン

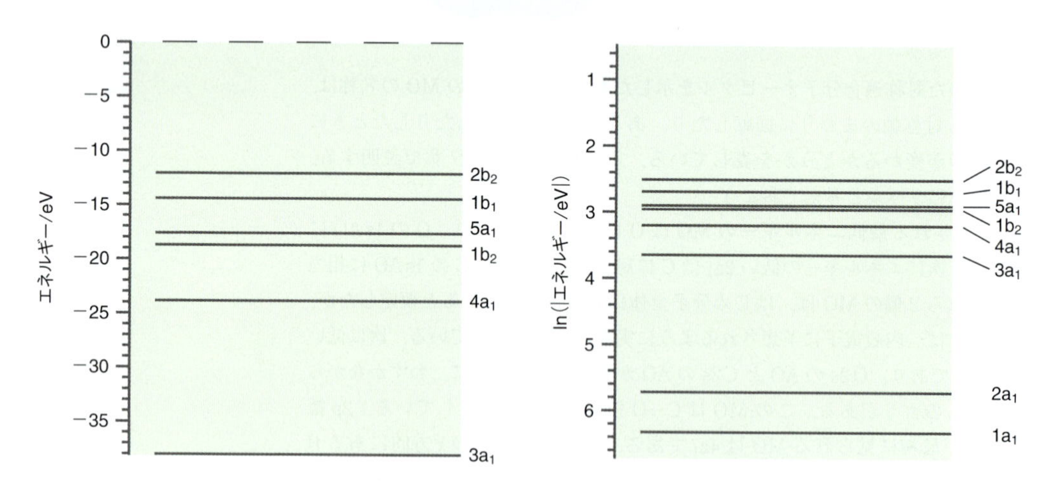

図24·17　ホルムアルデヒドの価電子MOのエネルギー準位（左図）．$1a_1$MOと$2a_1$MOの準位はそれぞれ −560.2 eV，−308.7 eVにあるから，この図には示していない．右図はエネルギーを対数目盛で表したもので，すべてのMOのエネルギー準位を示してある．計算値は，6-31G* 基底セットを使ったMP2計算で得られたものである（26章を見よ）．

1) conjugated molecule

の単結合（154 pm）より短く，非局在化した π ネットワークの形成を示唆している．このような非局在化ネットワークは，σ 結合した炭素骨格内の sp^2 混成した炭素原子間のカップリングを使ってモデル化することができる．この π ネットワーク形成による全エネルギーの低下は，孤立二重結合をもつ分子と比較して共役分子の反応性が低い原因となっている．

芳香族分子[1]は特殊な共役分子であり，反応性という点で特に安定な環構造に基づいている．分子が芳香性を示すには，分子内の可動電子のための"閉回路"が存在しなければならない．このような電流が流れるのは電子が非局在化しているということであるから，芳香族分子の結合は局在化結合における電子対形成では説明できない．たとえば，ベンゼンには長さの等しい 6 個の C−C 結合があり，その結合長 139 pm は 1,3-ブタジエンの単結合と二重結合の間にある．これは，6 個の π 電子が 6 個の炭素原子全部にわたって分布していることを示している．したがって，芳香族分子を説明するには何らかの非局在化モデルが必要である．

ヒュッケル[2]は，定性的な MO 法をうまく応用し，共役分子や芳香族分子の非局在化 π 電子のエネルギー準位を計算した．その**ヒュッケルモデル**[3]は単純であるにもかかわらず，非局在化による安定化をうまく予測し，多数ある環状ポリエンの中でどれが芳香性をもつかを予測できる．ヒュッケルモデルを使えば，炭素骨格の MO の σ ネットワークとは区別して π ネットワークを扱うことができる．ヒュッケルモデルでは，混成と局在化した原子価結合モデルを使って σ 結合の骨格を表し，MO 法を使って非局在化 π 電子を表す．

ヒュッケル法では，πMO をつくるための p 原子オービタルを，sp^2 の σ 結合した炭素骨格とは別に扱う．1,3-ブタジエンの 4 個の炭素から成る π ネットワークの場合は，πMO をつぎのかたちに書ける．

$$\psi_\pi = c_1\phi_{2p_z1} + c_2\phi_{2p_z2} + c_3\phi_{2p_z3} + c_4\phi_{2p_z4} \qquad (24\cdot14)$$

23・1 節で行ったように変分法を使って，4 個の AO を組合わせてできる 4 個の MO のうち，最低のエネルギーを与える係数を計算しよう．まず，つぎの永年方程式が得られる．

$$\begin{aligned}
c_1(H_{11}-\varepsilon S_{11}) + c_2(H_{12}-\varepsilon S_{12}) + c_3(H_{13}-\varepsilon S_{13}) + c_4(H_{14}-\varepsilon S_{14}) &= 0\\
c_1(H_{21}-\varepsilon S_{21}) + c_2(H_{22}-\varepsilon S_{22}) + c_3(H_{23}-\varepsilon S_{23}) + c_4(H_{24}-\varepsilon S_{24}) &= 0\\
c_1(H_{31}-\varepsilon S_{31}) + c_2(H_{32}-\varepsilon S_{32}) + c_3(H_{33}-\varepsilon S_{33}) + c_4(H_{34}-\varepsilon S_{34}) &= 0\\
c_1(H_{41}-\varepsilon S_{41}) + c_2(H_{42}-\varepsilon S_{42}) + c_3(H_{43}-\varepsilon S_{43}) + c_4(H_{44}-\varepsilon S_{44}) &= 0
\end{aligned} \qquad (24\cdot15)$$

23 章で説明したのと同様に，H_{aa} のタイプの積分をクーロン積分，H_{ab} のタイプの積分を共鳴積分，S_{ab} のタイプの積分を重なり積分という．ヒュッケルモデルでは，これらの積分を計算するのではなく，いろいろな共役分子で得られた熱力学データや分光学データを使って求める．入力データとして理論と実験からの情報を使うから，ヒュッケルモデルは**半経験法**[4]である．

ヒュッケルモデルでは，クーロン積分と共鳴積分はすべての共役炭化水素について同じとし，それぞれ記号 α と β で表す．α は 2p オービタルのイオン化エネルギーを負にしたものである．β も負で，ふつう調節パラメーターとして残して

1) aromatic molecule 2) Erich Hückel 3) Hückel model 4) semiempirical theory

おく．これらの記号をスピンの向きを表す記号と混同してはならない．1,3-ブタジエンの MO のエネルギーと各 AO の係数を求めるための**永年行列式**[1]は，

$$\begin{vmatrix} H_{11}-\varepsilon S_{11} & H_{12}-\varepsilon S_{12} & H_{13}-\varepsilon S_{13} & H_{14}-\varepsilon S_{14} \\ H_{21}-\varepsilon S_{21} & H_{22}-\varepsilon S_{22} & H_{23}-\varepsilon S_{23} & H_{24}-\varepsilon S_{24} \\ H_{31}-\varepsilon S_{31} & H_{32}-\varepsilon S_{32} & H_{33}-\varepsilon S_{33} & H_{34}-\varepsilon S_{34} \\ H_{41}-\varepsilon S_{41} & H_{42}-\varepsilon S_{42} & H_{43}-\varepsilon S_{43} & H_{44}-\varepsilon S_{44} \end{vmatrix} \tag{24・16}$$

である．ヒュッケルモデルでは，永年行列式を解きやすくするために，単純化するための仮定をいくつかおく．まず $S_{ii}=1$ とし，$i=j$ でない限り $S_{ij}=0$ とする．これはかなり粗い近似である．それは，隣接原子間の重なりが 0 なら，結合が形成されないことになるからである．また，i と j が隣合わせの C 原子なら $H_{ij}=\beta$，$i=j$ のときは $H_{ij}=\alpha$，それ以外の場合は $H_{ij}=0$ とする．隣合わない炭素原子について $H_{ij}=0$ とおいたのは，隣接する $2p_z$ オービタルの間の相互作用が主であるとしたことになる．この単純化のための仮定によって，非環状のポリエンでは，行列式の対角要素とそのすぐ隣の非対角要素以外の要素は全部 0 となる．

以上の仮定のもとで 1,3-ブタジエンの永年行列式を表せば，

$$\begin{vmatrix} \alpha-\varepsilon & \beta & 0 & 0 \\ \beta & \alpha-\varepsilon & \beta & 0 \\ 0 & \beta & \alpha-\varepsilon & \beta \\ 0 & 0 & \beta & \alpha-\varepsilon \end{vmatrix} = 0 \tag{24・17}$$

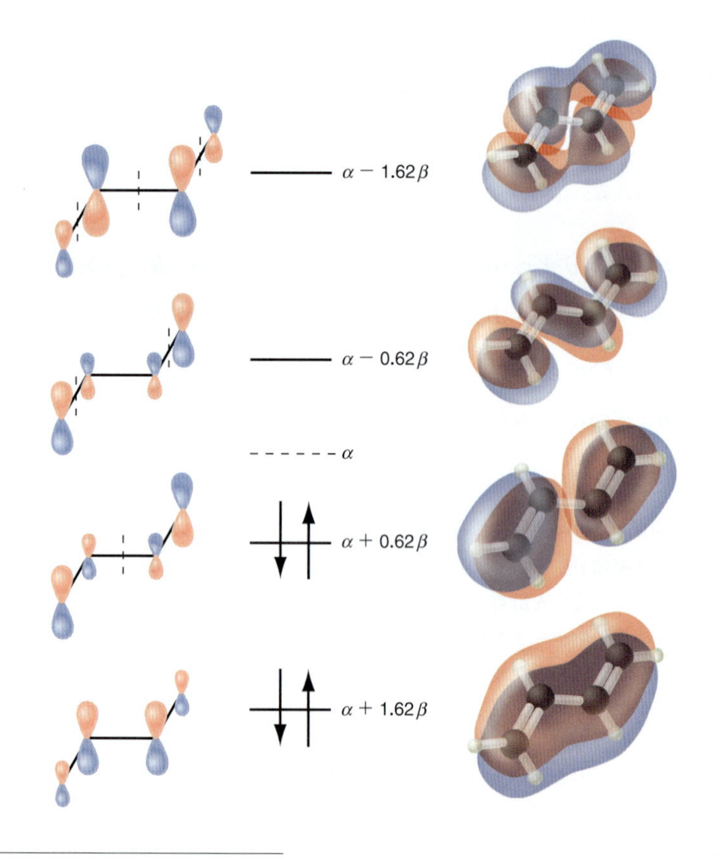

図 24・18 ヒュッケル近似で求めた 1,3-ブタジエンのエネルギー準位と分子オービタル．左側の図に示した $2p_z$AO の大きさは，MO における係数の大きさに比例して描いてある．右側は計算で求めた MO（本文を見よ）である．ローブの赤色と青色は，振幅がそれぞれ正と負であることを表している．縦の破線は節を示す．

1) secular determinant

となる．例題 24·7 で示すように，この行列式の解 ε は π オービタルのエネルギーを与える．それを図 24·18 に示す．

図 24·18 の結果の一部について考察しよう．まず，MO が違えばその AO の係数は異なっているのがわかる．次に，節の現れ方は，これまでに解いた他の量子力学系と同じことがわかる．つまり，基底状態には分子面に垂直な節はなく，エネルギーが高くなるほど節の数が増加する．節は電子を見いだす確率が 0 の領域である．炭素原子間に節が現れるほど MO に反結合性が加わり，それで MO エネルギーは上昇する．

例題 24・7

1,3-ブタジエンの永年行列式を解いて MO エネルギーを求めよ．

解 答

4 × 4 永年行列式を展開するとつぎの式が得られる（上巻の付録 A「数学的な取扱い」を見よ）．

$$\begin{vmatrix} \alpha-\varepsilon & \beta & 0 & 0 \\ \beta & \alpha-\varepsilon & \beta & 0 \\ 0 & \beta & \alpha-\varepsilon & \beta \\ 0 & 0 & \beta & \alpha-\varepsilon \end{vmatrix}$$

$$= (\alpha-\varepsilon)\begin{vmatrix} \alpha-\varepsilon & \beta & 0 \\ \beta & \alpha-\varepsilon & \beta \\ 0 & \beta & \alpha-\varepsilon \end{vmatrix} - \beta\begin{vmatrix} \beta & \beta & 0 \\ 0 & \alpha-\varepsilon & \beta \\ 0 & \beta & \alpha-\varepsilon \end{vmatrix}$$

$$= (\alpha-\varepsilon)^2\begin{vmatrix} \alpha-\varepsilon & \beta \\ \beta & \alpha-\varepsilon \end{vmatrix} - \beta(\alpha-\varepsilon)\begin{vmatrix} \beta & \beta \\ 0 & \alpha-\varepsilon \end{vmatrix} - \beta^2\begin{vmatrix} \alpha-\varepsilon & \beta \\ \beta & \alpha-\varepsilon \end{vmatrix} + \beta^2\begin{vmatrix} 0 & \beta \\ 0 & \alpha-\varepsilon \end{vmatrix}$$

$$= (\alpha-\varepsilon)^4 - (\alpha-\varepsilon)^2\beta^2 - (\alpha-\varepsilon)^2\beta^2 - (\alpha-\varepsilon)^2\beta^2 + \beta^4$$

$$= (\alpha-\varepsilon)^4 - 3(\alpha-\varepsilon)^2\beta^2 + \beta^4 = \beta^4\left[\frac{(\alpha-\varepsilon)^4}{\beta^4} - \frac{3(\alpha-\varepsilon)^2}{\beta^2} + 1\right] = 0$$

この式はつぎの 2 次方程式のかたちに書ける．

$$\frac{(\alpha-\varepsilon)^2}{\beta^2} = \frac{3 \pm \sqrt{5}}{2}$$

これから，$\varepsilon = \alpha \pm 1.62\beta$ および $\varepsilon = \alpha \pm 0.62\beta$ の 4 通りの解が得られる．

単環ポリエンについてエネルギー準位と AO の係数を求めるには，つぎの図形を描いて考えれば非常に簡単である．すなわち，そのポリエンを半径 2β の円に内接する正多角形で表し，その一辺が真下を向くように置く．その多角形と円の接点に相当するところに水平線を描く．これらの線がエネルギー準位に相当し，円の中心はエネルギー α に相当している．この方法の具体例を例題 24·8 で示そう．

例題 24・8

内接多角形の方法を使って，ベンゼンのヒュッケル MO のエネルギー準位を計算せよ．

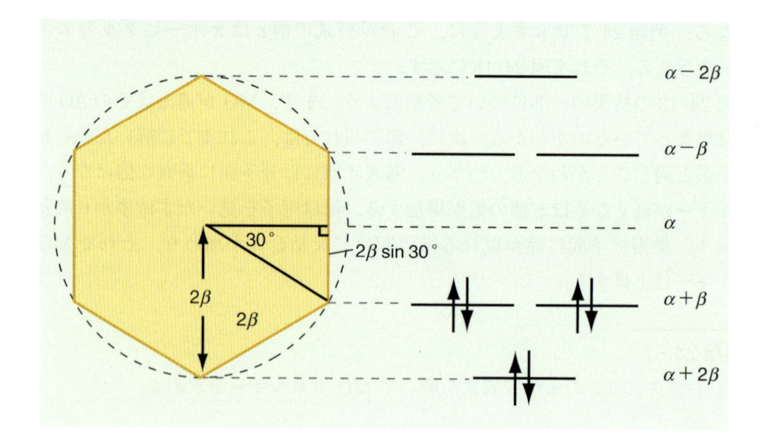

解答

上の図を描けば，エネルギー準位は $\alpha+2\beta$，$\alpha+\beta$，$\alpha-\beta$，$\alpha-2\beta$ であることがわかる．6 個の π 電子によるオービタルエネルギーの和は $6\alpha+8\beta$ である．

ベンゼンの MO とそのエネルギーを図 24·19 に示す．$\alpha+\beta$ と $\alpha-\beta$ のエネルギー準位はどちらも二重縮退していることに注意しよう．1,3-ブタジエンの場合と同じで，最低エネルギーの MO には分子面に垂直な節はなく，節の数が増えるほど MO のエネルギーは高くなる．ベンゼンの π 電子 1 個当たりの平均オー

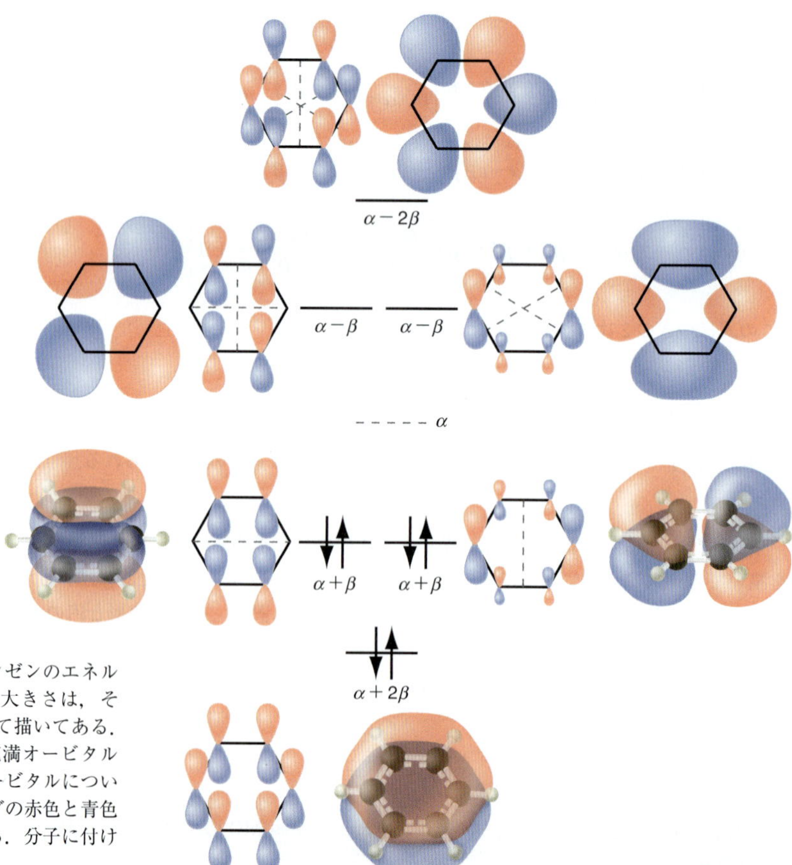

図 24·19　ヒュッケル近似で求めたベンゼンのエネルギー準位と分子オービタル．$2p_z$AO の大きさは，その MO における係数の大きさに比例して描いてある．計算で求めた MO（本文を見よ）は，充満オービタルについては三次元透視図で表し，空オービタルについては上から見た図で表してある．ローブの赤色と青色は，それぞれ振幅が正と負を表している．分子に付けた細い破線は節面を示す．

ビタルエネルギーは,

$$\frac{1}{6}[2(\alpha+2\beta)+4(\alpha+\beta)] = \alpha + 1.33\beta$$

である.

比較的小さな単環ポリエン$(CH)_m$のエネルギー準位は, 図24・20に示す様式をしている. mはπ結合した炭素原子の数である. エネルギー値αを境にして, 結合性MOと反結合性MOに分かれる.

この図は, π電子がN個の単環共役系ではつぎの**ヒュッケル則**[1]が成り立つことを示している.

- $N=4n+2$ (nは整数0, 1, 2, …) の分子は, π電子の非局在化ネットワークによって安定化している.
- $N=4n+1$または$4n+3$の分子はラジカル (遊離基) である.
- $N=4n$の分子は不対電子を2個もち, 非常に反応性に富む.

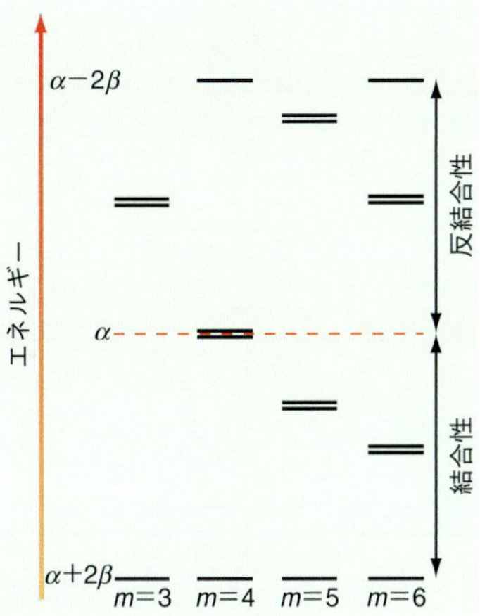

図24・20 π結合した炭素原子の数$m=3$〜6個から成る単環ポリエン$(CH)_m$のπMOのエネルギー. 二重縮退の準位は, わかりやすく二本線で表してある.

図24・20を見ればヒュッケル則がよくわかる. どの環状ポリエンも最低エネルギー準位は縮退しておらず, そのエネルギーは$\alpha+2\beta$である. それ以外の準位は, mが偶数の最高エネルギー準位を除いて二重に縮退している. $N=4n+2$で最も安定化するのは, π電子すべてが対をつくって, $\varepsilon<\alpha$の結合性オービタルに入るからである. $n=1$では6個のπ電子によって最も安定化している. $m=6$のベンゼンはこの場合である. 次に, ベンゼンよりπ電子が1個少ない場合と1個多い場合を考えよう. $N=5$でも7でも最高被占エネルギー準位は満たされていないからラジカルとなり, ベンゼンより不安定である. 最も安定化している系から電子を2個取除けばどうなるだろうか. 最低のエネルギー準位 (mが偶数なら最高の準位も) を除いてすべての準位は二重縮退しているから, $N=4n$の場合は, 縮退準位それぞれには電子が1個ずつしか入っていない. そこで, この分子はビラジカルである.

これらの規則を使えば, 便利な予測を行うことができる. たとえば, C_3H_3はシクロプロペンからH原子を1個取除いてできるが, 中性分子であるC_3H_3 $(N=3)$や$C_3H_3^-$イオン$(N=4)$より$C_3H_3^+$イオン$(N=2)$の方が安定なはずである. π電子が4個あるシクロブタジエン$(N=4)$の歪んでいない形の分子はビラジカルであり, したがって非常に反応性に富む. C_5H_5で最も安定化するのは, 図24・20でわかるように$N=6$の場合である. したがって, C_5H_5や$C_5H_5^+$より$C_5H_5^-$が安定であると予測される. これらの予測は実験で立証されてきたため, ヒュッケルモデルはかなり大胆な近似に基づくものでありながら, その予測能力の高さを示している.

この$4n+2$則を説明するには, いまのところヒュッケルモデルが最も役に立つ. 容易に入手できる計算化学ソフトウエアを使えば, MOとそのエネルギー準位をパーソナルコンピューターでも迅速に計算することができ, 実験データに頼らずαとβを求めることができる. 図24・18や図24・19のMOはこうして得られたものであり, 密度汎関数法のB3LYP法と6-31G* 基底セットを使っている (26章を見よ).

次に, 電子が分子内の閉じた回路を動ける芳香族化合物で生じる**共鳴安定化エネルギー**[2]について説明しよう. この安定化エネルギーだけを計算できる特別な方法があるわけではない. そこで, このエネルギーを求める合理的な方法は, 水素原子の数と配置が注目する環状ポリエンと同じで, 二重結合と単結合が交互に

1) Hückel rule　2) resonance stabilization energy

連なった直鎖ポリエンと比較し，そのπネットワークエネルギーを計算することである．その直鎖ポリエンは，場合によっては仮想的な分子のこともあるが，上で述べた方法を使えばπネットワークエネルギーを計算できる．ただし，L. Schaad と B. Hess が指摘したように［*J. Chemical Education*, **51**, 640–643 (1974)］，比較対象となる参照分子が環状でなく直鎖であるという点を除いて，すべての面で似ている場合でしか意味のある共鳴安定化エネルギーの値は得られない．ベンゼンの参照分子の全πエネルギーは $6\alpha+7.608\beta$ である．図 24·20 からわかるように，ベンゼンの値は $6\alpha+8\beta$ である．したがって，ベンゼンのπ電子1個当たりの共鳴安定化エネルギーは $(8.000\beta-7.608\beta)/6=0.065\beta$ となる．彼らは，参照分子として適当な化合物を考えることによって，多くの化合物の共鳴安定化エネルギーを計算した．その結果の一部を図 24·21 に示す．

図 24·21 によれば，非局在化による共鳴安定化エネルギーが最大なのはベンゼンとベンゾシクロブタジエンである．共鳴安定化エネルギーの値が負の分子は，環状ポリエンより直鎖ポリエンの方が安定と予測されるもので，これを**反芳香族分子**[1]という．これらの値は，πネットワークエネルギーだけを計算した結果であり，分子の全エネルギーは被占πオービタルのエネルギーの和に比例すると仮定していることに注意しよう．また，C−C−C 結合角が sp^2 混成の 120° から大きくずれたときに生じる歪みエネルギーの効果も無視している．たとえば，シクロブタジエンの結合角は 90° であるから，σ結合の骨格にかなりの歪みエネルギーがあり，直鎖ポリエンと比較すればこれが分子を不安定化させているのである．芳香性の度合いを熱化学や反応性，核磁気共鳴分光法（28 章を見よ）を用いた化学シフトなどの実験データに基づいて求めて得られた序列は，適切な参照分子を使って共鳴安定化エネルギーを計算したときのヒュッケルモデルの予測とよく一致している．

芳香性を表すのにここに示した例は平面化合物ばかりであるが，これは芳香性

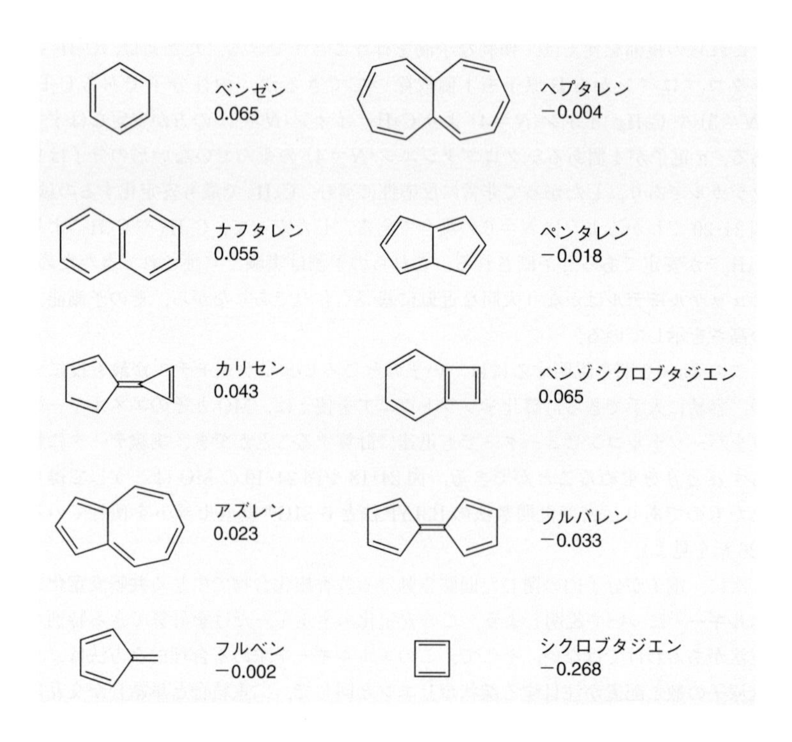

図 24·21 いろいろな環状ポリエンのπ電子1個当たりの共鳴安定化エネルギー．β 単位の数値で表してある．

1) antiaromatic molecule

にとって必要条件ではない．フェロセンなどのサンドイッチ形化合物やフラーレン類なども芳香性を示す．これらの分子では，電子が動ける閉回路が三次元に広がっている．共役分子や芳香族分子を対象としたこのような計算結果は，ヒュッケルモデルがいかに強力かを示しており，最小限の計算労力で，積分計算をまったく行わず，場合によってはαやβの数値を使うこともなく有益な結果を得ることができる．拡張ヒュッケルモデルでは単純化のための仮定を少なくし，σ電子とπ電子を同じように扱う．

24・9 分子から固体へ

ヒュッケルモデルは，固体を巨大分子とみなすことによって，固体のエネルギー準位を理解するのにも役立っている．16 章で箱の中の粒子モデルを固体に適用したとき，固体のエネルギースペクトルには連続的な側面と離散的な側面があると述べた．そのエネルギースペクトルは，バンドというエネルギー領域では連続である．一方，エネルギーバンド同士は**バンドギャップ**[1]で隔てられており，そこではどんな量子状態も許されない．ヒュッケルモデル(図 24・22)は，このエネルギースペクトルがどのようにできるかについて理解を深めるのに役立つだろう．

原子間でπ結合が形成された一次元鎖を考えよう．エテンや 1,3-ブタジエン，ベンゼンの例で見たように，$2p_x$ 原子オービタル N 個が組合わされば，これと同数のπMO ができる．ヒュッケル理論の予測によれば，最低エネルギーの MO と最高エネルギーの MO のエネルギー差は共役結合鎖の長さに依存するが，鎖長無限大で 4β の値に近づく．N 個あるエネルギー準位はすべて $\alpha+2\beta$ と $\alpha-2\beta$ の間になければならない．したがって，$N\rightarrow\infty$ では，隣の準位との間隔が無視できるほど小さくなり，エネルギースペクトルは連続的となってバンドを形成する．

図 24・22 には長い一次元鎖の波動関数を模式的に示してある．そのバンドの最下部ではすべての AO の位相が合っているが (完全に結合性)，最上部では隣同士の AO の位相はまったく反転している (完全に反結合性) のがわかる．バンド中央付近のエネルギーでは，節と節の間隔が原子間距離の 1〜N 倍の中間的な値にあり，その状態は部分的に結合性である．この一次元鎖には，図 23・4 で示した距離に対するポテンシャルエネルギーの曲線が適用できる．その結果が図 24・

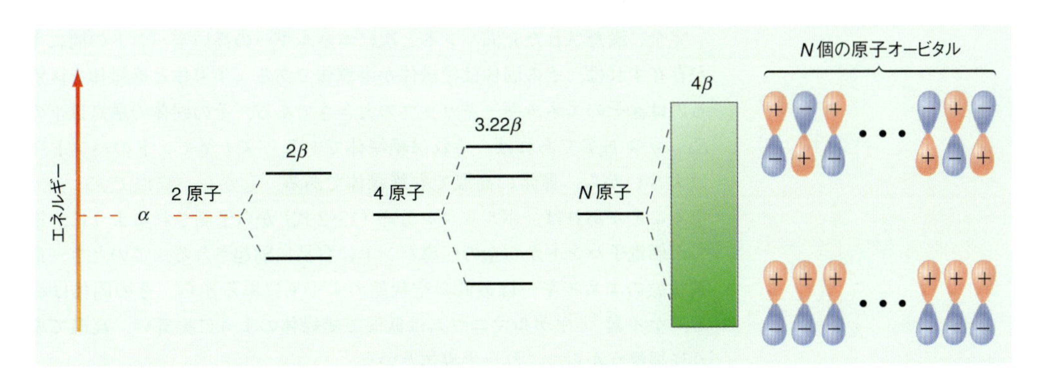

図 24・22 ヒュッケルモデルを使って求めた一次元原子鎖の MO．N が非常に大きくなれば，そのエネルギースペクトルは連続的になる．

1) band gap

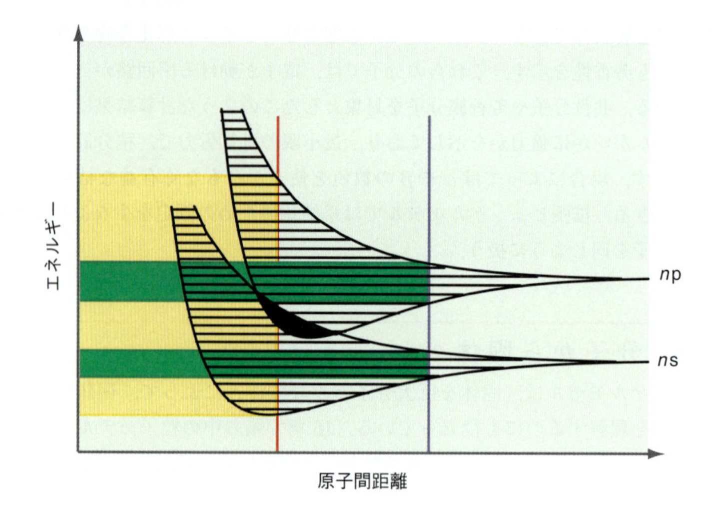

図 24・23 2個の異なるAOでできるバンド．バンドのエネルギー幅は原子間距離によって変わる．赤色の線で示す平衡距離では，2個のバンドが重なり合って，黄色で示す領域の上から下まですべてのエネルギー値をとりうる．原子間距離が長すぎても短すぎても，こうはならない．たとえば，紫色の線で示す距離に固体があれば，バンドギャップが現れる．この場合，緑色で示す領域に2個の狭いバンドがあり，両者は重なり合わない．

23である．2原子固体（二原子分子）の波動関数は，完全に結合性か完全に反結合性かしかない．しかし，鎖が長くなれば，両者の間に可能なあらゆる波動関数が現れる．したがって，図24・23では数個の水平線で表しているが，その全エネルギー領域が許容される．

導体と半導体，絶縁体の相違を示す具体例について考えよう．固体では，たとえばMgの3sAOと3pAOのような異なるAOから，それぞれ別のバンドができる．それぞれのAOの間で十分な重なりができ結合が形成されれば，そのバンドのエネルギー幅は広い．そうでなければバンド幅は狭い．マグネシウム原子の配置は［Ne］$3s^2$であり，2個ある3s価電子は，隣合うMg原子の3s電子の重なりでできるバンドに入る．N個のMg原子からN個のMOができるが，そのそれぞれに電子は2個ずつ入れるから，$2N$個のMgの価電子は3sによるバンド（図24・23の下側のバンド）を完全に満たす．もし，このバンドと次にエネルギーの高い3p電子によるバンド（図24・23の上側のバンド）との間にギャップが存在すれば，Mgは絶縁体になるだろう．この状況は紫色の縦線で示す原子間距離のところに相当する．しかし，実際には赤色の縦線で示す原子間距離にあって，3sバンドと3pバンドは重なっている．その結果，重なったバンドの空状態は最高被占状態のエネルギーのすぐ上に存在しており，このためMgは導体である．

完全に満たされた充満バンドと次にエネルギーの高い空バンドの間にギャップが存在すれば，その固体は絶縁体か半導体である．半導体と絶縁体を区別しているのは，そのエネルギーギャップの大きさである．その固体の融点以下の温度で$E_{\text{ギャップ}} \gg k_BT$であれば，それは絶縁体である．ダイヤモンドのバンドギャップは大きいから，非常に高温でも絶縁体である．しかし，高温で$E_{\text{ギャップ}} \sim k_BT$となることがあれば，ボルツマン分布（13・2式）から予測されるように，電子は満ちた価電子バンドから空の伝導バンドに容易に励起される．このとき，最高の充満状態のエネルギーは最低の空状態のすぐ下にあるから，その固体は導体である．ケイ素[†2]やゲルマニウムは低温で絶縁体のように振舞い，高温で導体のように振舞うから，これを半導体という．

†2 訳注：半導体分野ではシリコンということが多いが，ここではケイ素とする．

24・10　室温で伝導性のある半導体

ケイ素は，純粋な状態ではバンドギャップが 1.1 eV もあるから，900 K 以上の高温でしか有意な伝導性を示さない．しかし，ケイ素を基礎とした半導体技術によって，コンピューターや各種デバイスは室温で機能している．それには，300 K でもこれらデバイスを電流が流れているはずである．室温という低温でケイ素を導体にしているのは何だろうか．本来の Si の性質を変えるには，その結晶構造の Si の位置を占めることのできる別の原子を導入することである．このように Si 結晶格子に別の原子を導入することを**ドーピング**[1]という．

ケイ素は，ふつうホウ素やリンなどの原子を使ってドープされる．それぞれ，価電子がケイ素より 1 個少ない原子と 1 個多い原子である．これらドーパント（添加不純物）の代表的な濃度は，ケイ素に対して数 ppm 程度である．このドーピングによって，低温でありながら Si はどのように伝導性になれるだろうか．リン原子によって生じたクーロンポテンシャルは，隣接する Si 原子のクーロンポテンシャルと重なるから，P 原子の価電子は結晶全体にわたって非局在化することができ，16・4 節で説明したように別のバンドをつくる．P は Si より価電子が 1 個多く，このバンド（ドーパントバンドという）は一部しか満たされておらず，図 24・24 に示すように，空の伝導バンドの下端より ～0.04 eV 下にある．このドーパントバンドの電子は，熱的に励起されるだけで空の Si 伝導バンドを占めることができる．重要なことは，k_BT と同程度でなければならないのは Si のバンドギャップ 1.1 eV ではなく，この 0.04 eV であり，この間の励起によって伝導バンドに非局在化電子がつくれるのである．したがって，リンをドープしたケイ素では，$k_BT \approx 0.04$ eV となる 300 K で伝導性がある．この場合のおもな電荷担体は負であるから，これを n 型半導体という．

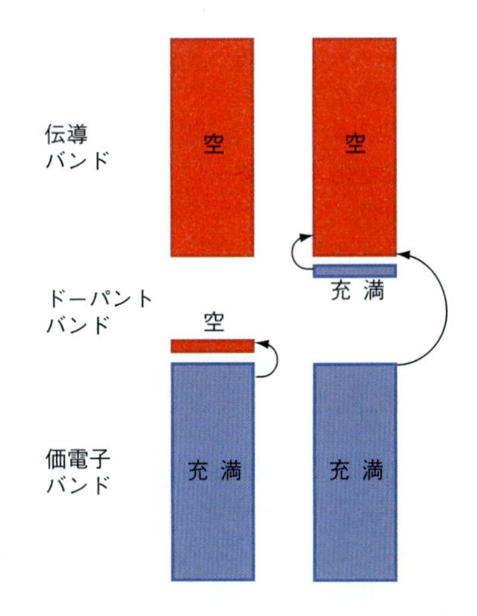

図 24・24　ドーパント導入によるケイ素のバンド構造の変化．伝導性をひき起こすのは，p 型半導体（左図）では価電子バンドからドーパントバンドへの励起であり，n 型半導体（右図）ではドーパントバンドから伝導バンドへの励起である．右図の右側の矢印で示すような Si のバンドギャップを励起するものではない．被占バンドと空バンドをそれぞれ青色と赤色で区別してある．図の上側ほどエネルギーは高い．

ドーパントとしてホウ素が 1 ppm 程度の濃度で導入されることもある．Si 結晶のホウ素原子が占めたサイトは隣接サイトより価電子が 1 個少なく，正電荷のように作用するから，これを正孔という．この正孔は結晶格子全体にわたって非局在化しており，隣接する Si 原子の電子がこれを満たせるから，あたかも動ける正電荷のように振舞える．こうして，余分になった負電荷を B 原子に残しながら，正孔は Si 原子から Si 原子へと次々ジャンプしながら動ける．この場合，空のドーパントバンドは充満した価電子バンド上端より ～0.045 eV 上のところにある．このタイプの半導体では，電子が充満した価電子バンドから空のドーパントバンドへと熱的に励起されて伝導性になる．この場合の電荷担体は正であるから，これを p 型半導体という．

n 型半導体でも p 型半導体でも，その電荷担体を活性化し，伝導性を誘起するためのエネルギーは Si のバンドギャップよりずっと小さい．ドーパントを導入したことによる Si の**バンド構造**[2]の変化を図 24・24 で説明してある．

1) doping　2) band structure

用語のまとめ

ウォルッシュ相関図
永年行列式
sp 混成，sp^2 混成，sp^3 混成
共鳴安定化エネルギー
共役分子
局在化結合モデル
原子価殻電子対反発（VSEPR）モデル
原子価結合（VB）法
孤立電子対
混　成
混成オービタル
ドーピング
半経験法
バンドギャップ
バンド構造
反芳香族分子
非局在化結合モデル
ヒュッケル則
ヒュッケルモデル
芳香族分子
ルイス構造

文章問題

Q 24.1　ある物質が半導体か，絶縁体かはあいまいなことが多い．それはなぜか．

Q 24.2　MO をつくる AO の各係数の値は，非局在化結合と局在化結合でどう違うか．

Q 24.3　混成した原子の電気陰性度は，s 性が増すにつれ増加するという仮定がある．これを支持する実験証拠は何か．

Q 24.4　図 24･22 に示したバンドでは，完全な結合性から完全な反結合性まで，あらゆる波動関数をとりうる．その理由を説明せよ．

Q 24.5　電子は互いに区別できない．また，結合電子と孤立電子対の波動関数は異なる．これらに基づいて，フッ素分子のルイス構造（:F̤̈−F̤̈:）の妥当性と有用性について説明せよ．

Q 24.6　C−C 結合について，sp 結合が sp^3 結合より強い証拠は表 24･1 のどこに見られるか．

Q 24.7　半導体は，最隣接原子間の距離を大きく変化できれば金属になりうる．どうすれば可能になるか．

Q 24.8　閉殻分子の結合性を説明するのに，局在化モデルも非局在化モデルも同じように使えるのはなぜか．両モデルを実験で区別できないのはなぜか．

Q 24.9　混成モデルでは，原子オービタルを組合わせて，その分子にとって都合のよい結合角の指向性オービタルをつくるとしている．このモデルの実験で確かめられる側面は何か．また，この推論の実験で検証できない側面は何か．

Q 24.10　MO のエネルギー準位図に局在化オービタルを表せないのはなぜか．

Q 24.11　H_2A 型の分子の結合角を被占 MO エネルギーの和を使って予測するとき，分子の全エネルギーは被占 MO エネルギーの和に比例するとしている．この仮定は妥当なものである．この和は全エネルギーより大きいか，それとも小さいと予想されるか．

Q 24.12　分子の構造を説明する MO モデルでは，MO エネルギーの結合角による変化を利用している．水の場合に，2θ が小さくなったときの $1a_1$ と $2a_1$ の MO エネルギーの減少分が，$1b_2$ の MO エネルギーの増加分を超えて減少する理由を説明せよ．

Q 24.13　図 24･18 と図 24･19 に示した共役分子について，π ネットワークを表す波動関数の分子面内の振幅はどんなものか．

Q 24.14　ヒュッケルモデルで，隣合わない原子について $H_{ij}=0$ とおく根拠は何か．

Q 24.15　ある種の環状ポリエンは，非平面形であることがわかっている．この分子の MO エネルギー準位をヒュッケルモデルでうまく表せるか．その答の根拠を説明せよ．

数値問題

赤字番号の問題の解説が解答･解説集にある（上巻 vii 頁参照）．

P 24.1　局在化オービタルと非局在化オービタルの説明に 24･6 節で使ったつぎの行列式の性質が正しいことを示せ．

$$\begin{vmatrix} a & c \\ b & d \end{vmatrix} = \begin{vmatrix} a & \gamma a + c \\ b & \gamma b + d \end{vmatrix}$$

P 24.2　LiH_2^+ と NH_2^- が直線形か屈曲形かを，図 24･11 のウォルッシュ相関図に基づいて予測せよ．その答について説明せよ．

P 24.3　24･3 節で説明した内容に従って，O_3 の中央の酸素について，2s 原子オービタルと 2p 原子オービタルの混成でできる規格化結合オービタルをつくれ．オゾンの結合角は 116.8° である．

P 24.4　(24･13)式で定義したつぎの局在化結合オービタルは互いに直交しているか．

$$\sigma' = 2c_1\phi_{\mathrm{H1sA}} + \left(c_2\phi_{\mathrm{Be2s}} - \frac{c_1c_4}{c_3}\,\phi_{\mathrm{Be2p_z}}\right)$$

$$\sigma'' = 2c_1\phi_{\mathrm{H1sB}} + \left(c_2\phi_{\mathrm{Be2s}} + \frac{c_1c_4}{c_3}\,\phi_{\mathrm{Be2p_z}}\right)$$

積分 $\int(\sigma')^*\sigma'' \mathrm{d}\tau$ を計算してから答えよ．

P 24.5 例題24·3で説明した方法を使って，sp混成オービタル，

$$\psi_a = 1/\sqrt{2}\,(-\phi_{2s} + \phi_{2p_z}) \quad と$$

$$\psi_b = 1/\sqrt{2}\,(-\phi_{2s} - \phi_{2p_z})$$

の向きが180°違っていることを示せ．

P 24.6 向きが180°異なる2個のsp混成オービタルについて，$\cos 2\theta = -\alpha^2$ とし，24·2節の方法を使って，

$$\psi_a = 1/\sqrt{2}\,(-\phi_{2s} + \phi_{2p_z}) \quad と$$

$$\psi_b = 1/\sqrt{2}\,(-\phi_{2s} - \phi_{2p_z})$$

の式を導け．この混成オービタルは互いに直交していることを示せ．

P 24.7 sp^3 混成でできる等価な4個のオービタルの組のうち，つぎの2個が互いに直交していることを示せ．

$$\psi_a = \frac{1}{2}(-\phi_{2s} + \phi_{2p_x} + \phi_{2p_y} + \phi_{2p_z})$$

$$\psi_b = \frac{1}{2}(-\phi_{2s} - \phi_{2p_x} - \phi_{2p_y} + \phi_{2p_z})$$

P 24.8 水の混成結合オービタル，

$$\psi_a = 0.55\,\phi_{2p_z} + 0.71\,\phi_{2p_x} - 0.45\,\phi_{2s} \quad と$$

$$\psi_b = 0.55\,\phi_{2p_z} - 0.71\,\phi_{2p_x} - 0.45\,\phi_{2s}$$

は互いに直交していることを示せ．

P 24.9 屈曲形分子 BH_2 と NH_2 のどちらの結合角が大きいかを，図24·11のウォルッシュ相関図に基づいて予測せよ．その答について説明せよ．

P 24.10 問題P24.8では水の2個の混成結合オービタルが直交することを示した．H_2O の酸素には，これ以外に孤立電子対による2個の互いに直交する混成オービタルがある．その両者とも ψ_a と ψ_b に直交している．つぎの段階を経て，その混成オービタルを導け．

a. 孤立電子対オービタルを表すつぎの式から始める．

$$\psi_c = d_1\,\phi_{2p_z} + d_2\,\phi_{2p_y} + d_3\,\phi_{2s} + d_4\,\phi_{2p_x}$$

$$\psi_d = d_5\,\phi_{2p_z} + d_6\,\phi_{2p_y} + d_7\,\phi_{2s} + d_8\,\phi_{2p_x}$$

対称性の条件を使って d_2 と d_4 を求めてから，d_3 と d_7 の比および d_4 と d_8 の比を求めよ．

b. それぞれの混成オービタルと孤立電子対オービタルについて，その係数の2乗の和は1であるという条件を使って，未知の係数を求めよ．

P 24.11 ボルツマン分布を使って，つぎの(a)と(b)に答えよ．

a. 300Kにおける純粋なケイ素について，価電子バンドの上端にある電子数に対する伝導バンドの下端にある電子数の比を計算せよ．Siのバンドギャップは1.1 eVである．

b. 300KにおけるPをドープしたSiについて，ドーパントバンドの上端にある電子数に対する伝導バンドの下端にある電子数の比を計算せよ．ドーパントバンドの上端は，Siの伝導バンドの下端より0.040 eV下にある．

以上の計算では，縮退度の比を1と仮定せよ．その計算結果から，二つの材料の室温での伝導性について何がいえるか．

P 24.12 VSEPR法を使ってつぎの構造を予測せよ．

a. PCl_5 **b.** SO_2 **c.** XeF_2 **d.** XeF_6

P 24.13 問題P24.3では，オゾンの混成結合オービタルを求めた．24·3節で説明した内容に従って，O_3 の中央の酸素について，2s原子オービタルと2p原子オービタルの混成でできる規格化孤立電子対オービタルをつくれ．オゾンの結合角は116.8°である．

P 24.14 問題P24.10の結果を使ってつぎの問題を解け．

a. 水の孤立電子対の混成オービタルについて，そのs性とp性を計算せよ．

b. 孤立電子対オービタルが互いに直交し，混成結合オービタルとも直交していることを示せ．

P 24.15 VSEPR法を使ってつぎの構造を予測せよ．

a. PF_3 **b.** CO_2 **c.** BrF_5 **d.** SO_3^{2-}

P 24.16 アンモニアの被占MOをMOエネルギーとともにつぎに示してある．それぞれのMOについて，どのAOが最も重要かを示し，AOの相対的な位相を表せ．各MOを局在化MOと非局在化MOに分類し，結合性と非結合性，反結合性に分類せよ．

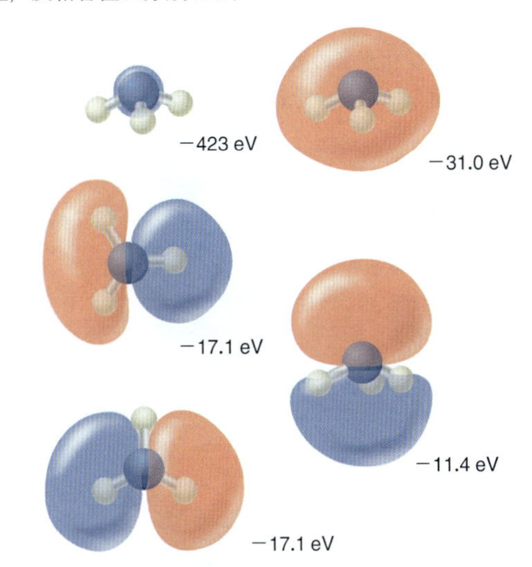

P 24.17 CH_2 の基底状態と第一励起状態では，どちらの結合角が大きいか．図24·11のウォルッシュ相関図に基づいて予測せよ．その答について説明せよ．

P 24.18 エテンの被占MOをMOエネルギーとともにつぎに示してある．それぞれのMOについて，どのAOが最も重要かを示し，AOの相対的な位相を表せ．各MOを局

在化MOと非局在化MOに，σ結合とπ結合に，結合性と非結合性，反結合性にそれぞれ分類せよ．

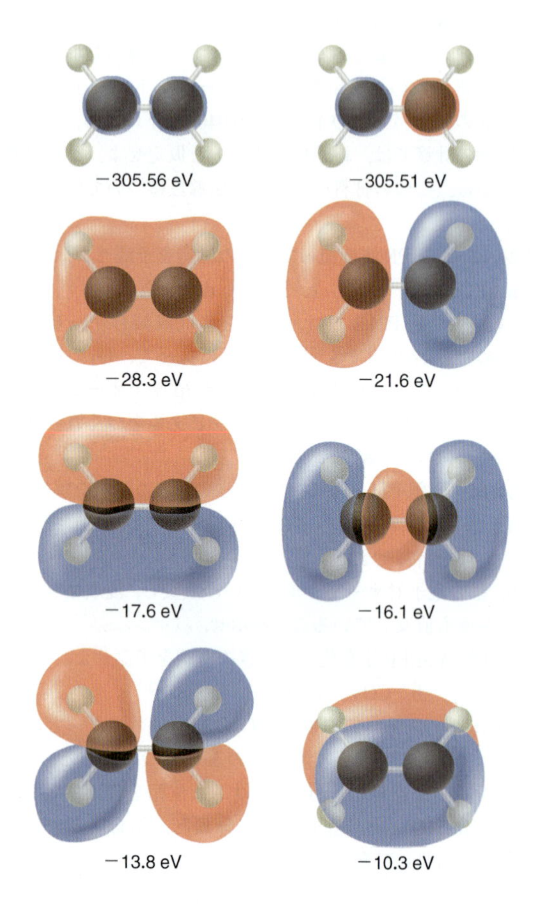

P 24.19　シアン化水素の被占MOをMOエネルギーとともにつぎに示してある．それぞれのMOについて，どのAOが最も重要かを示し，AOの相対的な位相を表せ．各MOを局在化MOと非局在化MOに，σ結合とπ結合に，結合性と非結合性，反結合性にそれぞれ分類せよ．

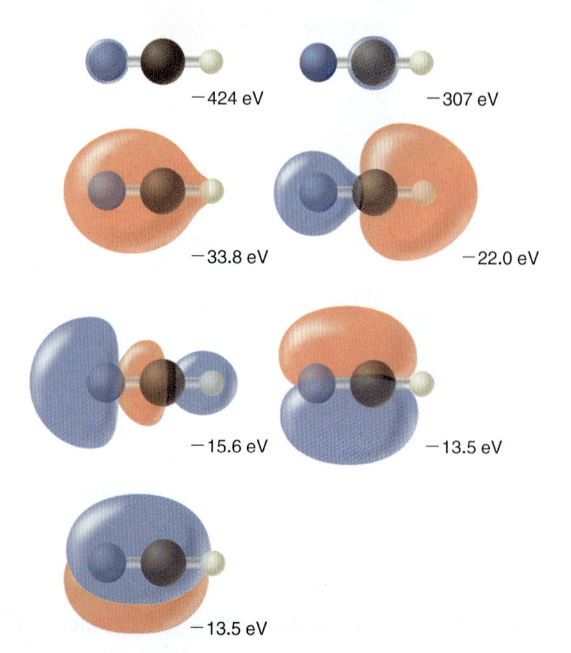

P 24.20　例題24·8で示した図解法を使って，シクロブタジエンのπ電子MOの準位を求めよ．この分子の全πエネルギーはいくらか．この分子に不対電子は何個あるか．

P 24.21　1,3-ブタジエンについて，エネルギーが最低のヒュッケルπMOのAOの係数を求めよ．

P 24.22　例題24·8で示した図解法を使って，シクロペンタジエニルラジカルのπ電子MOの準位を求めよ．この分子の全πエネルギーはいくらか．この分子に不対電子は何個あるか．

P 24.23　アリルカチオン $CH_2{=}CH{-}CH_2^+$ には，ヒュッケル法で表せる非局在化πネットワークがある．このカチオンのMOエネルギー準位を求め，基底状態と思われる準位に電子を配置せよ．1,3-ブタジエンのMOを例に使って，このカチオンのMOと予想される図を描け．そのMOを結合性と反結合性，非結合性に分類せよ．

P 24.24　ヒュッケルモデルでエチレンのπ系の永年行列式を書き，それを解け．その各炭素原子の $2p_z$AOの係数を求め，MOの概略図を描け．その各MOを結合性と反結合性に分類せよ．

P 24.25　例題24·8で示した図解法を使って，シクロヘプタトリエニルカチオンのエネルギー準位を求めよ．この分子の全πエネルギーはいくらか．この分子に不対電子は何個あるか．このカチオン，中性分子，アニオンのいずれが芳香族と予測できるか．その答について説明せよ．

P 24.26　ジゲルマン Ge_2H_2 の低エネルギー構造の一つはエテンに似ている．ここに示すルイス構造 H:Ge::Ge:H は，3個あるルイス共鳴構造の一つである．Ge−Geの結合次数は2と3の間とされてきた．結合次数が2を超えるには，孤立電子対が結合に参加しているはずである．エネルギーが最高の5個の被占価電子分子オービタルをつぎに示す．これらのMOを，局在化MOと非局在化MOに，σ結合とπ結合に，結合性と非結合性，反結合性にそれぞれ分類せよ．

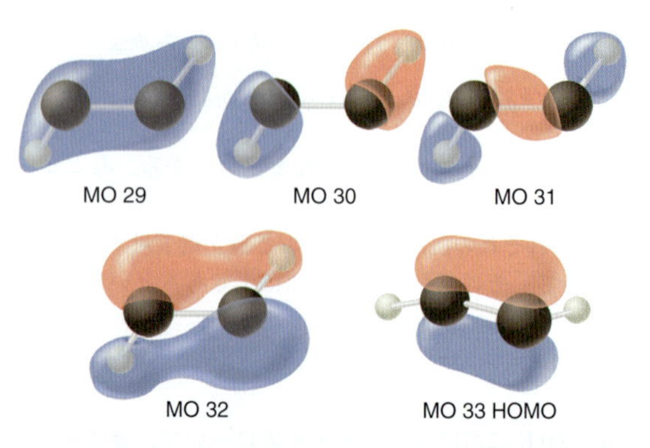

P 24.27　平面形の *trans*-ジゲルマンの各Ge原子にできる

s-p 混成は，Ge−Ge の σ 結合については $sp^{1.5}$，Ge−H 結合については $sp^{1.8}$ と表されてきた．Ge の（ルイス構造で表したときの）孤立電子は sp^n 混成オービタルに入っている．ここで，n は混成の p 性である．ゲルマニウムにある面内の 3 個の s-p 混成オービタルは，どれも規格化されており，互いに直交していなければならない．この分子は xz 面内にあり，Ge−Ge 結合は z 軸上にあるとする．この混成オービタルを pAO と sAO の一次結合で表し，その係数を計算せよ．その値を使って n を計算せよ．

P 24.28 平面形の *trans*-ジゲルマンの各 Ge 原子にできる s-p 混成は，Ge−Ge の σ 結合については $sp^{1.5}$，Ge−H 結合については $sp^{1.8}$ と表されてきた．この情報に基づき H−Ge−Ge の結合角を計算せよ．$4p_x$ オービタルと $4p_y$ オービタルは，それぞれ $\cos\theta$ と $\sin\theta$ に比例することに注目し，問題 P24.27 で求めた係数を使ってこの問題を解け．

P 24.29 つぎの図には，H_2S の被占価電子 MO のエネルギーを H−S−H 結合角の関数として表してある．H_2O について図 24·11 で表した類似の図と比較すると，結合角が 90° に近づけば $2a_1$ MO のエネルギーはかなり急速に減少しているのがわかる．この MO 図に基づいて，H_2S が屈曲形であること，その結合角（92°）が水より小さい理由をそれぞれ説明せよ．

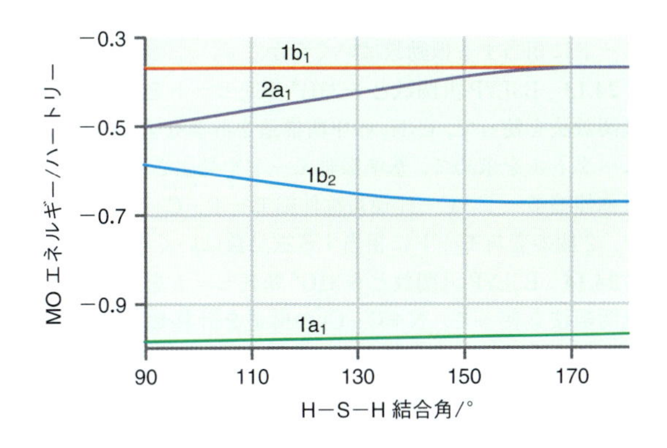

比較のために，MO 図を使わず，混成に基づいて結合角を説明せよ．

P 24.30 つぎの図には，三フッ化ホウ素の価電子分子オービタルのエネルギーを示してある．3 個の被占オービタル（a_2HOMO と二重縮退した e オービタル）に加えて，空オービタル LUMO のエネルギーも示してある．横軸は F−B−F 結合角である．この MO 図に基づけば三フッ化ホウ素は平面形か，それともピラミッド形か．VSEPR モデルではどちらの構造が予測されるか．

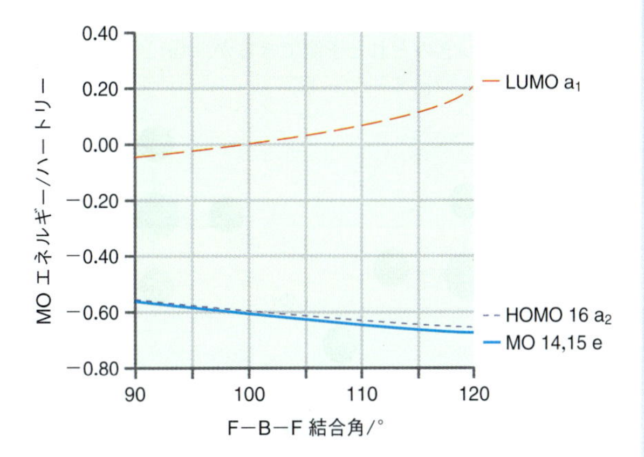

P 24.31 つぎの図は結晶性の FeS_2 である黄鉄鉱の状態密度（DOS）であり，Eyert らによって計算されたものである［*Physical Review*, B55, 6350 (1998)］．その最高被占エネルギー準位がエネルギーの 0 である．この DOS に基づけば，黄鉄鉱は絶縁体，導体，半導体のいずれか．また，鉄の価電子オービタルの一部は非結合性であるという局在化結合の見方について，この DOS はどのように支持しているか．

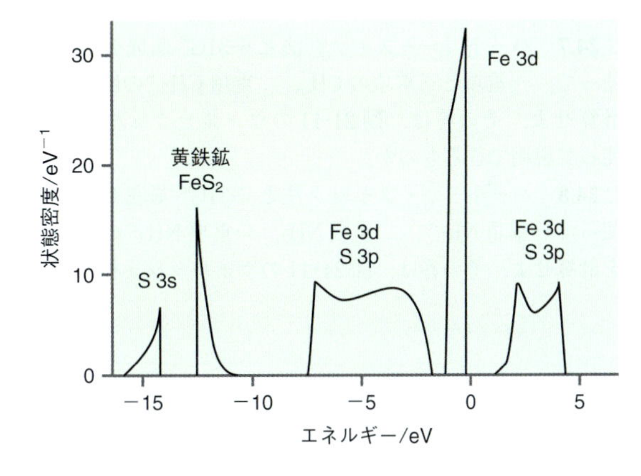

計算問題

Spartan Student（学生自習用の分子モデリングソフトウエア）を使ってこの計算を行うときは，ウエブサイト www.masteringchemistry.com にある詳しい説明を見よ．

C 24.1 B3LYP 汎関数と 6-31G* 基底セットを用いた密度汎関数法を使って，NH_3 と NF_3 の結合角を計算せよ．その答を文献値と比較せよ．それは VSEPR モデルやベント則の予測と合っているか．

C 24.2 B3LYP 汎関数と 6-31G* 基底セットを用いた密度汎関数法を使って，H_2O と H_2S の結合角を計算せよ．その答を文献値と比較せよ．それは VSEPR モデルやベント則の予測と合っているか．

C 24.3 B3LYP 汎関数と 6-31G* 基底セットを用いた密度

汎関数法を使って，ClO_2 の結合角を計算せよ．その答を文献値と比較せよ．それは VSEPR モデルの予測と合っているか．

C 24.4　SF_4 には中央の S 原子に対して 4 個の配位子と 1 個の孤立電子対がある．B3LYP 汎関数と 6-31G* 基底セットを用いた密度汎関数法を使った計算に基づけば，その平衡構造の形はつぎのどれと予測できるか．(a) 三方両錐形，(b) 平面正方形，(c) シーソー形．

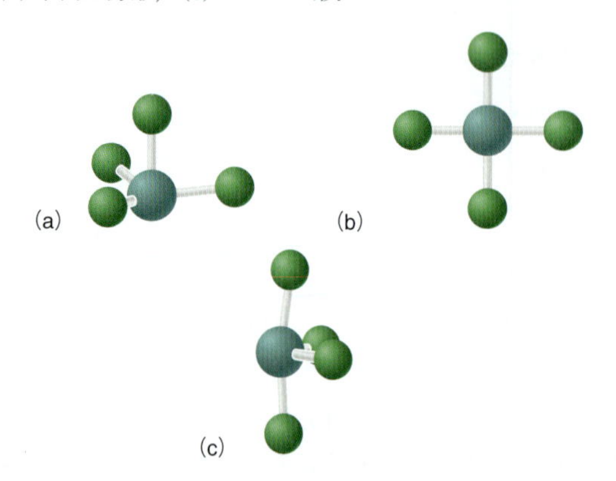

C 24.5　ハートリー-フォック法と 6-31G* 基底セットを使って一重項 BeH_2，二重項 NH_2，二重項 BH_2 の結合角を計算せよ．その答について，図 24・11 のウォルッシュ相関図を使って説明せよ．

C 24.6　ハートリー-フォック法と 6-31G* 基底セットを使って，一重項 LiH_2^+ の結合角を計算せよ．その答は，図 24・11 のウォルッシュ相関図を使って説明できるものか．

C 24.7　ハートリー-フォック法と 6-31G* 基底セットを使って，一重項と三重項の CH_2，二重項 CH_2^+ の結合角を計算せよ．その答は，図 24・11 のウォルッシュ相関図を使って説明できるものか．

C 24.8　ハートリー-フォック法と 6-31G* 基底セットを使って一重項 NH_2^+，二重項 NH_2，一重項 NH_2^- の結合角を計算せよ．その答は，図 24・11 のウォルッシュ相関図を使って説明できるものか．

C 24.9　共役にとって共平面性はどれほど重要か．これに答えるために，ブタジエンの二面角が 0°, 45°, 90° のときの全エネルギーを，ハートリー-フォック法と 6-31G* 基底セットを使って計算せよ．平面形の 1,3-ブタジエンと他のねじれ形の構造のエネルギー差を計算し，それを kJ mol^{-1} 単位で表せ．C1−C2 と C2−C3 では，その結合まわりに 45° 回転するのに必要なエネルギーが大きいのはどちらか．その理由を説明せよ．

C 24.10　B3LYP 汎関数と 6-311+G** 基底セットを用いた密度汎関数法を使って，一重項と三重項のホルムアルデヒドの平衡構造を計算せよ．初期構造として (a) 平面形，(b) ピラミッド形を選べ．この初期構造の分子内振動の振動数を計算せよ．振動数が虚数になるものがあるか．その答について説明せよ．

C 24.11　B3LYP 汎関数と 6-31G* 基底セットを用いた密度汎関数法を使って，Cl_2O の平衡構造を計算せよ．赤外スペクトルを求めて，その基準振動モードを発生させよ．対称伸縮モード，逆対称伸縮モード，変角モードに相当する振動数はいくらか．

C 24.12　B3LYP 汎関数と 6-31G* 基底セットを用いた密度汎関数法を使って，PF_3 の平衡構造を計算せよ．その赤外スペクトルを求めて，基準振動モードを発生させよ．対称伸縮モード，対称変角モード，縮退伸縮モード，縮退変角モードに相当する振動数はいくらか．

C 24.13　B3LYP 汎関数と 6-31G* 基底セットを用いた密度汎関数法を使って，C_2H_2 の平衡構造を計算せよ．その赤外スペクトルを求めて，基準振動モードを発生させよ．C−H 対称伸縮モード，C−H 逆対称伸縮モード，C−C 伸縮モード，2 個の変角モードに相当する振動数はいくらか．

C 24.14　B3LYP 汎関数と 6-31G* 基底セットを用いた密度汎関数法を使って，N≡C−Cl の構造を計算せよ．電気的に陰性なのは Cl とシアノ基のどちらか．それに答えるのに使った計算結果は何か．

電子分光法

25

可視光や紫外光の吸収によって，原子や分子の基底状態といろいろな励起電子状態の間で遷移が起こる．電子遷移に伴って起こる振動遷移は，双極子の選択律 $\Delta n = \pm 1$ ではなく，フランク–コンドン因子によって決まる．その励起状態は，蛍光や内部転換，系間交差，りん光の組合わせによって基底状態へと緩和する．蛍光は分析化学で非常に役立つものであり，強い蛍光を発する化学種であれば 2×10^{-13} mol L^{-1} の濃度でも検出可能である．紫外光電子放射を使えば，分子のオービタルエネルギーに関する情報が得られる．直線二色性分光法や円二色性分光法を使えば，溶液中の生体分子の二次構造や三次構造を求めることができる．

25・1　電子遷移のエネルギー

19 章では，分光法と分子のエネルギー準位間で起こる遷移に関する基本概念について説明した．そこでは，回転準位間のエネルギー間隔は振動準位間よりずっと小さいと述べた．これに電子状態を加えて三者を比較すれば，$\Delta E_{\text{電子}} \gg \Delta E_{\text{振動}} > \Delta E_{\text{回転}}$ と表せる．回転遷移と振動遷移は，それぞれマイクロ波と赤外光の放射によって誘起されるが，電子遷移は可視光や紫外（UV）光の放射で誘起される．赤外吸収スペクトルで回転遷移と振動遷移の両方が観測されるのと同じで，可視–UV 領域の吸収スペクトルにはいろいろな電子遷移が観測され，ある電子遷移には振動や回転による微細構造が見られる．

われわれに見える物体の色は電子励起によるものである．人間の眼は，ある電子遷移が起こる限られた波長領域の光にだけ敏感だからである．反射光が見えるか，透過光が見えるかは，その物体が不透明か透明かによる．透過光や反射光は吸収光を補完している．たとえば，クロロフィルは可視光スペクトルの青色（450 nm）と赤色（650 nm）の領域の光をどちらも吸収するから，植物の葉は緑色に見えるのである．人間の眼は，光を非常に敏感に検知する検出器といえるから，分光計がなくても（分解能は限られるが）電子励起を検知することができる．たとえば，波長 500 nm の光なら，晴れた日の日光の強度の 10^6 分の 1 でも検出することができる．これは，1 mm^2 の面積に毎秒 500 個のフォトンが入射することに相当している．

分子の電子分光はエネルギー準位の測定に直結しており，それは最終的には構造と化学組成で決まっているから，分子を同定するうえで UV–可視分光法は非常に便利な定性的な道具となっている．それだけでなく，分子が与えられれば電子分光を使ってそのエネルギー準位を求めることができる．一方，UV フォトンや可視フォトンは電子励起をひき起こして，回転励起や振動励起よりずっと大きな擾乱（じょう）を分子に与えることになる．たとえば，励起電子状態にある O_2 の結合長は基底状態より 30 パーセントも長い．ホルムアルデヒド分子は基底状態では平面形であるが，そのすぐ上の二つの励起状態ではピラミッド形をしている．このような幾何構造の変化から予想できるように，励起状態の化学種の反応性は，基底状態の分子とまったく異なる場合がある．

25・2 分子の項の記号

原子の電子状態を項の記号で表したように，分子の電子状態を表す**分子の項**[1]の記号を導入してから電子励起について説明しよう．ここでは二原子分子に話を限る．電子分光法を定量的に理解するには分子の項の記号を知っておく必要があるが，定性的な理解だけでよければ項の記号を使わなくてもよい．その場合は25・4節に進んでもよい．

分子軸を z 軸に選べば，これに沿う $\boldsymbol{L}$ と $\boldsymbol{S}$ の成分（M_L と M_S）と S だけがよい量子数であり（22・1節を見よ），これによって二原子分子の個々の状態を特定できる．したがって，これらの量を使って分子の項の記号を定義できる．原子の場合と同じで，分子の項の記号を求めるには満たされていない副殻を考えるだけでよい．23章で説明したように，周期表の第1周期と第2周期の原子から成る二原子分子では，分子オービタル（MO）は σ タイプか π タイプに限られる．原子の場合と同じで，量子数 m_{li} や m_{si} はベクトル量でなくスカラー量であるから，それぞれを加えれば，分子について M_L や M_S がつくれる．すなわち，

$$M_L = \sum_{i=1}^{n} m_{li} \quad \text{および} \quad M_S = \sum_{i=1}^{n} m_{si} \tag{25・1}$$

である．m_{li} と m_{si} はそれぞれ，その分子オービタルにある i 番目の電子のオービタル角運動量の z 成分とスピン角運動量の z 成分であり，ここでの和は満たされていない副殻についてのものである．二原子分子の分子オービタルは，分子軸まわりで回転してもオービタルが不変の σ 対称か，分子軸を通る節面をもつ π 対称かのいずれかである．σ オービタルでは $m_l = 0$，π オービタルでは $m_l = \pm 1$ である．π MO が $m_l = 0$ の値をとれないのは，それが $2p_z$ AO に相当し，σ MO になってしまうからである．M_S については，分子の場合も原子と同じで（22章を見よ），個々のスピン角運動量ベクトルの成分 $m_{si} = \pm 1/2$ から計算できる．量子数 S と L の許される値は，$-L \leq M_L \leq L$ と $-S \leq M_S \leq S$ から計算でき，これから分子の項として ${}^{2S+1}\Lambda$ のかたちの記号をつくれる．ここで，$\Lambda = |M_L|$ である．分子の場合は，いろいろな Λ の値についてつぎの記号を使って，原子の項との混乱を避けている．

Λ	0	1	2	3
項の記号	Σ	Π	Δ	Φ

(25・2)

等核二原子分子の場合は，例題25・1で示すように，分子の項の記号の右下に g や u を添える．異核二原子分子では反転中心がないから g 対称や u 対称はない．この表し方は，例で慣れれば理解できるだろう．

例題 25・1

H_2 分子の基底状態の項の記号は何か．また，基底状態の次にエネルギーの高い二つの励起状態の項の記号は何か．

1) molecular term

解 答

H_2 分子の基底状態は配置 $(1\sigma_g)^2$ で表される．どちらの電子も $m_l=0$ である．したがって，$\Lambda=0$ であり，それを Σ で表す．パウリの原理によって，一方の電子は $m_s=+1/2$，もう一方の電子は $m_s=-1/2$ で表される．したがって，$M_S=0$ であり，$S=0$ となる．この MO が g 対称か u 対称かは調べなければわからない．反対称化した MO は $\sigma_g \times \sigma_g$ のかたちをしている（23・6 節を見よ）．偶関数同士の積や奇関数同士の積は偶であり，奇関数と偶関数の積は奇である．したがって，2 個の g 関数（または，2 個の u 関数）の積は g 関数となるから，H_2 分子の基底状態は ${}^1\Sigma_g$ で表される．

電子が 1 個昇位した配置は $(1\sigma_g)^1(1\sigma_u^*)^1$ であり，2 個の電子は別の MO に入るから，この配置によって**一重項**[1]と**三重項**[2]ができる．この場合も，両電子について $m_l=0$ であるから Σ 項で表される．2 個の電子は異なる MO にあるから，どちらの電子についても $m_s=\pm 1/2$ であり，M_S の値は，$-1, 0$（2 回），$+1$ となる．これは $S=1$ と $S=0$ に相当する．u 関数と g 関数の積は u 関数であるから，一重項状態も三重項状態も u 関数である．したがって，基底状態の次にエネルギーの高い二つの励起状態は，${}^3\Sigma_u$ と ${}^1\Sigma_u$ の項で表される．フントの規則 1 を使えば，三重項状態の方が一重項状態よりエネルギーは低いことがわかる．

もっと完全な表し方によれば，Σ 項についてだけ + か − の記号を付ける．それは，分子軸を含む任意の面で鏡映操作を行ったとき，反対称の分子波動関数の符号が変わるか（−），そのままか（+）によって決める．この + や − の与え方については補遺 25・14 節で詳しく説明する．当面，周期表の第 2 周期の原子から成る等核二原子分子を考えるには，つぎの指針で十分であろう．

- MO がすべて満たされていれば + を付ける．
- 一部満たされた MO がすべて σ 対称であれば + を付ける．
- 一部満たされた MO で π 対称のものがあれば（たとえば，B_2 や O_2），Σ 項が現れたときには三重項状態に − を付け，一重項状態に + を付ける．

ただし，これらの指針を励起状態には適用できない．こうして，O_2 の基底状態配置 $(\pi^*)^2$（図 23・19 を見よ）に相当する項を ${}^3\Sigma_g^-$ で表せるのがわかる．同じこの配置から現れる別の項については例題 25・2 で説明する．

例題 25・2

つぎの配置を示す O_2 分子の可能な項を求めよ．

$(1\sigma_g)^2(1\sigma_u^*)^2(2\sigma_g)^2(2\sigma_u^*)^2(3\sigma_g)^2(1\pi_u)^2(1\pi_u)^2(1\pi_g^*)^1(1\pi_g^*)^1$

解 答

M_L と M_S の 0 でない値に参加できるのは最後の 2 個の電子だけで，他の副殻は満たされているから関与しない．つぎの表には，この 2 個の電子のオービタル角運動量とスピン角運動量をパウリの原理に合うやり方で組合わせたときに可能なものすべてを示してある．Λ の値は，原子の項について 22 章で説明したようにして求める．表の最初の 2 行は $|M_L|=2$ であるから Δ 項に属する．しかも，どちらも $M_S=0$ だから ${}^1\Delta$ 項である．下の 4 行のうち二つは $|M_S|=1$ であり，三重項に相当する．残り二つのうちの一つも $|M_S|=1$ で

1) singlet state 2) triplet state

あるから，これも同じ項に属さなければならない．これら四つとも $M_L=0$ だから，それは ${}^3\Sigma$ 項である．残る一つは ${}^1\Sigma$ 項に相当する．

m_{l1}	m_{l2}	$M_L=m_{l1}+m_{l2}$	m_{s1}	m_{s2}	$M_S=m_{s1}+m_{s2}$	項
1	1	2	+1/2	−1/2	0	${}^1\Delta$
−1	−1	−2	+1/2	−1/2	0	
1	−1	0	+1/2	+1/2	1	${}^3\Sigma$
1	−1	0	−1/2	−1/2	−1	
1	−1	0	+1/2	−1/2	0	${}^1\Sigma$, ${}^3\Sigma$
−1	1	0	+1/2	+1/2	1	

次の作業は，これらの項に g や u のラベルを付けることである．どちらの電子も g 対称の MO に入っているから，すべての場合について項全体としての対称は g である．

＋と－の記号は補遺 25·14 節で割り当ててあり，一重項を ${}^1\Sigma_g^+$，三重項を ${}^3\Sigma_g^-$ で表す．フントの規則 1 によって，${}^3\Sigma_g^-$ 項のエネルギーが最低であり，これが基底状態となる．実験によって，${}^1\Delta_g$ 項と ${}^1\Sigma_g^+$ 項のエネルギーは基底状態よりそれぞれ 0.98 eV および 1.62 eV 高いことがわかっている．

上の表にある m_l と m_s の許される組合わせを簡潔に表すのに，スピンの向きを示す矢印を使ってもよい．

$$
\begin{array}{cccccccccl}
(1\sigma_g)^2 & (1\sigma_u^*)^2 & (2\sigma_g)^2 & (2\sigma_u^*)^2 & (3\sigma_g)^2 & (1\pi_u)^2 & (1\pi_u)^2 & (1\pi_g^*)^1 & (1\pi_g^*)^1 & \\
(\uparrow\downarrow) & (\uparrow\downarrow) & (\uparrow\downarrow) & (\uparrow\downarrow) & (\uparrow\downarrow) & (\uparrow\downarrow) & (\uparrow\downarrow) & (\uparrow) & (\downarrow) & {}^1\Sigma_g^+, {}^1\Delta_g
\end{array}
$$

$$
\left\{
\begin{array}{ccccccccc}
(1\sigma_g)^2 & (1\sigma_u^*)^2 & (2\sigma_g)^2 & (2\sigma_u^*)^2 & (3\sigma_g)^2 & (1\pi_u)^2 & (1\pi_u)^2 & (1\pi_g^*)^1 & (1\pi_g^*)^1 \\
(\uparrow\downarrow) & (\uparrow\downarrow) & (\uparrow\downarrow) & (\uparrow\downarrow) & (\uparrow\downarrow) & (\uparrow\downarrow) & (\uparrow\downarrow) & (\uparrow) & (\uparrow) \\
\left[(\uparrow\downarrow)\right. & (\uparrow\downarrow) & (\uparrow\downarrow) & (\uparrow\downarrow) & (\uparrow\downarrow) & (\uparrow\downarrow) & (\uparrow\downarrow) & (\uparrow) & \left.(\downarrow)\right. \\
 & & & & + & & & & \\
\left.(\uparrow\downarrow)\right. & (\uparrow\downarrow) & (\uparrow\downarrow) & (\uparrow\downarrow) & (\uparrow\downarrow) & (\uparrow\downarrow) & (\uparrow\downarrow) & (\downarrow) & \left.(\uparrow)\right] \\
(\uparrow\downarrow) & (\uparrow\downarrow) & (\uparrow\downarrow) & (\uparrow\downarrow) & (\uparrow\downarrow) & (\uparrow\downarrow) & (\uparrow\downarrow) & (\downarrow) & (\downarrow)
\end{array}
\right\}
{}^3\Sigma_g^-
$$

しかし，矢印の上向きと下向きで α スピンと β スピンを表すこのやり方では，m_{l1} と m_{l2} が異なる値をとるのをうまく表せないから不十分である．

周期表の第 1 周期と第 2 周期の原子から成る等核二原子分子について，以上の説明に基づいて求めた**分子の電子配置**[1]と基底状態の項を表 25·1 に掲げる．異核二原子分子についても同様にすればよいが，MO の番号の付け方が違うこと，g 対称や u 対称は使えないことに注意する必要がある．

25・3　二原子分子の電子状態間の遷移

二原子分子では回転-振動-電子状態の間隔が大きく離れており，個々の状態を分離しやすいから，その電子スペクトルも非常に解釈しやすい．O_2 のエネルギーの低い 5 個の束縛状態のポテンシャルエネルギー曲線を図 25·1 に示す．図には振動エネルギー準位を模式的に示してあるが，回転エネルギー準位は示していない．エネルギーの低い 4 個の状態にある酸素分子が解離すれば，どれも基底状態 ${}^3P$ の酸素原子 2 個を生じるが，最高のエネルギー状態にある分子が解離すれば，${}^3P$ の酸素原子 1 個と ${}^1D$ の酸素原子 1 個を生じる．項の記号 ${}^3\Sigma_g^-$ の前に書

1) molecular configuration

表 25·1 周期表の第 1 周期と第 2 周期の原子から成る等核二原子分子の基底状態の項

分 子	電子配置	基底状態の項
H_2^+	$(1\sigma_g)^1$	$^2\Sigma_g^+$
H_2	$(1\sigma_g)^2$	$^1\Sigma_g^+$
He_2^+	$(1\sigma_g)^2(1\sigma_u^*)^1$	$^2\Sigma_u^+$
Li_2	$(1\sigma_g)^2(1\sigma_u^*)^2(2\sigma_g)^2$	$^1\Sigma_g^+$
B_2	$(1\sigma_g)^2(1\sigma_u^*)^2(2\sigma_g)^2(2\sigma_u^*)^2(1\pi_u)^1(1\pi_u)^1$	$^3\Sigma_g^-$
C_2	$(1\sigma_g)^2(1\sigma_u^*)^2(2\sigma_g)^2(2\sigma_u^*)^2(1\pi_u)^2(1\pi_u)^2$	$^1\Sigma_g^+$
N_2^+	$(1\sigma_g)^2(1\sigma_u^*)^2(2\sigma_g)^2(2\sigma_u^*)^2(1\pi_u)^2(1\pi_u)^2(3\sigma_g)^1$	$^2\Sigma_g^+$
N_2	$(1\sigma_g)^2(1\sigma_u^*)^2(2\sigma_g)^2(2\sigma_u^*)^2(1\pi_u)^2(1\pi_u)^2(3\sigma_g)^2$	$^1\Sigma_g^+$
O_2^+	$(1\sigma_g)^2(1\sigma_u^*)^2(2\sigma_g)^2(2\sigma_u^*)^2(3\sigma_g)^2(1\pi_u)^2(1\pi_u)^2(1\pi_g^*)^1$	$^2\Pi_g$
O_2	$(1\sigma_g)^2(1\sigma_u^*)^2(2\sigma_g)^2(2\sigma_u^*)^2(3\sigma_g)^2(1\pi_u)^2(1\pi_u)^2(1\pi_g^*)^1(1\pi_g^*)^1$	$^3\Sigma_g^-$
F_2	$(1\sigma_g)^2(1\sigma_u^*)^2(2\sigma_g)^2(2\sigma_u^*)^2(3\sigma_g)^2(1\pi_u)^2(1\pi_u)^2(1\pi_g^*)^2(1\pi_g^*)^2$	$^1\Sigma_g^+$

いた文字 X は，これが基底状態のものであることを表している．これより高いエネルギーの電子状態については，縮退度が基底状態と同じ $2S+1$ であれば A, B, C, …で表し，縮退度が異なる場合は a, b, c, …で表してある．

励起状態の分子の結合長は基底状態より一般に長く，結合エネルギーは一般に小さい．これは，一般に励起状態の反結合性は基底状態よりも強いからである．そこで，励起状態の化学種の結合次数が下がれば，結合エネルギーの低下や結合長の増大，振動数の低下をひき起こす．O_2 分子では，基底状態のすぐ上の二つの励起状態の結合長が基底状態とよく似ていることが章末問題でわかる．

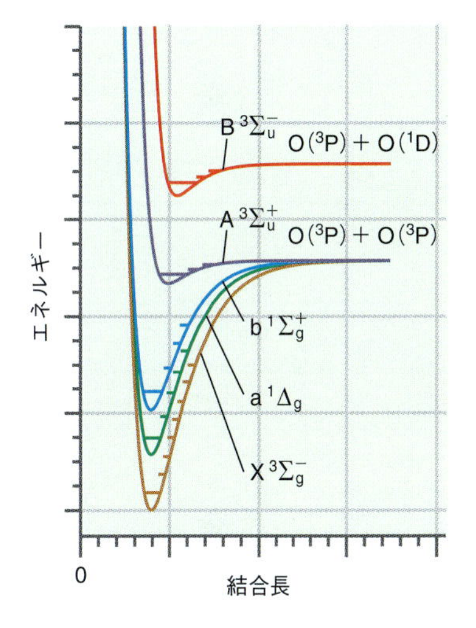

図 25·1 O_2 の基底状態とエネルギーの低い四つの励起状態のポテンシャルエネルギー曲線．各電子状態の分光学的な表示法については本文で説明してある．水平線は，各状態の振動準位を表している．

$^3\Sigma_g^-$ という記号は，基底状態の O_2 分子の量子状態を完全に表している．一方，このような項の記号は分子の配置をその状態と関連づけるのにも便利である．ある配置から出発して考えれば，被占準位から空準位へと電子が昇位して遷移するのは理解しやすい．それでは，図 25·1 に示した励起状態は，それぞれどの配置に相当するだろうか．例題 25·2 で示したように，X $^3\Sigma_g^-$，a $^1\Delta_g$，b $^1\Sigma_g^+$ の状態はすべて基底状態の配置 $(1\sigma_g)^2\,(1\sigma_u^*)^2\,(2\sigma_g)^2\,(2\sigma_u^*)^2\,(3\sigma_g)^2\,(1\pi_u)^2\,(1\pi_u)^2\,(1\pi_g^*)^1\,(1\pi_g^*)^1$ に属しているが，M_L や M_S の値は違っている．また，A $^3\Sigma_u^+$ 状態と B $^3\Sigma_u^-$ 状態はどちらも，$(1\sigma_g)^2\,(1\sigma_u^*)^2\,(2\sigma_g)^2\,(2\sigma_u^*)^2\,(3\sigma_g)^2\,(1\pi_u)^1\,(1\pi_u)^2\,(1\pi_g^*)^1\,(1\pi_g^*)^2$ の配置をとるのである．このように，分子の項からその配置を知ることはできるが，一般には，同じ配置でも複数の項が現れることを覚えておこう．

分子分光法を使うには分子の状態間の遷移が必要である．異なる電子状態間の遷移を支配する選択律は何だろうか．分子の電子遷移に関する選択律が最も明確に定義できるのは，スピン軌道カップリングが重要にならない比較的軽い二原子分子の場合である．原子番号 Z が 40 以下の場合がそうである．これらの分子の選択律は，

$$\Delta\Lambda = 0, \pm 1 \quad \text{および} \quad \Delta S = 0 \qquad (25\cdot3)$$

で表せる．Λ は全オービタル角運動量 $\boldsymbol{L}$ の分子軸に沿う成分である．$\Delta\Lambda = 0$ は $\Sigma \longleftrightarrow \Sigma$ 遷移に，$\Delta\Lambda = \pm 1$ は $\Sigma \longleftrightarrow \Pi$ 遷移に適用される．これに加えて，+/− や g/u のパリティに関係する選択律がある．等核二原子分子では，$u \longleftrightarrow g$ 遷移は許容であるが，$u \longleftrightarrow u$ 遷移や $g \longleftrightarrow g$ 遷移は禁制である．ま

た，$\Sigma^- \longleftrightarrow \Sigma^-$ 遷移や $\Sigma^+ \longleftrightarrow \Sigma^+$ 遷移は許容であるが，$\Sigma^+ \longleftrightarrow \Sigma^-$ 遷移は禁制である．これらの選択律はすべて，19·4 節で定義した遷移双極子モーメントを計算すれば得られる．

これらの選択律を念頭に置いて，O_2 について図 25·1 で示した状態間の可能な遷移について考えよう．$X\,^3\Sigma_g^- \longrightarrow a\,^1\Delta_g$ 遷移と $X\,^3\Sigma_g^- \longrightarrow b\,^1\Sigma_g^+$ 遷移は禁制である．それは，$\Delta S = 0$ の選択律があり，$g \longleftrightarrow g$ 遷移が禁制だからである．また，$\Sigma^+ \longleftrightarrow \Sigma^-$ 遷移は禁制だから，$X\,^3\Sigma_g^- \longrightarrow A\,^3\Sigma_u^+$ 遷移は禁制である．したがって，基底状態からの許容遷移でエネルギーが最も低いのは $X\,^3\Sigma_g^- \longrightarrow B\,^3\Sigma_u^-$ である．こうして，基底状態から励起状態 $B\,^3\Sigma_u^-$ のいろいろな振動準位への吸収によって，波長 175 nm から 200 nm のバンドが生じる．もし，基底状態から最初の二つの励起状態への遷移が許容であったなら，O_2 はスペクトルの可視部の光を吸収してしまうから，地球大気は透明でなくなっていたであろう．そうならなかったのは，これらの選択律のおかげである．

酸素分子が十分なエネルギーを受け取ると，つぎの経路で解離が起こる．

$$O_2 + h\nu \longrightarrow 2O\cdot \qquad (25\cdot4)$$

この反応に相当する最大波長は 242 nm であり，これは**光解離**[1]反応の一例である．上の反応は成層圏では非常に重要になる．それは，つぎの反応でオゾンを生成するのに必要な原子状酸素をつくる唯一の経路だからである．

$$O\cdot + O_2 + M \longrightarrow O_3 + M^* \qquad (25\cdot5)$$

M は，この O_3 の生成反応で放出されたエネルギーを取込む気相の仲介化学種である．O_3 は波長 220 nm から 350 nm の領域の UV 光を強く吸収するから，地球に注ぐ太陽光から UV 光を取除くきわめて重要な役目を果たしている．地球表面から 10〜50 km 上の成層圏にあるオゾン層は，地球上の生命に損傷を与える可能性のある太陽からの高振動数の UV 光の 97〜99 パーセントを吸収している．

25・4 二原子分子の電子遷移の振動による微細構造

図 25·1 に示した分子の束縛状態それぞれについて，振動エネルギー準位と回転エネルギー準位が存在している．19 章で説明したように，振動状態が変化すれば回転状態も変化しうる．同様にして，電子励起が起これば振動量子数や回転量子数も変化しうる．そこで次に，電子遷移に伴う振動励起とその脱励起について説明しよう．ただし，これに伴う回転遷移については考えない．二つの電子状態間で遷移が起こるときには，ある特定の電子状態での振動遷移の選択律 $\Delta n = \pm 1$ はもはや成り立たないことがわかる．

振動遷移が異なる電子状態間で起こるとき，Δn を決めているのは何だろうか．それに答えるには，23 章で導入した**ボルン-オッペンハイマーの近似**[2]をもっとよく検討すればよい．この近似によれば，分子の全波動関数は数学的には二つの因子の積で書ける．一つは核の位置 $(\boldsymbol{R}_1, \cdots, \boldsymbol{R}_m)$ にのみ依存する部分で，これは分子の振動によるものである．もう一つは，すべての核がある位置に固定しているときの電子の位置 $(\boldsymbol{r}_1, \cdots, \boldsymbol{r}_n)$ にのみ依存する部分である．この部分は分子内での電子の“運動”を表している．

$$\psi(\boldsymbol{r}_1, \cdots, \boldsymbol{r}_n, \boldsymbol{R}_1, \cdots, \boldsymbol{R}_m) = \psi^{電子}(\boldsymbol{r}_1, \cdots, \boldsymbol{r}_n, \boldsymbol{R}_1^{固定}, \cdots, \boldsymbol{R}_m^{固定}) \times \phi^{振動}(\boldsymbol{R}_1, \cdots, \boldsymbol{R}_m) \qquad (25\cdot6)$$

1) photodissociation 2) Born−Oppenheimer approximation

19·4 節で説明したように，電子遷移（始状態 ⟶ 終状態）に相当するスペクトル線が測定可能な強度を示すのは，その遷移双極子モーメントが 0 でない値をもつ場合だけである．

$$\mu^{\mathrm{fi}} = \int \psi_{\mathrm{f}}^{*}(\boldsymbol{r}_1, \cdots, \boldsymbol{r}_n, \boldsymbol{R}_1, \cdots, \boldsymbol{R}_m)\, \hat{\mu}\, \psi_{\mathrm{i}}(\boldsymbol{r}_1, \cdots, \boldsymbol{r}_n, \boldsymbol{R}_1, \cdots, \boldsymbol{R}_m)\, \mathrm{d}\tau \neq 0 \qquad (25\cdot 7)$$

添字の f と i は，それぞれ遷移の終状態と始状態を表す．(25·7)式の双極子モーメント演算子 $\hat{\mu}$ は，

$$\hat{\mu} = -e \sum_{j=1}^{n} \boldsymbol{r}_j \qquad (25\cdot 8)$$

で与えられる．ここでの和は，電子の位置すべてにわたるものである．

全波動関数は電子の部分と振動の部分の積で書けるから (25·7)式は，

$$\begin{aligned}\mu^{\mathrm{fi}} &= \int (\phi_{\mathrm{f}}^{振動}(\boldsymbol{R}_1, \cdots, \boldsymbol{R}_m))^{*}\, \phi_{\mathrm{i}}^{振動}(\boldsymbol{R}_1, \cdots, \boldsymbol{R}_m)\, \mathrm{d}\tau \\ &\quad \times \int (\psi_{\mathrm{f}}^{電子}(\boldsymbol{r}_1, \cdots, \boldsymbol{r}_n, \boldsymbol{R}_1^{固定}, \cdots, \boldsymbol{R}_m^{固定}))^{*}\, \hat{\mu}\, \psi_{\mathrm{i}}^{電子}(\boldsymbol{r}_1, \cdots, \boldsymbol{r}_n, \boldsymbol{R}_1^{固定}, \cdots, \boldsymbol{R}_m^{固定})\, \mathrm{d}\tau \\ &= S \int \psi_{\mathrm{f}}^{*}(\boldsymbol{r}_1, \cdots, \boldsymbol{r}_n, \boldsymbol{R}_1^{固定}, \cdots, \boldsymbol{R}_m^{固定})\, \hat{\mu}\, \psi_{\mathrm{i}}(\boldsymbol{r}_1, \cdots, \boldsymbol{r}_n, \boldsymbol{R}_1^{固定}, \cdots, \boldsymbol{R}_m^{固定})\, \mathrm{d}\tau\end{aligned} \qquad (25\cdot 9)$$

となる．この式で積のかたちで表された 2 個の積分の最初のものは，基底状態と励起状態の振動波動関数の重なり S を表している．この積分の 2 乗をその遷移の**フランク-コンドン因子**[1]といい，予測される電子遷移の強度の目安となっている．フランク-コンドン因子は，純粋な振動遷移の場合に 19·3 節で得られた選択律 $\Delta n = \pm 1$ に代わるものであり，つぎに表される遷移の強度の指標となっている．

$$S^2 = \left| \int (\phi_{\mathrm{f}}^{振動})^{*}\, \phi_{\mathrm{i}}^{振動}\, \mathrm{d}\tau \right|^2 \qquad (25\cdot 10)$$

フランク-コンドンの原理[2]によれば，異なる電子状態間の遷移は，核間距離に対するエネルギーのグラフを描いたときの垂線に相当する．この原理は，分子の振動周期に比べて電子遷移が非常に短い時間スケールで起こることに基づいている．つまり，電子遷移が起こる間に原子が動くことはない．(25·10)式でわかるように，振動-電子遷移の強度は，ある一定の核間距離における終状態と始状態の振動波動関数の重なりで決まっている．ここで，電子遷移の始状態として基底状態の振動準位すべてを考慮に入れる必要があるだろうか．19 章で説明したように，基底状態の分子のほぼすべての振動量子数は $n = 0$ であり，その波動関数の最大振幅は平衡結合長のところにある．図 25·2 に示すように，この基底振動状態から上の電子状態にある複数の振動状態への遷移では，主として垂直遷移が起こるのである．

フランク-コンドンの原理から，最も強いスペクトル線を与える励起状態の n の値がどう決まるのだろうか．最も強いのは，基底電子状態の基底振動状態との重なりが最も大きくなる励起電子状態の振動準位へと向かう遷移である．図 18·10 に示したように，振動波動関数の振幅は，そのエネルギー準位がポテンシャ

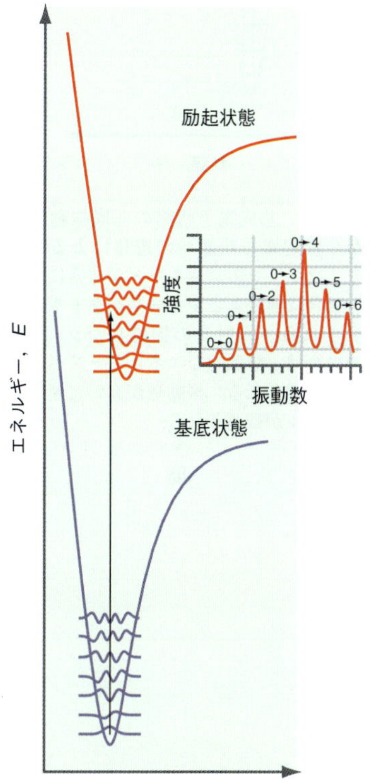

図 25·2 二つの電子状態について，エネルギーと結合長の関係を表してある．最低エネルギーに近いいくつかの振動準位とそれらの波動関数だけを示してある．垂直線は，フランク-コンドンの原理で予測される最も起こりうる遷移である．挿入図は，吸収スペクトルに観測される振動によるスペクトル線の相対強度であり，ポテンシャルエネルギー曲線が図のような場合に得られる．

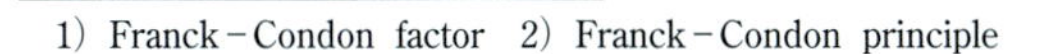

1) Franck-Condon factor　2) Franck-Condon principle

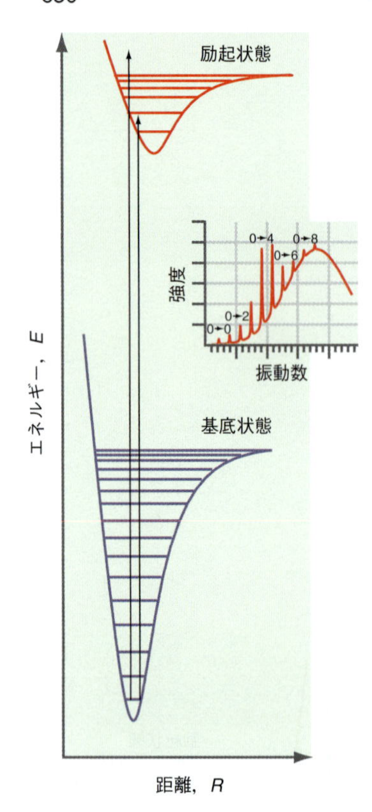

図 25・3　基底電子状態の基底振動状態から励起電子状態への遷移による吸収で，フォトンのエネルギーが非常に大きい場合は連続エネルギースペクトルが観測される．入射光の振動数が $\nu < E/h$ の場合は，離散的なエネルギースペクトルが観測される．振動数が高いと連続スペクトルが観測される．

ル曲線と合う R 値の付近で最大になる．古典的には，そこが振動の折返し点に相当するからである．図 25・2 に示す例では，基底電子状態の $n=0$ 振動状態と励起電子状態の $n=4$ 振動状態との重なり $|\int(\phi_{\mathrm{f}}^{振動})^{*}\phi_{\mathrm{i}}^{振動}\,\mathrm{d}\tau|$ が最大である．そこで，この遷移が最も強いスペクトル線を与えるが，これに近いエネルギーの他の状態への遷移もスペクトル線を与える．しかし，その S は小さいからスペクトル強度は弱い．

このように一つの電子遷移に多数の振動遷移が観測されるから，基底電子状態のポテンシャルエネルギー面だけでなく，遷移が起こる先の電子状態のポテンシャルエネルギー面に関する詳細な情報を得るのにも電子分光は非常に役に立つ．たとえば，O_2 や N_2 などの分子は赤外領域のエネルギーを吸収しないが，電子スペクトルには振動遷移が観測されている．電子スペクトルには振動によるピークが多数観測されることが多いから，その遷移振動数を 19・3 節で述べたモースポテンシャルなどのモデルポテンシャルに合わせれば，励起状態の分子の結合強度を求めることができる．場合によっては励起状態が光解離生成物のこともあるから，電子分光を使えば通常の IR 吸収法で調べられない CN ラジカルなどきわめて反応性に富む化学種について，振動の力の定数や結合エネルギーを求めることができる．

図 25・2 で例に挙げた分子では，スペクトルの可視領域あるいは UV 領域に離散的なエネルギースペクトルが見られる．しかし条件が異なれば，ある二原子分子の場合のように電子吸収スペクトルが連続的なこともある．励起フォトンのエネルギーが高くて，励起状態の非束縛領域まで励起されれば，連続スペクトルが観測されるのである．その例を図 25・3 に示す．この場合は，フォトンエネルギーの弱いところで離散的なエネルギースペクトルが観測され，入射光の振動数が $\nu > E/h$ で**連続エネルギースペクトル**[1] が観測されている．このときの遷移エネルギー E は，励起状態のポテンシャルの束縛状態にある最も高いエネルギーに相当する．H_2^+ の第一励起状態のように，励起状態が非結合状態であれば，全エネルギー領域で連続エネルギースペクトルしか観測されない．

以上の説明は，二原子分子の電子分光の最も重要な側面を簡潔にまとめたものである．これらの分子の振動エネルギー準位は一般に大きく離れているから，個々の遷移を分離することができる．しかし，多原子分子の場合はそうはいかない．それを次に考えよう．

25・5　多原子分子の UV–可視光吸収

多原子分子で電子遷移が起これば，多数の回転遷移や振動遷移が可能となる．大きな分子の慣性モーメントは大きく，(19・15)式からわかるように，回転エネル

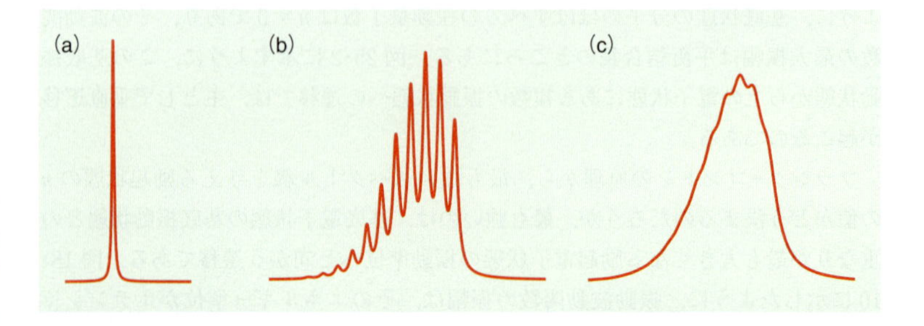

図 25・4　(a) 原子，(b) 二原子分子，(c) 多原子分子について，電磁スペクトルの UV–可視領域に見られる吸収の強度を模式的に示してある．

1) continuous energy spectrum

ギー準位の間隔は非常に狭い．大きな分子では $1\ \mathrm{cm}^{-1}$ の中に約1000個もの回転準位がある．そのため，スペクトル線は重なり合い，幅広いバンドがUV–可視吸収分光で観測されることが多い．この状況を模式的に図25・4に示す．まず，原子の電子遷移では鋭いスペクトル線が得られる．二原子分子の電子遷移には振動遷移や回転遷移による構造が見られるものの，個々のピークに分解できることが多い．一方，多原子分子で現れる多数の回転遷移や振動遷移は一般に重なり合っていて，幅広く，ほとんど構造のないバンドが見られる．この重なりがあるため，多原子分子では電子遷移に関与する始状態や終状態の情報を取出すのは困難である．また，三原子分子やそれ以上の大きな分子では角運動量のよい量子数が存在しない．したがって，適用できるおもな選択律は $\Delta S = 0$ であり，始状態と終状態の対称に基づく選択律がこれに加わる．

低温でスペクトルをとれば，観測される遷移の数が劇的に減少することがある．個々の分子について低温スペクトルを得るには，注目する分子を低温で固体の貴ガスから成るマトリックス（鋳型）に埋め込むか，分子を低濃度で混合したHe気体をノズルから真空中に膨張させることによる．注目する分子を含んだHe気体は，膨張によって極低温まで冷却される．このような気体の膨張によって，密集する複雑なスペクトルをすっきりさせた例を図25・5に示す．分子ビーム装置を使えば，300 Kの気体混合物を真空中に膨張させるだけで9 Kという低温が得られる．

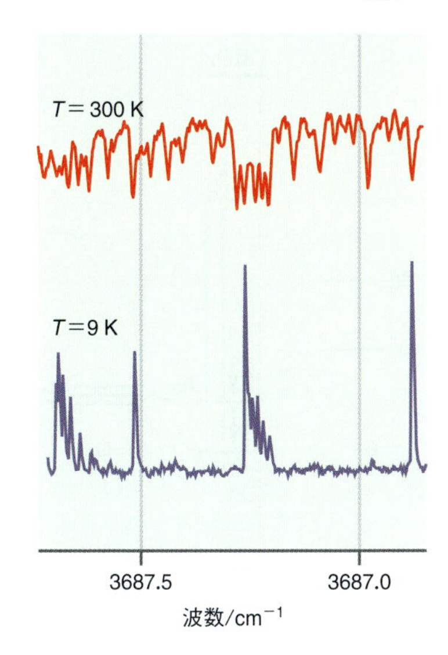

図25・5 メタノールの電子吸収スペクトルの一部．300 Kのスペクトルと，希薄メタノールのHe混合気体をノズルから真空中に膨張させてつくった9 Kで得られたスペクトルを示してある．300 Kでは，この振動数領域のあらゆるところで吸収が起こる．9 Kでは，ごく少数の回転状態と振動状態しか占有されないから，個々のスペクトルに回転の微細構造に相当する特徴が観測されている．
出典：Carrick, P., *et al.*, 'The OH Stretching Fundamental of Methanol', *Journal of Molecular Structure*, **223**, 171–184, (June 1990), Copyright 1990 Elsevier.

発色団という考えは，多原子分子の電子分光を考察するのに特に役に立つ．19章で説明したように，大きな分子の振動の特性振動数は隣接原子でほぼ決まっている．これと同じように，大きな分子によるUVや可視光の吸収でも，分子を**発色団**[1]という −C=C− や −O−H など合体した原子団から成るものと考えれば理解しやすい．発色団は分子内に埋め込まれた原子団であり，分子が違ってもほぼ同じ波長の放射線を吸収する．電子分光でよく見る発色団に，C=C，C=O，C≡N，C=S などの原子団がある．それぞれの発色団は，UV領域に少なくとも一つの特性吸収振動数があり，第一近似では，分子のUV吸収スペクトルはそれに含まれる発色団の吸収スペクトルの和で表されると考えてよい．それぞれの発色団が示す波長と吸収強度については25・7節で述べる．

24章で説明したように，分子の電子構造については，局在化の枠組みによる見方と非局在化の枠組みによる見方がある．電子分光に関与する遷移を調べるには，局在化結合モデルで考える方がわかりやすいことが多い．しかしながら，ラジカルの電子や共役分子と芳香族分子の非局在化π結合の電子については，局在化結合モデルではなく，非局在化モデルで表す必要がある．

電子分光で最も観測しやすい遷移とはどのようなものだろうか．電子励起は，被占MOの電子が，エネルギーのより高い空MOもしくは一部占有されたMOへと昇位することに関係している．ホルムアルデヒド H_2CO の基底電子状態の配置と，比較的低い励起電子状態の配置について考えよう．局在化結合モデルによれば，図25・6に示すように炭素の2s電子と2p電子が組合わさって，炭素原子に sp^2 混成オービタルができる．

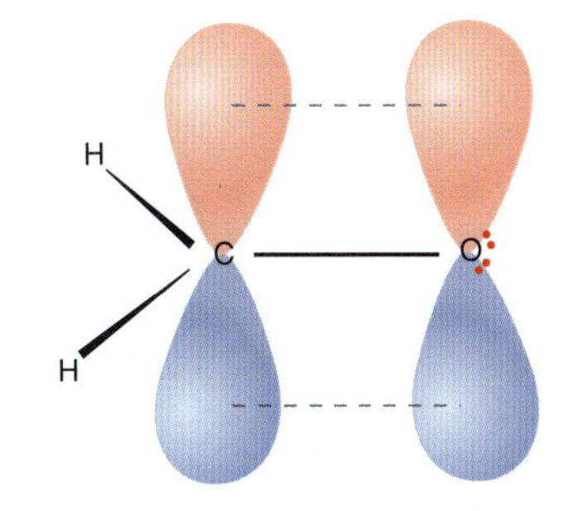

図25・6 ホルムアルデヒド分子の価電子結合．実線はσ結合，破線はπ結合を表す．酸素にある非等価な孤立電子対も示してある．

その基底状態配置を局在化オービタルの表示法に従って書けば $(1s_O)^2\,(1s_C)^2\,(2s_O)^2\,(\sigma_{CH})^2\,(\sigma'_{CH})^2\,(\sigma_{CO})^2\,(\pi_{CO})^2\,(n_O)^2\,(\pi^*_{CO})^0$ であり，酸素原子の1s電子と2s電子や炭素原子の1s電子は各原子に局在化したままで，結合には関与しないことを強調できる．また，非結合性MOとして n_O と表した孤立電子対が1対あるが，これも酸素原子に局在化している．その配置を見ればわかるように，結

1) chromophore

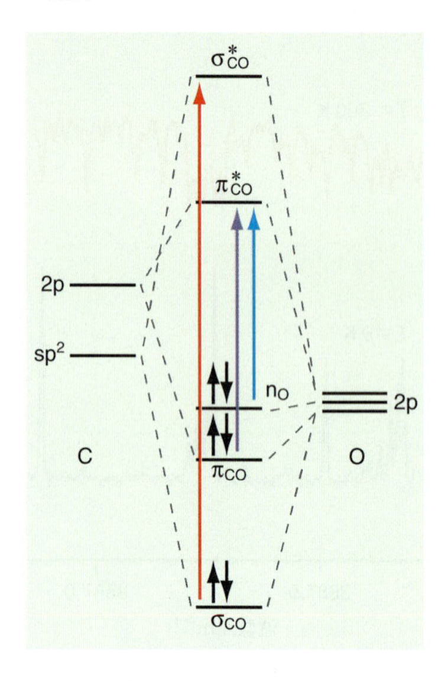

図 25·7 ホルムアルデヒドのC−Oの結合性相互作用について，単純化して表したMOエネルギー準位図．これらの準位間の最も重要な許容遷移を示してある．炭素のsp^2混成オービタルは1個しか示していない．他の2個の混成オービタルはσ_{CH}結合を形成するからである．

合性オービタルはC−HかC−Oの隣接原子に主として局在化している．C−H結合とC−O結合の1個はσ結合であり，残りのC−O結合はπ結合である．

ホルムアルデヒドの電子遷移が観測されると，そのMOエネルギー準位の占有にどんな変化が見られるだろうか．これに答えるには，二原子分子のMO形成について得られた結果を一般化して，ホルムアルデヒドのCO発色団に適用すればわかりやすい．これを分子と考えて単純化すれば，主としてOの$2p_z$オービタルとCのsp^2混成オービタルの一つから成る結合性σ_{CO}オービタルが最低のエネルギーを示し，これと同じオービタルの組合わせでできる反結合性σ^*_{CO}オービタルが最高のエネルギーを示すと考えられる．2番目に低いエネルギーをもつのは両原子の2pオービタルから形成される結合性π_{CO}オービタルであり，2番目に高いエネルギーをもつのは同じ組合わせでできる反結合性π^*_{CO}オービタルである．Oの2pオービタルを占める孤立電子対の電子は，π準位とπ*準位の間のエネルギーをもつ．図25·7に示した分子オービタルのエネルギー準位図は非常に単純化したものであるが，ホルムアルデヒドがUV領域で示す遷移を考えるのには十分である．

このMOエネルギー図によって，2p AOからできるOの非結合性オービタルがHOMOであり，空のπ*オービタルがLUMOであるのがわかる．最も低い励起状態への遷移は，n_Oオービタルの電子1個がπ^*_{CO}オービタルに昇位することによる．これを**n → π* 遷移**[1]という．その励起状態の配置は，$(1s_O)^2(1s_C)^2(2s_O)^2(\sigma_{CH})^2(\sigma'_{CH})^2(\sigma_{CO})^2(\pi_{CO})^2(n_O)^1(\pi^*_{CO})^1$ で表される．次にエネルギーの高い遷移は，π_{CO} MOの電子1個がπ^*_{CO} MOへと昇位することによるもので，これを**π → π* 遷移**[2]という．この励起状態の配置は，$(1s_O)^2(1s_C)^2(2s_O)^2(\sigma_{CH})^2(\sigma'_{CH})^2(\sigma_{CO})^2(\pi_{CO})^1(n_O)^2(\pi^*_{CO})^1$ で表される．

ところで，原子の場合に問題になったように，満たされていないオービタルの電子のスピンの配向は指定されていないから，これらの配置の表し方では量子状態を完全に表したことにならない．上で表した二つの励起状態の配置には，いず

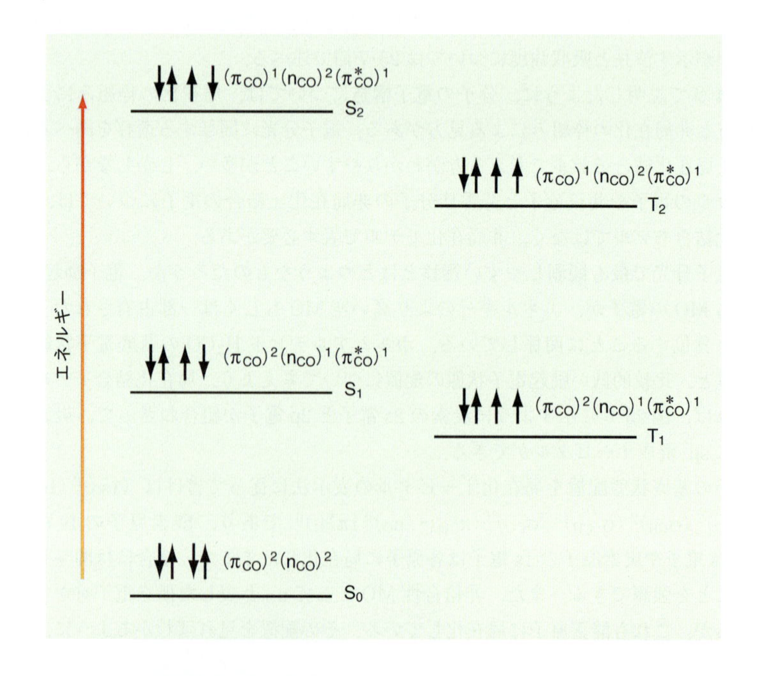

図 25·8 ホルムアルデヒドの基底状態は一重項であり，S_0で表す．その上のエネルギーの高い一重項と三重項をS_1, S_2, T_1, T_2で表す．その電子配置と最も重要な遷移に関わっている状態の不対スピンの配向状況も示してある．この図では，一重項状態と三重項状態のエネルギー差の大きさを正確に表していない．

1) n → π* transition 2) π → π* transition

れも半占有 MO が 2 個あるから，どちらにも一重項状態と三重項状態がある．これらの状態のエネルギーの相対関係を図 25･8 に示す．二原子分子の場合と同じで，配置が同じなら三重項状態の方が一重項状態よりエネルギーは低い．一重項状態と三重項状態のエネルギー差は分子に固有なもので，ふつうは 2 eV と 10 eV の間にある．

スペクトル線の振動数は，始状態と終状態のエネルギー差で決まる．同じタイプの遷移であっても分子によって大きく異なるが，一般には $n \rightarrow \pi^*$，$\pi \rightarrow \pi^*$，$\sigma \rightarrow \sigma^*$ の順でエネルギーが大きくなる．$\pi \rightarrow \pi^*$ 遷移には多重結合が必要であり，アルケンやアルキン，芳香族化合物で見られる．$n \rightarrow \pi^*$ 遷移には非結合電子対と多重結合が必要であり，カルボニル基やチオカルボニル基，ニトロ基，アゾ基，イミン基をもつ分子と不飽和ハロゲン化炭素化合物で見られる．**$\sigma \rightarrow \sigma^*$ 遷移**[1]は多くの分子で見られ，特にアルケンではほかに遷移がないので特徴的である．

25・6　基底状態と励起状態の間の遷移

次に，ホルムアルデヒドについて行った上の考察を任意の分子へと一般化しよう．その基底状態と励起状態の間でどんな遷移が起こるだろうか．このような分子について，図 25･9 に模式的に示したエネルギー準位を考える．その基底状態は一般に一重項状態であり，励起状態には一重項状態も三重項状態もありうる．

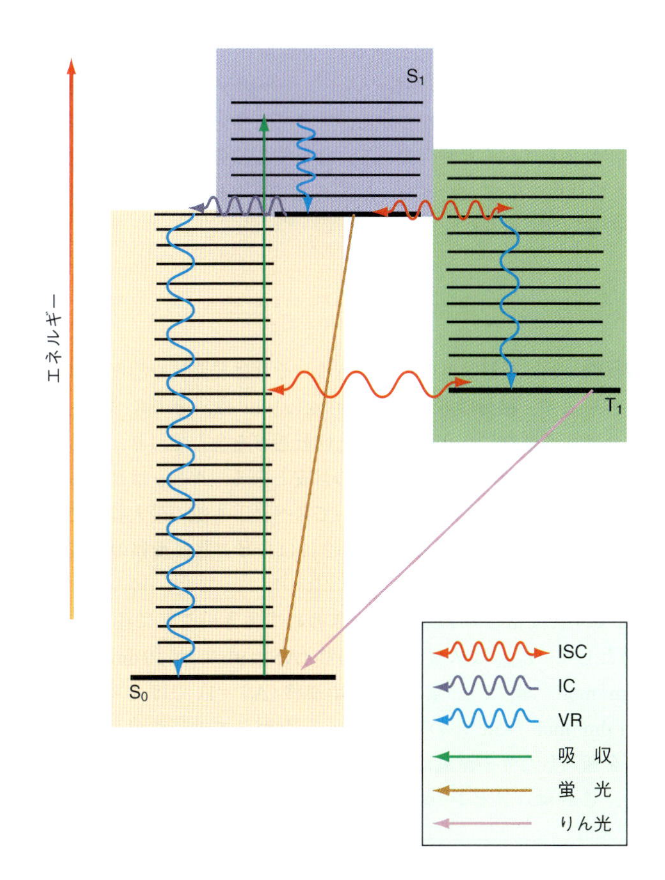

図 25･9　いろいろな光物理過程を表すジャブロンスキー図．S_0 は基底電子一重項状態，S_1 は第一励起一重項状態，T_1 は第一励起三重項状態である．放射過程を直線で示してある．無放射過程である系間交差（ISC）や内部転換（IC），振動緩和（VR）は波線で示してある．

1）$\sigma \rightarrow \sigma^*$ transition

ここでは，基底状態のほかに励起状態として一重項状態1個と三重項状態1個があるとして，その状態間の遷移について考えよう．このように状況を限定できるのは，もっと上の状態への励起があったとしても，すぐ後で説明する内部転換という過程によって，同じ多重度の最も低い状態へと急速に減衰するからである．この図には，それぞれの電子準位に属する振動準位も示してある．しかし，回転準位は，図が複雑になるから省略してある．あらゆる遷移に必須の規則は，遷移によってエネルギーと角運動量が保存されなければならないというものである．分子内で起こる遷移であれば，電子状態と振動状態，回転状態の間でエネルギーを移動することによって，この条件を満たすことができる．そうでなければ，分子と外界との間でエネルギーを移動して，エネルギーを保存することである．

四つのタイプの遷移を図25·9に示してある．**放射遷移**[1]はフォトンが吸収されたり放出されたりする遷移であり，図には実線で示してある．**無放射遷移**[2]はエネルギーを分子の異なる自由度の間で移動したり，外界へ移動したりするもので，縦の波線で示してある．**内部転換**[3]は，同じ多重度の状態間でエネルギーが変化せずに起こるもので，横の波線で示してある．**系間交差**[4]では，内部転換と違って多重度に変化が起こる（$\Delta S \neq 0$）．ある励起状態の分子がどの経路を使って基底状態に落ちるかは，いくつもある競争過程の速度に依存している．次の2節で，これらの過程それぞれについて説明しよう．

25・7 一重項–一重項遷移：吸収と蛍光

25·5節で述べたように，電子スペクトルの吸収バンドは特定の発色団によることが多い．原子分光法では選択律 $\Delta S=0$ に厳密に従うが，分子分光法では厳密でなく，$\Delta S=0$ に相当する遷移のスペクトル線が，この条件を満たさないスペクトル線よりずっと強いのがわかる．そこで，強い吸収や弱い吸収の意味するところを定量化しておくと便利である．注目する振動数における入射光の強度を I_0，透過光の強度を I_t としたとき，I_t/I_0 の濃度 c と経路長 l による依存性はつぎの**ベールの法則**[5]で表される．

$$\log\left(\frac{I_\mathrm{t}}{I_0}\right) = -\varepsilon lc \qquad (25\cdot 11)$$

モル吸収係数[6] ε は遷移強度の目安である．それは経路長や濃度に無関係で，発色団の特性を表す．**積分吸収係数**[7] $A=\int\varepsilon(\nu)\,\mathrm{d}\nu$ は，そのスペクトル線について積分すれば電子遷移に伴う振動遷移と回転遷移を含んでおり，ある特定の電子遷移で入射フォトンが吸収される確率の目安となる．A と ε はどちらも振動数に依存しており，いろいろな発色団についてスペクトル線の最大強度で測定された ε が ε_max として表になっている．表25·2にはスピン許容遷移の代表的な特性値が与えてある．

表25·2で，共役結合の ε_max の値がきわめて大きいことに注目しよう．一般的な規則として，ε_max はスピン許容遷移（$\Delta S=0$）では $10\ \mathrm{dm^3\,mol^{-1}\,cm^{-1}} \sim 5\times10^4\ \mathrm{dm^3\,mol^{-1}\,cm^{-1}}$，一重項–三重項遷移（$\Delta S=1$）では $1\times10^{-4}\ \mathrm{dm^3\,mol^{-1}\,cm^{-1}} \sim 1\ \mathrm{dm^3\,mol^{-1}\,cm^{-1}}$ の間にある．したがって，一重項–三重項遷移が起こる試料を通過した光の減衰は，一重項–一重項遷移による減衰より約 10^4～10^7 も小さい．これは，スピン–軌道カップリングが無視できなければ，吸収実験

1) radiative transition 2) nonradiative transition 3) internal conversion
4) intersystem crossing 5) Beer's law 6) molar absorption coefficient
7) integral absorption coefficient

表 25・2　代表的な発色団の特性パラメーター

発色団	遷　移	λ_{max}/nm	ε_{max}/dm^3 mol^{-1} cm^{-1}
N=O	n → π*	660	200
N=N	n → π*	350	100
C=O	n → π*	280	20
NO_2	n → π*	270	20
C_6H_6(ベンゼン)	π → π*	260	200
C=N	n → π*	240	150
C=C−C=O	π → π*	220	2×10^5
C=C−C=C	π → π*	220	2×10^5
S=O	n → π*	210	1.5×10^3
C=C	π → π*	180	1×10^3
C−C	σ → σ*	< 170	1×10^3
C−H	σ → σ*	< 170	1×10^3

では $\Delta S = 1$ の遷移が完全には禁制でないことを示している．この遷移はふつう弱いからあまり重要ではない．ただし，25・8 節で説明するりん光の一重項–三重項遷移は重要である．

励起状態 S_1 にある分子が基底状態 S_0 に戻るには，放射遷移によるか，あるいは他の分子との衝突による無放射遷移によるかである．この二つの経路のどちらをたどるかを決めているのは何だろうか．励起状態にある孤立分子は（たとえば，太陽系宇宙空間では），他の分子と衝突してエネルギーを交換することはできない．したがって，無放射遷移（分子内部でエネルギーを保存しながら電子から振動へエネルギーが移動する遷移は除く）は起こらない．しかしながら，結晶中や溶液中，気体中にある励起状態の分子は，他の分子と頻繁に衝突を繰返してエネルギーを失い，振動緩和によって S_1 の最も低い振動状態に戻る．この過程は一般に，S_1 のある励起振動状態から S_0 のある振動状態への直接的な放射遷移よりずっと速く起こる．S_1 の最低の振動状態に落ちた後は，三つの現象のどれかが起こる．分子は，**蛍光**[1] という過程で S_0 の振動状態へと放射遷移を起こせる．

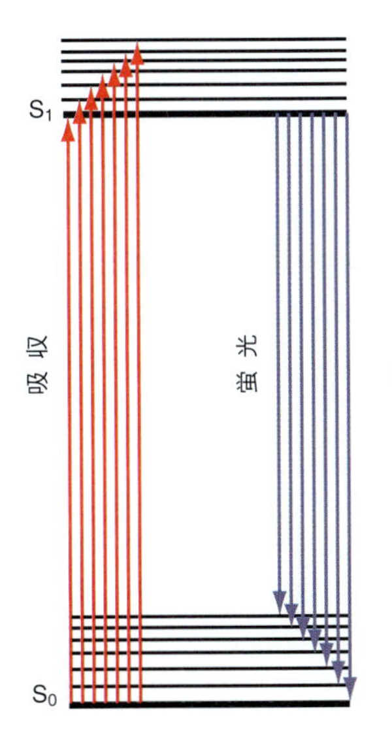

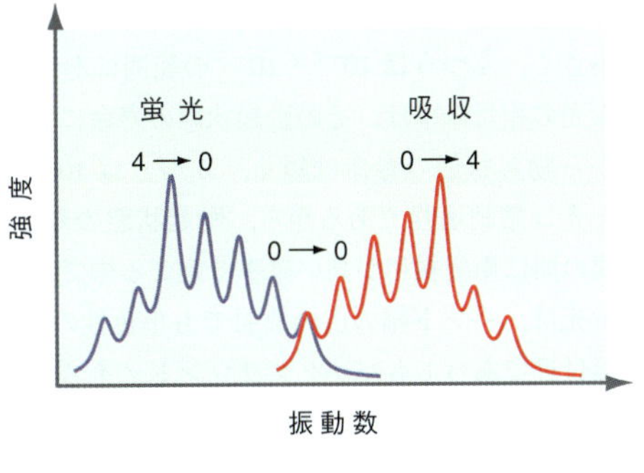

図 25・10　内部転換が蛍光より速い場合に予測される吸収バンドと蛍光バンド．吸収バンド内や蛍光バンド内の個々の遷移の相対強度は，フランク–コンドンの原理によって決まる．

1) fluorescence

あるいは，系間交差によって T_1 の励起振動状態へと無放射遷移を起こすこともできる．系間交差は $\Delta S=0$ の選択律を破るものであるから，図 25・9 に表してある他の過程に比べ非常にゆっくり起こる．

振動緩和は蛍光に比べ一般に速いから，S_1 の励起振動状態にある分子は，その基底振動状態に緩和してから蛍光を発して S_0 に落ちる．この緩和が起こるため，図 25・10 で示すように蛍光スペクトルは吸収スペクトルに比べて低エネルギー側にシフトしている．吸収スペクトルと蛍光スペクトルを比較すれば，吸収と蛍光に相当するスペクトル線のバンドは互いに鏡像関係にあることが多い．ポテンシャルが極小近くで対称的なら（たとえば，調和ポテンシャルでは）そうなる．この関係を図 25・10 に示す．

25・8 系間交差とりん光

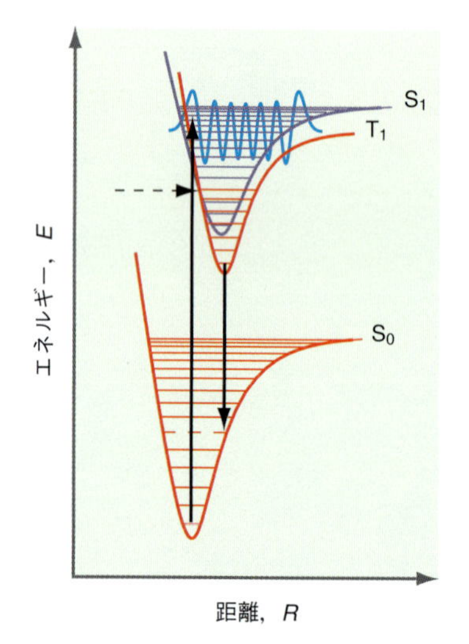

図 25・11 二原子分子における，りん光を生じる過程．S_0 からの吸収によって S_1 の励起振動状態が占有される．T_1 と S_1 で分子の幾何構造が同じで，しかも両者で同じエネルギーの振動準位が存在すれば，S_1 から T_1 の励起振動状態への遷移確率は大きくなる．破線の矢印は，T_1 と S_1 の振動エネルギー準位が合致したところを示している．わかりやすいように，T_1 の最低に近い振動準位だけを示してある．S_0 から S_1 への初期励起は，S_0 の基底状態との重なりが最大となる S_1 の振動状態に向かって起こる．その振動状態の波動関数を青色で示してある．

一重項電子状態と三重項電子状態の間の系間交差は，$\Delta S=0$ の選択律によれば禁制であるが，多くの分子でこれが起こる確率は高い．系間交差の遷移が起こる確率は，二つの要素によって大きくなる．一つは，励起一重項状態と三重項状態の分子の幾何構造が非常に似ていること．また，スピン–軌道カップリングが強く，そのため一重項–三重項遷移に必要なスピン反転が起こりやすいことである．りん光に関与する過程を単純化して，二原子分子について図 25・11 に示す．

分子が S_0 から S_1 へと励起されたとしよう．これは双極子許容の遷移であるから高い確率で起こる．励起状態の分子は他の分子との衝突によって振動エネルギーを失い，S_1 の最も低い振動状態に落ちる．一方，図 25・11 に示すように，ポテンシャルエネルギー曲線が重なり，そこで S_1 の励起振動状態と T_1 の励起振動状態のエネルギーが等しくなるところがある．この場合は，一重項状態と三重項状態で分子の幾何構造とエネルギーが同じである．図 25・11 では，状態 S_1 の $n=4$ でそうなっている．もし，スピン–軌道カップリングが強くてスピン反転を起こせれば，構造もエネルギーも変化せずに分子は三重項状態に乗換えることができる．それから振動緩和によって T_1 の最低の振動状態にまで急速に緩和する．T_1 の基底振動状態は S_1 のどの状態よりエネルギーが低いから，ここではもはや S_1 に戻る遷移は起こらない．

一方，分子は T_1 の基底振動状態から，双極子遷移では禁制の**りん光**[1]という放射過程によって基底状態に落ちる．実際には，分子同士または反応容器の壁との衝突による無放射過程と競争することになるから，りん光は高い確率で起こるものではない．したがって，りん光遷移 $T_1 \rightarrow S_0$ の確率は蛍光より一般にずっと小さく，ふつうは 10^{-2}〜10^{-5} の範囲にある．衝突緩和が起こるときの蛍光とりん光の相対確率は，その励起状態の寿命によって決まる．蛍光は許容遷移であるから励起状態の寿命は短く，ふつうは 10^{-7} s 以下である．これと対照的に，りん光は禁制過程であるから，励起状態の寿命はふつう 10^{-3} s より長い．この時間の間に衝突緩和が高い確率で起こるのである．

蛍光は，バンド幅の広い放射でも単色性の優れたレーザー光でも誘起できる．室温付近であってもバックグラウンドノイズがほとんどない電磁スペクトルの可視–UV 領域に試料の蛍光波長があれば，蛍光分光法は非常に濃度の薄い化学種を検出するのに最適である．図 25・10 に示したように，励起電子状態の内部でより低い振動準位への緩和が起こるため，その励起状態をつくるのに使った光より

1) phosphorescence

長い波長で蛍光信号が現れることになる．したがって，蛍光を検出するのに使う波長では，入射光がバックグラウンドに与える寄与は非常に小さい．

25・9 蛍光分光法と分析化学

ここで，蛍光分光法の用途として特に強力な応用について説明しよう．それはヒトゲノムのシーケンシング（塩基配列の測定）である．ヒトゲノム計画の目標は，ヒトという種が増殖するのに必要な遺伝情報がすべてエンコード（暗号化）されたDNAの4種の塩基A, C, T, Gの配列を求めることであった．そのために使われてきたレーザー誘起蛍光分光法に基づくシーケンシング法は，三つの段階に分けることができる．

第一段階ではDNAを機械的に切断し，1000～2000個程度の塩基対から成る短い断片を作成する．その断片を複製して多数のコピーをつくり，その複製物を4種の塩基A, C, T, Gを入れた混合溶液中に置く．これで反応が開始し，複製によって長くなったストランドができる．このとき，DNAの断片に取込まれる溶液中の塩基A, C, T, Gのいずれかについて，その一部に予め修飾しておいたものを使う．この修飾は二つの目的で行うものである．まず，修飾された塩基が付けば，そこで複製過程は終了する．また，その塩基には既知波長で強い蛍光を発する特定の色素を付けておく．したがって，修飾されていない塩基が組込まれても最初の断片はそのまま成長を続けるが，修飾された塩基が組込まれればそこで成長が止まる．こうして修飾塩基と非修飾塩基の取込みに競争が起こった結果，DNAの一部のレプリカ（複製）が多数できる．しかも，そのレプリカの末端は，組込まれた蛍光タグをもつ特定の塩基である．これら部分レプリカの集団には長さの異なるあらゆるレプリカが含まれており，それぞれは特定の塩基を末端にもち，元のDNAセグメントを反映している．そこで，これらセグメントの長さを測定できれば，DNAセグメントに組込まれた特定の塩基の位置を求めることができるのである．

この部分レプリカの長さは，キャピラリー電気泳動を使って，レーザー誘起蛍光分光法による検出と組合わせて測定される．この方法では，部分レプリカを含む溶液を，あるゲルで満たしたガラス製キャピラリーの中を通す．キャピラリーに沿って電場をかければ，負に帯電したDNAの部分レプリカは，その長さの逆

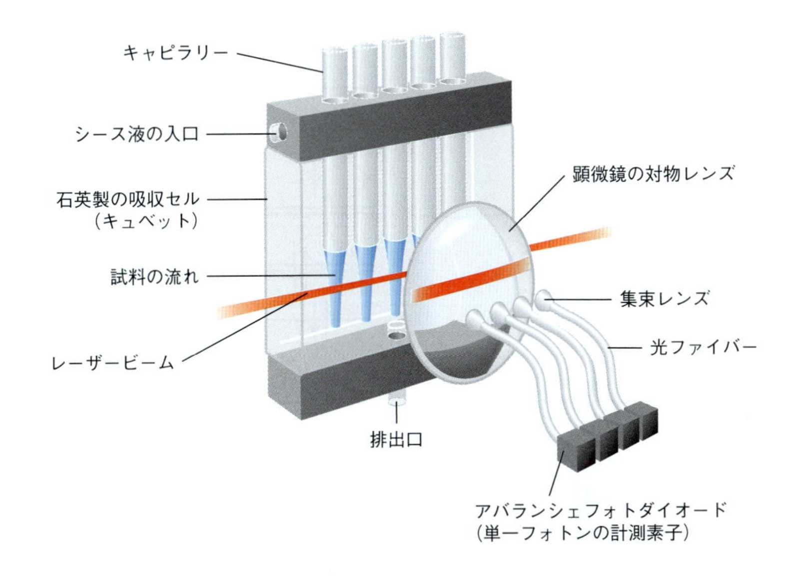

図 25・12　蛍光分光法の応用として，ヒトゲノムの塩基配列の測定に応用された装置の模式図.
出典: Dovichi, Norm, 'Development of DNA Sequencer', *Science*, **285**, 1016 (1999).

数に依存する速さでカラム内を降りてくる．ここで，レプリカの長さによって移動の速さは違うから，キャピラリーを通過しながら分離が起こる．こうして，キャピラリーの末端に到着した部分レプリカは，キャピラリーのシース（さや）を形成して流れる緩衝液の中に入る．その緩衝液の流れをうまく制御すれば，レプリカを含む溶液の流れをキャピラリーの内径より小さな直径まで絞り込むことができる．このようなシースフロー方式のキュベット（吸収セル）を備えた電気泳動装置の模式図を図 25・12 に示す．キャピラリーを 1 本でなく複数使っているのは，いくつかの実験を並行して行えるからである．

シーケンシング法の最後の段階は，各レプリカの長さを求めるのにキャピラリーの通過時間を測定し，その末端の塩基を同定することである．その同定にはレーザー誘起蛍光分光法が使える．一列に並んだキャピラリー全部に可視光レーザーの細いビームを通す．それぞれには非常に希薄な溶液が入っているから，各キャピラリーによるレーザービームの減衰は非常に少ない．そのキャピラリーから放射された蛍光は，顕微鏡の対物レンズと個々の集束レンズによって光敏感ダイオードに導かれる．対物レンズと集束レンズ群の間に回転フィルターを置けば，塩基に付けた蛍光タグの特定の色素 4 種の区別が可能になる．図 25・12 に示した測定系の感度は，レーザーで照射される体積中の分子にして 130 ± 30 個であり，これは 2×10^{-13} mol L^{-1} の濃度に相当する．このような超高感度は，非常に小さな試料体積に設計された試料セルと高感度の蛍光法を組合わせた結果である．レーザービームの直径を試料サイズに合わせ，キュベット（吸収セル）のサイズを小さくすることによって，バックグラウンドノイズをかなり低減できている．ヒトゲノムのシーケンシングの初期段階では，96 個のキャピラリーを並べた市販装置がおもな役割を果たした．

25・10　紫外光電子分光法

分光法は一般に，とりわけ電子分光法は，遷移に関わるエネルギー準位そのものでなく，始状態と終状態のエネルギー差に関する情報を与える．しかし，化学者にとって特に興味があるのは，被占分子オービタルと空オービタルのエネルギーである．このような詳細な情報は，エネルギー準位の差しか測定できない

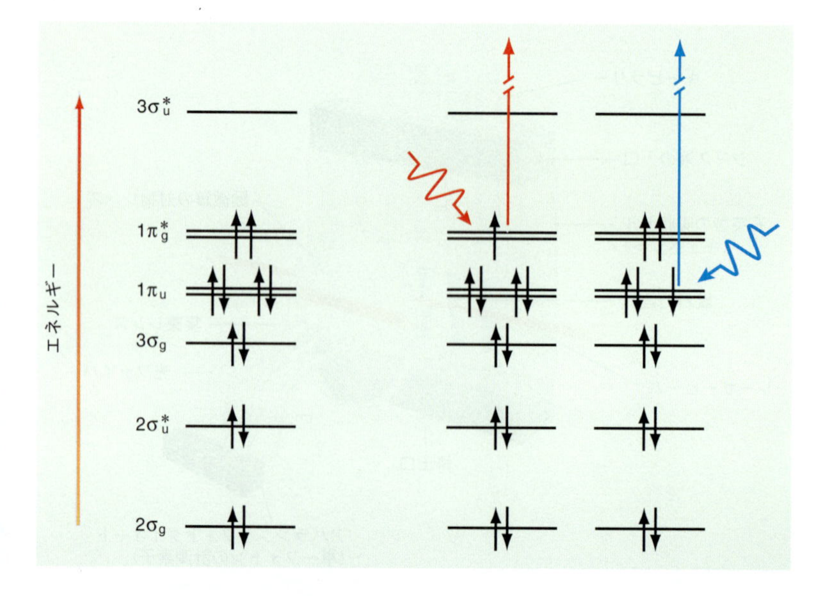

図 25・13　O_2 の基底状態の分子オービタル図を左側に示す．これに UV フォトンが入射すれば，図の中央と右側に示す異なる 2 個の MO で見られるように，被占 MO の一つから電子 1 個がたたき出されて，$O_2{}^+$ イオンと束縛されない電子ができる．その電子の運動エネルギーは測定できる．異なる MO から放出された電子の運動エネルギーは違う．

UV吸収スペクトルからは直接に求めることができない．しかしながら，何らかのモデルを使えば，実験で得られたスペクトルから遷移に関与するオービタルに関する情報を取出すことができる．たとえば，23章で説明した分子オービタルモデルを使えば，分子のオービタルエネルギー準位を計算できる．これらの結果を使えば，観測されたスペクトルのピークから計算したエネルギー準位の差と，モデルから得られたオービタルエネルギー準位を組合わせることができる．

あらゆるタイプの電子分光法の中で**UV光電子分光法**[1]は，電子遷移に関与しているオービタルエネルギー準位を直接見分けるという目標に最も近いものである．この分光法の原理は何だろうか．12章で説明した光電効果のように，分子にエネルギーの高いフォトンを入射すれば，その充満価電子オービタルの一つから電子がたたき出され，O_2の例で図25・13に示したように正のイオンがつくられる．放出された電子の運動エネルギーは，**光イオン化**[2]によって正のイオンをつくるのに必要な全エネルギーに関係している．

$$E_{運動} = h\nu - \left[E_f + \left(n_f + \frac{1}{2}\right)h\nu_{振動}\right] \qquad (25・12)$$

E_fは，電子を取除いてできたカチオンの基底状態のエネルギーである．(25・12)式は，カチオンの振動励起を考慮に入れたものである．そこで，エネルギー保存から，光によって放出された電子の運動エネルギーはそれだけ低くなる．一般には，始状態か終状態がラジカルであるから，非局在化したMOモデルを使えばUV光電子分光を説明できるはずである．

次に述べる仮定をおけば，$E_{運動}$の測定値を使って，電子がいたオービタルのエネルギー$\varepsilon_{オービタル}$を求めることができる．カチオンのエネルギーE_fは，光電子スペクトルから直接求めることができ，つぎの仮定が成り立てばそれが$\varepsilon_{オービタル}$に等しいからである．

- 遷移が起こっても核の位置は不変である（ボルン－オッペンハイマーの近似）．
- 原子とイオンのオービタルは同じである（**凍結オービタル近似**[3]）．イオンの電子分布は，電子が1個少なくなっても不変とする．
- 全電子相関エネルギーは，分子とイオンで同じである．

中性分子について，これらの仮定のもとに得られたE_fと$\varepsilon_{オービタル}$の関係は**クープマンスの定理**[4]として知られている．多数の分子について得られたスペクトルを高精度の数値計算と比較すると，そのオービタルエネルギーの測定値と計算値は約1～3 eVも違っていることが多い．この差は主として，後の二つの仮定がうまく成り立たないからである．

この定理は，分子の光電子スペクトルを構成する一連のピークが，それぞれ特定の分子オービタルと関係づけられることを示唆している．図25・14に示す気相の水分子のスペクトルは，ヘリウム放電ランプからの強いUV放射ピークのフォトンエネルギー$h\nu = 21.8$ eVで得られた光電子スペクトルである．三つのピーク群のそれぞれを，H_2Oの特定の分子オービタルに関係づけることができる．それぞれのグループでほぼ等間隔に現れているピークは，光イオン化過程で形成されるカチオンの振動励起に相当している．

このスペクトルを解析すれば，いろいろな分子の化学結合について，局在化モデルと非局在化モデルを比較対照することができる．まず，分子の光電子スペク

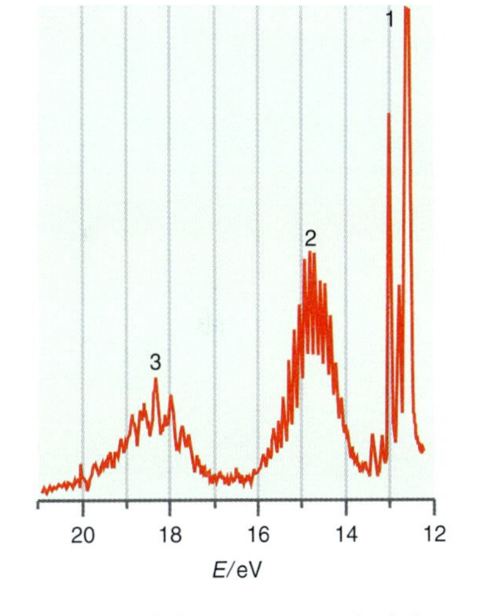

図25・14 気相のH_2OのUV光電子スペクトル．ピーク群が三つ見える．各グループ内の構造は，光イオン化過程でつくられたカチオンの振動励起によるものである．
出典：Brundle, C. R., Turner, D. W., 'High resolution molecular photoelectron spectroscopy Ⅱ. Water and deuterium oxide', *Proc. Roy. Soc. A.*, **307**, 27–36, fig. 1, p. 27 (1968).

1) UV photoelectron spectroscopy 2) photoionization
3) frozen orbital approximation 4) Koopmans' theorem

トルのピークを個々の局在化オービタルに帰属できないことがわかる．これは，分子波動関数が分子の対称性を反映したものでなければならないからである．分子の対称性は重要であるから27章で詳しく説明する．ここでは，一例としてH_2Oの光電子スペクトルを用いて，その光電子スペクトルのピークの正しい帰属は，局在化オービタルの非局在化一次結合であり，個々の局在化オービタルでないことを示そう．

局在化結合モデルによれば，水には孤立電子対2対とO−H結合オービタル2個がある．配向に違いはあっても二つの孤立電子対の実体は同じで，結合オービタルも同じであるから，光電子スペクトルには孤立電子対によるピーク群と結合オービタルによるピーク群だけが現れると予測される．しかし，実際には二つではなく四つのピーク群が観測されている．図25·14には三つのピーク群しかないが，フォトンエネルギーの高いところにもう一つある．局在化結合モデルでは，この矛盾を孤立電子対の間のカップリングと結合オービタルの間のカップリングによって説明しようとする．このカップリングによって，19·5節の振動分光法で観測されたような**対称結合**[1]と**反対称結合**[2]が生じると考えるわけである．一方，分子オービタルモデルでは，ハートリー-フォック方程式を解けば四つの異なるMOが得られるから，実験の結果は納得できるものである．これらのMOは対称 (S) あるいは反対称 (A) であるという．また，孤立電子対の性質，つまり非結合性 (n) あるいはシグマ性 (σ) をもつという．

図25·14の光電子スペクトルに戻ろう．13 eV以下のピーク群はε_{nA}に帰属できる．これに相当するMOの波動関数は図24·8の$1b_1$オービタルであり，孤立電子対の反対称結合によるとできる．14 eVと16 eVの間のピーク群はε_{nS}に帰属できる．これに相当する波動関数は$2a_1$オービタルであり，孤立電子対の対称結合によるとできる．17 eVと20 eVの間のピーク群は$\varepsilon_{\sigma A}$に帰属できる．これに相当する波動関数は$1b_2$オービタルであり，局在化O−H結合オービタルの反対称結合によるとできる．$\varepsilon_{\sigma S}$に帰属できるグループは，この実験では測定できないほど高いイオン化エネルギーにあるため，ここでは観測されていない．これに相当する波動関数は$1a_1$オービタルであり，局在化O−H結合オービタルの対称結合によると帰属できる．これらのMOに付けた名称は24章で導入したもので，27章で詳しく説明する．

上のような解析をしても，つぎのような疑問が残ることだろう．**等価な結合**[3]あるいは等価な孤立電子対から，値の違う複数のオービタルエネルギーが生じるのはなぜだろうか．数学を使わない説明はつぎの通りである．局在化結合オービタルは等価で互いに直交しているが，二つの結合領域の間にはクーロン相互作用があるから，一方のO−H結合の電子分布と他方のO−H結合の電子分布は無関係ではない．したがって，一方の局在化結合オービタルで電子遷移が起これば，それが他方の局在化結合オービタルの電子が感じるポテンシャルエネルギーに変化を与える．この相互作用が2個の局在化結合の間にカップリングをもたらす．これらの局在化オービタルの対称結合と反対称結合をつくれば，そのカップリングを取除いたことになる．しかしながら，それによって結合オービタルの局在性もなくなってしまうから，デカップルした後の分子波動関数は2個のO−H領域の一方にのみ局在化した状態とはみなせない．こうして，デカップルした波動関数だけが分子の対称性に合っており，局在化オービタルは対称性に合わない．

水の場合は，2個の等価な局在化O−H結合から2個の異なるオービタルエネルギーを生じる．しかし，もっと対称の高い分子では，異なるエネルギーを与え

1) symmetric combination　2) antisymmetric combination　3) equivalent bond

るオービタルの数は，等価な局在化結合の数より少ない．たとえば，NH_3 の 3 個の等価な局在化 N−H 結合から 2 個の異なるオービタルエネルギーを生じ，CH_4 の 4 個の等価な局在化 C−H 結合からも 2 個の異なるオービタルエネルギーを生じるだけである．この違いの理由は，分子の対称性について 27 章で説明すればわかるだろう．

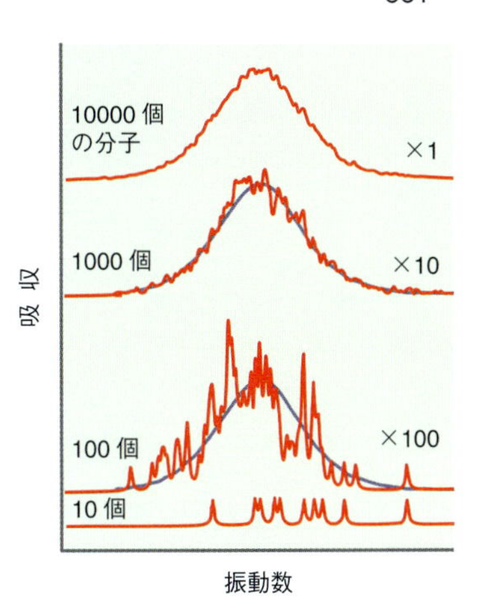

図 25・15　個々の分子が示す吸収スペクトルの幅は狭い．一番下のスペクトルでわかるように，試料体積中に分子が 10 個しかない場合，ある振動数領域にわたって各分子によるピークが別々に現れる．試料体積中の分子数が増えるにつれ，観測されるピークは不均一による幅を示し，個々の分子の特徴ではなく，集合体としての平均の特徴を表す(紫色の曲線)．

25・11　単一分子分光法

これまで述べた分光測定はふつう，注目する分子の集合体を試料セルに入れて行うものである．一般に，集合体の個々の分子の局所環境は同じでないから，その吸収線には 19･9 節で説明した不均一幅が現れる．図 25･15 を見ればわかるように，集合体の個々の分子が幅の狭いバンドを示しても，分子ごとにすぐ近くの環境が違えば振動数がわずかずつシフトして，全体として幅広いバンドが現れる．

不均一幅で広がったバンドのスペクトルより，個々の分子のスペクトルの方が多くの情報が得られるのは明らかである．個々の分子についての“真の”吸収スペクトルは，試料を観測する体積中の分子が非常に少ない場合に限り得られるもので，たとえば図 25･15 の一番下のスペクトルが得られる．

単一分子分光法は，生体分子の構造と機能の関連を理解するうえで特に役立つ．生体分子の**コンホメーション**[1]とは，その構成原子の空間内での配列のことで，一次構造や二次構造，三次構造によって説明できる．**一次構造**[2]は，ポリペプチドのペプチド結合など，分子の骨格で決まるものである．**二次構造**[3]という

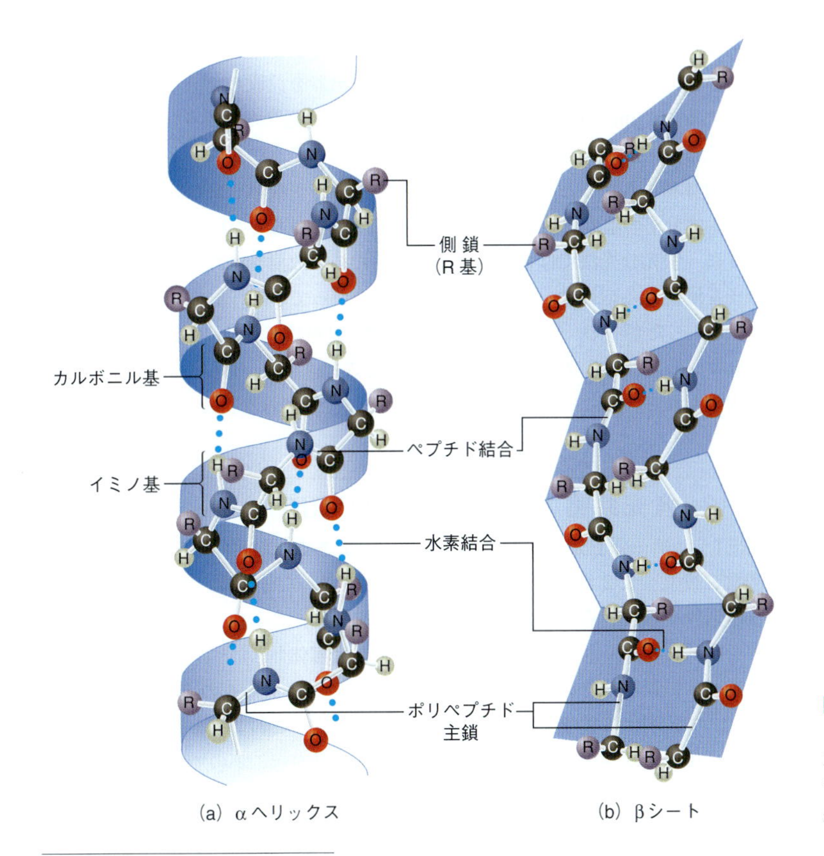

図 25･16　(a) αヘリックス，(b) βシートは，水溶液中のタンパク質に見られる二つの重要な形態である．どちらの構造でも，イミノ基 (−NH−) とカルボニル基の間に水素結合が形成されている．

1) conformation　2) primary structure　3) secondary structure

用語は，ポリペプチドの一部の局所的なコンホメーションに使う．ポリペプチドでよくある二次構造は，図25·16に示すαヘリックスとβシートである．**三次構造**[1]は分子の全体としての形に注目するものである．球状タンパク質は球形に折りたたまれている．一方，繊維状タンパク質には平行ストランドや平行シートに配列したポリペプチド鎖がある．

溶液中の生体分子のコンホメーションは，じっとしているわけではない．溶媒分子や他の溶質分子と衝突することによって，溶けている生体分子のエネルギーやコンホメーションは時間とともに変化している．ある酵素がコンホメーションを変えれば何が起こるだろうか．その活性は最終的には構造と関係しているから，コンホメーション変化が起これば，個々の酵素分子は活性になったり，不活性になったりして時間の関数で揺らぐことになる．酵素分子の集合体について分光測定を行えば，可能なすべてのコンホメーションの平均，つまり，酵素がとりうるすべての活性の平均が得られる．このような測定をしても，構造と化学的な活性がどう関係しているかを理解するにはあまり役に立たない．次節で示すように，単一分子分光法はこの集合限界を超えることができ，生体分子がとりうるコンホメーションに関する情報や，異なるコンホメーションの間で遷移が起こる時間スケールに関する情報を与えてくれる．

単一分子分光を行うには，試料体積中の分子の数をほぼ1まで減少させなければならない．溶液中の個々の生体分子についてどんなスペクトルが得られるであろうか．測定されるスペクトルに寄与する分子は，光源で照射された体積中にあり，その情報が検出器に届いた分子だけである．その数をほぼ1にするには，小さな径に絞ったレーザーを使って注目する分子を励起し，照射された溶液試料のごく一部から蛍光として放射されたフォトンを共焦点顕微鏡によって収集することである．共焦点顕微鏡では，一方の焦点に試料を置き，顕微鏡の結像光学系の焦点にはピンホールがあり，そのすぐ後方に検出器を設置してある．焦点位置を中心とする約 $1\,\mu m \times 1\,\mu m \times 1\,\mu m$ の体積の外側を通過したフォトンはピンホールで像を結ばないから，検出器には到達しない．このように，試料として見える体積は照射体積よりずっと小さい．その体積中に分子が数個しかない条件を満たすには，生体分子の濃度は約 1×10^{-6} M 以下でなければならない．25·8節で説明したように，蛍光分光法では振動緩和が起こるため，放射されたフォトンの振動数は分子を励起するのに使ったレーザーより低くなっており，単一分子の研究に適している．したがって，光ファイバーを使えば，試料体積の外に散乱したレーザー光やラマン散乱によるフォトンが検出器に届くことはない．もし，調べる対象の分子が固定されていれば，同じこの実験法を使って分子の像を得ることもできる．

25・12 蛍光共鳴エネルギー移動（FRET）

FRET[2]は単一分子分光法の一種であり，さまざまな生化学系を研究するうえで非常に役立つことがわかってきた．電子励起された分子は，25·8節で説明した放射過程や無放射過程によってエネルギーを失う．ここで，エネルギーを失う分子を**供与体**[3]，エネルギーを獲得する分子を**受容体**[4]という．供与体の発光スペクトルが，図25·17に示すように受容体の吸収スペクトルの一部と重なれば，図25·18で説明する**共鳴エネルギー移動**[5]が起こる．このような共鳴条件にあれば，供与体から受容体へ高い効率でエネルギー移動が起こるのである．

1) tertiary structure　2) fluorescent resonance energy transfer
3) donor　4) acceptor　5) resonance energy transfer

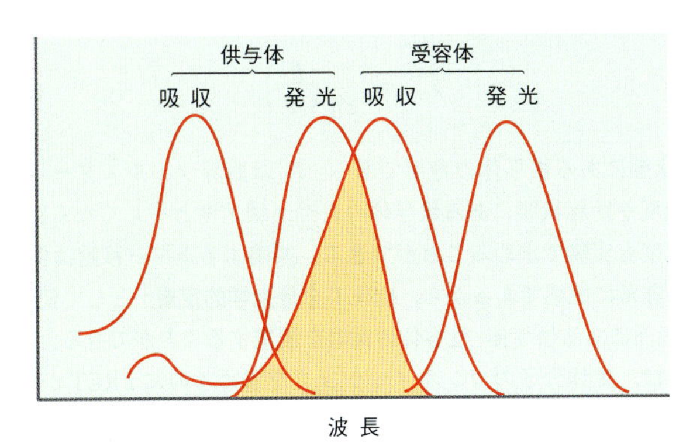

図25・17 供与体と受容体で起こる吸収と発光を赤色の曲線で示してある．25・7節で説明したように，発光は吸収より長波長側で起こる．供与体の発光バンドが受容体の吸収バンドと重なれば，共鳴エネルギー移動が起こる．

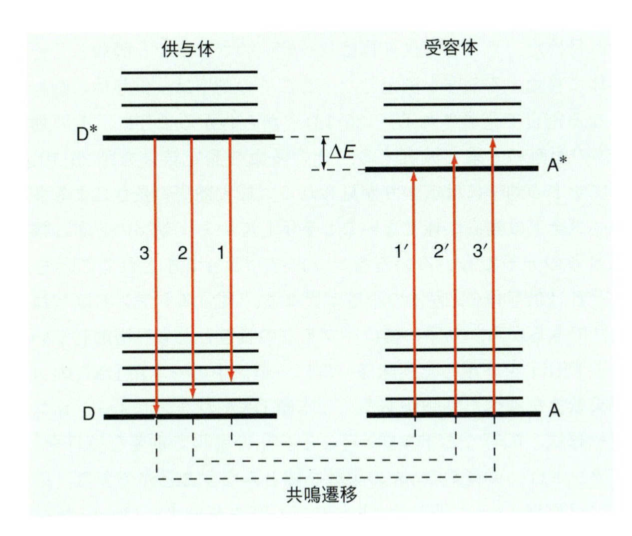

図25・18 供与体の励起状態の発光スペクトルおよび受容体の吸収スペクトルを担う個々の過程．供与体の遷移1, 2, 3の発光フォトンエネルギーによって，受容体の吸収遷移1′, 2′, 3′がそれぞれ起こされる．受容体の励起状態では振動緩和が起こるから，その受容体から放射される光の波長は長波長側にシフトしていることに注意しよう．このシフトのおかげで，供与体を励起するのに使ったレーザーの散乱光が存在しても，光学フィルターを使うことによって受容体の発光を検出できる．

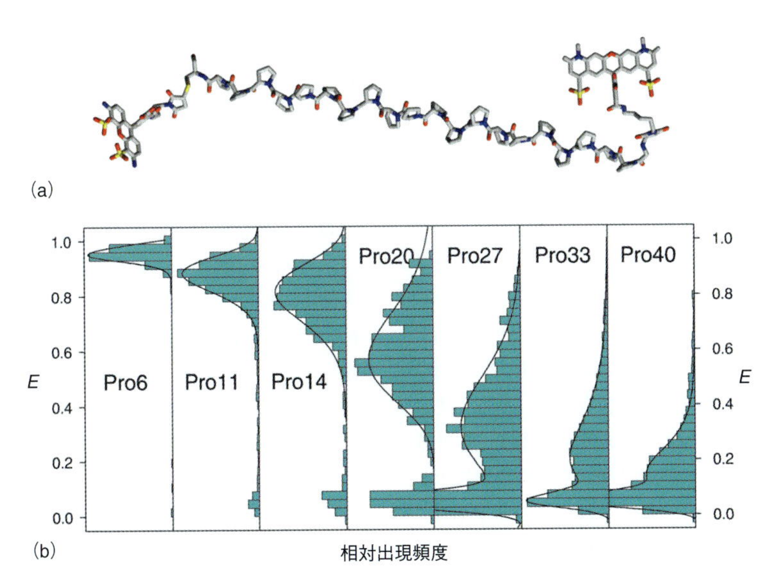

図25・19 (a) ポリプロリンのペプチドに供与体(左端)と受容体(右端)の色素を付けておく．このペプチドは分子長が長くなるほど柔軟性を増す．(b) いろいろな長さのペプチドについて，供与体から受容体への共鳴エネルギー移動の効率Eを棒グラフに表してある．その棒の長さは，個々の分子について多くの測定を行った結果から相対出現頻度で表したものである．ペプチドが長くなるほどEの分布幅は広くなっていることに注目しよう．効率0の近くにピークが現れるのは不活性な受容体によるものであり，実験的な問題に起因する見かけの効果である．
出典：Schuler, B., *et al.*, 'Polyproline and the "Spectroscopic Ruler" Revisited with Single-Molecule Fluorescence', *Proceedings of the National Academy of Sciences of the United States of America*, **102**, 2754–2759 (2005). Copyright 2005 National Academy of Sciences, U.S.A.

共鳴エネルギー移動の確率は，2分子間の距離に強く依存している．フェルスター[1]は，共鳴エネルギー移動が起こる速度は，受容体-供与体の距離の6乗で減少することを示した．

1) Theodor Förster

$$k_{\mathrm{ret}} = \frac{1}{\tau_{\mathrm{D}}^{\circ}} \left(\frac{R_0}{r} \right)^6 \qquad (25\cdot13)$$

$\tau_{\mathrm{D}}^{\circ}$ は励起状態にある供与体の寿命である．R_0 は臨界フェルスター半径であり，共鳴移動速度が励起状態にある供与体の自然崩壊速度と等しくなる距離である．どちらの速度も実験で求めることができる．共鳴エネルギー移動は供与体–受容体の距離に非常に敏感であるから，FRET を**分光学的定規**[1] として使って，10〜100 nm の範囲にある供与体–受容体の距離を測定することができる．

図 25·19 は，生体分子のコンホメーションを求めるのに FRET がどう使えるかを示したものである．Schuler らは，プロリン残基 6〜40 個を含み，決まった長さのポリプロリンペプチドの両端に，供与体と受容体として作用する色素分子をそれぞれ付けた．そこで，供与体はレーザーのフォトンを吸収し，そのフォトンが受容体に移動する効率を測定した．ここでの効率は，供与体の励起が受容体の励起になる割合で定義される．(25·13)式からわかるように，その効率は供与体–受容体の距離の 6 乗で減衰する．その多数の測定結果を図 25·19b に示す．各ポリペプチドの効率には広がりが見られる．最大効率の長さによる変化によれば，このペプチドは剛直な棒でないことを示している．効率の分布に幅があるのは，同じ長さの分子でもいろいろなコンホメーションをとれることを示しており，それぞれは供与体–受容体の距離が異なる．長いストランドほどねじれたり曲がったりできるから，効率の幅はペプチドの長さとともに増加している．

図 25·20 溶液中の長い棒状分子のコンホメーションは高度に絡み合っている．

単一分子 FRET を応用した興味深い例に，溶液中の一本鎖 DNA のコンホメーションの柔軟性を調べた実験がある．一本鎖 DNA のコンホメーションの柔軟性は，複製や修復，転写など DNA で起こる多くの過程で重要な役目をしている．そのストランドは，直径約 2 nm の柔軟な棒とみなすことができる．その寸法を実感するには直径 1 cm，長さ約 1 km のゴム管を想像すればよいだろう．DNA 単一分子は長さ約 1 cm もありながら，ふつう直径約 1 μm しかない細胞核の中に収まらなければならない．そのためには，ストランドのコンホメーションは，図 25·20 に示すような，それ自身がコイル状になった非常に長いスパゲッティのようになっているのであろう．

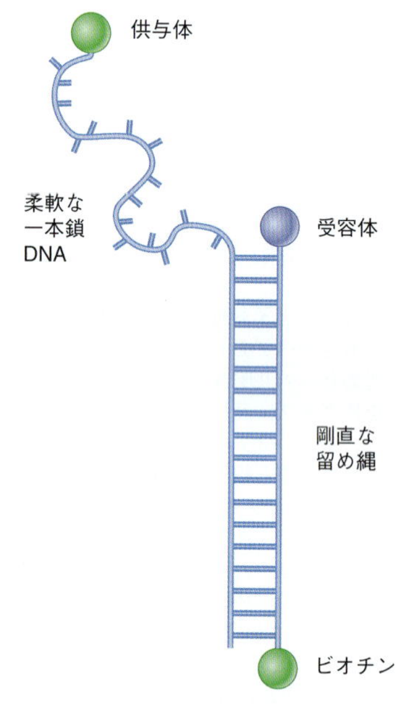

図 25·21 柔軟な一本鎖 DNA の両端に供与体と受容体をそれぞれ付けておき，それをシリカ基質につなぎ止める．剛直な留め縄の役目は，受容体を石英表面から離して溶液中に留めておくことである．出典：Murphy, M. C., *et al.*, 'Probing Single-Stranded DNA Conformational Flexibility Using Fluorescence Spectroscopy', *Biophysical Journal*, 86 (4), 2530–2537, fig. 1, p. 2531, fig. 3, p. 2533, (April 2004) Copyright 2004 Elsevier.

このような複雑なコンホメーションは，いくつかの統計モデルでうまく表されている．その一つがみみず鎖モデルである．

みみず鎖モデル[2] で考える鎖（ストランド）は，柔軟な棒の形態をとりながら，あらゆる向きに連続的に，しかもランダムに曲がれるとしている．しかしながら，このストランドを曲げるにはエネルギーの代価（コスト）が必要で，溶液中で別のストランドと衝突することで獲得したエネルギーがこれに使える．そのエネルギーは温度に直線的に依存している．この棒を曲げるのに必要なエネルギーは，その曲率半径に依存する．すなわち，大きな曲率で非常に緩やかに曲げれば，ヘアピンのように鋭く曲げるよりエネルギーはずっと少なくてすむ．衝突によるエネルギー移動は絶対零度の極限で 0 に近づき，ストランドは剛直な棒となる．温度が上昇するにつれ，棒の曲率半径に揺らぎが起こりやすくなる．みみず鎖モデルではこの挙動を**持続長**[3] で表す．持続長とは，棒が次に曲がるまでの間に直線で進める距離である．温度が絶対零度から室温まで上昇するにつれ，このみみず鎖は持続長無限大の剛直な棒から，図 25·20 に示すような持続長の非常に短い絡み合った形へとコンホメーションが変化するのである．

一本鎖 DNA は，みみず鎖モデルでどれほどうまく表せるだろうか．それは

1) spectroscopic ruler 2) worm-like chain model 3) persistence length

M.C. Murphy らによって調べられた．彼らは，図 25・21 に示すように柔軟性のある一本鎖 DNA を剛直な留め縄の一端に取付け，もう一端にはビオチンを結合させて，それをストレプトアビジンを塗布した石英表面に固定した．

柔軟なストランドの自由端に発蛍光団の供与体を付け，固定端には受容体を付けた．ストランドの長さは，ヌクレオチド 10 個から 70 個まで変化させ，それは供与体と受容体の間の距離にして約 60 nm と約 420 nm に相当している．τ_D° と R_0 を測定後，ストランドの長さの関数で供与体から受容体への共鳴エネルギー移動の効率を 25 mM から 2 M の濃度の NaCl 溶液中で測定した．その結果を図 25・22 に示し，持続長をパラメーターとした計算結果と比較してある．

図 25・22a のピークは，ストランドが長くなるにつれ効率の低い側にシフトし

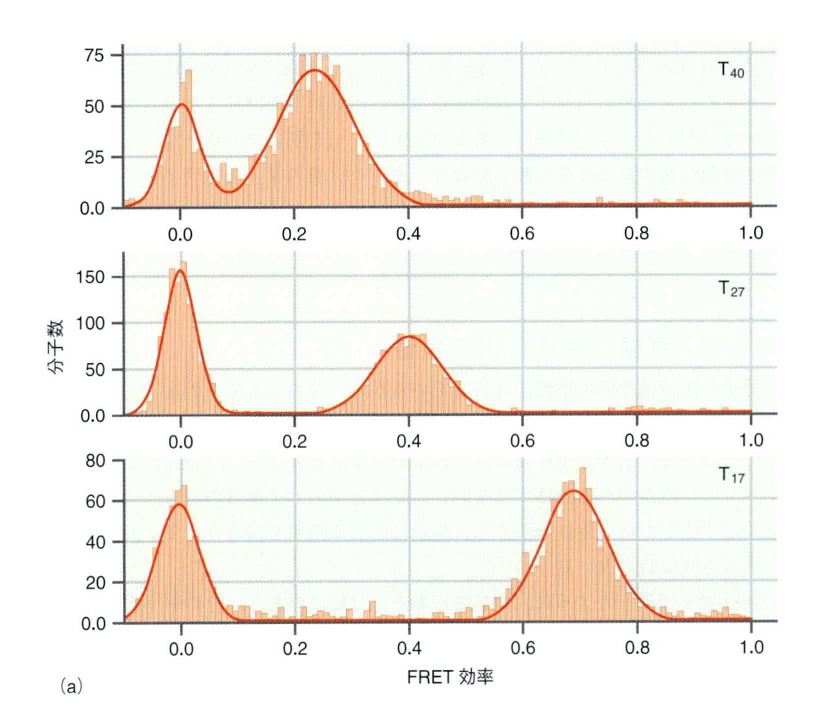

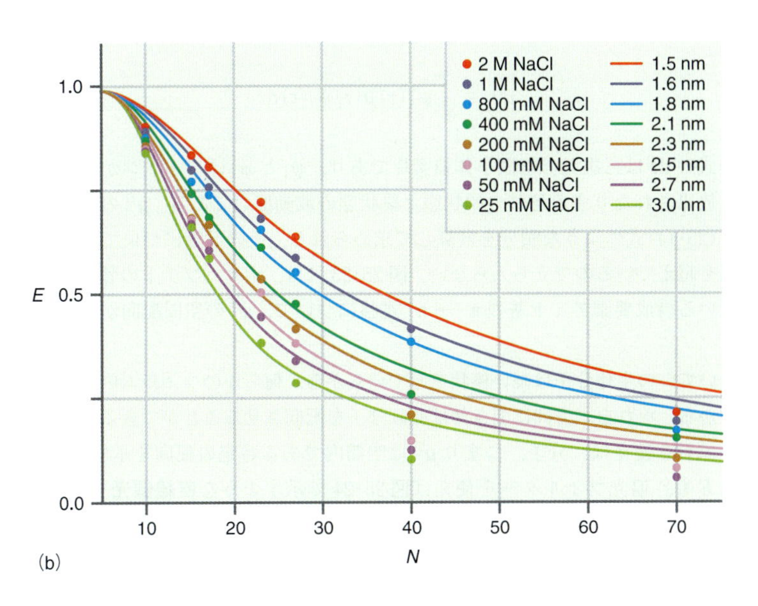

図 25・22 (a) 上の図から順に，ヌクレオチド 40 個，27 個，17 個の長さのポリ(dT)ssDNA で得られた FRET 効率を示してある．効率 0 のピークは，不活性な受容体に起因する実験的な問題による見かけのものである．棒の長さは，個々の分子について多数の測定を行った結果を相対出現頻度で表したものである．(b) NaCl のいろいろな濃度での測定で得られた FRET 効率をヌクレオチドの数 N の関数で表してある．各曲線は，持続長をパラメーターとして計算した結果であり，データに合わせた曲線と得られた持続長を示してある．

出典：Reprinted from M. C. Murphy, *et al.*, 'Probing Single-Stranded DNA Conformational Flexibility Using Fluorescence Spectroscopy', *Biophysical Journal*, **86** (4), 2530–2537 (April 2004), fig. 1, p. 2531, fig. 3, p. 2533, Copyright 2004 Elsevier.

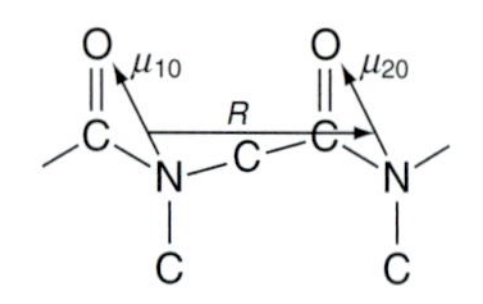

図 25·23 ポリペプチド鎖のアミド結合．π ⟶ π* 遷移の遷移双極子モーメントを示してある．

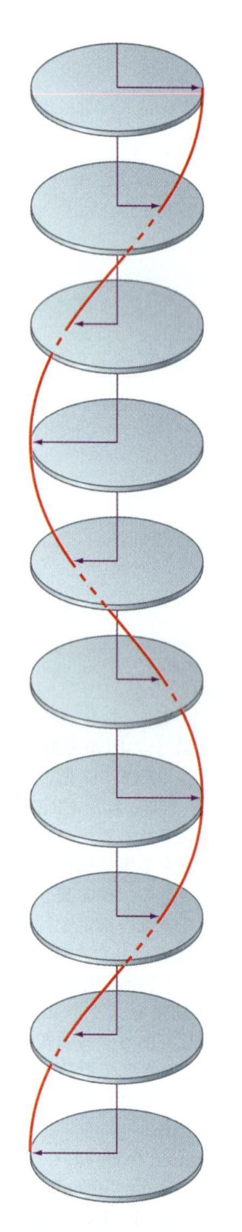

図 25·24 直線偏光の電場ベクトルの向き（矢印）を時間または距離の関数で表したもの．その振幅は周期的に変化するが，向きは偏光面内に限られる．

ている．それは，供与体と受容体が遠く離れるからである．効率の分布幅は，同じ長さの分子でもいろいろなコンホメーションをとれ，それによって供与体と受容体の距離が異なることを示している．図 25·22b は，ストランド長の関数で測定された効率のデータを，みみず鎖モデルの予測と比較したものである．このモデルはデータをよく再現すること，持続長は低い NaCl 濃度での 3 nm から最高濃度での 1.5 nm まで減少していることがわかる．NaCl 濃度が増加するにつれ持続長が減少するのは，イオン性溶液では電荷が遮蔽されるから（10·4 節を見よ），DNA に付いて帯電しているリン酸基の間に働く反発相互作用が減少することに帰着できる．この場合には，FRET 測定によって，DNA のコンホメーションに関するみみず鎖モデルの有効性が確かめられたのである．

単一タンパク質分子のコンホメーションが揺らぐ時間スケールを調べるために，供与体と受容体の間の共鳴エネルギー移動ではなく，電子移動反応を使って同様の研究が行われてきた．Yang らは［*Science*, **302**, 262 (2003)］，コンホメーションの揺らぎが数百マイクロ秒から数秒の広い範囲の時間スケールで起こることを見いだした．その結果は，あるコンホーマーを別のコンホーマーに変える経路が多数存在することを示唆しており，タンパク質のフォールディングや生体分子のコンホメーションの動力学をシミュレーションによって調べている研究者に貴重なデータを提供している．

25・13 直線二色性と円二色性

分子の構造はその反応性に直結しているから，注目する分子の構造を理解するのが化学者の一つの目標である．分子が大きくなるほどその構造を求めるのは困難になるから，生体分子の場合はこれがおもな課題になる．一方，分子内の原子すべての位置がわかるわけではないが，生体分子の分子構造のいろいろな側面を求める手法がある．生体分子の二次構造に関する情報を得るうえで，直線二色性と円二色性は特に役に立つ．

19·1 節で説明したように，電磁波である光は横波であり，その電場 $\boldsymbol{E}$ と分子の永久双極子モーメントや過渡双極子モーメント $\boldsymbol{\mu}$ とのカップリングによって分子と相互作用する．$\boldsymbol{E}$ と $\boldsymbol{\mu}$ はベクトル量であり，古典物理学によれば，その相互作用の強さはスカラー積 $\boldsymbol{E}\cdot\boldsymbol{\mu}$ に比例する．一方，量子力学では，その相互作用の強さは $\boldsymbol{E}\cdot\boldsymbol{\mu}^{\mathrm{fi}}$ に比例する．ここで，**遷移双極子モーメント**[1] は次式で定義される．

$$\boldsymbol{\mu}^{\mathrm{fi}} = \int \psi_{\mathrm{f}}^{*}(\tau)\,\boldsymbol{\mu}(\tau)\,\psi_{\mathrm{i}}(\tau)\,\mathrm{d}\tau \qquad (25\cdot14)$$

この式の $\mathrm{d}\tau$ は三次元の無限小体積素片であり，ψ_{i} と ψ_{f} はフォトンが吸収されたり放出されたりする遷移の始状態と終状態の波動関数である．$\boldsymbol{\mu}^{\mathrm{fi}}$ の空間配向は，(25·14)式のような積分を計算して求められる．その計算については本書の範囲を超えているので立ち入らない．図 25·23 には，ポリペプチドの骨格を形成している構成要素アミド基の π ⟶ π* 遷移について，$\boldsymbol{\mu}^{\mathrm{fi}}$ の空間配向が示してある．

たいていの生体分子は長い棒状をしているから，何らかのフィルム内に埋め込んでから，それを一方向に引き伸ばせば分子を配向させることができる．このような試料を使えば，分子，つまり $\boldsymbol{\mu}^{\mathrm{fi}}$ は空間内である特定の配向を示す．一方，電場 $\boldsymbol{E}$ も，偏光フィルターを使えば図 25·24 で示すような**直線偏光**[2] ができ，

1) transition dipole moment 2) linearly polarized light

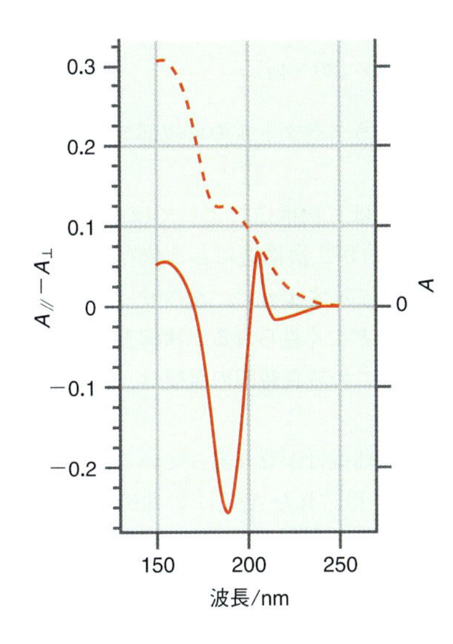

図 25・25　αヘリックスのコンホメーションをとるポリ(γ-エチル-L-グルタミン酸)の配向フィルムについて，通常の等方的な吸光度 A（破線）と $A_{/\!/} - A_{\perp}$（実線）を波長の関数で表したもの.
出典：Adapted from data from Brahms, J., *et al.*, 'Application of a New Modulation Method for Linear Dichroism Studies of Oriented Biopolymers in The Vacuum Ultraviolet', *Proceedings of the National Academy of Sciences USA*, **60**, 1130 (1968).

望みの面内に配向させることができる.

分子の向きに対して偏光面が変化すれば，測定される吸光度 A は変化する. それは $\boldsymbol{E}$ と $\boldsymbol{\mu}^{\mathrm{fi}}$ が平行のとき最大を示し，垂直のとき 0 である. **直線二色性分光法**[1]では，面偏光の配向による吸光度の変化が測定される. これを使えば，二次構造が未知の配向分子の $\boldsymbol{\mu}^{\mathrm{fi}}$ の方向が求められるから役に立つ. $\boldsymbol{E}$ が分子軸に平行と垂直にあるときの吸光度（$A_{/\!/}$ と $A_{\perp}$）を測定する. 注目する量は，偏光がランダムなときの吸光度に対する $A_{/\!/} - A_{\perp}$ の差である.

つぎの説明で，直線二色性分光法の応用としてポリペプチドの二次構造を求める例を示そう. 図 25・23 に示したアミド基では，互いの距離が短いため相互作用して，観測される遷移は分裂して 2 個のピークを生じる. 各ピークに相当する $\boldsymbol{\mu}^{\mathrm{fi}}$ の配向は，このポリペプチドの二次構造によるものである. 理論的な考察によれば，αヘリックスなら，$\boldsymbol{\mu}^{\mathrm{fi}}$ がらせん軸と平行なときの遷移が 208 nm 付近に予測され，らせん軸に垂直な遷移は 190 nm 付近に予測される. 図 25・25 は，あるポリペプチドについて，偏光がランダムなときの吸光度と $A_{/\!/} - A_{\perp}$ を示している. そのデータによれば，190 nm 付近の遷移は $A_{/\!/} < A_{\perp}$ であり，208 nm 付近の遷移は $A_{/\!/} > A_{\perp}$ である. これは，このポリペプチドの二次構造がαヘリックスの一種であることを示している. これとは対照的に，偏光がランダムなときの吸収には構造に関する情報は含まれていない.

直線二色性分光法では，分子が空間的に配向していなければならないから，この手法は静置した溶液中に含まれる生体分子には使えない. 溶液中の生体分子の二次構造の情報を得るのに円二色性分光法が広く使われている. この分光法では，溶液に図 25・26 に示す円偏光を通す.

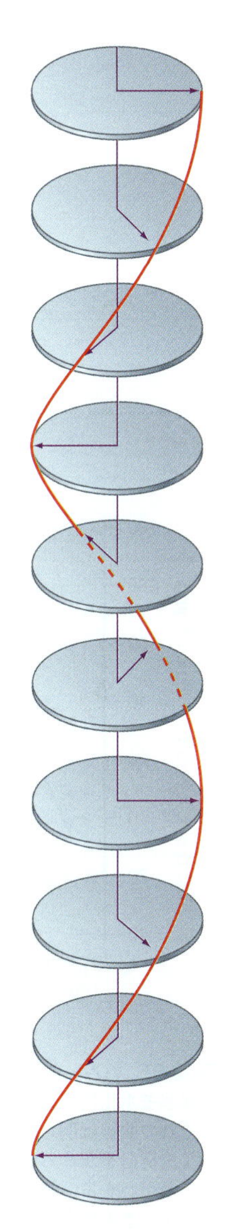

図 25・26　円偏光の電場ベクトルの向き（矢印）を時間または距離の関数で表したもの. その振幅は一定であるが，向きは偏光面内で周期的に変化する.

生体分子は光学活性であるから対称中心をもたない. 光学活性な分子では，回転の向きが時計回り（R）の円偏光の吸収は，反時計回り（L）の円偏光の吸収とは異なる. この A の違いは，モル吸収係数 ε の差でつぎのように表せる.

$$\Delta A(\lambda) = A_{\mathrm{L}}(\lambda) - A_{\mathrm{R}}(\lambda) = [\varepsilon_{\mathrm{L}}(\lambda) - \varepsilon_{\mathrm{R}}(\lambda)]lc = \Delta\varepsilon lc \qquad (25\cdot15)$$

l は試料セルの経路長，c は濃度である. この $A_{\mathrm{L}}(\lambda)$ と $A_{\mathrm{R}}(\lambda)$ の差は，実用上はふつう円偏光の両成分の位相角のシフト θ，残基モル楕円率で表される.

1) linear dichroism spectroscopy

$$\theta/° = 2.303 \times (A_L - A_R) \times 180/(4\pi) \qquad (25\cdot16)$$

円二色性は ε が0でないときにのみ現れ，ふつうスペクトルの可視部で観測される．

直線二色性の場合と同じで，遷移の $\Delta A(\lambda)$ は二次構造によってほぼ決まり，コンホメーション以外には鈍感である．$\Delta A(\lambda)$ が二次構造にどう依存するかの説明は本書の程度を超えているが，図25·27に示すように，αヘリックスやβシート，1回巻き（ターン），ランダムコイルなどよく見られる二次構造では，かなり異なる依存性 $\varepsilon(\lambda)$ を示すことがわかる．この波長範囲の吸収は，アミド基の $\pi \rightarrow \pi^*$ 遷移に相当している．

図25·25で異なる二次構造に見られる吸光度曲線はかなり違っているから，溶液中の二次構造が未知のタンパク質について，得られた $\Delta\varepsilon(\lambda)$ の曲線をつぎのかたちで表すことができる．

$$\Delta\varepsilon_{測定}(\lambda) = \sum_i F_i\,\Delta\varepsilon_i(\lambda) \qquad (25\cdot17)$$

$\Delta\varepsilon_i(\lambda)$ は，その生体分子の可能な二次構造の一つについての曲線であり，F_i はその二次構造をもつペプチド発色団の割合である．広く入手できるソフトウエアを使えば，(25·17)式をデータに合わせて，F_i を求めることができる．

図25·28は円二色性を利用した結果であり，細胞膜のモデルに使われた一枚膜のリン脂質ベシクルに結合したαシヌクレインの二次構造を求めたものである．αシヌクレインはアミノ酸140〜143個からなる可溶性の小さな分子で，シナプス前神経終末に高濃度で見つかる．パーキンソン病はこのタンパク質の変異と関

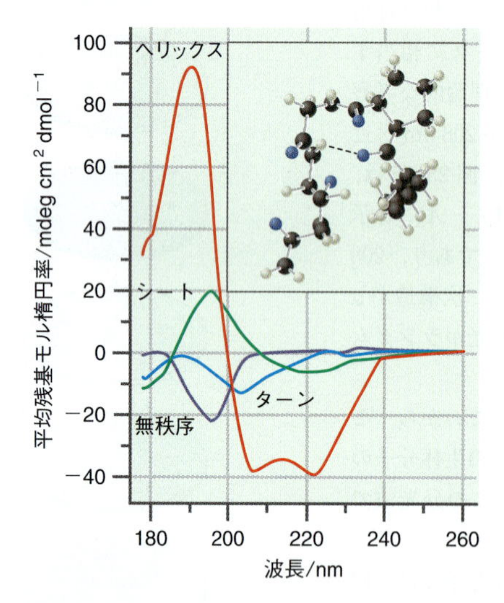

図25·27　いろいろな二次構造をもつ生体分子の平均残基モル楕円率 θ を波長の関数で示してある．それぞれの曲線は明らかに違うから，光学活性な分子の二次構造を求めるのに円二色性スペクトルが使えることがわかる．挿入図はアミド基の間の水素結合を表す．水素結合が二次構造を生み出している．
出典：Pelton, John T., 'Secondary Considerations', *Science*, **291**, 2175–2176, March 16, 2001. Copyright © 2001 The American Association for the Advancement of Science.

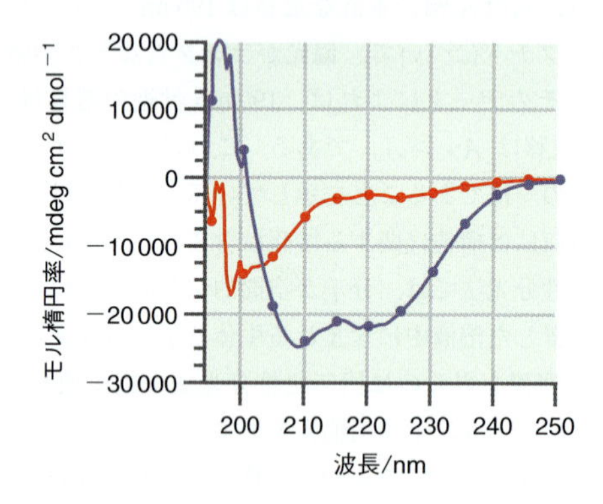

図25·28　溶液中のαシヌクレイン（赤色の丸）と一枚膜のリン脂質ベシクルに結合したαシヌクレイン（紫色の丸）について，モル楕円率を波長の関数で示してある．
出典：Sean Davidson, W., *et al.*, 'Stabilization of a-Synuclein Secondary Structure upon Binding to Synthetic Membranes', *The Journal of Biological Chemistry*, **273** (16), 9443–9449 Figure 4B (April 1998). Copyright © 1998 the American Society for Biochemistry and Molecular Biology.

係があると考えられ，それはアルツハイマー病で細胞外に蓄積されるアミロイド斑の形成過程の前駆体とされている．

図25・28のスペクトルを図25・27と比較すればわかるように，αシヌクレインの溶液中でのコンホメーションはランダムコイルである．しかしながら，一枚膜のリン脂質ベシクルに結合することによって，円二色性スペクトルは劇的に変化し，αヘリックスの特徴を示している．これらの結果は，αシヌクレインが結合するにはコンホメーション変化が必要なことを示している．このコンホメーション変化は，このタンパク質の既知のアミノ酸シーケンス（結合順序）から理解できるものである．すなわち，αヘリックスを形成することによって，このタンパク質の極性基と無極性基はヘリックスの反対側に位置を変える．これによって，極性基は酸性のリン脂質に付き，ランダムコイルの場合よりも結合は強くなれるのである．

25・14 補遺：二原子分子のΣ項に付ける符号

この節では，等核二原子分子のΣ項における＋と－の対称表示の仕方について示そう．より包括的な説明は，Levine, I., "Quantum Chemistry", sixth edition や Karplus, M., Porter, R.N., "Atoms and Molecules" にある．

分子の電子配置から項の記号をつくるとき，考える必要があるのは部分的に満たされたMOだけである．＋と－の記号は，分子軸を含む面での鏡映によって分子波動関数の符号が変化するかどうかによる．符号が変わらなければ＋の記号を与え，符号が変われば－を与える．MOがすべて占有されているか，不対電子がすべてσMOに入っている場合が最も単純である．図25・29でわかるように，この場合は鏡映操作によって波動関数の符号が変化しないから，これらの状態には＋の符号を与える．

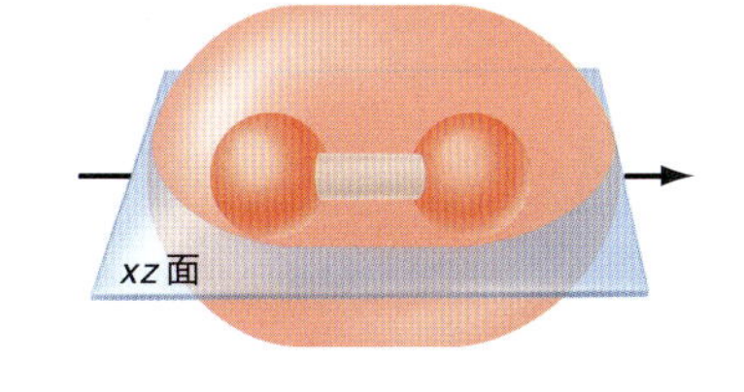

図25・29 σMOは，分子軸を通る面での鏡映操作によって波動関数は不変である．

次に，この部類に属さない分子の項について，O_2を例として説明しよう．基底状態のO_2の配置は，$(1\sigma_g)^2\,(1\sigma_u^*)^2\,(2\sigma_g)^2\,(2\sigma_u^*)^2\,(3\sigma_g)^2\,(1\pi_u)^2\,(1\pi_u)^2\,(1\pi_g^*)^1\,(1\pi_g^*)^1$ である．この部分的に占有されたMOを図25・30に示す$2p_x$と$2p_y$の逆位相の結合に関係づける．充満MOは無視できるから，O_2の配置は$(\pi^*)^2$と表され，縮退した2個のπ^*MOのそれぞれに電子が1個ずつ入っている．一般に，一つの配置から複数の量子状態を生じることを思い出そう．この2個の電子は異なる$1\pi_g^*$MOに入るから，m_lの±1とm_sの±1/2の組合せから全部で6組が可能である．たとえば，$M_L = m_{l1} + m_{l2} = 0$ のΣ項は一重項と三重項として現れる．パウリの排他原理を満たすには，全波動関数（スピン部分と空間部分の積）は，2個の電子を交換したとき反対称でなければならない．

しかし，18・6節で説明したように，$2p_x$AO と $2p_y$AO は演算子 $\hat{l}_z$ の固有関数ではないから，図25・30の二つのMOも$\hat{L}_z$の固有関数ではない．分子の項に対

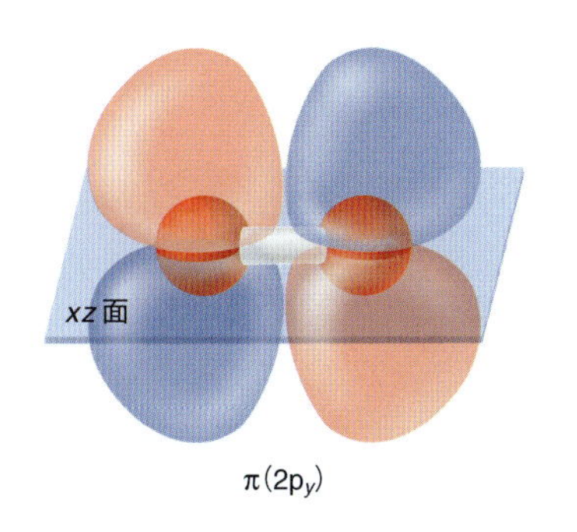

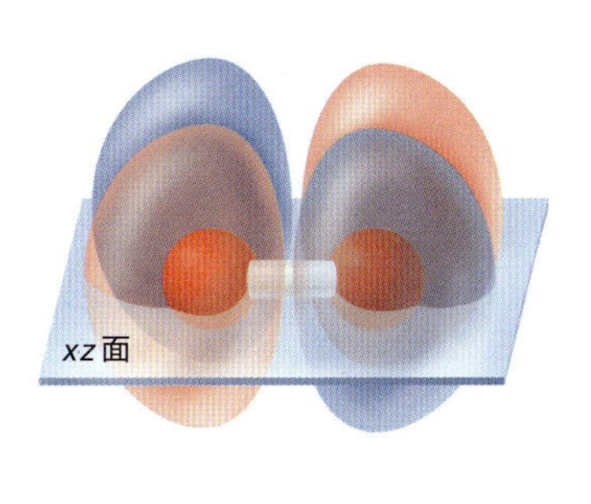

図25・30 縮退している2個の$1\pi_g^*$波動関数．

する＋と－の割り当てを説明するのに使えるのは，$\hat{L}_z$ の固有関数だけである．二原子分子を考えるのに便利な円柱座標系で表せば，$\hat{L}_z = -i\hbar(\partial/\partial\phi)$ である．ϕ は分子軸まわりの回転角であり，この演算子の固有関数は18・4節で示したように $\psi(\phi) = A\,e^{-i\Lambda\phi}$ のかたちをしている．この複素関数を絵に表すことはできない．実関数を絵で表すには三次元空間でよいが，複素関数には六次元空間が必要だからである．

O_2 分子の配置には $(\pi^*)^2$ があるから，対称な空間関数と反対称のスピン関数を組合わせるか，あるいはその逆を組合わせることによって反対称分子波動関数をつくれる．可能なすべての組合わせをつぎの式に示す．空間関数の下付きの +1 や −1 は m_l の値である．

$$\psi_1 = \pi_{+1}\pi_{+1}(\alpha(1)\beta(2) - \beta(1)\alpha(2))$$

$$\psi_2 = \pi_{-1}\pi_{-1}(\alpha(1)\beta(2) - \beta(1)\alpha(2))$$

$$\psi_3 = (\pi_{+1}\pi_{-1} + \pi_{-1}\pi_{+1})(\alpha(1)\beta(2) - \beta(1)\alpha(2))$$

$$\psi_4 = (\pi_{+1}\pi_{-1} - \pi_{-1}\pi_{+1})\alpha(1)\alpha(2)$$

$$\psi_5 = (\pi_{+1}\pi_{-1} - \pi_{-1}\pi_{+1})(\alpha(1)\beta(2) + \beta(1)\alpha(2))$$

$$\psi_6 = (\pi_{+1}\pi_{-1} - \pi_{-1}\pi_{+1})\beta(1)\beta(2)$$

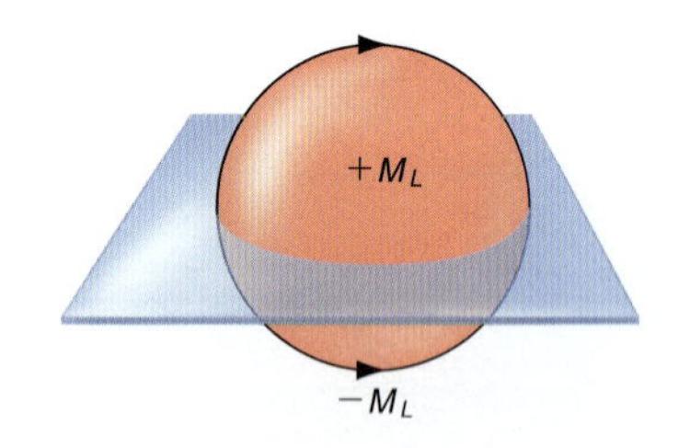

図 25・31　分子軸を含む面での鏡映によって，回転角 ϕ は $-\phi$ に変換される．これは，$+M_L$ を $-M_L$ に変えるのと等価である．

22・2節で示したように，はじめの3個の波動関数は一重項のもので，後の3個は三重項に相当する．$\Lambda = |M_L|$ であるから，ψ_1 と ψ_2 は Δ 項に属し，ψ_3 から ψ_6 は Σ 項に属する．

次に，これら6個の波動関数が分子軸を含む面での鏡映操作でどう変化するかを求めよう．図25・31に示すように，この面で鏡映をとれば，回転角 $+\phi$ は $-\phi$ に変化する．その結果，$\hat{L}_z$ の各固有関数 $A\,e^{-i\Lambda\phi}$ は $A\,e^{+i\Lambda\phi}$ に変換される．これは，M_L の符号の変化と等価である．したがって，$\pi_{+1} \rightarrow \pi_{-1}$，$\pi_{-1} \rightarrow \pi_{+1}$ である．$(-1)\times(-1) = 1$ であるから，ψ_1 から ψ_3 までの波動関数の符号は鏡映によって変化しない．したがって，＋の記号を付ければ，ψ_3 に相当する項は ${}^1\Sigma_g^+$ である．一方，$(-1)\times(+1) = -1$ であるから，ψ_4 から ψ_6 までの波動関数の符号は鏡映によって変化する．したがって，これらに－の記号を付ける．この3個の波動関数は三重項に属するから，その項の記号は ${}^3\Sigma_g^-$ である．ほかの配置についても同様の解析を行えばよい．

用語のまとめ

一次構造	$\sigma \longrightarrow \sigma^*$ 遷移	二次構造	ベールの法則
一重項	持続長	$\pi \longrightarrow \pi^*$ 遷移	放射遷移
$n \longrightarrow \pi^*$ 遷移	受容体	発色団	ボルン-オッペンハイマーの近似
共鳴エネルギー移動	積分吸収係数	反対称結合	みみず鎖モデル
供与体	遷移双極子モーメント	光イオン化	無放射遷移
クープマンスの定理	対称結合	光解離	モル吸収係数
系間交差	直線二色性分光法	フランク-コンドン因子	UV 光電子分光法
蛍光	直線偏光	フランク-コンドンの原理	りん光
コンホメーション	等価な結合	分光学的定規	連続エネルギースペクトル
三次構造	凍結オービタル近似	分子の項	
三重項	内部転換	分子の電子配置	

文章問題

Q 25.1 つぎの分子について，不対電子の数と基底状態の項を予測せよ．

a. BO **b.** LiO

Q 25.2 FRET は，溶液中の生体分子の三次構造に関する情報をどのように与えるか．

Q 25.3 二原子分子の光イオン化で 1 価のカチオンができた．つぎの分子について，中性分子と最低エネルギーのカチオンの結合次数を計算せよ．$n=0 \longrightarrow n'=1$ の振動ピークが $n=0 \longrightarrow n'=0$ の振動ピークより強度が強いと予測されるのはどの分子か．n は基底状態の振動量子数，n' は励起状態の振動量子数である．

a. H_2 **b.** O_2 **c.** F_2 **d.** NO

Q 25.4 蛍光の過程が内部転換より速いとすれば，図 25·10 の 強度 対 振動数 のプロットはどう変わるか．

Q 25.5 共焦点顕微鏡のどんな特徴によって，溶液中の単一分子分光法が可能になっているか．

Q 25.6 基底状態と励起状態が理想的な対称ポテンシャルにあるとき，蛍光と吸収のピーク群が図 25·10 のようにシフトし，鏡映対称を示す理由を説明せよ．

Q 25.7 蛍光の速度はりん光より一般に速い．これを説明せよ．

Q 25.8 直線二色性分光法は，じっとしている溶液や流れのある溶液の分子に使えるか．その答の根拠を説明せよ．

Q 25.9 つぎの分子について，不対電子の数と基底状態の項を予測せよ．

a. NO **b.** CO

Q 25.10 つぎの項に属する状態で，区別できるものは何個あるか．

a. $^1\Sigma_g^+$ **b.** $^3\Sigma_g^-$ **c.** $^2\Pi$ **d.** $^2\Delta$

Q 25.11 (25·5)式の仲介化学種 M が，その反応を進行させるのに必要な理由を説明せよ．

Q 25.12 内部転換は一般に非常に速いから，図 25·10 で示したように吸収と蛍光のスペクトルは振動数がシフトしている．このシフトは，ごく希薄な濃度でも蛍光分光法で検出できるには必須のものである．その理由を説明せよ．

Q 25.13 つぎの図に示す基底状態と励起状態があるとき，どのような電子スペクトルが予測されるか．

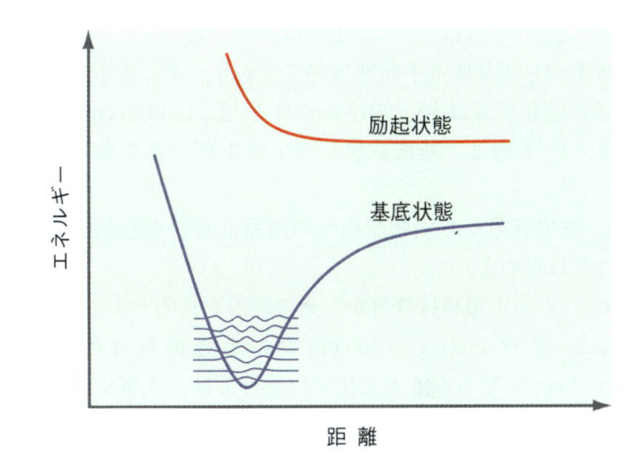

Q 25.14 図 25·15 の一番下に示したスペクトルで，個々の分子による振動数が異なっているのはなぜか．

Q 25.15 ある気相分子について，つぎの UV 光電子スペクトルが得られた．各ピーク群は，異なる MO から電子が放出されてできるカチオンに相当している．形成された三つの状態のカチオンの結合長について，基底状態の中性分子と比較して何がいえるか．各ピーク群に見られる個々の振動ピークの相対強度を使って，この問いに答えよ．

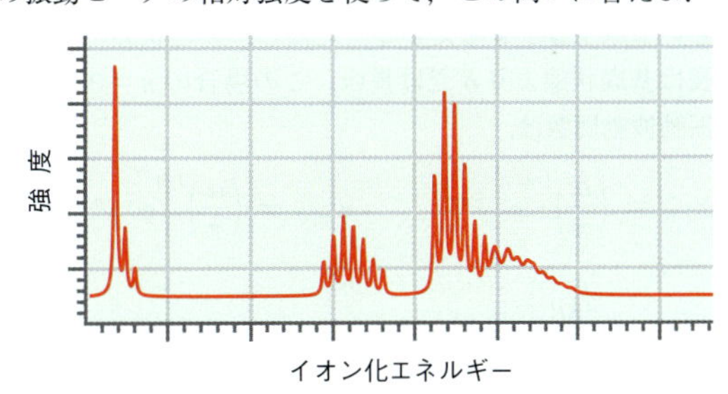

Q 25.16 $O_2{}^+$の基底状態は$X\,^2\Pi_g$であり，その励起状態をエネルギーが高くなる順に並べれば，$a^4\Pi_u$，$A^2\Pi_u$，$b^4\Sigma_g^-$，$^2\Delta_g$，$^2\Sigma_g^-$，$c^4\Sigma_u^-$となる．選択律によれば，このうちUV光を吸収して基底状態から遷移できる励起状態はどれか．

Q 25.17 電子スペクトルに観測される振動ピークの相対強度はフランク–コンドン因子で決まる．$n=0 \rightarrow n'=0$の遷移強度が最も強くなるには，図25·2に示した励起状態のポテンシャルエネルギー曲線が，距離軸に沿ってどうシフトしていなければならないか．nは基底状態の振動量子数，n'は励起状態の振動量子数である．

Q 25.18 O_2が$X^3\Sigma_g^-$，$a^1\Delta_g$，$b^1\Sigma_g^+$，$A^3\Sigma_u^+$，$B^3\Sigma_u^-$の状態にあるとき，それぞれの結合次数を計算せよ．結合次数から考えて，結合長が長くなる順にこれらの状態を並べ替えよ．その答は，図25·1で示したポテンシャルエネルギー曲線の状況と合っているか．

Q 25.19 生体分子の二次構造を求めるのに円二色性分光法をどう使えばよいか．

Q 25.20 FRETに"共鳴(R)"が入っているのはなぜか．

Q 25.21 UV光電子スペクトルを解析するのに使う単純なモデルでは，中性分子と電子1個を放出してできるカチオンのオービタルエネルギーは同じであると仮定する．しかし，実際には電子が1個少なくなれば何らかの緩和が起こる．この緩和によってオービタルエネルギーは増加するか，それとも減少すると予測できるか．その答の根拠を説明せよ．

数値問題

赤字番号の問題の解説が解答・解説集にある(上巻vii頁参照)．

P 25.1 つぎの遷移は許容か，それとも禁制か．

a. $^3\Pi_u \rightarrow {}^3\Sigma_g^-$ **b.** $^1\Sigma_g^+ \rightarrow {}^1\Pi_g$

c. $^3\Sigma_g^- \rightarrow {}^3\Pi_g$ **d.** $^1\Pi_g \rightarrow {}^1\Delta_u$

P 25.2 O_2の基底電子状態は$^3\Sigma_g^-$であり，次にエネルギーの高い励起状態は$^1\Delta_g$(7918 cm^{-1})と$^1\Sigma_g^+$(13 195 cm^{-1})である．(　)内は，基底状態とのエネルギー差を表している．

a. 基底状態から励起状態への遷移に必要な励起波長をそれぞれ求めよ．

b. これらの遷移は許容か．その理由を説明せよ．

P 25.3 オゾン(O_3)の300 nmでの吸光係数は0.00500 Torr^{-1} cm^{-1}である．大気化学の分野では，大気中のオゾン量をドブソン単位(DU)で表す．1 DUは，1 atm，273.15 Kにおける厚み10^{-2} mmのオゾン層に相当する．

a. 代表的なオゾン量300 DUのオゾン層の300 nmでの吸光度を計算せよ．

b. 季節によって成層圏のオゾン量が減少すれば，120 DUまで低い値を示すことがある．このオゾン層の吸光度を計算せよ．

それぞれについて，吸光度からベールの法則を使って透過率も計算せよ．

P 25.4 基底電子状態と励起電子状態で結合の力の定数が等しい二原子分子を考えよう．ただし，励起状態の平衡結合長は基底状態よりδだけ長い．この場合の$n=0$の状態の振動波動関数は，

$$\psi_{g,0} = \left(\frac{\alpha}{\pi}\right)^{1/4} e^{-\frac{1}{2}\alpha r^2} \qquad \psi_{e,0} = \left(\frac{\alpha}{\pi}\right)^{1/4} e^{-\frac{1}{2}\alpha(r-\delta)^2}$$

$$\alpha = \sqrt{\frac{k\mu}{\hbar^2}}$$

で表される．つぎの式を計算することによって，この分子の0–0遷移のフランク–コンドン因子を計算せよ．

$$\left| \int_{-\infty}^{\infty} \psi_{g,0}^* \psi_{e,0}\, dr \right|^2$$

この計算には，つぎの積分公式が使える．

$$\int_{-\infty}^{\infty} e^{-ax^2-bx}\, dx = \left(\frac{\pi}{\alpha}\right)^{1/2} e^{b^2/4a} \qquad (a>0)$$

P 25.5 基底電子状態の$n=0$の振動状態とある励起状態のn番目の振動準位の間のフランク–コンドン因子q_{0-n}を求めるには，つぎの式による方法がある．

$$q_{0-n} = \frac{1}{n!}\left(\frac{\delta^2}{2}\right)^n \exp\left(-\frac{\delta^2}{2}\right)$$

δは，基底状態に対する励起状態の無次元の相対変位であり，原子の変位とつぎの関係にある．

$$\delta = \left(\frac{\mu\omega}{\hbar}\right)^{1/2} (r_e - r_g)$$

a. $\delta=0.20$で，励起状態のポテンシャル面が基底状態からわずかにずれているとき，$n=0$から$n=5$までのフランク–コンドン因子を求めよ．

b. この励起状態でのずれが$\delta=2.0$に増加すれば，フランク–コンドン因子はどれほど変化すると予測できるか．このずれに対する$n=0$から$n=5$までのフランク–コンドン因子を計算して，その答を確かめよ．

P 25.6 ある電子吸収スペクトルに複数の振動遷移が観測されるとき，これらの遷移を使えば解離エネルギーを求めることができる．具体的には，振動量子数nに対して，隣合う振動エネルギー準位nと$n+1$の差分$\Delta G_{n+1/2}$(図を見よ)をプロットするビルゲ-スポーナーのプロットをつく

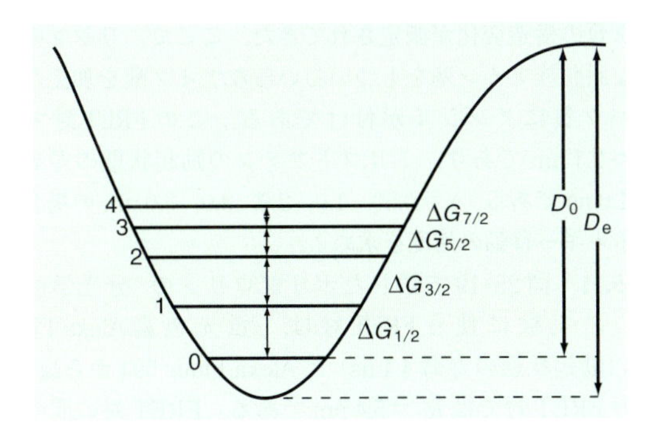

る．ここでの G はギブズエネルギーでないことに注意しよう．このプロットを使う背後にある中心的な考えは，つぎの式で表されるように，$n=0$ から解離極限までのエネルギー差の和は解離エネルギーに等しいというものである．

$$D_0 = \Delta G_{1/2} + \Delta G_{3/2} + \Delta G_{5/2} + \cdots = \sum_{n=0}^{n_{解離}} \Delta G_{n+1/2}$$

a. I_2 の基底状態について，つぎの ΔG 対 n の値が求められている［*J. Chem. Phys.*, **32**, 738(1960)］.

n	$\Delta G/\mathrm{cm}^{-1}$	n	$\Delta G/\mathrm{cm}^{-1}$
0	213.31	10	199.30
1	212.05	11	198.05
2	210.80	12	196.73
3	209.66	13	195.36
4	208.50	14	194.36
5	207.20	15	192.73
6	205.80	16	191.31
7	204.55	17	189.96
8	203.18	18	188.47
9	201.93	19	187.07

このポテンシャル関数がモースポテンシャル（19·4式）で表せれば，ΔG は $n+1/2$ の1次関数である．上のデータを使って，ビルゲ-スポーナーのプロット（ΔG 対 $n+1/2$）をつくり，データに最も合う直線を使って $\Delta G=0$ となる n の値を求めよ．これが，基底状態の I_2 の解離が起こる振動量子数である．

b. ビルゲ-スポーナーのプロットで，その下に挟まれた領域の面積は解離エネルギー D_0 に等しい．その面積は，$n=0$ から解離が起こる n（a. で求めた n）までの ΔG の和から求められる．この和から基底状態の I_2 の D_0 を求めよ．データに合わせた式を積分して D_0 を求めてもよい．

P 25.7 ビルゲ-スポーナーのプロットには，ふつう解離限界から離れたところの n と ΔG の値を使う．解離極限に近いデータを含めてしまうと，ΔG と $n+1/2$ の直線関係からのずれが見られる．このずれを考慮に入れれば，解離に対応するもっと正確な n の値と D_0 を求めることができる．H_2 の基底状態の ΔG 対 n について，ある学生がつぎの値を求めた．

n	$\Delta G/\mathrm{cm}^{-1}$	n	$\Delta G/\mathrm{cm}^{-1}$
0	4133	7	2533
1	3933	8	2267
2	3733	9	2000
3	3533	10	1733
4	3233	11	1400
5	3000	12	1067
6	2733	13	633

a. 上のデータを使ってビルゲ-スポーナーのプロット（ΔG 対 $n+1/2$）をつくり，ΔG と n に直線関係があると仮定してデータに合う式を求めよ．$\Delta G=0$ での n の値を求めよ．これは，基底状態の H_2 の解離が起こる振動量子数である．

b. ビルゲ-スポーナーのプロットで，その下に挟まれた領域の面積は解離エネルギー D_0 に等しい．その面積は，$n=0$ から解離が起こる n（a. で求めた n）までの ΔG の和から求められる．この和から基底状態の H_2 の D_0 を求めよ．D_0 を求めるには，データに合わせた $\Delta G(n)$ の関係式を $n=0$ から解離に対応する n まで積分してもよい．得られた答を表 19·3 に示した値と比較せよ．

c. ΔG と n の間に2次式の関係 $\Delta G = a + b(n+1/2) + c(n+1/2)^2$ が成り立つと仮定して，$\Delta G=0$ となる n の値と D_0 を求めよ．表 19·3 に示した D_0 の値によく合う関数はどれか．

P 25.8 Hg-Ar ファンデルワールス錯体の電子分光が行われ，その第一励起状態の解離エネルギーが求められた［Quayle, C.J.K., *et al.*, *Journal of Chemical Physics*, **99**, 9608 (1993)］．問題 P25.6 で説明したようにして，ΔG 対 n のつぎのデータが得られた．

n	$\Delta G/\mathrm{cm}^{-1}$
1	37.2
2	34
3	31.6
4	29.2
5	26.8

a. 与えられたデータを使ってビルゲ-スポーナーのプロット（ΔG 対 $n+1/2$）をつくり，データに最も合う直線を使って $\Delta G=0$ となる n の値を求めよ．これは，この励起状態の解離が起こる振動量子数である．このプロットから $\Delta G_{1/2}$ を求めよ．

b. 励起状態にあるこのファンデルワールス錯体について，ビルゲ-スポーナーのプロットの下に挟まれた領域の面積からその解離エネルギー D_0 を求めよ．その面積は，$n=0$ から 解離が起こる n（a. で求めた n）までの ΔG の和から求められる．D_0 を求めるには，データに合わせた式を積分してもよい.

P 25.9 生体内での (*in vivo*) FRET研究用に，緑色蛍光タンパク質 (GFP) とその変異体が開発された [Pollok, B., Heim, R., *Trends in Cell Biology*, **9**, 57(1999)]．GFPの変異体2個，シアン蛍光タンパク質 (CFP) と黄色蛍光タンパク質 (YFP) は，$R_0 = 4.72$ nmのFRET対をつくる．YFPがないときのCFPの励起状態の寿命は2.7 nsである．

a. エネルギー移動の速度が孤立CFPの励起状態の減衰速度，つまり励起状態の寿命の逆数に等しくなるのはどの距離か．

b. エネルギー移動速度がこの励起状態の減衰速度の5倍になる距離を求めよ．

P 25.10 供与体としてアミノ酸トリプトファン，受容体としてダンシルを用いたFRETを使って，いろいろなタンパク質の構造変化が測定されてきた．ここで，リシンのような脂肪族アミン基をもついろいろなアミノ酸を加えたタンパク質にダンシルが付けてある．このFRET対では $R_0 = 2.1$ nmであり，トリプトファンの励起状態の寿命は約1.0 nsである．$r = 0.50$, 1.0, 2.0, 3.0, 5.0 nmの場合のエネルギー移動の速度を求めよ．

P 25.11 図25·19で示したポリプロリンの“分光学的定規”の実験に使うFRET対は，蛍光色素Alexa Fluor 488 (励起状態の寿命4.1 ns) とAlexa Fluor 594から成る．このFRET対では $R_0 = 5.4$ nmである．FRET対の間の距離はPro6の2.0 nmからPro40の12.5 nmの範囲にある．$r = 2.0$, 7.0, 12.0 nmの場合のエネルギー移動速度の変化を計算せよ．得られた結果は，図25·19に見られる傾向と合っているか．

26 計算化学

本章の著者，Warren J. Hehre (Wavefunction, Inc.)
ジョン・ポープル卿 (1925-2004) に捧げる

シュレーディンガー方程式は，電子が 1 個しかない原子や分子でしか厳密には解けない．そこで，計算化学の中心課題は，数値計算によって近似波動関数を計算し，エネルギー，平衡結合長と結合角，双極子モーメントなどの観測量の値を求めることにある．本章で最初に扱うのはハートリー-フォックの分子オービタルモデルである．このモデルを使えば，結合長や結合角などの変数については実験と良い一致が見られるが，それ以外の観測量を計算するには十分でない．このモデルを拡張してもっと現実的なやり方で電子相関を取込み，しかも基底セットをうまく選べば，もっと正確な計算ができる．本章では配置間相互作用法，メラー-プレセット法，密度汎関数法について説明し，計算コストと計算精度の間に成り立つトレードオフ（二律背反）の関係を明らかにしよう．章末の 37 題の問題は，計算化学に関する理論や知識を問うのではなく，学生諸君が本文を読み進めながら演習できるように作成したものである．

26・1 計算化学への期待

量子力学に基づく分子の計算といえば，かつては珍しいものであったが，いまでは新しい化学を見いだしたり探究したりする手段として実験研究を補完する重要な役割を担っている．そうなった最も重要な理由は，計算の基礎となるいろいろな理論が洗練されたことであり，分子の平衡幾何構造や反応のエネルギー論に関する重要ないろいろな量が，実際に使えるほど十分な精度で得られるようになったからである．もう一つ重要なのは，過去 10 年の間にコンピューターのハードウエアにめざましい進歩があったことである．これらが相まって，いまでは高級な理論を実在系に応用するのが日常的に可能となった．また，コンピューターのソフトウエアについても，特別な訓練をしなくても最近では容易に，しかも効率的に使えるようになったのである．

しかしながら，このような量子力学計算を行うには，まだいくつかの障害が残っている．その一つとして化学者が直面するのは，これを実行するのに多数の選択肢があるのに，どれを選択すべきかの指針がほとんどないことである．その根本的な問題は，量子力学を化学に応用するとき，分子の構造や性質を最終的に決めている数学方程式が解析的には解けないことにある．解ける方程式を用いるには近似を使う必要がある．しかし，粗い近似では応用範囲は広くても正確な情報は得られない．一方，最高級の近似を行えば正確な情報は得られるが，日常的に使うには無駄が多すぎる．要するに，どの応用にも使える理想的な計算方法というのは存在せず，最終的にどの方法を選ぶかは計算精度と計算コストのバランスに委ねられているのである．ここでコストとは，計算を実行するのに必要な時間のことである．

途中でこのアイコンが出てきたら，関連する計算問題が章末にある．

本章の目的は，量子力学を物理化学コースの一部としか考えてこなかった学生に，実際に量子力学を使うことで現実の化学問題に触れてもらうことにある．ここでは，多電子系のシュレーディンガー方程式から始め，それをある方程式に変換するのに必要なハートリー-フォック理論という近似法について説明しよう．しかし，理論的な組立てよりはその概念を強調しておきたいから，理論モデルの数学的な説明については囲みで説明する．もちろん理論的な枠組みを詳しく理解しておくのは望ましいことであるが，量子力学を化学に応用するという点では必須でない．

ハートリー-フォック理論のいろいろな限界に目を向ければ，それを改善する方法を導けるから，そこで実用的な量子化学モデルへと移行しよう．いくつかのモデルについては内容を詳しく調べ，その性能とコストについて説明する．最後に，量子化学計算の結果を表示するためのいろいろなグラフ法について示す．このような説明の流れとは別に，本文と切り離して章末問題を用意してある．どの問題も紙と鉛筆で取組むものではなく，コンピューターに備え付けられた量子化学プログラム†1 を実際に使う問題である．たいていは，学生諸君が自由に使えるように（実験室のように）開放型にしてある．本文で説明した量子化学モデルを使う問題であるから，それを解いてから次の節に進むのがよい．

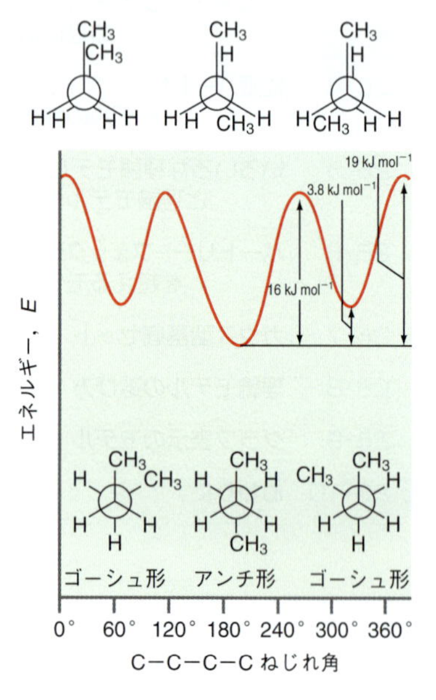

図 26·1　ブタンについて，CCCC のねじれ角を反応座標として表したエネルギー変化．

26・2　ポテンシャルエネルギー曲面

ブタンの中央にある炭素-炭素結合のまわりのねじれ角に対して，そのエネルギーをプロットしたグラフを見かけたことがあるだろう．図 26·1 を見れば，ねじれ構造（スタッガード形）に相当する 3 カ所にエネルギーの極小があり，重なり構造（エクリプス形）に相当する 3 カ所にエネルギーの極大があるのがわかる．ねじれ角が 180°（いわゆるアンチ形）の極小のエネルギーはほかよりも低く，約 60° と 300° のねじれ角（いわゆるゴーシュ形）の極小とは明らかに違っている．後者のエネルギーは等しい．同じように，ねじれ角が 0° の極大のエネルギーはほかより高く，約 120° と 240° のねじれ角にある極大とは明らかに違っている．また，後者のエネルギーは等しい．

エクリプス形のブタンは安定な分子でなく，その構造はアンチ形とゴーシュ形の極小の間にある仮想構造にすぎない．そこで，ブタンはアンチ形とゴーシュ形の二つのタイプの化合物から成る．この二つの化合物の相対存在比は温度によって異なり，ボルツマン分布で与えられる（13·1 節の説明を見よ）．

図 26·1 の例で重要となる幾何座標はわかりやすく，特定の炭素-炭素結合まわりのねじれ角とできた．しかし一般には，この重要な座標は結合距離と結合角のある組合わせで表せるから，それを単に**反応座標**[1]という．そこで，一般的なプロットでは反応座標の関数でエネルギーを表す．このような図をふつう**反応座標図**[2]または**ポテンシャルエネルギー曲面**[3]といい，分子の構造や安定性，反応性，選択性など重要な化学的観測量とエネルギーの間の重要な関係を表す．

26・2・1　ポテンシャルエネルギー曲面と幾何構造

問題 P26.1

反応座標に沿ったエネルギー極小の位置から，図 26·2 で示すように反応物と

†1　章末問題は，“Spartan 分子モデリングソフトウエア” の学生版が使えるのを念頭においてつくってある．しかし，ハートリー-フォックモデルや密度汎関数モデル，MP2 モデルなどが使えるプログラムであれば，平衡状態や遷移状態の幾何構造の最適化，コンホメーションの探索，エネルギーや物性，グラフ計算などができるはずである．
訳注：本章の原著者は “Spartan” の開発者である．

1) reaction coordinate　2) reaction coordinate diagram　3) potential energy surface

生成物の平衡構造がわかる．同様にして，エネルギー極大の位置で遷移状態を定義できる．たとえば，ゴーシュ形のブタンがアンチ形に移行する反応の反応座標は，単に中央にある炭素−炭素結合まわりのねじれ角と考えてもよい．図26・3には，この座標で反応物，遷移状態，生成物それぞれの構造を表してある．

分子の平衡幾何構造は，その分子を合成でき，その寿命が測定できるほど長ければ実験で求められる．一方，遷移状態の構造は測定では得られない．その理由は単に，測定できるほどの量の分子が存在しないからである．

しかし，計算によれば平衡構造だけでなく遷移状態の構造も求められる．前者では，ポテンシャルエネルギー曲面のエネルギーの極小を探す必要があり，後者では，反応座標に沿うエネルギーの極大（しかも，それ以外の座標軸に沿っては極小）を探す必要がある．実際に何が関与しているかを詳しく調べるには，これまでの定性的な描像に代えて数学的に厳密な取扱いが必要である．ポテンシャルエネルギー図の上では，反応物と生成物，遷移状態はすべて停留点にある．一次元では（これまでは反応座標図が一次元で表せるとしてきた），ポテンシャルエネルギーの反応座標に関する一階導関数が0であるから，

$$\frac{\mathrm{d}V}{\mathrm{d}R} = 0 \tag{26・1}$$

である．多次元のポテンシャルエネルギー図（ポテンシャルエネルギー曲面）を扱うときも同じことがいえる．この場合は，互いに独立な $3N-6$ 個（N は原子数）の幾何座標（R_i）それぞれについてのエネルギーの一階導関数がすべて0でなければならない．すなわち，

$$\frac{\partial V}{\partial R_i} = 0 \qquad i = 1, 2, \cdots, 3N-6 \tag{26・2}$$

である．一次元の場合は，反応物と生成物はエネルギーの極小にあるから，エネルギーの二階導関数は正である．

$$\frac{\mathrm{d}^2 V}{\mathrm{d}R^2} > 0 \tag{26・3}$$

一方，遷移状態はエネルギーの極大にあるから二階導関数が負である．すなわち，

$$\frac{\mathrm{d}^2 V}{\mathrm{d}R^2} < 0 \tag{26・4}$$

である．多次元の場合は，互いに独立な各座標 R_i について $3N-6$ 個の二階導関数が存在する．

$$\frac{\partial^2 V}{\partial R_i R_1}, \frac{\partial^2 V}{\partial R_i R_2}, \frac{\partial^2 V}{\partial R_i R_3}, \cdots, \frac{\partial^2 V}{\partial R_i R_{3N-6}} \tag{26・5}$$

そこで，つぎの二階導関数の行列（これをヘッセ行列またはヘシアンという）ができる．

$$\begin{pmatrix} \frac{\partial^2 V}{\partial R_1^2} & \frac{\partial^2 V}{\partial R_1 R_2} & \cdots \\ \frac{\partial^2 V}{\partial R_2 R_1} & \frac{\partial^2 V}{\partial R_2^2} & \cdots \\ \cdots & \cdots & \cdots \\ \cdots & \cdots & \frac{\partial^2 V}{\partial R_{3N-6}^2} \end{pmatrix} \tag{26・6}$$

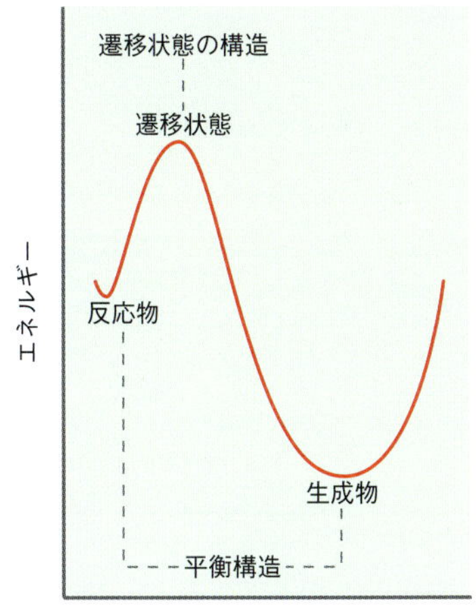

図26・2 反応座標図は，エネルギーを反応座標の関数として表したものである．反応物と生成物はそれぞれ極小にあり，遷移状態はこの経路の極大に相当している．

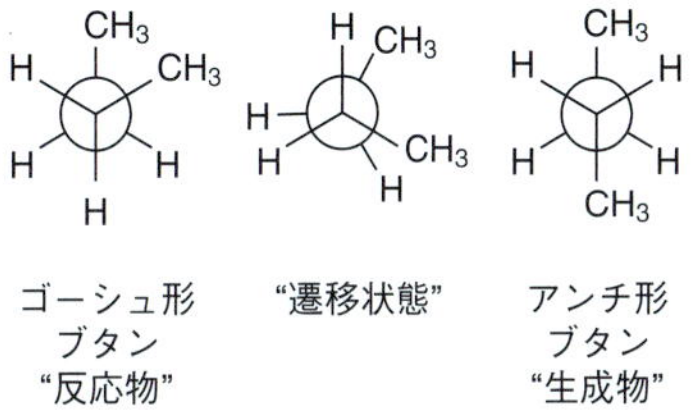

ゴーシュ形ブタン“反応物”　“遷移状態”　アンチ形ブタン“生成物”

図26・3 ゴーシュ形のブタンからアンチ形のブタンへの“反応”における反応物，遷移状態，生成物の構造．

しかし，このままでは任意の座標を与えたとき，それがエネルギー極小に相当するか，それともエネルギー極大か，あるいはどちらでもないのかを判断することはできない．それを調べるには，元の幾何座標セット（R_i）を，別の新しい座標セット（ξ_i）で置き換える．これによって，対角化したつぎの二階導関数の行列ができる．

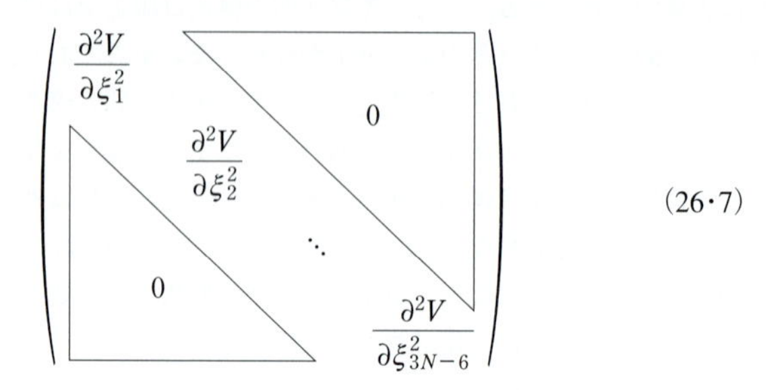

(26·7)

ξ_i は唯一に決まるもので，これを**基準座標**[1]という．二階導関数（基準座標における）がすべて正の停留点はエネルギー極小であるから，

$$\frac{\partial^2 V}{\partial \xi_i^2} > 0 \qquad i = 1, 2, \cdots, 3N-6 \tag{26·8}$$

である．これは平衡の形態（反応物と生成物）についていえることである．一方，一つ以外の二階導関数がすべて正の停留点は，いわゆる（一次の）鞍点であり，それは遷移状態に相当する可能性がある．もし，それが実際に遷移状態であれば，この二階導関数がつぎのように負となる座標をその反応座標（ξ_p）で表す．

$$\frac{\partial^2 V}{\partial \xi_\mathrm{p}^2} < 0 \tag{26·9}$$

26・2・2 ポテンシャルエネルギー曲面と振動スペクトル

二原子分子 A–B の振動数は，18·1 節で説明したように次式で表される．

$$\nu = \frac{1}{2\pi}\sqrt{\frac{k}{\mu}} \tag{26·10}$$

k は力の定数であり，平衡位置でのポテンシャルエネルギー V の結合長 R に関する二階導関数である．すなわち，

$$k = \frac{\mathrm{d}^2 V(R)}{\mathrm{d}R^2} \tag{26·11}$$

である．また，μ はつぎの換算質量である．

$$\mu = \frac{m_\mathrm{A} m_\mathrm{B}}{m_\mathrm{A} + m_\mathrm{B}} \tag{26·12}$$

m_A と m_B は，それぞれ原子 A と B の質量である．

多原子系も同じように扱える．この場合の力の定数はヘシアンの対角要素に現れている（26·7 式）．それぞれの振動モードは，原子団のポテンシャルエネルギー曲面の平衡位置から外れる特定の運動によるものである．その振動数が低いと浅

1）normal coordinate

いエネルギー曲面上の運動であり，振動数が高ければ深いエネルギー曲面上の運動である．遷移状態ではヘシアンの対角要素の一つは負であり，これに対応する振動数は虚数で表される（26･10式からわかるように，負の数値の平方根であるから）．この基準座標は反応座標に沿う運動を表している．

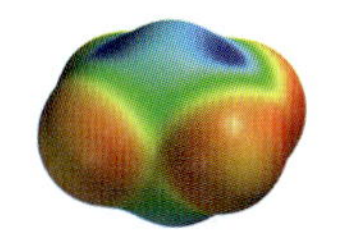

問題 P26.2–P26.3

26・2・3 ポテンシャルエネルギー曲面と熱力学

反応物分子と生成物分子の相対的な安定性は，ポテンシャルエネルギー曲面上のエネルギーで表せる．熱力学の状態関数である内部エネルギー U やエンタルピー H は，量子力学により計算された分子のエネルギーから得られる．これについては26･8･4節で説明する．

よく見かけるのは，図26･4に示すようなエネルギーが放出される反応である．この種の反応を**発熱的**[1]であるという．反応物と生成物の安定性の違いは，エンタルピーの差 ΔH だけで表せる．たとえば，ゴーシュ形のブタンからアンチ形のブタンへの反応は発熱的であり，図26･1で示したように $\Delta H = -3.8\ \mathrm{kJ\ mol^{-1}}$ である．

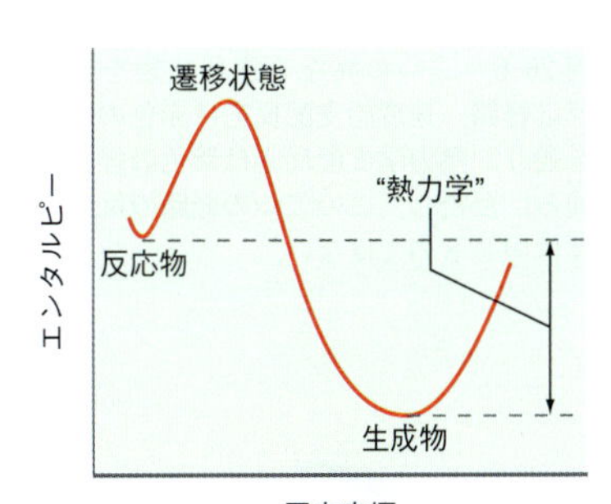

図26･4 反応物と生成物のエンタルピー差が反応の熱力学を決める．

熱力学によれば，発熱反応による生成物の量は，十分長い時間待ちさえすれば反応物より多くなる†2．また，反応物の分子数（$n_{反応物}$）に対する生成物の分子数（$n_{生成物}$）の実際の比は温度に依存し，つぎのボルツマン分布に従う．

$$\frac{n_{生成物}}{n_{反応物}} = \exp\left[-\frac{E_{生成物} - E_{反応物}}{k_B T}\right] \qquad (26\cdot13)$$

$E_{生成物}$ と $E_{反応物}$ はそれぞれ生成物と反応物の分子1個当たりのエネルギーであり，T は温度，k_B はボルツマン定数である．ボルツマン分布から，生成物と反応物の平衡での相対量がわかる．また，主生成物と副生成物のエネルギー差が比較的小さくても，得られる量の比はかなり大きいことが表26･1でわかる．生成物のエネルギーが低いほど生成物の存在比は大きく，それは反応経路によらない．この場合の生成物を**熱力学的生成物**[2]といい，その反応を**熱力学支配反応**[3]という．

表26･1 主生成物と副生成物のエネルギー差と両者の存在比

エネルギー差／$\mathrm{kJ\ mol^{-1}}$	主生成物：副生成物（室 温）
2	～80：20
4	～90：10
8	～95：5
12	～99：1

26・2・4 ポテンシャルエネルギー曲面と速度論

ポテンシャルエネルギー曲面は，反応が起こるときの速度に関する情報も表している．図26･5で示すように，反応物と遷移状態のエネルギー差が反応の速度論を決めている．絶対反応速度は，つぎのように反応物の濃度 $[\mathrm{A}]^a$，$[\mathrm{B}]^b$，… と k' で表す**速度定数**[4]に依存している．ここで，$a, b, \cdots$ はふつう，整数か半整数である．

$$速度 = k'[\mathrm{A}]^a[\mathrm{B}]^b[\mathrm{C}]^c\cdots \qquad (26\cdot14)$$

この速度定数は，つぎのようにアレニウスの式で与えられ，温度に依存している．

$$k' = A\exp\left[-\frac{(E_{遷移状態} - E_{反応物})}{k_B T}\right] \qquad (26\cdot15)$$

$E_{遷移状態}$ と $E_{反応物}$ は，それぞれ遷移状態と反応物の分子1個当たりのエネルギーである．速度定数や全体の速度は，反応物や生成物のエネルギーには依存せず，

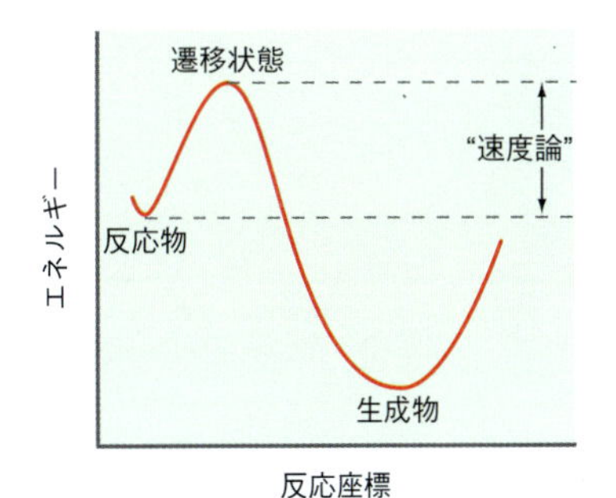

図26･5 反応物と遷移状態のエネルギー差が反応の速度を決める．

†2 訳注：これは絶対零度では正しい．しかし，有限温度ではエントロピー項が問題になるから，エンタルピーだけで議論するのは間違いである．

1) exothermic 2) thermodynamic product 3) thermodynamically controlled reaction. 平衡支配反応（equilibrium controlled reaction）ともいう． 4) rate constant

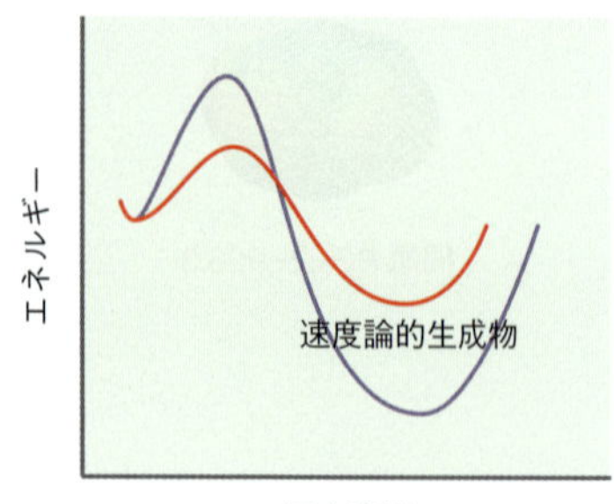

図 26・6 二つの異なる遷移状態を通る反応経路．速度論支配反応は赤色の経路を通り，熱力学支配反応は紫色の経路を通る．ただし，この二つの経路の反応座標は同じものではない．

反応物と遷移状態のエネルギー差のみに依存する．この差を一般に**活性化エネルギー**[1]といい，ふつう $\Delta^{\ddagger}E$ の記号で表す．これ以外の因子として，分子の遭遇しやすさや効率的な遭遇による反応の促進効果などは**前指数因子**[2] A として取入れる．一般に，生成物がいろいろ違っても反応物の組が同じ反応，あるいは反応物同士が密接に関係している反応では，A は同じ値をとると仮定する．

一般に，活性化エネルギーが低いほど反応は速い．$\Delta^{\ddagger}E=0$ の極限での反応速度は分子がどれだけ速く動けるかで決まる．この極限の反応を**拡散律速反応**[3]という．速度論によって支配された反応では，生成物が熱力学的に安定かどうかに関わりなく，エネルギーが最低の遷移状態を通った生成物が最大量を占める．**速度論支配**[4]の反応は，たとえば，図 26・6 の赤色の曲線で表す経路に沿って進行し，できた生成物はその系の平衡に相当するものとは異なる．**速度論的生成物**[5]の比は，(26・13) 式の $E_{\text{生成物}}$ を $E_{\text{遷移状態}}$ で置き換えた式で表され，両者の活性化エネルギーの差に依存している．

26・3 ハートリー-フォックの分子オービタル理論：シュレーディンガー方程式の近似法

問題 P26.4

シュレーディンガー方程式が誤解されやすいのは，核と電子の集合があればこれを簡単に書き表すことができるが，一電子系（水素原子など）でない限り解けないことがわかっていることである．この状況はすでに 1929 年に黎明期の量子力学を築いた研究者の一人，ディラックによって詳しくつぎのように述べられている．

> 物理学の大半と化学の全般を数学理論によって表すのに必要な基本物理法則は，いまでは完全にわかってしまった．問題は，これらの法則を厳密に適用してもその方程式があまりに複雑すぎて解けないことである．
>
> P.A.M. Dirac, 1902–1984

実用的な量子力学理論をつくるには，つぎの式で表される一般の多核多電子系シュレーディンガー方程式に三つの近似が必要である．

$$\hat{H}\Psi = E\Psi \tag{26・16}$$

E は系の全エネルギー，Ψ は核の種類と位置および電子の総数に依存する n 電子系のハミルトニアンである．このハミルトニアン $\hat{H}$ によって，粒子それぞれの運動エネルギーとポテンシャルエネルギーの内容をつぎのように詳しく指定することができる．

$$\hat{H} = -\frac{\hbar^2}{2m_e}\sum_{i}^{\text{電子}}\nabla_i^2 - \frac{\hbar^2}{2}\sum_{A}^{\text{核}}\frac{1}{M_A}\nabla_A^2 - \frac{e^2}{4\pi\varepsilon_0}\sum_{i}^{\text{電子}}\sum_{A}^{\text{核}}\frac{Z_A}{r_{iA}} + \frac{e^2}{4\pi\varepsilon_0}\sum_{j}^{\text{電子}}\sum_{>i}^{\text{電子}}\frac{1}{r_{ij}} + \frac{e^2}{4\pi\varepsilon_0}\sum_{A}^{\text{核}}\sum_{\neq B}^{\text{核}}\frac{Z_A Z_B}{R_{AB}} \tag{26・17}$$

Z_A は核電荷，M_A は核 A の質量，m_e は電子の質量，R_{AB} は核 A と核 B の距離，r_{ij} は電子 i と電子 j の距離，r_{iA} は電子 i と核 A の距離，ε_0 は真空の誘電率，$\hbar$ はプランク定数を 2π で割ったものである．

最初の近似は，核は電子よりずっとゆっくり運動しているのを利用する．そこ

1) activation energy 2) preexponential factor．頻度因子 (frequency factor) ともいう．
3) diffusion-controlled reaction 4) kinetically controlled 5) kinetic product

で，電子から見れば核は静止しているものとする（23・2 節を見よ）．これは**ボルン–オッペンハイマーの近似**[1]である．この近似を使えば，(26・17)式の第 2 項の核の運動エネルギーを 0 とし，最終項の核–核クーロンエネルギー項を一定とできる．こうして得られる**電子のシュレーディンガー方程式**[2]は，

$$\hat{H}^{電子}\Psi^{電子} = E^{電子}\Psi^{電子} \tag{26・18}$$

$$\hat{H}^{電子} = -\frac{\hbar^2}{2m_e}\sum_i^{電子}\nabla_i^2 - \frac{e^2}{4\pi\varepsilon_0}\sum_i^{電子}\sum_A^{核}\frac{Z_A}{r_{iA}} + \frac{e^2}{4\pi\varepsilon_0}\sum_j^{電子}\sum_{>i}^{電子}\frac{1}{r_{ij}} \tag{26・19}$$

で表せる．全エネルギーを求めるには，$E^{電子}$ に (26・17)式の最終項の（一定の）核–核クーロンエネルギーを加えておく必要がある．ここで，電子のシュレーディンガー方程式に核の質量が入っていないことに注意しよう．したがって，分子の性質に同位体効果が現れれば，ボルン–オッペンハイマーの近似が有効な限り，それは電子以外のものに起因していることになる．

(26・16)式と同じく，(26・18)式も一般には（多電子系では）解けないから，さらなる近似が必要である．すぐわかるのは電子が互いに独立に運動すると仮定することで，それが**ハートリー–フォック近似**[3]である．実際には，個々の電子をスピンオービタル χ_i という関数で表すという近似である．N 個の電子はそれぞれ，自分以外の $(N-1)$ 個の電子がつくる平均場を感じている．全（多電子系の）波動関数 Ψ が電子座標の交換で反対称であるのを確かめるために，つぎの**スレーター行列式**[4]（21・3 節を見よ）という 1 個の行列式のかたちに書く．

$$\Psi = \frac{1}{\sqrt{n!}}\begin{vmatrix} \chi_1(1) & \chi_2(1)\cdots & \chi_n(1) \\ \chi_1(2) & \chi_2(2)\cdots & \chi_n(2) \\ \cdots & \cdots & \cdots \\ \chi_1(n) & \chi_2(n) & \chi_n(n) \end{vmatrix} \tag{26・20}$$

それぞれの電子は行列式の 1 行で表されるから，電子 2 個がその座標を交換するということは，行列式の 2 行を交換したうえで -1 を掛けておくのと等価である．スピンオービタルは，空間波動関数の分子オービタル ψ_i とスピン関数 α または β の積である．スピン関数には 2 種（α と β）しかないから，同じ分子オービタルには最大 2 個の電子しか入れない．もし，同じオービタルに第三の電子が入れば，21・3 節で説明したように行列式の 2 行は同じになって，行列式の値が 0 になってしまう．このように波動関数を行列式で表しておけば，電子が対をつくるという概念はハートリー–フォック近似で表されている．エネルギーが最低の分子オービタルの組は，**つじつまの合う場（SCF）の方法**[5]によって得られる．この方法は，原子については 21・5 節で，分子については 24・1 節で説明した．

ハートリー–フォック近似を使えば，**ハートリー–フォック方程式**[6]という微分方程式の組が得られ，それぞれは電子 1 個の座標で表されている．それは数値計算で解けるが，ハートリー–フォック方程式を代数方程式の組に変換するために，もう一つの近似を導入しておくのがよい．この近似の基礎にある考えは，多電子分子の一電子の解は水素原子の一電子波動関数によく似たものであろうという予測である．結局のところ，分子は原子からできているのであるから，分子の解も原子の解からつくれるに違いない．そこで，24・2 節で説明したように，基底関数 ϕ というあらかじめ指定した関数からなる基底セットの一次結合を用い

1) Born–Oppenheimer approximation　2) electronic Schrödinger equation
3) Hartree–Fock approximation　4) Slater determinant
5) self-consistent-field (SCF) procedure　6) Hartree–Fock equation

て，分子オービタル ψ_i をつぎのように表す．

$$\psi_i = \sum_{\mu}^{\text{基底関数}} c_{\mu i}\,\phi_\mu \qquad (26\cdot21)$$

係数 $c_{\mu i}$ は（未知の）分子オービタルの係数である．ϕ は，ふつう核の位置を中心としているから，これを原子オービタルという．また，(26·21)式を**原子オービタルの一次結合（LCAO）近似**[1]という．完全（無限個の）基底セットの極限でのLCAO 近似は，ハートリー-フォックの枠組みの中では厳密なものとなる．

ハートリー-フォック法の数学的な表し方

ハートリー-フォック近似と LCAO 近似を同時に電子のシュレーディンガー方程式に適用すれば，**ローターン-ホール方程式**[2]という一組の行列方程式ができる．すなわち，

$$\boldsymbol{Fc} = \varepsilon \boldsymbol{Sc} \qquad (26\cdot22)$$

で表される．$\boldsymbol{c}$ は未知の分子オービタル係数（26·21 式を見よ），ε はオービタルのエネルギー，$\boldsymbol{S}$ は重なり行列，$\boldsymbol{F}$ はフォック行列である．フォック行列は，つぎのようにシュレーディンガー方程式のハミルトニアンに類似のものである．

$$F_{\mu\nu} = H_{\mu\nu}^{\text{コア}} + J_{\mu\nu} - K_{\mu\nu} \qquad (26\cdot23)$$

$H^{\text{コア}}$ はコアハミルトニアンというもので，その要素は，

$$H_{\mu\nu}^{\text{コア}} = \int \phi_\mu(1)\left[-\frac{\hbar^2}{2m_\mathrm{e}}\nabla^2 - \frac{e^2}{4\pi\varepsilon_0}\sum_{\mathrm{A}}^{\text{核}}\frac{Z_\mathrm{A}}{r_{1\mathrm{A}}}\right]\phi_\nu(1)\,\mathrm{d}\tau \qquad (26\cdot24)$$

で表される．クーロン成分と交換成分の要素は，

$$J_{\mu\nu} = \sum_{\lambda}^{\text{基底関数}}\sum_{\sigma} P_{\lambda\sigma}(\mu\nu|\lambda\sigma) \qquad (26\cdot25)$$

$$K_{\mu\nu} = \frac{1}{2}\sum_{\lambda}^{\text{基底関数}}\sum_{\sigma} P_{\lambda\sigma}(\mu\lambda|\nu\sigma) \qquad (26\cdot26)$$

で与えられる．$\boldsymbol{P}$ は密度行列であり，その行列要素は被占分子オービタルすべてにわたって和をとった 2 個の分子オービタル係数の積でできている（閉殻分子では，その数は全電子数のちょうど半分である）．すなわち，

$$P_{\lambda\sigma} = 2\sum_{i}^{\text{被占分子オービタル}} c_{\lambda i}\,c_{\sigma i} \qquad (26\cdot27)$$

である．また，$(\mu\nu|\lambda\sigma)$ は下に示す 2 電子積分であり，その数は基底関数の数の 4 乗で増加する．したがって，計算コストは基底セットの大きさとともに急激に増加することがわかる．

$$(\mu\nu|\lambda\sigma) = \iint \phi_\mu(1)\,\phi_\nu(1)\left[\frac{1}{r_{12}}\right]\phi_\lambda(2)\,\phi_\sigma(2)\,\mathrm{d}\tau_1\,\mathrm{d}\tau_2 \qquad (26\cdot28)$$

1) linear combination of atomic orbitals (LCAO) approximation
2) Roothaan－Hall equation

ローターン-ホール方程式の解から得る方法を**ハートリー-フォックモデル**[1)]という．また，完全基底セットの極限でのエネルギーを**ハートリー-フォックエネルギー**[2)]という．

26・4　極限ハートリー-フォックモデルの性質

21･5 節で説明したように，極限（完全基底セット）ハートリー-フォック計算で得られる全エネルギーは（正の向きに）大きすぎる．これは，ハートリー-フォック近似を使う限り，個々の電子対の間に働く瞬間相互作用を，各電子は他のすべての電子によってつくられる電荷雲と相互作用するという描像に置き換えてしまうからである．これによって電子は互いに柔軟性を失うことになり，全体の電子反発エネルギーは実際より大きく見積もられる．したがって，全エネルギーも大きすぎるのである．全エネルギーがこの向きにずれるのは，ハートリー-フォックモデルが変分法であることからくる必然的な結果でもある．こうして，ハートリー-フォック極限のエネルギーは，シュレーディンガー方程式の厳密解のエネルギーより必ず大きく（最良は等しいことで）なければならない．

ハートリー-フォック極限エネルギーと厳密な（真の）シュレーディンガーエネルギーの差を**相関エネルギー**[3)]という．ここで相関というのは，1 電子の運動が他のすべての電子の運動と何らかの折り合いをつけた結果である，つまり互いに相関があるという考えに基づいている．したがって，電子が独立に動けるという自由度に少しでも制約を加えれば，それだけ電子は動きにくくなり他の電子との相関が大きくなるのである．

相関エネルギーの大きさは，代表的な結合エネルギーや反応エネルギーと比較しても非常に大きなものである．しかしながら，全相関エネルギーの主要な部分は分子構造にさほど敏感でないから，相関の説明が不十分なハートリー-フォックモデルであっても，あるタイプの化学反応であればそのエネルギー変化を十分に説明できる．また，平衡幾何構造や双極子モーメントなど他の性質も，全エネルギーほど相関効果による影響を受けない場合が多い．本節のこれ以降では，これらがどの程度正しいかを具体的に調べることにしよう．

忘れてならない重要なことは，実際の計算はハートリー-フォック極限で行えないことである．ここで極限ハートリー-フォックモデルで求めた量というのは，比較的大きく柔軟な基底セット，具体的には 6-311＋G** 基底セットを使って行った計算の結果である．（基底セットについては 26･7 節で詳しく説明する．）このような取扱いでも，本当のハートリー-フォック極限エネルギーより 1 mol 当たり数十 kJ から数百 kJ も（分子の大きさによる）大きな全エネルギーを与えるが，その相対エネルギーの誤差だけでなく，幾何構造や振動数，双極子モーメントなど他の性質の違いもずっと小さいものと予測される．

26・4・1　反応エネルギー

極限ハートリー-フォックモデルを使ったときの問題は，**均一結合解離**[4)]エネルギーを比較すれば最もわかりやすい．この反応では結合が開裂して 2 個のラジカルができる．たとえばメタノールでは，

$$CH_3-OH \longrightarrow \cdot CH_3 + \cdot OH$$

1) Hartree-Fock model　2) Hartree-Fock energy　3) correlation energy
4) homolytic bond dissociation

である．表26·2のデータを見ればわかるように，ハートリー-フォックモデルの解離エネルギーはどれも小さすぎる．実際，極限ハートリー-フォック計算によれば，過酸化水素のO−O結合エネルギーはほぼ0であり，フッ素分子のF−Fの“結合エネルギー”は負である．何かが決定的に間違っている．どうなっているかを調べるのに，水素分子の類似の結合解離反応を考えよう．

$$\mathrm{H{-}H} \longrightarrow \cdot\mathrm{H} + \cdot\mathrm{H}$$

生成物としてできた水素原子には電子1個しかなく，そのエネルギーは（極限）ハートリー-フォックモデルで厳密に求められる．一方，反応物には電子が2個あり，変分原理によれば，そのエネルギーは（正で）大きすぎるはずである．したがって，結合解離エネルギーは小さい（負で大きい）はずである．これを一般化すれば，均一結合解離反応の生成物は反応物より電子対が1個少ないから，生成物の相関エネルギーは小さいと予測される．電子対1個の相関エネルギーは，別々になった電子の対の相関エネルギーよりも大きいのである．

均一結合解離反応で得られた悪い結果が，別のタイプの反応でも見られるとは限らない．それには，反応によって電子対の総数が維持される必要がある．そのよい例は，構造異性体のエネルギーの比較でわかる（表26·3を見よ）．結合様式は異性体によって大きく異なる．たとえば，プロペンにはつぎのように単結合1個と二重結合1個があるのに対して，シクロプロパンには単結合が3個ある．しかし，結合の総数は反応物と生成物で等しい．

$$\mathrm{CH_3CH{=}CH_2} \longrightarrow \text{cyclo-}(\mathrm{CH_2})_3$$

CH₂ / H₂C—CH₂ (シクロプロパン構造式)

表26·2　均一結合解離エネルギー（単位は $\mathrm{kJ\,mol^{-1}}$）

分子	ハートリー-フォック極限	実験値	差
$\mathrm{CH_3{-}CH_3 \rightarrow \cdot CH_3 + \cdot CH_3}$	276	406	−130
$\mathrm{CH_3{-}NH_2 \rightarrow \cdot CH_3 + \cdot NH_2}$	238	389	−151
$\mathrm{CH_3{-}OH \rightarrow \cdot CH_3 + \cdot OH}$	243	410	−167
$\mathrm{CH_3{-}F \rightarrow \cdot CH_3 + \cdot F}$	289	477	−188
$\mathrm{NH_2{-}NH_2 \rightarrow \cdot NH_2 + \cdot NH_2}$	138	289	−151
$\mathrm{HO{-}OH \rightarrow \cdot OH + \cdot OH}$	−8	230	−238
$\mathrm{F{-}F \rightarrow \cdot F + \cdot F}$	−163	184	−347

表26·3　構造異性体のエネルギー（単位は $\mathrm{kJ\,mol^{-1}}$）

参照化合物	異性体	ハートリー-フォック極限	実験値	差
アセトニトリル	イソシアン化メチル	88	88	0
アセトアルデヒド	オキシラン	134	113	21
酢 酸	ギ酸メチル	71	75	−4
エタノール	ジメチルエーテル	46	50	−4
プロピン	アレン	8	4	4
	シクロプロペン	117	92	25
プロペン	シクロプロパン	42	29	13
1,3-ブタジエン	2-ブチン	29	38	−9
	シクロブテン	63	46	17
	ビシクロ[1.1.0]ブタン	138	109	29

表 26・4　メチルアミンを基準とした窒素塩基の陽子親和力(単位は kJ mol^{-1})

塩 基	ハートリー–フォック極限	実験値	差
アンモニア	−50	−38	−12
アニリン	−25	−10	−15
メチルアミン	0	0	—
ジメチルアミン	29	27	2
ピリジン	29	29	0
トリメチルアミン	50	46	4
ジアザビシクロオクタン（トリエチレンジアミン）	75	60	15
キヌクリジン	92	75	17

ここで見られる誤差はどれも，均一結合解離反応で見られた値より 1 桁も小さい．ただし，いくつかは誤差がまだ大きく，特に小さな環をもつ化合物を（不飽和の）非環式化合物と比較すれば，とりわけ，プロペンをシクロプロパンと比較したときの相対誤差は大きい．

結合様式がもっと微妙にしか変化しない反応でも，極限ハートリー–フォックモデルの性能はまだ妥当なものである．たとえば，表 26・4 のデータは，メチルアミンのプロトン付加エネルギーを基準としたときの窒素塩基のプロトン付加エネルギーの計算値を示してある．たとえば，つぎのメチルアミンに対するピリジンのプロトン付加エネルギーが示してある．

$$\text{C}_5\text{H}_5\text{NH}^+ + CH_3NH_2 \longrightarrow \text{C}_5\text{H}_5\text{N} + CH_3NH_3^+$$

その計算結果は，それぞれの実験値とほぼよい一致を示している．

26・4・2　平衡幾何構造

極限ハートリー–フォックモデルで求めた平衡幾何構造が，実験で求めた構造と系統的にずれていることにも注目しておこう．ここでは二つの例で比較する．最初の比較は(表 26・5)水素分子や水素化リチウム，メタン，アンモニア，水，フッ化水素の幾何構造であり，2 番目の比較は（表 26・6）重い原子 2 個から成る水素化物 H_mABH_n における AB の結合距離である．すぐにわかるのは，水素化リチウム以外の結合距離の計算値がすべて実験値より短いことである．水素への結合の場合は，重い原子の電子親和力が大きくなるほど誤差も大きくなる．重い原子

表 26・5　重い原子 1 個から成る水素化物の構造(結合距離の単位は Å，結合角は °)

分 子	構造パラメーター	ハートリー–フォック極限	実験値	差
H_2	r(HH)	0.736	0.742	−0.006
LiH	r(LiH)	1.607	1.596	+0.011
CH_4	r(CH)	1.083	1.092	−0.009
NH_3	r(NH)	1.000	1.012	−0.012
	θ(HNH)	107.9	106.7	−1.2
H_2O	r(OH)	0.943	0.958	−0.015
	θ(HOH)	106.4	104.5	+1.9
HF	r(FH)	0.900	0.917	−0.017

表 26·6　重い原子 2 個から成る水素化物の結合距離(単位は Å)

分子(結合)	ハートリー-フォック極限	実験値	差
エタン(H_3C-CH_3)	1.527	1.531	−0.004
メチルアミン(H_3C-NH_2)	1.453	1.471	−0.018
メタノール(H_3C-OH)	1.399	1.421	−0.022
フッ化メチル(H_3C-F)	1.364	1.383	−0.019
ヒドラジン(H_2N-NH_2)	1.412	1.449	−0.037
過酸化水素($HO-OH$)	1.388	1.452	−0.064
フッ素($F-F$)	1.330	1.412	−0.082
エテン($H_2C=CH_2$)	1.315	1.339	−0.024
ホルムアルジミン($H_2C=NH$)	1.247	1.273	−0.026
ホルムアルデヒド($H_2C=O$)	1.178	1.205	−0.027
ジイミド($NH=NH$)	1.209	1.252	−0.043
酸　素($O=O$)	1.158	1.208	−0.050
エチン($HC\equiv CH$)	1.185	1.203	−0.018
シアン化水素($HC\equiv N$)	1.124	1.153	−0.029
窒　素($N\equiv N$)	1.067	1.098	−0.031

2 個から成る水素化物については，電気的に陰性な元素 2 個が結合に関与すれば誤差は明らかに増加している．たとえば，メチルアミンやメタノール，フッ化メチルの結合距離では誤差が小さいが，ヒドラジンや過酸化水素，フッ素分子の誤差はずっと大きい．

極限ハートリー-フォックモデルによる結合距離が系統的に実験値より短いという傾向だけでなく，水素化リチウムが例外である理由も，ハートリー-フォックモデルを拡張して電子相関を扱えるようになれば理解できるだろう．それについては 26·6 節で説明する．

26・4・3　振動モードの振動数

二原子分子と小さな多原子分子の対称伸縮の振動数について，極限ハートリー-フォックモデルと実験値の比較をいくつか表 26·7 に示す(測定された振動数の値は，非調和振動の補正を行ってから，計算で得られた**調和振動数**[1]の値と比較してある)．極限ハートリー-フォックモデルの平衡結合距離で見られた系統誤

表 26·7　二原子分子と小さな多原子分子の対称伸縮の振動数(単位は cm^{-1})

分　子	ハートリー-フォック極限	実験値	差
フッ化リチウム	927	914	13
フッ素	1224	923	301
水素化リチウム	1429	1406	23
一酸化炭素	2431	2170	261
窒　素	2734	2360	374
メタン	3149	3137	12
アンモニア	3697	3506	193
水	4142	3832	310
フッ化水素	4490	4139	351
水　素	4589	4401	188

1) harmonic frequency

表 26·8 電気双極子モーメント(単位はデバイ，D)

分 子	ハートリー–フォック極限	実験値	差
メチルアミン	1.5	1.31	0.2
アンモニア	1.7	1.47	0.2
メタノール	1.9	1.70	0.2
フッ化水素	2.0	1.82	0.2
フッ化メチル	2.2	1.85	0.3
水	2.2	1.85	0.3

差(計算値が実験値より短い)は，伸縮振動の振動数に見られる系統誤差(計算値が実験値より大きい)と関連していると思われる．これはありえないことではない．すなわち，結合長が短いほど結合は強く，振動数は高くなるからである．しかしながら，極限ハートリー–フォックモデルから求めた均一結合解離エネルギーは実験値より小さいから(大きくない)，結合の伸縮の振動数の計算値も実験値より小さくなる(大きくない)はずである．そうならない理由はハートリー–フォックモデルそのものに問題があるからである．

26・4・4 双極子モーメント

表 26·8 には，単純な分子について極限ハートリー–フォック計算で求めた電気双極子モーメントと実験値が比較してある．計算では双極子モーメントの大きさの順序を再現できている．この表では数が少ないから一般化するのは難しいが，計算値は実験値より系統的に大きいのがわかる．同じ分子の極限ハートリー–フォック結合長は実験で求めた値より短いから(双極子モーメントの計算値は実験値より小さくなるはずである)この結果は理解しにくい．この問題については 26·8·8 節で説明する．

26・5 いろいろな理論モデルと理論モデル化学

前節で説明したように，極限ハートリー–フォックモデルでは実験にぴったり合う結果は得られない．これはもちろんハートリー–フォック近似に起因するものであり，個々の電子間で起こっている瞬間相互作用を，特定の電子とそれ以外のすべての電子によってつくられる平均場との相互作用で置き換えたことによる．そのため，電子は本来より大きなエネルギーを与えられたのである．このように，電子–電子反発エネルギーが大きく見積もられて，全エネルギーは大きくなりすぎている．

ここで，電子のシュレーディンガー方程式から実際の取組み方針に至るまでの詳しい手続きを記しておく**理論モデル**[1]の考えと，そのような理論モデルが与えられれば必ず一組の結果が導けるという**理論モデル化学**[2]の考え方を導入しておくとわかりやすいだろう．最初に予想できることは，理論モデルに使う近似が粗くないほど実験に近い結果が得られるということである．理論モデルや理論モデル化学というのは，ジョン・ポープル卿によって導入された用語であり，いろいろな計算手法を開発して量子化学を広範に利用できるようにした功績によって，彼は 1998 年にノーベル化学賞を受賞した．

どんな理論モデルも図 26·7 の二次元図を使って分類できる．横軸は，多電子

1) theoretical model 2) theoretical model chemistry

図 26·7 いろいろある理論モデルは，電子相関を考慮に入れた度合いと使用した基底セットの大きさによって分類できる．

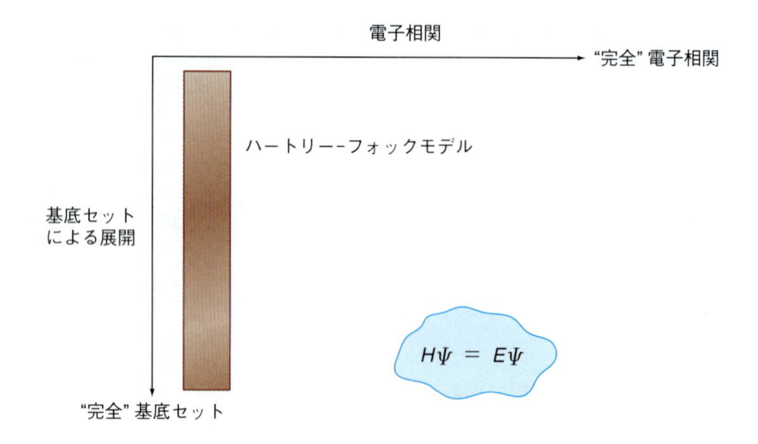

系における電子の運動を互いに独立として扱っている度合いに関係している．あるいは，電子相関を考慮に入れた度合いといってもよい．左端はハートリー-フォックモデルである．縦軸は，個々の分子オービタルを表すのに使う基底セットを示している．上端は，必要最小限の関数からなるいわゆる最小基底セットを使った場合で，これについては 26·7·1 節で説明する．一方，下端は仮想的な完全基底セットに相当している．ハートリー-フォックモデル（左端）の列の下端をハートリー-フォック極限という．

図 26·7 の上で右端まで進んでから（電子相関を十分に考慮に入れる）下端まで進めば（完全基底セットを使って電子相関も考慮に入れる），シュレーディンガー方程式を厳密に解くのと事実上同じである．ただし，すでに述べたように，それでも実現できない何かが残るのはもちろんである．それはさておき，この図のある位置，つまり電子相関の扱いも基底セットについてもある水準の点からスタートしたとしよう．そこから右下に移動しても注目する特定の性質に有意な変化が見られなければ，その性質に関する限り，それ以上水準を上げて進めても変化はないと結論できるだろう．すなわち，これが厳密な解に到達したしるしである．

どの理論モデルも，可能な限り多数の条件を満足すべきである．なかで最も重要なのは，核の種類とその位置，総電子数，不対電子の数が与えられただけで，いろいろな分子の性質，とりわけエネルギーについて唯一の解が得られることである．理論モデルはどんな方法であれ化学的な直感に訴えることがあってはならない．また，実用上重要なこととして，エネルギーの計算値の誤差の大きさは分子の大きさにほぼ比例するから，モデルには**サイズ一貫性**[1)]があるはずである．そうなっている場合に限って，反応エネルギーは正しく表されていると予想できる．一方，最重要でないが望ましいこととして，モデルによるエネルギーが厳密なエネルギーを極値としていることで，つまり，モデルは**変分型**[2)]であるのがよい．最後に，何といってもモデルは実用的でなければならない．すなわち，非常に単純なあるいは理想化された系だけでなく，実際に注目している問題に適用できる必要がある．そうでなければ，シュレーディンガー方程式を超える値打ちはない．

すでに述べたように，ハートリー-フォックモデルは明解なモデルであり，いろいろな性質に関して唯一の解を与える．どの性質についてもサイズ一貫性があり，変分型である．最も重要なのは，ハートリー-フォックモデルが，いまでは 50 個から 100 個の原子から成る分子に適用できることである．すでに見たよう

1) size consistency 2) variational

に，極限ハートリー-フォックモデルは，化学で重要となる多数の観測量，なかでも平衡幾何構造とある種の反応のエネルギーを見事に説明できる．26·8 節で説明する“実用的な”ハートリー-フォックモデルも，これとよく似た状況で成功を収めている．

26・6　ハートリー-フォック理論を超えるモデル

次に，図 26·7 で右下方向に移動させる作用のあるハートリー-フォックモデルの改良について考えよう．これらの改良は計算コストを増加させるから，目的とする計算にその改良が必要かどうかを検討しておくのが重要である．この問いに答えるには，注目する観測量の値をどの程度の精度で求めたいかを決めておく必要がある．26·8·1 節から 26·8·11 節までは，多数の重要な観測量，とりわけ平衡幾何構造や反応エネルギー，双極子モーメントについて個別にこの問題に取組む．

ハートリー-フォック理論を超えるアプローチとして，根本的に異なる二つの方法がこれまで注目されてきた．第一のアプローチは，（基底電子状態による）ハートリー-フォック波動関数をいろいろな励起状態の波動関数と組合わせることによって，その柔軟性を増すことである．第二のアプローチは，ハミルトニアンに明確なかたちである項を導入し，それによって電子の運動の相互依存性を表すことである．

ローターン-ホール方程式を解けば，電子が 2 個入った[†3] 分子オービタルの組とエネルギーの高い空分子オービタルの組が得られる．閉殻分子では，被占分子オービタルの数は電子数の半分に等しいが，空分子オービタルの数は基底セットの選び方によって異なる．この数はふつう被占分子オービタルの数よりずっと多く，完全基底セットという仮想的な場合には無限個ある．空分子オービタルは，ハートリー-フォックエネルギーだけでなくハートリー-フォックモデルで得られる基底状態のどの性質を決めるのにも関与していない．それでいて，空分子オービタルは，ハートリー-フォック法を超えるモデルの基礎になっている．

26・6・1　配置間相互作用モデル

完全基底セットの極限では，基底電子状態の配置（ハートリー-フォック理論で得られるもの）と，被占分子オービタルから空分子オービタルへと 1 個以上の電子が昇位してつくれる可能なすべての励起電子状態の配置との最適一次結合から得られたエネルギーは，多電子系の完全なシュレーディンガー方程式の解で得られるはずのエネルギーと等しいとみなせる．このような昇位の一例を図 26·8 に示す．

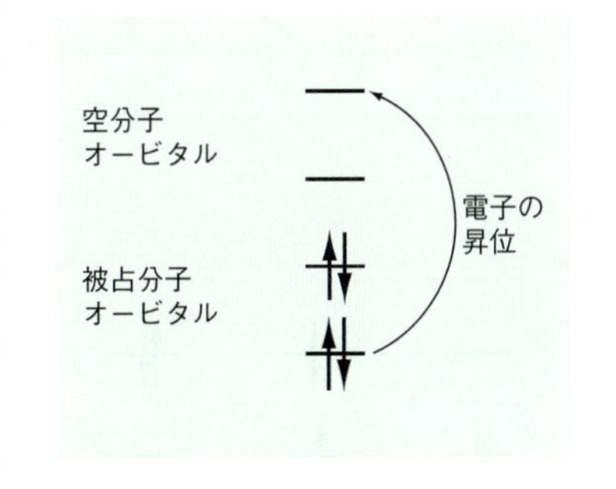

図 26·8　被占分子オービタルから空分子オービタルへの電子の昇位．

この結果を**完全配置間相互作用**[1] といい，原理的には魅力的であるが，励起電子状態の配置が無限個あるから実用上の価値はない．実用の配置間相互作用モデルは，まず有限個の基底セットを仮定し，次に混ぜる励起電子状態の配置数を限定すれば使える．この二つの制約があるから，最終的に得られるエネルギーはシュレーディンガー方程式の厳密解と同じにはならない．手順としてまず必要なのはハートリー-フォック波動関数を求めることであり，それから新しい波動関数を和のかたちで書けばよい．その主要項 Ψ_0 はハートリー-フォック波動関数

†3　大多数の分子ではこうなっている．しかし，ラジカルには電子 1 個の分子オービタルが 1 個あり，酸素分子には電子 1 個の分子オービタルが 2 個ある．

1）full configuration interaction

であり，あとの項 Ψ_s は電子の昇位によってハートリー-フォック波動関数から導かれる波動関数である．

$$\Psi = a_0\Psi_0 + \sum_{s>0} a_s\Psi_s \tag{26·29}$$

未知の一次係数 a_s は，つぎの式を解いて求められる．すなわち，

$$\sum_s (H_{st} - E\delta_{st})a_s = 0 \tag{26·30}$$

である．各行列要素は，

$$H_{st} = \int\cdots\int \Psi_s \hat{H} \Psi_t \,\mathrm{d}\tau_1 \mathrm{d}\tau_2 \cdots \mathrm{d}\tau_n \tag{26·31}$$

で与えられる．(26·30)式の解から得られる最低エネルギーの波動関数は，基底電子状態のエネルギーに相当する．

電子の昇位数を限定する一つのアプローチを**凍結核近似**[1]という．これによって事実上，内殻電子（その組合わせも含め）に相当する分子オービタルからの昇位を排除する．内殻から昇位しても全エネルギーに対する寄与はさほど大きくないが，経験によれば，同じタイプの原子なら分子が違ってもこの寄与はほぼ同じであることがわかっている．もっと重要な近似は，関与する電子の総数に基づいて昇位の数を限定することで，それには**電子1個の昇位**[2]，**電子2個の昇位**[3]などがある．電子1個の昇位のみに基づく配置間相互作用法を**CIS法**[4]というが，これを使っても（ハートリー-フォック）エネルギーや波動関数を改良することにはならない．ハートリー-フォック法の改良となり実際に使える最も単純な手法はいわゆる**CID法**[5]であり，それは電子2個の昇位に限るものである．その波動関数はつぎのように表される．

$$\Psi_{\mathrm{CID}} = a_0\Psi_0 + \sum_{i<j}^{\text{分子オービタル被占}}\sum \ \sum_{a<b}^{\text{空}}\sum a_{ij}^{ab}\Psi_{ij}^{ab} \tag{26·32}$$

これより少し限定の緩い方法は，いわゆるCISD法であり，電子1個の昇位と電子2個の昇位の両方を考えて，つぎのように表す．

$$\Psi_{\mathrm{CISD}} = a_0\Psi_0 + \sum_{i}^{\text{分子オービタル被占}} \sum_{a}^{\text{空}} a_i^a\Psi_i^a + \sum_{i<j}^{\text{分子オービタル被占}}\sum \ \sum_{a<b}^{\text{空}}\sum a_{ij}^{ab}\Psi_{ij}^{ab} \tag{26·33}$$

CID法でもCISD法でも，比較的大きな系では(26·30)式の解が使える．どちらの方法もわかりやすい変分型である．しかし，どちらの方法も（限定的な配置間相互作用法はすべて）サイズ一貫性がない．このことは，たとえば，2電子系をCISD法で考えればすぐわかる．図26·9に示すのはヘリウム原子の場合であるが，基底関数を2個しか使わずに1個の被占分子オービタルと1個の空オービタルができる．この場合，孤立原子のCISD法の表し方は（基底セットの枠内では）厳密である．すなわち，電子の可能なすべての昇位を厳密に取入れている．同様にして，2個のヘリウム原子を独立に扱っているから，その表し方は厳密である．

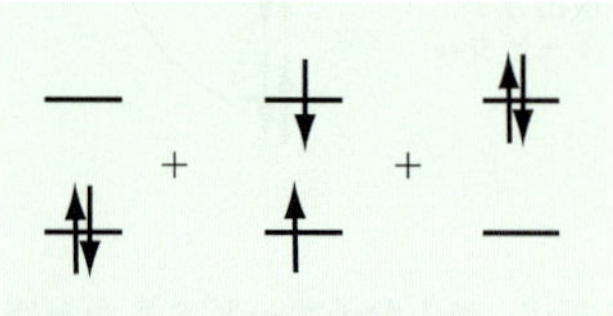

次に，2個のヘリウム原子を無限遠に離れているものとして扱うCISD法を考えよう．それを図26·10に示す．この表し方では，電子3個の昇位や4個の昇位を考えないから厳密ではない．たとえば，2個のヘリウム原子を別々に扱ったと

図26·9　HeのCISD法による表示

1) frozen core approximation　2) single-electron promotion
3) double-electron promotion　4) CIS method　5) CID method

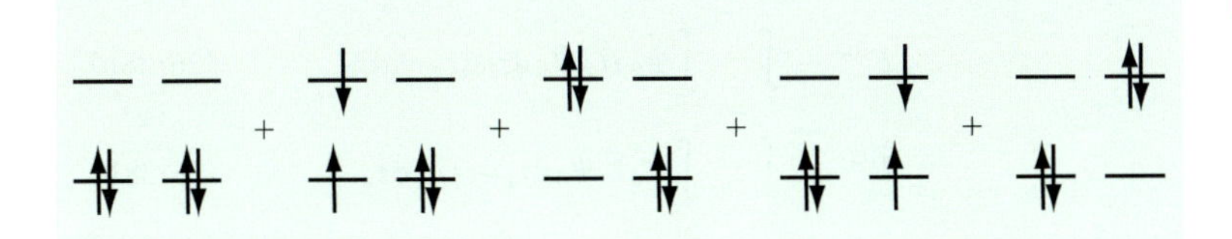

図 26・10 昇位する電子が1個または2個に制限された He_2 の CISD 表示.

きのエネルギーの計算値と2個のヘリウム原子が無限遠にあるときのエネルギーの計算値とは異なる. サイズ一貫性は, どの量子化学モデルでも非常に重要な性質であり, 実用のどの配置間相互作用モデルでもそれが欠如していれば信頼性に乏しい.

26・6・2 メラー–プレセットモデル

配置間相互作用モデルに代わる実用向きでサイズ一貫性のあるモデルに, **メラー–プレセットモデル**[1]がある. なかでも二次のメラー–プレセットモデル (MP2) はよく使われる. メラー–プレセットモデルが基づく考えは, ハートリー–フォック波動関数 Ψ_0 と基底状態エネルギー E_0 は, シュレーディンガー方程式の近似解であるが, 厳密なハミルトニアン $\hat{H}$ をハートリー–フォックのハミルトニアン $\hat{H}_0$ で置き換えた同じ問題にとっては厳密解であるというものである. ここで, ハートリー–フォックの波動関数とエネルギーは, 厳密な波動関数 Ψ と基底状態のエネルギー E に非常に近いとすれば, その厳密な(真の)ハミルトニアンはつぎのかたちに書ける.

$$\hat{H} = \hat{H}_0 + \lambda\hat{V} \tag{26·34}$$

$\hat{V}$ は小さな摂動であり, λ は次元をもたないパラメーターである. この摂動論を使えば, 厳密な波動関数とエネルギーをハートリー–フォック波動関数とエネルギーで展開することができ, つぎのように表せる.

$$E = E^{(0)} + \lambda E^{(1)} + \lambda^2 E^{(2)} + \lambda^3 E^{(3)} + \cdots \tag{26·35}$$

$$\Psi = \Psi_0 + \lambda\Psi^{(1)} + \lambda^2\Psi^{(2)} + \lambda^3\Psi^{(3)} + \cdots \tag{26·36}$$

メラー–プレセットモデルの数学的な表し方

シュレーディンガー方程式に (26・34)式～(26・36)式の展開式を代入し, λ^n の項でまとめれば,

$$\hat{H}_0\Psi_0 = E^{(0)}\Psi_0 \tag{26·37a}$$

$$\hat{H}_0\Psi^{(1)} + \hat{V}\Psi_0 = E^{(0)}\Psi^{(1)} + E^{(1)}\Psi_0 \tag{26·37b}$$

$$\hat{H}_0\Psi^{(2)} + \hat{V}\Psi^{(1)} = E^{(0)}\Psi^{(2)} + E^{(1)}\Psi^{(1)} + E^{(2)}\Psi_0 \tag{26·37c}$$

$$\cdots$$

が得られる. (26・37)式の各式に Ψ_0 を掛けて, それを全空間にわたって積分すれば, n 次 (MPn) のエネルギー表すつぎの式が得られる.

1) Møller–Plesset model

$$E^{(0)} = \int \cdots \int \Psi_0 \hat{H}_0 \Psi_0 \, \mathrm{d}\tau_1 \mathrm{d}\tau_2 \cdots \mathrm{d}\tau_n \tag{26·38a}$$

$$E^{(1)} = \int \cdots \int \Psi_0 \hat{V} \Psi_0 \, \mathrm{d}\tau_1 \mathrm{d}\tau_2 \cdots \mathrm{d}\tau_n \tag{26·38b}$$

$$E^{(2)} = \int \cdots \int \Psi_0 \hat{V} \Psi^{(1)} \, \mathrm{d}\tau_1 \mathrm{d}\tau_2 \cdots \mathrm{d}\tau_n \tag{26·38c}$$

$$\cdots$$

この枠組みでは，ハートリー–フォックエネルギーは，メラー–プレセットの0次と1次のエネルギーの和で表される．すなわち，

$$E^{(0)} + E^{(1)} = \int \cdots \int \Psi_0 (\hat{H}_0 + \hat{V}) \Psi_0 \, \mathrm{d}\tau_1 \mathrm{d}\tau_2 \cdots \mathrm{d}\tau_n \tag{26·39}$$

である．このときの最初の補正項 $E^{(2)}$ はつぎのように書ける．

$$E^{(2)} = \overset{\text{分子オービタル}}{\sum_{i<j}^{\text{被占}}\sum \;\; \sum_{a<b}^{\text{空}}\sum} \frac{[(ij|ab)]^2}{(\varepsilon_a + \varepsilon_b - \varepsilon_i - \varepsilon_j)} \tag{26·40}$$

ε_i と ε_j は被占分子オービタルのエネルギーであり，ε_a と ε_b は空分子オービタルのエネルギーである．満員のオービタル（i と j）と空のオービタル（a と b）にわたる積分 $(ij|ab)$ は，電子が昇位したことによる電子–電子相互作用の変化を表しており，

$$(ia|jb) = -(ib|ja) \tag{26·41}$$

である．積分 $(ij|ab)$ や $(ib|ja)$ は基底関数ではなく，分子オービタルに関係している．たとえば，

$$(ia|jb) = \int \Psi_i(1) \Psi_a(1) \left[\frac{1}{r_{12}} \right] \Psi_j(2) \Psi_b(2) \, \mathrm{d}\tau_1 \mathrm{d}\tau_2 \tag{26·42}$$

である．二つの積分は単純な変換によってつぎのように関係づけられる．

$$(ij|ab) = \overset{\text{基底関数}}{\sum_{\mu}\sum_{\nu} \sum_{\lambda}\sum_{\sigma}} c_{\mu i} c_{\nu j} c_{\lambda a} c_{\sigma b} (\mu\nu|\lambda\sigma) \tag{26·43}$$

ここで，$(\mu\nu|\lambda\sigma)$ は（26·28）式で与えられる．

MP2 モデルは明解なもので，唯一の結果を与える．すでに述べたように，MP2 モデルは（配置間相互作用モデルと違って）変分型でないが，サイズ一貫性がある．したがって，計算によって得られるエネルギーが厳密値より低くなることがある．

26・6・3 密度汎関数モデル

ハートリー–フォックモデルを超える第二のアプローチとして現在よく使われているのは**密度汎関数理論**[1]（**DFT**）である．理想化した多電子系の特に密度が均一な電子気体の問題では厳密解が得られることに基づいている．交換と相関の寄与にのみ関係するこの解の部分を抽出して，それがハートリー–フォックの形

---

1) density functional theory

式に似たSCF形式に直接取込まれる．理想化したいろいろな問題から新しい交換と相関の項が導かれるから，密度汎関数モデルは，配置間相互作用モデルやメラー-プレセットモデルとは違って，シュレーディンガー方程式の厳密解に限らない．外部データ（理想化した問題の解のかたち）を取込んでいる点で経験的ともいえる．密度汎関数モデルを非常に魅力的にしているのは，配置間相互作用モデルやメラー-プレセットモデルより計算コストがかなり軽減されることである．実用的な密度汎関数モデルの開発へ導くことになったWalter Kohnのこの発見によって，彼は1998年にノーベル化学賞を受賞した．

ハートリー-フォックエネルギーは，運動エネルギーE_{T}，電子-核ポテンシャルエネルギーE_{V}，電子-電子相互作用エネルギーのクーロン成分E_{J}と交換成分E_{K}の和で，つぎのように書ける．

$$E^{\mathrm{HF}} = E_{\mathrm{T}} + E_{\mathrm{V}} + E_{\mathrm{J}} + E_{\mathrm{K}} \tag{26·44}$$

これらの項のうち，最初の三つは密度汎関数モデルでもそのまま使うが，ハートリー-フォックの交換エネルギーについては，いわゆる交換-相関エネルギーE_{XC}で置き換える．ここで，E_{XC}のかたちは理想化した電子気体の問題の解を使う．すなわち，

$$E^{\mathrm{DFT}} = E_{\mathrm{T}} + E_{\mathrm{V}} + E_{\mathrm{J}} + E_{\mathrm{XC}} \tag{26·45}$$

である，E_{T}以外のすべての成分はつぎの全電子密度$\rho(\boldsymbol{r})$に依存している．

$$\rho(\boldsymbol{r}) = 2\sum_{i}^{\text{オービタル}} |\psi_i(\boldsymbol{r})|^2 \tag{26·46}$$

ψ_iはオービタルであり，ハートリー-フォック理論における分子オービタルそのものである．

密度汎関数理論の数学的な表し方

有限の基底セットの範囲内で（ハートリー-フォックモデルのLCAO近似と同じで），密度汎関数のエネルギーE^{DFT}の各成分はつぎのように書ける．

$$E_{\mathrm{T}} = \sum_{\mu}^{\text{基底関数}}\sum_{\nu} \int \phi_\mu(\boldsymbol{r})\left[-\frac{\hbar^2 e^2}{2m_{\mathrm{e}}}\nabla^2\right]\phi_\nu(\boldsymbol{r})\,\mathrm{d}\boldsymbol{r} \tag{26·47}$$

$$E_{\mathrm{V}} = \sum_{\mu}^{\text{基底関数}}\sum_{\nu} P_{\mu\nu}\sum_{\mathrm{A}}^{\text{核}} \int \phi_\mu(\boldsymbol{r})\left[-\frac{Z_{\mathrm{A}}e^2}{4\pi\varepsilon_0|\boldsymbol{r}-\boldsymbol{R}_{\mathrm{A}}|}\right]\phi_\nu(\boldsymbol{r})\,\mathrm{d}\boldsymbol{r} \tag{26·48}$$

$$E_{\mathrm{J}} = \frac{1}{2}\sum_{\mu}\sum_{\nu}^{\text{基底関数}}\sum_{\lambda}\sum_{\sigma} P_{\mu\nu}P_{\lambda\sigma}(\mu\nu|\lambda\sigma) \tag{26·49}$$

$$E_{\mathrm{XC}} = \int f(\rho(\boldsymbol{r}), \nabla\rho(\boldsymbol{r})\cdots)\,\mathrm{d}\boldsymbol{r} \tag{26·50}$$

Zは核の電荷，$|\boldsymbol{r}-\boldsymbol{R}_{\mathrm{A}}|$は核と電子密度の間の距離，$\boldsymbol{P}$は密度行列（26·27式），$(\mu\nu|\lambda\sigma)$は2電子積分（26·28式）である．$f(\rho(\boldsymbol{r}), \nabla\rho(\boldsymbol{r}), \cdots)$はいわゆる交換-相関汎関数であり，それは電子密度に依存する．この理論の最も単純なかたちでは，それは理想化した電子気体の問題で求めた密度にある関数を合わせて得られる．別の関数を使って密度の勾配に合わせればもっと

よいモデルが得られる．オービタルの未知の係数について E^{DFT} を最小化すれば，一組の行列方程式，コーン-シャム方程式が得られる．それは，つぎのローターン-ホール方程式（26·22 式）に類似のものである．

$$\boldsymbol{Fc} = \varepsilon \boldsymbol{Sc} \tag{26·51}$$

ここで，ハートリー-フォック行列の要素は，

$$F_{\mu\nu} = H_{\mu\nu}^{\text{コア}} + J_{\mu\nu} - F_{\mu\nu}^{\mathrm{XC}} \tag{26·52}$$

で与えられ，それらは（26·25）式と（26·26）式と同じように定義され，$\boldsymbol{F}^{\mathrm{XC}}$ は交換-相関の部分である．そのかたちは使った交換-相関汎関数に依存している．$\boldsymbol{F}^{\mathrm{XC}}$ をハートリー-フォックの交換 $\boldsymbol{K}$ で置き換えればローターン-ホール方程式になる．

密度汎関数モデルは明解なもので，唯一の結果を与える．しかし，密度汎関数モデルにサイズ一貫性はなく，変分型でもない．解くべき問題について厳密な交換-相関汎関数があらかじめわかっていれば（理想化した多電子気体の問題だけではなく），密度汎関数のアプローチは厳密なものである．このような汎関数の改良形は絶えず開発されているが，現時点では，汎関数を改良して任意の水準の精度が得られるような系統的な方法は存在しない．

26・6・4 量子化学モデルのまとめ

いろいろな量子化学モデルが概観できる図式を図 26·11 にまとめておいた．シュレーディンガー方程式から始まり，ハートリー-フォックモデル，配置間相

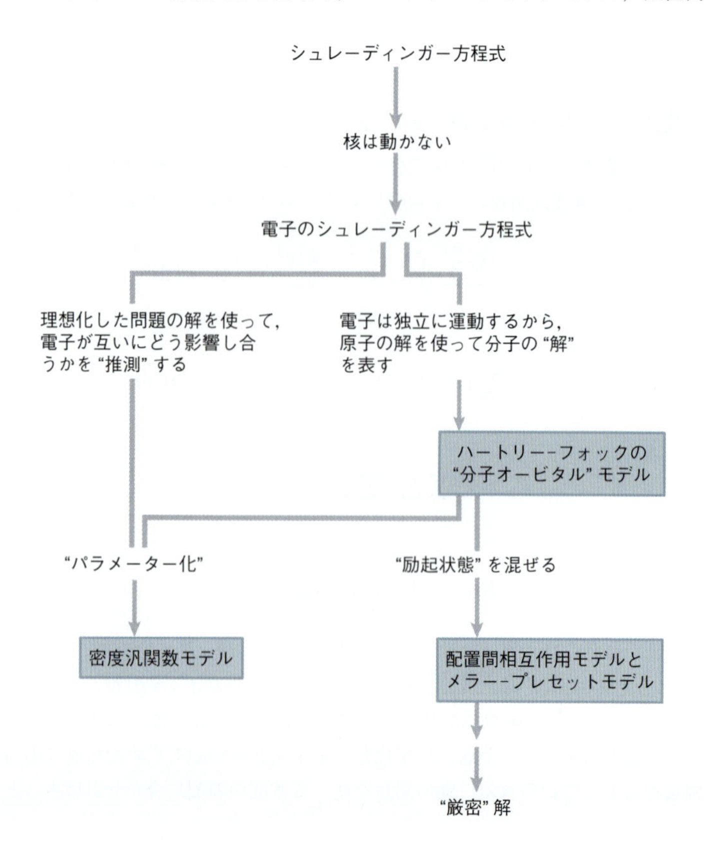

図 26·11 いろいろな量子化学モデルが互いにどういう関係にあるかを示す模式図．

互作用モデルとメラー–プレセットモデル，密度汎関数モデルについて説明した．

26・7 ガウス型基底セット

LCAO 近似を行うには，各原子を中心とする素直な関数有限個からなる基底セットを使う必要がある．その関数の選び方として明らかなのは，水素原子の厳密解に近いものに注目することだろう．すなわち，直交座標で表した多項式に r の指数関数を掛けたものである．しかし，これらの関数を使うとコストの点で効率的でないから，初期の数値計算では，つぎのように定義された節のない**スレーター型オービタル**[1]（STO）を使って行われた．

$$\phi(r,\theta,\phi) = \frac{(2\zeta/a_0)^{n+1/2}}{[(2n)!]^{1/2}} r^{n-1} e^{-\zeta r/a_0} Y_l^m(\theta,\phi) \qquad (26\cdot53)$$

n, m, l の記号は通常の量子数であり，ζ は実効核電荷である．このいわゆるスレーター関数は，ローターン–ホール方程式が導入された数年後には使われたが，しかし，その積分を解析的に求めるのが困難である（不可能ではない）から間もなく放棄されることになった．その後の研究で，AO をつぎのかたちの**ガウス関数**[2]で展開すれば，その計算コストが少なくなることがわかった．

$$g_{ijk}(r) = N x^i y^j z^k e^{-\alpha r^2} \qquad (26\cdot54)$$

x, y, z は原子核の位置から求めた位置座標，i, j, k は負でない整数，α はオービタルの指数である．$i=j=k=0$ とおけば s 型の関数（0 次のガウス関数）が得られ，i, j, k のどれかが 1 で残りの 2 個を 0 とおけば p 型の関数（1 次のガウス関数）が得られ，$i+j+k=2$ となるすべての組合わせについて d 型の関数（2 次のガウス関数）が得られる．この手順では d 型の関数は 5 個ではなく 6 個できるが，これら 6 個の関数の組合わせから通常の d 型関数が 5 個でき，6 番目の関数は s 対称をもつ．

ガウス関数の積分計算は簡単である．いわゆる半経験モデルを除けば，現在使っている実用的な量子化学モデルはすべてガウス関数を利用している．半経験モデルでは困難な積分計算があまりない．

STO とガウス関数では動径依存性が異なるから，ちょっと見ただけでは AO としてガウス関数が適切かどうかわからない．図 26・12 はこの二つの関数形を比較したものである．この問題を解決するには，1 個のガウス関数で STO を近似するのではなく，α の値が異なるガウス関数の一次結合を使うことである．たとえば，3 個のガウス関数を使って 1s 型 STO に合わせた最適曲線を図 26・13 に示す．核のごく近傍では一致がよくないが，$0.5a_0$ 以上の結合域では一致が非常によい．核の近傍での一致を改善するにはガウス関数をもっと多く使えばよい．

実際には，個々のガウス関数を基底セットの一つに使うのではなく，一定の係数をもつガウス関数の規格化した一次結合をつくれば AO に最もよく合わせることができる．それぞれの係数の値を最適化するには，原子のエネルギー極小を探すか，“代表的な”分子の計算値と実験値を比較することによる．この一次結合を**縮約関数**[3]という．縮約関数は基底セットの要素になる．縮約関数の係数は固定してあるが，(26・21) 式の係数 $c_{\mu i}$ は可変であり，シュレーディンガー方程式の解で最適化される．

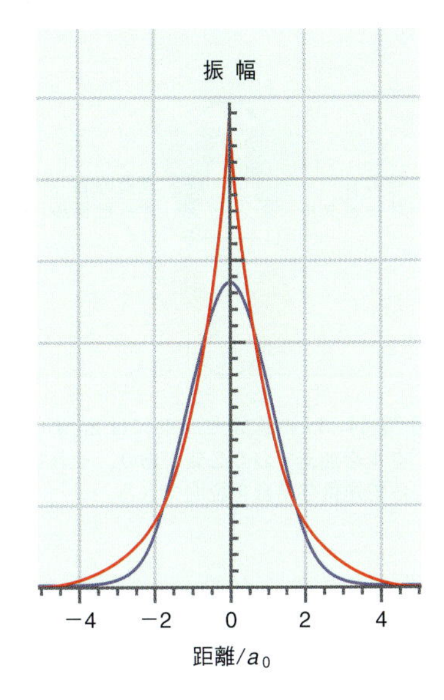

図 26・12　水素原子の 1sAO の断面（赤色の曲線）と 1 個のガウス関数（紫色の曲線）の比較．AO には核の位置に尖点があるが，ガウス関数の核の位置での勾配は 0 であることに注意しよう．また，ガウス関数の指数には r^2 の依存性があるから，減衰が急であることに注目しよう．

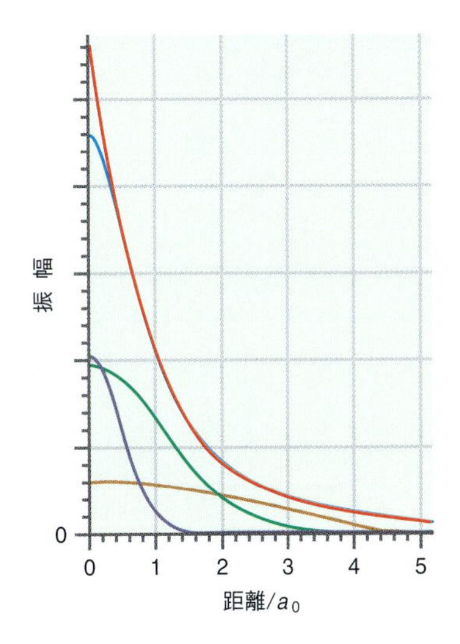

図 26・13　水素原子の 1sAO（赤色の曲線）は，3 個の異なる α 値をもつガウス関数（緑色，茶色，紫色）を使って合わせることができる．α 値とガウス関数に掛かる係数は，両者が合うように最適化してある．その結果を青色の曲線で示してある．

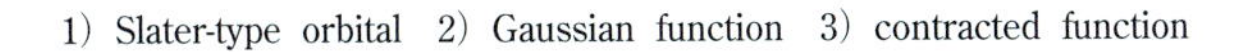

1) Slater-type orbital　2) Gaussian function　3) contracted function

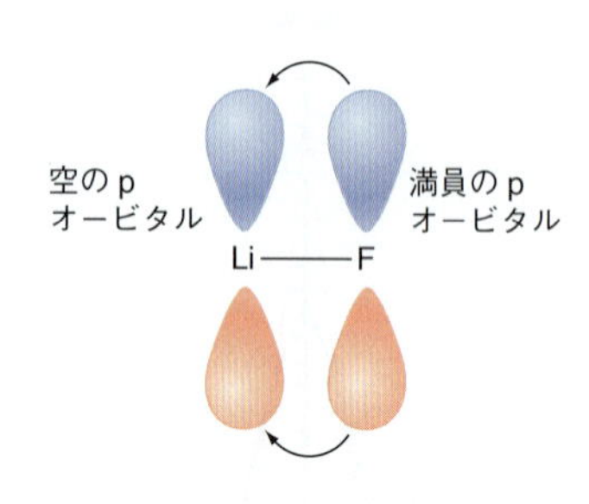

図 26·14　Li の基底セットには 2p オービタルを加えておく必要があり，それによって逆供与結合を説明できる．

26・7・1　最小基底セット

1 個の原子に配置できる関数の数に上限はないが下限はある．その最小数は，全体として球の性質を保持しながら原子の電子すべてを表すのに必要な関数の数である．最も単純な表し方，つまり**最小基底セット**[1]は，水素とヘリウムでは 1 個の (1s) 関数，リチウムからネオンまでは 5 個の関数の組 (1s, 2s, $2p_x$, $2p_y$, $2p_z$)，ナトリウムからアルゴンまでは 9 個の関数の組 (1s, 2s, $2p_x$, $2p_y$, $2p_z$, 3s, $3p_x$, $3p_y$, $3p_z$) からなる．リチウム原子やベリリウム原子では 2p 波動関数は占有されていない (また，ナトリウム原子やマグネシウム原子では 3p 波動関数は占有されていない) が，分子系の結合を正しく表すには必要であることに注意しよう．たとえば図 26·14 に示すように，フッ化リチウム分子の結合では，フッ素の孤立電子対からリチウムの空 (p 型) オービタルへ電子供与 (逆供与結合) が起こっているからである．

このように考案された最小基底セットの中で，おそらく最も広く使われ，論文でも報告例が多いのは **STO-3G 基底セット**[2]である．ここで，それぞれの基底関数は 3 個のガウス関数で展開されている．そのガウス関数の指数因子と一次結合の係数の値は，スレーター型 (指数) 関数に最もよく合うように最小二乗法で求めたものである．

STO-3G 基底セットとすべての最小基底セットには明らかな欠点が二つある．まず，基底関数はすべて，それ自身が球対称であるか，それとも組合わせで球対称になっているかである．そこで，球対称もしくは球対称に近い分子内環境にある原子であれば，球対称の環境にない原子よりうまく表される．これは，いろいろな分子を比較しても，球に近い原子から成る分子の方がよく表されることを示している．第二の欠点は，基底関数が原子を中心にしていることによる．これによって核間の電子分布が表しにくくなっており，化学結合を説明するという点では致命的である．STO-3G のような最小基底セットは歴史的には関心があるものの，現在行われている実用計算では大部分が分割原子価殻基底セットと分極基底セットに置き換えられている．これらは，以上の二つの欠点を克服するために導入されたものである．つぎの二つの節でこれを説明しよう．

26・7・2　分割原子価殻基底セット

最小基底セットの第一の欠点，つまり球状環境にある原子に偏ってしまう傾向は，二組の原子価殻基底関数を与えることで対処できる．その内側の基底セットは小さく引き締まっており，外側の基底セットは緩く保持されている．ローターン-ホール方程式を解くときの繰返し法を使って，個々の分子オービタルの係数を調節しながら，この二つの部分はそれぞれ三つの直交軸方向に独立にバランスが保たれる．たとえば，適切な一次結合によって σ 結合を表す分子オービタルができれば，内側の基底関数には大きな係数 ($\sigma_{\text{内側}}$) が掛かっていて，外側の基底関数には小さな係数 ($\sigma_{\text{外側}}$) が掛かっているだろう．一方，π 結合を表す分子オービタルができれば，内側の基底関数には小さな係数 ($\pi_{\text{内側}}$) が掛かり，外側の基底関数には大きな係数 ($\pi_{\text{外側}}$) が掛かっている．この状況を図 26·15 に示す．ここでは三つの直交軸を独立に扱っているから，(分子内の) 原子はもはや球状でなくなっている．

分割原子価殻基底セット[3]では，内殻の原子オービタルを一組の関数で表し，原子価殻原子オービタルを二組の関数で表す．たとえば，リチウムからネオンまでを 1s, $2s^i$, $2p_x{}^i$, $2p_y{}^i$, $2p_z{}^i$, $2s^o$, $2p_x{}^o$, $2p_y{}^o$, $2p_z{}^o$ で表し，ナトリウムからアルゴンま

1) minimal basis set　2) STO-3G basis set　3) split-valence basis set

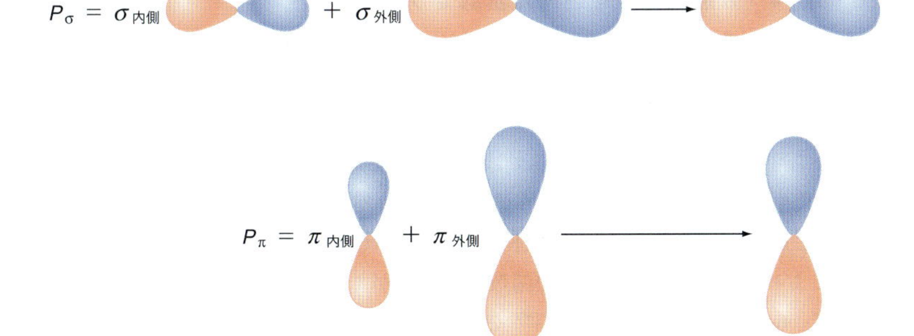

図 26・15 分割原子価殻基底セットは，その原子のまわりの電子分布が球状でなくても使える．

でを 1s, 2s, $2p_x$, $2p_y$, $2p_z$, $3s^i$, $3p_x{}^i$, $3p_y{}^i$, $3p_z{}^i$, $3s^o$, $3p_x{}^o$, $3p_y{}^o$, $3p_z{}^o$ で表すわけである．ここで，原子価殻 2s（あるいは 3s）関数を内側（添え字 i で表してある）と外側（添え字 o で表してある）の成分に分けてあり，水素原子についても内側と外側の原子価殻（1s）関数で表すことに注意しよう．いろいろあるなかで最も単純な分割原子価殻基底セットは 3-21G と 6-31G である．3-21G 基底セットの各内殻原子オービタルは 3 個のガウス関数を使って展開される．一方，その原子価殻原子オービタルの内側と外側の成分は，それぞれ 2 個と 1 個のガウス関数を使って展開される．6-31G 基底セットも同じようにしてつくられるが，内殻原子オービタルは 6 個のガウス関数で表され，原子価殻原子オービタルは 3 個と 1 個のガウス関数に分けられる．3-21G と 6-31G の基底セットの展開係数とガウス関数の指数は，原子の基底状態についてハートリー-フォックのエネルギー最小化で求めたものである．

26・7・3 分極基底セット

最小基底セット（分割原子価殻基底セットでも）の第二の欠点は，基底関数が原子間になく原子の中心にあることであるが，それは主要元素（原子価オービタルが s 型か p 型の元素）については d 型の関数を加え，水素（原子価オービタルは s 型）については p 型の関数を加えることで対処できる．これによって，図 26・16 で示すように電子分布を核の位置からシフトさせることができる．

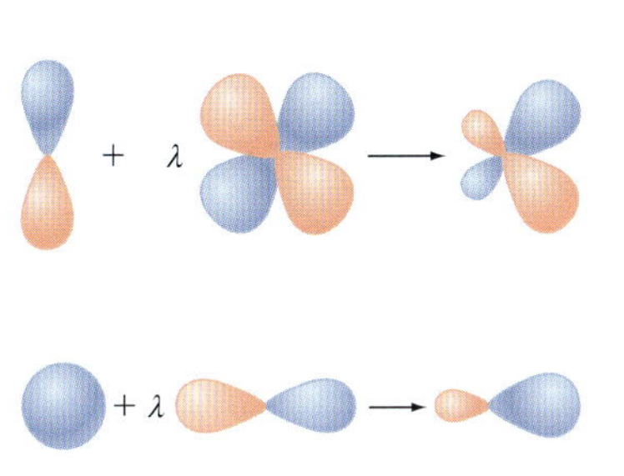

図 26・16 分極関数は電子分布の中心を原子間の結合領域へとシフトさせる．

分極関数[1]を含めるには，pd 混成や sp 混成という混成オービタルを使うか，あるいは（d 関数は p 関数の一階導関数であり，p 関数は s 関数の一階導関数であるという具合に）関数のテイラー級数展開を使う方法が考えられる．前者の考え方は化学ではなじみ深いものであるが（ポーリングの混成の概念），後者の考え方を採用すれば，もっと改善するにはどうすればよいか，つまり二階導関数や三階導関数を加えればどうかを判断できるという利点がある．

最も単純な分極基底セットは 6-31G* であり，それは 6-31G を基礎として，重い（水素以外の）各原子について 1 個のガウス関数で表した d 型分極関数の組を加えたものである．つまり，6-31G* では 2 次のガウス関数 6 個からなる組が加わっている．分極関数に使うガウス関数の指数は，代表的な分子でエネルギーが最低になるように選んである．水素原子の s オービタルの分極は，多くの系の結合を正確に表すには（特に，水素が橋かけ原子になっている系では）必要である．6-31G** 基底セットは 6-31G* と基本的に同じであるが，水素についても 3 個の p 型分極関数を与えているところが異なる．

1) polarization function

26・7・4 分散関数を組込んだ基底セット

アニオンが関与する絶対酸性度の計算と励起状態の分子や UV スペクトルの計算では，しばしば特別な問題が生じる．それは，このような化学種では，エネルギーの最も高い電子は特定の原子（あるいは原子対）とごく緩くしか結合していないからである．このような状況では，重い（水素以外の）原子について，分散 s 型関数や分散 p 型関数などという**分散関数**[1]を使って基底セットを補う必要がある（これを表すのに ＋ 記号を付けて，6-31+G* や 6-31+G** などとする）．場合によっては，水素も分散 s 型関数を使う方がよい（この場合は ＋ 記号を 2 個付けて，6-31++G* や 6-31++G** などとする）．

26・8 理論モデルの選び方

以上で，分子の幾何構造や反応エネルギー，その他いろいろな性質を表すのに多数の異なるモデルが使えて便利であるのがわかった．これらのモデルはすべて元をたどれば電子のシュレーディンガー方程式から生じたものでありながら，電子相関の扱い方や原子の基底セットの性質がモデルによって異なっている．それぞれ独特の組合わせ（理論モデル）を使うことによって，固有の特性を備えた体系（理論モデル化学）ができるわけである．

ハートリー–フォックモデルは，最も単純なやり方で電子相関を扱ったという点で親モデルといえる．要するに，瞬間的な電子–電子相互作用を平均相互作用で置き換えたのである．ハートリー–フォックモデルは単純であるにもかかわらず，たいていの状況で見事な成功を収めてきた．そして，いまでも計算化学の大黒柱となっている．

上で説明したように，**相関モデル**[2]は大雑把に二つに分類できる．一つは密度汎関数モデルで，それはハミルトニアンに明確なかたちの経験項を加えることによって電子相関を説明している．もう一つは配置間相互作用モデルとメラー–プレセットモデルで，これらはハートリー–フォックの表し方で始めるが，基底状態といろいろな励起状態に相当する波動関数を最適な割合で混合することによっている．それぞれのモデルはその特性を発揮している．

もちろん，一つの理論モデルがすべての応用に理想的とはいかない．そこで，これまで各モデルの限界を明らかにし，成功の度合いを評価したり，盲点を見きわめたりするのにずいぶん努力が払われてきた．簡単にいえば，うまくいったかどうかは，そのモデルによって既知（実験）データを矛盾なく再現できたかで決まる．それには，信頼できる実験データがあるか，あるいは少なくともデータの誤差が定量化できているのを前提にしている．そのデータには，安定な分子の幾何構造やコンホメーション（形），化学反応エンタルピー（熱力学データ），振動数（赤外スペクトル）や双極子モーメントなどがある．量子力学モデルはまた，信頼できる実験データが得にくいエネルギーの高い分子（反応中間体）や，直接測定できずよくわかっていない反応の遷移状態にも適用できる．遷移状態の構造について計算結果と比較すべき実験データがなくても，実験で求めた速度論データを解析すれば活性化エネルギーに関する情報を得ることはできる．あるいは，遷移状態の幾何構造であれば，もっと高度な量子化学計算の結果と比較することもできる．

量子化学モデルの成功に絶対というのはない．求める性質や問題によっては，信頼度の異なる結果が必要で，実際にはそれが貴重な情報となる．これで十分と

1) diffuse function 2) correlated model

いう成功もない．また，モデルは使い勝手のよい実用的なものでなければならない．系の特徴と大きさも考えなければならない．計算に使える資源や実行者の経験や忍耐強さによるからである．実用モデルには共通する特徴があり，いずれも考案された通りの最良の取扱いが常にできるわけではない．このように，モデルの選択には妥協がつきものである．

奇妙なことだが，化学研究のために計算を応用したい人たちが直面するおもな問題は，適切なモデルが少ないのではなく，むしろ多すぎることである．一言でいえば，選択肢があまりにも多すぎる．そこで，具体的につぎの四つの理論モデルに話を限って考えよう．それは，ハートリー-フォックモデルの 3-21G 分割原子価殻基底セットを使う場合と 6-31G* 分極基底セットを使う場合，B3LYP/6-31G* 密度汎関数モデル，MP2/6-31G* モデルである．これらはいずれも，かなり大きな分子でも日常的に適用できるモデルであるが，必要とする計算時間には 2 桁の違いがある．したがって，どのモデルなら時間を浪費せず満足な計算ができ，どのモデルではもっと時間がかかるのかを知っておくことが重要である．この四つのモデルはいずれも化学的な問題に広く応用されてきたが，対象とする問題によってはもっと正確でもっと時間のかかるモデルが必要かもしれない．

計算に必要な全時間を求めるのは難しい．それは，目的とする系や作業に依存するだけでなく，コンピュータープログラムがどれだけ洗練されているか，さらにはユーザーの経験にもよるからである．比較的小さな分子（H 以外の原子が 10 個程度）では，HF/6-31G*，B3LYP/6-31G*，MP2/6-31G* のモデルを使ったときの全計算時間の比は約 1：1.5：10 と予測される．HF/3-21G モデルで必要な計算時間は HF/6-31G* モデルの 1/3〜1/2 程度であろう．一方，ハートリー-フォックモデル，B3LYP モデル，MP2 モデルで 6-31G* より大きな基底セットを使った場合は，基底関数の総数の 3 乗（HF と B3LYP）や 5 乗（MP2）で計算時間は増えていく．幾何構造の最適化や振動数の計算はふつう，エネルギー計算より 1 桁多くの時間を要する．この比は系が複雑になれば（幾何変数の独立変数の数とともに）増加する．遷移状態の幾何構造最適化が平衡構造の最適化より時間がかかるのは，初期構造の推測がうまくいかないのが主な原因である．

以下では平衡結合距離，反応エネルギー，コンホメーションの違いによるエネルギー差，双極子モーメントなど，いくつかの性質について得られた計算結果を検討しよう．ただし，計算値と実験値の比較を個別に詳しく行うことはしない．ここでは，その傾向がわかれば十分である．

26・8・1 平衡結合距離

炭化水素分子の炭素-炭素結合距離の計算値と実験値の比較を表 26・9 に示す．結合距離の測定誤差は一般に ±0.02 Å 程度であるが，炭化水素やここに挙げた比較的小さな分子の実験データはもう少しよいから，計算値との比較を 0.01 Å まで行っても意味があるだろう．そこで，平均絶対誤差で見れば四つのモデルとも見事な結果を与えているのがわかる．B3LYP/6-31G* モデルと MP2/6-31G* モデルの結果は二つのハートリー-フォックモデルよりよいが，これは主として後者の炭素-炭素二重結合の距離にかなりの系統誤差があることによる．一つの例外を除いて，ハートリー-フォックモデルによる二重結合距離は実験値より短いのがわかる．その理由は簡単である．電子相関の扱いは（たとえば，MP2 モデルで考えた），被占分子オービタル（ハートリー-フォック波動関数の）から空分子オービタルへの電子の昇位に関係している．被占分子オービタルは（一般に）正味に結合性であり，空オービタルは（一般に）正味に反結合性であるから，図 26・17 に示すように電子の昇位があれば結合は弱く（長く）なる．これは，極限

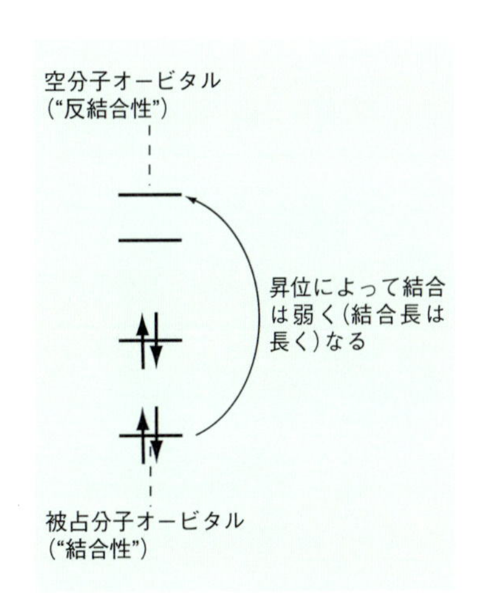

図 26・17 空オービタルに電子が昇位すれば結合は弱くなり，結合長は長くなる．

表 26·9 炭化水素分子の結合距離(単位は Å)

結合	分子	ハートリー–フォック 3-21G	ハートリー–フォック 6-31G*	B3LYP 6-31G*	MP2 6-31G*	実験値
C−C	1-ブテン-3-イン	1.432	1.439	1.424	1.429	1.431
	プロピン	1.466	1.468	1.461	1.463	1.459
	1,3-ブタジエン	1.479	1.467	1.458	1.458	1.483
	プロペン	1.510	1.503	1.502	1.499	1.501
	シクロプロパン	1.513	1.497	1.509	1.504	1.510
	プロパン	1.541	1.528	1.532	1.526	1.526
	シクロブタン	1.543	1.548	1.553	1.545	1.548
C=C	シクロプロペン	1.282	1.276	1.295	1.303	1.300
	アレン	1.292	1.296	1.307	1.313	1.308
	プロペン	1.316	1.318	1.333	1.338	1.318
	シクロブテン	1.326	1.322	1.341	1.347	1.332
	1-ブテン-3-イン	1.320	1.322	1.341	1.344	1.341
	1,3-ブタジエン	1.320	1.323	1.340	1.344	1.345
	シクロペンタジエン	1.329	1.329	1.349	1.354	1.345
平均絶対誤差		0.011	0.011	0.006	0.007	—

ハートリー–フォックモデルで求めた結合長は厳密値より必然的に短くなることを示している．3-21G や 6-31G* 基底セットのハートリー–フォックモデルでは，この極限に近い挙動が見えている．この解釈と一致して，B3LYP/6-31G* と MP2/6-31G* による二重結合距離には特に系統的な ずれ は見られず，計算値には実験値より短いものと長いものがある．

同様のことは CN や CO の結合距離にもいえる (表 26·10)．平均絶対誤差で見れば，B3LYP/6-31G* モデルと MP2/6-31G* モデルの性能は炭化水素の CC 結合の場合とよく似ているが，ハートリー–フォックモデルではそうはいかない．HF/6-31G* モデルで求めた結合距離は測定値より系統的に短く，炭化水素の場合の傾向と似ているが，HF/3-21G モデルで求めた結合長にはそのような傾向がないことに注意しよう．HF/3-21G 基底セットは十分に大きくないから，この例ではハートリー–フォック極限がまだ反映されていないと思われる．B3LYP/6-31G* モデルと MP2/6-31G* モデルから得られた結合距離の大半は，実験値よりほんのわずか長い (ただし，ホルムアミドの CN 結合長は唯一の例外で際立っている)．これに対応する (同じ 6-31G* 基底セットの) ハートリー–フォックモデルで求めた結合長より長くなるのは，電子相関の取扱いによる直接の影響である．

まとめれば，これら四つのモデルとも平衡結合長を説明するには悪くない．結合角についても，一般に，もっと大きな分子の構造についても同じことがいえる．

26・8・2 平衡幾何構造の求め方

本章の始めに詳しく述べたように，平衡構造は多次元ポテンシャルエネルギー曲面上の一点に相当しており，そこでは個々の幾何座標に関するエネルギーの一階導関数が 0 であり，しかもエネルギーの二階導関数の行列の対角要素がすべて正である．簡単にいえば，平衡構造は全ポテンシャルエネルギー曲面上の井戸の底に相当している．

平衡構造すべてが (速度論的に) 安定な分子とは限らない．すなわち，平衡構造すべてが検出可能 (その内容はあとで説明する) とは限らない．その分子が他

表 26・10 ヘテロ原子から成る分子の結合距離(単位は Å)

結 合	分 子	ハートリー-フォック 3-21G	ハートリー-フォック 6-31G*	B3LYP 6-31G*	MP2 6-31G*	実験値
C−N	ホルムアミド	1.351	1.349	1.362	1.362	1.376
	イソシアン化メチル	1.432	1.421	1.420	1.426	1.424
	トリメチルアミン	1.471	1.445	1.456	1.455	1.451
	アジリジン	1.490	1.448	1.473	1.474	1.475
	ニトロメタン	1.497	1.481	1.499	1.488	1.489
C−O	ギ 酸	1.350	1.323	1.347	1.352	1.343
	フラン	1.377	1.344	1.364	1.367	1.362
	ジメチルエーテル	1.435	1.392	1.410	1.416	1.410
	オキシラン	1.470	1.401	1.430	1.439	1.436
平均絶対誤差		0.017	0.018	0.005	0.005	—

の分子に転換できないほど井戸が十分深い場合にも安定という[†4]. 確かに存在するが容易に検出できない平衡構造をふつう**反応中間体**[1)]という.

構造最適化を行ったからといって，最終的に得られた幾何構造が同じ分子式のどの構造よりエネルギーが低いと保証されたわけではない．確実にいえるのは，その幾何構造が局所的な極小にあることだけで，つまり，ごく近い幾何構造よりエネルギーが低いということはできる．しかし，それは分子として可能な最低のエネルギーの構造でないかもしれない．実際，エネルギーのもっと低い局所的な極小がほかに存在するかもしれず，たとえば，エネルギー障壁の低い単結合まわりの回転(図 26・1 を見よ)や環の裏返しによって実現できるかもしれない．局所的な極小を全部集めたものを**コンホーマー**[2)](配座異性体)という．エネルギーが最低のコンホーマー，つまり真の最小を見つけるには，いろいろな初期構造から出発して幾何構造の最適化を繰返すしかない．これについては 26・8・6 節で述べる．

平衡構造を見つけるのは，想像するほど困難な作業ではない．一つには，化学者ならその分子がどんなものかをよく知っているから，ふつうは適切な初期構造を選ぶだろう．また，いろいろな科学や技術の分野でも真の最小を見いだす最適化の作業は重要なものであり，そのための非常に優れたアルゴリズムが用意されているからである．

幾何構造の最適化は繰返し操作によっている．初期構造についてエネルギーとエネルギーの勾配(すべての幾何座標についての一階導関数)を計算し，その情報を使って新しい幾何構造を予測する．こうして最低のエネルギー，つまり最適化された幾何構造に到達するまでこの操作を繰返すのである．幾何構造が最適化されたと認められるには，三つの基準を満たさなければならない．第一に，1 回の構造変化によって指定した(小さな)エネルギー値を超えて低くなってはならない．第二に，エネルギー勾配は 0 に近づく必要がある．第三に，1 回の計算でどの構造パラメーターも指定した(小さな)値を超えて変化してはならない．

原理的には，構造に対称性を取入れず最適化すれば，局所的なエネルギー極小が得られるはずである．一方，対称性を課してしまえば，エネルギーが極小でな

†4 訳注: ここでの“平衡”や“安定”は，熱力学で厳密に定義されたものとは異なることに注意しよう．

1) reactive intermediate 2) conformer

い幾何構造が得られる可能性がある．地味なやり方だが，対称性を入れずに構造を最適化することである．しかし，それが実際的でなく，対称的な構造が確かにエネルギー極小に相当すると思われる場合には，最終（最適化された）幾何構造の振動数を計算することによって，その構造が局所的な極小にあるかどうかを確かめることができる．極小にあれば，得られる振動数はすべて実数で表されなければならない．もし，虚数の振動数が1個でもあれば，それは対応する座標がエネルギー極小にないことを示している．

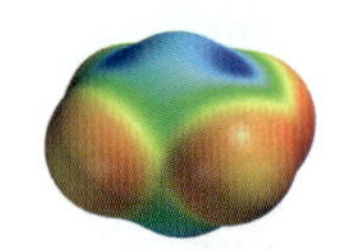

問題 P26.5–P26.12

26・8・3　反応エネルギー

反応エネルギーを三つの観点から比較しよう．それは結合解離エネルギー，構造異性体が関与する反応のエネルギー，相対的な陽子親和力である．結合解離反応は最も破壊的な反応であり，電子対の数まで変化させてしまう．構造異性体を比較するときには，電子対の総数は保存しているが，結合の性質を交換していることに注目する．陽子親和力の比較では，最も穏やかな変化が起こり，それぞれの種類の化学結合の数を維持しながら，両者には分子の環境にわずかな変化があるだけである．

均一結合解離エネルギーについて，計算と実験で得られた熱化学データに基づく比較を表26·11に掲げる．ハートリー–フォックモデルの3-21G基底セットや6-31G* 基底セットを使って計算した結果は非常に悪いのがわかる．これは，極限ハートリー–フォックモデルの結果が悪いのに対応している（26·4·1節の説明を見よ）．その結合エネルギーはあまりに小さすぎる．これは，反応によって電子対の数が減少するから，ラジカル生成物の全相関エネルギーが反応物より小さいことと合っている．B3LYP/6-31G* モデルとMP2/6-31G* モデルの結果はずっと改善されている（特に後者は実験の誤差範囲に入っている）．

“いくつかある構造異性体のどれが最も安定であろうか．” また，“最安定に近い異性体との相対エネルギーはどれくらいだろうか．” 何といっても，熱化学に関連する疑問で最もよくあるのはこの二つであろう．どのモデルを使う場合も，エネルギーが最低の異性体を見つけ出したり，少なくとも異性体をエネルギーでランク付けしたりできることが重要である．この種の比較をしたのが表26·12である．

平均絶対誤差を見れば，四つのモデルのうち三つはよく似た結果を与えているのがわかる．HF/3-21G モデルはあまりよくない．どのモデルも，実験データに代えて使えるほど（$< 5\ \mathrm{kJ\ mol^{-1}}$）よい結果を与えるものはない．しかし，もう少し詳しく比較してみれば興味深いことがわかる．たとえば，ハートリー–フォックモデルによる結果はどれも，小さな環構造の結果の方がその不飽和非環

表26·11　均一結合解離エネルギー（単位は $\mathrm{kJ\ mol^{-1}}$）

結合解離反応	ハートリー–フォック 3-21G	ハートリー–フォック 6-31G*	B3LYP 6-31G*	MP2 6-31G*	実験値
$CH_3-CH_3 \longrightarrow \cdot CH_3 + \cdot CH_3$	285	293	406	414	406
$CH_3-NH_2 \longrightarrow \cdot CH_3 + \cdot NH_2$	247	243	372	385	389
$CH_3-OH \longrightarrow \cdot CH_3 + \cdot OH$	222	247	402	410	410
$CH_3-F \longrightarrow \cdot CH_3 + \cdot F$	247	289	473	473	477
$NH_2-NH_2 \longrightarrow \cdot NH_2 + \cdot NH_2$	155	142	293	305	305
$HO-OH \longrightarrow \cdot OH + \cdot OH$	13	0	226	230	230
$F-F \longrightarrow \cdot F + \cdot F$	−121	−138	176	159	159
平均絶対誤差	190	186	9	2	—

表 26・12 構造異性体の参照化合物に対する相対エネルギー(単位は kJ mol^{-1})

参照化合物	異性体	ハートリー-フォック 3-21G	ハートリー-フォック 6-31G*	B3LYP 6-31G*	MP2 6-31G*	実験値
アセトニトリル	イソシアン化メチル	88	100	113	121	88
アセトアルデヒド	オキシラン	142	130	117	113	113
酢酸	ギ酸メチル	54	54	50	59	75
エタノール	ジメチルエーテル	25	29	21	38	50
プロピン	アレン	13	8	−13	21	4
	シクロプロペン	167	109	92	96	92
プロペン	シクロプロパン	59	33	33	17	29
1,3-ブタジエン	2-ブチン	17	29	33	17	38
	シクロブタン	75	54	50	33	46
	ビシクロ[1.1.0]ブタン	192	126	117	88	109
平均絶対誤差		32	13	12	15	—

表 26・13 メチルアミンを基準とした窒素塩基の陽子親和力(単位は kJ mol^{-1})

塩 基	ハートリー-フォック 3-21G	ハートリー-フォック 6-31G*	B3LYP 6-31G*	MP2 6-31G*	実験値
アンモニア	−42	−46	−42	−42	−38
アニリン	−38	−17	−21	−13	−10
メチルアミン	0	0	0	0	0
ジメチルアミン	29	29	25	25	27
ピリジン	17	29	25	13	29
トリメチルアミン	46	46	38	38	46
ジアザビシクロオクタン (トリエチレンジアミン)	67	71	59	54	60
キヌクリジン	79	84	75	71	75
平均絶対誤差	8	5	4	6	—

式異性体より悪い．一方，B3LYP/6-31G* モデルと MP2/6-31G* モデルでは，そのような傾向は見られない．

最後の比較 (表 26・13) は，メチルアミンの陽子親和力を基準としたときのいろいろな窒素塩基の陽子親和力である．すなわち，

$$BH^+ + CH_3NH_2 \longrightarrow B + CH_3NH_3^+$$

である．このタイプの比較は，陽子親和力 (塩基性度) それ自身が重要な性質であるだけでなく，それによって密接に関連する化合物の間の性質を比較することで類型化できる点でも重要である．この実験データは気相での平衡測定から得られ，±4 kJ mol^{-1} で正確である．平均絶対誤差を見る限り，実験で求めた陽子親和力がかなり広い範囲に及ぶ (> 100 kJ mol^{-1}) にもかかわらず，四つのモデルはすべて同様の見事な結果を与えている．ただし，HF/3-21G モデルの結果は明らかに劣っていて，これはアニリンとピリジンの陽子親和力を小さく見積もりすぎたことによる．

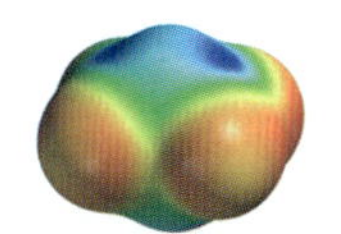

問題 P26.13–P26.16

26・8・4 エネルギー，エンタルピー，ギブズエネルギー

量子化学計算によって絶対零度での反応物分子と生成物分子のエネルギーが求められるから，これを組合わせれば反応熱化学の詳細を論じることができる．た

だし，計算では振動の残余エネルギー（18･3 節で説明した零点エネルギー）を無視している．一方，実験による熱化学的な比較で通常行われるのは，ある特定の温度（ふつうは 298.15 K）での実際の（振動している）分子 1 mol のエンタルピーやギブズエネルギーに基づくものである．いろいろな熱力学量を求めるには，反応に関与する分子それぞれの質量，平衡幾何構造，振動数の組などが必要である．熱力学量の計算そのものは単純であるが，振動数の計算には時間を要するから，それは必要に応じて行うことにする．

なじみ深いつぎの二つの熱力学関係式から始めよう．

$$\Delta G = \Delta H - T\Delta S \qquad (26\cdot55)$$

$$\Delta H = \Delta U + \Delta(PV) \approx \Delta U \qquad (26\cdot56)$$

G はギブズエネルギー，H はエンタルピー，S はエントロピー，U は内部エネルギーであり，T, P, V はそれぞれ温度，圧力，体積である．たいていの場合は $\Delta(PV)$ の項を無視できるから，$T=0$ で $\Delta U = \Delta H$ である．ΔG を求めるにはつぎの 3 段階が必要である．最初の二つは $T=0$ での量子力学エネルギーを $T=298$ K での内部エネルギーに関係づけるもので，第三でギブズエネルギーの計算が可能になる．

1. **有限温度の内部エネルギーの補正:**　$T=0$ から有限温度 T までの内部エネルギー変化 $\Delta U(T)$ はつぎのように与えられる．

$$\Delta U(T) = \Delta U_{並進}(T) + \Delta U_{回転}(T) + \Delta U_{振動}(T) \qquad (26\cdot57)$$

$$\Delta U_{並進}(T) = \frac{3}{2}RT \qquad (26\cdot58)$$

$$\Delta U_{回転}(T) = \frac{3}{2}RT \quad （直線分子の場合は\ RT） \qquad (26\cdot59)$$

$$\Delta U_{振動}(T) = U_{振動}(T) - U_{振動}(0) = N_A \sum_i^{\nu_i} \frac{h\nu_i}{e^{h\nu_i/k_BT}-1} \qquad (26\cdot60)$$

ν_i は各振動モードの振動数，N_A はアボガドロ定数であり，R, k_B, h はそれぞれ気体定数，ボルツマン定数，プランク定数である．

2. **零点振動エネルギーの補正:**　$T=0$ にある分子の物質量 n（単位モル）の零点振動エネルギー $U_{振動}(0)$ は，

$$U_{振動}(0) = nN_A E_{零点} = \frac{1}{2} nN_A \sum_i^{\nu_i} h\nu_i \qquad (26\cdot61)$$

で与えられる．N_A はアボガドロ定数である．この計算には振動数の値が必要である．

3. **エントロピー:**　分子の物質量 n（単位モル）の絶対エントロピーは，つぎの和で表せる．

$$S = S_{並進} + S_{回転} + S_{振動} + S_{電子} - nR\,[\ln(nN_A) - 1] \qquad (26\cdot62)$$

$$S_{並進} = nR\left[\frac{3}{2} + \ln\left(\left(\frac{nRT}{P}\right)\left(\frac{2\pi mk_BT}{h^2}\right)^{3/2}\right)\right] \qquad (26\cdot63)$$

$$S_{\text{回転}} = nR\left[\frac{3}{2} + \ln\left(\left(\frac{\sqrt{\pi}}{\sigma}\right)\left(\frac{k_{\rm B}T}{hcB_{\rm A}}\right)^{1/2}\left(\frac{k_{\rm B}T}{hcB_{\rm B}}\right)^{1/2}\left(\frac{k_{\rm B}T}{hcB_{\rm C}}\right)^{1/2}\right)\right] \tag{26・64}$$

$$S_{\text{振動}} = nR\sum_{i}^{\nu_i}\left[\left(\frac{\mu_i}{e^{\mu_i}-1}\right) + \ln\left(\frac{1}{1-e^{\mu_i}}\right)\right] \tag{26・65}$$

$$S_{\text{電子}} = nR\ln g_0 \tag{26・66}$$

m は分子の質量，B_i は回転定数，σ は対称数，$\mu_i = h\nu_i/k_{\rm B}T$，$c$ は光速，g_0 は基底電子状態の縮退度（ふつうは1）である．

分子構造は B によって回転エントロピーに取込まれ，振動数は振動エントロピーに取込まれていることに注意しよう．並進エントロピーは物質収支が成り立つ反応では打ち消し合うし，たいていの分子で $g_0 = 1$ であるから電子エントロピーは0である．ここで，振動数が0に向かえば上の振動エントロピーを与える式は無限大に発散することに注意しよう．しかし，実際にこうなることはない．それは，この式を導くのに調和振動子モデルを使ったからである．ところで，振動エントロピーには主として低振動モードが寄与するから，振動波数が約 300 cm^{-1} 以下の場合に上の式を使うときには注意が必要である．この場合，分子分配関数を求めるには古典極限を仮定せず，各項について計算しなければならない．

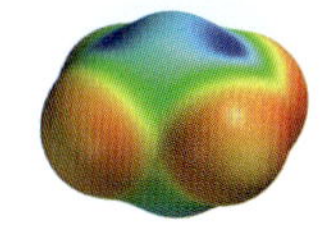

問題 P26.17

26・8・5 配座エネルギーの差

単結合まわりに回転すれば回転異性体（コンホーマー）ができる．この回転に要するエネルギーはたいてい非常に小さいから，二つ以上のコンホーマーが平衡で存在しうる．たとえば，ブタンは図 26・1 と図 26・18 で示すようにアンチ形とゴーシュ形のコンホーマーの混合物として存在している．柔軟な環をもつ分子では同じ理由でコンホーマーの相互転換が見られる．これには環にある結合まわりで起こる制限された回転が関与している．

アンチ形ブタン　ゴーシュ形ブタン

図 26・18 ブタンの二つのコンホーマーの構造．

分子のいろいろな性質はその微妙な形に依存するから，どのコンホーマーのエネルギーが最も低いか，あるいはもっと一般に，コンホーマーの分布を知ることは重要である．たとえば，ゴーシュ形のブタンは極性分子であるが（ただし，その極性は非常に弱い），アンチ形のブタンは無極性であり，ブタンを試料として双極子モーメントを測定したときの値は各コンホーマーが実際どれだけ存在するかに依存するだろう．

コンホーマーの存在比は，固体状態では実験によって（X 線結晶学により）よく知られている．しかし，孤立した（気相の）分子の配座についてはあまりわかっていない．ただし，実用的な量子化学モデルを大まかに評価するのに使えるデータは多い．配座エネルギーの差を求めた実験例は少ないものの，非常に単純な系（コンホーマーが二つの場合）については正確なデータがある．炭化水素について実験データと計算結果の比較を表 26・14 に掲げる．この表には，エネルギーの低いコンホーマーに対するエネルギー差を示してある．

すべての分子について，どのモデルも基底状態のコンホーマーを正しく当てている．平均絶対誤差でいえば，MP2/6-31G* モデルは配座エネルギーの差という点では最もよい結果を示しており，HF/6-31G* モデルは最も悪い．ハートリー-フォックモデルはエネルギー差を系統的に大きく見積もりすぎており（唯一の例外は 3-21G モデルによる 1,3-ブタジエンのトランス形/ゴーシュ形の結果である），場合によっては（3-21G モデルによる t-ブチルシクロヘキサンのエクアト

表 26·14　炭化水素の配座エネルギー(単位は kJ mol^{-1})

分子	コンホーマー(低エネルギー/高エネルギー)	ハートリー–フォック 3-21G	ハートリー–フォック 6-31G*	B3LYP 6-31G*	MP2 6-31G*	実験値
ブタン	アンチ形/ゴーシュ形	3.3	4.2	3.3	2.9	2.80
1–ブテン	スキュー形/シス形	3.3	2.9	1.7	2.1	0.92
1,3–ブタジエン	トランス形/ゴーシュ形	11.3	13.0	15.1	10.9	12.1
シクロヘキサン	いす形/ねじれ舟形	27.2	28.5	26.8	27.6	19.7–25.9
メチルシクロヘキサン	エクアトリアル/アキシアル	7.9	9.6	8.8	7.9	7.32
t–ブチルシクロヘキサン	エクアトリアル/アキシアル	27.2	25.5	22.2	23.4	22.6
cis–1,3–ジメチルシクロヘキサン	エクアトリアル/アキシアル	26.4	27.2	25.1	23.8	23.0
平均絶対誤差		1.9	2.3	1.3	0.9	—

問題 P26.18–P26.20

リアル/アキシアルの結果では 5 kJ mol^{-1} 近く) 大きくずれている．相関モデルも概して (全部ではない) エネルギー差を大きく見積もりすぎるが，その誤差の大きさはハートリー–フォックモデルよりずっと小さい．

26・8・6　分子の形の求め方

多くの分子では二つ以上の形がとれる (しかも実際に存在する)．それは，単結合まわりや柔軟な環でとれるいろいろな配置によるものである．どのコンホーマーのエネルギーが最も低いかという問題 (あるいはコンホーマーの存在比) は，ブタンやシクロヘキサンなどの単純な分子では簡単であるが，配座の自由度が増加すれば調べるべき配置の数が多くなるから問題は急激に難しくなる．たとえば，N 個の単結合をもつ分子を系統的に調べるのに，それぞれ 360°/M の角度ごとに計算すれば，M^N 個のコンホーマーを調べなければならない．単結合が 3 個ある分子について 120° ごとに ($M=3$) 調べるにはコンホーマーは 27 個ある．同様にして単結合が 8 個あれば 6500 個以上のコンホーマーを調べなければならない．これら全部を常に調べるのは不可能である．そこで，複雑な分子についてこれに代わる系統的な手法としてサンプリング (標本抽出) 法がある．なかで最もよく使われるのはモンテカルロ法 (いろいろなコンホーマーをランダムに選ぶ) と分子動力学法 (いろいろなコンホーマーの間を動く運動を追跡する) である．

26・8・7　単結合まわりの回転以外のコンホーマーの相互転換

単結合まわりの回転 (柔軟な環にある結合まわりの制限された回転を含む) は，コンホーマーの相互転換に最もよくあるメカニズムであるが，すべてではない．それ以外に少なくとも二つ，反転と擬回転のメカニズムが知られている．反転というのは，図 26·19 に示すように窒素やリンを頂点とするピラミッド形分子にふつう見られるもので，たとえばアンモニアでは平面形の (あるいは平面に近い形の) 遷移状態が関与している．このとき，分子の始めと終わりの形は鏡像関係にあることに注意しよう．窒素に異なる基が 3 個結合し，孤立電子対を 4 個目に数えれば，反転によって中心性キラリティーが変化することになる．図 26·20 に示す擬回転は，ふつう三方両錐形のリン化合物に見られるもので，正方ピラミッド形の遷移状態が関与している．擬回転によって，リンのエクアトリアルとアキシアルの位置が相互転換する．

ピラミッド形の窒素化合物の反転も三方両錐形のリン化合物の擬回転も，エネ

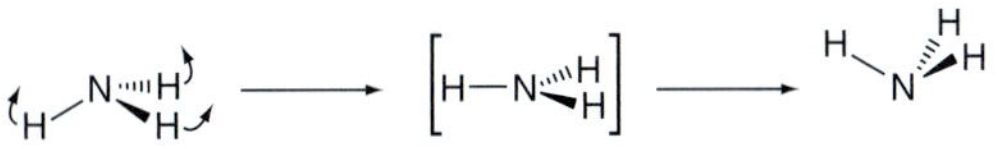

図 26・19 NH_3 の反転によって鏡像分子ができる.

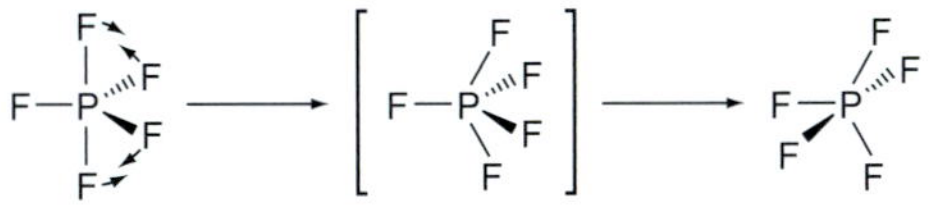

図 26・20 擬回転によって, 三方両錐形の中心のリンに関して, エクアトリアルとアキシアルの位置の交換が起こる.

ルギーの非常に低い過程 (< 20～30 kJ mol^{-1}) であり, 298 K では一般に迅速に進行する. 一方, ピラミッド形のリン化合物の反転は困難であり (100 kJ mol^{-1}), 298 K では抑制されている.

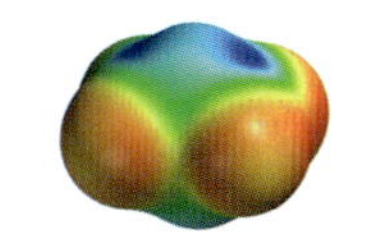

問題 P26.21

26・8・8 双極子モーメント

二原子分子と小さな多原子分子について, 双極子モーメントの計算値と実験値の比較を表 26・15 に示す. 無極性に近い一酸化炭素からイオン性に近いフッ化リチウムに至るまで, いろいろな分子の実験データがある. この範囲の分子では, 四つのどのモデルも実験値をよく説明している. 平均絶対誤差を見れば, HF/3-21G モデルが最も悪く, MP2/6-31G* モデルが最もよいが, その差は大きくない. ハートリー-フォックモデルで求めた双極子モーメントは, フッ化リチウム以外では一貫して実験値より大きい. これは, ハートリー-フォックモデルの振舞いと合っていて (26・4・4 節の説明を見よ) 容易に説明できる. 被占分子オービタルから空分子オービタルへと電子が昇位すれば (どの電子相関モデルでも陰に陽にこう考える), 図 26・21 で示すように “電子があるところ” (負の領域) から “電子のないところ” (正の領域) へと電子を移動させたことになる. たとえば, ホルムアルデヒドでエネルギーが最も小さい昇位は, 酸素の非結合性孤立電子対から主として炭素にある π* オービタルへの昇位である. その結果, 電子相関は電荷の偏りを減らす作用をするから, ハートリー-フォックモデルによる双極子モーメントの値に比べて減少するのである. このことは, 相関モデル (B3LYP/6-31G* と MP2/6-31G*) で計算した双極子モーメントが実験値に比べて系統的に大きくなっていないことからもわかる.

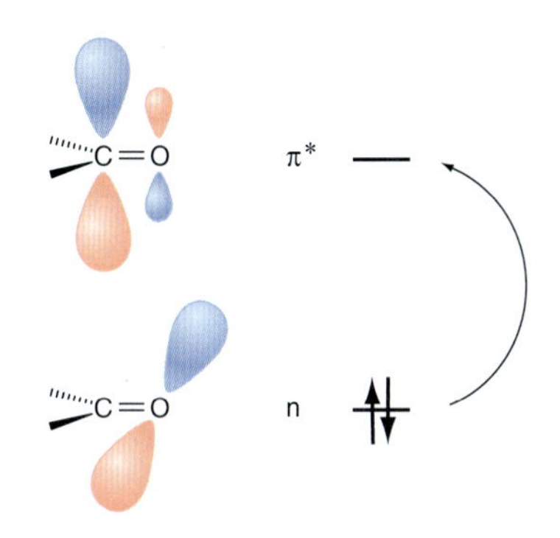

図 26・21 電子相関による双極子モーメントの説明には, ホルムアルデヒドの n → π* 遷移のような励起が関与している. この場合, 電荷は酸素から炭素へ移動するからカルボニル基の双極子モーメントは小さくなる.

26・8・9 原子の電荷: 実電荷と見かけの電荷

化学にとって電荷は日常使う言葉のようなもので, 幾何構造やエネルギーとと

表 26・15 二原子分子と小さな多原子分子の双極子モーメント (単位はデバイ, D)

分　子	ハートリー-フォック 3-21G	ハートリー-フォック 6-31G*	B3LYP 6-31G*	MP2 6-31G*	実験値
一酸化炭素	0.4	0.3	0.1	0.2	0.11
アンモニア	1.8	1.9	1.9	2.0	1.47
フッ化水素	2.2	2.0	1.9	1.9	1.82
水	2.4	2.2	2.1	2.2	1.85
フッ化メチル	2.3	2.0	1.7	1.9	1.85
ホルムアルデヒド	2.7	2.7	2.2	2.3	2.34
シアン化水素	3.0	3.2	2.9	3.0	2.99
水素化リチウム	6.0	6.0	5.6	5.8	5.83
フッ化リチウム	5.8	6.2	5.6	5.9	6.28
平均絶対誤差	0.3	0.2	0.2	0.1	—

$$\mathrm{CH_3{-}C({=}O){-}O^-} \longleftrightarrow \mathrm{CH_3{-}C({-}O^-){=}O}$$

図 26·22 酢酸イオンの二つのルイス構造.

もに量子化学計算で求めるべき重要な量である．電荷分布は，分子全体としての構造や安定性を評価する助けになるだけでなく，これによって分子が繰り広げる化学を理解できる．たとえば，酢酸イオン $CH_3CO_2^-$ を表すのに使う図 26·22 の二つの共鳴構造を考えよう．これは，2 個の CO 結合が等価であり，その結合長は単結合と二重結合の中間であること，また，負電荷は 2 個の酸素原子に等しく分布していることを表している．これらの事実から，酢酸イオンは非局在化のために特に安定であることがわかる．

原子の電荷はこのように非常に役立つものであるが，測定できる量ではなく，計算によって唯一に求められるものでもない．もちろん分子の全電荷（全核電荷と全電子の電荷の和）はよくわかっており，全体の電荷分布は双極子モーメントなどの観測量から推測されるが，ある特定の電荷を原子に割り当てることはできない．そうするには，その原子に存在する核電荷と全電子の電荷を明らかにする必要がある．原子の全電荷に対する核の寄与は原子番号そのものと仮定してもよいが，原子全体に電子がどう分配されているかは全くわからない．たとえば，図 26·23 に示す異核二原子分子のフッ化水素の電子分布を考えよう．ここでの等電子密度の曲面は，たとえばファンデルワールス曲面を表しており，全電子密度の大半はこの中にある．この図でわかるように，電子は水素よりフッ素の方に偏っている．これは分子の極性，つまり $^{\delta+}\mathrm{H{-}F}^{\delta-}$ の状況を知っていれば妥当なことであり，実際，この双極子モーメントの向きは実験でわかっている．しかし，二つの核の間のどこかでこの曲面を分割しようとしても，その仕方はよくわからない．図 26·23 の分割のどれがよいだろうか．しかし，そもそも原子の電荷は分子の性質でないから，これを唯一に決めることはできない（すべてを満足する定義はない）．分子の電荷分布，つまり特定の空間体積中の電子数であれば計算できるが（X 線回折を使って測定もできる），唯一の方法で原子中心に電荷を振り分けることはできないのである．

原子の電荷という考え方は，その定義に明らかに問題があるにもかかわらず役に立つもので，それを計算する方法がいくつか提案されてきた．最も単純なのは，23·8 節で説明した**マリケンの電子密度解析**[1]である．

マリケンの電子密度解析の数学的な表し方

マリケンの電子密度解析は，ハートリー–フォックモデルの枠組みの中でつぎの電子密度 $\rho(\boldsymbol{r})$ の定義から始める．

$$\rho(\boldsymbol{r}) = \sum_{\mu}^{\text{基底関数}}\sum_{\nu} P_{\mu\nu}\,\phi_\mu(\boldsymbol{r})\,\phi_\nu(\boldsymbol{r}) \qquad (26\cdot67)$$

$P_{\mu\nu}$ は密度行列の要素であり（26·27 式を見よ），ここでの和は原子を中心とする基底関数 ϕ_μ すべてにわたるものである．基底関数について和をとり，全空間で積分すれば，全電子数 n の式はつぎのように得られる．

$$\int \rho(\boldsymbol{r})\,\mathrm{d}\boldsymbol{r} = \sum_{\mu}^{\text{基底関数}}\sum_{\nu} P_{\mu\nu}\int \phi_\mu(\boldsymbol{r})\,\phi_\nu(\boldsymbol{r})\,\mathrm{d}\boldsymbol{r}$$

$$= \sum_{\mu}^{\text{基底関数}}\sum_{\nu} P_{\mu\nu}\,S_{\mu\nu} = n \qquad (26\cdot68)$$

1) Mulliken population analysis

$S_{\mu\nu}$ はつぎの重なり行列の要素である.

$$S_{\mu\nu} = \int \phi_\mu(\boldsymbol{r})\,\phi_\nu(\boldsymbol{r})\,\mathrm{d}\boldsymbol{r} \tag{26・69}$$

これに似た式は相関モデルでもつくれる. 重要なことは, 分子内の電子の総数が, つぎのように密度行列要素と重なり行列要素の積の和に等しいとできる点である.

$$\sum_{\mu}^{\text{基底関数}}\sum_{\nu} P_{\mu\nu}S_{\mu\nu} = \sum_{\mu}^{\text{基底関数}} P_{\mu\mu} + 2\sum_{\mu\neq\nu}^{\text{基底関数}}\sum P_{\mu\nu}S_{\mu\nu} = n \tag{26・70}$$

特定の対角要素 $\mu\mu$ に相当する電子については, 基底関数 ϕ_μ が位置する原子に割り当ててもよいだろう (ただし, 必ずしも正しいとは限らない). また, 基底関数 ϕ_μ と基底関数 ϕ_ν が同じ原子に属するときは, その非対角要素 $\mu\nu$ に相当する電子をその原子に割り当てるのもよいだろう. しかしながら, ϕ_μ と ϕ_ν が異なる原子に属するときに電子をどう分配すればよいかは, 密度行列要素からはわからない. そこで, マリケンはある手続きを提案した. 各原子に全体の半分を与えるのである. それは非常に単純だが, まったく任意にそうする. マリケンの考えによれば, 基底関数 ϕ_μ の全電子密度 q_μ は,

$$q_\mu = P_{\mu\mu} + \sum_{\nu}^{\text{基底関数}} P_{\mu\nu}S_{\mu\nu} \tag{26・71}$$

で与えられる. 原子 A の原子番号を Z_A とすれば, 原子の電子密度 q_A と原子の電荷 Q_A はつぎのように表される.

$$q_\mathrm{A} = \sum_{\mu}^{\substack{\text{原子Aの}\\\text{基底関数}}} q_\mu \tag{26・72}$$

$$Q_\mathrm{A} = Z_\mathrm{A} - q_\mathrm{A} \tag{26・73}$$

原子の電荷を求める方法に, これと全く異なるアプローチの仕方がある. 厳密な波動関数に基づいて計算したある性質の値を, 電子の電荷分布を原子の中心電荷の集合として表したときの値と合わせることである. そのために用いる性質の一つは静電ポテンシャル ε_p である. これは, 空間のある点 p に置いた単位正電荷と, 分子にある核と電子との相互作用エネルギーである. すなわち,

$$\varepsilon_\mathrm{p} = \sum_{\mathrm{A}}^{\text{核}} \frac{Z_\mathrm{A}e^2}{4\pi\varepsilon_0 R_\mathrm{Ap}} - \frac{e^2}{4\pi\varepsilon_0}\sum_{\mu}^{\text{基底関数}}\sum_{\nu} P_{\mu\nu}\int \frac{\phi_\mu(\boldsymbol{r})\phi_\nu(\boldsymbol{r})}{r_\mathrm{p}}\,\mathrm{d}\boldsymbol{r} \tag{26・74}$$

である. Z_A は原子番号, $P_{\mu\nu}$ は密度行列の要素であり, R_Ap と r_p はそれぞれ核と電子からその点電荷までの距離である. 第 1 項の和は核によるもので, 第 2 項はすべての基底関数にわたる和である.

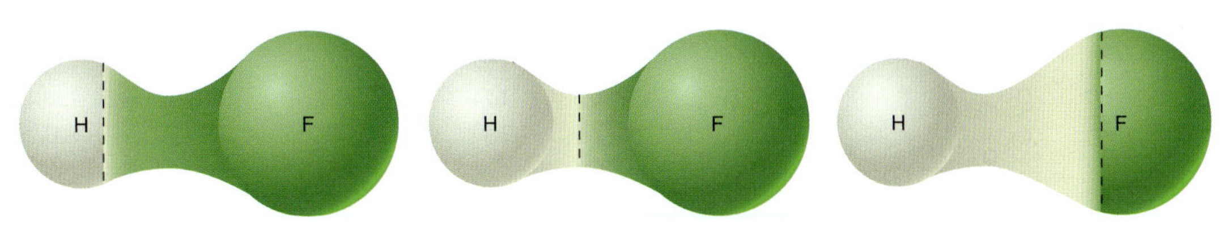

図 26・23 フッ化水素について, 電子を水素とフッ素に分配する三つのやり方.

実際には，まず分子を取囲む点からなる格子を設定し，その格子点における静電ポテンシャルを計算し，最後にその格子点でのポテンシャルをある近似的な静電ポテンシャル $\varepsilon_{\mathrm{p}}^{近似}$ に最適（最小二乗）フィットで合わせることによって各原子の電荷が得られる．それは，全体としての電荷均衡を保持しながら，それぞれの核と電子の分布を原子の中心電荷 Q_{A} の組で置き換えるという考えに基づいている．その近似的な静電ポテンシャルはつぎのかたちをしている．

問題 P26.22

$$\varepsilon_{\mathrm{p}}^{近似} = \sum_{\mathrm{A}}^{核} \frac{e^2 Q_{\mathrm{A}}}{4\pi\varepsilon_0 R_{\mathrm{Ap}}} \qquad (26\cdot75)$$

この方法も格子点の選び方によって異なるから，唯一でないことに注意しよう．

26・8・10　遷移状態の幾何構造と活性化エネルギー

量子化学計算の対象は，実験で観測して研究できる安定な分子の構造や性質に限らない．反応性に非常に富む分子（反応中間体）でも同じように簡単に適用できるし，もっと興味深いのは，実験では観測できず研究できない遷移状態も計算で調べられることである．しかし，活性化エネルギー（反応物と遷移状態のエネルギー差）については実験で得られる速度論データから推測できる．遷移状態の幾何構造については実験データがまったく得られないから，いろいろなモデルの性能評価は複雑である．しかしながら，ある特別な（高級な）モデルを使えば遷移状態の妥当な幾何構造が得られるとしてこれを回避し，その結果を基準として他のモデルによる結果を比較することができる．その基準に使われているのは MP2/6-311＋G** モデルである．

表 26・16　有機反応の遷移状態で鍵となる結合距離（単位は Å）

反応/遷移状態	結合長	ハートリー-フォック 3-21G	ハートリー-フォック 6-31G*	B3LYP 6-31G*	MP2 6-31G*	MP2 6-311＋G**
	a	1.88	1.92	1.90	1.80	1.80
	b	1.29	1.26	1.29	1.31	1.30
	c	1.37	1.37	1.38	1.38	1.39
	d	2.14	2.27	2.31	2.20	2.22
	e	1.38	1.38	1.38	1.39	1.39
	f	1.39	1.39	1.40	1.41	1.41
＋ C_2H_4	a	1.40	1.40	1.42	1.43	1.43
	b	1.37	1.38	1.39	1.39	1.39
	c	2.11	2.12	2.11	2.02	2.07
	d	1.40	1.40	1.41	1.41	1.41
	e	1.45	1.45	1.48	1.55	1.53
	f	1.35	1.36	1.32	1.25	1.25
＋ CO_2	a	1.39	1.38	1.40	1.40	1.40
	b	1.37	1.37	1.38	1.38	1.38
	c	2.12	2.26	2.18	2.08	2.06
	d	1.23	1.22	1.24	1.25	1.24
	e	1.88	1.74	1.78	1.83	1.83
	f	1.40	1.43	1.42	1.41	1.41
MP2/6-311＋G** からの平均絶対偏差		0.05	0.05	0.03	0.01	—

表26·16に示した構造データを見れば，モデルによって計算値が大きく違っているのがわかる．この状況は，これまで平衡結合距離の計算値を比較したときと著しく異なっている．これはあまり驚くべきことではない．遷移状態は，ある結合は壊れ，別の結合ができるという不安定な状況を表しており，遷移状態の付近のポテンシャルエネルギー曲面は平らになっていると思われる．すなわち，幾何構造が大きく変化してもエネルギーはわずかしか変化していないと予測される．基準値からの平均絶対偏差でいえば，MP2/6-31G* モデルが最もよく，ハートリー-フォックモデルの二つは最も悪いが，すべて妥当な値であるのがわかる．個々の比較をすれば，モデルによる差が最も大きいのは単結合の生成消滅によるものである．この状況では，ポテンシャルエネルギー曲面はまったく平らになっていると思われる．

26·2·4節で説明したように，反応速度の温度依存性を測定すれば，活性化エネルギーは(26·15)式のアレニウスの式を使って求められる．ただし，それにはまず，何らかの速度式(26·14式)を仮定しておく必要がある．こうして実験で求めた活性化エネルギーを反応物と遷移状態の間のエネルギー差(これは量子化学計算で得られる)と結びつけるには，反応分子すべてが遷移状態を通過するというもう一つの仮定をおく必要がある．この仮定は要するに，反応物すべてが同じエネルギーをもつことに相当している．いい換えれば，どの反応物も遷移状態

表26·17　有機反応の絶対活性化エネルギー(単位は kJ mol^{-1})

反　応	ハートリー-フォック 3-21G	6-31G*	B3LYP 6-31G*	MP2 6-31G*	6-311+G**	実験値
$CH_3NC \longrightarrow CH_3CN$	238	192	172	180	172	159
$HCO_2CH_2CH_3 \longrightarrow HCO_2H + C_2H_4$	259	293	222	251	234	167,184
⟶	192	238	142	117	109	151
O ⟶ O	176	205	121	109	105	130
+ ‖ ⟶	126	167	84	50	38	84
H ⟶ + C_2H_4	314	356	243	251	230	—
$HCNO + C_2H_2 \longrightarrow$ (N, O)	105	146	50	33	38	—
⟶	230	247	163	159	142	—
⟶	176	197	151	155	142	—
O, =O ⟶ + CO_2	247	251	167	184	172	—
SO_2 ⟶ + SO_2	205	205	92	105	92	—
MP2/6-311+G** からの平均絶対偏差	71	100	17	13	—	—

に到達できるエネルギーをもっているが，必要以上のエネルギーはもたないということでもある．これが遷移状態理論の重要なところである．

表26·17には，いくつかの有機反応の絶対活性化エネルギーを与えてある．遷移状態の幾何構造の場合と同様，実用モデルによる結果を基準のMP2/6-311＋G** モデルと比較してある．全体として，ハートリー–フォックモデルの結果は非常に悪い．たいていは活性化エネルギーを大きく見積もりすぎている．しかし，これは均一結合解離エネルギーの計算値が小さすぎたこと（表26·11を見よ）を考えれば驚くべきものでない．すなわち，この場合は，遷移状態はふつう反応物より緊密に結合しているから相関効果が大きいことを示している．B3LYP/6-31G* モデルとMP2/6-31G* モデルの結果はずっとよく，反応エネルギーの比較で述べたのと同じほど（基準と比較して）の誤差しかない．

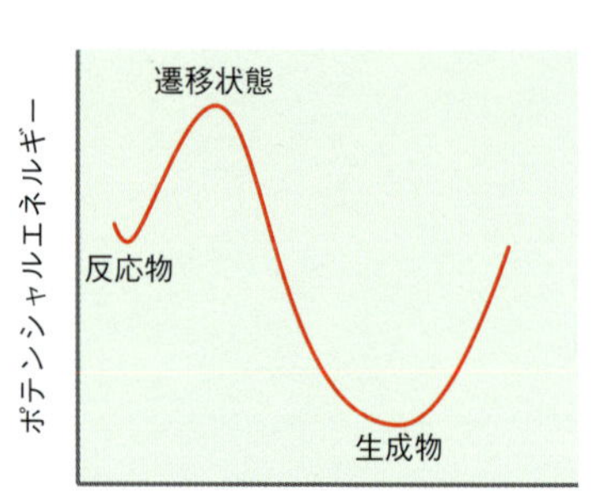

図26·24　反応のポテンシャルエネルギー曲面はふつう，エネルギーの一次元表示によって反応座標の関数で表される．

26・8・11　遷移状態の見つけ方

化学反応はふつう図26·24のように，一次元のポテンシャルエネルギー（反応座標）図で表される．縦軸は系のエネルギーを表し，横軸（反応座標）は系の幾何構造に相当している．図の左側の始点（反応物）に極小があり，右側の終点（生成物）にも極小がある．反応は反応座標に沿って連続的に進むが，途中に遷移状態というエネルギー極大の点が一つある．26·2·1節で説明したように，この遷移状態を実際の多次元ポテンシャルエネルギー曲面で表せば，ある一次元を除くすべての次元で実際にはエネルギー極小の点になっており，その一次元の反応座標に沿ってのみエネルギー極大に相当している．よくわかるたとえは山脈をよぎる場合であり，目標は山脈の手前側から向こう側へ最小限の労力で到達することである．

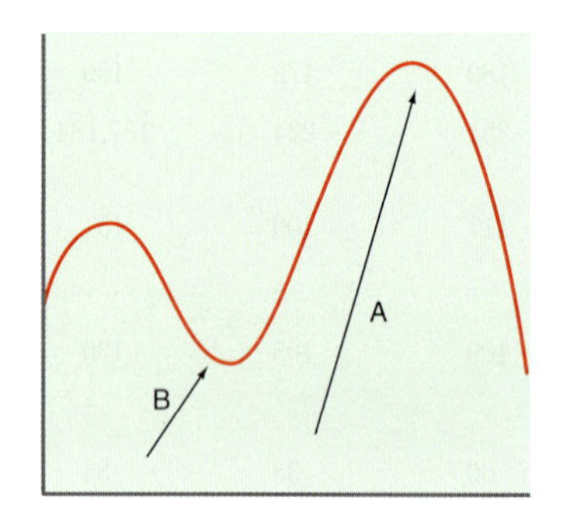

図26·25　反応を二次元で表せば，その状況は山脈をよぎるのに似ている．同じ山脈を越えるにしても，山の頂上を通る経路Aは，二つの山の間の峠を通る経路Bより余分の労力が必要である．

図26·25に示すように，“山”の頂上を越えるのは（経路A），ポテンシャル曲面（この場合は二次元）のエネルギー最大の点を越えて最終地点に到達することに相当する．しかし，このような経路を選ぶことはありえない．二つの“山”の間にある“峠”を通れば（経路B）労力（エネルギー）をもっと節約できるからである．この点は，ある次元では依然として極大であるが，別の次元では極小の点になっている．これを鞍点というが，遷移状態はこの点に相当している．

分子1個でも多数の遷移状態がある場合がある（実際に起こる化学反応ではその一部しか通過しない）．しかし，ある遷移状態が真の遷移状態，つまり反応物と生成物を滑らかに結びエネルギーが最も低い経路の頂上にあると確認できない場合がほとんどである．一般には，反応物と生成物が滑らかな経路で結ばれていることはいえても，その遷移状態が実際に起こる反応で通過する本当にエネルギーの最も低い構造なのか，それとも，エネルギーが最低でない別の構造の遷移状態なのかは確かでない．

遷移状態も反応物や生成物と同じようにある特定の構造をもつから，それを計算で調べることができる．しかしこの場合は，化学的な直感を参考にする以外に計算結果を検証することはできない．たとえば，イソシアン化メチルからアセトニトリルへの1分子異性化反応の遷移状態は，つぎのように三員環の形をとると予測される．

$$H_3C{-}N{\equiv}C \longrightarrow \underset{N=C}{\overset{CH_3}{\triangle}} \longrightarrow N{\equiv}C{-}CH_3$$

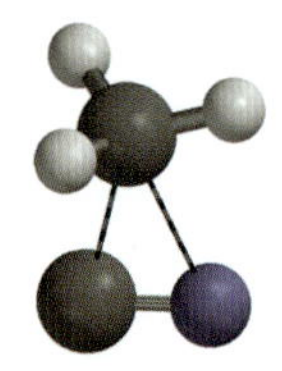

図26·26　イソシアン化メチルのアセトニトリルへの異性化反応について，計算で求めた遷移状態の構造は反応式に示した三員環と合っている．

図26·26に示すように，これは計算で得られた構造と一致している．

ギ酸エチルの熱分解でギ酸とエチレンが生成する反応の遷移状態は，つぎのように六員環の形をとると予測される．

$$\mathrm{H_2C{-}O{-}C({=}O){-}H_2CH} \longrightarrow [\text{六員環遷移状態}] \longrightarrow \mathrm{H_2C{=}CH_2} + \mathrm{O{=}CH{-}HO}$$

この場合の予測も，図 26・27 に示す計算結果と一致している．

問題 P26.23–P26.25

26・9 グラフ表示のモデル

量子化学計算は，いろいろな物理量（結合長や結合角，エネルギー，双極子モーメントなど）を数値で表せるだけでなく，図で表した方がよい情報もいろいろ提供することができる．なかでも貴重とされてきた計算結果は，分子オービタルそのものと電子密度，静電ポテンシャルの図である．これらは三次元座標の関数で表すことができるが，それを二次元のビデオスクリーン（あるいは印刷紙面）で表示するには，関数値が一定のつぎの曲面，等値曲面を定義することである．

$$f(x, y, z) = \text{一定} \tag{26・76}$$

この定数の値を適切に選べば，注目する特定の観測量，たとえば電子密度を表示することによって分子の“大きさ”を表すことができる．

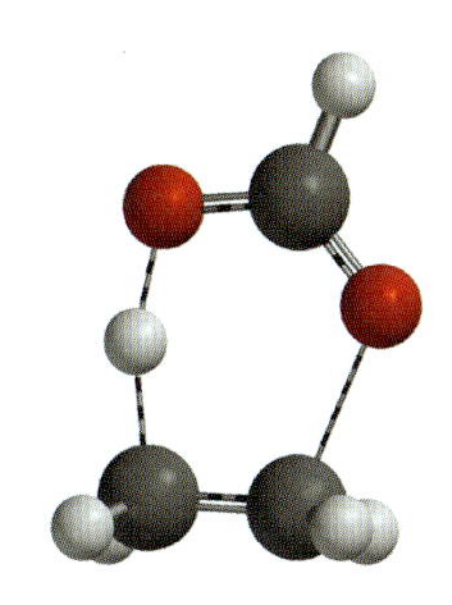

図 26・27　ギ酸エチルの熱分解反応について，計算で求めた遷移状態の構造は反応式に示した六員環と合っている．

26・9・1 分子オービタル

26・3 節で説明したように，分子オービタル ψ は個々の核を中心とする基底関数 ϕ の一次結合を使ってつぎのように表される．

$$\psi_i = \sum_{\mu}^{\text{基底関数}} c_{\mu i}\phi_\mu \tag{26・21}$$

この分子オービタルを特定の結合と関連づけたいところであるが，そうできない場合が多い．一般に，分子オービタルが分子全体に広がっている（非局在化）のに対して，結合は特定の原子の対で表される．また，分子オービタルは結合と違って分子の対称性を反映している．たとえば，水の 2 個の OH 結合が等価であることを表すには，図 26・28 に示す二つの分子オービタルで表せば最もわかりやすい．

分子オービタルの中でも，最高被占分子オービタル（**HOMO**）と最低空オービタル（**LUMO**）は化学者になじみ深い．前者は（とりうる）最高のエネルギーの電子をもつオービタルであり，求電子剤によって攻撃されることになる．一方，後者は別の電子を受け入れることのできる最低エネルギーのオービタルであり，求核剤によって攻撃されることになる．たとえば，ホルムアルデヒドの HOMO は重い原子がつくる分子面内にあり，図 26・29 に示すようにプロトンなどの求電子

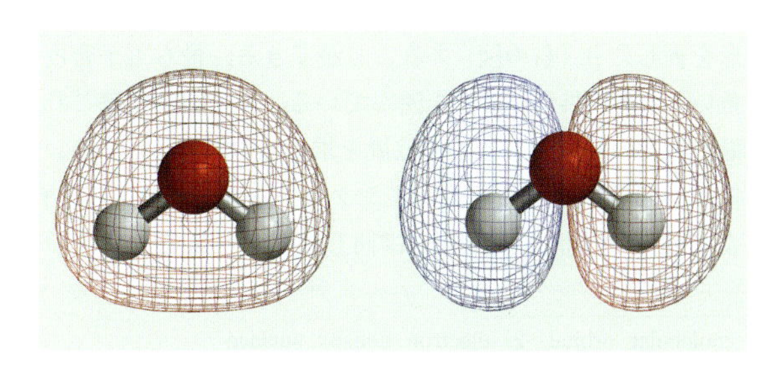

図 26・28　これらの分子オービタルから水の O−H 結合であることがわかる．

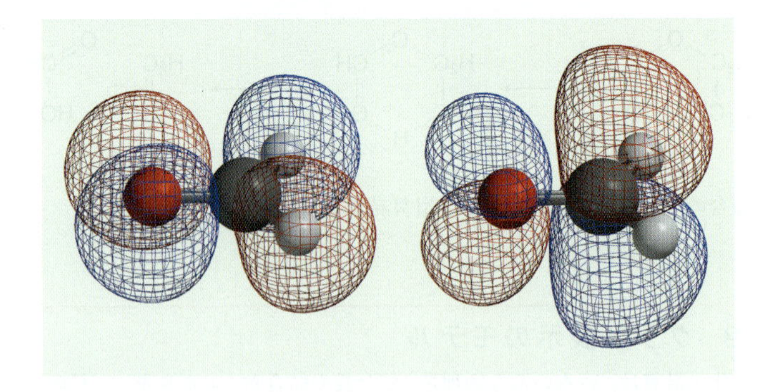

図 26·29 ホルムアルデヒドの HOMO（左側）と LUMO（右側）の形．それぞれ求電子攻撃と求核攻撃が起こりやすい領域を示している．

剤による攻撃はここで起こるのがわかる．一方，LUMO はカルボニル炭素の面外に張り出しており，よく知られている求核反応はこれで説明できる．

26・9・2 化学反応を支配するオービタルの対称性

ウッドワードとホフマンは，それまでの福井謙一の考えに基づき，HOMO と LUMO（両者を合わせて**フロンティア分子オービタル**[1]という）の対称性をどう使えば，ある化学反応は容易に進行するのに別の反応は進行しない理由を説明できるのかを初めて明確に指摘した．たとえば，*cis*-1,3-ブタジエンの HOMO はエテンの LUMO と相互作用しやすいから，この 2 個の分子は協奏的なやり方で容易に結びつき，ディールス-アルダーの付加環化反応によってシクロヘキセンを生成するのがわかる．この過程を図 26·30 に示す．一方，あるエテンの HOMO と別のエテンの LUMO は図 26·31 に示すように相互作用しないから協奏的な付加は起こらず，シクロブタンは生成しないと予測できる．オービタルの対称性による許容反応と禁止反応を集めた規則は，いまでは“ウッドワード-ホフマン”則として知られている．この業績によって，ホフマンと福井謙一は 1981 年にノーベル化学賞を共同受賞した．

問題 P26.26–P26.31

26・9・3 電 子 密 度

電子密度 $\rho(\boldsymbol{r})$ は座標 $\boldsymbol{r}$ の関数であり，無限小体積 $\mathrm{d}\boldsymbol{r}$ の電子数が $\rho(\boldsymbol{r})\,\mathrm{d}\boldsymbol{r}$ であるように定義される．これは X 線回折実験によって測定される．電子密度 $\rho(\boldsymbol{r})$ は基底関数 ϕ_μ の積の和でつぎのように書ける．

$$\rho(\boldsymbol{r}) = \sum_{\mu}^{\text{基底関数}}\sum_{\nu} P_{\mu\nu}\,\phi_\mu(\boldsymbol{r})\,\phi_\nu(\boldsymbol{r}) \qquad (26\cdot77)$$

$P_{\mu\nu}$ は密度行列の要素である（26·27 式）．電子密度はある曲面（**電子密度曲面**[2]）を描いて表され，その大きさと形は密度の値で決まる．シクロヘキサノンの例を図 26·32 に示す．

密度の値の選び方によって，等電子曲面は原子の位置を表したり（図 26·32 の左側の図）化学結合の状況を明らかにしたり（中央の図），分子オービタルの全体の大きさと形を表したり（右の図）することができる．最も電子密度の高い領域は分子内の重い（水素以外の）原子を囲んでいる．X 線結晶学はこれに基づいており，高い電子密度の領域から原子の位置を求めるのである．一方，もっと電子密度が低い領域も興味深い．たとえば，シクロヘキサノンの 0.1 電子/a_0^3 の等電子曲面は，よく使う骨格構造模型とほぼ同じ情報を与える．すなわち，これに

1) frontier molecular orbital　2) electron density surface

図 26・30 1,3-ブタジエンの HOMO（下側）はエテンの LUMO（上側）と相互作用できるから付加環化反応が起こる．この説明は実験と合っている．

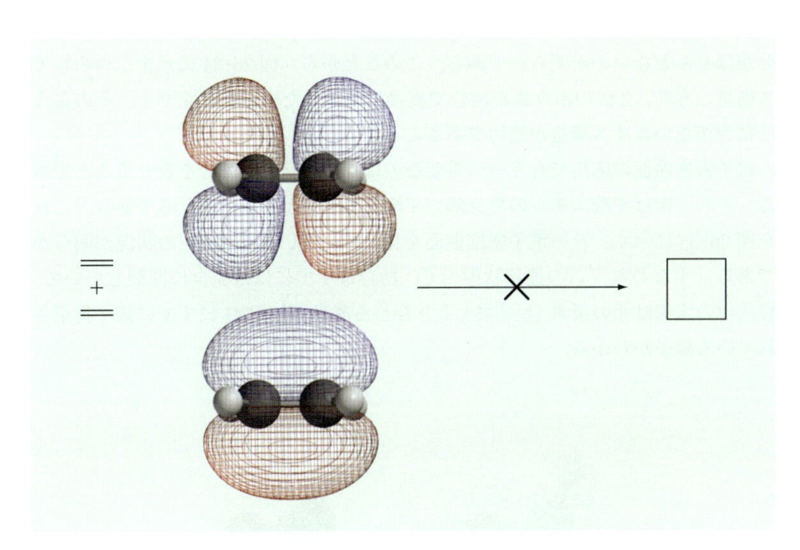

図 26・31 エテンの HOMO（下側）は別のエテンの LUMO（上側）と相互作用できないから付加環化反応は起こらない．この説明は実験と合っている．

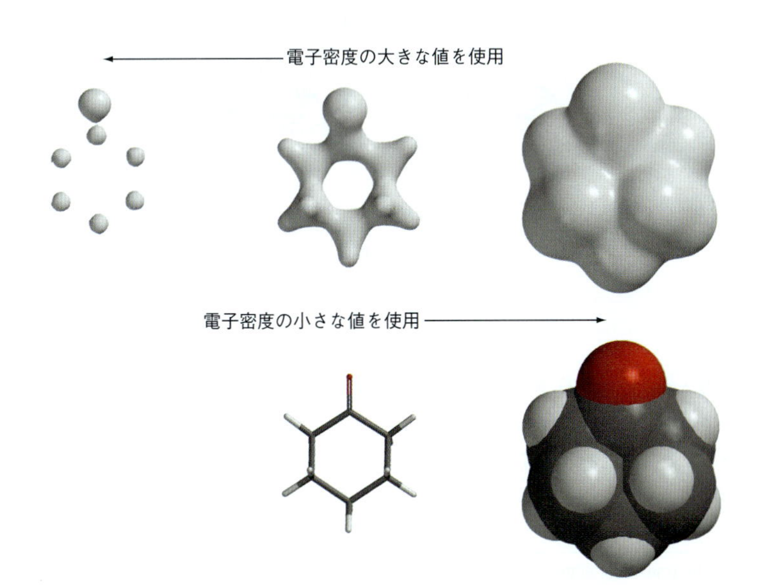

図 26・32 シクロヘキサノンについて，三つの電子密度の値を使った電子密度曲面．それぞれ 0.4 電子/a_0^3（左側），0.1 電子/a_0^3（中央），0.002 電子/a_0^3（右側）である．後者二つの電子密度曲面の下には，それぞれに対応する骨格構造模型と空間実体模型を示してある．

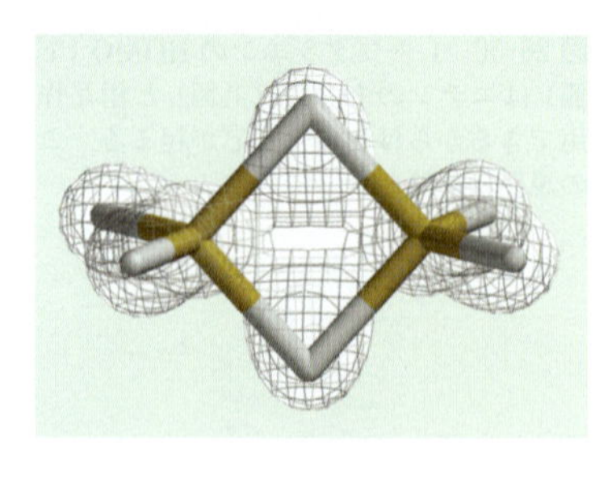

図 26·33　ジボランの電子密度曲面によればホウ素–ホウ素結合はない．

正しい

正しくない

図 26·34　ジボランのルイス構造には二つ考えられ，一方にはホウ素–ホウ素間に結合がある．

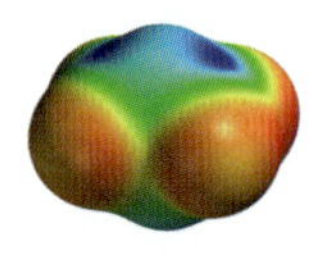

問題 P26.32

よって結合の位置がわかる．また，0.002 電子/a_0^3 の等電子曲面は空間実体模型とよく合っているから，分子全体の大きさと形をうまく表している．空間実体模型の場合と同じで，分子の大きさをどう定義するかはまったく任意である（ただし，結晶性の固体で原子同士がどれほど密に詰まっているかを実験データと合わせる場合は別である）．空間実体模型では各原子の半径が必要であるが，その代わりに等電子曲面を使えば，電子密度の値 1 個をパラメーターとしてすべてを表せる利点がある．後者二つの電子密度曲面については，つぎの節でもう少し詳しく調べよう．

26·9·4　分子内の結合位置

電子密度曲面を使えば，分子内の結合の位置を表すことができる．もちろん，化学者はほかにも略図のようなもの（ルイス構造）からドライディング模型のような物理モデルまでいろいろな手法を使って化学結合を表している．電子密度曲面の最も重要な利点は，これを使えば結合形成を説明できることであり，すでに結合位置がわかっているのを表すだけではない．たとえば，ジボランの電子密度曲面（図 26·33）によれば，この分子には 2 個のホウ素の間に電子密度の濃い部分がほとんどないのが明らかである．このことから，図 26·34 に示す二つのルイス構造のうち，2 個のホウ素が結合で直接結びついた構造を排除でき，そのような結合がないルイス構造が適切であることがわかる．

電子密度曲面の応用でもう一つ重要なのは，遷移状態の結合を表せることである．その一例はギ酸エチルの熱分解でギ酸とエテンが生成する反応であり，これを図 26·35 に示す．その電子密度曲面を見れば，**遅い遷移状態**[1]の状況が明らかである．すなわち，この遷移状態の CO 結合はすでにほぼ完全に開裂していて，移動中の水素は元の炭素（反応物）よりむしろ酸素（生成物）にすでに強く拘束されている様子がわかる．

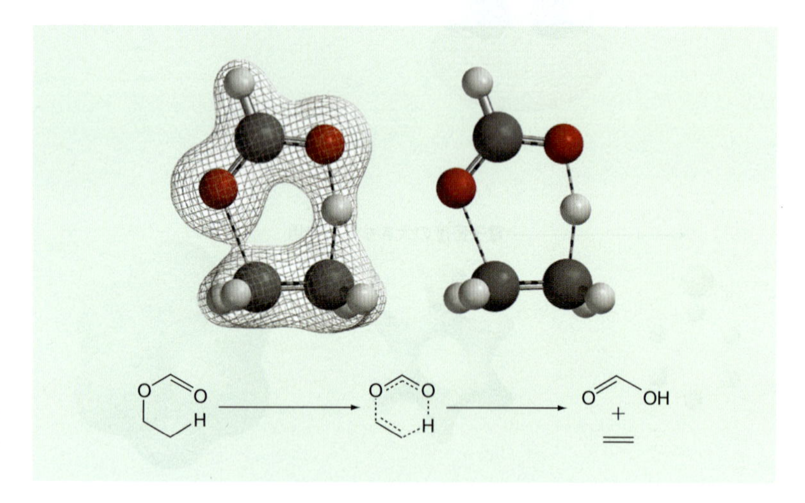

図 26·35　ギ酸エチルの熱分解における遷移状態の電子密度構造．六員環構造が見え，それは反応図に示したルイス構造と合っている．

26·9·5　分子の大きさ

分子の大きさは，液体や固体では空間を占める体積で定義できる．得られた実験データを（それぞれ原子のタイプに応じて）原子半径の組に合わせるやり方に基づいて，いわゆる空間実体模型や CPK 模型（コリー–ポーリング–コルタン模

1）late transition state

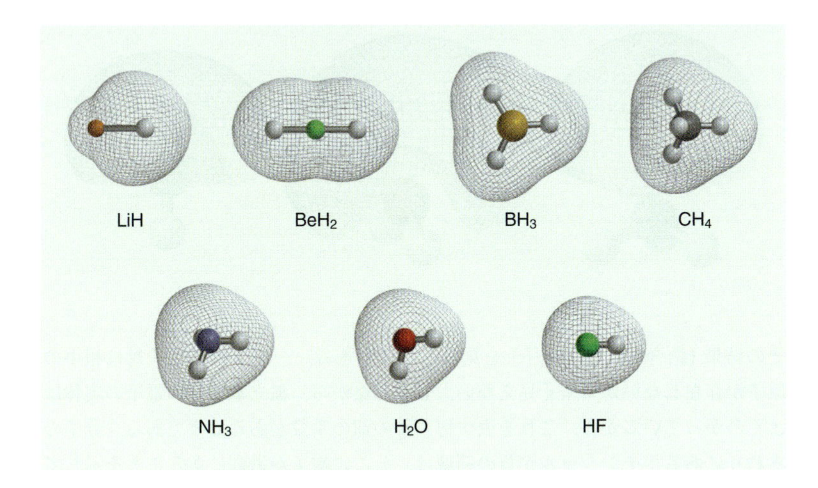

図 26・36　リチウムからフッ素までの水素化物の電子密度曲面.

型の略称) を使って分子の大きさを表してきた. この単純な模型は全体として非常に満足できる見事なものであるが, いくつか問題もある. たとえば, $FeCO_5$ の Fe^0 と $FeCl_4^{2-}$ の Fe^{II} など異なる酸化状態がとれる原子については特に問題が多い.

電子は (核ではない) 分子全体の形を決めているから, 電子密度は実際に分子がどれだけの空間を占めているかを表すもう一つの目安になる. 空間実体模型と違って, 電子密度曲面は化学環境の変化に相当しているから, 環境が変われば原子は大きさを調節できる. その顕著な例は主要族の水素化物の大きさに見られる.

図 26・36 でわかるように, 水素化リチウムの水素の電子密度曲面はフッ化水素の水素よりずっと大きい. これは, 水素化リチウムが塩基として作用し (水素化物供与体), フッ化水素は酸として作用する (プロトン供与体) ことと合っている. 水素化ベリリウムやボラン, メタン, アンモニア, 水の水素の大きさは中間的なものであり, 重い原子の電気陰性度の順に並んでいる.

問題 P26.33–P26.34

26・9・6 静電ポテンシャル

静電ポテンシャル[1] ε_p は, 位置 p にある正の点電荷と分子の核と電子との相互作用エネルギーとして, つぎのように定義されている.

$$\varepsilon_\mathrm{p} = \sum_{\mathrm{A}}^{\text{核}} \frac{e^2 Z_\mathrm{A}}{4\pi\varepsilon_0 R_{\mathrm{Ap}}} - \sum_{\mu}^{\text{基底関数}}\sum_{\nu} P_{\mu\nu} \int \frac{\phi_\mu^*(\boldsymbol{r})\phi_\nu(\boldsymbol{r})}{r_\mathrm{p}}\,\mathrm{d}\tau \qquad (26\text{・}78)$$

静電ポテンシャルは, この点電荷の核による反発力 (第 1 項の和) と電子による引力 (第 2 項の和) の均衡を表したものである. $P_{\mu\nu}$ は密度行列の要素であり (26・27 式を見よ), ϕ は原子の基底関数である.

26・9・7 孤立電子対の可視化

八隅則は, 分子内にある主要族元素の原子が 8 個の原子価電子で囲まれているという規則である. これらの電子は結合に使われるか (単結合には 2 個の電子, 二重結合には 4 個の電子, 三重結合には 6 個の電子が必要), あるいは非結合電子対つまり孤立電子対として原子に残る. 結合そのものは実際に見えなくても,

1) electrostatic potential

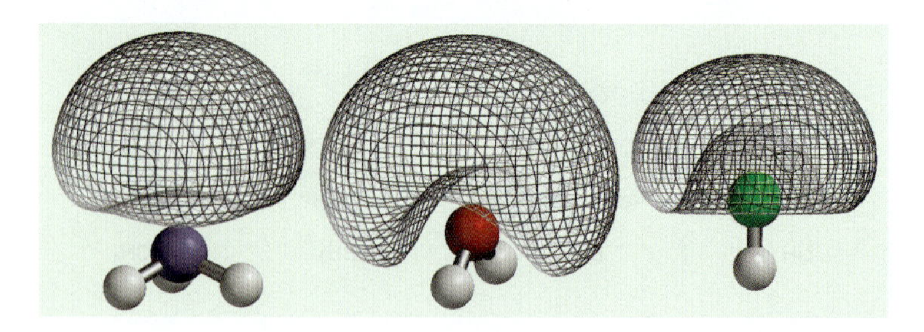

図 26·37 アンモニア (左), 水 (中), フッ化水素 (右) の孤立電子対を表すのに静電ポテンシャル曲面が使える.

その結果 (結合した後の原子) を見ることはできる. 一方, 孤立電子対は相手の原子が存在しないから全く見えない. しかしながら, 孤立電子対の電子の実体はよくわかっているから, これを表す何らかの別の手段があるはずである. 分子のまわりにあるポテンシャルが負の領域は, そこに電子が過剰にあることを示している. 孤立電子対は電子に富む環境を表しているから, 静電ポテンシャル曲面によって表せるはずである. 図 26·37 に示すように, そのよい例はアンモニア, 水, フッ化水素の静電ポテンシャルの負の部分に見られる.

アンモニアの電子に富む領域は四面体の一方向に突き出たローブの形をしているが, 水の場合は四面体の 2 個のサイトを占めるような三日月形をしている. フッ化水素の静電ポテンシャル曲面は一見するとアンモニアと似ているが, よく見れば, その曲面はフッ素から外向きではなく (アンモニアでは外に向いている), むしろ原子を取巻いている. 全体として, これら三つの水素化物の曲面は図 26·38 に示す従来のルイス構造と合っている.

図 26·38 アンモニア, 水, フッ化水素のルイス構造.

図 26·39 は, アンモニアの静電ポテンシャル曲面を, 実際に観測されたピラミッド形と不安定な三方平面形の幾何構造で比較したものである. 上で述べたように, 前者は四面体の一方向に突き出たローブを表しており, 三方平面形の静電ポテンシャル曲面は面外に突き出た 2 個の等価なローブで表されている. これはピラミッド形のアンモニア分子が双極子モーメント (その負端は孤立電子対にある) をもつことと合っており, 平面形のアンモニアには双極子モーメントがない.

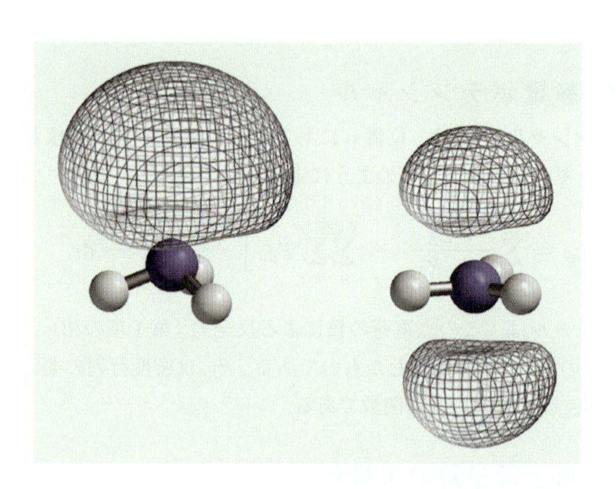

図 26·39 静電ポテンシャル曲面は, ピラミッド形のアンモニアでは孤立電子対が一方向に突き出ているのがわかるが, 平面形アンモニアでは両方に等しく分布している.

26・9・8 静電ポテンシャル図

グラフ表示のモデルは, 一つの量を図に表せるだけではない. 何らかの等曲面に加えて, ある性質を表す図をつくれば追加情報を可視化することができる. すなわち, いろいろな色彩を使うことによってその性質の値を表現することができる. 最もよく見かけるのは電子密度曲面の図である. この場合は, 曲面によって

問題 P26.35

分子の大きさや形を表すことができ，曲面上のそれぞれの位置のある性質の値を色で表すことができる．その性質には静電ポテンシャルが最もよく使われる．図26･40に**静電ポテンシャル図**[1]を模式的に示す．これは，ある特定の曲面上の位置における静電ポテンシャルの値を表したものであり，その曲面として最もよく使われるのは分子全体の大きさを表せる電子密度曲面である．

静電ポテンシャル図（実はどんな性質でも同じことである）のつくり方を説明するのに，まず，ベンゼンの電子密度曲面とある特定の（負の）静電ポテンシャルを表した曲面について考えよう．それを図26･41に表してある．どちらの曲面も構造を反映している．電子密度曲面はベンゼンの大きさと形を表しており，負の静電ポテンシャル曲面はベンゼンを取囲む領域である特定の（負の）静電ポテンシャルを感じる様子を表している．

次に，この電子密度曲面上に静電ポテンシャルの値を描いた図（静電ポテンシャル図）のつくり方について考えよう．そのポテンシャルの値を表すにはいろいろな色を使う．そうしても電子密度曲面は（ベンゼン分子の大きさと形を見る限りは）そのままであるが，元のグレースケール（白黒の濃淡）の図は，カラー

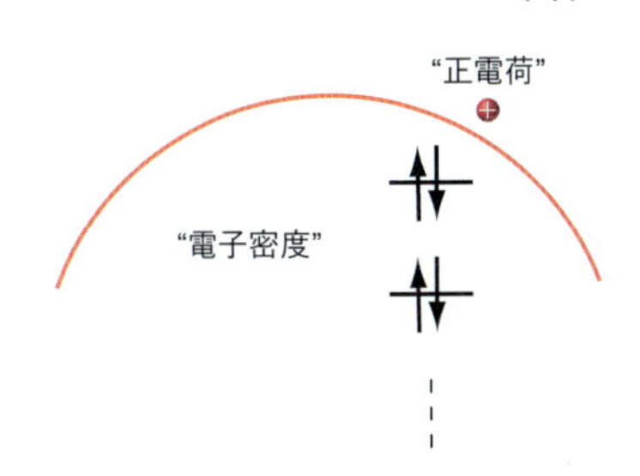

図26･40　静電ポテンシャル図では，電子密度の曲面上のあらゆる点での静電ポテンシャルの値が示される．

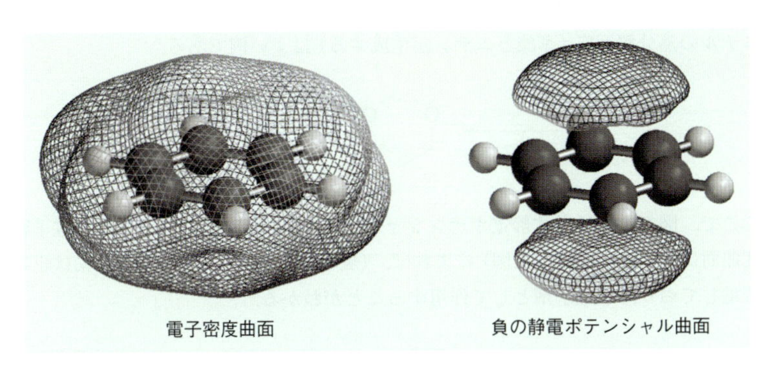

図26･41　ベンゼンの電子密度曲面と負の静電ポテンシャル曲面

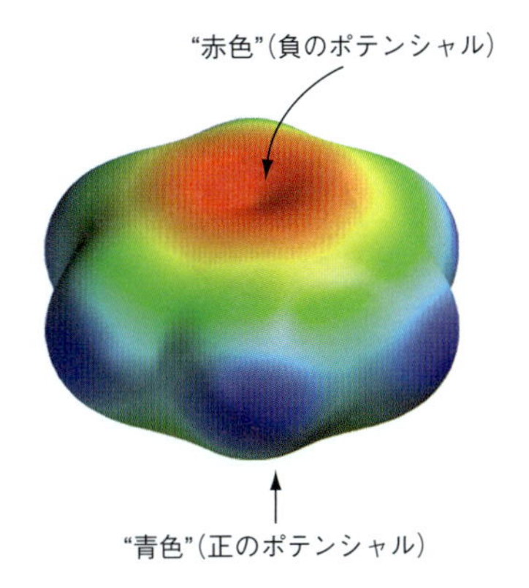

図26･42　ベンゼンの静電ポテンシャル図

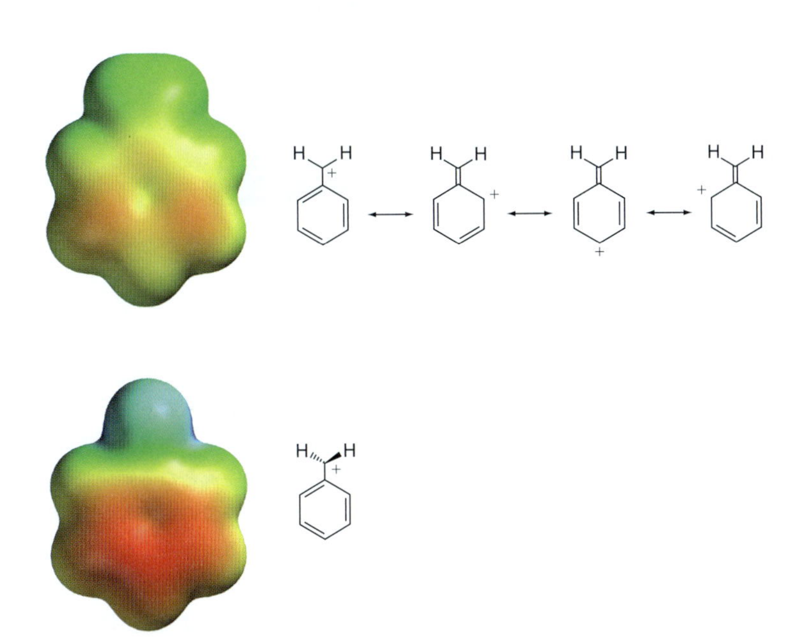

図26･43　平面形のベンジルカチオンの静電ポテンシャル図（上）から，正電荷が非局在化しているのがわかる．一方，垂直形のベンジルカチオン（下）では電荷は局在化している．

1) electrostatic potential map

の図（構造に加えて静電ポテンシャルの値を描いた図）に置き換わる．ベンゼンの静電ポテンシャル図を図 26・42 に示す．ポテンシャルが負の大きな値のところは赤に近い色で表し，正で大きな値のところは青に近い色で表す（その中間的な値のポテンシャルは，オレンジ色，黄色，緑色を使う）．π 系は赤色になっており，すでに示した（負の）ポテンシャル曲面と合っていることに注意しよう．

静電ポテンシャル図は，電子が分子のどの領域に多く，どの領域に少ないかを瞬時に伝える以外にも，いろいろな目的に使われる．たとえば，電荷が局在化している分子と非局在化している分子を区別することもできる．

図 26・43 の静電ポテンシャル図では，ベンジルカチオンの平面形構造（上）と垂直形構造（下）を比較している．後者の構造は，ベンジル基の炭素に正の電荷の濃い部分（青色で表されている）があり，それは環がつくる面に垂直に突き出ている．これは，ルイス構造が一つしか書けないことと合っている．一方，平面形のベンジルカチオンにはこのような正電荷の蓄積はなく，むしろ環のオルト位やパラ位の炭素に非局在化しているのがわかる．これは，可能なルイス構造がいくつか書けることと合っている．

静電ポテンシャル図は，化学反応の遷移状態を表すのにも使える．つぎのギ酸エチルの熱分解反応（ギ酸とエテンが生成する）はよい例である．

問題 P26.36–P26.37

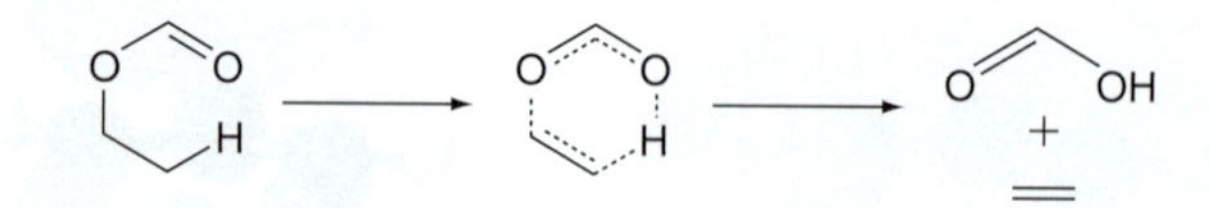

ここで，図 26・44 に示す静電ポテンシャル図（結合を特定するのに便利な電子密度曲面に基づいてつくった図）によれば，（炭素から酸素へ）移動中の水素は正に帯電しており，求電子剤として作用することがわかる．

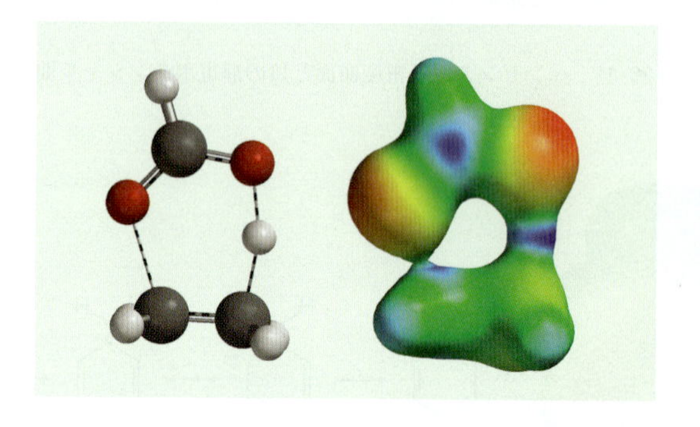

図 26・44 ギ酸エチルの熱分解反応では，遷移状態の電荷分布を表すのに静電ポテンシャル図が使える．

26・10 おわりに

量子化学計算は急速に発展し，化学研究を行ううえで実験に変わりうる有効な手段となりつつある．コンピューターのハードウエアとソフトウエアの技術の絶え間ない急速な進歩は，この傾向を一段と促進し，化学の主流となる領域でも広く使われることになるだろう．すでに計算によって，重要な量の中でも分子構造とエネルギーについてはうまく説明できるようになっている．今後，おそらく最も注目されるのは，合成が困難なきわめて反応性に富む分子やまったく観測できないような反応遷移状態を扱える計算能力であろう．この点では，化学研究に使えるまったく新しい手段が計算によって切り開かれるであろう．

量子化学計算にも限界はある．なかで最も明らかなのは，精度とコストのトレードオフの関係である．実用的な量子化学モデルは，必ずしも実際に価値のある精度の十分高い結果を提供するとは限らない．また，注目する系にとって正確な結果を与えるモデルが必ずしも実用的ではない．第二の限界は，化学者にとって重要な多くの量について，必ずしも計算によって簡単にしかも信頼できる結果が得られるとは限らないことである．しかし，何といっても最も重要な限界は，計算は孤立分子（気相）にしか厳密には適用できないことであり，たいていの化学は溶液中で起こっている．これについては，溶媒の存在を考慮に入れたいろいろな実用モデルが開発中であり，その精度や限界などについて検討されているところである．

計算化学の将来には非常に明るいものがある．学生諸君の世代は，あらゆる領域の化学を探究し理解するための強力な道具として計算化学は自由に使えるであろう．それはちょうど，少し前の世代の化学者たちが研究道具としてレーザーなどの技術を手にしたのと全く同じである．科学はこのような絶え間ない進展を繰返しているのである．

用語のまとめ

STO-3G 基底セット
遅い遷移状態
ガウス関数
拡散律速反応
活性化エネルギー
完全配置間相互作用
基準座標
均一結合解離
原子オービタルの一次結合（LCAO）近似
コンホーマー（配座異性体）
最高被占分子オービタル（HOMO）
最小基底セット
サイズ一貫性
最低空分子オービタル（LUMO）
CIS 法
CID 法
縮約関数
スレーター型オービタル
スレーター行列式
静電ポテンシャル
静電ポテンシャル図
前指数因子（頻度因子）
相関エネルギー
相関モデル
速度定数
速度論支配
速度論的生成物
調和振動数
つじつまの合う場（SCF）の方法
電子 1 個の昇位
電子 2 個の昇位
電子のシュレーディンガー方程式
電子密度曲面
凍結核近似
熱力学支配
熱力学的生成物
発熱的
ハートリー-フォックエネルギー
ハートリー-フォック近似
ハートリー-フォック方程式
ハートリー-フォックモデル
反応座標
反応座標図
反応中間体
フロンティア分子オービタル
分割原子価殻基底セット
分極関数
分極基底セット
分散関数
変分型
ポテンシャルエネルギー曲面
ボルン-オッペンハイマーの近似
マリケンの電子密度解析
密度汎関数理論（DFT）
メラー-プレセットモデル
理論モデル
理論モデル化学
ローターン-ホール方程式

数値問題

P 26.1 ブタン分子のゴーシュ形からアンチ形への転換について，その反応座標を単にねじれ角で表すのは単純すぎる．それは，炭素-炭素結合まわりに回転する間に，結合長や結合角など他の幾何構造も間違いなく変化するからである．ブタンのエネルギー断面（プロファイル）を調べ（Spartan には "*n*-butane" というファイルがある），中央の CC 結合の距離と CCC 結合角の変化をねじれ角の関数としてプロットせよ．ブタンの結合長と結合角はこれら二つの平衡形でほぼ同じか，それともかなり異なるか（> 0.02 Å，$> 2°$）．アンチ形と遷移状態を比較したとき，これら二つのパラメーターはほぼ同じか，それともかなり異なるか．その答の根拠を説明せよ．

P 26.2 アンモニア分子を使えば，振動数の原子質量による依存性を調べたり，その振動数を使って安定分子と遷移状態を見分けたりする実例を簡単に示せる．まず，三方錐形のアンモニアの振動スペクトルを調べよ（Spartan には "ammonia" というファイルがある）．

a. 振動数はいくつあるか．その数と原子数の関係を示せ．振動数はすべて実数で表されるか．それとも虚数のものがあるか．各振動数に対応する運動を表示させ，それが主として結合の伸縮によるものか，変角か，それとも両者の組合わせによるものかを示せ．結合の伸縮と変角では，どちらの運動が起こりやすいか．この伸縮運動は1個のNH結合によるものか．それとも，2個または3個の結合が連動したものか．

b. 次に，水素を重水素で置換したときのアンモニアの振動モードの振動数について考えよう（Spartanには“perdeuteroammonia”というファイルがある）．ND_3の振動数の値はNH_3より大きいか，小さいか，それとも同じか．伸縮を主とする運動と変角を主とする運動では，どちらの振動数変化が大きいか．

c. 最後に，アンモニアを平面形にしたときの振動スペクトルを調べよ（Spartanには“planar ammonia”というファイルがある）．振動数はすべて実数で表されているか．虚数のものがあればその運動を表示させ，それが三方錐形の平衡構造のどの運動に相当するかを示せ．

P 26.3　分子にカルボニル基があれば，その赤外スペクトルに$C=O$の伸縮振動による強い吸収が約$1700\ cm^{-1}$に現れる．アセトンの計算で得られる赤外スペクトルに（Spartanには“acetone”というファイルがある）そのスペクトル線の位置を示せ．ここで，スペクトル全体における位置（他のスペクトル線との相対位置）と吸収強度に注意せよ．

a. このスペクトル線が，カルボニル基の存在を示す確かな証拠となる理由を推測せよ．

b. アセトンの振動モードで，最も低い振動数と最も高い振動数のものについて調べよう．それぞれの運動を表示させ，その運動のしやすさについて説明せよ．

P 26.4　シクロヘキシルラジカルは，シクロペンチルメチルラジカルより安定と考えられている．それは，一般に五員環より六員環の方が安定なこと，それ以上に重要なのは，第二級ラジカルの方が第一級ラジカルより安定だからである．しかしながら，重要な化学の大半は，最安定なもの（熱力学）で支配されるのでなく，直ちにつくれるもの（速度論）で支配されている．たとえば，6-ブロモヘキセンから臭素が脱離する反応は，最初にヘキシ-5-エニルラジカルができるが，その主生成物はシクロペンチルメチルラジカルを経由している．

Br　Bu_3SnH / AIBN / Δ　→　17%　転位　81%　2%

この実験結果の解釈には2通りある．一つは，この反応は熱力学支配であって，ラジカルの安定性に関するこれまでの理解が間違っているというものである．もう一つは，この反応が速度論支配であるとするものである．

a. まず，最初の解釈の可能性を排除できるかを調べよう．シクロヘキシルラジカルとシクロペンチルラジカルの構造と全エネルギーを調べよ（Spartanには“cyclohexyl and cyclopentylmethyl radical”というファイルがある）．シクロヘキシルラジカルとシクロペンチルラジカルのどちらのラジカルがより安定か（エネルギーが低いか）．そのエネルギー差は，一方だけが観測されるほど大きな値か（室温でのエネルギー差$12\ kJ\ mol^{-1}$は，生成物の比 ＞ 99：1に相当する例を参考にせよ）．この環の形成は熱力学支配で起こると結論できるか．

b. 次の目的は，シクロヘキシルラジカルとシクロペンチルラジカルのどちらの環形成が容易かを求めることである．すなわち，シクロヘキサンとメチルシクロペンタンのどちらが速度論的生成物であろうか．この二つの環状分子の遷移状態の構造と全エネルギーを調べよ（Spartanには“to cyclohexyl and cyclopentylmethyl radicals”というファイルがある）．シクロヘキシルラジカルとシクロペンチルラジカルのどちらのラジカルが容易に生成されるか．

c. 遷移状態のエネルギー差$\Delta^{\ddagger}E$とボルツマン分布を使って計算した主生成物と副（速度論支配）生成物の比との間に成り立つつぎの関係について考えよう．

$\Delta^{\ddagger}E/kJ\ mol^{-1}$	主生成物：副生成物（室温）
4	～90：10
8	～95：5
12	～99：1

この計算で求めた生成物の比はほぼいくらか．その値は実測値と比べてどうか．この環形成は速度論支配によると結論できるか．

P 26.5　VSEPR（原子価殻電子対反発）理論は，分子内のある原子まわりの局所的な幾何構造を予想するのに提案された（24・1節の説明を見よ）．それに必要な情報は，その原子まわりの電子対の数と，それを結合対と非結合対（孤立電子対）に分けることである．たとえば，四フッ化炭素の炭素原子は4個の電子対に囲まれており，そのすべてがCF結合に使われる．一方，四フッ化硫黄の硫黄原子は5個の電子対に囲まれており，そのうち4個はSF結合に使われるが，残りの1個は孤立電子対である．

VSEPR理論は単純な二つの規則に基づいている．最初の規則は，電子対は（孤立対でも結合対でも）できる限り互いを避けようとするというものである．したがって，電子対が2個の場合は直線形をとり，3個では三方平面形，4個では四面体形，5個では三方両錐形，6個では八面体形をとる．四フッ化炭素などの（四面体形）分子の幾何構造を説明するにはこれで十分であるが，四フッ化硫黄などの分子の幾何構造を特定するには十分でない．SF_4の孤立電子対は，三方両錐形のエクアトリアルの位置を占めて図のようなシーソー形の幾何構造を示すだろうか，それともアキシアルの位置を占めて三方錐形となるだろうか．

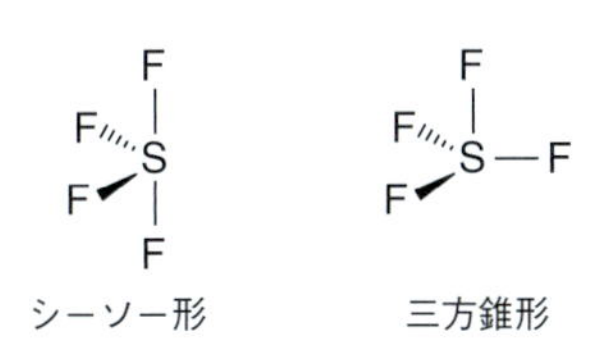

2番目の規則は，孤立対は結合対より大きな空間を占めようとするというもので，これによって上の状況は明らかになる．シーソー形の孤立電子対は二つのSF結合と90°の角をなすが，残り二つのSF結合とは120°の角をなす．このシーソー形は，孤立電子対が三つのSF結合と90°の角をなす三方錐形よりも都合がよいのである．

VSEPR理論を適用するのは簡単だが，得られる結果はきわめて定性的であり，その価値は限定的であることが多い．たとえば，このモデルによって四フッ化硫黄がシーソー形をとるのがわかったとしても，三方錐形の構造（または，それ以外の構造）のエネルギーが極小をもつかどうかはわからない．また，極小を示すとしてシーソー形とエネルギーがどれくらい違うかもわからない．さらに，電子対が7個以上ある場合はほとんど何もいえない．たとえば，六フッ化キセノンがVSEPR理論によって八面体形でないことがわかっても，どんな幾何構造をとるかはわからない．ハートリー–フォックモデルの分子オービタル計算を行えばそれがわかるのである．

a. シーソー形（C_{2v}対称）のSF_4の構造をHF/3-21Gモデルを使って最適化し，その振動数（赤外スペクトル）を計算せよ．エネルギーが極小を示すのを検証するにはこの計算が必要である．次に，三方錐形のSF_4の構造を最適化し，その振動数を計算せよ．シーソー形の構造はエネルギーの極小を示すか．なぜそう結論できるか．VSEPR理論による結論と一致して，シーソー形の構造は三方錐形よりエネルギーが低いといえるか．両者のエネルギー差はいくらか．そのエネルギー差は，室温で実際に両方とも観測できるほど小さいか．三方錐形の構造はエネルギーの極小をもつか．

b. 八面体構造（O_h対称）のXeF_6をHF/3-21Gモデルを使って最適化し，その振動数を計算せよ．次に，正八面体から歪んだ（できればC_1対称の）XeF_6の構造を最適化し，その振動数を計算せよ．八面体形のXeF_6はエネルギー極小になっているか．なぜそう結論できるか．エネルギーの低い安定構造は歪みによってできたものか．

P 26.6　エタンの炭素原子はそれぞれ，四面体の位置の4個の原子に囲まれている．また，エテンのそれぞれの炭素原子は三方平面の位置の3個の原子に囲まれており，エチンのそれぞれの炭素原子は直線上の2個の原子に囲まれている．これらの構造は，炭素の原子価オービタルである2sと2pが結合して正四面体の四つの角を向いた4個の等価なsp^3混成オービタルをつくるか，正三角形の三つの角を向いた3個の等価なsp^2混成オービタルをつくってpオービタル1個を残すか，それとも直線上に2個の等価なsp混成オービタルをつくってpオービタル2個を残すと考えればそれぞれ説明がつく．2p原子オービタルは2sオービタルより炭素原子から遠くまで張り出しているから，sp^3混成オービタルはsp^2混成オービタルより遠くまで張り出し，sp^2混成オービタルはsp混成オービタルより遠くまで張り出している．その結果，sp^3混成オービタルを使う結合はsp^2混成オービタルを使う結合より長く，sp^2混成オービタルを使う結合はsp混成オービタルを使う結合より長い．

a. HF/6-31G* モデルを使ってエタンとエテン，エチンの平衡幾何構造を求めよ．そのCH結合長は，混成の考えに基づいて予測される順序になっているか．エタンの結合長を基準とすれば，エテンとエチンの結合長は何パーセント短いか．

b. HF/6-31G* モデルを使ってシクロプロパンとシクロブタン，シクロペンタン，シクロヘキサンの平衡幾何構造を求めよ．それぞれの分子のCH結合の結合長は，sp^3混成した炭素原子が関与したものと考えてよいか．例外があれば示せ．

c. HF/6-31G* モデルを使ってプロパンとプロペン，プロピンの平衡幾何構造を求めよ．そのCH結合長の順序は，エタンとエテン，エチンで観測された順序と同じか．プロパンを基準としたプロペンとプロピンの結合長の縮小率は，エタンを基準としたエテンとエチンの縮小率と似ているか（±10パーセント）．

P 26.7　アルコールやエーテルの酸素原子を中心とした結合角は，ふつう正四面体角（109.5°）にごく近い．しかし，たとえば*t*-ブチルアルコールからジ-*t*-ブチルエーテルになるなど立体的に混み合えば，その結合角はかなり大きくなる．

Me$_3$C–O–H（109°）　Me$_3$C–O–CMe$_3$（130°）

これは，孤立電子対は大きな空間を占めようとする一方で，このような密集を軽減するのに“圧縮される”こともあるという経験則に合っている．このような立体相互作用を軽減するもう一つの方法は（孤立電子対の位置を変えないとすれば），CO結合距離を増加させるしかない．

a. *t*-ブチルアルコールとジ-*t*-ブチルエーテルの分子を構築し，HF/6-31G* モデルを使ってそれぞれの幾何構造を最適化せよ．酸素を挟む結合角の計算値は，上の図に与えた値と一致するか．特に観測された結合角の増加に注目せよ．アルコール分子のCO結合長よりエーテル分子の方が長くなっている効果が見えるか．その効果が見えないか，あっても非常に小さければ（< 0.01 Å）その理由を推測せよ．

b. 次に，これと類似のトリメチルシリル化合物Me_3SiOHと$Me_3SiOSiMe_3$について考えよう．HF/6-31G* モデルを使ってそれぞれの平衡幾何構造を求めよ．これらの化合物

と類似の *t*-ブチル化合物について計算で得られた構造の類似点と相違点を指摘せよ．特に，立体的に混み合うことで酸素原子を挟む結合角が広くなる効果が見られるか．エーテル分子の SiO 結合長がアルコール分子より長くなっているか．もし長くなっていなければ，その理由を説明せよ．

P 26.8　水には水素結合供与体として作用する酸性水素 2 個と，水素結合受容体として作用する孤立電子対 2 個がある．

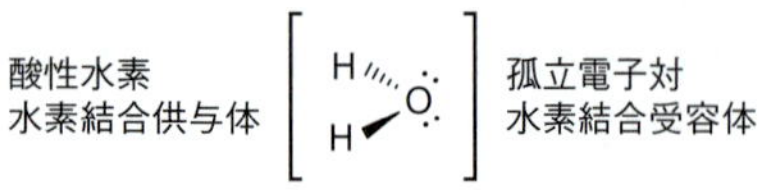

酸性水素
水素結合供与体

孤立電子対
水素結合受容体

これら 4 個が酸素原子のまわりに四面体的に配置するとして，水素結合した二量体 $(H_2O)_2$ の構造として 2 通り考えられる．それは，つぎの水素結合 1 個の構造と 2 個の構造である．

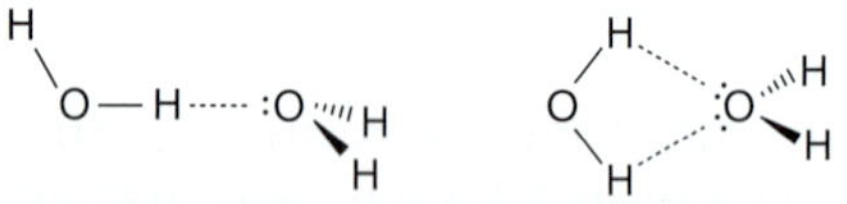

第二の構造の方が水の特性はよく現れているが，この二量体に幾何学的な制約を課すことになる．

この二つの二量体構造を構築せよ．水素結合の距離 (O…H) はふつう 2 Å の程度である．HF/6-31G* モデルを使ってそれぞれの幾何構造を最適化し，その振動モードの振動数を計算せよ．

水素結合 1 個の構造と 2 個の構造ではどちらが安定か．エネルギーの高い方の構造にもエネルギーの極小はあるか．その結論に至った過程を説明せよ．水素結合 1 個の二量体の方が安定であるとして，水素結合の幾何学的な要請について何がいえるかを推測せよ．水の二量体に関するこの経験に基づいて液体の水の“構造”を提案せよ．

P 26.9　いわゆる“電子不足”分子，つまり，2 個の原子が電子 2 個を共有してふつうの結合をつくるには電子が不足している分子の構造については，何年にもわたる論争が繰り広げられた．代表的なのは，エテンのプロトン付加で生成するエチルカチオン $C_2H_5^+$ である．

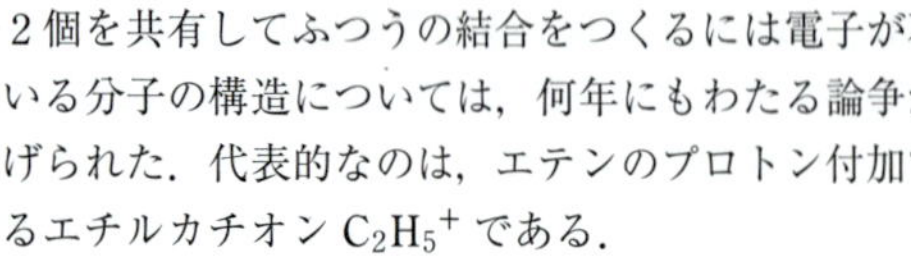

開いた構造　　　水素橋かけ構造

一方の炭素原子が正電荷を帯びた開いたルイス構造と複数の原子に電荷が分散した水素橋かけ構造では，どちらで表すのがよいか．開いた構造と水素橋かけ構造のエチルカチオンをそれぞれ構築せよ．B3LYP/6-31G* モデルを使ってそれぞれの幾何構造を最適化し，その振動モードの振動数を計算せよ．開いた構造と水素橋かけ構造では，どちらのエネルギーが低いか．エネルギーの高い方の構造にもエネルギーの極小はあるか．その答の根拠を説明せよ．

P 26.10　量子化学計算が実験より魅力的な理由の一つは，どんな分子系でも扱えることであり，対象は安定分子でも不安定分子でも，実在分子でも仮想分子でもよい．一例として，有名な（ただし仮想的な）クリプトナイト分子を考えよう．その化学式は KrO_2^{2-} であり，よく知られた直線形分子 KrF_2 と等電子的であることから，この化学種もやはり直線形であると考えられる．

a. 直線形分子 (F−Kr−F) として KrF_2 を構築し，HF/6-31G* モデルを使ってその幾何構造を最適化し，その振動モードの振動数を計算せよ．計算で得られた KrF 結合距離は実験値 (1.89 Å) に近いか．この分子は直線形をとるか，それとも曲がっている方が都合がよいか．その結論に至った過程を説明せよ．

b. 直線形分子として（もし，前問で KrF_2 が非直線形とわかったなら，曲がった分子として）KrO_2^{2-} を構築し，HF/6-31G* モデルを使って構造を最適化し，その振動モードの振動数を計算せよ．KrO_2^{2-} の構造を示せ．

P 26.11　24·1 節で説明した VSEPR モデルでは実際とは違う結論が導かれる場合がある．具体的には，CaF_2 と $SrCl_2$ は (VSEPR モデルでは) 直線形であるが実際には屈曲形であり，SeF_6^{2-} と $TeCl_6^{2-}$ は八面体形でないはずであるが実際には八面体形である．これらは本当にモデルの欠陥によるものか，それとも，実験で得た構造が気相（孤立分子）の構造でなく固相であることによるものだろうか．

a. 直線形の CaF_2 と $SrCl_2$ の平衡幾何構造を求め，その振動モードの振動数（赤外スペクトル）を計算せよ．HF/3-21G モデルを使え．このモデルは，主要族無機分子の構造をうまく表せることがわかっている．CaF_2 と $SrCl_2$ の直線形構造には実際，エネルギーの極小はあるか．詳しく調べてみよ．もし，どちらか一方，もしくは両方ともにエネルギーの極小がなければ，屈曲形の幾何構造から始めて最適化してみよ．

b. 八面体形の SeF_6^{2-} と $TeCl_6^{2-}$ の平衡幾何構造を求め，その振動モードの振動数も計算せよ．SeF_6^{2-} と $TeCl_6^{2-}$ の八面体形構造には実際，エネルギーの極小はあるか．詳しく調べてみよ．もし，どちらか一方，もしくは両方ともにエネルギーの極小がなければ，歪んだ構造（できれば C_1 対称）から始めて最適化してみよ．

P 26.12　ベンザインは長年の間，たとえばつぎの求核的芳香核置換反応の中間体とされてきた．

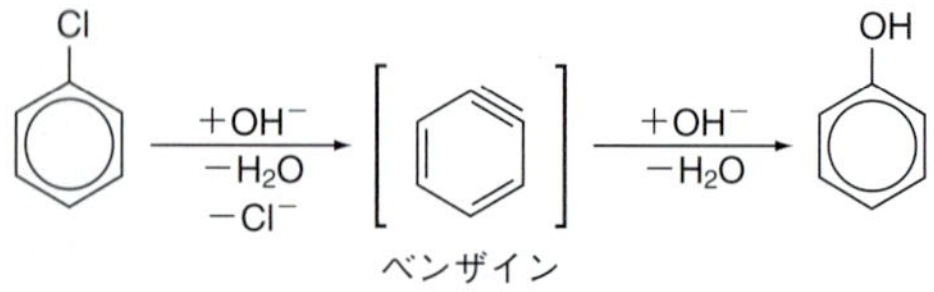

ベンザイン

ベンザインの幾何構造はまだ完全には確定していないが，つぎのような ^{13}C 標識した実験によって，ほとんど間違いなく環上の二つの（隣合う）位置が等価であるのがわかっている．

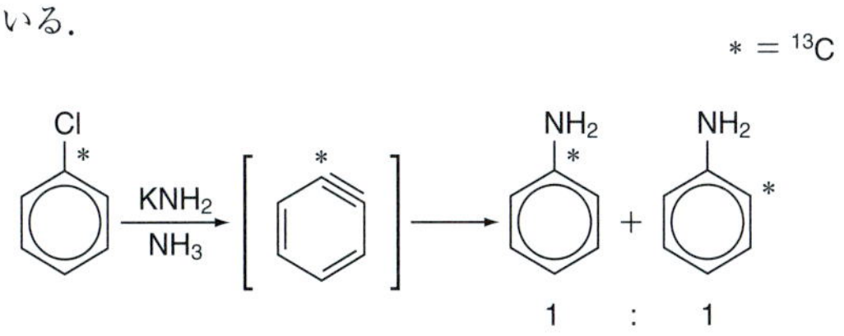

$* = {}^{13}C$

Cl, KNH$_2$, NH$_3$, NH$_2$, NH$_2$　1 : 1

まだ異論はあるものの，ベンザインは低温マトリックス法によって捕捉され，その赤外スペクトルが記録されたという報告がある．そこでは，2085 cm^{-1} のスペクトル線が問題の三重結合の伸縮モードと帰属されている．

HF/6-31G* モデルを使ってベンザインの幾何構造を最適化し，その振動モードの振動数を計算せよ．その参照物質として 2-ブチンについて同じ計算を行え．2-ブチンの C≡C 伸縮振動モードの振動数を求め，それに対応する実験値(2240 cm^{-1})と一致させるためのスケール因子を求めよ．次に，ベンザインの三重結合の伸縮モードに相当する振動を特定し，その振動数にスケール因子を掛けよ．最後に，ベンザインと 2-ブチンについて計算した赤外スペクトルをプロットせよ．

ベンザインについて求めた幾何構造に，三重結合と明確にいえる結合があるか．その基準である 2-ブチンの三重結合と比較せよ．ベンザインの三重結合の伸縮振動に相当する振動モードを特定せよ．それに相当する（スケールした）振動数は，実験によって帰属された振動数とかなり(> 100 cm^{-1}) 異なるか．もしそうなら，ベンザインの計算で得られたどれかの振動数を 2085 cm^{-1} のモードに帰属できるか．詳しく調べてみよ．計算によって得られた赤外スペクトルには，ほかにも実験結果を支持する証拠，あるいは逆にこれと矛盾する証拠が見られるか．〔ヒント：2-ブチンの三重結合の伸縮振動モードの強度に注目せよ．〕

P 26.13　化学者ならベンゼンが非常に安定な芳香族化合物であるのを知っているだろう．ベンゼン以外にも多数の類似化合物が，芳香族性によって少なくともある程度は安定化しているのをよく知っていて，これをしばしば非局在化結合をもつ芳香族分子といっている．しかし，たいていの化学者は，ベンゼンに付与された芳香族の安定性を他の分子と区別して“等級付け”することができず，それを定量化できないでいる．だからといって，これまでどんな方法も提案されたことがないわけではなく（これについては 24·8 節を見よ），実際の分子に適用することがほとんどなかっただけである．

実際には，芳香族の安定性に何らかの値を割り当てるのは簡単である．つぎのように，ベンゼンに水素分子が付加して 1,3-シクロヘキサジエンが生成するという仮想的な反応を考えよう．次に，類似の水素化が 1,3-シクロヘキサジエンにも（シクロヘキセンが生成する），シクロヘキセンにも（シクロヘキサンが生成する）起こるとする．

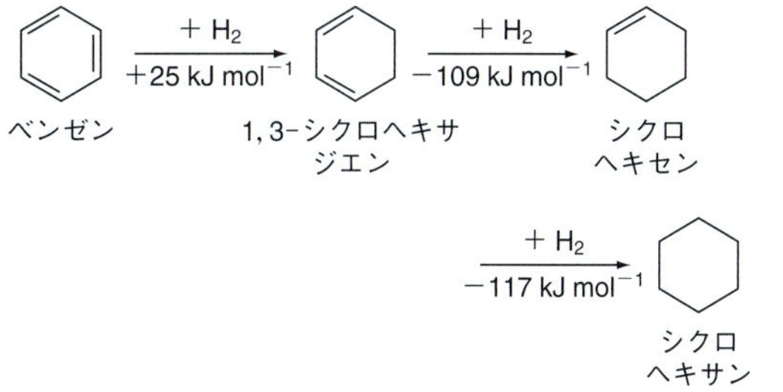

ベンゼン —($+$ H$_2$, $+25$ kJ mol^{-1})→ 1,3-シクロヘキサジエン —($+$ H$_2$, -109 kJ mol^{-1})→ シクロヘキセン —($+$ H$_2$, -117 kJ mol^{-1})→ シクロヘキサン

ベンゼンに H$_2$ が付加すれば，H−H 結合 1 個と C−C の π 結合 1 個を失う代わりに C−H 結合 2 個を獲得するだけでなく，ベンゼンにあった芳香族性が失われる．一方，1,3-シクロヘキサジエンやシクロヘキセンに H$_2$ が付加しても同じ結合の生成消滅は起こるが，芳香族性を失うことはない（すでに芳香族性はなくなっている）．したがって，両者の水素化熱の差（1,3-シクロヘキサジエンを基準にすれば 134 kJ mol^{-1}，シクロヘキセンを基準にすれば 142 kJ mol^{-1}）がベンゼンの芳香族性の目安になる．

定量的に確かな比較を行うには正確な実験データ（生成熱）が必要である．そのようなデータは一般に非常に単純な分子でしか入手できないし，興味ある新奇な分子となればほとんど不可能に近い．そのよい例として，π 電子が 10 個ある分子 1,6-メタノシクロデカ-1,3,5,7,9-ペンタエン（“橋かけ構造のナフタレン”）について，芳香族性によって安定化している度合いを考えよう．X 線結晶構造解析によれば，これは完全に非局在化した π 系である．その骨格をつくっている 10 個の炭素原子はほぼ完全に同一平面上にあり，その CC 結合長は通常の単結合と二重結合の中間的な値を示している．その状況はナフタレンとほぼ同じである．数値は CC 結合長で，単位は Å である．

1.38, 1.42, 1.40　1,6-メタノシクロデカ-1,3,5,7,9-ペンタエン

1.37, 1.41, 1.42　ナフタレン

計算によれば，実験に代わって貴重な熱化学データが得られる．いまある実用モデルで絶対水素化エネルギーを求めるのは難しいが，密接な関係にある基準化合物と比較した相対水素化エネルギーであれば，正確な値を求めるのは簡単である．このときの自然な基準はベンゼンである．

a. HF/6-31G* モデルを使ってベンゼン，1,3-シクロヘキサジエン，ナフタレン，1,2-ジヒドロナフタレンの幾何構造を最適化せよ．つぎの反応のエネルギーを求めよ．これによって，ナフタレンの水素化エネルギーをベンゼン（基準）と比較することができる．

ナフタレン + 1,3-シクロヘキサジエン ⟶ 1,2-ジヒドロナフタレン + ベンゼン

ベンゼンと比較した相対水素化エネルギーから考えて，ナフタレンは（芳香族性によって）同程度に安定化しているか，それとも両者に有意な違いがあるか．得られた結果について説明せよ．

b. HF/6-31G* モデルを使って 1,6-メタノシクロデカ-1,3,5,7,9-ペンタエンとその水素化生成物の幾何構造を最適化せよ．ナフタレンを基準とした相対的な水素化エネルギーを求めよ．ナフタレンと比較した相対水素化エネルギーから考えて，この橋かけ構造のナフタレンは同程度に安定化しているか，それとも両者に有意な違いがあるか．得られた結果について説明せよ．

P 26.14　一重項カルベンと三重項カルベンの性質は異なっていて，それが関与する化学は顕著な違いを見せる．たとえば，一重項カルベンはシス形アルケンと反応してシス形シクロプロパン誘導体のみを生成する（また，トランス形アルケンと反応すればトランス形シクロプロパン誘導体のみを生成する）．一方，三重項カルベンからはシス形とトランス形の混合物が生成する．

この違いの原因は，三重項カルベンがビラジカル（ジラジカルともいう）であり，そのラジカルとしての性質が反映された化学を示すのに対して，一重項カルベンは求核サイト（エネルギーの低い空分子オービタル）と求電子サイト（エネルギーの高い被占分子オービタル）の両方を備えていることにある．たとえば，一重項と三重項のメチレンは，

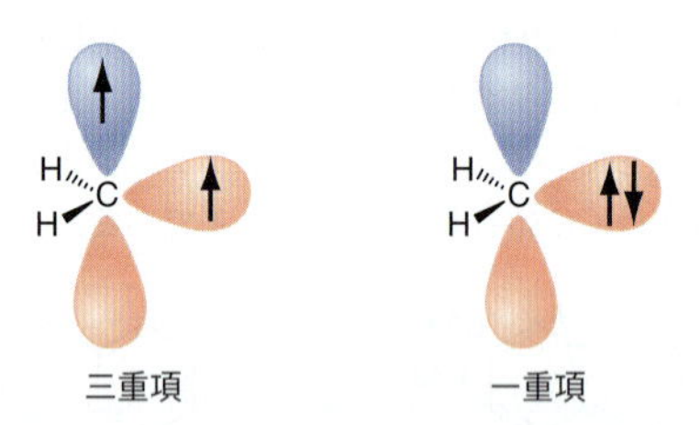

で表される．ここで，ラジカル中心や空オービタルの安定化に関してわかっている知識を利用し，一重項や三重項のカルベンを設計するときの知識を使う必要がある．また，注目するカルベンが一重項か三重項かが確実にわかっており，したがってその化学が予想できる必要がある．

第一段階はモデルを選ぶことで，次にメチレンの一重項と三重項のエネルギー差の計算誤差を念頭におくことである．メチレンについては，実験によって三重項状態のエネルギーが一重項状態より約 42 kJ mol^{-1} 低いことがわかっている．そこで，この値を他の系の一重項-三重項のエネルギー差の計算値の補正に使うことができる．

a. 6-31G* 基底セットを用いたハートリー-フォックモデルと B3LYP 密度汎関数モデルを使って，それぞれメチレンの一重項状態と三重項状態の構造を最適化せよ．HF/6-31G* 計算によれば，どちらの状態（一重項か三重項）のエネルギーが低いことがわかるか．このレベルの計算で一重項か三重項の正しい判断ができるか．得られた結果について説明せよ．〔ヒント：三重項メチレンの電子対の数は一重項より 1 個少ない．〕計算で得られた一重項-三重項のエネルギー差に加えるべき補正値はいくらか．B3LYP/6-31G* 計算によれば，どちらの状態（一重項か三重項）のエネルギーが低いことがわかるか．計算で得られた一重項-三重項のエネルギー差に加えるべき補正値はいくらか．

b. ここからは，HF/6-31G* モデルと B3LYP/6-31G* モデルのうち，メチレンの一重項-三重項のエネルギー差の計算でよい結果を与えたモデルを使って進めよ．シアノメチレン，メトキシメチレン，シクロペンタジエニリデンについて，一重項状態と三重項状態の構造を最適化せよ．

NC–C–H　　MeO–C–H　　(HC=CH–CH=CH–C 環)

シアノメチレン　メトキシメチレン　シクロペンタジエニリデン

前の段階で得られた補正値を適用して，それぞれについて一重項-三重項エネルギー差を求めよ．この三つのカルベンのそれぞれについて，一重項と三重項のどちらが基底状態か．水素の場合（メチレン）と比較して，シアノメチレンのシアノ置換基やメトキシメチレンのメトキシ基は，その一重項または三重項のエネルギーを低下させることになったか．その答を裏付けるために，まずシアノ基とメトキシ基を π 供与体か π 受容体に分類し，供与体や受容体が一重項メチレンと三重項メチレンをどのように安定化させたり不安定化させたりするかを推測せよ．また，シクロペンタジエニル環にしたことで，基底状態として一重項か三重項が（メチレンにおける安定性と比較して）有利になったか．得られた結果について説明せよ．〔ヒント：一重項と三重項の両方の状態について環の π 電子の数を数えよ．〕

P 26.15　ベンゼン環に電子供与基が付いていれば求電子芳香核置換が促進され，いわゆるメタ配向の生成物よりオルト配向やパラ配向の生成物が選択的に得られる．一方，電子求引基が付いていればこの置換反応は抑制され，メタ配向生成物が（オルト配向やパラ配向の生成物に比べて）優勢になる．たとえば，つぎの求電子アルキル化反応では，

$C_6H_5NH_2$ —(R^+, "速い")→ オルト + パラ ＞ メタ

$C_6H_5NO_2$ —(R^+, "遅い")→ メタ ＞ オルト + パラ

である．求電子基の付加が起こる置換反応の第一段階として，つぎのような正に帯電した付加物ができると予測される．

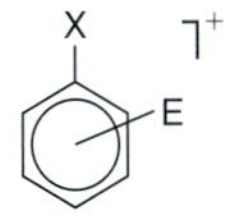

このいわゆるベンゼニウムイオンの存在は，分光法やX線結晶構造解析によっていくつかの例が知られている．ベンゼニウムイオン中間体の安定性から，生成物の分布について何かいえるだろうか．

a. HF/3-21G モデルを使ってベンゼン，アニリン，ニトロベンゼンの幾何構造を最適化せよ．これら三つのベンゼン置換体の相対的な反応性を確認するには，そのエネルギーが必要である．また，HF/3-21G モデルを使ってベンゼニウムイオンの幾何構造についても最適化せよ．推測される構造は，sp^2 炭素5個と sp^3 炭素1個から成る平面六員環で，その sp^2 炭素間の結合距離は単結合と二重結合の中間的な値をもち，C_{2v} 対称である．環の結合距離について，計算で得られた構造とヘプタメチルベンゼニウムイオンについてX線で得られたつぎの幾何構造を比較せよ．

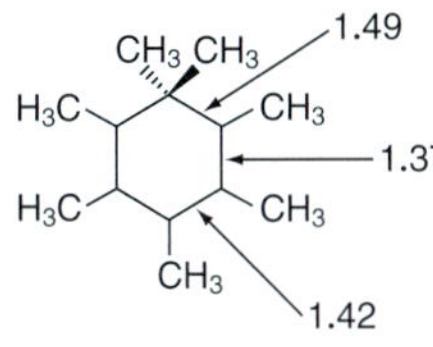

数値の単位は Å

b. HF/3-21G モデルを使ってベンゼン，アニリン（メタ異性体とパラ異性体のみ），ニトロベンゼン（メタ異性体とパラ異性体のみ）のメチルカチオン付加物の幾何構造を最適化せよ．その枠組みには計算で得られた元のベンゼニウムイオンの構造を使え．このアニリン付加物では，メタとパラのどちらの異性体が安定か．また，ニトロベンゼン付加物ではどちらの異性体が安定か．それぞれの系のエネルギーの低い異性体を考えたとき，ベンゼンとアニリン，ニトロベンゼンのメチルカチオン付加物についてその結合エネルギー，つまり E(ベンゼン置換体のメチルカチオン付加物) − E(ベンゼン置換体) − E(メチルカチオン) の順に並べよ．HF/3-21G モデルを使ってメチルカチオンのエネルギーを計算する必要がある．どの芳香族化合物が最も反応性に富むか．どの芳香族化合物が最も反応性に乏しいか．全体として，得られた結果はベンゼニウムイオン付加物が求電子芳香核置換に関与するのを支持しているか．その答の根拠を説明せよ．

P 26.16　ベンゼンなどの芳香族分子が Br_2 などの求電子剤と反応すればふつう置換が起こる．一方，シクロヘキセンなどのアルケンではたいてい付加が起こる．すなわち，

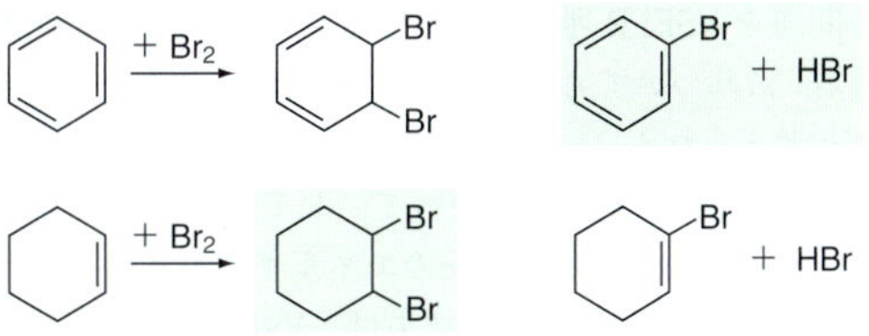

付 加　　置 換

である．アルケンと芳香族炭化水素でこのように優先反応が変わる理由は何か．ハートリー–フォック 6-31G* モデルを使って，シクロヘキセンとベンゼンの付加反応と置換反応（全部で4種の反応）の反応物と生成物の平衡幾何構造とエネルギーを求めよ．付加生成物（1,2-ジブロモシクロヘキサンと 5,6-ジブロモ-1,3-シクロヘキサジエン）はトランス形とせよ．反応物と生成物について計算で得られたエネルギーを使って，四つの反応におけるエネルギー変化を求めよ．その結果は，実際に観測されている事実と合っているか．四つの反応はすべて発熱反応か．もし発熱反応でない反応があれば，その理由について根拠を示せ．

P 26.17　零点振動がないときの絶対零度でのエネルギー変化と，実際の分子における 298 K でのエンタルピー変化やギブズエネルギー変化との違いを求めよ．正味の分子数に変化のない1分子異性化反応と分子数が増加する熱分解反応について考えよう．

a. つぎの異性化反応の ΔU, ΔH(298 K), ΔG(298 K) を計算せよ．

$$CH_3N{\equiv}C \longrightarrow CH_3C{\equiv}N$$

B3LYP/6-31G* 密度汎関数モデルを使って，イソシアン化メチルとアセトニトリルの平衡幾何構造を求めよ．ΔU と ΔH(298K) の計算値はかなり（10 パーセント以上）異なるか．もしそうなら，その差は主として温度補正によるものか．それとも，零点エネルギーの扱いによるものか（それとも，両者の組合わせによるものか）．ΔG(298 K) の計算値は ΔH(298 K) とかなり異なるか．

b. つぎの熱分解反応について（B3LYP/6-31G* モデルを使って）上と同じ解析を行え．

$$HCO_2CH_2CH_3 \longrightarrow HCO_2H + H_2C{=}CH_2$$

実験で得られた熱化学データは，ΔU の計算値ではなく ΔG の計算値と関係づけるのが重要である．このことに関して，上の二つの反応は同じ状況にあるか．それとも異なるか．もし異なるなら，その根拠を説明せよ．

P 26.18　ヒドラジンは，NH 結合がねじれた位置にあるねじれ形コンホメーションをとると予測される．ありうる構造の一つは窒素原子の孤立電子対が互いにアンチ形のもので，もう一つはゴーシュ形である．

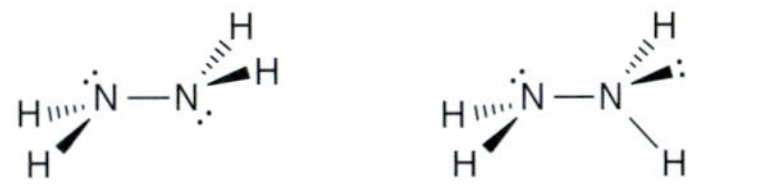

アンチ形ヒドラジン　　ゴーシュ形ヒドラジン

この問題をVSEPR理論（電子対は結合より大きな空間を占める）に基づいて考えれば，アンチ形ヒドラジンが優先構造と考えられる．

a. HF/6-31G* モデルを使って，ヒドラジンのアンチ形とゴーシュ形のコンホーマーのエネルギーを求めよ．どちらの形がより安定か．その結果は，VSEPR理論による予測と合っているか．

得られた結果を説明するのに知っておくべきことは，電子対同士が相互作用すれば両者の組合わせができ，一つは安定化し（元の電子対と比較して），もう一つは不安定化するということである．その不安定化の度合いは安定化の度合いより大きく，したがって二つの電子対による合計の相互作用はエネルギー的に不利な状況にある．それをつぎの図に示す．

b. ヒドラジンの二つのコンホーマーそれぞれについて，最高被占分子オービタル（HOMO）のエネルギーを求めよ．それは，電子対のエネルギーが最高の（不安定化の）組合わせに相当している．どちらのコンホーマー（アンチ形かゴーシュ形か）のHOMOがエネルギーは高いか．それは，エネルギーの高いコンホーマーでもあるか．もしそうなら，HOMOのエネルギー差はコンホーマーの全エネルギーの差と同じ程度の大きさか．

P 26.19　1,3-ブタジエンがアクリロニトリルとディールス-アルダー付加環化反応を起こすには，このジエンがつぎのようなシス形の（またはシス形に近い）コンホメーションにある必要がある．

実際には，1,3-ブタジエンは主としてトランス形のコンホメーションをとっており，シス形のエネルギーはトランス形より約 9 kJ mol^{-1} 高く，その間のエネルギー障壁は比較的低い．シス形のブタジエン分子は，室温では約5パーセントしかないから，トランス形の分子はこの反応が起こる前にシス形へと回転する必要がある．

1,3-ブタジエンの置換体で，トランス形よりシス形の（またはシス形に近い）コンホーマーが実際に多く存在する分子について調べよう．分子が反応性に富むためには，そのジエン部に電子が富む必要があるから，置換基としてアルキル基とアルコキシ基に加え，ハロゲンを考えよう．HF/3-21G モデルを使え．得られた結果を報告し，その妥当性について説明せよ．

P 26.20　単結合まわりの回転のエネルギーは回転角 ϕ の周期関数で表されるから，これを有限項のフーリエ級数を使って近似的に表せる．その最も単純なかたちは，

$$V(\phi) = \frac{1}{2}V_1(1-\cos\phi)+\frac{1}{2}V_2(1-\cos 2\phi)+\frac{1}{2}V_3(1-\cos 3\phi)$$
$$= V_1(\phi)+V_2(\phi)+V_3(\phi)$$

である．V_1 は1回の成分（周期は360°），V_2 は2回の成分（周期は180°），V_3 は3回の成分（周期は120°）である．

フーリエ級数は直交多項式であるから，展開項のそれぞれは互いに独立である．したがって，複雑な回転エネルギープロファイルを一連の N 回成分に分けて分析し，それぞれを個別に解釈することができる．なかでも1回成分は理解しやすい．たとえば，ブタンの中央の結合まわりの回転の1回の項は，メチル基の混み具合を反映している．

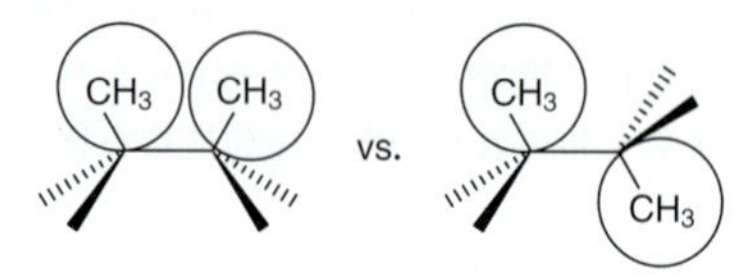

"混み合っている"　　"混み合っていない"

また，1,2-ジフルオロエタンの1回の項は，結合双極子で表したときの静電相互作用の差を反映していると考えてよい．

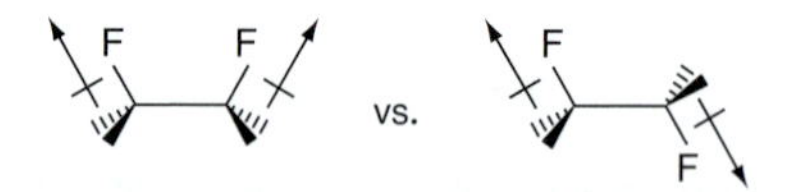

結合双極子が強め合う　　結合双極子が打消し合う

一方，3回の成分は単結合まわりの重なり（エクリプス）配座とねじれ形（スタッガード）配座のエネルギー差を表している．しかし，三つの成分の中でおそらく2回の成分が最も興味深いのでここで取上げよう．それは平面形と垂直形のエネルギー差に関係している．

ジメチルペルオキシド（CH_3OOCH_3）の幾何構造について，COOCの二面角を0°, 20°, 40°, …, 180° に保持したまま（10通り）最適化せよ．B3LYP/6-31G* 密度汎関数モデルを使え．二面角に対してエネルギーをプロットしたグラフをつくり，これを3項で表したフーリエ級数に合わせよ．そのフーリエ級数はデータをうまく再現しているか．もしそうなら，その主要項はどれか．それについて説明せよ．2番目に重要な項はどれか．得られた結果について説明せよ．

P 26.21　環状アミンであるアジリジンのピラミッド反転は，非環式アミンの反転よりずっと困難である．HF/6-31G* モデルを使った計算によれば，アジリジンでは反転に 80 kJ mol^{-1} のエネルギーが必要なのに対して，たとえ

ばジメチルアミンでは 23 kJ mol^{-1} ですむ．その説明として考えられるのは，これら分子の反転の遷移状態では窒素原子を中心とした平面三角形をつくる必要があり，結合角の一つが約 60° という値に制約されるアジリジンでは，ジメチルアミンの場合より明らかに困難であるというものである．この説明によれば，四員環と五員環のアミン（アゼチジンとピロリジン）の反転のエネルギー障壁も直鎖アミンより大きいはずで，六員環アミン（ピペリジン）は非環式アミンにごく近いはずである．すなわち，

アジリジン > アゼチジン > ピロリジン > ピペリジン ≃ ジメチルアミン

となる．HF/6-31G* モデルを使って，アジリジン，アゼチジン，ピロリジン，ピペリジンの幾何構造を最適化せよ．それぞれの最適化された構造から考え，窒素原子が四面体中心にある構造から三角形の中心にある構造に置き換えることによって，それぞれの反転の遷移状態の構造を推定せよ．同じハートリー–フォックモデルを使ってそれぞれの遷移状態を求め，反転のエネルギー障壁を計算せよ．その振動モードの振動数を計算し，推定した遷移状態が正しいことを確かめよ．

計算で得られた反転のエネルギー障壁は，上の図で表した順序になっているか．もしそうなっていなければ，どの分子に異常があると思われるか．安定なアミンからその遷移状態への幾何構造の変化にはほかの原因もあるのではないかと考え，その理由を説明せよ．

P 26.22 ジメチルスルホキシドやジメチルスルホンなどの分子は超原子価分子，つまり硫黄原子のまわりの原子価電子の総数が 8 個を超えた分子，あるいは硫黄原子が正電荷をもつ双性イオンによってつぎのように表せる．

$(CH_3)_2S{=}O$ と $(CH_3)_2S^{+}{-}O^{-}$ $(CH_3)_2S(=O)_2$ と $(CH_3)_2S^{2+}(O^{-})_2$

量子化学計算で原子の電荷を求めれば，どちらの表示がよいかの判断がしやすい．

a. HF/3-21G モデルを使って硫化ジメチル $(CH_3)_2S$ とジメチルスルホキシドの幾何構造を求め，その静電ポテンシャルに合う硫黄原子の電荷を求めよ．ジメチルスルホキシドの硫黄の電荷は硫化ジメチル（通常の硫黄）とほぼ同じか，それとも 1 単位大きいか，あるいはその中間か．ジメチルスルホキシドは超原子価分子で表すのがよいか，それとも双性イオンがよいか，あるいはその中間か．その答を他のデータ（幾何構造や双極子モーメントなど）から支持することができるか．

b. ジメチルスルホンについて同じ解析を行え．その硫黄の電荷について得られた結果を，硫化ジメチルとジメチルスルホキシドで得られた結果と比較せよ．

P 26.23 ヒドロキシメチレンは実際これまでに観測されたことはないが，ホルムアルデヒドの光フラグメント化によって水素と一酸化炭素が生成するつぎの反応の中間体と考えられている．

$$H_2CO \xrightarrow{h\nu} [H\ddot{C}OH] \longrightarrow H_2 + CO$$

また，ホルムアルデヒドの光二量化反応の中間体とも考えられている．

$$H_2CO \xrightarrow{h\nu} [H\ddot{C}OH] \xrightarrow{H_2CO} HOCH_2CHO$$

ヒドロキシメチレンは実際に存在するだろうか．それが“生きて”存在するには，かなり大きなエネルギー障壁（> 80 kJ mol^{-1}）によってその再配置生成物（ホルムアルデヒド）とも解離生成物（水素と一酸化炭素）とも隔てられていなければならない．もちろん，そのポテンシャルエネルギー曲面にも極小がなければならない．

a. まず，ホルムアルデヒドとヒドロキシメチレンのエネルギー差を計算し，それを間接的ではあるが実験的に求めた値 230 kJ mol^{-1} と比較せよ．その計算には二つのモデル，B3LYP/6-31G* と MP2/6-31G* を使え．ヒドロキシメチレンの平衡幾何構造を計算してから，その振動モードの振動数を求めよ．ヒドロキシメチレンにエネルギー極小はあるか．それはどうしてわかるか．二つのモデルで計算した結果の一方もしくは両方は，実験で求めたエネルギー差をよく再現しているか．

b. 上の計算でエネルギー差がよく再現された方のモデルを使って，ヒドロキシメチレンからホルムアルデヒドへの異性化反応と水素と一酸化炭素への解離反応における遷移状態を求めよ．これら二つの遷移状態の振動モードの振動数を計算せよ．求めた遷移状態から考えて，ヒドロキシメチレンは異性化反応でも解離反応でも存在すると予想されるか．その根拠を説明せよ．どちらの結果も，ヒドロキシメチレンはエネルギーの深い井戸にあって，実際に観測されることを示しているか．

P 26.24 H_2O の三つの振動数（1595, 3657, 3756 cm^{-1}）は，それに対応する D_2O の振動数（1178, 1571, 2788 cm^{-1}）よりずっと大きい．これは，エネルギー曲面の極小での曲率に関係する（質量には依存しない）ある量の平方根を，その運動に関与する原子の質量に依存するある量で割ったもので振動数が表されることによる．

26·8·4 節で説明したように，量子化学計算で求められる（核は絶対零度で静止しているとする）エネルギーと実験で求められる（核は有限温度で振動しているとする）エンタルピーとの関係を表す式に振動数が入っているだけでなく，エンタルピーとギブズエネルギーの関係を表すのに必要なエントロピーにも振動数は入っている．ここでは，いわゆる零点エネルギー，つまり絶対零度で分子が潜在的

にもつ振動エネルギーに注目しよう．

零点エネルギーは，個々の振動エネルギー（振動数）の単なる和で与えられる．したがって，同位体置換によって重くなった分子の零点エネルギーは，置換しない元の分子より小さい．これを模式的に表せば，

零点エネルギー
“未置換のもの”　“置換したもの”

となる．その結果，同位体置換（軽原子を重原子に）した分子の結合解離エンタルピーは未置換の分子より大きくなる．

a. HClとその解離生成物である塩素原子と水素原子についてB3LYP/6-31G* 計算を行え．HClの幾何構造を最適化してからHClとDClの振動数を計算し，それぞれの零点エネルギーを求めよ．結合解離エネルギー全体に占める割合で表せば，HClをDClに変えたときの変化は何パーセントか．

d_1-塩化メチレン（ジクロロメタン）が塩素原子と反応すれば，水素を引き抜くか（HClが生成），重水素を引き抜くか（DClが生成）によって2通りの可能性がある．

$CHDCl_2$ + Cl* → $CDCl_2$* + HCl　水素の引き抜き

$CHDCl_2$ + Cl* → $CHCl_2$* + DCl　重水素の引き抜き

熱力学的に考えれば，どちらの経路が優勢か．速度論的に考えれば，どちらの経路が優勢か．

b. B3LYP/6-31G* モデルを使って，ジクロロメチルラジカルの平衡幾何構造を求めよ．また，未置換のラジカルと重水素置換したラジカルの振動モードの振動数を求め，二つの引き抜き反応について零点エネルギーを計算せよ（HClとDClの零点エネルギーはすでに計算した）．熱力学的に考えれば，どちらの経路が優勢か．室温で得られる（熱力学的な）生成物の比を予測せよ．

c. B3LYP/6-31G* モデルを使って，塩化メチレンからの水素引き抜き反応の遷移状態を求めよ．予想されるのは，

（C…H 1.36 Å，H…Cl 1.5 Å）

である．一方の水素が重水素に置換された2通りの構造について振動モードの振動数を計算し，その零点エネルギーを求めよ．（零点エネルギーの計算では，その反応座標で虚数の振動数を与える振動モードは無視してよい．）速度論的に考えれば，どちらの経路が優勢か．それは熱力学的な経路と同じか，それとも違うか．室温で得られる（速度論的な）生成物の比を予測せよ．

P 26.25　ディールス-アルダー反応には，ふつう電子過剰型のジエンと電子不足型のジエノフィルが関与している．

Y = R, OR
X = CN, CHO, CO_2H

その反応速度は一般に，ジエンの置換基Yのπ供与性が強いほど速く，ジエノフィルの置換基Xのπ受容性が強いほど速い．通常の解釈によれば，電子供与体がジエンのHOMOのエネルギーを押し上げ，電子受容体がジエノフィルのLUMOのエネルギーを押し下げる．その結果，HOMO-LUMOのギャップが狭くなり，ジエンとジエノフィルの間の相互作用が強くなって，この反応の活性化障壁は低くなる．

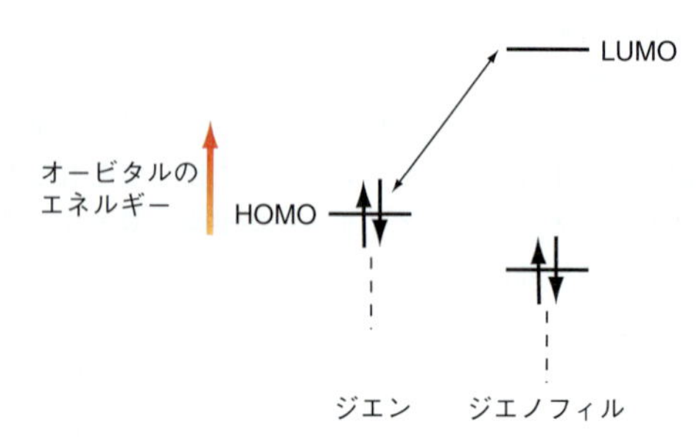

a. HF/3-21Gモデルを使って，アクリロニトリル，1,1-ジシアノエテン，シス形とトランス形の1,2-ジシアノエテン，トリシアノエテン，テトラシアノエテンの平衡幾何構造を求めよ．

0　アクリロニトリル
4.64　1,1-ジシアノエテン
1.94　*cis*-1,2-ジシアノエテン
1.89　*trans*-1,2-ジシアノエテン
5.66　トリシアノエテン
7.61　テトラシアノエテン

シクロペンタジエンへの付加反応速度に対する実測値の比の対数（上の図中にある数値）に対して，各ジエノフィルのLUMOエネルギーをプロットせよ．LUMOエネルギーと相対速度の間に妥当な相関があるか．

b. HF/3-21Gモデルを使って，アクリロニトリルとシクロペンタジエン および テトラシアノエテンとシクロペンタジエンのディールス-アルダー付加環化反応の遷移状態の幾何構造をそれぞれ求めよ．また，シクロペンタジエンの幾何構造を求めよ．この二つの反応の活性化エネルギーを計算せよ．得られた活性化エネルギーの計算値の差を実験値の差と比較せよ．（反応速度の対数の差7.61が使

える．また，298 K とする．）

P 26.26　シアン化物イオンが S_N2 反応で求核剤として作用するのは“炭素”であって，“窒素”でないことはよく知られている．たとえば，

$$:N{\equiv}C:^- \ CH_3{-}I \longrightarrow :N{\equiv}C{-}CH_3 + I^-$$

で表される．実際には窒素は炭素より電気陰性度が大きいから余分の電子をもつのだが，上の挙動をどのように説明できるだろうか．

a. HF/3-21G モデルを使ってシアン化物イオンの幾何構造を最適化し，その HOMO を調べよ．シアン化物イオンの HOMO の形を示せ．濃度が濃いのは炭素か，それとも窒素か．それは，シアン化物イオンの炭素が求核剤として作用するという描像と合っているか．もしそうなら，炭素と窒素の電気陰性度の違いと矛盾しない理由を説明せよ．

ヨウ化メチルに対するシアン化物イオンによる求核攻撃の後に，ヨウ化物イオンが離れるのはなぜだろうか．

b. HF/3-21G モデルを使ってヨウ化メチルの幾何構造を最適化し，その LUMO を調べよ．ヨウ化メチルの LUMO の形を示せ．シアン化物イオンによる求核攻撃の後に，ヨウ化物イオンが失われるのを予想できるか．これについて説明を加えよ．

P 26.27　ジボランの構造は，ちょっと考えれば異常である．この分子はエタンと重い原子の数が同じで，水素の数も同じなのになぜ両者は同じ構造をとらないのだろうか．

ジボラン　エタン

この二つの分子の重要な違いは，ジボランはエタンより電子が 2 個少なく，同数の結合をつくれないところにある．実際，ジボランと同じ電子数なのはエテンであって，その両者の構造には類似性がある．

HF/6-31G* モデルを使ってジボランとエテンの平衡幾何構造を求め，それぞれについて 6 個の価電子分子オービタルを描け．エテンのそれぞれの価電子オービタルを，ジボランの対応するオービタルと関係づけよ．オービタルの位置関係ではなく，オービタルの構造の類似性に注目せよ．エテンの π オービタル (HOMO) は，ジボランのどのオービタルと最も関係が深いか．ジボランのこのオービタルをどう表せばよいか．B−B 結合か，それとも B−H 結合か，あるいはその両方か．

P 26.28　たいていの分子オービタルは分子全体にわたって非局在化しており，結合性を示すか反結合性を示すかは明らかである．そこで，光励起やイオン化による励起によってある特定の分子オービタルから電子 1 個が失われることがあれば，その結合性や分子の幾何構造に明瞭な変化が起こると予測される．

a. HF/6-31G* モデルを使ってエテン，ホルムアルジミン，ホルムアルデヒドの平衡幾何構造を求め，それぞれの最高被占分子オービタル (HOMO) と最低空分子オービタル (LUMO) を描け．エテン，ホルムアルジミン，ホルムアルデヒドの HOMO から電子 1 個を取除いたら，炭素まわりの幾何構造 (平面形のままか，ピラミッド形になるか)，C=X 結合長，C=NH 結合角 (ホルムアルジミンの場合) にどんな変化が起こるか．

b. HF/6-31G* モデルを使ってエテン，ホルムアルジミン，ホルムアルデヒドのラジカルカチオンの平衡幾何構造を求めよ．中性分子から電子を 1 個取除いたこれらカチオンについて計算で得られた幾何構造は，HOMO の形と節の構造から考えた予測と合うものか．

c. 空分子オービタルも非局在化しており，結合性を示すか反結合性を示すかは明らかである．このことはふつう重要でないが，このオービタルが (光励起や電子の捕捉によって) 占有されれば，分子の幾何学構造にも変化が予測される．エテン，ホルムアルジミン，ホルムアルデヒドの LUMO に電子 1 個が加われば，炭素まわりの幾何構造，C=X 結合長，C=NH 結合角 (ホルムアルジミンの場合) にどんな変化が起こるか．

d. HF/6-31G* モデルを使ってエテン，ホルムアルジミン，ホルムアルデヒドのラジカルアニオンの平衡幾何構造を求めよ．中性分子に電子を 1 個加えたこれらアニオンについて計算で得られた幾何構造は，LUMO の形と節の構造から考えた予測と合うものか．

ホルムアルデヒドの第一励起状態 (いわゆる n → π* 状態) は，HOMO (ホルムアルデヒドの基底状態) から LUMO に電子 1 個が昇位することにより生じると考えられる．この分子の実験で得られた平衡幾何構造によれば，図のように CO 結合は伸びて，ピラミッド形の炭素になることがわかる．図中の数値は結合長と角度を示す．(　) 内は基底状態の値である．

1.32 Å (1.21 Å)
154° (180°)

e. ホルムアルデヒドの HOMO と LUMO について知っていること，ホルムアルデヒドのラジカルカチオンとラジカルアニオンの計算でわかったことに基づいて，上の実験結果を説明せよ．

P 26.29　BeH_2 は直線形分子である．一方，電子を 2 個余分にもつ CH_2 と 4 個余分にもつ H_2O は屈曲形分子であり，両者の結合角は似ている．この幾何構造の違いは，結合性分子オービタルの形を調べて予測されたものだろうか．

a. BeH_2 の結合角を 90°, 100°, 110°, …, 180° に制約して (10 通り) それぞれの幾何構造を最適化せよ．HF/6-31G* モデルを使え．全エネルギーと HOMO と LUMO の

エネルギーを結合角に対してプロットせよ．また，中間的な結合角の構造について，その HOMO と LUMO を描け．

屈曲形から直線形に向かえば，BeH_2 の HOMO のエネルギーは増加するか，減少するか，一定のままか，あるいはどこかで極小もしくは極大を示すだろうか．このことは，HOMO の形や節の構造を調べれば予想できるだろうか．

結合角が増加すれば BeH_2 の LUMO のエネルギーは増加するか，減少するか，一定のままか，あるいはどこかで極小もしくは極大を示すだろうか．LUMO の形と節の構造を参考にして説明せよ．BeH_2 の LUMO に電子を加えたときの構造変化を予測できるだろうか．$BH_2^\bullet$（LUMO に電子 1 個が加わったもの）と一重項 CH_2（LUMO に電子 2 個が加わったもの）の構造を推定せよ．

b. HF/6-31G* モデルを使って，（一重項）$BH_2^\bullet$ と一重項 CH_2 の幾何構造を最適化せよ．得られた量子化学計算の結果は，定性的に考えたものと合っているか．

c. 一重項 CH_2 の結合角を 90°, 100°, 110°, …, 180° に制約して幾何構造を最適化せよ．全エネルギーと HOMO と LUMO のエネルギーを結合角に対してプロットせよ．

中間的な結合角の構造について，その LUMO を描け．CH_2 の結合角に対する HOMO エネルギーのプロットは，BeH_2 の結合角に対する LUMO エネルギーのプロットと鏡像関係になっているか．説明を加えよ．結合角が増加すれば CH_2 の LUMO のエネルギーは増加するか，減少するか，一定のままか（あるいはどこかで極小もしくは極大を示すだろうか）．LUMO のエネルギー変化は，同じ角度域で結合角が変化したときの HOMO のエネルギーの変化に比べて小さいか，大きいか，あるいはほぼ同じか．LUMO の形と節の構造を参考にして，上の二つの結果について説明せよ．CH_2 の LUMO に電子を加えたときの構造変化を予測できるだろうか．$NH_2^\bullet$（LUMO に電子 1 個が加わったもの）と H_2O（LUMO に電子 2 個が加わったもの）の構造を推定せよ．

d. HF/6-31G* モデルを使って，$NH_2^\bullet$ と H_2O の幾何構造を最適化せよ．得られた量子化学計算の結果は，定性的に考えたものと合っているか．

P 26.30 オレフィン（アルケン）はできる限り平面形（あるいは平面に近い）構造をとる．そうすれば p オービタルの重なりが最大になり，π 結合の強さが最大になれるからである．平面からずれればオービタルの重なりが減り，結合は弱まる．原理的には，シス-トランス異性化に必要な活性化エネルギーを測定すれば実験的に π 結合の強さを求められる．たとえば，*cis*-1,2-ジデューテロエテンの異性化反応，

(D)(H)C=C(D)(H) ⟶ (D)(H)C=C(H)(D)

の活性化エネルギーを測定すればよい．π 結合の強さを表すもう一つの目安となるのは，π オービタルから電子 1 個を取除くのに必要なエネルギー，つまりイオン化エネルギーである．イオン化エネルギーを求めれば，少なくともある基準との相対的な π 結合の強さを表すことができる．

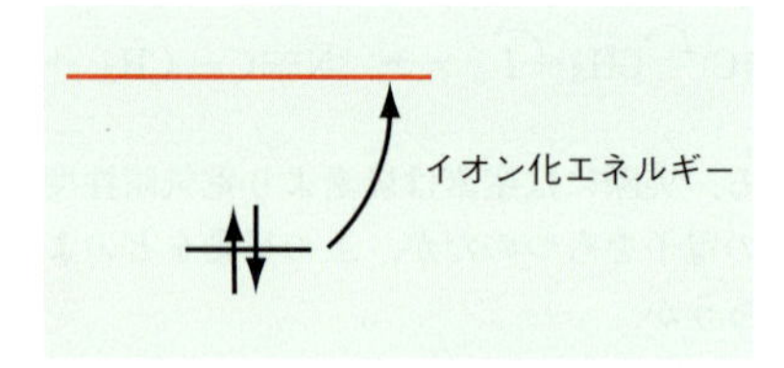

非平面形のオレフィンは，小さな環状のトランス異性体に予想される．しかし，小さな環状シクロアルケンではシス異性体が多く，トランス異性体が実際に単離された最も小さなシクロアルケンはシクロオクテンである．実験によって，それはシス異性体より約 39 kJ mol^{-1} エネルギーが高いことがわかっている．これを π 結合が弱くなった目安と考えてよいだろうか．

HF/3-21G モデルを使って，*cis*-シクロオクテンと *trans*-シクロオクテンの幾何構造を最適化せよ．（まず，それぞれの分子について可能なコンホーマーを調べなければならない．）次に，それぞれの分子の HOMO を計算し，それを描き表せ．

trans-シクロオクテンの二重結合は，理想的な平面構造からかなりずれているか．もしそうなら，そのずれは二重結合の炭素の反転とみなせるか，それともその結合まわりのねじれとみなせるか，あるいは両方が関与したものと思うか．*trans*-シクロオクテンの HOMO には歪みが見られるか．それを詳しく調べよ．*trans*-シクロオクテンの HOMO のエネルギーは，*cis*-シクロオクテンよりかなり大きい（負で小さい）か．計算で得られた両異性体のエネルギー差を，実験で測定されたイオン化ポテンシャルの差（0.29 eV）と比較せよ．HOMO エネルギー（イオン化ポテンシャル）の差は，異性体のエネルギーの計算値（と実験値）の差とどういう関係にあるか．

P 26.31 一重項カルベンがアルケンに付加すればシクロプロパンが生成する．このとき立体化学は保持される．すなわち，シス置換のアルケンとトランス置換のアルケンからは，それぞれシス置換のシクロプロパンとトランス置換のシクロプロパンが生成する．たとえば，

CF_2 + *cis*-$CH_3CH{=}CHCH_3$ ⟶ *cis*-1,2-ジメチル-3,3-ジフルオロシクロプロパン（CF_2, CH_3, CH_3）

CF_2 + *trans*-$CH_3CH{=}CHCH_3$ ⟶ *trans*-1,2-ジメチル-3,3-ジフルオロシクロプロパン（CF_2, CH_3, CH_3）

である．これは，シス-トランス異性化を起こせるような中間体を介することなく，2 個の σ 結合がほぼ同時に生成

することを示している.

HF/3-21G モデルを使って，一重項ジフルオロカルベンとエテンの付加反応の遷移状態を見いだせ．次に，その振動モードの振動数を計算せよ．それが終わったら，求めた遷移状態が正しいもので，それから正しい生成物が導かれることを確かめよ.

遷移状態におけるエテンに対するカルベンの相対配向を求めよ．それは，生成物（1,1-ジフルオロシクロプロパン）内での相対配向と同じものか．もし違うなら，その理由は何か．〔ヒント：エテンのπ電子が，カルベンのエネルギーの低い空分子オービタルに入る必要がある．ジフルオロカルベンを構築し，HF/3-21G モデルを使って幾何構造を最適化し，その LUMO を描け.〕

P 26.32　ギ酸エチルの熱分解反応の動画，つまり反応座標に沿ったアニメーションを見れば，その機構に関する詳しい情報が得られる．この反応が進行するにつれ電子密度が変化する様子を調べよ．(Spartan には “ethyl formate pyrolysis” というファイルがある.）水素の移動と CO の結合開裂が協奏的に起こっているように見えるか．それとも，一方が他方をひき起こしているように見えるか.

P 26.33　同数の電子をもつ関連分子は同じ空間を占めるだろうか．それとも，他の（電子数以上に）重要な因子が全体の大きさを決めるのであろうか．HF/6-31G* モデルを使って，メチルアニオン，アンモニア，ヒドロニウムカチオンの平衡幾何構造を求め，全電子密度の 99 パーセントを含む電子密度曲面を比較せよ．この三つの化学種が占める空間の大きさは同じか．もし違うなら，その理由は何か.

P 26.34　リチウムは，酸化状態の影響が全体の大きさに現れる非常に単純な例を提供してくれる．リチウムカチオン，リチウム原子，リチウムアニオンについて，それぞれ HF/6-31G* 計算を行い，全電子密度の 99 パーセントを含む電子密度曲面を比較せよ．どれが最も小さいか．どれが最も大きいか．リチウムの大きさはその電子数とどう関係しているか．空間実体模型に最もよく似た曲面はどれか．これから，リチウムの原子半径を空間実体模型で表すのに用いた分子の種類について，何かいえることがあるか.

P 26.35　静電ポテンシャルが負の表面は，分子内の求電子攻撃をされやすい領域を表している．これを使えば，構造が似た分子でもいろいろ異なる化学が繰り広げられるのを理解できる.

HF/3-21G モデルを使ってベンゼンとピリジンの幾何構造を最適化し，静電ポテンシャルの $-100\ \mathrm{kJ\ mol^{-1}}$ に相当する曲面を調べよ．各分子のポテンシャル曲面を表せ．それを使って，つぎの実験結果を説明せよ．(1) ベンゼンとその誘導体は，ピリジンとその誘導体より求電子芳香核置換をずっと容易に行いやすい．(2) ペルデューテロベンゼン (C_6D_6) にプロトン付加すれば重水素が失われるが，ペルデューテロピリジン (C_5D_5N) にプロトン付加しても重水素は失われない．(3) ベンゼンは遷移金属とふつうπ型の複合体をつくるが，ピリジンは遷移金属とふつうσ型の複合体をつくる.

P 26.36　炭化水素分子は一般に，無極性あるいは双極子モーメントがせいぜい 0.2 D 程度の弱い極性しか示さないと考えられる．比較のために，ヘテロ原子から成る大きさの似た分子では，その双極子モーメントはふつう数 D もある．例外の一つはアズレンであり，その双極子モーメントは 0.8 D もある.

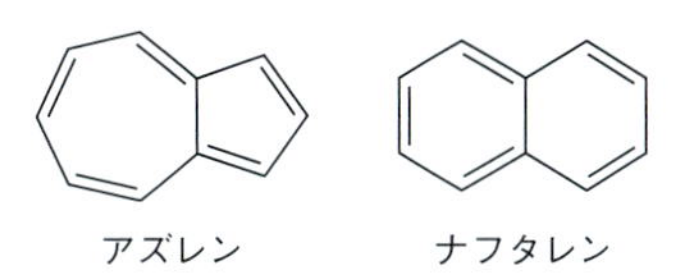

HF/6-31G* モデルを使ってアズレンの幾何構造を最適化し，静電ポテンシャル図を計算せよ．比較のために，アズレンの無極性異性体であるナフタレンについて同じ計算を行え．得られた二つの静電ポテンシャル図を並べて，両者を同じカラースケールで比較せよ．この静電ポテンシャル図によれば，アズレンの一方の環は（ナフタレンを基準として相対的に）より負で，もう一方はより正になっているか．もしそうなら，どちらの環が負か．その結果は，アズレンの双極子モーメントの向きと合っているか．この結果について説明せよ．〔ヒント：π電子の数を数えよ.〕

P 26.37　化学者なら，硝酸や硫酸は強酸であり，酢酸は弱酸であるのを知っている．また，エタノールが非常に弱い酸であるといっても反対はしないだろう．酸の強さの表し方は，プロトン脱離（不均一結合解離）のエネルギー論と直結している．たとえば，酢酸では，

$$\mathrm{CH_3CO_2H} \longrightarrow \mathrm{CH_3CO_2^-} + \mathrm{H^+}$$

と表され，かなり強い吸熱過程である．それは，この過程で結合が切れるだけでなく，中性の酸の解離によって二つの帯電した化学種が生成するからである．この反応が容易に起こるのは溶液中だけである．それは，溶媒が電荷を分散させる作用をするからである.

酸の強さは，単に酸とその共役塩基のエネルギー差として計算できる（プロトンのエネルギーを 0 とする)．実際，密接な関係にある系，たとえばカルボン酸の間で酸の強さを比較すれば，その傾向は実用的な量子化学モデルによってうまく説明できる．これは，同じモデルを使って塩基の相対的な強さをうまく説明できることと合っている（26·8·3 節の説明を見よ).

酸の強さのもう一つの目安となるのは酸性水素にある正電荷の大きさであり，それは静電ポテンシャルで測ることができる．水素近傍のポテンシャルの正電荷が大きいほど，容易に解離できるから，強い酸と考えてよいだろう．この種の目安はうまくいきさえすれば，その酸だけについて考えればよい（共役塩基を考える必要がない）という点で反応エネルギーの計算より有利である.

a. HF/3-21G モデルを使って硝酸，硫酸，酢酸，エタノールの平衡幾何構造を求め，その静電ポテンシャル図を比較せよ．このとき，四つの酸を同じカラースケールで比較せよ．酸性水素の近傍の静電ポテンシャルが正で最も大きいのはどの酸か．逆に最も小さいのはどれか．これら四つの化合物の相対的な酸の強さについて，静電ポテンシャル図は定性的に正しい説明を与えているか．

b. HF/3-21G モデルを使って，右の表にあるカルボン酸の平衡幾何構造を求め，それぞれのポテンシャル図を描け．

これら化合物の酸性水素に伴う静電ポテンシャルで，正で最も大きな値をそれぞれ“測り取り”，それを実験で得られた pK_a (表に与えてある) に対してプロットせよ．密接な関係にある一連の酸の水素の静電ポテンシャルと酸の強さの間に合理的な相関はあるか．

酸	pK_a
Cl_3CCO_2H	0.7
HO_2CCO_2H	1.23
Cl_2CHCO_2H	1.48
$NCCH_2CO_2H$	2.45
$ClCH_2CO_2H$	2.85
trans-$HO_2CCH=CHCO_2H$	3.10
p-$HO_2CC_6H_4CO_2H$	3.51
HCO_2H	3.75
trans-$ClCH=CHCO_2H$	3.79
$C_6H_5CO_2H$	4.19
p-$ClC_6H_4CH=CHCO_2H$	4.41
trans-$CH_3CH=CHCO_2H$	4.70
CH_3CO_2H	4.75
$(CH_3)_3CCO_2H$	5.03

27 分子の対称性

群論を量子力学と組合わせれば，分子の対称性がいかに重要かを理解するうえで強力な道具となる．本章では，群論の最も重要な側面を簡単に説明してから，いくつかの応用について述べる．群論を使えば，分子オービタルにどの原子オービタルが寄与しているかを分子の対称性から求めたり，分光学の選択律の起源を理解したり，分子の基準振動モードを特定したり，注目する分子振動が赤外活性かラマン活性かを求めたりすることができる．

27・1 対称要素，対称操作，点群

分子には原子の空間配置に基づく固有の対称がある．たとえば，ベンゼンを分子面に垂直で分子の中心を通る軸のまわりに 60° 回転しても，その配置は元の配置と区別できない．結晶性の固体ベンゼンでは，個々の分子はその結晶構造に応じた配置をしているから，これによって追加の対称性が生じる．その対称要素は X 線回折を考察するうえで重要である．しかし本章では，分子そのものの対称性に注目することにしよう．

化学で分子の対称が重要なのはなぜだろうか．それは，重要ないろいろな性質を分子の対称性が決めているからである．たとえば，CF_4 に双極子モーメントはないが，H_2O では分子の対称性によって双極子モーメントが生まれる．また，あらゆる分子には振動モードがある．しかし，赤外活性やラマン活性を示す振動モードの数や振動数が同じ振動の縮退度は分子の対称性に依存している．対称性は，あらゆるタイプの分光法で分子の状態間の遷移に関する選択律も決めている．ある分子オービタルにどの原子オービタルが寄与するかを決めているのも分子の対称性である．

本章で注目するのは，量子化学の問題に群論の予測力が発揮できる場面であり，ここでは群論の数学的な枠組みを展開することはしない．したがって，説明に必要な群論の結果は導出過程を示さずそのまま利用する．そのような結果は本文中の囲みで示してある．その導出過程や内容を詳しく調べたい読者は，S. F. A. Kettle の "Symmetry and Structure" や R. L. Carter の "Molecular Symmetry and Group Theory"，F. A. Cotton の "Chemical Applications of Group Theory" など群論の標準的な教科書を参考にしてもらいたい．27・1 節から 27・5 節までは，化学の問題を扱うのに必要となる群論の基本事項について説明する．そこで可約表現や既約表現，指標表の扱い方を知ったうえで，本章の残りでは群論の化学への応用例をいくつか示す．27・6 節では，注目する分子の対称性を取込んだ分子オービタル (MO) を原子オービタル (AO) からつくるのに群論を使う．27・7 節では分子振動の基準モードについて説明し，27・8 節では分子の振動モードが赤外活性かラマン活性かはその対称性で決まることを示す．また，振動数が同じ基準モードの数についても分子の対称性で決まっていることを示そう．

表 27·1　対称要素と対応する対称操作

対称要素		対称操作	
E	恒　等	$\hat{E}$	何もしない
C_n	n 回回転軸	$\hat{C}_n, \hat{C}_n^2, \cdots, \hat{C}_n^n$	軸のまわりに角度 360°/n を 1, 2, …, n 回回転
σ	鏡　面	$\hat{\sigma}$	鏡面について鏡映
i	反転中心	$\hat{i}$	$(x, y, z) \rightarrow (-x, -y, -z)$
S_n	n 回回映軸	$\hat{S}_n$	軸のまわりに角度 360°/n を回転し，その軸に垂直な面について鏡映

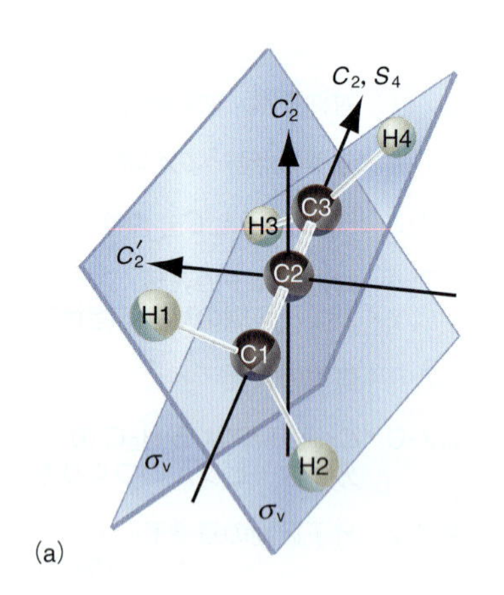

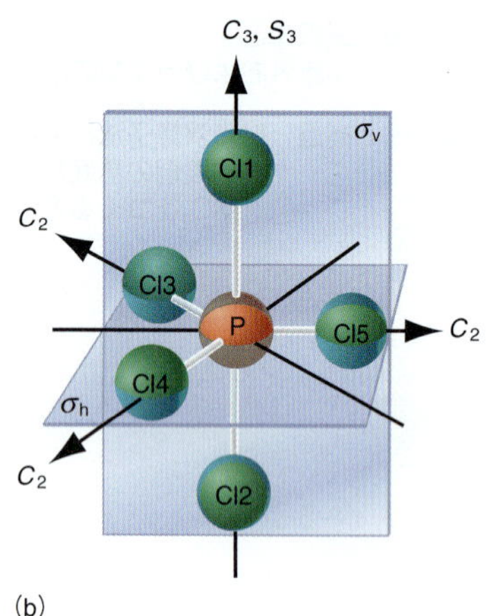

図 27·1　(a) アレン (CH_2CCH_2) の対称要素，(b) PCl_5 の対称要素．PCl_5 については，三つある σ_v 面の一つしか示していない．

まず，対称要素と対称操作について説明してから，分子の対称性について考えよう．**対称要素**[†1] とは，操作を実施するために使う軸や面，点などの幾何学的な実体のことである．**対称操作**[1]は，対称要素に関わる作用であり，それによって分子の配置が元の配置と区別できなくなる操作のことである．孤立分子の対称要素には 5 種のタイプしかない．ただし，分子の対称性を完全に表すには，n 回回転軸，n 回回映軸，鏡面など各タイプの要素がいくつか必要である．これらの対称要素と対称操作を表 27·1 にまとめる．対称操作を表す**演算子**[2]は，対称要素の記号の上にハット・キャレット (^) を付けて表してある．

C_n 軸と S_n 軸は n 回の操作によるが，それ以外の対称要素は 1 回の操作で済む．本書では回転の向きを反時計回りに選ぶが，一貫していればどちら向きでもよい．アレンと PCl_5 について，これらの対称要素の例を図 27·1 に示す．まず，アレンのつぎの対称要素について考えよう．

- 全部の炭素原子を通る C_2 **回転軸**[3] のまわりに 360°/2 = 180° 回転しても，分子は元の位置と区別できない位置にある．
- 上の 2 回軸まわりに 360°/4 = 90° 回転したのち，その軸に垂直で中心の炭素原子を通る面で鏡映しても，アレン分子は変化しない．この組合わせの操作を 4 回**回映**[4] といい，その対称要素を 4 回**回映軸**[5] S_4 という．この軸とすぐ上で述べた C_2 回転軸とは同一線上にある．
- この分子には C_2 回転軸があと二つあり，どちらも中央の炭素原子 (C2) を通る．ここで，図 27·1a に示す二つの平面を考えよう．一方の平面上には H1 と H2 があり，もう一方には H3 と H4 がある．問題の二つの C_2 回転軸は，この二つの平面がなす角度をそれぞれ二等分しているから，互いに垂直である．
- 図からわかるように，この分子には鏡面が二つある．両方の面とも主軸の 2 回軸を含んでいるから，これを σ_v で表す[†2]．

アレンのこれらの対称要素は図 27·1 にまとめてある．次に，PCl_5 分子について考えよう．この分子にはつぎの対称要素がある．

- Cl1 と Cl2，中央の P 原子を通る 1 本の 3 回回転軸 C_3．
- エクアトリアル位にある 3 個の Cl 原子の中心を通る 1 個の**鏡面**[†3] σ_h．この面で鏡映してもエクアトリアル位にあるこれら Cl 原子の位置は変わらず，ア

---

†1　symmetry element．訳注：本章では，対称要素のほかに群の要素と行列の要素が出てくるので注意が必要である．特に，本章で扱う群の要素は対称操作のことである．

†2　訳注：鏡面が主軸を含むとき，この面は"鉛直 (vertical)"であるという．

†3　mirror plane．訳注：対称面 (plane of symmetry) ともいう．鏡面が主軸に垂直であるとき，この面は"水平 (horizontal)"であるという．

1) symmetry operation　2) operator．作用素ともいう．　3) rotation axis
4) rotation-reflection　5) rotation-reflection axis

キシアル位の Cl 原子の位置は入れ替わる.

- 中央の P 原子とエクアトリアル位にある 3 個の Cl 原子の一つを通る合計 3 本の C_2 軸.
- Cl1 と Cl2, P を通り, Cl3 か Cl4, Cl5 のどれか一つを含む合計 3 個の鏡面 σ_v. 図 27・1b にはそのうちの一つ (Cl5 を通る鏡面) を描いてある.

27・2 節でわかるように, 分子の対称要素に基づけば, アレンと PCl_5 は別の群に帰属される. 対称要素と対称操作, 群の関係はどうなっているのだろうか. 一組の対称要素があるとき, それに対応する操作 (演算子) に関してつぎの 4 条件を満たしていれば, それらは**群**[1]を構成する.

- 2 個の演算子を連続して適用したとき, それが同じ群の演算子の一つと等価であること. このとき, この群は閉じている.
- **恒等演算子**[2] $\hat{E}$ が存在し, それは他のどの演算子とも可換であり, これによって分子は変更を受けない. この演算子は無意味なもののように思えるが, すぐ後でわかるように重要な役目を果たしている. 恒等演算子の性質は, $\hat{A}\hat{E} = \hat{E}\hat{A} = \hat{A}$ で表される. $\hat{A}$ はその群の任意の対称要素の演算子である.
- 群の対称要素の演算子それぞれに**逆演算子**[3]があること. $\hat{B}^{-1}$ を $\hat{B}$ の逆演算子とすれば $\hat{B}\hat{B}^{-1} = \hat{B}^{-1}\hat{B} = \hat{E}$ である. $\hat{A} = \hat{B}^{-1}$ であれば $\hat{A}^{-1} = \hat{B}$ である. また, $\hat{E} = \hat{E}^{-1}$ である.
- 演算は**結合的である**[4]こと. すなわち, $\hat{A}(\hat{B}\hat{C}) = (\hat{A}\hat{B})\hat{C}$ の結合法則が成り立つこと.

本章で関心のある群を**点群**[5]という. それは, 1 個または一組の点を不動に保つ操作の組の集合である. 化学で群論の威力を発揮させるには, 分子に固有な対称要素に基づいて分子を各点群に帰属しておくことである. 点群それぞれには一組の対称要素とそれに対応する操作がある. 以降の節でいくつかの群について詳しく調べよう.

27・2 分子の点群への帰属

ある分子が属する点群はどのように求められるだろうか. 図 27・2 に示す論理的な流れ図に従えば帰属できる. この流れ図の使い方を示すために, NF_3 と CO_2, $Au(Cl_4)^-$ を例としてそれぞれの点群に帰属しよう. それにはまず, 各分子にあるおもな対称要素を見つけておくとわかりやすい. その対称要素をもとに点群の暫定的な帰属を行ってから, その群にあるそれ以外の対称要素が確かにその分子に存在することを確かめておく必要がある. この流れ図の上から始め, 分岐点での判定に従うことにしよう.

NF_3 はピラミッド形の分子で 3 回軸 (C_3) をもつ. その 3 回軸は, F 原子がつくる面内にあって 3 個の F 原子から等距離にある点と N 原子を通っている. NF_3 にこれ以外の回転軸はない. この分子には, C_3 軸と N 原子, F 原子の一つを含む鏡面が合計 3 個ある. これらの鏡面はどれも, 面外の 2 個の F 原子を結ぶ線に垂直である. C_3 軸は鏡面内にあるから, NF_3 は C_{3v} 群に属するといえる. 図 27・2 の流れ図には赤色でその経路を示してある.

二酸化炭素は直線形分子であり, **反転中心**[6]をもつ. この対称要素だけで CO_2 は $D_{\infty h}$ 群に属すると特定できる. ここで, 添え字に n でなく ∞ があるのは, 分

1) group 2) identity operator 3) inverse operator 4) associative 5) point group
6) inversion center

子軸まわりのどんな回転によっても分子は不変だからである．

$Au(Cl_4)^-$ は平面正方形の錯イオンであり，C_4 軸が1本ある．この C_4 軸に垂直に C_2 軸があるが，$n>2$ の C_n 軸はこれ以外にない．鏡面もあるが，その一つは C_4 軸に垂直であるから，この錯イオンは D_{4h} に属するといえる．これらの分子について以上の帰属ができるのを確かめるには，図27·2の流れ図で経路をたどってみるのがよい．

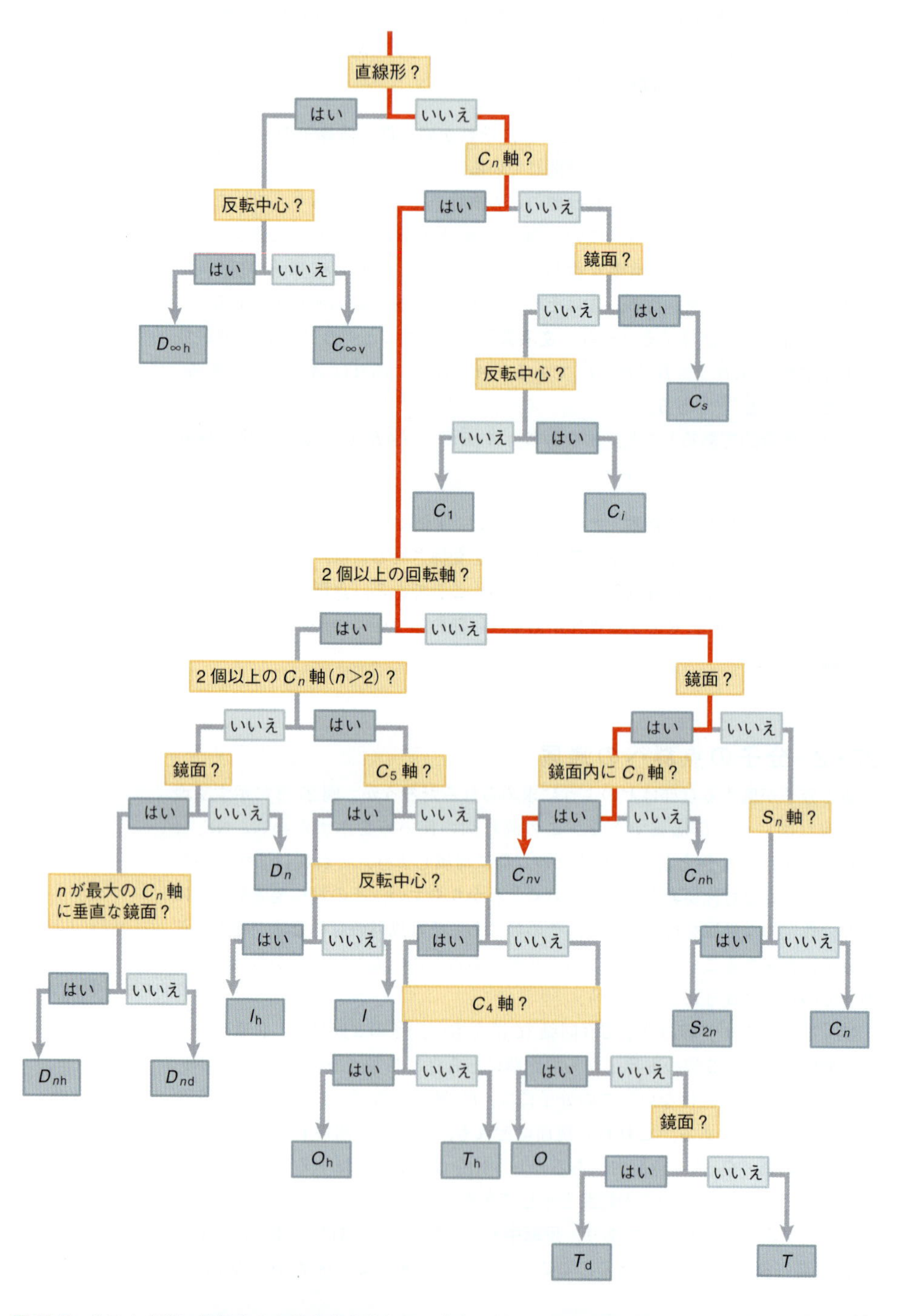

図27·2 分子を点群に帰属する方法を表す流れ図．赤色の線は，NF_3 を C_{3v} 点群に帰属するときの経路を表している．

表 27・2　代表的な点群とその対称要素

点 群	対称要素	分子の例
C_s	E, σ	BFClBr（平面形）
C_2	E, C_2	H_2O_2
C_{2v}	E, C_2, σ, σ'	H_2O
C_{3v}	E, C_3, C_3^2, 3σ	NF_3
$C_{\infty v}$	E, C_∞, $\infty\sigma$	HCl
C_{2h}	E, C_2, σ, i	*trans*-$C_2H_2F_2$
D_{2h}	E, C_2, C_2', C_2'', σ, σ', σ'', i	C_2F_4
D_{3h}	E, C_3, C_3^2, $3C_2$, S_3, S_3^2, σ, $3\sigma'$	SO_3
D_{4h}	E, C_4, C_4^3, C_2, $2C_2'$, $2C_2''$, i, S_4, S_4^3, σ, $2\sigma'$, $2\sigma''$	XeF_4
D_{6h}	E, C_6, C_6^5, C_3, C_3^2, C_2, $3C_2'$, $3C_2''$, i, S_3, S_3^2, S_6, S_6^5, σ, $3\sigma'$, $3\sigma''$	C_6H_6（ベンゼン）
$D_{\infty h}$	E, C_∞, S_∞, ∞C_2, $\infty\sigma$, σ', i	H_2, CO_2
T_d	E, $4C_3$, $4C_3^2$, $3C_2$, $3S_4$, $3S_4^3$, 6σ	CH_4
O_h	E, $4C_3$, $4C_3^2$, $6C_2$, $3C_4$, $3C_2$, i, $3S_4$, $3S_4^3$, $4S_6$, $4S_6^5$, 3σ, $6\sigma'$	SF_6

以上の例で，どうすれば分子を特定の点群に帰属できるかを示したが，その帰属には群の対称操作の一部しか使わなかった．表 27・2 には，小さな分子に当てはまる点群を掲げてあり，それぞれの群の対称要素をすべて示してある．点群によっては，C_n や σ など同じ対称要素でもプライム記号（′）やダブルプライム記号（″）を付けて表したものがあり，種類の違う**類**[1)]が含まれていることに注意しよう．類については 27・3 節で定義する．

ここまでは群の対称要素に関する一般的な性質について説明してきた．つぎの節では具体的に水分子が属する C_{2v} 群を取上げ，その対称要素についてもっと詳しく考えよう．

27・3 H_2O 分子と C_{2v} 点群

前節で述べた概念を実際に使えるようにするため，ここでは特定の分子に着目し，その対称操作を対称演算子として数学的に表し，その対称要素がある群を構成していることを示そう．それには，この演算子を行列で表してから，対称要素がこの特定の群として表されるために満たすべき条件を示すことにする．

図 27・3 は，水分子の対称要素すべてを示したものである．慣習によって，最も対称性の高い回転軸（回転主軸）の C_2 軸を z 軸に選ぶ．この C_2 軸は O 原子を通っている．水分子には二つの鏡面があり，互いに 90° の角度をなしており，両者が交差する線が C_2 軸になっている．どちらの鏡面も回転主軸を含んでいるから，これを下付き添え字 v で表してある．これに対して，回転主軸に垂直な鏡面があれば，それを下付き添え字 h で表す．水分子は σ_v' 鏡面上にあり，もう一つの鏡面 σ_v は H−O−H 結合角を 2 等分している．例題 27・1 で示すように，これら二つの鏡面はその鏡映操作が異なる類に属しているから，別の記号で表す（プライム ′ を付ける）．

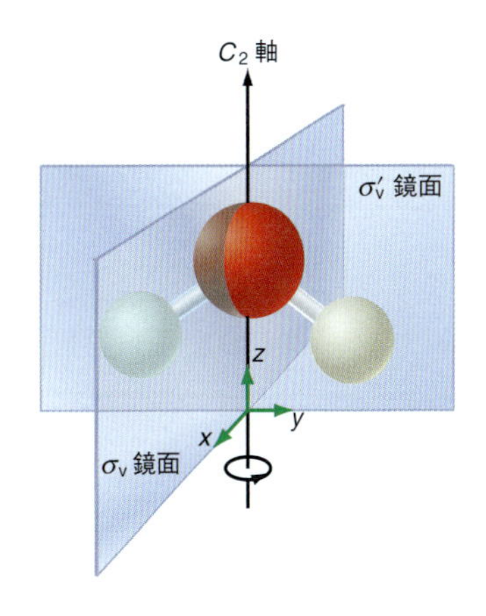

図 27・3　水分子の対称要素．二つの鏡面が異なる類に属することに注意せよ．

1) class

同じ類に属する対称操作であれば，その群の別の対称操作によって互いに変換することができる[†4]．たとえば，演算子 $\hat{C}_n, \hat{C}_n^2, \cdots, \hat{C}_n^n$ は同じ類に属している．

例題 27・1

a. NF_3 分子の三つの鏡面による鏡映は同じ類に属するか，それとも異なる類に属するか．

b. H_2O 分子の二つの鏡面による鏡映は同じ類に属するか，それとも異なる類に属するか．

解答

a. NF_3 は C_{3v} 群に属しており，それには回転演算子 $\hat{C}_3$, $\hat{C}_3^2=(\hat{C}_3)^{-1}$, $\hat{C}_3^3=\hat{E}$ と鏡映演算子 $\hat{\sigma}_v(1), \hat{\sigma}_v(2), \hat{\sigma}_v(3)$ が含まれる．これらの操作と対称要素をつぎの図に示す．

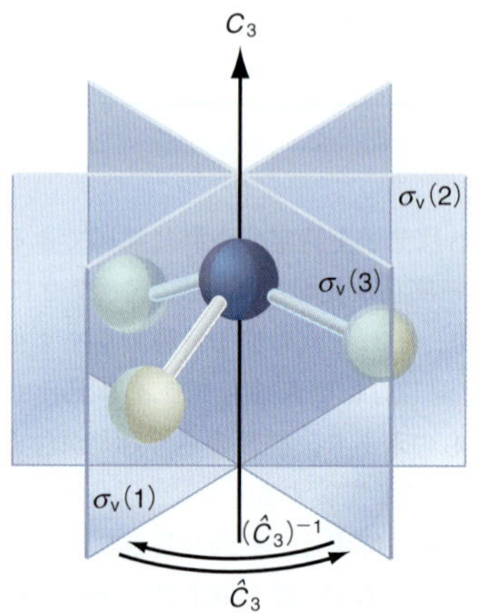

$\hat{C}_3$ によって $\sigma_v(1)$ は $\sigma_v(3)$ に，$\hat{C}_3^2=(\hat{C}_3)^{-1}$ によって $\sigma_v(1)$ は $\sigma_v(2)$ に変換される．したがって，この三つの鏡映は同じ類に属している．

b. 図 27·3 を見ればわかるように，$\hat{C}_2$ や $\hat{E}$ 操作によっても σ_v を σ_v' に変換することはできない．したがって，この二つの鏡映は異なる類に属している．

図 27·2 の流れ図を使えば，H_2O 分子が C_{2v} 群に属することはわかる．この点群を C_{2v} で表すのは，1 本の C_2 軸とこれを含む 2 枚の鏡面があるからである．C_{2v} 群には恒等要素，C_2 回転軸，互いに垂直な二つの鏡面という合計四つの対称要素がある．これに対応するのは恒等演算子 $\hat{E}$ と $\hat{C}_2$, $\hat{\sigma}$, $\hat{\sigma}'$ の演算子である．

これらの演算子がどう作用するかを理解するには，その演算子を数学的に表してから，その操作を行う必要がある．そこで，C_{2v} 群のそれぞれの演算子を三次元空間のベクトルに作用する 3×3 行列によって表そう．行列の計算法については上巻の巻末付録 A「数学的な取扱い」に説明がある．

任意のベクトル $\boldsymbol{r}=(x_1, y_1, z_1)$ に対して，鏡面と C_2 軸の交差によって生み出される対称演算子の効果について考えよう．ベクトル $\boldsymbol{r}$ は特定の対称操作によってベクトル (x_2, y_2, z_2) に変換されるとする．そこでまず，z 軸まわりに角度 θ だ

†4 訳注：類は本来，対称操作に関するものであるが，原著では対称要素と混同されている．

け反時計回りに回転したときの変換について考えよう．例題27･2で示すように，そのベクトル成分の変換はつぎのように表される．

$$\begin{pmatrix} x_2 \\ y_2 \\ z_2 \end{pmatrix} = \begin{pmatrix} \cos\theta & -\sin\theta & 0 \\ \sin\theta & \cos\theta & 0 \\ 0 & 0 & 1 \end{pmatrix} \begin{pmatrix} x_1 \\ y_1 \\ z_1 \end{pmatrix} \tag{27·1}$$

例題 27・2

z 軸まわりの回転は，つぎの行列で表せることを示せ．

$$\begin{pmatrix} \cos\theta & -\sin\theta & 0 \\ \sin\theta & \cos\theta & 0 \\ 0 & 0 & 1 \end{pmatrix}$$

180° 回転の場合，この行列はつぎのかたちになることを示せ．

$$\begin{pmatrix} -1 & 0 & 0 \\ 0 & -1 & 0 \\ 0 & 0 & 1 \end{pmatrix}$$

解 答

z 軸まわりの回転で z 座標は変わらないから，xy 面内のベクトル $\boldsymbol{r}_1 = (x_1, y_1)$ と $\boldsymbol{r}_2 = (x_2, y_2)$ を考えるだけでよい．その関係式は，つぎの図から求めることができる．

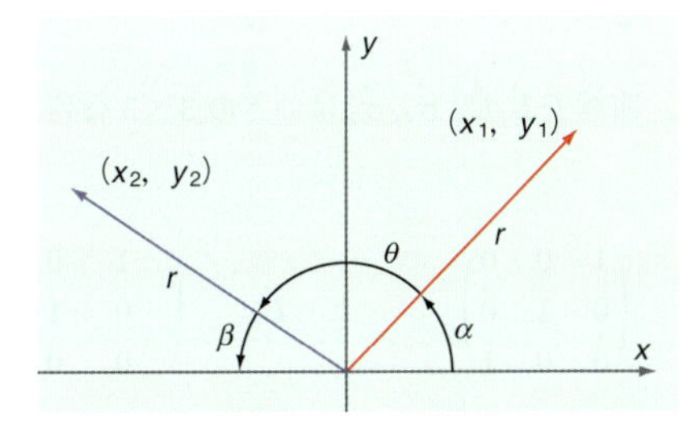

$$\theta = 180° - \alpha - \beta$$

$$x_1 = r\cos\alpha, \quad y_1 = r\sin\alpha$$

$$x_2 = -r\cos\beta, \quad y_2 = r\sin\beta$$

公式 $\cos(\phi \pm \delta) = \cos\phi\cos\delta \mp \sin\phi\sin\delta$ および $\sin(\phi \pm \delta) = \sin\phi\cos\delta \pm \cos\phi\sin\delta$ を使えば，θ と α によって x_2 をつぎのように表すことができる．

$$\begin{aligned} x_2 &= -r\cos\beta = -r\cos(180° - \alpha - \theta) \\ &= r\sin 180°\sin(-\theta - \alpha) - r\cos 180°\cos(-\theta - \alpha) \\ &= r\cos(-\theta - \alpha) = r\cos(\theta + \alpha) = r\cos\theta\cos\alpha - r\sin\theta\sin\alpha \\ &= x_1\cos\theta - y_1\sin\theta \end{aligned}$$

同様にして，$y_2 = x_1\sin\theta + y_1\cos\theta$ であることが示せる．

この回転で z 座標は不変であるから $z_2 = z_1$ である．こうして三つの式は，

$$x_2 = x_1\cos\theta - y_1\sin\theta$$

$$y_2 = x_1\sin\theta + y_1\cos\theta$$

$$z_2 = z_1$$

となる．これを行列で表せば，

$$\begin{pmatrix} x_2 \\ y_2 \\ z_2 \end{pmatrix} = \begin{pmatrix} \cos\theta & -\sin\theta & 0 \\ \sin\theta & \cos\theta & 0 \\ 0 & 0 & 1 \end{pmatrix} \begin{pmatrix} x_1 \\ y_1 \\ z_1 \end{pmatrix}$$

である．$\cos(180°) = -1$，$\sin(180°) = 0$ であるから，z 軸まわりの 180° 回転の行列はつぎのかたちで表される．

$$\begin{pmatrix} -1 & 0 & 0 \\ 0 & -1 & 0 \\ 0 & 0 & 1 \end{pmatrix}$$

ベクトル $\boldsymbol{r}$ に対する四つの演算子 $\hat{E}, \hat{C}_2, \hat{\sigma}_v, \hat{\sigma}_v'$ の効果は，図 27·4 から求めることもできる．例題 27·2 と図 27·4 を使って，C_{2v} 群の対称演算子はベクトル (x, y, z) に対してつぎの効果を示すことを確かめよう．

$$\begin{pmatrix} x \\ y \\ z \end{pmatrix} \overset{\hat{E}}{\Rightarrow} \begin{pmatrix} x \\ y \\ z \end{pmatrix} \qquad \begin{pmatrix} x \\ y \\ z \end{pmatrix} \overset{\hat{C}_2}{\Rightarrow} \begin{pmatrix} -x \\ -y \\ z \end{pmatrix}$$
$$\begin{pmatrix} x \\ y \\ z \end{pmatrix} \overset{\hat{\sigma}_v}{\Rightarrow} \begin{pmatrix} x \\ -y \\ z \end{pmatrix} \qquad \begin{pmatrix} x \\ y \\ z \end{pmatrix} \overset{\hat{\sigma}_v'}{\Rightarrow} \begin{pmatrix} -x \\ y \\ z \end{pmatrix} \tag{27·2}$$

これらの結果から，演算子 $\hat{E}, \hat{C}_2, \hat{\sigma}_v, \hat{\sigma}_v'$ はつぎの 3×3 行列でそれぞれ表せることがわかる．

$$\hat{E} \quad \begin{pmatrix} 1 & 0 & 0 \\ 0 & 1 & 0 \\ 0 & 0 & 1 \end{pmatrix} \qquad \hat{C}_2 \quad \begin{pmatrix} -1 & 0 & 0 \\ 0 & -1 & 0 \\ 0 & 0 & 1 \end{pmatrix}$$
$$\hat{\sigma}_v \quad \begin{pmatrix} 1 & 0 & 0 \\ 0 & -1 & 0 \\ 0 & 0 & 1 \end{pmatrix} \qquad \hat{\sigma}_v' \quad \begin{pmatrix} -1 & 0 & 0 \\ 0 & 1 & 0 \\ 0 & 0 & 1 \end{pmatrix} \tag{27·3}$$

この式は，対称演算子を 3×3 行列でそれぞれ表したものである．これらの演算子は，27·1 節で挙げた対応する対称操作が群をつくるための条件を満たしているだろうか．この問いに答えるために例題 27·3 ではまず，二つの演算子を連続して課せば四つある演算子のどれか一つを課すのと等価であることを示そう．

例題 27・3

$\hat{C}_2\hat{\sigma}_v$ と $\hat{C}_2\hat{C}_2$ を計算せよ．この二つの連続操作と等価な操作は何か．

解 答

$$\hat{C}_2\hat{\sigma}_v = \begin{pmatrix} -1 & 0 & 0 \\ 0 & -1 & 0 \\ 0 & 0 & 1 \end{pmatrix} \begin{pmatrix} 1 & 0 & 0 \\ 0 & -1 & 0 \\ 0 & 0 & 1 \end{pmatrix} = \begin{pmatrix} -1 & 0 & 0 \\ 0 & 1 & 0 \\ 0 & 0 & 1 \end{pmatrix} = \hat{\sigma}_v'$$

$$\hat{C}_2\hat{C}_2 = \begin{pmatrix} -1 & 0 & 0 \\ 0 & -1 & 0 \\ 0 & 0 & 1 \end{pmatrix} \begin{pmatrix} -1 & 0 & 0 \\ 0 & -1 & 0 \\ 0 & 0 & 1 \end{pmatrix} = \begin{pmatrix} 1 & 0 & 0 \\ 0 & 1 & 0 \\ 0 & 0 & 1 \end{pmatrix} = \hat{E}$$

二つの演算子の積は，いずれの場合も同じ群の別の演算子に等しいことがわかる．

演算子のすべての可能な組合わせについて例題27·3の計算を繰返せば，表27·3がつくれる．この表は目的とした結果を表しており，任意の連続する二つの対称操作の結果は，四つの対称操作のどれかに等しいことを示している．この表はまた，$\hat{C}_2\hat{C}_2=\hat{\sigma}_v\hat{\sigma}_v=\hat{\sigma}'_v\hat{\sigma}'_v=\hat{E}$ を示している．各演算子の逆演算子は同じ群の中にあり，その特別な場合では，各演算子は自身の逆演算子に等しい．さらに，これらの操作は結合的であり，つまり結合法則が成り立つ．このことは $\hat{\sigma}_v(\hat{C}_2\hat{\sigma}'_v)-(\hat{\sigma}_v\hat{C}_2)\hat{\sigma}'_v$ など三つの演算子の任意の組合わせを計算してみればわかる．結合法則が成り立てば，この式は0に等しい．この乗法表を使って，つぎの式の(　)内の積を計算すれば，

$$\hat{\sigma}_v(\hat{C}_2\hat{\sigma}'_v)-(\hat{\sigma}_v\hat{C}_2)\hat{\sigma}'_v=\hat{\sigma}_v\hat{\sigma}_v-\hat{\sigma}'_v\hat{\sigma}'_v=\hat{E}-\hat{E}=0 \qquad (27\cdot4)$$

となる．三つの演算子のどれを組合わせても同じ結果が得られることを確かめよう．以上で，水分子に固有の四つの対称要素は一つの群をつくるための条件を満たしていることがわかった．

表 27·3　C_{2v} 点群の演算子の乗法表

第二の操作	第一の操作 $\hat{E}$	$\hat{C}_2$	$\hat{\sigma}_v$	$\hat{\sigma}'_v$
$\hat{E}$	$\hat{E}$	$\hat{C}_2$	$\hat{\sigma}_v$	$\hat{\sigma}'_v$
$\hat{C}_2$	$\hat{C}_2$	$\hat{E}$	$\hat{\sigma}'_v$	$\hat{\sigma}_v$
$\hat{\sigma}_v$	$\hat{\sigma}_v$	$\hat{\sigma}'_v$	$\hat{E}$	$\hat{C}_2$
$\hat{\sigma}'_v$	$\hat{\sigma}'_v$	$\hat{\sigma}_v$	$\hat{C}_2$	$\hat{E}$

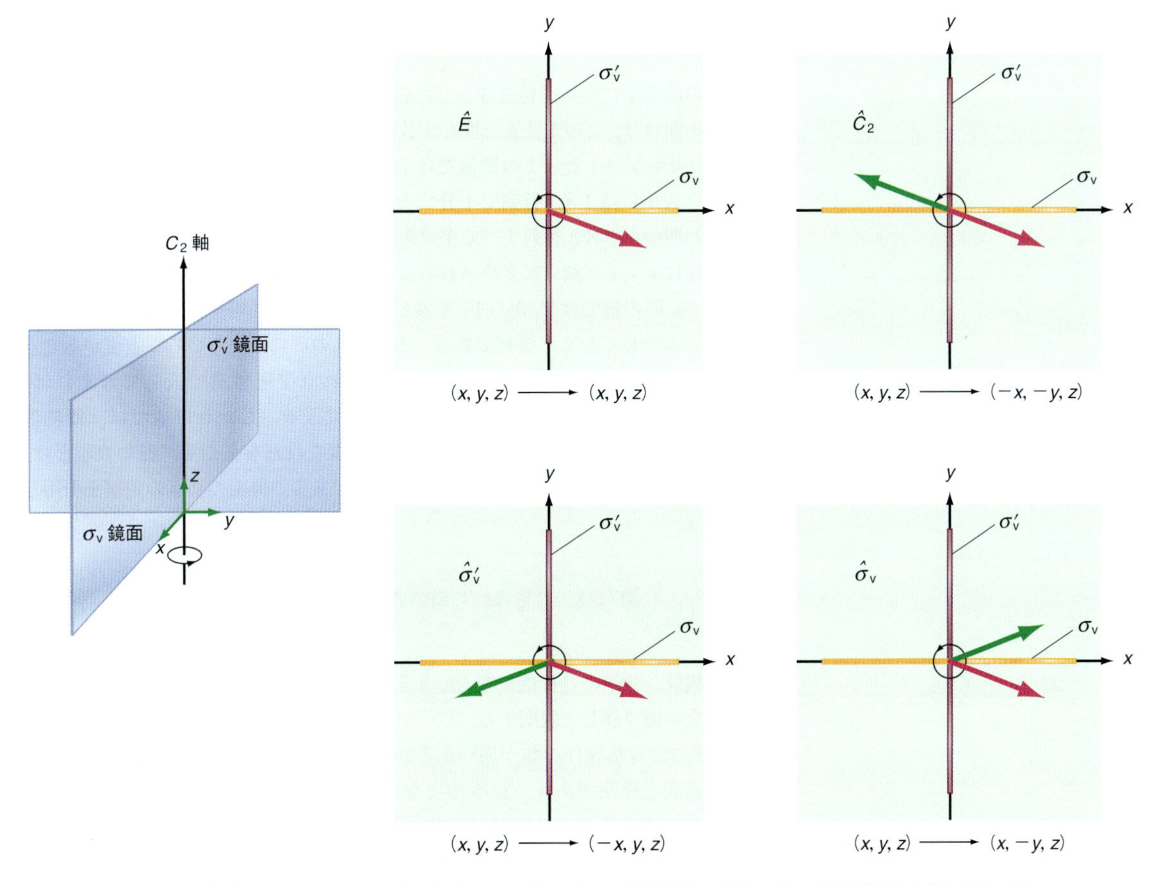

図 27·4　任意のベクトル (x,y,z) に与える C_{2v} 群の四つの対称操作の効果．その対称要素を左側に示してある．どの対称操作でも z は不変であるから，xy 座標面内の変化を求めるだけで十分である．そこで，右側には C_2 軸に沿って（上から）見た図を示してある．x 軸と y 軸に沿った幅広い線は，それぞれ σ_v 鏡面と σ'_v 鏡面である．それぞれの操作によって赤色のベクトルは緑色のベクトルに変換される（E では両者は重なっている）．

本節では，C_{2v} 群の演算子を 3×3 行列で表しておいたため，群の乗法表をつくるには便利であった．しかし，これらの演算子はいろいろな方法で表せることがわかっている．これについてはつぎの節で説明する．

27・4 対称演算子の表現，表現の基底，指標表

前節で導いた一組の行列をその群の**表現**[1]という．この行列があればその群の乗法表を再現することができる．ところが，C_{2v} 群の場合は，それぞれの対称演算子を単なる数値で表すことができ，その一組の数値が群の乗法表に従うことになる．それでは具体的に C_{2v} 群の演算子はどういう数値で表されるだろうか．驚くべきことに，各操作は +1 または −1 で表すことができ，それが乗法表を満たしている．すぐ後で示すように，これは重要な結果である．章末問題でわかるが，+1 と −1 の数値からなる Γ_1 から Γ_4 までの 4 組の数値は C_{2v} の乗法表を満たしており，それぞれが C_{2v} 群の表現になっている[†5]．

表 現	E	C_2	σ_v	σ_v'
Γ_1	1	1	1	1
Γ_2	1	1	−1	−1
Γ_3	1	−1	1	−1
Γ_4	1	−1	−1	1

すべての演算子について値を 0 とした組でも乗法表を満たすが，そのような無意味な組を除けば，この乗法表を満たす数値の組はこれら四つしかない．こうして，C_{2v} 群の表現が +1 と −1 の数値だけでつくれるということは，C_{2v} 群のすべての操作を表すには 1×1 行列で十分であることを示している．同じことは，前節で導いた四つの 3×3 行列すべてが対角行列で表されており，したがって (27・2) 式のように x, y, z が独立に変換されることから導くこともできる．

上の C_{2v} 群の例では Γ_1 から Γ_4 で表したが，個々の表現を表す数値の組を行ベクトルとみなしておくと便利である．それぞれの群にはいろいろな表現がありうる．たとえば，水の各原子の位置をそれぞれ直交座標系で表して考えれば，9×9 行列を使ってその演算子を表すこともできる．しかし群論では，**既約表現**[2]というもっと小さな数で表した表現が重要な役割を果たす．既約表現とは，群の乗法表を満たす次元の最も低い行列の組である．群論のつぎの定理を引用しておこう．

群には，対称操作の類の数と同数の既約表現がある．

既約表現は，分子の対称性を考えるときに重要な役目を果たす．既約表現については，次の節で詳しく説明する．

C_{2v} 群には対称操作の類が四つあるから，この群の既約表現は四つしかない．これは重要な結果であり，27・5 節でもっと詳しく説明する．この表現は量子化学で非常に役に立つ．それは，H_2O の酸素の AO に対する対称操作の効果について考えればわかる．そこで，図 27・5 に示す酸素原子の 3 個の 2p 原子オービタルについて考えよう．

†5　訳注：この表の 1 行目の欄には対称操作を書くが，この場合のようにキャレット記号(＾)を省略することが多い．

1) representation　2) irreducible representation

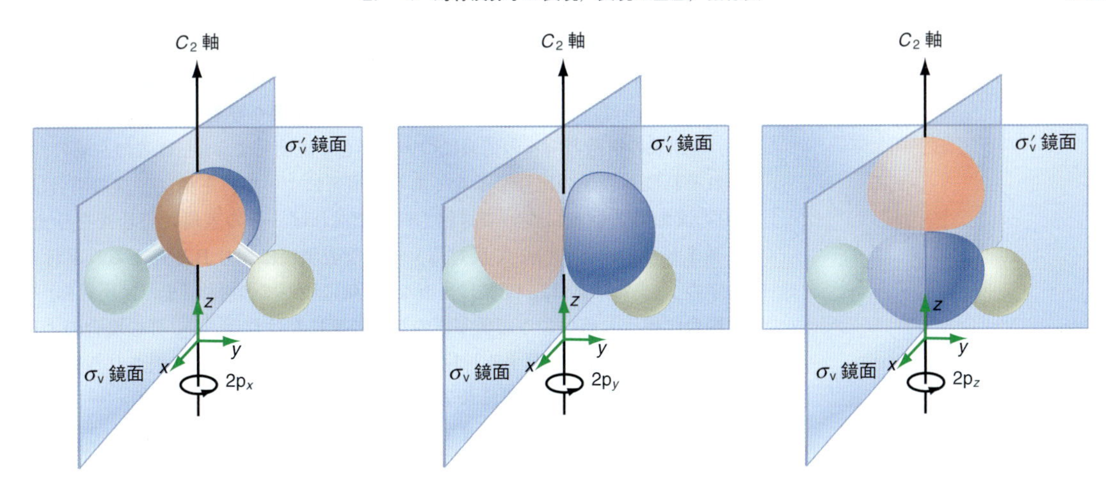

図 27・5 酸素原子の 3 個の p オービタルは，C_{2v} 群の対称操作によって異なる仕方で変換される．

C_{2v} 群の対称操作によって酸素の 3 個の 2p オービタルはどう変換されるだろうか．ここで，ある操作による 2p オービタルの変換に対してつぎの数値を与えることにする．その操作によって各ローブの符号が不変であれば，その変換には +1 を与える．ローブの符号が変われば，その変換には −1 を与える．これが，C_{2v} 群の対称操作に対する可能なすべての結果である．まず，$2p_z$ の AO について考えよう．図 27・5 を見ればわかるように，どの操作を行っても二つのローブの符号は同じままである．したがって，どの操作にも +1 を与える．$2p_x$ の AO については，$\hat{C}_2$ 回転と $\hat{\sigma}_v'$ 鏡映の操作でローブの符号が変わるが，$\hat{E}$ と $\hat{\sigma}_v$ の操作では不変である．したがって，$\hat{E}$ と $\hat{\sigma}_v$ の演算子には +1，$\hat{C}_2$ と $\hat{\sigma}_v'$ の演算子には −1 を与える．同様にして，$2p_y$ の AO については，$\hat{E}$ と $\hat{\sigma}_v'$ の演算子に +1，$\hat{C}_2$ と $\hat{\sigma}_v$ の演算子に −1 を与える．ここで，$2p_z, 2p_x, 2p_y$ オービタルそれぞれについて得た数値 +1 と −1 の組を $\hat{E}, \hat{C}_2, \hat{\sigma}_v, \hat{\sigma}_v'$ の順に並べ替えれば，それは C_{2v} 群の表現の 1 行目 ($2p_z$)，3 行目 ($2p_x$)，4 行目 ($2p_y$) になっていることに注目しよう．

$2p_z, 2p_x, 2p_y$ の AO オービタルはそれぞれ異なる表現で表せるから，これらの AO はそれぞれの表現の**基底を形成している**[1] という．酸素原子の空の $3d_{xy}$ AO について考えれば，それは 2 行目の表現の基底を形成しているのがわかる．群論では，任意の AO や関数がその表現の基底を形成しているとき，それらはその**特定の表現に属している**[2] という．ここまで C_{2v} 点群に注目し，3×3 行列の組，+1 と −1 からなる一組の数値，酸素の AO がいずれもこの群の基底を形成しているのを示してきた．

これまで説明した可能な表現に関する情報は，**指標表**[3] にまとめることができる．各点群には固有の指標表がある．C_{2v} 群の指標表をつぎに示す．

	E	C_2	σ_v	σ_v'			
A_1	1	1	1	1	z	x^2, y^2, z^2	$2p_z(O)$
A_2	1	1	−1	−1	R_z	xy	$3d_{xy}(O)$
B_1	1	−1	1	−1	x, R_y	xz	$2p_x(O)$
B_2	1	−1	−1	1	y, R_x	yz	$2p_y(O)$

この指標表に書いてある情報の大部分は，その内容を説明するために上で導いた

1) form a basis 2) belong to a particular representation 3) character table

ものである．しかし，そのような作業はいちいち必要でない．標準的な点群の指標表はいろいろなところで入手でき，本書でも巻末付録Cに一覧がある．

この指標表は，化学者にとってたった一つの重要な群論の結果といえる．そこで，指標表の構造と個々の情報について詳しく説明しよう．指標表の左端の列は，それぞれ既約表現の記号を示してある．慣習によって，主軸(C_{2v} 群の場合は C_2 軸)のまわりの回転について対称(+1)であれば，その表現に記号Aを与える．主軸まわりの回転について反対称(−1)な表現には記号Bを与える．下付き添え字の1(または2)は，主軸に垂直な C_2 軸についての対称(または反対称)を表す場合に使う．そのような軸が群の対称要素になければ，C_{2v} 群の場合のように主軸を含む鏡面 $\hat{\sigma}_v$ に関する対称を表す．全部が +1 の数値で表される表現を**全対称表現**[1]という．どの群にも全対称表現は1個ある．

指標表の2列目から5列目までは，この群の各操作に関する項目がそれぞれの表現について示してある．これを**指標**[2]という．指標表の6列目から8列目までは，それぞれの表現の基底として可能なものをいくつか示してある．6列目には，三つの直交座標と三つの軸まわりの回転で表した基底を示してある．8列目には，それぞれの表現に基底として使える酸素原子のAOを書いてある．この情報は指標表にふつう示さない．ここに書いておくのは，あとでこの組の**基底関数**[3]を使って計算するからである．この列の情報は，前の2列の情報から推測できる．それは，AOの p_x, p_y, p_z は x, y, z がそれぞれかたちを変えただけだからである．同様にして，d_{z^2}, d_{xy}，d_{yz}，$d_{x^2-y^2}$，d_{xy} のAOではその下付き添え字を参考にすればよい．s AOは球対称であるから A_1 の基底である．次に，この節では6列目と7列目について考えよう．ここには x, y, z 座標と R_x, R_y, R_z で表した軸まわりの回転が表されている．

C_{2v} 群の指標表に示してある関数が，四つの既約表現それぞれの基底であることはどのように示せるだろうか．(27·2)式によれば，任意の三次元ベクトルの成分 x, y, z に与える C_{2v} 演算子の効果は，どの場合も $x \rightarrow \pm x$，$y \rightarrow \pm y$，$z \rightarrow z$ である．どの演算子でも z は符号を変えないから，この表現の指標はすべて +1 である．したがって，z は A_1 表現の基底である．同様にして，x^2, y^2, z^2 も符号を変えないから，これらの関数も A_1 表現の基底である．一方，(27·2)式によれば $\hat{E}$ と $\hat{C}_2$ について積 $xy \rightarrow xy$，$\hat{\sigma}_v$ と $\hat{\sigma}'_v$ について積 $xy \rightarrow -xy$ である．したがって，積 xy は A_2 表現の基底である．z はどの演算子によっても符号を変えないから，xz と yz はそれぞれ x と y と同じ効果を示す．そこで，(27·2)式によれば関数 x と xz は B_1 表現の基底であり，y と yz は B_2 表現の基底である．

例題27·2でわかったように(この場合は C_2 であったが)，操作 R_z では $x \rightarrow -x$，$y \rightarrow -y$，$z \rightarrow z$ である．したがって，積 xy は $xy \rightarrow (-x)(-y) = xy$ であるから符号を変えない．そこで，R_z と xy は A_2 表現の基底である．ここでは，R_x と R_y がそれぞれ B_2 表現と B_1 表現の基底であることを示さないが，確かめ方は他の表現の場合と同じである．27·3節で示したように，回転演算子は三次元行列で表されるから，座標の基底と違って，回転演算子は**可約表現**[4]の基底である．その次元が2以上になるからである．

すでに示したように，C_{2v} 群の既約表現はすべて一次元である．一方，R_x, R_y, R_z はすべて三次元で表される．そこで，この群の可約表現について考え，個々の演算子が任意のベクトルにどう作用するかを調べておく必要がある．本章で扱う群の中には，既約表現の次元が2や3のものもある．したがって，指標表を

---
1) totally symmetric representation　2) character　3) basis function
4) reducible representation

使って化学で関心のある問題に取組む前に，既約表現の次元について説明しておく必要があるだろう．

27・5 表現の次元

C_{2v} 群の表現の基底として x や y, z はあるが，$x+y$ など二つの座標の一次結合はない．これは，任意の変換 $(x, y, z) \longrightarrow (x', y', z')$ において，x' は x のみの関数であって，x と y や x と z，あるいは x, y, z の関数ではないからである．同じことは y' や z' についてもいえる．その結果，C_{2v} 群の演算子を表す行列は (27・3) 式で表されるようにすべて対角形をしている．

対角行列で表された操作が二つ連続してできる行列を $\hat{\boldsymbol{R}}''' = \hat{\boldsymbol{R}}'\hat{\boldsymbol{R}}''$ と表すが，この行列も対角行列であり，その行列要素は，

$$\hat{\boldsymbol{R}}'''_{ii} = \hat{\boldsymbol{R}}'_{ii}\hat{\boldsymbol{R}}''_{ii} \tag{27・5}$$

で表される．表現の次元は，対称操作を表す行列の大きさで定義される．すでに述べたように，(27・5) 式の行列は C_{2v} 群の三次元表現のかたちをしている．しかし，それらはすべて対角行列であるから，3×3 行列の操作を $+1$ と -1 という数値だけからなる三つの 1×1 行列の操作にすることができる．このように，(27・5) 式の三次元の可約表現は，一次元の表現に簡約することができるのである．

点群にも**二次元既約表現**[1] と**三次元既約表現**[2] がある．ある表現について，x' や y' が x と y の関数 $f(x, y)$ で表されるとき，その基底は (x, y) であり，その既約表現の次元は 2 である．その演算子を表す行列の少なくとも一つはつぎのかたちをしている．

$$\begin{pmatrix} a & b & 0 \\ c & d & 0 \\ 0 & 0 & e \end{pmatrix}$$

a から e の行列要素は一般に 0 でない．x', y', z' が関数 $f(x, y, z)$ で表されるとき，その表現の次元は 3 であり，その演算子を表す行列の少なくとも一つはつぎのかたちをしている．

$$\begin{pmatrix} a & b & c \\ d & e & f \\ g & h & j \end{pmatrix}$$

a から j の行列要素は一般に 0 でない．

ある群に既約表現が何個あって，その次元がいくらかを知るにはどうすればよいだろうか．それには，群論によるつぎの結果が使える．

異なる既約表現の次元数 d_j とその群の対称操作の総数で定義される**群の位数**[3] h とは，

$$\sum_{j=1}^{N} d_j^2 = h \tag{27・6}$$

の関係がある．この和は，その群の既約表現について行う．

1) two-dimensional irreducible representation
2) three-dimensional irreducible representation 3) order of a group

どの点群にも一次元の全対称表現があるから，d_j の少なくとも一つは 1 である．この式を C_{2v} 表現に適用しよう．この群には 4 個の対称操作があり，すべて異なる類に属している．したがって，異なる表現は四つある．つぎの式を満たす 0 でない整数からなる組は，

$$d_1^2 + d_2^2 + d_3^2 + d_4^2 = 4 \qquad (27\cdot7)$$

$d_1 = d_2 = d_3 = d_4 = 1$ しかない．そこで，C_{2v} 群の既約表現はすべて一次元であることがわかる．1×1 行列はそれ以上に低い次元には簡約できないから，一次元の表現はすべて既約表現である．

C_{2v} 群では，既約表現の数は対称操作の数や類の数に等しくなっている．もっと一般的にいえば，任意の群の既約表現の数は，その類の数に等しい．すでに述べたように，1 個の対称要素から生じる演算子，あるいは同じ群の演算子を連続して作用させた演算子はすべて同じ類に属する．たとえば，C_{3v} 群に属する NF_3 について考えよう．例題 27·1 で示したように，C_{3v} 群の C_3 回転と C_3^2 回転は同じ類に属している．三つある σ_v 鏡面についても，最初の鏡面に $\hat{C}_3$ と $\hat{C}_3^2$ を適用すれば 2 番目と 3 番目の鏡面ができるから，すべて同じ類に属している．したがって，C_{3v} 群に対称要素は 6 個あるが，類は 3 しかない．

次に，C_{3v} 点群には一次元でないある表現があることを示そう．例題 27·2 の結果を使えば，120° 回転を表す行列は，

$$\hat{C}_3 = \begin{pmatrix} \cos\theta & -\sin\theta & 0 \\ \sin\theta & \cos\theta & 0 \\ 0 & 0 & 1 \end{pmatrix} = \begin{pmatrix} -1/2 & -\sqrt{3}/2 & 0 \\ \sqrt{3}/2 & -1/2 & 0 \\ 0 & 0 & 1 \end{pmatrix} \qquad (27\cdot8)$$

である．これ以外のこの群の演算子は対角形をしている．$\hat{C}_3$ 演算子は対角形をしていないから，ベクトル (x, y, z) に $\hat{C}_3$ を作用させれば x と y が混合する．一方，z' は z のみに依存しているから，x にも y にもよらない．したがって，$\hat{C}_3$ の 3×3 行列の演算子は，既約表現である 2×2 行列と 1×1 行列の演算子に簡約できる．そこで，C_{3v} 点群には二次元の既約表現が 1 個あるといえる．つぎの例題 27·4 で，C_{3v} 群の他の既約表現の数とその次元の求め方を示そう．

例題 27・4

C_{3v} 群の対称操作には，$\hat{E}, \hat{C}_3, \hat{C}_3^2$ と三つの鏡映 $\hat{\sigma}_v$ がある．この群に異なる既約表現は何個あるか．また，それぞれの既約表現の次元はいくらか．

解答

この群の位数は対称操作の数に等しいから $h = 6$ である．表現の数は類の数に等しい．すでに述べたように，$\hat{C}_3$ と $\hat{C}_3^2$ は同じ類に属し，三つの $\hat{\sigma}_v$ 鏡映についても同じである．そこで，この群には 6 個の対称操作があるが，類は 3 個しかない．したがって，この群の既約表現は 3 個ある．そこで，$l_1^2 + l_2^2 + l_3^2 = 6$ を解けば既約表現の次元がわかる．ただし，このうちのどれか一つは 1 でなければならない．可能な解として残るのは $l_1 = l_2 = 1$，$l_3 = 2$ である．C_{3v} 群には二次元の表現 1 個と一次元の表現 2 個あるのがわかる．

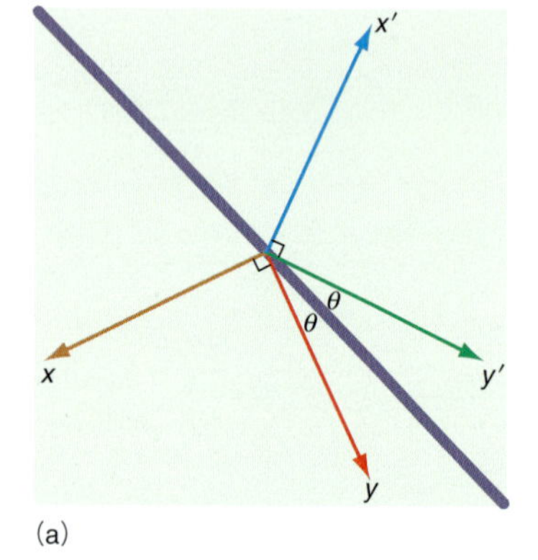

(a)

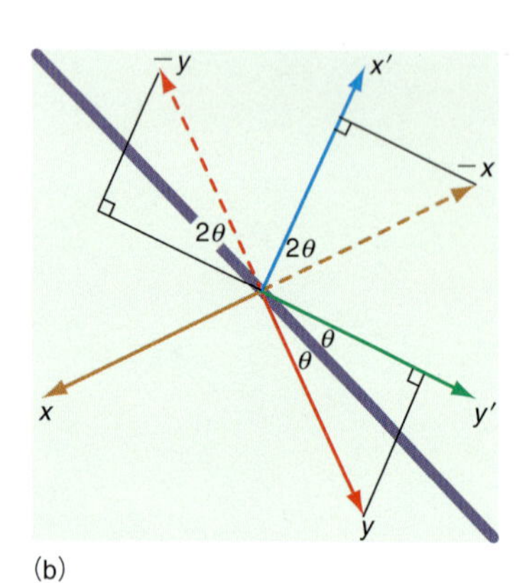

(b)

図 27·6　z 軸を含む鏡面 σ（紫色で示してある）で鏡映したときの x–y 座標系の変換を模式的に表した図．(a) x–y 座標系の y 軸が鏡面に対して角度 θ だけ回転しているとき，その鏡面で鏡映した場合の変換．この操作によって新しく x'–y' 座標系ができる．(b) (27·9) 式を導くために補助線を加えた図．

二次元以上の既約表現を扱うために，次に C_{3v} 群の二次元表現を表す個々の操作の行列を導こう．例題 27·2 では，回転演算子の行列のつくり方を示した．図 27·6 は，鏡面 σ によって x–y 座標系がどう変換されるかを示したものである．

x' と y' の値は，x と y とつぎの関係にある．

$$
\begin{aligned}
x' &= -x\cos 2\theta - y\sin 2\theta \\
y' &= -x\sin 2\theta + y\cos 2\theta
\end{aligned}
\tag{27·9}
$$

この式を使えば，角度 0，π/3，2π/3 における鏡映操作 $\hat{\sigma}, \hat{\sigma}', \hat{\sigma}''$ の 2×2 行列を求めることができ，(27·1)式を使えば，$\hat{C}_3$ と $\hat{C}_3^2$ の 2×2 行列を求めることができる．そこで，C_{3v} 群の二次元表現の演算子は，つぎの (27·10)式で表されることがわかる．ここで，$\hat{\sigma}, \hat{\sigma}', \hat{\sigma}''$ はすべて同じ類に属し，$\hat{C}_3$ と $\hat{C}_3^2$ も同じ類に属している．

$$
\hat{E} = \begin{pmatrix} 1 & 0 \\ 0 & 1 \end{pmatrix}
$$

$$
\hat{\sigma} = \begin{pmatrix} -\cos 0 & -\sin 0 \\ -\sin 0 & \cos 0 \end{pmatrix} = \begin{pmatrix} -1 & 0 \\ 0 & 1 \end{pmatrix}
$$

$$
\hat{\sigma}' = \begin{pmatrix} -\cos(2\pi/3) & -\sin(2\pi/3) \\ -\sin(2\pi/3) & \cos(2\pi/3) \end{pmatrix} = \begin{pmatrix} 1/2 & \sqrt{3}/2 \\ \sqrt{3}/2 & -1/2 \end{pmatrix}
$$

$$
\hat{\sigma}'' = \begin{pmatrix} -\cos(4\pi/3) & -\sin(4\pi/3) \\ -\sin(4\pi/3) & \cos(4\pi/3) \end{pmatrix} = \begin{pmatrix} 1/2 & -\sqrt{3}/2 \\ -\sqrt{3}/2 & -1/2 \end{pmatrix}
$$

$$
\hat{C}_3 = \begin{pmatrix} \cos(2\pi/3) & -\sin(2\pi/3) \\ \sin(2\pi/3) & \cos(2\pi/3) \end{pmatrix} = \begin{pmatrix} -1/2 & -\sqrt{3}/2 \\ \sqrt{3}/2 & -1/2 \end{pmatrix}
$$

$$
\hat{C}_3^2 = \begin{pmatrix} \cos(4\pi/3) & -\sin(4\pi/3) \\ \sin(4\pi/3) & \cos(4\pi/3) \end{pmatrix} = \begin{pmatrix} -1/2 & \sqrt{3}/2 \\ -\sqrt{3}/2 & -1/2 \end{pmatrix} \tag{27·10}
$$

さて，C_{3v} 群の指標表をどうつくればよいだろうか．とりわけ，一般に E で表す二次元の表現にどんな指標を割り当てればよいだろうか．(二次元表現の記号 E と演算子 $\hat{E}$ を混同しないようにしよう．) ここで，群論のつぎの定理が使える．

二次元以上の表現の演算子の指標は，その行列の対角要素の和で与えられる．

この規則を使えば，$\hat{\sigma}$ と $\hat{\sigma}', \hat{\sigma}''$ の指標は 0，$\hat{C}_3$ と $\hat{C}_3^2$ の指標は −1 であるのがわかる．予想通り，同じ類の対称操作の指標はすべて同じである．また，どの群にも指標がすべて +1 の全対称表現があることを忘れてはならない．

C_{3v} 群には三つの類があるから，三つの既約表現がなければならない．A_1 と E について上で得た情報を，未完成のつぎの指標表に入れよう．指標表では，同じ類の対称演算子をすべて一つにまとめる．たとえば，つぎの指標表のように C_3 と C_3^2 の対称操作はまとめて $2C_3$ として簡略化する．

	E	$2C_3$	$3\sigma_v$
A_1	1	1	1
?	a	b	c
E	2	−1	0

ここで，残りの指標 a, b, c の値を得るにはどうすればよいだろうか．そこで，群論のもう一つの結果を使おう．

群のある表現に対応する一組の指標を行ベクトルと考え，それぞれの対称操作に対応する指標をその成分 $\Gamma_i = \chi_i(\hat{R}_j)$ とみなせば，つぎの条件が満たされる．

$$\Gamma_i \Gamma_k = \sum_{j=1}^{h} \chi_i(\hat{R}_j)\chi_k(\hat{R}_j) = h\delta_{ik} \qquad i \neq k \text{ のとき } \delta_{ik}=0, \quad i=k \text{ のとき } \delta_{ik}=1 \tag{27·11}$$

これを別のかたちで表せば $\Gamma_i \Gamma_k = \boldsymbol{\chi}_i(\hat{R}_j)\cdot\boldsymbol{\chi}_k(\hat{R}_j) = h\delta_{ik}$ である．このときの和はこの群の対称操作すべてにわたるものである．

例題 27・5

上の未完成の指標表の未知の係数 a, b, c を求め，その既約表現に正しい記号を与えよ．

解答

例題 27·4 から，この未知の表現は一次元であることはわかっている．また，(27·11)式から，i の値が異なる $\boldsymbol{\chi}_i(\hat{R}_j)$ は直交していることがわかる．したがって，

$$\boldsymbol{\chi}_? \cdot \boldsymbol{\chi}_{A_1} = a+b+b+c+c+c = a+2b+3c = 0$$

$$\boldsymbol{\chi}_? \cdot \boldsymbol{\chi}_{E} = 2a-b-b = 2a-2b = 0$$

となる．また，類について和をとるときに，各項にその類にある対称操作の数を掛けておいてもよい．それは，同じ類の対称操作はすべて同じ指標をもつからである．さらに，a は恒等演算子の指標であるから $a=1$ である．これらの式を解けば，$b=1$，$c=-1$ の結果が得られる．C_3 の指標は $+1$ であり，σ_v の指標は -1 であるから，未知であった表現は A_2 である．表 27·4 に完成した C_{3v} 群の指標表を示す．

二次元の基底関数が対で現れていることに注意しよう．章末問題には，z と R_z がそれぞれ A_1 表現と A_2 表現の基底であることを証明する問題がある．

表 27·4　C_{3v} 点群の指標表

	E	$2C_3$	$3\sigma_v$		
A_1	1	1	1	z	x^2+y^2, z^2
A_2	1	1	−1	R_z	
E	2	−1	0	(x, y), (R_x, R_y)	(x^2-y^2, xy), (xz, yz)

27・6　C_{2v} 表現による H_2O の分子オービタルのつくり方

前節では群論のいろいろな側面について説明した．特に，化学者にとって群論の最も重要な結果である指標表の構造について詳しく説明した．ここでは，化学で関心のある問題を解くのに指標表が役に立つことを示そう．それは，分子の対称性を利用した MO のつくり方である．なぜこれが必要なのだろうか．

この問いに答えるために，全エネルギー演算子と分子の波動関数 ψ_j，分子の対称性の関係について考えよう．ある分子に，その対称操作の一つ $\hat{A}$ を施して

も元の分子と区別できない．それどころか，その群のすべての対称操作を行っても $\hat{H}$ は不変である．これは，どの平衡位置でも分子の全エネルギーは同じだからである．このとき，$\hat{H}$ は全対称表現に属している．

分子に $\hat{H}$ と $\hat{A}$ を適用する順序は重要でないから，$\hat{H}$ と $\hat{A}$ は可換である．したがって，17 章で説明したように，$\hat{H}$ の固有関数は同時に，その群の $\hat{A}$ とその他すべての演算子の固有関数でもある．これらの**対称適合 MO**[1] の考えは，量子化学で中心となる重要な概念である．本節では，AO から対称適合 MO のつくり方を示そう．ある特定の対称適合 MO に AO すべてが参加するわけではない．分子の対称性を使えば，分子の対称を無視したとき得られる AO より少ない数の AO からなる MO の組が得られる．

特定の例について考えよう．水分子では酸素のどの AO が対称適合 MO に参加しているだろうか．まず，4 個ある酸素の原子価 AO のどれが水素の AO と結合して対称適合 MO をつくれるかを考える．可能なすべての組合わせを図 27・7 に示す．水分子の対称性を説明するには，水素の二つの AO は同位相または逆位相の組合わせで現れるはずである．まず同位相，つまり $\phi_+ = \phi_{\mathrm{H1sA}} + \phi_{\mathrm{H1sB}}$ の場合を考えよう．

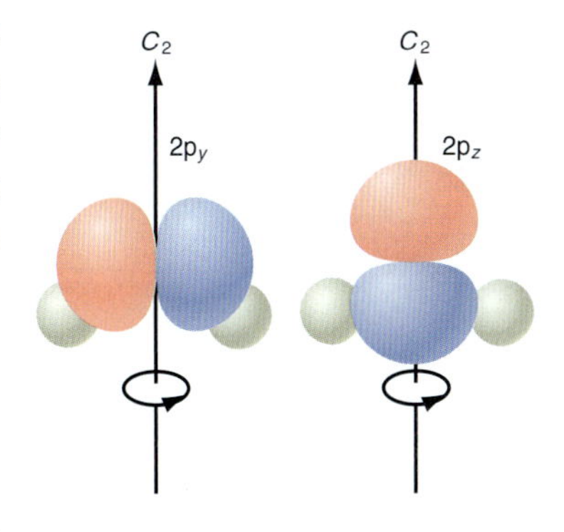

図 27・7 $\phi_+ = \phi_{\mathrm{H1sA}} + \phi_{\mathrm{H1sB}}$ を使ってできる MO に参加すると考えられる酸素の原子オービタル．

このオービタル ϕ_+ と酸素の AO ϕ_j との重なり積分 S_{+j} は，

$$S_{+j} = \int \phi_+^* \phi_j \, \mathrm{d}\tau \qquad (27\cdot 12)$$

で定義される．化学結合をつくるのに役立つのは，水素の AO との重なりが 0 でない酸素の AO だけである．S_{+j} は単なる数値であるから，その積分に対して C_{2v} 群のどの演算子を適用しても変化しない．いいかえれば，S_{+j} は A_1 表現に属する．同じことは被積分関数にもいえるはずであるから，この被積分関数も A_1 表現に属さなければならない．もし，ϕ_+ がある表現に属し，ϕ_j が別の表現に属せば，その直積 $\phi_+ \cdot \phi_j$ の対称性について何がいえるだろうか．つぎの群論の結果を使えば，この問いに答えることができる．

> 二つの表現の直積の演算子 $\hat{R}$（C_{2v} 群では $\hat{E}, \hat{C}_2, \hat{\sigma}_v, \hat{\sigma}_v'$ のどれか）の指標は次式で与えられる．
>
> $$\chi_{直積}(\hat{R}) = \chi_i(\hat{R})\chi_j(\hat{R}) \qquad (27\cdot 13)$$

たとえば ϕ_+ が A_2 に属し，ϕ_j が B_2 に属していれば，$\Gamma_{直積}$ は $\chi_{直積}$ 項からつぎのように計算できる．

$$\begin{aligned}\Gamma_{直積} &= \boldsymbol{\chi}_{A_2} \times \boldsymbol{\chi}_{B_2} = [1\times1 \quad 1\times(-1) \quad (-1)\times(-1) \quad (-1)\times1] \\ &= (1 \quad -1 \quad 1 \quad -1)\end{aligned} \qquad (27\cdot 14)$$

C_{2v} 指標表を見れば，A_2 と B_2 の直積は B_1 に属することがわかる．

この結果は，酸素のどの AO が水の対称適合 MO に寄与するかを決めるのにどれほど役に立つのだろうか．被積分関数は A_1 表現に属するはずであるから，$\phi_+^* \phi_j$ の表現の各指標は 1 でなければならない．そこで，

1) symmetry-adapted MO

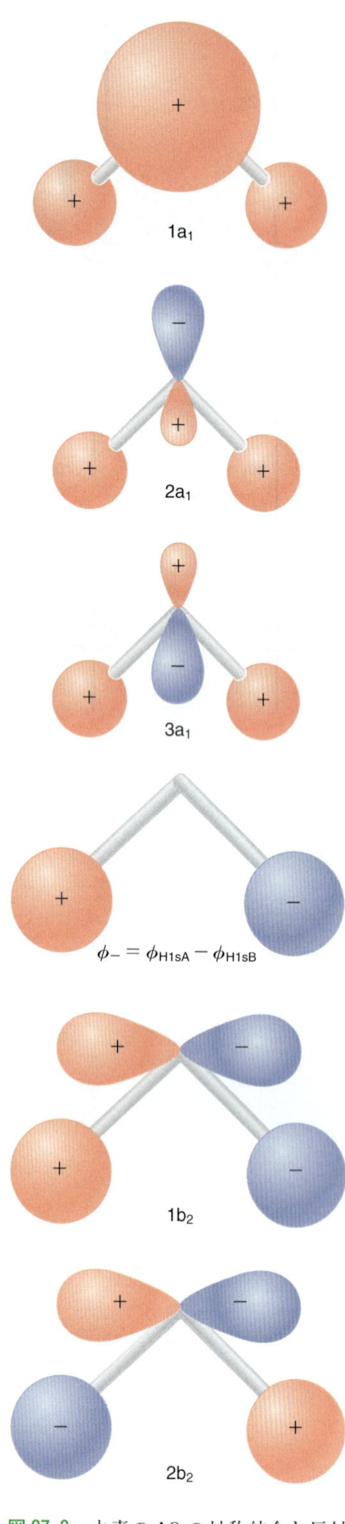

図 27·8　水素の AO の対称結合と反対称結合によってできる水の分子オービタル．

$$\sum_{k=1}^{h} \chi_+(\hat{R}_k)\chi_j(\hat{R}_k) = h \qquad (27\cdot15)$$

となる．ところで (27·11) 式によれば，+と j で示すオービタルが属する二つの表現が違っていれば，この式が満たされることはない．そこで，AO の二つの結合の重なり積分は，その結合が同じ表現に属する場合に限り 0 でない値をもつといえる．

この結果を使えば，図 27·7 の酸素の AO のどれが $\phi_+ = \phi_{H1sA} + \phi_{H1sB}$ の結合と対称適合 MO をつくるだろうか．オービタル ϕ_+ はどんな対称演算子によっても変更を受けないから，A_1 表現に属していなければならない．酸素の 2s AO は球対称であるから，$x^2+y^2+z^2$ で変わる．C_{2v} 指標表からわかるように，2s AO は $2p_z$ オービタルと同じように A_1 表現に属する．これと対照的に，酸素の $2p_x$ AO と $2p_y$ AO はそれぞれ B_1 表現と B_2 表現に属している．したがって，酸素の 2s AO と $2p_z$ AO だけが ϕ_+ と同じ既約表現に属しており，この AO だけが ϕ_+ が関与する MO に寄与できる．酸素の 2s AO と $2p_z$ AO が $\phi_+ = \phi_{H1sA} + \phi_{H1sB}$ と結合すれば，水の MO として図 27·8 に示す $1a_1$，$2a_1$，$3a_1$ ができる．ここで，この図に表してある水の対称適合 MO の名称について説明しておこう．a_1 は C_{2v} 群の既約表現に由来するものであり，整数 1, 2, …は A_1 表現に属する MO のエネルギーの低いものから順に付けてある．

例題 27・6

水素の AO の反対称結合 $\phi_- = \phi_{H1sA} - \phi_{H1sB}$ を使って水の対称適合 MO をつくるには，図 27·7 に示した酸素 AO のうちどの AO が参加するか．

解答

H の AO の反対称結合 $\phi_- = \phi_{H1sA} - \phi_{H1sB}$ を図 27·8 に示してある．まず，図 27·4 に示した C_{2v} の対称操作を考え，それぞれの指標が $+1(\hat{E})$，$-1(\hat{C}_2)$，$-1(\hat{\sigma}_v)$，$+1(\hat{\sigma}'_v)$ で表されることを確かめる．これから，ϕ_- は B_2 表現に属することがわかる．酸素の原子価 AO のなかで $2p_y$ オービタルだけが B_2 表現に属している．したがって，AO の重なりが 0 とならず，ϕ_- と 2s オービタル，2p オービタルからつくれる唯一の対称適合 MO は $1b_2$ と $2b_2$ と記した MO である．それを図 27·8 に示してある．この名称は，B_2 対称の MO でエネルギーが最も低い MO と次に低い MO であることを表している．

ここで，上で得られた結果を一般化しておこう．対称性によって重なり積分を考えたのと同じ考え方が，$H_{ab} = \int \psi_a^* \hat{H} \psi_b \, d\tau$ のタイプの積分を計算するときにも使える．23 章と 24 章で示したように，このような積分は全エネルギーを計算するときに現れる．H_{ab} の値は，$\psi_a^* \hat{H} \psi_b$ が A_1 表現に属さない限り 0 である．$\hat{H}$ は A_1 表現に属するから，ψ_a と ψ_b が同じ表現（A_1 表現とは限らない）に属さない限り H_{ab} の値は 0 となる．このときだけ被積分関数 $\psi_a^* \hat{H} \psi_b$ は A_1 表現を含んでいるのである．この重要な結果は，23 章で出会ったような永年行列式の要素を計算する場合に非常に役に立つ．

上の説明では H_2O という特定の分子を取上げ，C_{2v} 群の異なる既約表現に属する AO から H_2O の対称適合 MO をつくった．補遺の 27·9 節では，射影演算子法という強力な方法について説明するが，それを使えば任意の分子の対称適合 MO をつくることができる．

27・7　分子振動の基準モードの対称

分子では個々の原子が振動運動をしており，一見ばらばらで互いに独立に運動しているように見える．しかしながら，赤外振動分光法やラマン分光法の選択律は，分子の基準モードの特性を示している．基準モードの振動では，それぞれの原子は平衡位置から結合に沿うあるベクトルだけ変位できる（変角モードでは結合に沿って変位する必要はない）．その変位の向きや大きさは原子によって異なる．いろいろな基準モードにおける原子の運動について，つぎのことがいえる．

- 振動の1周期の間，分子の質量中心（重心）は止まっていて，分子内の原子はすべて位相を揃えながら平衡位置のまわりで周期的な運動をしている．
- 分子内のすべての原子の振動の振幅は，同時にその最小や最大を達成している．
- これらの集団的な運動を**基準モード**[1]といい，その振動数を**基準モードの振動数**[2]という．
- 振動分光法で測定される振動数は，基準モードの振動数である．
- 調和近似ではすべての基準モードは互いに独立であり，ある基準モードが励起されてもその振動エネルギーが別の基準モードに移動することはない．
- 分子内の原子のランダムに見えるすべての運動は，その分子の基準モードの一次結合で表せる．

ある分子に基準モードは何個あるだろうか．孤立した原子1個には3個の並進自由度があるから，n 個の原子から成る分子には $3n$ 個の自由度がある．しかし，このうちの3個は分子全体の並進運動によるもので，ここでは関心がない．また，n 個の原子から成る非直線形の分子は3個の回転自由度をもつから，残りの $3n-6$ 個の自由度が基準振動モードに相当する．直線形分子には回転自由度は2個しかないから，振動の基準モードは $3n-5$ 個ある．したがって，二原子分子の基準モードは1個しかなく，その原子の運動は結合に沿っている．調和振動近似では，

$$V(x) = \frac{1}{2}kx^2 = \frac{1}{2}\left(\frac{\mathrm{d}^2V}{\mathrm{d}x^2}\right)x^2$$

である．x は重心座標で表した平衡位置からの変位である．振動自由度が N の分子のポテンシャルエネルギーは，

$$V(q_1, q_2, \cdots, q_N) = \frac{1}{2}\sum_{i=1}^{N}\sum_{j=1}^{N}\frac{\partial^2 V}{\partial q_i \partial q_j}q_i q_j \qquad (27\cdot16)$$

で表される．q_i は個々の基準モードの変位を表す．古典力学によれば，新しい振動座標 $Q_j(q_1, q_2, \cdots, q_N)$ を使って，(27・16)式をつぎのような単純なかたちで表すことができる．

$$V(Q_1, Q_2, \cdots, Q_N) = \frac{1}{2}\sum_{i=1}^{N}\left(\frac{\partial^2 V}{\partial {Q_i}^2}\right){Q_i}^2 \qquad (27\cdot17)$$

この $Q_j(q_1, q_2, \cdots, q_N)$ をこの分子の**基準座標**[3]という．振動運動を表すうえでこの変換には重要な意味がある．ポテンシャルエネルギーを表すのに Q_iQ_j というかたちの交差項がないから，調和近似ではこれらの振動モードは独立なのである．すなわち，

1) normal mode　2) normal mode frequency　3) normal coordinate

$$\psi_{\text{振動}}(Q_1, Q_2, \cdots, Q_N) = \psi_1(Q_1)\psi_2(Q_2)\cdots\psi_N(Q_N)$$

$$E_{\text{振動}} = \sum_{i=1}^{N} E_i(Q_i) \tag{27·18}$$

と表せる．基準座標に変換したために，それぞれの基準モードはエネルギーに対して独立に寄与し，この節の始めに述べたように異なる基準モードの振動運動はカップル（連動）しない．基準モードの見つけ方は一筋縄でいかないが，数値計算によればずっと簡単に行える．計算で得られた H_2O の基準モードを図 27·9 に示す．矢印はある時刻における各原子の変位を示している．その振動周期の半分を経過すれば，図に示してある各矢印は，大きさが同じで向きが反転したものになる．ここでは基準モードの計算を行わず，基準モードの対称性について考えよう．

酸素原子の 2p 原子オービタルが C_{2v} 群の個々の表現に属するのと同じで，分子の基準モードも個々の表現に属している．次の作業は，H_2O の三つの異なる基準モードの対称性を明らかにすることである．そのために，各原子に一つの座標系を設定し，分子内の各原子の 9 個ある x, y, z 座標を使って行列表現をつくる．図 27·10 は考えている状況を表したものである．

$\hat{C}_2$ 操作について考えよう．3 個の原子について座標系の動きを見れば，この操作によって個々の座標系がつぎのように変換されるのがわかるだろう．

$$\begin{pmatrix} x_1 \\ y_1 \\ z_1 \\ x_2 \\ y_2 \\ z_2 \\ x_3 \\ y_3 \\ z_3 \end{pmatrix} \overset{\hat{C}_2}{\Longrightarrow} \begin{pmatrix} -x_3 \\ -y_3 \\ z_3 \\ -x_2 \\ -y_2 \\ z_2 \\ -x_1 \\ -y_1 \\ z_1 \end{pmatrix} \tag{27·19}$$

また，この変換を表す 9×9 行列がつぎのかたちに書けることもわかるだろう．

$$\hat{C}_2 = \begin{pmatrix} 0 & 0 & 0 & 0 & 0 & 0 & -1 & 0 & 0 \\ 0 & 0 & 0 & 0 & 0 & 0 & 0 & -1 & 0 \\ 0 & 0 & 0 & 0 & 0 & 0 & 0 & 0 & 1 \\ 0 & 0 & 0 & -1 & 0 & 0 & 0 & 0 & 0 \\ 0 & 0 & 0 & 0 & -1 & 0 & 0 & 0 & 0 \\ 0 & 0 & 0 & 0 & 0 & 1 & 0 & 0 & 0 \\ -1 & 0 & 0 & 0 & 0 & 0 & 0 & 0 & 0 \\ 0 & -1 & 0 & 0 & 0 & 0 & 0 & 0 & 0 \\ 0 & 0 & 1 & 0 & 0 & 0 & 0 & 0 & 0 \end{pmatrix} \tag{27·20}$$

この行列の構造は単純である．箱で囲ったサブユニットの 3×3 行列はどれも同じものである．もっと重要なことは，このサブユニットの対角要素が 9×9 行列の対角要素に並ぶのは，変換によって原子が別の位置に移らない場合に限ることである．実際には，$\hat{C}_2$ 操作によって H 原子 1 と 3 は位置を交換するわけであるから，行列の対角要素の和で表される演算子の指標に水素原子は寄与しないことがわかる．この結果から，9×9 行列の表現で群の各対称操作の指標を計算するための指針がつぎのように得られる．

- 変換しても原子が同じ位置に留まり，x, y, z のどれかの符号が変わらないとき，その変わらない座標に +1 の値を与える．

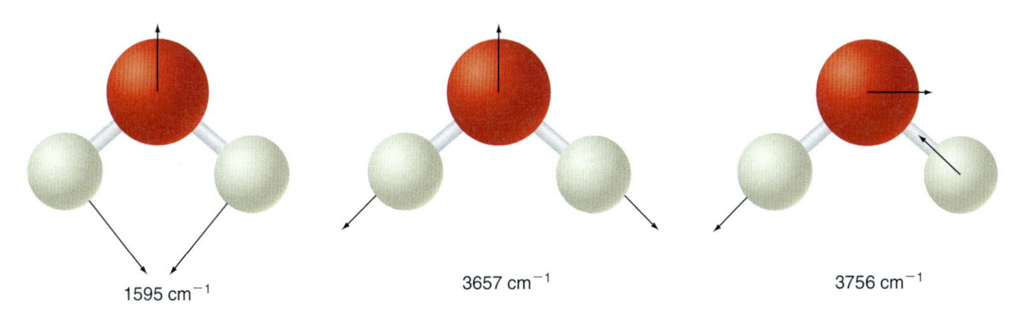

図 27・9　H_2O の基準モード．原子の変位を表すベクトルを描いてある．左から順に変角，O−H 対称伸縮，O−H 逆対称伸縮に相当するモードである．実験で得られた振動波数を示してある．

- x, y, z のどれかの符号が変わるとき，その変わる座標に −1 の値を与える．
- 座標系が別の原子の座標系と位置を交換したとき，三つの座標すべてに 0 の値を与える．
- 対角要素だけが指標に寄与するから，対称操作によって位置が変わらない原子だけが指標に寄与する．

この手続きを水分子に適用しよう．$\hat{E}$ 操作によっては何も変化しないから，$\hat{E}$ の指標は 9 である．180° の回転によって，2 個の水素原子は交換するから，6 個の座標はどれも $\hat{C}_2$ 演算子の指標には寄与しない．酸素原子については，$x \to -x$, $y \to -y$, $z \to z$ であるから，$\hat{C}_2$ の指標は −1 である．$\hat{\sigma}_v$ 操作でも H 原子は交換されるから，$\hat{\sigma}_v$ の指標に寄与しない．酸素原子については，$x \to x$, $y \to -y$, $z \to z$ であるから，$\hat{\sigma}_v$ の指標は +1 である．$\hat{\sigma}'_v$ 操作では，H 原子について，$x \to -x$, $y \to y$, $z \to z$ であるから，2 個の H 原子は $\hat{\sigma}'_v$ の指標に 2 の寄与をする．酸素原子については，$x \to -x$, $y \to y$, $z \to z$ であるから，O 原子は $\hat{\sigma}'_v$ の指標に +1 の寄与をする．したがって，$\hat{\sigma}'_v$ の全指標は +3 である．以上の考察から，基底として 3 個の原子の座標系を使ってつくられた可約表現は，

E	C_2	σ_v	σ'_v
9	−1	1	3

(27・21)

で表されることがわかる．これは 9 次元の表現であるから可約表現である．一方，C_{2v} 群の既約表現はすべて一次元である．この結果を使って水の基準モードの対称を表すには，この可約表現をつぎのように既約表現に分解しなくてはならない．

ある可約表現をその既約表現に分解する一般的な方法では，27・3 節で説明した表現のベクトルとしての性質を使う．可約表現 $\Gamma_{可約}(\hat{R}_j)$ と既約表現 $\Gamma_i(\hat{R}_j)$ のスカラー積を順にとり，それを群の位数で割る．この手続きで得られるのは，各表現が既約表現に表れる回数を表す正の整数 n_i である．これを式で表せばつぎのようになる．

$$n_i = \frac{1}{h}\Gamma_i \Gamma_{可約} = \frac{1}{h}\chi_i(\hat{R}_j)\cdot\chi_{可約}(\hat{R}_j) = \frac{1}{h}\sum_{j=1}^{h}\chi_i(\hat{R}_j)\chi_{可約}(\hat{R}_j)$$

ここで，$i = 1, 2, \cdots, N$　(27・22)

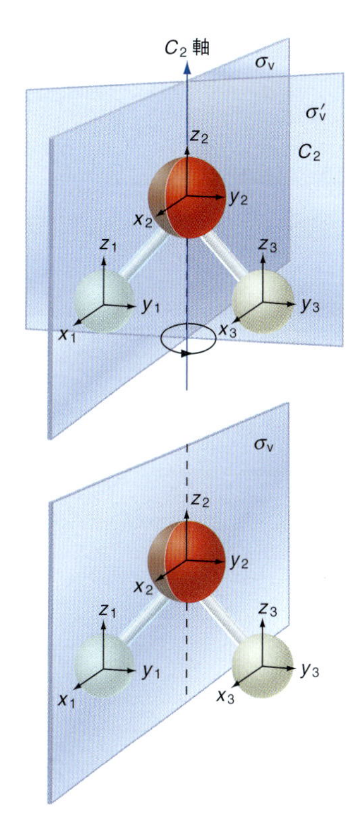

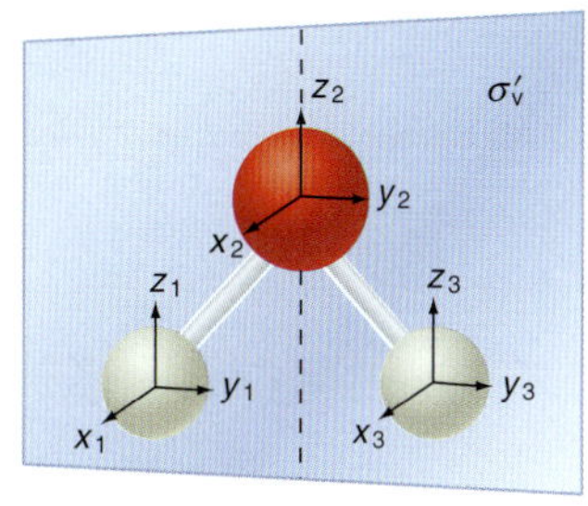

図 27・10　水分子の各原子に設定した座標系が変換される状況．C_{2v} 群の対称操作を行っても，それぞれの原子は別の実体と考える．

(27·22)式を使えば，この可約表現に対するそれぞれの既約表現の寄与をつぎのように計算できる．

$$n_{\mathrm{A}_1} = \frac{1}{h}\sum_{j=1}^{h}\chi_{\mathrm{A}_1}(\hat{R}_j)\,\chi_{\text{可約}}(\hat{R}_j) = \frac{1\times 9 + 1\times(-1) + 1\times 1 + 1\times 3}{4} = 3$$

$$n_{\mathrm{A}_2} = \frac{1}{h}\sum_{j=1}^{h}\chi_{\mathrm{A}_2}(\hat{R}_j)\,\chi_{\text{可約}}(\hat{R}_j) = \frac{1\times 9 + 1\times(-1) + (-1)\times 1 + (-1)\times 3}{4} = 1$$

$$n_{\mathrm{B}_1} = \frac{1}{h}\sum_{j=1}^{h}\chi_{\mathrm{B}_1}(\hat{R}_j)\,\chi_{\text{可約}}(\hat{R}_j) = \frac{1\times 9 + (-1)\times(-1) + 1\times 1 + (-1)\times 3}{4} = 2$$

$$n_{\mathrm{B}_2} = \frac{1}{h}\sum_{j=1}^{h}\chi_{\mathrm{B}_2}(\hat{R}_j)\,\chi_{\text{可約}}(\hat{R}_j) = \frac{1\times 9 + (-1)\times(-1) + (-1)\times 1 + 1\times 3}{4} = 3$$

(27·23)

この計算から，$\Gamma_{\text{可約}} = 3\mathrm{A}_1 + \mathrm{A}_2 + 2\mathrm{B}_1 + 3\mathrm{B}_2$ であることがわかる．しかしながら，これらの表現すべてが振動の基準モードを表すとは限らない．x, y, z 軸に沿った分子全体の並進とこれらの軸まわりの分子全体の回転を除かなければ，振動の基準モードの表現を得ることはできない．そうするには，x, y, z と R_x, R_y, R_z に属する表現を差し引けばよい．これらの自由度の表現は $C_{2\mathrm{v}}$ の指標表から求めることができる．それを除けば三つの振動モードの表現として，

$$\begin{aligned}\Gamma_{\text{可約}} &= 3\mathrm{A}_1 + \mathrm{A}_2 + 2\mathrm{B}_1 + 3\mathrm{B}_2 - (\mathrm{B}_1 + \mathrm{B}_2 + \mathrm{A}_1) - (\mathrm{B}_2 + \mathrm{B}_1 + \mathrm{A}_2)\\ &= 2\mathrm{A}_1 + \mathrm{B}_2\end{aligned} \qquad (27\cdot 24)$$

が得られる．この計算は，H_2O 分子の対称性が基準モードの対称性を決めていることを示している．三つの基準モードのうち，一つは B_2 に属し，二つは A_1 に属することがわかる．ここで説明した基準モードの計算によって，図 27·9 に示したモードが与えられる．

これらのモードは $C_{2\mathrm{v}}$ 群の異なる既約表現にどう帰属できるだろうか．図 27·9 で各原子に付けた矢印は，ある時刻での変位の向きと大きさを示している．振動周期の半分の時間後にはすべての変位ベクトルは反転している．この変位ベクトルの組がある表現の基底であれば，その表現の指標に現れているはずである．まず，1595 cm^{-1} の基準モードについて考えよう．各ベクトルの向きと大きさは，$\hat{E}, \hat{C}_2, \hat{\sigma}_{\mathrm{v}}, \hat{\sigma}'_{\mathrm{v}}$ のどの操作によっても影響を受けない．したがって，このモードは A_1 表現に属さなければならない．同じことは 3657 cm^{-1} の基準モードについてもいえる．これに対して 3756 cm^{-1} の基準モードでは，$\hat{C}_2$ 操作によって O 原子の変位ベクトルは反転する．しかし，H 原子は交換されるから，その変位ベクトルは $\hat{C}_2$ 操作の指標に寄与しない．そこで合計 -1 である．したがって，このモードは B_1 か B_2 のどちらかの表現に属さなければならない．どちらの表現が正しいかは，個々の変位ベクトルに対する $\hat{\sigma}'_{\mathrm{v}}$ 操作の効果を調べればわかる．これらのベクトルは鏡面上にあるから，鏡映によって変化せず，その指標は $+1$ である．したがって，3756 cm^{-1} の基準モードは B_2 表現に属しているといえる．

水分子は小さいから，上で説明した方法をあまり手数を掛けずに実行することができる．分子が大きいとかなりの作業が必要になるが，すでに普及している量子化学ソフトウエアを使えば，基準モードや既約表現を計算することができる．たいていのプログラムでは振動のアニメーションを表示させることができ，主要な運動が伸縮なのか変角なのかを判断するのに役に立つ．いくつかの分子につい

て基準モードを発生させ，そのアニメーションを観察する問題は24章の計算問題にある．

27・8　選択律と赤外およびラマンの活性

次に，群論を使えば赤外吸収分光法の選択律 $\Delta n = +1$ を導けることを示そう．もっと重要なこととして，許容遷移では前節で計算した $\Gamma_{可約}$ に A_1 表現が含まれていなければならないことを示そう．19・3節で説明したように，たいていの分子は300 Kで $n = 0$ の振動状態だけが占有されている．双極子の行列要素がつぎの条件を満たせば，分子は赤外領域のエネルギーを吸収して $n_j > 0$ の状態へと励起することができる．

$$\mu_{Q_j}^{m \leftarrow 0} = \left(\frac{\partial \mu}{\partial Q_j}\right) \int \psi_m^*(Q_j)\, \hat{\mu}(Q_j)\, \psi_0(Q_j)\, \mathrm{d}Q_j \neq 0$$

$$j \text{ は } 1, 2, \cdots, 3N - 6 \text{ の一つ} \qquad (27\cdot25)$$

これは，二原子分子に使える(19・6)式を変形して，一般の多原子分子に使えるようにした式であり，位置変数を基準座標で表してある．数学を簡単にするために，電場は基準座標に沿うとしてある．18章で示したように，ψ_0, ψ_1, ψ_2 は，

$$\psi_0(Q_j) = \left(\frac{\alpha_j}{\pi}\right)^{1/4} \mathrm{e}^{-(\alpha_j Q_j^{\,2})/2}$$

$$\psi_1(Q_j) = \left(\frac{4\alpha_j^{\,3}}{\pi}\right)^{1/4} Q_j\, \mathrm{e}^{-(\alpha_j Q_j^{\,2})/2} \qquad (27\cdot26)$$

$$\psi_2(Q_j) = \left(\frac{\alpha_j}{4\pi}\right)^{1/4} (2\alpha_j Q_j^{\,2} - 1)\, \mathrm{e}^{-(\alpha_j Q_j^{\,2})/2}$$

で表され，その双極子モーメント演算子は，

$$\hat{\mu}(Q_j) = \mu_\mathrm{e} + \left[\left(\frac{\partial \mu}{\partial Q_j}\right) Q_j + \cdots\right]$$

で与えられる．μ_e は静的な双極子モーメントである．調和近似では高次の項を無視できる．

遷移双極子モーメントを表す(27・25)式を満たす終状態 ψ_f はどんなものであろうか．27・6節で示したように，その積分が0でないためには，被積分関数 $\psi_m^*(Q_j)\, \hat{\mu}(Q_j)\, \psi_0(Q_j)$ が A_1 表現に属していなければならない．C_{2v} の指標表によれば，Q_j^2 はこの表現の基底であるから，この被積分関数は Q_j^2 のみの関数でなければならない．ψ_0 は Q_j の偶関数であるから $\psi_0(Q_j) = \psi_0(-Q_j)$ であり，$\hat{\mu}$ は Q_j の奇関数であるから $\hat{\mu}(Q_j) = -\hat{\mu}(-Q_j)$ であることがわかっている．このとき，この被積分関数が Q_j の偶関数となる条件は何であろうか．それは，ψ_m^* が Q_j の奇関数で表されるときに限り，被積分関数は偶関数になれるのである．この制約があるから，$n = 0 \rightarrow n = 1$ は許容遷移であるが，$n = 0 \rightarrow n = 2$ は双極子近似では禁制である．これと同じ結論は，19・4節では違う道筋によって得られている．

上の説明では選択律を述べているだけで，(27・25)式を満足する基準モードの対称性の要請については何も述べていない．$\hat{\mu}(Q_j)$ は奇関数なので x, y, z で変化し，$\psi_0(Q_j)$ は偶関数なので x^2, y^2, z^2 で変化する．そこで，$\psi_m^*(Q_j)\, \hat{\mu}(Q_j)\, \psi_0(Q_j)$ が x^2, y^2, z^2 で変化するためには $\psi_m(Q_j)$ は x, y, z で変化しなければならない．こ

のとき，その基準モードは赤外活性である．すなわち，x, y, z のどれかが基底でなければならない．H_2O の場合，その基準モードは A_1, B_1, B_2 のどれかに属していなければならない．(27･24)式で示したように，水の三つの基準モードは A_1 と B_2 に属しているから，すべて赤外活性であることがわかる．専門書で詳しく説明されているように，基準モードが属する表現の基底が $x^2, y^2, z^2, xy, yz, xz$ のどれかの関数であれば，その分子の基準モードはラマン活性である．C_{2v} の指標表を見れば，水の三つの基準モードはすべてラマン活性であることがわかる．分子の基準モードすべてが赤外活性でもラマン活性でもあるというのは一般的な場合でない．

上の説明に基づいて，図 19･10 で示した CH_4 の赤外吸収スペクトルについてもう一度考えよう．CH_4 には $3n-6=9$ の基準モードがあるが，観測されたピークは 2 個しかない．メタン分子は T_d 点群に属しており，(27･24)式を導いたのと同じ解析を行えば，

$$\Gamma_{\text{可約}} = A_1 + E + 2T_2 \tag{27·27}$$

であるのがわかる．この表現の次元数は A_1 について 1，E について 2，T_2 について 3 である．そこで，全部で 9 個の基準モードがある．T_d 群の指標表を見れば，x, y, z を基底とするのは T_2 表現だけであるのがわかる．したがって，メタンの 9 個の基準モードのうち赤外活性なのは 6 個だけである．それでは，スペクトルに観測されたピークが 2 個しかないのはなぜだろうか．これには群論のつぎの結果が使える．

ある特定の表現に属する基準モードはすべて同じ振動数をもつ．

したがって，T_2 表現の基準モードの振動数は三重に縮退している．このため，図 19･10 に示した CH_4 の赤外吸収スペクトルには二つの振動数しか観測されていない．同じ振動数のピークが 3 個あり，それらは縮退した基準モードなのである．

27・9　補遺：射影演算子法による既約表現の基底から MO をつくる方法

27･6 節では H_2O を取上げ，すでにわかっている C_{2v} 群の異なる既約表現に属する AO から対称適合 MO をつくった．次に，任意の分子について同じ目的を達成できる**射影演算子法**[1]という強力な方法について説明しよう．ここではこの方法をエテンに適用する．この分子は D_{2h} 点群に属する．

エテンの対称要素と D_{2h} の指標表を図 27･11 と表 27･5 に示す．恒等要素以外にこの群にあるのは反転中心と，その操作がすべて別々の類を形成する三つの C_2 軸と三つの鏡面である．反転中心演算子をもつ群の既約表現には，反転中心操作に対して対称 (+1) か反対称 (−1) かを表す下付き添え字 g または u を加える．

次に，この群の対称操作によって個々の H 原子がどのような影響を受けるかを考えよう．この分子に対称操作を施したときの原子 H_A の移動先をつぎに示すから，それを確かめておくのがよい．

1) projection operator method

表 27・5 D_{2h} 点群の指標表

	E	$C_2(z)$	$C_2(y)$	$C_2(x)$	i	$\sigma(xy)$	$\sigma(xz)$	$\sigma(yz)$		
A_g	1	1	1	1	1	1	1	1		x^2, y^2, z^2
B_{1g}	1	1	−1	−1	1	1	−1	−1	R_z	xy
B_{2g}	1	−1	1	−1	1	−1	1	−1	R_y	xz
B_{3g}	1	−1	−1	1	1	−1	−1	1	R_x	yz
A_u	1	1	1	1	−1	−1	−1	−1		
B_{1u}	1	1	−1	−1	−1	−1	1	1	z	
B_{2u}	1	−1	1	−1	−1	1	−1	1	y	
B_{3u}	1	−1	−1	1	−1	1	1	−1	x	

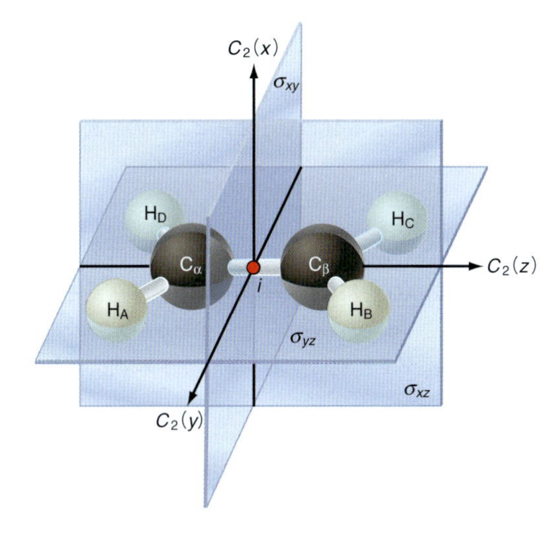

図 27・11 エテン分子を例として表した D_{2h} 群の対称要素．C_2 軸の交点の記号 i は反転中心を表している．分子は yz 面内にある．

$$
\begin{array}{cccc}
\hat{E} & \hat{C}_2(z) & \hat{C}_2(y) & \hat{C}_2(x) \\
\hline
H_A \rightarrow H_A & H_A \rightarrow H_D & H_A \rightarrow H_B & H_A \rightarrow H_C \\
\\
\hat{i} & \hat{\sigma}(xy) & \hat{\sigma}(xz) & \hat{\sigma}(yz) \\
\hline
H_A \rightarrow H_C & H_A \rightarrow H_B & H_A \rightarrow H_D & H_A \rightarrow H_A
\end{array}
\qquad (27\cdot 28)
$$

次に，原子 C_α について考え，その 2s, $2p_x$, $2p_y$, $2p_z$ の AO について，すでに使ったのと同じ手法に従う．ここで，表 27・6 に示した結果が正しいことを確かめておくのがよい．これらの結果を使えば，つぎに示す方法を使ってエテンの対称適合 MO をつくることができる．

射影演算子法に基づくつぎの手続きを使えば，ある表現の基底を形成している AO から対称適合 MO をつくることができる．その方法はつぎの段階からなる．

- 原子のある AO を選び，その群の各対称演算子によってどの AO に変換されるかを求める．
- その変換された AO に，各対称演算子について注目する表現の指標を掛ける．
- これらの AO からなる一次結合は，その表現の基底である MO を形成している．

表 27·6 エテン分子について，炭素の原子オービタルに与える対称操作の効果

	$\hat{E}$	$\hat{C}_2(z)$	$\hat{C}_2(y)$	$\hat{C}_2(x)$	$\hat{i}$	$\hat{\sigma}(xy)$	$\hat{\sigma}(xz)$	$\hat{\sigma}(yz)$
2s	$C_\alpha \to C_\alpha$	$C_\alpha \to C_\alpha$	$C_\alpha \to C_\beta$	$C_\alpha \to C_\beta$	$C_\alpha \to C_\beta$	$C_\alpha \to C_\beta$	$C_\alpha \to C_\alpha$	$C_\alpha \to C_\alpha$
$2p_x$	$C_\alpha \to C_\alpha$	$C_\alpha \to -C_\alpha$	$C_\alpha \to -C_\beta$	$C_\alpha \to C_\beta$	$C_\alpha \to -C_\beta$	$C_\alpha \to C_\beta$	$C_\alpha \to C_\alpha$	$C_\alpha \to -C_\alpha$
$2p_y$	$C_\alpha \to C_\alpha$	$C_\alpha \to -C_\alpha$	$C_\alpha \to C_\beta$	$C_\alpha \to -C_\beta$	$C_\alpha \to -C_\beta$	$C_\alpha \to C_\beta$	$C_\alpha \to -C_\alpha$	$C_\alpha \to C_\alpha$
$2p_z$	$C_\alpha \to C_\alpha$	$C_\alpha \to C_\alpha$	$C_\alpha \to -C_\beta$	$C_\alpha \to -C_\beta$	$C_\alpha \to -C_\beta$	$C_\alpha \to -C_\beta$	$C_\alpha \to C_\alpha$	$C_\alpha \to C_\alpha$

つぎの二つの例題で射影演算子法の使い方を示そう．

例題 27・7

B_{1u} 表現の基底となるエテンの H の原子オービタルの一次結合をつくれ．エテンには，B_{3u} 表現の基底となる H の原子オービタルの一次結合は存在しないことを示せ．

解 答

最初のオービタルとして ϕ_{H_A} を選び，各演算子について B_{1u} 表現の指標によって ϕ_{H_A} が変換される AO を掛け，それらの項を加える．その結果，

$$\begin{aligned}\psi^{H}_{B_{1u}} &= 1\times\phi_{H_A}+1\times\phi_{H_D}-1\times\phi_{H_B}-1\times\phi_{H_C}-1\times\phi_{H_C}\\ &\quad -1\times\phi_{H_B}+1\times\phi_{H_D}+1\times\phi_{H_A}\\ &= \phi_{H_A}+\phi_{H_D}-\phi_{H_B}-\phi_{H_C}-\phi_{H_C}-\phi_{H_B}+\phi_{H_D}+\phi_{H_A}\\ &= 2(\phi_{H_A}-\phi_{H_B}-\phi_{H_C}+\phi_{H_D})\end{aligned}$$

となる．この分子波動関数は規格化されていない．この組合わせを絵で表せばつぎのように描ける．

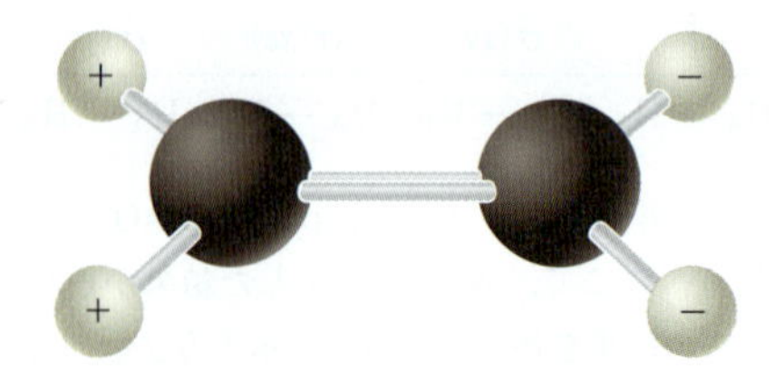

同じ手続きに従えば，B_{3u} 表現の一次結合をつぎのようにつくれる．

$$\psi^{H}_{B_{3u}} = \phi_{H_A}-\phi_{H_D}-\phi_{H_B}+\phi_{H_C}-\phi_{H_C}+\phi_{H_B}+\phi_{H_D}-\phi_{H_A} = 0$$

これからわかるように，B_{3u} の基底となる H の AO の一次結合はない．

例題 27・8

例題 27·7 で用いた手続きを使って，B_{1u} 表現の基底となるエテンの C の原子オービタルの一次結合をつくれ．

解 答

例題 27·7 で説明した手続きに従って，炭素の原子価 AO それぞれに適用すれば，つぎの結果が得られる．

$$2s:\quad 1\times\phi_{C_\alpha}+1\times\phi_{C_\alpha}-1\times\phi_{C_\beta}-1\times\phi_{C_\beta}-1\times\phi_{C_\beta}-1\times\phi_{C_\beta}+1\times\phi_{C_\alpha}+1\times\phi_{C_\alpha}=4\phi_{C_\alpha}-4\phi_{C_\beta}$$

$$2p_x:\quad 1\times\phi_{C_\alpha}-1\times\phi_{C_\alpha}+1\times\phi_{C_\beta}-1\times\phi_{C_\beta}+1\times\phi_{C_\beta}-1\times\phi_{C_\beta}+1\times\phi_{C_\alpha}-1\times\phi_{C_\alpha}=0$$

$$2p_y:\quad 1\times\phi_{C_\alpha}-1\times\phi_{C_\alpha}-1\times\phi_{C_\beta}+1\times\phi_{C_\beta}+1\times\phi_{C_\beta}-1\times\phi_{C_\beta}-1\times\phi_{C_\alpha}+1\times\phi_{C_\alpha}=0$$

$$2p_z:\quad 1\times\phi_{C_\alpha}+1\times\phi_{C_\alpha}+1\times\phi_{C_\beta}+1\times\phi_{C_\beta}+1\times\phi_{C_\beta}+1\times\phi_{C_\beta}+1\times\phi_{C_\alpha}+1\times\phi_{C_\alpha}=4\phi_{C_\alpha}+4\phi_{C_\beta}$$

この結果によれば，B_{1u} 表現の基底となる対称適合 MO をつくるための炭素の AO の正しい一次結合は，つぎのかたちで表されることがわかる．

$$\psi^{C}_{B_{1u}} = c_1(\phi_{C_{2s\alpha}}-\phi_{C_{2s\beta}}) + c_2(\phi_{C_{2p_z\alpha}}+\phi_{C_{2p_z\beta}})$$

上の二つの例題の結果を合わせれば，すべての原子の AO を含み，しかも B_{1u} 表現に合う対称適合 MO は，

$$\psi_{B_{1u}} = c_1(\phi_{C_{2s\alpha}}-\phi_{C_{2s\beta}}) + c_2(\phi_{C_{2p_z\alpha}}+\phi_{C_{2p_z\beta}}) + c_3(\phi_{H_A}-\phi_{H_B}-\phi_{H_C}+\phi_{H_D})$$

で表されることがわかる．この分子オービタルの形を図 27･12 に示す．

対称性の考察だけからでは，この MO の各 AO の係数の値を得ることはできないが，どの係数が 0 とか，どれとどれは係数の大きさが等しいとか，符号が同じか反対かなどを求めることはできる．この場合は，c_1 から c_3 を分子の全エネルギーを最小にする変分計算で求める必要がある．対称性について考えなければ，波動関数を決めるのに 12 個の係数（各 H に 1 個の AO と各 C に 4 個の AO があるから）が必要である．対称適合 MO をつくることによって，計算に必要な係数の数を 12 個から 3 個に減らせることがわかる．この例は，対称適合 MO をつくることによって得られる分子波動関数が単純になることを示している．

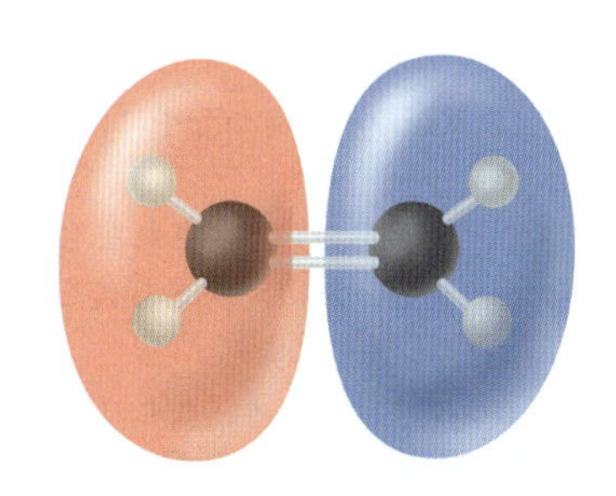

図 27･12　B_{1u} 表現の基底となるエテンの MO．

用語のまとめ

回映軸
回転軸
可約表現
基準座標
基準モード
基準モードの振動数
基底関数
基底を形成している
逆演算子
既約表現
鏡　面
群
群の位数
結合的である（結合法則が成り立つ）
恒等演算子
三次元既約表現
指　標
指標表
射影演算子法
全対称表現
対称操作
対称適合 MO
対称要素
点　群
特定の表現に属している
二次元既約表現
反転中心（対称中心）
表　現
表現の次元
類

文章問題

Q 27.1 反転中心のある分子が双極子モーメントをもてるか．この対称要素をもつ分子の一例を挙げ，その答の根拠を説明せよ．

Q 27.2 図27·9に示したH_2Oの三つの基準モードのうち，変角モードと表すのに最適なのはどれか．結合角が変化しないモードはあるか．変角モードと結合伸縮モードで必要なエネルギーが小さいのはどちらか．

Q 27.3 表27·2のD_{6h}群の対称要素にC_6^2やC_6^3, C_6^4が含まれていないのはなぜか．

Q 27.4 表27·2のD_{6h}群の対称要素にS_6^2やS_6^3, S_6^4が含まれていないのはなぜか．

Q 27.5 対称適合MOをつくることによって，LCAO-MOモデルの量子力学計算はどれほど単純になるか．

Q 27.6 対称操作を考えるとき，分子の球棒模型が使える場合と想像するしかない場合がある．例となる分子をそれぞれ2個挙げよ．

Q 27.7 C_{3v}群には二次元の既約表現がある．これを，この群の対称操作を表す行列を使って説明せよ．

Q 27.8 NH_3の分子オービタルに，エネルギーが三重縮退したものがありうるか．

Q 27.9 反転中心をもつ分子が，組換えずそのままの形で，その鏡像と重なることはありうるか．そのような対称要素をもつ分子の例を挙げ，その答の根拠を説明せよ．

Q 27.10 一次元の表現がすべて既約表現なのはなぜか．

Q 27.11 対称要素と対称操作の違いは何か．

Q 27.12 D_{2h}対称の分子は双極子モーメントをもてるか．この対称要素をもつ分子の一例を挙げ，その答の根拠を説明せよ．

Q 27.13 C_{3h}対称の分子は双極子モーメントをもてるか．この対称要素をもつ分子の一例を挙げ，その答の根拠を説明せよ．

Q 27.14 メタンでは，9個ある基準モードのうち6個が赤外活性であるにもかかわらず，その赤外スペクトルに観測されるピークは2個しかない．その理由を説明せよ．

Q 27.15 AOの一次結合2個について，両者が同じ表現に属する場合に限りその重なり積分は0でない．その理由を説明せよ．

数値問題

赤字番号の問題の解説が解答·解説集にある(上巻vii頁参照)．

P 27.1 反転中心をもつ分子には対称要素S_2があることを示せ．

P 27.2 C_{2v}群について表された(27·3)式の3×3行列を使って，つぎの連続した対称操作を調べ，この群の乗法表が正しいことを証明せよ．

a. $\hat{\sigma}_v \hat{\sigma}_v'$ **b.** $\hat{\sigma}_v \hat{C}_2$ **c.** $\hat{C}_2 \hat{C}_2$

P 27.3 図27·2の流れ図を使って，平面形分子*trans*-HBrC=CBrHの点群を求めよ．NH_3について本文で行ったように，流れ図のたどった経路を示せ．

P 27.4 D_3群の類は，$E, 2C_3, 3C_2$である．この群に既約表現は何個あるか．また，それぞれの次元はいくらか．

P 27.5 ベンゼンC_6H_6はD_{6h}群に属する．その振動モードの可約表現はつぎのように表せる．

$$\Gamma_{可約} = 2A_{1g} + A_{2g} + A_{2u} + 2B_{1u} + 2B_{2g} + 2B_{2u} + E_{1g} + 3E_{1u} + 4E_{2g} + 2E_{2u}$$

a. ベンゼンの振動モードは何個あるか．

b. 赤外活性な振動モードは何個あり，それぞれはどの表現に属しているか．

c. 赤外活性なモードのうちエネルギーが縮退しているのはどれか．また，その縮退度はいくらか．

d. ラマン活性な振動モードは何個あり，それぞれはどの表現に属しているか．

e. ラマン活性なモードのうちエネルギーが縮退しているのはどれか．また，その縮退度はいくらか．

f. 赤外活性なモードでラマン活性なのはどれか．

P 27.6 NH_3はC_{3v}群に属する．その振動モードの可約表現は$\Gamma_{可約} = 2A_1 + 2E$である．

a. NH_3の振動モードは何個あるか．

b. 赤外活性な振動モードは何個あり，それぞれはどの表現に属しているか．

c. エネルギーが縮退している赤外活性なモードはあるか．

d. ラマン活性な振動モードは何個あり，それぞれはどの表現に属しているか．

e. エネルギーが縮退しているラマン活性なモードはあるか．

f. 赤外活性でラマン活性なモードは何個あるか．

P 27.7 XeF_4はつぎの対称要素をもつD_{4h}点群に属している．$E, C_4, C_4^2, C_2, C_2', C_2'', i, S_4, S_4^2, \sigma, 2\sigma', 2\sigma''$．図27·1を参考にして，これらの対称要素を表す図を描け．

P 27.8 メタンはT_d群に属する．その振動モードの可約表現は$\Gamma_{可約} = A_1 + E + 2T_2$である．

a. A_1表現とT_2表現は互いに直交しており，表にある別の表現とも直交していることを示せ．

b. ラマン活性を示す振動モードそれぞれについて，その対称性を示せ．ラマン活性なモードでエネルギーが縮退しているものはあるか．

P 27.9　C_{2v} 群について表した (27·3) 式の 3×3 行列を使って，連続するつぎの対称操作について結合の法則が成り立つことを確かめよ．

a.　$\hat{\sigma}_v(\hat{\sigma}_v'\hat{C}_2) = (\hat{\sigma}_v\hat{\sigma}_v')\hat{C}_2$

b.　$(\hat{\sigma}_v\hat{E})\hat{C}_2 = \hat{\sigma}_v(\hat{E}\hat{C}_2)$

P 27.10　図 27·2 の流れ図を使ってアレンの点群を求めよ．NH_3 について本文で行ったように，流れ図のたどった経路を示せ．

P 27.11　メタンの基準モードの対称性を求めるのに，H_2O について図 27·10 で示したように，5 個の原子それぞれの座標系を設定し，その変換の解析を行った．分子全体の回転と並進の表現を除いたのち，振動モードに関するつぎの可約表現の指標 $\chi_{可約}$ が得られた．

$\hat{E}$	$8\hat{C}_3$	$3\hat{C}_2$	$6\hat{C}_4$	$6\hat{\sigma}_d$
9	0	1	−1	3

T_d 群の指標表を使って，$\Gamma_{可約} = A_1 + E + 2T_2$ で表されることを示せ．

P 27.12　平面形分子 *cis*-HBrC=CClH の点群を図 27·2 の流れ図を使って求めよ．NH_3 について本文で行ったように，流れ図のたどった経路を示せ．

P 27.13　C_{2v} 群のつぎの可約表現を既約表現に分解せよ．

$\hat{E}$	$\hat{C}_2$	$\hat{\sigma}_v$	$\hat{\sigma}_v'$
4	0	0	0

P 27.14　C_{3v} 群では，z は A_1 表現の基底であり，R_z は A_2 表現の基底であることを示せ．

P 27.15　図 27·2 の流れ図を使って，PCl_5 の点群を求めよ．NH_3 について本文で行ったように，流れ図のたどった経路を示せ．

P 27.16　例題 27·2 で示した方法を使って，つぎの演算子を 3×3 行列で表せ．

a.　$\hat{C}_6$ 演算子

b.　$\hat{S}_4$ 演算子

c.　$\hat{i}$ 演算子

P 27.17　関数 $f(x,y) = xy$ について，xy 面内で原点を中心とする正方形の領域で積分するとしよう．

a.　この面内で f が一定（正の場合と負の場合について）の線を描き，積分が 0 でない値をもつかどうかを求めよ．

b.　この正方形が D_{4h} 対称をもつことを使って，この被積分関数がどの表現に属するかを求めよ．このことから考えて，その積分値が 0 でないことがありうるかを示せ．

P 27.18　図 27·2 の流れ図を使って，CH_3Cl の点群を求めよ．NH_3 について本文で行ったように，流れ図のたどった経路を示せ．

P 27.19　CH_4 はつぎの対称要素をもつ T_d 点群に属している．E，$4C_3$，$4C_3^2$，$3C_2$，$3S_4$，$3S_4^3$，6σ．図 27·1 を参考にして，これらの対称要素を表す図を描け．

P 27.20　C_2 軸とそれに垂直な鏡面があれば，反転中心が存在することを示せ．

P 27.21　C_{3v} 群のつぎの可約表現を既約表現に分解せよ．

$\hat{E}$	$2\hat{C}_3$	$3\hat{\sigma}_v$
5	2	−1

P 27.22　中心原子に配位子が C_{4v} 対称で付いている分子があるとする．その遷移双極子の行列要素を求めることによって，z 方向の電場で遷移 $p_x \rightarrow p_z$ が許容になるかどうかを判定せよ．

P 27.23　C_n 軸をもつ分子には，この軸に垂直な双極子モーメントがないことを示せ．

P 27.24　C_{4v} 群の類は，E，$2C_4$，C_2，$2\sigma_v$，$2\sigma_d$ である．この群に既約表現は何個あるか．また，それぞれの次元はいくらか．σ_d は二等分鏡面を表す．たとえば，BrF_5 分子では，σ_v 鏡面はそれぞれエクアトリアル位の F 原子のうちの 2 個を含むが，二等分鏡面はエクアトリアル位の F 原子を含まない．

P 27.25　C_{3v} 群について表された (27·10) 式の 2×2 行列を使って，その乗法表を導け．

28 核磁気共鳴分光法

核磁気モーメントは外部磁場とごく弱い相互作用しかしないが，この相互作用は分子の局所的な電子分布を探るのに非常に感度のよいプローブの役目を果たす．核磁気共鳴（NMR）スペクトルは，^{1}H などの核が分子内の異なるサイトにあるとき，その非等価な核を識別するのに使える．隣接する ^{1}H などの核スピンがカップルすれば，NMR ピークに多重分裂が生じる．小さな有機分子であれば，この分裂を手掛かりにして分子構造を求めることができる．また，NMR は非破壊的なイメージング法として使うことができ，それは医学や材料研究に広く応用されている．パルス NMR 法と二次元フーリエ変換法を組合わせれば，生物学的に関心のある巨大分子の構造を求める強力な手法となる．

28・1 核に固有の角運動量と磁気モーメント

電子に固有の磁気モーメントがあることは学んだ．核もすべてではないが，固有の磁気モーメントをもつものがある．プロトンの**核磁気モーメント**[1]は電子の磁気モーメントより約 2000 倍も小さいから，水素原子にある電子 1 個のエネルギー準位に与える影響はほとんどない．核磁気モーメントは化学的な影響をひき起こすことがない．たとえば，核スピン 0 の ^{12}C を含む分子の反応性は，核スピン $\frac{1}{2}$ の ^{13}C を含む分子とまったく変わらない．それでいて，核磁気モーメントはこの重要な分光法を生み出すもとになっている．すぐあとでわかるが，核スピンが 0 でなければ，その核は分子内の局所的な電子分布を探るきわめて敏感なプローブとして働く．その感度のおかげで，核磁気共鳴分光法は今日の化学者によって重宝され，間違いなく最も重要な分光法となっている．NMR 分光法を使えば複雑な生体分子の構造を求めたり，分子内の電子分布の地図を描いたり，いろいろな化学変化の速度論を研究したり，人体のさまざまな臓器を非破壊的に映し出したりすることが可能である．この分光法の基本原理はどんなものだろうか．

電子のスピン量子数は $\frac{1}{2}$ であるが，核スピンは $\frac{1}{2}$ の整数倍のいろいろな量子数をとれる．たとえば，^{12}C や ^{16}O の核スピンは 0 であり，^{1}H や ^{19}F は $\frac{1}{2}$，^{2}H や ^{14}N は 1 である．核の磁気モーメント $\boldsymbol{\mu}$ と角運動量 $\boldsymbol{I}$ とは，つぎの比例関係にある．

$$\boldsymbol{\mu} = g_{\mathrm{N}} \frac{e\hbar}{2m_{\text{プロトン}}} \boldsymbol{I} = g_{\mathrm{N}} \beta_{\mathrm{N}} \boldsymbol{I} = \gamma \hbar \boldsymbol{I} \qquad (28\cdot1)$$

SI 単位系では，$\boldsymbol{\mu}$ の大きさを A m^2 または J T^{-1} の単位で表し，$\boldsymbol{I}$ の大きさを J s の単位で表す．上の式で $\beta_{\mathrm{N}} = e\hbar/2m_{\text{プロトン}}$ の値は $5.050\,783\,699 \times 10^{-27}$ J T^{-1} であり，これを**核磁子**[2]という．また，$\gamma = g_{\mathrm{N}}\beta_{\mathrm{N}}/\hbar$ を**磁気回転比**[3]という．オー

1) nuclear magnetic moment　2) nuclear magneton　3) magnetogyric ratio

表 28・1　スピン活性な核種のパラメーター

核　種	同位体の天然存在率（パーセント）	スピン	核の g 因子，g_N	磁気回転比，$\gamma/(10^7\ \mathrm{T^{-1}\ s^{-1}})$
^{1}H	99.985	$\frac{1}{2}$	5.5854	26.75
^{13}C	1.108	$\frac{1}{2}$	1.4042	6.73
^{31}P	100	$\frac{1}{2}$	2.2610	10.84
^{2}H	0.015	1	0.8574	4.11
^{14}N	99.63	1	0.4036	1.93

ビタル角運動量の場合と同じで（18 章を見よ），核に固有な角運動量の z 成分は $m_z\hbar$ の値をとれる．ここで，$-I \le m_z \le I$，$|\boldsymbol{I}| = \hbar\sqrt{I(I+1)}$ である．$m_{\text{プロトン}}$ は m_e より約 2000 倍も大きいから，I の値が同じでも核磁気モーメントは電子の磁気モーメントよりずっと小さい．**核の g 因子**[1] g_N は次元のない量であり，それぞれの核に固有の性質である．NMR 分光法でよく使う核のいろいろな性質を表 28・1 に示す．天然に豊富に存在する ^{12}C や ^{16}O の核に磁気モーメントはないから，NMR 実験では見えない．本章では ^{1}H に話を限るが，その取扱いはスピンをもつ核であればそのまま応用できる．

電子スピンを考えたときに説明したように，オービタル角運動量とスピン角運動量の量子力学演算子は同じ交換関係をもつ．核スピンにも同じ交換関係がある．したがって，すぐにわかることは，同時に知ることができるのは核の角運動量の大きさとその成分の一つでしかない．他の 2 成分については未知のままである．電子スピンの場合と同じで，核のスピン角運動量も $\hbar/2$ を単位として量子化している．スピン量子数が $\frac{1}{2}$ の ^{1}H では，演算子 $\hat{I}^2$ は 2 個の固有関数 α と β をもち，それぞれ $I_z = +\frac{1}{2}\hbar$ と $I_z = -\frac{1}{2}\hbar$ に相当している．この固有関数はつぎの関係を満たしている．

$$\hat{I}^2\alpha = \frac{1}{2}\left(\frac{1}{2}+1\right)\hbar^2\alpha \qquad \hat{I}_z\alpha = +\frac{1}{2}\hbar\alpha$$
$$\hat{I}^2\beta = \frac{1}{2}\left(\frac{1}{2}+1\right)\hbar^2\beta \qquad \hat{I}_z\beta = -\frac{1}{2}\hbar\beta \tag{28・2}$$

電子スピンと核スピンの固有関数を同じ記号で表していることに注意しよう（21・2 節を見よ）．両者を混同してはいけないが，ここで重要なのは固有関数の組がそれぞれの角運動量演算子と同じ関係にあるということである．

28・2　スピンが 0 でない核の磁場中でのエネルギー

古典的には，磁気モーメントつまり磁気双極子は磁場[†1] $\boldsymbol{B}_0$ 中で任意の向きをとれる．磁場方向（これを z 方向に選ぶ）に対して特定の向きにある核磁気モーメントのエネルギーは，

$$E = -\boldsymbol{\mu}\cdot\boldsymbol{B}_0 = -\gamma B_0 m_z\hbar \tag{28・3}$$

†1　訳注：厳密にいえば $\boldsymbol{B}$ は磁束密度（magnetic flux density）であり，単位をテスラ（T）で表す．$1\ \mathrm{T} = 1\ \mathrm{kg\ s^{-1}\ A^{-1}}$ である．SI 単位ではないが，ガウス（G）もまだ使われることがある．$1\ \mathrm{T} = 10^4\ \mathrm{G}$ である．

1）nuclear g factor

で与えられる．しかし，^{1}H のように核スピンが $\frac{1}{2}$ の場合，I_z は二つの値しかとれない．また，角運動量演算子の成分同士は可換でないから（18・6 節を見よ），スピン1個の磁気モーメントは量子化軸に平行に配向できない．したがって，スピン $\frac{1}{2}$ の核に許されたエネルギー値は，

$$E = -\left(\pm\frac{1}{2}\right)g_N\beta_N B_0 = -\left(\pm\frac{1}{2}\right)\gamma B_0 \qquad (28\cdot4)$$

に限られる．このようにエネルギー準位は二つしかないが，図 28・1 に示すようにそのエネルギーは磁場の連続関数で表される．

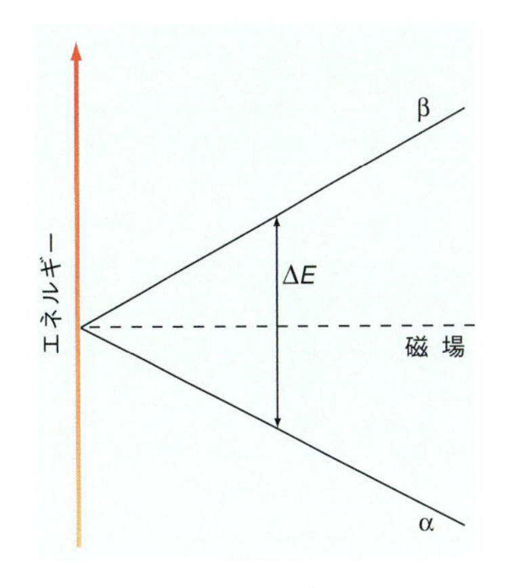

図 28・1　スピン量子数 $\frac{1}{2}$ の核が磁場中でとれるエネルギーとその差.

(28・4)式によれば，磁気モーメントの二つの配向は異なるポテンシャルエネルギーをもつ．また，磁気モーメントの向きが磁場に平行でなければ，その磁場からある力を受ける．このとき受けるトルクは，古典的な磁気モーメントの場合，

$$\boldsymbol{\Gamma} = \boldsymbol{\mu} \times \boldsymbol{B}_0 \qquad (28\cdot5)$$

で与えられる．このトルクは $\boldsymbol{B}_0$ と $\boldsymbol{\mu}$ を含む面に垂直に働くから，$\boldsymbol{\mu}$ は磁場方向を中心とする円錐の表面上を運動することになる．この運動を**歳差運動**[1]という．それは重力を受けて回るこまの運動に似ている．個々のスピンが行う歳差運動を図 28・2 に示す．ところで，NMR 分光法では限られた体積中に多数のスピンを含む系を扱う．したがって，個々の磁気モーメントのベクトル和 $\boldsymbol{M} = \sum_i \boldsymbol{\mu}_i$ で表される巨視的な（正味の）磁気モーメント $\boldsymbol{M}$ を定義しておくと便利である．古典力学では個々の核磁気モーメントを表せないが，$\boldsymbol{M}$ の振舞いは古典力学で表せる．図 28・2 に示すように，黄色の円錐で表した個々の $\boldsymbol{\mu}_i$ の z 成分は同じ大きさであるが，その横成分は xy 面内をランダムに向いている．したがって，アボガドロ定数ほど多数の核スピンを含む巨視的な試料では，$\boldsymbol{M}$ の横成分は0である．そこで，$\boldsymbol{M}$ は z 軸上にあり，磁場方向を向いていると考えてよい．

個々の磁気モーメントが磁場方向のまわりに行う歳差運動の振動数[†2]は，

$$\nu = \frac{1}{2\pi}\gamma B_0 \qquad \text{または} \qquad \omega = 2\pi\nu = \gamma B_0 \qquad (28\cdot6)$$

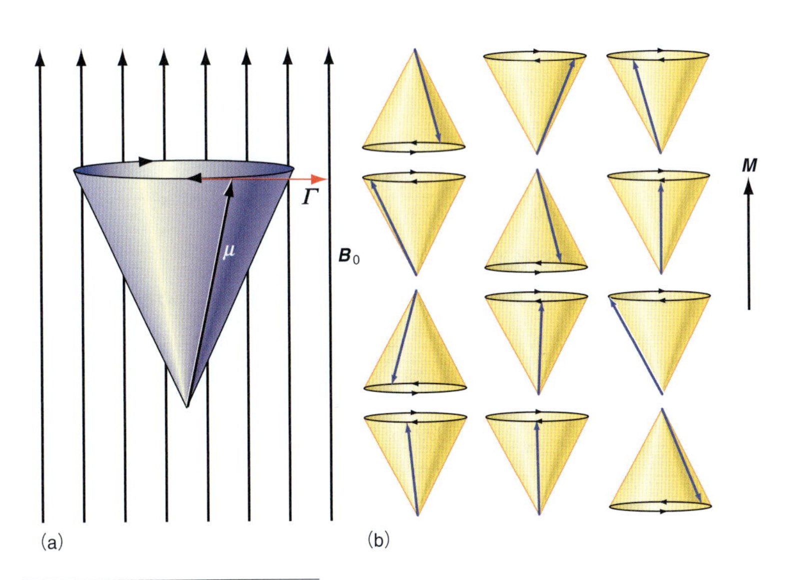

図 28・2　(a) 個々の核スピンの磁場方向まわりの歳差運動．α スピンの場合を示してある．(b) 個々のスピン磁気モーメント（黄色の円錐で表してある）の和で得られる磁化ベクトル $\boldsymbol{M}$ は磁場に平行に向いており，横方向の成分はない．

†2　訳注：ω は正確には角振動数である．その単位は rad s^{-1} または s^{-1} で表すが，Hz を用いてはならない．

1) precession

で与えられる．これを**ラーモア振動数**[1]という．ラーモア振動数は外部磁場に比例しており，同じ磁場でも核によってその値は異なる．たとえば，12 T の磁場での ^{1}H の共鳴振動数は約 500 MHz である．

他の分光法と同様，NMR 分光法でも遷移はエネルギーの異なる 2 準位の間で起こるものであり，このとき起こる電磁エネルギーの吸収または放出が検出される．上で述べたようにスピン $\frac{1}{2}$ の系には 2 準位しかなく，その間隔は $\boldsymbol{B}_0$ の大きさに比例している．例題 28·1 でわかるように，この 2 準位のエネルギー間隔は $k_\mathrm{B}T$ に比べ非常に小さく，両準位の占有数はほぼ等しいから，その間のエネルギー吸収を検出するのは困難である．したがって，NMR 分光法を支える技術としておもに注目されたのは，この 2 準位のエネルギー間隔を増加させるための非常に強い磁場の開発であった．最近では，超電導磁石によって約 21.1 T までの磁場がつくれるようになった．この磁場は地球磁場の 10^6 倍もある高磁場である．

例題 28・1

a. 5.50 T の均一磁場に置いた ^{1}H の核スピンがとれる二つの状態のエネルギーを計算せよ．

b. その α 状態から β 状態へ遷移するときに吸収するエネルギー ΔE を計算せよ．この 2 準位間の遷移が電磁放射線の吸収によって起こるとすれば，電磁スペクトルのどの領域を使うことになるか．

c. 300 K で平衡にあるとき，これら 2 状態の占有数の比と占有数の差が平均占有数に対して占める割合を計算せよ．

解答

a. 二つのエネルギーは，つぎのように与えられる．

$$E = \pm\frac{1}{2}g_\mathrm{N}\beta_\mathrm{N}B_0$$

$$= \pm\frac{1}{2} \times 5.5854 \times 5.051 \times 10^{-27}\,\mathrm{J\,T^{-1}} \times 5.50\,\mathrm{T}$$

$$= \pm 7.76 \times 10^{-26}\,\mathrm{J}$$

b. そのエネルギー差は，つぎのように計算できる．

$$\Delta E = 2(7.76 \times 10^{-26}\,\mathrm{J})$$

$$= 1.55 \times 10^{-25}\,\mathrm{J}$$

$$\nu = \frac{\Delta E}{h} = \frac{1.55 \times 10^{-25}\,\mathrm{J}}{6.626 \times 10^{-34}\,\mathrm{J\,s}} = 2.34 \times 10^8\,\mathrm{s^{-1}}$$

これは，ラジオ波の振動数領域にある．

c. 2 状態の占有数の比と占有数の差が平均占有数に対して占める割合は，

$$\frac{n_\beta}{n_\alpha} = \exp\left(-\frac{E_\beta - E_\alpha}{k_\mathrm{B}T}\right) = \exp\left(\frac{-2 \times 7.76 \times 10^{-26}\,\mathrm{J}}{1.381 \times 10^{-23}\,\mathrm{J\,K^{-1}} \times 300\,\mathrm{K}}\right) = 0.999\,963$$

$$\frac{n_\alpha - n_\beta}{\frac{1}{2}(n_\beta + n_\alpha)} \approx \frac{(1 - 0.999\,963)\,n_\alpha}{n_\alpha} = 3.7 \times 10^{-5}$$

で与えられる．この結果から，これら 2 状態の占有数はほぼ等しく，その差は全体の数 10 ppm 以下であることがわかる．

1) Larmor frequency．ラーモア周波数ともいう．

例題 28・1 の (c) の解答でわかるように，$E_\beta - E_\alpha \ll k_B T$ であるから，$n_\alpha \approx n_\beta$ である．このことは NMR 分光法を採用するうえで重要な意味をもつ．19 章で学んだように，この 2 準位だけから成る系に振動数 $\nu = (E_\beta - E_\alpha)/h$ の放射線を当てても，$n_\alpha \approx n_\beta$ であれば，上向きの遷移速度は下向きの速度とほぼ等しくなってしまう．したがって，NMR 信号に寄与できる核スピンはごく一部しかないのがわかる．もっと一般的に表せば，その吸収強度は $(E_\beta - E_\alpha)$ と $(n_\alpha - n_\beta)$ の積に比例している．どちらも磁場の大きさ B_0 に比例して大きくなる量である．高磁場で NMR 実験を行うおもな理由はここにある．

図 28・1 のエネルギー準位図は，

$$\nu_0 = \frac{E_\beta - E_\alpha}{h} = \frac{g_N \beta_N B_0}{2\pi} = \frac{\gamma B_0}{2\pi} \qquad (28\text{・}7)$$

という条件を満たせば，0 でない核スピンの原子を含む試料によってエネルギーが吸収されることを示している．

この遷移はどのように誘起されるのだろうか．図 28・2 からわかるように，静磁場 $\boldsymbol{B}_0$ によって生じる正味の磁化は，この磁場と平行に向いている．遷移を誘起するというのは，$\boldsymbol{B}_0$ の向きを向いている $\boldsymbol{M}$ を倒そうとするのと等価である．このとき，$\boldsymbol{M}$ に働くトルクは $\boldsymbol{\Gamma} = \boldsymbol{M} \times \boldsymbol{B}_{rf}$ である．ここで，$\boldsymbol{B}_{rf}$ は遷移を誘起するラジオ波振動数の磁場である．その最大効果を得るには，時間依存する磁場 $\boldsymbol{B}_{rf}$ が静磁場 $\boldsymbol{B}_0$ と垂直な面内になければならない．(28・7) 式を満足するには，一定の外部磁場下で単色化したラジオ波振動数の入力を共鳴値に合わせるか，あるいは逆に外部磁場の方を合わせて共鳴条件を得るかのいずれかである．補遺の 28・12 節から 28・14 節で説明するように，近代的な NMR 分光法ではそのどちらも使わず，ラジオ波振動数のパルスを使った手法を採用している．

NMR 分光法で得られる情報が上で述べたものに限られるなら，化合物の元素成分を定量分析できるだけの高価な道具で終わっていたであろう．しかしながら，この方法には別の重要な側面が二つあり，それによって分子レベルで非常に重要な化学情報をもたらす手法となったのである．その一つは，(28・7) 式の磁場が外部磁場そのものでなく，局所磁場であるという点である．すぐ後でわかるように，局所磁場は観測している原子の電子分布だけでなく，隣接原子の電子分布によっても影響を受ける．外部磁場と誘起磁場のこの違いが**化学シフト**[1]の起源である．メタンとクロロホルムでは，その H 原子は化学シフトが違うためにラーモア振動数が異なる．化学シフトの起源については 28・3 節から 28・6 節で詳しく説明する．第二の重要な側面は，個々の磁気双極子が互いに相互作用するという点である．これによって，2 スピン系のエネルギー準位に分裂が起こり，NMR に多重スペクトルが現れる．28・7 節と 28・8 節で説明するように，NMR 共鳴吸収の多重線構造から分子の構造に関する直接的な情報を得ることができる．

28・3 孤立原子の化学シフト

ある原子を磁場中に置けば，その核のまわりに分布している電子の電荷に環電流が誘起され，それが二次的な磁場を発生する．注目する核の位置での誘起磁場の向きは外部磁場とは反対であるから，この現象を**反磁性応答**[2]という．この応答の起源を図 28・3 に示す．電荷分布の中心から原子の直径よりずっと離れた位置で誘起される磁場の大きさは，ある磁気双極子による磁場と同じとみなせる．

1) chemical shift 2) diamagnetic response

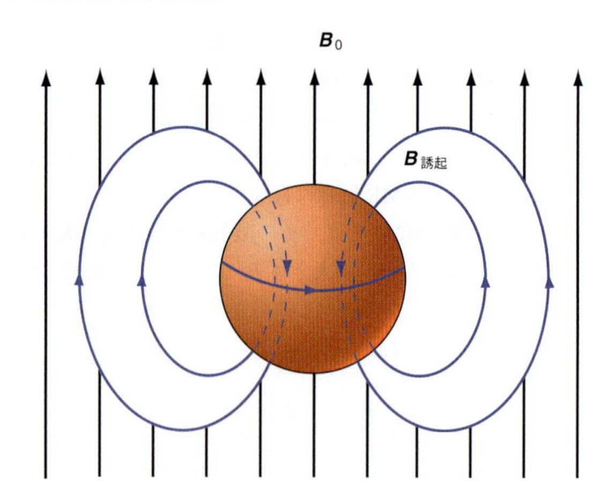

図 28・3　誘起磁場の起源．赤色の球体は，負に帯電した古典的な連続電荷分布を表している．古典電磁理論によれば，これを磁場中に置けばその水平軌道に沿って環電流が流れる．この電流はある磁場を誘起し，分布の中心では外部磁場と反対向きである．このような古典的な見方は原子レベルの実体に厳密には適用できないが，結果として得られる効果は量子力学的に厳密な扱いをした場合と同じである．

この誘起磁場の z 成分は，

$$B_z = \frac{\mu_0}{4\pi}\frac{|\mu|}{r^3}(3\cos^2\theta - 1) \qquad (28\cdot8)$$

で与えられる．μ_0 は真空の透磁率，μ は誘起磁気モーメントであり，θ と r は電荷分布の中心を原点とした観測点の座標である．この誘起磁場は距離とともに急速に減衰することに注意しよう．$3\cos^2\theta > 1$ か $3\cos^2\theta < 1$ かによって B_z は正にも負にもなりうるから，位置 r, θ では外部磁場に加わったり，差し引かれたりする．すぐあとでわかるように，溶液中で分子が自由にとんぼ返りの運動をして誘起磁場が平均化されるときには，B_z のこの角度依存性が重要になる．

反磁性応答では，注目する核の位置で発生する誘起磁場は外部磁場の向きと逆で，外部磁場の大きさに比例している．したがって，$\boldsymbol{B}_{誘起} = -\sigma \boldsymbol{B}_0$ と書くことができる．σ は**遮蔽定数**[1]である．そこで，この核が受ける全磁場は，外部磁場と誘起磁場の和で与えられ，

$$\boldsymbol{B}_{全} = (1-\sigma)\boldsymbol{B}_0 \qquad (28\cdot9)$$

で表される．この遮蔽を考慮に入れた共鳴振動数は，

$$\nu_0 = \frac{\gamma B_0(1-\sigma)}{2\pi} \quad または \quad \omega_0 = \gamma B_0(1-\sigma) \qquad (28\cdot10)$$

で与えられる．反磁性応答では $\sigma > 0$ であるから，原子内の核の共鳴振動数は裸の核で予想される振動数より小さい．その振動数シフトは，

$$\Delta\nu = \frac{\gamma B_0}{2\pi} - \frac{\gamma B_0(1-\sigma)}{2\pi} = \frac{\sigma\gamma B_0}{2\pi} \qquad (28\cdot11)$$

である．核のまわりに電子分布が存在することによって，核スピンの共鳴振動数は下がることがわかる．この効果は NMR の化学シフトの基礎になっている．遮蔽定数 σ は，核のまわりの電子密度，つまり原子番号が増加するとともに増加する．^{1}H は NMR で最もよく利用する核種であるが，核のまわりには電子が 1 個しかないから，その遮蔽定数はすべての原子の中で最も小さい．これに対して，^{13}C や ^{31}P の σ はそれぞれ 15 倍，54 倍もある．

1) shielding constant

28・4 分子内の原子の化学シフト

^{1}H の化学シフトについて，分子内で隣接原子が存在する場合の効果を考えよう．上で述べたように，振動数のシフトは遮蔽定数 σ に比例している．σ は注目する核スピンのまわりの電子密度に依存するから，隣接原子や隣接基が注目する水素原子から電子を引き抜いたり，加えたりして電子密度が変われば σ も変化する．これによって振動数はシフトするから，核スピンが 0 でなければ，その核のまわりの化学環境を調べる敏感なプローブとして NMR を使える．^{1}H の σ はふつう 10^{-5} から 10^{-6} の範囲にあるから，化学シフトによる共鳴振動数の変化は非常に小さい．この振動数シフトを表すのに，ある基準化合物との相対値として次元のない量 δ をつぎのように定義しておくと便利である．

$$\delta = 10^6 \frac{(\nu - \nu_{\text{基準}})}{\nu_{\text{基準}}} = 10^6 \frac{\gamma B_0(\sigma_{\text{基準}} - \sigma)}{\gamma B_0(1 - \sigma_{\text{基準}})} \approx 10^6(\sigma_{\text{基準}} - \sigma) \tag{28·12}$$

^{1}H の NMR の場合は，基準化合物としてテトラメチルシラン $(CH_3)_4Si$ がふつう使われる．このように化学シフトを定義しておけば，δ は振動数と無関係に表せる利点があり，いろいろな磁場の強さの分光計を使って測定しても同じ δ の値で表すことができる[†3]．

図 28・4 は，いろいろなタイプの化合物の水素原子の δ の測定値を表したものである．この図によれば，アルコールの OH 基の化学シフトはメチル基の H 原子とはまったく異なることがわかる．また，芳香族アルコールの場合を見ればわかるように，同じ種類の化合物でも観測される化学シフトの範囲は非常に大きい．このような化学シフトのデータをどう理解すればよいだろうか．

化学シフトを定量的に理解しようとすればいろいろな要因について考える必要があるが，化学シフトを決めているおもな要因は二つしかない．それは，隣接基の電気陰性度と隣接基による注目する核の位置での誘起磁場である．次の 2 節でこれらの効果について説明する．

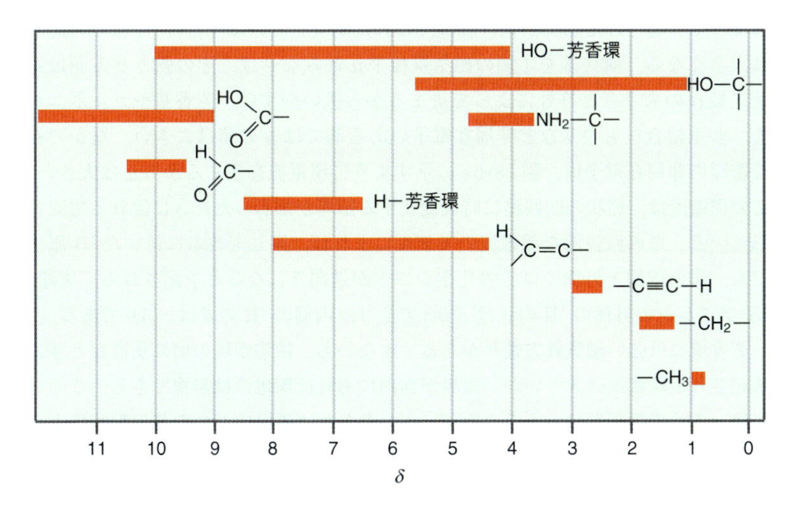

図 28・4 いろいろなタイプの化合物の ^{1}H について，(28・12)式で定義される化学シフト δ．化学シフトのデータを集めた文献が入手できる．

†3 訳注: 化学シフトを表すのに ppm (100 万分の 1) をつけることがあるが，これは不要である．(28・12)式を見ればわかるように，δ の定義に 10^6 が入っているからである．

28・5　隣接基の電気陰性度と化学シフト

注目する核スピンに隣接する個々の原子を考えるのではなく，$-OH$ や $-CH_2-$ などの原子群について考えよう．水素より電気陰性度が大きな隣接基であれば，^1H 核の近傍から電子を引き抜くことになる．したがって，その核はあまり遮蔽されていないから，NMR 共鳴振動数は δ の大きな値の領域に現れる．たとえば，ハロゲン化メチルの ^1H の化学シフトの順は $CH_3I < CH_3Br < CH_3Cl < CH_3F$ である．この効果が及ぶ範囲は結合長の約 3〜4 個分に限られるが，このことは 1-クロロブタンの化学シフトを考えればわかる．この分子の Cl に最隣接の CH_2 基の ^1H の δ は，プロパンの値にほぼ等しい末端 CH_3 基の ^1H より 3 近くも大きい．

図 28·4 でわかるように，いろいろなタイプの分子の化学シフトは電子求引力と強く関係している．カルボキシ基は，^1H 核のまわりから電子を引き抜くのに非常に効果的であるから，化学シフトは正で大きい．一方，アルデヒドやアルコール，アミンは電子を引き抜く効果はそれよりいくぶん弱い．芳香環の電子を引き抜く効果は，二重結合や三重結合よりは強い．Li や Al などの電子が豊富な原子に付いたメチル基は負の化学シフトをもち，その ^1H 核は $(CH_3)_4Si$ の ^1H 核より遮蔽されていることを示す．しかしながら，いろいろな化合物の化学シフトの分布は非常に広がっていて，その領域は重なり合っている．この広がりと重なりは，隣接基による誘起磁場に起因するものである．これについては次の節で説明する．

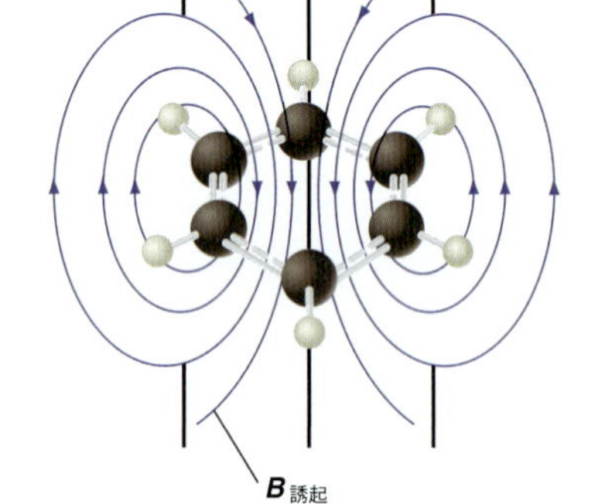

(a)

(b)

図 28·5　(a) ベンゼンで循環する環電流により生じる誘起磁場．誘起磁場の向きを分子面内で見れば，環の外側では外部磁場と同じであり，環の内側では逆向きであることに注意しよう．(b) このモデルが正しいことは 18-アヌレンの NMR スペクトルで実際に確かめられている．環の内側と外側で ^1H の δ の符号は反対である．

28・6　隣接基による誘起磁場と化学シフト

注目する ^1H 核が受ける磁場は，外部磁場とその ^1H 核まわりの電子の反磁性応答によって誘起された局所磁場，それに隣接原子や隣接基による局所誘起磁場を重ね合わせたものである．孤立した 1 個の H 原子に電子は 1 個しかないから，H 原子の σ の値は小さい．したがって，分子内の ^1H 核における磁場は，たいていの場合，隣接原子や隣接基によってひき起こされる局所誘起磁場によるものである．ここでは隣接原子でなく隣接基に注目しよう．それは，隣接基が強い反磁性応答や常磁性応答を示すことがあるからである．基の反磁性応答や常磁性応答によって誘起される磁場が強ければ，これに隣接している注目の ^1H 核での効果は大きくなる．隣接基を 1 個の磁気双極子 $\boldsymbol{\mu}$ とみなせば，その強さと方向は遮蔽定数 σ の大きさと符号によって決まるから扱いやすい．芳香基やカルボニル基，多重結合をもつ基など非局在電子のある基では $\boldsymbol{\mu}$ の値は大きい．なかでも芳香環の非局在電子は，図 28·5a に示すように環電流を生じるから $\boldsymbol{\mu}$ は大きい．この環電流は，環状の閉回路に時間変化する磁場が加わったときに流れる電流と似ている．この巨視的な環電流のモデルによれば，同じ芳香系に付いた ^1H 原子でも，環の内側と外側ではその化学シフトが逆向きになると予測される．実際，18-アヌレンの外側の ^1H の δ は $+9.3$ であり，内側の ^1H の δ は -3.0 である．

芳香環には強い**磁気異方性**[1]がある．すなわち，磁場が環の面に垂直なときに誘起される環電流は大きいが，磁場が面内にあれば環電流は無視できる．このことは，多くの隣接基にいえることで，$\boldsymbol{\mu}$ の大きさは磁場に対する基の配向によって変化する．

ここまでは分子 1 個について考えてきたが，溶液試料では NMR 信号として取

1) magnetic anisotropy

込まれる体積中には多数の分子が含まれている．したがって，観測されるσはあらゆる向きの分子の平均値 $\sigma_{平均}=\langle\sigma_{分子}\rangle$ である．ここで，$\sigma_{分子}$ は磁場に対して特定の向きにある分子の値である．気体や溶液中では，磁場に対して分子はあらゆる向きを向いている．このランダム配向によってスペクトルがどういう影響を受けるかを知るには，隣接基によって^{1}Hが遮蔽（シールド）されたり，デシールドされたりする状況が，磁場に対する分子の相対配向によってどう変わるかを調べておく必要がある．

注目する^{1}Hの位置で，ある隣接基によって誘起される磁場について考えよう．この誘起磁場の向きは分子軸でなく外部磁場の向きと関係があるから，気体や溶液中で分子がとんぼ返り運動をしても，誘起磁場と外部磁場の相対的な向きは変わらない．隣接基が等方的な場合の$\langle B_z\rangle$は，(28·8)式で表される誘起磁場をあらゆる角度にわたって平均化すれば得られる．等方的な隣接基の誘起磁場はθに無関係であるから，つぎの積分から$|\mu|$を求めることができる．

$$\langle B_z\rangle = \frac{\mu_0}{4\pi}\frac{|\mu|}{r^3}\int_0^{2\pi}\mathrm{d}\phi\int_0^{\pi}(3\cos^2\theta-1)\sin\theta\,\mathrm{d}\theta = \frac{\mu_0}{2}\frac{|\mu|}{r^3}\Big[-\cos^3\theta+\cos\theta\Big]_0^{\pi} = 0 \tag{28·13}$$

この式によれば，隣接基に磁気異方性がない限り，分子がとんぼ返り運動をすれば $\langle B_z\rangle=0$ となる．磁気異方性があればμはθとϕに依存するから，$\mu(\theta,\phi)$は積分の中に残ったままである．

隣接基が磁気的に等方的で，しかも分子全体が自由にとんぼ返り運動している溶液試料では，$\sigma_{平均}=0$ であるからNMRスペクトルは非常に単純である．一方，このような分子のとんぼ返り運動がふつう起こらない固体であっても，隣接基との双極子相互作用を消してしまえる別の方法がある．それは，静磁場中で試料をある特別な角度に配向させて高速回転させることで，$\langle B_z\rangle$が0になる角度$\theta=54.74°$（これをマジック角という）を選べばよい．固体NMRスペクトルとマジック角回転の手法については28·10節で説明する．

前節とこの節では，NMR分光法で観測される化学シフトの起源について簡単な説明をした．^{1}Hでは，いろいろな化合物のδの測定値は10の範囲にほぼ収まる．一方，常磁性や反磁性の振舞いがありうる原子の核では，δのとりうる範囲はもっと大きい．たとえば，^{19}Fのδは化合物によって1000も変化する．いろいろな化合物の^{1}H NMRのスペクトルを集めた膨大なスペクトル集が入手でき，NMRスペクトルの化学シフトに基づいて化合物を特定しようとする化学者にとっては貴重な道具となっている．

28・7 スピン–スピンカップリングによる NMRピークの多重分裂

エタノール分子には三つのタイプの水素原子があるが，そのNMRスペクトルはどう予測されるだろうか．化学的に等価でないプロトンは異なる振動数で共鳴するであろう．エタノールにはメチル基とメチレン基，OH基の合計3種のプロトンがある．OHのプロトンは電気陰性度の大きな酸素原子に結合しているから，最も強くデシールドされており（δが最も大きい），実際$\delta=5$付近に観測されている．メチレン基は電気的に陰性なOH基に隣接しているから，そのプロトン（$\delta=3.5$付近）はメチル基のプロトン（$\delta=1$付近）より強くデシールドされている．また，NMR信号強度はスピンの数に比例するから，エタノールの3種のプロトンによるピーク面積は CH_3 : CH_2 : OH = 3 : 2 : 1 の比になると予測される．計算で求めたエタノールの NMR スペクトルを図 28·6 に示す．

図 28·6 には，まだ説明していない非常に重要なスペクトルの特徴が現れている．それは，ピークが分裂して**多重線**[1]になっていることである．低温で，しかも酸性プロトンが存在しなければ，OH のプロトン共鳴は三重線，CH_3 のプロトン共鳴は三重線，CH_2 のプロトン共鳴は八重線を示している．高温では NMR スペクトルの変化が観測され，OH のプロトン共鳴は一つであり，CH_3 のプロトン共鳴は三重線，CH_2 のプロトン共鳴は四重線を示している．この分裂様式をどう理解すればよいだろうか．28·9 節で説明するように，高温のスペクトルは，エタノールと水の間で OH プロトンを迅速に交換することによるものである．ここでは，この**多重分裂**[2]の起源に注目しよう．

多重線は，いろいろな核の間に働くスピン-スピン相互作用により生じるものである．まず，エタノールの CH_3 基の ^1H と CH_2 基の ^1H のように，2 個の区別できるスピンについて考えよう．このスピンそれぞれに 1 と 2 というラベルを付けて，この間の相互作用を導こう．まず，スピン間に相互作用がない場合のスピンエネルギー演算子は，

$$\hat{H} = -\gamma B_0(1-\sigma_1)\hat{I}_{z1} - \gamma B_0(1-\sigma_2)\hat{I}_{z2} \tag{28·14}$$

であり，この演算子の固有関数は個々の演算子 $\hat{I}_{z_1}$ と $\hat{I}_{z_2}$ の固有関数の積で表される．すなわち，

$$\begin{aligned} \psi_1 &= \alpha(1)\alpha(2) \\ \psi_2 &= \beta(1)\alpha(2) \\ \psi_3 &= \alpha(1)\beta(2) \\ \psi_4 &= \beta(1)\beta(2) \end{aligned} \tag{28·15}$$

である．このシュレーディンガー方程式を解けば，対応する固有値がつぎのように得られる（例題 28·2 を見よ）．

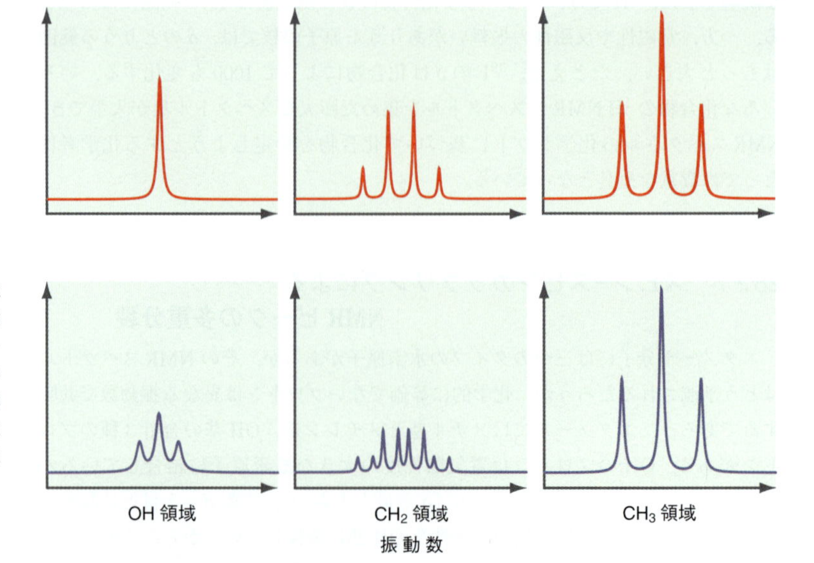

図 28·6　エタノールについて計算で求めた NMR スペクトル．縦軸は強度，横軸は振動数である．上段は室温で予測される多重ピーク構造．下段は，酸のない水中で，低温で観測される多重ピーク構造．この図では別の領域の強度を直接比較できないが，ピーク下の面積の相対比は左から順に 1 : 2 : 3 になっている．

1) multiplet　2) multiplet splitting

$$
\begin{aligned}
E_1 &= -\hbar\gamma B_0\left(1-\frac{\sigma_1+\sigma_2}{2}\right)\\
E_2 &= -\frac{\hbar\gamma B_0}{2}(\sigma_1-\sigma_2)\\
E_3 &= \frac{\hbar\gamma B_0}{2}(\sigma_1-\sigma_2)\\
E_4 &= \hbar\gamma B_0\left(1-\frac{\sigma_1+\sigma_2}{2}\right)
\end{aligned}
\tag{28・16}
$$

ここでは $\sigma_1 > \sigma_2$ としている.

例題 28・2

波動関数 $\psi_2 = \beta(1)\alpha(2)$ のエネルギー固有値が次式で表されることを示せ.

$$E_2 = -\frac{\hbar\gamma B_0}{2}(\sigma_1-\sigma_2)$$

解答

$$
\begin{aligned}
\hat{H}\psi_2 &= [-\gamma B_0(1-\sigma_1)\hat{I}_{z_1} - \gamma B_0(1-\sigma_2)\hat{I}_{z_2}]\beta(1)\alpha(2)\\
&= [-\gamma B_0(1-\sigma_1)\hat{I}_{z_1}]\beta(1)\alpha(2) + [-\gamma B_0(1-\sigma_2)\hat{I}_{z_2}]\beta(1)\alpha(2)\\
&= \frac{\hbar}{2}\gamma B_0(1-\sigma_1)\beta(1)\alpha(2) - \frac{\hbar}{2}\gamma B_0(1-\sigma_2)\beta(1)\alpha(2)\\
&= -\frac{\hbar\gamma B_0}{2}(\sigma_1-\sigma_2)\beta(1)\alpha(2)\\
&= E_2\psi_2
\end{aligned}
$$

(28・15)式の固有関数の ψ_2 以外について，エネルギー固有値を計算する問題が章末にある．図 28・7 のエネルギー図には，これら四つのエネルギー固有値を示してある．まず，この図の左側に描いてある相互作用しないスピンのエネルギー準位に注目しよう．NMR 分光法における選択律は，遷移によって変化でき

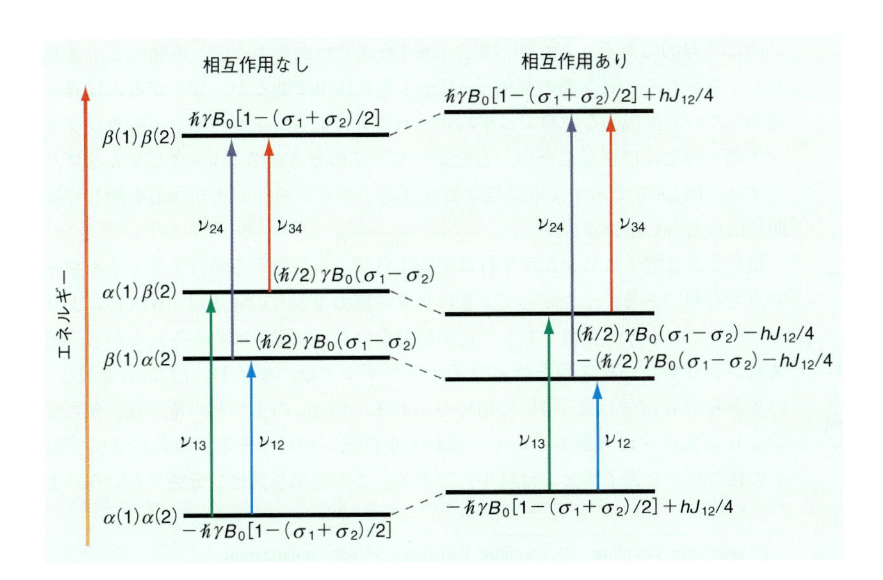

図 28・7 2個のスピンによってできる4個のエネルギー準位（下から順に 1, 2, 3, 4）．左側は，スピン間に相互作用のない場合のエネルギー準位とその間の許容遷移．右側は相互作用がある場合．スピン-スピン相互作用を強調するために，準位2と準位3のエネルギー差や4個の準位のエネルギーシフトを大きく示してある．

るのは一方のスピンだけというものである．図には，四つある許容遷移を示してある．スピンが相互作用しない場合は，$E_2 - E_1 = E_4 - E_3$，$E_3 - E_1 = E_4 - E_2$ である．したがって，NMR スペクトルにはつぎの振動数に相当する 2 個のピークしか現れない．

$$\nu_{12} = \nu_{34} = \frac{E_2 - E_1}{h} = \frac{\gamma B_0(1-\sigma_1)}{2\pi}$$
$$\nu_{13} = \nu_{24} = \frac{E_4 - E_2}{h} = \frac{\gamma B_0(1-\sigma_2)}{2\pi} \qquad (28\cdot17)$$

この許容振動数を求める問題が章末にある．これから，スピンが相互作用しない場合は多重線への分裂が観測されないことがわかる．

次に，スピン間に相互作用がある場合について考えよう．どちらの核スピンも小さな棒磁石として作用するから，互いは**スピン–スピンカップリング**[1]によって相互作用を行う．スピン–スピンカップリングには二つのタイプがある．一つは固体の NMR で重要となり，ベクトル量で表されるスルースペースの（空間を通して生じる）双極子–双極子カップリングであり，もう一つはスカラー量で表されるスルーボンドの（結合を介して生じる）双極子–双極子カップリングである．以下では後者について考えよう．

スカラーの双極子–双極子カップリングを考慮に入れたスピンのエネルギー演算子は，

$$\hat{H} = -\gamma B_0(1-\sigma_1)\hat{I}_{z_1} - \gamma B_0(1-\sigma_2)\hat{I}_{z_2} + \frac{hJ_{12}}{\hbar^2}\hat{I}_1\cdot\hat{I}_2 \qquad (28\cdot18)$$

で表される．J_{12} を**カップリング定数**[2]といい，それぞれの磁気モーメントの間の相互作用の強さの目安である．(28·18) 式の最終項にある $h/\hbar^2$ は，J_{12} の単位を s^{-1} にしておくための因子である．このスルーボンドのカップリング相互作用の起源は何だろうか．ベクトル量として作用する双極子–双極子カップリング相互作用と核スピンと電子スピンの相互作用という二つの可能性が考えられる．

誘起磁気モーメント $\boldsymbol{\mu}_1$ と $\boldsymbol{\mu}_2$ の向きは外部磁場と関係があり，気体や溶液中では分子がとんぼ返り運動ができるから，それらの向きは磁場に平行なままである．（ここでも古典的な描像を使っている．このモデルは個々の磁気モーメントには使えないが，巨視的な磁化ベクトル $\boldsymbol{M}$ なら使える．）^{1}H のような核 1 個は磁気的に等方的である．したがって，(28·13) 式でわかるように，本来ベクトル量として表されるスピン間の双極子–双極子相互作用であるが，分子がとんぼ返り運動している巨視的な試料では平均化されて 0 になり，スルーボンドのカップリング相互作用には寄与しない．したがって，このときのスピン–スピンカップリングは，図 28·8 で示すように核スピンと電子スピンの間の相互作用を通して核間に伝わるものである．

核スピンと電子スピンが反平行に配向すれば，平行である場合よりエネルギーの点で有利である．したがって，β スピンの核のまわりの電子は，β スピンより α スピンである方が有利である．化学結合をつくれば電子は共有されるから，核スピンが 0 でない核 2 個を結ぶ分子オービタルでは，原子 H_a（図 28·8 を見よ）のまわりの α 電子は原子 H_b に追いやられる．核 H_b のまわりの電子は，β スピンより α スピンの方がエネルギーはわずかに低いからである．これによって原子の核スピンと電子スピンは反平行になる．この効果を**スピン分極**[3]という．よ

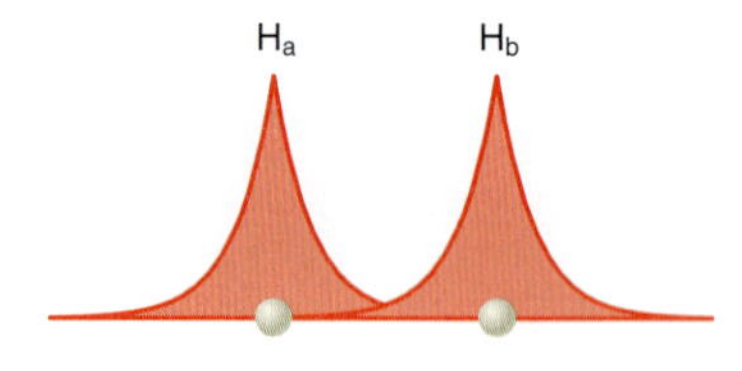

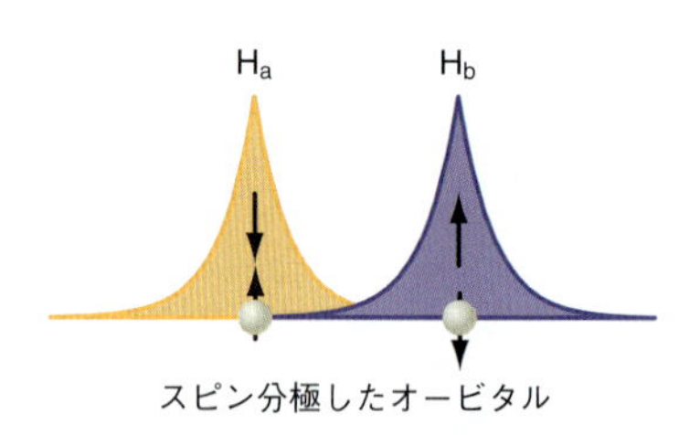

図 28·8 スピン分極したオービタルは，その電子によって強く遮蔽されていても互いにカップルできる．下図の上下を向いた矢印は電子スピンと核スピンを表している．

1) spin-spin coupling 2) coupling constant 3) spin polarization

く遮蔽された核スピンでは，核スピンと電子の相互作用を通してまわりのスピン配向を感じることになる．この相互作用は非常に弱く，これ以外の要因ではスピン分極のない分子オービタルの方が有利であるから，スピン分極の度合いは非常に小さいといえる．しかし，この相互作用が非常に弱いとはいえ，NMRの遷移振動数の1 ppmの変化を説明するには十分な大きさである．

ここで，相互作用するスピンのスピンエネルギー演算子について考え，ある近似法を使ってエネルギー固有値を求めよう．その固有関数は相互作用しないスピンの固有関数の一次結合で表されるが，ここでは詳しく述べない．この近似法を一次の摂動法というが，注目する問題と非常によく似た問題のシュレーディンガー方程式の解き方がわかっているときに使える．ここで，解き方のわかっている問題というのは，相互作用のないスピンの場合である．スピンエネルギー演算子に相互作用の項$H_{相互作用}$を加えることによってもたらされるエネルギー準位の変化が小さければ，相互作用する2個のスピンのエネルギーに対する一次の補正は，

$$\Delta E_j = \iint \psi_j^* \hat{H}_{相互作用} \psi_j \, \mathrm{d}\tau_1 \mathrm{d}\tau_2 = \frac{4\pi^2}{h} J_{12} \iint \psi_j^* \hat{I}_1 \cdot \hat{I}_2 \psi_j \, \mathrm{d}\tau_1 \mathrm{d}\tau_2 \tag{28・19}$$

としてよいだろう．この式の波動関数は，$H_{相互作用}$のない問題の波動関数であり，ここでの積分は2個のスピン変数について行う．

この積分を求めるために，$\hat{I}_1 \cdot \hat{I}_2 = \hat{I}_{1x}\hat{I}_{2x} + \hat{I}_{1y}\hat{I}_{2y} + \hat{I}_{1z}\hat{I}_{2z}$ と書いて，つぎのタイプの式を解かなければならない．

$$\Delta E_j = \frac{4\pi^2}{h} J_{12} \iint \alpha^*(1)\beta^*(2)\hat{I}_{1x}\hat{I}_{2x}\alpha(1)\beta(2) \, \mathrm{d}\tau_1 \mathrm{d}\tau_2$$

αとβは$\hat{I}_z$の固有関数であり，$\hat{I}_x$や$\hat{I}_y$の固有関数でないことはわかっている．例題28・3では，証明はしないが，つぎの関係を使ってこの積分を解くことにする．

$$\begin{aligned} &\hat{I}_x\alpha = \frac{\hbar}{2}\beta \qquad &&\hat{I}_y\alpha = \frac{\mathrm{i}\hbar}{2}\beta \qquad &&\hat{I}_z\alpha = \frac{\hbar}{2}\alpha \\ &\hat{I}_x\beta = \frac{\hbar}{2}\alpha \qquad &&\hat{I}_y\beta = -\frac{\mathrm{i}\hbar}{2}\alpha \qquad &&\hat{I}_z\beta = -\frac{\hbar}{2}\beta \end{aligned} \tag{28・20}$$

例題 28・3

$\psi_2 = \alpha(1)\beta(2)$ のエネルギー補正は $\Delta E_2 = -(hJ_{12}/4)$ で表されることを示せ．

解答 つぎのように計算できる．

$$\Delta E_2 = \frac{4\pi^2}{h} J_{12} \iint \alpha^*(1)\beta^*(2)[\hat{I}_{1x}\hat{I}_{2x} + \hat{I}_{1y}\hat{I}_{2y} + \hat{I}_{1z}\hat{I}_{2z}]\alpha(1)\beta(2) \, \mathrm{d}\tau_1 \mathrm{d}\tau_2$$

$$= \frac{4\pi^2}{h} J_{12} \left[\begin{aligned} &\iint \alpha^*(1)\beta^*(2)[\hat{I}_{1x}\hat{I}_{2x}]\alpha(1)\beta(2) \, \mathrm{d}\tau_1 \mathrm{d}\tau_2 \\ &+ \iint \alpha^*(1)\beta^*(2)[\hat{I}_{1y}\hat{I}_{2y}]\alpha(1)\beta(2) \, \mathrm{d}\tau_1 \mathrm{d}\tau_2 \\ &+ \iint \alpha^*(1)\beta^*(2)[\hat{I}_{1z}\hat{I}_{2z}]\alpha(1)\beta(2) \, \mathrm{d}\tau_1 \mathrm{d}\tau_2 \end{aligned} \right] = \frac{4\pi^2}{h} J_{12} \left[\begin{aligned} &\iint \alpha^*(1)\beta^*(2)\left[\frac{\hbar^2}{4}\right]\beta(1)\alpha(2) \, \mathrm{d}\tau_1 \mathrm{d}\tau_2 \\ &+ \iint \alpha^*(1)\beta^*(2)\left[-\frac{\mathrm{i}^2\hbar^2}{4}\right]\beta(1)\alpha(2) \, \mathrm{d}\tau_1 \mathrm{d}\tau_2 \\ &+ \iint \alpha^*(1)\beta^*(2)\left[-\frac{\hbar^2}{4}\right]\alpha(1)\beta(2) \, \mathrm{d}\tau_1 \mathrm{d}\tau_2 \end{aligned} \right]$$

最初の二つの積分は，スピン関数の直交性によって0であるから，

$$\Delta E_2 = \frac{4\pi^2}{h}\left(-\frac{\hbar^2}{4}\right)J_{12}\iint \alpha^*(1)\beta^*(2)\alpha(1)\beta(2)\,\mathrm{d}\tau_1\,\mathrm{d}\tau_2$$

$$= \frac{4\pi^2}{h}J_{12}\left(-\frac{\hbar^2}{4}\right) = -\frac{hJ_{12}}{4}$$

となる．J_{12} は s^{-1} の単位で表され，hJ はエネルギーであるから J の単位で表される．

例題 28·3 の方法を使えば，章末問題にあるように，ある状態のスピンのエネルギー固有値は，相互作用しないスピンの場合よりつぎのエネルギーだけ変化するのを示せる．

$$\Delta E = m_1 m_2 h J_{12} \qquad (28\cdot21)$$

m_1，m_2 は α スピンのとき $+\frac{1}{2}$，β スピンのとき $-\frac{1}{2}$ である．両スピンの向きが同じならそのエネルギー準位は高い側にシフトし，向きが違えば低い側にシフトする．章末問題でわかるように，スピン–スピンカップリングを含めたときの許容遷移の振動数は，

$$\begin{aligned}
\nu_{12} &= \frac{\gamma B_0(1-\sigma_1)}{2\pi} - \frac{J_{12}}{2}\\
\nu_{34} &= \frac{\gamma B_0(1-\sigma_1)}{2\pi} + \frac{J_{12}}{2}\\
\nu_{13} &= \frac{\gamma B_0(1-\sigma_2)}{2\pi} - \frac{J_{12}}{2}\\
\nu_{24} &= \frac{\gamma B_0(1-\sigma_2)}{2\pi} + \frac{J_{12}}{2}
\end{aligned} \qquad (28\cdot22)$$

である．そのエネルギー準位とこれらの振動数に相当する遷移を図 28·7 の右側に示してある．この計算でわかるように，スピン–スピン相互作用によって NMR スペクトルには多重分裂が現れる．スピン–スピン相互作用がない場合のスペクトルにあった2個のピークそれぞれは，J_{12} だけ分かれた二重線として現れる（図 28·9 を見よ）．二重線の中心振動数の差は磁場の強さに比例するが，それぞれの二重線の分裂幅（J_{12}）は磁場の大きさに影響されないことに注意しよう．

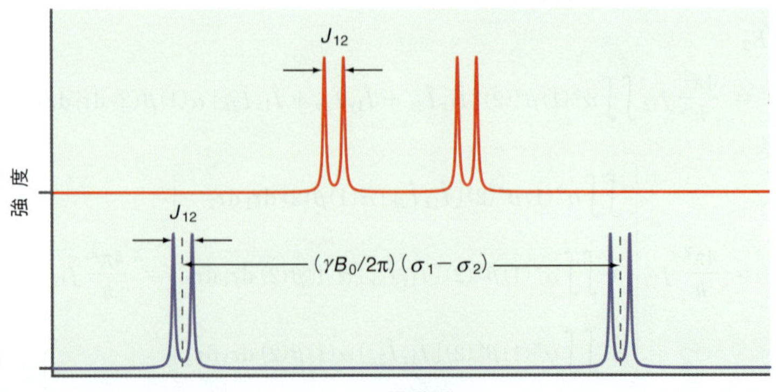

図 28·9　互いに相互作用する2個のスピンからなる系について，異なる B_0 の値による二重線の分裂の違い．二重線内部の分裂幅は磁場の強さと無関係であるが，二重線の間の分裂は B_0 の大きさに比例している．

NMR ピークすべてが多重分裂するわけではない．これを理解するには，**化学的に等価な核**[1] と**磁気的に等価な核**[2] を区別することが重要である．図 28·10 に示す二つの分子を考えよう．どちらの分子でも，H 原子 2 個と F 原子 2 個はそれぞれ化学的に等価である．この化学的に等価な核が磁気的にも等価であるためには，スピンをもつ他の核との相互作用についてもまったく同じでなければならない．CH_2F_2 分子の 2 個の F 核はどちらも，2 個の H 原子から等距離の位置にあるから，二つの H-F カップリングは同一であり，したがってその ^{1}H 核は磁気的に等価であるといえる．一方，CH_2CF_2 分子では H 核と F 核の距離は異なるから，二つの H-F カップリングは異なる．したがって，この分子の ^{1}H 核は磁気的には非等価である．多重分裂は，磁気的に非等価な核の相互作用によってしか生じないものであり，CH_2CF_2 分子では観測されるが，CH_2F_2 分子や基準物質である $(CH_3)_4Si$ では観測されない．テトラメチルシランの状況について説明すると長くなるので，ここでは省略する．

CH_2CF_2

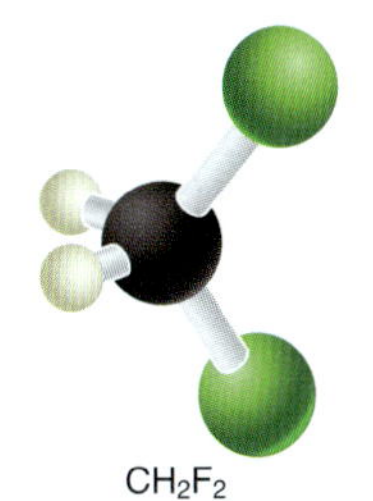

図 28·10　CH_2CF_2 の 2 個の H 原子は化学的に等価であるが，磁気的には非等価である．CH_2F_2 の 2 個の H 原子は化学的にも磁気的にも等価である．

28・8　3 個以上のスピンの相互作用による多重分裂

前節では話を単純にするために，2 個のスピンがカップルする場合についてしか考えなかった．しかし，たいていの有機分子では，3 個以上の非等価なプロトンが相互作用できるほど近くに存在していて，多重分裂を生じる．この節では，異なるカップリング様式についていくつか考えよう．核スピン A を含む系の遷移振動数は，

$$\nu_A = \frac{\gamma_A B(1-\sigma_A)}{2\pi} - \sum_{X \neq A} J_{AX} m_X m_A \qquad (28\cdot23)$$

で表せる．ここでの和は，自分以外のスピン活性な核すべてにわたるものである．ピーク分裂を表す相互作用 J_{AX} は，距離が長くなれば急激に減衰して弱くなる．したがって，ピークが分裂するには，隣接スピンはかなり近くにいなければならない．実験によれば，ふつうは注目する核から結合長にして 3〜4 個分以内の距離にある原子としか，ピーク分裂を起こすだけの相互作用にはなりえない．しかし，共役結合のような強くカップルした系では，隣接スピンがもっと遠く離れていてもまだ強いカップリングが残っている可能性がある．

多重分裂を起こすスピン–スピン相互作用の効果の例を示すために，スピン $\frac{1}{2}$ の A, M, X という三つの異なる核の間のカップリングについて考えよう．このとき，2 つのカップリング定数 J_{AM} と J_{AX} があり，$J_{AM} > J_{AX}$ とする．図 28·11

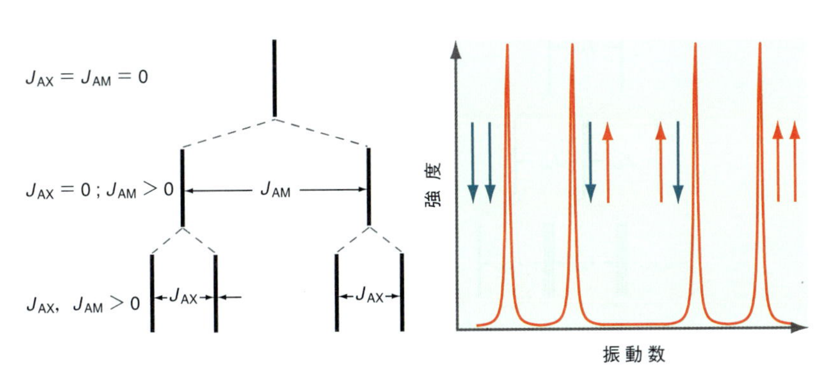

図 28·11　スピン A が別のスピン M と X とそれぞれカップルするときの様式とスピン A について予測される NMR スペクトル．カップリング定数は J_{AM} と J_{AX} で表され，$J_{AM} > J_{AX}$ である．4 本のスペクトル強度は等しい．

1) chemically equivalent nuclei　2) magnetically equivalent nuclei

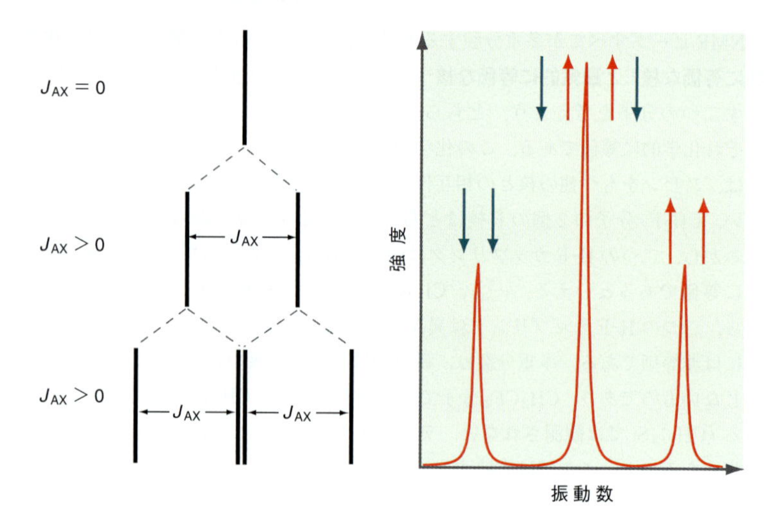

図 28·12　スピンAが2個のスピンXとカップルするときの様式とスピンAについて予測されるNMRスペクトル．この場合のカップリング定数はJ_{AX}しかない．左図の中央の二重線は実際には1本であるが，その起源をわかりやすくするために分裂して描いてある．3本のスペクトル強度は1：2：1である．

に示すように，カップリングの効果はそれぞれのカップリングを順次考えれば求められる．すなわち，相互作用J_{AM}によって生じる二重線のそれぞれについて相互作用J_{AX}を作用させれば，図 28·11 に示すように2番目の二重線が現れるわけである．

AとMが同じで，つまり$J_{AM}=J_{AX}$のときは特別な場合である．AMX系で中央にあった2本線は同じ振動数で合体し，図 28·12 に示すようなAX_2のパターンになる．その結果生じるスペクトルは強度比が1：2：1の三重線となる．$CHCl_2-CH_2-CHCl_2$分子のメチレンのプロトンでは，このようなスペクトルが観測される．

例題 28・4

AX_3系のNMRスペクトルを，AX_2系の場合と同様にして予測せよ．このスペクトルは，$CH_3-CH_2-CCl_3$分子のメチレンのプロトンで観測される．この場合は，メチル基のプロトンとのカップリングである．

解答　それぞれの相互作用を順次作用させれば，つぎの図が得られる．

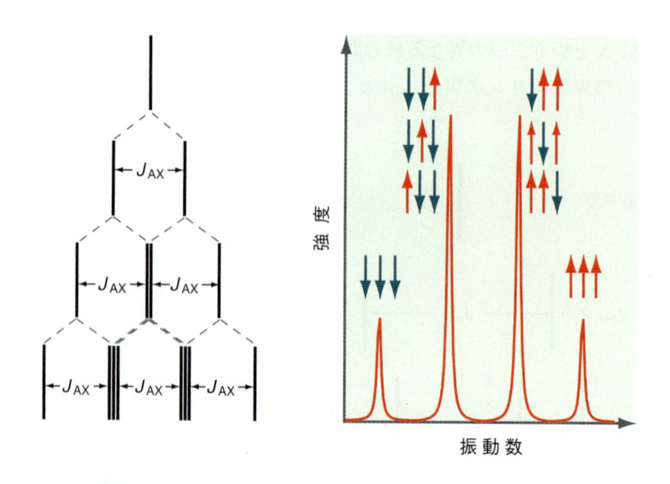

最終的に得られるスペクトルは四重線となり，その強度比は1：3：3：1である．左図の多重線は実際には1本であるが，その起源をわかりやすくするため

に分裂して描いてある．これらの結果を一般化すれば，ある ^{1}H 核に隣接して等価な ^{1}H が n 個あるとき，その NMR スペクトルは $n+1$ 個に分裂した線から成るといえる．そのピークの相対強度比は，式 $(1+x)^n$ を二項展開したときの二項係数で与えられる．

前の2節での説明に基づけば，図28･6のエタノールのNMRスペクトルの微細構造を解釈することができるだろう．まず，28･7節で説明したように，$\delta=5$ の共鳴線はOHプロトンによるもので，$\delta=3.5$ の共鳴線は CH_2 プロトン，$\delta=1$ 近傍の共鳴線は CH_3 プロトンによるものと帰属できる．それは，これらの共鳴線の相対強度比が順に1：2：3であることと合っている．次に，多重分裂の様式について考えよう．ピーク分裂は，結合長3個分を超える遠く離れたスピンによって起こされることはないという基準から考えて，CH_3 の各プロトンは CH_2 の2個のプロトンによって分裂を受けて，その共鳴線は三重線となる．ここで，OHプロトンは CH_3 基から遠く離れているから，これ以上の分裂を起こす要因にはならない．CH_2 共鳴線は，三つの等価な CH_3 プロトンとOHプロトンによって分裂するから八重線（四重線が2対）になるだろう．また，OH共鳴線は，二つの等価な CH_2 プロトンによって分裂するから三重線になると予測できる．実際，これは低温のNMRで観測されたエタノールのスペクトルの分裂様式である．この例は，分子レベルの構造情報を得るときのNMR分光法の威力を示している．

室温でのエタノールのスペクトルは，CH_3 基については予測通りであるが，それ以外については異なる結果が得られている．CH_2 プロトンの共鳴線は四重線であり，OHプロトンの共鳴線は1本である．このことから，OH基について，何か見過ごしたものがあるのがわかる．それは，水のOH基で見られたのと同じ迅速な化学交換であり，これについては次の節で説明する．

28・9 NMR分光法におけるピーク幅

どの分光法でもいえることだが，役に立つ情報が得られるかどうかはスペクトルのピーク振動数の幅で決まっている．試料中にあるNMR活性な2個の核の特性振動数が，それぞれのピーク幅よりずっと近いときは，両者を区別するのは困難である．溶液試料のNMRスペクトルのピーク幅は0.1 Hzにすぎないが，固体試料では10 kHzというのも例外ではない．NMRスペクトルのピーク幅にこのような大きな違いがある理由は何であろうか．

この疑問に答えるには，**磁化ベクトル**[1] $\boldsymbol{M}$ の時間変化について詳しく考える必要がある．磁化ベクトル $\boldsymbol{M}$ には二つの成分がある．静磁場 $\boldsymbol{B}_0$ に平行な $M_{/\!/}$，つまり M_z と，これに垂直な $M_\perp$，つまり M_{xy} である．系が擾乱を受けて $\boldsymbol{M}$ が $\boldsymbol{B}_0$ と平行でない向きに倒されたとしよう．このスピン系はその後どのように平衡に向かうだろうか．まず，M_z は M_{xy} とは異なる速さで減衰するだろう．この二つの過程が異なる速さで起こるのは不思議ではない．M_z を緩和するには，格子という外界に対してエネルギーを移行させなければならない．この過程に伴う特性時間を縦緩和時間あるいは**スピン–格子緩和時間**[2] T_1 という．一方，M_{xy} の緩和は，スピンの乱雑化あるいは**脱位相**[3]（ディフェージング）によって起こるもので，この磁化ベクトル成分は $\boldsymbol{B}_0$ に垂直であるから外界に対してエネルギーを移行することはない．この過程に伴う特性時間を横緩和時間あるいは

1) magnetization vector 2) spin-lattice relaxation time 3) dephasing

スピン–スピン緩和時間[1] T_2 という．M_z が初期値に戻るのは $M_\perp \longrightarrow 0$ になってからであるから，$T_1 \geq T_2$ である．

緩和時間 T_1 は，ラジオ波振動数の磁場から吸収されたエネルギーが外界へと散逸する速度を決めている．T_1 が非常に長いとエネルギーは外界へと迅速に移行できず，励起状態の占有数は基底状態と同じまま続くことになる．基底状態と励起状態の占有数が等しければ，遷移振動数での正味の吸収は0である．このような遷移を**飽和遷移**[2]という．NMRスペクトルを得るには，飽和させないようにラジオ波の出力をできる限り低くする必要がある．

M の緩和速度はNMRの線幅とどう関係しているだろうか．この問題を考えるには，時間と振動数という二つの観点（ドメイン）で実験を観察するとわかりやすい．28·12節で説明するようにNMR信号は M_{xy} に比例しており，時間ドメインで観察すれば，e^{-t/T_2} の関数形で時間とともに減衰する．一方，振動数の関数としてピーク幅を測定すれば，振動数ドメインの信号は時間ドメインの信号のフーリエ変換であるから，同じ過程を振動数ドメインで観察していることになる．この二つのドメインの間にはこのような関係があるから，T_2 はスペクトルの線幅を決めている．その線幅はハイゼンベルクの不確定性原理によって求めることができる．励起状態の寿命 Δt と基底状態への遷移に相当するスペクトル線の振動数の幅 $\Delta\nu$ は，つぎのように反比例の関係にある．

$$\frac{\Delta E\,\Delta t}{h} \approx 1 \qquad \Delta\nu \approx \frac{1}{\Delta t} \tag{28·24}$$

NMRの実験で得られる T_2 はここでの Δt と等価であるから，スペクトル線の幅 $\Delta\nu$ を決めていることになる．そこで，スペクトル線が狭いのは T_2 が長いことに相当する．溶液の T_2 の値は同じ物質の固体の値より何桁も大きい．その固体が秩序固体か無秩序固体かによらない．したがって，溶液のNMRスペクトルでは，スルースペースのベクトル量としての双極子–双極子カップリングは，T_2 が長いためにその間に分子のとんぼ返り運動によって平均化されて0となり，その線幅は狭い．これと対照的に，固体状態では T_2 が短いからスペクトルの線幅は広い．固体では分子は格子点に固定されているから，ベクトルで表される双極子–双極子カップリングが平均化されて0になることはない．

NMR分光法における励起状態の寿命は，もし注目するスピンが外界と強くカップルしていれば，上の状況とはかなり違ったものになる．たとえば，溶液中で激しいとんぼ返り運動を行っている分子のプロトンが，二つの異なるサイトの間を化学交換している場合である．エタノールについて，つぎのプロトン交換反応を考えよう．

$$CH_3CH_2OH + H_3O^+ \rightleftharpoons CH_3CH_2OH_2{}^+ + H_2O \tag{28·25}$$

この交換が起これば励起状態の寿命，つまり T_2 は減少するから，NMRのピーク幅が広がる．具体的には，サイト間の交換時間が 10^{-4}～10 s 程度になればピーク幅はかなり広がる．この効果を**運動による幅の広がり**[3]という．

交換速度が非常に速くなれば，鋭いピークが1本しか観測されなくなる．この効果を**運動による先鋭化**[4]という．エタノールでは室温でこの交換が 10^{-4} s より速く起こるから，運動による先鋭化が観測される．このため，図28·6に示したエタノールのNMRスペクトルでは，OHプロトンの共鳴は三重線ではなく，

1）spin–spin relaxation time　2）saturated transition　3）motional broadening
4）motional narrowing

1本として観測される．しかし低温で，しかも酸のない条件下では，この交換速度は著しく低下し，この化学交換は無視できる．この場合のOHプロトンの信号は三重線を示す．300 KではエタノールのCH$_2$プロトンの共鳴線が八重線でなく四重線であること，OHプロトンの共鳴線が三重線でなく1本であることの理由がこれで理解できただろう．

28・10　固体のNMR

溶液のNMRスペクトルでは一般に，幅の狭い分解能のよいピークが得られる．しかし，固体ではスピン間の双極子-双極子の直接カップリングが平均化されて0になることはないから，分子がとんぼ返り運動している溶液とは状況が異なる．28･3節で説明したように，隣接する双極子によって誘起される磁場は，スピンの位置での外部磁場$\boldsymbol{B}_0$を強めたり弱めたりしうるから，これによって共鳴振動数がシフトする．2個の双極子iとjの間の直接的なカップリングによる振動数シフトは，

$$\Delta\nu_{\text{d-d}} \propto \frac{3\mu_i\mu_j}{hr_{ij}^3}(3\cos^2\theta_{ij}-1) \tag{28·26}$$

で与えられる．この式で，r_{ij}は双極子間の距離，θ_{ij}は磁場の方向と双極子間を結ぶベクトルがなす角度である．溶液のNMRスペクトルを考えたとき，この双極子-双極子の直接的なカップリングについて考察しなかったのはなぜだろうか．溶液中の分子は激しくとんぼ返り運動を行っているから，$\cos^2\theta_{ij}$の瞬間の値ではなく，時間平均の値が$\Delta\nu_{\text{d-d}}$を決めることになる．すなわち，28･6節で示したように$\langle\cos^2\theta_{ij}\rangle=\frac{1}{3}$であるから，溶液中で激しくとんぼ返り運動を行っている分子については$\Delta\nu_{\text{d-d}}=0$であった．これと対照的に固体では，すべてのスピン活性な核の相対的な向きは結晶構造によって固定されている．このため，$\Delta\nu_{\text{d-d}}$は数百kHz程度の大きさになる．その結果，固体のNMRスペクトルは非常に幅広いものとなる．この状況であっても固体のNMR実験を行う理由は何であろうか．

この問いにはつぎのように答えることができる．まず，たいていの物質は固体でしか得られず，溶液のスペクトルが得られない場合がある[†4]．第二に，化学シフトの分子異方性に関する貴重な情報が固体のNMRスペクトルから得られる．最後に，マジック角回転の手法を使えば，固体の幅広いスペクトルを，溶液中で得られるスペクトルに匹敵する幅の狭いスペクトルに変換することができる．それを次に説明しよう．

一般に，固体NMRの実験に使う試料は単結晶ではなく，互いにランダムな方向を向いた多数の固体粉末からなる．単位胞内の分子が自由にとんぼ返り運動しているのではなく，ある特定の軸のまわりに回転しているとしよう．ここでは導出過程を示さないが，この場合の$3\cos^2\theta_{ij}-1$の時間平均は，

$$\langle 3\cos^2\theta_{ij}-1\rangle = (3\cos^2\theta'-1)\left(\frac{3\cos^2\gamma_{ij}-1}{2}\right) \tag{28·27}$$

で与えられる．θ'は試料の回転軸と$\boldsymbol{B}_0$のなす角度，γ_{ij}は磁気双極子iとjを結ぶベクトル$\boldsymbol{r}_{ij}$と回転軸のなす角度である．固体試料全体を高速で回転させれば，

†4　訳注：分子が不溶性であったり，溶液中で不安定であったり，そもそも固体に興味がある場合である．

γ_{ij} の値が違っていても，全試料中のカップルする双極子のすべての対は θ' という同じ値をもつ．ここで，$\theta' = 54.74°$ という値を選べば，$\langle 3\cos^2\theta' - 1\rangle = 0$，$\Delta\nu_{\text{d-d}} = 0$ となって，直接的な双極子カップリングによるスペクトル幅の広がりは消えてしまう．θ' の値をこう選んでおけば，このような劇的な効果が得られるから，これを**マジック角**[1]といい，これを用いた手法を**マジック角回転**[2]という（図 28·13 を見よ）．図 28·14 に示す例は，固体 NMR の幅広いスペクトルが，マジック角回転によって狭いスペクトルにどう変換されるかを表している．

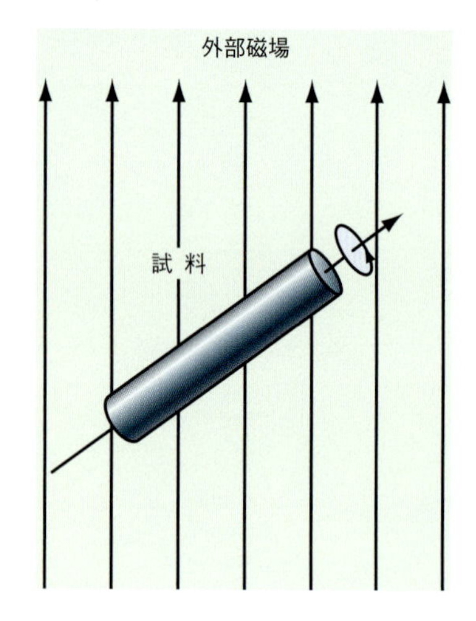

図 28·13　マジック角回転では，試料をある軸のまわりに高速回転させる．その軸は静磁場に対して 54.74° 傾いている．

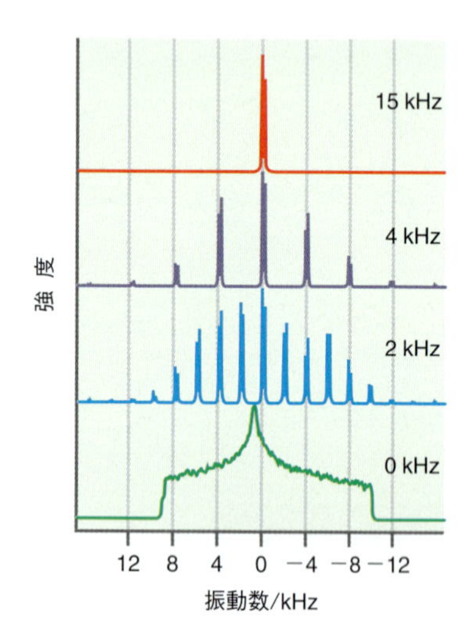

図 28·14　非等価な−C=O 基をもつ分子が単位胞内に 2 個ある結晶について，粉末 ^{13}C NMR で得られたスペクトル．緑色で示したスペクトルは，幅広く微細構造のない固体のスペクトルである．15 kHz のスペクトル（赤色）は 2 本の鋭いピークだけからなっており，それは化学的に非等価な−C=O 基に帰属できる．それ以外のスペクトルは，これとは異なる回転振動数を使って得られたものである．2 kHz や 4 kHz で見られる副次的なバンド（スピニングサイドバンド）は，回転速度が遅いために現れる実験的な見かけのピークである．
出典：Gary Drobny, University of Washington.

28・11　NMR イメージング

NMR 分光法の最も重要な応用の一つに，固体内部のイメージングがある．**NMR イメージング**[3]は医療診断の分野で，人体の臓器など柔らかい組織に影響を与えることなく，その情報を得るための強力な手法であることが実証されてきた．NMR を使って得られるイメージングに必要な空間分解能はどの程度であろうか．イメージングでは，NMR で通常使われる一定磁場とは別にある**磁場勾配**[4]が加えられる．このときの核スピンの共鳴振動数は，スピンの種類（^{1}H や ^{13}C など）によるだけでなく，その磁石の両極からのスピンの相対位置によって決まる局所磁場にも依存する．図 28·15 は，一定磁場に磁場勾配を加えたとき，スピンの空間的な地図がどう描けるかを示したものである．$^{1}H_2O$ を含む球体と立方体が，スピン活性な核を含まないバックグラウンドに埋もれた状況を考えよう．磁場勾配がなければ，これらの構造体にあるスピンはすべて同じ振動数で共鳴を起こし，1 本の NMR ピークを生じる．しかし，磁場勾配をかければ，異なる勾配を受けた箇所は異なる共鳴振動数を示す．また，それぞれの共鳴振動数における NMR ピークの強度は，その体積中に含まれるスピンの総数に比例している．そこで，NMR のピーク強度を磁場の強さに対してプロットすれば，磁場勾配の方向に沿った構造物の形状が投影されることになる．磁場勾配の方向をいろいろ変えて，少なくとも 180° の範囲を何度もスキャンすれば，対象物の三次元構造を再現することができる．

生体試料のイメージングに NMR が特に適しているのは，その像のコントラスト（濃淡）を生み出すのに使える性質がいろいろ存在することにある．X 線透視法で得られる像のコントラストは，構造物のいろいろな箇所の電子密度の違いで決まる．炭素は酸素より原子番号が小さいから，酸素ほど強く X 線を散乱しない．したがって，その透過像では脂肪組織は高密度で水を含む組織より明るく見える．しかしながら，その散乱能の違いは小さいから十分なコントラストが得られないことが多い．もっとコントラストのよい像を得るには，X 線を強く散乱する物質を注射するか，あるいは摂取することになる．NMR 分光法では，いろいろ異なる性質を使うことができ，外部から物質を注入することなく，十分なコントラストが得られる．

その性質には緩和時間 T_1 と T_2，化学シフト，流速などがある．緩和時間を使えばコントラストのよいイメージが得られる．水の緩和時間 T_1 と T_2 は，生体組織内では 0.1 s から数秒の範囲で変化する．水が生体膜に強く束縛されていれば，自由にとんぼ返り運動している水分子に比べて緩和時間の変化は大きい．たとえば，脳の灰白質と白質，脊髄液の ^{1}H の緩和時間はまったく異なるから，脳のイメージが強いコントラストで得られる．ある特定の範囲の緩和時間について，そ

1) magic angle　2) magic angle spinning　3) NMR imaging
4) magnetic field gradient

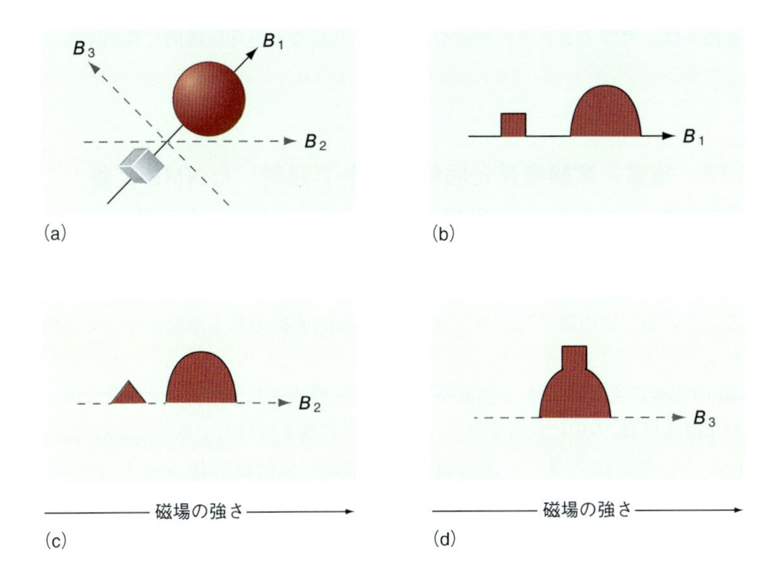

図 28・15 (a) 2個の構造物を三つの異なる磁場勾配に置いて，それぞれに沿ってNMRスペクトルをとる．それぞれの場合について，磁場勾配に沿って切った薄い体積素片の内部にあるスピンは同じ振動数で共鳴を起こす．これによって磁場勾配の軸の上にその体積を投影したスペクトルが得られる．もともとX線で開発されたイメージ再構成法を使えば，その三次元構造を求めることができる．(b〜d) (a) で示した方向 $\boldsymbol{B}_1, \boldsymbol{B}_2, \boldsymbol{B}_3$ に沿って観測されるNMRスペクトル．

の信号の振幅を増強するためのデータ集積法が開発されてきた．それによって注目する問題に最適なコントラストを得ることができるようになった．図 28・16 は人間の脳のNMRイメージを示している．

化学シフトイメージング[1)]を使えば，代謝過程が起こっている箇所を突き止めたり，神経シナプスで起こる化学変化を手掛かりとして脳内信号の伝達過程を追跡したりすることができる．フローイメージング（イメージングによる流れの観察）の一種では，局所磁化が平衡値に到達するまでには T_1 の数倍の時間が必要なことを利用している．たとえば，観測領域に血液が短時間で流れ込めば，その中のスピンの磁化は，長時間磁場に曝されたスピンの磁化の大きさには至っていない．この場合の血液中の ^1H_2O は，周囲の ^1H スピンとは異なる振動数で共鳴を起こす．

NMRイメージングは材料科学でもいろいろ応用されている．たとえば，高分子の化学的な橋かけ密度の測定，ゴムなどエラストマーの加硫や経年による不均一さの発生の検出，溶媒の高分子内への拡散の測定などである．NMRイメージ

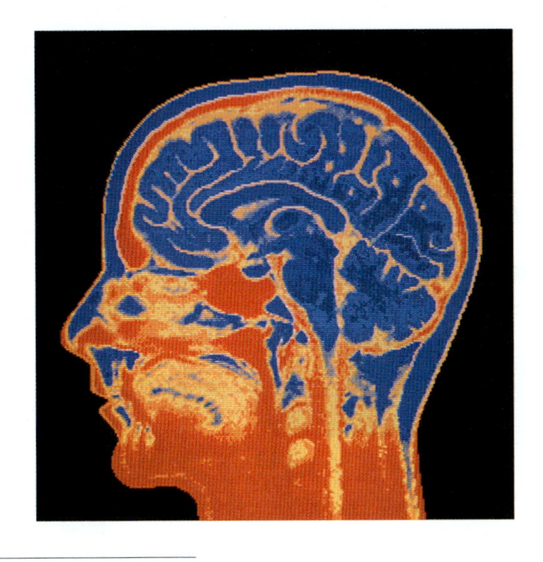

図 28・16 人間の脳のNMRイメージ．組織を破壊することなく，患者の脳をスキャンするだけでその断面が得られる．コントラストの違いは，いろいろな生体組織に対する水分子の結合力の強さによって緩和時間が異なることによる．［© M. Kulyk/Photo Researchers, Inc.］

1) chemical shift imaging

ングを使えば，セラミックスの空隙や欠陥，多孔度などを非破壊的に検出することができる．

28・12　補遺：実験室系と回転座標系で観測した NMR 実験

本章の始めに述べたように，NMR ピークを観測するには，外部磁場の強さまたは交流磁場の振動数を変化することである．しかしながら，近代的な NMR 分光計では，もっと高速で情報が得られるという理由でフーリエ変換技術が使われている．この節と次の節では，フーリエ変換 NMR 実験の基本原理について説明しよう．

NMR の実験に必要なおもな部品を図 28·17 に模式的に示す．z 軸方向を向いた強力な静磁場 $\boldsymbol{B}_0$ の中に試料を置く．その試料に巻き付けたコイルによって，y 軸方向から振動数 ω のラジオ波振動数（rf）の弱い振動磁場 $\boldsymbol{B}_1$ を生じさせる．試料には信号検出用の別のコイルが巻き付けてある（図には示していない）．ここで考える試料の特性振動数は $\omega = \omega_0$ だけである．化学シフトで生じる別の振動数については後で説明する．ところで，この実験に必要な磁場がなぜ二つに分かれているのであろうか．静磁場 $\boldsymbol{B}_0$ をかければ，図 28·1 で示したように，その磁場の強さで決まる二つのエネルギー準位が生じる．ただし，この静磁場が 2 状態の間の遷移をひき起こすわけではない．rf 磁場 $\boldsymbol{B}_1$ が共鳴条件 $\omega = \omega_0$ を満たしたときに，この 2 準位間の遷移が起こるのである．

$\boldsymbol{B}_1$ がこの遷移をどのようにひき起こすかを理解するために，この rf 磁場を表すもう一つの方法を考えよう．直線偏光した磁場 $\boldsymbol{B}_1$ を数学的に表せば，互いに逆向きに回転する二つの円偏光した磁場を重ね合わせたものと等価である．その二つの円偏光磁場は，つぎのように書ける．

$$\begin{aligned} \boldsymbol{B}_1{}^{\mathrm{cc}} &= B_1(\boldsymbol{x}\cos\omega t + \boldsymbol{y}\sin\omega t) \\ \boldsymbol{B}_1{}^{\mathrm{c}} &= B_1(\boldsymbol{x}\cos\omega t - \boldsymbol{y}\sin\omega t) \end{aligned} \qquad (28\cdot28)$$

ここで，x 方向と y 方向の単位ベクトルをそれぞれ $\boldsymbol{x},\boldsymbol{y}$ で表している．また，上付き添え字の c と cc は，それぞれ時計回りと反時計回りを表しており，それを図 28·18 に示してある．この二つの磁場の和をとれば，y 方向の振幅は 0 となり，x 方向については振動振幅が得られるのがわかる．これは，定在波をつくるのに二つの進行波を重ね合わせたのと似ている．それについては 13·2 節で説明した．この二つの回転成分のうち，磁気双極子と同じ向きに回転する反時計回りの成分だけが遷移をひき起こせるから，直線偏光した磁場 $\boldsymbol{B}_1$ は，xy 面内を反時

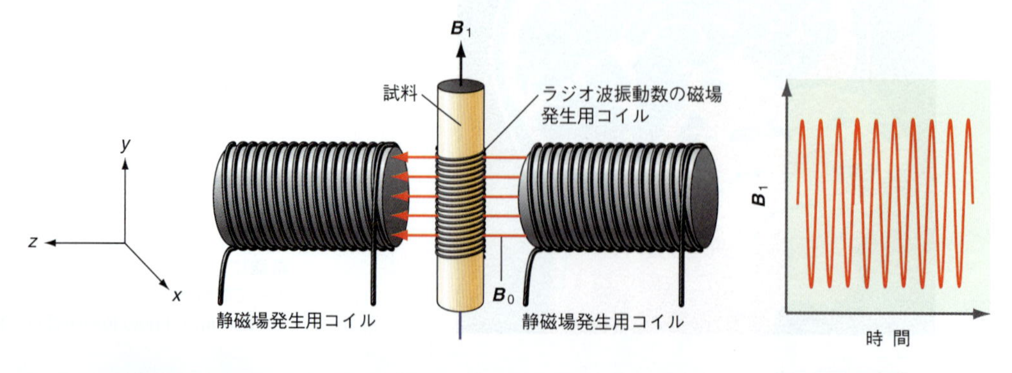

図 28·17　NMR の測定原理．静磁場とラジオ波振動数（rf）磁場用のコイルを示してある．

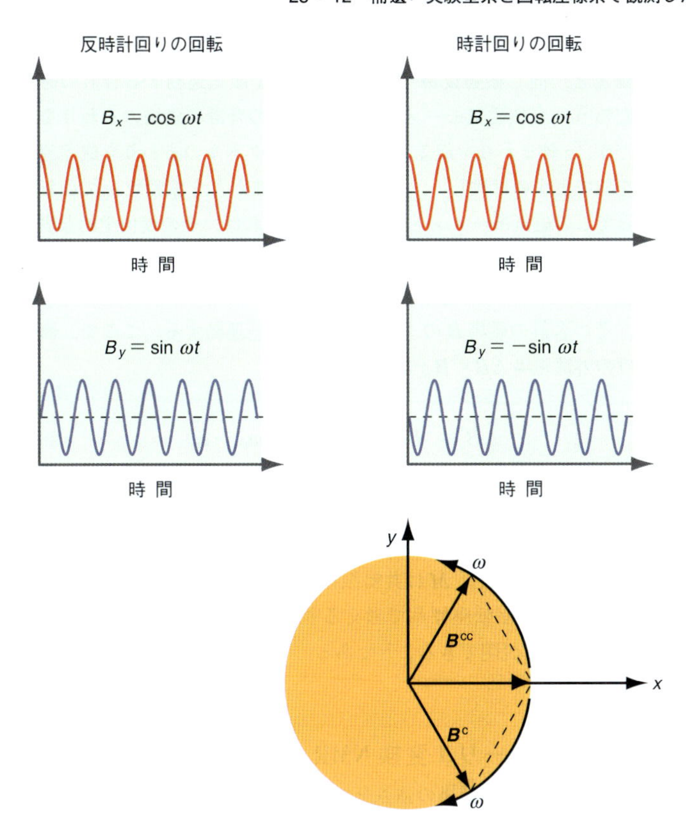

図 28・18 逆向きに回転する二つの円偏光した磁場を重ね合わせれば，一つの直線偏光した磁場をつくれる．

計回りに回転する円偏光磁場と同じ効果をもつことになる．そこで，NMR 分光法で利用するのは直線偏光磁場の一部(半分)であり，それを $\boldsymbol{B}_1^{cc} = B_1(\boldsymbol{x}\cos\omega t + \boldsymbol{y}\sin\omega t)$ とすることができる．

ここで，合計の磁場のまわりの $\boldsymbol{M}$ の歳差運動について考えよう．ただし，外部磁場のまわりを rf 磁場の振動数 ω で回転する座標系で，この歳差運動を考えようというのである．核スピンが感じる磁場は $\boldsymbol{B}_0$ と $\boldsymbol{B}_1$ のベクトル和 $\boldsymbol{B}$ であり，それを図 28・19 に示す．

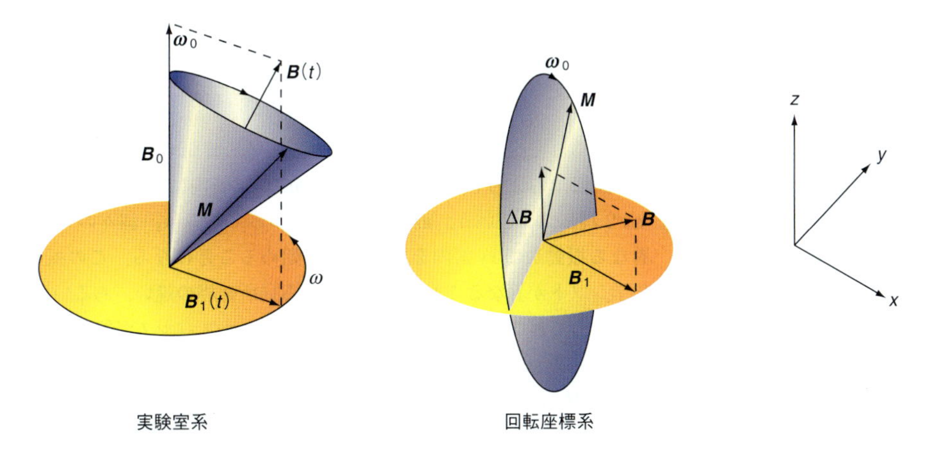

図 28・19 NMR 実験を実験室系で観測した場合と回転座標系で観測した場合[†5]．

†5 訳注：この回転座標系の図は，共鳴条件から少し外れた状況を表している．

実験室系[1]にいる観測者には z 方向の静磁場と，xy 面内を振動数 ω で回転する円偏光磁場と，同じ振動数 ω で z 軸のまわりを歳差運動する合計の磁場が見えることだろう．全核磁気モーメント $\boldsymbol{M}$ は，この合計の磁場のまわりを歳差運動するのだが，z 軸まわりを歳差運動しているベクトルのまわりを歳差運動している状況を絵で表すのは難しい．ところが，z 軸まわりを振動数 ω で回転する座標系に乗ってこの磁気モーメントの運動を観測すれば，その幾何学的な表し方は単純になる．ここで，$\boldsymbol{B}_1$ が x 軸上にある時刻を 0 としよう．古典力学によれば，この**回転座標系**[2]では rf 磁場 $\boldsymbol{B}_1$ が静磁場となり，外部磁場はもともと静磁場であるから，その合計の磁場 $\boldsymbol{B}$ のまわりを $\boldsymbol{M}$ が歳差運動する．ここで，回転座標系の見かけの外部磁場 $\Delta\boldsymbol{B}=\boldsymbol{B}-\boldsymbol{B}_1$ は，

$$\Delta\boldsymbol{B} = \boldsymbol{B}_0 - \frac{\boldsymbol{\omega}}{\gamma} = \frac{1}{\gamma}(\boldsymbol{\omega}_0 - \boldsymbol{\omega}) \qquad (28\cdot29)$$

で表される．$\boldsymbol{\omega}$ が共鳴条件 $\boldsymbol{\omega}_0=\gamma\boldsymbol{B}_0$ に近づけば，$\Delta\boldsymbol{B}$ は 0 に近づき，$\boldsymbol{B}=\boldsymbol{B}_1$ となる．こうして，共鳴条件にある回転座標系では，$\boldsymbol{M}$ の歳差運動が描く円錐の半頂角が 90° にまで増加し，$\boldsymbol{M}$ は共鳴振動数 ω で yz 面内を歳差運動することになる．NMR の実験を回転座標系で考える利点は，次の節で説明するパルス法 NMR をわかりやすく説明できることである．

28・13　補遺：フーリエ変換 NMR 分光法

NMR スペクトルは，静磁場の強さをスキャンするか，それとも rf 磁場の振動数をスキャンするかで得られることはわかった．しかし，どちらの方法を使っても，ある時刻には特定の振動数でしか NMR データが得られない．一方，対象とする試料には，ふつういろいろな分子が含まれており，いろいろな共鳴振動数 ω_0 が存在するから，このような方法でデータを採っていては非常に時間がかかる．そこで，rf の信号を短いパルスとして，しかもある決められた方式で加えることにすれば，共鳴振動数の幅広いスペクトルに関する情報が同時に得られる．このような方法，**フーリエ変換 NMR 分光法**[3]の測定原理について以下で説明しよう．その測定手順は図 28・20 に示してある．

回転座標系で共鳴を観測すれば，磁気モーメント $\boldsymbol{M}$ は静止していて，rf パルスをかける前は z 軸を向いている．パルスをかけた瞬間から $\boldsymbol{M}$ は yz 面内で歳差運動を始める．この歳差運動で $\boldsymbol{M}$ が傾く角度は，

$$\alpha = \gamma B_1 t_{\mathrm{p}} = \omega t_{\mathrm{p}} \qquad (28\cdot30)$$

で与えられる．t_{p} は rf 磁場 $\boldsymbol{B}_1$ がかかっている時間である．そのパルス長を $\boldsymbol{M}$ が 90° 回転するように選べば，直後の $\boldsymbol{M}$ は xy 面内に倒れている．このパルスを **π/2 パルス**[4]という．π/2 パルスが終わってからは，個々のスピンはわずかに異なる振動数で xy 面内を歳差運動し始めることになる．この振動数の違いは，化学シフトが異なることによって生じる局所磁場の違い，あるいは磁場の不均一さによって起こるものである．このように，π/2 パルスが終わって直後は，すべてのスピンは xy 面上で束になっていて，$\boldsymbol{M}$ は y 軸を向いている．しかし，このときの $\boldsymbol{M}$ は静磁場と平行でなく，垂直になっているから，系のエネルギーが最も低い配置ではない．そこで，時間経過とともに特性緩和時間 T_1 でスピン–格

1) laboratory frame　2) rotating frame　3) Fourier transform NMR spectroscopy
4) π/2 pulse

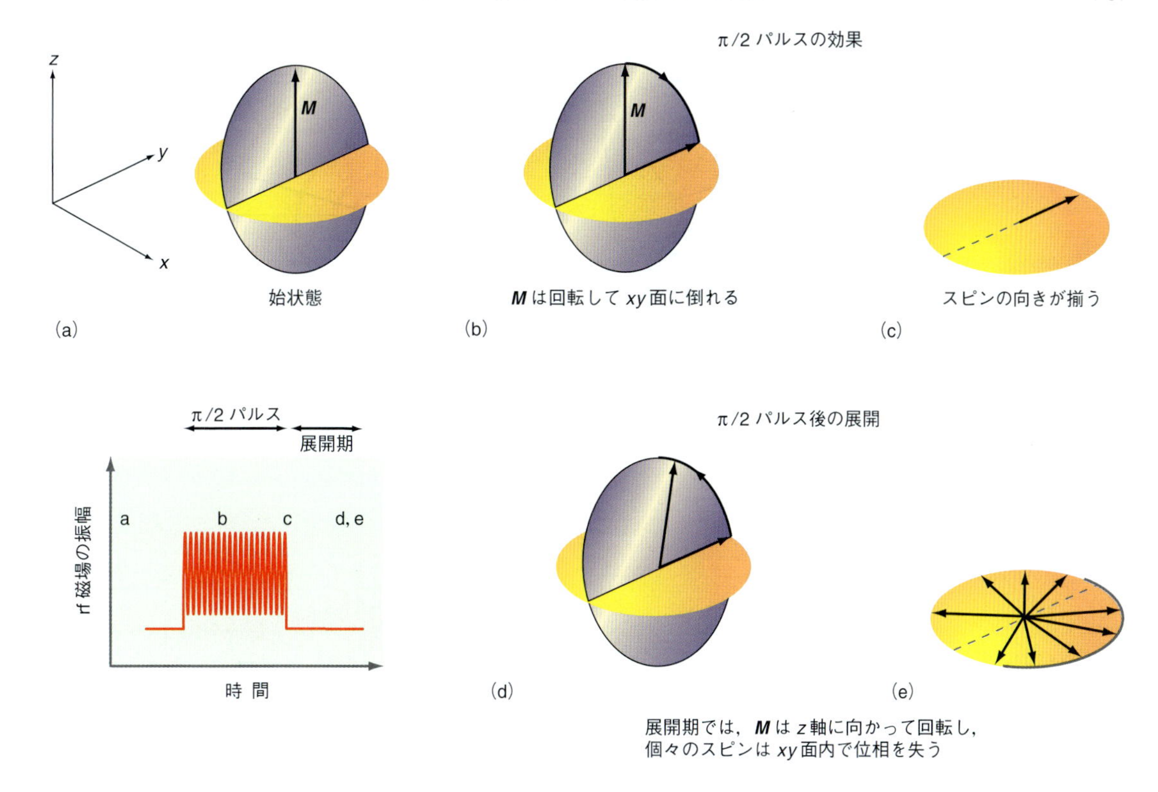

図 28・20 rf パルスのかけ方と回転座標系で観測した $\boldsymbol{M}$ に対する効果. (a) の時刻では, $\boldsymbol{M}$ は z 軸方向を向いている. π/2 パルスをかけると (b), $\boldsymbol{M}$ は yz 面内で歳差運動を行い, xy 面に向かって回転する. π/2 パルスの終端 (c) では, $\boldsymbol{M}$ は y 軸方向を向いていて, xy 面内を歳差運動しはじめる. π/2 パルスが終わって展開期 (d と e) では, $\boldsymbol{M}$ は元の z 軸方向へと緩和する. すなわち, その z 成分は緩和時間 T_1 で増加する. それと同時に, 個々のスピンの位相が失われて, $\boldsymbol{M}$ の xy 面内への射影成分は緩和時間 T_2 で減少する.

子緩和を行うことによって, 磁気モーメントは z 軸に平行な元の平衡の向きへと戻るのである.

$\boldsymbol{M}$ の xy 面内の成分はどうなっているだろうか. xy 面内の個々のスピンの磁気モーメントのベクトル和は, 磁気モーメントの横成分である. 個々のスピンは xy 面内でわずかに異なる振動数で歳差運動するから, 扇を広げたように広がって, 次第にスピンの位相は失われる (ディフェージング). この過程はスピン-スピン緩和時間 T_2 で起こる. スピンが位相を失うにつれて, 横成分の大きさは減衰して図 28・21 に示すように平衡値 0 に戻る. このディフェージングには三つの機構が関与している. それは, $\boldsymbol{B}_0$ で避けられない磁場の不均一さ, 化学シフト, スピン-スピン相互作用による**横緩和**[1]である.

フーリエ変換の手法を使って NMR スペクトルはどうつくられるのだろうか. その過程を図 28・21 に示す. 時間経過とともに $\boldsymbol{M}$ はらせんを描いており, すなわち M_z が増加する一方で, **横磁化**[2] M_{xy} は減少する. 検出コイルは y 軸を向いているから, M_z の変化を捉えることはない. 一方, M_{xy} が変化すればコイルに発生する電圧が時間変化する. 図 28・21 には M_{xy} の時間変化を示してある. M_{xy} は角振動数 ω の周期関数であるから, 検出コイルに誘起される電圧は正負が交互に現れる. しかし, スピン-スピン緩和があるために制動がかかり, その振幅は時間とともに e^{-t/T_2} で減衰する. rf パルスが終わってから M_{xy} が減衰して平

1) transverse relaxation 2) transverse magnetization

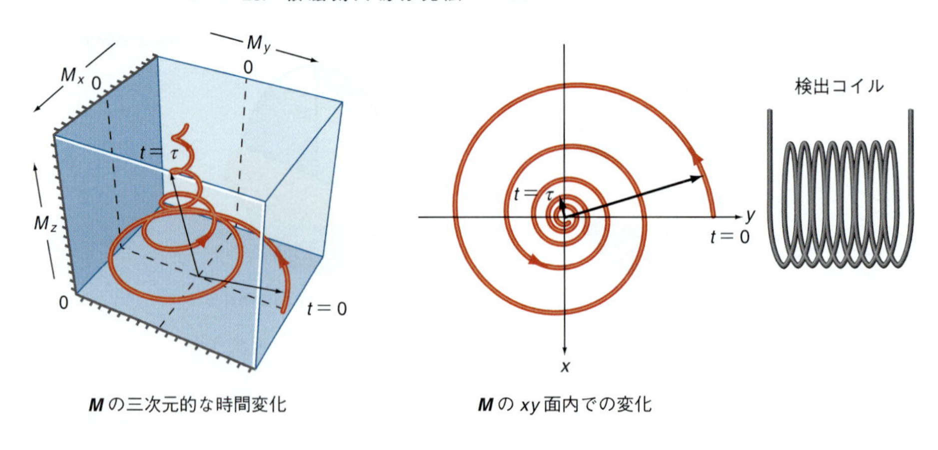

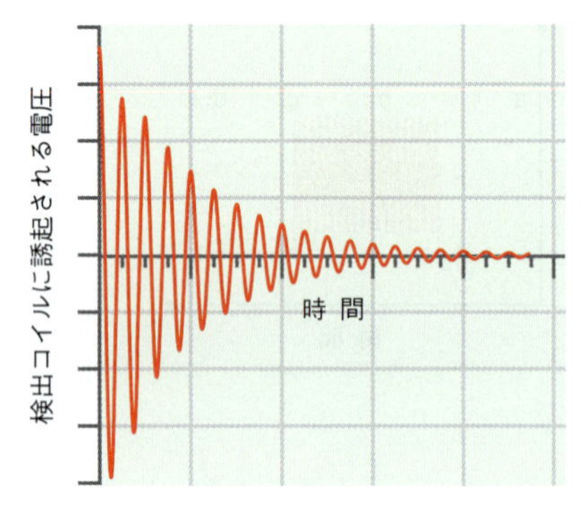

図 28·21 磁化ベクトル $\boldsymbol{M}$ の三次元的な時間変化と M_{xy} の時間変化．M_{xy} の時間変化によって，検出コイルに誘起される rf 電圧は指数関数的に減衰する．

衡値に戻る過程を**自由誘導減衰**[1]という．この実験によって T_2 を測定することができるのである．

化学シフトの違いや静磁場の避けがたい不均一さのおかげで，すべてのスピンが同じ振動数をもてないことを思い出そう．化学シフトの異なるスピンはわずかに異なる磁化ベクトル $\boldsymbol{M}$ を生じ，検出コイルにはその歳差運動の特性振動数に等しい振動数の交流電圧を発生させる．実際に検出される信号にはこれらすべての振動数が含まれるから，そのスペクトル情報をそのままのかたちで解釈するのは簡単ではない．しかしながら，次式を使って検出コイルの信号を**フーリエ変換**[2]すればよい．

$$I(\omega) = \int_0^\infty I(t)\,[\cos \omega t + \mathrm{i} \sin \omega t]\,\mathrm{d}t \qquad (28\cdot31)$$

この計算は実験室にあるコンピューターで簡単に実行できるもので，実験で得られたスペクトルを時間の関数でなく，振動数の関数として求めることができる．自由誘導減衰が描く曲線とフーリエ変換によって得られたスペクトルの関係を図 28·22 に示す．ここでは，関与する振動数が 1, 2, 3 個の場合の例を示してある．

NMR スペクトルを得るのに，外部磁場の強さまたは rf 磁場の振動数をスキャンするより，フーリエ変換の手法を使う利点は何であろうか．フーリエ変換法を使えば，スペクトルの全領域をずっと観測しながらデータを収集することができる．それに対してスキャンする方式では，それぞれの振動数領域を順に観測することになる．NMR 分光法のような感度の弱い実験では，ノイズを含むバックグ

1) free induction decay 2) Fourier transform

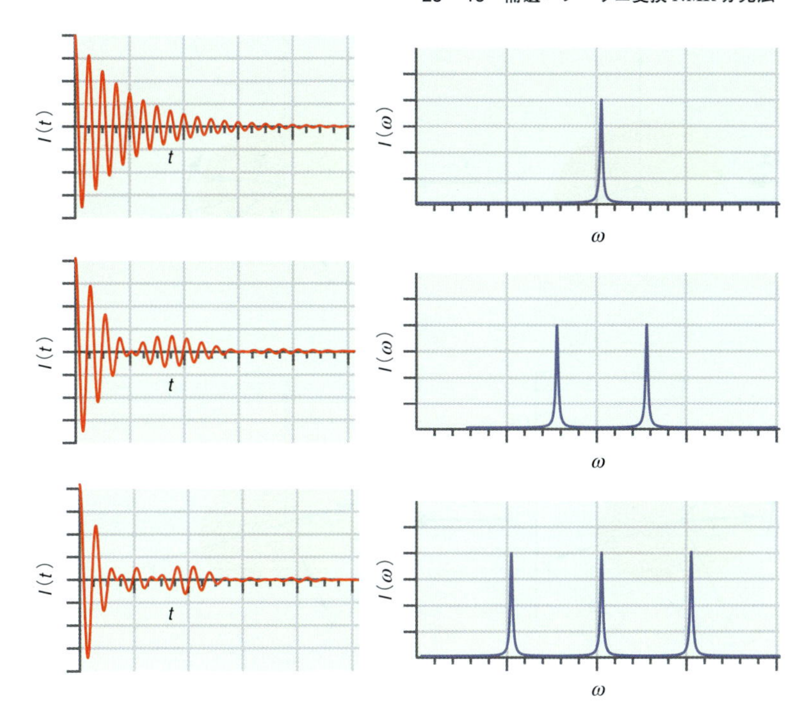

図 28・22 左図は，振幅が同じで振動数の異なる成分が 1 個, 2 個, 3 個（上から順に）含まれている場合に得られる自由誘導減衰曲線．右図の NMR スペクトルは，それぞれの自由誘導減衰曲線をフーリエ変換したもの．

ラウンドから注目する信号を取出すのは困難をきわめる．したがって，限られた時間でより多くのデータを収集できる手法が必要なのである．フーリエ変換の手法がうまく使える理由について，わかりやすい説明を二つ挙げておこう．最初は，力学的な共鳴との類推を考えることである．ハンマーで鐘を叩けば，そのハンマーの種類や，どのように叩いたかによらず鐘はある特性振動数で鳴ることだろう．これと同じで，歳差運動を行っているスピンを含む溶液は，いろいろな共鳴振動数をもつ集合体と考えることができる．そこで，この場合の"ハンマー"に相当する rf パルスがスピンを励起するのであるが，このパルスにはいろいろな振動数が含まれているにもかかわらず，それとは無関係にスピンはその共鳴振動数で励起されるというわけである．二つ目の説明は数学的なものである．13・7 節の説明でもわかるように，短時間で急激に変化する関数を表すには多数の振動数成分が必要である．図 28・20 の π/2 パルスを三角関数の項の和で表して，$f(t) = d_0 + \sum_{n=1}^{m} (c_n \sin n\omega t + d_n \cos n\omega t)$ と書くには多数の項が必要である．この点で，実験で用いる rf パルスには多数の異なる振動数成分が含まれていると考えることができる．したがって，パルス実験というのは，いろいろ異なる振動数の磁場を使った多数の実験を一度に平行して行っているのに等しい．

フーリエ変換 NMR では，パルスの長さや強度，振動数，位相の異なる rf パルスを次々とかけることによって $\boldsymbol{M}$ の時間展開を変えることができる．このような一連のパルスを**パルス系列**[1]という．パルス系列をうまく設定すれば，スピンの展開を人為的に操作することによってスピン間の相互作用を明らかにしたり，ある特定の緩和経路を選択的に検出したりすることができる．近代的な NMR ではパルス系列の使用を基礎としており，多次元 NMR でもこれを使用する．これらの手法の利点は，つぎに説明するスピンエコーの実験を考えておけば理解しやすいだろう．

自由誘導減衰曲線から振動数スペクトルを得るには，T_2 がわかっていなけれ

1) pulse sequence

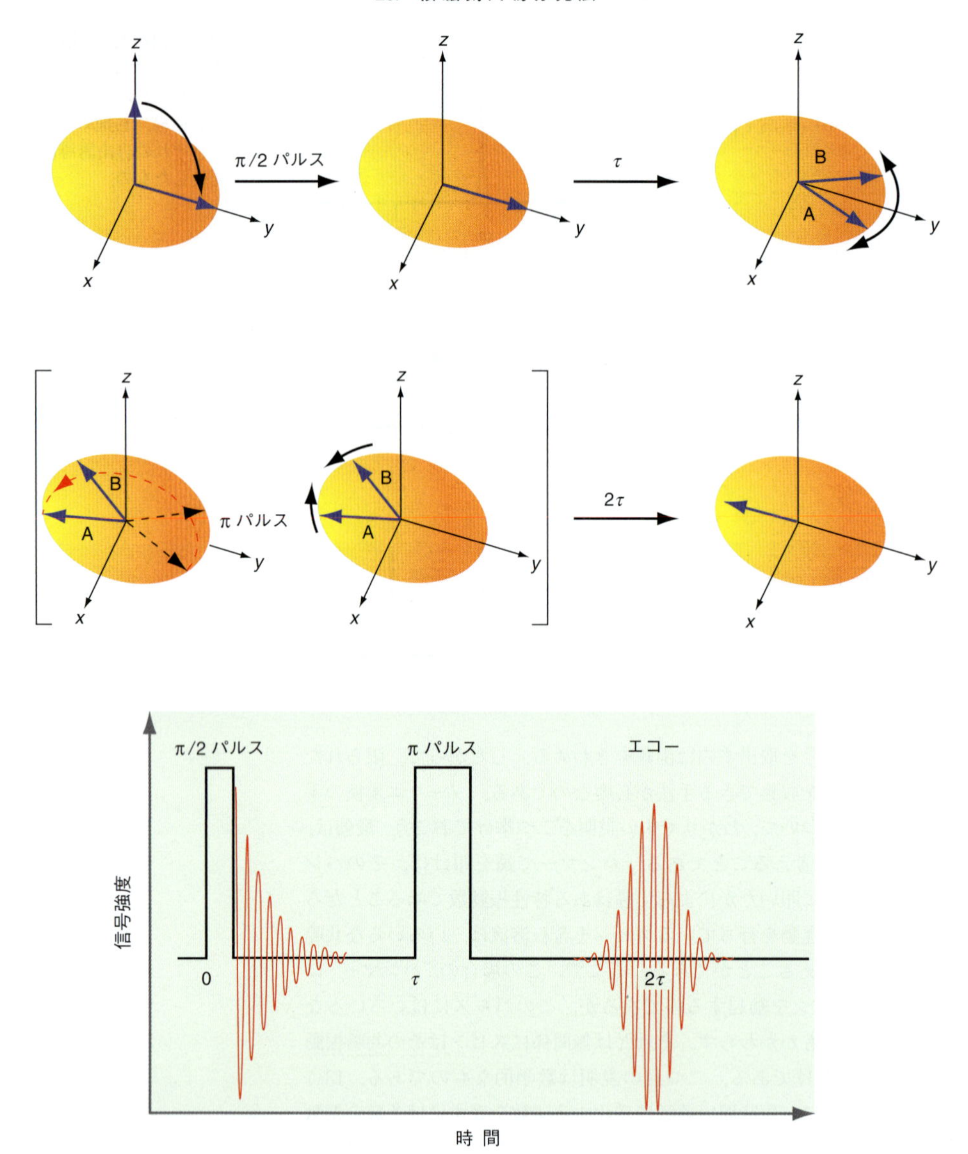

図 28・23　スピンエコーの実験を表す概略図．x 軸方向から π/2 パルスをかけると，$\boldsymbol{M}$ は xy 面内に倒れる．自由誘導減衰が起こる展開時間 τ の後に，x 軸方向から π パルスをかける．スピン A に対する π パルスの効果を赤色破線の矢印で示してある．π パルスをかけた結果として，磁場の不均一さと化学シフトによってスピンが扇状に広がる（ディフェージング）過程が反転する．そこで，時刻 2τ では検出コイルにエコーが観測される．また，τ の整数倍の時刻には次のエコーも観測されることだろう．スピンの横緩和があるから，これらのエコーの振幅は時間とともに減少する．[　] 内の図は，スピン A と B の π パルスの効果を示したもので，左はスピンの変換を表し，右はその結果として得られる歳差運動の向きを表している．

ばならない．**スピンエコー法**[1]ではあるパルス系列を使うが，横緩和時間 T_2 を測定するには特に重要である．その実験の概略を図 28・23 に示す．x 軸方向のコイルによる最初の π/2 パルスが終わると，y 軸上に倒れたスピンは $\boldsymbol{B}_0$ の不均一さと化学シフトの違いによって xy 面内で広がり始める．化学シフトや磁場の不均一さで起こるディフェージングによる信号の減衰は，つぎのようにすれば避けられる．ここでは，横磁化の成分 M_{xy} を考えるのではなく，スピン A と B の占

1) spin-echo technique．エコー（やまびこ）という理由がすぐ後でわかるだろう．

有数をそれぞれ考えよう．スピン A と B は，rf 磁場の振動数よりわずかに高いラーモア振動数とわずかに低いラーモア振動数にそれぞれ相当している．この例では，両スピン間にカップリングはないものとする．スピンがカップルしている場合のスピンエコーの実験については次節で説明する．両者の平均のラーモア振動数で回転する回転座標系で考えれば，図 28・23 に示すように，一方は時計回りに，もう一方は反時計回りに移動していくことだろう．

時間 τ が経過後に再び x 軸方向から，こんどは π パルスをかける[†6]．このパルスによって磁化は変換され，$M_x \rightarrow M_x$，$M_y \rightarrow -M_y$ となる．その結果，スピンは x 軸のまわりに反転する．しかし，スピン A と B の歳差運動の向きは変化しないから，π パルスをかけた後は両スピンの間の角度は時間とともに減少することになる．したがって，ディフェージングに向かっていた状況は一転して，次の τ 後には両スピンの位相が再び揃うことになる．こうして，時刻 2τ では自由誘導減衰してきた元の信号が観測される．横緩和によるディフェージングもあるから，観測されるエコーの振幅は元の信号より e^{-t/T_2} だけ小さい．したがって，このエコーの振幅を測定すれば T_2 を求めることができる．この手法によってディフェージングを反転できるのは，磁場の不均一さや化学シフトによるものだけであることに注意しよう．スピンエコー法は，横緩和時間 T_2 を求めるための最も正確な方法である．

28・14 補遺：二次元 NMR

溶液中の分子の ^{1}H NMR スペクトルには豊富な情報が含まれている．分子が大きくなると，図 28・24 のスペクトルのようにピークの数は非常に多くなる．このようにピークが密集すれば個々のピークを分子内の特定の ^{1}H に帰属するのは難しい．NMR を使うおもな目的の一つは，溶液中の自然な状態での分子の構造を求めることである．分子を特定するには，どのピークが他のスピンとのカップリングによって分裂した等価な ^{1}H によるものかを知る必要がある．また，スルースペース相互作用でなく，スルーボンド相互作用によってカップルした ^{1}H のピークを特定できれば非常に役に立つ．このタイプの情報を使えば，分子の構造を特定することができる．それは，スルーボンド相互作用は結合長の 3〜4 個分しか及ばないが，スルースペース相互作用はそれ以上離れていても，分子のフォールディングのような二次構造によって互いに隣接している場合はスピンを特定できるからである．**二次元 NMR（2D-NMR）**[1] は，このような実験を可能に

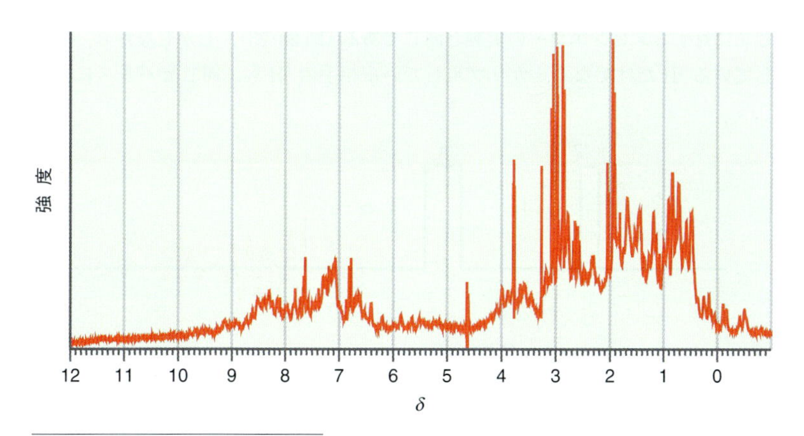

図 28・24　水溶液中の小さなタンパク質分子（分子質量は約 17 kDa，1 Da = 1 u = 1.660×10^{-27} kg）の一次元 ^{1}H NMR スペクトル．多数の幅広いピークが重なり合っているから，このスペクトルから分子構造を求めることはできない．
出典：Rachel Klevit, University of Washington.

†6　訳注：実際には，パルス幅は τ に比べて十分小さい．
1）two-dimensional NMR（2D-NMR）

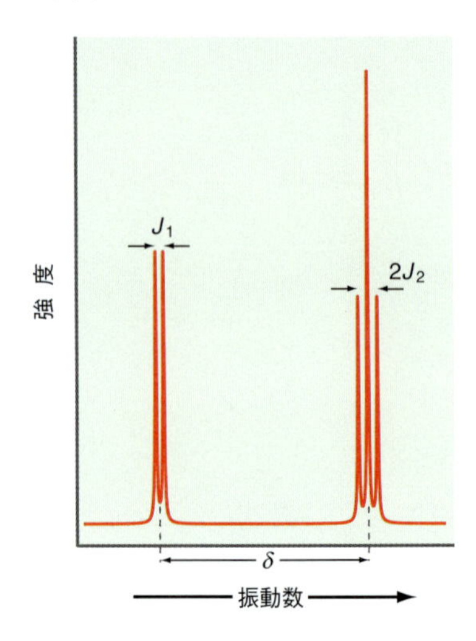

図 28・25　化学シフト δ だけ離れた二重線と三重線からなる従来の一次元 NMR スペクトルの例.

したものであり，化学的に非等価なスピンにより重なり合っていたスペクトルを二次元に分離することによっている.

2D-NMR とは何だろうか. 図 28・25 に示す一次元スペクトルの 5 個のピークに対して，2D-NMR を使えばどのような情報を余分に取出せるかを説明すれば，その原理が理解できるだろう. この一次元の NMR スペクトルに含まれる情報だけでは，化学シフトだけから生じるピークと化学シフトとスピン-スピンカップリングによって生じるピークを区別する方法はない. それを可能にするのが 2D-NMR であるが，ここでは，上の 5 個のピークを 2D-NMR によってどう区別できるかを説明しよう. ただし，この例では各ピークの起源がすでにわかっている場合の解析になる. すなわち，このスペクトルは化学シフト δ の違いで分離した二つの非等価な ^1H によるもので，その方はスピン-スピンカップリングによって二重線に分裂し，もう一方は三重線分裂したものであることがわかっている.

カップルしている ^1H とカップルしていない ^1H に対応するピークを分離するときに鍵となるのは，正しいパルス系列を使うことである. この場合に用いるパルス系列を図 28・26 に示す. これはスピンエコー法で使ったものと同じであり，化学シフトのある ^1H 核がカップルしていない場合の効果については前節で説明した. その場合は，最初の時間間隔と 2 番目の時間間隔を等しくすればスピンが再集束してエコーを生じるのであった. ここで考えるのはカップルしているスピンである. カップリングによって，この実験の結果はどう変化するだろうか. それは図 28・27 を見ればわかる.

カップリングのないスピンエコーの実験の場合と同じように，2 個のスピンを考えよう. 一方の振動数は ν_0 より高く，もう一方は ν_0 より低い. この場合の両スピンの振動数の違いは化学シフトでなく，カップリングによるものとする. その振動数は (28・22)式から，

$$\nu_B = \nu_0 - \frac{J}{2} \qquad \nu_A = \nu_0 + \frac{J}{2} \tag{28・32}$$

である. ここでは，カップリング定数 J_{12} を単に J で表す. ν_A は β スピンとカップルしている ^1H スピンによるもので，ν_B は α スピンとカップルしている ^1H スピンによるものである. カップルしていない場合としている場合で，スピンに対するパルス系列の効果の決定的な違いは，π パルスをかけた後に現れる.

カップルしているスピンの場合，π パルスの効果を 2 段階に分けて考えれば理解しやすい. まず，このパルスによって $M_x \rightarrow M_x$ と $M_y \rightarrow -M_y$ の変換が起こる. これは，スピンを互いに回転することによるもので，カップルしていないスピンに対するスピンエコーの実験と同じである (図 28・23). しかしながら，注目している ^1H だけでなく，カップルしている相手の ^1H も，同じ π パルスに応答

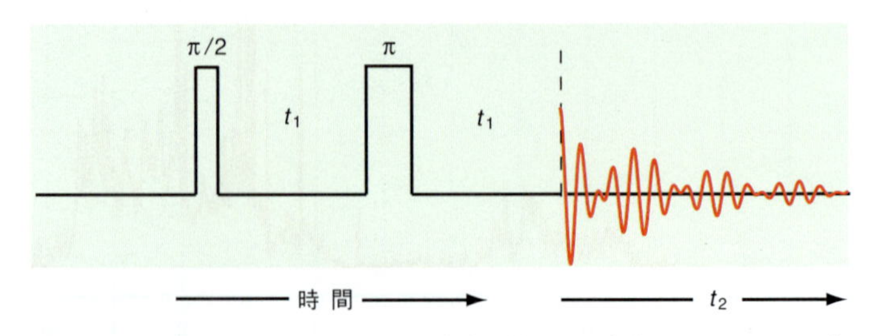

図 28・26　2D-NMR で用いるパルス系列. 始めに x 方向から $\pi/2$ パルスをかける. 時間 t_1 が経過後に π パルスを再び x 方向からかける. さらに時間 t_1 が経過後の破線で示した時刻から検出器が働き，y 軸に置いた検出コイルを用いて時間 t_2 の関数で信号を測定する.

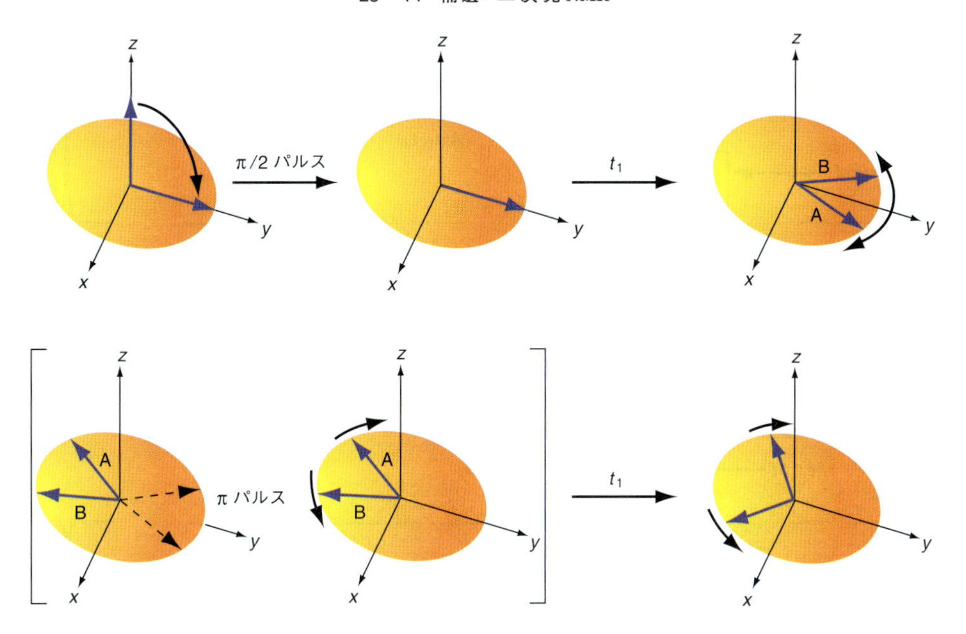

図 28・27　カップルした 2 個の [1]H 核に対して，図 28・26 のパルス系列をかけたときの効果．図 28・23 と比較すると，π パルスの効果を表した［　］内の状況が異なることに注意しよう．スピン A と B は同じように xy 面内を回転しているが，π パルスの後で A と B は入れ替わっている．

して $\alpha \rightarrow \beta$，$\beta \rightarrow \alpha$ の遷移を起こすから，ここで $\nu_B \rightarrow \nu_A$，$\nu_A \rightarrow \nu_B$ となるのである．カップルしているスピンに対する π パルスの全体としての効果は，スピン A と B は互いに向かって回転するのではなく，離れる向きに回転する．したがって，カップルしているスピンは，カップルしていないスピンの場合のように第二の時間間隔 t_1 の後に y 軸の負の方向に再集束するということはない．もっと後の時刻に再集束するが，その時刻はカップリング定数 J に直線的に依存しており，スピン間の位相差で決まっている．その位相差は，つぎの式で示すようにカップリング定数 J に比例している．

$$\phi = 2\pi J t_1 \tag{28・33}$$

一方，試料中のカップルしていないスピンに対するこのパルス系列の効果はどうなるであろうか．カップルしていない [1]H は，化学シフトがあってもその δ の値によらず，図 28・23 に示すように第二の時間間隔 t_1 の後に必ず強いエコー信号を示す．したがって，カップルしているスピンとカップルしていないスピンとは，図 28・26 のパルス系列に対する応答がまったく異なるのである．

図 28・25 のスペクトルに書いてある J と δ の値を，それぞれ個別に求めるにはどうすればよいだろうか．まず，いろいろな t_1 の値で一連の実験を行う．この時間間隔における M_{xy} の時間展開は J と δ によって変わる．その自由誘導減衰曲線 $A(t_1, t_2)$ は，それぞれの t_1 に対して t_2 の関数として得られる．化学シフトしたスピンはスピンエコーによって $t_2 = 0$ のところで再集束する．したがって，$A(t_1, t_2 = 0)$ の値は J のみに依存し，δ にはよらない．$t_2 > 0$ の時刻では再び，M_{xy} の時間展開は J と δ の両方に依存する．t_1 が異なるいくつかの場合について，時間間隔 t_2 における $A(t_1, t_2)$ を図 28・28 に示す．次に，それぞれの信号 $A(t_1, t_2)$ を t_2 についてフーリエ変換して $C(t_1, \omega_2)$ を得る．$C(t_1, \omega_2)$ の符号が正か負かは $A(t_1, t_2 = 0)$ の符号で決まる．ある t_1 における $C(t_1, \omega_2)$ は，図 28・28 の右側に示した二重線にそれぞれ対応している．$C(t_1, \omega_2)$ は一般に多数のピークか

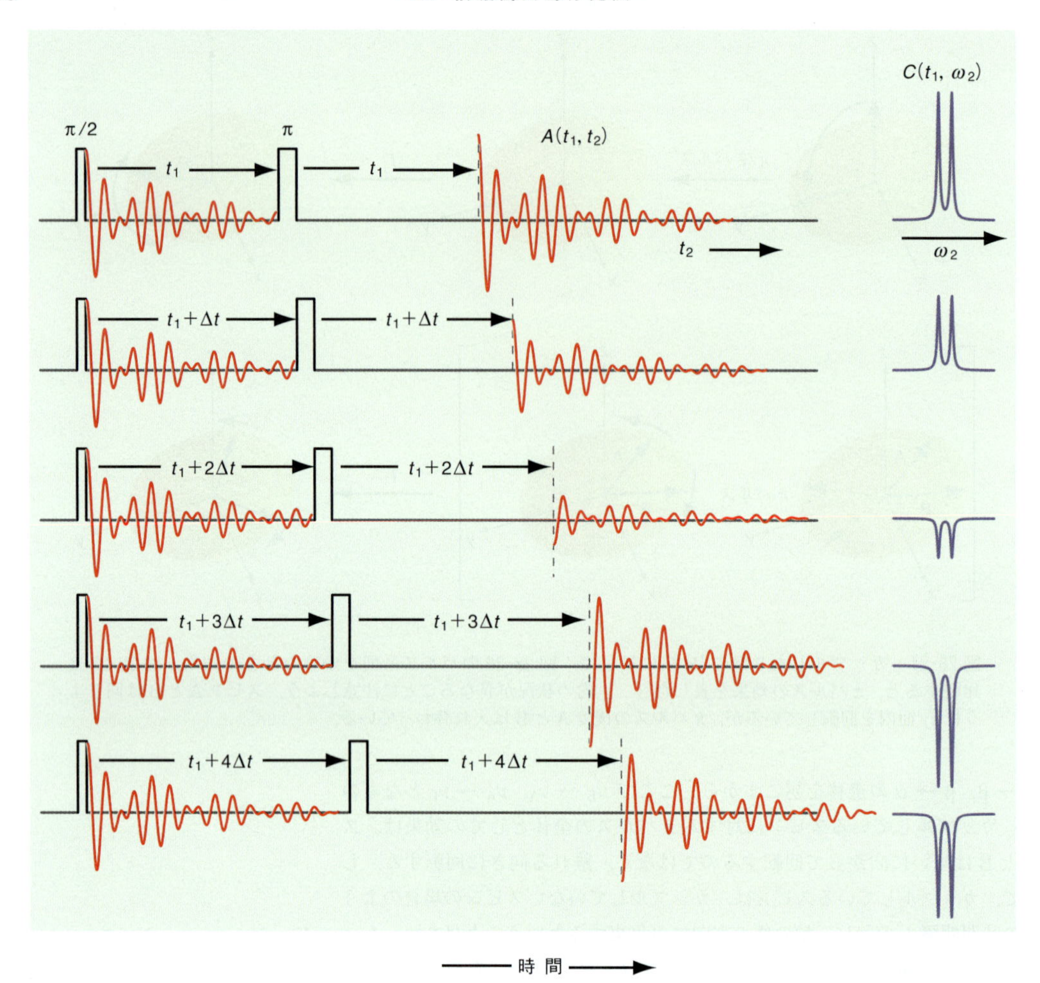

図 28·28　1 個のカップリング定数 J で表される 2 個のスピンについて，図 28·26 のパルス系列を使い，その t_1 をいろいろ変化させたときに得られる NMR 実験の結果．$A(t_1, t_2)$ を t_2 についてフーリエ変換して得られた信号 $C(t_1, \omega_2)$ を右側に示してある．

らなるが，この図では 2 個の場合を示してある．$C(t_1, \omega_2)$ の t_1 依存性を図 28·29 に示す．

図 28·29 に示す $C(t_1, \omega_2)$ に現れる変化の周期は $T = 1/J$ で表される．そこで，$C(t_1, \omega_2)$ は，その振幅がカップリング定数 J で決まるある周期で変化する周期関数とすることができる．この $C(t_1, \omega_2)$ をこんどは t_1 についてフーリエ変換すれば，この時間周期を振動数に変換することができ，関数 $G(\omega_1, \omega_2)$ が得られる．この実験には二つの特性振動数が存在するから，それを使えば結果を二次元で表すことができる．関数 $G(\omega_1, \omega_2)$ は目的とする 2D-NMR スペクトルに強く関係

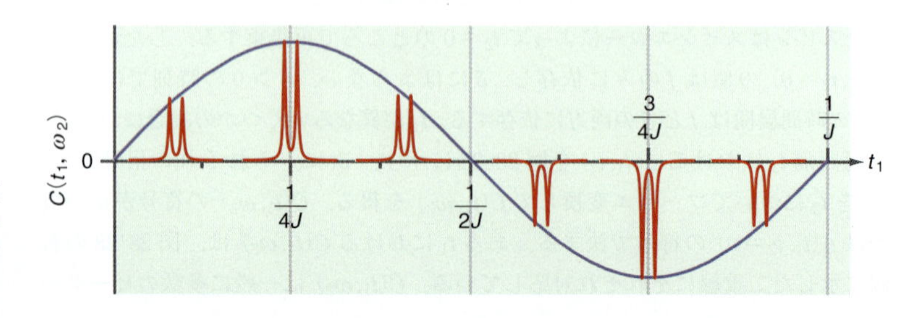

図 28·29　いろいろな t_1 における関数 $C(t_1, \omega_2)$．t_1 についてフーリエ変換すれば，この図に現れている時間周期は振動数 ω_1 で表される．

している．すでに述べたように，振動数 ω_1 についてフーリエ変換すれば元のデータにある δ と J に関する情報を取出すことができる．一方，振動数 ω_2 は δ のみに依存している．こうして，δ と J に関する情報を独立に得ることができるのである．

$C(t_1, \omega_2)$ の J 依存性を分離すれば，δ のみに依存する ω_2 と，J のみに依存する ω_1 で表された関数 $F(\omega_1, \omega_2)$ を得ることができる．関数 $F(\omega_1, \omega_2)$ を 2D の J-δ スペクトルという．図 28・30 ではそれを等高線で表してある．この関数には ω_2 軸方向に δ だけ離れた 2 個の極大があり，それは図 28・25 の一次元スペクトルで表された 2 組の多重線に相当している．極大となる δ の値のところでは，ω_1 軸方向に別のピークがあり，それぞれの多重線に相当する構造が観測される．その分裂から J の値が求められる．この図からわかるように，図 28・26 のパルス系列を使うことによって，化学シフトによって生じる一次元スペクトルのピークとスピン-スピンカップリングによって生じる一次元スペクトルのピークを明瞭に分離することができるのである．1D スペクトルより 2D スペクトルに含まれる情報が豊富なのは明らかである．

2D-NMR の威力は，別の構造研究の例でもわかる．たとえば，あるパルス系列を使えば，2 個の ^{1}H にスルーボンドのカップリングがあることを示せる．この特殊な 2D 法を COSY（相関分光法）という．ここでは，1-ブロモブタン分子の COSY 実験で得られる情報を示そう．この分子の 1D-NMR スペクトルを図 28・31 に示す．スペクトルは四つのピーク群からなり，それぞれ多重分裂している．28・5 節の説明に基づき，異なる炭素原子に対する電気的に陰性な Br 原子の

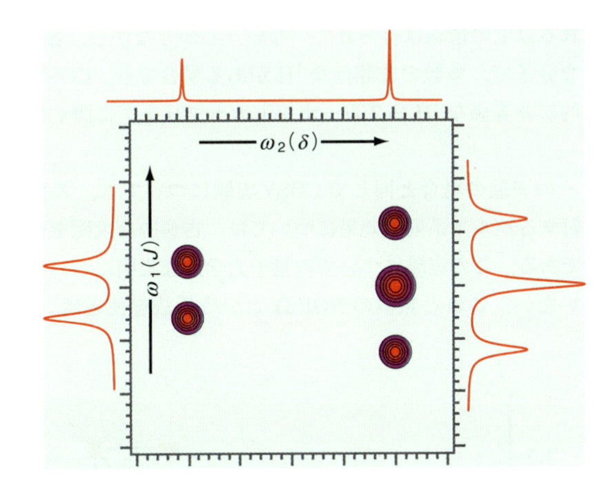

図 28・30　二次元の関数 $F(\omega_1, \omega_2)$ を等高線プロットしたもの．数学的な取扱いによって δ と J を分離してある．この等高線プロットを横方向にスキャンすれば 1D-NMR の δ 依存性が得られる．左右両側にある等高線プロットをそれぞれ縦方向にスキャンすれば，図 28・25 の 1D-NMR 曲線に対するスピン-スピンカップリングの寄与が得られる．
出典：Tom Pratum, Western Washington University.

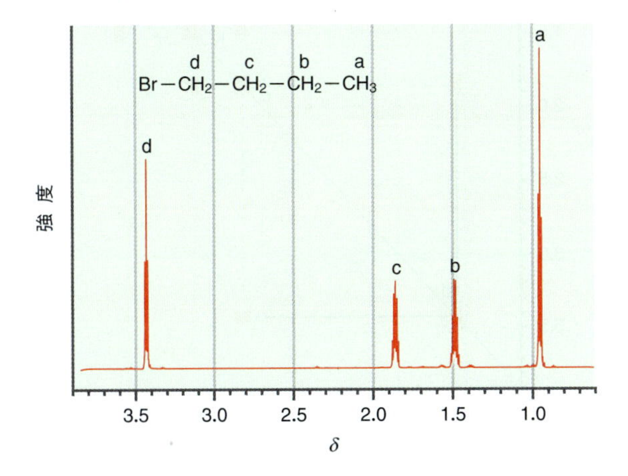

図 28・31　1-ブロモブタンの 1D-NMR スペクトル．このプロットでは広範囲の δ についてプロットしてあるから，それぞれの多重分裂の状況はわかりにくい．それぞれのピーク群について，分子内にある等価な ^{1}H スピンへの帰属を示してある．
出典：Tom Pratum, Western Washington University.

影響を考えればピークの帰属は簡単である．Brが付いたCH_2基(d)の^1Hは三重線，その隣のCH_2基(c)の^1Hは五重線，その隣のCH_2基(b)の^1Hは六重線，末端のCH_3基(a)の^1Hは三重線をそれぞれ示している．各ピークを積分して得られる面積比は，$I(a):I(b):I(c):I(d)=3:2:2:2$である．この結果は，28･7節と28･8節の説明に基づいて得られる予測値に等しい．

さて，2D-NMRを使えば，どの^1Hスピンが互いにカップルしているかがわかることを示そう．COSYのパルス系列を使えば，ω_1とω_2の関数として2D-NMRスペクトルが得られる．その結果を等高線プロットで表したのが図28･32である．1Dスペクトルは，この2Dスペクトル図の対角線に相当している．δ値の異なる4個のピークが見られる．また，対角ピークと対称な位置に非対角ピークが存在するのがわかる．これらのピークは，スピンがカップルしていることを表している．そのカップリングの強さは，それぞれのピークの強度から求めることができる．非対角ピークから対角線に向かって垂直と平行にたどれば，どのスピンがカップルしているかを知ることができる．この場合は，スピン(d)はスピン(c)とだけカップルしており，スピン(c)はスピン(d)と(b)の両方とカップルし，スピン(b)はスピン(c)と(a)，スピン(a)はスピン(b)とだけカップルしているのがわかる．このように，2D COSY実験を行えば，どのスピン同士がカップルしているかがわかる．これらの結果は，図28･31で示した構造モデルで予測されるものとまったく一致している．また，結合長4個分以上離れたスピンについてはカップリングがないこともわかる．

ここでは理解しやすいようにとの配慮から，単純なスピン系を選んで解析した．したがって，ここに示した2D-NMR実験では，一次元で観測された多重分裂から推測される以上の情報は得られていない．しかしながら，数千Daもの分子質量の大きな分子で，多数の非等価な^1Hがある場合でも，COSYスペクトルを使えば化学的に非等価な^1Hのスルーボンドカップリングに関する詳細な情報が得られる．

スピンエコーの実験の場合と同じでCOSY実験についても，スピン活性な核を含む試料に対するパルス系列の効果については，古典的な説明を行うだけでは理解が不十分である．この実験についての量子力学的な説明については専門書を参照してもらいたい．これと類似のNOESYという手法を使えば，非等価な^1H

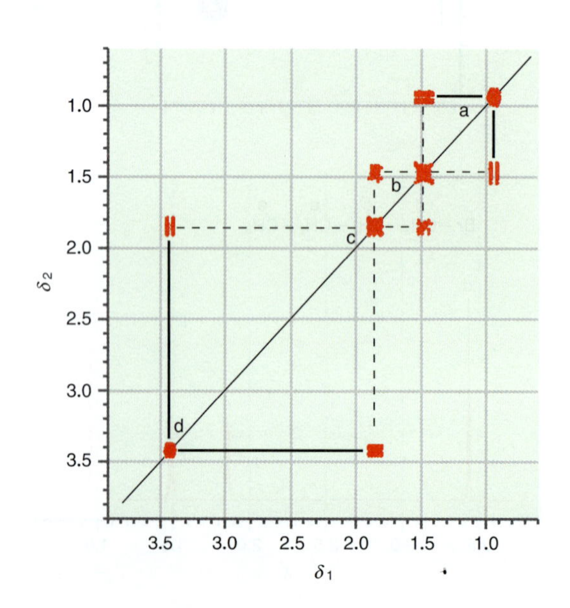

図28･32 等高線プロットで表した1-ブロモブタンの2D-NMRデータ．破線は，別のグループに属する2種のスピンとのカップリングを示している．実線は，別のグループに属する1種のスピンとのカップリングを示している．
出典：Tom Pratum, Western Washington University.

のスルースペースカップリングに関する情報が得られる．これら二つの手法は，NMRを扱う研究者が使える多数ある強力な手法の一部にすぎない．パルス系列を変えるだけで多様な実験が行えるという点で，2D-NMRは生体分子の構造を求めるうえで強力な手法となっている．

用語のまとめ

運動による先鋭化
運動による幅の広がり
NMRイメージング
回転座標系
化学シフト
化学シフトイメージング
化学的に等価な核
核磁気モーメント
核磁子
核の g 因子
カップリング定数
巨視的な磁気モーメント
歳差運動
磁化ベクトル
磁気異方性
磁気回転比
磁気的に等価な核
実験室系 (静止座標系)
磁場勾配
遮蔽定数
自由誘導減衰 (FID)
スピンエコー法
スピン-格子緩和時間 T_1
スピン-スピンカップリング
スピン-スピン緩和時間 T_2
スピン分極
相関分光法 (COSY)
多重線
多重分裂
脱位相 (ディフェージング)
二次元NMR (2D-NMR)
$\pi/2$ パルス
パルス系列
反磁性応答
フーリエ変換
フーリエ変換NMR (FT-NMR) 分光法
飽和遷移
マジック角
マジック角回転
横緩和
横磁化
ラジオ波振動数
ラーモア振動数

文章問題

Q 28.1 スピンエコーの実験を行えば，磁場の不均一さと化学シフトによって起こるスピンの脱位相による信号の減衰を回復できるのはなぜか．

Q 28.2 固体状態では，分子内のスピンに対して隣接基が正味の誘起磁場を起こせるのに，同じ分子であっても溶液中で起こせないのはなぜか．

Q 28.3 化学シフトの値を，ある参照化合物を基準としてつぎのように相対値で表しておくと便利なのはなぜか．

$$\delta = 10^6 \frac{(\nu - \nu_{基準})}{\nu_{基準}}$$

Q 28.4 2D-NMR実験が1D-NMR実験より優れている点は何か．

Q 28.5 NMR実験は，磁場の不均一さが数ppmあっても困難になるのはなぜか．

Q 28.6 医療用のNMRイメージングを使えば，柔らかい組織でもX線の場合より高いコントラストが得られるのはなぜか．

Q 28.7 カップルしているスピンの多重分裂が静磁場によらないのはなぜか．

Q 28.8 エタノールのOH基のプロトンが，そのメチル基のプロトンの多重分裂をひき起こさないのはなぜか．

Q 28.9 図28・9の多重分裂が静磁場に無関係なのはなぜか．

Q 28.10 βスピンについて図28・2に相当する図を描け．スピンの歳差運動と巨視的な磁気モーメントの向きを示せ．

Q 28.11 NMR実験に要する測定時間がフーリエ変換法を使えば短くてすむのはなぜか．

Q 28.12 CH_3I, CH_3Br, CH_3Cl, CH_3F 分子について，^1H の化学シフトが大きくなる順に並べよ．その答の根拠を説明せよ．

Q 28.13 緩和時間が $T_1 \geq T_2$ である理由を説明せよ．

Q 28.14 NMR実験を行うには，静磁場とラジオ波振動数の磁場の二つの磁場が必要である．その理由を説明せよ．両者の磁場方向が垂直でなければならないのはなぜか．

Q 28.15 双極子-双極子カップリングを起こす機構として，スルースペースとスルーボンドの違いを説明せよ．

数値問題

P 28.1 ジエチルエーテルのNMRにおいて，化学シフトの違いにより観測される ^1H ピークの数と各ピークの多重分裂を予測せよ．その答の根拠を説明せよ．

P 28.2 前問の答を使って，相互作用している2個のスピンのエネルギー準位の間には四つの遷移が可能であること，その振動数は次式で表されることを示せ．

$$\nu_{12} = \frac{\gamma B(1-\sigma_1)}{2\pi} - \frac{J_{12}}{2}$$

$$\nu_{34} = \frac{\gamma B(1-\sigma_1)}{2\pi} + \frac{J_{12}}{2}$$

$$\nu_{13} = \frac{\gamma B(1-\sigma_2)}{2\pi} - \frac{J_{12}}{2}$$

$$\nu_{24} = \frac{\gamma B(1-\sigma_2)}{2\pi} + \frac{J_{12}}{2}$$

P 28.3　ラジオ波振動数の磁場の振動数を固定すれば，^{1}H, ^{13}C, ^{31}P の共鳴は異なる静磁場の値で起こる．その振動数が 250 MHz のとき，これらの核が共鳴する $\boldsymbol{B}_0$ の値を計算せよ．

P 28.4　問題 P28.7 に示す演算子とスピン固有関数の行列表現を使って，(28·20)式に列挙した関係式が成り立つことを示せ．

P 28.5　ブロモメタンの NMR において，化学シフトの違いにより観測される ^{1}H ピークの数と各ピークの多重分裂を予測せよ．その答の根拠を説明せよ．

P 28.6　ある化合物の 250 MHz での ^{1}H スペクトルにはピークが 2 個ある．一方のピークの振動数は基準化合物（テトラメチルシラン）より 510 Hz 高く，もう一方のピークは 170 Hz 低い．この二つのピークの化学シフトはいくらか．

P 28.7　核スピン演算子は 2×2 行列で表すことができ，$\boldsymbol{\alpha}$ と $\boldsymbol{\beta}$ はつぎの列ベクトルで表せる．

$$\boldsymbol{\alpha} = \begin{pmatrix}1\\0\end{pmatrix} \qquad \boldsymbol{\beta} = \begin{pmatrix}0\\1\end{pmatrix}$$

その 2×2 行列はつぎのかたちをしている．

$$\hat{I}_x = \frac{\hbar}{2}\begin{pmatrix}0 & 1\\1 & 0\end{pmatrix}, \quad \hat{I}_y = \frac{\hbar}{2}\begin{pmatrix}0 & -\mathrm{i}\\\mathrm{i} & 0\end{pmatrix}, \quad \hat{I}_z = \frac{\hbar}{2}\begin{pmatrix}1 & 0\\0 & -1\end{pmatrix}$$

$$\hat{I}^2 = \left(\frac{\hbar}{2}\right)^2\begin{pmatrix}3 & 0\\0 & 3\end{pmatrix}$$

このとき，次式が成り立つことを示せ．

$$\hat{I}^2\alpha = \frac{1}{2}\left(\frac{1}{2}+1\right)\hbar^2\alpha \qquad \hat{I}_z\alpha = +\frac{1}{2}\hbar\alpha$$

$$\hat{I}^2\beta = \frac{1}{2}\left(\frac{1}{2}+1\right)\hbar^2\beta \qquad \hat{I}_z\beta = -\frac{1}{2}\hbar\beta$$

P 28.8　1, 1, 1, 2-テトラクロロエタンの NMR において，化学シフトの違いにより観測される ^{1}H ピークの数と各ピークの多重分裂を予測せよ．その答の根拠を説明せよ．

P 28.9　1, 1, 2, 2-テトラクロロエタンの NMR において，化学シフトの違いにより観測される ^{1}H ピークの数と各ピークの多重分裂を予測せよ．ただし，2 個の置換メチル基の C−C 結合まわりの回転はないものとする．その答の根拠を説明せよ．

P 28.10　ニトロエタンの NMR において，化学シフトの違いにより観測される ^{1}H ピークの数と各ピークの多重分裂を予測せよ．その答の根拠を説明せよ．

P 28.11　ニトロメタンの NMR において，化学シフトの違いにより観測される ^{1}H ピークの数と各ピークの多重分裂を予測せよ．その答の根拠を説明せよ．

P 28.12　1, 1, 2-トリクロロエタンの NMR において，化学シフトの違いにより観測される ^{1}H ピークの数と各ピークの多重分裂を予測せよ．その答の根拠を説明せよ．

P 28.13　相互作用していないスピンについて，(28·15)式の波動関数 $\psi_1=\alpha(1)\alpha(2)$，$\psi_3=\alpha(1)\beta(2)$，$\psi_4=\beta(1)\beta(2)$ のスピンのエネルギー固有値を計算せよ．

P 28.14　1-クロロプロパンの NMR において，化学シフトの違いにより観測される ^{1}H ピークの数と各ピークの多重分裂を予測せよ．その答の根拠を説明せよ．

P 28.15　相互作用しているスピンのエネルギーに対する一次の補正を，例題 28·3 では ψ_2 について計算した．波動関数 $\psi_1=\alpha(1)\alpha(2)$，$\psi_3=\beta(1)\alpha(2)$，$\psi_4=\beta(1)\beta(2)$ のエネルギー補正を計算せよ．得られた答が $\Delta E=m_1 m_2 hJ_{12}$ に合っていることを示せ．m_1 および m_2 の値は，α については $+\frac{1}{2}$，β については $-\frac{1}{2}$ である．

29 確　率

確率の概念は，化学のほとんどの分野で重要な位置を占めている．実験結果の報告から理論的な説明に至るまで，原子や分子から成る大きな集合体の特徴を表すうえで，統計や確率の概念に頼るところがきわめて多い．その概念は化学で役立つものであるから，本章では順列と組合わせ，確率分布関数に加え，確率分布を特徴づけている指標値の求め方など，確率論の中心概念について説明しよう．

29・1　なぜ確率か

物理化学のものの見方には，大きく分けて二つある．一つは，量子力学で使われた微視的な見方であり，ものの構成成分である原子や分子を詳しく解析することによって，バルクのものを表そうとする．このアプローチは細部まで理路整然としたもので，大成功を収め，古典力学で表せなかった多数の実験結果を説明することができた．たとえば，水素原子の発光スペクトルが離散的であるという観測結果は量子論を使わなければ説明できない．このアプローチは大変うまくいったため，人類の20世紀最大の成果の一つになっており，いまもなお量子力学の観点で派生した数々の問題が探究されている．

古典力学による説明が及ばない自然のさまざまな側面について量子論が華々しい成功を収めたため，古典的で巨視的なものの見方は間違ったものとして，これを捨て去りたいと思うかもしれない．しかしながら，熱力学が採用する巨視的なものの見方は，さまざまな化学現象の結果を予測できるという点できわめて強力なものである．熱力学は，巨視的な観測量の間に成り立つ多数の関係に関与しており，巨視的な性質に関する実験結果を化学挙動の予測へとつなげている．熱力学の最も見事なところは，反応の自発性を予測できることであろう．反応物と生成物のギブズエネルギーやヘルムホルツエネルギーの差を考えるだけで，その反応が自発的に起こるかどうかを断言できる．このような見事な予測能力をもつ反面，ある反応がなぜ真っ先に起こるかを知りたいときには，熱力学はあまり役に立たない．ギブズエネルギーのもとになっている分子論的な内容は何か．化学種によってギブズエネルギーの値が違うのはなぜか．これらの問いは，残念ながら熱力学が説明できる範囲を超えている．それでは，量子力学で得られる分子論的な詳しい説明を使えば，理路整然とこれらの問いに答えられるのだろうか．このタイプのアプローチでは，量子力学的な見方と熱力学的な見方を合体させる必要がある．その結びつけ方については，続く四つの章で詳しく説明する．

統計力学は，ものの微視的な性質と巨視的な振舞いを中継する役目を果たしている．このアプローチでは，大きな熱力学系を原子や分子のレベルの小さな単位の集合体として表す．このように統計力学では微視的な見方で始め，原子や分子を量子力学的に表しながら，その集合体の熱力学的性質を求めることができる．たとえば，1 mol の HCl からなる気体の系を考えよう．HCl のエネルギー準位に関する知見を利用し，その情報を統計力学と組合わせて使えば，この系の内部エネルギーや熱容量，エントロピー，その他，本書でこれまでに述べてきたいろいろな熱力学的性質を求めることができる．

しかしながら，統計によるこの橋渡しが具体的にどう行われるかについては疑問が残ったままであろう．そこで，当面の課題は，まず原子や分子1個について考え，その見方を10^{23}個程度の集合体にまで広げることである．このようなアプローチを行うには，化学を個々の事象や観測量の集まりとして定量的に表す必要があり，それは確率論でよく見られる課題である．したがって，統計的な扱いを進める前に，確率論に関わる数学的な取扱いに慣れておく必要がある．確率は，化学系を説明するのに役立つ中心概念である．次の節で導入する数学的な取扱いは，以降の章で広く応用できるものである．

29・2 確率論の基礎

確率論は，賭けの論理を説明する数学として17世紀後半にその端緒が開かれた．これに因んで，本章で例として扱う問題の大半は“賭け”や“くじ引き”に関係したものである．確率論で重要なのはランダムな**変数**[1)]が存在することである．それは，ある実験過程または一連の事象が起こる間にその値を変化させる量である．変数の単純な例はコイン投げの結果であり，このときの変数は“表”か“裏”かである．この変数は二つの値のうち一つをとる．また，この変数の値はコインを投げるたびに変化しうる．変数には一般に2種類あり，離散変数と連続変数に分けられる．

離散変数[2)]は，ある特定の値しかとれない変数である．コイン投げの結果は，二つの値（表か裏）の一方しかとれないから，離散変数のよい例である．もう一つの例として，100台の机を設置してある教室を考えよう．それぞれには番号を付けてある．椅子にも番号を付けてあり，このとき椅子の番号を変数とすれば，この変数は1から100までの整数値をとれる．ある変数がとりうる値を全部まとめて，その変数の**標本空間**[3)]という．この椅子の例では，1から100までの整数の集合，つまり$\{1, 2, 3, \cdots, 100\}$が標本空間である．

連続変数[4)]は，上限と下限に挟まれた区域内の任意の値をとれる．たとえば，$1 \leq X \leq 100$の範囲の任意の値をとれる変数Xがそうである．熱力学でよく使う温度は，連続変数の一つの例である．温度を変数とする絶対温度目盛の範囲は0から無限大までで，温度はこの限界の間の任意の値をとれる．連続変数の標本空間は，その変数の限界値で定義される．

注目する変数が連続的か離散的かによって確率の取扱いは異なる．離散変数の確率は，連続変数の場合より数学的には簡単である．したがって，まず離散変数に注目し，それから29･5節で連続変数の場合に一般化しよう．

ある変数とその標本空間が定義されれば，次に起こる疑問は，この変数がその標本空間にある個々の値をどの程度の頻度でとれるか，というものであろう．すなわち，その変数がある特定の値をとれる**確率**[5)]に関心が向く．そこで，くじ引きについて考えよう．抽選器の中に，1から50までの番号を付けた玉を混ぜて入れておく．これから玉1個を取出したとき，選んだ玉が①である確率はいくらだろうか．選んだ値はランダムであるから，①を選ぶ確率は単純に1/50である．これは，50回に1回しか①が出ないということだろうか．くじを1回引く

1）variable　2）discrete variable　3）sample space　4）continuous variable
5）probability

のを１回の実験と考え，それぞれの実験で選んだ玉は，毎回抽選器に戻してから次の実験を行うこととする．そうすれば，どの実験でも ① を選ぶ確率は 1/50 であり，それぞれの実験結果は他の結果と無関係であるから，50 回の実験で ① が１回も出なくても，① が２回以上出ても不思議ではない．しかしながら，この実験を多数回繰り返したときの最終結果は，① を引いた回数は全実験回数の 1/50 に近くなっていることだろう．この単純な例は非常に重要なことを表している．すなわち，確率は，その変数がある特定の値をとる見込みを表すもので，それは無限回の実験を行ったときに得られる値である．しかし，実際問題として科学者が無限回の実験を行うことはできないから，確率を実験結果の近似的な予測を与えるものとして，限られた回数の実験で得られる状況に拡張して考えるわけである．

上のくじ引きの例では，どの玉を選ぶ確率も 1/50 である．玉は全部で 50 個あるから，個々の玉を選ぶ確率の和は１に等しくなければならない．ここで，M 個の値からなり $\{x_1, x_2, \cdots, x_M\}$ で表される標本空間にある変数 X を考えよう．変数 X がこれらの値の一つをとる確率 (p_i) は，

$$0 \leq p_i \leq 1 \tag{29·1}$$

である．添え字 i は，この集合空間にある値 ($i = 1, 2, \cdots, M$) の一つを表す．また，次式で示すように確率の合計が１になる実験であれば，X はこの標本集合のどれかの値をとらなければならない．

$$p_1 + p_2 + \cdots + p_M = \sum_{i=1}^{M} p_i = 1 \tag{29·2}$$

この式では，確率の和を記号 $\sum$ で表してあり，和をとる範囲が $i = 1 \sim M$ の標本空間全体にわたることを示している．標本空間 $S = \{x_1, x_2, \cdots, x_M\}$ と対応する確率 $P = \{p_1, p_2, \cdots, p_M\}$ の組を，この実験の**確率モデル**[1]という．

例題 29・1

本文で述べたくじ引きの実験の確率モデルは何か．

解答

注目した変数は，個々の実験で引いた玉の値であり，それは１から 50 の整数をとれる．したがって，この場合の標本空間は，

$$S = \{1, 2, 3, \cdots, 50\}$$

である．個々の玉を引く確率が等しければ，玉は全部で 50 個あるから，その確率モデルは，

$$P = \{p_1, p_2, \cdots, p_{50}\} \quad \text{すべてについて} \quad p_i = 1/50$$

で表される．ここで，全部の確率の和は１に等しいから次式が成り立つ．

$$p_{全} = \sum_{i=1}^{50} p_i = \left(\frac{1}{50}\right)_1 + \left(\frac{1}{50}\right)_2 + \cdots + \left(\frac{1}{50}\right)_{50} = 1$$

上の考察では１回の実験による確率を表した．一方，一連の実験をしたときに

1) probability model

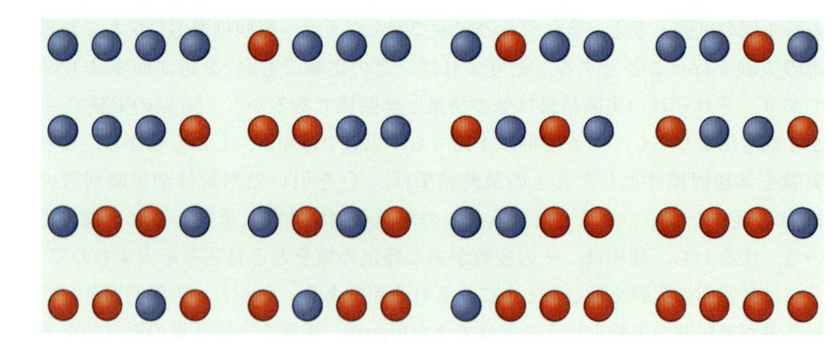

図 29·1 コインを 4 回投げたときにありうる結果．赤色はコインの表，青色は裏を表す．

ある結果が出る確率，つまり**事象確率**[1]に関心がある場合がある．たとえば，コインを 4 回投げたとき，少なくとも 2 回，“表”が観測される確率はいくらかという問題である．そこで，この一連の実験で観測される可能な結果すべてを図 29·1 に示す．全部で 16 通りの結果のうち，11 通りで少なくとも 2 回が“表”であるのがわかる．したがって，4 回のコイン投げで少なくとも 2 回，“表”が出る確率は $\frac{11}{16}$ である．すなわち，注目する結果の数を全数で割れば求められる．

ある特定の変数の標本空間を $S = \{s_1, s_2, \cdots, s_N\}$ とし，注目する事象 E を生じる確率を P_E としよう．また，注目する結果に相当する S の値は j 個ある．このとき，個々の値を観測する確率がどれも等しいとすれば，P_E は，

$$P_E = \left(\frac{1}{N}\right)_1 + \left(\frac{1}{N}\right)_2 + \cdots + \left(\frac{1}{N}\right)_j = \frac{j}{N} \tag{29·3}$$

で与えられる．この式によれば，注目する事象が起こる確率は，標本空間にある望みの結果に相当する値それぞれの確率の和に等しい．あるいは，標本空間に N 個の値があり，注目する事象に相当する値が N_E 個あれば，P_E は簡単に次式で表される．

$$P_E = \frac{N_E}{N} \tag{29·4}$$

例題 29・2

52 枚のトランプ一組から，ハートのカードを選ぶ確率はいくらか．

解 答

ふつうのトランプには 13 枚一組の 4 種のカード（ハート，スペード，クラブ，ダイヤ）がある．この標本空間は 52 枚のカードからなり，そのうち 13 枚が注目する（ハートを選ぶ）事象に相当する．したがって，次式が成り立つ．

$$P_E = \frac{N_E}{N} = \frac{13}{52} = \frac{1}{4}$$

29・2・1 数え方の基本原理

上の例では，ある事象が達成される場合の数を，いちいち数えることで確率を求めた．このような“腕力まかせの”アプローチは，実験回数が少ないうちは使える．しかし，コインを 50 回投げて，そのうち“表”が 20 回出る確率を知りたいときはどうだろうか．可能な結果を全部書き出して数えるのは，明らかに時間

1) event probability．発生確率ともいう．

のかかる面倒な作業である．この場合の数を求めるもっと効率的な方法をつぎの例で示そう．30 名の生徒からなるクラスで，先生が彼らを一列に並ばせる必要があったとしよう．その生徒の並び方は何通りが可能であろうか．最初の生徒を選ぶのに 30 通りあり，次は 29 通りなどという具合にして最後の生徒まで並ばせる．どの生徒を指定する確率も等しい場合は，全部の生徒を並ばせる場合の数 (W) は，

$$W = (30)(29)(28)\cdots(2)(1) = 30! = 2.65 \times 10^{32}$$

で表される．この式の感嘆符 (!) は**階乗**[1]というもので，$n!$ と書いて，1 から n までのすべての値を掛けることを表す．$0! = 1$ である．この最も一般的な表し方を，**数え方の基本原理**[2]という．

数え方の基本原理:　一連の操作 $\{M_1, M_2, \cdots, M_j\}$ があり，特定の M_i に n_i 通りの場合があって，それぞれの操作が独立であると仮定すれば，この操作全部を行うときの場合の数の合計 ($W^{全}_{M}$) は，各操作を行うときの場合の数の積で表される．

$$W^{全}_{M} = (n_1)(n_2)\cdots(n_j) \tag{29·5}$$

例題 29・3

トランプの 52 枚のカードを使って，カードを 5 枚並べるには何通りあるか．

解 答

数え方の基本原理によれば，1 枚のカードを手にするのが 1 回の操作である．したがって，ここでは 5 回の操作が必要である．最初に手にするカードには 52 通りの可能性がある．すなわち，最初の操作を実現するのに 52 通りの方法がある ($n_1 = 52$)．次に，2 番目に手にするカードには 51 通りの可能性がある．すなわち，2 番目の操作を実現するには 51 通りの方法がある ($n_2 = 51$)．この理屈に従えば，つぎのように計算できる．

$$\begin{aligned} W^{全}_{M} &= (n_1)(n_2)(n_3)(n_4)(n_5) \\ &= (52)(51)(50)(49)(48) = 311\,875\,200 \end{aligned}$$

例題 29・4

He の第一励起状態の電子配置は $1s^1 2s^1$ である．数え方の基本原理を使えば，この励起状態の電子配置には，何個のスピン状態が可能と予測されるか．

解 答

2 個の電子は異なるオービタルに入っているから，スピンが対をつくるという制約はない．したがって，最初の電子のスピン状態の選び方は 2 通りあり，2 番目の電子のスピン状態の選び方も 2 通りある．そこで，つぎのように計算できる．

$$W^{全}_{M} = (n_1)(n_2) = (2)(2) = 4$$

---

1) factorial　2) fundamental counting principle

29・2・2 順 列

生徒30名のクラスの例では，全員を一列に並ばせるのに30! 通りの方法があった．このとき，その**順列**[1]は30! という．並べるべき対象物の全数 n を順列の次数という．このときの順列の数は $n!$ である．ここまでは n 個の対象物を全部使うものとした．しかし，もし対象物の一部（サブセット）しか使わずに並べるとき，その順列の数はいくらだろうか．全部で n 個ある対象物のうち j 個のサブセットを使ったときの可能な順列の数を $P(n, j)$ としよう．この $P(n, j)$ はつぎのように表される．

$$P(n, j) = n(n-1)(n-2)\cdots(n-j+1) \tag{29・6}$$

この式を書き換えるのに，つぎの関係を使う．

$$n(n-1)\cdots(n-j+1) = \frac{n(n-1)\cdots(1)}{(n-j)(n-j-1)\cdots(1)} = \frac{n!}{(n-j)!} \tag{29・7}$$

そうすれば，$P(n, j)$ は次式で表せる．

$$P(n, j) = \frac{n!}{(n-j)!} \tag{29・8}$$

例題 29・5

あるバスケットボールチームの監督が，登録メンバーとして12名の選手のリストをもっている．しかし，同時に5名しか出場させることができない．このリストから5名のメンバーを順に選ぶとき，その選び方に何通りあるか．

解答

この問題の順列の次数 (n) は12であり，サブセット (j) は5であるから，つぎのように計算できる．

$$P(n, j) = P(12, 5) = \frac{12!}{(12-5)!} = 95\,040$$

29・2・3 組合わせ

前節では，ある与えられた数の対象物を使って，それを順に並べる可能な配列の数，つまり順列について説明した．しかしながら，順序を問わない配列の可能な数に関心がある場合が多い．この点で，例題29・5のバスケットボールチームの例は実にわかりやすい．バスケットボールの試合で監督が神経を使うのは，ある局面でどの選手5名を使うかということであり，その選手がコートに入る順番ではない．このように対象物の並び方を問わない場合の数を**組合わせ**[†1]という．順列と同じく組合わせでも，扱う集合の中の対象物全部 (n) を使う場合と，その一部である j 個のサブセットだけを使う場合がある．このときの組合わせを $C(n, j)$ で表そう．

組合わせのわかりやすい例として，図29・2に示す色付きの玉4個を考えよう．これらの玉を使って，3個の玉の組合わせと順列は，それぞれ何通りつくれるだろうか．その可能な場合を図に示してある．4通りの組合わせは，単に3色の玉

---

†1 combination．訳注：原著ではconfiguration（配置）となっているが，“組合わせ”の方がわかりやすい．

1）permutation

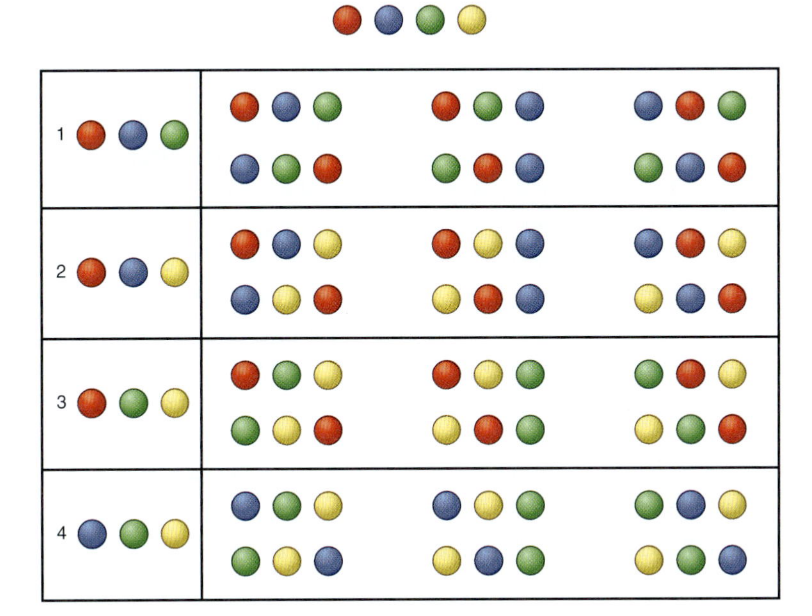

図 29・2 色付きの玉 4 個を用いたときの組合わせと順列．左側の列には 4 通りの組合わせを表してある．右側には，それぞれの組合わせに対応する 6 通りの順列を表してある．

を集めたものであるが，順列はそれを順に並べることに相当するから，4 通りある組合わせそれぞれに 6 個の順列が付随する．この観測結果を拡張すれば，組合わせと順列の間の数学的な関係をつぎのように表すことができる．

$$C(n,j) = \frac{P(n,j)}{j!}$$

$C(n,j)$ は，対象物の総数 n 個の中からサブセットの j 個の対象物を使ったときの可能な組合わせの数である．(29・8)式で表した $P(n,j)$ の定義を上の式に代入すれば，つぎの関係が得られる．

$$C(n,j) = \frac{P(n,j)}{j!} = \frac{n!}{j!(n-j)!} \qquad (29\cdot9)$$

例題 29・6

トランプの 52 枚のカードを使って遊ぶとき，5 枚の持ち札“手”の可能な組合わせは何通りあるか．

解答

持ち札の 5 枚は，52 枚のカードからつくったサブセットである．したがって，$n=52$，$j=5$ であるから，

$$C(n,j) = C(52,5) = \frac{52!}{5!(52-5)!} = \frac{52!}{(5!)(47!)} = 2\,598\,960$$

である．この結果は，例題 29・3 で求めた順列 311 875 200 と比べ大きく違っている．プレーヤーはふつう，5 枚の持ち札に関心があり，それが手に入った順序には興味がない．

29・2・4 場合の数の数え方：ボソンとフェルミオン（上級レベル）

順列と組合わせの概念は次の章できわめて重要になるが，ここでは数え方に関する単純な問題を紹介して，確率論と化学の関連を明らかにしておこう．つぎの

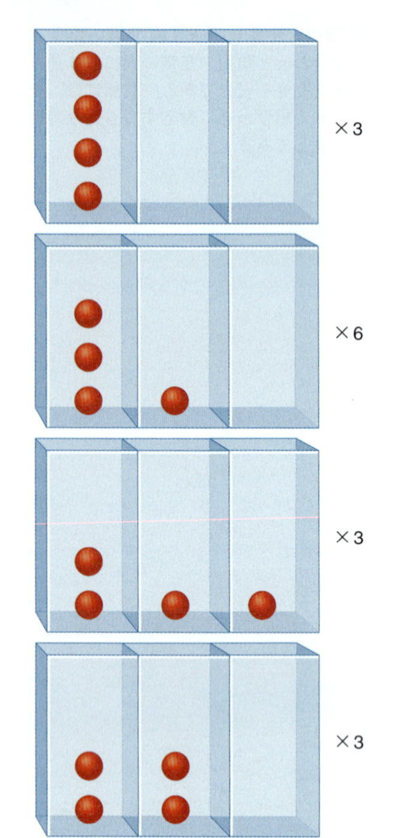

図 29·3 互いに区別できない粒子4個（赤色の玉）を3個の状態（直方体の箱）に配置する組合わせ．その状態配置の並べ方による順列の数を，それぞれ右側に表してある．

問題について考える．互いに区別できない n 個の粒子を，x 個の等価な状態に配置するには何通りあるか．ただし，それぞれの状態には任意の数の粒子が入れるとする．この数え方の問題は，多数の粒子が同じ状態を占有できる**ボソン**[1]という粒子（ボース粒子）を扱うときに出会うものである．フォトンや ^{4}He のような整数スピンをもつ粒子はボソンであり，**ボース–アインシュタイン統計**[2]に従う．このような粒子を多数の状態に配置する仕方を説明するために，4個の粒子と3個の状態から成る比較的扱いやすい例についてまず考えよう．それを図 29·3 に示す．図では，各粒子を赤色の玉で，3個の状態を箱で表してある．4通りの組合わせが可能であり，図の右端に書いてある数字は同じ配置に属する順列の数である．たとえば，上から2番目の配置では，一つの状態に3個の粒子があり，2番目の状態に1個，3番目の状態には粒子がない．この配置には6個の順列が付随している．可能な場合の総数は，この順列の総数に等しく，この例では15通りである．

同じこの例について，可能な場合を求める別のやり方を図 29·4 に示す．この場合は，一つの箱の中に2個の可動壁を設置することで三つの部分に分け，そこに粒子を閉じ込める．この図でも4通りの組合わせを示せるのがわかる．得られる結果は図 29·3 で示したのと同じである．しかし，このように表す利点は，互いに区別できない4個の粒子と互いに区別できない2個の可動壁から成る合計6個の対象物として扱えることで，その場合の数を数える問題に置き換えられることである．与えられた状態の数が x なら可動壁の数は $x-1$ である．そこで，可能な場合の総数は，

$$W_{\mathrm{BE}} = \frac{(n+x-1)!}{n!\,(x-1)!} \qquad (29\cdot10)$$

となる．下付き添え字の BE はボース–アインシュタインの略で，ここではボソンについて考えていることを示している．上で考えた例に (29·10) 式を使って，$n=4$ と $x=3$ とおけば $W_{\mathrm{BE}}=15$ が得られ，実際に数えた結果と一致するのがわかる．この結果は，これまで導入した確率の概念を使えば理解できるだろう．すなわち，扱う対象物の全数は $n+x-1$ であり，粒子と壁をすべて互いに区別できるものとすれば，その順列は $(n+x-1)!$ である．一方，粒子同士や壁同士は互いに区別できないから，これを $n!$ と $(x-1)!$ で割っておけば，W_{BE} の最終的な式になるのである．

第二のタイプの粒子は**フェルミオン**[3]（フェルミ粒子）であり，電子や ^{3}He など整数でないスピンをもつ粒子である．フェルミオンの集合体では，2個の粒子が同じ状態を占めることがないから，各粒子は固有の量子数の組をもつ．フェルミオンは，**フェルミ–ディラック統計**[4]に従う．n 個のフェルミオンが x 個の状態に分布するとしよう．可能な場合の数は何通りあるだろうか．最初の粒子をある状態に置くには x 通りの可能性があり，次の粒子は $x-1$ 通りなどとなるから，状態へ配置する全数は，

$$x(x-1)(x-2)\cdots(x-n+1) = \frac{x!}{(x-n)!}$$

で表せる．しかしながら，ボソンの場合と同じで粒子は互いに区別できないから，上の式を $n!$ で割っておく必要があり，最終的に次式が得られる．

$$W_{\mathrm{FD}} = \frac{x!}{n!\,(x-n)!} \qquad (29\cdot11)$$

1) boson 2) Bose–Einstein statistics 3) fermion 4) Fermi–Dirac statistics

例題 29・7

炭素原子の電子配置 $1s^2 2s^2 2p^2$ に可能な量子状態はいくつあるか.

解答

この問題には電子の配置が関係しているから，フェルミ-ディラック統計を適用する．状態数を決めるのに寄与しているのは p オービタルの電子 2 個だけだから $n=2$ である（それぞれの s オービタルにある電子 2 個のスピンは対をつくっていなければならない）．次に，p オービタルは 3 個あり，それぞれについてスピンの可能な向きは 2 通りあるから $x=6$ である．したがって，とりうる量子状態の総数として，つぎの値が得られる.

$$W_{FD} = \frac{x!}{n!(x-n)!} = \frac{6!}{2!(4!)} = 15$$

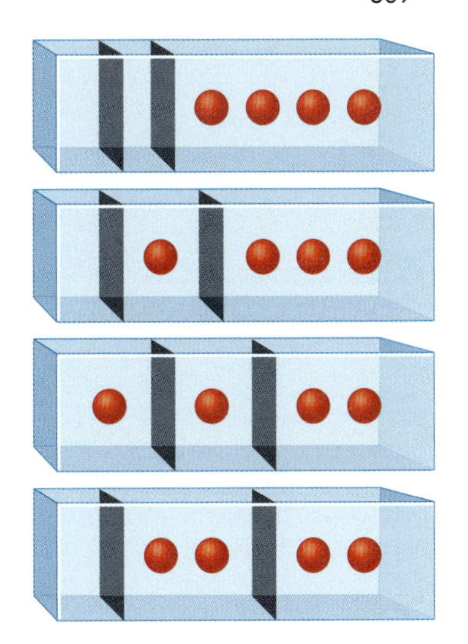

図 29・4 図 29・3 で表した［粒子 4 個/状態 3 個］の配置を表すもう一つのモデル．このモデルでは，それぞれの状態は，可動壁（黒色の仕切り板）で仕切られた直方体の内部に相当している.

29・2・5 二項分布の確率

可能な結果の総数のうち，事象 E が起こる確率を (29・4) 式では P_E で表した．ここで，P_E の**補集合**[1]を定義することもできる．それは，注目する事象でない結果が得られる確率である．これを P_{EC} で表す．その定義から，P_E と P_{EC} の和は 1 である.

$$P_E + P_{EC} = 1 \qquad (29\cdot12)$$

この式によれば，注目する事象が起こる確率と起こらない確率を加えれば 1 にならなければならず，**ベルヌーイ試行**[2]という実験の定義を与えている．この試行では，ある実験の結果は成功（注目する結果）か失敗（注目する結果でない）かのいずれかである．コイン投げはベルヌーイ試行の一例であり，その結果が“表”なら成功，“裏”なら失敗とする（その逆でもよい）．ベルヌーイ試行の集合を**二項実験**[3]というが，この単純な実験によって確率分布を調べることができる．それぞれの試行の結果は，同じ実験の他のどの試行の結果とも無関係であることが重要である．すなわち，現在の試行の結果にその前後の結果が影響を及ぼすことはない．コインを 4 回投げる二項実験で，「全部が“表”（成功）の確率はいくらか」を考えよう．毎回の試行について成功の確率は $\frac{1}{2}$ であるから，全確率は各試行の成功の確率の積で表される．そこで，

$$P_E = \left(\frac{1}{2}\right)\left(\frac{1}{2}\right)\left(\frac{1}{2}\right)\left(\frac{1}{2}\right) = \frac{1}{16}$$

である．この結果は，図 29・1 で示したのと同じで，コインを 4 回投げたときの可能な場合すべてを取入れた答であることに注意しよう.

1 回の試行で成功の確率が P_E である一連のベルヌーイ試行について，n 回の試行で j 回の成功を得る確率は，

$$P(j) = C(n,j)(P_E)^j(1-P_E)^{n-j} \qquad (29\cdot13)$$

で与えられる．この式の $(P_E)^j$ という因子は，成功した j 回の試行の確率の積を表している．全部で n 回の試行が行われたから，$(n-j)$ 回の試行は失敗したことになり，その試行が起こる確率は $(1-P_E)^{n-j}$ で与えられる．それにしても，

1) complement 2) Bernoulli trial 3) binomial experiment

(29·13)式に組合わせの因子 $C(n, j)$ があるのはなぜだろうか．この問いの答は順列と組合わせの違いにある．再び，4 回のコイン投げについて考えよう．ここでは具体的に｛表, 裏, 裏, 表｝の結果に注目する．確率 P_E で成功（"表"）の試行が起こるとすれば，この順の結果を観測する確率は，

$$P = (P_E)(1-P_E)(1-P_E)(P_E) = (P_E)^2(1-P_E)^2 = \left(\frac{1}{2}\right)^2\left(\frac{1}{2}\right)^2 = \frac{1}{16} \tag{29·14}$$

である．ところが，これは｛表, 表, 表, 表｝を観測する確率にもなっている．すなわち，ある特定の順の結果を観測する確率はすべて同じなのである．もし，注目する結果が 2 回の成功であり，しかもその成功がどの順で起こってもよければ，2 回の成功に相当する場合の確率すべてを加えておかなければならない．(29·13)式に $C(n, j)$ の因子を入れておけば，これを行ったことになるのである．

例題 29・8

コインを 50 回投げたとしよう．"表" が 25 回出る確率（すなわち，25 回の成功試行）と 10 回しか出ない確率はいくらか．

解答

注目する試行は，別々に行った 50 回の実験であるから，$n=50$ である．25 回の成功実験の場合を考えれば，$j=25$ であるから，その確率 (P_{25}) はつぎのように計算できる．

$$\begin{aligned} P_{25} &= C(n, j)(P_E)^j(1-P_E)^{n-j} \\ &= C(50, 25)(P_E)^{25}(1-P_E)^{25} \\ &= \left(\frac{50!}{(25!)(25!)}\right)\left(\frac{1}{2}\right)^{25}\left(\frac{1}{2}\right)^{25} = (1.26\times10^{14})(8.88\times10^{-16}) = 0.11 \end{aligned}$$

10 回の成功実験の場合は $j=10$ であるから，つぎのようになる．

$$\begin{aligned} P_{10} &= C(n, j)(P_E)^j(1-P_E)^{n-j} \\ &= C(50, 10)(P_E)^{10}(1-P_E)^{40} \\ &= \left(\frac{50!}{(10!)(40!)}\right)\left(\frac{1}{2}\right)^{10}\left(\frac{1}{2}\right)^{40} = (1.03\times10^{10})(8.88\times10^{-16}) = 9.1\times10^{-6} \end{aligned}$$

29・3 スターリングの近似

$P(n, j)$ や $C(n, j)$ を計算するとき，階乗で表された量を実際に計算する必要がある．これまで扱った例では，n や j は小さかったから，これらを電卓で計算することができた．しかし，こうして階乗の計算をできるのは比較的小さな数に限られる．たとえば，100! は 9.3×10^{157} に等しい．これは非常に大きな数であり，たいていの電卓で計算できる範囲を超えている．それどころか，われわれの関心は，これまで展開してきた確率の概念を $n \approx 10^{23}$ の化学系にまでに拡張することである．これほど大きな数の階乗は，たいていの計算機の能力を明らかに超えている．

幸いにも，大数の階乗を計算できる近似法がある．なかで最も有名なのは

スターリングの近似[1]であり，$N!$ の自然対数を簡単なやり方で計算することができる．この近似の単純なかたちは，

$$\ln N! = N \ln N - N \tag{29·15}$$

である．この式は，つぎのようにして容易に導くことができる．

$$\begin{aligned}
\ln(N!) &= \ln[(N)(N-1)(N-2)\cdots(2)(1)] \\
&= \ln(N) + \ln(N-1) + \ln(N-2) + \cdots + \ln(2) + \ln(1) \\
&= \sum_{n=1}^{N} \ln(n) \approx \int_1^N \ln(n)\,\mathrm{d}n \\
&= N\ln N - N - (1\ln 1 - 1) \approx N \ln N - N
\end{aligned} \tag{29·16}$$

ここで，和を積分に置き換えるところが近似であり，N が大きければこの近似が使える．指定した積分範囲にわたって積分を計算すれば最終結果が得られる．この近似につきものの重要な仮定は，N が大数ということである．スターリングの近似を使うときの心配は，近似が使えるほど N が大きいかどうかである．例題29·9でこの点を具体的に示そう．

例題 29・9

電卓を使って $N=10, 50, 100$ の $\ln(N!)$ を計算し，スターリングの近似を使って得られる結果と比較せよ．

解答

$N=10$ では電卓を使って，$N!=3.63\times10^6$，$\ln(N!)=15.1$ と計算できる．一方，スターリングの近似を使えば，

$$\ln(N!) = N \ln N - N = 10\ln(10) - 10 = 13.0$$

となる．この近似値の正確な値に対する相対誤差は13.9パーセントに及ぶから，この差は大きい．同様にすれば，$N=50$ と100についてつぎの結果を得る．

N	$\ln(N!)$ 計算値	$\ln(N!)$ スターリングの近似	相対誤差（パーセント）
50	148.5	145.6	2.0
100	363.7	360.5	0.9

この例題では，$N=100$ でも厳密値と近似値で有意な差があるが，その誤差の大きさは N の増加とともに小さくなることがわかる．以降の章で扱う化学系では $N\sim10^{23}$ であり，例題で調べた値より何桁も大きな数である．したがって，われわれの目的には，スターリングの近似は大数の階乗を計算する簡潔で正確な方法となっている．

29・4　確率分布関数

コイン投げの実験に戻って，つぎの問題を考えよう．50回のコイン投げをしたとき，ある結果（たとえば，ある“表”の数）が得られる確率はいくらだろうか．

1) Stirling's approximation

$n=50$（コインを投げた回数）とし，“表”が出る（成功の）数を j として（29·13）式を使えば，その確率を計算することができ，つぎの表がつくれる．

“表”の数	確 率	“表”の数	確 率
0	8.88×10^{-16}	30	0.042
1	4.44×10^{-14}	35	2.00×10^{-3}
2	1.09×10^{-12}	40	9.12×10^{-6}
5	1.88×10^{-9}	45	1.88×10^{-9}
10	9.12×10^{-6}	48	1.09×10^{-12}
15	2.00×10^{-3}	49	4.44×10^{-14}
20	0.042	50	8.88×10^{-16}
25	0.112		

この表から確率の数値を読み取る代わりに，確率を結果 j の関数でプロットしたグラフが描ければ，それで同じ情報を表すことができる．$P_E=0.5$ の（コインの“表”と“裏”が等しく現れる）場合のプロットを図 29·5 の赤色の曲線で示す．このときの確率の最大は 25 回の“表”のところに予測され，それは最もありうる（直感でわかる）結果に相当している．この確率分布に見られる 2 番目の特徴は，25 回の成功に相当する確率の値が 1 でなく，0.112 であることである．すなわち，得られる確率をすべて加えて 1 となるのである．

$$P_0+P_1+\cdots+P_{50}=\sum_{j=0}^{50}P_j=1 \qquad (29\cdot17)$$

図 29·5 は，コインを 50 回投げたとき観測される“表”の数の関数として，それぞれの事象が得られる確率の変化を表している．このプロットはまた，ベルヌーイ試行の確率の式を使えば，事象が発生する確率の変化，つまり分布を表せることを示している．したがって，これまで使ってきた確率の式は，二項実験の分布関数と考えることもできる．そこで，（29·13）式からわかるように，n 回の試行のうち j 回の成功が観測される確率は，

$$P(j)=\frac{n!}{j!\,(n-j)!}(P_E)^j(1-P_E)^{n-j} \qquad (j=0,1,2,\cdots,n) \qquad (29\cdot18)$$

で表される．この式は $0\leq P_E\leq1$ で使える．すぐ上で考えたコイン投げの実験では，コインの“表”と“裏”は等確率，つまり $P_E=0.5$ で現れると仮定している．もし，“表”が出る確率が 0.7 のコインを使えばどうなるだろうか．まず，試

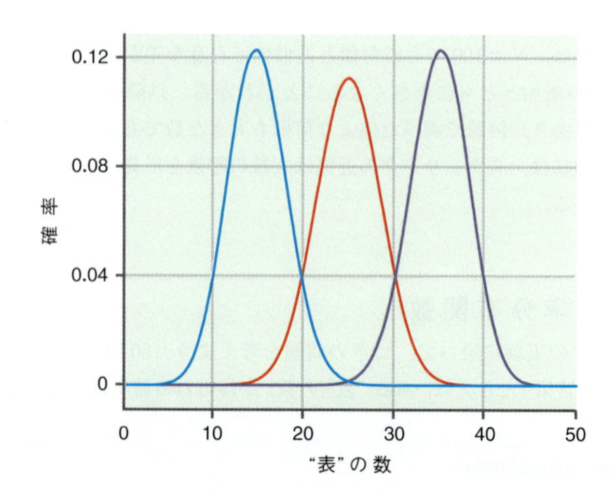

図 29·5 コインを 50 回投げたとき観測される“表”の数に対する確率のプロット．赤色の曲線は $P_E=0.5$ の確率分布を表し，青色の曲線は $P_E=0.3$，紫色の曲線は $P_E=0.7$ を表している．

行結果の確率分布は $P_E = 0.5$ の場合から変化すると予測できる．実際，$P_E = 0.7$, $(1-P_E) = 0.3$ の実験の分布関数 $P(j)$ を計算することができ，図 29・5 に示したように $P_E = 0.5$ の場合の結果と比べることができる．その確率分布を比較すれば，最もありうる（最確の）場合が，$P_E = 0.7$ では“表”の数の大きい側（35回）にシフトしているのがわかる．$P_E = 0.3$ では小さい側（15回）にシフトしている．注目すべきもう一つの側面は，P_E が 0.5 からずれて別の値になれば，最大確率が 25 回のところからずれるだけでなく，最大確率の値そのものが増加していることである．たとえば，$P_E = 0.5$ では，25 回のところの最大確率の値は 0.112 である．$P_E = 0.7$ では，35 回のところに現れる最大確率の値は 0.128 になる．すなわち，最確値が P_E に依存するだけでなく，最確値で観測される最大確率も P_E とともに変化するのである．

コイン投げの実験で確率分布関数を導入しておくとわかりやすい．そこで，この関数をもっと正式に定義しておこう．**確率分布関数**[1] f は，変数 (X) がある値をとる確率を与えるもので，

$$P(X_i) \propto f_i \tag{29・19}$$

で表される．$P(X_i)$ は，標本空間の変数 X がある値 X_i をとる確率である．この式によれば，確率 $\{P(X_1), P(X_2), \cdots, P(X_M)\}$ は，その変数に対応する値から求めた分布関数の値 $\{f_1, f_2, \cdots, f_M\}$ に比例している．上のコイン投げの例でいえば，変数である“表”の数は 0 から 50 の値をとることができ，(29・13) 式を使うことによって，変数の値それぞれに対応する $P(X_i)$ を求めることができた．このように，二項実験の (29・13) 式は，(29・19) 式の関数 f を表しているのである．そこで，(29・19) 式に比例定数 (C) を導入して，これを等式で表せば，

$$P(X_i) = Cf_i \tag{29・20}$$

となる．全確率が 1 という条件を課せば，

$$\sum_{i=1}^{M} P(X_i) = 1 \tag{29・21}$$

である．この式を計算するのは簡単で，比例定数はつぎのように求められる．

$$1 = \sum_{i=1}^{M} Cf_i = Cf_1 + Cf_2 + \cdots + Cf_M$$

$$1 = C(f_1 + f_2 + \cdots + f_M) = C\sum_{i=1}^{M} f_i$$

$$C = \frac{1}{\sum_{i=1}^{M} f_i} \tag{29・22}$$

これを確率の元の式に代入すれば，注目する最終結果として，

$$P(X_i) = \frac{f_i}{\sum_{i=1}^{M} f_i} \tag{29・23}$$

が得られる．この式によれば，標本空間の変数がある値をとる確率は，その結果

1) probability distribution function

に対応する確率分布関数の値を，可能なすべての結果による和で割れば得られる．(29·23)式は確率を表す一般式であり，ボルツマン分布を定義するときにこのかたちの式を使うことになる．ボルツマン分布は統計熱力学の重要な帰結の一つであり，すぐ後の章で詳しく説明する．

例題 29・10

トランプの 52 枚のカードから任意の 1 枚を受け取る確率はいくらか．

解答

注目する変数は受け取るカードであり，それは 52 枚あるカードのどれかである (すなわち，変数の標本空間は 52 枚のカードからなる)．どのカードを受け取る確率も等しいから，$i=1\sim52$ について $f_i=1$ である．これらの値を使えば，確率はつぎのようになる．

$$P(X_i) = \frac{f_i}{\sum_{i=1}^{52} f_i} = \frac{1}{\sum_{i=1}^{52} f_i} = \frac{1}{52}$$

29・5 離散変数と連続変数の確率分布

ここまでは，注目する変数は離散的なものとしてきた．そのときは，X が標本集合の一つの値をとるときの確率をそれぞれ計算することによって，確率分布を組立てることができた．しかし，もし X が連続的であればどうなるだろうか．このときの確率は，X の定義域の一部 $\mathrm{d}X$ 内の変数について求めなければならない．この場合には $P(X)$ を**確率密度**[1]として使う．そうすれば，$P(X)\,\mathrm{d}X$ は，変数 X が $\mathrm{d}X$ の範囲内の値をとる確率を表す．離散変数について展開したやり方と同様に，その確率は，

$$P(X)\,\mathrm{d}X = Cf(X)\,\mathrm{d}X \qquad (29\cdot24)$$

で与えられる．この式によれば，確率 $P(X)\,\mathrm{d}X$ は，これから定義するある関数 $f(X)\,\mathrm{d}X$ に比例する．そこで，規格化条件を適用して，この変数の定義域 ($X_1 \le X \le X_2$) にわたる全確率が 1 になることを使う．

$$\int_{X_1}^{X_2} P(X)\,\mathrm{d}X = C\int_{X_1}^{X_2} f(X)\,\mathrm{d}X = 1 \qquad (29\cdot25)$$

この式の 2 番目の等号によって比例定数 C は，

$$C = \frac{1}{\int_{X_1}^{X_2} f(X)\,\mathrm{d}X} \qquad (29\cdot26)$$

と決まる．この式は離散変数の場合の結果 (29·22 式) と同じかたちをしている．ここでは連続変数を扱うから，和が積分に置き換わっているだけである．この比例定数を使えば，確率は，

$$P(X)\,\mathrm{d}X = \frac{f(X)\,\mathrm{d}X}{\int_{X_1}^{X_2} f(X)\,\mathrm{d}X} \qquad (29\cdot27)$$

1) probability density

と定義できる．この式が離散変数の式（29･23 式）と似ていることに注目しよう．連続変数の確率分布を使って計算するときは，変数の定義域にわたる積分を行う．一方，変数が離散的な場合は和をとる．このように数学的な扱いは両者で少し異なるが，重要なことは，確率を表す概念的なところは違わないことである．連続な確率分布は，量子力学でよく出てくる．たとえば，波動関数の空間的な定義域について，つぎの式で規格化条件を適用する．

$$\int \psi^*(x,t)\,\psi(x,t)\,\mathrm{d}x = 1$$

波動関数とその複素共役の積は，その粒子の空間位置の確率密度を表しており，(29･24) 式の $P(X)$ と同じものである．この積を全空間にわたって積分すれば，この粒子が存在しうる位置はこの中に全部含まれているから，そのどこかに粒子がいる確率は 1 にならなければならない．

連続変数をもつ確率分布関数の別の例として，理想気体として振舞う粒子の並進運動エネルギー (E) の確率分布関数について考えよう．内容について詳しくは 33 章で説明する．

$$P(E)\,\mathrm{d}E = 2\pi\left(\frac{1}{\pi RT}\right)^{3/2} E^{1/2}\,\mathrm{e}^{-E/RT}\,\mathrm{d}E \qquad (29\cdot28)$$

T は温度，R は理想気体定数である．注目する変数 E は，0 から無限大の定義域で連続である．図 29･6 は三つの温度，300 K，400 K，500 K におけるこの分布関数を表したものである．最大確率に相当するエネルギーが温度の関数で変わっていること，また，運動エネルギーの大きな粒子を見いだす確率が温度とともに大きくなっていることに注目しよう．この例は，確率分布を使えば化学系の振舞いに関する豊富な情報を簡潔に表せることを示している．

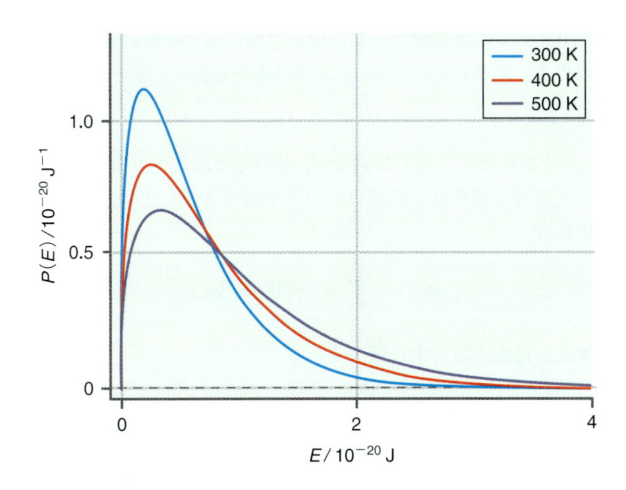

図 29･6 理想気体の並進運動エネルギーの確率分布．

29・5・1 離散変数の連続的な表し方

離散変数が関与する確率は，和をとれば求められるのがわかった．しかし，以降の章では，その和が膨大な数の項からなる場合に遭遇することになる．このような場合は，離散的な変数を連続として扱えば，ものごとが格段に単純化される．しかし，このアプローチで問題になるのは，離散変数の標本集合に含まれていない値まで取込んでしまうことによる誤差である．どのような条件なら，この誤差が許容されるだろうか．つぎの規格化されていない確率分布関数について考えよう．

$$P(X) = e^{-0.3X} \tag{29·29}$$

全確率 $P_{全}$ を求めることによって，この分布を規格化しよう．まず，X を離散変数として扱い，その標本空間が 0 から 100 までの整数値からなるとすれば，$P_{全}$ は，

$$P_{全} = \sum_{X=0}^{100} e^{-0.3X} = 3.86 \tag{29·30}$$

である．次に，標本集合の定義域を $0 \leq X \leq 100$ とする連続変数として X を扱う．これに相当する全確率の式は，

$$P_{全} = \int_0^{100} e^{-0.3X}\,dX = 3.33 \tag{29·31}$$

である．上の二つの式の違いは，離散的な変数 X の値で和をとる代わりに，変数の定義域で積分しただけである．上の結果は，連続近似は和によって得られる厳密値に近いことを示している．一般に，その関数から求めた値の差が注目する定義域に比べて小さければ，離散変数を連続として扱ってもよい．このことは，原子や分子のいろいろなエネルギー準位を考えるときに重要となる．具体的には，直接和をとるのが現実的でないときには (29·31) 式の近似を使って，並進状態や回転状態を連続的な見方で扱うことができる．この先，連続近似がうまくいかないときは注意することにしよう．

例題 29・11

つぎの分布関数について考えよう．

$$P(X) = e^{-0.05X}$$

X が 0 から 100 までの整数値からなる標本空間に属する離散変数のとき，その全確率を求めよ．X が $0 \leq X \leq 100$ の範囲の連続変数のときの結果と比較せよ．

解 答

これは，すぐ前の解析と同じであるが，前の分布に比べて指数の値が小さい．したがって，両者で得られる結果は近いと予測できる．まず，X を離散変数として計算すれば，

$$P_{全} = \sum_{X=0}^{100} e^{-0.05X} = 20.4$$

となる．次に，連続変数とすれば，

$$P_{全} = \int_0^{100} e^{-0.05X}\,dX = 19.9$$

が得られる．この結果を比較すればわかるように，この“きめの細かい”分布の方が両者の扱いによる差は小さい．

29・6 分布関数の特徴を表す指標

分布関数には，系の確率に関するあらゆる情報が含まれている．しかしながら，分布関数について詳細に表す必要がないことがある．たとえば，分子の分布のある側面だけを研究している実験を思い浮かべよう．実験を行えば，注目する分布関数の必要な側面がわかる．図 29·6 で表した並進運動エネルギーの分布がそう

である．このとき，確率分布関数が最大を示す運動エネルギーだけに関心がある場合はどうだろうか．この場合，その確率分布の詳細にわたる情報は必要ない．実験と比較するには，ある“指標”の値さえあればよい．この節では，分布関数を特徴づけるのに便利ないくつかの指標値を示そう．

29・6・1 平 均 値

ある量の分布関数の特徴を表すのに**平均値**[1]を使うのは，おそらく最も便利な方法であろう．変数 X に依存する関数 $g(X)$ について考えよう．この関数の平均値は，変数 X による確率分布に依存している．X がある値をとる見込みを表す確率分布がわかっているとき，この分布を使えば，つぎのようにしてその関数の平均値を求めることができる．

$$\langle g(X)\rangle = \sum_{i=1}^{M} g(X_i)\,P(X_i) = \frac{\sum_{i=1}^{M} g(X_i)\,f_i}{\sum_{i=1}^{M} f_i} \tag{29·32}$$

この式によれば，関数 $g(X)$ の平均値を求めるには，標本集合 $\{X_1, X_2, \cdots, X_M\}$ のそれぞれの値の関数値に，その変数値をとる確率を掛けてから和をとればよい．最右辺の分母の和は，確率分布の規格化によるものである．$g(X)$ を囲む〈 〉は，その関数の平均値であることを示している．この平均値のことを**期待値**[2]ともいう．

例題 29・12

祭りで見かけたダーツのゲームで，つぎの的（まと）に 1 本の矢を投げるとしよう．

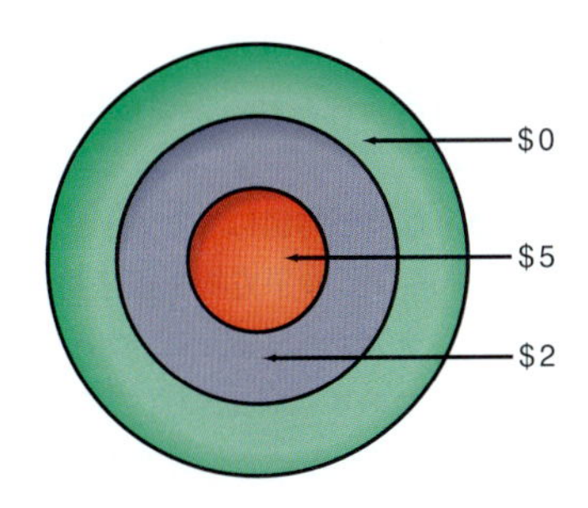

矢が的を射れば，そこに書いてある金額がもらえる．的の外側の二つの同心円の半径は，最も内側の円の半径のそれぞれ 2 倍，3 倍である．また，読者は熟練したプレーヤーで，これらの的をまったく外してしまうことはないとする．ここで，矢を 1 本投げるたびに 1.50 ドル（$1.50）が必要である．これは遊ぶ値打ちのある（損をしない）ゲームといえるか．

解答

的の各部に当たる確率は，その面積に比例するだろう．最も内側の円の半径を r とすれば，2 番目と 3 番目の円の半径は，それぞれ $2r$ と $3r$ である．中心部の面積 A_1 は πr^2 であり，その外側のドーナツ形の部分の面積はそれぞれ，

$$A_2 = \pi(2r)^2 - \pi r^2 = 3A_1$$

$$A_3 = \pi(3r)^2 - \pi(2r)^2 = 5A_1$$

1) average value 2) expectation value

で表される．そこで，合計の面積は，各部分の面積の和 $9A_1$ で与えられる．したがって，的の各部に当たる確率は，

$$f_1 = \frac{A_1}{A_1 + A_2 + A_3} = \frac{A_1}{9A_1} = \frac{1}{9}$$

$$f_2 = \frac{A_2}{A_1 + A_2 + A_3} = \frac{3A_1}{9A_1} = \frac{3}{9}$$

$$f_3 = \frac{A_3}{A_1 + A_2 + A_3} = \frac{5A_1}{9A_1} = \frac{5}{9}$$

で表される．確率の合計は 1 であるから，この確率分布は規格化されている．ここで注目する量は，もらえる金額の平均値 $\langle n_\$ \rangle$ であり，それは，

$$\langle n_\$ \rangle = \frac{\sum_{i=1}^{3} n_{\$,i} f_i}{\sum_{i=1}^{3} f_i} = \frac{(\$5)\frac{1}{9} + (\$2)\frac{3}{9} + (\$0)\frac{5}{9}}{1} = \$1.22$$

で与えられる．この平均値を，このゲームで矢を 1 本投げるのに支払う金額 (\$1.50) と比較すればわかるように，これは損するゲーム（ダーツで遊ぶ側から見て）である．この例で比較した二つの“実験”値は，支払う金額と，平均として受け取れると予測される金額である．平均値は分布の指標の一つであり，このゲームで遊ぶかどうかを決心するときにまず注目すべき値である．

29・6・2 分布のモーメント

いろいろな分布に対して最も広く使われる指標値に $\langle x^n \rangle$ のかたちの関数がある．n は整数である．$n=1$ のときの関数 $\langle x \rangle$ を分布関数の**一次モーメント**[1]という．それは，上で説明した分布の平均値に等しい．$n=2$ の $\langle x^2 \rangle$ を分布の**二次モーメント**[2]という．ところで，$\langle x^2 \rangle$ の平方根を根平均二乗値“rms 値”という．一次モーメントや二次モーメントだけでなく，この rms 値も原子や分子の性質の分布関数を特徴づけるのにきわめて役に立つ量である．たとえば，33 章で説明する分子運動では，分子集合体がその速さに分布をもつことがわかる．速さについての全体の分布を詳細に検討するのではなく，代わりにその分布のモーメントを使えば，注目する系の特徴を表すことができる．**分布のモーメント**[3]は，離散的な分布でも連続分布でも容易に計算できる．それを例題 29・13 で示そう．

例題 29・13

つぎの分布関数について考えよう．

$$P(x) = Cx^2 \mathrm{e}^{-ax^2}$$

このかたちの確率分布は，理想気体の粒子の速さの分布を表すときに現れる．この確率分布関数の C は規格化定数であり，これにより全確率が 1 に等しいことを表す．a も定数であり，原子や分子の性質と温度に依存する．注目する定義域は $\{0 \leq x \leq \infty\}$ である．この分布の平均値と rms 値は同じか．

1) first moment 2) second moment 3) distribution moment

解答

まず，この確率関数に規格化条件を適用する．

$$1 = \int_0^\infty Cx^2 \mathrm{e}^{-ax^2}\,\mathrm{d}x = C\int_0^\infty x^2 \mathrm{e}^{-ax^2}\,\mathrm{d}x$$

上巻巻末 付録A「数学的な取扱い」にあるつぎの積分公式を使えば，上の積分を簡単に計算できる．

$$\int_0^\infty x^2 \mathrm{e}^{-ax^2}\,\mathrm{d}x = \frac{1}{4a}\sqrt{\frac{\pi}{a}}$$

こうして得られた規格化定数は，

$$C = \frac{1}{\dfrac{1}{4a}\sqrt{\dfrac{\pi}{a}}} = \frac{4a^{3/2}}{\sqrt{\pi}}$$

である．この規格化定数を用いて分布関数の平均値と rms 値を求めることができる．平均値は $\langle x \rangle$ であり，つぎのように求められる．

$$\langle x \rangle = \int_0^\infty x P(x)\,\mathrm{d}x = \int_0^\infty x\left(\frac{4a^{3/2}}{\sqrt{\pi}}\,x^2 \mathrm{e}^{-ax^2}\right)\mathrm{d}x$$

$$= \frac{2}{\sqrt{\pi a}}$$

二次モーメント $\langle x^2 \rangle$ について同様に計算すれば，

$$\langle x^2 \rangle = \int_0^\infty x^2 P(x)\,\mathrm{d}x = \int_0^\infty x^2\left(\frac{4a^{3/2}}{\sqrt{\pi}}\,x^2 \mathrm{e}^{-ax^2}\right)\mathrm{d}x$$

$$= \frac{3}{2a}$$

となる．その結果得られる rms 値は，

$$x_{\mathrm{rms}} = \sqrt{\langle x^2 \rangle} = \sqrt{\frac{3}{2a}}$$

である．この分布の平均値と rms 値は同じではない．規格化した分布の形と $a = 0.3$ のときの平均値と rms 値を図に示してある．

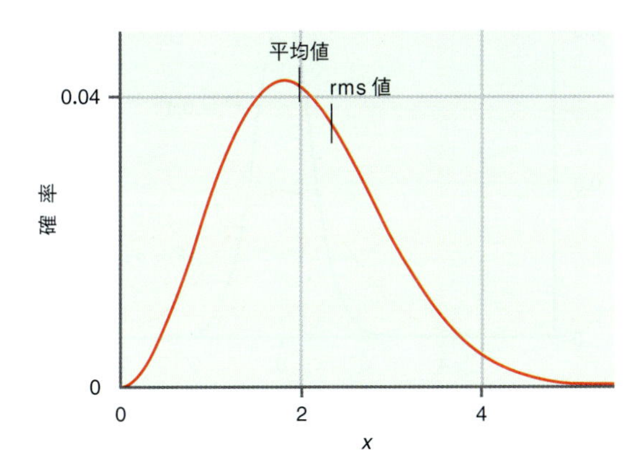

29・6・3 分　　散

分散[1]（σ^2 で表す）は，分布の幅の目安を与える指標であり，分布の平均値からの平均二乗偏差でつぎのように定義される．

$$\sigma^2 = \langle (x - \langle x \rangle)^2 \rangle = \langle x^2 - 2x\langle x \rangle + \langle x \rangle^2 \rangle \qquad (29\cdot33)$$

平均値（つまり一次モーメント $\langle x \rangle$）は一定の値をとるが，これと変数 x を混同してはならない．二つの関数 $b(x)$ と $d(x)$ が関係するときの平均について，つぎの二つの一般的な性質がある．

$$\langle b(x) + d(x) \rangle = \langle b(x) \rangle + \langle d(x) \rangle \qquad (29\cdot34)$$

$$\langle cb(x) \rangle = c\langle b(x) \rangle \qquad (29\cdot35)$$

2 番目の性質で，c は定数である．これらの性質を使えば，(29·33)式の分散の式は，

$$\begin{aligned}\sigma^2 &= \langle x^2 - 2x\langle x \rangle + \langle x \rangle^2 \rangle = \langle x^2 \rangle - \langle 2x\langle x \rangle \rangle + \langle x \rangle^2 \\ &= \langle x^2 \rangle - 2\langle x \rangle \langle x \rangle + \langle x \rangle^2 \\ \sigma^2 &= \langle x^2 \rangle - \langle x \rangle^2 \end{aligned} \qquad (29\cdot36)$$

と簡単になる．いい換えれば，分布の分散は，二次モーメントと一次モーメントの二乗との差に等しい．

指標として分散を使った例を示すために，つぎの**ガウス分布**[2]という分布関数を考えよう．

$$P(X)\mathrm{d}X = \frac{1}{(2\pi\sigma^2)^{1/2}} \mathrm{e}^{-(X-\delta)^2/2\sigma^2} \qquad (29\cdot37)$$

ガウス分布は，社会科学で有名な“ベル形曲線”であり，化学や物理で広く使われ，これらのコースで学ぶ学生にはよく知られている．実験結果の誤差を表すのによく使う分布関数である．変数 X は，$-\infty$ から ∞ の定義域 $\{-\infty \le X \le \infty\}$ で連続である．ガウス型の確率分布の最大は $X = \delta$ にある．この分布の幅は分散 σ^2 で決まり，幅が広ければ分散も大きい．(29·37) 式に $\delta = 0$ を代入した式を使って，ガウス分布の分散による変化を図 29·7 に示してある．分布の分散が

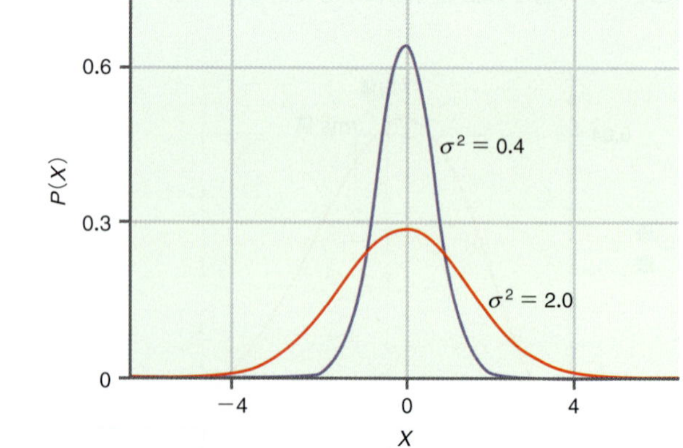

図 29·7　ガウス型確率分布関数の分散による影響．この図は，変数 X の関数として確率 $P(X)$ の形を表したものである．二つの分散 σ^2 の値，2.0（赤色の曲線）と 0.4（紫色の曲線）について，その分布を描いてある．分散が大きくなれば，分布の幅が広くなることに注目しよう．

1) variance　2) Gaussian distribution

$\sigma^2 = 0.4$ から 2.0 に増加すれば，確率分布の幅も増加しているのがわかる．

例題 29・14

分布関数 $P(x) = Cx^2 \mathrm{e}^{-ax^2}$ の分散を求めよ．

解答

この分布関数は例題 29·13 で用いたものである．その一次モーメントと二次モーメントは，

$$\langle x \rangle = \frac{2}{\sqrt{\pi a}}$$

$$\langle x^2 \rangle = \frac{3}{2a}$$

である．これらの値を分散の式に代入すれば，つぎのように求められる．

$$\sigma^2 = \langle x^2 \rangle - \langle x \rangle^2 = \frac{3}{2a} - \left(\frac{2}{\sqrt{\pi a}}\right)^2$$

$$= \frac{3}{2a} - \frac{4}{\pi a} = \frac{0.23}{a}$$

用語のまとめ

一次モーメント	期待値	標本空間	変数
階乗	組合わせ	フェルミオン（フェルミ粒子）	ポアソン分布
ガウス分布	事象確率（発生確率）	フェルミ-ディラック統計	補集合
確率	順列	分散	ボース-アインシュタイン統計
確率分布関数	スターリングの近似	分布のモーメント	ボソン（ボース粒子）
確率密度	二項実験	平均値	離散変数
確率モデル	二次モーメント	ベルヌーイ試行	連続変数
数え方の基本原理			

文章問題

Q 29.1 組合わせと順列の違いは何か．

Q 29.2 確率モデルを構成する要素は何か．連続変数と離散変数で，これらの要素はどう異なるか．

Q 29.3 同色の玉 2 個とこれとは違う同色の玉 3 個があるときの組合わせと順列を知りたい．図 29·2 はどう変わるか．

Q 29.4 スターリングの近似とは何か．これが便利なのはなぜか．どういう場合に使えるか．

Q 29.5 ベルヌーイ試行とは何か．

Q 29.6 $P_{\mathrm{E}} = 1$ のとき，二項実験の結果はどうなるはずか．

Q 29.7 確率分布が規格化されていることがなぜ重要か．規格化されていない確率分布を使って計算するとき，何を考えなければならないか．

Q 29.8 離散変数による確率分布を連続変数として扱うには，どこで近似を使えるか．

Q 29.9 原子や分子の系について，確率分布を使って表せる性質にどんなものがあるか．

Q 29.10 平均値と根平均二乗値の違いは何か．

Q 29.11 確率分布の指標として，平均値でなくもっと高次のモーメントを使った方が役に立つのはどんな場合か．

数値問題

赤字番号の問題の解説が解答・解説集にある(上巻 vii 頁参照).

P 29.1 52 枚あるトランプカードから 1 枚のカードを引く．つぎのカードを引く確率はいくらか．

a. エース（種類は問わない）

b. スペードのエース

c. カードを 3 回引いてよければ，(a) と (b) の答はどう変わるか．ただし，引いたカードはそのつど元に戻すものとする．

P 29.2 52 枚あるトランプカードから 5 枚を手にもらう．つぎの手になる確率を求めよ．

a. フラッシュ（同種のカード 5 枚）

b. ロイヤルフラッシュ（同種のカードのキング，クイーン，ジャック，10，エース）

P 29.3 2 個のさいころを振った．つぎの目が出る確率はいくらか．

a. 和が 7

b. 和が 9

c. 和が 7 以下

P 29.4 “削った” さいころを使って，6 の目が他のどの目より 2 倍でやすくしたとき，問題 P29.3 について答えよ．

P 29.5

a. ある地域の電話について，0 から 9 の数字を使った 7 桁からなる番号を指定する．この地域に何通りの電話番号を指定できるか．

b. 複数の地域に対応するには，その識別子として市外局番を導入する．米国では当初 3 桁の数字を使い，1 桁目は 2 から 9，2 桁目は 0 か 1，3 桁目は 1 から 9 の数字を使った．このシステムを使えば何通りの地域を指定できるか．

c. 個々の電話番号と市外局番を組合わせて使えば，このシステムでは固有の電話番号として何通り与えられるか．

P 29.6 タンパク質は，アミノ酸という固有の構造をもつ分子単位でできている．アミノ酸の配列 “シーケンス” は，タンパク質の構造や機能を決める重要な要素である．天然には 20 種のアミノ酸がある．

a. アミノ酸 8 個からなる固有のタンパク質は何通り可能か．

b. このタンパク質に特定のアミノ酸は 1 回しか現れないとき，その答はどう変わるか．

P 29.7 塩素原子の天然同位体に ^{35}Cl と ^{37}Cl の 2 種がある．そのモル存在率がそれぞれ 75.4 パーセント，24.6 パーセントであるとき，1 mol の塩素分子 (Cl_2) のうち，両方の同位体からなる分子の割合はいくらか．また，^{35}Cl 同位体だけを含む分子の割合はいくらか．

P 29.8 ^{13}C の天然モル存在率は約 1 パーセントである．ベンゼン (C_6H_6) 分子に，^{13}C 同位体が 1 個だけ含まれる確率はいくらか．また，ベンゼン分子の隣合う 2 個の炭素原子が ^{13}C 同位体である確率はいくらか．

P 29.9 つぎの順列の数を計算せよ．

a. 対象物 6 個全部を使って並べる．

b. 対象物 6 個のうち 4 個を使って並べる．

c. 対象物 6 個をどれも使わない場合．

d. $P(50, 10)$

P 29.10 標本集合 {1, 2, 3, 4, 5, 6} から 3 個を選んでつくれる順列の数を求めよ．そのすべての場合を書け．

P 29.11 つぎの組合わせの数を計算せよ．

a. 対象物 6 個全部を使う．

b. 対象物 6 個のうち 4 個を使う．

c. 対象物 6 個をどれも使わない場合．

d. $C(50, 10)$

P 29.12 ラジオ局のコールサイン（呼出し符号）は，4 個のアルファベット文字を使って表される（たとえば，KUOW）．

a. アルファベット文字 26 個を使えば，何局のコールサインがつくれるか．

b. ミシシッピ川の西側にあるラジオ局は，最初の文字に必ず K を使わなければならない．これに従ったうえで，それ以外の文字の繰返し使用は許されるとして，何局のコールサインがつくれるか．

c. どの文字も繰返し使用は許されないとして，何局のコールサインがつくれるか．

P 29.13 DNA には 4 種の塩基 (A, C, T, G) が現れる．DNA のシーケンスにこれら塩基がランダムに現れるとする．

a. つぎのシーケンスが現れる確率はいくらか．
AAGACATGCA

b. つぎのシーケンスが現れる確率はいくらか．
GGGGGAAAAA

c. すぐ前の塩基が G である A の出現確率が他の 2 倍のとき，(a) や (b) の答はどう変わるか．

P 29.14 ^{13}C の天然存在率は約 1 パーセントであり，重水素 (^{2}H または D) の天然存在率は 0.015 パーセントである．1 mol のアセチレン分子につぎの分子を見いだす確率を求めよ．

a. H−^{13}C−^{13}C−H

b. D−^{12}C−^{12}C−D

c. H−^{13}C−^{12}C−D

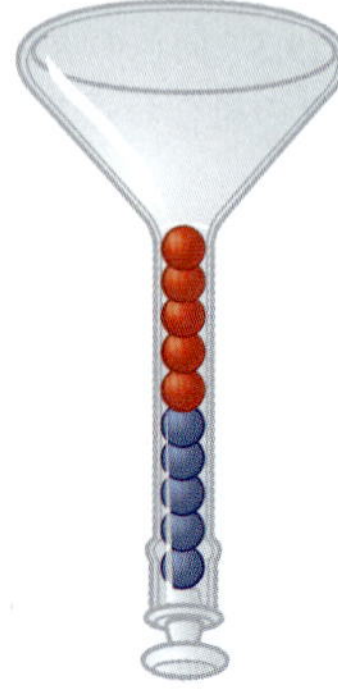

P 29.15 右の図に示すフラスコの首の部分には，青い玉 5 個の上に赤い玉 5 個を載せてある．このフラスコをひっくり返して玉を胴の部分に戻し，振り混ぜてから，元の位置に置いたとしよう．図にある元の順に玉がそろう確率はいくらか．

P 29.16　ワシントン州の宝くじでは，1 から 43 までの番号を付けた玉から 5 個と，別の抽選器に入れてある 1 から 23 までの番号を付けた玉から 1 個を引く．

a. 6 個の玉の番号予想が当たる確率はいくらか．

b. 最初の 5 個の玉だけの番号予想が当たる確率はいくらか．

c. 最初の 5 個の玉の番号予想で，引いた順序まで正しい確率はいくらか．

P 29.17　フェルミオンとボソンでは，一組の量子状態について異なる統計分布を示す．一方，30 章で説明するボルツマン分布では，フェルミオンとボソンの違いをまったく無視している．このように扱えるのは，とりうる状態数が粒子数に比べて圧倒的に多い“希薄極限”だけである．これを具体的に示すために，つぎの問いに答えよ．

a. 3 個のボソンと 10 個の状態があるとき，とりうる場合の数を求めよ．粒子がフェルミオンの場合はどうか．

b. 3 個の粒子と 100 個の状態があるとき，(a) と同じ問いに答えよ．これら二つの結果の違いについて何がいえるか．

P 29.18　あるプロ野球チームに所属する 25 名の選手について考えよう．試合では一時に 9 名の選手しか参加できない．

a. 打順は重要であるとして，9 名の選手で何通りの打順が可能か．

b. オールスターの指名打者は四番でなければならないとして，9 名の選手で何通りの打順が可能か．

c. 野手が守る位置は重要でないとして，9 名の選手で何通りの守備隊形が可能か．

P 29.19　コイン投げの実験を考えよう．そのコインには偏りがなく，表と裏が出る確率は等しいとする．コインを 10 回投げて，つぎの結果が得られる確率はいくらか．

a. 表が 1 回もない

b. 表が 2 回

c. 表が 5 回

d. 表が 8 回

P 29.20　問題 P29.19 のコイン投げの実験で，表の出る確率が裏の 2 倍という偏りのあるコインを使った場合を考える．コインを 10 回投げて，つぎの結果が得られる確率はいくらか．

a. 表が 1 回もない

b. 表が 2 回

c. 表が 5 回

d. 表が 8 回

P 29.21　34 章では，粒子の拡散現象を一次元のランダム歩行モデルで考える．この過程では，$+x$ 方向と $-x$ 方向の 1 歩を踏み出す確率は等しく，$\frac{1}{2}$ である．$x=0$ からスタートし，20 歩のランダム歩行をしたとしよう．

a. この粒子が $+x$ 方向に最も遠くまで移動できる距離はどれだけか．そうなる確率はいくらか．

b. この粒子の位置がはじめと全く変わらない確率はいくらか．

c. この粒子が $+x$ 方向に移動できる最大距離の半分である確率はいくらか．

d. 粒子がある距離を移動する確率をその距離に対してプロットしたグラフを描け．その確率分布はどのようなものか．その確率は規格化されているか．

P 29.22　つぎの式を簡単に表せ．

a. $\dfrac{n!}{(n-2)!}$

b. $\dfrac{n!}{\left(\frac{n}{2}!\right)^2}$　(n は偶数)

P 29.23　スターリングの近似のもう一つのかたちは，

$$N! = \sqrt{2\pi N}\left(\frac{N}{\mathrm{e}}\right)^N$$

で表される．この近似を使って $N=10, 50, 100$ の場合を計算し，例題 29·9 で得られた結果と比較せよ．

P 29.24　祭りで，例題 29·12 で説明したダーツのゲームをしようと思う．こんどはダーツの腕に自信があり，的の中心を射る確率が面積比で決まる確率より 3 倍も大きい．その腕は信頼できるものとして，このゲームをする値打ちがある (得する) か．

P 29.25　放射壊変は，確率論の問題として考えられる．はじめに放射性核種の集合 (N_0 個) があるとき，ある時間が経って何個の核 (N 個) が残っているかに注目する．一次の放射壊変では，$N/N_0 = \mathrm{e}^{-kt}$ と表せる．k は壊変定数，t は時間である．

a. この確率分布を表すときに注目する変数は何か．

b. 放射壊変を行った核の確率が 0.5 となる時間はいつか．

P 29.26　前問で説明した一次の放射壊変は，原子や分子のいろいろな過程にも応用できる．たとえば，溶液中の一重項状態の酸素分子($O_2(^1\Delta_g)$)が基底三重項状態の配置に崩壊する過程は，

$$\frac{[O_2(^1\Delta_g)]}{[O_2(^1\Delta_g)]_0} = \mathrm{e}^{-(2.4\times 10^5\,\mathrm{s}^{-1})t}$$

で進行する．$[O_2(^1\Delta_g)]$ はある時刻での一重項酸素の濃度を表し，添え字の 0 は $t=0$ の崩壊過程の始めに存在していた一重項酸素の濃度である．

a. 一重項酸素の 90 パーセントが崩壊するまで待つべき時間はどれだけか．

b. $t=(2.4\times 10^5\,\mathrm{s}^{-1})^{-1}$ で残っている一重項酸素はどれだけか．

P 29.27　次の章では，エネルギー分布 $P(\varepsilon) = A\,\mathrm{e}^{-\varepsilon/k_\mathrm{B}T}$ について考えることになる．$P(\varepsilon)$ はあるエネルギー状態を占める分子の確率，ε はその状態のエネルギー，k_B はボルツマン定数 $1.38\times 10^{-23}\,\mathrm{J\,K^{-1}}$，$T$ は温度である．ここ

で，三つのエネルギー状態，0, 100, 500 J mol^{-1} があるとしよう．

a. この分布の規格化定数を求めよ．

b. 298 K で最も高いエネルギー状態を占める確率はいくらか．

c. 298 K における平均エネルギーはいくらか．

d. 平均エネルギーに最も大きな寄与をするのはどの状態か．

P 29.28 あるエネルギー状態を占める確率が，問題 P29.27 の関係で表されるとする．

a. 第一の状態が $\varepsilon = 0$，これに比べて他の二つの状態が $k_B T$ と $2k_B T$ で表される合計三つの状態があるとする．この確率分布の規格化定数はいくらか．

b. $\varepsilon = 0$ と $\varepsilon = 2k_B T$ はそれぞれ一つの状態であるが，$\varepsilon = k_B T$ には5個の状態があるとすれば，上の答はどう変わるか．

c. $\varepsilon = k_B T$ の準位に状態が1個ある場合と5個ある場合について，そのエネルギー準位を占める確率をそれぞれ求めよ．

P 29.29 ある粒子が $x=0$ と $x=a$ の間にあるとき，つぎの式で表される確率分布について考えよう．

$$P(x)\,\mathrm{d}x = C\sin^2\left[\frac{\pi x}{a}\right]\mathrm{d}x$$

a. 規格化定数 C を求めよ．

b. $\langle x \rangle$ を求めよ．

c. $\langle x^2 \rangle$ を求めよ．

d. 分散を求めよ．

P 29.30 一次元の運動をする分子の速さ (v_x) について，つぎの式で表されるの確率分布について考えよう．

$$P(v_x)\,\mathrm{d}v_x = C\,\mathrm{e}^{-mv_x^2/2k_B T}\,\mathrm{d}v_x$$

a. 規格化定数 C を求めよ．

b. $\langle v_x \rangle$ を求めよ．

c. $\langle v_x^2 \rangle$ を求めよ．

d. 分散を求めよ．

P 29.31 量子力学の典型的な問題に“調和振動子”がある．この問題では，粒子が $V(x) \propto x^2$ のかたちの（x 軸に沿う）一次元ポテンシャルに置かれる．ここで，$-\infty \leq x \leq \infty$ である．その最低エネルギー準位にある粒子の確率分布関数は，

$$P(x) = C\,\mathrm{e}^{-ax^2/2}$$

で表される．x 軸に沿う粒子の位置の期待値（$\langle x \rangle$）を求めよ．このポテンシャルエネルギーの関数形から考えて，その答が妥当であるといえるか．

P 29.32 重力によるポテンシャルエネルギーを考えれば，地表から上の（高さ h における）大気の分子分布に関する粗いモデルを得ることができ，つぎの式が成り立つ．

$$P(h) = \mathrm{e}^{-mgh/k_B T}$$

m は気体の粒子1個当たりの質量，g は重力加速度，k_B はボルツマン定数 1.38×10^{-23} J K^{-1}，T は温度である．メタン (CH_4) について，この分布関数を使って $\langle h \rangle$ を求めよ．

P 29.33 分布関数は最確値を求めるのにも使える．それには，分布関数の注目する変数についての導関数が分布の最大で0であることに注目すればよい．この考えを使って，つぎの関数の x $(0 \leq x \leq \infty)$ の最確値を求めよ．

$$P(x) = Cx^2\,\mathrm{e}^{-ax^2}$$

$a = 0.3$ について得られた答を，$\langle x \rangle$ や x_{rms}（例題 29·13 を見よ）と比較せよ．

P 29.34 色素をドープした高分子系でできた非線形光学スイッチング素子では，高分子内の色素分子の空間配向が重要なパラメーターである．これらの素子は一般に，大きな双極子モーメントをもつ色素分子を電場で配向させてつくられる．ここで，分子の双極子モーメントに沿うベクトルを考えよう．つぎの図に示すように，分子の配向は，かけた電場（z 方向とする）に対するこのベクトルの向きを使って表すことができる．

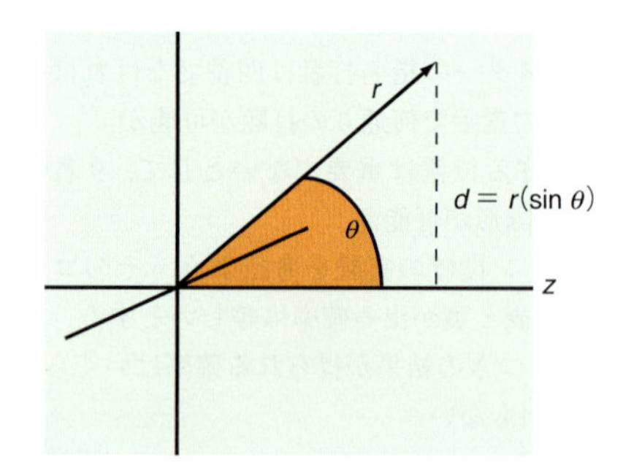

z 軸まわりの分子配向がランダムであれば，z 軸に沿う分子配向を表す確率分布は，$P(\theta) = \sin\theta\,\mathrm{d}\theta / \int_0^\pi \sin\theta\,\mathrm{d}\theta$ で与えられる．このときの配向は，$\cos\theta$ のモーメントを使って表せる．

a. この確率分布の $\langle \cos\theta \rangle$ を求めよ．

b. この確率分布の $\langle \cos^2\theta \rangle$ を求めよ．

P 29.35 つぎの式で表される**ポアソン分布**[1]は，離散確率分布の一つであり，科学の分野で広く使われている．

$$P(x) = \frac{\mathrm{e}^{-\lambda}\lambda^x}{x!}$$

この分布によって，ある一定時間内に起こる事象の数 (x) を表せる．その事象は，λ というある平均の頻度で起こり，それらは互いに独立であるとしている．この分布を適用す

1) Poisson distribution

れば，検出器にフォトンが到着する統計をつぎのように表すことができる．

a. 平均出力が毎秒 5 個のフォトンという光源を測定するとしよう．任意の 1 秒間に 5 個のフォトンを観測する確率はいくらか．

b. 同じ光源で，任意の 1 秒間に 8 個のフォトンを観測する確率はいくらか．

c. 平均出力が毎秒 50 個のフォトンというもっと明るい光源を使ったとしよう．任意の 1 秒間に 50 個のフォトンを観測する確率はいくらか．

参　考　書

Bevington, P., Robinson, D., "Reduction and Error Analysis for the Physical Sciences", McGraw-Hill, New York (1992).

Dill, K., Bromberg, S., "Molecular Driving Forces", Garland Science, New York (2003).

McQuarrie, D., "Mathematical Methods for Scientists and Engineers", University Science Books, Sausalito, CA (2003).

Nash, L. K., "Elements of Statistical Thermodynamics", Addison-Wesley, San Francisco (1972).

Ross, S., "A First Course in Probability Theory", 3rd ed., Macmillan, New York (1988).

Taylor, J. R., "An Introduction to Error Analysis", University Science Books, Mill Valley, CA (1982).

30 ボルツマン分布

統計の諸概念を使えば，化学系の最確エネルギー分布を求めることができる．ボルツマン分布は，化学系が平衡にあるときのエネルギーの最確配置を表すもので，その系の熱力学的な諸性質を生み出すもとになっている．本章では，前章で導入した確率の概念からスタートし，このボルツマン分布を導出しよう．次に，この分布を簡単な例に適用することによって，化学系のエネルギー分布が全エネルギーと系に固有なエネルギー準位の間隔にどう依存しているかを示そう．ここで説明する概念は，原子や分子から成る系に統計力学を適用するときに必要となる枠組みを与えることになる．

30・1 ミクロ状態と配置

前章で導入した確率論の概念をいろいろな化学系に拡張することから始めよう．確率論を化学系に展開するのは難しいと思うかもしれないが，化学系のサイズは途方もなく大きいから，これに統計概念をそのまま適用できるのである．ここで，コインを 4 回投げたときの順列と組合わせの説明を思い出そう．この実験で得られる可能な結果を図 30･1 に示す．

図 30･1 には，“表”なしから全部“表”まで，この試行で得られる 5 通りの組合わせを示してある．このうちどの試行結果が最もありそうだろうか．確率論を使えば，それは実現する場合の数が最も多い結果であることがわかる．このコイン投げの例では，“表 2 回”の配置が最も多くの場合の数を示す．確率論の言葉でいえば，組合わせの数の最も多い配置が最もありうる試行結果といえる．前章で説明したように，この試行結果を表す配置の確率 P_E は，

$$P_E = \frac{N_E}{N} \qquad (30\cdot1)$$

で与えられる．N_E は注目する事象の数であり，N は可能なすべての組合わせの数である．この簡単な式は，本章全体にわたって鍵となる重要な考えを示している．すなわち，1 回の試行で最もありうる結果は，その場合の数が最大の配置である．この考えを巨視的な化学系に応用できる理由は，構成単位を数多く含む系では，ある一つの配置がそれ以外のどの配置より圧倒的に大きな場合の数を示すからである．その結果，この配置は観測される唯一の配置とみなせるのである．

系のエネルギーに注目して，いろいろな化学系に確率論を応用することにしよう．ここで具体的に注目するのは，化学系の最もありうるエネルギー配置，つまりエネルギー分布を導ける数学形式である．はじめに単純な“分子”系を考えよう．それは，3 個の量子調和振動子から成り，エネルギー量子 3 個を分け合う系である．この振動子のエネルギー準位は，

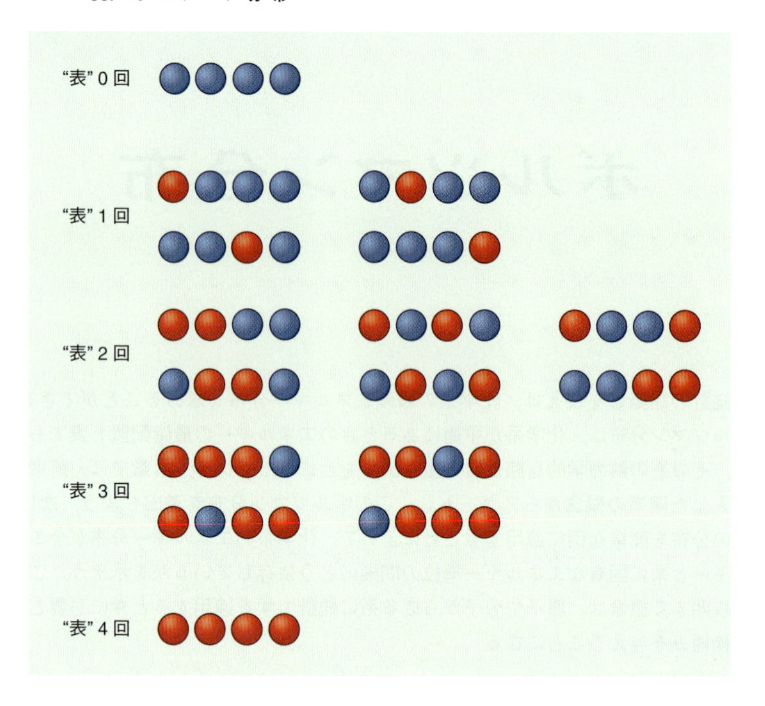

図 30・1　コインを4回投げるベルヌーイ試行で可能な組合わせ．青色の玉は“裏”，赤色の玉は“表”を表す．

$$E_n = h\nu\left(n + \frac{1}{2}\right) \qquad n = 0, 1, 2, \cdots, \infty \qquad (30\cdot2)$$

で与えられる．h はプランク定数，ν は振動子の振動数，n はエネルギー準位の量子数である．この量子数は，0 から始まる整数値で無限大までとれる．したがって，この量子調和振動子のエネルギー準位は，等間隔のはしごが無限に連なったようなものである．最低の準位 ($n=0$) のエネルギーは $h\nu/2$ であり，これを零点エネルギーという．ここで，基底状態 ($n=0$) のエネルギーを 0 にシフトし，各準位のエネルギーがつぎの式で表せる調和振動子に置き換えて考える．

$$E_n = h\nu n \qquad n = 0, 1, 2, \cdots, \infty \qquad (30\cdot3)$$

以降の章で原子や分子の系を扱うときにわかるが，注目すべき鍵となる量は，エネルギー準位の相対的な差である．そこでも，これと同様のエネルギーのシフトを行うことになる．もう一つ注意すべき重要なことは，この振動子が互いに区別可能ということである．すなわち，3 個ある振動子は容易に区別できるものとする．この仮定は，理想気体などの分子系を表す場合は成り立たない．原子や分子が運動すれば，それぞれの気体粒子を区別できなくなるからである．しかし，ここで区別できる粒子の考察から始めても，それを区別できない場合に拡張するのは簡単であるから，このアプローチで考えることにしよう．

この系の 3 個の振動子は振動数が同じであり，それぞれの準位のエネルギー値も等しい．この系に 3 個のエネルギー量子を割り当てたとき，“その最確のエネルギー分布とはどんなものか”を考えよう．上で説明したように，確率論によれば，エネルギーの最確分布は場合の数が最大となる配置に相当している．それでは，順列や組合わせの概念を，ここでの振動子やエネルギーとどう結びつければよいだろうか．ここで役に立つ重要な概念を二つ導入しよう．**配置**[1]とは，系に与えられた全エネルギーを分配するやり方についていう．一方，**ミクロ状態**[2]は，

1) configuration　2) microstate

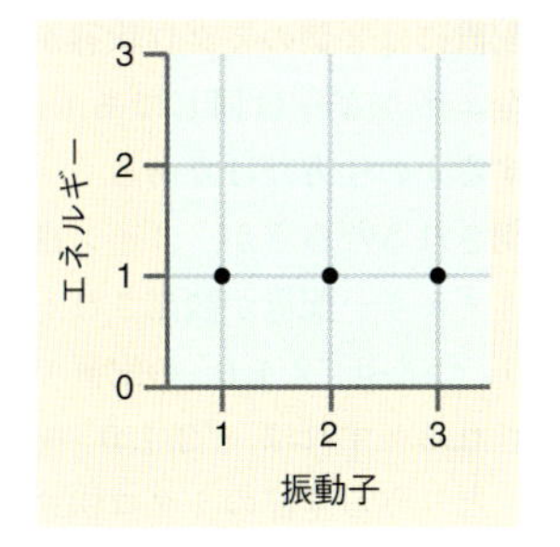

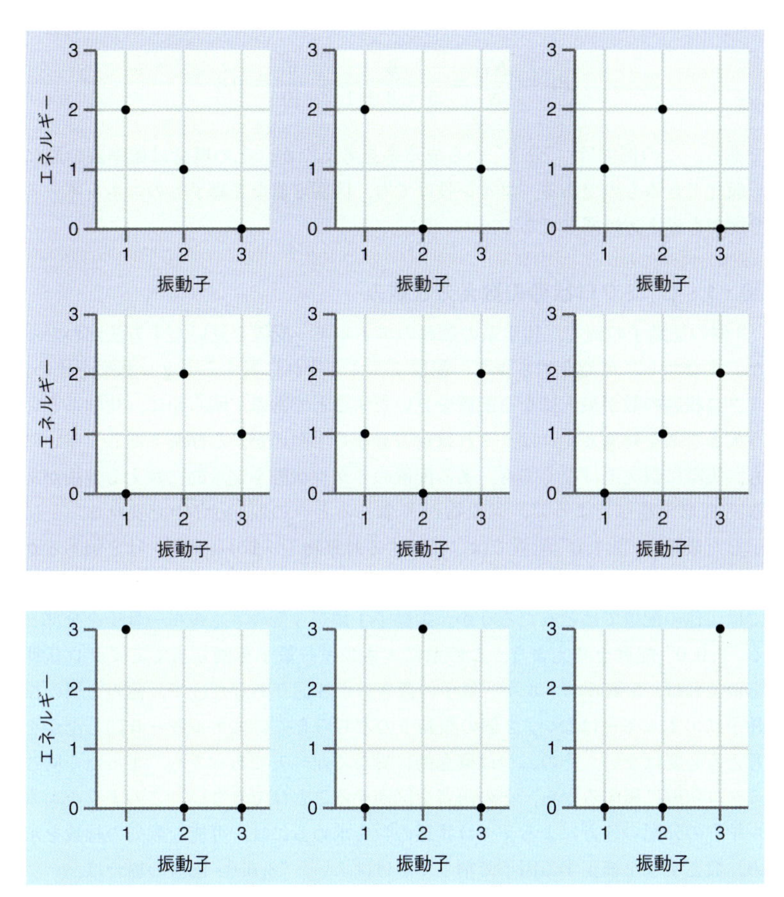

図 30・2 互いに区別できる 3 個の振動子があり，これに 3 個のエネルギー量子を分配するときの可能な組合わせと順列.

個々の振動子のエネルギーに注目した特定のエネルギー配置をいう．この配置の定義は，29 章で考えた組合わせと同じものであり，ミクロ状態は順列に相当するものである．そこで，この系のエネルギーの最確配置を求めるために，可能なミクロ状態を全部数え上げて，それを同じ配置についてまとめて並べてみよう．

図 30・2 の最初の配置では，各振動子にエネルギー量子が 1 個ずつあり，それぞれ $n=1$ のエネルギー準位を占有している．この組合わせに相当する順列は一つしかない．上で定義したミクロ状態を使って表せば，このエネルギー配置に相当するミクロ状態は一つしかないといえる．この図の次の配置では，最初の振動子は 2 個のエネルギー量子をもち，2 番目の振動子には 1 個あるが，3 番目にエネルギーはない．こうして，エネルギーを分配する方法は全部で 6 通りある．すなわち，この配置に相当するミクロ状態は 6 個ある．最後に表した配置では，3 個のエネルギー量子が全部，どれか 1 個の振動子に属している．どの振動子がエ

ネルギー量子3個をもつかは3通りあるから，この配置には3個のミクロ状態がある．ここで重要なのは，これらすべての配置の全エネルギーは同じであり，違っているのは，各振動子にエネルギーをどう分配するかの仕方だけである．

それでは，どのエネルギー配置が観測されると予測されるだろうか．コイン投げの例と同じで，ここではミクロ状態の数が最大のエネルギー配置が観測されると予測できる．この例では2番目の配置がそれであり，つまり“2, 1, 0”の配置である．ここにあるミクロ状態すべてが等確率で観測されるとすれば，“2, 1, 0”配置を観測する確率は，この配置のミクロ状態の数を，とりうる全部のミクロ状態の数で割ればよい．すなわち，

$$P_{\mathrm{E}} = \frac{N_{\mathrm{E}}}{N} = \frac{6}{6+3+1} = \frac{6}{10} = 0.6$$

である．この例では，“分子”から成る系を考えたが，その概念は確率論全般に一般化できるものである．コイン投げでも，区別可能な振動子へのエネルギーの分配でも考え方は同じである．

30・1・1 ミクロ状態の数え方と重み

3個の振動子の例で，化学系の最確のエネルギー配置を見いだす方法がわかった．すなわち，可能なエネルギー配置すべてとそれに属するミクロ状態を求め，ミクロ状態の数が最大になる配置を見いだすことである．明らかに，化学系という大きな系を対象とすれば，これは途方もなく手間のかかる作業である．幸いにも，実際に数え上げなくても，ある配置のミクロ状態を定量的に数える方法がある．29章で述べたように，対象物がN個あるときの順列は$N!$で表せる．上に示した最確の“2, 1, 0”配置では，注目する対象物（つまり振動子）は3個あるから$N! = 3! = 6$である．これが，この配置をとるミクロ状態の数に等しい．それでは，他の配置ではどうだろうか．振動子1個が3個のエネルギー量子を全部とる“3, 0, 0”配置を考えよう．この系にエネルギー量子を割り当ててミクロ状態をつくれば，3個のエネルギー量子の置き方が3通りあるだけで，他の2個の振動子にエネルギーはない．2個の振動子のどちらを先にエネルギー0にしたかを考える必要はない．その二つは概念的に異なる並べ方であっても，まったく同じミクロ状態に属するから，その両者を区別することはできない．このようなエネルギーの分配の仕方によるミクロ状態の数を求めるには，可能な順列の総数を求め，数えすぎを補正する因子で割っておけばよい．“3, 0, 0”配置の場合は，

$$\text{ミクロ状態の数} = \frac{3!}{2!} = 3$$

で求めることができる．この式は，N個から成るグループの一部のサブグループを使ったときの順列を求める式にすぎない．したがって，同じエネルギー準位に同じエネルギー量子が入った振動子がない限り，とりうるミクロ状態の全数は単に$N!$で与えられる．Nは振動子の数である．ところが，2個以上の振動子が同じエネルギー状態（エネルギー0の状態を含めて）にあるときは，順列を数えすぎたことになるので，その補正因子でこれを割っておく必要がある．あるエネルギー配置に伴うミクロ状態の全数をその配置の**重み**[†1] Wといい，つぎのように表される．

---

†1 weight．訳注：“場合の数”ということもある．

$$W = \frac{N!}{a_0!a_1!a_2!\cdots a_n!} = \frac{N!}{\prod_j a_j!} \tag{30・4}$$

この式のWは注目する配置の重み，Nは分配するエネルギー単位の数，a_nはn番目のエネルギー準位を占めるその単位の数を表す．a_nを**占有数**[1]という．たとえば，図30・2の“3, 0, 0”配置では$a_0 = 2$，$a_3 = 1$であり，それ以外は$a_n = 0$である（これらについては$0! = 1$である）．この重みの式の分母を求めるには，占有数の階乗（$a_n!$）の積を計算すればよい．ここで，記号$\prod$は積を表している（和の記号は$\sum$である）．(30・4)式は，この例に限って成り立つ式ではなく，互いに区別できる単位（振動子など）の集合体であれば一般に成り立つ．ただし，それぞれのエネルギー準位に一つの状態しかない場合である．あるエネルギー準位に複数の状態が存在する場合については本章の後半で説明する．

例題 30・1

コイン投げを100回したとき，“表”が40回観測される配置の重みはいくらか．この重みを最確の結果と比較するにはどうすればよいか．

解答

コイン投げに(30・4)式の重みの式を使うには，占有される状態が二つある系と考えればよい．ここで，区別できる単位（N）はコインを投げた回数，つまり100である．したがって，

$$W = \frac{N!}{a_{表}!a_{裏}!} = \frac{100!}{40!\,60!} = 1.37 \times 10^{28}$$

である．一方，“表”が50回観測される最確の配置の重みは，つぎのように計算できる．

$$W = \frac{N!}{a_{表}!a_{裏}!} = \frac{100!}{50!\,50!} = 1.01 \times 10^{29}$$

30・1・2 優勢配置

前節の3個の振動子を使った例で，ボルツマン分布を考察するうえで鍵となる概念をいくつか示した．具体的にいえば，重みとは，ある配置に属する順列の総数である．また，ある配置を見いだす確率は，その配置の重みを全体の重みで割ったものである．すなわち，

$$P_i = \frac{W_i}{W_1 + W_2 + \cdots + W_N} = \frac{W_i}{\sum_{j=1}^{N} W_j} \tag{30・5}$$

で表される．P_iは配置iを見いだす確率，W_iはその配置の重みであり，分母は可能な配置すべての重みの和である．(30・5)式は，見いだされる確率が最大となる配置は，重みが最大の配置であると予測している．この最大重みの配置を**優勢配置**[2]という．

優勢配置の定義が与えられても，その配置が他の配置に比べてどれほど優勢かという疑問は残る．この問いに対する答は，コインを10回投げる実験で見当が

---

1) occupation number　2) dominant configuration

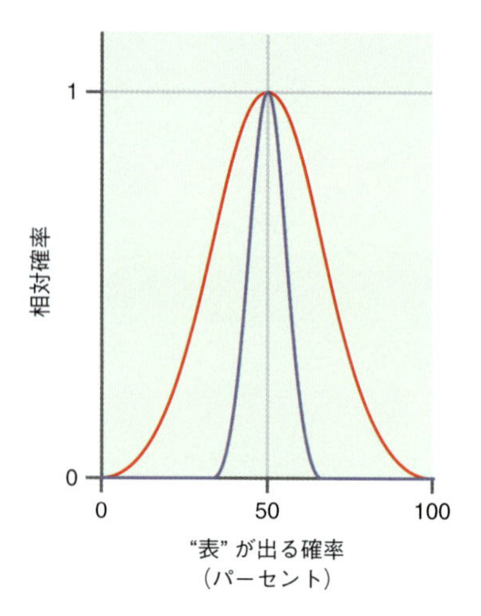

図 30・3　コイン投げ 10 回（赤色の曲線）と 100 回（紫色の曲線）の試行結果について，相対確率（得られた確率を最大確率で割った値）を比較したグラフ．x 軸は "表" が出る確率（パーセント）を表す．どちらの試行でも，最大確率は 50 パーセント "表" のところにある．しかし，コイン投げの回数が増えれば，分布幅が狭くなっていることからわかるように，確率分布はその値に集中する．

つく．"表 5 回" と比較して "表 4 回" の結果はどれくらい優勢だろうか．$n_{表}=5$ の重みは最大であるが，$n_{表}=4$ の重みも比較的大きい．したがって，$n_{表}=4$ の配置を観測してもさほど意外な感じはしない．しかし，コインを 100 回投げたときはどうだろうか．$n_{表}=50$ の重みに比較して，$n_{表}=40$ の重みはどれくらいあるだろうか．この問題はすでに例題 30・1 で解いたもので，$n_{表}=50$ の重みは $n_{表}=40$ の重みよりずっと大きい．コインを投げる回数が多いほど，その回数の 50 パーセントで "表" が観測される重み（観測確率）は，他のどの結果よりずっと大きくなる．いい換えれば，コインを投げる回数が増えるほど，50 パーセントの確率で "表" を観測する配置はますます優勢な配置となる．この予測の具体例を図 30・3 に示す．コイン投げ 10 回と 100 回の場合について，"表" が出る確率（パーセント）に対して重みの相対値を表してある．この図を見れば，10 回のコイン投げでは，"表 5 回" 以外の相対確率はまだ比較的大きいのがわかる．しかし，コインを投げる回数が増えるほど，この確率分布は狭くなって，50 パーセントが "表" という結果が優勢になる．この議論を分子集合体にまで拡張して，アボガドロ定数ほどの回数のコイン投げを行ったとしよう．図 30・3 の傾向からわかるように，その確率は 50 パーセント "表" のところで鋭いピークを示すはずである．いい換えれば，試行実験の数が増加すれば，50 パーセント "表" の配置が最確であるだけでなく，その配置の重みが大きくなって，他の結果を観測する確率は無視できるようになる．実際，系が大きくなるほど最確配置はますます優勢な配置となる．

例題 30・2

10000 個の粒子の集団を考えよう．各粒子は $0, \varepsilon, 2\varepsilon$ のエネルギー準位のどれかを占有することができ，全エネルギーは 5000ε である．粒子の総数と全エネルギーが一定であるという制約のもとで優勢配置を求めよ．

解答

粒子数一定に加えて全エネルギーが一定という制約があるから，エネルギー準位の占有数として独立なのは一つしかない．そこで，最高のエネルギー準位 (2ε) にある粒子数 (N_3) を独立変数とすれば，中間エネルギー準位 (N_2) と最低エネルギー準位の粒子数 (N_1) は，それぞれつぎのように与えられる．

$$N_2 = 5000 - 2N_3$$
$$N_1 = 10000 - N_2 - N_3$$

どのエネルギー準位の粒子数も 0 以上でなければならないから，N_3 は 0 と 2500 の間にあることがわかる．各状態の占有数がわかれば，(30・4) 式をつぎのかたちで使って，それぞれのエネルギー配置の重みの自然対数を N_3 の関数として計算しておくと便利である．

$$\ln W = \ln\left(\frac{N!}{N_1!\,N_2!\,N_3!}\right) = \ln N! - \ln N_1! - \ln N_2! - \ln N_3!$$

それぞれの項はスターリングの近似を使えば簡単に計算できる．その結果を図 30・4a に示す．この図によれば，$\ln W$ の最大は $N_3 \approx 1200$（正確には 1162）にある．この配置がどれほど優勢かは図 30・4b に示してある．ここでは，N_3 がとれる配置の重みを優勢配置と比較してある．このような粒子が 10000 個しかない比較的単純な系でさえ，優勢配置のところで重みは鋭いピークを示すことがわかる．

30・2 ボルツマン分布の導出

系のサイズが大きくなるにつれ，唯一の配置しか観測されないといえるほど相対的に大きな重みをもつ配置が現れる．この極限では，あらゆる配置を定義しても無駄となり，関心があるのは優勢配置だけである．そこで，最初からこの配置を特定できるような方法が必要となる．図30･3と図30･4をよく見ればわかるように，優勢配置はつぎのようにすれば求められる．優勢配置は最も大きな重みをもつ配置であるから，これと少しでも異なる配置に変化すれば，それは重みの減少となって反映される．したがって，χで表す**配置の指標**[1]の関数として重みを表し，その曲線のピーク位置を求めれば，それが優勢配置に相当している．ただし，分子系ではWは非常に大きな値をとるから，$\ln W$で表しておく方が便利である．そこで，優勢配置の探索基準は，

$$\frac{\mathrm{d}\ln W}{\mathrm{d}\chi} = 0 \tag{30·6}$$

となる．この式は，優先配置を数学的に定義したものであり，配置の指標の関数として$\ln W$の変化を調べることで配置空間を探索すれば，優先配置に相当する最大が見つかることを示している．この探索基準をグラフで表したのが図30･5である．

優勢配置のエネルギー分布を**ボルツマン分布**[2]という．この分布を導出するために，(30･4)式の重みの式を使い，その自然対数をとり，それにスターリングの近似を適用することから始める．すなわち，

$$\begin{aligned}\ln W &= \ln N! - \ln\prod_n a_n! \\ &= N\ln N - \sum_n a_n \ln a_n\end{aligned} \tag{30·7}$$

である．この式を得るのにつぎの等式を使った．

$$N = \sum_n a_n \tag{30·8}$$

この式は直感的にもわかりやすい．ここで扱う集合にある対象物は，用意されたエネルギー準位のどれかになくてはならない．したがって，占有数の和をとれば，対象物をすべて数えたことと同じである．

優勢配置を求めるには，何らかの配置の指標によって$\ln W$を微分する必要がある．ところで，その指標とは何だろうか．ここで関心があるのは，分子の集合に対するエネルギーの分布，あるいは，あるエネルギー準位に存在する分子数である．あるエネルギー準位にある分子の数は占有数a_nであるから，この占有数が配置の指標として使える．このことから，$\ln W$をa_nについて微分すれば，つぎの式を得る．

$$\frac{\mathrm{d}\ln W}{\mathrm{d}a_n} = \frac{\mathrm{d}N}{\mathrm{d}a_n}\ln N + N\frac{\mathrm{d}\ln N}{\mathrm{d}a_n} - \frac{\mathrm{d}}{\mathrm{d}a_n}\sum_n (a_n \ln a_n) \tag{30·9}$$

ここで，つぎの数学関係を使う．

$$\frac{\mathrm{d}\ln x}{\mathrm{d}x} = \frac{1}{x}$$

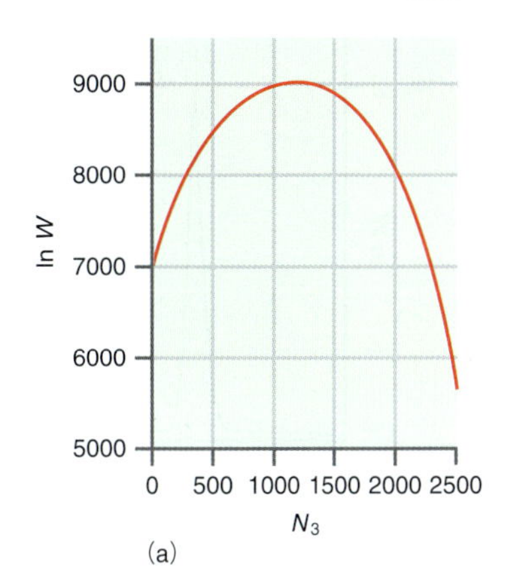

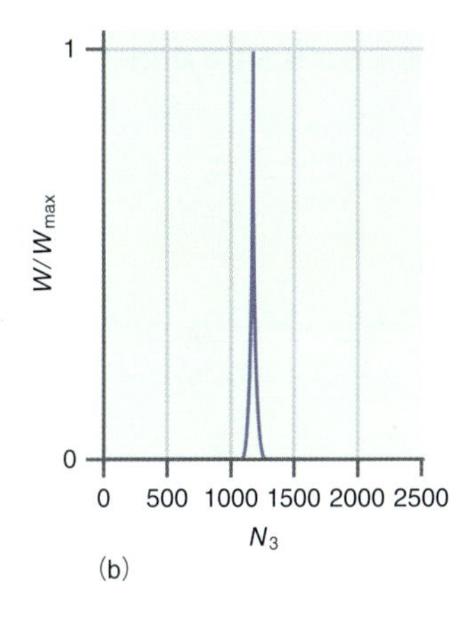

図30･4　例題30･2で考察した系の優勢配置．系は10000個の粒子からなり，粒子それぞれには3個のエネルギー準位$0, \varepsilon, 2\varepsilon$がある．最高エネルギー準位を占める粒子数は$N_3$であり，この準位の占有数によってエネルギー配置が決まる．(a)エネルギー配置の重みの自然対数$\ln W$をN_3の関数で表したグラフ．$\ln W$の最大は$N_3 \approx 1200$にある．(b)優勢配置の重みに対する各配置の重みの比をN_3の関数で表したグラフ．エネルギーの優勢配置に相当する$N_3 \approx 1200$付近で重みは鋭いピークを示す．

1) configurational index　2) Boltzmann distribution

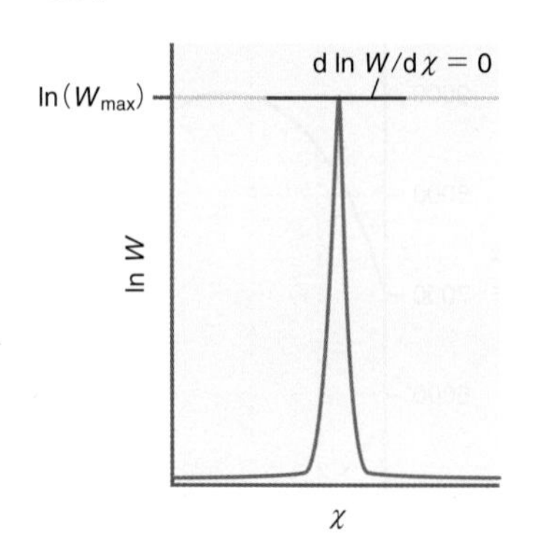

図 30・5　優勢配置の数学的な定義．重みの自然対数 $\ln W$ を配置の指標 χ の関数で表してある．この曲線の導関数は，優勢配置に相当する最大位置で 0 である．

こうして，

$$\frac{\mathrm{d}\ln W}{\mathrm{d}a_n} = \ln N + N\left(\frac{1}{N}\right) - (\ln a_n + 1) = -\ln\left(\frac{a_n}{N}\right) \qquad (30\cdot10)$$

が得られる．(30・10) 式と優勢配置の探索基準を比較すればわかるように，$\ln(a_n/N)=0$ で目的の探索が完了したことになる．しかしながら，これは互いの占有数が独立であると仮定しながら，占有数の合計は N に等しいという制約がある．したがって，ある占有数が減少すれば，どれかの占有数が増加して調節される．いい換えれば，この集合のどの対象物がエネルギーを獲得したり失ったりしてもよいが，同じエネルギーは系のどこかで失ったり獲得したりしなければならない．対象物の数も系の全エネルギーも一定であることは，つぎの式で表せる．

$$\sum_n \mathrm{d}a_n = 0 \qquad \sum_n \varepsilon_n \mathrm{d}a_n = 0 \qquad (30\cdot11)$$

$\mathrm{d}a_n$ の項は占有数 a_n の変化を表す．右の式の ε_n は n 番目のエネルギー準位のエネルギーである．ここまでは，N とエネルギーに関する保存条件を使わなかった．そこで，つぎの微分形式の式にこれらの条件の重みとしてラグランジュの乗数 α と β を導入して，これらの制約条件を式に取入れる．

$$\mathrm{d}\ln W = 0 = \sum_n -\ln\left(\frac{a_n}{N}\right)\mathrm{d}a_n + \alpha\sum_n \mathrm{d}a_n - \beta\sum_n \varepsilon_n \mathrm{d}a_n$$

$$= \sum_n\left(-\ln\left(\frac{a_n}{N}\right) + \alpha - \beta\varepsilon_n\right)\mathrm{d}a_n \qquad (30\cdot12)$$

ラグランジュの未定乗数法については上巻の巻末付録 A「数学的な取扱い」で詳しく説明してある．形式的にいえば，この方法を使えば，多数の変数に依存する関数で，その変数の間に制約がある場合に，その関数を最大化することができる．この方法で鍵となるのは α と β を求める段階であり，そのためには (30・12) 式の（　）内の項が 0 のときにのみ等式が満足することに注目する．すなわち，

$$0 = -\ln\left(\frac{a_n}{N}\right) + \alpha - \beta\varepsilon_n$$

$$\ln\left(\frac{a_n}{N}\right) = \alpha - \beta\varepsilon_n$$

$$\frac{a_n}{N} = \mathrm{e}^{\alpha}\,\mathrm{e}^{-\beta\varepsilon_n}$$

$$a_n = N\,\mathrm{e}^{\alpha}\,\mathrm{e}^{-\beta\varepsilon_n} \qquad (30\cdot13)$$

となる．ここでやっとラグランジュの乗数を求めることができる．まず，(30・13) 式の最後の式の両辺をすべてのエネルギー準位にわたって加えれば，つぎのように α を定義することができる．$\sum a_n = N$ であることから，

$$N = \sum_n a_n = N\mathrm{e}^{\alpha}\sum_n \mathrm{e}^{-\beta\varepsilon_n}$$

$$1 = \mathrm{e}^{\alpha}\sum_n \mathrm{e}^{-\beta\varepsilon_n}$$

$$\mathrm{e}^{\alpha} = \frac{1}{\sum_n \mathrm{e}^{-\beta\varepsilon_n}} \qquad (30\cdot14)$$

となるのである．この最後の等式は，統計力学で中心となる重要な結果の一つである．(30·14)式の右辺の分母は**分配関数**[1] q というもので，つぎのように定義される．

$$q = \sum_n \mathrm{e}^{-\beta\varepsilon_n} \tag{30·15}$$

次に β の値を求めよう．上の分配関数は，注目する変数，この場合は ε_n，つまり準位 n のエネルギーをとる確率を表す項すべての和を表している．(30·13)式と分配関数を使えば，あるエネルギー準位を占める確率 p_n は，

$$p_n = \frac{a_n}{N} = \mathrm{e}^{\alpha}\,\mathrm{e}^{-\beta\varepsilon_n} = \frac{\mathrm{e}^{-\beta\varepsilon_n}}{q} \tag{30·16}$$

となる．この式が注目する最終結果である．それは，エネルギーの優勢配置について，あるエネルギーを占める確率を定量的に表したものである．このよく知られた重要な結果は，ボルツマン分布として知られている．(30·16)式は，離散変数の場合の確率を表す29章の式と比較することができる．そこでは，確率をつぎのように定義した (29・23式)．

$$P(X_i) = \frac{f_i}{\sum_{j=1}^{M} f_i} \tag{30·17}$$

この比較によれば，このボルツマン分布は確率を述べた以外の何ものでもなく，分配関数は確率分布を規格化する役目をしている．

(30·16)式を定量的に応用するには，ラグランジュの2番目の乗数 β を求めておく必要がある．しかしここでは，この分布で分子系を具体的にどう表せるかについて考察することにしよう．前の例と同じ調和振動子の集合を考えよう．ただし，すべてのミクロ状態を書き出して優勢配置を見つけるのでなく，その代わりに (30·16)式のボルツマン分布則で優勢配置を与えることにする．この法則は，あるエネルギー準位にある振動子を見いだす確率が，その準位のエネルギー (ε_n) について $\exp(-\beta\varepsilon_n)$ で依存することを示している．この指数に単位があってはならないから，β の単位はエネルギーの逆数と同じでなければならない†2．ここで，調和振動子のエネルギー準位は (零点エネルギーを無視すれば) $n = 0, 1, 2, \cdots, \infty$ について $\varepsilon_n = nh\nu$ である．したがって，ここでは図30·6で示す $h\nu = \beta^{-1}$

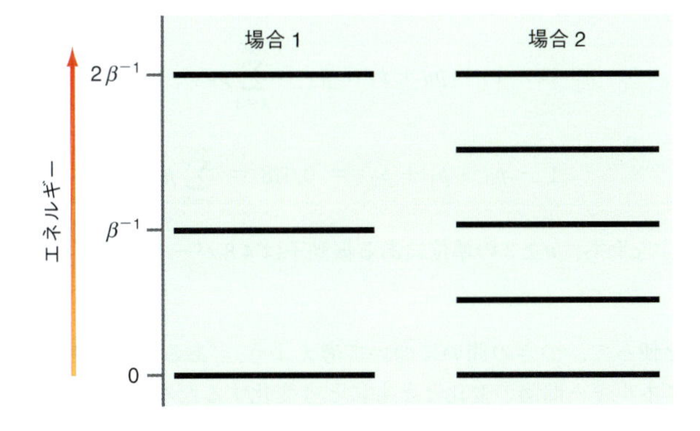

図 30·6　2種の振動子の例．場合1のエネルギー間隔は β^{-1}，場合2では $\beta^{-1}/2$ である．

†2　単位に注目したこの簡単な次元解析は重要な結果を示している．すなわち，β はエネルギーに関係している．すぐあとでわかるように，$1/\beta$ は系がもつエネルギーの目安を与えている．

1) partition function

の振動子を使おう．

このエネルギー間隔の値を使えば，ボルツマン分布の指数項はつぎのように簡単に計算できる．

$$\mathrm{e}^{-\beta\varepsilon_n} = \mathrm{e}^{-\beta(n/\beta)} = \mathrm{e}^{-n} \qquad (30\cdot18)$$

分配関数は，エネルギー準位にわたって和をとれば計算できる．すなわち，

$$q = \sum_{n=0}^{\infty} \mathrm{e}^{-n} = 1 + \mathrm{e}^{-1} + \mathrm{e}^{-2} + \cdots$$

$$= \frac{1}{1-\mathrm{e}^{-1}} = 1.58 \qquad (30\cdot19)$$

である．この最後の段階では，つぎの級数展開を使った（ただし，$|x| < 1$）．

$$\frac{1}{1-x} = 1 + x + x^2 + \cdots$$

この分配関数を使えば，振動子が最初の三つの準位（$n = 0, 1, 2$）を占める確率はつぎのように表される．

$$p_0 = \frac{\mathrm{e}^{-\beta\varepsilon_0}}{q} = \frac{\mathrm{e}^{-0}}{1.58} = \frac{1}{1.58} = 0.633$$

$$p_1 = \frac{\mathrm{e}^{-\beta\varepsilon_1}}{q} = \frac{\mathrm{e}^{-1}}{1.58} = 0.233 \qquad (30\cdot20)$$

$$p_2 = \frac{\mathrm{e}^{-\beta\varepsilon_2}}{q} = \frac{\mathrm{e}^{-2}}{1.58} = 0.086$$

例題 30・3

すぐ上で考えた例で，$n \geq 3$ のエネルギー準位にある振動子を見いだす確率はいくらか．

解答

ボルツマン分布は規格化された確率分布である．そこで，すべての確率の和は1である．すなわち，

$$p_{全} = 1 = \sum_{n=0}^{\infty} p_n$$

$$1 = p_0 + p_1 + p_2 + \sum_{n=3}^{\infty} p_n$$

$$1 - (p_0 + p_1 + p_2) = 0.048 = \sum_{n=3}^{\infty} p_n$$

である．すなわち，$n \geq 3$ の準位にある振動子は4.8パーセントしかない．

同じ例を使って，つぎの問いについて考えよう．“ある準位を占める確率は，準位間のエネルギー間隔の変化とともにどう変化するだろうか．”最初の例のエネルギー間隔はβ^{-1}であった．エネルギー準位の間隔が半分に減少すれば$h\nu = \beta^{-1}/2$ である．ここで大事なことは，βは変化せずエネルギー準位の間隔が変化したことである．この新しいエネルギー間隔では，ボルツマン分布の指数項は，

$$e^{-\beta\varepsilon_n} = e^{-\beta(n/2\beta)} = e^{-n/2} \tag{30・21}$$

となる．この式を分配関数の式に代入すれば，

$$q = \sum_{n=0}^{\infty} e^{-n/2} = 1 + e^{-1/2} + e^{-1} + \cdots$$
$$= \frac{1}{1 - e^{-1/2}} = 2.54 \tag{30・22}$$

となる．分配関数にこの値を使えば，この新しいエネルギー間隔に相当する三つのエネルギー準位 ($n = 0, 1, 2$) を占める確率は，

$$p_0 = \frac{e^{-\beta\varepsilon_0}}{q} = \frac{e^{-0}}{2.54} = \frac{1}{2.54} = 0.394$$
$$p_1 = \frac{e^{-\beta\varepsilon_1}}{q} = \frac{e^{-1/2}}{2.54} = 0.239 \tag{30・23}$$
$$p_2 = \frac{e^{-\beta\varepsilon_2}}{q} = \frac{e^{-1}}{2.54} = 0.145$$

となる．これを (30・20)式で表された前の系の確率と比較すれば，興味深いことがいくつかわかる．まず，エネルギー準位の間隔が減少すれば，最低エネルギー準位 ($n = 0$) の占有確率は減少するが，他の準位の占有確率は増加する．また，このような確率の変化を反映して，分配関数の値も増加する．分配関数はすべてのエネルギー準位にわたる確率項の和であるから，分配関数が増加したということは，高いエネルギー準位の占有確率が増加した現れなのである．すなわち，このようなβの値のもとでは，分配関数は占有エネルギー準位の数の目安を表している．

例題 30・4

すぐ前の例で，エネルギー準位の間隔が小さいときのエネルギー状態 $n \geq 3$ にある振動子を見いだす確率はいくらか．

解答　(30・23)式の計算結果を使えば，

$$\sum_{n=3}^{\infty} p_n = 1 - (p_0 + p_1 + p_2) = 0.222$$

となる．エネルギー間隔が減少したために，高いエネルギー準位を占める確率がかなり増加したことは上の説明と合っている．

30・2・1 縮　退

ここまでは，あるエネルギー準位には一つの状態だけしか存在しないと仮定してきた．しかしながら，原子や分子の系を考えるとき，あるエネルギーに二つ以上の状態が存在することもある．あるエネルギー準位に複数の状態が存在することを**縮退**[1]という．縮退は，つぎのように分配関数の式に取入れることができる．

$$q = \sum_n g_n e^{-\beta\varepsilon_n} \tag{30・24}$$

1) degeneracy

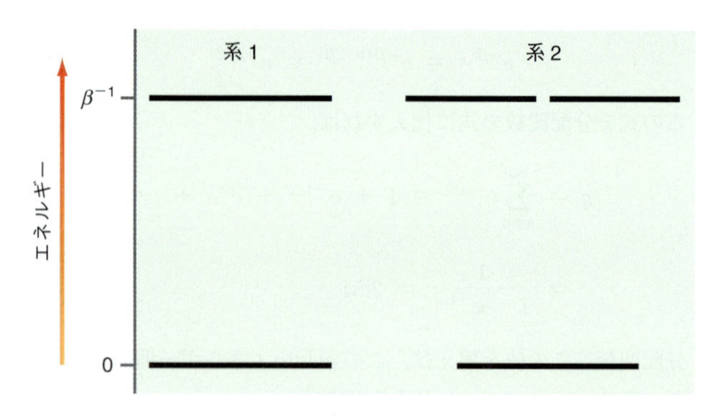

図 30·7 縮退の状況の違い．系 1 では，エネルギー準位 0 と β^{-1} に状態が一つずつある．系 2 では，エネルギー準位の間隔は系 1 と同じであるが，β^{-1} の準位に二つの状態があり，このエネルギー準位の縮退度は 2 である．

この式は，(30·15)式の前の q の定義と同じものである．違うのは，この式に g_n が入っていることである．この因子は，あるエネルギー準位に存在する状態の数，つまりその準位の縮退度を表している．これに対応するエネルギー準位 ε_i を占有する確率の式は，

$$p_i = \frac{g_i \mathrm{e}^{-\beta\varepsilon_i}}{q} \tag{30·25}$$

である．この式の g_i はエネルギー準位 ε_i の縮退度であり，q は (30·24)式で定義したものである．

縮退度は確率にどういう影響を与えるだろうか．図 30·7 について考えよう．図にはエネルギー 0 と β^{-1} に一つずつ状態がある系（系 1）と，同様の系だが同じエネルギー β^{-1} に二つの状態が存在する場合（系 2）を示してある．系 1 の分配関数は，

$$q_{系1} = \sum_n g_n \mathrm{e}^{-\beta\varepsilon_n} = 1 + \mathrm{e}^{-1} = 1.37 \tag{30·26}$$

で表される．系 2 の q は，

$$q_{系2} = \sum_n g_n \mathrm{e}^{-\beta\varepsilon_n} = 1 + 2\mathrm{e}^{-1} = 1.74 \tag{30·27}$$

である．この二つの系でエネルギー β^{-1} にある準位を占める確率は，

$$\begin{aligned} p_{系1} &= \frac{g_i \mathrm{e}^{-\beta\varepsilon_i}}{q} = \frac{\mathrm{e}^{-1}}{1.37} = 0.27 \\ p_{系2} &= \frac{g_i \mathrm{e}^{-\beta\varepsilon_i}}{q} = \frac{2\mathrm{e}^{-1}}{1.74} = 0.42 \end{aligned} \tag{30·28}$$

で与えられる．エネルギー β^{-1} の準位を占める確率は，縮退のある系 2 の方が大きいことに注目しよう．この増加は，このエネルギー準位の占有に二つの状態が使えることを反映したものである．しかし，その増加分は縮退がない場合（系 1）の単に 2 倍ということにはならない．それは，縮退によって分配関数の値も変わるからである．

30・3 ボルツマン分布の優位性

図 30·5 に示したボルツマン分布の探索基準によって，ミクロ状態の数が最大になるエネルギー分布があることはわかる．しかし，ボルツマン分布がどれほど優勢であるかについては，まだよくわからない．これに答えるための別のアプローチとして，“図 30·5 に示した曲線の幅はいったいどれくらいか” を考えよ

う．優勢配置から少しずれた配置でエネルギー分布が変わっても，依然として観測可能な確率が得られるほど，その分布には広い幅があるのだろうか．

区別可能な単位から成る巨視的な集合体があり，他から孤立しているとしよう[†3]．優勢配置とはミクロ状態が最大の配置であり，重み $W_{\max}$ に相当している．これとは別に，わずかに異なる重み $W < W_{\max}$ をもつ新しい配置を考えよう．ここで，n 番目のエネルギー状態にある単位の数の変化の割合を α_n としよう．すなわち，

$$\alpha_n = \frac{a_n' - a_n}{a_n} = \frac{\delta_n}{a_n} \qquad (30\cdot29)$$

とする．この式の δ_n は優勢配置の占有数 a_n から新しい配置の占有数 (a_n') への変化分であり，その優勢配置の占有数に対する比が α_n である．この系は孤立しているから全粒子数も全エネルギーも保存されており，$\Delta N = 0$ および $\Delta E = 0$ である．これらの条件のもとで，$W_{\max}/W$ の比はつぎの式で与えられる．

$$\frac{W_{\max}}{W} = \frac{\dfrac{N!}{\prod_n a_n!}}{\dfrac{N!}{\prod_n (a_n + \delta_n)!}} = \prod_n \left(a_n + \frac{\delta_n}{2}\right)^{\delta_n} \qquad (30\cdot30)$$

ここで，$\prod_n (a_n + \delta_n)!/\prod_n a_n!$ は $(a_n + 1)$ から $(a_n + \delta_n)$ までの δ_n 個の因子からなる．(30・30)式の最右辺への等号は，δ_n が十分小さく，$|\delta_n| \ll a_n$ のときに成り立つ．こうして表された重みの比は，ボルツマン分布からずれた新しい配置のミクロ状態の数の目安に使える．分子の集合体では W は非常に大きいから，この比の自然対数を使うことにする．そうすれば，

$$\begin{aligned}
\ln\left(\frac{W_{\max}}{W}\right) &= \sum_n \ln\left(a_n + \frac{\delta_n}{2}\right)^{\delta_n} \\
&= \sum_n \delta_n \ln\left(a_n + \frac{\delta_n}{2}\right) \\
&= \sum_n \delta_n \ln a_n \left(1 + \frac{\delta_n}{2a_n}\right) \\
&= \sum_n \delta_n \ln a_n + \sum_n \delta_n \ln\left(1 + \frac{\delta_n}{2a_n}\right)
\end{aligned} \qquad (30\cdot31)$$

となる．z が小さいときの近似式 $\ln(1 \pm z) = \pm z$ を使えば，(30・31)式の最後の式は簡単になる．δ_n は優勢配置の占有数からの変化分を表し，占有数との比はきわめて小さいから $\delta_n/2a_n \ll 1$ である．したがって，

$$\ln\left(\frac{W_{\max}}{W}\right) = \sum_n \delta_n \ln a_n + \sum_n \frac{\delta_n^2}{2a_n} \qquad (30\cdot32)$$

となる．ここで，(30・29)式で定義したつぎの式を使う．

$$\alpha_n = \frac{\delta_n}{a_n} \qquad (30\cdot33)$$

†3　ボルツマン分布の導出に関する詳しい説明はつぎの文献にある．Nash, L. K., 'On the Boltzmann Distribution Law', *J. Chemical Education*, **59**, 824 (1982).

この δ_n の式を (30·32)式に代入すれば，

$$\begin{aligned}\ln\left(\frac{W_{\max}}{W}\right) &= \sum_n a_n\alpha_n \ln a_n + \sum_n \frac{a_n}{2}(\alpha_n^2) \\ &= \sum_n a_n\alpha_n(\ln a_0 - \beta\varepsilon_n) + \sum_n \frac{a_n}{2}(\alpha_n^2) \\ &= \sum_n a_n\alpha_n(\ln a_0) - \sum_n \beta\varepsilon_n a_n\alpha_n + \sum_n \frac{a_n}{2}(\alpha_n^2) \\ &= \ln a_0 \sum_n a_n\alpha_n - \beta\sum_n \varepsilon_n a_n\alpha_n + \sum_n \frac{a_n}{2}(\alpha_n^2) \\ &= \sum_n \frac{a_n}{2}(\alpha_n^2) \end{aligned} \tag{30·34}$$

となる．この導出の最後の段階では，$\Delta N = 0$ (最初の和が 0) および $\Delta E = 0$ (2番目の和が 0) であることを使った．ここで，優勢配置の占有数に対する占有数の根平均二乗偏差をつぎのように定義する．

$$\alpha_{\text{rms}} = \left[\frac{\sum_n a_n\alpha_n^2}{N}\right]^{1/2} \tag{30·35}$$

この式を使えば，ボルツマン分布に相当する重み $W_{\max}$ とそれから少しずれた分布の重み W の比は，

$$\frac{W_{\max}}{W} = \mathrm{e}^{N\alpha_{\text{rms}}^2/2} \tag{30·36}$$

となる．この関係式を化学系に応用するために，注目する系は 1 mol の分子から成るものとする．つまり，$N = 6.022 \times 10^{23}$ である．また，占有数の分率変化 α_n が $\alpha_{\text{rms}} = 10^{-10}$ (つまり 10^{10} 分の 1) で表せるほどきわめて小さいものとしよう．これらの値を使えば，

$$\frac{W_{\max}}{W} = \mathrm{e}^{\frac{(6.022 \times 10^{23}) \times (10^{-20})}{2}} \approx \mathrm{e}^{3000} = 10^{1302}$$

となる．この重みの比は途方もなく大きな数値であり，優勢配置からごくわずか変わるだけで，その重みは大きく減少することがわかる．これで明らかになったように，N がアボガドロ定数ほどの数の系では図 30·5 に示した曲線の幅はきわめて狭く，多数の単位から成る巨視的な集合体で観測されるのは事実上，最確分布が唯一の分布となる．多数の単位から成る大きな集合体で得られるミクロ状態の総数のうち，圧倒的多数のミクロ状態は優勢配置に相当しており，優勢配置からごくわずか異なる配置のサブセットがあっても，その巨視的性質は優勢配置のものと何ら変わらない同一のものである．一言でいえば，この集合体の巨視的な性質は優勢配置によって決まっている．

30・4 ボルツマン分布則の物理的な意味

系が平衡にあるとき予測される配置はすべて優勢配置ということなら，他の配置の存在はどうすればわかるだろうか．また，そもそも系の優勢でない配置は無意味な存在なのだろうか．最近の実験研究によれば，系を平衡状態から意図的にずらせて，それが平衡に向かって緩和する過程を追跡することができる．したがって，優勢でない配置を実験的につくりだして，それを研究できる可能性もあ

る．これらの疑問に対する明快な解答は，以下で示す論理的な考察によって得られるだろう．まず，統計力学の基礎であるつぎの中心原理について考えよう．

> 多数の単位から成る集合体が他から孤立していれば，その可能なミクロ状態はすべて同じ確率で起こる．

この原理が正しいことをどうすれば確認できるだろうか．100 個のエネルギー量子をもつ 100 個の振動子の集合を考えよう．この系にありうるミクロ状態の総数は 10^{200} もあり，それは途方もなく大きな数である．ここで，それぞれのミクロ状態を調べるのに，各振動子のエネルギーを測定する実験を行ったとしよう．10^{-9} s (1 ns) ごとに 1 回の測定ができるとすれば，毎秒 10^9 個の頻度でミクロ状態を調べることができる．このように迅速にミクロ状態を求めたとしても，可能なミクロ状態すべてを数え上げるには 10^{191} s もの時間がかかる．これは宇宙の年齢よりずっと長いものである．つまり，この中心原理を実験的に証明することはできない．しかしながら，統計力学によっていろいろな化学系を記述した結果，これら巨視的な系を満足に，しかも正確にこれまで説明できてきたのであるから，この中心原理が真であると仮定したうえでいろいろ議論を進めてもよいだろう．

この中心原理の有効性を仮定したとしても，その意味については疑問が残ったままである．これを調べるために，多数の互いに区別可能で同一な振動子から成る巨視的な集合を考えよう．この集合体は孤立していて，系の全エネルギーも振動子の数も一定とする．また，振動子はエネルギーを自由に交換できて，どのエネルギー配置も（したがって，ミクロ状態も）とれるものとする．この系を放置すれば，つぎの状況が観測されるだろう．

1. 個々のミクロ状態はすべて同等に起こりうる．それでいて，優勢配置のミクロ状態を観測する確率が最大である．
2. 前節で示したように，大多数のミクロ状態の配置は，優勢配置と無限小しか違わない．系の巨視的な性質は優勢配置と同一のものである．したがって，圧倒的な確率で，優勢配置の性質を備えた系の巨視的状態が観測される．
3. 系を監視し続けたとしても，観測される系の巨視的性質は変化しない．一方，この集合体の振動子の間では，エネルギーが絶えず交換されている．この巨視的な状態を**平衡状態**[1]という．
4. 上の 1 から 3 により，系の平衡状態には優勢配置の性質が反映される．

このような論理の進め方によって，ある重要な結論が導ける．すなわち，ボルツマン分布則は，平衡にある化学系のエネルギー分布を表している．確率という用語を使って表すとき，すべてのミクロ状態が等しい確率で観測されるということは，あらゆる配置が等確率で観測されるということではない．30･3 節で説明したように，圧倒的多数のミクロ状態がボルツマン分布に相当しているから，観測される最確の配置はボルツマン分布によるものである．

30・5 β の 定 義

ボルツマン分布を利用するには，β について実際に使える定義が必要である．それが系の測定可能な変数で定義できる量であれば都合がよい．このような定義は，多数の単位から成る集合体の全エネルギー E の関数として重み W の変化を

1) equilibrium state

考えれば導ける．始めに，全エネルギーとして3個しかエネルギー量子をもたない10個の振動子から成る集合体を考えよう．この状況では，大多数の振動子は最低エネルギー状態を占めており，優勢配置に相当する重みは小さい．しかしながら，系にエネルギーを与えるにつれ，その振動子はより高いエネルギー状態を占めるようになり，(30･4)式の分母は減少する．そこで W は増加することになる．このように，E と W には相関があると予測できる．

E と W の関係は，(30･4)式の自然対数をとれば求められる．すなわち，

$$\ln W = \ln N! - \ln \prod_n a_n! = \ln N! - \sum_n \ln a_n! \tag{30･37}$$

である．ここで関心があるのは E についての W の変化であり，それを表すにはつぎの W の全微分が必要である．

$$\mathrm{d}\ln W = -\sum_n \mathrm{d}\ln a_n! = -\sum_n \ln a_n \,\mathrm{d}a_n \tag{30･38}$$

この式を導くのに，スターリングの近似を使って $\ln(a_n!)$ を計算した．ここで，ボルツマン分布の式，すなわち基底エネルギー準位 ($\varepsilon_0 = 0$) の占有数に対する任意のエネルギー準位 ε_n の占有数の比を表す式を使えば，(30･38)式を簡単にすることができる．すなわち，

$$\frac{a_n}{a_0} = \frac{\dfrac{N\,\mathrm{e}^{-\beta\varepsilon_n}}{q}}{\dfrac{N\,\mathrm{e}^{-\beta\varepsilon_0}}{q}} = \mathrm{e}^{-\beta\varepsilon_n} \tag{30･39}$$

$$\ln a_n = \ln a_0 - \beta\varepsilon_n \tag{30･40}$$

である．ここで，(30･39)式の分配関数 q と N は消えている．また，$\ln(a_n)$ の式を (30･38)式に代入すれば，

$$\mathrm{d}\ln W = -\sum_n (\ln a_0 - \beta\varepsilon_n)\,\mathrm{d}a_n = -\ln a_0 \sum_n \mathrm{d}a_n + \beta \sum_n \varepsilon_n \,\mathrm{d}a_n \tag{30･41}$$

となる．この式の最初の和は，全体としての占有数の変化を表しており，それは系全体の振動子の数の変化に等しい．しかし，系の振動子の数は一定で $\mathrm{d}N = 0$ であるから，この最初の和は0に等しい．第2項は，系にエネルギーを割り当てたときの全エネルギーの変化 ($\mathrm{d}E$) を表している．すなわち，

$$\sum_n \varepsilon_n \,\mathrm{d}a_n = \mathrm{d}E \tag{30･42}$$

である．この式を使えば，β と重み，全エネルギーの間の関係は最終的に，

$$\mathrm{d}\ln W = \beta\,\mathrm{d}E \tag{30･43}$$

と導かれる．これは注目すべき重要な式であり，これから β の物理的な意味を引き出すことができる．まず，重みの対数が系に与えられたエネルギーに比例し

ていること，β はその単なる比例定数であることがわかる．また，(30・43)式の次元解析によれば，前にも述べたように，β はエネルギーの逆数の次元をもっている．

β を測定可能な系の変数と結びつけるのが，ボルツマン分布の定義を完成させる最終段階である．それは，つぎの思考実験で行える．区別可能な単位から成る二つの系（集合体）が別々にあり，平衡における重みはそれぞれ W_x と W_y である．図 30・8 に示すように，この両方の集合体を熱接触させ，その複合系を平衡に向かわせる．この複合系も外界から孤立しているから，この複合系に与えられた全エネルギーは，個々の集合体のエネルギーの和である．熱接触の直後の複合系の全体の重みは，W_x と W_y の積である．この二つの系が始めは異なる平衡条件にあれば，接触直後の複合系の瞬間的な重みは平衡に達した後の複合系の重みより小さいであろう．複合系の重みは平衡に近づくにつれ増加するから，

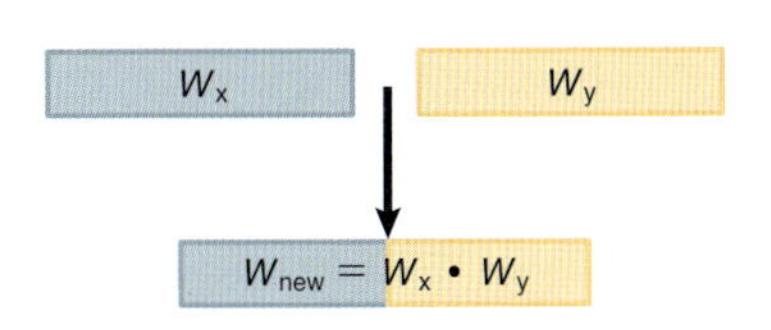

図 30・8　互いに区別可能な単位から成る二つの集合体 x と y を熱接触させる．

$$\mathrm{d}(W_x \cdot W_y) \geq 0 \qquad (30\cdot44)$$

と書ける．この不等式はつぎのように単純になる（上巻の巻末付録 A「数学的な取扱い」を見よ）．

$$W_y\,\mathrm{d}W_x + W_x\,\mathrm{d}W_y \geq 0$$

$$\frac{\mathrm{d}W_x}{W_x} + \frac{\mathrm{d}W_y}{W_y} \geq 0 \qquad (30\cdot45)$$

$$\mathrm{d}\ln W_x + \mathrm{d}\ln W_y \geq 0$$

(30・43)式を (30・45)式の最後の式に代入すれば，

$$\beta_x\,\mathrm{d}E_x + \beta_y\,\mathrm{d}E_y \geq 0 \qquad (30\cdot46)$$

となる．β_x と β_y は最初の集合体 x と y の β の値である．これに対応して，$\mathrm{d}E_x$ と $\mathrm{d}E_y$ は，個々の集合体の全エネルギーの変化である．この複合系は外界から孤立しているから，集合体 x のエネルギーが変化すれば，それは集合体 y の変化によって相殺されなければならない．すなわち，

$$\mathrm{d}E_x + \mathrm{d}E_y = 0$$
$$\mathrm{d}E_x = -\mathrm{d}E_y \qquad (30\cdot47)$$

である．ここで，もし $\mathrm{d}E_x$ が正なら，(30・46)式によって，

$$\beta_x \geq \beta_y \qquad (30\cdot48)$$

となる．この結果を系の変数を使って説明できるだろうか．つぎのように考えれば，この問いに答えることができる．もし，$\mathrm{d}E_x$ が正なら，エネルギーは集合体 y から集合体 x に向かって流れる．熱力学によれば，温度は内部の運動エネルギーの目安であるから，エネルギーの増加は集合体 x の温度上昇によって起こる．これに対応して，集合体 y の温度降下が起こる．したがって，平衡に到達する前の熱力学的な考察からは，

$$T_y \geq T_x \qquad (30\cdot49)$$

がいえる．この式と (30・48)式が正しいためには，β は T の逆数に関係していなくてはならない．また，(30・43)式の次元解析から，β はエネルギーの逆数の次元（したがって単位）をもたねばならない．そこで，β と T の関係に比例定数を導入すれば，β の式は，

$$\beta = \frac{1}{k_{\rm B}T} \tag{30·50}$$

で表される．この式の定数 $k_{\rm B}$ を**ボルツマン定数**[1]という．その値は，1.380 648 52 $\times 10^{-23}$ J K^{-1} である．$k_{\rm B}$ とアボガドロ定数の積は R，モル気体定数（8.314 459 8 J K^{-1} mol^{-1}）である．ジュールというのはエネルギーの SI 単位であるが，分光測定によって分子のエネルギー準位に関する豊富な情報が得られる．その分光学的な諸量は波数の単位（cm^{-1}）で表されることが多い．**波数**[2]は，1 cm 当たりの電磁波の数である．波数からジュールの単位に変換するには，プランク定数 h と光速 c を掛ければよい．例題 30·5 では，I_2 の振動エネルギー準位が，その振動子の振動波数 $\tilde{\nu}$ で与えられている．この分光学的情報を使って，振動エネルギー準位をジュールの単位で表せば，

$$\begin{aligned} E_n &= nhc\tilde{\nu} = n(6.626\times10^{-34}\ \mathrm{J\ s})(3.00\times10^{10}\ \mathrm{cm\ s^{-1}})(208\ \mathrm{cm^{-1}}) \\ &= n(4.13\times10^{-21}\ \mathrm{J}) \end{aligned} \tag{30·51}$$

となる．場合によっては，波数からジュールへのこのような変換が面倒なこともあるだろう．その場合は，ボルツマン定数としてジュールではなく波数で表した値 $k_{\rm B} = 0.695\,034\,57$ cm^{-1} K^{-1} を使えばよい．この場合は，分配関数やその他の統計力学的な諸量を表すのに，波数で表した分光学的諸量がそのまま使える．

例題 30・5

I_2 の振動数は 208 cm^{-1} である．この分子の温度が 298 K であるとして，I_2 の $n=2$ の振動準位を占有する確率はいくらか．

解答

分子の振動エネルギー準位は，調和振動子のモデルで表せる．したがって，この問題を解くには，すぐ上で述べたのと同じ方針を採用すればよい．分配関数 q を計算するやり方は，分配関数を展開式で表してから，それを計算した式を用いることであった．

$$\begin{aligned} q &= \sum_n \mathrm{e}^{-\beta\varepsilon_n} = 1 + \mathrm{e}^{-\beta hc\tilde{\nu}} + \mathrm{e}^{-2\beta hc\tilde{\nu}} + \mathrm{e}^{-3\beta hc\tilde{\nu}} + \cdots \\ &= \frac{1}{1-\mathrm{e}^{-\beta hc\tilde{\nu}}} \end{aligned}$$

$\tilde{\nu} = 208$ cm^{-1}，$T = 298$ K であるから分配関数は，

$$\begin{aligned} q &= \frac{1}{1-\mathrm{e}^{-\beta hc\tilde{\nu}}} \\ &= \frac{1}{1-\mathrm{e}^{-hc\tilde{\nu}/k_{\rm B}T}} \\ &= \frac{1}{1-\exp\left[-\left(\dfrac{(6.626\times10^{-34}\ \mathrm{J\ s})(3.00\times10^{10}\ \mathrm{cm\ s^{-1}})(208\ \mathrm{cm^{-1}})}{(1.38\times10^{-23}\ \mathrm{J\ K^{-1}})(298\ \mathrm{K})}\right)\right]} \\ &= \frac{1}{1-\mathrm{e}^{-1}} = 1.58 \end{aligned}$$

1) Boltzmann's constant 2) wavenumber

と計算できる．次に，この値を使って2番目の振動状態（$n=2$）を占める確率をつぎのように計算すればよい．

$$p_2 = \frac{e^{-2\beta hc\tilde{\nu}}}{q}$$

$$= \frac{\exp\left[-2\left(\frac{(6.626 \times 10^{-34}\,\mathrm{J\,s^{-1}})(3.00 \times 10^{10}\,\mathrm{cm\,s^{-1}})(208\,\mathrm{cm^{-1}})}{(1.38 \times 10^{-23}\,\mathrm{J\,K^{-1}})(298\,\mathrm{K})}\right)\right]}{1.58}$$

$$= 0.086$$

例題30･5の最終結果は，もっともらしいものである．これと同じ問題は，この章の始めに扱った．そこでは，エネルギー準位の間隔がβ^{-1}（図30･6の場合1）で，$n=0, 1, 2$について占有状態の確率を計算した．その問題とここでの分子の例を考え合わせれば，ボルツマン分布や分配関数の指数にある$\beta\varepsilon_n$は，系に与えられた熱エネルギーk_BTと特定のエネルギー準位を占有するのに必要なエネルギーを比べた量であり，それは両者の比で表せることがわかる．準位のエネルギーがk_BTよりかなり大きければ，その準位はあまり占有されない．一方，その準位のエネルギーがk_BTに比べて小さければ，その逆がいえる．

例題30･5は，振動分光法と回転分光法で行った説明を思い出させてくれたことだろう．そこでは，ボルツマン分布を使えば振動状態や回転状態における相対占有数を予測できること，その占有数が振動や回転の遷移強度に与える影響などについて述べた．また，核磁気共鳴分光法（NMR）におけるボルツマン分布の役割については，つぎの例題で述べる．

例題 30・6

NMR分光法では，対象とする核を磁場中に置くことでスピン状態にエネルギー差が生じる．プロトンには二つの可能なスピン状態，$+1/2$と$-1/2$がある．この二つの状態間のエネルギー間隔ΔEは磁場の強さに依存しており，

$$\Delta E = g_N \beta_N B = (2.82 \times 10^{-26}\,\mathrm{J\,T^{-1}})B$$

で与えられる．Bは磁場の強さであり，テスラ（T）の単位で表す．また，g_Nとβ_Nはそれぞれ，プロトン核のg因子と核磁子である．初期のNMR分光計では，磁場の強さが約1.45 Tの磁石を使っていた．同じこの磁石を使ったとき，$T=298$ Kにおける二つのスピン状態の間の占有数の比はいくらか．

解 答

ボルツマン分布を使えば，エネルギー準位の占有数は，

$$a_n = \frac{N e^{-\beta\varepsilon_n}}{q}$$

で表される．Nは粒子数であり，ε_nは注目する準位のエネルギー，qは分配関数である．この式を使って占有数の比を求めれば，

$$\frac{a_{+1/2}}{a_{-1/2}} = \frac{\dfrac{N e^{-\beta\varepsilon_{+1/2}}}{q}}{\dfrac{N e^{-\beta\varepsilon_{-1/2}}}{q}} = e^{-\beta(\varepsilon_{+1/2} - \varepsilon_{-1/2})} = e^{-\beta\Delta E}$$

となる．ΔEとβを代入すれば（両者で単位は相殺される），占有数の比は，

$$\frac{a_{+1/2}}{a_{-1/2}} = e^{-\beta\Delta E} = e^{-\Delta E/k_B T} = \exp\left[\frac{-(2.82\times10^{-26}\,\mathrm{J\,T^{-1}})(1.45\,\mathrm{T})}{(1.38\times10^{-23}\,\mathrm{J\,K^{-1}})(298\,\mathrm{K})}\right]$$

$$= e^{-(9.94\times10^{-6})} = 0.999\,990$$

となる．すなわち，この系のエネルギー間隔は，この温度で使えるエネルギー（$k_B T$）よりずっと小さく，エネルギーの高いスピン状態がかなり占有されており，低いエネルギー状態の占有数とほぼ等しい．

用語のまとめ

重　み	配　置	分配関数	ボルツマン分布
縮　退	配置の指標	平衡状態	ミクロ状態
占有数	波　数	ボルツマン定数	優勢配置

文章問題

Q 30.1　配置とミクロ状態の違いは何か．

Q 30.2　配置の"重み"とはどういうことか．

Q 30.3　ある配置のミクロ状態の数を計算するにはどうすればよいか．

Q 30.4　"優勢配置"というとき，それは何を意味するかを説明せよ．

Q 30.5　占有数とは何か．エネルギー分布を表すのに占有数をどう使うか．

Q 30.6　分配関数は何を表すか．確率論の概念を使って分配関数について説明せよ．

Q 30.7　ボルツマン分布の意義を説明せよ．この分布は何を表すものか．

Q 30.8　ボルツマン分布と違うエネルギー配置を見いだす確率が無視できるほど小さいのはなぜか．

Q 30.9　縮退とは何か．縮退のある場合とない場合で，分配関数の式にどんな違いがあるかを説明せよ．

Q 30.10　βと温度はどういう関係にあるか．$k_B T$はどんな単位で表されるか．

Q 30.11　分配関数は温度とともにどう変化すると予測されるか．たとえば，絶対零度の分配関数の値はいくらか．

数値問題

赤字番号の問題の解説が解答・解説集にある（上巻 vii 頁参照）．

P 30.1

a. N回のコイン投げで，"表"がH回，"裏"がT回出るときの可能なミクロ状態の数はいくらか．

b. 1000回のコイン投げで，"表"が50パーセント，"裏"が50パーセントのときのミクロ状態の総数はいくらか．

c. "表"が40パーセント，"裏"が60パーセントの場合は，どれほど起こりにくいか．

P 30.2　例題30·1では，コインを100回投げたときに"表"が40回出るときと50回出るときの重みを求めた．同様の計算をして，1000回投げたときに"表"が400回出るときと500回出るときの重みを求めよ．（この計算にはスターリングの近似が使える．）

P 30.3

a. コインをN回投げたときの最確の結果は，"表"が$N/2$回，"裏"が$N/2$回である．これに相当するW_{max}の式を求めよ．

b. (a)の答を参考にして，"表"がH回，"裏"がT回という最確でない場合について，その重みWとW_{max}の間のつぎの関係を導け．

$$\ln\left(\frac{W}{W_{max}}\right) = -H\ln\left(\frac{H}{N/2}\right) - T\ln\left(\frac{T}{N/2}\right)$$

c. 得られた結果の最確値からのずれを"偏差率"$\alpha = (H-T)/N$を使って定義する．"表"と"裏"の数は，それぞれ$H=(N/2)(1+\alpha)$および$T=(N/2)(1-\alpha)$で表せることを示せ．

d. 最後に，$W/W_{max} = e^{-N\alpha^2}$を示せ．

P 30.4　振動子 10 個とエネルギー量子 8 個の場合を考えよう．この系のエネルギー配置を求め，それに相当する重みを計算して優勢配置を求めよ．この優勢配置を見いだす確率はいくらか．

P 30.5　トランプカードについて，つぎの“手”の重みを求めよ．

a. 任意のカード 5 枚

b. 同じ種類のカード 5 枚（“フラッシュ”）

P 30.6　二準位系のエネルギー分布の重みは，系の総数 N と励起状態を占める系の数 n_1 で表せる．これらを使って重みの式を求めよ．

P 30.7　ある励起状態を占める確率 p_i は，$p_i = n_i/N = e^{-\beta\varepsilon_i}/q$ で与えられる．n_i は注目する状態の占有数，N は粒子数，ε_i は注目する準位のエネルギーである．この式は，最低状態のエネルギーのとり方に無関係であることを示せ．

P 30.8　大気圧は，ボルツマン分布によって理解できる．地表からある高さでのポテンシャルエネルギーは mgh である．m は注目する粒子の質量，g は重力加速度，h は高さである．このポテンシャルエネルギーを使って大気圧の式 $P = P_0\,e^{-mgh/k_BT}$ を導け．温度は 298 K で一定として，地表から約 11 km の高さにある対流圏と成層圏の境界，圏界面での N_2 と O_2 の圧力はいくらと予測できるか．地表における空気のおよその組成は，N_2 が 78 パーセント，O_2 が 21 パーセント，その他の気体が 1 パーセントである．

P 30.9　つぎのエネルギー準位図について考えよう．

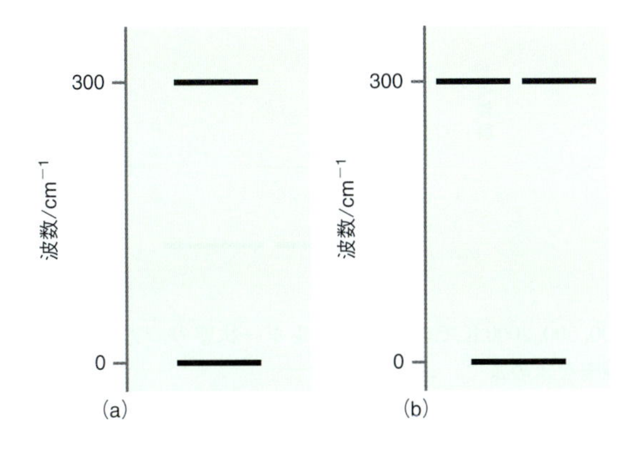

a. 図の (a) の状態があるとき，2 番目のエネルギー準位を占める確率が 0.15 となる温度はいくらか．

b. 図の (b) の状態について，同じ計算をせよ．実際の計算を始める前に，その温度が (a) で求めた温度より高いか低いかを予測できるか．また，それはなぜかを説明せよ．

P 30.10　問題 P30.9 のエネルギー準位図に励起状態をもう一つ，波数 600 cm^{-1} に加えたつぎのエネルギー準位図について考えよう．

a. 図の (a) の状態があるとき，2 番目のエネルギー準位を占める確率が 0.15 となる温度はいくらか．

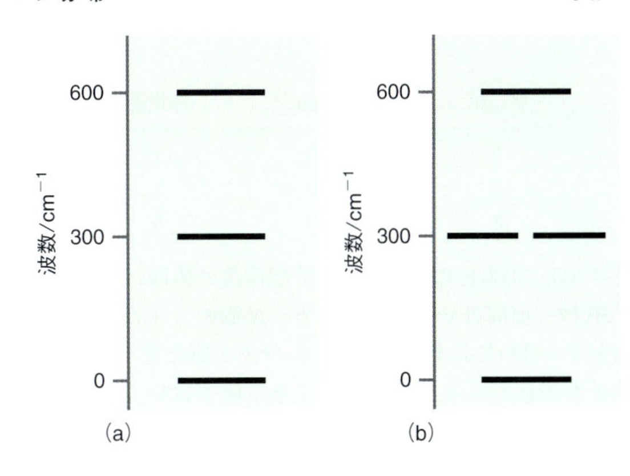

b. 図の (b) の状態について，同じ計算をせよ．

〔ヒント：エクセルなどの表計算ソフトウエアを使って数値計算すれば簡単である．〕

P 30.11　四つの準位のエネルギーが等間隔のとき，つぎの占有数のセットについて考えよう．

(ε/k_B)/K	セット A	セット B	セット C
300	5	3	4
200	7	9	8
100	15	17	16
0	33	31	32

a. これら 3 セットのエネルギーは同じであることを確かめよ．

b. どのセットが最確かを求めよ．

c. 最確のセットのエネルギー分布はボルツマン分布に合っているか．

P 30.12　13 個の粒子から成るセットが，0, 100, 200 cm^{-1} に相当するエネルギーの状態を占めている．つぎのエネルギー配置について，全エネルギー（波数）とミクロ状態の数を計算せよ．

a. $a_0 = 8$，$a_1 = 5$，$a_2 = 0$

b. $a_0 = 9$，$a_1 = 3$，$a_2 = 1$

c. $a_0 = 10$，$a_1 = 1$，$a_2 = 2$

どの配置がボルツマン分布に相当しているか．

P 30.13　縮退のない $\varepsilon/k_B = 0, 100, 200$ K の準位から成るある系について，$T = 50, 500, 5000$ K のときの各状態を占める確率を計算せよ．温度が増加し続ければ，その確率はある極限値に向かう．この極限値はいくらか．

P 30.14　縮退がなくエネルギー間隔が $\varepsilon/k_B = 500$ K の二準位系で，上のエネルギー状態の占有数が下のエネルギー状態の $\frac{1}{2}$ となる温度はいくらか．両者の占有数が等しくなる温度はいくらか．

P 30.15　縮退がなくエネルギー間隔が 6000 cm^{-1} に相当する二準位系の分子の集団を考えよう．この準位の占有数を測定したところ，基底状態の分子数は上の状態のちょうど 8 倍あることがわかった．この集団の温度はいくらか．

P 30.16　つぎの三つのエネルギー準位がある分子を考えよう．

準　位	波数 /cm^{-1}	縮退度
1	0	1
2	500	3
3	1500	5

$T=300$，3000 K のとき，その分配関数の値はいくらか．

P 30.17　前問の分子を考えよう．N 個の分子から成る集団が $T=300$ K にある．これから分子 1 個を選んだ．この分子が最低のエネルギー状態にある確率はいくらか．また，上のエネルギー準位にある確率はいくらか．

P 30.18　C からの発光を利用すれば，分光器の紫外領域の波長校正を行える．ふつうは，何らかの前駆体（たとえば，CF_4）の電子衝撃で開始する分解反応によって電子励起した C が生成する．それが 193.09 nm のフォトンを放射して基底電子状態に緩和するのである．ここで，5 パーセントの原子が励起電子状態を占めるまで C を加熱するという別のアプローチをとるとしよう．最低エネルギーの基底状態と励起電子状態だけを考えるとして，この励起状態の占有数を満たすのに必要な温度はいくらか．

P 30.19　^{13}C 核は，プロトンと同じスピン 1/2 の粒子である．しかし，同じ磁場強度でのエネルギー分裂は，プロトンの場合の約 1/4 である．例題 30･6 と同じ 1.45 T の磁石を使うとき，298 K における ^{13}C のスピンの励起状態と基底状態の占有数の比はどれだけか．

P 30.20　^{14}N はスピン 1 の粒子であり，エネルギー準位は 0 と $\pm\gamma B\hbar$ にある．γ は磁気回転比，B は磁場の強さである．4.8 T の磁場のとき，この二つのスピン状態によるエネルギー分裂を共鳴振動数で表せば 14.45 MHz である．298 K におけるこれら三つのスピン状態の占有数を求めよ．

P 30.21　調和振動子の分配関数を求めるとき，その振動子の零点エネルギーを無視した．調和振動子の特定のエネルギー準位を占める確率を求める式は，零点エネルギーを取入れても零点エネルギーを無視しても同じであることを示せ．

P 30.22　I_2 の振動波数は 208 cm^{-1} である．第一励起振動状態の占有数が基底状態の半分になる温度はいくらか．

P 30.23　Cl_2 の振動波数は 525 cm^{-1} である．第一励起振動状態の占有数が基底状態の半分になる温度は，I_2 の場合（問題 P30.22 を見よ）に比べて高いか，それとも低いか．その温度はいくらか．

P 30.24　Cl_2 の振動（$\tilde{\nu}=525\ cm^{-1}$）の自由度による分配関数を求め，300 K と 1000 K での第一励起振動準位を占める確率を計算せよ．F_2 の場合（$\tilde{\nu}=917\ cm^{-1}$）に同じ確率となる温度を求めよ．

P 30.25　大気過程では，ヒドロキシルラジカルの酸化力が注目される．その OH の振動（$\tilde{\nu}=3735\ cm^{-1}$）の自由度による分配関数を求め，260 K での第一励起振動準位を占める確率を計算せよ．OD（$\tilde{\nu}=2721\ cm^{-1}$）の第一励起振動準位を占める確率は，OH の場合に比べて大きいか，それとも小さいか．

P 30.26　$^1H_2$ の振動（$\tilde{\nu}=4401\ cm^{-1}$）の自由度による分配関数を計算せよ．$D_2$($^2H_2$) について同じ計算をせよ．ただし，$D_2$ の結合の力の定数は $^1H_2$ と同じとせよ．

P 30.27　エネルギー間隔が 1.30×10^{-18} J の二準位系がある．その基底状態の占有数が励起状態の 5 倍となる温度はいくらか．

P 30.28　ロドプシンは，網膜の桿体細胞にある視覚を担う色素であり，あるタンパク質とその補因子レチナールから成る．レチナールは可視スペクトルの青−緑の領域の光を吸収する π 共役分子であり，このフォトン吸収は視覚過程の第一段階である．フォトンを吸収すれば，レチナールはこの分子の最低エネルギーである基底状態から第一励起電子状態への遷移を起こす．そこで，ロドプシンによって吸収される光の波長は，基底状態と励起状態のエネルギー間隔の目安を与える．

a. ロドプシンの吸収スペクトルは，ほぼ 500 nm を中心としている．この基底状態と励起状態のエネルギー差はいくらか．

b. 体温 37 °C で，ロドプシンが第一励起状態を占める確率はいくらか．熱励起で励起状態が占有されることに，ロドプシンはどれほど敏感であると予測されるか．

P 30.29　NO 分子の最低の二つの電子エネルギー準位をつぎに示す．

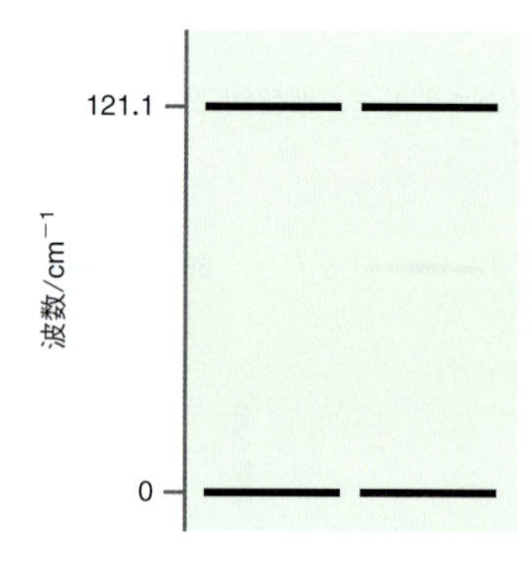

100, 500, 2000 K での高いエネルギー状態の一方を占める確率を求めよ

P 30.30　励起一重項状態（$^1\Delta_g$）にある酸素分子は，1270 nm のフォトンを放射して基底三重項状態（$^3\Sigma_g$，最低エネルギー状態）に緩和する．

a. 酸素分子の基底状態と励起一重項状態を含む分配関数の式を書け．

b. 励起一重項状態の占有数が 10 パーセントとなるのに必要な温度はいくらか．

P 30.31　最も単純な多原子分子イオンである H_3^+ は，プロトン 1 個を余分にもつ水素分子とみなせる．恒星間空間を調べてきた赤外分光研究によれば，この化学種が木星やその他の惑星の大気に存在することがわかっている．H_3^+ の ν_2 バンドの回転振動スペクトルは，1980 年に T. Oka の研究室で初めて測定された［*Phys. Rev. Lett.*, **45**, 531 (1980)］．そのスペクトルは，2450 から 2950 cm^{-1} に広がる一連の遷移からなる．この分子の基底状態と第一励起の回転振動状態のエネルギー差がスペクトルの平均値 2700 cm^{-1} に相当するとして，これを使って，分子の 10 パーセントがこの励起状態を占めるのに必要な温度を求めよ．

参　考　書

Chandler, D., "Introduction to Modern Statistical Mechanics", Oxford, New York (1987).

Hill, T., "Statistical Mechanics. Principles and Selected Applications", Dover, New York (1956).

McQuarrie, D., "Statistical Mechanics", Harper & Row, New York (1973).

Nash, L. K., 'On the Boltzmann Distribution Law', *J. Chemical Education*, **59**, 824 (1982).

Nash, L. K., "Elements of Statistical Thermodynamics", Addison-Wesley, San Francisco (1972).

Noggle, J. H., "Physical Chemistry", HarperCollins, New York (1996).

アンサンブルと分子分配関数

31

統計力学で中心となる考えは，個々の分子を微視的に表したうえで，それを分子集合体の巨視的性質に関連づけるところにある．本章では，互いに相互作用しない分子の集合体を表す分配関数と，個々の分子を表す分配関数の間に成り立つ関係を説明しよう．分子分配関数は，エネルギー自由度の異なる分配関数に分離して表すことができ，それらの積として分子分配関数を表せる．また，これらの分配関数を具体的な関数形で書けることを示そう．本章で説明する諸概念は，いずれも統計熱力学の基礎を築いている重要なものである．

31・1　カノニカル・アンサンブル

アンサンブル[1]（統計集団）とは，同一の単位あるいは系のレプリカ（複製物）が多数集まったものである[†1]．たとえば，水 1 モル というとき，水分子という同一の単位がアボガドロ定数の数だけ集まったアンサンブルを思い浮かべるとよい．このようなアンサンブルを考えることによって，つぎの原理で表されるように，ものの微視的な性質とそれに対応する熱力学系の性質とを関係づける理論が構築されている．

> アンサンブルのある性質の平均値は，対応する系の巨視的性質の時間平均の値に相当している．

この原理は何を意味しているのだろうか．アンサンブルを構成する個々の単位は，とりうるエネルギー空間すべてを標本抽出したものと考えられる．そこで，もし各単位のある時刻でのエネルギーを測定できたとすれば，それらのエネルギーを使ってアンサンブルの平均エネルギー（アンサンブル平均）を求めることができる．この原理によれば，こうして求めたエネルギーは，ある時間にわたって測定して求めたアンサンブルの平均エネルギー（時間平均）に等しいというわけである．この考えは 19 世紀後半にギブズ[2]によって初めて定式化されたもので，統計熱力学の中心にある．本章ではこれに基づいて説明しよう．

アンサンブル平均の値と熱力学的性質を結びつけるために，図 31·1 に示すような系の同一複製物から成る集合を考えよう．これらの複製物は空間に固定されているから，互いに区別ができる．また，体積 V，温度 T，各系に含まれる粒子数 N はいずれも一定である．このような V, T, N 一定のアンサンブルを

†1　訳注：アンサンブルを構成する単位（unit）のことを要素（member）といったり，場合によっては系（system）といったりする．本書でもそうしているので注意が必要である．
1）ensemble　2）Josiah Willard Gibbs

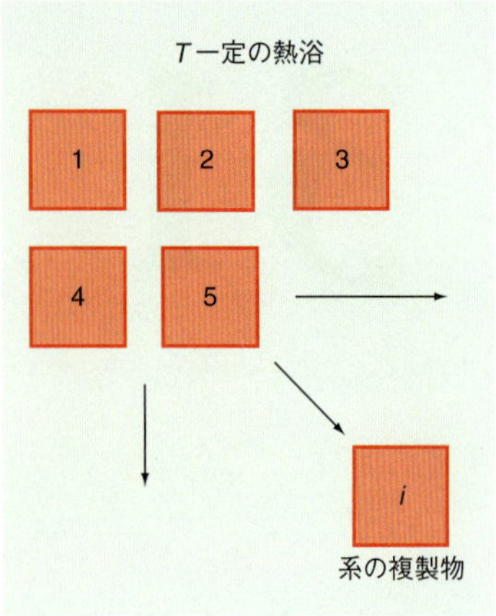

図 31·1　カノニカル・アンサンブルは同一の系の集合からなり，それぞれの温度，体積，粒子数は一定である．これらの単位すべては T 一定の熱浴内に埋め込まれている．矢印は，アンサンブルを構成している系の複製物が無限に多いことを示している．

カノニカル・アンサンブル[1]という．“カノニカル”は“慣習に従って”という意味である．すなわち，対象とする問題からの要請で，これ以外の変数を一定に保つと特に指定されない限り，ふつうに使うアンサンブルである．これ以外の物理量を一定に保って，別のタイプのアンサンブルを構築することもできる．たとえば，N, V, E（エネルギー）一定のアンサンブルをミクロカノニカル・アンサンブルという．しかし，本書ではカノニカル・アンサンブルについて説明するだけで十分だろう．

カノニカル・アンサンブルでは，アンサンブルの要素すべてがある一定温度の熱浴に埋め込まれている．また，各単位の体積を決めている壁は熱を通せるから，外界とエネルギー交換ができる．ここでの課題は，前章で述べた統計的な取扱いをこのアンサンブルに適用することである．まず，このアンサンブルの全エネルギー E_c について考えよう．それは，

$$E_c = \sum_i a_{(c)i} E_i \tag{31·1}$$

である．この式の $a_{(c)i}$ は占有数であり，エネルギー E_i をもつアンサンブルの要素の数に相当している．前章で考えたのと全く同じように進めれば，N_c 個のアンサンブルの要素のうち特定のエネルギー配置をもつ重み W_c は，

$$W_c = \frac{N_c!}{\prod_i a_{(c)i}!} \tag{31·2}$$

で与えられる．この式を使えば，エネルギー E_i をもつアンサンブルの要素を見

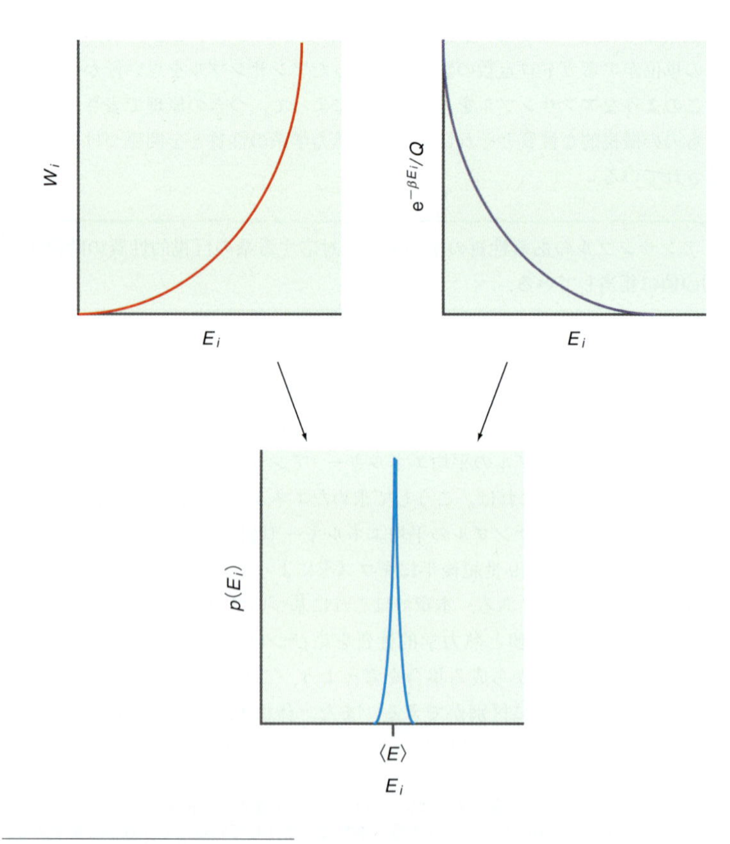

図 31·2　カノニカル・アンサンブルでは，アンサンブルの要素があるエネルギーをもつ確率は，そのエネルギーにある状態数 W_i と，このアンサンブルのボルツマン分布関数 $e^{-\beta E_i}/Q$ の積に依存する．これら二つの因子の積は，平均エネルギー $\langle E \rangle$ でピークを示す確率分布を与える．

1) canonical ensemble

いだす確率を，

$$p(E_i) = \frac{W_i \mathrm{e}^{-\beta E_i}}{Q} \qquad (31\cdot3)$$

と表せる．この式は，前に導いた確率の式と非常によく似ている．この式の W_i は，あるエネルギー E_i にある状態の数とみなすことができる．Q という量は，**カノニカル分配関数**[1]というもので，つぎのように定義される．

$$Q = \sum_n \mathrm{e}^{-\beta E_n} \qquad (31\cdot4)$$

この式の和は，エネルギー準位すべてにわたるものである．(31·3)式で定義した確率は，二つの因子に依存する．一つは，あるエネルギーの状態数 W_i であり，これはエネルギーとともに増加する．もう一つは，アンサンブルの要素がエネルギー E_i をもつ確率を表すボルツマン項 $\mathrm{e}^{-\beta E_i}/Q$ であり，これはエネルギーが大きくなれば指数関数的に減少する．両者のエネルギーに対する一般的な振舞いを図31·2に示す．これら二つの因子の積は，アンサンブル平均エネルギーに相当するところで最大を示す．この図は，アンサンブルを構成する個々の単位は平均エネルギーに等しいか，またはきわめて近いエネルギーをもつことを表しており，この値と異なるエネルギーをもつ単位はまれにしかない．これは日常でも経験していることである．水が満たされた水泳プールを考えよう．ただし，1リットルの単位でプールは分割してある．このプールの端に設置してある温度計が水温18°Cを示していれば，たまたま飛び込んだ箇所が自然に凍ってしまうのではないかと心配する人はいないだろう．すなわち，プールのある箇所で測定された温度は，他の場所の水温を代表していると考えられる．図31·2は，この予測の根底にある統計的な側面を表している．

このアンサンブルにある圧倒的多数の系は，エネルギー $\langle E \rangle$ をもっているだろう．したがって，この単位の熱力学的な性質は，アンサンブルの熱力学的性質を代表したものであり，このことは微視的な単位と巨視的なアンサンブルの結合を表している．しかし，この関係を数学的に厳密に表すには，カノニカル分配関数 Q をアンサンブルの個々の要素の分配関数 q と関係づけておく必要がある．

31・2 理想気体の Q と q の関係

カノニカル分配関数 Q をアンサンブルの要素の分配関数 q と結びつけるのに，粒子間相互作用が無視できる“理想的な”粒子から成る系（たとえば理想気体）に話を限ろう．その Q と q の関係は，図31·3に示すように，区別できる2個の単位AとBからなるアンサンブルを考えれば導ける．この単純なアンサンブルの分配関数は，

$$Q = \sum_n \mathrm{e}^{-\beta E_n} = \sum_n \mathrm{e}^{-\beta(\varepsilon_{\mathrm{A}_n}+\varepsilon_{\mathrm{B}_n})} \qquad (31\cdot5)$$

である．この式の $\varepsilon_{\mathrm{A}_n}$ と $\varepsilon_{\mathrm{B}_n}$ はそれぞれ，単位AとBのエネルギー準位を表している．

エネルギー準位は量子化されているから，$\mathrm{A}_0, \mathrm{A}_1, \mathrm{A}_2, \cdots$ あるいは $\mathrm{B}_0, \mathrm{B}_1, \mathrm{B}_2, \cdots$ などと番号を付けておけば，(31·5)式は，

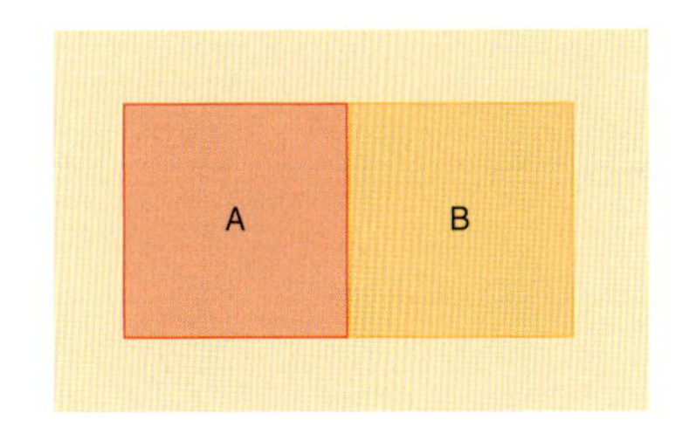

図31·3 2個の単位からなるアンサンブル．このアンサンブルでは，2個の単位AとBは区別可能である．

1) canonical partition function

$$
\begin{aligned}
Q &= \sum_n e^{-\beta(\varepsilon_{A_n}+\varepsilon_{B_n})} = e^{-\beta(\varepsilon_{A_0}+\varepsilon_{B_0})} + e^{-\beta(\varepsilon_{A_0}+\varepsilon_{B_1})} + e^{-\beta(\varepsilon_{A_0}+\varepsilon_{B_2})} + \cdots \\
&\qquad + e^{-\beta(\varepsilon_{A_1}+\varepsilon_{B_0})} + e^{-\beta(\varepsilon_{A_1}+\varepsilon_{B_1})} + e^{-\beta(\varepsilon_{A_1}+\varepsilon_{B_2})} + \cdots \\
&\qquad + e^{-\beta(\varepsilon_{A_2}+\varepsilon_{B_0})} + e^{-\beta(\varepsilon_{A_2}+\varepsilon_{B_1})} + e^{-\beta(\varepsilon_{A_2}+\varepsilon_{B_2})} + \cdots \\
&= (e^{-\beta\varepsilon_{A_0}} + e^{-\beta\varepsilon_{A_1}} + e^{-\beta\varepsilon_{A_2}} + \cdots)(e^{-\beta\varepsilon_{B_0}} + e^{-\beta\varepsilon_{B_1}} + e^{-\beta\varepsilon_{B_2}} + \cdots) \\
&= (q_A)(q_B) \\
&= q^2
\end{aligned}
$$

となる．上の導出の最終段階は，アンサンブルの2個の単位が同一と仮定した場合であり，そのときの分配関数は同じであるからこう書ける．この結果を N 個の区別可能な単位から成る系に拡張すれば，カノニカル分配関数は単にその単位の分配関数の積として，つぎのように表せることがわかる．

$$Q = q^N \qquad N\text{個の区別できる単位} \tag{31·6}$$

ここまでは，アンサンブルを構成する同一の系のサイズについては述べなかった．その系はできる限り小さいことが望ましい．分子1個でもよい．単一分子の極限では注目すべき結論が得られる．すなわち，カノニカル・アンサンブルは分子分配関数の単なる積で表される．これこそ，これまで探してきた微視的な見方と巨視的な見方の結合である．分子（原子）系の量子化されたエネルギー準位は，**分子分配関数**[1] q に取込まれており，この分配関数を使えばアンサンブルの分配関数 Q を定義することができる．最終的に，Q はアンサンブルの熱力学的性質と直接関係づけることができるのである．

以上の導出では，アンサンブルの要素は区別可能であると仮定した．これは，分子の集合が表面に拘束されて動けないような場合には使えるが，アンサンブルが気体状態の場合はどうなるだろうか．気体分子は並進運動できるから，個々の分子を見分けるのは明らかに不可能である．そこで，構成単位が互いに区別できない場合には (31·6) 式をどう変えればよいだろうか．この問いに答えるには，つぎのような単純な数え方の例が参考になる．前章で説明した例のように，エネルギー量子が全部で3個あり，三つの区別できる振動子 (A, B, C) を考えよう．そのときのエネルギーの優勢配置は，振動子が三つの別々のエネルギー状態を占める "2, 1, 0" であった．振動子ごとのエネルギー状態の組合わせはつぎの6通りある．

A	B	C
2	1	0
2	0	1
1	2	0
0	2	1
1	0	2
0	1	2

しかしながら，もし三つの振動子が区別できなければ，どれも見分けがつかないことになる．要するに，数えるべきエネルギー配置は一つしかない．この問題は，区別できない粒子について考察したときに確率の章で出会ったものである．このような場合は，この集合の単位の数を N として，順列の総数を $N!$ で割るので

1) molecular partition function

あった．この考え方を分子のアンサンブルに拡張すれば，区別できない粒子のカノニカル分配関数はつぎのかたちで表される．

$$Q = \frac{q^N}{N!} \qquad N\text{個の区別できない単位} \tag{31·7}$$

この式は，使えるエネルギー準位の数が粒子数よりかなり多い極限でのみ正しい．すなわち，このような統計力学的な扱いはこの条件が成り立つ系に限られる．その有効性についてはこの章の後半で説明する．また，(31·7)式は理想気体などの互いの粒子間に相互作用がない理想的な系に限られることも忘れてはならない．

31・3 分子のエネルギー準位

カノニカル分配関数と分子分配関数の関係によって，系の微視的な表し方と巨視的な表し方の橋渡しができた．分子分配関数は，分子のエネルギー準位を考えれば計算できる．多原子分子の分子分配関数をつくるには，考えるべき**エネルギー自由度**[1]がつぎの四つある．

1. 並 進
2. 回 転
3. 振 動
4. 電 子

これらのエネルギー自由度は互いに独立であると仮定すれば，全部の自由度を含む全分子分配関数は，それぞれの自由度に相当する分配関数の積で表すことができる．これと同じアプローチは，量子力学で分子のハミルトニアンを並進，回転，振動の成分に分けるときに使った．そこで，あるエネルギー準位にある分子のエネルギーを$\varepsilon_{全}$で表そう．このエネルギーは，つぎのように並進，回転，振動，電子の準位のエネルギーに依存している．

$$\varepsilon_{全} = \varepsilon_{T} + \varepsilon_{R} + \varepsilon_{V} + \varepsilon_{E} \tag{31·8}$$

ここで，分子分配関数は分子のエネルギー準位すべての和をとって求められるのを思い出そう．全エネルギーの式を使って，それを分配関数の式に代入すれば，つぎの式が得られる．

$$\begin{aligned} q_{全} &= \sum g_{全}\,\mathrm{e}^{-\beta\varepsilon_{全}} \\ &= \sum (g_{T}g_{R}g_{V}g_{E})\,\mathrm{e}^{-\beta(\varepsilon_{T}+\varepsilon_{R}+\varepsilon_{V}+\varepsilon_{E})} \\ &= \sum (g_{T}\,\mathrm{e}^{-\beta\varepsilon_{T}})(g_{R}\,\mathrm{e}^{-\beta\varepsilon_{R}})(g_{V}\,\mathrm{e}^{-\beta\varepsilon_{V}})(g_{E}\,\mathrm{e}^{-\beta\varepsilon_{E}}) \\ &= q_{T}q_{R}q_{V}q_{E} \end{aligned} \tag{31·9}$$

この式によれば，全分子分配関数は分子のエネルギー自由度それぞれの分配関数の積にすぎない．この分子分配関数の定義を使えば，注目の最終的な関係式，

$$Q_{全} = q_{全}^{N} \qquad \text{（区別できる粒子）} \tag{31·10}$$

1) energetic degrees of freedom

$$Q_{全} = \frac{1}{N!} q_{全}^{N} \qquad (区別できない粒子) \qquad (31 \cdot 11)$$

が得られる．あとは，エネルギー自由度それぞれの分配関数を導出すればよいだけで，これについては以降で説明する．

31・4 並進分配関数

並進エネルギー準位は，体積 V の容器にある原子や分子の並進運動によるものである．そこで，いきなり三次元の場合を考えるのではなく，まず一次元モデルを使ってから，それを三次元に拡張しよう．量子力学によれば，箱の中に閉じ込められた分子のエネルギー準位は，“箱の中の粒子”モデルで説明することができ，図31·4のように表される．質量 m の粒子は $0 \leq x \leq a$ の区間内を自由に動ける．a は箱の長さである．図31·4に書いてあるエネルギー準位の式を使えば，一次元の並進エネルギーの分配関数は，

$$q_{\mathrm{T,1D}} = \sum_{n=1}^{\infty} \mathrm{e}^{\frac{-\beta n^2 h^2}{8ma^2}} \qquad (31 \cdot 12)$$

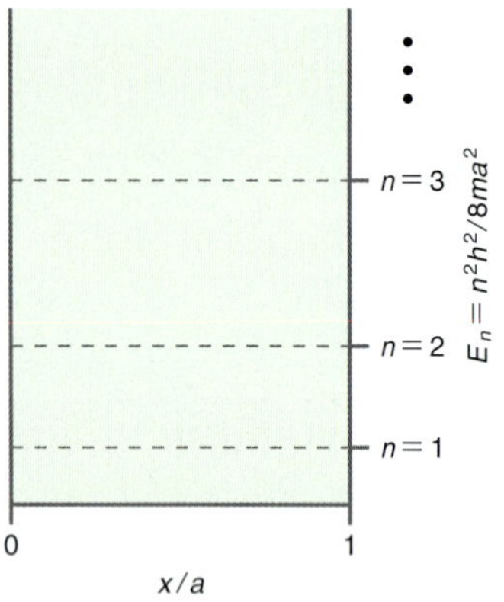

で表される．この和は無限級数から成り，しかも収束値が存在しないから，とにかく全部の和を計算する必要があると思うかもしれない．しかし，つぎの例題で示すように，並進エネルギーの間隔が非常に密に詰まっていることを考えれば，その面倒な計算を回避する方法が明らかになる．

図31·4 箱の中の粒子モデルで表された並進エネルギー準位．

例題 31・1

長さ 1.00 cm の一次元の箱に拘束された酸素分子について，$n=2$ と $n=1$ の状態間のエネルギー差はいくらか．

解答

一次元の箱の中の粒子のモデルの式を使えば，このエネルギー差はつぎのように求められる．

$$\Delta E = E_2 - E_1 = 3E_1 = \frac{3h^2}{8ma^2}$$

O_2 分子の質量は 5.31×10^{-26} kg であるから，

$$\Delta E = \frac{3(6.626 \times 10^{-34}\ \mathrm{J\ s})^2}{8(5.31 \times 10^{-26}\ \mathrm{kg})(0.01\ \mathrm{m})^2}$$

$$= 3.10 \times 10^{-38}\ \mathrm{J}$$

である．これを波数 $\mathrm{cm^{-1}}$ の単位に変換すれば，

$$\Delta E = \frac{3.10 \times 10^{-38}\ \mathrm{J}}{hc} = 1.56 \times 10^{-15}\ \mathrm{cm^{-1}}$$

となる．ボルツマン定数と温度の積 $k_{\mathrm{B}}T$ で与えられる熱エネルギーは，298 K では 207 $\mathrm{cm^{-1}}$ に相当する．明らかに，この並進エネルギー準位の間隔は室温での $k_{\mathrm{B}}T$ に比べてきわめて小さい．

室温では非常に多数の並進エネルギー準位が占有されるから，(31·12)式の和をつぎのように積分で置き換えても誤差は無視できる．

$$q_{\mathrm{T,1D}} = \sum \mathrm{e}^{-\beta\alpha n^2} \approx \int_0^\infty \mathrm{e}^{-\beta\alpha n^2}\,\mathrm{d}n \qquad (31\cdot13)$$

ここで，定数項をまとめてつぎのように置き換えてある．

$$\alpha = \frac{h^2}{8ma^2} \qquad (31\cdot14)$$

(31･13)式の積分は，つぎのように簡単に計算できる（上巻の巻末付録A「数学的な取扱い」を見よ）．

$$q_{\mathrm{T,1D}} \approx \int_0^\infty \mathrm{e}^{-\beta\alpha n^2}\,\mathrm{d}n = \frac{1}{2}\sqrt{\frac{\pi}{\beta\alpha}} \qquad (31\cdot15)$$

ここで α を代入すれば，一次元の**並進分配関数**[1]は，

$$q_{\mathrm{T,1D}} = \left(\frac{2\pi m}{h^2\beta}\right)^{1/2} a \qquad (31\cdot16)$$

となる．この式は，つぎの**熱的ドブローイ波長**[2]を定義しておけば簡単なかたちで表せる．これを単に**熱的波長**[3]ということもある．

$$\Lambda = \left(\frac{h^2\beta}{2\pi m}\right)^{1/2} \qquad (31\cdot17)$$

こうして，

$$q_{\mathrm{T,1D}} = \frac{a}{\Lambda} = \left(\frac{2\pi m}{\beta}\right)^{1/2}\frac{a}{h} = (2\pi m k_{\mathrm{B}}T)^{1/2}\frac{a}{h} \qquad (31\cdot18)$$

という結果が得られる．Λ を熱的波長というのは，気体粒子の平均運動量 p が $(2\pi m k_{\mathrm{B}}T)^{1/2}$ に等しいからである†2．したがって Λ は h/p，つまりこの粒子のドブローイ波長である．並進の自由度は分離できると考えられるから，三次元の並進分配関数は一次元分配関数の積で表される．

$$\begin{aligned}
q_{\mathrm{T,3D}} &= q_{\mathrm{T}_x} q_{\mathrm{T}_y} q_{\mathrm{T}_z} \\
&= \left(\frac{a_x}{\Lambda}\right)\left(\frac{a_y}{\Lambda}\right)\left(\frac{a_z}{\Lambda}\right) \\
&= \left(\frac{1}{\Lambda}\right)^3 a_x a_y a_z \\
&= \left(\frac{1}{\Lambda}\right)^3 V
\end{aligned}$$

$$q_{\mathrm{T,3D}} = \frac{V}{\Lambda^3} = (2\pi m k_{\mathrm{B}}T)^{3/2}\frac{V}{h^3} \qquad (31\cdot19)$$

V は体積，Λ は熱的波長（31･17式）である．この並進分配関数が V と T の両方に依存していることに注意しよう．分配関数は，ある温度の系にあるエネルギー状態の数の目安を与えるものと前章では説明した．q_{T} が体積とともに増加するのは，体積が増加すれば並進エネルギー準位の間隔が減少して，同じ T でも占

†2 訳注：分子の平均速さから計算した運動量は $(8mk_{\mathrm{B}}T/\pi)^{1/2}$ で表される．33章を見よ．

1) translational partition function　2) thermal de Broglie wavelength
3) thermal wavelength

有できる状態が増加することを反映している．室温では k_BT と比較して並進エネルギー準位の間隔は狭いから，かなりの数の並進エネルギー準位が占有されると予測できる．つぎの例題でこの予測の正しさがわかるだろう．

例題 31・2

298 K で 1.00 L の体積に閉じ込められた Ar の並進分配関数はいくらか．

解答

並進分配関数を計算するには，つぎの熱的波長（31·17 式）を求める必要がある．

$$\Lambda = \left(\frac{h^2\beta}{2\pi m}\right)^{1/2} = \frac{h}{(2\pi m k_B T)^{1/2}}$$

Ar の質量は 6.63×10^{-26} kg である．この m の値を使えば熱的波長は，

$$\Lambda = \frac{6.626 \times 10^{-34}\ \mathrm{J\ s}}{[2\pi(6.63 \times 10^{-26}\ \mathrm{kg})(1.38 \times 10^{-23}\ \mathrm{J\ K^{-1}})(298\ \mathrm{K})]^{1/2}}$$

$$= 1.60 \times 10^{-11}\ \mathrm{m}$$

となる．一方，体積を SI 単位で表せば，

$$V = 1.00\ \mathrm{L} = 1000\ \mathrm{mL} = 1000\ \mathrm{cm^3}\left(\frac{1\ \mathrm{m}}{100\ \mathrm{cm}}\right)^3 = 0.001\ \mathrm{m^3}$$

となる．分配関数は，体積を熱的波長の 3 乗で割れば得られる．

$$q_{\mathrm{T,3D}} = \frac{V}{\Lambda^3} = \frac{0.001\ \mathrm{m^3}}{(1.60 \times 10^{-11}\ \mathrm{m})^3} = 2.44 \times 10^{29}$$

このように，分配関数には次元(単位)がないことに注意しよう．

例題 31·2 で求めた並進分配関数の大きさは，室温では非常に多くの並進エネルギー状態が占有されることを表している．この例では実際，エネルギー状態の数はアボガドロ定数の 10^6 倍も大きいことがわかり，アンサンブルの単位の数に比べずっと多数の状態がとれるという仮定（31·2 節）は正しいことがわかる．

31・5 回転分配関数：二原子分子

二原子分子[1] は図 31·5 に示すように，2 個の原子が化学結合で結ばれたものである．二原子分子の回転運動を扱うのに，ここでは剛体回転子の近似を使う．すなわち，回転運動が起こっても結合長は一定のままで，遠心力による歪みの効果を無視する．

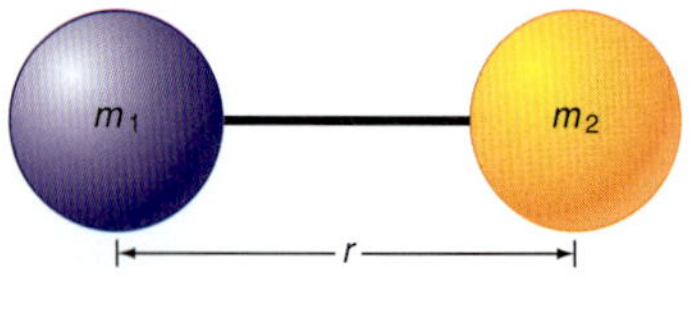

回転分配関数を導くには，並進分配関数で使ったやり方と同様のアプローチを行う．まず，剛体回転子の近似を使って二原子分子の回転エネルギー準位を量子力学的に表す．そうすれば，ある回転状態のエネルギー E_J は回転量子数 J によってつぎのように表せる．

$$E_J = hcBJ(J+1) \qquad J = 0, 1, 2, \cdots \qquad (31·20)$$

J は回転エネルギー準位に相当する量子数であり，0 から始まる整数値をとれる．

m_1　m_2　r

図 31·5　二原子分子は，2 個の原子（質量は m_1 と m_2）が化学結合で結ばれたもので，原子の中心間の距離は結合長 r に等しい．

1) diatomic molecule

B は**回転定数**[1]であり，

$$B = \frac{h}{8\pi^2 cI} \tag{31·21}$$

で与えられる．I は慣性モーメントであり，つぎの式で表せる．

$$I = \mu r^2 \tag{31·22}$$

r は 2 個の原子の中心間の距離であり，μ は換算質量である．質量 m_1 と m_2 から成る二原子分子の換算質量はつぎのように表せる．

$$\mu = \frac{m_1 m_2}{m_1 + m_2} \tag{31·23}$$

二原子分子の慣性モーメントは分子内の原子の質量と結合長によって異なるから，回転定数の値も分子によって違う．上の回転エネルギーの式を使えば，分子分配関数の一般式に代入するだけで，つぎの回転分配関数をつくることができる．

$$q_R = \sum_J g_J e^{-\beta E_J} = \sum_J g_J e^{-\beta hcBJ(J+1)} \tag{31·24}$$

ここで，和の中にある準位のエネルギーは $hcBJ(J+1)$ で与えられている．ところで，この回転分配関数の式には，同じエネルギー準位に存在する異なる回転状態の数，つまり回転エネルギー準位の縮退度を表す余分の因子 g_J があることに注意しよう．この縮退度を求めるために，剛体回転子とその時間に依存しないシュレーディンガー方程式，

$$H\psi = E\psi \tag{31·25}$$

について考えよう．剛体回転子のハミルトニアン (H) は，その演算子 $\hat{l}^2$ で与えられる全角運動量の 2 乗に比例している．この演算子の固有状態は，つぎの固有値をもつ球面調和関数である．

$$\hat{l}^2 \psi = \hat{l}^2 Y_{l,m}(\theta, \phi) = \hbar^2 l(l+1) Y_{l,m}(\theta, \phi) \tag{31·26}$$

l は全角運動量に相当する量子数であり，$0, 1, 2, \cdots, \infty$ の値をとる．この球面調和関数は，角運動量の z 成分に相当する $\hat{l}_z$ 演算子の固有関数でもある．これに相当する固有値は $\hat{l}_z$ 演算子を使って，

$$\hat{l}_z Y_{l,m}(\theta, \phi) = \hbar m Y_{l,m}(\theta, \phi) \tag{31·27}$$

で与えられる．この式の量子数 m がとれる値は，量子数 l でつぎのように制約されている．

$$m = -l, \cdots 0, \cdots l \quad \text{すなわち} \quad (2l+1)\text{個} \tag{31·28}$$

このように，回転エネルギー準位の縮退度は，この量子数 m の個数から生じるものである．それは，ある量子数 l に応じてとれるすべての m の値は同じ全角運動量，つまり同じエネルギーに相当するからである．そこで縮退度として $(2l+1)$，つまり $(2J+1)$ の値を使えば，回転分配関数は，

$$q_R = \sum_J (2J+1) e^{-\beta hcBJ(J+1)} \tag{31·29}$$

と書けるのである．この式を計算するには回転状態すべてに関する和が必要であ

1) rotational constant

る．これと同じ問題は，並進分配関数を計算するときにも出会った．並進準位の間隔は k_BT に比べて非常に小さいから，その分配関数は個々の和ではなく積分を使って計算できた．回転エネルギー準位の間隔も k_BT に比べて小さく，和の代わりに積分が使えるだろうか．

これに答えるために，図 31·6 に示す剛体回転子のエネルギー準位の間隔について考えよう．この図には，回転状態のエネルギーを（回転定数 B を単位として）回転量子数 J の関数で表してある．エネルギー準位間隔は B の倍数になっている．B の値そのものは注目する分子によって異なり，その代表的な値を表 31·1 に示す．この表を見ればわかるように，興味深い傾向がいくつかある．まず，回転定数は原子の質量に依存している．原子の質量が増加すれば回転定数は減少する．第二に，分子によって B の値はまったく異なる．したがって，回転状態エネルギーを k_BT と比較するときも，注目する二原子分子によって状況はまったく異なる．たとえば，298 K では $k_BT = 207\ \mathrm{cm}^{-1}$ であり，それは I_2 の $J = 75$ の準位のエネルギーにほぼ等しい．この分子のエネルギー準位間隔は明らかに k_BT よりずっと小さいから，分配関数の計算には積分が使える．ところが，H_2 では，$J = 2$ のエネルギー準位がすでに k_BT より大きいから積分は使えない．そこで，和をとって分配関数を計算するしかない．この章のこれ以降では，特に断らない限り回転分配関数の計算に積分が使えるものとしよう．

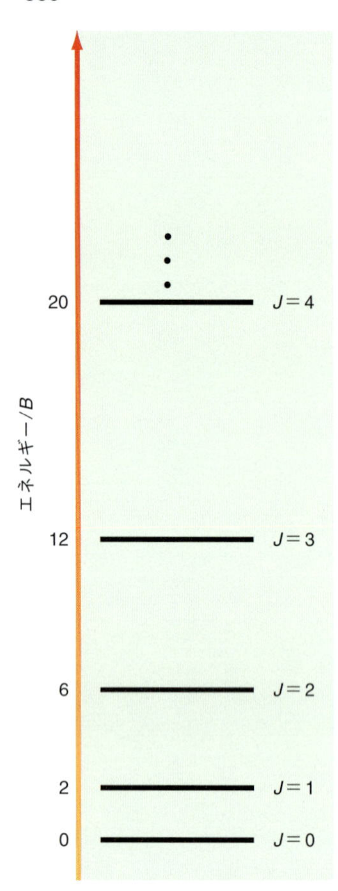

図 31·6　回転量子数 J の関数で表した回転エネルギー準位．回転状態のエネルギーは $BJ(J+1)$ で表される．

回転エネルギー準位の間隔が k_BT に比べて小さいという仮定があれば，回転状態すべてにわたるつぎの積分を行って回転分配関数を計算すればよい．

$$q_R = \int_0^\infty (2J+1)\mathrm{e}^{-\beta hcBJ(J+1)}\mathrm{d}J \qquad (31·30)$$

この積分は，つぎの関係を使えば簡単にできる．

$$\frac{\mathrm{d}}{\mathrm{d}J}\mathrm{e}^{-\beta hcBJ(J+1)} = -\beta hcB(2J+1)\mathrm{e}^{-\beta hcBJ(J+1)}$$

こうして，**回転分配関数**[1]の式を書き直せば，つぎの結果が得られる．

$$q_R = \int_0^\infty (2J+1)\mathrm{e}^{-\beta hcBJ(J+1)}\mathrm{d}J = \int_0^\infty \frac{-1}{\beta hcB}\frac{\mathrm{d}}{\mathrm{d}J}\mathrm{e}^{-\beta hcBJ(J+1)}\mathrm{d}J$$

$$= \frac{-1}{\beta hcB}\mathrm{e}^{-\beta hcBJ(J+1)}\Big|_0^\infty = \frac{1}{\beta hcB}$$

$$q_R = \frac{1}{\beta hcB} = \frac{k_BT}{hcB} \qquad (31·31)$$

表 31·1　代表的な二原子分子の回転定数

分　子	B/cm^{-1}	分　子	B/cm^{-1}
$H^{35}Cl$	10.595	H_2	60.853
$H^{37}Cl$	10.578	$^{14}N^{16}O$	1.7046
$D^{35}Cl$	5.447	$^{127}I^{127}I$	0.03735

出典：Herzberg, G., "Molecular Spectra and Molecular Structure, Volume 1: Spectra of Diatomic Molecules", Krieger Publishing, Melbourne, FL: (1989).

1）rotational partition function

31・5・1 対 称 数

前節で求めた二原子分子の回転分配関数の式は，2 個の原子が等価でない異核二原子分子にしか使えない．HCl は，二原子分子を構成する H と Cl が等価でないから異核二原子分子である．ところが，N_2 のような等核二原子分子に適用するには，この回転分配関数の式を変更しておかなければならない．その変更がなぜ必要かを図 31･7 で簡単に示そう．この図で，180° 回転する前の分子と区別できるのが異核二原子分子である．ところが，等核二原子分子を同じく 180° 回転しても回転前とまったく同じ配置を示す．この振舞いの違いは，区別できる単位のカノニカル分配関数と区別できない単位のカノニカル分配関数の違いと似ている．区別できない場合の分配関数を表すのに，区別できる場合の分配関数を $N!$ で割っておいたのは，"数えすぎ" を考慮したためで，これによって唯一固有のミクロ状態だけを数えたのである．これと同じで，等核二原子分子の古典的な意味での回転状態の数（区別できるとした回転の配置）は 2 倍に多く数えすぎているのである．

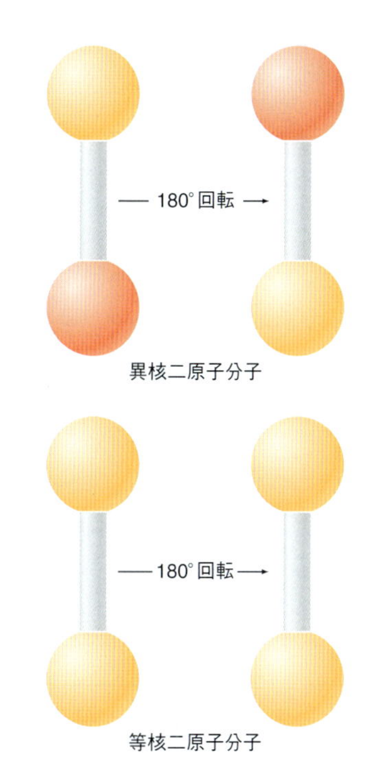

図 31･7 異核二原子分子と等核二原子分子の 180° 回転.

この回転分配関数の数えすぎを修正するには，回転分配関数の式を等価な回転配置の数で割るだけでよい．この因子を**対称数**[1] σ といい，これを分配関数の中につぎのように入れておく．

$$q_{\mathrm{R}} = \frac{1}{\sigma\beta hcB} = \frac{k_{\mathrm{B}}T}{\sigma hcB} \qquad (31\cdot32)$$

対称数の概念は，二原子分子以外の分子にも拡張できる．たとえば，図 31･8 の NH_3 のような三角錐形の分子を考えよう．3 個の水素原子がつくる三角形の重心と窒素原子を結ぶ線を軸として，そのまわりに 120° 回転させたとしよう．得られる配置は，回転前の元の配置とまったく同じである．また，もう 1 回 120° 回転を行えば第三の配置をつくれる．最後にもう一度 120° 回転すれば元の配置に戻る．このように，NH_3 には等価な回転配置が三つある．そこで，$\sigma = 3$ である．

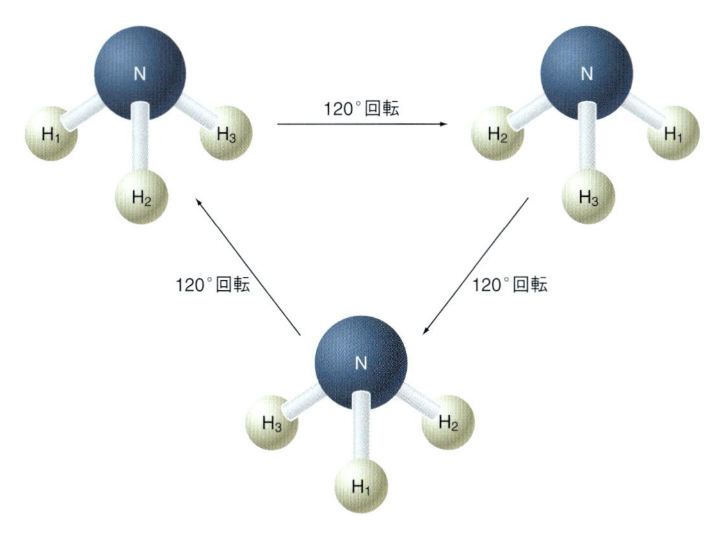

図 31･8 NH_3 の回転配置

1) symmetry number

例題 31・3

メタン（CH_4）の対称数はいくらか.

解 答

等価な回転配置の数を求めるために，NH_3 で使ったのと同様の方法で進める．つぎの図にはメタンの正四面体構造を示してある．

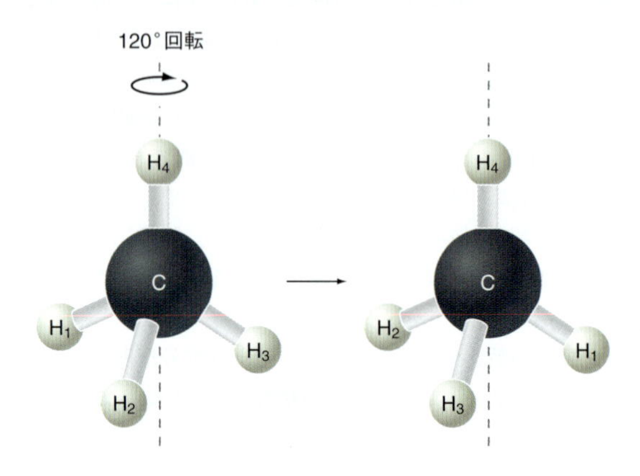

NH_3 の場合と同様に，図の破線で示した軸のまわりに 120° 回転すれば等価な配置が三つ現れる．このような回転軸は，4 個ある C−H 結合それぞれについて存在する．したがって，CH_4 の回転配置は合計 12 個あり，これは $\sigma = 12$ に相当する．

31・5・2　回転準位の占有数と回転分光法

いろいろな回転エネルギー準位の占有数と回転−振動赤外吸収の強度には直接の関係がある．回転分配関数を使って，この関係を詳しく調べよう．ある回転エネルギー準位を占める確率 p_J は，

$$p_J = \frac{g_J \, \mathrm{e}^{-\beta hcBJ(J+1)}}{q_\mathrm{R}} = \frac{(2J+1)\, \mathrm{e}^{-\beta hcBJ(J+1)}}{q_\mathrm{R}} \qquad (31\cdot33)$$

で与えられる．p_J と吸収強度の関係を示すのに，以前に $B = 10.595\ \mathrm{cm^{-1}}$ の $H^{35}Cl$ を使った．そこで，300 K での $H^{35}Cl$ の回転分配関数は，

$$\begin{aligned} q_\mathrm{R} &= \frac{1}{\sigma \beta hcB} \\ &= \frac{k_\mathrm{B}T}{\sigma hcB} = \frac{(1.38 \times 10^{-23}\ \mathrm{J\,K^{-1}})(300\ \mathrm{K})}{(1)(6.626 \times 10^{-34}\ \mathrm{J\,s})(3.00 \times 10^{10}\ \mathrm{cm\,s^{-1}})(10.595\ \mathrm{cm^{-1}})} \\ &= 19.7 \end{aligned} \qquad (31\cdot34)$$

である．この q_R を (31·33) 式に代入すれば，各準位の存在確率を簡単に求められる．その計算結果を図 31·9 に示す．回転−振動赤外吸収スペクトルの P 枝と R 枝の遷移強度は，ある J 準位を占める確率に比例している．そこで，この依存性を反映して，回転−振動遷移強度は J の関数で変化するのである．ただし，その遷移モーメントも J に少しは依存するから，遷移強度と回転準位の占有数の対応はさほど厳密なものではない．

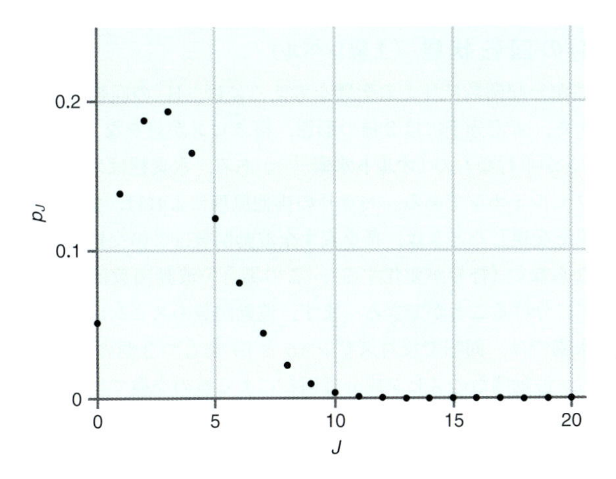

図 31・9 300 K の $H^{35}Cl$ について，回転量子数 J の関数で表した回転エネルギー準位を占める確率 p_J.

例題 31・4

HBr ($B = 8.46\ \mathrm{cm^{-1}}$) の回転スペクトルの R 枝で，最大強度を示すのは $J = 4$ から 5 への遷移であった．このスペクトルが得られた温度はいくらであったか．

解 答

この問題で与えられた情報は，このスペクトルがとられた温度では $J = 4$ の回転エネルギー準位の占有数が最大というものである．その温度を求めるには，まず，回転エネルギー準位の占有数 a_J の J に対する変化をつぎのように求める．

$$a_J = \frac{N(2J+1)\,\mathrm{e}^{-\beta hcBJ(J+1)}}{q_\mathrm{R}} = \frac{N(2J+1)\,\mathrm{e}^{-\beta hcBJ(J+1)}}{\left(\dfrac{1}{\beta hcB}\right)}$$
$$= N\beta hcB(2J+1)\,\mathrm{e}^{-\beta hcBJ(J+1)}$$

次に，a_J を J について微分し，その導関数を 0 とおいて，この関数の最大を見いだす．すなわち，

$$\frac{\mathrm{d}a_J}{\mathrm{d}J} = 0 = \frac{\mathrm{d}}{\mathrm{d}J} N\beta hcB(2J+1)\,\mathrm{e}^{-\beta hcBJ(J+1)}$$
$$0 = \frac{\mathrm{d}}{\mathrm{d}J}(2J+1)\,\mathrm{e}^{-\beta hcBJ(J+1)}$$
$$0 = 2\,\mathrm{e}^{-\beta hcBJ(J+1)} - \beta hcB(2J+1)^2\,\mathrm{e}^{-\beta hcBJ(J+1)}$$
$$0 = 2 - \beta hcB(2J+1)^2$$
$$2 = \beta hcB(2J+1)^2 = \frac{hcB}{k_\mathrm{B}T}(2J+1)^2$$
$$T = \frac{(2J+1)^2\,hcB}{2k_\mathrm{B}}$$

とする．この式に $J = 4$ を代入すれば，スペクトルを得た温度はつぎのように求められる．

$$T = \frac{(2J+1)^2\,hcB}{2k_\mathrm{B}}$$
$$= \frac{(2(4)+1)^2(6.626\times10^{-34}\ \mathrm{J\,s})(3.00\times10^{10}\ \mathrm{cm\,s^{-1}})(8.46\ \mathrm{cm^{-1}})}{2(1.38\times10^{-23}\ \mathrm{J\,K^{-1}})} = 494\ \mathrm{K}$$

31・5・3 H_2の回転状態（上級レベル）

分子の対称性が分配関数に与える影響を考えるには，H_2の回転準位の分布は格好の材料である．水素分子には2種の形態，核スピンが対をなすもの（**パラ水素**[1]）と核スピンが平行なもの（**オルト水素**[2]）がある．水素核はスピン1/2の粒子であるからフェルミオンである．パウリの排他原理によれば，2個の同一フェルミオンが位置を交換したときは，系を表す全波動関数はこの交換によって反対称でなければならない（符号が変化する）．この場合の波動関数は，スピン成分と回転成分の積に分けることができる．まず，波動関数のスピン成分について考えよう．パラ水素では，回転で反対スピン（α とβ）をもつ2個の核（A とB）の交換を伴うから，波動関数のスピン成分は回転による核の交換で反対称でなければならない．この要請を満たすには，核スピン状態のつぎの一次結合を使えばよい．

$$\psi_{\text{スピン, パラ}} = \alpha(\mathrm{A})\beta(\mathrm{B}) - \alpha(\mathrm{B})\beta(\mathrm{A})$$

回転に伴い核に付けたラベルAとBを交換すれば，上の波動関数の符号は変わるから，パラ水素の波動関数のスピン成分は交換に対して反対称になっている．

オルト水素では，回転によって同じスピンをもつ2個の核が交換される．したがって，スピン波動関数は対称である．そこで，この要請を満たすにはつぎの三つの核スピン状態の組合わせがある．

$$\psi_{\text{スピン, オルト}} = \{\alpha(\mathrm{A})\alpha(\mathrm{B}),\ \beta(\mathrm{A})\beta(\mathrm{B}),\ \alpha(\mathrm{A})\beta(\mathrm{B}) + \beta(\mathrm{A})\alpha(\mathrm{B})\}$$

まとめれば，波動関数のスピン成分は核の交換に対してパラ水素では反対称的で，オルト水素では対称的である．

次に，波動関数の回転成分の対称性について考えよう．回転状態の対称性は，回転量子数Jによって変わるのがわかる．Jが偶数（$J=0, 2, 4, 6, \cdots$）であれば，対応する回転波動関数は核交換について対称的であり，Jが奇数（$J=1, 3, 5, 7, \cdots$）であれば，対応する回転波動関数は反対称的である．波動関数は，スピン成分と回転成分の積であるから，この積は反対称的でなければならない．したがって，パラ水素の回転波動関数はJが偶数の準位に限られ，オルト水素はJが奇数の準位に限られる．また，オルト水素とパラ水素の核スピン状態の縮退度は，それぞれ3と1である．したがって，オルト水素の回転エネルギー準位は三重縮退している．

水素分子の集合にはオルト水素とパラ水素が含まれているから，その回転分配関数は，

$$q_{\mathrm{R}} = \frac{1}{4}\left[1\sum_{J=0,2,4,6,\cdots}(2J+1)\,\mathrm{e}^{-\beta hcBJ(J+1)} + 3\sum_{J=1,3,5,\cdots}(2J+1)\,\mathrm{e}^{-\beta hcBJ(J+1)}\right] \qquad (31\cdot35)$$

で表される．この式の最初の項はパラ水素によるもので，2番目の項はオルト水素によるものである．このq_{R}の式は，実際には平均のH_2を表しており，4分の1がパラ水素，4分の3はオルト水素である．ここで，(31･35)式には対称数がないことに注意しよう．それは，Jを奇数と偶数に分けて和をとったからで，許容回転準位の数えすぎについてはすでに考慮されているからである．高温では，(31･35)式を使って求めたq_{R}の値が，$\sigma=2$として(31･32)式を使って求めた値

---
1) para-hydrogen　2) ortho-hydrogen

によい近似で等しいといえる．それをつぎの例題で示そう．

例題 31・5

H_2 の 1000 K での回転分配関数はいくらか．

解答

高温極限の式が使えるとすれば，H_2 の回転分配関数は，

$$q_R = \frac{1}{\sigma\beta hcB} = \frac{1}{2\beta hcB}$$

で表せる．$B = 60.853\ \mathrm{cm^{-1}}$（表 31·1）より，

$$q_R = \frac{1}{2\beta hcB} = \frac{k_BT}{2hcB}$$

$$= \frac{(1.38\times10^{-23}\ \mathrm{J\ K^{-1}})(1000\ \mathrm{K})}{2(6.626\times10^{-34}\ \mathrm{J\ s})(3.00\times10^{10}\ \mathrm{cm\ s^{-1}})(60.853\ \mathrm{cm^{-1}})} = 5.70$$

となる．一方，和を直接とって回転分配関数を計算すれば，

$$q_R$$

$$= \frac{1}{4}\left[1\sum_{J=0,2,4,6,\cdots}(2J+1)\,\mathrm{e}^{-\beta hcBJ(J+1)} + 3\sum_{J=1,3,5,\cdots}(2J+1)\,\mathrm{e}^{-\beta hcBJ(J+1)}\right]$$

$$= 5.88$$

となる．この二つの結果を比較すれば，$\sigma = 2$ として q_R の高温極限の式を使って計算しても，H_2 の回転分配関数の値をよい近似で求められることがわかる．

31・5・4 回転温度

回転分配関数を，和で求めるか積分によるかは，使える熱エネルギー（k_BT）と比べて回転エネルギーの間隔の大きさがどうかにすべて依存している．ここで，回転定数をボルツマン定数で割ったつぎの**回転温度**[1] Θ_R を導入しておくと，この比較が簡単である．

$$\Theta_R = \frac{hcB}{k_B} \qquad (31·36)$$

この式の次元解析でわかるように，Θ_R は温度の単位で表される．そこで，回転温度を使って回転分配関数の式をつぎのように書き直しておく．

$$q_R = \frac{1}{\sigma\beta hcB} = \frac{k_BT}{\sigma hcB} = \frac{T}{\sigma\Theta_R}$$

回転温度の第二の使い方は，分配関数を求める温度と比較するための指標とすることである．図 31·10 は，$H^{35}Cl$（$\Theta_R = 15.24$ K）の q_R について，分配関数を和で求めた結果（31·29 式）と積分形を使った結果（31·30 式）を比較したものである．低温では，両者の結果がかなり異なっているのがわかる．しかしながら，どちらの結果も q_R は温度とともに直線的に増加すると予測している．高温では積分を使った結果の誤差が相対的に小さくなり，$T/\Theta_R \geq 10$ の温度では回転分配関数の積分形を使えるのがわかる．分配関数の積分形は，k_BT が回転エネルギー準

1) rotational temperature

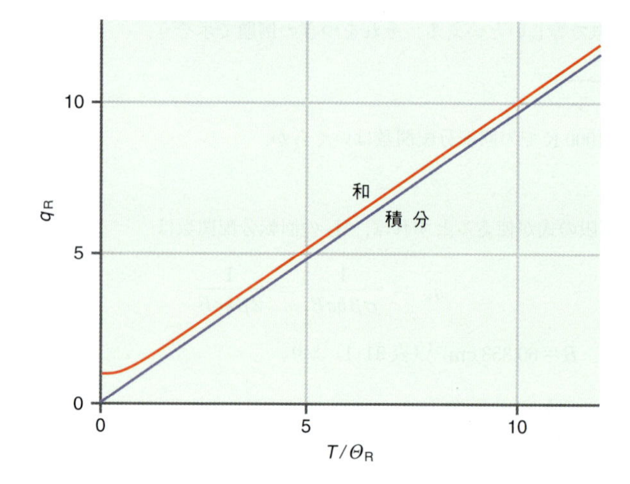

図 31·10　$H^{35}Cl$ ($\Theta_R = 15.24$ K) の回転分配関数 q_R について，和で求めた結果と積分形を使って求めた結果の比較．和で求めた値は，どの温度でも積分で求めた値より大きい．積分で求めたときの相対誤差は高温ほど小さくなる．$T/\Theta_R > 10$ では q_R の十分正確な値として積分による値が使える．

位の間隔よりかなり大きいときに使えるから，これを**高温極限**[1]という．つぎの例題では，どちらの回転分配関数を使うべきかを判断するのに回転温度を使う例を示そう．

例題 31・6

I_2 の 100 K での回転分配関数を計算せよ．

解 答

$T = 100$ K であるから，回転エネルギー準位の間隔と比較して k_BT がどの程度の大きさかを見きわめることが重要である．表 31·1 の値 $B(I_2) = 0.0374$ cm^{-1} に相当する回転温度は，

$$\Theta_R(I_2) = \frac{hcB}{k_B}$$

$$= \frac{(6.626 \times 10^{-34}\ \text{J s})(3.00 \times 10^{10}\ \text{cm s}^{-1})(0.0374\ \text{cm}^{-1})}{1.38 \times 10^{-23}\ \text{J K}^{-1}} = 0.0539\ \text{K}$$

である．この温度を 100 K と比較すればわかるように，I_2 では回転分配関数の高温極限の式が使える．そこで，つぎの結果が得られる．

$$q_R(I_2) = \frac{T}{\sigma\Theta_R} = \frac{100\ \text{K}}{(2)(0.0539\ \text{K})} = 928$$

31・6 回転分配関数：多原子分子

前節で説明した二原子分子の系では，図 31·11 で示すように慣性モーメントは 2 軸のまわりにしか 0 でない値を示さない．**多原子分子**[2]（3 原子以上から成る分子）では，状況はもっと複雑になる．

多原子分子が直線形であれば，0 でない慣性モーメントは 2 軸のまわりにしか存在しないから，二原子分子の場合と同じ式を使って扱える．しかし，多原子分子が直線形でなければ，3 軸のまわりに慣性モーメントが存在する．したがって，回転エネルギー準位を表す分配関数は，3 軸すべてのまわりの分子の回転を考慮

1) high-temperature limit　2) polyatomic molecule

に入れなければならない．この分配関数の導出は簡単でないから，ここでは結果を示すだけにしておく．

$$q_R = \frac{\sqrt{\pi}}{\sigma}\left(\frac{1}{\beta hcB_A}\right)^{1/2}\left(\frac{1}{\beta hcB_B}\right)^{1/2}\left(\frac{1}{\beta hcB_C}\right)^{1/2} \tag{31·37}$$

この式の B の添え字は，図31·11に示す対応する慣性モーメントを表している．σ はすでに述べた対称数である．また，その多原子分子が回転しても“剛体”であるという仮定を使っている．この分配関数のかたちについては，二原子分子の回転分配関数から直感的にわかることがあるだろう．それは，全分配関数に，それぞれの慣性モーメントによる $(\beta hcB)^{-1/2}$ の寄与があることである．二原子分子や直線形多原子分子の場合は，2軸まわりの慣性モーメントは等価であるから，その二つの寄与の積が上で導いた二原子分子の慣性モーメントの式になっている．一方，非直線形多原子分子の分配関数は，3軸まわりの慣性モーメントの寄与の積になるわけである．上の分配関数にある回転定数に付けた添え字からわかるように，両者の違いはどれかの慣性モーメントが等価かどうかによっている．

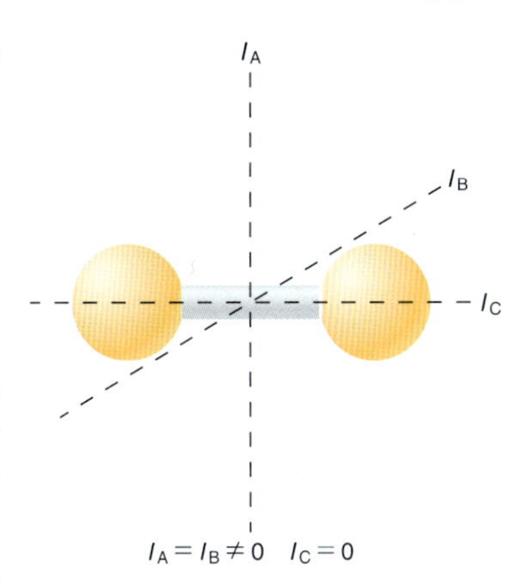

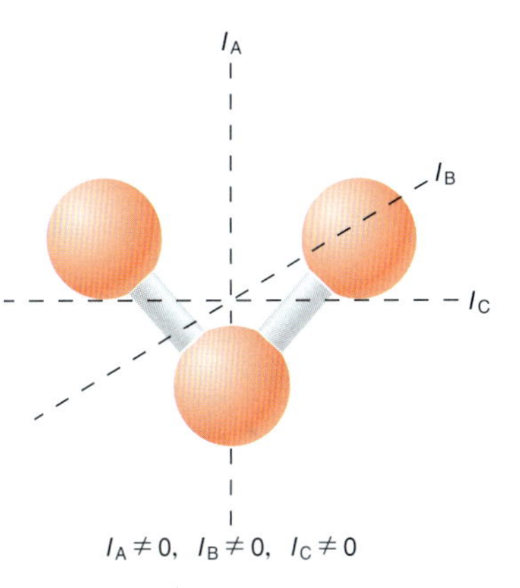

図31·11 二原子分子と非直線形多原子分子の慣性モーメント．二原子分子では $I_C = 0$ である．ただし，2個の原子は質点としてその中心を結ぶ軸上に存在していると考える．それぞれの慣性モーメントには対応する回転定数が定義できる．

例題 31・7

つぎの分子の298 Kでの回転分配関数を計算せよ．高温の式が使えると仮定してよい．

a. OCS　($B = 1.48\ \mathrm{cm^{-1}}$)

b. ONCl　($B_A = 2.84\ \mathrm{cm^{-1}}$，$B_B = 0.191\ \mathrm{cm^{-1}}$，$B_C = 0.179\ \mathrm{cm^{-1}}$)

c. CH_2O　($B_A = 9.40\ \mathrm{cm^{-1}}$，$B_B = 1.29\ \mathrm{cm^{-1}}$，$B_C = 1.13\ \mathrm{cm^{-1}}$)

解答

a. OCSは直線形分子であるから回転定数は1個しかない．また，この分子は非対称であるから $\sigma = 1$ である．この回転定数を使えば，回転分配関数をつぎのように求めることができる．

$$q_R = \frac{1}{\sigma\beta hcB} = \frac{k_B T}{hcB}$$

$$= \frac{(1.38\times10^{-23}\ \mathrm{J\ K^{-1}})(298\ \mathrm{K})}{(6.626\times10^{-34}\ \mathrm{J\ s})(3.00\times10^{10}\ \mathrm{cm\ s^{-1}})(1.48\ \mathrm{cm^{-1}})} = 140$$

b. ONClは非直線形多原子分子である．非対称であるから $\sigma = 1$ であり，分配関数はつぎのようになる．

$$q_R = \frac{\sqrt{\pi}}{\sigma}\left(\frac{1}{\beta hcB_A}\right)^{1/2}\left(\frac{1}{\beta hcB_B}\right)^{1/2}\left(\frac{1}{\beta hcB_C}\right)^{1/2}$$

$$= \sqrt{\pi}\left(\frac{k_B T}{hc}\right)^{3/2}\left(\frac{1}{B_A}\right)^{1/2}\left(\frac{1}{B_B}\right)^{1/2}\left(\frac{1}{B_C}\right)^{1/2}$$

$$= \sqrt{\pi}\left(\frac{(1.38\times10^{-23}\ \mathrm{J\ K^{-1}})(298\ \mathrm{K})}{(6.626\times10^{-34}\ \mathrm{J\ s})(3.00\times10^{10}\ \mathrm{cm\ s^{-1}})}\right)^{3/2}$$

$$\times\ \left(\frac{1}{2.84\ \mathrm{cm^{-1}}}\right)^{1/2}\left(\frac{1}{0.191\ \mathrm{cm^{-1}}}\right)^{1/2}\left(\frac{1}{0.179\ \mathrm{cm^{-1}}}\right)^{1/2}$$

$$= 16\,900$$

c. CH_2O は非直線形多原子分子である．しかしながら，この分子の対称性からわかるように $\sigma = 2$ である．この値を使って計算すれば，回転分配関数の値はつぎのようになる．

$$q_{\mathrm{R}} = \frac{\sqrt{\pi}}{\sigma}\left(\frac{1}{\beta hcB_{\mathrm{A}}}\right)^{1/2}\left(\frac{1}{\beta hcB_{\mathrm{B}}}\right)^{1/2}\left(\frac{1}{\beta hcB_{\mathrm{C}}}\right)^{1/2}$$

$$= \frac{\sqrt{\pi}}{2}\left(\frac{k_{\mathrm{B}}T}{hc}\right)^{3/2}\left(\frac{1}{B_{\mathrm{A}}}\right)^{1/2}\left(\frac{1}{B_{\mathrm{B}}}\right)^{1/2}\left(\frac{1}{B_{\mathrm{C}}}\right)^{1/2}$$

$$= \frac{\sqrt{\pi}}{2}\left(\frac{(1.38\times10^{-23}\,\mathrm{J\,K^{-1}})\,(298\,\mathrm{K})}{(6.626\times10^{-34}\,\mathrm{J\,s})\,(3.00\times10^{10}\,\mathrm{cm\,s^{-1}})}\right)^{3/2}$$

$$\times\left(\frac{1}{9.40\,\mathrm{cm^{-1}}}\right)^{1/2}\left(\frac{1}{1.29\,\mathrm{cm^{-1}}}\right)^{1/2}\left(\frac{1}{1.13\,\mathrm{cm^{-1}}}\right)^{1/2}$$

$$= 712$$

これら三つの分配関数の値から，室温ではどの分子でもかなりの数の回転状態が占有されていることがわかる．

31・7　振動分配関数

振動自由度の量子力学モデルは調和振動子である．このモデルの振動自由度は，図31・12に示すような二次のポテンシャルで表される．調和振動子のエネルギー準位は，

$$E_n = hc\tilde{\nu}\left(n+\frac{1}{2}\right) \tag{31・38}$$

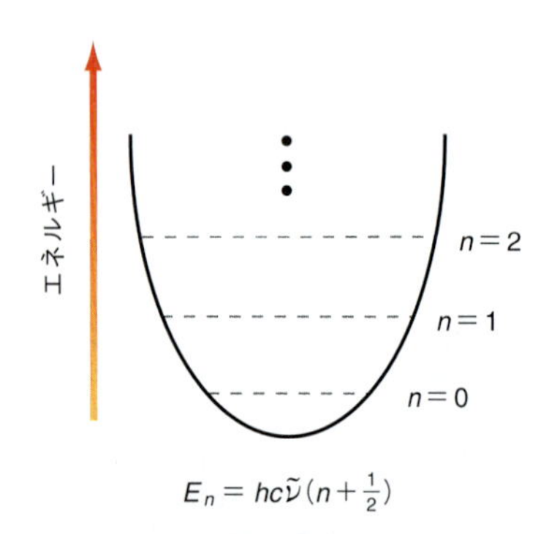

図 31・12　調和振動子モデル．振動自由度ごとに異なる2次ポテンシャルをもつ．このポテンシャルによるエネルギー準位は等間隔である．

である．この式によれば，ある準位のエネルギー E_n は量子数 n に依存する．この量子数は0で始まる整数をとれる（$n = 0, 1, 2, \cdots$）．ここでの振動数は振動波数 $\tilde{\nu}$（$\mathrm{cm^{-1}}$ の単位）で表したものである．$n = 0$ の準位のエネルギーは0ではなく，$hc\tilde{\nu}/2$ であることに注意しよう．これは零点エネルギーであり，調和振動子を量子力学的に考察したところで詳しく説明した．(31・38) 式の E_n の式を使えば，振動分配関数をつぎのようにつくれる．

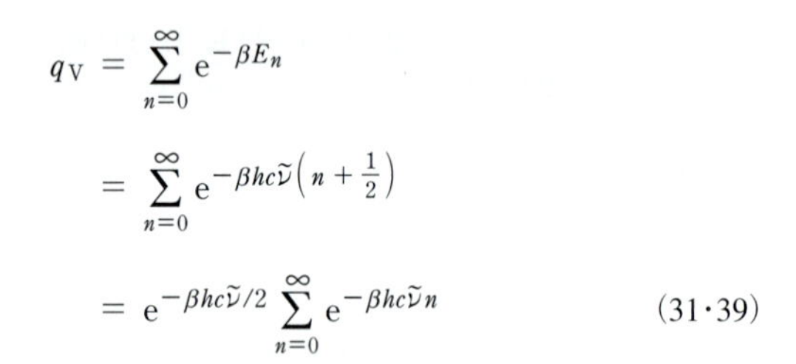

$$q_{\mathrm{V}} = \sum_{n=0}^{\infty} \mathrm{e}^{-\beta E_n}$$

$$= \sum_{n=0}^{\infty} \mathrm{e}^{-\beta hc\tilde{\nu}\left(n+\frac{1}{2}\right)}$$

$$= \mathrm{e}^{-\beta hc\tilde{\nu}/2}\sum_{n=0}^{\infty} \mathrm{e}^{-\beta hc\tilde{\nu}n} \tag{31・39}$$

ここでの和は，級数に関するつぎの公式を使えば簡単に書ける．

$$\frac{1}{1-\mathrm{e}^{-\alpha x}} = \sum_{n=0}^{\infty} \mathrm{e}^{-n\alpha x} \tag{31・40}$$

すなわち，つぎの**振動分配関数**[1]の式を得ることができる．

$$q_{\mathrm{V}} = \frac{\mathrm{e}^{-\beta hc\tilde{\nu}/2}}{1-\mathrm{e}^{-\beta hc\tilde{\nu}}} \quad （零点エネルギーを含んだ式） \tag{31・41}$$

1）vibrational partition function

この式はこれで正しいが，$E_0 = 0$ として，つまり各準位のエネルギーから零点エネルギーを差し引いた値の振動エネルギー準位を定義しておいた方が便利なことが多い．そうする利点は何だろうか．ある振動エネルギー準位を占める確率 p_n をつぎのように計算するとしよう．

$$p_n = \frac{\mathrm{e}^{-\beta E_n}}{q_{\mathrm{V}}} = \frac{\mathrm{e}^{-\beta hc\tilde{\nu}\left(n+\frac{1}{2}\right)}}{\dfrac{\mathrm{e}^{-\beta hc\tilde{\nu}/2}}{1-\mathrm{e}^{-\beta hc\tilde{\nu}}}} = \frac{\mathrm{e}^{-\beta hc\tilde{\nu}/2}\,\mathrm{e}^{-\beta hc\tilde{\nu}n}}{\dfrac{\mathrm{e}^{-\beta hc\tilde{\nu}/2}}{1-\mathrm{e}^{-\beta hc\tilde{\nu}}}}$$

$$= \mathrm{e}^{-\beta hc\tilde{\nu}n}(1-\mathrm{e}^{-\beta hc\tilde{\nu}}) \qquad (31\cdot42)$$

この式でわかるように，エネルギー準位と分配関数の両方にあった零点エネルギーの寄与は消えている．したがって，p_n の計算に関係するエネルギーは各準位のエネルギーの絶対値ではなく，準位間の相対的なエネルギーである．このことから，零点エネルギーを取除いておけば，つぎの振動分配関数の式が得られる．

$$q_{\mathrm{V}} = \frac{1}{1-\mathrm{e}^{-\beta hc\tilde{\nu}}} \quad \text{（零点エネルギーを除いた式）} \qquad (31\cdot43)$$

ここで重要なことは，零点エネルギーを含めても含めなくてもよいが，どちらかに統一しておくことである．たとえば，注目する振動状態について零点エネルギーを含めた確率の計算（31･42 式）をするのに，振動分配関数として零点エネルギーを含まない式を使ってしまえばどうなるだろうか．すぐわかるように，つぎのような間違った答が得られてしまう．

$$p_n = \frac{\mathrm{e}^{-\beta E_n}}{q_{\mathrm{V}}} = \frac{\mathrm{e}^{-\beta hc\tilde{\nu}\left(n+\frac{1}{2}\right)}}{\dfrac{1}{1-\mathrm{e}^{-\beta hc\tilde{\nu}}}} = \frac{\mathrm{e}^{-\beta hc\tilde{\nu}/2}\,\mathrm{e}^{-\beta hc\tilde{\nu}n}}{\dfrac{1}{1-\mathrm{e}^{-\beta hc\tilde{\nu}}}}$$

$$= \mathrm{e}^{-\beta hc\tilde{\nu}/2}\,\mathrm{e}^{-\beta hc\tilde{\nu}n}(1-\mathrm{e}^{-\beta hc\tilde{\nu}})$$

すなわち，零点エネルギーは消えずに残ってしまい，正しい答は得られない．これは，状態 n のエネルギーとして，分配関数の式のエネルギーと異なる定義をしたことによる．要するに，確率を計算するときは零点エネルギーを含めても含めなくてもよいが[†3]，どちらかに決めれば，その方針を最後まで貫かなければならない．

例題 31・8

I_2 の振動分配関数は，298 K と 1000 K のどちらの温度での方が大きいか．$\tilde{\nu} = 208\ \mathrm{cm^{-1}}$ である．

解答

分配関数は，使えるエネルギー（$k_{\mathrm{B}}T$）で占有できる状態の数の目安であるから，$T = 298$ K より $T = 1000$ K の分配関数の方が大きいと予想できる．この予想が正しいのを確かめるために，この温度における振動分配関数をつぎのように計算する．

---

†3 訳注：ここでの話は，確率を計算するときの零点エネルギーの扱い方に関するものであり，零点エネルギーそのものが無視できるといっているわけでない．

$$(q_{\mathrm{V}})_{298\,\mathrm{K}} = \frac{1}{1 - \mathrm{e}^{-\beta hc\tilde{\nu}}} = \frac{1}{1 - \mathrm{e}^{-hc\tilde{\nu}/k_{\mathrm{B}}T}}$$

$$= \frac{1}{1 - \exp\left[-\frac{(6.626 \times 10^{-34}\,\mathrm{J\,s})(3.00 \times 10^{10}\,\mathrm{cm\,s^{-1}})(208\,\mathrm{cm^{-1}})}{(1.38 \times 10^{-23}\,\mathrm{J\,K^{-1}})(298\,\mathrm{K})}\right]} = 1.58$$

$$(q_{\mathrm{V}})_{1000\,\mathrm{K}} = \frac{1}{1 - \mathrm{e}^{-\beta hc\tilde{\nu}}}$$

$$= \frac{1}{1 - \exp\left[-\frac{(6.626 \times 10^{-34}\,\mathrm{J\,s})(3.00 \times 10^{10}\,\mathrm{cm\,s^{-1}})(208\,\mathrm{cm^{-1}})}{(1.38 \times 10^{-23}\,\mathrm{J\,K^{-1}})(1000\,\mathrm{K})}\right]} = 3.86$$

予想通り，分配関数は温度とともに増加し，高温ほど占有できる状態は増える．つぎの図に I_2 の q_{V} の温度変化を示す．

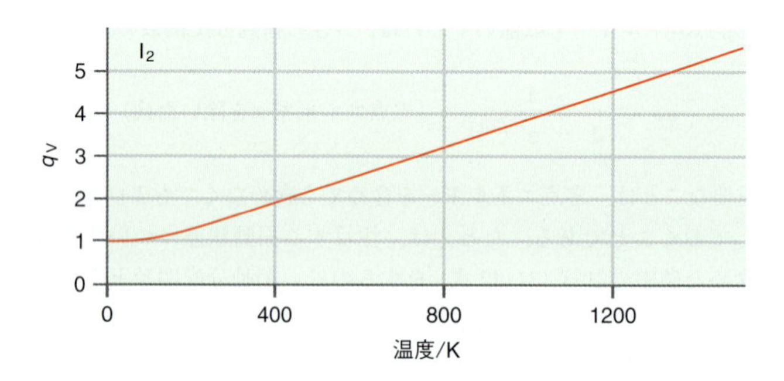

31・7・1 多原子分子の多次元の q_{V}

前節で導いた振動分配関数の式は，振動自由度が一つの場合であり，二原子分子には使える．しかし，三原子以上から成る分子では (これを多原子分子という)，これとは違うすべての振動自由度を取入れた分配関数の式が必要である．多原子分子の振動分配関数を定義するにはまず，その分子に振動自由度がいくつあるかを知っておく必要がある．N 個の原子から成る多原子分子には，各原子の位置を表す 3 個の直交座標に相当して，$3N$ 個の自由度がある．ところが，原子は互いに化学結合で結ばれているから，それぞれの原子は互いに独立に自由に動くことはできない．まず，分子全体として空間を並進運動できるから，$3N$ 個の自由度のうち 3 個は並進の自由度によるものである．回転運動のところで説明したように，直線形多原子分子には 0 でない慣性モーメントが二つあるから回転の自由度も 2 個あり，非直線形多原子分子では回転の自由度は 3 個ある．これらの残りが振動の自由度になるから，つぎのように表せる．

$$\text{直線形多原子分子:} \quad 3N - 5 \tag{31·44}$$

$$\text{非直線形多原子分子:} \quad 3N - 6 \tag{31·45}$$

二原子分子を $N = 2$ の直線形多原子分子とみなせば，この式 $(3 \times 2 - 5 = 1)$ から振動の自由度は 1 個しかないのがわかる．

多原子分子の分配関数を導く最終段階では，調和近似を使えば振動の自由度を分離することができ†4，それぞれの振動のエネルギー自由度を別々に扱えるこ

†4 訳注: 各振動自由度が互いに独立であることが前提である．基準振動モードについては 27·7 節に詳しい説明がある．

とを利用する．31·3 節では，分子がもついろいろなエネルギー自由度について，それぞれの分配関数を分離して表すことができ，全分子分配関数はそれらの単なる積で表せることを示した．同じ考えを振動自由度に適用すれば，全振動分配関数は個々の振動自由度の分配関数の単なる積で表される．すなわち，

$$(q_V)_{全} = \prod_{i=1}^{\substack{3N-5 \\ \text{または}\,3N-6}} (q_V)_i \qquad (31\cdot46)$$

である．この式の全振動分配関数は，それぞれの基準振動モード（添え字 i で表す）の振動分配関数の積に等しい．その数は，分子が直線形か非直線形かによって $(3N-5)$ 個または $(3N-6)$ 個ある．

例題 31・9

三原子分子の二酸化塩素（OClO）には基準振動モードが 3 個あり，その振動数は 450, 945, 1100 cm^{-1} である．$T = 298$ K での振動分配関数の値はいくらか．

解答

全振動分配関数は，それぞれの振動自由度の分配関数の単なる積で表せる．零点エネルギーを 0 とおけば，つぎのように計算できる．

$$\begin{aligned} q_{450} &= \frac{1}{1 - e^{-\beta hc(450\ \mathrm{cm^{-1}})}} \\ &= \frac{1}{1 - \exp\left[-\dfrac{(6.626\times10^{-34}\ \mathrm{J\ s})(3.00\times10^{10}\ \mathrm{cm\ s^{-1}})(450\ \mathrm{cm^{-1}})}{(1.38\times10^{-23}\ \mathrm{J\ s})(298\ \mathrm{K})}\right]} \\ &= 1.13 \end{aligned}$$

$$\begin{aligned} q_{945} &= \frac{1}{1 - e^{-\beta hc(945\ \mathrm{cm^{-1}})}} \\ &= \frac{1}{1 - \exp\left[-\dfrac{(6.626\times10^{-34}\ \mathrm{J\ s})(3.00\times10^{10}\ \mathrm{cm\ s^{-1}})(945\ \mathrm{cm^{-1}})}{(1.38\times10^{-23}\ \mathrm{J\ s})(298\ \mathrm{K})}\right]} \\ &= 1.01 \end{aligned}$$

$$\begin{aligned} q_{1100} &= \frac{1}{1 - e^{-\beta hc(1100\ \mathrm{cm^{-1}})}} \\ &= \frac{1}{1 - \exp\left[-\dfrac{(6.626\times10^{-34}\ \mathrm{J\ s})(3.00\times10^{10}\ \mathrm{cm\ s^{-1}})(1100\ \mathrm{cm^{-1}})}{(1.38\times10^{-23}\ \mathrm{J\ s})(298\ \mathrm{K})}\right]} \\ &= 1.00 \end{aligned}$$

$$(q_V)_{全} = \prod_{i=1}^{3N-6} (q_V)_i = (q_{450})(q_{950})(q_{1100}) = (1.13)(1.01)(1.00) = 1.14$$

ここで，全振動分配関数の値が 1 に近いことに注目しよう．これは，どの振動モードのエネルギー間隔も k_BT よりずっと大きく，$n = 0$ 以外の状態がほとんど占有されていないことを表している．

31・7・2 q_V の高温近似

回転の場合と同じように，ある振動自由度の振動数を k_B で割った**振動温度**[1] (Θ_V) をつぎのように定義しておく．

$$\Theta_V = \frac{hc\tilde{\nu}}{k_B} \tag{31・47}$$

この式の次元解析でもわかるように，Θ_V は温度の次元をもつから K の単位で表す．この振動温度を使って振動分配関数を表せば，

$$q_V = \frac{1}{1-e^{-\beta hc\tilde{\nu}}} = \frac{1}{1-e^{-hc\tilde{\nu}/k_BT}} = \frac{1}{1-e^{-\Theta_V/T}} \tag{31・48}$$

となる．分配関数をこう表すと便利なのは，振動エネルギーと温度の相対関係がわかりやすいことである．具体的には，Θ_V と比較して T が大きくなれば指数関数の指数が小さくなり，その指数関数の項は 1 に近づく．(31・48) 式の分母が小さくなれば，振動分配関数は大きくなる．温度が Θ_V に比べて非常に大きくなれば，q_V は単純なかたちで表せる．上巻の巻末付録 A「数学的な取扱い」によれば，exp $(-x)$ はつぎのように級数展開できる．

$$e^{-x} = 1 - x + \frac{x^2}{2} - \cdots$$

(31・48) 式の振動分配関数では，$x = -\Theta_V/T$ とおく．$T \gg \Theta_V$ では x が非常に小さいから，exp $(-x)$ の級数の高次の項は無視できて，最初の 2 項だけで表せる．これを振動分配関数の式に代入すれば，

$$q_V = \frac{1}{1-e^{-\Theta_V/T}} = \frac{1}{1-\left(1-\dfrac{\Theta_V}{T}\right)} = \frac{T}{\Theta_V} \tag{31・49}$$

となる．これが振動分配関数の高温極限の結果である．

$$q_V = \frac{T}{\Theta_V} \quad (\text{高温極限}) \tag{31・50}$$

q_V を計算するのに，厳密な式の代わりにこの式が使えるのはどういう場合だろうか．それは，注目する振動数と温度の両方に依存する．図 31・13 は，I_2 につい

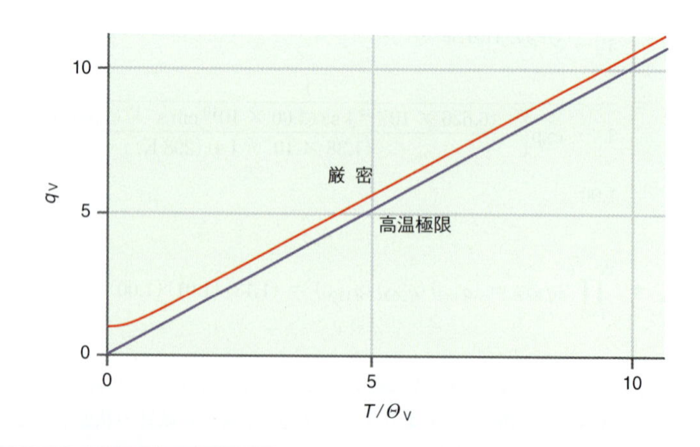

図 31・13　q_V の厳密値 (31・48 式による) と高温極限値 (31・50 式による) の比較．この計算には I_2 ($\Theta_V = 299$ K) のパラメーターを使った．$T/\Theta_V \geq 10$ では，両方の結果の相対的な温度差は 0.5 である．(31・49) 式の指数関数の級数展開の項をもう一つ加えれば，もっとよい一致が得られる．

1) vibrational temperature

て ($\Theta_V = 299$ K)，零点エネルギーを含めない q_V を求める厳密な式 (31･48 式) と高温極限の式 (31･50 式) で得られた結果を比較したものである．回転の場合と同様，低温では両者にかなりの違いが見られるものの，高温では両者とも直線的な依存性が見られる．$T \geq 10\,\Theta_V$ になれば，高温極限と厳密な値の相対的な差は十分に小さく，q_V を求めるのに高温極限の式が使える．例題 31･10 で示すように，この温度は大部分の分子にとって非常に高い温度に相当している．

例題 31・10

F_2 ($\tilde{\nu} = 917\ \mathrm{cm^{-1}}$) の場合，$q_V$ を求める高温極限の式はどの温度から使えるか．

解答

高温極限の式は $T = 10\,\Theta_V$ 以上で使える．F_2 の振動温度は，

$$\Theta_V = \frac{hc\tilde{\nu}}{k_B} = \frac{(6.626 \times 10^{-34}\ \mathrm{J\,s})(3.00 \times 10^{10}\ \mathrm{cm\,s^{-1}})(917\ \mathrm{cm^{-1}})}{1.38 \times 10^{-23}\ \mathrm{J\,K^{-1}}} = 1321\ \mathrm{K}$$

である．したがって，高温極限の式は $T \sim 13\,000$ K 以上で使える．これを確かめるには，分配関数 q_V の厳密な式から求めた値と高温極限の式によるつぎの近似値を比較すればよい．

$$q_V = \frac{1}{1 - \mathrm{e}^{-\Theta_V/T}} = \frac{1}{1 - \mathrm{e}^{-1321\ \mathrm{K}/13\,000\ \mathrm{K}}} = 10.3$$

$$\approx \frac{T}{\Theta_V} = \frac{13\,000\ \mathrm{K}}{1321\ \mathrm{K}} = 9.8$$

上の二つの結果を比較してわかるように，このような高温になれば分配関数の高温極限の式は妥当な値を示す．しかしながら，この温度はきわめて高いものである．

31・7・3　縮 退 と q_V

多原子分子の全振動分配関数は，それぞれの振動自由度の分配関数の積で表される．もし，このうち複数の振動自由度について振動数が同じで，エネルギー準位が縮退していればどうなるだろうか．振動自由度は，幾何構造によって $3N-5$ または $3N-6$ であることも忘れないでおこう．縮退があるとき，二つ以上の振動自由度の振動エネルギー間隔，つまり振動温度は同じである．この場合も，全分配関数はそれぞれの振動自由度の分配関数の積である．しかしながら，縮退した振動モードの分配関数はまったく同じかたちをしている．そこで，振動分配関数の式に振動の縮退の効果を取入れる方法は二つある．まず，いまある分配関数をそのまま使って，振動数が同じでもそれと関係なく，一つひとつの自由度について全部計算することである．第二の方法は，全分配関数を同じ振動数についての分配関数の積として書き直し，その縮退度をつぎのように分配関数のべきとして取入れることである．

$$(q_V)_{全} = \prod_{i=1}^{n'} (q_V)_i^{\,g_i} \qquad (31\cdot51)$$

n' は，振動数が他と異なる振動モードの総数であり，i で番号付けしてある．ここで重要なことは，n' が振動自由度の総数と異なることである．二酸化炭素について考えれば振動の縮退はわかりやすい．それを例題 31･11 で示そう．

例題 31・11

CO_2 にはつぎの振動自由度がある．1388 cm^{-1}，667.4 cm^{-1}（二重縮退），2349 cm^{-1}．この分子の 1000 K での全振動分配関数はいくらか．

解答

全振動分配関数を求めるには，振動数が他と異なる振動それぞれについて振動分配関数をつぎのように計算し，その分配関数に縮退度を べき として付けたうえで積をとればよい．計算結果をつぎに示す．

$$(q_V)_{1388} = \frac{1}{1 - \exp\left[-\dfrac{(6.626 \times 10^{-34}\,\mathrm{J\,s})(3.00 \times 10^{10}\,\mathrm{cm\,s^{-1}})(1388\,\mathrm{cm^{-1}})}{(1.38 \times 10^{-23}\,\mathrm{J\,K^{-1}})(1000\,\mathrm{K})}\right]} = 1.16$$

$$(q_V)_{667.4} = \frac{1}{1 - \exp\left[-\dfrac{(6.626 \times 10^{-34}\,\mathrm{J\,s})(3.00 \times 10^{10}\,\mathrm{cm\,s^{-1}})(667.4\,\mathrm{cm^{-1}})}{(1.38 \times 10^{-23}\,\mathrm{J\,K^{-1}})(1000\,\mathrm{K})}\right]} = 1.62$$

$$(q_V)_{2349} = \frac{1}{1 - \exp\left[-\dfrac{(6.626 \times 10^{-34}\,\mathrm{J\,s})(3.00 \times 10^{10}\,\mathrm{cm\,s^{-1}})(2349\,\mathrm{cm^{-1}})}{(1.38 \times 10^{-23}\,\mathrm{J\,K^{-1}})(1000\,\mathrm{K})}\right]} = 1.04$$

$$(q_V)_{全} = \prod_{i=1}^{n'} (q_V)_i^{\,g_i} = (q_V)_{1388}\,(q_V)_{667.4}^2\,(q_V)_{2349} = (1.16)(1.62)^2(1.04) = 3.17$$

31・8 均分定理

回転と振動について説明した前節では，温度が十分に高くて系の熱エネルギーがエネルギー準位の間隔よりかなり大きければ，q_R や q_V の高温極限の式は厳密な式と等価になることがわかった．このような高温では，エネルギー準位の量子力学的な性質は重要でなくなり，古典的なエネルギー論による説明で十分になる．

分配関数の定義には量子化されたエネルギー準位にわたる和が関係しているが，同じ系のエネルギー論を古典的に展開するときには，これに対応する古典的な分配関数の式が存在するはずである．実際，そのような式は存在する．しかし，その式を導出するのは本書の範囲を超えているから，ここでは結果を示すだけにする．N 個の原子から成る分子の三次元分配関数の式は，

$$q_{古典} = \frac{1}{h^{3N}} \int \cdots \int \mathrm{e}^{-\beta H}\,\mathrm{d}p^{3N}\,\mathrm{d}x^{3N} \qquad (31 \cdot 52)$$

で表される．この分配関数の p と x は，各粒子の運動量と位置を表し，それぞれについて三次元直交座標が対応している．この積分に掛かっている因子 h^{-3N} の次元は（運動量 × 長さ）$^{-3N}$ であり，これによって分配関数は無次元になっている．

上の $q_{古典}$ の式にある $\mathrm{e}^{-\beta H}$ は何を表しているだろうか．H は古典ハミルトニ

アンを表しており，量子力学のハミルトニアンと同じで，系の運動エネルギーとポテンシャルエネルギーの和である．したがって，$e^{-\beta H}$ は，分子分配関数の量子力学的な式にある $e^{-\beta\varepsilon}$ と等価なものである．古典的な一次元調和振動子のハミルトニアンについて考えよう．その換算質量が μ，力の定数が k であれば，つぎの式で表せる．

$$H = \frac{p^2}{2\mu} + \frac{1}{2}kx^2 \qquad (31\cdot53)$$

このハミルトニアンを使えば，一次元調和振動子の古典的な分配関数は，

$$q_{古典} = \frac{1}{h}\int \mathrm{d}p \int \mathrm{d}x\, \mathrm{e}^{-\beta\left(\frac{p^2}{2\mu} + \frac{1}{2}kx^2\right)} = \frac{T}{\Theta_{\mathrm{V}}} \qquad (31\cdot54)$$

となる．この結果は，量子力学的な分配関数を使って導いた q_{V} の高温極限の近似式（31・50 式）と同じものである．この例からわかるように，温度が十分高く，すべての量子状態にわたる和を積分で置き換えてよい場合は古典統計力学が使える．この温度条件で（31・54）式を計算するときは，系の量子力学的な詳しい情報は必要なく，調和振動子のエネルギー準位が量子化していることは何ら関係がない．

高温の分子系に古典統計力学を適用すれば，**均分定理**[1]という興味深い定理を使えるのがわかる．この定理によれば，古典ハミルトニアンに現れる運動量や位置の 2 乗（つまり，p^2 や x^2）で表された項は，それぞれ平均エネルギーに対して $k_{\mathrm{B}}T/2$ の寄与をする．たとえば，一次元調和振動子のハミルトニアン（31・53 式）には p^2 と x^2 の両方の項があるから，均分定理によればこの振動子の平均エネルギーは $k_{\mathrm{B}}T$（調和振動子 N 個の集合体であれば $Nk_{\mathrm{B}}T$）である．次の章では，均分定理の結果と量子統計力学を使って求めた平均値を比較する．いまのところは，この均分の概念は古典力学の帰結にすぎないことを覚えておこう．それは，あるエネルギー自由度について，あるエネルギー準位から別のエネルギー準位に移るときのエネルギー変化が $k_{\mathrm{B}}T$ よりずっと小さくなければならないからである．すでに説明したように，この条件は並進や回転の自由度では満たされるが，振動の自由度についてはかなり高温でない限り満たされない．

31・9 電子分配関数

電子エネルギー準位は，原子や分子のいろいろな電子配置に対応している．わかりやすいのは水素原子の場合で，そのオービタルのエネルギーはつぎの式で表される．

$$E_n = \frac{-m_{\mathrm{e}}e^4}{8\varepsilon_0^2 h^2 n^2} = -109\,737\ \mathrm{cm}^{-1}\frac{1}{n^2} \qquad n = 1, 2, 3, \cdots \qquad (31\cdot55)$$

この式によれば，水素原子のあるオービタルのエネルギーは量子数 n によって決まる．また，各オービタルの縮退度は $2n^2$ である．（31・55）式を使えば，水素原子にある電子のエネルギー準位は図 31・14 のように求められる．

水素原子のエネルギー準位を統計力学の観点で見れば，それは電子エネルギーという自由度によるエネルギー準位を表したものであり，その分配関数はエネルギー準位すべてにわたる和から求められる．ただし，水素原子の問題で量子力学

1) equipartition theorem

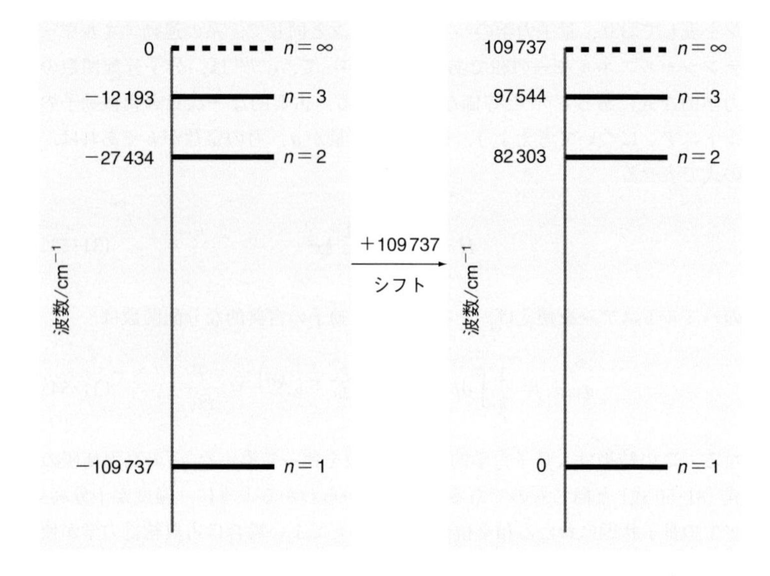

図31・14　水素原子のオービタルエネルギー(波数で表してある). (a) 水素原子のシュレーディンガー方程式を解いて得られたオービタルエネルギー. (b) 最低のオービタルエネルギーが0となるように 109737 $\mathrm{cm^{-1}}$ のエネルギーを加えて，エネルギー準位をシフトさせたもの.

的な解として求めたエネルギーの絶対値ではなく，$n=1$ のオービタルのエネルギーが0となるようにエネルギーをシフトしたものを用いる．これは，調和振動子の零点エネルギーをなくして基底状態を0としたのと似ている．オービタルエネルギーをこのように定義し直せば，水素原子の電子分配関数は，

$$\begin{aligned} q_{\mathrm{E}} &= \sum_{n=0}^{\infty} g_n \mathrm{e}^{-\beta hcE_n} = 2\mathrm{e}^{-\beta hcE_1} + 8\mathrm{e}^{-\beta hcE_2} + 18\mathrm{e}^{-\beta hcE_3} + \cdots \\ &= 2\mathrm{e}^{-\beta hc(0\,\mathrm{cm^{-1}})} + 8\mathrm{e}^{-\beta hc(82\,303\,\mathrm{cm^{-1}})} + 18\mathrm{e}^{-\beta hc(97\,544\,\mathrm{cm^{-1}})} + \cdots \\ &= 2 + 8\mathrm{e}^{-\beta hc(82\,303\,\mathrm{cm^{-1}})} + 18\mathrm{e}^{-\beta hc(97\,544\,\mathrm{cm^{-1}})} + \cdots \end{aligned} \tag{31·56}$$

と表される．この分配関数の $n \geq 2$ の各項の大きさは，分配関数を計算する温度によって変わる．しかし，そのエネルギーは非常に大きなものである．回転温度や振動温度と同じように“電子温度” Θ_{E} をつぎのように定義したとしよう．

$$\Theta_{\mathrm{E}} = \frac{hcE_n}{k_{\mathrm{B}}} = \frac{E_n}{0.695\,\mathrm{cm^{-1}\,K^{-1}}} \tag{31·57}$$

$E_1=0$ と定義するから，$n=2$ のオービタルのエネルギー E_2 は 82 303 $\mathrm{cm^{-1}}$ となり，$\Theta_{\mathrm{E}}=118\,421$ K に相当する．これは非常に高い温度であり，この簡単な計算でも，電子エネルギー準位はこれまで考えてきたエネルギー自由度と大きく異なることがわかる．電子の自由度はふつう，$k_{\mathrm{B}}T$ に比べて非常に大きなエネルギー間隔を伴う．したがって，有意な占有が認められるのは基底電子状態しかない(例外については章末問題で扱う)．水素原子ではこのような状況であるから，分配関数の $n \geq 2$ に相当する項は 298 K ではきわめて小さいはずである．たとえば，$n=2$ の状態の計算値はつぎのような値である．

$$\begin{aligned} &\mathrm{e}^{-\beta hcE_2} \\ &\quad = \exp\left[\frac{-(6.626\times10^{-34}\,\mathrm{J\,s})(3.00\times10^{10}\,\mathrm{cm\,s^{-1}})(82\,303\,\mathrm{cm^{-1}})}{(1.38\times10^{-23}\,\mathrm{J\,K^{-1}})(298\,\mathrm{K})}\right] \\ &\quad = \mathrm{e}^{-397.5} \approx 0 \end{aligned}$$

エネルギーがもっと高い項も非常に小さいから，水素原子の 298 K での電子分配関数は ~2 である．分配関数については，一般にすべての状態の寄与を考えなければならないから，**電子分配関数**[1] の式は，

$$q_{\mathrm{E}} = \sum_n g_n \mathrm{e}^{-\beta hcE_n} \tag{31·58}$$

と書ける．この電子分配関数の式では，各エネルギー準位についての指数関数の項にその準位の縮退度 g_n を掛けてある．エネルギー準位の間隔が $k_{\mathrm{B}}T$ に比べて非常に大きければ $q_{\mathrm{E}} \approx g_0$ であり，基底状態の縮退度に等しい．しかしながら，原子や分子によっては $k_{\mathrm{B}}T$ に近い励起電子状態をもつものもある．その場合の分配関数の計算には，それらの状態の寄与を含めなければならない．つぎの例題はこのような場合である．

例題 31・12

気体バナジウム (V) の 9 個の最低エネルギー準位について，そのエネルギー(波数で表してある)と縮退度をつぎに示す．

準位 n	波数 /cm^{-1}	縮退度
0	0	4
1	137.38	6
2	323.46	8
3	552.96	10
4	2112.28	2
5	2153.21	4
6	2220.11	6
7	2311.36	8
8	2424.78	10

V の 298 K での電子分配関数の値を求めよ．

解 答

V には不対電子があるから，$k_{\mathrm{B}}T$ に近いところに励起電子状態がある．したがって，その分配関数は単に基底状態の縮退度に等しいというわけにはいかず，各準位のエネルギーと縮退度に注意を払いながら，それぞれの項の和をきちんと書いて求めなければならない．そこで，

$$\begin{aligned}
q_{\mathrm{E}} &= \sum_n g_n \mathrm{e}^{-\beta hcE_n} = g_0 \mathrm{e}^{-\beta hcE_0} + g_1 \mathrm{e}^{-\beta hcE_1} + g_2 \mathrm{e}^{-\beta hcE_2} + g_3 \mathrm{e}^{-\beta hcE_3} + g_4 \mathrm{e}^{-\beta hcE_4} + \cdots \\
&= 4 \exp\left[\frac{0\ \mathrm{cm}^{-1}}{(0.695\ \mathrm{cm}^{-1}\,\mathrm{K}^{-1})\,(298\ \mathrm{K})}\right] + 6 \exp\left[\frac{-137.38\ \mathrm{cm}^{-1}}{(0.695\ \mathrm{cm}^{-1}\,\mathrm{K}^{-1})\,(298\ \mathrm{K})}\right] \\
&\quad + 8 \exp\left[\frac{-323.46\ \mathrm{cm}^{-1}}{(0.695\ \mathrm{cm}^{-1}\,\mathrm{K}^{-1})\,(298\ \mathrm{K})}\right] + 10 \exp\left[\frac{-552.96\ \mathrm{cm}^{-1}}{(0.695\ \mathrm{cm}^{-1}\,\mathrm{K}^{-1})\,(298\ \mathrm{K})}\right] \\
&\quad + 2 \exp\left[\frac{-2112.28\ \mathrm{cm}^{-1}}{(0.695\ \mathrm{cm}^{-1}\,\mathrm{K}^{-1})\,(298\ \mathrm{K})}\right] + \cdots
\end{aligned}$$

と書ける．この式で，$n=4$ の状態のエネルギー (2112.28 cm^{-1}) は $k_{\mathrm{B}}T$ (208 cm^{-1}) の約 10 倍であることに注意しよう．この状態の指数関数の項は約

1) electronic partition function

e^{-10}，つまり 4.5×10^{-5} である．したがって，$n = 4$ 以上のエネルギーの高い状態の分配関数に対する寄与は非常に小さいから，分配関数を計算するときには無視することができる．こうして，分配関数におもな寄与をする低いエネルギー状態だけに注目すれば，

$$q_{\mathrm{E}} \approx 4\exp\left[\frac{0\ \mathrm{cm}^{-1}}{(0.695\ \mathrm{cm}^{-1}\ \mathrm{K}^{-1})(298\ \mathrm{K})}\right] + 6\exp\left[\frac{-137.38\ \mathrm{cm}^{-1}}{(0.695\ \mathrm{cm}^{-1}\ \mathrm{K}^{-1})(298\ \mathrm{K})}\right]$$

$$+ 8\exp\left[\frac{-323.46\ \mathrm{cm}^{-1}}{(0.695\ \mathrm{cm}^{-1}\ \mathrm{K}^{-1})(298\ \mathrm{K})}\right] + 10\exp\left[\frac{-552.96\ \mathrm{cm}^{-1}}{(0.695\ \mathrm{cm}^{-1}\ \mathrm{K}^{-1})(298\ \mathrm{K})}\right]$$

$$\approx 4 + 6(0.515) + 8(0.210) + 10(0.0693)$$

$$\approx 9.46$$

となる．要するに，励起電子状態のエネルギーが $k_{\mathrm{B}}T$ よりずっと大きければ，その状態の電子分配関数に対する寄与はわずかしかなく，分配関数を求めるときには無視できる．

上では原子の系に注目したが，同様のことは分子でもいえる．分子の電子エネルギー準位は分子軌道（MO）法を使って表せる．MO 法では，原子オービタルの一次結合を使って分子オービタルという新しい組の電子オービタルをつくる．それぞれの分子オービタルのエネルギーは違っていて，その電子配置を求めるには，最低エネルギーのオービタルから順番に電子の対をつくりながら入れる．最高被占分子オービタルを HOMO という．図 31·15 は，1,3-ブタジエンの分子オービタルのエネルギー準位図である．

図 31·15 には，1,3-ブタジエンのエネルギーの最も低い電子エネルギー状態とその次に低い状態が示してあり，HOMO と最低空分子オービタル（LUMO）をそ

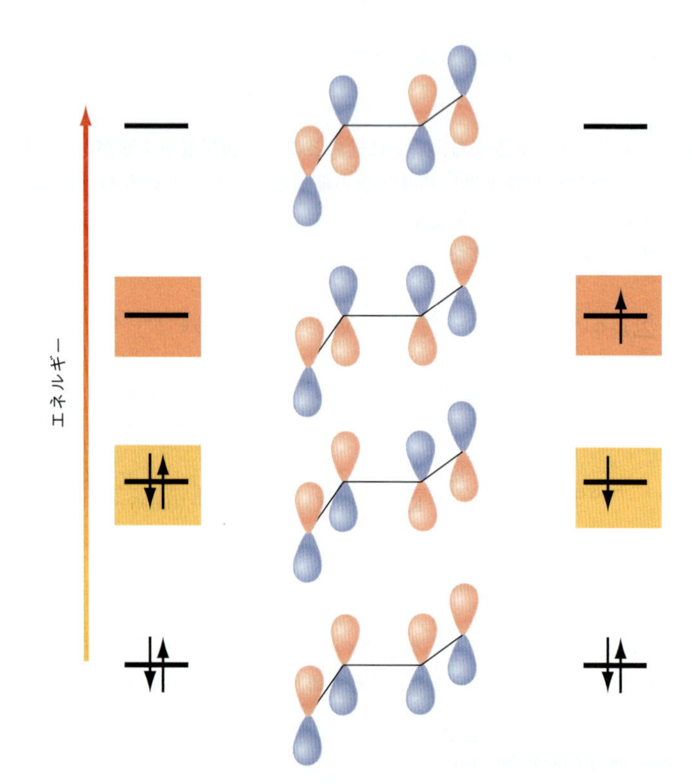

図 31·15　1,3-ブタジエンの分子オービタル．最高被占分子オービタル（HOMO）と最低空分子オービタル（LUMO）をそれぞれ橙色と赤色で表してある．左側に最低エネルギーの電子配置，右側に次に低い電子配置を示してあり，その間の遷移は HOMO から LUMO へ電子が 1 個昇位することに相当している．

れぞれの色で示してある．この二つの状態のエネルギー差は，HOMO の電子を励起するのに必要なエネルギーに相当している．1,3-ブタジエンの最低エネルギーの電子遷移の波長は ~220 nm であり，それは HOMO と LUMO の差が ~45 000 cm^{-1} もあることを示しており，298 K の k_BT よりずっと大きい．そこで，電子分配関数に寄与できるのは最低エネルギーの電子状態だけである．1,3-ブタジエンの最低エネルギー準位の縮退度は 1 であるから $q_E = 1$ である．ふつうは，第一励起電子エネルギー準位が最低エネルギー準位から 5000~50 000 cm^{-1} のところにあるから，室温での分配関数の計算には最低の準位だけを考えればよい．そこで，

$$q_E = \sum_{n=0} g_n e^{-\beta E_n} \approx g_0 \tag{31・59}$$

である．したがって，基底状態に縮退がない限り，電子分配関数は 1 である．

31・10 ま と め

本章ではいろいろな式の導出を行い，多数の式と例を示したが，そのもとになっている重要な概念を理解しておくのが大事である．本章のおもな目標は二つあった．一つはカノニカル分配関数 Q と分子分配関数 q を関係づけること，もう一つは個々のエネルギー自由度について分子分配関数を表すことであった．分子分配関数とカノニカル分配関数の関係は，アンサンブルを構成している個々の単位が区別できるか区別できないかによって異なる．すなわち，

$$Q_{全} = q_{全}^N \qquad (区別できる場合)$$

$$Q_{全} = \frac{1}{N!} q_{全}^N \qquad (区別できない場合)$$

となる．カノニカル分配関数を計算するには，全分子分配関数を計算する必要がある．それは，個々のエネルギー自由度についての分配関数の積に等しい．すなわち，

$$q_{全} = q_T q_R q_V q_E$$

である．ここでは一例を示すだけで，本章で説明したアプローチはわかることだろう．ある二原子分子 1 モルの任意の温度におけるカノニカル分配関数を求めるとしよう．まず，気体分子は互いに区別できないから，

$$Q = \frac{1}{N_A!} q_{全}^{N_A}$$

と書ける．次に，全分子分配関数の式は単に，

$$\begin{aligned} q_{全} &= q_T q_R q_V q_E \\ &= \left(\frac{V}{\Lambda^3}\right)\left(\frac{1}{\sigma\beta hcB}\right)\left(\frac{1}{1 - e^{-\beta hc\tilde{\nu}}}\right)(g_0) \end{aligned}$$

で表される．ここで，二原子分子の回転分配関数と振動分配関数の式を使った．この式を実際に計算するには，注目する分子に固有のパラメーターのほかに，その気体が占める体積とアンサンブルの温度が必要である．しかしながら，アプローチの仕方そのものは共通しており，これによってカノニカル・アンサンブルの Q とそのアンサンブルの個々の単位の q が表す微視的性質の関係がわかる．このアプローチを使えば，分子の微視的な記述と分子集合体の巨視的な振舞いを結びつけることができる．具体的なところは次の章で説明する．

用語のまとめ

アンサンブル	カノニカル・アンサンブル	振動分配関数	熱的ドブローイ波長
エネルギー自由度	カノニカル分配関数	対称数	熱的波長
オルト水素	均分定理	多原子分子	パラ水素
回転温度	高温極限	電子分配関数	分子分配関数
回転定数	振動温度	二原子分子	並進分配関数
回転分配関数			

文章問題

Q 31.1 カノニカル・アンサンブルとは何か．このアンサンブルではどんな性質を一定とおくか．

Q 31.2 Q と q の関係はどんなものか．扱う粒子が区別できる場合と区別できない場合とで，その関係はどう違うか．

Q 31.3 本章で説明した原子または分子のエネルギー自由度を挙げよ．それぞれのエネルギー自由度について，対応する量子力学モデルを簡単にまとめよ．

Q 31.4 室温での k_BT と比較して，エネルギー準位の間隔が小さいのはどのエネルギー自由度か．

Q 31.5 分配関数を計算するとき，並進自由度と回転自由度については和を積分で置き換えた．そうしてよいのはなぜか．このことは，確率分布を計算するとき，離散変数を連続変数として扱う問題とどう関係しているか．

Q 31.6 直線形分子と非直線形分子について，回転の自由度はいくつあるか．

Q 31.7 $^{19}F_2$ と $^{35}Cl_2$ の結合長が同じであるとして，回転定数が大きいのはどちらの分子と予測できるか．

Q 31.8 非直線形多原子分子の回転分配関数について考えよう．その分配関数の各項の意味を説明せよ．また，分配関数を積のかたちで表せる理由を説明せよ．

Q 31.9 回転や振動の高温近似とは何か．この近似が室温で成り立つのは，一般にどちらの自由度の場合か．

Q 31.10 振動分配関数をつくるとき，エネルギー準位を表すのに零点エネルギーを含めるか含めないかでその定義が異なる．しかしながら，特定の振動エネルギー準位を占める確率の式は零点エネルギーによらない．その理由を説明せよ．

Q 31.11 振動の自由度はふつう高温極限にないが，振動分配関数を求めるのに個別に和をとる必要があるか．

Q 31.12 多原子分子の全振動分配関数のかたちを示せ．

Q 31.13 縮退があることで全振動分配関数のかたちにどういう影響があるか．

Q 31.14 均分定理とは何か．この定理が古典力学に特有なのはなぜか．

Q 31.15 電子分配関数は一般に，基底電子状態の縮退度に等しいのはなぜか．

Q 31.16 $q_{全}$ とは何か．それは，本章で説明したエネルギー自由度それぞれの分配関数を使ってどのようにつくられるか．

Q 31.17 基底振動状態にある電子エネルギー準位のエネルギーを 0 とおいてよいのはなぜか．

数値問題

赤字番号の問題の解説が解答・解説集にある（上巻 vii 頁参照）．

P 31.1 H_2 が 100 cm^3 の体積中に閉じ込められ，298 K にある．その並進分配関数を計算せよ．同じ条件の N_2 の並進分配関数を求めよ．〔ヒント：H_2 の q_T の式を使える．〕

P 31.2 $^{35}Cl_2$ が 1 L の体積中に閉じ込められ，298 K にある．その並進分配関数を計算せよ．気体が $^{37}Cl_2$ のとき，その分配関数はどう変化するか．〔ヒント：両者の並進分配関数の比を，質量のみを含む式で表す．〕

P 31.3 He の通常沸点は 4.2 K である．4.2 K，1 atm の気体 He 1 mol について，並進自由度の高温極限の式は使えるか．

P 31.4 Ar が 1000 cm^3 の体積中に閉じ込められ，298 K にある．その並進分配関数を計算せよ．同じ体積に閉じ込められた Ne が同じ並進分配関数を示す温度はいくらか．

P 31.5 O_2 が 1000 cm^3 の体積中に閉じ込められている．アボガドロ定数の数の並進状態をとれる温度はいくらか．

P 31.6 気体 Ar が 298 K で 1.00 cm^2 の面積内に拘束され，Ar はその二次元面内を自由に動けるとしよう．その並進分配関数の値はいくらか．

P 31.7 IBM の研究者たちは，走査トンネル顕微鏡を使って原子を並べ，“量子囲い”というナノスケールの構造物をつくって見せた［*Nature*, **363**, 6429 (1993)］．一辺 4.00 nm の正方形の囲いをつくったとしよう．CO がこの囲いの中に拘束され，その二次元空間を自由に動けるとしたときの並進分配関数の値はいくらか．

P 31.8 N_2 が 77.3 K，1.00 atm で 1.00 cm^3 の容器に入っている．その並進分配関数を計算し，この条件で存在する N_2 の分子数との比を求めよ．

P 31.9 つぎの分子の対称数はいくらか．

a. $^{35}Cl^{37}Cl$

b. $^{35}Cl_2$

c. $^{16}O_2$

d. C_6H_6

e. CH_2Cl_2

P 31.10 つぎのハロゲン化メタンの対称数を求めよ．CCl_4, $CFCl_3$, CF_2Cl_2, CF_3Cl

P 31.11 ある温度での回転分配関数が最も大きな分子はつぎのどれか．H_2, HD, D_2．体積と温度が同じであるとして，並進分配関数が最も大きな分子はこのうちどれか．ただし，回転分配関数を計算するとき，高温極限の近似が使えるものとする．

P 31.12 偶数の J の準位しかとれないパラ H_2 ($B = 60.853$ cm^{-1}) を考えよう．この分子の 50 K での回転分配関数を計算せよ．また，HD ($B = 45.655$ cm^{-1}) について同じ計算をせよ．

P 31.13 ハロゲン間化合物 $F^{35}Cl$ ($B = 0.516$ cm^{-1}) の 298 K での回転分配関数を計算せよ．

P 31.14 $^{35}Cl_2$ ($B = 0.244$ cm^{-1}) の 298 K での回転分配関数を計算せよ．

P 31.15 つぎの二原子分子のうち，40 K での回転分配関数を計算するのに高温極限の式が使えるのはどれか．

a. DBr ($B = 4.24$ cm^{-1})

b. DI ($B = 3.25$ cm^{-1})

c. CsI ($B = 0.0236$ cm^{-1})

d. $F^{35}Cl$ ($B = 0.516$ cm^{-1})

P 31.16 SO_2 の 298 K での回転分配関数を計算せよ．ただし，$B_A = 2.03$ cm^{-1}，$B_B = 0.344$ cm^{-1}，$B_C = 0.293$ cm^{-1} である．

P 31.17 ClNO の 500 K での回転分配関数を計算せよ．ただし，$B_A = 2.84$ cm^{-1}，$B_B = 0.187$ cm^{-1}，$B_C = 0.175$ cm^{-1} である．

P 31.18

a. $H^{35}Cl$ ($I = 2.65 \times 10^{-47}$ kg m^2) の回転スペクトルで，$J = 4$ から $J = 5$ への遷移の強度が最も強かった．このスペクトルが得られた温度はいくらか．

b. 1000 K で得られる $H^{35}Cl$ の回転スペクトルでは，どの遷移が最も強いと予測されるか．

c. $H^{37}Cl$ の回転スペクトルであれば，(a) と (b) の答はどう変わると予測されるか．

P 31.19 IF ($B = 0.280$ cm^{-1}) の 298 K での回転スペクトルで，最も強いのはどの遷移と予測されるか．

P 31.20 $H^{81}Br$ ($B = 8.46$ cm^{-1}) の 500 K での回転振動スペクトルで，R 枝のどの遷移が最も強いと予測されるか．

P 31.21 酸素 ($B = 1.44$ cm^{-1}) の沸点 90.2 K での回転分配関数を計算せよ．ただし，高温極限の近似を使った場合と直接和をとった場合について求めよ．この和に J が奇数の準位しか含めないのはなぜか．

P 31.22 マイクロ波分光法では，回転定数を表す単位に旧来のメガサイクル ($1\ \mathrm{Mc} = 10^6\ \mathrm{s}^{-1}$) が使われることがある．$^{14}N^{14}N^{16}O$ の回転定数は 12 561.66 Mc である．

a. この回転定数の単位を変換して，その値を cm^{-1} の単位で表せ．

b. 298 K での回転分配関数を求めよ．

P 31.23

a. HBr ($B = 8.46$ cm^{-1}) の最低エネルギーの 10 個の回転準位について，298 K での占有数をそれぞれ計算せよ．

b. HF について同じ計算をせよ．ただし，この分子の結合長は HBr と同じと仮定せよ．

P 31.24 一般に，沸点以上の温度にあるほとんどすべての分子に回転分配関数の高温極限の式が使える．しかし，水素は例外である．それは，H の質量が小さいから，分子の慣性モーメントが小さいことによる．したがって，H を含む別の分子も例外になりうる．たとえば，メタン (CH_4) の慣性モーメント ($I_A = I_B = I_C = 5.31 \times 10^{-40}$ g cm^2) は比較的小さく，沸点 $T = 112$ K も比較的低い．

a. この分子の B_A, B_B, B_C を求めよ．

b. (a) の答を使って回転分配関数を求めよ．高温極限の式は使えるか．

P 31.25 ^4He を 2.17 K 以下に冷却すれば，液体ヘリウムは粘度 0 の特異な性質をもつ“超流体”になる．その超流体環境を調べる一つの方法は，この流体に埋め込んだ分子の回転–振動スペクトルを測定することである．たとえば，極低温の ^4He 液滴中の OCS のスペクトルが報告されている［*Journal of Chemical Physics*, **112**, 4485 (2000)］．その結果，$OC^{32}S$ の回転定数は 0.203 cm^{-1} と測定され，$J = 0$ から $J = 1$ への遷移強度は $J = 1$ から $J = 2$ への遷移強度の約 1.35 倍であった．この情報を使って，この液滴の温度を求めよ．

P 31.26 $H^{35}Cl$ ($\tilde{\nu} = 2990$ cm^{-1}) の 300 K と 3000 K での振動分配関数を計算せよ．これらの温度で，基底振動状態にある分子の割合はいくらか．

P 31.27 $I^{35}Cl$ ($B = 0.114$ cm^{-1}) の 298 K での回転分配関数を求めよ．

P 31.28 IF ($\tilde{\nu} = 610$ cm^{-1}) について，300 K と 3000 K での振動分配関数と最低エネルギーの三つの振動準位の占有数を求めよ．IBr ($\tilde{\nu} = 269$ cm^{-1}) について同じ計算をせよ．IF と IBr で占有数を比較せよ．両者の違いを説明せよ．

P 31.29 H_2O の 2000 K での振動分配関数を計算せよ．その振動波数は 1615, 3694, 3802 cm^{-1} である．

P 31.30 SO_2 の 298 K での振動分配関数を計算せよ．その振動波数は 519, 1151, 1361 cm^{-1} である．

P 31.31 NH_3 の 1000 K での振動分配関数を計算せよ．その振動波数 は 950, 1627.5 (二重縮退), 3335, 3414 cm^{-1} (二重縮退) である．この計算で無視できる振動モードはあるか．その理由を説明せよ．

P 31.32 $CFCl_3$ の 298 K での振動分配関数を計算せよ．その振動波数は 1081, 847(2), 535, 394(2), 350, 241(2) cm^{-1} である．( ) 内の数字は各振動モードの縮退度である．

P 31.33 $H^{81}Br$ ($\tilde{\nu} = 2649\ cm^{-1}$) の 298 K での $n=0$ と $n=1$ の占有数を求めよ．

P 31.34 振動スペクトルの特徴を抽出するのに同位体置換法が使える．たとえば，ポリペプチドの骨格を担うカルボニル基の C=O 伸縮モードについては，$^{12}C^{16}O$ を $^{13}C^{18}O$ に同位体置換して調べればよい．

a. 量子力学によれば，二原子分子の振動数は結合の力の定数 (κ) と換算質量 (μ) に依存し，

$$\tilde{\nu} = \sqrt{\frac{\kappa}{\mu}}$$

と表せる．$^{12}C^{16}O$ の振動波数が 1680 cm^{-1} であれば，$^{13}C^{18}O$ の振動波数はいくらと予測できるか．

b. $^{12}C^{16}O$ と $^{13}C^{18}O$ の振動波数を使って，298 K での振動分配関数の値を求めよ．この同位体置換によって q_V は劇的に変化するか．

P 31.35 分子の熱力学的性質を量子力学で表すとき，振動数の高い振動モードは標準的な熱力学条件ではほとんど励起されないから，一般にはあまり重要でない．たとえば，ほとんどの炭化水素の C−H 伸縮の自由度は無視できる．シクロヘキサンを例に挙げれば，その IR 吸収スペクトルには，約 2850 cm^{-1} に C−H 伸縮の遷移が観測される．

a. この振動波数のモードについて，298 K での振動分配関数の値はいくらか．

b. この分配関数が 1.1 の値に到達する温度はいくらか．

P 31.36 振動分配関数を導出するのに級数展開の式を使って求めた．しかし，和の代わりに積分を使って分配関数を計算すれば，その結果はどうなるだろうか．つぎの振動分配関数の式を計算せよ．

$$q_V = \sum_{n=0}^{\infty} e^{-\beta hcn\tilde{\nu}} \approx \int_0^{\infty} e^{-\beta hcn\tilde{\nu}}\,dn$$

どのような条件なら q_V の式に積分が使えると予測できるか．

P 31.37 未知の二原子分子 X_2 の 1000 K での振動スペクトルを初めて入手した．そのスペクトルから，振動エネルギー状態 n を占める分子の割合はつぎの通りであることがわかった．

n	0	1	2	3	>3
割合	0.352	0.184	0.0963	0.050	0.318

X_2 の振動エネルギー準位の間隔はいくらか．

P 31.38

a. 本章では，振動の非調和性を無視して，調和振動子モデルが使えると仮定した．ところが，振動エネルギーを求める式に非調和性を取入れることができる．非調和振動子のエネルギー準位は，

$$E_n = hc\tilde{\nu}\left(n+\frac{1}{2}\right) - hc\tilde{\chi}\tilde{\nu}\left(n+\frac{1}{2}\right)^2 + \cdots$$

で与えられる．零点エネルギーを無視すれば，そのエネルギー準位は $E_n = hc\tilde{\nu}n - hc\tilde{\chi}\tilde{\nu}n^2 + \cdots$ となる．この式を使って，この非調和振動子の振動分配関数が次式で表せることを示せ．

$$q_{V,\text{非調和}} = q_{V,\text{調和}}\left[1 + \beta hc\tilde{\chi}\tilde{\nu}q_{V,\text{調和}}^2\left(e^{-2\beta\tilde{\nu}hc} + e^{-\beta\tilde{\nu}hc}\right)\right]$$

この式を導くには，つぎの級数の計算式が使える．

$$\sum_{n=0}^{\infty} n^2 x^n = \frac{x^2+x}{(1-x)^3} \qquad |x| < 1$$

b. H_2 では，$\tilde{\nu} = 4401.2\ cm^{-1}$，$\tilde{\chi}\tilde{\nu} = 121.3\ cm^{-1}$ である．(a) の結果を使って，非調和性を無視したことによる q_V の相対誤差を求めよ．

P 31.39 一次元で自由に並進運動ができる粒子を考えよう．古典ハミルトニアンは，$H = p^2/2m$ である．

a. この系の $q_{\text{古典}}$ を求めよ．古典統計力学によるこの扱いが量子統計力学による扱いと等価であることを示すには，どんな量子系と比較すればよいか．

b. $H = (p_x^2 + p_y^2 + p_z^2)/2m$ で表され，三次元の並進運動ができる系の $q_{\text{古典}}$ を求めよ．

P 31.40 古典ハミルトニアンの一般式は，

$$H = \alpha p_i^2 + H'$$

である．p_i は粒子 i の一次元方向の運動量，α は定数，H' はハミルトニアンの残りの部分である．この式を均分定理に代入すれば，

$$q = \frac{1}{h^{3N}} \iint e^{-\beta(\alpha p_i{}^2 + H')}\,dp^{3N}\,dx^{3N}$$

が得られる．

a. この式から始めて，p_i を含む項を分離し，その q に対する寄与を求めよ．

b. 平均エネルギー $\langle\varepsilon\rangle$ は分配関数とつぎの関係があるとして，

$$\langle\varepsilon\rangle = \frac{-1}{q}\left(\frac{\delta q}{\delta\beta}\right)$$

p_i からの寄与を表す式を求めよ．その答は均分定理と合うものか．

P 31.41 イソシアン化水素 HNC はシアン化水素 (HCN) の互変異性体である．HNC は恒星間空間 ($T = 2.75$ K) で起こるいろいろな化学過程の中間化学種として関心がもたれている．

a. HCN の振動波数は，2041 cm^{-1} (CN 伸縮)，712 cm^{-1} (変角，二重縮退)，3669 cm^{-1} (CH 伸縮) である．また，

回転定数は 1.477 cm^{-1} である．恒星間空間における HCN の回転分配関数と振動分配関数を計算せよ．振動分配関数については，計算せずに近似を使って簡単に求めることができるか．

b. 同じ計算を HNC について行え．その振動波数は，2024 cm^{-1} (NC 伸縮)，464 cm^{-1} (変角，二重縮退)，3653 cm^{-1} (NH 伸縮) である．また，回転定数は 1.512 cm^{-1} である．

c. 宇宙に HNC が存在することは，Snyder と Buhl によって最初に認められた [*Bulletin of the American Astronomical Society*, **3**, 388 (1971)]．それは，HNC の $J=1$ から $J=0$ へのマイクロ波 (90.665 MHz) の放射によるものであった．得られた回転分配関数の値から考えて，この遷移がなぜ観測されたかを説明できるか．$J=20$ から $J=19$ への遷移はなぜ観測されないのか．

P 31.42 Fe 原子の 298 K での電子分配関数を計算せよ．ただし，つぎのエネルギー準位のデータを使え．

準位 n	波数 $/cm^{-1}$	縮退度
0	0	9
1	415.9	7
2	704.0	5
3	888.1	3
4	978.1	1

P 31.43

a. Si 原子の 298 K での電子分配関数を計算せよ．ただし，つぎのエネルギー準位のデータを使え．

準位 n	波数 $/cm^{-1}$	縮退度
0	0	1
1	77.1	3
2	223.2	5
3	6298	5

b. この電子分配関数に $n=3$ のエネルギー準位が 0.100 の寄与をする温度はいくらか．

P 31.44 NO は分子系でありながら，励起電子エネルギー準位が室温で容易に占有される有名な例である．基底電子状態と励起電子状態はどちらも二重縮退しており，両者の間隔は 121.1 cm^{-1} である．

a. この分子の 298 K での電子分配関数を計算せよ．

b. $q_E=3$ となる温度を求めよ．

P 31.45 ロドプシンは，視覚で重要な光受容体の役目をする生物学的な色素である [*Science*, **266**, 422 (1994)]．ロドプシンの発色団はレチナールであり，その吸収スペクトルは約 500 nm を中心とするバンドを示す．この情報を使って，レチナールの q_E の値を求めよ．レチナールは，熱励起によって励起状態が有意に占有されると予測できるか．

P 31.46 I_2 が 1000 cm^3 の体積に閉じ込められ 298 K にあるとき，その全分子分配関数を求めよ．使える有益な情報として，$B=0.0374\ cm^{-1}$，$\tilde{\nu}=208\ cm^{-1}$ がある．また，基底電子状態は縮退していない．

P 31.47 気体 H_2O が 1.00 cm^3 の体積に閉じ込められ 1000 K にあるとき，その全分子分配関数を求めよ．水の回転定数は $B_A=27.8\ cm^{-1}$，$B_B=14.5\ cm^{-1}$，$B_C=9.95\ cm^{-1}$ である．また，振動波数は 1615, 3694, 3802 cm^{-1} である．基底電子状態は縮退していない．

P 31.48 水素原子をスピン 1/2 の粒子，つまりフェルミオンとみなして H_2 の回転分配関数の対称性による影響を求めた．しかし，それはフェルミオンに限ったものでなく，ボソンでも考えるべき問題である．CO_2 のように，分子が 180° 回転すれば，スピン 0 の 2 個の粒子を交換したことになる場合について考えよう．

a. 2 個のボソンの交換を表す全波動関数は，交換について対称的でなければならない．そこで，CO_2 の q_R の計算に和をとるのはどの J 準位に限られるか．

b. CO_2 の回転定数は 0.390 cm^{-1} である．298 K での q_R を計算せよ．このとき，許容される回転エネルギー準位の和だけで q_R を計算しなければならないか．その理由を説明せよ．

計算問題

Spartan Student (学生自習用の分子モデリングソフトウエア) を使ってこの計算を行うときは，ウエブサイト www.masteringchemistry.com にある詳しい説明を見よ．

C 31.1 ハートリー–フォック 6-31G* 基底セットを使って，F_2O と Br_2O について振動数を求め，500 K での振動分配関数を計算せよ．

C 31.2 ハロゲン化メタンは温室効果ガスとして関心がもたれている．CFH_3 のハートリー–フォック 6-31G* 計算を行い，その IR スペクトルを求めよ．この分子は赤外領域に強い遷移をもつか．IR 吸収強度が最も強いと予測される振動自由度について，その振動分配関数を計算せよ．

C 31.3 塩化ニトリル ($ClNO_2$) は大気化学で重要な化合物である．それは大気に Cl を蓄える役目をしており，対流圏下部で Cl^- を含むエアロゾルと N_2O_5 の反応によってつくられる．ハートリー–フォック 3-21G 基底セットを使って，260 K での振動分配関数の値を求めよ．6-31G* 基底セットを使えばその値は変わるか．

C 31.4 1,3-ブタジイン (C_4H_2) の回転定数は 4391.19 MHz である．ハートリー–フォック 6-31G* 基底セットを使った計算を行い，この分子の幾何構造を最適化し，実際の構造の回転定数を使って求めた実効結合長と比較せよ．

C 31.5 ハートリー–フォック 3-21G 基底セットを使って，

CF_2Cl_2 と CCl_4 の 298 K での振動分配関数の値を求めよ．もっと対称性の高い分子の振動数について，何かいえることがあるか．

C 31.6　振動自由度の高温極限の式は，限られた場合にしか適用できない．次の章で示すが，このことは統計熱力学で振動の役割を調べるときに重要な意味をもつ．たとえば，経験則として，CH や NH, OH などの伸縮振動の寄与はふつう考えなくてもよい．1, 3-シクロヘキサジエンについてハートリー-フォック 6-31G* 基底セットを使った計算を行い，その IR 吸収スペクトルの強度を計算せよ．基準振動モードの原子変位から判断して，主として C−H 伸縮の性格をもつモードを特定せよ．そのモードはどの振動数領域にあるか．エネルギーが最も低い C−H 伸縮と，全体として見たとき最も低い振動モードを特定せよ．これら二つの振動自由度の 298 K での分配関数の値を比較せよ．この比較の結果は，上の経験則と合っているか．

C 31.7　ポリエン構造をもつ伝導性高分子をデザインしようと考えている．共役長を最大にしたいが，共役長が長くなれば最低エネルギーの電子遷移に相当する HOMO-LUMO エネルギーギャップは小さくなる．このギャップが小さくなりすぎると，熱励起によって励起状態が占有されてしまう．熱励起が有意になると，高分子の性能は低下する．

a. 第一励起電子状態の 373 K での占有数が 2 パーセントを限度とすれば，許される最小の電子エネルギーギャップはいくらか．

b. ハートリー-フォック 3-21G 基底セットを使って，1, 3, 5-ヘキサトリエン，1, 3, 5, 7-オクタテトラエン，1, 3, 5, 7, 9-デカペンタエンの HOMO-LUMO エネルギーギャップを計算せよ．二重結合の数に対してエネルギーギャップをプロットしたグラフを使って，エネルギーギャップは共役長に直線的に変化すると仮定したとき，励起状態の占有数の許容値 2 パーセントを守りながらつくれる最長のポリエン構造を求めよ．（これは，実際のエネルギーギャップを見積もる粗い方法である．）

c. （上級レベル）（b）では，HOMO-LUMO エネルギーギャップは共役長に直線的に減少すると仮定した．これらに続く次の 2 個のポリエンのエネルギーギャップを計算して，この仮定について調べよ．この直線関係はまだ続くか．

参　考　書

Chandler, D., "Introduction to Modern Statistical Mechanics", Oxford, New York (1987).

Hill, T., "Statistical Mechanics. Principles and Selected Applications", Dover, New York (1956).

McQuarrie, D., "Statistical Mechanics", Harper & Row, New York (1973).

Nash, L. K., 'On the Boltzmann Distribution Law', *J. Chemical Education*, **59** 824 (1982).

Nash, L. K., "Elements of Statistical Thermodynamics", Addison-Wesley, San Francisco (1972).

Noggle, J. H., "Physical Chemistry", HarperCollins, New York (1996).

Townes, C. H., Schallow. A. L., "Microwave Spectroscopy" Dover, New York (1975).（この本の付録には，分光学的な定数が多数集録されている．）

Widom, B., "Statistical Mechanics", Cambridge University Press, Cambridge (2002).

32 統計熱力学

統計力学の中心概念を前章で学んだから，統計力学と古典熱力学の関係をいろいろ調べることができる．本章では，統計力学を使って，ものの微視的な見方を内部エネルギーやエントロピー，ギブズエネルギーなどの基本熱力学量に関係づけよう．以下で説明するように，統計的なものの見方をすれば熱力学的性質を再現できるだけでなく，それらの性質の背後にある微視的な内容を詳しく吟味することができる．いろいろな化学系の振舞いに関するほかでは得られない情報が，統計力学的な見方によって初めて得られるのがわかるだろう．

32・1 エネルギー

統計熱力学について説明するのに，カノニカル・アンサンブル (31・1 節) に戻って，そのアンサンブルの単位の**平均エネルギー**[1] $\langle\varepsilon\rangle$ について考えることから始めよう．ここでの平均エネルギーとは，アンサンブルの**全エネルギー**[2] E をその単位の数 N で単に割ったものである．すなわち，

$$\langle\varepsilon\rangle = \frac{E}{N} = \frac{\sum_n \varepsilon_n a_n}{N} = \sum_n \varepsilon_n \frac{a_n}{N} \tag{32・1}$$

と書ける．ε_n は各準位のエネルギー，a_n はその準位の占有数である．31 章で考えたように，アンサンブルの各単位には原子または分子は 1 個しかない．どのエネルギー準位にも縮退がなければ，ボルツマン分布は，

$$\frac{a_n}{N} = \frac{\mathrm{e}^{-\beta\varepsilon_n}}{q} \tag{32・2}$$

で表される．q は分子分配関数，$\beta=(k_\mathrm{B}T)^{-1}$ である．(32・1)式に (32・2)式を代入すれば次式が得られる．

$$\langle\varepsilon\rangle = \sum_n \varepsilon_n \frac{a_n}{N} = \frac{1}{q}\sum_n \varepsilon_n \mathrm{e}^{-\beta\varepsilon_n} \tag{32・3}$$

$\langle\varepsilon\rangle$ を導く第一段階として，分子分配関数の β についての導関数を考えよう．それは，

$$\frac{-\mathrm{d}q}{\mathrm{d}\beta} = \sum_n \varepsilon_n \mathrm{e}^{-\beta\varepsilon_n} \tag{32・4}$$

で与えられる．この式を使って (32・3)式を書き換えれば，アンサンブルの単位の平均エネルギーとアンサンブルの全エネルギーの式として，

1) average energy　2) total energy

$$\langle \varepsilon \rangle = \frac{-1}{q}\left(\frac{\mathrm{d}q}{\mathrm{d}\beta}\right) = -\left(\frac{\mathrm{d}\ln q}{\mathrm{d}\beta}\right) \tag{32·5}$$

$$E = N\langle \varepsilon \rangle = \frac{-N}{q}\left(\frac{\mathrm{d}q}{\mathrm{d}\beta}\right) = -N\left(\frac{\mathrm{d}\ln q}{\mathrm{d}\beta}\right) \tag{32·6}$$

が得られる．場合によっては，β より T に関する導関数の方が使いやすい．そこで，定義 $\beta=(k_\mathrm{B}T)^{-1}$ を使えば，

$$\frac{\mathrm{d}\beta}{\mathrm{d}T} = \frac{\mathrm{d}}{\mathrm{d}T}(k_\mathrm{B}T)^{-1} = -\frac{1}{k_\mathrm{B}T^2} \tag{32·7}$$

であるから，これを使って平均エネルギーと全エネルギーの式を書き換えれば，

$$\langle \varepsilon \rangle = k_\mathrm{B}T^2\left(\frac{\mathrm{d}\ln q}{\mathrm{d}T}\right) \tag{32·8}$$

$$E = Nk_\mathrm{B}T^2\left(\frac{\mathrm{d}\ln q}{\mathrm{d}T}\right) \tag{32·9}$$

が得られる．この式によれば E は温度によって変化するが，それは熱力学を学んですでに知っていることである．例題 32·1 では，**二準位系**[1]（図 32·1 を見よ）の粒子から成るアンサンブルを扱い，E の T 変化を調べる．このアンサンブルの E の関数形を導くには，まず q をつくって，それを使って E の式を導かなければならない．それを次に示そう．

例題 32・1

二準位系の粒子 N 個から成るアンサンブルの全エネルギーを求めよ．その準位間のエネルギーは $h\nu$ である．

解答

この粒子のエネルギー準位を図 32·1 に示す．これを二準位系という．この平均エネルギーを求めるには，この系を表す分配関数を求めなければならない．分配関数はつぎのように二つの項の和からなる．

$$q = 1 + \mathrm{e}^{-\beta h\nu}$$

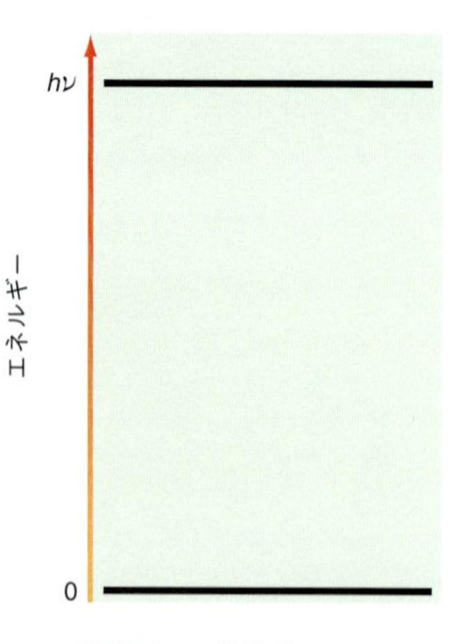

図 32·1 二準位系のモデル

この分配関数の β についての導関数は，

$$\frac{\mathrm{d}q}{\mathrm{d}\beta} = \frac{\mathrm{d}}{\mathrm{d}\beta}(1+\mathrm{e}^{-\beta h\nu})$$

$$= -h\nu\,\mathrm{e}^{-\beta h\nu}$$

である．これを使えば全エネルギーは，

$$E = \frac{-N}{q}\left(\frac{\mathrm{d}q}{\mathrm{d}\beta}\right) = \frac{-N}{(1+\mathrm{e}^{-\beta h\nu})}(-h\nu\,\mathrm{e}^{-\beta h\nu})$$

$$= \frac{Nh\nu\,\mathrm{e}^{-\beta h\nu}}{1+\mathrm{e}^{-\beta h\nu}} = \frac{Nh\nu}{\mathrm{e}^{\beta h\nu}+1}$$

と求められる．この式の最終結果を得るところでは，分子と分母に $\exp(\beta h\nu)$ を掛けて変形し，数値計算をしやすくした．

1) two-level system

図 32・1 に示した二準位系の E の T 依存性を図 32・2 に示す．この図の縦軸の全エネルギーは，アンサンブルの粒子数 N とエネルギー準位の間隔 $h\nu$ で割ったものである．また，横軸の温度は，k_BT をエネルギー準位の間隔で割って表してある．

図 32・2 には注目すべき特徴が二つある．まず，最低温度域の全エネルギーは，温度が $k_BT/h\nu \approx 0.2$ に上昇するまではほとんど変化せず，この温度から増加し始める．第二に，高温では全エネルギーがある極限値に向かっており，それ以上 T が上昇しても全エネルギーに影響を与えない．なぜそうなるのだろうか．系のエネルギー変化は，占有数の変化と関係しているのであった．つまり，温度が高くなるほど上のエネルギー準位は占有されやすくなる．この二準位系にそれを当てはめれば，(32・2)式の励起エネルギー準位を占める確率は，

$$p_1 = \frac{a_1}{N} = \frac{e^{-\beta h\nu}}{q} = \frac{e^{-\beta h\nu}}{1+e^{-\beta h\nu}} = \frac{1}{e^{\beta h\nu}+1} \qquad (32\cdot10)$$

で表される．$T=0$ で分母の指数関数項は無限になるから，$p_1=0$ である．使える熱エネルギー k_BT が二つの状態間のエネルギー間隔 $h\nu$ に匹敵するくらい大きくなれば，励起状態を占める確率は増えるのだが，低温 $k_BT \ll h\nu$ では励起状態を占める確率はまだ小さく，励起状態の占有数 a_1 は事実上 0 である．(32・10)式をよく調べれば，p_1 は $k_BT \gg h\nu$ まで増加し続けることがわかる．このような高温になると分母の指数関数項は 1 に近づき，p_1 は極限値 0.5 に近づく．これは二準位系だから，エネルギーの低い準位を占める確率も同じ 0.5 でなければならない．すべてのエネルギー準位を占める確率が等しくなれば，占有数はもはや変化しない．このような p_1 の変化を温度の関数で表したのが図 32・3 である．この図でも温度を二つの状態間のエネルギー間隔との比較で示すために，横軸を $k_BT/h\nu$ で表してある．この図の p_1 の変化が，図 32・2 の全エネルギーの温度変化とまったく同じ振舞いをしていることに注目しよう．これは，エネルギーの変化が占有数の変化に相当することを示している．

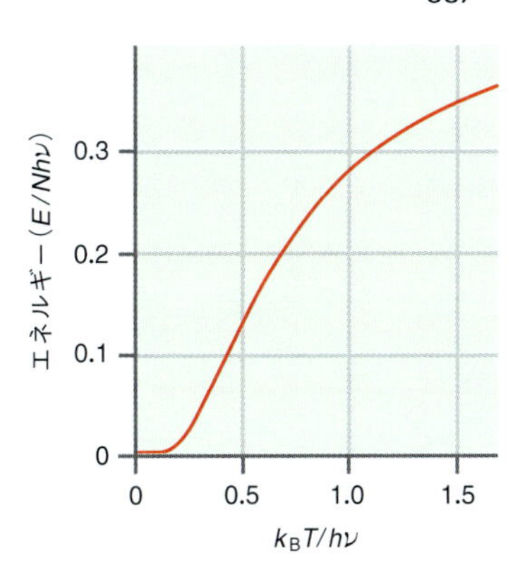

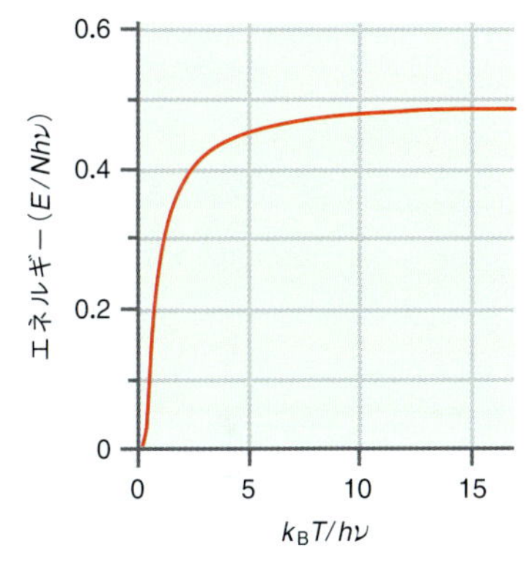

図 32・2 エネルギー間隔が $h\nu$ の二準位系の単位から成るアンサンブルについて，全エネルギーを温度の関数で表したグラフ．ただし，横軸は $k_BT/h\nu$ であり，温度をエネルギー間隔との比較で表してある．上のグラフは，下のグラフの低温側を拡大して表したもの．

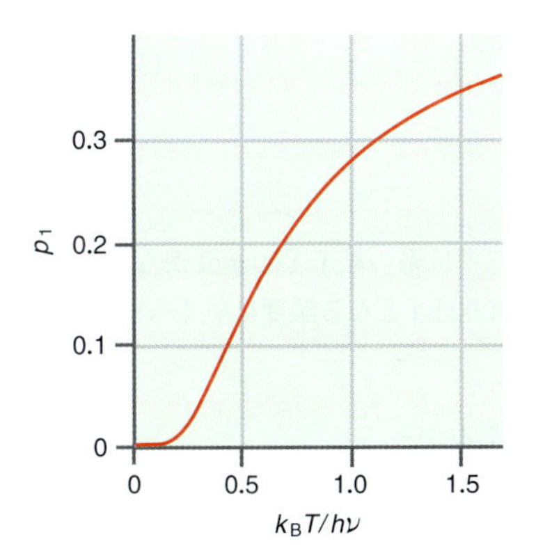

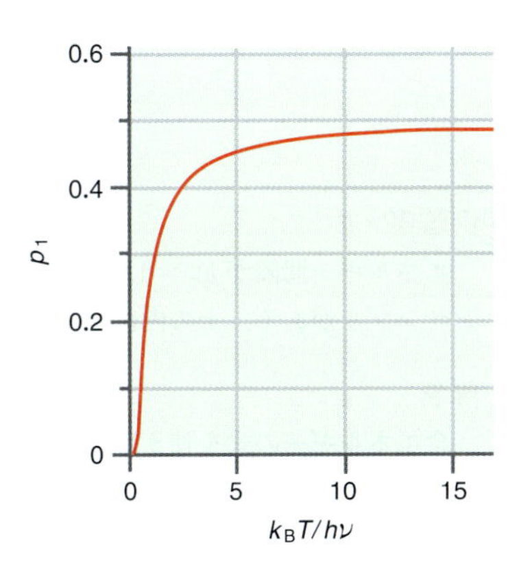

図 32・3 二準位系の励起状態を占める確率を温度の関数で表したグラフ．ただし，横軸の温度は $k_BT/h\nu$ で表してある．

32・1・1 エネルギーとカノニカル分配関数

(32・9)式を使えばアンサンブルのエネルギーを計算できるが，そのエネルギーはどの熱力学量と関係しているのだろうか．ここで，いま注目しているのは N, V, T が一定のカノニカル・アンサンブルであることを思い出そう．V は一定であるから pV による仕事はない．したがって，熱力学第一法則によれば，系の内部エネルギーが変化すれば，それは熱の流れ q_V によるものである．第一法則を使

えば，熱の変化は一定体積の系の**内部エネルギー**[1]変化とつぎの関係にある．

$$U - U_0 = q_V \tag{32·11}$$

この式の q_V は熱であり，分配関数ではないから注意しよう．(32·11)式の内部エネルギーは絶対零度の内部エネルギーとの差を表しているから，もし絶対零度で何らかの内部エネルギーがあれば，系の全エネルギーを求めるときはそれを含めなければならない．しかしながら，慣習によって U_0 をふつう0とおく．たとえば，上の二準位系の例では，基底状態のエネルギーを0と定義しているから，絶対零度での内部エネルギーは0である．

もう一つ注目すべき重要な関係は，内部エネルギーとカノニカル分配関数の関係である．互いに相互作用せず，区別できない粒子から成るアンサンブルのカノニカル分配関数は，

$$Q = \frac{q^N}{N!} \tag{32·12}$$

で与えられる．この式の q は分子分配関数である．両辺の自然対数をとれば，

$$\ln Q = \ln\left(\frac{q^N}{N!}\right) = N \ln q - \ln N! \tag{32·13}$$

となる．この式を β について微分し，カノニカル・アンサンブルでは $\ln(N!)$ が一定であることを使えば，

$$\begin{aligned}\frac{\mathrm{d}\ln Q}{\mathrm{d}\beta} &= \frac{\mathrm{d}}{\mathrm{d}\beta}(N\ln q) - \frac{\mathrm{d}}{\mathrm{d}\beta}(\ln N!) \\ &= N\frac{\mathrm{d}\ln q}{\mathrm{d}\beta}\end{aligned} \tag{32·14}$$

と計算できる．最後の式は全エネルギーのかたちをしているから，カノニカル分配関数と全エネルギー U の関係をつぎのように簡単に表すことができる．

$$U = -\left(\frac{\partial \ln Q}{\partial \beta}\right)_V \tag{32·15}$$

例題 32・2

エネルギー間隔が $h\nu = 1.00 \times 10^{-20}$ J の二準位系の粒子 1.00 mol から成るアンサンブルがある．その内部エネルギーが 1.00 kJ となる温度はいくらか．

解 答

全エネルギーの式を使えば，$N = nN_A$ であるから，

$$U = -\left(\frac{\partial \ln Q}{\partial \beta}\right)_V = -nN_A\left(\frac{\partial \ln q}{\partial \beta}\right)_V$$

である．これを計算し，温度について解けばつぎのように求められる．

$$U = -nN_A\left(\frac{\partial}{\partial \beta}\ln q\right)_V = -\frac{nN_A}{q}\left(\frac{\partial q}{\partial \beta}\right)_V$$

1) internal energy

$$\frac{U}{nN_A} = \frac{-1}{(1+e^{-\beta h\nu})}\left(\frac{\partial}{\partial\beta}(1+e^{-\beta h\nu})\right)_V$$

$$= \frac{h\nu\, e^{-\beta h\nu}}{1+e^{-\beta h\nu}} = \frac{h\nu}{e^{\beta h\nu}+1}$$

$$\frac{nN_A h\nu}{U} - 1 = e^{\beta h\nu}$$

$$\ln\left(\frac{nN_A h\nu}{U} - 1\right) = \beta h\nu = \frac{h\nu}{k_B T}$$

$$T = \frac{h\nu}{k_B \ln\left(\frac{nN_A h\nu}{U} - 1\right)}$$

$$= \frac{1.00\times10^{-20}\,\mathrm{J}}{(1.38\times10^{-23}\,\mathrm{J\,K^{-1}})\ln\left(\frac{(1.00\,\mathrm{mol})(6.022\times10^{23}\,\mathrm{mol^{-1}})(1.00\times10^{-20}\,\mathrm{J})}{(1.00\times10^{3}\,\mathrm{J})} - 1\right)}$$

$$= 449\,\mathrm{K}$$

32・2 エネルギーと分子のエネルギー自由度

前章では，全分子分配関数 ($q_{全}$) と個々のエネルギー自由度に相当する分配関数の間に成り立つつぎの関係を導くのに，エネルギー自由度は互いに独立しているという仮定を使った．

$$q_{全} = q_T q_R q_V q_E \tag{32・16}$$

この式の下付き添え字 T, R, V, E は，それぞれ並進，回転，振動，電子のエネルギー自由度を表している．これと同じように，内部エネルギーもそれぞれのエネルギー自由度による寄与に分離してつぎのように表せる．

$$U = -\left(\frac{\partial \ln Q}{\partial\beta}\right)_V = -N\left(\frac{\partial \ln q}{\partial\beta}\right)_V$$

$$= -N\left(\frac{\partial \ln(q_T q_R q_V q_E)}{\partial\beta}\right)_V$$

$$= -N\left(\frac{\partial}{\partial\beta}(\ln q_T + \ln q_R + \ln q_V + \ln q_E)\right)_V$$

$$= -N\left[\left(\frac{\partial \ln q_T}{\partial\beta}\right)_V + \left(\frac{\partial \ln q_R}{\partial\beta}\right)_V + \left(\frac{\partial \ln q_V}{\partial\beta}\right)_V + \left(\frac{\partial \ln q_E}{\partial\beta}\right)_V\right]$$

$$= U_T + U_R + U_V + U_E \tag{32・17}$$

最後の式は，非常にわかりやすく重要な結果を表している．すなわち，全内部エネルギーは，分子のそれぞれのエネルギー自由度による寄与の単なる和で表される．この結果は，アンサンブルの巨視的性質 (内部エネルギー) とアンサンブルの単位の微視的な性質 (分子のエネルギー準位) を結ぶものでもある．全内部エネルギーをエネルギー自由度と関係づけるには，それぞれのエネルギー自由度の内部エネルギー（U_T, U_R など）を表す式が必要である．以下で，これらの式を導こう．

32・2・1 並進の内部エネルギー

系の内部エネルギーに対する並進運動の寄与は，

$$U_T = \frac{-N}{q_T}\left(\frac{\partial q_T}{\partial \beta}\right)_V \tag{32・18}$$

である．この式の q_T は並進分配関数であり，三次元では，

$$q_T = \frac{V}{\Lambda^3} \qquad \Lambda^3 = \left(\frac{h^2\beta}{2\pi m}\right)^{3/2} \tag{32・19}$$

で表される．m は粒子の質量である．この分配関数を使えば並進の内部エネルギーは，

$$\begin{aligned}
U_T &= \frac{-N}{q_T}\left(\frac{\partial q_T}{\partial \beta}\right)_V = \frac{-N\Lambda^3}{V}\left(\frac{\partial}{\partial \beta}\frac{V}{\Lambda^3}\right)_V \\
&= -N\Lambda^3\left(\frac{\partial}{\partial \beta}\frac{1}{\Lambda^3}\right)_V \\
&= -N\Lambda^3\left(\frac{\partial}{\partial \beta}\left(\frac{2\pi m}{h^2\beta}\right)^{3/2}\right)_V \\
&= -N\Lambda^3\left(\frac{2\pi m}{h^2}\right)^{3/2}\left(\frac{\partial}{\partial \beta}\beta^{-3/2}\right)_V \\
&= -N\Lambda^3\left(\frac{2\pi m}{h^2}\right)^{3/2}\frac{-3}{2}\beta^{-5/2} \\
&= \frac{3}{2}N\Lambda^3\left(\frac{2\pi m}{h^2\beta}\right)^{3/2}\beta^{-1} \\
&= \frac{3}{2}N\beta^{-1}
\end{aligned}$$

$$U_T = \frac{3}{2}Nk_BT = \frac{3}{2}nRT \tag{32・20}$$

となる．この式はどこかで見たかたちをしている．2章で，単原子分子の理想気体の内部エネルギーは $T_{始}=0$ として $nC_V\Delta T = 3/2(nRT)$ であることを示した．ここで得た結果はそれとまったく同じである．熱力学と統計力学によるアプローチは，単原子分子気体の系を表す場面でこのように見事に一致したのである．

内部エネルギーに対する並進運動の寄与が，均分定理（31・8節）による予測と合っていることも注目しておこう．均分定理によれば，古典ハミルトニアンにある運動量や位置の2乗の項はエネルギーに対して $k_BT/2$ の寄与をする．単原子分子の理想気体の三次元の並進運動を表すハミルトニアンは，

$$H_{並進} = \frac{1}{2m}(p_x{}^2 + p_y{}^2 + p_z{}^2) \tag{32・21}$$

である．この式の p^2 項は均分定理によってそれぞれ $\frac{1}{2}k_BT$ の寄与をするから，全部で $\frac{3}{2}k_BT$，1 mol の粒子に対しては $\frac{3}{2}RT$ の寄与をし，これは量子力学で並

進運動を表して得られた結果と同じである．並進のエネルギー準位の間隔は非常に小さいから，このような一致は予想外のものではなく，古典的な振舞いが予測されるのである．

32・2・2　回転の内部エネルギー

二原子分子を剛体回転子と近似できれば，その高温極限での回転分配関数は，

$$q_{\mathrm{R}} = \frac{1}{\sigma\beta hcB} \qquad (32\cdot22)$$

で与えられる．この分配関数を使って内部エネルギーに対する回転の寄与を求めれば次式が得られる．

$$\begin{aligned} U_{\mathrm{R}} &= \frac{-N}{q_{\mathrm{R}}}\left(\frac{\partial q_{\mathrm{R}}}{\partial\beta}\right)_V = -N\sigma\beta hcB\left(\frac{\partial}{\partial\beta}\frac{1}{\sigma\beta hcB}\right)_V \\ &= -N\beta\left(\frac{\partial}{\partial\beta}\beta^{-1}\right)_V \\ &= -N\beta(-\beta^{-2}) \\ &= N\beta^{-1} \\ U_{\mathrm{R}} &= Nk_{\mathrm{B}}T = nRT \end{aligned} \qquad (32\cdot23)$$

31 章で述べたように，この導出に使った回転分配関数は，$k_{\mathrm{B}}T$ に比べて回転温度 Θ_{R} が非常に小さい二原子分子のものである．この極限では多数の回転状態がとれる．$k_{\mathrm{B}}T$ に比べて Θ_{R} がさほど小さくなければ，和のかたちで表された回転分配関数の各項を計算して U_{R} を求める必要がある．

高温極限では，有限の慣性モーメントそれぞれから回転エネルギー $\frac{1}{2}k_{\mathrm{B}}T$ の寄与があると考えられる．このエネルギー分配は，均分定理という点で並進エネルギーの場合と同じである．この考えを使えば，二原子分子で得られた U_{R} の結果を直線形や非直線形の多原子分子に拡張することができる．0 でない慣性モーメントそれぞれから回転エネルギー $\frac{1}{2}k_{\mathrm{B}}T$ の寄与があるから，

$$U_{\mathrm{R}} = nRT \quad \text{（直線形多原子分子）} \qquad (32\cdot24)$$

$$U_{\mathrm{R}} = \frac{3}{2}nRT \quad \text{（非直線形多原子分子）} \qquad (32\cdot25)$$

とすることができる．非直線形多原子分子の結果を確かめるには，前章で述べた非直線形多原子分子の分配関数を使って平均回転エネルギーの式を求めればよい．

32・2・3　振動の内部エネルギー

並進や回転の場合と違って，振動のエネルギー準位の間隔はふつう $k_{\mathrm{B}}T$ より大きいから，振動のエネルギー自由度に均分定理は使えない．しかし，ふつうは調和振動子モデルが使えるから，その零点エネルギーを無視して，エネルギー準位の間隔によって振動分配関数を表した比較的簡単なつぎの式が得られる．

$$q_{\mathrm{V}} = (1 - \mathrm{e}^{-\beta hc\tilde{\nu}})^{-1} \qquad (32\cdot26)$$

$\tilde{\nu}$ は，振動数を波数（cm^{-1} 単位）で表したものである．この分配関数を使えば，平均エネルギーに対する振動の寄与を次式で表せる．

$$U_V = \frac{-N}{q_V}\left(\frac{\partial q_V}{\partial \beta}\right)_V = -N(1-e^{-\beta hc\tilde{\nu}})\left(\frac{\partial}{\partial \beta}(1-e^{-\beta hc\tilde{\nu}})^{-1}\right)_V$$

$$= -N(1-e^{-\beta hc\tilde{\nu}})(-hc\tilde{\nu}e^{-\beta hc\tilde{\nu}})(1-e^{-\beta hc\tilde{\nu}})^{-2}$$

$$= \frac{Nhc\tilde{\nu}e^{-\beta hc\tilde{\nu}}}{(1-e^{-\beta hc\tilde{\nu}})}$$

$$U_V = \frac{Nhc\tilde{\nu}}{e^{\beta hc\tilde{\nu}}-1} \quad (32\cdot27)$$

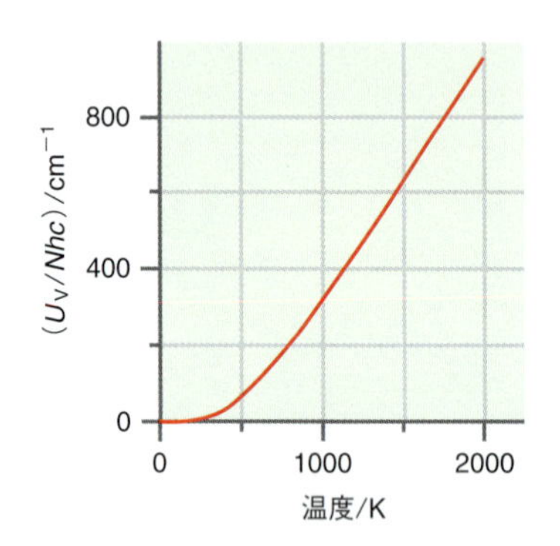

図 32·4 平均振動エネルギーの温度変化．$\tilde{\nu}=1000\ \mathrm{cm}^{-1}$ の場合．

図 32·4 は，$\tilde{\nu}=1000\ \mathrm{cm}^{-1}$ の 1 個の振動自由度について，U_V/Nhc の温度依存性を表したものである．まず，最低温度域での U_V は 0 であり，これは本章の二準位系の例で見た結果と同じである．低温では $k_BT \ll hc\tilde{\nu}$ であるから，第一励起状態を有意に占有できるほどの熱エネルギーがない．しかし，1000 K 以上の温度では，平均エネルギーは温度に直線的に増加しており，これは並進エネルギーや回転エネルギーで見た振舞いと同じである．このことは，U_V にも何らかの高温式が存在することを示している．

振動エネルギーの高温極限の式を導くために，q_V の指数関数の項を級数展開を使ってつぎのように書いておく．

$$e^x = 1 + x + \frac{x^2}{2!} + \cdots$$

ここで，$x=\beta hc\tilde{\nu}=hc\tilde{\nu}/k_BT$ とおけば，$k_BT \gg hc\tilde{\nu}$ のとき，この級数は $1+x$ と近似することができ，

$$U_V = \frac{Nhc\tilde{\nu}}{e^{\beta hc\tilde{\nu}}-1} = \frac{Nhc\tilde{\nu}}{(1+\beta hc\tilde{\nu})-1}$$

$$= \frac{N}{\beta}$$

$$U_V = Nk_BT = nRT \quad (32\cdot28)$$

となる．温度が十分に高ければこの高温極限の式を使うことができ，内部エネルギーに対する振動の寄与は nRT であり，これは均分定理の予測と等しい．これは，振動の自由度 1 個の寄与であり，振動全体の寄与は全部の振動自由度による寄与の和であることに注意しよう．また，高温近似の式が使えるかどうかは，注目する系の振動エネルギーの状況に依存している．すなわち，低エネルギーの振動に高温近似を使えることはあるが，高エネルギーの振動には使えない．

高温極限の式が使えるかどうかは，前に定義したつぎの振動温度を使って表せる．

$$\Theta_V = \frac{hc\tilde{\nu}}{k_B} \quad (32\cdot29)$$

$T \geq 10\Theta_V$ のとき高温極限の式が使えるのであった．代表的な二原子分子の Θ_V

表 32·1 代表的な二原子分子の振動温度

分　子	Θ_V/K	分　子	Θ_V/K
I_2	309	N_2	3392
Br_2	468	CO	3121
Cl_2	807	O_2	2274
F_2	1329	H_2	6338

の値を表 32・1 に掲げる．この表によれば，ほとんどの振動自由度について，よほど高温にならない限り高温極限の式は使えない．高温極限の式を使えなければ，内部エネルギーの振動の寄与は (32・27)式を使って計算するしかない．

32・2・4 電子の内部エネルギー

電子のエネルギー準位の間隔はふつう $k_{\mathrm{B}}T$ に比べ非常に大きいから，分配関数は単に基底状態の縮退度に等しい．その縮退度は一定であるから，β で微分すれば 0 である．

$$U_{\mathrm{E}} = 0 \qquad (32\cdot30)$$

この結果にも例外がある．すなわち，電子エネルギー準位が $k_{\mathrm{B}}T$ と比較できるほど小さい系では，分配関数をきちんと計算する必要がある．

例題 32・3

O_2 の基底状態は $^3\Sigma_g^-$ である．O_2 が電子励起されると励起状態 ($^1\Delta_g$) から基底状態への放射が 1263 nm に観測される．q_{E} を計算し，500 K の O_2 1 mol 当たりの U に対する電子の寄与を求めよ．

解 答

この問題を解く第一段階は，電子分配関数をつくることである．基底状態は三重縮退しており，励起状態に縮退はない．基底状態から励起状態へのエネルギーは放射の波長からつぎのように求められる．

$$\varepsilon = \frac{hc}{\lambda} = \frac{(6.626\times10^{-34}\,\mathrm{J\,s})(3.00\times10^{8}\,\mathrm{m\,s^{-1}})}{1.263\times10^{-6}\,\mathrm{m}} = 1.57\times10^{-19}\,\mathrm{J}$$

したがって，電子分配関数は，

$$q_{\mathrm{E}} = g_0 + g_1\,\mathrm{e}^{-\beta\varepsilon} = 3 + \mathrm{e}^{-\beta(1.57\times10^{-19}\,\mathrm{J})}$$

となる．この電子分配関数から，U_{E} はつぎのように容易に求められる．

$$\begin{aligned}
U_{\mathrm{E}} &= \frac{-nN_{\mathrm{A}}}{q_{\mathrm{E}}}\left(\frac{\partial q_{\mathrm{E}}}{\partial\beta}\right)_V \\
&= \frac{(1\,\mathrm{mol})(6.022\times10^{23}\,\mathrm{mol^{-1}})(1.57\times10^{-19}\,\mathrm{J})\,\mathrm{e}^{-\beta(1.57\times10^{-19}\,\mathrm{J})}}{3+\mathrm{e}^{-\beta(1.57\times10^{-19}\,\mathrm{J})}} \\
&= \frac{(94.5\,\mathrm{kJ})\exp\left[-\dfrac{1.57\times10^{-19}\,\mathrm{J}}{(1.38\times10^{-23}\,\mathrm{J\,K^{-1}})(500\,\mathrm{K})}\right]}{3+\exp\left[-\dfrac{1.57\times10^{-19}\,\mathrm{J}}{(1.38\times10^{-23}\,\mathrm{J\,K^{-1}})(500\,\mathrm{K})}\right]} \\
&= 4.14\times10^{-6}\,\mathrm{J}
\end{aligned}$$

ここで，U_{E} が非常に小さいことに注目しよう．これは，O_2 の $^1\Delta_g$ 励起状態は 500 K という高温でもさほど占有されていないことを表している．したがって，500 K での O_2 の電子自由度による内部エネルギーへの寄与は無視できる．

32・2・5 ま と め

この節の始めに，全平均エネルギーは各エネルギー自由度の平均エネルギーの

単なる和で表せると述べた．これを二原子分子の系に適用すれば全エネルギーは，

$$\begin{aligned} U_{全} &= U_{\mathrm{T}} + U_{\mathrm{R}} + U_{\mathrm{V}} + U_{\mathrm{E}} \\ &= \frac{3}{2}Nk_{\mathrm{B}}T + Nk_{\mathrm{B}}T + \frac{Nhc\tilde{\nu}}{\mathrm{e}^{\beta hc\tilde{\nu}} - 1} + 0 \\ &= \frac{5}{2}Nk_{\mathrm{B}}T + \frac{Nhc\tilde{\nu}}{\mathrm{e}^{\beta hc\tilde{\nu}} - 1} \end{aligned} \qquad (32\cdot31)$$

で与えられる．この式を求めるのに，回転のエネルギー自由度には高温極限の式が使えること，電子分配関数に寄与するのは基底電子準位の縮退度だけであることを仮定した．内部エネルギーは個々の分子によって（B や $\tilde{\nu}$ などによって）異なるが，その全エネルギーは分子の各エネルギー自由度の寄与に分離できることは重要なところである．

32・3 熱 容 量

2 章で説明したように，一定体積における**熱容量**[1]（C_V）の熱力学的な定義は，

$$C_V = \left(\frac{\partial U}{\partial T}\right)_V = -k\beta^2\left(\frac{\partial U}{\partial \beta}\right)_V \qquad (32\cdot32)$$

である．内部エネルギーは各エネルギー自由度の寄与に分離できるから，熱容量も同じように分離できる．前節では，平均内部エネルギーに対する各エネルギー自由度からの寄与を求めた．それに対応して熱容量は，各エネルギー自由度についての内部エネルギーの温度に関する導関数で与えられる．ここでは，定容熱容量に対する並進，振動，回転，電子の寄与をこのやり方で求めよう．

例題 32・4

二準位系の単位から成るアンサンブルの熱容量を求めよ．ただし，二準位のエネルギー間隔を $h\nu$ とせよ．

解答

これは，例題 32・1 と同じ系であるから，その分配関数は $q = 1 + \mathrm{e}^{-\beta h\nu}$ で表される．この分配関数を使って計算した平均エネルギーは $U = Nh\nu/(\mathrm{e}^{\beta h\nu} + 1)$ である．平均エネルギーがこのように関数形で与えられると，熱容量はこれを β について微分すればつぎのように容易に求められる．

$$\begin{aligned} C_V &= -k_{\mathrm{B}}\beta^2\left(\frac{\partial U}{\partial \beta}\right)_V = -Nk_{\mathrm{B}}\beta^2\left(\frac{\partial}{\partial \beta}h\nu\,(\mathrm{e}^{\beta h\nu} + 1)^{-1}\right)_V \\ &= \frac{Nk_{\mathrm{B}}\beta^2(h\nu)^2\,\mathrm{e}^{\beta h\nu}}{(\mathrm{e}^{\beta h\nu} + 1)^2} \end{aligned}$$

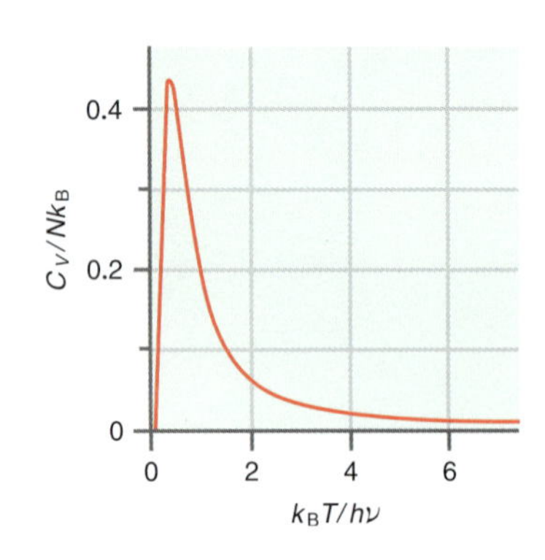

図 32・5　二準位系の定容熱容量の温度依存性．縦軸は，熱容量をボルツマン定数と粒子数で割ったものである．

熱容量は複雑な関数形をしている．その温度依存性を図 32・5 にプロットしてある．低温側でも高温側でも，すでに見た極限的な振舞いが見られる．C_V は絶対零度での 0 から温度上昇とともに増加し，最大値を経て減少に転じる．この振舞いはエネルギーの温度変化（図 32・2）によるもので，状態の占有数の温度変化

1) heat capacity

に由来するものである．熱容量は，系が外界からエネルギーを吸収する能力の目安である．最低温度域では励起状態に昇位するだけのエネルギーが得られないから，この二準位系はエネルギーを吸収することができない．使えるエネルギーが増加するにつれ励起状態をとれるようになり，それで熱容量は増加する．最高温度域では最終的に，基底状態と励起状態の占有数はどちらも極限値 0.5 に達する．ここでは系が再びエネルギーを吸収できなくなり，熱容量は 0 に近づく．

32・3・1 並進熱容量

並進エネルギー準位の間隔は非常に小さいから高温近似が使える．理想気体分子の平均エネルギーに対する並進運動の寄与は，

$$U_{\mathrm{T}} = \frac{3}{2}Nk_{\mathrm{B}}T \tag{32·33}$$

である．したがって，この式を温度で微分すれば C_V に対する並進の寄与を容易に求めることができる．すなわち，

$$(C_V)_{\mathrm{T}} = \left(\frac{\partial U_{\mathrm{T}}}{\partial T}\right)_V = \frac{3}{2}Nk_{\mathrm{B}} \tag{32·34}$$

である．この結果によれば，全定容熱容量に対する並進の寄与は単なる定数となり，温度に依存しない．C_V に対する並進の寄与が極低温に至るまで一定値をとるのは，並進のエネルギー準位が非常に密であることによる．

32・3・2 回転熱容量

回転準位のエネルギー間隔が $k_{\mathrm{B}}T$ に比べて小さいと仮定して，平均エネルギーに対する回転の寄与を表す高温式を使えば，C_V に対する回転の寄与を求めることができる．内部エネルギーは分子の幾何構造に依存する．すなわち，

$$U_{\mathrm{R}} = Nk_{\mathrm{B}}T \quad \text{(直線形)} \tag{32·35}$$

$$U_{\mathrm{R}} = \frac{3}{2}Nk_{\mathrm{B}}T \quad \text{(非直線形)} \tag{32·36}$$

である．この二つの式を使えば，C_V に対する回転の寄与は，

$$(C_V)_{\mathrm{R}} = Nk_{\mathrm{B}} \quad \text{(直線形)} \tag{32·37}$$

$$(C_V)_{\mathrm{R}} = \frac{3}{2}Nk_{\mathrm{B}} \quad \text{(非直線形)} \tag{32·38}$$

となる．これらの式は高温極限でのみ正しいことに注意しよう．低温ではどうなるだろうか．低温では熱エネルギーが十分ないから，回転エネルギーの励起準位の占有数は大きくなれない．したがって，熱容量は 0 に近づく．一方，温度が上昇すれば熱容量は大きくなり，高温極限に近づく．その中間的な温度での熱容量を求めるには，q_{R} の和のかたちの式を使って計算するしかない．

32・3・3 振動熱容量

並進や回転の場合と違って振動のエネルギー自由度については，ふつうは高温極限の式が使えない．したがって，エネルギーを表す正確な関数形の式を計算して，C_V に対する振動の寄与を求めなければならない．その導出は少し手間がかかるが，まだ比較的簡単である．まず，U に対する振動の寄与を表す式 (32·27

式）から始めよう．

$$U_{\mathrm{V}} = \frac{Nhc\tilde{\nu}}{\mathrm{e}^{\beta hc\tilde{\nu}} - 1} \tag{32·39}$$

この式から，定容熱容量に対する振動の寄与は，

$$(C_V)_{\mathrm{V}} = \left(\frac{\partial U_{\mathrm{V}}}{\partial T}\right)_V = -k_{\mathrm{B}}\beta^2\left(\frac{\partial U_{\mathrm{V}}}{\partial \beta}\right)_V$$

$$= -Nk_{\mathrm{B}}\beta^2 hc\tilde{\nu}\left(\frac{\partial}{\partial\beta}(\mathrm{e}^{\beta hc\tilde{\nu}} - 1)^{-1})\right)_V$$

$$= -Nk_{\mathrm{B}}\beta^2 hc\tilde{\nu}(-hc\tilde{\nu}\ \mathrm{e}^{\beta hc\tilde{\nu}}(\mathrm{e}^{\beta hc\tilde{\nu}} - 1)^{-2})_V$$

$$(C_V)_{\mathrm{V}} = Nk_{\mathrm{B}}\beta^2(hc\tilde{\nu})^2\frac{\mathrm{e}^{\beta hc\tilde{\nu}}}{(\mathrm{e}^{\beta hc\tilde{\nu}} - 1)^2} \tag{32·40}$$

と表せる．この熱容量はまた，振動温度 Θ_{V} を使ってつぎのように表すこともできる．

$$(C_V)_{\mathrm{V}} = Nk_{\mathrm{B}}\left(\frac{\Theta_{\mathrm{V}}}{T}\right)^2\frac{\mathrm{e}^{\Theta_{\mathrm{V}}/T}}{(\mathrm{e}^{\Theta_{\mathrm{V}}/T} - 1)^2} \tag{32·41}$$

31章で説明したように，多原子分子の振動の自由度は $3N-6$ または $3N-5$ である．その個々の自由度は全振動定容熱容量に対して，

$$(C_V)_{\mathrm{V},全} = \prod_{m=1}^{3N-6\ \text{または}\ 3N-5}(C_V)_{\mathrm{V},m} \tag{32·42}$$

の寄与をする．この振動熱容量は T の関数でどのように変化するだろうか．振動自由度1個の寄与は，振動準位のエネルギー間隔と $k_{\mathrm{B}}T$ の相対関係によって決まる．すなわち，最低温度域では C_V の振動の寄与は0と予測される．温度が上昇するにつれ，エネルギーが最も低い振動モードのエネルギー間隔は $k_{\mathrm{B}}T$ に近くなり，そのモードは熱容量に寄与するようになる．一方，エネルギーの最も高い振動モードは高温でしか寄与しない．要するに，C_V に対する寄与は何らかの温度依存を示すと予測できる．

図32·6は，縮退のない三つの振動モード100, 1000, 3000 cm^{-1} をもつ非直線形三原子分子について，C_V に対する振動の寄与を温度の関数で表したものである．予想通り，振動数の最も低いモードが最も低い温度で熱容量に寄与し始め，温度が Θ_{V} より高くなれば Nk_{B} という一定値に近づく．温度が上昇すれば，エネルギーの低い振動モードから順に熱容量に対して寄与し始め，高温では同じ極限値 Nk_{B} に向かう．全振動熱容量は個々のモードの寄与の単なる合計であるから，最終的には極限値 $3Nk_{\mathrm{B}}$ に近づく．

図32·6に見られる振舞いによれば，$k_{\mathrm{B}}T \gg hc\tilde{\nu}$ の高温の熱容量は一定値に近づき，並進や回転の場合と同じように，C_V に対する振動の寄与にも高温極限が存在することを示している．ここで，振動自由度1個の平均エネルギーの高温近似は，

$$U_{\mathrm{V}} = \frac{N}{\beta} = Nk_{\mathrm{B}}T \tag{32·43}$$

で表せることを思い出そう．この式を温度で微分すれば，C_V に対する振動の寄与を求めることができ，振動モード1個当たり Nk_{B} に等しいことがわかる．これは，図32·6に表された高温極限であり，均分定理で予測される結果と同じものである．

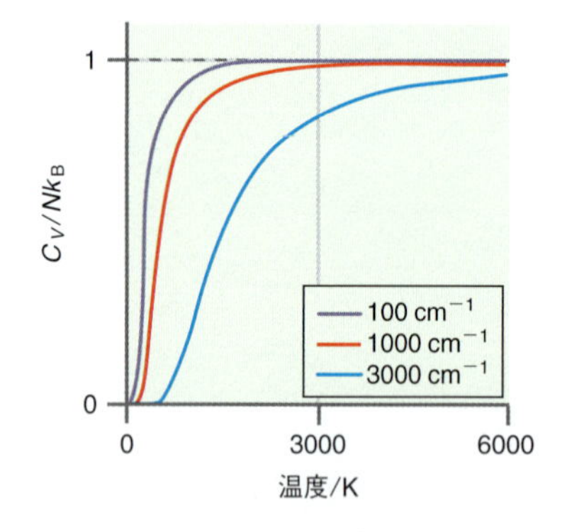

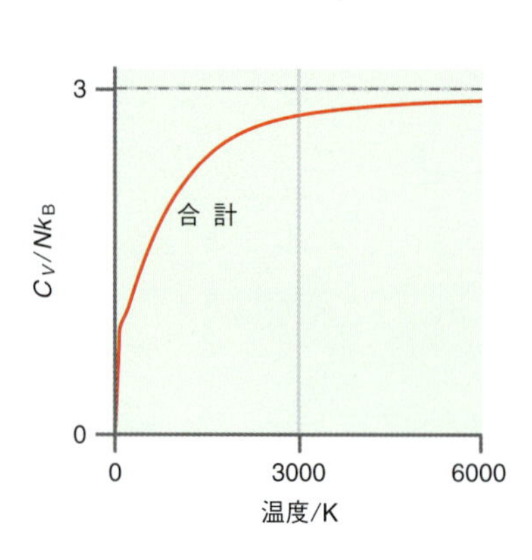

図32·6　C_V に対する振動の寄与の温度変化．上の図は，三つの振動自由度をもつ分子について計算した熱容量．それぞれの振動モードによる寄与（上図）と全部の振動モードによる寄与の合計（下図）を示してある．

32・3・4 電子熱容量

電子のエネルギー自由度の分配関数は，ふつう基底状態の縮退度に等しいから，これから得られるエネルギーは0である．したがって，この自由度からの定容熱容量の寄与はない．しかしながら，励起電子状態がk_BTに近いところにあれば，電子自由度からのC_Vへの寄与も有限の値をとりうるから，和のかたちで表された分配関数を使って計算しなければならない．

32・3・5 ま　と　め

エネルギーと同様，全定容熱容量も各エネルギー自由度の熱容量寄与の単なる和で表される．たとえば，並進と回転の自由度で高温近似が使える二原子分子の場合は次式で表される．

$$\begin{aligned}(C_V)_{全} &= (C_V)_T + (C_V)_R + (C_V)_V \\ &= \frac{3}{2}Nk_B + Nk_B + Nk_B\beta^2(hc\tilde{\nu})^2\frac{e^{\beta hc\tilde{\nu}}}{(e^{\beta hc\tilde{\nu}}-1)^2} \\ &= \frac{5}{2}Nk_B + Nk_B\beta^2(hc\tilde{\nu})^2\frac{e^{\beta hc\tilde{\nu}}}{(e^{\beta hc\tilde{\nu}}-1)^2}\end{aligned} \qquad (32\cdot44)$$

気体のHClの熱容量の理論的な予測を温度の関数で図32・7に示す．この図からわかるように，最低温度域での熱容量は並進運動の寄与による$\frac{3}{2}Nk_B$である．温度が上昇するにつれ回転による熱容量寄与が増加し，約150Kで高温極限の値に到達している．この温度は，この分子の回転温度15.2Kの約10倍の温度である．ここで，高温極限の式が使えないそれ以下の温度域では，面倒な数値計算によって回転熱容量の温度依存性を求めた．また，振動による熱容量はもっと高温域で現れるが，それはこの分子の高い振動温度（～4000K）によるものである．この図の曲線は理論的なものであり，高温で分子が解離したり，低温で相転移が起こったりするのは考慮に入れていない．

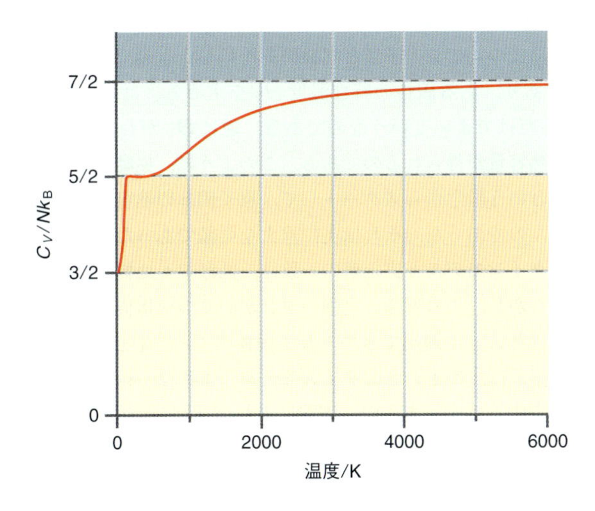

図32・7　気体HClの定容熱容量の温度依存性．熱容量に対する並進の寄与（黄色），回転の寄与（橙色），振動の寄与（淡緑色）を示してある．

32・3・6 アインシュタイン固体

アインシュタイン固体[1]のモデルは，結晶性の原子固体の熱力学的性質を説明するのに使われた．このモデルでは，各原子は結晶中の格子位置を占めており，

1) Einstein solid

そこで復元ポテンシャルを感じながら三次元調和振動子として作用している．すべての調和振動子は互いに独立に運動しており，しかも原子の一次元方向の振動運動はそれと直交する方向の運動に（したがってエネルギーにも）影響を与えないものとしている．また，調和振動子はすべて同じエネルギーをもっており，同じ振動数で表せると仮定する．N 個の原子から成る結晶には $3N$ 個の振動自由度があるから，全熱容量は各振動自由度による寄与の単なる和で表される．したがって，

$$(C_V)_{全} = 3Nk_{\mathrm{B}}\left(\frac{\Theta_{\mathrm{V}}}{T}\right)^2 \frac{\mathrm{e}^{\Theta_{\mathrm{V}}/T}}{(\mathrm{e}^{\Theta_{\mathrm{V}}/T}-1)^2} \qquad (32\cdot45)$$

と書ける．この全熱容量は，調和振動子 $3N$ 個の集合によるものである．(32·45) 式で注目すべき重要な点は，ある温度での結晶の C_V はその振動数にのみ依存しているということである．すなわち，ある原子結晶の定容熱容量を温度の関数で測定すれば，その特性振動温度とそれに対応する振動数を求めることができる．これは初期の量子力学モデルの一つであり，熱容量という熱力学量を説明するために使われた．一例として，図 32·8 ではダイヤモンド ($\Theta_{\mathrm{V}} = 1320\ \mathrm{K}$) の熱容量の測定結果がアインシュタインモデルと比較してあり，その一致は見事なものである．このモデルは高温で熱容量が極限値 24.91 J K^{-1} mol^{-1}，つまり $3R$ に近づくのを正しく予測している．この極限値は**デュロン-プティの法則**[1]として知られるもので，このような系の熱容量の高温での予測値，つまり古典値を表している．アインシュタインのモデルが卓越しているのは，デュロン-プティの法則からのずれが観測される低温で，古典的なモデルがなぜ破綻するのかという理由を明らかにしたことである．すでに見たように，$T < \Theta_{\mathrm{V}}$ では振動自由度の量子論的な性質がきわめて重要になる．このように，古典力学では説明できない巨視的な振舞いに現れる微視的な性質について，アインシュタインのモデルは革新的な見方を提供したのであった．

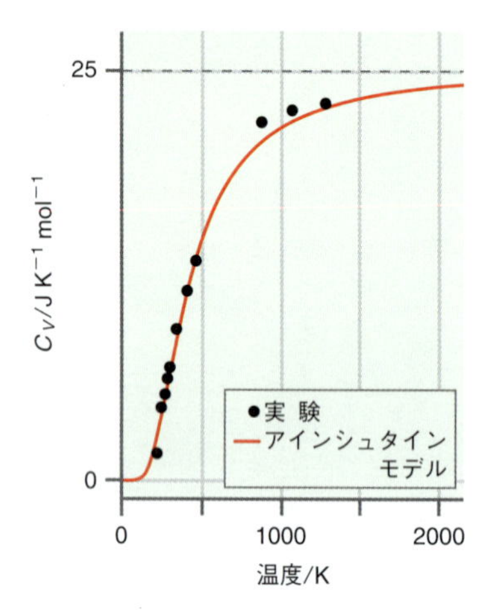

図 32·8　ダイヤモンドの C_V とアインシュタイン固体のモデルによる理論的な予測との比較．破線で古典極限値 24.91 J K^{-1} mol^{-1} を示してある．

アインシュタインモデルの第二の予測は，T/Θ_{V} に対して C_V をプロットすれば，すべての固体の熱容量の温度変化を説明できることであった．図 32·9 は，三つの原子結晶についてこの予測と実験値を比較したものである．その一致は驚くべきものであり，ある固体の特性温度 Θ_{V} を求めるには，ある一点の温度で C_V を測定するだけでよいというものである．逆に Θ_{V} がわかっていれば，あらゆる温度での熱容量が得られるのである．このように，振動に関する量子力学モデルと確率論という数学からスタートして，原子固体の熱容量を説明する統一理論が展開されたのであった．それは実に偉大な業績であった．

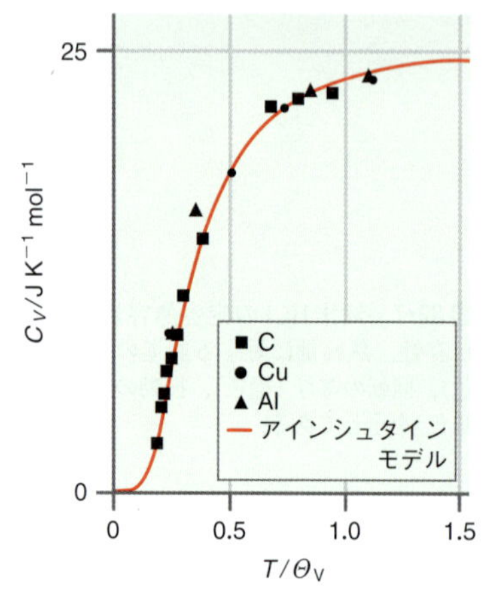

図 32·9　C, Cu, Al について，T/Θ_{V} に対して C_V をプロットしたグラフ．

アインシュタインモデルと測定値の一致は，低温でも比較的高いところではみごとである．しかし，この理論と実験のずれがいくつか指摘された．まず，このモデルは原子固体にしか適用できず，分子固体の C_V の温度依存性を正確には再現できない．第二に，アインシュタインモデルによれば，極低温での熱容量は指数関数的に減少するはずであるが，実験によれば T^3 に依存している．このようにアインシュタインモデルと実験が合わないのは，結晶の基準振動というのは個々の原子の独立した振動によるものではなく，すべての原子が関与する集団的な運動によるものだからである．一つの振動数でこのような格子振動を表せないのである．もっと洗練されたデバイモデルなどを使えば，原子結晶の熱容量をもっと定量的に再現できる．

1) Dulong－Petit law

32・4 エントロピー

エントロピーは，ものの熱力学的性質のなかで最も誤解されている量であろう．反応におけるエントロピー駆動力を初等化学では一般に，"無秩序さ"あるいは"乱れ"の度合いを増加させようとする系の固有の性質と説明している．ここでは統計力学を使って，孤立系がエントロピー最大の状態に向かう傾向というのは，統計による帰結そのものであることを示そう．そのために30章の説明を思い出そう．系が平衡に近づくのは，最大の重みをもつエネルギー配置を達成しようとすることによる．すなわち，平衡で観測されるエネルギー配置は W_{max} に相当する．系が W やエンエトロピー S を最大にする傾向があるというのは，これらの量の間に何らかの関係が存在することを示している．ボルツマンは，この関係をつぎの**ボルツマンの式**[1]で表した．

$$S = k_B \ln W \tag{32·46}$$

この式によれば，エントロピーは $\ln W$ に比例し，ボルツマン定数は比例定数の役目をしている．(32·46)式を見れば，W の最大が S の最大に相当しているのがわかる．このボルツマンの式はかなり特殊なもののように見えるが，実際には，5章で説明したエントロピーの熱力学的な定義と等価なものである．そのことを説明するために，粒子から成るアンサンブルのエネルギーについて考えよう．そのエネルギーは，各準位のエネルギーとその準位の占有数の積の和に等しい．すなわち，

$$E = \sum_n \varepsilon_n a_n \tag{32·47}$$

である．ここで，E の全微分は，

$$\mathrm{d}E = \sum_n \varepsilon_n \,\mathrm{d}a_n + \sum_n a_n \,\mathrm{d}\varepsilon_n \tag{32·48}$$

である．カノニカル・アンサンブルでは体積が一定であるから，各準位のエネルギーも一定である．したがって，(32·48)式の第2項は0であり，系のエネルギー変化は各準位の占有数の変化だけに依存する．すなわち，

$$\mathrm{d}E = \sum_n \varepsilon_n \,\mathrm{d}a_n \tag{32·49}$$

と書ける．体積が一定という制約から，PV 仕事がないこともわかる．したがって，熱力学第一法則によって，このエネルギー変化は熱の流れによるものといえる．そこで，

$$\mathrm{d}E = \mathrm{d}q_{\text{可逆}} = \sum_n \varepsilon_n \,\mathrm{d}a_n \tag{32·50}$$

である．$q_{\text{可逆}}$ は，系と外界の間で交換される可逆的な熱を表す．ここで，エントロピーの熱力学的な定義，

$$\mathrm{d}S = \frac{\mathrm{d}q_{\text{可逆}}}{T} \tag{32·51}$$

を使えば，つぎの関係が得られる．

$$\mathrm{d}S = \frac{1}{T}\sum_n \varepsilon_n \,\mathrm{d}a_n = k_B \beta \sum_n \varepsilon_n \,\mathrm{d}a_n \tag{32·52}$$

---

1) Boltzmann's formula

すぐあとでβが必要になるから，ここではT^{-1}を$k_B\beta$に書き換えておいた．一方，30章で行ったボルツマン分布の導出ではつぎの関係が得られた．

$$\left(\frac{\mathrm{d}\ln W}{\mathrm{d}a_n}\right) + \alpha - \beta\varepsilon_n = 0$$

$$\beta\varepsilon_n = \left(\frac{\mathrm{d}\ln W}{\mathrm{d}a_n}\right) + \alpha \qquad (32\cdot53)$$

αとβは定数（ボルツマン分布の導出で使ったラグランジュの乗数）である．(32·53)式を使えば，上のエントロピーの式は，

$$\begin{aligned}\mathrm{d}S &= k_B\beta\sum_n \varepsilon_n \mathrm{d}a_n = k_B\sum_n\left(\frac{\mathrm{d}\ln W}{\mathrm{d}a_n}\right)\mathrm{d}a_n + k_B\sum_n \alpha\,\mathrm{d}a_n \\ &= k_B\sum_n\left(\frac{\mathrm{d}\ln W}{\mathrm{d}a_n}\right)\mathrm{d}a_n + k_B\alpha\sum_n \mathrm{d}a_n \\ &= k_B\sum_n\left(\frac{\mathrm{d}\ln W}{\mathrm{d}a_n}\right)\mathrm{d}a_n \\ &= k_B(\mathrm{d}\ln W) \end{aligned} \qquad (32\cdot54)$$

となる．3行目の式への計算は，可能なあらゆる状態にわたって占有数の変化の和をとれば0であることを示している．それは，ある状態の占有数が増えれば，別の状態の占有数は減っているからである．(32·54)式は，(32·46)式のボルツマンの式を別のかたちで表したものにすぎない．こうしてボルツマンの式で与えられたエントロピーの定義は，エントロピーの根幹に関わる見方を提供しているのである．それでは，分子系のエントロピーはどう計算すればよいのだろうか．それに答えるにはもう少し手間がかかる．分配関数は占有できるエネルギー状態の目安を与えるから，分配関数とエントロピーの間には何らかの関係が存在すると仮定できる．その関係は，ボルツマンの式を適用すればつぎのように導ける．

$$S = k_B\ln W = k_B\ln\left(\frac{N!}{\prod_n a_n!}\right) \qquad (32\cdot55)$$

これは，つぎのように簡単になる．

$$\begin{aligned}S &= k_B\ln\left(\frac{N!}{\prod_n a_n!}\right) \\ &= k_B\ln N! - k_B\ln\prod_n a_n! \\ &= k_B\ln N! - k_B\sum_n \ln a_n! \\ &= k_B(N\ln N - N) - k_B\sum_n(a_n\ln a_n - a_n) \\ &= k_B\left(N\ln N - \sum_n a_n\ln a_n\right)\end{aligned} \qquad (32\cdot56)$$

最後の段階では，Nに関するつぎの定義を使った．

$$N = \sum_n a_n \qquad (32\cdot57)$$

この定義をもう一度使えば，

$$
\begin{aligned}
S &= k_{\mathrm{B}}\left(N\ln N - \sum_n a_n \ln a_n\right) \\
&= k_{\mathrm{B}}\left(\sum_n a_n \ln N - \sum_n a_n \ln a_n\right) \\
&= -k_{\mathrm{B}}\sum_n a_n \ln \frac{a_n}{N} \\
&= -k_{\mathrm{B}}\sum_n a_n \ln p_n
\end{aligned}
\tag{32·58}
$$

となる．この式の最終行の p_n は，(32·10)式で定義したのと同じで，エネルギー準位 n を占める確率である．ボルツマン分布の法則を使えば，(32·58)式の確率の項をつぎのように書き直すことができる．

$$
\ln p_n = \ln\left(\frac{\mathrm{e}^{-\beta\varepsilon_n}}{q}\right) = -\beta\varepsilon_n - \ln q \tag{32·59}
$$

そこで，エントロピーの式は，

$$
\begin{aligned}
S &= -k_{\mathrm{B}}\sum_n a_n \ln p_n \\
&= -k_{\mathrm{B}}\sum_n a_n(-\beta\varepsilon_n - \ln q) \\
&= k_{\mathrm{B}}\beta\sum_n a_n\varepsilon_n + k_{\mathrm{B}}\sum_n a_n \ln q \\
&= k_{\mathrm{B}}\beta E + k_{\mathrm{B}}N\ln q \\
&= \frac{E}{T} + k_{\mathrm{B}}\ln q^N
\end{aligned}
$$

$$
S = \frac{E}{T} + k_{\mathrm{B}}\ln Q = \frac{U}{T} + k_{\mathrm{B}}\ln Q \tag{32·60}
$$

となる．U は系の内部エネルギー，Q はカノニカル分配関数である．(32·60)式で E を U に置き換えたことによって，内部エネルギーに関する式 (32·15 式) が使える．そこで，内部エネルギーはカノニカル分配関数とつぎの関係にある．

$$
U = -\left(\frac{\partial \ln Q}{\partial \beta}\right)_V = -k_{\mathrm{B}}T^2\left(\frac{\partial \ln Q}{\partial T}\right)_V \tag{32·61}
$$

この式を使えば，非常に簡潔なエントロピーの式がつぎのように得られる．

$$
S = \frac{U}{T} + k_{\mathrm{B}}\ln Q = k_{\mathrm{B}}T\left(\frac{\partial \ln Q}{\partial T}\right)_V + k_{\mathrm{B}}\ln Q
$$

$$
S = \left(\frac{\partial}{\partial T}(k_{\mathrm{B}}T\ln Q)\right)_V \tag{32·62}
$$

32・4・1　単原子分子の理想気体のエントロピー

単原子分子の理想気体のモルエントロピーを表す一般式とはどんなものだろうか．単原子分子気体は，区別できない粒子が集合したものである．電子分配関数を 1 とすれば (つまり，基底電子状態は縮退していないとして)，求めるべきエントロピーは並進自由度によるものだけであるから，

$$
\begin{aligned}
S &= \frac{U}{T} + k_{\mathrm{B}} \ln Q \\
&= \frac{1}{T}\left(\frac{3}{2} N k_{\mathrm{B}} T\right) + k_{\mathrm{B}} \ln \frac{q_{\mathrm{T}}^{N}}{N!} \\
&= \frac{3}{2} N k_{\mathrm{B}} + N k_{\mathrm{B}} \ln q_{\mathrm{T}} - k_{\mathrm{B}}(N \ln N - N) \\
&= \frac{5}{2} N k_{\mathrm{B}} + N k_{\mathrm{B}} \ln q_{\mathrm{T}} - N k_{\mathrm{B}} \ln N \\
&= \frac{5}{2} N k_{\mathrm{B}} + N k_{\mathrm{B}} \ln \frac{V}{\Lambda^{3}} - N k_{\mathrm{B}} \ln N \\
&= \frac{5}{2} N k_{\mathrm{B}} + N k_{\mathrm{B}} \ln V - N k_{\mathrm{B}} \ln \Lambda^{3} - N k_{\mathrm{B}} \ln N \\
&= \frac{5}{2} N k_{\mathrm{B}} + N k_{\mathrm{B}} \ln V - N k_{\mathrm{B}} \ln \left(\frac{h^{2}}{2\pi m k_{\mathrm{B}} T}\right)^{3/2} - N k_{\mathrm{B}} \ln N \\
&= \frac{5}{2} N k_{\mathrm{B}} + N k_{\mathrm{B}} \ln V + \frac{3}{2} N k_{\mathrm{B}} \ln T - N k_{\mathrm{B}} \ln \left(\frac{N^{2/3} h^{2}}{2\pi m k_{\mathrm{B}}}\right)^{3/2} \\
&= \frac{5}{2} nR + nR \ln V + \frac{3}{2} nR \ln T - nR \ln \left(\frac{n^{2/3} N_{\mathrm{A}}^{2/3} h^{2}}{2\pi m k_{\mathrm{B}}}\right)^{3/2} \qquad (32\cdot 63)
\end{aligned}
$$

となる．最終行の式は**サッカー–テトロードの式**[1]である．簡潔なかたちで表せば，

$$S = nR \ln\left[\frac{\mathrm{e}^{5/2} V}{\Lambda^{3} N}\right] = nR \ln\left[\frac{RT\,\mathrm{e}^{5/2}}{\Lambda^{3} N_{\mathrm{A}} P}\right] \qquad (32\cdot 64)$$

$$\text{ここで} \quad \Lambda^{3} = \left(\frac{h^{2}}{2\pi m k_{\mathrm{B}} T}\right)^{3/2}$$

である．サッカー–テトロードの式は，これまで見てきた単原子分子の理想気体の古典的な熱力学的性質の多くを再現できる．たとえば，単原子分子気体の始体積 V_1 から終体積 V_2 への等温膨張について考えよう．サッカー–テトロードの式の展開形（32·63 式）を見ればわかるように，体積を含む第 2 項以外はすべて変化しない．したがって，

$$\Delta S = S_{終} - S_{始} = nR \ln \frac{V_2}{V_1} \qquad (32\cdot 65)$$

である．これは古典熱力学で得られた結果と同じである．それでは，等容（$\Delta V = 0$）加熱によるエントロピー変化はどうだろうか．始状態（T_1）と終状態（T_2）の温度差を使えば，(32·63)式は，

$$\Delta S = S_{終} - S_{始} = \frac{3}{2} nR \ln \frac{T_2}{T_1} = nC_V \ln \frac{T_2}{T_1} \qquad (32\cdot 66)$$

となる．単原子分子の理想気体では $C_V = \frac{3}{2}R$ であることを使えば，これも熱力学で得られた結果と同じである．

サッカー–テトロードの式から，熱力学で得られない情報が得られるだろうか．そこで，(32·63)式の第 1 項と第 4 項に注目しよう．これらの項は定数にすぎず，後者は原子質量によって異なる．その起源を古典熱力学で説明するのは不可能であり，これらの項は実験によって初めてその存在が認められるものである．しか

1) Sackur–Tetrode equation

し，統計力学を使えば，エントロピーへのこれらの寄与は自然に（しかもわかりやすいかたちで）現れるのである．

例題 32・5

Ne と Kr の 298 K における 1 atm でのモルエントロピーを求めよ．

解 答

エントロピーの式（32･63 式を見よ）から始めれば，

$$S = \frac{5}{2}R + R\ln\left(\frac{V}{\Lambda^3}\right) - R\ln N_A$$
$$= \frac{5}{2}R + R\ln\left(\frac{V}{\Lambda^3}\right) - 54.75R$$
$$= R\ln\left(\frac{V}{\Lambda^3}\right) - 52.25R$$

となる．$T = 298$ K，$V_m = 24.4$ L (0.0244 m^3) から，Ne の熱的波長は，

$$\Lambda = \left(\frac{h^2}{2\pi mk_BT}\right)^{1/2}$$
$$= \left(\frac{(6.626\times10^{-34}\ \mathrm{J\ s})^2}{2\pi\left(\frac{0.02018\ \mathrm{kg\ mol^{-1}}}{N_A}\right)(1.38\times10^{-23}\ \mathrm{J\ K^{-1}})(298\ \mathrm{K})}\right)^{1/2}$$
$$= 2.25\times10^{-11}\ \mathrm{m}$$

である．この値を使えば，Ne のモルエントロピーは，

$$S = R\ln\left(\frac{0.0244\ \mathrm{m^3}}{(2.25\times10^{-11}\ \mathrm{m})^3}\right) - 52.25R$$
$$= 69.84R - 52.25R = 17.59R = 146.3\ \mathrm{J\ K^{-1}\ mol^{-1}}$$

となる．実験値は 146.48 J K^{-1} mol^{-1} である．Kr のモルエントロピーを求めるには，最初から計算してもよいが，Ne との比較でモルエントロピーの差を求める方が簡単である．そこで，

$$\Delta S = S_{Kr} - S_{Ne} = R\ln\left(\frac{V}{{\Lambda_{Kr}}^3}\right) - R\ln\left(\frac{V}{{\Lambda_{Ne}}^3}\right)$$
$$= R\ln\left(\frac{\Lambda_{Ne}}{\Lambda_{Kr}}\right)^3$$
$$= 3R\ln\left(\frac{\Lambda_{Ne}}{\Lambda_{Kr}}\right)$$
$$= 3R\ln\left(\frac{m_{Kr}}{m_{Ne}}\right)^{1/2}$$
$$= \frac{3}{2}R\ln\left(\frac{m_{Kr}}{m_{Ne}}\right) = \frac{3}{2}R\ln(4.15)$$
$$= 17.7\ \mathrm{J\ K^{-1}\ mol^{-1}}$$

である．このエントロピー差を使えば，Kr のモルエントロピーは，

$$S_{Kr} = \Delta S + S_{Ne} = 164.0\ \mathrm{J\ K^{-1}\ mol^{-1}}$$

となる．実験値は 163.89 J K^{-1} mol^{-1} であり，この場合も計算値との一致は非常によい．

二原子分子や多原子分子から成る理想気体のエントロピーを計算するには，エントロピーの一般式（32･62 式）から始め，各エネルギー自由度の分子分配関数の積によってカノニカル分配関数を表すのが最善である．単原子分子気体について求めた並進のエントロピーに加えて，回転と振動，電子の自由度による寄与のエントロピーを計算すればよい．

32･5 残余エントロピー

例題 32･5 で示したように，統計力学を使って計算したエントロピーを実験値と比較すれば，いろいろな原子や分子の系でよい一致が見いだされている．しかし，いくつかの分子系で，その一致があまりよくないのがわかっている．有名な例は一酸化炭素であり，298 K における標準状態のエントロピーの計算値は 197.9 J K^{-1} mol^{-1} であるが，実験値は 193.3 J K^{-1} mol^{-1} しかない．この系だけでなく他の系でも，一致しない場合は必ず計算値の方が実験値より大きいのである．

これらの系でエントロピーの計算値と実験値が系統的にずれている理由は，**残余エントロピー**[1]にある．それは，分子結晶における分子配向に関わる低温でのエントロピーに起因している．CO を例に挙げれば，この分子の電気双極子モーメントは小さいから，結晶中での隣接分子間の双極子−双極子相互作用は弱く，CO 分子の配向を決める役目を十分に果たせないでいる．したがって，図 32･10 に表すように，各 CO は二つの配向のどちらかをとれる．つまり，固体では CO の配向による固有の乱れが残っているのである．各 CO 分子は二つの可能な配向の一方をとれるから，この配向の乱れに伴うエントロピーは，

$$S = k_B \ln W = k_B \ln 2^N = N k_B \ln 2 = nR \ln 2 \qquad (32\cdot67)$$

である．W は CO の可能な配向の全数 2^N に等しい．N は CO 分子の数である．1 mol の CO から成る系では，この残余エントロピーは $R \ln 2$，つまり 5.76 J K^{-1} mol^{-1} と予測され，この値はエントロピーの実験値と計算値の差にほぼ等しい．

最後に，残余エントロピーの概念が熱力学第三法則の起源を明らかにしていることに注目しよう．5 章で説明したように，第三法則によれば，純粋な結晶性物質のエントロピーは絶対零度で 0 である．ここで，“純粋で結晶性の”と規定することで，第三法則は，系の組成（つまり単成分であること）だけでなく絶対零度における固体中の配向についても純粋でなければならないとしている．この意味で完全に純粋な系であれば，$W = 1$ であるから (32･67) 式によって $S = 0$ となる．したがって，第三法則でいうエントロピー 0 というのは，ものの統計的な性

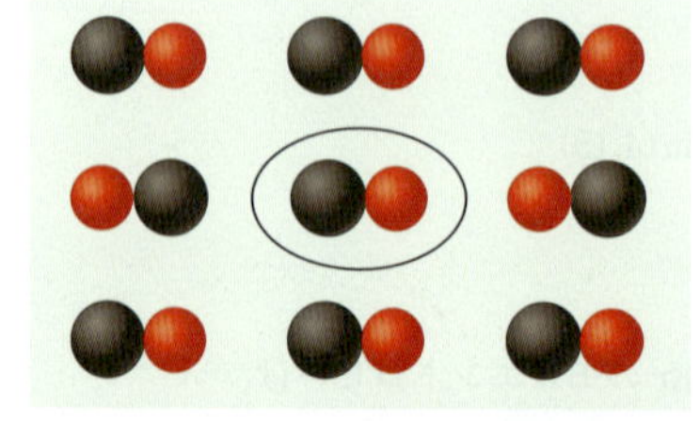
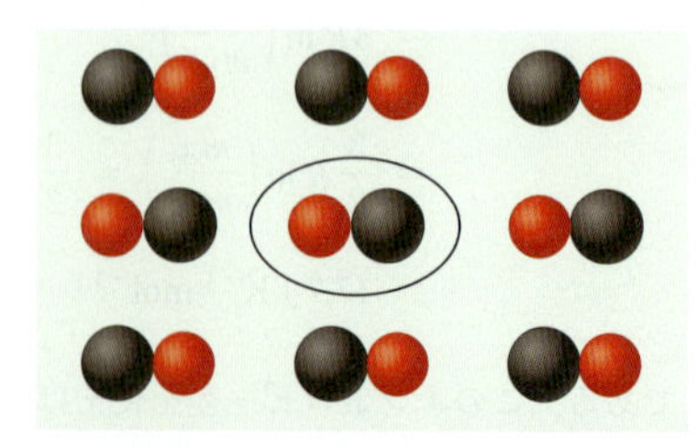

図 32･10 CO の残余エントロピーの起源．固体中の各 CO 分子は，中央の CO を見ればわかるように，2 通りの配向のどちらかをとれる．各 CO には 2 通りの配向があるから，可能な配向の全数は 2^N 通りある．N は CO 分子の数である．

1) residual entropy

質からいえば自然な帰結なのである[†1].

例題 32・6

HとFのファンデルワールス半径は似ているから，結晶中で分子が秩序化するときの立体効果の影響は最小限に抑えられる．結晶の1,2-ジフルオロベンゼンと1,4-ジフルオロベンゼンの残余モルエントロピーは同じと予測できるか．

解答

1,2-ジフルオロベンゼンと1,4-ジフルオロベンゼンの分子構造を示す．

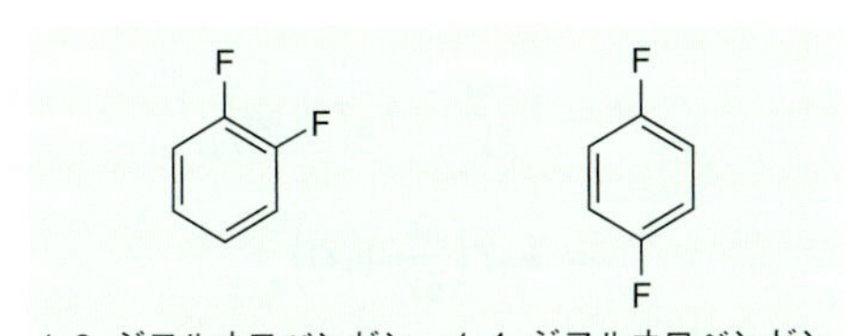

1,2-ジフルオロベンゼン結晶では，分子の回転による6通りの可能な配向がある．したがって，$W=6^N$であり，

$$S = k_B \ln W = k_B \ln 6^{N_A} = N_A k_B \ln 6 = R \ln 6$$

となる．同様にして，1,4-ジフルオロベンゼン結晶では，3通りの可能な配向があるから$W=3^N$であり，$S=R\ln 3$となる．この分子結晶の残余モルエントロピーは異なると予測できる[†2].

32・6 その他の熱力学関数

統計力学と熱力学で得られた結果が一致する例をいくつか見てきた．統計力学的な見方をすれば，ものの巨視的な性質を担っている微視的な寄与について，いろいろ明らかにできることがわかった．カノニカル分配関数と他の熱力学量を結ぶ関係式は，エンタルピーHやヘルムホルツエネルギーA，ギブズエネルギーGに関する熱力学関係式を使えば導ける．

$$H = U + PV \tag{32・68}$$

$$A = U - TS \tag{32・69}$$

$$G = H - TS \tag{32・70}$$

これらの式を使って，カノニカル分配関数とこれらの熱力学量の関係を導こう．

32・6・1 ヘルムホルツエネルギー

(32・69)式のAの熱力学的な定義から始めれば，カノニカル分配関数との関係は，

†1 訳注: ここでの残余エントロピーに関する議論のように，すべて平衡論で説明しようとするのは間違いである．COのように配向が乱れた結晶は，配向が乱れたまま低温で凍結したもの（配向に関するガラス）と考えるべきである．すなわち，残余エントロピーの起源を説明するには，その速度論的な側面に言及する必要がある．

†2 訳注: COの場合と同様，この例でも速度論的な議論が欠落しているから注意が必要である．

$$
\begin{aligned}
A &= U - TS \\
&= U - T\left(\frac{U}{T} + k_{\mathrm{B}} \ln Q\right) \\
A &= -k_{\mathrm{B}} T \ln Q
\end{aligned} \tag{32·71}
$$

で表される．**ヘルムホルツエネルギー**[1]を調べれば理想気体の法則を導ける．まず，6·2 節で説明したように，熱力学によって圧力はヘルムホルツエネルギーとつぎの関係にあることがわかっている．

$$
P = \left(\frac{-\partial A}{\partial V}\right)_T \tag{32·72}
$$

この式に，(32·71)式の A を代入すれば，

$$
\begin{aligned}
P &= \left(\frac{-\partial}{\partial V}(-k_{\mathrm{B}} T \ln Q)\right)_T \\
&= k_{\mathrm{B}} T\left(\frac{\partial}{\partial V} \ln Q\right)_T
\end{aligned} \tag{32·73}
$$

となる．ここで，理想気体のカノニカル分配関数は，

$$
Q = \frac{q^N}{N!}
$$

であるから，この式を (32·73)式に代入すれば，

$$
\begin{aligned}
P &= k_{\mathrm{B}} T\left(\frac{\partial}{\partial V} \ln \frac{q^N}{N!}\right)_T \\
&= k_{\mathrm{B}} T\left(\frac{\partial}{\partial V} \ln q^N - \frac{\partial}{\partial V} \ln N!\right)_T \\
&= k_{\mathrm{B}} T\left(\frac{\partial}{\partial V} \ln q^N\right)_T \\
&= N k_{\mathrm{B}} T\left(\frac{\partial}{\partial V} \ln q\right)_T
\end{aligned} \tag{32·74}
$$

となる．単原子分子気体であれば，

$$
q = \frac{V}{\Lambda^3} \tag{32·75}
$$

であるから，

$$
\begin{aligned}
P &= N k_{\mathrm{B}} T\left(\frac{\partial}{\partial V} \ln \frac{V}{\Lambda^3}\right)_T \\
&= N k_{\mathrm{B}} T\left(\frac{\partial}{\partial V} \ln V - \frac{\partial}{\partial V} \ln \Lambda^3\right)_T \\
&= N k_{\mathrm{B}} T\left(\frac{\partial}{\partial V} \ln V\right)_T \\
&= \frac{N k_{\mathrm{B}} T}{V} = \frac{nRT}{V}
\end{aligned} \tag{32·76}
$$

と計算できる．この結果は見事というしかない．この関係は最初，ボイルの法則，シャルルの法則，アボガドロの法則[†3]，ゲイリュサックの法則などとして実験

---

†3　訳注：もともとは分子の存在を前提としたものであるから，アボガドロの原理というのが正しい．

1) Helmholtz energy

で得られたものである．しかし，上の関係を導くのにこれらの法則を使うことはしなかった．並進運動に対する量子力学モデルからはじめて，純粋に理論的な見方で理想気体の法則を導けたのである．繰返しになるが，統計力学は巨視的な性質に対する微視的な見方を提供するものである．ここでの例は，物理化学における統計力学の大きな役割の一つを表している．すなわち，まず実験で導かれ，続いて熱力学によって法則として整理された関係について，統計力学にはこれを予測する能力がある．ここでは単原子分子気体を使って理想気体の式を導出したが，同じ結果は多原子分子の系でも得られる．章末問題を用意してあるから確かめてみればよい．

32・6・2 エンタルピー

(32・68)式のエンタルピーの熱力学的な定義を使えば，それをカノニカル分配関数でつぎのように表すことができる．

$$
\begin{aligned}
H &= U + PV \\
&= \left(\frac{-\partial}{\partial\beta}\ln Q\right)_V + V\left(\frac{-\partial A}{\partial V}\right)_T \\
&= \left(\frac{-\partial}{\partial\beta}\ln Q\right)_V + V\left(\frac{-\partial}{\partial V}(-k_B T\ln Q)\right)_T \\
&= k_B T^2\left(\frac{\partial}{\partial T}\ln Q\right)_V + Vk_B T\left(\frac{\partial}{\partial V}\ln Q\right)_T
\end{aligned}
$$

$$
H = T\left[k_B T\left(\frac{\partial}{\partial T}\ln Q\right)_V + Vk_B\left(\frac{\partial}{\partial V}\ln Q\right)_T\right] \qquad (32・77)
$$

この式は正しいが，具体的に計算するとなると少し手間がかかる．しかしながら，エンタルピーが分配関数によって表せ，統計力学により微視的な内容を示せたことは重要である．エンタルピーを計算するには，熱力学と統計力学を併用すれば便利である．それをつぎの例題で示そう．

例題 32・7

単原子分子の理想気体 1 mol のエンタルピーはいくらか．

解 答

この問題に対する一つのアプローチは，単原子分子の理想気体の分子分配関数を使ってカノニカル分配関数の式をつくり，それを計算することである．しかし，もっと効率的なやり方は，つぎのエンタルピーの熱力学的な定義から始めることである．

$$H = U + PV$$

U に対する並進の寄与は $\frac{3}{2}RT$ であり，これは単原子分子気体で考えるべき唯一の自由度である．これに理想気体の法則を適用すれば（その統計力学的な意味についてはすでに説明した），エンタルピーは簡単に表せて，

$$
\begin{aligned}
H &= U + PV \\
&= \frac{3}{2}RT + RT \\
&= \frac{5}{2}RT
\end{aligned}
$$

となる．興味ある読者は，エンタルピーの統計力学的な式から直接この結果を求めてみるとよい．

32・6・3 ギブズエネルギー

熱力学で生み出される状態関数で最も重要なのは**ギブズエネルギー**[1]であろう．これを使えば，化学反応が自発的に起こるかどうかがわかる．ギブズエネルギーの統計力学的な式も，その熱力学的な定義（32・70 式）から始めればつぎのように導ける．

$$G = A + PV$$
$$= -k_BT\ln Q + Vk_BT\left(\frac{\partial}{\partial V}\ln Q\right)_T$$
$$G = -k_BT\left[\ln Q - V\left(\frac{\partial \ln Q}{\partial V}\right)_T\right] \quad (32\cdot78)$$

これは，すでに求めたヘルムホルツエネルギーと圧力の式を使って得たものである．もっと見やすい結果を得るには理想気体の式を使うことで，$PV = nRT = Nk_BT$ の関係を使えば，

$$G = A + PV$$
$$= -k_BT\ln Q + Nk_BT$$
$$= -k_BT\ln\left(\frac{q^N}{N!}\right) + Nk_BT$$
$$= -k_BT\ln q^N + k_BT\ln N! + Nk_BT$$
$$= -Nk_BT\ln q + k_BT(N\ln N - N) + Nk_BT$$
$$= -Nk_BT\ln q + Nk_BT\ln N$$
$$G = -Nk_BT\ln\left(\frac{q}{N}\right) = -nRT\ln\left(\frac{q}{N}\right) \quad (32\cdot79)$$

となる．これはギブズエネルギーの起源をわかりやすく表しているから，非常に重要な式である．この G の式にある nRT という因子は，温度が一定なら物質によらず定数である．すなわち，化学種によるギブズエネルギーの違いは，分配関数によるものでなければならない．そのギブズエネルギーは $-\ln q$ に比例しているから，分配関数の値が大きくなればギブズエネルギーは低くなる．分配関数は，ある温度でとりうる状態の数の目安である．したがって，統計力学的な見方をすれば，とりうる状態の数が比較的多い化学種のギブズエネルギーは低いことになる．この関係は，次節で扱う化学平衡を考えるときに非常に重要なものとなる．

例題 32・8

Ar の 298.15 K，10^5 Pa でのモルギブズエネルギーを計算せよ．気体は理想気体の振舞いをするものとする．

解答

アルゴンは単原子分子気体であるから $q = q_T$ である．(32・79)式を使えば，

---

1) Gibbs energy

$$G^\circ = -nRT\ln\left(\frac{q}{N}\right) = -nRT\ln\left(\frac{V}{N\Lambda^3}\right)$$
$$= -nRT\ln\left(\frac{k_B T}{P\Lambda^3}\right)$$

となる．G に付けた記号 $^\circ$ は標準状態を表している．最後の段階では，理想気体の法則を使って V を P で表し，$N = nN_A$ と $R = N_A k_B$ の関係を使った．圧力の単位は $\mathrm{Pa = J\,m^{-3}}$ である．熱的波長の因子 Λ^3 について解けば，

$$\Lambda^3 = \left(\frac{h^2}{2\pi m k_B T}\right)^{3/2}$$
$$= \left(\frac{(6.626\times10^{-34}\,\mathrm{J\,s})^2}{2\pi\left(\frac{0.040\,\mathrm{kg\,mol^{-1}}}{6.022\times10^{23}\,\mathrm{mol^{-1}}}\right)(1.38\times10^{-23}\,\mathrm{J\,K^{-1}})(298\,\mathrm{K})}\right)^{3/2}$$
$$= 4.09\times10^{-33}\,\mathrm{m^3}$$

となり，これを G° の式に代入すれば，つぎの結果が得られる．

$$G^\circ = -nRT\ln\left(\frac{k_B T}{P\Lambda^3}\right) = -(1\,\mathrm{mol})(8.314\,\mathrm{J\,K^{-1}\,mol^{-1}})$$
$$\times(298\,\mathrm{K})\ln\left(\frac{(1.38\times10^{-23}\,\mathrm{J\,K^{-1}})(298\,\mathrm{K})}{(10^5\,\mathrm{Pa})(4.09\times10^{-33}\,\mathrm{m^3})}\right)$$
$$= -3.99\times10^4\,\mathrm{J} = -39.9\,\mathrm{kJ}$$

32・7 化 学 平 衡

一般的なつぎの反応について考えよう．

$$a\mathrm{J} + b\mathrm{K} \rightleftharpoons c\mathrm{L} + d\mathrm{M} \qquad (32\cdot80)$$

この反応のギブズエネルギー変化は，反応に関与する化学種のギブズエネルギーとつぎの関係がある．

$$\Delta G^\circ = cG^\circ_\mathrm{L} + dG^\circ_\mathrm{M} - aG^\circ_\mathrm{J} - bG^\circ_\mathrm{K} \qquad (32\cdot81)$$

この式で，上付きの記号 $^\circ$ は標準状態を表している．また，この反応の平衡定数 K は，

$$\Delta G^\circ = -RT\ln K \qquad (32\cdot82)$$

で表される．前節で，ギブズエネルギーと分配関数の関係を導いた．したがって，反応に関与する化学種の分配関数を使えば，ΔG° と K を定義することができる．それには，(32･81)式の ΔG° の式に (32･79)式の G の定義を代入することから始め，モル量を考えるために $N = N_A$ とおけば，

$$\Delta G^\circ = c\left(-RT\ln\left(\frac{q^\circ_\mathrm{L}}{N_A}\right)\right) + d\left(-RT\ln\left(\frac{q^\circ_\mathrm{M}}{N_A}\right)\right)$$
$$- a\left(-RT\ln\left(\frac{q^\circ_\mathrm{J}}{N_A}\right)\right) - b\left(-RT\ln\left(\frac{q^\circ_\mathrm{K}}{N_A}\right)\right)$$
$$= -RT\ln\left(\frac{\left(\frac{q^\circ_\mathrm{L}}{N_A}\right)^c\left(\frac{q^\circ_\mathrm{M}}{N_A}\right)^d}{\left(\frac{q^\circ_\mathrm{J}}{N_A}\right)^a\left(\frac{q^\circ_\mathrm{K}}{N_A}\right)^b}\right) \qquad (32\cdot83)$$

となる．この式をΔG°の熱力学的な定義式と比較すれば，平衡定数をつぎのように表せる．

$$K_P = \frac{\left(\dfrac{q_L^\circ}{N_A}\right)^c \left(\dfrac{q_M^\circ}{N_A}\right)^d}{\left(\dfrac{q_J^\circ}{N_A}\right)^a \left(\dfrac{q_K^\circ}{N_A}\right)^b} \qquad (32\cdot 84)$$

この式はこれで正しいのだが，具体的に考えておくべきことが一つある．この式で$T=0$のとき，すなわち，すべてのエネルギー自由度について最低エネルギー準位しか占有されていない状況を考えればわかる．並進の基底状態と回転の基底状態はすべての化学種について等しい．しかしながら，基底振動状態と基底電子状態についてはそうはいかない．図32·11でその根拠を示そう．この図は，二原子分子の基底振電（振動と電子）ポテンシャルを表している．分子内の2個の原子の間には結合があるから，原子が別々にある場合より分子のエネルギーは低くなっている．孤立した原子のエネルギーを0と定義するから，分子の基底電子状態はその**解離エネルギー**[1] ε_Dだけ0よりも低い．この解離エネルギーは分子によって異なる値をもつから，その値は分子に固有なものである．

振動自由度と電子自由度によるエネルギーの基準を共通にそろえるにはつぎのようにすればよい．まず，ε_Dの差については問題の振動部分に取込んでしまい，電子分配関数の定義は変えないでそのままにしておく．そこで，振動の問題に注目すれば，振動の分配関数のε_Dを取込んだ一般式は，つぎのように表せる．

$$\begin{aligned} q'_V &= \sum_n e^{-\beta\varepsilon_n} = e^{-\beta(-\varepsilon_D)} + e^{-\beta(-\varepsilon_D + hc\tilde{\nu})} + e^{-\beta(-\varepsilon_D + 2hc\tilde{\nu})} + \cdots \\ &= e^{\beta\varepsilon_D}(1 + e^{-\beta hc\tilde{\nu}} + e^{-2\beta hc\tilde{\nu}} + \cdots) \\ &= e^{\beta\varepsilon_D} q_V \end{aligned} \qquad (32\cdot 85)$$

このように修正した振動分配関数は，元のq_V（ただし，零点エネルギーは考えない）に解離エネルギーを補正する因子を単に掛けたかたちをしている．この補正因子を入れておけば，基底振動状態をすべて0においたことになる．したがって，平衡定数の最終的な式は，

$$K_P = \frac{\left(\dfrac{q_L^\circ}{N_A}\right)^c \left(\dfrac{q_M^\circ}{N_A}\right)^d}{\left(\dfrac{q_J^\circ}{N_A}\right)^a \left(\dfrac{q_K^\circ}{N_A}\right)^b} e^{\beta(c\varepsilon_L + d\varepsilon_M - a\varepsilon_J - b\varepsilon_K)}$$

$$K_P = \frac{\left(\dfrac{q_L^\circ}{N_A}\right)^c \left(\dfrac{q_M^\circ}{N_A}\right)^d}{\left(\dfrac{q_J^\circ}{N_A}\right)^a \left(\dfrac{q_K^\circ}{N_A}\right)^b} e^{-\beta\Delta\varepsilon} \qquad (32\cdot 86)$$

となる．この式を計算するのに必要となる解離エネルギーは，分光法を使えば容易に得られる．

この平衡定数の式は，平衡に対するどんな見方を与えているだろうか．(32·86)式を二つの部分からなるとみることができる．一つは，生成物と反応物の分配関数の比で表された部分である．分配関数はとりうるエネルギー状態の数の目

1) dissociation energy

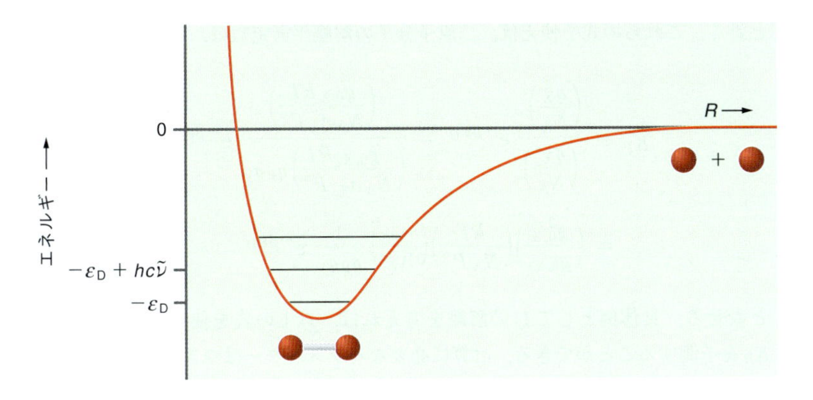

図 32・11 二原子分子の基底状態のポテンシャルエネルギー曲線．エネルギーが最低の 3 個の振動準位だけを示してある．

安を与えるから，この式は，平衡ではある温度でとれるエネルギー状態が最大の化学種が優勢であることを表している．もう一つの部分には解離エネルギーが関与している．この因子は，平衡が最低エネルギー状態の化学種を好むことを表している．この状況を図 32・12 に示してある．上の図には，反応物と生成物で化学種の基底状態のエネルギーが同じ場合を示してある．違うのはエネルギー間隔であり，同じ温度では生成物の化学種の方が反応物より多くのエネルギー状態をとれる．別の見方をすれば，生成物の分配関数は同じ温度の反応物の分配関数より大きいから，平衡では生成物の方が優勢である ($K > 1$)．下の図では，反応物と生成物でエネルギー間隔は等しい．ただし，生成物の状態のエネルギーの方が反応物より高い場合である．この場合の平衡は反応物側にある ($K < 1$)．

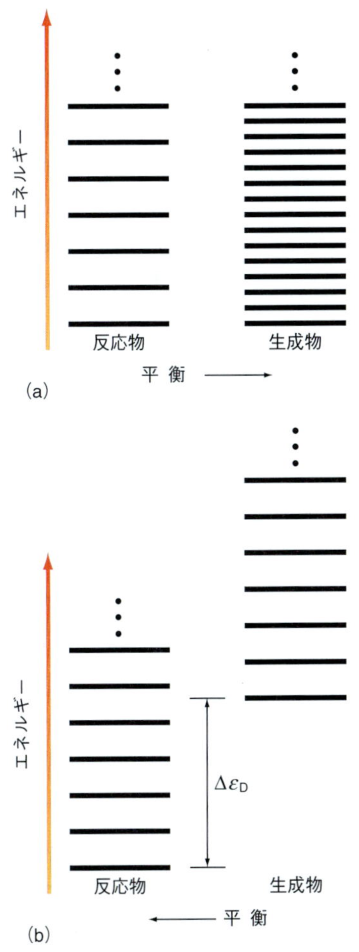

図 32・12 平衡の統計力学的な解釈．(a) 反応物と生成物で化学種の基底状態エネルギーが等しい場合．ただし，生成物のエネルギー間隔は反応物より狭いから，同じ温度なら生成物の状態の方をとりやすい．したがって，平衡は生成物側に片寄っている．(b) 反応物と生成物で化学種の状態のエネルギー間隔が等しい場合．ただし，生成物の状態のエネルギーは反応物より高いから，平衡は反応物側に片寄っている．

例題 32・9

二原子分子の解離平衡定数の一般的な式を示せ．

解 答

この解離反応は次式で表せる．

$$X_2(g) \rightleftharpoons 2X(g)$$

まず，反応物と生成物の分配関数を導く必要がある．生成物は原子 2 個であり，関係するのは並進と電子の自由度だけであるから，分配関数は，

$$q_X^\circ = q_T^\circ q_E = \left(\frac{V^\circ}{\Lambda_X^3}\right) g_0$$

で表される．上付きの記号 ° は標準状態を表している．この条件下では，$V^\circ = RT/P^\circ$ (1 mol で) とできるから，

$$q_X^\circ = q_T^\circ q_E = \left(\frac{RT}{\Lambda_X^3 P^\circ}\right) g_0$$

となる．これがモル量であることを考えれば，

$$\frac{q_X^\circ}{N_A} = \frac{g_0 RT}{N_A \Lambda_X^3 P^\circ}$$

と書ける．一方，X_2 の分配関数も X と同じように書けばよいが，回転と振動の自由度が加わる．そこで，

$$\frac{q_{X_2}^\circ}{N_A} = \frac{g_0 RT}{N_A \Lambda_{X_2}^3 P^\circ} q_R q_V$$

と書く．これらの式を使えば，二原子分子の解離平衡定数は，

$$K_P = \frac{\left(\dfrac{q_X^\circ}{N_A}\right)^2}{\left(\dfrac{q_{X_2}^\circ}{N_A}\right)} e^{-\beta\varepsilon_D} = \frac{\left(\dfrac{g_{0,X}RT}{N_A\Lambda_X^3 P^\circ}\right)^2}{\left(\dfrac{g_{0,X_2}RT}{N_A\Lambda_{X_2}^3 P^\circ}\right)q_R q_V} e^{-\beta\varepsilon_D}$$

$$= \left(\frac{g_{0,X}^2}{g_{0,X_2}}\right)\left(\frac{RT}{N_A P^\circ}\right)\left(\frac{\Lambda_{X_2}^3}{\Lambda_X^6}\right)\frac{1}{q_R q_V} e^{-\beta\varepsilon_D}$$

と表せる．具体例として I_2 の解離を考えれば，以上の式を使って 298 K での K_P を予測することができる．計算に必要なパラメーターはつぎの通りである．

$$g_{0,I} = 4 \qquad g_{0,I_2} = 1$$
$$\Lambda_I = 8.98\times10^{-12}\ \text{m} \qquad \Lambda_{I_2} = 6.35\times10^{-12}\ \text{m}$$
$$q_R = 2770$$
$$q_V = 1.58$$
$$\varepsilon_D/hc = 12\,461\ \text{cm}^{-1}$$

熱的波長や q_R, q_V の計算は，31 章で説明したように行えば求められる．これらの値を使って K_P を計算すれば，

$$K_P = \left(\frac{g_{0,I}^2}{g_{0,I_2}}\right)\left(\frac{RT}{N_A P^\circ}\right)\left(\frac{\Lambda_{I_2}^3}{\Lambda_I^6}\right)\frac{1}{q_R q_V} e^{-\beta\varepsilon_D}$$

$$= (16)(4.12\times10^{-26}\ \text{m}^3)\left(\frac{(6.35\times10^{-12}\ \text{m})^3}{(8.98\times10^{-12}\ \text{m})^6}\right)\frac{1}{(2770)(1.58)}$$

$$\times \exp\left[\frac{-hc(12\,461\ \text{cm}^{-1})}{k_B T}\right]$$

$$= (7.35\times10^4)\exp\left[\frac{-(6.626\times10^{-34}\ \text{J s})(3.00\times10^{10}\ \text{cm s}^{-1})(12\,461\ \text{cm}^{-1})}{(1.38\times10^{-23}\ \text{J K}^{-1})(298\ \text{K})}\right]$$

$$= 5.10\times10^{-22}$$

となる．上巻巻末のデータ表にある ΔG° の値と $\Delta G^\circ = -RT\ln K$ の式を使えば，この反応の平衡定数の値として $K = 5.92\times10^{-22}$ が得られる．

用語のまとめ

アインシュタイン固体
回転熱容量
解離エネルギー
ギブズエネルギー
サッカー–テトロードの式
残余エントロピー
振動熱容量
全エネルギー
デュロン–プティの法則
電子熱容量
内部エネルギー
二準位系
熱容量
平均エネルギー
並進熱容量
ヘルムホルツエネルギー
ボルツマンの式

文章問題

Q 32.1 アンサンブルのエネルギーと内部エネルギーの熱力学的な概念との関係を説明せよ.

Q 32.2 内部エネルギーに対する並進運動の寄与が, 298 K で $\frac{3}{2}RT$ なのはなぜか.

Q 32.3 二原子分子の 298 K での内部エネルギーに対して寄与すると予測されるエネルギー自由度を挙げよ. 内部エネルギーの値を求めるには, どんな分光学的情報が必要か.

Q 32.4 一般に, 統計力学で求めた内部エネルギーの 298 K での寄与が, 均分定理の予測と等しいエネルギー自由度を挙げよ.

Q 32.5 単原子分子, 二原子分子, 非直線形多原子分子のいずれも理想気体について, 定容熱容量に対する並進と回転による寄与を表す式を書け. ただし, 回転の自由度については高温極限の式が使えるとする.

Q 32.6 単原子分子気体であれば, その定容熱容量は 12.48 J K^{-1} mol^{-1} である. その理由を説明せよ.

Q 32.7 モル定容熱容量に対する回転自由度による寄与が R や $\frac{3}{2}R$ (それぞれ直線形と非直線形の分子の場合) になる温度はいくらか. モル定容熱容量に対する振動自由度の寄与が R になる温度はいくらか.

Q 32.8 N_2 のモル定容熱容量は 20.8 J K^{-1} mol^{-1} である. この値を R の単位で表せ. この値は妥当なものか.

Q 32.9 電子の自由度が一般に定容熱容量に寄与しないのはなぜか.

Q 32.10 原子結晶の熱容量を求めるのに使うモデルについて説明せよ.

Q 32.11 ボルツマンの式とは何か. それは, 残余エントロピーを予測するのにどう使えるか.

Q 32.12 ボルツマンの式を使えば, 熱力学第三法則をどのように理解できるか.

Q 32.13 一酸化炭素のモルエントロピーの計算値は実験値より大きい. その理由を説明せよ.

Q 32.14 サッカー–テトロードの式は, どの系のどんな熱力学的性質を表すものか.

Q 32.15 単原子分子気体について, どの熱力学量を使えば理想気体の法則を導けるか. その導出にどんな分子分配関数を使うか.

Q 32.16 平衡定数の統計力学的な式をつくるのに, エネルギー "0" の基準とするのは何か. このような定義がなぜ必要か.

Q 32.17 平衡定数がギブズエネルギーの差に依存するのはなぜか. 統計力学を使えばこの関係をどう表せるか.

Q 32.18 二原子分子の解離が関与する平衡では, 二原子分子とその構成原子について, どんなエネルギー自由度を考えに入れなければならないか.

Q 32.19 K_P を表す統計力学的な式は, 二つの部分からなる. それぞれは何に相当し, どんなエネルギー自由度が関係した部分か.

Q 32.20 単原子分子にしか使えない平衡の式があるとしよう. K_P を表すのに, 反応物と生成物の何のエネルギー差を使えばよいか.

数値問題

赤字番号の問題の解説が解答・解説集にある(上巻 vii 頁参照).

P 32.1 基底状態と励起状態のエネルギー間隔が $h\nu$ の二準位系の内部エネルギーの温度変化を調べたところ, その全エネルギーは $0.5Nh\nu$ で一定であることがわかった. エネルギーが 0, $h\nu$, $2h\nu$ の三準位系の粒子 N 個から成るアンサンブルについて同じ解析を行え. この系の全エネルギーの極限値はいくらか.

P 32.2 エネルギー間隔が $\nu = 1.50 \times 10^{13}$ s^{-1} で表される二準位系について, 内部エネルギーが $0.25Nh\nu$, つまり極限値である $0.50Nh\nu$ の 1/2 になる温度を求めよ.

P 32.3 1 mol の粒子から成るアンサンブルが二つあり, それぞれは右のエネルギー準位図で表される. それぞれのアンサンブルの内部エネルギーの式を導け. 298 K では, どちらのアンサンブルの内部エネルギーが大きいと予測されるか.

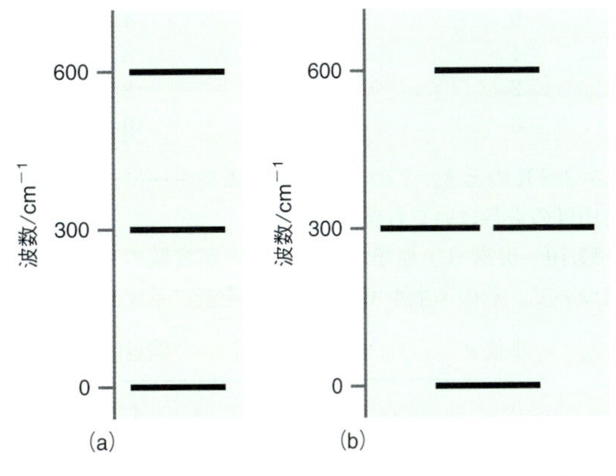

P 32.4 エネルギー間隔が 1000 cm^{-1} に相当する二準位系の粒子 1 mol から成るアンサンブルがある. その内部エネルギーが 3.00 kJ になる温度はいくらか.

P 32.5 ある表面に拘束されて二次元面内で運動する単原

子分子の理想気体について，並進による内部エネルギーの寄与はいくらか．均分定理で予測される寄与はどれだけか．

P 32.6　エネルギー準位が$\varepsilon_m = m^2\alpha$で表される系がある．$\alpha$はエネルギーの次元をもつ定数，$m = 0, 1, 2, \cdots, \infty$である．この系の内部エネルギーと熱容量の高温極限はいくらか．

P 32.7（挑戦問題）均分定理の概念に基づいて，エネルギーを表すαx^2のかたちの項があれば，その内部エネルギーに対する寄与は$k_BT/2$に等しいことを示せ．αは定数である．つぎの式を計算すればよい．

$$\varepsilon = \frac{\int_{-\infty}^{\infty} \alpha x^2 \mathrm{e}^{-\alpha x^2/k_BT}\,\mathrm{d}x}{\int_{-\infty}^{\infty} \mathrm{e}^{-\alpha x^2/k_BT}\,\mathrm{d}x}$$

P 32.8　つぎの表に掲げた二原子分子とその回転定数について考えよう．

分子	B/cm^{-1}	$\tilde{\nu}$/cm^{-1}
$H^{35}Cl$	10.59	2886
$^{12}C^{16}O$	1.93	2170
^{39}KI	0.061	200
CsI	0.024	120

a.　それぞれの分子の回転温度を計算せよ．

b.　どの分子も 100 K で気体のままで存在するとして，この温度での内部エネルギーに対する回転の寄与に均分定理が使える分子はどれか．

c.　それぞれの分子の振動温度を計算せよ．

d.　どの分子も 1000 K で気体のままで存在するとして，この温度での内部エネルギーに対する振動の寄与に均分定理が使える分子はどれか．

P 32.9　バナジウム (V) 原子のエネルギー準位は四つある．そのエネルギーと縮退度を表に示す．

準位 n	波数 /cm^{-1}	縮退度
0	0	4
1	137.38	6
2	323.46	8
3	552.96	10

$T = 298$ K のとき，V の平均モルエネルギーに対する電子自由度の寄与はいくらか．

P 32.10　炭素 (C) 原子のエネルギーが最低の三つの準位について，そのエネルギーと縮退度を表に示す．

準位 n	波数 /cm^{-1}	縮退度
0	0	1
1	16.4	3
2	43.5	5

$T = 100$ K のとき，C の平均モルエネルギーに対する電子自由度の寄与はいくらか．

P 32.11　第一励起電子状態のエネルギーがε_1で，その縮退度はm_1，基底状態のエネルギーはε_0で，その縮退度はm_0という単位から成るアンサンブルを考えよう．

a.　$\varepsilon_0 = 0$なら，電子分配関数の式をつぎのように表せることを示せ．

$$q_E = m_0\left(1 + \frac{m_1}{m_0}\mathrm{e}^{-\varepsilon_1/k_BT}\right)$$

b.　このような単位N個から成るアンサンブルの内部エネルギーUを表す式を求めよ．温度が 0 または∞に近づくときの極限値はそれぞれいくらか．

P 32.12　He, Ne, Ar の 298 K での標準内部エネルギーを計算せよ．すべての分子について同じ計算を繰返す必要があるか．

P 32.13　HCl ($B = 10.59$ cm^{-1}，$\tilde{\nu} = 2886$ cm^{-1}) の 298 K での標準モル内部エネルギーを求めよ．

P 32.14　^{79}BrF の 298 K でのモル内部エネルギーは，$^{79}Br^{35}Cl$ と比較してどう違うと予想できるか．つぎのデータを使って実際に計算し，その答を確かめよ．

分子	B/cm^{-1}	$\tilde{\nu}$/cm^{-1}
^{79}BrF	0.356	671
$^{79}Br^{35}Cl$	0.153	420

P 32.15　HCl ($\tilde{\nu} = 2886$ cm^{-1}) の 500 K から 5000 K の温度域のC_Vに対する振動の寄与を 500 K 間隔で求め，それをプロットせよ．C_Vに対するこの振動の寄与が高温極限に達する温度はいくらか．

P 32.16　HCN の$T = 298, 500, 1000$ K におけるC_Vに対する振動の寄与を求めよ．$\tilde{\nu}_1 = 2041$ cm^{-1}，$\tilde{\nu}_2 = 712$ cm^{-1}（二重縮退），$\tilde{\nu}_3 = 3369$ cm^{-1}である．

P 32.17　二酸化炭素は温室効果ガスとして近年注目を浴びている．CO_2の$T = 260$ K におけるC_Vに対する振動の寄与を求めよ．$\tilde{\nu}_1 = 2349$ cm^{-1}，$\tilde{\nu}_2 = 667$ cm^{-1}（二重縮退），$\tilde{\nu}_3 = 1333$ cm^{-1}である．

P 32.18　炭素 (C) 原子のエネルギーが最低の三つの準位について，そのエネルギーと縮退度を表に示す．

準位 n	波数 /cm^{-1}	縮退度
0	0	1
1	16.4	3
2	43.5	5

C 原子の 100 K でのC_Vに対する電子の寄与を求めよ．

P 32.19　Fe 原子のエネルギー準位とその縮退度を表に示す．

準位 n	波数 /cm^{-1}	縮退度
0	0	9
1	415.9	7
2	704.0	5
3	888.1	3
4	978.1	1

a. エネルギーの低い2準位だけが C_V に寄与するとして，Fe原子の150Kでの C_V に対する電子の寄与を求めよ．

b. C_V の計算に $n=2$ の準位までを加えれば，(a) の答はどう変わるか．それ以外の準位も加える必要があると思うか．

P 32.20 気体中の音速はつぎの式で与えられる．

$$c_{\text{音}} = \left(\frac{\frac{C_P}{C_V}RT}{M}\right)^{1/2}$$

C_P は定圧熱容量 (C_V+R に等しい)，R は気体定数，T は温度，M はモル質量である．

a. 単原子分子の理想気体の音速を表す式を示せ．

b. 二原子分子の理想気体の音速を表す式を示せ．

c. 298Kでの空気の音速はいくらか．ただし，空気はほぼ窒素 ($B=2.00\ \text{cm}^{-1}$，$\tilde{\nu}=2359\ \text{cm}^{-1}$) でできていると仮定する．

P 32.21 KCl結晶の温度を変えたときのモル熱容量の測定値をつぎに示す．

T/K	C_V/J K^{-1} mol^{-1}
50	21.1
100	39.0
175	46.1
250	48.6

a. C_V の高温極限の値が，デュロン-プティの法則の予測値のほぼ2倍も大きい理由を説明せよ．

b. アインシュタインのモデルはイオン固体にも使えるだろうか．まず，50Kでの C_V の値を使って Θ_V を求め，その値を使って175Kでの C_V を求めよ．

P 32.22 I_2(g) のモル定容熱容量は28.6 J K^{-1} mol^{-1} である．この熱容量に対する振動の寄与はどれだけか．電子の自由度の寄与は無視できるとしてよい．

P 32.23 上巻の巻末の「熱力学データ」を調べれば，定容熱容量の値が多数の分子でよく似ているのがわかる．

a. 標準の温度と圧力 (STP) におけるAr(g) の C_V の値は12.48 J K^{-1} mol^{-1} であり，それはHe(g) の値と同じである．両者が等しいと予測できる理由を統計力学を使って説明せよ．

b. N_2(g) の C_V の値は20.8 J K^{-1} mol^{-1} である．この値は (a) の答から予測できるか．ただし，N_2 では，$\tilde{\nu}=2359\ \text{cm}^{-1}$，$B=2.00\ \text{cm}^{-1}$ である．

P 32.24 エタンのC−C結合のまわりの回転を考えよう．この結合まわりの回転を扱う粗いモデルは，まったく束縛を受けない"自由回転"モデルである．このモデルでは，回転自由度によるエネルギー準位は，

$$E_j = \frac{\hbar^2 j^2}{2I} \qquad j = 0, \pm 1, \pm 2, \cdots$$

で表される．I は慣性モーメントである．このエネルギーの式を使えば，これに相当する分配関数の式をつぎのように和のかたちで書ける．

$$Q = \frac{1}{\sigma}\sum_{j=-\infty}^{\infty} e^{-E_j/k_B T}$$

σ は対称数である．

a. この回転自由度の扱いは高温極限であるとして，上の Q の式を計算せよ．

b. この回転自由度のモル定容熱容量に対する寄与を求めよ．

c. この回転自由度について実験で求めた C_V は，340Kではほぼ R に等しい．この実験値が自由回転モデルで予測した値より大きい理由を説明せよ．

P 32.25 1 molのArが $V=1000\ \text{cm}^3$ に閉じ込められているとき，200, 300, 500Kでのモルエントロピーを求めよ．ただし，Arは理想気体として扱えるとしてよい．気体がArでなくKrであったとしたら，この計算結果はどう変わるか．

P 32.26 O_2 の298Kにおける標準モルエントロピーは205.14 J K^{-1} mol^{-1} である．この情報を使って O_2 の結合長を求めよ．この分子については，$\tilde{\nu}=1580\ \text{cm}^{-1}$ であり，基底電子状態の縮退度は3である．

P 32.27 直線形三原子分子 N_2O の298Kにおける標準モルエントロピーを求めよ．この分子については，$B=0.419\ \text{cm}^{-1}$，$\tilde{\nu}_1=1285\ \text{cm}^{-1}$，$\tilde{\nu}_2=589\ \text{cm}^{-1}$ (二重縮退)，$\tilde{\nu}_3=2224\ \text{cm}^{-1}$ である．

P 32.28 非直線形三原子分子OClOの298Kにおける標準モルエントロピーを求めよ．$B_A=1.06\ \text{cm}^{-1}$，$B_B=0.31\ \text{cm}^{-1}$，$B_C=0.29\ \text{cm}^{-1}$，$\tilde{\nu}_1=938\ \text{cm}^{-1}$，$\tilde{\nu}_2=450\ \text{cm}^{-1}$，$\tilde{\nu}_3=1100\ \text{cm}^{-1}$ である．

P 32.29 ヒドロキシルラジカルOHの298Kにおける標準モルエントロピーを求めよ．この情報を使って O_2 の結合長を求めよ．$\tilde{\nu}=3735\ \text{cm}^{-1}$，$B=18.9\ \text{cm}^{-1}$，基底電子状態は二重に縮退している．

P 32.30 N_2 ($\tilde{\nu}=2359\ \text{cm}^{-1}$，$B=2.00\ \text{cm}^{-1}$，$g_0=1$) の298Kにおける標準モルエントロピーを求めよ．また，$T=2500$ Kにおける標準モルエントロピーを求めよ．

P 32.31 $H^{35}Cl$ の298Kにおける標準モルエントロピーを求めよ．$B=10.58\ \text{cm}^{-1}$，$\tilde{\nu}=2886\ \text{cm}^{-1}$，基底電子準位の縮退度は1である．

P 32.32 二次元の並進運動に拘束された単原子分子気体の標準モルエントロピーを表す式を導け．〔ヒント：サッカー−テトロードの式の二次元版である．〕

P 32.33 COの298Kにおける標準モルエントロピーは197.7 J K^{-1} mol^{-1} である．この値のうち，COの回転と振動による寄与はどれだけか．

P 32.34 対流圏の汚染物質 NO_2 の298Kにおける標準モルエントロピーは240.1 J K^{-1} mol^{-1} である．この値のうち，回転運動による寄与はどれだけか．NO_2 の振動波数は1318, 750, 1618 cm^{-1} であり，基底電子状態は二重に縮

退している．

P 32.35 CO_2 の 298 K における標準モルエントロピーを求めよ．$B=0.39\ \mathrm{cm^{-1}}$ である．この計算では，標準モルエントロピーに対する振動と電子の寄与を無視してよい．

P 32.36 回転定数が CO_2 とほぼ等しい NNO 分子について考えよう．NNO の 298 K における標準モルエントロピーは CO_2 より大きいか，それとも小さいと予想できるか．その差はどれくらいあるといえるか．

P 32.37 エントロピーは熱，温度とつぎの関係にある．

$$\Delta S = \frac{q_{\text{可逆}}}{T}$$

この式を変形すれば，熱と重み（W，あるエネルギー配置のミクロ状態の数）で T をつぎのように表せる．

$$T = \frac{q_{\text{可逆}}}{\Delta S} = \frac{q_{\text{可逆}}}{k_B \Delta \ln W}$$

a. この式に二準位系の W の式を代入し，熱やボルツマン定数，全粒子数（N），励起状態の粒子数（n）を使って T を表せ．

b. $N=20$，エネルギー準位の間隔 $100\ \mathrm{cm^{-1}}$，$q_{\text{可逆}}=nhc\,(100\ \mathrm{cm^{-1}})$ の二準位系の温度を求めよ．この計算を行うために，まず整数値 $n=0$ から 20 について $q_{\text{可逆}}$ と $\Delta \ln W$ を求めよ．そうすれば，温度はつぎの $q_{\text{可逆}}$ と $\Delta \ln W$ の式から求められる．

$$q_{\text{可逆}} = q_{\text{可逆},n+1} - q_{\text{可逆},n}$$

$$\Delta \ln W = \ln W_{n+1} - \ln W_n$$

c. T の n 依存性を調べよ．その依存性について説明せよ．

P 32.38 NO 分子の基底電子準位は二重縮退している．第一励起準位も二重縮退しており $121.1\ \mathrm{cm^{-1}}$ にある．NO の 298 K における標準モルエントロピーに対する電子自由度の寄与を求めよ．その答を $R\ln 4$ と比較せよ．この比較の意味は何か．

P 32.39 つぎの分子から成る結晶の残余モルエントロピーを予測せよ．

a. $^{35}Cl^{37}Cl$

b. $CFCl_3$

c. CF_2Cl_2

d. CO_2

P 32.40 ヘルムホルツエネルギーを使って，多原子分子の理想気体の圧力が，本文で導いた単原子分子の理想気体の圧力と等しいことを示せ．

P 32.41 単原子分子の理想気体の標準モルエンタルピーを表す式を導け．ただし，例題 32·7 で示した熱力学的な方法を使わず，エンタルピーを表す統計力学の式から求めよ．

P 32.42 一次元調和振動子の集合体のモルエンタルピーは，そのモルエネルギーに等しいことを示せ．

P 32.43 298 K で Ne と Kr がそれぞれ 1 mol あるとき，その標準ヘルムホルツエネルギーをそれぞれ計算せよ．

P 32.44 一次元調和振動子が 1 mol あるとき，ヘルムホルツエネルギーとギブズエネルギーに対する振動の寄与はどれだけか．

P 32.45 $^{35}Cl^{35}Cl$ の 298 K における標準モルギブズエネルギーを求めよ．$\tilde{\nu}=560\ \mathrm{cm^{-1}}$，$B=0.244\ \mathrm{cm^{-1}}$，基底電子状態は縮退していない．

P 32.46 直線形三原子分子 N_2O（NNO）の 298 K における標準モルギブズエネルギーに対する回転と振動の寄与を求めよ．$B=0.419\ \mathrm{cm^{-1}}$，$\tilde{\nu}_1=1285\ \mathrm{cm^{-1}}$，$\tilde{\nu}_2=589\ \mathrm{cm^{-1}}$（二重縮退），$\tilde{\nu}_3=2224\ \mathrm{cm^{-1}}$ である．

P 32.47 ナトリウムの 298 K での解離反応，$Na_2(g) \rightleftharpoons 2Na(g)$ の平衡定数を求めよ．Na_2 については，$B=0.155\ \mathrm{cm^{-1}}$，$\tilde{\nu}=159\ \mathrm{cm^{-1}}$，解離エネルギーは $70.4\ \mathrm{kJ\ mol^{-1}}$ であり，Na の基底電子状態の縮退度は 2 である．

P 32.48 Cl_2 の同位体交換反応は $^{35}Cl^{35}Cl + {}^{37}Cl^{37}Cl \rightleftharpoons 2\,{}^{37}Cl^{35}Cl$ で表される．この反応の平衡定数は約 4 である．また，これと似た同位体交換反応の平衡定数もこの値に近い．その理由を説明せよ．

P 32.49 つぎの同位体交換反応を考えよう．

$$DCl(g) + HBr(g) \rightleftharpoons DBr(g) + HCl(g)$$

平衡で存在する各化学種の量は，プロトン NMR と重水素 NMR を使えば測定できる［*Journal of Chemical Education*, **73**, 99 (1996)］．分光法で得られた以下の情報を使って，この反応の 298 K での K_P を求めよ．この反応では，生成物の零点エネルギーは反応物より $\Delta\varepsilon/hc = 41\ \mathrm{cm^{-1}}$ だけ大きく，すべての化学種について基底電子状態の縮退度は 1 である．

分子	$M/\mathrm{g\ mol^{-1}}$	$B/\mathrm{cm^{-1}}$	$\tilde{\nu}/\mathrm{cm^{-1}}$
$H^{35}Cl$	35.98	10.59	2991
$D^{35}Cl$	36.98	5.447	2145
$H^{81}Br$	81.92	8.465	2649
$D^{81}Br$	82.93	4.246	1885

P 32.50 星間化学では，シアン化水素（HCN）とその異性体イソシアン化水素（HNC）の間のつぎの平衡は重要である．

$$HCN(g) \rightleftharpoons HNC(g)$$

この反応にまつわる長年の“謎”は，宇宙（$T=2.75\ \mathrm{K}$）で驚くほど大量の HNC が観測されていることである．たとえば，いくつかの彗星で HNC / HCN の存在比が 20 パーセントに及ぶのが観測されている［*Advances in Space Research*, **31**, 2577 (2003)］．つぎの表に掲げた分光学的情報と HNC のポテンシャルエネルギー曲面の極小が HCN より約 $5200\ \mathrm{cm^{-1}}$ も高いという知見を使って，宇宙空間におけるこの反応の K_P の理論値を計算せよ．

分子	M/ g mol^{-1}	B/ cm^{-1}	$\tilde{\nu}_1$/ cm^{-1}	$\tilde{\nu}_2$/ cm^{-1}	$\tilde{\nu}_3$/ cm^{-1}
HCN	27.03	1.477	2041	712	3669
HNC	27.03	1.512	2024	464	3653

P 32.51　"Direct Measurement of the Size of the Helium Dimer" という F. Luo, C.F. Geise, W.R. Gentry の論文［*J. Chemical Physics*, **104**, 1151 (1996)］には，ヘリウムの二量体が存在する証拠が示されている．すぐ想像できるように，この二量体の化学結合は非常に弱く，その結合エネルギーは 8.3 mJ mol^{-1} しかないと見積もられている．

a. 論文には結合長の予測値として 65 Å とある．この情報を使って He_2 の回転定数を求めよ．その回転定数の値から，第一回転状態の位置を求めよ．その答が正しいなら，He_2 の第一励起回転準位は解離エネルギーよりずっと高いところにあるのがわかるだろう．

b. He_2 と He の平衡 $He_2(g) \rightleftharpoons 2He(g)$ について考えよう．回転状態や振動状態を考える必要がなければ，この平衡は He_2 の並進自由度と解離エネルギーだけで決まることになる．上で与えた解離エネルギーと $V = 1000$ cm^3 を使い，$T = 10$ K として K_P を求めよ．この実験は実際に 1 mK で行われた．このような超低温がなぜ必要か．

計算問題

Spartan Student(学生自習用の分子モデリングソフトウエア)を使ってこの計算を行うときは，ウエブサイト www.masteringchemistry.com にある詳しい説明を見よ．

C 32.1　アセトニトリルについてハートリー–フォック 6-31G* 基底セットを使った計算を行い，標準状態におけるモルエンタルピーとモルエントロピーに対する並進の寄与を求めよ．その計算結果を，本章で示したエンタルピーとエントロピーの式から手計算で求めた値と比較せよ．

C 32.2　シクロヘキサンについてハートリー–フォック 3-21G 基底セットを使った計算を行い，振動数の最も低い"ボート形–ボート形"の配座変化に相当する反応座標を表すモードの振動数を求めよ．この振動自由度について求めた振動数の計算値を使って，298 K でこのモードが振動熱容量にどれほど寄与するかを求めよ．

C 32.3　本章では，電子の自由度による C_Vへの寄与を無視した．この問題を追究するために，アントラセンについてハートリー–フォック 6-31G* 基底セットを使った計算を行い，基底電子状態と第一励起電子状態のエネルギー差の目安を与える HOMO–LUMO エネルギーギャップを求めよ．得られたエネルギーギャップを使って，アントラセン分子の 2 パーセントが励起電子状態を占める温度を求めよ．また，その温度から，電子の自由度の C_Vへの寄与を求めよ．この結果から考えて，一般に標準熱力学関数を計算するのに電子自由度を無視してよい理由がわかるか．

C 32.4　2001 年，天文学者たちは銀河系の中心付近の星間雲にビニルアルコール (C_2H_3OH) の存在を見いだした．この化合物は，宇宙に存在する複雑な有機分子の起源を考えるうえで避けて通れない謎となっている．星間雲の温度は約 20 K である．ハートリー–フォック 3-21G 基底セットを使ってビニルアルコールの振動数を求め，この温度の C_V に $0.1R$ 以上の寄与をする振動モードがあるかどうかを調べよ．

C 32.5　亜硝酸 (HONO) は，NO_x サイクルで貯蔵の役目をする物質として大気化学で注目されている．この化合物のシス配座についてハートリー–フォック 6-31G* 基底セットを使った計算を行い，標準モルエントロピーを求めよ．このエントロピーに対する振動と回転の自由度の寄与はどれくらいか．HONO を理想気体として扱い，本章で説明した方法を使って標準モルエントロピーに対する並進の寄与を求め，それを上の計算結果と比較せよ．

C 32.6　一酸化二臭素 (BrOBr) についてハートリー–フォック 6-31G* 基底セットを使った計算を行い，標準モルエントロピーに対する並進，回転，振動の寄与を求めよ．

参考書

Chandler, D., "Introduction to Modern Statistical Mechanics", Oxford, New York (1987).

Hill, T., "Statistical Mechanics. Principles and Selected Applications", Dover, New York (1956).

Linstrom, P. J., Mallard, W. G., Eds., "NIST Chemistry Webbook: NIST Standard Reference Database Number 69", National Institute of Standards and Technology, Gaithersburg, MD, retrieved from http://webbook.nist.gov/chemistry.（このサイトのデータベースからは，たいていの原子および分子の熱力学的性質と分光学的性質が検索できる.）

McQuarrie, D., "Statistical Mechanics", Harper & Row, New York (1973).

Nash, L. K., 'On the Boltzmann Distribution Law', *J. Chemical Education*, **59**, 824 (1982).

Nash, L. K., "Elements of Statistical Thermodynamics", Ad-

dison-Wesley, San Francisco (1972).
Noggle, J. H., "Physical Chemistry", HarperCollins, New York (1996).
Townes, C. H., Schallow. A. L. , "Microwave Spectroscopy", Dover, New York (1975).（この本の付録には，分光学的な定数が多数集録されている.）
Widom, B., "Statistical Mechanics", Cambridge University Press, Cambridge (2002).

33 気体分子運動論

気体粒子の運動は，輸送現象から化学反応速度論まで，物理化学のいろいろな側面で重要になる．本章では，気体粒子の並進運動について説明するが，それは粒子の速度や速さの分布によって表される．ここでは，マクスウェルの速さ分布などの分布を導こう．これらの分布を表す指標値を導入し，それが温度や粒子の質量でどう変化するかを示す．また，分子の衝突については，衝突事象の頻度や次の衝突までに粒子が移動する距離などについて考える．本章で説明する概念は，気相における分子動力学を理解する第一段階となるから，この後の章で広く応用することになる．

33・1 気体分子運動論と圧力

本章では，ものの微視的な見方をもっと広げるために，気体粒子の並進運動について考える．**気体分子運動論**[1]はその出発点であり，しかも物理化学の中心概念を表している．この理論では気体を原子や分子の集合と考えるが，これらを総称して粒子という．気体分子運動論は，気体粒子の数密度が非常に小さく，粒子間の距離が粒子の大きさに比べて非常に大きいときに使える．これを具体的に見るために，298 K の温度，1 atm の圧力にある 1 mol の Ar を考えよう．理想気体の法則によれば，この気体は 24.4 L つまり 0.0244 m^3 の体積を占める．この体積をアボガドロ定数で割れば，Ar 原子 1 個当たりが占める平均体積として 4.05×10^{-26} m^3，つまり 40.5 nm^3 が得られる．Ar の直径は約 0.29 nm であるから，粒子 1 個の体積は 0.013 nm^3 である．この粒子そのものの体積を Ar 原子 1 個が占める平均体積と比較すれば，粒子は与えられた体積の 0.03 パーセントしか占めていないのがわかる．Ar より直径がずっと大きな粒子でも，粒子 1 個当たりが占める平均体積と粒子そのものの体積の違いから考えれば，気相中の粒子間の距離はずっと大きいのである．

気体粒子間の距離は非常に長いから，各粒子は空間を独立に運動しながら，互いに衝突したり，気体を入れてある容器の壁に衝突したりする以外は何事も起こらないと考えてよい．気体分子運動論では，粒子の運動をニュートンの運動法則を使って表す．前章では，原子や分子の多くの微視的性質は古典的な表し方では説明できないと述べたが，31 章で示したように，並進エネルギーの状態間の間隔は k_BT に比べて非常に小さいから，並進運動については古典的な記述でよいのである．

気体分子運動論の成果の一つは，1 章で示したように理想気体の圧力を説明できることである．気体を表す変数の間に成り立つ実験式から理想気体の法則を導いた熱力学的なやり方と違って，気体分子運動論による圧力の導出は，古典力学と系の微視的な表し方によるものである．気体を入れてある容器に対して気体が

1) gas kinetic theory

及ぼす圧力は，気体粒子が器壁に衝突することによって生じる．その粒子と器壁の1回の衝突を古典的に表し，それを巨視的な大きさまで拡張することによって，気相化学で重要となる結果の一つが導かれたのである．

気体分子運動論で導かれた第二の成果は，**根平均二乗速さ**[1]と温度の関係である．粒子の運動がランダムであれば，三つの直交座標に沿う平均速度はどれも等しい．しかも，どの軸でも正の方向と負の方向に進行する粒子の数はまったく同じだから，その平均速度は0である．これとは対照的に，根平均二乗速さは(1·10)式を使ったつぎの式で与えられる．

$$\begin{aligned}\langle v^2\rangle^{1/2} &= \langle v_x^2+v_y^2+v_z^2\rangle^{1/2}\\ &= \langle 3v_x^2\rangle^{1/2}\\ &= \left(\frac{3k_\mathrm{B}T}{m}\right)^{1/2} \qquad (33\cdot1)\end{aligned}$$

このように気体分子運動論によれば，気体粒子の根平均二乗速さは温度の平方根に比例し，粒子の質量の平方根に反比例すると予測できる．

この予測は，導出途中の仮定が確かでないとうまくいかない．たとえば，個々の粒子の速度はある平均値で表せると仮定した．そこで，粒子の実際の速度分布がわかれば，本当にその平均値を求められるだろうか．そもそも粒子の速度分布や速さ分布はどんなものだろうか．また，粒子は容器の壁と衝突するだけでなく互いも衝突し合うから，その衝突頻度はどれくらいだろうか．この粒子衝突の頻度は，輸送現象や化学反応速度を扱う後の章では重要なものである．したがって，原子や分子の速さ分布と衝突の動力学について本章で詳しく調べておこう．

33・2 一次元の速度分布

統計熱力学によるこれまでの説明によって，気体粒子の集合に並進のエネルギー，つまり速度について分布が存在することは明らかであろう．この速度分布はどんなものだろうか．

粒子の速度分布は，**速度分布関数**[2]で表される．分布関数そのものの概念については29章で説明した．速度分布関数は，ある範囲の速度をもつ気体粒子の確率を表す．31·4節で，並進エネルギー準位の間隔が十分に小さいのはわかったから，粒子の速度を連続関数として扱える．したがって，速度分布関数は，粒子が v_x, v_y, v_z と $v_x+\mathrm{d}v_x$, $v_y+\mathrm{d}v_y$, $v_z+\mathrm{d}v_z$ の速度範囲にある確率を表している．

この速度分布関数を導くために，気体粒子のアンサンブルの速度分布を表す関数を $\Omega(v_x, v_y, v_z)$ としよう．この分布関数は，直交座標軸それぞれの分布関数に分解でき，その積で表せるとする．また，ある軸で観測される速度分布は他の2軸で観測される分布とは無関係であると仮定する．そうすれば，$\Omega(v_x, v_y, v_z)$ をつぎのように表せる．

$$\Omega(v_x, v_y, v_z) = f(v_x)\,f(v_y)\,f(v_z) \qquad (33\cdot2)$$

たとえば，$f(v_x)$ は x 方向の速度分布を表している．気体は等方的な空間にあるから，粒子が運動する向きは気体の性質に影響を与えないと仮定する．この場合の分布関数 $\Omega(v_x, v_y, v_z)$ は，速度の大きさ，つまり速さ (v) だけに依存している．その自然対数をとれば，

1) root-mean-squared speed 2) velocity distribution function

$$\ln \Omega(v) = \ln f(v_x) + \ln f(v_y) + \ln f(v_z)$$

である．たとえば，x 軸に沿った速度分布を求めるには，他の 2 軸の速度を一定とおいて，$\ln \Omega(v)$ を v_x について偏微分することである．

$$\left(\frac{\partial \ln \Omega(v)}{\partial v_x}\right)_{v_y, v_z} = \frac{\mathrm{d} \ln f(v_x)}{\mathrm{d} v_x} \tag{33・3}$$

この式を微分の連鎖律（上巻の巻末付録 A「数学的な取扱い」を見よ）を使って書き直せば，$\ln \Omega(v)$ の v_x に関する導関数をつぎのように表せる．

$$\left(\frac{\mathrm{d} \ln \Omega(v)}{\mathrm{d} v}\right)\left(\frac{\partial v}{\partial v_x}\right)_{v_y, v_z} = \frac{\mathrm{d} \ln f(v_x)}{\mathrm{d} v_x} \tag{33・4}$$

左辺の 2 番目の因子は簡単に計算できて，

$$\begin{aligned}\left(\frac{\partial v}{\partial v_x}\right)_{v_y, v_z} &= \left(\frac{\partial}{\partial v_x}(v_x^2 + v_y^2 + v_z^2)^{1/2}\right)_{v_y, v_z} \\ &= \frac{1}{2}(2v_x)(v_x^2 + v_y^2 + v_z^2)^{-1/2} \\ &= \frac{v_x}{v} \end{aligned} \tag{33・5}$$

となる．これを (33・4)式に代入して式を変形すれば，

$$\begin{aligned}\left(\frac{\mathrm{d} \ln \Omega(v)}{\mathrm{d} v}\right)\left(\frac{\partial v}{\partial v_x}\right)_{v_y, v_z} &= \frac{\mathrm{d} \ln f(v_x)}{\mathrm{d} v_x} \\ \left(\frac{\mathrm{d} \ln \Omega(v)}{\mathrm{d} v}\right)\left(\frac{v_x}{v}\right) &= \frac{\mathrm{d} \ln f(v_x)}{\mathrm{d} v_x} \\ \frac{\mathrm{d} \ln \Omega(v)}{v\, \mathrm{d} v} &= \frac{\mathrm{d} \ln f(v_x)}{v_x\, \mathrm{d} v_x} \end{aligned} \tag{33・6}$$

となる．ここで重要なことは，どの軸に沿った速度分布も等しいことである．したがって，v_y や v_z についても同じ計算を行うことができ，(33・6)式に対応する式がつぎのように得られる．

$$\frac{\mathrm{d} \ln \Omega(v)}{v\, \mathrm{d} v} = \frac{\mathrm{d} \ln f(v_y)}{v_y\, \mathrm{d} v_y} \tag{33・7}$$

$$\frac{\mathrm{d} \ln \Omega(v)}{v\, \mathrm{d} v} = \frac{\mathrm{d} \ln f(v_z)}{v_z\, \mathrm{d} v_z} \tag{33・8}$$

(33・6)式から (33・8)式はすべて等しいと考えられるから，

$$\frac{\mathrm{d} \ln f(v_x)}{v_x\, \mathrm{d} v_x} = \frac{\mathrm{d} \ln f(v_y)}{v_y\, \mathrm{d} v_y} = \frac{\mathrm{d} \ln f(v_z)}{v_z\, \mathrm{d} v_z} \tag{33・9}$$

とおける．この式が成り立つためには，その値がある定数でなければならない．そこで，この定数を$-\gamma$とおこう．すなわち，

$$\frac{\mathrm{d} \ln f(v_j)}{v_j\, \mathrm{d} v_j} = \frac{\mathrm{d} f(v_j)}{v_j f(v_j)\, \mathrm{d} v_j} = -\gamma \qquad j = x, y, z \tag{33・10}$$

である．γを正とするために負号を付けてある．それは，v_jが無限大でも $f(v_j)$ は発散しないからである．それぞれの軸について (33・10)式を積分すれば，つぎの速度分布式が得られる．

$$\int \frac{\mathrm{d}f(v_j)}{f(v_j)} = -\int \gamma v_j \,\mathrm{d}v_j$$

$$\ln f(v_j) = -\frac{1}{2}\gamma v_j^2$$

$$f(v_j) = A\,\mathrm{e}^{-\gamma v_j^2/2} \tag{33・11}$$

分布関数を導出する最終段階は，規格化定数Aとγの値を求めることである．Aを求めるには，分布関数の規格化について述べた29章に戻って，ここでの速度分布を規格化すればよい．粒子は$+j$と$-j$のどちらの方向にも向かえるから，速度分布の定義域は$-\infty \leq v_j \leq \infty$である．そこで，規格化条件を課して，この範囲で積分すれば，

$$\int_{-\infty}^{\infty} f(v_j)\,\mathrm{d}v_j = 1 = \int_{-\infty}^{\infty} A\,\mathrm{e}^{-\gamma v_j^2/2}\,\mathrm{d}v_j$$

$$1 = 2A\int_0^{\infty} \mathrm{e}^{-\gamma v_j^2/2}\,\mathrm{d}v_j$$

$$1 = A\sqrt{\frac{2\pi}{\gamma}}$$

$$\sqrt{\frac{\gamma}{2\pi}} = A \tag{33・12}$$

となる．この積分計算には偶関数の性質を使った．つまり，偶関数の$-\infty$から∞の積分は，0から∞の積分値を2倍したものに等しい．これで規格化因子が求まったから，一次元の速度分布は，

$$f(v_j) = \left(\frac{\gamma}{2\pi}\right)^{1/2} \mathrm{e}^{-\gamma v_j^2/2} \tag{33・13}$$

となる．次にγを求める．すでに述べたように，$\langle v_x^2 \rangle$はつぎのように表される．

$$\langle v_x^2 \rangle = \frac{k_\mathrm{B}T}{m} \tag{33・14}$$

$\langle\ \rangle$の記号は，粒子から成るアンサンブルの平均を表す．これは速度分布の二次モーメントでもある．したがって，つぎのようにしてγを求めることができる．

$$\langle v_x^2 \rangle = \frac{k_\mathrm{B}T}{m} = \int_{-\infty}^{\infty} v_x^2 f(v_x)\,\mathrm{d}v_x$$

$$= \int_{-\infty}^{\infty} v_x^2 \sqrt{\frac{\gamma}{2\pi}}\,\mathrm{e}^{-\gamma v_x^2/2}\,\mathrm{d}v_x$$

$$= \sqrt{\frac{\gamma}{2\pi}} \int_{-\infty}^{\infty} v_x^2\,\mathrm{e}^{-\gamma v_x^2/2}\,\mathrm{d}v_x$$

$$= \sqrt{\frac{\gamma}{2\pi}} \left(\frac{1}{\gamma}\sqrt{\frac{2\pi}{\gamma}}\right)$$

$$= \frac{1}{\gamma}$$

$$\frac{m}{k_\mathrm{B}T} = \gamma \tag{33・15}$$

上の積分は付録A「数学的な取扱い」にある積分公式を使って求めた．これでγ

が与えられたから，一次元の**マクスウェル–ボルツマンの速度分布**[1]は，

$$f(v_j) = \left(\frac{m}{2\pi k_{\mathrm{B}}T}\right)^{1/2} \mathrm{e}^{(-mv_j^2/2k_{\mathrm{B}}T)} = \left(\frac{M}{2\pi RT}\right)^{1/2} \mathrm{e}^{(-Mv_j^2/2RT)} \qquad (33\cdot16)$$

となる．m は粒子の質量（単位 kg），M はモル質量（$\mathrm{kg\ mol^{-1}}$）である．$R = N_{\mathrm{A}}k_{\mathrm{B}}$ の関係を使えば m から M が得られる．この速度分布を表す式は，速度に無関係な前指数因子と速度に依存する指数関数の積のかたちをしており，後者はボルツマン分布の式とよく似ている．CO_2 の 298 K での一次元速度分布を図 33・1 に示す．この分布の最大は $0\ \mathrm{m\ s^{-1}}$ にあることに注目しよう．

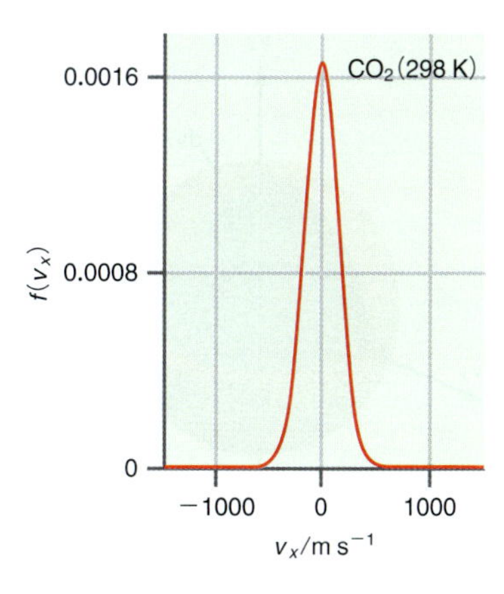

図 33・1 CO_2 の 298 K での一次元速度分布．

例題 33・1

気体粒子のアンサンブルがあるとき，その $\langle v_x\rangle$ と $\langle v_x{}^2\rangle$ を比較せよ．

解 答

平均速度は，速度分布関数の一次モーメントにすぎない．そこで，

$$\begin{aligned}\langle v_x\rangle &= \int_{-\infty}^{\infty} v_x f(v_x)\,\mathrm{d}v_x \\ &= \int_{-\infty}^{\infty} v_x \left(\frac{m}{2\pi k_{\mathrm{B}}T}\right)^{1/2} \mathrm{e}^{-mv_x^2/2k_{\mathrm{B}}T}\,\mathrm{d}v_x \\ &= \left(\frac{m}{2\pi k_{\mathrm{B}}T}\right)^{1/2} \int_{-\infty}^{\infty} v_x\,\mathrm{e}^{-mv_x^2/2k_{\mathrm{B}}T}\,\mathrm{d}v_x \\ &= 0\end{aligned}$$

である．ここでは，奇関数 (v_x) と偶関数（指数関数）の積を積分することになるから，v_x の定義域にわたる積分は 0 である（偶関数と奇関数の詳しい説明は上巻付録 A「数学的な取扱い」にある）．v_x の平均値が 0 であるのは，粒子速度のベクトルとしての性質が反映されたもので，粒子は $+x$ 方向と $-x$ 方向に等しく運動しているからである．

$\langle v_x^2\rangle$ は前に求めたもの（33・14 式）である．

$$\langle v_x^2\rangle = \int_{-\infty}^{\infty} v_x^2 f(v_x)\,\mathrm{d}v_x = \frac{k_{\mathrm{B}}T}{m}$$

二次モーメントの平均値は 0 より大きいことに注目しよう．これは，速度の 2 乗が正だからである．

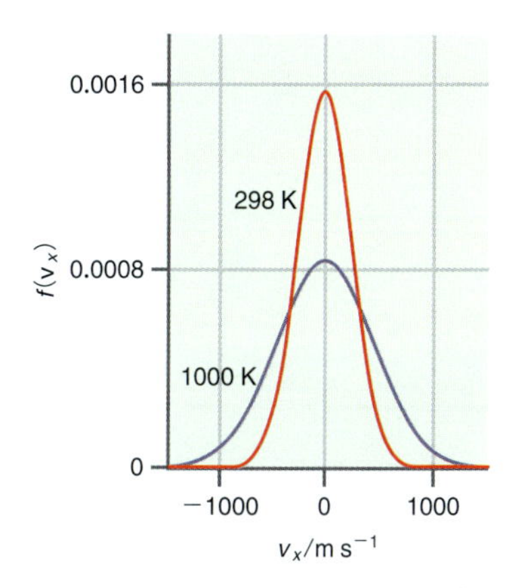

図 33・2 Ar の 298 K（赤色の曲線）と 1000 K（紫色の曲線）での一次元速度分布．

図 33・2 は Ar の一次元の速度分布関数であり，異なる二つの温度での違いを示してある．温度が高いと分布の幅が大きいことに注目しよう．これは，高温ではエネルギーの高い並進状態を占める確率が増加し，つまり大きな速度で運動できる粒子が多くなることと合っている．

図 33・3 は，Kr, Ar, Ne の 298 K での一次元速度分布である．分布幅が最も狭いのは Kr，最も広いのは Ne であり，この分布の質量依存を反映している．

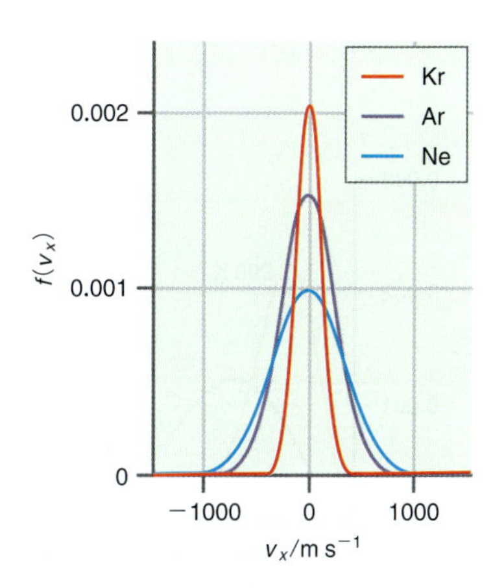

図 33・3 Kr（赤色の曲線，モル質量 83.8 $\mathrm{g\ mol^{-1}}$），Ar（紫色の曲線，モル質量 39.9 $\mathrm{g\ mol^{-1}}$），Ne（青色の曲線，モル質量 20.2 $\mathrm{g\ mol^{-1}}$）の 298 K での一次元速度分布．

33・3 分子の速さのマクスウェル分布

気体粒子の一次元の速度分布がわかったから，速さの三次元分布を求めることができる．まず重要なことは，速さがベクトル量でないことである．速度でなく

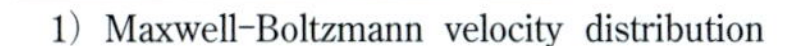

1) Maxwell–Boltzmann velocity distribution

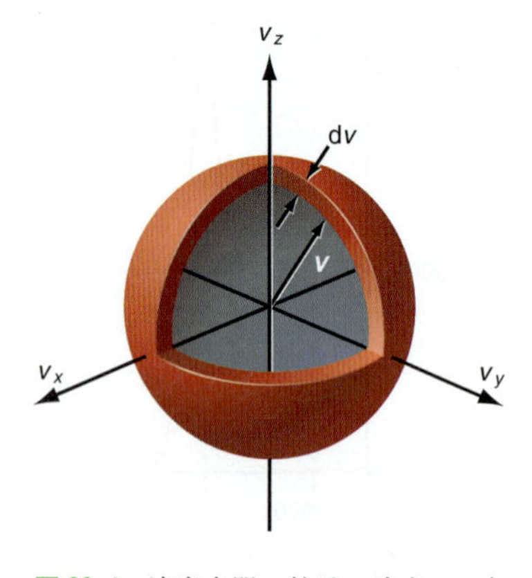

図 33・4　速度空間．粒子の速度 $\boldsymbol{v}$ の直交座標成分は v_x, v_y, v_z で与えられる．球殻は速度空間の微分体積素片を表しており，その体積は $4\pi v^2\,\mathrm{d}v$ である．

速さに注目する理由は，気体のたいていの性質は気体粒子の速さに依存するだけで，運動の方向に依存しないからである．したがって，一般に関心があるのは速度の大きさ，つまり速さだけである．上で示したように，**粒子の速さ**[1] v は，直交座標で表した一次元の三つの速度成分とつぎの関係にある．

$$v = (v_x^2 + v_y^2 + v_z^2)^{1/2} \tag{33·17}$$

粒子の速さ分布 $F(v)$ を求めたいのだが，前節で導いた速度分布を使ってこの分布をどのように求められるだろうか．この二つの概念は，図 33・4 に示す速度の幾何学的な説明を使えばその関係がわかる．この図は**速度空間**[2] を描いたものである．それは，直交座標の空間を (x, y, z) で表すように，速度を直交座標で表したときの成分 (v_x, v_y, v_z) で表したものと考えればよい．この図によれば，粒子の速度 $\boldsymbol{v}$ は，速度空間における座標 v_x, v_y, v_z をもつ速度ベクトルで表され，そのベクトルの長さが速さである (33・17 式)．

粒子の速さ分布 $F(v)$ は，それぞれの軸に沿った一次元の速度分布 (33・16 式) によってつぎのように表せる．

$$\begin{aligned}F(v)\,\mathrm{d}v &= f(v_x)\,f(v_y)\,f(v_z)\,\mathrm{d}v_x\,\mathrm{d}v_y\,\mathrm{d}v_z \\ &= \left[\left(\frac{m}{2\pi k_\mathrm{B}T}\right)^{1/2} \mathrm{e}^{-mv_x^2/2k_\mathrm{B}T}\right]\left[\left(\frac{m}{2\pi k_\mathrm{B}T}\right)^{1/2} \mathrm{e}^{-mv_y^2/2k_\mathrm{B}T}\right] \\ &\quad \times \left[\left(\frac{m}{2\pi k_\mathrm{B}T}\right)^{1/2} \mathrm{e}^{-mv_z^2/2k_\mathrm{B}T}\right]\mathrm{d}v_x\,\mathrm{d}v_y\,\mathrm{d}v_z \\ &= \left(\frac{m}{2\pi k_\mathrm{B}T}\right)^{3/2} \mathrm{e}^{[-m(v_x^2+v_y^2+v_z^2)]/2k_\mathrm{B}T}\,\mathrm{d}v_x\,\mathrm{d}v_y\,\mathrm{d}v_z\end{aligned} \tag{33·18}$$

ここでの速さ分布は，直交座標で表した速度成分によって定義されている．したがって，$F(v)\,\mathrm{d}v$ を求めるには速度を含む因子を速さで表しておく必要がある．その変換はつぎのようにすればよい．まず，$\mathrm{d}v_x\,\mathrm{d}v_y\,\mathrm{d}v_z$ という因子は，速度空間における無限小体積素片である (図 33・4)．直交座標から極座標へ変換する場合と同様に (付録 A「数学的な取扱い」を見よ)，角度に関する積分を先に済ませて v だけの依存性にすれば，速度の体積素片を $4\pi v^2\,\mathrm{d}v$ と書くことができる．また，(33・18)式の指数部にある $v_x{}^2+v_y{}^2+v_z{}^2$ を v^2 と書ける (33・17 式) から，

$$F(v)\,\mathrm{d}v = 4\pi\left(\frac{m}{2\pi k_\mathrm{B}T}\right)^{3/2} v^2\,\mathrm{e}^{-mv^2/2k_\mathrm{B}T}\,\mathrm{d}v \tag{33·19}$$

となる．この式は，個々の気体粒子の質量で表したものである．これをモル質量 M で表すには，$N_\mathrm{A}\times m$ であり，$R=N_\mathrm{A}\times k_\mathrm{B}$ であることを使う．N_A はアボガドロ定数，m は粒子の質量である．そこで，

$$F(v)\,\mathrm{d}v = 4\pi\left(\frac{M}{2\pi RT}\right)^{3/2} v^2\,\mathrm{e}^{-Mv^2/2RT}\,\mathrm{d}v \tag{33·20}$$

が得られる．**マクスウェルの速さ分布**[3] は，(33・19)式または (33・20)式で与えられるもので，v と $v+\mathrm{d}v$ の間の速さの粒子の確率分布を表している．この分布を (33・16)式の一次元の速度分布と比較すれば，多くの点で両者がよく似ていることがわかる．大きな違いは，(33・19)式や (33・20)式の前指数因子に v^2 があることである．もう一つの違いは分布の定義域である．粒子は与えられた座標の負の方向にも動けるから，速度は負の値がとれる．しかし，粒子の速さ (速度の大

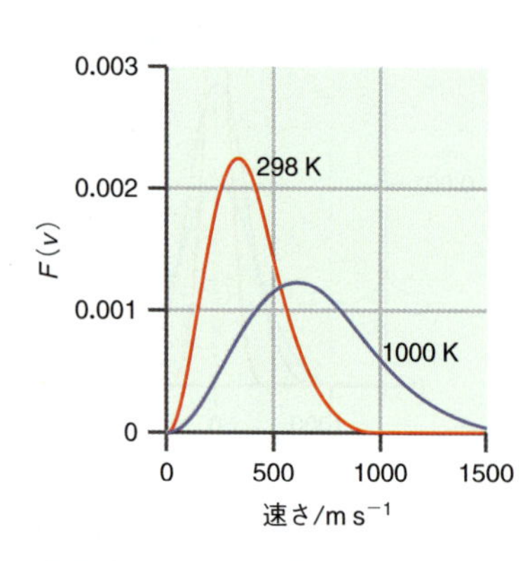

図 33・5　Ar の 298 K と 1000 K での速さ分布．

1) particle speed　2) velocity space　3) Maxwell speed distribution

きさ）は0以上でなければならないから，その分布の範囲は0から無限大である．

図33･5は，Arの298 Kと1000 Kでのマクスウェルの速さ分布を示したものであり，その温度依存性がわかる．(33･16)式の速度分布と違って，速さ分布の形は対称的でない．これは，速さが遅いところで確率が増加しはじめるのは(33･19)式や(33･20)式のv^2因子によるもので，一方，速いところでは確率が指数関数的に減衰するからである．また，温度が上昇すれば，つぎの二つの傾向が目立ってくる．まず，温度が上昇するにつれ，分布の最大は速さの速い側にシフトする．これは，温度上昇が運動エネルギーの増加に相当し，粒子の速さの増加につながるからである．第二の傾向は，分布全体が速度の大きい側に単にシフトするのでないことである．すなわち，分布曲線そのものが変化しており，k_BTが増加すればエネルギーの高い並進状態を占める確率が増加するから，速い側の分布が目立ってくるのである．最後に，どちらの曲線もその下で囲まれた面積は1であり，それは規格化された分布で予測される値であることに注目しよう．

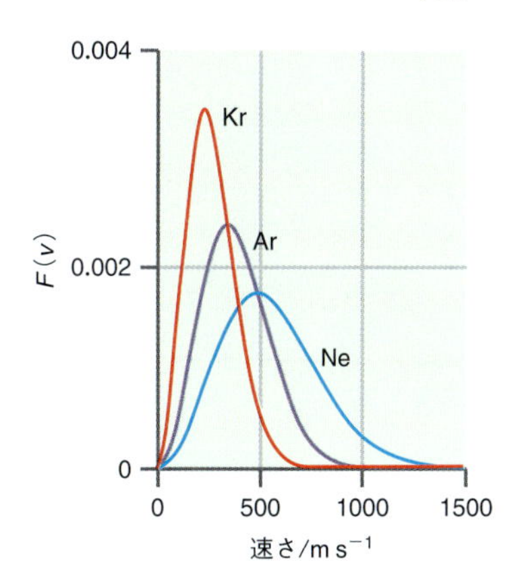

図33･6　Ne（青色の曲線，モル質量20.2 g mol^{-1}），Ar（紫色の曲線，モル質量39.9 g mol^{-1}），Kr（赤色の曲線，モル質量83.8 g mol^{-1}）の298 Kでの速さ分布．

図33･6は，Ne, Ar, Krの298 Kでの速さ分布を比較したものである．粒子が重いほど速さ分布のピークは遅い側にある．この挙動は，平均運動エネルギーは$\frac{3}{2}k_BT$であり，温度にのみ依存することから理解できる．運動エネルギーは$\frac{1}{2}mv^2$にも等しいから，質量が増加すれば根平均二乗速さは減少するのである．この予測は，図33･6の分布に反映されている．

マクスウェル分布則を実験的に詳しく検証した研究の一つは，1955年にMillerとKusch［*Phys. Rev.*, **99**, 1314 (1955)］によって行われた．この研究に使った装置の模式図を図33･7に示す．炉を使って既知温度の気体をつくり，炉の壁に設けた孔から気体が噴出される．こうして炉から出た気体分子の流れはスリットに向かい，そこで分子のビームがつくられ，それが速度選別器に向かう．速度選別器では，回転速度を変化させることによって，この円筒容器を通り抜けるのに必要

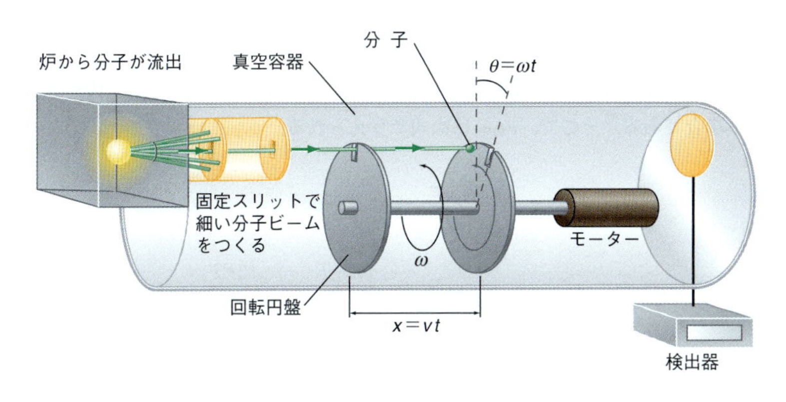

図33･7　マクスウェルの速さ分布を実証するために使われた実験装置の模式図．炉から出た分子はスリットを通り，分子ビームをつくる．このビームは，溝を設けた2個の回転円盤からなる速度選別器に到達する．最初の円盤を通った分子は，角度θだけ回転した第二の円盤に到達する．このとき，速度が$\omega x/\theta$に等しい分子だけが第二の円盤を通り抜けて検出器に到達する．ωは回転の角速度，xは2枚の円盤の間の距離である．

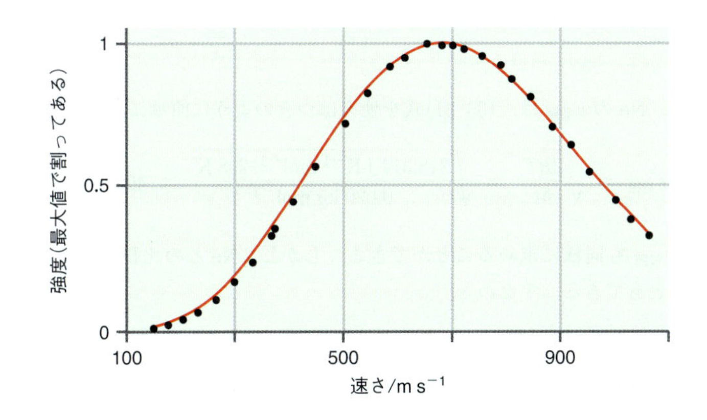

図33･8　気体カリウムの466±2 Kで実測された原子の速さ分布（黒丸）．マクスウェル分布の予測を赤色の曲線で示す．実験結果との一致は非常によい．

な気体の速さを変える．すなわち，速度選別器の回転速度の関数として通り抜けた気体分子の数を測定し，これから気体の速さ分布を求めるのである．

カリウムを使った実験で，炉の温度を466±2Kとしたときの結果を図33·8に示す．ある速さのカリウム原子の数の測定値とマクスウェル分布の理論予測値の一致は非常によい．興味ある読者は，この巧妙な実験の詳細を記したMillerとKuschの論文を読んでみるのがよい．

33・4　速さ分布を表す指標値：$v_{平均}, v_{最確}, v_{rms}$

マクスウェルの速さ分布は，ある速さの範囲の粒子を見いだす確率を表している．しかし，気体の性質をいろいろ比較するとき，分布全体の形が必要になることはほとんどない．そこで，その分布が粒子の質量や温度の関数でどう変化するかを反映した指標となる代表値があれば役に立つことが多い．たとえば，図33·6を見ればNeとAr, Krの速さ分布が違うことは一目瞭然であるが，分布全体を描かないでこの状況を表せないだろうか．たとえば，分布が最大になる速さや平均の速さなど，分布のある側面だけを比較する方がずっと便利であろう．

最初に考えるのは**最確の速さ**[1] $v_{最確}$ である．これは，$F(v)$ が最大になる速さに等しい．この速さを求めるには，$F(v)$ の速さに関するつぎの導関数を計算すればよい．

$$
\begin{aligned}
\frac{\mathrm{d}F(v)}{\mathrm{d}v} &= \frac{\mathrm{d}}{\mathrm{d}v}\left(4\pi\left(\frac{m}{2\pi k_\mathrm{B}T}\right)^{3/2} v^2\,\mathrm{e}^{-mv^2/2k_\mathrm{B}T}\right) \\
&= 4\pi\left(\frac{m}{2\pi k_\mathrm{B}T}\right)^{3/2} \frac{\mathrm{d}}{\mathrm{d}v}\left(v^2\,\mathrm{e}^{-mv^2/2k_\mathrm{B}T}\right) \\
&= 4\pi\left(\frac{m}{2\pi k_\mathrm{B}T}\right)^{3/2} \mathrm{e}^{-mv^2/2k_\mathrm{B}T}\left[2v - \frac{mv^3}{k_\mathrm{B}T}\right]
\end{aligned}
$$

最確の速さは $\mathrm{d}F(v)/\mathrm{d}v$ が0となる速さである．上の式でいえば，[　]内が0になる場合である．そこで，$v_{最確}$ は次式で与えられる．

$$
2v_{最確} - \frac{mv_{最確}^3}{k_\mathrm{B}T} = 0
$$

$$
v_{最確} = \sqrt{\frac{2k_\mathrm{B}T}{m}} = \sqrt{\frac{2RT}{M}} \qquad (33\cdot21)
$$

例題 33・2

NeとKrの298Kでの最確の速さはいくらか．

解答

まず，Neの $v_{最確}$ は，(33·21)式を使えばつぎのように簡単に計算できる．

$$
v_{最確} = \sqrt{\frac{2RT}{M}} = \sqrt{\frac{2(8.314\ \mathrm{J\,K^{-1}\,mol^{-1}})298\ \mathrm{K}}{0.020\ \mathrm{kg\,mol^{-1}}}} = 498\ \mathrm{m\,s^{-1}}
$$

Krの $v_{最確}$ も同様に求めることができる．しかし，Neとの比較から簡単に求めることもできる．すなわち，

1) most probable speed

$$\frac{(v_{最確})_{Kr}}{(v_{最確})_{Ne}} = \sqrt{\frac{M_{Ne}}{M_{Kr}}} = \sqrt{\frac{0.020\ \mathrm{kg\ mol^{-1}}}{0.083\ \mathrm{kg\ mol^{-1}}}} = 0.491$$

であるから，Kr の $v_{最確}$ は，

$$(v_{最確})_{Kr} = 0.491(v_{最確})_{Ne} = 244\ \mathrm{m\ s^{-1}}$$

となる．参考までに，298 K の乾燥空気中の音速は 346 $\mathrm{m\ s^{-1}}$ であり，民間旅客機の通常の巡航速度は時速約 500 マイル，つまり 224 $\mathrm{m\ s^{-1}}$ である．

平均速さ[1]は，マクスウェルの速さ分布と 29 章で述べた平均値の定義を使えば，つぎのように求められる．

$$\begin{aligned} v_{平均} &= \langle v \rangle = \int_0^\infty v\,F(v)\,\mathrm{d}v \\ &= \int_0^\infty v\left(4\pi\left(\frac{m}{2\pi k_BT}\right)^{3/2} v^2\,\mathrm{e}^{-mv^2/2k_BT}\right)\mathrm{d}v \\ &= 4\pi\left(\frac{m}{2\pi k_BT}\right)^{3/2}\int_0^\infty v^3\,\mathrm{e}^{-mv^2/2k_BT}\,\mathrm{d}v \\ &= 4\pi\left(\frac{m}{2\pi k_BT}\right)^{3/2}\frac{1}{2}\left(\frac{2k_BT}{m}\right)^2 \end{aligned}$$

$$v_{平均} = \left(\frac{8k_BT}{\pi m}\right)^{1/2} = \left(\frac{8RT}{\pi M}\right)^{1/2} \qquad (33\cdot22)$$

この式の定積分を求める公式は付録 A「数学的な取扱い」にある．

速さ分布の特徴を表す第三の速さは根平均二乗速さ v_{rms} である．これは $[\langle v^2\rangle]^{1/2}$ に等しく，分布の二次モーメントの平方根である．それはつぎのように表せる．

$$v_{rms} = \left[\langle v^2\rangle\right]^{1/2} = \left(\frac{3k_BT}{m}\right)^{1/2} = \left(\frac{3RT}{M}\right)^{1/2} \qquad (33\cdot23)$$

この式は，(33・1) 式の気体分子運動論の予測と同じである．Ar の 298 K での速さ分布の $v_{最確}$, $v_{平均}$, v_{rms} の位置を図 33・9 に示す．(33・21) 式と (33・22) 式，(33・23) 式の比をとればわかるように，これらの式はある定数因子しか違わないのがわかる．すなわち $v_{rms}/v_{最確} = (3/2)^{1/2}$, $v_{平均}/v_{最確} = (4/\pi)^{1/2}$ であるから，$v_{rms} > v_{平均} > v_{最確}$ である．また，T と粒子の質量について，これら三つの**指標値**[2]は同じ依存性を示すことに注目しよう．すなわち，T の平方根に比例し，M の平方根に反比例しているのである．

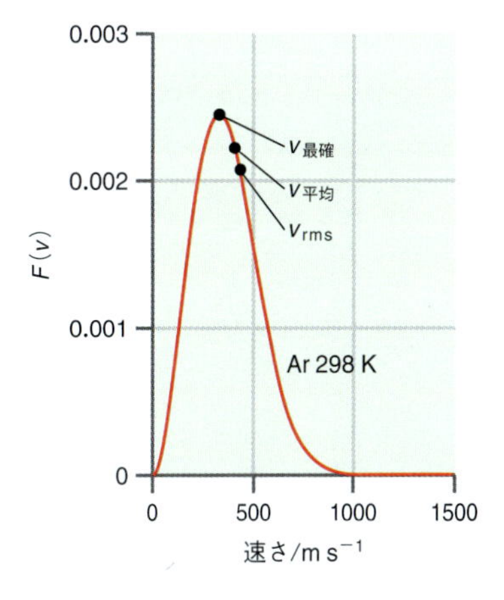

図 33・9 Ar の 298 K での $v_{最確}$, $v_{平均}$, v_{rms} の比較．

例題 33・3

Ar の 298 K での $v_{最確}$, $v_{平均}$, v_{rms} を求めよ．

解 答

(33・21) 式，(33・22) 式，(33・23) 式を使えば，それぞれ指標となる速さの値はつぎのように求められる．

1) average speed 2) benchmark value

$$v_{最確} = \sqrt{\frac{2RT}{M}} = \sqrt{\frac{2(8.314\ \mathrm{J\ K^{-1}\ mol^{-1}})(298\ \mathrm{K})}{0.040\ \mathrm{kg\ mol^{-1}}}} = 352\ \mathrm{m\ s^{-1}}$$

$$v_{平均} = \sqrt{\frac{8RT}{\pi M}} = \sqrt{\frac{8(8.314\ \mathrm{J\ K^{-1}\ mol^{-1}})(298\ \mathrm{K})}{\pi(0.040\ \mathrm{kg\ mol^{-1}})}} = 397\ \mathrm{m\ s^{-1}}$$

$$v_{\mathrm{rms}} = \sqrt{\frac{3RT}{M}} = \sqrt{\frac{3(8.314\ \mathrm{J\ K^{-1}\ mol^{-1}})(298\ \mathrm{K})}{0.040\ \mathrm{kg\ mol^{-1}}}} = 431\ \mathrm{m\ s^{-1}}$$

33・5 気体の流出

すでに述べたように，マクスウェルの速さ分布の精度を実証する実験は，気体を入れた炉の壁の孔から気体粒子が流出する現象を使って行われた（図 33・7 を見よ）．この方法では，箱に閉じ込めた気体はある一定圧力にあり，孔の開いた炉壁を介して外側は真空である．気体の圧力と孔の大きさは，孔の近傍や孔を通るときに粒子が衝突を起こさないように調節する．このような条件で，気体が開口部を通る過程を**流出**[1]という．これは，気体粒子の流れである“ビーム”をつくるのに使われる．たとえば，この方法を使えば原子ビームや分子ビームをつくることができ，他の分子のビームと衝突させれば化学反応の動力学（ダイナミクス）を研究することができる．

気体の流出速度の式を導出するために，1 章で圧力の式を導出するのに使った方法と似たやり方で進めよう．器壁に衝突する粒子数を $\mathrm{d}N_{\mathrm{c}}$ とすれば，衝突頻度 $\mathrm{d}N_{\mathrm{c}}/\mathrm{d}t$ は単位時間当たりの衝突回数である．それは衝突する面積 A に比例するだろう．また，衝突頻度は粒子の速度にも依存し，速度が速いほど衝突頻度も多い．最後に，衝突頻度は単位体積当たりの粒子数，数密度 $\tilde{N}$ にも比例する．これら三つを考慮に入れれば，

$$\frac{\mathrm{d}N_{\mathrm{c}}}{\mathrm{d}t} = \tilde{N}A\int_0^{\infty} v_x f(v_x)\,\mathrm{d}v_x \tag{33・24}$$

と書ける．この式の積分は，注目する面に向かって衝突する粒子の平均速度を表している．（x の正の方向を考え，積分範囲は 0 から無限大である．）この積分を計算すれば，つぎの衝突頻度の式が得られる．

$$\begin{aligned}\frac{\mathrm{d}N_{\mathrm{c}}}{\mathrm{d}t} &= \tilde{N}A\int_0^{\infty} v_x\left(\frac{m}{2\pi k_{\mathrm{B}}T}\right)^{1/2}\mathrm{e}^{-mv_x^2/2k_{\mathrm{B}}T}\,\mathrm{d}v_x \\ &= \tilde{N}A\left(\frac{m}{2\pi k_{\mathrm{B}}T}\right)^{1/2}\int_0^{\infty} v_x\,\mathrm{e}^{-mv_x^2/2k_{\mathrm{B}}T}\,\mathrm{d}v_x \\ &= \tilde{N}A\left(\frac{m}{2\pi k_{\mathrm{B}}T}\right)^{1/2}\left(\frac{k_{\mathrm{B}}T}{m}\right) \\ &= \tilde{N}A\left(\frac{k_{\mathrm{B}}T}{2\pi m}\right)^{1/2}\end{aligned}$$

$$\frac{\mathrm{d}N_{\mathrm{c}}}{\mathrm{d}t} = \tilde{N}A\frac{1}{4}v_{平均} \tag{33・25}$$

上の最後の段階では，(33・22)式の平均速さ $v_{平均}$ の定義を使った．ここで，単位

1) effusion

時間当たり，単位面積当たりの衝突回数を**衝突流束**[1] Z_c で定義しておこう．これは，衝突頻度を注目する面積 A で割ったものであるから，

$$Z_c = \frac{dN_c/dt}{A} = \frac{1}{4}\tilde{N}v_{平均} \tag{33·26}$$

である．衝突頻度は気体の圧力で表しておいた方が便利なことが多い．そこで，$\tilde{N}$ をつぎのように書き換えておく．

$$\tilde{N} = \frac{N}{V} = \frac{nN_A}{V} = \frac{P}{k_BT} \tag{33·27}$$

これを使えば Z_c は，

$$Z_c = \frac{P}{(2\pi mk_BT)^{1/2}} = \frac{PN_A}{(2\pi MRT)^{1/2}} \tag{33·28}$$

となる．m は粒子の質量（単位 kg），M はモル質量（単位 $kg\ mol^{-1}$）である．例題 33·4 で示すように，この式を計算するときは特に単位に注意しなければならない．

例題 33・4

容器に入れた Ar 粒子の集合が 1 atm，298 K にあるとき，面積 1 cm^2 の器壁に対して毎秒何回の衝突が起こるか．

解 答

(33·28)式を使えば，

$$Z_c = \frac{PN_A}{(2\pi MRT)^{1/2}} = \frac{(1.01325\times10^5\ Pa)(6.022\times10^{23}\ mol^{-1})}{[2\pi(0.0400\ kg\ mol^{-1})(8.314\ J\ K^{-1}\ mol^{-1})(298\ K)]^{1/2}}$$

$$= 2.45\times10^{27}\ m^{-2}\ s^{-1}$$

である．ここで，圧力を Pa($kg\ m^{-1}\ s^{-2}$) の単位で表しておけば，Z_c を正しい単位で求めることができる．この衝突流束に注目する面積を掛ければ衝突頻度が得られる．

$$\frac{dN_c}{dt} = Z_cA = (2.45\times10^{27}\ m^{-2}\ s^{-1})(10^{-4}\ m^2) = 2.45\times10^{23}\ s^{-1}$$

これは，面積 1 cm^2 の器壁に Ar 粒子が毎秒衝突する回数を表している．これは非常に大きな数値であり，通常の温度や圧力の気体が入った容器内では衝突が非常に頻繁に起こっていることを示している．

流出が起これば，時間とともに気体の圧力は減少する．その圧力変化は容器内の粒子数 N の変化とつぎの関係にある．

$$\frac{dP}{dt} = \frac{d}{dt}\left(\frac{Nk_BT}{V}\right) = \frac{k_BT}{V}\frac{dN}{dt} \tag{33·29}$$

この dN/dt は，つぎのように考えれば衝突流束（33·28 式）と関係づけることが

1) collisional flux

できる．まず，容器の外側の圧力が容器内より非常に低い圧力である限り，粒子が容器から出てしまえば元に戻ることはない．第二に，ここで考える衝突は粒子がこの孔の面積を打つことである．この孔の面積に衝突する回数は粒子が失われる数に等しいから，(33･26)式の N_c は N に等しい．そこで，

$$\frac{\mathrm{d}N}{\mathrm{d}t} = -Z_c A = \frac{-PA}{(2\pi m k_B T)^{1/2}} \tag{33･30}$$

となる．負号を付けてあるのは，流出が起こるほど容器内の粒子数は減少するからである．この式を (33･29)式に代入すれば，圧力の時間変化は，

$$\frac{\mathrm{d}P}{\mathrm{d}t} = \frac{k_B T}{V}\left(\frac{-PA}{(2\pi m k_B T)^{1/2}}\right) \tag{33･31}$$

となる．(33･31)式を積分すれば，容器内の圧力の時間変化を表すつぎの式が得られる．

$$P = P_0 \exp\left[-\frac{At}{V}\left(\frac{k_B T}{2\pi m}\right)^{1/2}\right] \tag{33･32}$$

この式の P_0 は容器内の初期圧力である．この結果によれば，流出が起これば容器内の圧力は時間の関数として指数関数的に減少する．

例題 33・5

1 L の容器が Ar で満たされており，298 K で初期圧力は 1.00×10^{-2} atm である．その開口部の面積 0.01 μm^2 の孔から Ar が流出した．流出が 1 時間続いた後の容器内の圧力はどこまで減少しているか．

解 答

(33･32)式を計算するには，まず指数因子を求め，それから圧力を求めるのが簡単である．指数因子は，

$$\frac{At}{V}\left(\frac{k_B T}{2\pi m}\right)^{1/2} = \frac{10^{-14}\,\mathrm{m}^2(3600\,\mathrm{s})}{10^{-3}\,\mathrm{m}^3}\left(\frac{1.38\times10^{-23}\,\mathrm{J\,K^{-1}}(298\,\mathrm{K})}{2\pi\left(\dfrac{0.0400\,\mathrm{kg\,mol^{-1}}}{N_A}\right)}\right)^{1/2}$$

$$= 3.60\times10^{-8}\,\mathrm{s\,m^{-1}}(99.3\,\mathrm{m\,s^{-1}}) = 3.57\times10^{-6}$$

である．したがって，流出が始まって 1 時間後の圧力は，

$$P = P_0\,\mathrm{e}^{-3.57\times10^{-6}} = (1.00\times10^{-2}\,\mathrm{atm})\,\mathrm{e}^{-3.57\times10^{-6}} \approx 1.00\times10^{-2}\,\mathrm{atm}$$

となる．容器の体積が大きく，流出が起こる開口部が比較的小さければ，容器内の圧力はほとんど変化しない．

33・6 分子の衝突

気体分子運動論を使えば，気体粒子間で起こる衝突頻度を求めることもできる．気体分子運動論の背後には，気体粒子間の距離は平均として，実際の粒子の体積よりずっと大きいという仮定がある．しかしながら，粒子が空間を並進運動していると粒子間で衝突が起こる．この衝突による粒子間の相互作用をどう考えればよいだろうか．圧力が高いと分子間力が問題となり，粒子間相互作用は重要になる．しかし，低圧での衝突であっても，衝突の間は分子間力が働いているは

ずである．いろいろな分子間相互作用を考慮した衝突のモデルはあるが，本書の範囲を超えている．ここでは，粒子を剛体球で扱うという極限的なモデルを採用しよう．ビリヤード球は剛体球のよい例である．ビリヤード球2個が同じ空間を占めようとすれば衝突が起こるが，粒子が相互作用するのはその時間だけである．以下の章でわかるように，化学反応速度などいろいろな化学現象を説明するのに，分子衝突の頻度が重要になる．

分子衝突はどれほど頻繁に起こっているだろうか．この問に答えるために，注目する粒子は運動しているが，他の粒子は止まっていると仮定しよう（この仮定はすぐあとで解除する）．この描像では，注目する粒子はある衝突円柱を掃引するから，これから粒子が単位時間当たりに起こす衝突回数を求められる．この円柱を描いたのが図33・10である．この円柱の内部にいる粒子が注目する粒子と衝突する．衝突円柱の底面積に相当する**衝突断面積**[1] σ は，気体粒子の半径 r につぎのように依存している．

$$\sigma = \pi(r_1 + r_2)^2 \qquad (33 \cdot 33)$$

この式の下付き添え字1と2は，互いに衝突相手であることを示し，それは自分自身と同じ化学種である場合もそうでない場合もある．この円柱の長さは，ある時間 (dt) とその粒子の平均速さ $v_{平均}$ の積で表される．したがって，図33・10でわかるように円柱の全体積は $\sigma v_{平均}\,\mathrm{d}t$ に等しい．

実際には相手の粒子は静止していないから，このような円柱体積の求め方は正確ではない．相手の粒子も動いているのを式の導出に取入れるには，**実効速さ**[2]の考えが必要である．そこで，2個の粒子は図33・11に示すような平均速さで動いていると考えよう．2個の粒子が近づくときの実効速さは，粒子の相対的な運動方向に依存する．図の最初の場合は，2個の粒子が同じ方向に動いているか

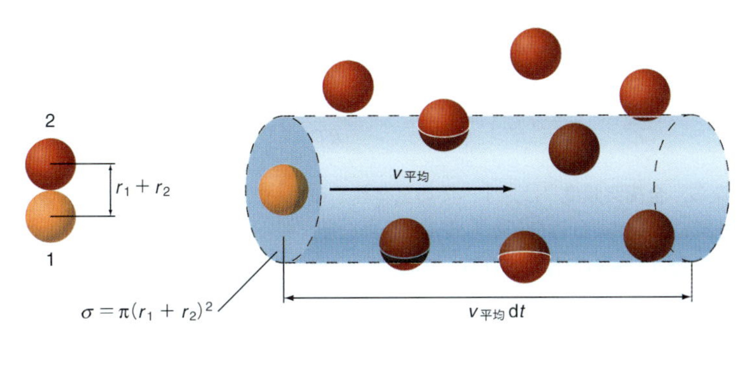

図33・10　剛体球の衝突過程を表す模式図．

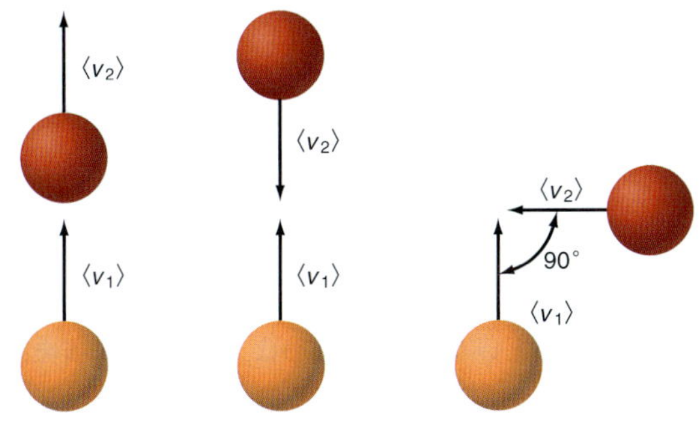

図33・11　粒子2個が衝突するときの実効的な相対速さ．

1) collisional cross section　2) effective speed

ら $\langle v_{12}\rangle=\langle v_1\rangle-\langle v_2\rangle$ である．もし 2 個の粒子が同じなら，一定の距離を保ったまま動くから，両者は衝突することなく実効速さは 0 である．図の中央はこれと向きが逆の場合で，両方の粒子が正面衝突すれば，その実効速さは $\langle v_1\rangle+\langle v_2\rangle$ である．もし 2 個の粒子が同じなら $\langle v_{12}\rangle=2\langle v_1\rangle$ である．

この実効速さの最終的な導出過程は非常に複雑であるが，直感的にわかりやすい結果を図 33･11 の右側に示す．この場合に両者が接近する平均の角度は 90° であり，ピタゴラスの定理を使えば，実効速さは，

$$\langle v_{12}\rangle = (\langle v_1\rangle^2+\langle v_2\rangle^2)^{1/2} = \left[\left(\frac{8k_BT}{\pi m_1}\right)+\left(\frac{8k_BT}{\pi m_2}\right)\right]^{1/2}$$

$$= \left[\frac{8k_BT}{\pi}\left(\frac{1}{m_1}+\frac{1}{m_2}\right)\right]^{1/2}$$

$$= \left(\frac{8k_BT}{\pi\mu}\right)^{1/2} \tag{33·34}$$

に等しい．ここで，

$$\mu = \frac{m_1m_2}{m_1+m_2}$$

である．(33･34)式で定義した実効速さを使えば，衝突円柱の体積を正しく表せる．衝突円柱の内部にいる相手の粒子の数は，衝突相手の数密度 (N_2/V) と円柱の体積 $V_{円柱}=\sigma v_{平均}\,dt$ の積に等しい（図 33･10）．1 個の粒子（下付きの 1 で表す）が単位時間 (dt) 当たりに相手（下付きの 2 で表す）と衝突する回数を個々の**粒子の衝突頻度**[1] z_{12} と定義する．これは，衝突相手の数を dt で割ったものに等しい．すなわち，

$$z_{12} = \frac{N_2}{V}\left(\frac{V_{円柱}}{dt}\right) = \frac{N_2}{V}\left(\frac{\sigma v_{平均}\,dt}{dt}\right) = \frac{N_2}{V}\sigma\left(\frac{8k_BT}{\pi\mu}\right)^{1/2} \tag{33·35}$$

である．気体が 1 種類の粒子から成る場合は $\mu=m_1/2$ であるから (33･35)式は，

$$z_{11} = \frac{N_1}{V}\sigma\sqrt{2}\left(\frac{8k_BT}{\pi m_1}\right)^{1/2} = \frac{P_1N_A}{RT}\sigma\sqrt{2}\left(\frac{8RT}{\pi M_1}\right)^{1/2} \tag{33·36}$$

となる．**全衝突頻度**[2]は，すべての気体粒子について起こる衝突の総数である．2 種類のタイプの気体分子から成る集合の全衝突頻度 Z_{12} は，z_{12} に化学種 1 の数密度を掛けたもので与えられる．そこで，

$$Z_{12} = \frac{N_1}{V}z_{12} = \frac{N_1}{V}\frac{N_2}{V}\sigma\left(\frac{8k_BT}{\pi\mu}\right)^{1/2} = \left(\frac{P_1N_A}{RT}\right)\left(\frac{P_2N_A}{RT}\right)\sigma\left(\frac{8k_BT}{\pi\mu}\right)^{1/2} \tag{33·37}$$

となる．Z_{12} は単位体積当たりの全衝突回数であるから，その単位は立方メートル当たりの衝突回数である．1 種類の粒子から成る気体の全衝突頻度 Z_{11} は，

$$Z_{11} = \frac{1}{2}\frac{N_1}{V}z_{11} = \frac{1}{\sqrt{2}}\left(\frac{N_1}{V}\right)^2\sigma\left(\frac{8k_BT}{\pi m_1}\right)^{1/2} = \frac{1}{\sqrt{2}}\left(\frac{P_1N_A}{RT}\right)^2\sigma\left(\frac{8RT}{\pi M_1}\right)^{1/2} \tag{33·38}$$

で表される．この式に $\frac{1}{2}$ という因子があるのは，それぞれの衝突を 1 回しか数えてはいけないからである．(33･35)式から (33･38)式までを計算するには衝突

1) particle collisional frequency　2) total collisional frequency

断面積の値が必要であり，それは実効剛体球半径に依存する．次の章で説明するように，その値は気体のいろいろな性質の測定によって求めることができる．表33･1には，そのような測定で求めた代表的な気体分子の剛体球半径を掲げてある．この半径は単原子分子気体や小さな分子では一般に 0.2 nm の程度である．

表 33･1　いろいろな気体の衝突パラメーター

分子	r/nm	σ/nm^2
He	0.13	0.21
Ne	0.14	0.24
Ar	0.17	0.36
Kr	0.20	0.52
N_2	0.19	0.43
O_2	0.18	0.40
CO_2	0.20	0.52

例題 33・6

CO_2 の 298 K, 1 atm での z_{11} はいくらか.

解 答

これは，CO_2 分子1個についての衝突頻度を求める問題である．(33･36)式と表 33･1 の衝突断面積を使えば，つぎのように計算できる．

$$
\begin{aligned}
z_{CO_2} &= \frac{P_{CO_2}N_A}{RT}\sigma\sqrt{2}\left(\frac{8RT}{\pi M_{CO_2}}\right)^{1/2} \\
&= \frac{101\,325\ \mathrm{Pa}\,(6.022\times10^{23}\ \mathrm{mol^{-1}})}{8.314\ \mathrm{J\ K^{-1}\ mol^{-1}}\,(298\ \mathrm{K})}(5.2\times10^{-19}\ \mathrm{m^2})\sqrt{2} \\
&\quad\times\left(\frac{8(8.314\ \mathrm{J\ K^{-1}\ mol^{-1}})(298\ \mathrm{K})}{\pi(0.044\ \mathrm{kg\ mol^{-1}})}\right)^{1/2} \\
&= 6.9\times10^{9}\ \mathrm{s^{-1}}
\end{aligned}
$$

この計算によれば，通常の温度，圧力で CO_2 分子1個は毎秒約 70 億回もの衝突を行っている．衝突頻度の逆数は分子衝突の間の時間に相当するから，衝突間の時間は約 150 ps ($1\ \mathrm{ps} = 10^{-12}\ \mathrm{s}$) である．

例題 33・7

Ar と Kr の混合気体が 298 K で 1 cm^3 の容器に入れてあり，Ar と Kr の分圧はそれぞれ 360 Torr と 400 Torr である．全衝突頻度(Z_{ArKr})はいくらか.

解 答

(33･37)式を計算するには，それぞれの因子を別々に求めてから，全衝突頻度をつぎのように計算すればよい．

$$
\left(\frac{P_{Ar}N_A}{RT}\right) = \frac{47\,996\ \mathrm{Pa}\,(6.022\times10^{23}\ \mathrm{mol^{-1}})}{8.314\ \mathrm{J\ K^{-1}\ mol^{-1}}\,(298\ \mathrm{K})} = 1.17\times10^{25}\ \mathrm{m^{-3}}
$$

$$
\left(\frac{P_{Kr}N_A}{RT}\right) = \frac{53\,328\ \mathrm{Pa}\,(6.022\times10^{23}\ \mathrm{mol^{-1}})}{8.314\ \mathrm{J\ K^{-1}\ mol^{-1}}\,(298\ \mathrm{K})} = 1.30\times10^{25}\ \mathrm{m^{-3}}
$$

$$
\sigma = \pi(r_{Ar}+r_{Kr})^2 = \pi(0.17\ \mathrm{nm}+0.20\ \mathrm{nm})^2 = 0.430\ \mathrm{nm^2} = 4.30\times10^{-19}\ \mathrm{m^2}
$$

$$
\mu = \frac{m_{Ar}m_{Kr}}{m_{Ar}+m_{Kr}} = \frac{(0.040\ \mathrm{kg\ mol^{-1}})(0.084\ \mathrm{kg\ mol^{-1}})}{(0.040\ \mathrm{kg\ mol^{-1}})+(0.084\ \mathrm{kg\ mol^{-1}})}\times\frac{1}{N_A} = 4.50\times10^{-26}\ \mathrm{kg}
$$

$$
\left(\frac{8k_BT}{\pi\mu}\right)^{1/2} = \left(\frac{8(1.38\times10^{-23}\ \mathrm{J\ K^{-1}})(298\ \mathrm{K})}{\pi(4.50\times10^{-26}\ \mathrm{kg})}\right)^{1/2} = 482\ \mathrm{m\ s^{-1}}
$$

$$
\begin{aligned}
Z_{ArKr} &= \left(\frac{P_{Ar}N_A}{RT}\right)\left(\frac{P_{Kr}N_A}{RT}\right)\sigma\left(\frac{8k_BT}{\pi\mu}\right)^{1/2} \\
&= (1.17\times10^{25}\ \mathrm{m^{-3}})(1.30\times10^{25}\ \mathrm{m^{-3}})(4.30\times10^{-19}\ \mathrm{m^2})(482\ \mathrm{m\ s^{-1}}) \\
&= 3.16\times10^{34}\ \mathrm{m^{-3}\ s^{-1}} = 3.16\times10^{31}\ \mathrm{L^{-1}\ s^{-1}}
\end{aligned}
$$

上の二つの例題を比較すればわかるように，全衝突頻度（Z_{12}）の数値は個々の分子の衝突頻度（z_{12}）より一般にずっと大きい．全衝突頻度は，気体粒子の集合で起こるすべての（ただし，単位体積当たりの）衝突回数を数えたものである．したがって，粒子1個についての衝突頻度より非常に大きな値であっても予想外ではない．

33・7 平均自由行程

平均自由行程[1]は，衝突から次の衝突までに粒子が移動する平均距離である．ある時間 $\mathrm{d}t$ の間に粒子が移動する距離は $v_{平均}\,\mathrm{d}t$ に等しい．$v_{平均}$ は粒子の平均速さである．また，2成分混合物における衝突頻度は双方の衝突相手の衝突頻度の和であるから，各粒子が起こす衝突回数は $(z_{11}+z_{12})\,\mathrm{d}t$ である．これらの量が与えられれば，平均自由行程 λ は平均移動距離を衝突回数で割れば得られる．すなわち，

$$\lambda = \frac{v_{平均}\,\mathrm{d}t}{(z_{11}+z_{12})\,\mathrm{d}t} = \frac{v_{平均}}{(z_{11}+z_{12})} \qquad (33\cdot39)$$

である．1種の粒子だけから成る気体に話を限れば $N_2=0$ であるから $z_{12}=0$ となって，平均自由行程は，

$$\lambda = \frac{v_{平均}}{z_{11}} = \frac{v_{平均}}{\left(\frac{N_1}{V}\right)\sqrt{2}\,\sigma v_{平均}} = \left(\frac{RT}{P_1 N_{\mathrm{A}}}\right)\frac{1}{\sqrt{2}\,\sigma} \qquad (33\cdot40)$$

となる．この式によれば，圧力が上昇したり，粒子の衝突断面積が増加したりすれば，平均自由行程は減少する．この振舞いは直感的に理解できるだろう．粒子の数密度が増加するにつれ（つまり圧力が増加するにつれ），粒子の衝突間の移動距離は短くなると予測できる．また，粒子の大きさが増加すれば衝突確率は増加し，したがって平均自由行程は減少する．

分子の大きさと比較したとき，衝突事象が起こる長さについて平均自由行程から何がわかるだろうか．気体分子運動論の仮定の一つは，粒子間の距離が粒子の大きさに比べて大きいことである．平均自由行程はこの仮定と合っているだろうか．Ar について圧力 1 atm，温度 298 K での平均自由行程を計算すれば，

$$\begin{aligned}
\lambda_{\mathrm{Ar}} &= \left(\frac{RT}{P_{\mathrm{Ar}} N_{\mathrm{A}}}\right)\frac{1}{\sqrt{2}\,\sigma} \\
&= \left(\frac{(8.314\ \mathrm{J\ K^{-1}\ mol^{-1}})(298\ \mathrm{K})}{(101\,325\ \mathrm{Pa})(6.022\times10^{23}\ \mathrm{mol^{-1}})}\right)\frac{1}{\sqrt{2}\,(3.6\times10^{-19}\ \mathrm{m^2})} \\
&= 7.98\times10^{-8}\ \mathrm{m} \approx 80\ \mathrm{nm}
\end{aligned}$$

である．Ar の直径 0.29 nm と比較すればわかるように，この平均自由行程は，衝突から次の衝突までの間に Ar 原子の直径の約 275 倍もの平均距離を移動するのを示している．この長さの違いから，気体分子運動論の仮定が妥当なものであるのがわかる．気体粒子の集合の振舞いに関するもっと詳しい知見を得るには，例題 33・6 で示したように，衝突頻度を使えば，衝突間の時間をつぎのように求めることができる．

1) mean free path

$$\frac{1}{z_{11}} = \frac{\lambda}{v_{平均}} = \frac{7.98 \times 10^{-8}\,\mathrm{m}}{397\,\mathrm{m\,s^{-1}}} = 2.01 \times 10^{-10}\,\mathrm{s}$$

ピコ秒というのは 10^{-12} s である．したがって，個々の Ar 原子は平均 200 ps に 1 回の衝突を起こしている．以降の章で述べるように，気体の輸送現象に関わる諸性質や衝突過程が関与した化学反応ダイナミクスを説明するには，衝突頻度や平均自由行程などの性質が重要となる．物理化学で重要となるこれらの側面を理解するには，ここで説明した気体粒子の運動に関する物理的な描像が非常に重要なのである．

用語のまとめ

気体分子運動論
根平均二乗速さ
最確の速さ
実効速さ
指標値
衝突断面積
衝突流束
全衝突頻度
速度空間
速度分布関数
平均自由行程
平均速さ
マクスウェルの速さ分布
マクスウェル-ボルツマンの速度分布
粒子の衝突頻度
粒子の速さ
流　出

文章問題

Q 33.1 気体分子の速度や速さを表すのに確率を使うのはなぜか．

Q 33.2 気体の一次元速度分布の最確速度はどこか．その理由を説明せよ．

Q 33.3 マクスウェルの速さ分布が高速域で 0 に近づく理由について物理的な説明を与えよ．また，$v=0$ で $f(v)=0$ となるのはなぜか．

Q 33.4 同じ温度で比較したとき，He のマクスウェルの速さ分布は Kr と比べてどう違うか．

Q 33.5 Ar の分子ビームを使った実験をある温度で行ったとしよう．気体を Ar から Kr に変えたとき，Ar と同じ速さ分布を得るには気体の温度を上げるべきか，それとも下げるべきか．

Q 33.6 気体粒子の集合における粒子の平均速さは，粒子の質量と温度によってどう変化するか．

Q 33.7 気体粒子の平均運動エネルギーはその質量に依存するか．

Q 33.8 気体粒子の速さを表す $v_{最確}$，$v_{平均}$，v_{rms} を速いものから順に並べよ．

Q 33.9 平均自由行程が σ に依存するのはなぜか．$\tilde{N}$ が増加すれば，平均自由行程は増加するか，それとも減少するか．

Q 33.10 気体の流出における分子と孔との衝突頻度は，分子の質量によってどう変化するか．

Q 33.11 分子直径の代表的な値はどれくらいか．

Q 33.12 z_{11} と z_{12} の違いは何か．

Q 33.13 平均自由行程を定義せよ．それは粒子の数密度，直径，平均速さによってどう変化するか．

数値問題

赤字番号の問題の解説が解答・解説集にある（上巻 vii 頁参照）．

P 33.1 二次元面内に拘束された気体粒子の集合（表面に吸着した気体分子など）を考えよう．このような気体のマクスウェルの速さ分布の式を導け．

P 33.2 つぎの分子の 298 K での $v_{最確}$，$v_{平均}$，v_{rms} を求めよ．

a. Ne　**b.** Kr　**c.** CH_4　**d.** C_2H_6　**e.** C_{60}

P 33.3 O_2 の 300 K と 500 K での $v_{最確}$，$v_{平均}$，v_{rms} を計算せよ．H_2 ではどう変化するか．

P 33.4 H_2O，HOD，D_2O の 298 K での $v_{平均}$ を計算せよ．各分子について同じ計算をする必要があるか．それとも，各気体について平均速さとその質量の比を表す何らかの式を導けるか．

P 33.5 O_2 の 298 K での平均速さと平均並進運動エネルギーを CCl_4 と比較せよ．

P 33.6 O_2 が 298 K，1 atm にあるとき，この分子が 1 秒間に進む平均距離はどれだけか．この距離は同じ条件の Kr と比べてどうか．

P 33.7 **a.** H_2 が 298 K，1 atm にあるとき，この分子が

1.00 m 進むのに必要な平均時間はどれだけか.

b. N_2 分子が 1.00 m 進むのに必要な平均時間は，同じ条件の H_2 分子に比べてどれだけか.

c. （挑戦問題）N_2 分子が同じ 1.00 m を進むのに，この平均時間より長い時間を要する分子の割合はどれだけか. この問いに答えるには速さ分布の定積分を計算する必要があり，それにはシンプソンの法則などの数値計算法を使う必要がある.

P 33.8　33·4 節で示したように，$v_{最確}$，$v_{平均}$，$v_{\rm rms}$ の違いは定数因子だけである.

a. 本文にある $v_{最確}$ を使って，$v_{平均}$ と $v_{\rm rms}$ を表す式を導け.

b. (a) の答は，気体に固有な質量や温度などの量を使わずに表せるはずである. そこで，換算した速さ $v/v_{最確}$ に対して速さ分布を表せば "一般" 曲線を描ける. マクスウェル分布の式をこの換算速さを使って表せ.

P 33.9　Ar の $v_{\rm rms}$ が，SF_6 の 298 K での $v_{\rm rms}$ と等しくなる温度はいくらか. $v_{最確}$ について同じ計算を行え.

P 33.10　Kr の $v_{平均}$ が，Ne の 298 K での値と等しくなる温度を求めよ.

P 33.11　ある粒子が x 方向に $-v_{x0}$ から v_{x0} までの範囲の速度をもつ確率は，

$$f(-v_{x_0} \le v_x \le v_{x_0}) = \left(\frac{m}{2\pi k_{\rm B}T}\right)^{1/2} \int_{-v_{x_0}}^{v_{x_0}} {\rm e}^{-mv_x^2/2k_{\rm B}T}\,{\rm d}v_x$$

$$= \left(\frac{2m}{\pi k_{\rm B}T}\right)^{1/2} \int_{0}^{v_{x_0}} {\rm e}^{-mv_x^2/2k_{\rm B}T}\,{\rm d}v_x$$

で与えられる. この積分は，$\xi^2 = mv_x^2/2k_{\rm B}T$ とおいて変数変換して書き換えれば，

$$f(-v_{x_0} \le v_x \le v_{x_0}) = 2/\sqrt{\pi}\left(\int_0^{\xi_0} {\rm e}^{-\xi^2}\,{\rm d}\xi\right)$$

となる. そこで誤差関数 ${\rm erf}(z) = 2/\sqrt{\pi}\,(\int_0^z {\rm e}^{-x^2}\,{\rm d}x)$ を使えば計算できる. 余誤差関数は ${\rm erfc}(z) = 1 - {\rm erf}(z)$ で定義される. z の関数で erf(z) と erfc(z) をプロットしたものを図に示す.

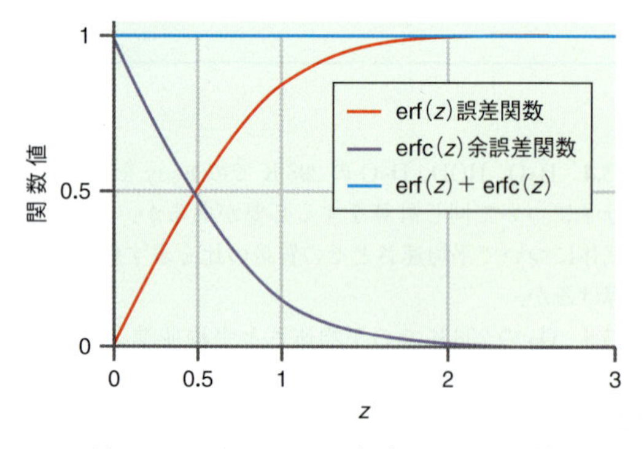

この erf(z) のグラフを使って，$|v_x| \le (2k_{\rm B}T/m)^{1/2}$ である確率を求めよ. また，$|v_x| > (2k_{\rm B}T/m)^{1/2}$ である確率を求めよ.

P 33.12　音速は，$v_{音} = \sqrt{\gamma k_{\rm B}T/m} = \sqrt{\gamma RT/M}$ で与えられる. $\gamma = C_P/C_V$ である.

a. Ne, Kr, Ar の 1000 K での音速はいくらか.

b. Kr の音速が，Ar の 1000 K での音速と等しくなる温度はいくらか.

P 33.13　O_2 が 1 atm，298 K にあるとき，この分子の速さが $v_{\rm rms}$ より速い割合はいくらか.

P 33.14　地球からの脱出速度は，$v_{\rm E} = (2gR)^{1/2}$ で与えられる. g は自然落下の標準加速度（9.807 m s^{-2}），R は地球の半径（6.37×10^6 m）である.

a. N_2 の $v_{最確}$ がこの脱出速度に等しくなる温度はいくらか.

b. 注目する気体が He の場合，(a) の答はどうなるか.

c. 298 K で地球を脱出できる最も重い分子の質量はいくらか.

P 33.15　N_2 が 298 K にあるとき，この分子の速さが 200 m s^{-1} と 300 m s^{-1} の間にある割合はいくらか. 気体の温度が 500 K の場合の割合はいくらか.

P 33.16　分子ビームの装置では，ある特定の温度と圧力で容器に入れた気体分子を，超音速ジェットを使って小さな孔から真空中へと膨張させる. この気体の膨張によって，その内部温度は約 10 K になる. これは断熱膨張として扱えるから，膨張に伴う気体のエンタルピー変化は，気体の流れに伴う運動エネルギーに変換される. すなわち，

$$\Delta H = C_P T_{\rm R} = \frac{1}{2}Mv^2$$

と表せる. 気体容器の温度（$T_{\rm R}$）はふつう，気体の最終温度より高くしておき，気体の全エンタルピーを並進運動に変換できるようにしておく.

a. 単原子分子気体では $C_P = \frac{5}{2}R$ である. この情報を使って，分子ビームの最終的な流速は，容器の初期温度（$T_{\rm R}$）とつぎの関係にあることを示せ.

$$v = \sqrt{\frac{5RT_{\rm R}}{M}}$$

b. この式を使って，$T_{\rm R} = 298$ K のときの Ar の分子ビームの流速を求めよ. これは，気体の平均速さに非常に近いことがわかる. したがって，こうして得られた分子ビームは，速度 v で進行する内部エネルギーの非常に低い気体と考えることができる. いい換えれば，この過程では，流速に近いところで分子の速さ分布は非常に狭くなっている.

P 33.17　マクスウェル–ボルツマンの速さ分布は規格化されていることを示せ.

P 33.18（挑戦問題）統計力学で導入したボルツマン分布を使ってマクスウェル–ボルツマン分布を導け. まず，一次元の並進運動エネルギーの分布を表す式を求め，それを三次元に拡張せよ.

P 33.19　マクスウェルの速さ分布の式から始め，並進運動エネルギー $\varepsilon_{\rm T} \gg k_{\rm B}T$ の確率分布がつぎの式で表される

ことを示せ．

$$f(\varepsilon_T)\,d\varepsilon_T = 2\pi\left(\frac{1}{\pi k_B T}\right)^{3/2} e^{-\varepsilon_T/k_B T}\,\varepsilon_T{}^{1/2}\,d\varepsilon_T$$

P 33.20 問題 P33.19 で与えられた粒子の並進運動エネルギーの分布を使って，気体粒子の集合について平均の並進運動エネルギーと最確の並進運動エネルギーを表す式を導け．

P 33.21（挑戦問題） 問題 P33.19 で与えられた粒子の並進運動エネルギーの分布を使って，あるエネルギー ε^* より大きなエネルギーをもつ分子の割合を表す式を導け．多くの化学反応の速度は，あるしきい値を超えた熱エネルギー $k_B T$ に依存している．この問いに対する答から，このような化学反応の速度の温度変化を予測できるのはなぜかがわかるだろう．

P 33.22 29 章で説明したように，分布の n 次モーメントをつぎのように求めることができる．$\langle x^n \rangle = \int x^n f(x)\,dx$．ここでの積分は，分布の全定義域にわたるものである．気体の速さ分布の n 次モーメントを表す式を導け．

P 33.23 一辺が 1 cm の立方体の容器に Ar が 1 atm，298 K で入っている．気体粒子と壁の衝突は毎秒何回起こっているか．

P 33.24 流出を利用していろいろな物質の蒸気圧を求めることができる．この過程では，注目する物質を炉（クヌーセンセルという）に入れ，物質の流出による質量減少を求める．その質量損失 (Δm) は $\Delta m = Z_c A m \Delta t$ で与えられる．Z_c は衝突流束，A は流出が起こる孔の面積，m は粒子 1 個の質量，Δt は質量損失が起こる時間である．この方法は，不揮発性物質の蒸気圧を求めるのに非常に便利である．UF_6 の試料 1.00 g を半径 100 μm の孔をもつクヌーセンセルに入れ，その蒸気圧が 100 Torr になる温度 18.2 °C まで加熱した．

a. 実験室の天秤の精度は ±0.01 g であった．このセルの質量変化がこの天秤で検知されるには，最低でもどれだけの時間待たなければならないか．

b. 流出が起こり始めて 5.00 分後にクヌーセンセルに残っている UF_6 はどれだけか．

P 33.25 耳で音を聞くだけで気体があるかどうかがわかる実験を計画したとしよう．人間の耳は，2×10^{-5} N m^{-2} という低い圧力を検知することができる．鼓膜の面積は約 1 mm^2 として，耳で検知できる最小の衝突頻度はいくらか．注目する気体は N_2 で，298 K とせよ．

P 33.26

a. 面積 1.00 cm^2 の表面が 1 atm，298 K の O_2 に曝されているとき，1 分間にこの表面に衝突する分子は何個か．

b. 超高真空の研究ではふつう 10^{-10} Torr 程度の圧力を使う．この圧力，298 K での衝突頻度はどれだけか．

P 33.27 NASA の技術者は，宇宙船の外壁物質が宇宙の塵で孔が開くのをどう阻止できるかの確認作業を行っている．もし孔が開けば，宇宙船の船室のはじめの圧力 1 atm が，乗組員の安全が保証できなくなる 0.7 atm まで下がることもありうる．船室の体積は 100 m^3，温度は 285 K である．スペースシャトルは軌道に入ってから着陸まで約 8 時間かかるとして，外壁に孔が開いても安全に耐えうる最大の孔の大きさはどれだけか．ここで，宇宙船外への気体の流れは流出で表せると仮定する．そもそも，宇宙船から出て行く気体は流出によると考えてよいか．（空気は N_2 とよく似ていると仮定してよい．）

P 33.28 本章で説明した概念を適用すれば，大気についていろいろなことがわかる．大気の主成分は N_2（体積の約 78 パーセント）であるから，つぎの問いに答えるには大気は N_2 だけから成ると近似してよい．

a. $T = 298$ K，$P = 1.0$ atm のとき，海水面への一粒子衝突頻度はいくらか．"CRC Handbook of Chemistry and Physics"（62nd ed., p. F-171）には，10^{10} s^{-1} というデータがある．

b. 圏界面（高度 11 km）では，衝突頻度は 3.16×10^9 s^{-1} に減少している．そのおもな原因は温度と大気圧の低下（粒子数が少なくなる）である．圏界面の温度は約 220 K である．この高度での N_2 の圧力はいくらか．

c. 圏界面での N_2 の平均自由行程はいくらか．

P 33.29

a. 成層圏は地表から 11 km の高度から始まる．そのある高度では $P = 22.6$ kPa，$T = -56.5$ °C である．ここでの N_2 の平均自由行程はいくらか．成層圏の成分は N_2 だけと仮定する．

b. 成層圏は高度 50.0 km まで続いている．ある高度では $P = 0.085$ kPa，$T = 18.3$ °C である．ここでの N_2 の平均自由行程はいくらか．

P 33.30

a. CO_2 の 1 atm，298 K での全衝突頻度を求めよ．

b. 全衝突頻度が (a) で求めた値の 10 パーセントとなる温度はいくらか．

P 33.31

a. 標準的な回転ポンプを使えば，10^{-3} Torr 程度の真空をつくることができる．この圧力と 298 K での N_2 の一粒子衝突頻度と平均自由行程はいくらか．

b. クライオポンプを使えば，10^{-10} Torr 程度の真空をつくることができる．この圧力と 298 K での N_2 の一粒子衝突頻度と平均自由行程はいくらか．

P 33.32 つぎの圧力のとき，298 K での Ar の平均自由行程を求めよ．

a. 0.5 atm

b. 0.005 atm

c. 5×10^{-6} atm

P 33.33 つぎの分子の 500 K，1 atm での平均自由行程を求めよ．

a. Ne **b.** Kr **c.** CH_4

それぞれの分子について平均自由行程の計算を単に繰返すのでなく，異なる分子間の平均自由行程の比を表す式を導き，どれか一つの計算値を使って他の二つの分子の値を求めよ．

P 33.34 つぎの図に示す分子ビーム装置を考えよう．

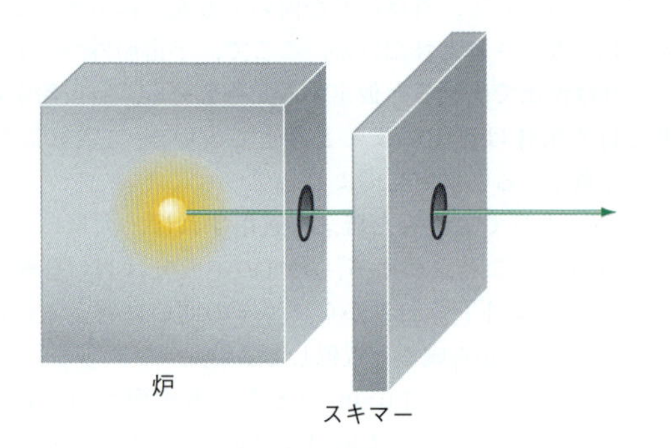

この装置を設計するうえで，炉から流出した分子ビームが，スキマーを通り過ぎたずっと後まで他の気体粒子と衝突しないことが重要である．スキマーは，分子が望みの方向に進行するように選ぶ装置であり，これによって分子ビームをつくりだせる．スキマーは炉の前方 10 cm の位置にあり，平均自由行程が 20 cm であれば，衝突を起こさずにスキマーを通り過ぎることができる．分子ビームが 500 K の温度の O_2 から成るとき，この平均自由行程を確保するには炉の外側の圧力はいくらでなければならないか．

P 33.35 マクスウェルの速さ分布の $v_{平均}$，$v_{最確}$，v_{rms} を比較すれば，これらが等しくないのがわかる．同じことは一次元の速度分布でもいえるか．

P 33.36 高度 30 km のところ（成層圏のほぼ中央）の圧力は約 0.013 atm，気体分子の数密度は 1 m^3 当たり 3.74×10^{23} 個である．成層圏は N_2 から成るとして，表 33·1 に掲げた衝突半径のデータを使って，つぎの値を計算せよ．

a. 成層圏のこの領域で，この気体分子 1 個が 1.0 s の間に起こす衝突回数．

b. 1.0 s の間に起きる全分子の衝突回数．

c. 成層圏のこの領域での気体分子の平均自由行程．

参 考 書

Castellan, G. W., "Physical Chemistry", 3rd ed. Reading, Addison Wesley, MA (1983).

Hirschfelder, J. O., Curtiss, C. F., Bird, R. B., "The Molecular Theory of Gases and Liquids", Wiley, New York (1954).

Liboff, R. L., "Kinetic Theory: Classical, Quantum, and Relativistic Descriptions", Springer, New York (2003).

McQuarrie, D., "Statistical Mechanics", Harper & Row, New York (1973).

34 輸送現象

系が平衡にないとき，その系はどんな振舞いをするだろうか．本章では，この問いに答えるための第一歩を示そう．系が平衡に向かう緩和過程を研究する分野を動力学（ダイナミクス）という．本章で取上げる輸送現象では，系の質量やエネルギーなどの物理的性質が時間とともに変化する．しかし，あらゆる輸送現象に共通する中心概念がある．すなわち，系の物理的性質の変化の速さは，その性質の空間的な勾配に依存しているのである．そこで本章では，この基礎となる考えを一般概念として説明してから，それを物質輸送（拡散），エネルギー輸送（熱伝導），直線運動量輸送（粘性），電荷輸送（イオン伝導）へと応用しよう．物質輸送については，それに必要な時間について説明してから，巨視的な見方と微視的な見方の両方からこれに取組むことにする．重要なことは，ここで扱ういろいろな輸送現象はそれぞれ異なる現象のように見えるが，それを説明するための考え方は共通しているということである．

34・1 輸送現象に共通する考え方

前章までは主として，平衡にある系のいろいろな性質について説明してきた．ここでは，系に対して外部から何らかの擾乱（じょうらん）を加えた結果，系のある性質が平衡から離れた状況におかれた場合を考えよう．その性質には質量（物質）やエネルギーがある．外部からの擾乱を取除けば，系はその性質の平衡分布を再構築しようとするだろう．**輸送現象**[1]とは，系のある性質が非平衡な分布におかれたとき，それに応答する変化のことである．本章で注目する系の性質を表34・1に示す．それぞれに対応する輸送過程も一緒に示してある．

系のある性質が輸送されるためには，その性質の空間分布が平衡分布と違っていなければならない．ここで，ある気体粒子の集合体を考えよう．その平衡空間分布とは，粒子の数密度が容器内の至るところで同じ値をとる場合である．もし，容器内の片側が反対側より粒子の数密度が大きいと，次に何が起こるだろうか．予測されるのは，容器内の数密度が均一になるように気体粒子が移動することだろう．すなわち，この性質の平衡分布が再構築されるように系が変化することである．

輸送現象を表すのに中心となる概念は**流束**[2]である．それは，単位時間に単位断面積を通過する量で定義される．流束が発生するのは，系のある性質について空間的な不均衡や勾配が存在したときで，流束の向きはその勾配の符号と反対である．すぐ上の例でいえば，図34・1に示すように，仮想的な仕切り板を設けて容器を2分割し，その一方から他方に移動する粒子の数を数えたとしよう．この場合の流束は，単位時間にこの仕切り板の単位断面積を通り抜けて移動した粒子

1) transport phenomenon　2) flux

表 34・1 輸送物性とその輸送過程

輸送物性	輸送過程
物　質	拡　散
エネルギー	熱伝導
直線運動量	粘　性
電　荷	イオン伝導

数に等しい．表 34・1 に掲げた輸送過程にはすべて，何らかの流束が関与していると考えられ，系のある性質の空間的な勾配がその流束を生じているのである．流束と輸送物性の空間的な勾配の間に成り立つ最も基本的な関係は，

$$J_x = -\alpha \frac{\mathrm{d}(\text{物性})}{\mathrm{d}x} \tag{34・1}$$

である．この式の J_x は単位時間，単位断面積当たりの量で表した流束である．(34・1)式の導関数は注目している量（質量やエネルギーなど）の空間的な勾配を表している．このように，平衡からの変位がさほど大きくなければ，流束と物性量の空間的な勾配の間に比例関係があると考えてよい．本章で扱う系は，この限度内にあるものとする．

(34・1)式の右辺の負号は，流束が勾配の符号と反対向きに生じることを表している．したがって，この勾配を維持する外部作用がなければ，流束が生じることによって勾配は次第に減少する．一方，外部作用によってこの勾配が一定値に保たれている間は，流束も一定のままである．ここで，勾配と流束の関係を表した図 34・1 に戻って考えよう．気体の密度は容器の左側の方が大きく，粒子の数密度は右側から左側に向かって増加している．(34・1)式によれば，粒子の流束は，粒子の密度を空間的に均一にしようとするから，数密度の勾配とは逆向きに起こる．(34・1)式で注目すべきもう一つの量は α という因子である．これは，数学的には勾配と流束を結ぶ比例係数の役目をしており，これを**輸送係数**[1]という．以降の節では，表 34・1 に掲げたいろいろな過程の輸送係数を求め，対応する輸送現象を担っている流束の式を導くことにする．輸送物性によって式の導出法が異なるように見えるが，すべては (34・1)式から始まるのを知っておくことが重要である．すなわち，すべての輸送現象に共通する基本原理は，流束と勾配の間のこの関係にある．

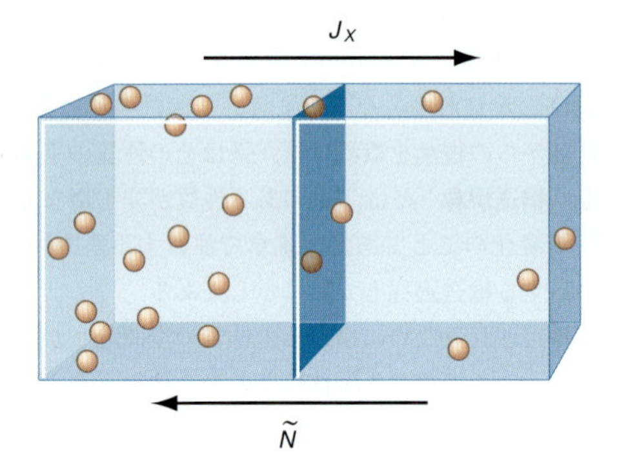

図 34・1 流束の説明．気体粒子の流束 J_x の向きは，粒子の数密度 $\widetilde{N}$ の勾配と逆である．

34・2 物質輸送：拡散

拡散[2]とは，空間的に生じた濃度勾配に応じて粒子の密度が変化する過程をいう．この空間的な勾配は，熱力学的には化学ポテンシャルの勾配を表しており，この勾配を取除くように系は平衡に向かって緩和する．まず，理想気体の拡散について考えよう．液体の拡散については本章の後半で扱う．

図 34・2 に表してある気体粒子の数密度 $\widetilde{N}$ の勾配を考えよう．(34・1)式によれば，気体粒子の流束はこの勾配と逆向きである．その流束を求めるには，$x=0$ に置いた断面積 A の仮想的な面を通して単位時間当たりに流れる粒子の数を求

1) transport coefficient　2) diffusion

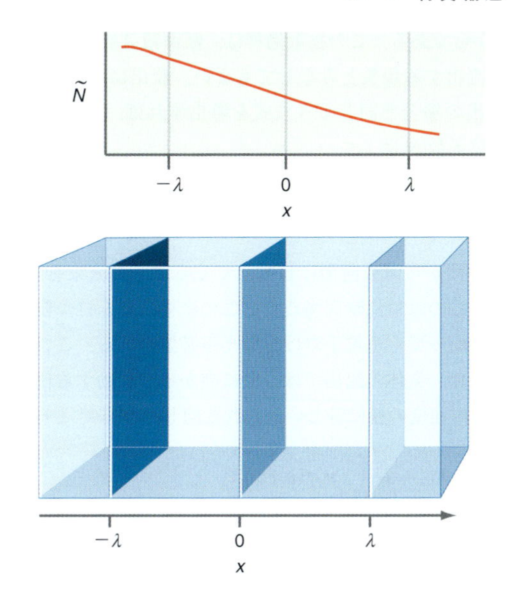

図 34・2 気体の拡散を表すモデル．数密度 $\tilde{N}$ に勾配があるから，粒子は $-x$ から $+x$ の向きに拡散する．$x=0$ の面（流束断面）は，その勾配に応じた粒子の流束を計算するところである．この流束断面から両側に平均自由行程（$\pm\lambda$）だけ離れたところに 2 枚の面を置き，両方の面から流束断面に移動する粒子を考える．流束断面を通り抜ける正味の流束は，$\pm\lambda$ のところに置いた 2 枚の面からの流束の差に等しい．

めればよい．この仮想的な面のことを流束断面という．そこで，これとは別に流束断面の両側に平均自由行程 $\pm\lambda$ だけ離れた位置にある 2 枚の面を考えれば，正味の流束は両方の面から流束断面まで移動してくる粒子によるものである．平均自由行程とは，粒子が衝突と衝突の間に移動する平均距離であり，(33・39)式で定義される．

図 34・2 でわかるように，粒子の数密度の勾配は x 方向に存在しているから，

$$\frac{\mathrm{d}\tilde{N}}{\mathrm{d}x} \neq 0$$

である．この $\tilde{N}$ の勾配が 0 であれば，(34・1)式から J_x も 0 である．しかし，だからといって粒子がじっとしているわけではない．$J_x=0$ というのは，流束断面を左側から右側へ通り抜ける粒子の流れが，右側から左側への流れと厳密に等しいということである．このように，(34・1)式で表される流束は正味の流束であり，つまり流束断面を通り抜ける両方向の流束の差のことである．

(34・1)式は，流束と $\tilde{N}$ の空間的な勾配の関係を表したものである．この**物質輸送**[1]の問題を解くというのは，この比例係数 α を求めることである．この量 α を物質輸送における拡散係数という．この係数を求めるために，$\pm\lambda$ での粒子の数密度を考えよう．それは，

$$\tilde{N}(-\lambda) = \tilde{N}(0) - \lambda\left(\frac{\mathrm{d}\tilde{N}}{\mathrm{d}x}\right)_{x=0} \qquad (34・2)$$

$$\tilde{N}(\lambda) = \tilde{N}(0) + \lambda\left(\frac{\mathrm{d}\tilde{N}}{\mathrm{d}x}\right)_{x=0} \qquad (34・3)$$

で表される．これからわかるように，$x=0$ から離れた位置（$\pm\lambda$）での $\tilde{N}$ の値は，$x=0$ での $\tilde{N}$ の値に第 2 項として，流束断面を通り抜けて $\pm\lambda$ の面に向かって粒子が移動するときの濃度変化分を表す項を加えたものに等しい．式のうえでは，(34・2)式と (34・3)式は，数密度の距離に関するテイラー級数展開から導けるもので，その最初の 2 項をとったものである．展開の高次項を無視できるのは，

1）mass transport

λが十分小さいからである．この拡散過程は，断面積Aの面あるいは窓を通り抜けて気体粒子が流出する現象とみなしてもよい．流出については33·5節で詳しく説明した．流出の場合と同じように式を導出すれば，断面積Aの面を単位時間当たりに打つ粒子数Nは，

$$\frac{\mathrm{d}N}{\mathrm{d}t} = J_x \times A \tag{34·4}$$

に等しい．$-\lambda$の面から流束断面に移動してくる粒子の流束を考えよう（図34·2）．ここで注目するのは単位時間当たりにこの流束断面を打つ粒子の数であるから，流束断面に向かってくる粒子だけを数える必要がある．これと同じ問題は気体の流出でも扱った．気体の流出では，壁に向かって移動する粒子の数は，数密度と$+x$方向の平均速度の積に等しい．これと同じやり方で，$+x$方向の流束は，

$$\begin{aligned} J_x &= \tilde{N}\int_0^\infty v_x f(v_x)\,\mathrm{d}v_x \\ &= \tilde{N}\int_0^\infty v_x\left(\frac{m}{2\pi k_\mathrm{B}T}\right)^{1/2} \mathrm{e}^{-mv_x^2/2k_\mathrm{B}T}\,\mathrm{d}v_x \\ &= \tilde{N}\left(\frac{k_\mathrm{B}T}{2\pi m}\right)^{1/2} \\ &= \frac{\tilde{N}}{4}\,v_{\text{平均}} \end{aligned} \tag{34·5}$$

と表せる．この式では(33·22)式で定義した$v_{\text{平均}}$を使った．J_xを表す(34·5)式に(34·2)式と(34·3)式を代入すれば，$-\lambda$とλにある面からの流束は次式で与えられる．

$$J_{-\lambda,0} = \frac{1}{4}v_{\text{平均}}\tilde{N}(-\lambda) = \frac{1}{4}v_{\text{平均}}\left[\tilde{N}(0) - \lambda\left(\frac{\mathrm{d}\tilde{N}}{\mathrm{d}x}\right)_{x=0}\right] \tag{34·6}$$

$$J_{\lambda,0} = \frac{1}{4}v_{\text{平均}}\tilde{N}(\lambda) = \frac{1}{4}v_{\text{平均}}\left[\tilde{N}(0) + \lambda\left(\frac{\mathrm{d}\tilde{N}}{\mathrm{d}x}\right)_{x=0}\right] \tag{34·7}$$

そこで，流束断面を通り抜ける全流束は，$\pm\lambda$の面からの流束の単なる差でつぎのように表される．

$$\begin{aligned} J_{\text{全}} = J_{-\lambda,0} - J_{\lambda,0} &= \frac{1}{4}v_{\text{平均}}\left[-2\lambda\left(\frac{\mathrm{d}\tilde{N}}{\mathrm{d}x}\right)_{x=0}\right] \\ &= -\frac{1}{2}v_{\text{平均}}\,\lambda\left(\frac{\mathrm{d}\tilde{N}}{\mathrm{d}x}\right)_{x=0} \end{aligned} \tag{34·8}$$

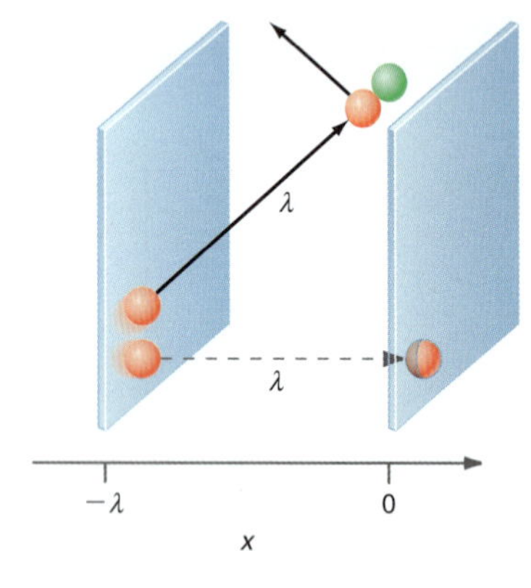

図34·3　粒子がx軸と平行に動いたときの軌跡（破線）では，面間で別の粒子との衝突が起こることはない．しかし，x軸に沿わない軌跡（実線）では，粒子は流束断面に到達する前に別の粒子と衝突する．この衝突によって，場合によっては流束断面から離れる向きに粒子は去ってしまう．

ところで，この結果には補正が一つ必要である．上では，粒子が$\pm\lambda$の面から流束断面に向かってx軸上を移動してくると仮定した．しかし，図34·3を見ればわかるように，もし粒子の軌跡がx軸に沿っていなければ，粒子は1平均自由行程を移動しても流束断面には届かないことになる．もっと手前で別の粒子との衝突が起こって，衝突後の粒子は流束断面から離れる軌跡を描くかもしれない．その場合の粒子は流束に寄与しない．この状況を考えに入れるには，平均自由行程について向きの平均をとる必要がある．この平均操作によって全流束は減少するが，それを表すには(34·8)式に$\frac{2}{3}$の因子を掛けておけばよい．こうして全流束は，

$$J_{\text{全}} = -\frac{1}{3}v_{\text{平均}}\,\lambda\left(\frac{\mathrm{d}\tilde{N}}{\mathrm{d}x}\right)_{x=0} \tag{34·9}$$

となる．この式は，拡散を表す比例係数を**拡散係数**[1] D としてつぎのように定義すれば，(34·1)式と同じかたちをしている．

$$D = \frac{1}{3} v_{平均} \lambda \tag{34·10}$$

拡散係数のSI単位は $\mathrm{m^2\,s^{-1}}$ である．この拡散係数の定義を使って (34·9) 式を表せば次式になる．

$$J_{全} = -D\left(\frac{\mathrm{d}\tilde{N}}{\mathrm{d}x}\right)_{x=0} \tag{34·11}$$

(34·11)式を**フィックの拡散の第一法則**[2]という．重要なことは，33章の気体分子運動論で導いた二つのパラメーター，気体粒子の平均速さと平均自由行程によって拡散係数が定義されていることである．例題34·1には，これらのパラメーターによる拡散係数の依存性を示してある．

例題 34・1

Ar について 298 K，1.00 atm での拡散係数を求めよ．

解答

(34·10)式と表33·1にある Ar の衝突断面積を使えば，拡散係数をつぎのように計算できる．

$$\begin{aligned}
D_{\mathrm{Ar}} &= \frac{1}{3} v_{平均,\mathrm{Ar}} \lambda_{\mathrm{Ar}} \\
&= \frac{1}{3}\left(\frac{8RT}{\pi M_{\mathrm{Ar}}}\right)^{1/2}\left(\frac{RT}{PN_{\mathrm{A}}\sqrt{2}\,\sigma_{\mathrm{Ar}}}\right) \\
&= \frac{1}{3}\left(\frac{8(8.314\ \mathrm{J\,K^{-1}\,mol^{-1}})\,298\ \mathrm{K}}{\pi(0.040\ \mathrm{kg\,mol^{-1}})}\right)^{1/2}\left(\frac{(8.314\ \mathrm{J\,K^{-1}\,mol^{-1}})\,298\ \mathrm{K}}{(101\,325\ \mathrm{Pa})(6.022\times10^{23}\ \mathrm{mol^{-1}})} \times \frac{1}{\sqrt{2}\,(3.6\times10^{-19}\ \mathrm{m^2})}\right) \\
&= \frac{1}{3}(397\ \mathrm{m\,s^{-1}})(7.98\times10^{-8}\ \mathrm{m}) \\
&= 1.1\times10^{-5}\ \mathrm{m^2\,s^{-1}}
\end{aligned}$$

気体の輸送物性は，気体分子運動論で導いた概念を使って表せる．たとえば，拡散係数は平均自由行程に依存し，その平均自由行程は衝突断面積に依存している．ここで注意すべきことは，平均速さなどのパラメーターが平衡分布から求めたものである点である．にもかかわらず，非平衡現象である輸送現象を説明するのにこれらの概念を用いているからである．しかしながら，ここでの議論は系の平衡からの変位がさほど大きくない場合を念頭においている．したがって，平衡に基づく量がそのまま使えるとしている．もちろん，非平衡分布を使って輸送現象の説明を行うことはできるが，数学的に非常に複雑なものになる．それは本書の範囲を超えているのでここでは触れない．

拡散係数の式 (34·10 式) を利用すれば，拡散係数と気体粒子の詳しい情報の

1) diffusion coefficient 2) Fick's first law of diffusion

関係がよくわかる．すなわち，拡散などの輸送物性を使えば，衝突断面積を使って求めた気体粒子の実効的な大きさなど，その粒子に関するパラメーターを求めることができる．例題 34·2 で拡散係数と粒子のサイズの関係を示す．

例題 34・2

温度と圧力がまったく同じ条件であれば，He の拡散係数は Ar の約 4 倍である．その衝突断面積の比を求めよ．

解 答

(34·10) 式を使えば，拡散係数の比は（1/3 の因子は消える）平均速さと平均自由行程によってつぎのように書ける．そこで，衝突断面積の比は以下のように計算できる．

$$\frac{D_{\mathrm{He}}}{D_{\mathrm{Ar}}} = 4 = \frac{v_{\text{平均},\mathrm{He}}\,\lambda_{\mathrm{He}}}{v_{\text{平均},\mathrm{Ar}}\,\lambda_{\mathrm{Ar}}}$$

$$= \frac{\left(\dfrac{8RT}{\pi M_{\mathrm{He}}}\right)^{1/2}\left(\dfrac{RT}{P_{\mathrm{He}}N_{\mathrm{A}}\sqrt{2}\,\sigma_{\mathrm{He}}}\right)}{\left(\dfrac{8RT}{\pi M_{\mathrm{Ar}}}\right)^{1/2}\left(\dfrac{RT}{P_{\mathrm{Ar}}N_{\mathrm{A}}\sqrt{2}\,\sigma_{\mathrm{Ar}}}\right)}$$

$$= \left(\frac{M_{\mathrm{Ar}}}{M_{\mathrm{He}}}\right)^{1/2}\left(\frac{\sigma_{\mathrm{Ar}}}{\sigma_{\mathrm{He}}}\right)$$

$$\left(\frac{\sigma_{\mathrm{He}}}{\sigma_{\mathrm{Ar}}}\right) = \frac{1}{4}\left(\frac{M_{\mathrm{Ar}}}{M_{\mathrm{He}}}\right)^{1/2} = \frac{1}{4}\left(\frac{39.9\ \mathrm{g\ mol^{-1}}}{4.00\ \mathrm{g\ mol^{-1}}}\right)^{1/2} = 0.79$$

33·6 節で説明したように，気体粒子の直径を d とすれば，その純粋な気体の衝突断面積は πd^2 で表せる．拡散係数を使って上で求めた衝突断面積の比は実際の値 0.89 にほぼ等しく，He の直径は Ar よりわずかに小さいことがわかる．一方，原子半径の表に掲載されている Ar の直径は He の約 2.5 倍もある．この違いは，どちらの場合も粒子間の相互作用を表すのに剛体球近似を用いていることによる．

34・3 濃度勾配の時間変化

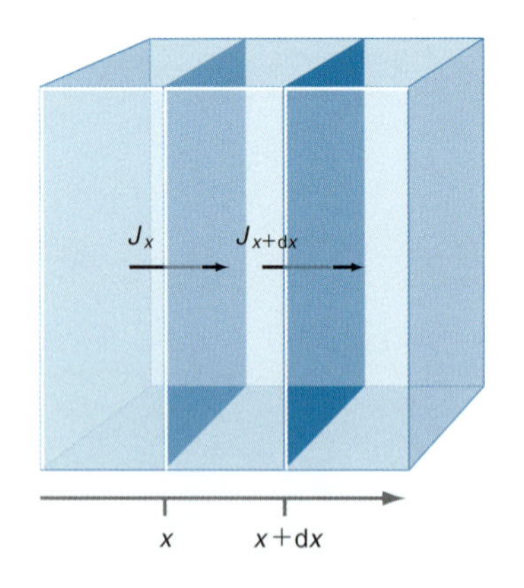

図 34·4　2 枚の面を通る流束とその面間の濃度変化．$J_x = J_{x+\mathrm{d}x}$ なら面間の部分の濃度は変化しない．しかし，両者が等しくなければ，その濃度は時間変化する．

前節で示したように，濃度勾配があれば粒子は拡散する．その拡散の時間スケールはどの程度だろうか．また，ある時間で粒子はどこまで拡散できるだろうか．その答は拡散の式からつぎのように求められる．フィックの第一法則によれば，粒子の流束は，

$$J_x = -D\left(\frac{\mathrm{d}\tilde{N}(x)}{\mathrm{d}x}\right) \qquad (34\cdot12)$$

で表せる．この式の J_x は，図 34·4 に示す x の位置の面を通り抜ける流束である．$x+\mathrm{d}x$ の位置の面の流束もフィックの第一法則からつぎのように書ける．

$$J_{x+\mathrm{d}x} = -D\left(\frac{\mathrm{d}\tilde{N}(x+\mathrm{d}x)}{\mathrm{d}x}\right) \qquad (34\cdot13)$$

ところで，$(x+\mathrm{d}x)$ での粒子の密度は x での密度とつぎの関係がある．

$$\tilde{N}(x + \mathrm{d}x) = \tilde{N}(x) + \mathrm{d}x\left(\frac{\mathrm{d}\tilde{N}(x)}{\mathrm{d}x}\right) \tag{34・14}$$

この式は，(34・2)式や(34・3)式を導いたのと同じ方法で得たもので，数密度を距離でテイラー級数展開したときの最初の2項で表してある．(34・14)式を(34・13)式に代入すれば，$(x+\mathrm{d}x)$にある面を通る流束は，

$$J_{x+\mathrm{d}x} = -D\left[\frac{\mathrm{d}\tilde{N}(x)}{\mathrm{d}x} + \left(\frac{\mathrm{d}^2\tilde{N}(x)}{\mathrm{d}x^2}\right)\mathrm{d}x\right] \tag{34・15}$$

となる．次に，図34・4の2枚の流束断面に挟まれた空間について考えよう．この空間にある粒子の数密度の変化は，2枚の面を通り抜ける流束の差で表される．二つの流束が等しければ数密度は一定で時間変化しない．しかし，その流束に違いがあれば，粒子の数密度は時間の関数で変化する．一方，流束は単位時間に単位断面積を通り抜ける粒子の数に等しいから，流束の違いは数密度の差に比例している．そこで，数密度の時間変化と流束の違いの関係はつぎのように表される．

$$\begin{aligned}\frac{\partial\tilde{N}(x,t)}{\partial t} &= \frac{\partial(J_x - J_{x+\mathrm{d}x})}{\partial x}\\ &= \frac{\partial}{\partial x}\left[-D\left(\frac{\partial\tilde{N}(x,t)}{\partial x}\right) - \left(-D\left(\left(\frac{\partial\tilde{N}(x,t)}{\partial x}\right) + \left(\frac{\partial^2\tilde{N}(x,t)}{\partial x^2}\right)\partial x\right)\right)\right]\end{aligned}$$

$$\frac{\partial\tilde{N}(x,t)}{\partial t} = D\frac{\partial^2\tilde{N}(x,t)}{\partial x^2} \tag{34・16}$$

この式を**拡散方程式**[1]といい，**フィックの拡散の第二法則**[2]ともいう．ここで，$\tilde{N}$が位置xだけでなく時間tにも依存することに注目しよう．(34・16)式によれば，濃度の時間変化は濃度の位置に関する二階導関数に比例している．すなわち，濃度勾配の“曲率”が大きいほど，その緩和は速く進行する．(34・16)式の微分方程式を解くには公式を使い，初期条件を設定する必要があるが（章末に掲げたCrankの参考書を見よ），結果として$\tilde{N}(x,t)$についてつぎの式が得られる．

$$\tilde{N}(x,t) = \frac{N_0}{2A(\pi Dt)^{1/2}}\,\mathrm{e}^{-x^2/4Dt} \tag{34・17}$$

N_0は，ある面上に$t=0$で存在する粒子の数の初期値，Aはその面の面積，xはこの面からの距離，Dは拡散係数である．(34・17)式は，$t=0$での面の初期位置から距離xだけ離れた位置にある面上に，時間tで粒子を見いだす確率を表す分布関数とみなすことができる．図34・5には一例として，$D=10^{-5}\ \mathrm{m^2\,s^{-1}}$の粒子について，いくつかの時間における$\tilde{N}$の空間的な変化を示してある．この拡散係数の値は，298 Kで1 atmのArの拡散係数にほぼ等しい．この図によれば，時間が経過するにつれ，最初の面（図34・5の位置0にある）から遠く離れたところの$\tilde{N}$は大きくなる．

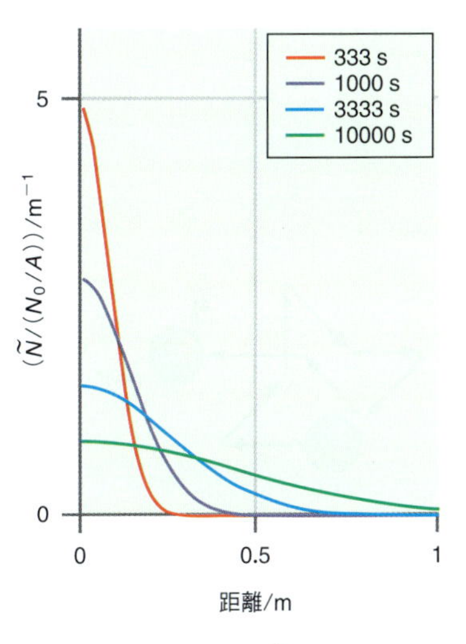

図34・5 粒子の数密度$\tilde{N}(x,t)$の空間分布の時間変化．縦軸には，数密度を$x=0$の面（面積A）の上に$t=0$で存在していた粒子の面密度N_0/Aで割った値をプロットしてある．この例では1 atm, 298 Kでの気体の代表的な値$D=10^{-5}\ \mathrm{m^2\,s^{-1}}$を使った（例題34・1を見よ）．それぞれの濃度分布について，拡散が始まってからの時間を示してある．

これまでに学んだ分布関数と同じで$\tilde{N}(x,t)$についても，分布の全容を詳しく説明する代わりに，何か目安を与える指標を使って表せれば便利である．$\tilde{N}(x,t)$を表すのに使える重要な指標は根平均二乗（rms）変位であり，すでに学んだつぎのやり方で求められる．

1) diffusion equation 2) Fick's second law of diffusion

$$x_{\text{rms}} = \langle x^2 \rangle^{1/2} = \left[\frac{A}{N_0} \int_{-\infty}^{\infty} x^2 \tilde{N}(x,t)\,\mathrm{d}x \right]^{1/2}$$

$$= \left[\frac{A}{N_0} \int_{-\infty}^{\infty} x^2 \frac{N_0}{2A(\pi Dt)^{1/2}} \mathrm{e}^{-x^2/4Dt}\,\mathrm{d}x \right]^{1/2}$$

$$= \left[\frac{1}{2(\pi Dt)^{1/2}} \int_{-\infty}^{\infty} x^2\,\mathrm{e}^{-x^2/4Dt}\,\mathrm{d}x \right]^{1/2}$$

$$x_{\text{rms}} = \sqrt{2Dt} \qquad (34\cdot18)$$

この rms 変位は，拡散係数と時間の両方の平方根に比例していることに注意しよう．(34·18)式は一次元の rms 変位である．三次元の拡散による変位 r_{rms} は，三つの次元で拡散が等価であるとすれば，ピタゴラスの定理を使って求めることができ，

$$r_{\text{rms}} = \sqrt{6Dt} \qquad (34\cdot19)$$

と表せる．本節と前節で導いた拡散に関する式はいずれも気体が関与するもので，気体分子運動論の概念を利用して得たものである．しかし，本章の後半で説明するように，これらの関係式は溶液中の拡散にも使える．

例題 34・3

$D = 1.00 \times 10^{-5}\ \mathrm{m^2\,s^{-1}}$ の気体粒子について，拡散時間が 1000 s と 10 000 s のときの x_{rms} を求めよ．

解答

(34·18)式を使えば，それぞれつぎのように計算できる．

$$x_{\text{rms, 1000 s}} = \sqrt{2Dt} = \sqrt{2(1.00 \times 10^{-5}\ \mathrm{m^2\,s^{-1}})(1000\ \mathrm{s})} = 0.141\ \mathrm{m}$$

$$x_{\text{rms, 10\,000 s}} = \sqrt{2Dt} = \sqrt{2(1.00 \times 10^{-5}\ \mathrm{m^2\,s^{-1}})(10\,000\ \mathrm{s})} = 0.447\ \mathrm{m}$$

この例で用いた拡散係数は図 34·5 の値と同じである．したがって，ここで求めた rms 変位を図の $\tilde{N}(x,t)$ の空間分布と比較すれば，距離 x_{rms} と粒子の拡散距離の分布，時間の関係を感じとることができるだろう．

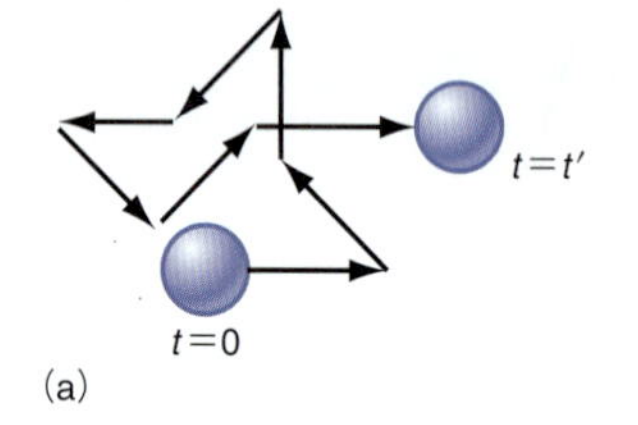

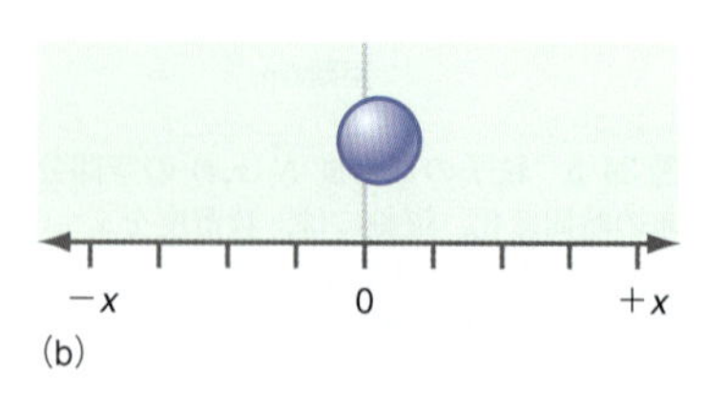

図 34·6　(a) ランダム歩行．粒子の拡散を表すモデル．矢印で表した 1 歩の長さは同じで，その向きはランダムである．(b) 一次元のランダム歩行モデル（本文を見よ）．

34・4　補遺：拡散の統計的な見方

フィックの拡散の第一法則を導いたときには，気体粒子を念頭において，平均自由行程に等しい距離を運動すれば必ず別の粒子と衝突すると考えた．その衝突後は以前の運動方向に関する記憶は失われ，次の衝突が起こるまでの粒子は同じ方向に運動したり別の方向に運動したり，まったく自由に運動することになる．粒子の運動に関するこのような描像は，拡散を統計的に扱うことによって数学的に表すことができる．その統計的な扱いでは，図 34·6a で示すように，ある決まった変位（つまり 1 歩）が連続したモデルによって粒子の拡散を表すことができる．その 1 歩の向きは前の 1 歩とまったく無関係である．すなわち，粒子がある 1 歩を踏み出したとき，次の 1 歩の方向はランダムである．このような一連の歩行を**ランダム歩行**[1]という．

1) random walk

前節では，ある時間後に原点から距離 x のところに粒子を見いだす確率を求めた．ランダム歩行のモデルを使えば，これを拡散の統計モデルに直結することができる．一次元の x 方向にランダム歩行を行う粒子を考え，その粒子が $+x$ または $-x$ に1歩を次々と踏み出すとしよう（図34・6b）．ある歩数を踏み終えたところで，粒子は合計の歩数 Δ，$-x$ 方向の歩数 Δ_-，$+x$ 方向の歩数 Δ_+ となっている．この粒子が原点から距離 X にある確率は，その位置にある重み（場合の数）W と関係があり，つぎのように表される．

$$W = \frac{\Delta!}{\Delta_+!\,\Delta_-!} = \frac{\Delta!}{\Delta_+!(\Delta - \Delta_+)!} \qquad (34\cdot 20)$$

この式は，30章で考えたコイン投げと同じで，コインを Δ 回投げて“表”を観測する場合の数に等しい．このように，一次元ランダム歩行のモデルはコイン投げと非常によく似ている．コイン投げによる毎回の結果は，前の結果と無関係であり，コインを投げるたびに“表”か“裏”のいずれかしか現れない．(34・20)式を計算するには，Δ_+ を Δ で表しておく必要がある．その関係は，$+x$ の歩数と $-x$ の歩数の差を X とすれば求められる．すなわち，

$$X = \Delta_+ - \Delta_- = \Delta_+ - (\Delta - \Delta_+) = 2\Delta_+ - \Delta$$

$$\frac{X + \Delta}{2} = \Delta_+$$

である．Δ_+ のこの定義によって W を表せば，

$$W = \frac{\Delta!}{\left(\frac{\Delta + X}{2}\right)!\left(\Delta - \frac{\Delta + X}{2}\right)!} = \frac{\Delta!}{\left(\frac{\Delta + X}{2}\right)!\left(\frac{\Delta - X}{2}\right)!} \qquad (34\cdot 21)$$

となる．粒子が原点から X だけ離れたところにいる確率は，この位置にある場合の数をその総数 2^{Δ} で割れば求められる．すなわち，

$$P = \frac{W}{W_{全}} = \frac{W}{2^{\Delta}} \propto \mathrm{e}^{-X^2/2\Delta} \qquad (34\cdot 22)$$

である．この式の最右辺にある比例の記号は，スターリングの近似を使って(34・21)式を計算すれば得られる†1．ここで，前節の拡散方程式の解からわかるように，粒子が拡散によって原点から変位した距離も，ある指数関数に比例している．すなわち，

$$\tilde{N}(x, t) \propto \mathrm{e}^{-x^2/4Dt} \qquad (34\cdot 23)$$

で表される．この式の x は実際に拡散した距離，D は拡散係数，t は時間である．拡散を表すこの二つの描像が物理的に同じ内容に帰着するためには，これらの指数部分が等しくなければならない．すなわち，

$$\frac{x^2}{4Dt} = \frac{X^2}{2\Delta} \qquad (34\cdot 24)$$

といえる．こうして，ランダム歩行のパラメーター X と Δ は，実際に観測可能

†1　訳注：これにはかなりの代数計算が必要である．まず，スターリングの近似には精度のよい式(29章の章末問題 P29.23 にある）を使う．
次に，$X \ll \Delta$ より $\ln\left(1 \pm \frac{X}{\Delta}\right) = \pm\left(\frac{X}{\Delta}\right) - \frac{1}{2}\left(\frac{X}{\Delta}\right)^2$ の近似を使う．
その結果，$\ln P = \ln\left(\frac{2}{\pi\Delta}\right)^{1/2} - \frac{X^2}{2\Delta}$ という関係が得られる．

な拡散距離 x と全拡散時間 t の値で表されることがわかる．ランダム歩行の全歩数は，全拡散時間 t を 1 歩に要する時間 τ で割ったものに等しい．すなわち，

$$\Delta = \frac{t}{\tau} \tag{34·25}$$

である．また，x はランダム歩行の変位 X と比例関係にあることがわかる．その比例係数 x_0 は，衝突間に粒子が移動する物理空間の平均距離を表している．すなわち，

$$x = Xx_0 \tag{34·26}$$

である．Δ と X のこれらの定義を (34·24)式に代入すれば，D についてのつぎの定義が得られる．

$$D = \frac{x_0^2}{2\tau} \tag{34·27}$$

この式を**アインシュタイン–スモルコフスキーの式**[1]という．この式は，巨視的な量である D をランダム歩行モデルで説明するときの拡散の微視的な側面と関係づけているという点で重要である．溶液中での運動では，x_0 として一般に粒子の直径を採用している．この定義と D の実験値を使えば，ランダム歩行という事象の時間スケールを求めることができる．

例題 34・4

液体ベンゼンの拡散係数は $2.2 \times 10^{-5}\ \mathrm{cm^2\ s^{-1}}$ である．その分子直径の計算値 0.3 nm を使えば，ランダム歩行の 1 歩の時間はどれだけか．

解答

(34·27)式を変形して，ランダム歩行の 1 歩の時間を求めれば，

$$\tau = \frac{x_0^2}{2D} = \frac{(0.3 \times 10^{-9}\ \mathrm{m})^2}{2(2.2 \times 10^{-9}\ \mathrm{m^2\ s^{-1}})} = 2 \times 10^{-11}\ \mathrm{s}$$

である．この時間は非常に短く，20 ps しかない．この例でわかるように，液相中でのベンゼン分子の拡散を平均として見れば，隣接分子と頻繁に衝突を繰返しながら，その間に短距離の並進運動をしているものと考えられる．

アインシュタイン–スモルコフスキーの式は，すでに述べた気体の拡散と関係づけることもできる．x_0 を平均自由行程 λ とおき，1 歩当たりの時間 τ として，気体粒子が平均自由行程の距離を並進運動するのに必要な平均時間 $\lambda/v_{平均}$ とおけば，その拡散係数は，

$$D = \frac{\lambda^2}{2\left(\dfrac{\lambda}{v_{平均}}\right)} = \frac{1}{2}\lambda v_{平均}$$

で与えられる．この式は，気体分子運動論から導いた D の式と同じかたちをしている．ただし，この場合には $\frac{2}{3}$ の補正因子はない．このように，気体の拡散については統計的な観点からも速度論的な観点からも等価な説明ができることがわかる．

---

1) Einstein – Smoluchowski equation

34・5 熱 伝 導

熱伝導[1]は，温度の勾配に応じてエネルギーが分散する輸送過程である．図34・7は，同一の気体粒子から成る集合であり，温度勾配が存在する状況を表している．勾配があるのは温度だけで，粒子の数密度は箱全体にわたって等しい．この箱全域にわたって同じ温度であれば，系は平衡に達しているといえる．温度は運動エネルギーと関係しているから，平衡に向かう緩和には，箱の高温側から低温側への運動エネルギーの輸送を伴うことになる．

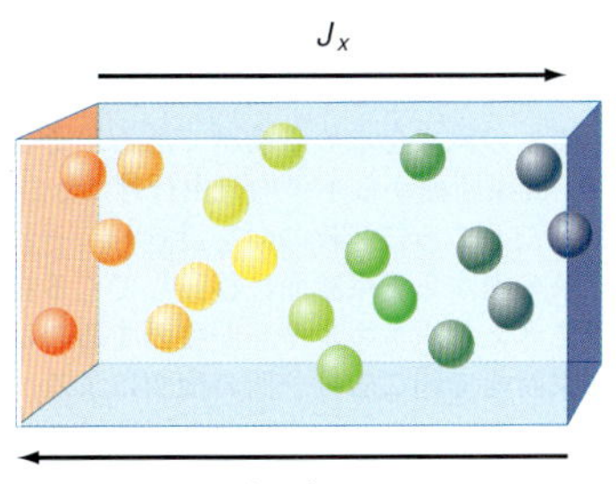

図 34・7　気体粒子の集合に温度勾配が存在している状況．粒子の運動エネルギーが大きい領域を赤色で，小さい領域を紫色で表してある．運動エネルギーの勾配，すなわち温度勾配と，その勾配に応じたエネルギー流束 J_x を示してある．

熱伝導はいろいろな機構によって起こり，物質の相によっても異なる．ここでの式の導出には，エネルギー移動は粒子の衝突のみによって起こること，衝突後はエネルギー勾配が平衡に達すること，したがって衝突後の粒子同士は互いに平衡にあると仮定する．気体については，エネルギー移動に関するこの衝突の描像を描くのは簡単である．しかし，これは液体や固体にも適用できるのである．これらの凝縮相では分子は自由な並進運動はできないが，隣接する分子と衝突することによってエネルギー移動が起こる．実際には，衝突によるエネルギー移動に加えて，対流や放射によってもエネルギーは移動する．対流については，温度勾配によって生じた密度差が流れをつくりだす．対流によって粒子が別の粒子と衝突してもエネルギーは移動するが，このときの粒子の移動はランダムな拡散とは異なるから，いま考えている衝突によるエネルギー移動とは違う．放射によるエネルギー移動については，電磁放射を放出したり吸収したりできる黒体として物質を扱う．高温の物質からの放射は，低温の物質によって吸収されてエネルギー移動が起こる．以下では，対流や放射によるエネルギー移動を無視できるものとする．

熱伝導の問題は，拡散の場合とまったく同じやり方で扱える．まず，単原子分子の理想気体のエネルギー移動について考えよう．統計力学および熱力学によれば，単原子気体の粒子の平均並進エネルギーは $\frac{3}{2}k_{\mathrm{B}}T$ である．二原子分子や多原子分子では回転と振動のエネルギー自由度が加わるから，並進エネルギーより大きなエネルギーが運ばれる．これらの複雑な分子の扱いについては，すぐ後で拡張する．さて，運動エネルギーが移動するのは，分子が流束断面の一方の側からこれを打つときである．この衝突によって，エネルギーは流束断面の一方側からもう一方の側に移動する．この場合，分子の数密度は箱全体にわたって等しいから，物質移動は起こらないことに注意しよう．このときのエネルギー移動と熱平衡に向かう緩和は分子衝突によるものであって，物質の拡散が起こるわけではない．

拡散を表すのに34・2節で使ったのと同じやり方で，流束断面から $\pm\lambda$ だけ離れたところの面でのエネルギーを表せば (図34・8)，

$$\varepsilon(-\lambda) = \varepsilon(0) - \lambda\left(\frac{\mathrm{d}\varepsilon}{\mathrm{d}x}\right)_{x=0} \qquad (34\cdot28)$$

$$\varepsilon(\lambda) = \varepsilon(0) + \lambda\left(\frac{\mathrm{d}\varepsilon}{\mathrm{d}x}\right)_{x=0} \qquad (34\cdot29)$$

である．拡散について34・2節で示した導出と同じやり方で進めれば，エネルギー流束は，

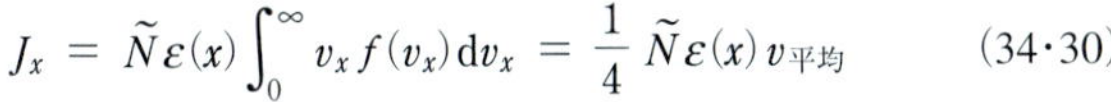

$$J_x = \tilde{N}\varepsilon(x)\int_0^{\infty} v_x f(v_x)\,\mathrm{d}v_x = \frac{1}{4}\tilde{N}\varepsilon(x)\,v_{平均} \qquad (34\cdot30)$$

1) thermal conduction

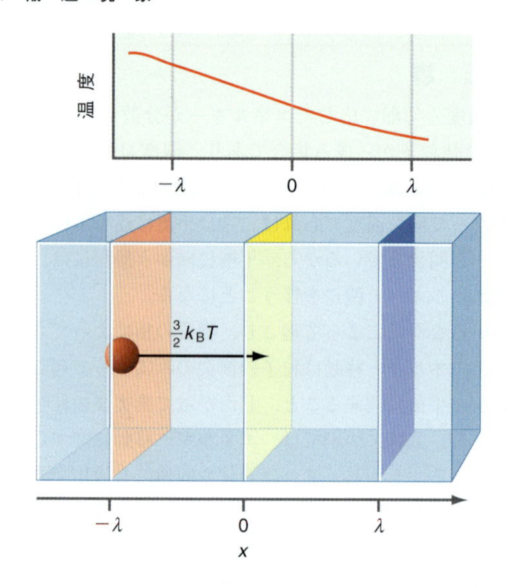

図 34·8　気体の熱伝導率を求めるためのモデル．温度勾配があれば，高温領域（赤色で示してある面）から低温領域（紫色で示してある面）に向かって運動エネルギーの移動が起こる．$x=0$ の面は，この温度勾配に応じて発生する運動エネルギーの流束を求める場所である．そこで，流束断面から 1 平均自由行程（$\pm\lambda$）離れたところに 2 枚の面を設定し，それぞれの面から流束断面に移動してくる粒子を考える．エネルギーが移動するのは流束断面で起こる粒子間の衝突による．

と定義できる．$\tilde{N}$ は気体粒子の数密度であり，ここでは一定である（数密度に空間的な勾配はなく，勾配があるのはエネルギーだけである）．(34·28)式と (34·29)式を (34·30)式に代入すれば，流束断面から $\pm\lambda$ の位置にある 2 枚の面でのエネルギー流束の式がつぎのように得られる．

$$J_{-\lambda,0} = \frac{1}{4}v_{平均}\tilde{N}\varepsilon(-\lambda) \tag{34·31}$$

$$J_{\lambda,0} = \frac{1}{4}v_{平均}\tilde{N}\varepsilon(\lambda) \tag{34·32}$$

全エネルギー流束は，(34·31)式と (34·32)式の差で与えられるから，

$$\begin{aligned} J_{全} &= J_{-\lambda,0} - J_{\lambda,0} \\ &= \frac{1}{4}v_{平均}\tilde{N}\left(\varepsilon(-\lambda) - \varepsilon(\lambda)\right) \\ &= \frac{1}{4}v_{平均}\tilde{N}\left[-2\lambda\left(\frac{\mathrm{d}\varepsilon}{\mathrm{d}x}\right)_{x=0}\right] \\ &= -\frac{1}{2}v_{平均}\tilde{N}\lambda\left[\left(\frac{\mathrm{d}\left(\frac{3}{2}k_BT\right)}{\mathrm{d}x}\right)_{x=0}\right] \\ &= -\frac{3}{4}k_B v_{平均}\tilde{N}\lambda\left(\frac{\mathrm{d}T}{\mathrm{d}x}\right)_{x=0} \end{aligned} \tag{34·33}$$

である．こうして求めた全流束に粒子の軌跡の向きに関する平均を表す補正因子 2/3 を掛ければ，流束断面を通り抜ける全エネルギー流束の式は，

$$J_{全} = -\frac{1}{2}k_B v_{平均}\tilde{N}\lambda\left(\frac{\mathrm{d}T}{\mathrm{d}x}\right)_{x=0} \tag{34·34}$$

となる．この式は，単原子分子の理想気体の全エネルギー流束を表している．単原子分子の理想気体のモル定容熱容量は $\frac{3}{2}R$ で表せるから，

$$\frac{C_{V,\mathrm{m}}}{N_A} = \frac{3}{2}k_B \quad (単原子分子の理想気体)$$

である．この式を代入すれば注目する気体の $C_{V,\mathrm{m}}$ を使って流束を表すことができ，単原子分子に限らず流束を求めることができる．この等式を使えば，全エネルギー流束の最終的な式は，

$$J_{全} = -\frac{1}{3}\frac{C_{V,\mathrm{m}}}{N_\mathrm{A}} v_{平均} \tilde{N}\lambda \left(\frac{\mathrm{d}T}{\mathrm{d}x}\right)_{x=0} \qquad (34\cdot35)$$

となる．この式を，(34･1)式の流束と勾配の関係を表す一般式と比較すれば，この場合のエネルギー移動の比例係数，すなわち**熱伝導率**[1] κ は，

$$\kappa = \frac{1}{3}\frac{C_{V,\mathrm{m}}}{N_\mathrm{A}} v_{平均} \tilde{N}\lambda \qquad (34\cdot36)$$

で表すことができる．この式の次元解析からわかるように，κ の単位は $\mathrm{J\,K^{-1}\,m^{-1}\,s^{-1}}$ である．熱伝導率を求めるために必要なパラメーターは，すべて熱力学や気体分子運動論から得られるから，気体の κ を求めるのは比較的簡単である．流体の熱伝導率も，正味のエネルギー流束と温度勾配を結ぶ比例係数の役目をしているが，(34･36)式のような簡単な式は存在しない．例題 34･5 で示すように，(34･36)式には平均自由行程が入っているから，気体の熱伝導率を使って拡散係数の場合と同じように気体分子の剛体球半径を求めることができる．

例題 34・5

Ar の 300 K，1 atm での熱伝導率は $0.0177\ \mathrm{J\,K^{-1}\,m^{-1}\,s^{-1}}$ である．理想気体の振舞いを仮定して，Ar の衝突断面積を計算せよ．

解 答

平均自由行程を求めれば衝突断面積を計算できる．そこで，平均自由行程を求める式に (34･36)式を変形すれば，

$$\lambda = \frac{3\kappa}{\dfrac{C_{V,\mathrm{m}}}{N_\mathrm{A}} v_{平均} \tilde{N}}$$

となる．熱伝導率は与えられている．λ を計算するのに必要なそれ以外の量はつぎのように求められる．

$$\frac{C_{V,\mathrm{m}}}{N_\mathrm{A}} = \frac{\frac{3}{2}R}{N_\mathrm{A}} = \frac{3}{2}k_\mathrm{B} = 2.07 \times 10^{-23}\ \mathrm{J\,K^{-1}}$$

$$v_{平均} = \left(\frac{8RT}{\pi M}\right)^{1/2} = 398\ \mathrm{m\,s^{-1}}$$

$$\tilde{N} = \frac{N}{V} = \frac{N_\mathrm{A}P}{RT} = 2.45 \times 10^{25}\ \mathrm{m^{-3}}$$

そこで，平均自由行程は，

$$\lambda = \frac{3(0.0177\ \mathrm{J\,K^{-1}\,m^{-1}\,s^{-1}})}{(2.07 \times 10^{-23}\ \mathrm{J\,K^{-1}})(398\ \mathrm{m\,s^{-1}})(2.45 \times 10^{25}\ \mathrm{m^{-3}})} = 2.63 \times 10^{-7}\ \mathrm{m}$$

と計算できる．平均自由行程の定義 (33･7 節を見よ) を使えば衝突断面積は，

$$\sigma = \frac{1}{\sqrt{2}\,\tilde{N}\lambda} = \frac{1}{\sqrt{2}\,(2.45 \times 10^{25}\ \mathrm{m^{-3}})(2.63 \times 10^{-7}\ \mathrm{m})}$$

$$= 1.10 \times 10^{-19}\ \mathrm{m^2}$$

1) thermal conductivity

と求められる．この値は，Ar 原子の直径 187 pm（$1\ \mathrm{pm} = 10^{-12}\ \mathrm{m}$）に相当しており，原子半径の表から求められる値 194 pm に非常に近い．

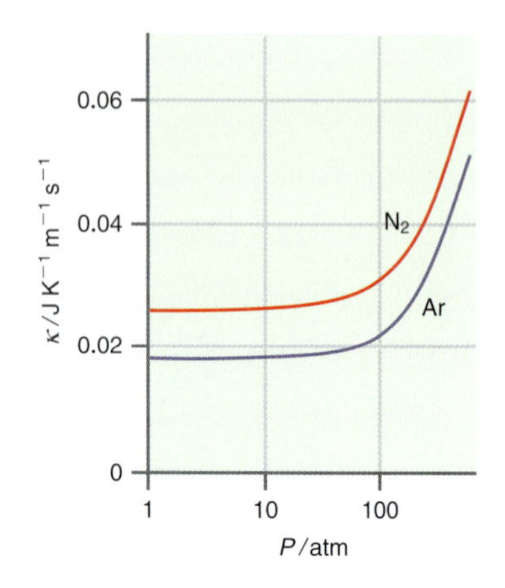

図 34·9　N_2 と Ar の 300 K での熱伝導率の圧力依存性．圧力は対数で表してある．この図からわかるように，50 atm 以下では κ は圧力に依存しない．

物質の熱伝導率は $v_{平均}$, $\widetilde{N}$, λ に依存し，それらはいずれも温度と圧力に依存しているから，κ も温度と圧力に依存するだろう．κ の T と P の依存性は，気体分子運動論から予測することができる．そこで圧力依存性について調べれば，λ は圧力に反比例するから，$\widetilde{N}$ に反比例している．

$$\lambda = \left(\frac{RT}{PN_A}\right)\frac{1}{\sqrt{2}\,\sigma} = \left(\frac{V}{N}\right)\frac{1}{\sqrt{2}\,\sigma} = \frac{1}{\widetilde{N}\sqrt{2}\,\sigma}$$

平均自由行程と $\widetilde{N}$ の積は $\widetilde{N}$ に無関係になるから，(34·36) 式から κ は圧力に依存しないという意外な結果になる．図 34·9 には，300 K での N_2 と Ar の κ の圧力依存性を示してある．この図からわかるように，κ は実際にも 50 atm 以下では圧力にほぼ無関係である．それ以上の圧力になると，気体の分子間力が無視できなくなって，剛体球モデルでは表せず，気体分子運動論で導いた式は使えなくなる．この高圧域での κ は圧力とともに急上昇している．κ が圧力依存を示すのは非常に低い圧力でも測定されており，それは容器の大きさより平均自由行程が長くなる場合である．このとき，器壁–粒子の衝突によってエネルギーは容器の一方から他方に輸送されるだけになる．このような低圧領域では κ は圧力とともに増加する．

κ の温度依存性について考えれば，$\widetilde{N}$ と平均自由行程の温度依存性は消し合うから，温度変化するのは $v_{平均}$ と $C_{V,m}$ しかない．単原子分子気体の $C_{V,m}$ はごくわずかしか温度変化しないと予測されるから，(34·36) 式の $v_{平均}$ から κ は $T^{1/2}$ に比例すると予測される．二原子分子や多原子分子でも $C_{V,m}$ が温度変化しなければ，これと同じ振舞いが予測される．図 34·10 には，1 atm での N_2 と Ar の κ の温度依存性を表してある．図には予測される κ の $T^{1/2}$ 依存性も示してある．この実験値と予測値の温度依存の比較からわかるように，κ は予測された $T^{1/2}$ 依存性より温度に対して急速に上昇している．それは，気体分子運動論の剛体球近似で無視した分子間相互作用が存在することによる．同じ理由で，κ の予測値と実験値の違いは低温で顕著になる．これは，図 34·9 に示した κ の圧力変化が予測値と実験値でよく一致しているのと対照的である．

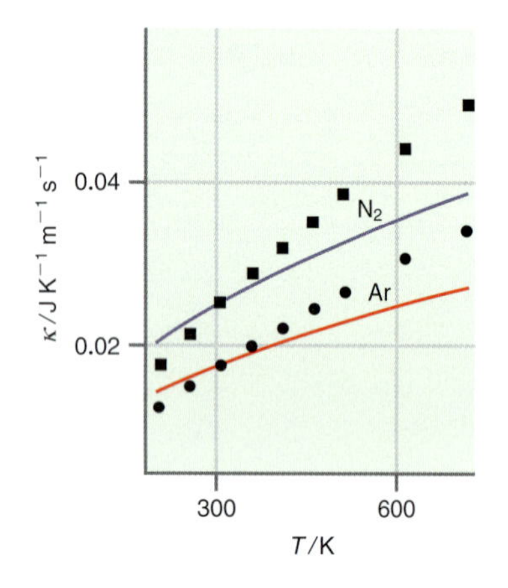

図 34·10　N_2 と Ar の 1 atm での熱伝導率の温度変化．実験データを■と●で表し，予測される $T^{1/2}$ 依存性を実線で表してある．κ の計算値は 300 K での実測値に等しいとおき，それから求めた κ の $T^{1/2}$ 依存性を表してある．

34·6　気体の粘性

三番目に考える輸送現象は，直線運動量の輸送によるものである．この輸送現象については経験によって，ある種の直感的な指標をもっていることだろう．ある圧力下でパイプの中を流れている気体について考えよう．ある気体は別の気体より流れやすい．このとき，流れに対する抵抗を表す性質を**粘性**[1]といい，粘度（粘性率）を記号 η（ギリシャ文字，イータ）で表す．粘度は直線運動量とどう関係しているだろうか．図 34·11 は，2 枚の板の間を流れている気体の断面を表したものである．実験によれば，気体の流速 v_x は 2 枚の板の中央で最大であり，板に近づくほど減速し，流体–板の境界で $v_x = 0$ である．したがって，流れに垂直な座標軸（図 34·11 の z 軸）に沿って，v_x に勾配が存在しているのがわかる．x 方向の直線運動量は mv_x であるから，この場合は直線運動量に勾配が存在して

1) viscosity

いるといえる．

このような気体の流れは**層流**[1]で表せる．すなわち，図34・11に示すように一定の速さで流れる層に分けて考えられる．たいていの気体と，液体であっても流れが速すぎない場合は，層流になるとしてよい（章末問題P34.18を見よ）．流れが速くなって**乱流**[2]の領域に入れば，層間で混合が起こるから，流れの断面を見たとき同じ速さの層流として表せなくなる．以下では層流に限って考えよう．

直線運動量の輸送の解析も，拡散や熱伝導の場合とまったく同じように進めればよい．図34・11に示したように，直線運動量の勾配は z 方向にできているから，流体の流れと平行な面内では直線運動量が等しい．その状況を図34・12に示す．そこで，直線運動量の輸送は，ある運動量の層にあった粒子が流束断面に衝突して起こると考えればよい．こうして運動量は隣接する層へと移動するのである．

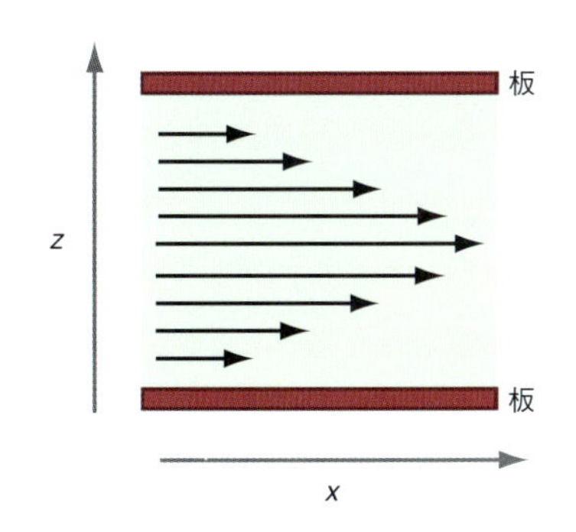

図34・11　2枚の板の間を流れる流体の断面図．流体（薄緑色で表してある）の速さを矢印の長さで表してある．

流束と直線運動量の勾配との関係を導くのに，拡散（34・2節）や熱伝導（34・5節）の場合と同じ方法を使おう．まず，$\pm\lambda$ での直線運動量 p は，

$$p(-\lambda) = p(0) - \lambda\left(\frac{\mathrm{d}p}{\mathrm{d}z}\right)_{z=0} \qquad (34\cdot37)$$

$$p(\lambda) = p(0) + \lambda\left(\frac{\mathrm{d}p}{\mathrm{d}z}\right)_{z=0} \qquad (34\cdot38)$$

で与えられる．拡散や熱伝導の場合と同じようにすれば，$\pm\lambda$ の面から流束断面への流束は，

$$J_{-\lambda,0} = \frac{1}{4}v_{平均}\tilde{N}p(-\lambda) \qquad (34\cdot39)$$

$$J_{\lambda,0} = \frac{1}{4}v_{平均}\tilde{N}p(\lambda) \qquad (34\cdot40)$$

である．全流束は，(34・39)式と(34・40)式の差であるから，

$$\begin{aligned} J_{全} &= \frac{1}{4}v_{平均}\tilde{N}\left[-2\lambda\left(\frac{\mathrm{d}p}{\mathrm{d}z}\right)_{z=0}\right] \\ &= -\frac{1}{2}v_{平均}\tilde{N}\lambda\left(\frac{\mathrm{d}(mv_x)}{\mathrm{d}z}\right)_{z=0} \\ &= -\frac{1}{2}v_{平均}\tilde{N}\lambda m\left(\frac{\mathrm{d}v_x}{\mathrm{d}z}\right)_{z=0} \end{aligned} \qquad (34\cdot41)$$

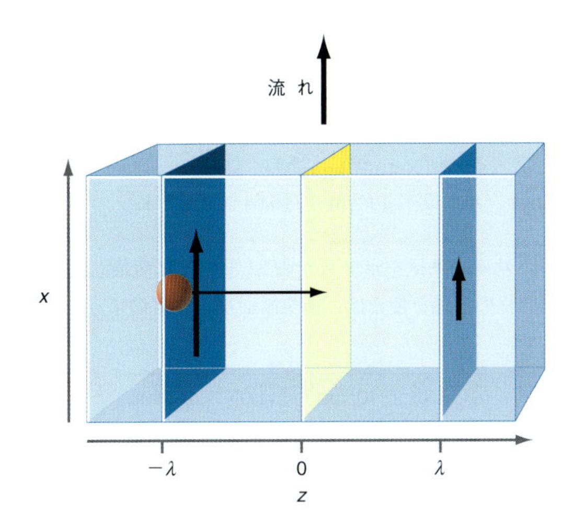

図34・12　粘度を求めるための箱モデル．同じ青色の面内の粒子の流速（v_x）は等しく，その大きさを矢印の長さで表してある．直線運動量の勾配があれば，運動量の大きい側（濃い青色の面）から小さい側（薄い青色の面）へと運動量が移動する．この勾配によって生じる直線運動量の流束を求めるのは $z=0$ の面（黄色）である．

1) laminar flow　2) turbulent flow

となる．最後に，粒子の軌跡の向きを平均化するために (34·41)式に $\frac{2}{3}$ を掛ければ，直線運動量の全流束の最終式として，

$$J_{\text{全}} = -\frac{1}{3} v_{\text{平均}} \tilde{N} \lambda m \left(\frac{\mathrm{d}v_x}{\mathrm{d}z}\right)_{z=0} \qquad (34\cdot42)$$

が得られる．これを一般式の (34·1)式と比較すれば，流束と速度勾配を結ぶ比例係数をつぎのように定義できる．

$$\eta = \frac{1}{3} v_{\text{平均}} \tilde{N} \lambda m \qquad (34\cdot43)$$

この式は，気体分子運動論で導いたパラメーターで気体の粘度 η を表したものである．粘度の単位はポアズ (P) で，$1\ \mathrm{P} = 0.1\ \mathrm{kg\ m^{-1}\ s^{-1}}$ である．気体は μP (10^{-6} P)，液体は cP (10^{-2} P) の単位で粘度を表すのがふつうである．

例題 34・6

Ar の粘度は 300 K，1 atm で 227 μP である．理想気体の振舞いを仮定すれば，Ar の衝突断面積はいくらか．

解 答

衝突断面積は平均自由行程と関係しているから，まず (34·43)式をつぎのように変形しておく．

$$\lambda = \frac{3\eta}{v_{\text{平均}} \tilde{N} m}$$

次に，それぞれの因子を別々に求め，それらを使って平均自由行程をつぎのように計算する．

$$v_{\text{平均}} = \left(\frac{8RT}{\pi M}\right)^{1/2} = 398\ \mathrm{m\ s^{-1}}$$

$$\tilde{N} = \frac{PN_{\mathrm{A}}}{RT} = 2.45 \times 10^{25}\ \mathrm{m^{-3}}$$

$$m = \frac{M}{N_{\mathrm{A}}} = \frac{0.040\ \mathrm{kg\ mol^{-1}}}{6.022 \times 10^{23}\ \mathrm{mol^{-1}}} = 6.64 \times 10^{-26}\ \mathrm{kg}$$

$$\lambda = \frac{3\eta}{v_{\text{平均}} \tilde{N} m} = \frac{3(227 \times 10^{-6}\ \mathrm{P})}{(398\ \mathrm{m\ s^{-1}})(2.45 \times 10^{25}\ \mathrm{m^{-3}})(6.64 \times 10^{-26}\ \mathrm{kg})}$$

$$= \frac{3(227 \times 10^{-7}\ \mathrm{kg\ m^{-1}\ s^{-1}})}{(398\ \mathrm{m\ s^{-1}})(2.45 \times 10^{25}\ \mathrm{m^{-3}})(6.64 \times 10^{-26}\ \mathrm{kg})} = 1.05 \times 10^{-7}\ \mathrm{m}$$

計算の途中で，粘度の単位をポアズから SI 単位系に変換したことに注意しよう．平均自由行程の定義を使えば，衝突断面積をつぎのように計算できる．

$$\sigma = \frac{1}{\sqrt{2}\,\tilde{N}\lambda} = \frac{1}{\sqrt{2}\,(2.45 \times 10^{25}\ \mathrm{m^{-3}})(1.05 \times 10^{-7}\ \mathrm{m})} = 2.75 \times 10^{-19}\ \mathrm{m^2}$$

例題 34·5 では，Ar の熱伝導率から衝突断面積を計算し，上で求めた値のほぼ 1/2 の値が得られたのであった．二つの異なる輸送物性の測定で得られた衝突断面積の値が違っているのは，ここでの取扱いが近似によることを表している．具

体的にいえば，分子間相互作用を表すのに剛体球モデルが使えると仮定したからである．σ に違いが現れるのは，衝突時の粒子間の相互作用には引力も重要であることを示している．

熱伝導率の場合と同じで，粘度も $v_{平均}, \tilde{N}, \lambda$ に依存している．これらの量はいずれも温度と圧力に依存している．$\tilde{N}$ と λ はどちらも圧力依存するが，$\tilde{N}$ と λ の積には正味の $\tilde{N}$ 依存はないから，η は圧力に依存しないものと予測できる．図 34・13 は，N_2 と Ar の 300 K での η の圧力依存性を示している．この振舞いは，熱伝導率に観測された圧力依存性（図 34・9）とほぼ同じであるが，η では P～50 atm までほとんど変化していない．高圧になると分子間相互作用が重要になるから，$P > 50$ atm では η の急激な増加が見られる．この振舞いは熱伝導率の場合と同じである．

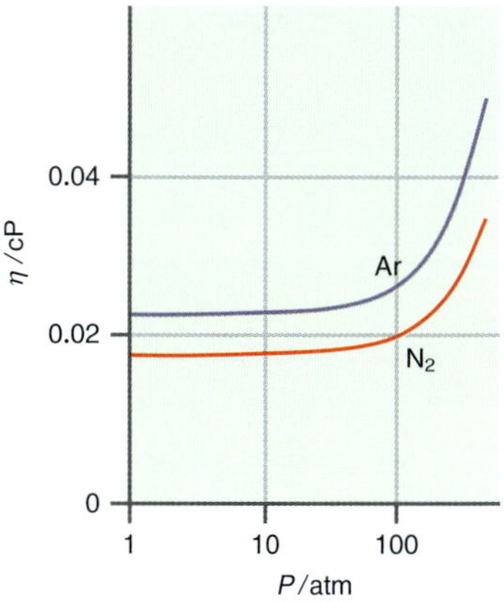

η の温度依存性に関しては，(34・43) 式に $v_{平均}$ があることから，η は $T^{1/2}$ で増加するのがわかる．これも熱伝導率の温度依存性（図 34・10）と同じである．実際には液体の η は温度上昇とともに減少するから，この結果は意外なものである．一方，気体の η が温度上昇とともに増加するという予測は，図 34・14 で示すように実験で確かめられている．この図には，N_2 と Ar について 1 atm での η の温度変化を表してあり，予測される $T^{1/2}$ 依存性も示してある．温度上昇とともに粘度が大きくなるという予測は，気体分子運動論の見事な証明になっている．しかし，実験値と予測値の温度依存性を比較すればわかるように，η は予測よりも急激に上昇している．これは，剛体球モデルで無視した分子間相互作用に起因するものであり，すでに述べた κ の温度依存性の説明と同じである．気体の η が温度とともに増加することは，温度上昇に伴う気体分子の速度増加と，それに伴う運動量流束の増加と合っている．

図 34・13　気体の N_2 と Ar の 300 K での η の圧力依存性．

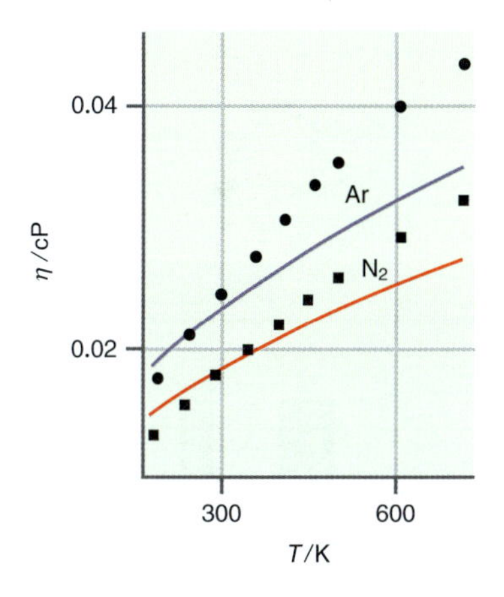

図 34・14　N_2 と Ar の 1 atm での η の温度依存性．実験データを■と●で表し，予測される $T^{1/2}$ 依存性を実線で表してある．

34・7 粘度の測定法

粘度は，流体の流れに対する抵抗の目安であるから，気体や液体の粘度は流れを使って測定される．粘度は，管の中の流体の流れを監視して測定する．そのもとになる考えは，粘度が高いほど管の中の流れは遅いというものである．ポアズイユによって，円管の中を液体が層流で流れる場合の式がつぎのように導かれた．

$$\frac{\Delta V}{\Delta t} = \frac{\pi r^4}{8\eta}\left(\frac{P_2 - P_1}{x_2 - x_1}\right) \tag{34・44}$$

この式を**ポアズイユの法則**[1]という．ここで，流速 $\Delta V/\Delta t$ はある時間 Δt に管を通った流体の体積 ΔV で表され，r は流体が通る管の半径，η は流体の粘度であり，（ ）の因子は管の全長にわたってかかっている巨視的な圧力勾配を表す．流体の流速は管の半径に依存し，その粘度に反比例していることに注目しよう．予想通り，流体の粘度が高いほど流速は遅いことがわかる．理想気体が管を通るときの流速は，

$$\frac{\Delta V}{\Delta t} = \frac{\pi r^4}{16\eta L P_0}(P_2^2 - P_1^2) \tag{34・45}$$

で与えられる．L は管の長さ，P_2 と P_1 はそれぞれ管の入口と出口での圧力，P_0 は体積を測定した圧力（体積を管の出口で測定すれば P_1 に等しい）である．

1) Poiseuille's law

例題 34・7

気体の CO_2 は，それを入れたボンベの重量を測って販売される．あるボンベには CO_2 が 50 ポンド（22.7 kg）入っている．CO_2 を 293 K（$\eta = 146\,\mu P$）で長さ 1.00 m の管（直径 0.75 mm）に流す実験をすれば，どれだけの時間このボンベを使えるか．ただし，このときの入口の圧力を 1.05 atm，出口の圧力を 1.00 atm とする．また，流量は管の出口で測定するものとする．

解答

(34·45)式を使えば，この気体の流速 $\Delta V/\Delta t$ は，

$$
\begin{aligned}
\frac{\Delta V}{\Delta t} &= \frac{\pi r^4}{16\eta L P_0}(P_2^2 - P_1^2) \\
&= \frac{\pi(0.375 \times 10^{-3}\,\mathrm{m})^4}{16(1.46 \times 10^{-5}\,\mathrm{kg\,m^{-1}\,s^{-1}})(1.00\,\mathrm{m})(101\,325\,\mathrm{Pa})} \\
&\qquad \times ((106\,391\,\mathrm{Pa})^2 - (101\,325\,\mathrm{Pa})^2) \\
&= 2.76 \times 10^{-6}\,\mathrm{m^3\,s^{-1}}
\end{aligned}
$$

である．ボンベに入っている CO_2 の量を 293 K，1 atm での体積に変換すれば，

$$
n_{\mathrm{CO_2}} = 22.7\,\mathrm{kg}\left(\frac{1}{0.044\,\mathrm{kg\,mol^{-1}}}\right) = 516\,\mathrm{mol}
$$

$$
V = \frac{nRT}{P} = 1.24 \times 10^4\,\mathrm{L}\left(\frac{10^{-3}\,\mathrm{m^3}}{\mathrm{L}}\right) = 12.4\,\mathrm{m^3}
$$

となる．ボンベに入っている CO_2 のこの実効体積を使えば，このボンベが使える時間は，

$$
\frac{12.4\,\mathrm{m^3}}{2.76 \times 10^{-6}\,\mathrm{m^3\,s^{-1}}} = 4.49 \times 10^6\,\mathrm{s}
$$

である．これは約 52 日に相当する．

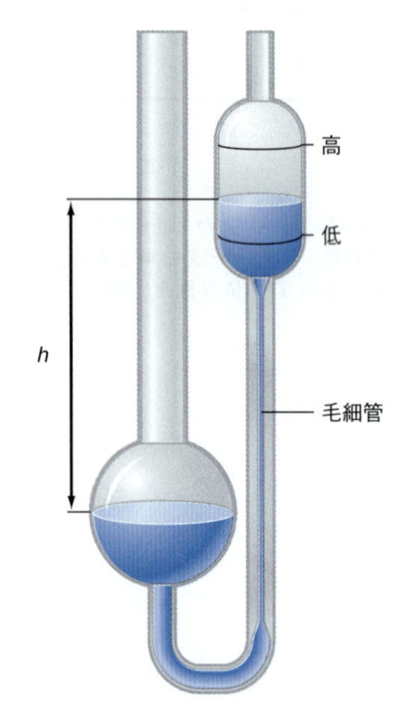

図 34·15　オストワルド粘度計．体積（ΔV）の液体が毛細管を通して流れ落ち，その液面が“高”から“低”まで下がるのに要する時間を測定すれば，(34·47)式から液体の粘度を求められる．

液体の粘度を測定する簡便な器具に**オストワルド粘度計**[1]がある（図 34·15）．図のガラス器具に液体を入れ，その液面が“高”から“低”まで下がるのに要する時間を測定する．このとき，液体は層流をつくって毛細管を流れる．その流れの駆動力になるのは液柱による圧力 ρgh である．ρ は液体の密度，g は重力加速度，h は図に示す粘度計の二つの液面の高さの差である．この高さの差は，液体が流れると変化するから，h には平均の高さを用いる．ρgh は流れを起こしている圧力差に相当するから，(34·44)式はつぎのように書ける．

$$
\frac{\Delta V}{\Delta t} = \frac{\pi r^4}{8\eta}\frac{\rho gh}{(x_2 - x_1)} = \frac{\pi r^4}{8\eta}\frac{\rho gh}{l} \qquad (34\cdot46)
$$

l は毛細管の長さである．この式を変形すれば，

$$
\eta = \left(\frac{\pi r^4}{8}\frac{gh}{\Delta V l}\right)\rho\,\Delta t = A\rho\,\Delta t \qquad (34\cdot47)
$$

1) Ostwald viscometer

となる．Aを粘度計定数といい，それは粘度計の形状に依存している．これを決めているいろいろなパラメーターは，粘度計の形状を注意深く測定すれば求められる．しかし，粘度計定数はふつう，密度や粘度が既知の液体を使って校正して求めている．

34・8 液体中の拡散と液体の粘度

粒子のランダムな運動が粒子の拡散をひき起こすという考えは，1827年にブラウン[1]が顕微鏡を用いて行った有名な実験で明らかになった．〔この業績に関するわかりやすい解説が，*The Microscope*, **40**, 235–241 (1992) にある．〕この実験でブラウンは，直径約5 μmの花粉粒を水面上に浮かべ，顕微鏡を使ってこの粒子が“非常に特徴的な運動”を行うのを観察できた．その運動が液体の対流や蒸発によるものでないのを示す実験を行ってから，これが粒子そのものの運動であるとブラウンは結論づけたのであった．この一見ランダムな花粉粒の運動を**ブラウン運動**[2]という．この運動こそが，液体中での大きな粒子の拡散の現れなのである．

図34・16について考えよう．質量mの粒子が粘度ηの液体中にある．この粒子の運動は液体粒子から受ける衝突によって駆動されており，それは時間変化する力$F(t)$によっている．ここで，$F(t)$を成分に分解し，そのx成分$F_x(t)$に注目することにする．粒子のx方向の運動は，液体の粘度による摩擦力をひき起こす．そこで，

$$F_{\text{摩擦},x} = -fv_x = -f\left(\frac{\mathrm{d}x}{\mathrm{d}t}\right) \tag{34·48}$$

と書ける．この式の負号は，摩擦力が運動方向とは逆向きに働くことを表している．fは摩擦係数であり，粒子の形状と液体の粘度によって決まる．この粒子に働く合計の力は，衝突による力と摩擦力の単なる和であるから，

$$\begin{aligned} F_{\text{全},x} &= F_x(t) + F_{\text{摩擦},x} \\ m\left(\frac{\mathrm{d}^2x}{\mathrm{d}t^2}\right) &= F_x(t) - f\left(\frac{\mathrm{d}x}{\mathrm{d}t}\right) \end{aligned} \tag{34·49}$$

と表せる．アインシュタインは1905年にこの微分方程式について研究し，液体–粒子間で起こる多数回の衝突を平均化すれば，ある特定の時間tにおける粒子の平均二乗変位は次式で表せることを示した．

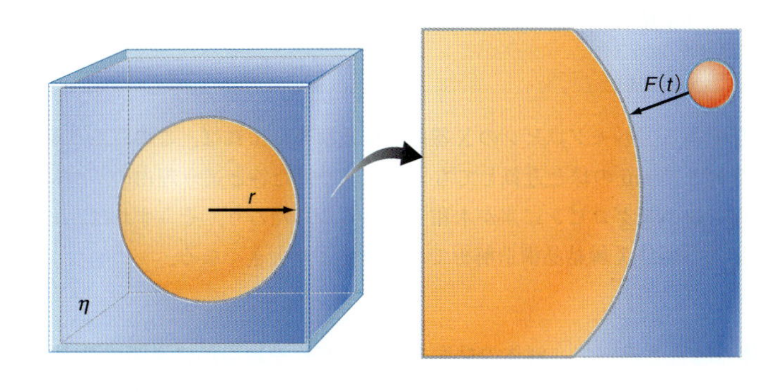

図34・16 ブラウン運動のモデル．半径rの球形粒子が粘度ηの液体中にある．この粒子は液体分子（右図の赤色の球）との衝突によって，時間変化する力$F(t)$を受けて運動を始める．しかし，同時に液体の粘度に依存する摩擦力が逆向きに働く．その合計の力によってこの粒子の運動は決まる．

1) Robert Brown　2) Brownian motion

$$\langle x^2 \rangle = \frac{2k_BTt}{f} \qquad (34\cdot50)$$

k_B はボルツマン定数，T は温度である．拡散を起こす粒子が球形であれば，その摩擦係数は，

$$f = 6\pi\eta r \qquad (34\cdot51)$$

で与えられるから，

$$\langle x^2 \rangle = 2\left(\frac{k_BT}{6\pi\eta r}\right)t \qquad (34\cdot52)$$

と表せる．この式と拡散方程式（34·18 式）で求めた $\langle x^2 \rangle$ を比較すれば，拡散係数 D は，

$$D = \frac{k_BT}{6\pi\eta r} \qquad (34\cdot53)$$

であることがわかる．この式を球形粒子の拡散を表す**ストークス−アインシュタインの式**[1]という．この式によれば，拡散係数は媒質の粘度，粒子の大きさ，温度に依存する．液体中の拡散を表すのにこのかたちのストークス−アインシュタインの式が使えるのは，拡散粒子の半径が液体粒子の半径よりずっと大きな場合である．粒子の大きさが液体粒子と変わらない場合の拡散の実験データは，(34·53)式とは異なるつぎの式で表される．

$$D = \frac{k_BT}{4\pi\eta r} \qquad (34\cdot54)$$

この式は**自己拡散**[2]を表す式でもある．すなわち，液体中でその液体分子が起こす拡散を表す式である．

例題 34・8

ヘモグロビンは，酸素の輸送を担うタンパク質である．人間のヘモグロビンの 298 K の水中（$\eta = 0.891$ cP）における拡散係数は $6.90 \times 10^{-11}\ \mathrm{m^2\ s^{-1}}$ である．このヘモグロビンが球形と仮定して，その半径を求めよ．

解 答

(34·53)式を変形して，それぞれの単位の扱いに注意すれば，半径は，

$$r = \frac{k_BT}{6\pi\eta D} = \frac{(1.38 \times 10^{-23}\ \mathrm{J\ K^{-1}})(298\ \mathrm{K})}{6\pi(0.891 \times 10^{-3}\ \mathrm{kg\ m^{-1}\ s^{-1}})(6.90 \times 10^{-11}\ \mathrm{m^2\ s^{-1}})}$$

$$= 3.55\ \mathrm{nm}$$

と計算できる．ヘモグロビンの X 線結晶構造解析によれば，この球形タンパク質を半径 2.75 nm の球と近似してもよい．上で得た答と違う理由の一つは，水溶液中ではヘモグロビンに水が水和しているからだろう．そうすれば，この粒子の実効半径は X 線結晶構造解析で求めた値より大きくなる．

気体の場合と違って，液体の粘度の温度依存性を理論的に説明するのは難し

1) Stokes−Einstein equation　2) self-diffusion

い．そのおもな理由は，液体中では粒子間の距離は概して短いから，粒子間の相互作用を表すのに分子間相互作用が重要になるからである．一般的な規則として，液体の分子間相互作用が強いほど，液体の粘度は大きい．温度については，液体の粘度は温度が下がれば増加する．この振舞いの理由は，温度が下がれば粒子の運動エネルギーも減少し，粒子の運動エネルギーは分子間相互作用によるポテンシャルエネルギーを越えられなくなり，液体の流れに対する抵抗が大きくなるためである．

34・9 補遺: 沈降と遠心

液体中の輸送現象の重要な応用に**沈降**[1]がある．拡散とともに沈降を使えば，高分子のモル質量を求めることができる．図34・17は，質量 m の分子1個が地球重力のもとで密度 ρ の液体中で沈降によって移動する様子を表している．この粒子には三つの力が作用している．

1. 摩擦力: $F_{摩擦} = -fv_x$
2. 重力: $F_{重力} = mg$
3. 浮力: $F_{浮力} = -m\overline{V}\rho g$

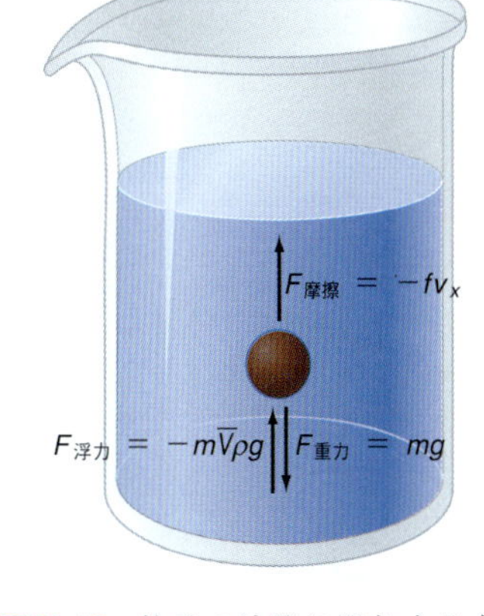

図34・17　粒子の沈降に関与する力．$F_{摩擦}$ は摩擦力，$F_{重力}$ は重力，$F_{浮力}$ は浮力である．

浮力を表す式にある $\overline{V}$ は，溶質の**比体積**[2]であり，正確にいえば大量の溶液に溶質1gを加えたときの溶液の体積変化に等しい．その単位は $cm^3\,g^{-1}$ で表される．

粒子をはじめ溶液の液面に置いて，それを落下させたとしよう．はじめの落下速度 (v_x) は0であるが，粒子は加速され，速度は次第に速くなる．しかし最終的には，摩擦力と浮力が重力と釣り合ったところで粒子は一定の速さに落ち着く．この速度を終端速度 ($v_{x,終}$) という．このときの加速度は0である．ニュートンの第二法則を使えば，

$$
\begin{aligned}
F_{全} &= ma = F_{摩擦} + F_{重力} + F_{浮力} \\
0 &= -fv_{x,終} + mg - m\overline{V}\rho g \\
v_{x,終} &= \frac{mg(1-\overline{V}\rho)}{f} \\
\bar{s} &= \frac{v_{x,終}}{g} = \frac{m(1-\overline{V}\rho)}{f} \qquad (34\cdot55)
\end{aligned}
$$

と表せる．**沈降係数**[3] $\bar{s}$ は，終端速度を重力加速度で割ったものである．沈降係数はふつうスベドベリ (S) の単位で表される．$1\,S = 10^{-13}\,s$ である．しかし，本章の後の節で出てくる単位と混同しないために，ここでは s の単位で表すことにする．

沈降の実験を地球重力の加速度を使って行うことはない．実際には，粒子の沈降は**遠心機**[4]を使って行う．超遠心機を使えば，地球の重力加速度の 10^5 倍もの加速度をつくりだすことができる．遠心沈降の加速度は $\omega^2 x$ に等しい．ω は角速度 (単位は rad s^{-1}) であり，x は回転中心から粒子までの距離である．遠心沈降でも，粒子は遠心による加速度で決まる終端速度に到達するから，沈降係数は次式で表される．

$$
\bar{s} = \frac{v_{x,終}}{\omega^2 x} = \frac{m(1-\overline{V}\rho)}{f} \qquad (34\cdot56)
$$

1) sedimentation　2) specific volume　3) sedimentation coefficient　4) centrifuge

例題 34・9

リゾチーム ($M=14\,100\ \mathrm{g\ mol^{-1}}$) の 20 °C の水中での沈降係数は $1.91\times 10^{-13}\ \mathrm{s}$，比体積は $0.703\ \mathrm{cm^3\ g^{-1}}$ である．同じ温度の水の密度は $0.998\ \mathrm{g\ cm^{-3}}$，$\eta=1.002\ \mathrm{cP}$ である．リゾチームは球形であるとして，このタンパク質の半径はいくらか．

解 答

摩擦係数は分子の半径に依存する．(34・56)式を f について解けば，

$$
\begin{aligned}
f &= \frac{m(1-\overline{V}\rho)}{\bar{s}} \\
&= \frac{\dfrac{(14\,100\ \mathrm{g\ mol^{-1}})}{(6.022\times 10^{23}\ \mathrm{mol^{-1}})}\,(1-(0.703\ \mathrm{cm^3\ g^{-1}})(0.998\ \mathrm{g\ cm^{-3}}))}{1.91\times 10^{-13}\ \mathrm{s}} \\
&= 3.66\times 10^{-8}\ \mathrm{g\ s^{-1}}
\end{aligned}
$$

が得られる．この摩擦係数は (34・51)式で球形粒子の半径と関係している．そこで，半径はつぎのように計算できる．

$$
r=\frac{f}{6\pi\eta}=\frac{3.66\times 10^{-8}\ \mathrm{g\ s^{-1}}}{6\pi(1.002\ \mathrm{g\ m^{-1}\ s^{-1}})}=1.94\times 10^{-9}\ \mathrm{m}=1.94\ \mathrm{nm}
$$

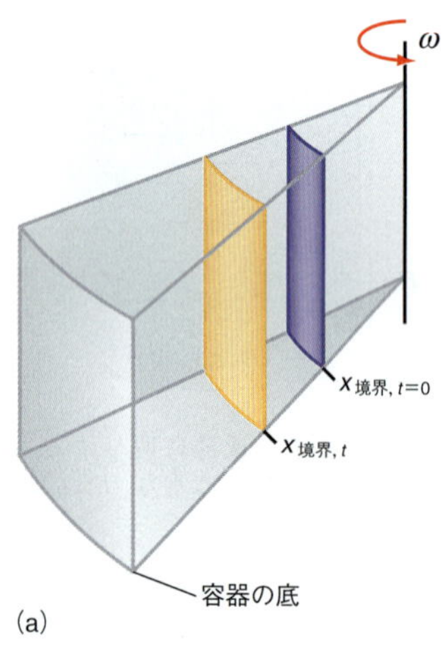

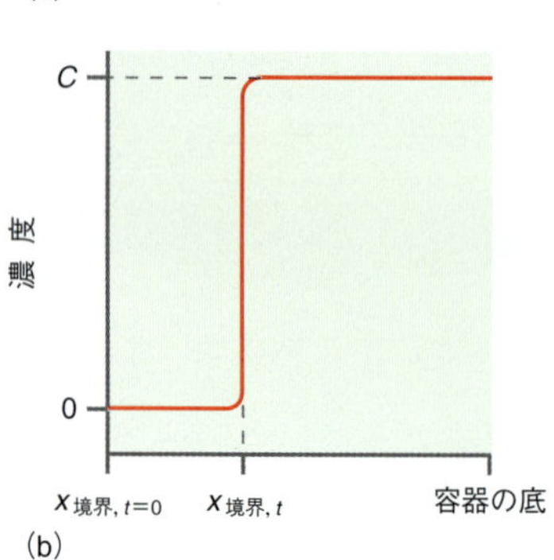

図 34・18　遠心法による沈降係数の測定．(a) 遠心機の容器の概略図．これを角速度 ω で回転させる．$x_{境界,t=0}$ にある面 (紫色) は遠心を行う前の溶液のメニスカス (液面) の位置である．試料を遠心すれば，分子の濃度の高い溶液と溶媒との間に境界が生じる．このときの境界面の位置を $x_{境界,t}$ で示してある (黄色)．(b) 遠心が進行するにつれ，この境界層は容器の底に向かって移動する．$\ln(x_{境界,t}/x_{境界,t=0})$ を時間に対してプロットすれば直線が得られ，その勾配は ω^2 と沈降係数の積に等しい．

生体高分子の沈降係数を測定する方法の一つは，図 34・18 に示す遠心によるものである．この過程では，生体高分子の均一溶液を遠心機の中に入れて回転する．沈降が起これば，回転軸から離れたところの試料は濃度が上昇し，回転軸に近い試料の濃度は下がる．この二つの層の境界は時間とともに，遠心機の回転軸から離れる向きに移動する．この**境界層**[1]の中央の位置を $x_{境界}$ とすれば (図 34・18 を見よ)，境界層の位置と遠心時間の間にはつぎの関係がある．

$$
\bar{s}=\frac{v_{x,終}}{\omega^2 x}=\frac{\dfrac{\mathrm{d}x_{境界}}{\mathrm{d}t}}{\omega^2 x_{境界}}
$$

$$
\omega^2\,\bar{s}\int_0^t \mathrm{d}t=\int_{x_{境界,t=0}}^{x_{境界,t}}\frac{\mathrm{d}x_{境界}}{x_{境界}}
$$

$$
\omega^2\,\bar{s}t=\ln\left(\frac{x_{境界,t}}{x_{境界,t=0}}\right) \qquad (34\cdot 57)
$$

この式によれば，$\ln(x_{境界,t}/x_{境界,t=0})$ を時間に対してプロットすれば直線が得られ，その勾配は ω^2 と沈降係数の積に等しい．例題 34・10 では，沈降係数を境界遠心法で求める方法を示す．

例題 34・10

リゾチームの沈降係数を，20 °C の水中で毎分 55 000 回転の遠心法で求めた．境界層の位置の時間変化について，つぎのデータが得られた．

1) boundary layer

時間/min	$x_{境界}$/cm
0	6.00
30	6.07
60	6.14
90	6.21
120	6.28
150	6.35

このデータを使って，20 °C の水中でのリゾチームの沈降係数を求めよ．

解答

まず，与えられたデータを使って $\ln(x_{境界}/x_{境界,t=0})$ をつぎのように求める．

時間/min	$x_{境界}$/cm	$(x_{境界}/x_{境界,t=0})$	$\ln(x_{境界}/x_{境界,t=0})$
0	6.00	1	0
30	6.07	1.01	0.009 95
60	6.14	1.02	0.019 80
90	6.21	1.03	0.029 56
120	6.28	1.04	0.039 22
150	6.35	1.05	0.048 79

$\ln(x_{境界}/x_{境界,t=0})$ を時間に対してプロットすれば，つぎのグラフが得られる．

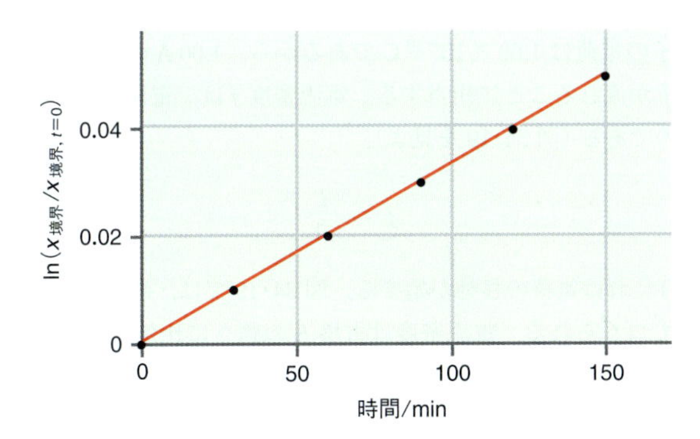

このプロットの直線の勾配は $3.75 \times 10^{-4}\ \mathrm{min^{-1}}$ であり，これは ω^2 と沈降係数の積に等しい．これから，つぎの沈降係数が得られる．

$$3.75 \times 10^{-4}\ \mathrm{min}^{-1} = 6.25 \times 10^{-6}\ \mathrm{s}^{-1} = \omega^2 \bar{s}$$

$$\bar{s} = \frac{6.25 \times 10^{-6}\ \mathrm{s}^{-1}}{\omega^2} = \frac{6.25 \times 10^{-6}\ \mathrm{s}^{-1}}{((55\,000\ \mathrm{min}^{-1})(2\pi\ \mathrm{rad})(0.0167\ \mathrm{min\ s}^{-1}))^2}$$

$$\bar{s} = 1.88 \times 10^{-13}\ \mathrm{s}$$

沈降係数と拡散係数がわかれば，生体高分子のモル質量を求めることができる．(34・56)式を変形すれば，摩擦係数を求めるつぎの式が導ける．

$$f = \frac{m(1 - \overline{V}\rho)}{\bar{s}} \tag{34・58}$$

摩擦係数は，(34・51)式と (34・53)式を使えば，つぎのように拡散係数で表すこともできる．

$$f = \frac{k_B T}{D} \tag{34·59}$$

(34·58)式と (34·59)式を等しいとおけば，分子質量とモル質量は，

$$m = \frac{k_B T \bar{s}}{D(1-\overline{V}\rho)} \qquad M = \frac{RT\bar{s}}{D(1-\overline{V}\rho)} \tag{34·60}$$

と求められる．この式からわかるように，沈降係数と拡散係数だけでなく分子の比体積がわかっていれば，生体高分子の分子質量やモル質量を求めることもできるのである．

34・10 イオン伝導

イオン伝導[1]とは，電位の影響下で電荷がイオンのかたちで移動する輸送現象である．移動する電荷量は電流 I で表される．電流は，ある時間に移動する電荷量 Q である．

$$I = \frac{\mathrm{d}Q}{\mathrm{d}t} \tag{34·61}$$

電流の単位はアンペア (A) で表され，

$$1\,\mathrm{A} = 1\,\mathrm{C\,s^{-1}} \tag{34·62}$$

である．電子の電荷は 1.60×10^{-19} C であるから，1.00 A の電流は 1 s で 6.25×10^{18} 個の電子が流れることに相当する．電流密度 j は，電流 I を導体の断面積 A で割ったものである (図 34·19 を見よ)．

$$j = \frac{I}{A} \tag{34·63}$$

電位差を与えれば電荷の移動が始まる．図 34·19 では，導体中の電場はバッテリーによってつくられる．電流密度は電場 E の強さに比例し，その比例係数を**電気伝導率**[2] κ という．すなわち，

$$j = \kappa E \tag{34·64}$$

である．不都合なことに，熱伝導率と電気伝導率はどちらも記号 κ で表されることが多い．したがって，混乱するおそれがあるときは，熱伝導率か電気伝導率を明確に示すことにする．電気伝導率の単位は，ジーメンス (S) を使って $\mathrm{S\,m^{-1}}$ で表す．$1\,\mathrm{S} = 1\,\Omega^{-1}$ である．また，物質の**抵抗率**[3] ρ は電気伝導率の逆数であ

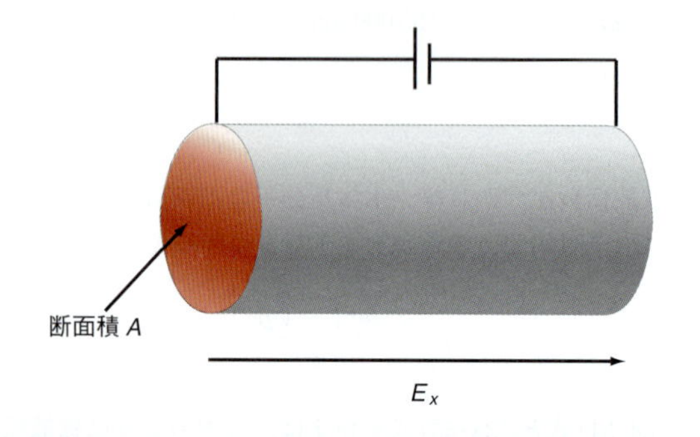

図 34·19　電流が流れる導体の断面積．導体の断面積を赤色で示してある．バッテリーを使ってかけた電場 E_x の向きを示してある．

1) ionic conduction　2) electrical conductivity　3) resistivity

る．すなわち，

$$\rho = \frac{1}{\kappa} = \frac{E}{j} \tag{34・65}$$

である．抵抗率の単位はΩmである．ここで，図34・19について考えよう．ある断面積A，長さlの円柱形の導体に電場Eをかける．このとき，この円柱が全体にわたって均一であれば，電場と電流密度は導体全体にわたって等しいから，

$$E = \frac{V}{l} \tag{34・66}$$

$$j = \frac{I}{A} \tag{34・67}$$

と書ける．(34・66)式でVは導体の両端の電位差，つまり電圧である．(34・66)式と(34・67)式を抵抗率の式，(34・65)式に代入すれば，

$$\rho = \frac{1}{\kappa} = \left(\frac{V}{I}\right)\frac{A}{l} = R\,\frac{A}{l} \tag{34・68}$$

となる．この式の最右辺ではオームの法則を使って，V/IをRで表した．この式によれば，抵抗率は物質の抵抗R（単位はΩ）に比例し，その比例定数は導体の断面積Aをその長さlで割ったものに等しい．

電気伝導率は輸送とどう関係しているだろうか．ここでも，図34・19で示したように，導体の両端にバッテリーをつないだとしよう．このバッテリーは導体内部に電場をつくる．その電場の方向をx方向とすれば，電場は電位勾配とつぎの関係にある．

$$E_x = -\frac{\mathrm{d}\phi}{\mathrm{d}x} \tag{34・69}$$

この定義を使えば(34・64)式は，

$$\frac{1}{A}\frac{\mathrm{d}Q}{\mathrm{d}t} = -\kappa\frac{\mathrm{d}\phi}{\mathrm{d}x} \tag{34・70}$$

となる．この式の左辺は，電位勾配に応じて導体内につくられた電荷の流束にすぎない．(34・70)式を(34・1)式と比較すれば，イオン伝導率は他の輸送過程の場合と同じように表せることがわかる．すなわち，電位勾配と電荷流束の間の比例係数が電気伝導率である．

溶液中で起こる電荷輸送を詳しく調べるには，イオンから成る溶液の伝導率を測定すればよい．その測定はふつう伝導率セルを使って行う．このセルは，ある面積の電極2枚をある間隔で設置しただけの容器であり，その中に電解質溶液を入れる（図34・20）．伝導率セルの抵抗を測定するには，電解生成物が電極に蓄積するのを避けるために交流電圧を使う．そのセルの抵抗は，図34・20に示したホイートストンブリッジを使って測定する．この回路の作動原理は，ブリッジの4個の“アーム”[†2]の抵抗の間にある関係が成り立てば点AとBの間に電流が流れないというものである．実際の実験では，抵抗値R_3を調節して零点を検出する．このとき，伝導率セルの抵抗は，

$$R_{\text{セル}} = \frac{R_2 R_3}{R_1} \tag{34・71}$$

---

†2 訳注：ブリッジ回路の各辺あるいはその要素を“アーム”という．

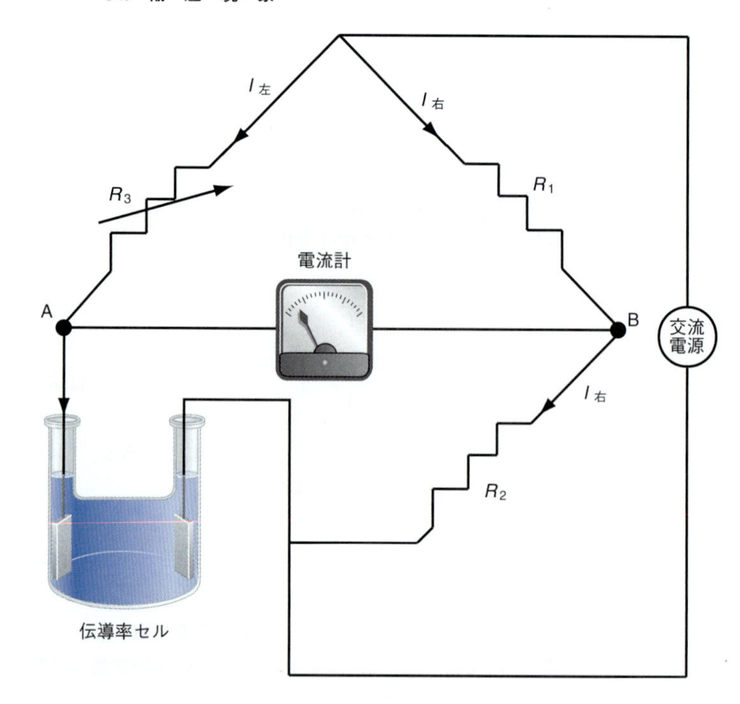

図 34·20　伝導率測定を行うための電気回路の概念図．注目する溶液は伝導率セルに入れてあり，ホイートストンブリッジ回路のアームの一つを構成している．点Aと点Bの間に電流が流れないように可変抵抗 R_3 を調節する．このとき，伝導率セルの正しい抵抗値を測定できる．

で求められる．そこで，セルの抵抗を測定すれば，溶液の電気伝導率は (34·68) 式から求められる．

溶液の電気伝導率は，存在するイオンの数に依存している．イオン溶液の伝導率は，つぎに定義される**モル伝導率**[1] Λ_m で表す．

$$\Lambda_m = \frac{\kappa}{c} \tag{34·72}$$

c は電解質のモル濃度である．モル伝導率の単位は $S\ m^2\ mol^{-1}$ である．κ が電解質濃度に比例すれば，モル伝導率は濃度に依存しないことになる．図 34·21 は，いろいろな電解質について測定されたモル伝導率を表したもので，25 °C の水に対する濃度の関数としてプロットしてある．すぐわかるように，二つの傾向が見られる．まず，モル伝導率が濃度に依存しないというのは，どの電解質にも見ら

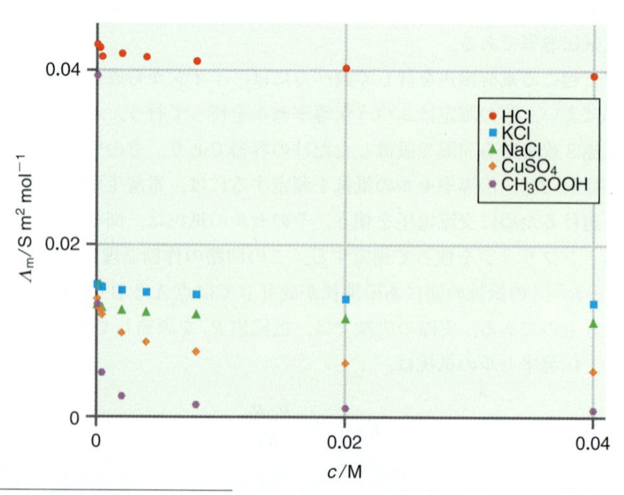

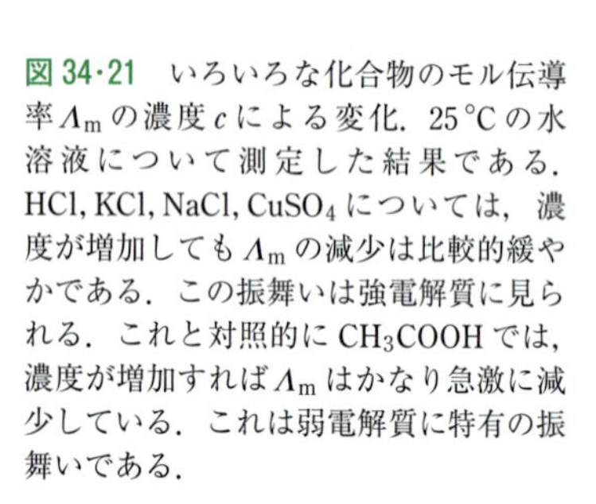
図 34·21　いろいろな化合物のモル伝導率 Λ_m の濃度 c による変化．25 °C の水溶液について測定した結果である．HCl, KCl, NaCl, $CuSO_4$ については，濃度が増加しても Λ_m の減少は比較的緩やかである．この振舞いは強電解質に見られる．これと対照的に CH_3COOH では，濃度が増加すれば Λ_m はかなり急激に減少している．これは弱電解質に特有の振舞いである．

1) molar conductivity

れない．第二に，いろいろな化学種の濃度依存性を見れば，電解質が2種に分類できることがわかる．**強電解質**[1]は，濃度が上昇してもモル伝導率があまり減少しない．図34・21では，HCl, KCl, NaCl, $CuSO_4$ が強電解質である．もう一つは，図34・21の CH_3COOH で見られる**弱電解質**[2]である．弱電解質のモル伝導率は低濃度では強電解質に匹敵するが，濃度上昇とともに急激に減少する．同じ化学種でも溶媒によって弱電解質であったり，強電解質であったりすることがある．以下では，強電解質と弱電解質の伝導率の振舞いについて説明しよう．

34・10・1 強電解質

弱電解質と強電解質の根本的な違いは，溶液中でのイオン化の度合いである．イオン性固体（KClなど）や強酸（HClなど），強塩基などの強電解質は，溶液中ではイオン種として存在しており，その電解質の濃度は溶液中に存在するイオン種の濃度に直接関係している．

コールラウシュは1900年，強電解質のモル伝導率の濃度依存性を表すのにつぎの式が使えることを見いだした．

$$\Lambda_{\mathrm{m}} = \Lambda_{\mathrm{m}}^{0} - K\sqrt{\frac{c}{c_0}} \qquad (34\cdot73)$$

コールラウシュの法則[3]というこの式によれば，強電解質のモル伝導率は濃度の平方根で直線的に減少し，その勾配は K で表される．この勾配は，電解質の濃度よりも化学量論（AB, AB_2 など）に強く依存することがわかっている．(34・73)式で，Λ_{m}^{0} は無限希釈でのモル伝導率であり，イオン間の相互作用がまったくないときに予測されるモル伝導率を表している．すぐわかるように，"無限"希釈の溶液を使って測定することはできないが，コールラウシュの法則によれば，Λ_{m} を濃度（標準濃度 $c_0 = 1\,\mathrm{M}$ を基準とした値）の平方根の関数でプロットし，それを $c = 0$ に補外したときに得られる値として Λ_{m}^{0} を簡単に求めることができる．図34・22の縦軸は図34・21と同じで，HCl, KCl, NaCl のモル伝導率 Λ_{m} を表したものであるが，横軸を $(c/c_0)^{1/2}$ としてプロットしてある．実線はコールラウシュの法則を使ってデータに合わせた直線であり，この式で強電解質の Λ_{m} の濃度依存性をうまく再現できるのがわかる．

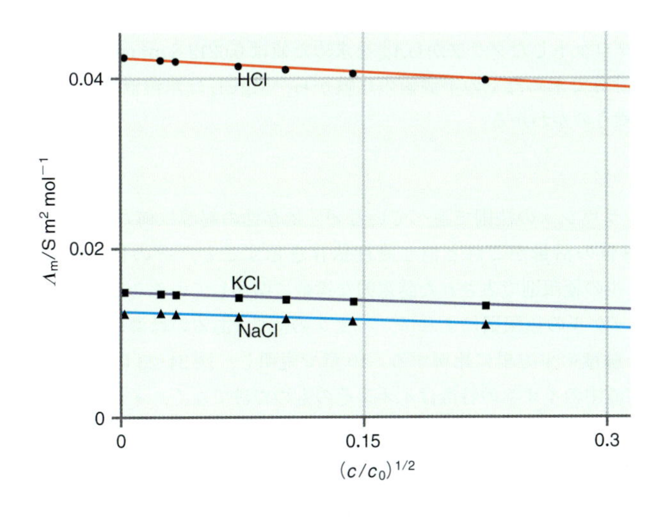

図34・22　強電解質 HCl, KCl, NaCl について，濃度の平方根に対してモル伝導率 Λ_{m} をプロットしたグラフ．実線はコールラウシュの法則（34・73式）を使って合わせた直線．

1) strong electrolyte　2) weak electrolyte　3) Kohlrausch's law

コールラウシュはまた，強電解質の**極限モル伝導率**[1]は，それを構成するイオンの寄与に分けてつぎの式で表せることを示した．

$$\Lambda_m^0 = \nu_+\lambda_+ + \nu_-\lambda_- \qquad (34\cdot74)$$

この式の ν_+ と ν_- は，電解質を化学式で表したときの正および負にそれぞれ帯電した化学種の量論数である．たとえば，NaCl では $\nu_+ = \nu_- = 1$ であり，それぞれのイオンは Na^+ と Cl^- である．カチオンとアニオンの極限モル伝導率[†3]をそれぞれ λ_+ と λ_- と書いて，電解質を構成しているそれぞれのイオンの伝導率を表す．(34·74)式を**イオンの独立移動の法則**[2]といい，希釈条件下であれば，電解質のモル伝導率は構成イオンの伝導率の単なる和で表せることを示している．表 34·2 には，水溶液中のいろいろなイオンの極限モル伝導率を掲げてある．

表 34·2　代表的なイオンの極限モル伝導率

イオン	$\lambda/(S\,m^2\,mol^{-1})$	イオン	$\lambda/(S\,m^2\,mol^{-1})$
H^+	0.0350	OH^-	0.0199
Na^+	0.0050	Cl^-	0.0076
K^+	0.0074	Br^-	0.0078
Mg^{2+}	0.0106	F^-	0.0054
Cu^{2+}	0.0107	$NO_3{}^-$	0.0071
Ca^{2+}	0.0119	$CO_3{}^{2-}$	0.0139

例題 34・11

$MgCl_2$ について，予測される極限モル伝導率を求めよ．

解 答

(34·74)式と表 34·2 のデータを使えば，

$$\begin{aligned}\Lambda_m^0(MgCl_2) &= 1\lambda(Mg^{2+}) + 2\lambda(Cl^-)\\ &= (0.0106\,S\,m^2\,mol^{-1}) + 2(0.0076\,S\,m^2\,mol^{-1})\\ &= 0.0258\,S\,m^2\,mol^{-1}\end{aligned}$$

と求めることができる．実際に $MgCl_2$ について測定した伝導率を $(c/c_0)^{1/2}$ に対してプロットしたグラフから Λ_m^0 を求めた値は $0.0212\,S\,m^2\,mol^{-1}$ である．この値と計算で求めた上の予測値の比較から，$MgCl_2$ は水溶液中で強電解質として振舞うのがわかる．

コールラウシュの法則で述べている $c^{1/2}$ 依存性の起源は何だろうか．10 章では，電解質の活量がこれと同じ濃度依存を示すこと，その依存性はデバイ–ヒュッケルの極限則で表された誘電的な遮蔽に関係していることを述べた．デバイ–ヒュッケルの極限則によれば，イオンの活量（あるいは濃度）の対数は溶液のイオン強度の平方根に比例する．10 章で説明し，図 34·23 にも示してあるように，溶液中のイオンの特徴はイオンそのものだけでなく，イオンを囲むイオン

†3　訳注：電解質の極限モル伝導率は，無限希釈モル伝導率（molar conductivity at infinite dilution）または極限当量伝導率（limiting equivalent conductivity）ともいう．このときの各イオンの極限モル伝導率をイオン極限当量伝導率ともいう．

1) limiting molar conductivity　2) law of independent migration of ions

雰囲気によっても表される．この図では，負のイオンに隣接して正のイオン数個が存在しており，それがイオン雰囲気をつくっている．外部電場がなければ，このイオン雰囲気は球対称であり，正の電荷中心と負の電荷中心は一致している．しかし，電場がかかるとイオンは動いて，その影響が二つ現れる．まず，図34・23の負のイオンが移動し，これに伴ってイオン雰囲気も移動するような状況を考えよう．このイオン雰囲気は負のイオンが動いても瞬間的に応答することができず，応答の遅れによって正の電荷中心と負の電荷中心の位置にずれが生じる．その変位は，かけた電場とは逆向きの局所電場を生じることになる．それによって，イオンの移動速度とそれによる伝導率も低下するのである．この効果を**緩和効果**[1]という．それは，この現象に時間依存が伴うからである．この場合は，負のイオンの運動にイオン雰囲気が追随するのに時間がかかるわけである．

イオン雰囲気の緩和にかかる時間に関する情報を得るには，イオン伝導率を調べるための交流電場の振動数を変化させればよい．イオンの移動速度を低下させる第二の効果は**電気泳動効果**[2]である．負に帯電したイオンと正に帯電したイオンは逆向きに移動するから，イオンが受ける粘性抵抗は増加する．粘性抵抗の上昇に伴うイオン移動度の低下によって伝導率が下がるのである．

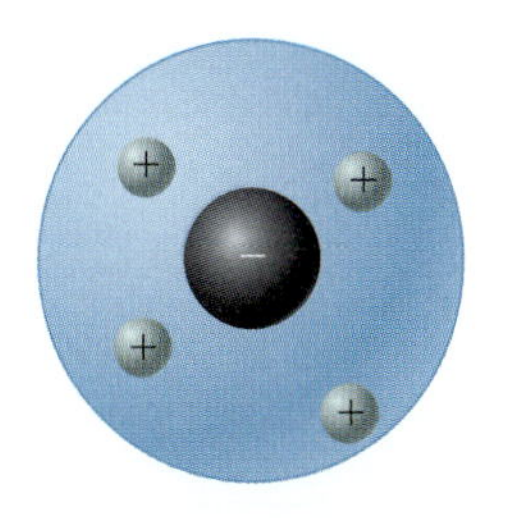

(a)

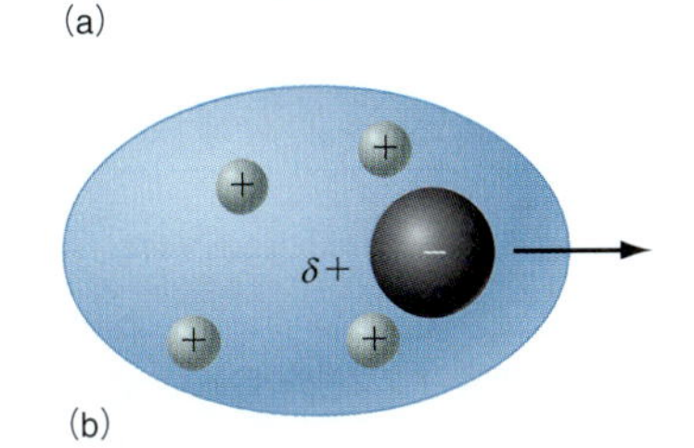

(b)

図34・23　溶液中に存在する負のイオンとそのイオン雰囲気．(a) 電場が存在しなければ，正の電荷中心と負の電荷中心は一致している．(b) しかし，電場が存在すれば，負のイオンが動くことによって，正の電荷中心と負の電荷中心の位置にずれが生じる．この局所電場はかけた電場と逆向きであるから，イオンの移動速度は低下する．

34・10・2　弱電解質

弱電解質は溶液中で，その一部しかイオンの成分に変換しない．弱酸の酢酸は，弱電解質の有名な例の一つである．弱酸とは，H_3O^+ とその共役塩基への変換が不完全な酸である．弱電解質の Λ_m の濃度依存性は，イオン化の度合いを考えれば理解できるだろう．弱酸 (HA) で，その一部が水中で解離して H_3O^+ とその共役塩基 (A^-) が生成する場合は，不完全なイオン化を表すのにイオン濃度と電解質濃度に分けてつぎのように考える．

$$[H_3O^+] = [A^-] = \alpha c \qquad (34 \cdot 75)$$

$$[HA] = (1-\alpha)c \qquad (34 \cdot 76)$$

ここで，α はイオン化度†4 (0と1の間を変化する)，c は電解質の初濃度である．(34・75)式と (34・76)式を弱酸の平衡定数の式に代入すれば，

$$K_a = \frac{\alpha^2 c}{(1-\alpha)} \qquad (34 \cdot 77)$$

が得られる．この式を α について解けば，

$$\alpha = \frac{K_a}{2c}\left(\left(1+\frac{4c}{K_a}\right)^{1/2} - 1\right) \qquad (34 \cdot 78)$$

となる．ある濃度の弱電解質のモル伝導率 Λ_m は，無限希釈モル伝導率 Λ_m^0 とつぎの関係がある．

$$\Lambda_m = \alpha \Lambda_m^0 \qquad (34 \cdot 79)$$

(34・78)式と (34・79)式を使えばモル伝導率の濃度依存性を求めて，実験結果と比較することができる．弱電解質の Λ_m と c の関係は，つぎの**オストワルドの希釈法則**[3]で表される．

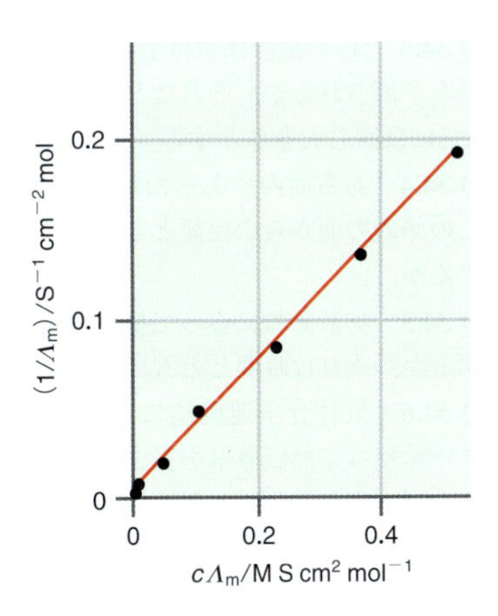

図34・24　酢酸 (CH_3COOH) について，(34・80)式のオストワルドの希釈法則を使って濃度の関数で求めた伝導率の実験値と予測値の比較．このグラフの y 切片は $1/\Lambda_m^0$ に等しい．

---

†4　訳注: プロトン脱離率 (fraction deprotonated) ともいう．弱塩基の不完全解離の場合は，プロトン付加率 (fraction protonated) を定義することになる．

1) relaxation effect　2) electrophoretic effect　3) Ostwald dilution law

$$\frac{1}{\Lambda_m} = \frac{1}{\Lambda_m^0} + \frac{c\Lambda_m}{K_a(\Lambda_m^0)^2} \qquad (34\cdot80)$$

酢酸 ($K_a = 1.8 \times 10^{-5}$, $\Lambda_m^0 = 0.039\,57\ \mathrm{S\ m^2\ mol^{-1}}$) について，(34·80)式から予測される振舞いと実験の比較を図 34·24 に示すが，両者は非常によく一致している．オストワルドの希釈法則を使えば，弱酸について無限希釈モル伝導率を求めることができる．

用語のまとめ

アインシュタイン–スモルコフスキーの式
イオン伝導
イオン極限当量伝導率
イオンの独立移動の法則
遠 心 機
オストワルドの希釈法則
オストワルド粘度計
拡　散
拡散係数
拡散方程式
緩和効果
境 界 層
強電解質
極限モル伝導率
コールラウシュの法則
自己拡散
弱電解質
ストークス–アインシュタインの式
層　流
沈　降
沈降係数
抵 抗 率
電気泳動効果
電気伝導
熱 伝 導
熱伝導率
粘　性
粘　度
フィックの拡散の第一法則
フィックの拡散の第二法則
比体積
物質輸送
ブラウン運動
ポアズイユの法則
無限希釈モル伝導率
モル伝導率
輸送係数
輸送現象
ランダム歩行
乱　流
流　束
流束断面

文章問題

Q 34.1　系のある性質の空間的な勾配とその性質の流束の間に成り立つ一般的な関係は何か．

Q 34.2　気体分子運動論のパラメーターを使って拡散係数 D の式を求めよ．分子質量や衝突断面積が増加すれば，D はどう変化すると予測できるか．

Q 34.3　H_2 の拡散係数は D_2 より大きいか，それとも小さいと予測されるか．それはどの程度の違いか．ただし，H_2 と D_2 は同じ大きさとする．

Q 34.4　ある面内にあった粒子が時間とともに拡散する．この始めの面からの距離とともに粒子の数密度はどう変化するか．

Q 34.5　拡散係数によって根平均二乗拡散距離はどう変化するか．それは時間とともにどう変化するか．

Q 34.6　気体分子運動論によって導いた粒子のパラメーターを使って熱伝導率を表す式を求めよ．

Q 34.7　理想気体の熱伝導率が圧力に無関係と予測されるのはなぜか．理想気体の熱伝導率が $T^{1/2}$ で増加するのはなぜか．

Q 34.8　粘度を表すとき，系のどんな量が輸送されることに注目するか．気体分子運動論によって導いた粒子のパラメーターを使って粘度を表す式を求めよ．

Q 34.9　どんな観測量を使えば，気体や液体の粘度を測定できるか．

Q 34.10　気体の粘度は圧力とともにどう変化するか．

Q 34.11　ブラウン運動とは何か．

Q 34.12　ストークス–アインシュタインの式によれば，粒子の拡散係数はその大きさにどう依存しているか．

Q 34.13　拡散に関するランダム歩行のモデルを説明せよ．このモデルはブラウン運動とどう関係しているか．

Q 34.14　球形粒子の拡散を表すストークス–アインシュタインの式では，拡散係数は流体の粘度と粒子の大きさにどう依存しているか．

Q 34.15　粒子の沈降ではどんな力が関与しているか．

Q 34.16　強電解質と弱電解質の違いは何か．

Q 34.17　コールラウシュの法則によれば，強電解質のモル伝導率は濃度によってどう変化するか．

数値問題

赤字番号の問題の解説が解答・解説集にある(上巻 vii 頁参照).

P 34.1 CO_2 の 273 K, 1 atm での拡散係数は 1.00×10^{-5} $m^2 s^{-1}$ である. この拡散係数を使って, CO_2 の衝突断面積を計算せよ.

P 34.2 N_2 の衝突断面積は 0.43 nm^2 である. N_2 の 1 atm, 298 K での拡散係数はいくらか.

P 34.3

a. Xe の 273 K, 1.00 atm での拡散係数は 0.5×10^{-5} $m^2 s^{-1}$ である. Xe の衝突断面積はいくらか.

b. N_2 の拡散係数は同じ圧力, 同じ温度の条件下では, Xe の 3 倍である. N_2 の衝突断面積はいくらか.

P 34.4

a. スクロースの 298 K の水中での拡散係数は 0.522×10^{-9} $m^2 s^{-1}$ である. スクロース分子が平均として, rms 距離である 1 mm を拡散するのに必要な時間を求めよ.

b. スクロースの分子直径を 0.8 nm として, ランダム歩行の 1 歩当たりに要する時間はいくらか.

P 34.5

a. タンパク質リゾチーム ($M = 14.1$ kg mol^{-1}) の拡散係数は 0.104×10^{-5} $cm^2 s^{-1}$ である. この分子が rms 距離である 1 μm を拡散するのに必要な時間を求めよ. この拡散過程を三次元のモデルで表せ.

b. リゾチームの単一分子からの蛍光を追跡するのに顕微鏡で観察しようとしている. この顕微鏡の空間分解能は 1 μm である. 60 s ごとに 1 枚の像を撮れるカメラを使って, その拡散を追跡したい. 1 μm の距離にわたって拡散する単一のリゾチーム分子を検出するのに, このカメラの撮影速度は十分であるか.

c. 上の (b) の顕微鏡実験で, 水の薄い層を使うことによって, 拡散を二次元に抑制したとしよう. この分子がこの条件下で rms 距離である 1 μm を拡散するのに必要な時間を求めよ.

P 34.6 水 10 mL にスクロース 1 g を溶かした溶液を, 半径 2.5 cm の 1 L のメスシリンダーに注いだ. その後, このメスシリンダーの上部を純水で満たした.

a. このときのスクロースの拡散は一次元で起こると考えられる. 拡散の平均距離 $x_{平均}$ を求める式を導け.

b. スクロースの $x_{平均}$ と時間 1 s, 1 min, 1 h における x_{rms} を求めよ.

P 34.7 ある "断熱窓" では, 2 枚のガラス板の間に空気 ($\kappa = 0.0240$ J $K^{-1} m^{-1} s^{-1}$ の N_2 としてよい) が満たされている. 面積 1 m^2 のこの断熱窓のガラス板の空間が 3 cm であるとき, つぎの状況でのエネルギーの損失を求めよ.

a. 室外の温度 10 °C, 室内の温度 22 °C のとき.

b. 室外の温度 −20 °C, 室内の温度 22 °C のとき.

c. 上の (b) と同じ温度差があるが, ガラス板の間が N_2 の代わりに Ar ($\kappa = 0.0163$ J $K^{-1} m^{-1} s^{-1}$) で満たされているとき.

P 34.8 "断熱窓" を販売している会社の宣伝で, Kr を満たした窓を勧めており, Ar を満たした従来のものより 10 倍も断熱性がよいといっている. その通りと思うか. もしその通りなら, Kr ($\sigma = 0.52$ nm^2) と Ar ($\sigma = 0.36$ nm^2) の熱伝導率の比はいくらでなければならないか.

P 34.9 2 枚の金属板が 1 cm 隔てて平行にあり, 一方の温度は 300 K, 他方は 298 K である. 金属板の間は N_2 ($\sigma = 0.430$ nm^2, $C_{V,m} = \frac{5}{2}R$) で満たされている. この 2 枚の板の間の熱流束を求め, W cm^{-2} の単位で表せ.

P 34.10 つぎの気体の 273 K, 1.00 atm における熱伝導率を求めよ.

a. Ar ($\sigma = 0.36$ nm^2)

b. Cl_2 ($\sigma = 0.93$ nm^2)

c. SO_2 ($\sigma = 0.58$ nm^2, 屈曲形分子)

それぞれの気体の $C_{V,m}$ を求める必要がある. 並進自由度と回転自由度については高温極限が使えるとし, この温度では $C_{V,m}$ に対する振動の寄与は無視できるとする.

P 34.11 Kr の 273 K, 1 atm での熱伝導率は 0.0087 J K^{-1} $m^{-1} s^{-1}$ である. Kr の衝突断面積を計算せよ.

P 34.12 N_2 の 298 K, 1 atm での熱伝導率は 0.024 J K^{-1} $m^{-1} s^{-1}$ である. この熱伝導率の値から N_2 の衝突断面積を求めよ. N_2 では $C_{V,m} = 20.8$ J K^{-1} mol^{-1} である.

P 34.13 Kr の熱伝導率は, 圧力と温度の条件が同じであれば Ar の約半分である. どちらも単原子分子であるから $C_{V,m} = \frac{3}{2}R$ である.

a. Kr の熱伝導率が Ar より小さいと予測できるのはなぜか.

b. 圧力と温度の条件が同じであるとして, Ar と Kr の衝突断面積の比を求めよ.

c. Kr では 273 K, 1 atm で $\kappa = 0.0087$ J $K^{-1} m^{-1} s^{-1}$ である. Kr の衝突断面積を求めよ.

P 34.14

a. N_2 ($\sigma = 0.43$ nm^2) の熱伝導率について, 海面 ($T = 300$ K, $P = 1.00$ atm) での値と下部成層圏 ($T = 230$ K, $P = 0.25$ atm) での値の比を求めよ.

b. 上の N_2 の熱伝導率の比について, 海面で $P = 1.00$ atm, 温度が 100 K であるとした場合の値を求めよ. 温度が低い場合, どのエネルギー自由度が関与しているか. また, それは $C_{V,m}$ にどんな影響を及ぼすか.

P 34.15 アセチレン (C_2H_2) と N_2 の 273 K, 1 atm での熱伝導率は, それぞれ 0.01866, 0.0240 J $K^{-1} m^{-1} s^{-1}$ である. このデータから, アセチレンの衝突断面積の N_2 に対する比を求めよ.

P 34.16

a. Cl_2 の 293 K, 1 atm での粘度は 132 μP である. この

粘度の値から，この分子の衝突断面積を求めよ．

b. 上の (a) の答を使って，圧力と温度の条件が同じであるときの Cl_2 の熱伝導率を求めよ．

P 34.17

a. O_2 の 293 K，1.00 atm での粘度は 204 μP である．半径 2.00 mm，長さ 10.0 cm の管の中を O_2 が流れている．管の入口の圧力 765 Torr，出口の圧力 760 Torr であり，出口で流れを測定するときに予測される流速を求めよ．

b. 上の (a) の装置で Ar ($\eta = 223$ μP) を使ったとき，予測される流速はいくらか．ポアズイユの式で計算せずに流速を求めることはできるか．

P 34.18 レイノルズ数 (N_{Re}) は，$N_{Re} = \rho\langle v_x\rangle d/\eta$ で定義される．ρ と η はそれぞれ流体の密度と粘度であり，d は流体が流れている管の直径，$\langle v_x\rangle$ は平均速度である．$N_{Re} < 2000$ では層流が見られ，これが本章で導いた気体の粘度の式が使える限界である．$N_{Re} > 2000$ では乱流が起こる．つぎの流体について，層流が起こる $\langle v_x\rangle$ の最大値を求めよ．

a. 直径 2.00 mm の管を流れる 293 K の Ne ($\eta = 313$ μP, ρ は理想気体の値).

b. 直径 2.00 mm の管を流れる 293 K の液体の水 ($\eta = 0.891$ cP, $\rho = 0.998$ g mL^{-1}).

P 34.19 H_2 の 273 K，1 atm での粘度は 84 μP である．D_2 と HD の粘度を求めよ．

P 34.20 あるオストワルド粘度計を，20°C の水 ($\eta = 1.0015$ cP, $\rho = 0.998$ g mL^{-1}) を使って校正したところ，上の基準線から下の基準線まで落ちるのに 15.0 s かかった．この粘度計に別の液体を入れて同じ測定をしたときには 37.0 s かかった．この液体 100 mL の質量は 76.5 g である．この液体の粘度はいくらか．

P 34.21 直径 0.25 mm，長さ 10 cm の毛細管の中を H_2 が流れている．管の入口の圧力は 1.05 atm，出口の圧力は 1.00 atm である．H_2 が 273 K で 200 mL 流れるにはどれだけの時間がかかるか．

P 34.22

a. 気体の拡散係数と粘度の間に成り立つ一般的な関係を導け．

b. Ar の 293 K，1.00 atm での粘度は 223 μP である．その拡散係数はいくらか．

P 34.23

a. 熱伝導率と粘度の間に成り立つ一般的な関係を導け．

b. Ar の 293 K，1.00 atm での粘度は 223 μP である．その熱伝導率はいくらか．

c. 上と同じ条件下で Ne (Ar の衝突断面積は Ne の 1.5 倍である) の熱伝導率はいくらか．

P 34.24 本文で述べたように，液体の粘度は温度上昇とともに低下する．実験式 $\eta(T) = A\,e^{E/RT}$ は，液体の粘度と温度の関係をよく表すことがわかっている．A と E は定数であり，この E を流れの活性化エネルギーという．

a. 粘度と温度の一連の測定値があるとき，上で与えられた式をどう使えば A と E を求められるか．

b. 上の (a) で得られた答を使って，液体ベンゼンについて得られたつぎのデータから A と E を求めよ．

T/°C	η/cP
5	0.826
40	0.492
80	0.318
120	0.219
160	0.156

P 34.25 ポアズイユの法則を使えば，血管を流れる血液の流速を表すことができる．ポアズイユの法則を使って，血液が大動脈 ($r = 1.00$ cm) を長さ 5.00 cm 流れたときに伴う圧力降下を求めよ．体内の血流の速さは 0.0800 L s^{-1} であり，血液の粘度は 310 K で約 4.00 cP である．

P 34.26 長さ 1.00 cm の細い静脈 (直径 3.00 mm) を流れる血液の流速はいくらか．この長さの両端の圧力差は 40.0 Torr であり，血液の粘度は 310 K で約 4.00 cP である．

P 34.27 ミオグロビンは，酸素運搬を担うタンパク質である．20 °C の水中のミオグロビンでは，$\bar{s} = 2.04 \times 10^{-13}$ s, $D = 1.13 \times 10^{-11}$ m^2 s^{-1}, $\overline{V} = 0.740$ cm^3 g^{-1} である．この温度における水の密度は 0.998 g cm^{-3}，粘度は 1.002 cP である．

a. 上で与えられた情報を使って，ミオグロビン分子の大きさを計算せよ．

b. ミオグロビンのモル質量はいくらか．

P 34.28 ウシ血清アルブミン (BSA) のモル質量は 66 500 g mol^{-1} であり，比体積は 0.717 cm^3 g^{-1} である．速度遠心法によれば，このタンパク質では $\bar{s} = 4.31 \times 10^{-13}$ s である．溶液の密度を 1.00 g cm^{-3}，粘度を 1.00 cP として，BSA の摩擦係数と実効半径を求めよ．

P 34.29 ウマの肝臓から得たタンパク質アルコール脱水素酵素 (デヒドロゲナーゼ) を含む試料を精製したい．しかし，この試料には別のタンパク質カタラーゼも含まれている．これらのタンパク質の 298 K での輸送物性はつぎの通りである．

	カタラーゼ	アルコール デヒドロゲナーゼ
$\bar{s}$/s	11.3×10^{-13}	4.88×10^{-13}
D/m^2 s^{-1}	4.1×10^{-11}	6.5×10^{-11}
$\overline{V}$/cm^3 g^{-1}	0.715	0.751

a. カタラーゼとアルコールデヒドロゲナーゼのモル質量を求めよ．

b. 毎分 35 000 回転の角速度が得られる遠心機が使える．遠心管の中で大きく移動する化学種について，遠心機の中心軸から始め 5 cm にあった境界層が，遠心によってそこから 3 cm 移動するのに必要な時間を求めよ．

c. このタンパク質を分離するには，両方の境界層が少なくとも 1.5 cm 離れていなければならない．(b) の答を使えば，これらのタンパク質を遠心によって分離することができるか．

P 34.30　毎分 40000 回転の角速度の境界遠心法を使って，シトクロム c ($M = 13400\ \mathrm{g\ mol^{-1}}$) の 20 °C の水中 ($\rho = 0.998\ \mathrm{g\ cm^{-3}}$, $\eta = 1.002\ \mathrm{cP}$) での沈降係数を求めた．境界層の位置のデータが時間の関数としてつぎのように得られた．

時間/h	$x_{境界}$/cm
0	4.00
2.5	4.11
5.2	4.23
12.3	4.57
19.1	4.91

a. シトクロム c のこの条件下での沈降係数はいくらか．

b. シトクロム c の比体積は $0.728\ \mathrm{cm^3\ g^{-1}}$ である．シトクロム c の大きさを計算せよ．

P 34.31　スベドベリは，速度遠心法を使ってカルボニルヘモグロビン（比体積 $0.755\ \mathrm{mL\ g^{-1}}$, $D = 7.00 \times 10^{-11}\ \mathrm{m^2\ s^{-1}}$）のモル質量を測定した．この実験では，このタンパク質 0.96 g を 303 K の水 100 mL ($\rho = 0.998\ \mathrm{g\ cm^{-3}}$) に溶解させ，その溶液を毎分 39300 回転で遠心した．はじめの境界層の位置 4.525 cm から 30.0 min 後には 0.074 cm だけ進んだ．カルボニルヘモグロビンのモル質量を計算せよ．

P 34.32　ある金属線に 2.00 A の電流を 30 s 流した．この時間に金属中のある点を何個の電子が通過したか．

P 34.33　つぎのデータを使って，$\mathrm{NaNO_3}$ の無限希釈水溶液の電気伝導率を求めよ．

$$\Lambda_\mathrm{m}^0(\mathrm{KCl}) = 0.0149\ \mathrm{S\ m^2\ mol^{-1}}$$
$$\Lambda_\mathrm{m}^0(\mathrm{NaCl}) = 0.0127\ \mathrm{S\ m^2\ mol^{-1}}$$
$$\Lambda_\mathrm{m}^0(\mathrm{KNO_3}) = 0.0145\ \mathrm{S\ m^2\ mol^{-1}}$$

P 34.34　ある電解質のモル伝導率について，つぎのデータが得られている．

濃度/M	$\Lambda_\mathrm{m}/(\mathrm{S\ m^2\ mol^{-1}})$
0.0005	0.01245
0.001	0.01237
0.005	0.01207
0.01	0.01185
0.02	0.01158
0.05	0.01111
0.1	0.01067

この電解質は強電解質か，それとも弱電解質か．また，この電解質の無限希釈での電気伝導率を求めよ．

P 34.35　酢酸ナトリウム $\mathrm{CH_3COONa}$ について，298 K の水中でのモル伝導率を濃度の関数として測定し，つぎのデータが得られた．

濃度/M	$\Lambda_\mathrm{m}/(\mathrm{S\ m^2\ mol^{-1}})$
0.0005	0.00892
0.001	0.00885
0.005	0.00857
0.01	0.00838
0.02	0.00812
0.05	0.00769
0.1	0.00728

酢酸ナトリウムは弱電解質か，それとも強電解質か．この答に基づく正しい方法を使って Λ_m^0 を求めよ．

P 34.36　(34·47) 式と (34·48) 式からはじめて，オストワルドの希釈法則を導け．

P 34.37　一次元ランダム歩行で，10 歩後，20 歩後，100 歩後の粒子が $+x$ 方向または $-x$ 方向に 6 歩分変位している確率をそれぞれ求めよ．

P 34.38　1990 年代のはじめ，パラジウム金属内に溶存した水素が関与する室温での核融合，いわゆる“低温核融合”が新しいエネルギー源として提案された．この過程は，パラジウム中での $\mathrm{H_2}$ の拡散が鍵になっている．断面積 $0.750\ \mathrm{cm^2}$，厚み 0.005 cm のパラジウム箔を通り抜ける気体水素の拡散を測定した．箔の片側の部屋には 298 K, 1 atm で水素が入れてあり，もう一方は真空である．24 h 後には水素の部屋の体積が $15.2\ \mathrm{cm^3}$ だけ減少した．パラジウム中の水素の拡散係数を求めよ．

P 34.39　モル伝導率を求めるのにセル定数 $K = l/A$ を定義しておくと便利である．l は伝導率セルの電極間の距離，A は電極の面積である．

a. KCl の標準溶液 (298 K で $\kappa = 1.06296 \times 10^{-6}\ \mathrm{S\ m^{-1}}$) を使って，使用するセルを校正したところ，4.2156 Ω の抵抗値が測定された．セル定数はいくらか．

b. このセルを HCl 溶液で満たしたところ，測定された抵抗値は 1.0326 Ω であった．この HCl 溶液の電気伝導率はいくらか．

P 34.40　電気伝導率の測定は，水の自己プロトリシス定数を求めるのに最初に使われた方法の一つであった．水の自己プロトリシス定数はつぎのように定義されている．

$$K_\mathrm{w} = a_{\mathrm{H^+}} a_{\mathrm{OH^-}} = \left(\frac{[\mathrm{H^+}]}{1\ \mathrm{M}}\right)\left(\frac{[\mathrm{OH^-}]}{1\ \mathrm{M}}\right)$$

a は活量であり，濃度を無限希釈の標準濃度で割ったものである．水の自己プロトリシスによる $\mathrm{H^+}$ や $\mathrm{OH^-}$ の濃度は小さいから，活量を濃度の数値で近似してもよい．

a. 上の式を使って，純水の電気伝導率がつぎの式で書けることを示せ．

$$\Lambda_\mathrm{m}(\mathrm{H_2O}) = K_\mathrm{w}^{1/2}(\lambda(\mathrm{H^+}) + \lambda(\mathrm{OH^-}))$$

b. コールラウシュとハイドワイラーは 1894 年に水の電気伝導率を測定し，298 K で $\Lambda_\mathrm{m}(\mathrm{H_2O}) = 5.5 \times 10^{-9}\ \mathrm{S\ m^2\ mol^{-1}}$ と求めた．表 34·2 の情報を使って K_w を求めよ．

参 考 書

Bird, R. B., Stewart, W. E., Lightfoot, E. N., "Transport Phenomena", Wiley, New York (1960).

Cantor, C. R., Schimmel, P. R., "Biophysical Chemistry. Part II: Techniques for the Study of Biological Structure and Function", W. H. Freeman, San Francisco (1980).

Castellan, G. W., "Physical Chemistry", Addison-Wesley, Reading, MA (1983).

Crank, J., "The Mathematics of Diffusion", Clarendon Press, Oxford (1975).

Hirschfelder, J. O., Curtiss, C. F., Bird, R. B., "The Molecular Theory of Gases and Liquids", Wiley, New York (1954).

Reid, R. C., Prausnitz, J. M., Sherwood, T. K., "The Properties of Gases and Liquids", McGraw-Hill, New York (1977).

Vargaftik, N. B., "Tables on the Thermophysical Properties of Liquids and Gases", Wiley, New York (1975).

Welty, J. R., Wicks, C. E., Wilson, R. E., "Fundamentals of Momentum, Heat, and Mass Transfer", Wiley, New York (1969).

35 反応速度論

35章と36章では化学反応の速度について考えよう．化学反応速度論での関心の的は，どの化学反応でも最初に知りたい素朴な疑問であろうが，反応物はどのようにして生成物になるかということである．この疑問に答えるために，反応速度論では化学反応の時間変化と機構を求める．本章では，反応速度論で使う基本的な解析手法について説明しよう．これらの手法を“道具”として，36章ではもっと複雑な反応を解析する方法について説明する．反応速度論が重要であることは，それが化学のほとんどすべての分野で使われていることからも明らかである．なかでも，酵素触媒作用や物質の製造過程，大気化学などの分野を見れば，反応速度論が物理化学の重要な一側面になっているのがわかる．

35・1 反応速度論でわかること

前章では，系が平衡に向かうとき，その物理的な性質の時間変化が関わる輸送過程について説明した．その過程では，系の化学組成は変化せずに緩和が起こる．そこで，いろいろな輸送現象は，系全体の化学組成は変化せずに物理的性質が変化するという物理的な速度論として扱われることがある．本章と次の章では，系の化学組成が時間とともに変化する化学反応速度論に注目しよう．

化学反応速度論[1]では，化学反応の速度と機構を研究する．この分野は，これまで考えてこなかった化学反応の重要な側面を埋める役目を果たす．化学反応を熱力学的に説明するには，反応のギブズエネルギーやヘルムホルツエネルギー，あるいは平衡定数が必要であった．これらの量を使えば，反応物や生成物の平衡における濃度を予測することができたのである．一方，その反応が起こる時間スケールを求めるには熱力学はほとんど役にたたない．すなわち，熱力学は，ある反応が自発的かどうかを判定することはできても，反応が起こってから平衡に到達するまでの時間経過については何もいえない．化学反応速度論は，化学反応の時間経過に関する情報を与えてくれるのである．

化学反応が起こっている間は“反応物”が“生成物”に変化しているから，その濃度は時々刻々変化する．図35・1は，反応物“A”が生成物“B”に転換するという，おそらく初等化学で最初に学んだと思う化学反応を示している．この図でわかるように，反応が進行するにつれて反応物の濃度は減少し，それに応じて生成物の濃度が増加するのが観測される．この過程を表す一つの方法は，濃度の時間変化の速さを定義することである．それを反応速度という．

反応速度論で中心となる考えは，化学反応が起こる速さを注意深く監視し，それが温度や濃度，圧力など系の状態を表すパラメーターによってどう依存するかを求めれば，その反応の機構に関する知見が得られるというものである．その実

1) chemical kinetics

験研究の進歩には，化学反応の動力学（ダイナミクス）に関する測定と解析を可能にした種々の手法の発展がある．実験研究だけでなく理論研究も活発に行われ，化学反応の速度を決めている機構と，そのもとにある物理も理解できるようになってきた．こうして，速度論に関する実験研究と理論研究の相乗効果によって，この分野に劇的な進歩がもたらされたのである．

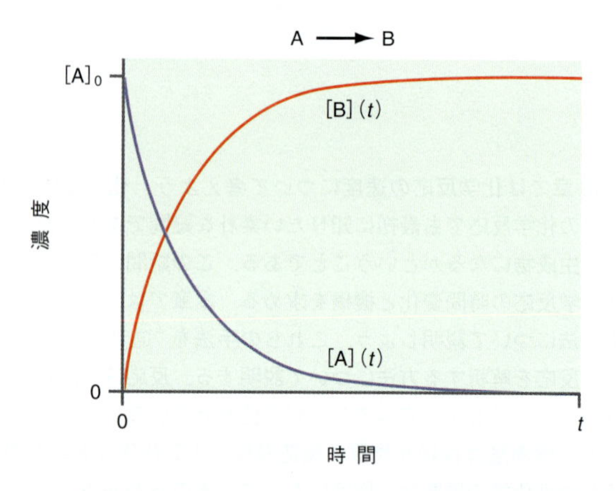

図 35・1 反応物 A から生成物 B への転換における濃度の時間変化．$t=0$ での A の濃度は $[A]_0$，B の濃度は 0 である．反応が進行するにつれ A が消費され，B がつくられる．

35・2 反応速度の表し方

一般的なつぎの反応について考えよう．

$$a\mathrm{A} + b\mathrm{B} + \cdots \longrightarrow c\mathrm{C} + d\mathrm{D} + \cdots \qquad (35\cdot1)$$

この式では，各化学種を大文字で表し，その量論係数を小文字で表してある．反応途中の任意の点における各化学種の物質量は，

$$n_i = n_i^0 + \nu_i \xi \qquad (35\cdot2)$$

で与えられる．n_i はある時刻における化学種 i の物質量（単位モル）であり，n_i^0 は反応開始時の物質量である．また，ν_i は化学種 i の量論係数であり，ξ は反応の進行度を表す．この反応進行度は，反応開始時の 0 から完了時の 1 mol まで変化する[†1]．これを使えば，反応の量論関係に関係なく，すべての化学種について反応速度を表すことができる（すぐ後の説明を見よ）．(35・1)式の反応では，反応が進むにつれ反応物は消費され，生成物が生成される．この振舞いを (35・2)式で表すには，反応物の量論係数 ν_i には -1 を掛けておき，生成物の ν_i はそのままを採用すればよい．

反応物と生成物の濃度の時間変化は，(35・2)式の両辺を時間について微分すれば得られる．すなわち，

$$\frac{\mathrm{d}n_i}{\mathrm{d}t} = \nu_i \frac{\mathrm{d}\xi}{\mathrm{d}t} \qquad (35\cdot3)$$

である．**反応速度**[1)]は，反応進行度の時間変化としてつぎのように定義できる．

$$\text{速度} = \frac{\mathrm{d}\xi}{\mathrm{d}t} \qquad (35\cdot4)$$

†1 訳注：ξ の次元は物質量であり，モルの単位で表されることに注意しよう．

1) reaction rate

この定義を使えば，各化学種の物質量の時間変化によって反応速度を表すことができ，

$$\text{速度} = \frac{1}{\nu_i}\frac{\mathrm{d}n_i}{\mathrm{d}t} \tag{35・5}$$

となる．反応速度が反応物や生成物の物質量の時間変化によってどう表せるかを示すために，つぎの反応を例に考えよう．

$$4\mathrm{NO_2(g)} + \mathrm{O_2(g)} \longrightarrow 2\mathrm{N_2O_5(g)} \tag{35・6}$$

この反応に関与する化学種それぞれについて，反応速度は，

$$\text{速度} = -\frac{1}{4}\frac{\mathrm{d}n_{\mathrm{NO_2}}}{\mathrm{d}t} = -\frac{\mathrm{d}n_{\mathrm{O_2}}}{\mathrm{d}t} = \frac{1}{2}\frac{\mathrm{d}n_{\mathrm{N_2O_5}}}{\mathrm{d}t} \tag{35・7}$$

と表せる．ここで，反応物の係数には負号を付け，生成物の係数は正で表してある．反応物の物質量は時間経過とともに減少するから，反応速度を正の値で表せるように，その係数には負号を付けるのである．こうしておけば，反応物に注目しても，生成物に注目しても反応速度は同じになることに注意しよう．たとえば上の反応では，4 mol の NO_2 が 1 mol の O_2 と反応すれば 2 mol の N_2O_5 が生成する．したがって，NO_2 の**転換速度**[1]は，O_2 の転換速度の 4 倍である．このように化学種によって転換速度は異なるが，反応速度については，どの化学種で定義しても同じである．

反応速度を (35・5) 式で定義するには，一組の量論係数を使わなければならないが，その選び方は唯一ではない．たとえば，(35・6) 式の両辺を 2 倍すれば，転換速度を表す式も変化する．一般に，均衡した反応式についてある量論係数の組を選べば，その速度論を考察する限りはその係数を使うことにする．

さて，上のように定義しただけでは，反応速度は示量性の性質になって，系の大きさに依存してしまう．そこで，つぎのように (35・5) 式を系の体積で割れば示強性の性質になる．

$$R = \frac{\text{速度}}{V} = \frac{1}{V}\left(\frac{1}{\nu_i}\frac{\mathrm{d}n_i}{\mathrm{d}t}\right) = \frac{1}{\nu_i}\frac{\mathrm{d}[\mathrm{X}_i]}{\mathrm{d}t} \tag{35・8}$$

R は示強性の性質で表した反応速度である．単位体積中の化学種 X_i の物質量はモル濃度に等しいから，最右辺の式が成り立つ．こうして，(35・8) 式は体積一定での反応速度の定義となる．溶液中の化学種なら，(35・8) 式で反応速度を定義すればわかりやすい．例題 35・1 で示すように，この式は気体にも使える．

例題 35・1

アセトアルデヒドの分解反応は，つぎの反応式で表せる．

$$\mathrm{CH_3COH(g)} \longrightarrow \mathrm{CH_4(g)} + \mathrm{CO(g)}$$

反応物の圧力を使って反応速度を定義せよ．

解答

(35・2) 式から始め，反応物であるアセトアルデヒドに注目すれば，

$$n_{\mathrm{CH_3COH}} = n^0_{\mathrm{CH_3COH}} - \xi$$

と表せる．理想気体の法則を使えばアセトアルデヒドの圧力は，

1) rate of conversion

$$P_{CH_3COH} = \frac{n_{CH_3COH}}{V} RT = [CH_3COH]\,RT$$

となる．したがって，その圧力はモル濃度に RT を掛けたものに等しい．これを (35·8)式に代入して，$\nu_i = 1$ とおけば，反応速度はつぎのように表せる．

$$R = \frac{速度}{V} = -\frac{1}{\nu_{CH_3COH}} \frac{d[CH_3COH]}{dt}$$

$$= -\frac{1}{RT} \frac{dP_{CH_3COH}}{dt}$$

35・3 速 度 式

速度式について説明する前に，重要な量をいくつか定義しておこう．反応速度は一般に温度，圧力，その反応に関与する化学種の濃度に依存している．反応速度はまた，反応が起こる相にも依存している．均一系反応は単一相内で起こり，不均一系反応には二つ以上の相が関わっている．たとえば，表面で起こるいろいろな反応は不均一系反応の典型例である．ここでは均一系反応の説明から始め，不均一系の反応性については 36 章で説明する．均一系反応の大半については，反応物の濃度と反応速度の間に経験的な関係が書ける．この関係を**速度式**[1]といい，(35·1)式の一般の反応については，

$$R = k[A]^{\alpha}[B]^{\beta}\cdots \tag{35·9}$$

と書ける．[A] は反応物 A の濃度，[B] は反応物 B の濃度である．定数 α は化学種 A の**反応次数**[2]，β は化学種 B の反応次数である．全反応次数は，個々の反応次数の和 $(\alpha+\beta+\cdots)$ である．また，定数 k をその反応の**速度定数**[3]という．速度定数は濃度に無関係であるが，圧力や温度に依存する．その温度依存性については 35·9 節で説明する．

反応次数によって，反応速度の濃度依存性が表される．反応次数は，整数だけでなく分数で表されることもある．反応次数は反応の量論係数に無関係といっても過言でなく，実験で求められるものである．たとえば，二酸化窒素と酸素分子の反応 (35·6 式)をもう一度考えよう．

$$4NO_2(g) + O_2(g) \longrightarrow 2N_2O_5(g)$$

実験によって求めたこの反応の速度式は，

$$R = k[NO_2]^2[O_2] \tag{35·10}$$

である．この反応は NO_2 について 2 次，O_2 について 1 次であり，全反応は 3 次である．反応次数は量論係数に等しいわけではない．速度式はすべて，反応物それぞれについて実験で求めなければならない．反応次数は，その反応の量論係数で自動的に決まるものではない．

速度式を (35·9)式で表せば，速度定数はいろいろな化学種の濃度と反応速度を結ぶ比例定数の役目をしているのがわかる．(35·8)式を見れば，反応速度は常に [濃度][時間]$^{-1}$ の次元で表されるのがわかる．したがって，k の単位は全反応次数によって変化し，それで反応速度が正しい単位で表される．速度式と反応

1) rate law 2) reaction order 3) rate constant

表 35・1 速度式と反応次数，速度定数 k の関係*

速度式	反応次数	k の単位
$R = k$	0	$M\ s^{-1}$
$R = k[A]$	A について 1 次，全体で 1 次	s^{-1}
$R = k[A]^2$	A について 2 次，全体で 2 次	$M^{-1}\ s^{-1}$
$R = k[A][B]$	A について 1 次，B について 1 次，全体で 2 次	$M^{-1}\ s^{-1}$
$R = k[A][B][C]$	A について 1 次，B について 1 次，C について 1 次，全体で 3 次	$M^{-2}\ s^{-1}$

* k の単位にある M は $mol\ L^{-1}$ を表す．

次数，k の単位の関係を表 35・1 に示す．

35・3・1 反応速度の測定

(35・8) 式と (35・9) 式で表された反応速度と速度式の定義でわかるように，反応速度をどのように測定するかが重要になる．これを例で示すために，つぎの反応について考えよう．

$$A \xrightarrow{k} B \tag{35・11}$$

まず，この反応の速度を [A] で表せば，

$$R = -\frac{d[A]}{dt} \tag{35・12}$$

である．さらに，ある温度と圧力における実験で，この反応が A について 1 次，全体で 1 次，$k = 40\ s^{-1}$ で表されることがわかったとしよう．このとき，

$$R = k[A] = (40\ s^{-1})[A]$$

で表される．(35・12) 式によれば，反応速度は [A] の時間による導関数に負号を付けたものに等しい．ここで，図 35・2 に示すように，[A] を時間の関数として測定する実験を行ったとしよう．(35・12) 式の導関数は，注目する時刻における濃度曲線の接線の勾配にすぎない．したがって，反応速度はその時刻によって変化する．図 35・2 は，$t = 0$ と $t = 30$ ms ($1\ ms = 10^{-3}\ s$) の 2 点での速度の測定結果を表している．$t = 0$ での反応速度は，[A] の時間変化を表す直線の $t = 0$ での勾配に負号を付けたものであるから，(35・12) 式から，

$$R_{t=0} = -\frac{d[A]}{dt} = 40\ M\ s^{-1}$$

と書ける．一方，$t = 30$ ms で測定された速度は，

$$R_{t=30\,ms} = -\frac{d[A]}{dt} = 12\ M\ s^{-1}$$

である．反応速度は時間とともに減少しているのがわかる．この振舞いは，時間の関数で [A] が変化しているからで，(35・8) 式の速度式で予測されるものである．具体的に数値で表せば，$t = 0$ では，

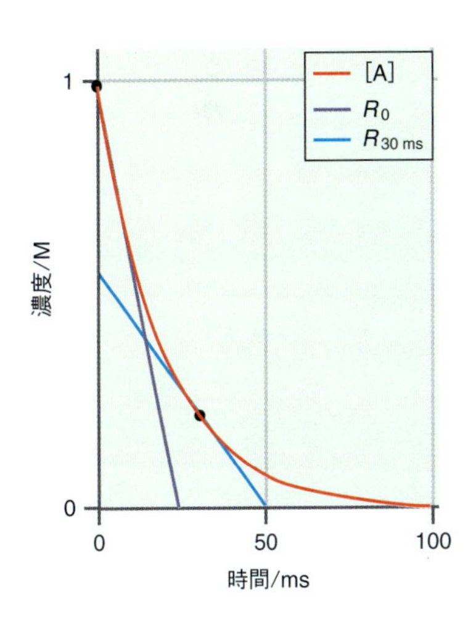

図 35・2 反応速度の測定．反応物 A の濃度の時間変化を表してある．速度 R は，この曲線の接線の勾配に等しい．その勾配は，接点の時刻に依存する．$t = 30$ ms で求めた接線を青色の直線で表し，$t = 0$ での接線を紫色の直線で表してある．

$$R_{t=0} = 40\,\mathrm{s^{-1}}[\mathrm{A}]_{t=0} = 40\,\mathrm{s^{-1}}(1\,\mathrm{M}) = 40\,\mathrm{M\,s^{-1}}$$

であり，一方，$t=30\,\mathrm{ms}$ では A の濃度が 0.3 M に減少してしまっているから，この時間での反応速度は，

$$R_{t=30\,\mathrm{ms}} = 40\,\mathrm{s^{-1}}[\mathrm{A}]_{t=30\,\mathrm{ms}} = 40\,\mathrm{s^{-1}}(0.3\,\mathrm{M}) = 12\,\mathrm{M\,s^{-1}}$$

となる．この速度の違いこそが，速度論における最も重要な問題である．すなわち，反応速度が時間変化するとき，それをどう定義すればよいだろうか．よくやる方法の一つは，反応物の濃度が変化する前の速度の初期値を定義することである．このとき得られる反応速度を**初速度**[1]という．上の例では，初速度は $t=0$ で求めたものである．速度論に関する以降の説明で反応の速度というときは，この初速度のことである．しかし，速度定数は濃度に無関係であるから，速度定数と濃度，反応速度の次数依存性がわかれば，任意の時間での反応速度を求めることができる．

35・3・2 反応次数の求め方

つぎの反応について考えよう．

$$\mathrm{A} + \mathrm{B} \xrightarrow{k} \mathrm{C} \qquad (35\cdot13)$$

この反応の速度式は，

$$R = k[\mathrm{A}]^{\alpha}[\mathrm{B}]^{\beta} \qquad (35\cdot14)$$

で表される．A と B についての反応次数を求めるにはどうすればよいだろうか．まず，A と B の 1 組の濃度について速度を測定しただけで α と β を求められないのはわかる．それは，方程式が 1 個(35・14 式)しかないのに未知数が 2 個あるからである．したがって，反応次数を求めるには，いろいろな濃度条件で反応速度を測定する必要がある．そこで生じる疑問は“何組の濃度で測定すれば反応速度を求められるか”である．その答の一つは，**分離法**[2]を使うことである．この方法では，注目する反応物以外はすべて大過剰として反応を行う．この条件下であれば，反応中に濃度が有意に変化するのは大過剰でない反応物だけである．たとえば，(35・13)式で表される A＋B の反応を考えよう．A の初濃度が 1.00 M，B の初濃度が 0.01 M で実験を行ったとしよう．反応物 B を使い果たせば反応速度は 0 である．しかし，このときの A の濃度は 0.99 M であり，初濃度からわずかに減少しただけである．この単純な例でわかるように，過剰に存在する化学種の濃度は時間によらず一定とみなせる．これによって，反応速度は大過剰でない反応物の濃度だけに依存するから，速度式は単純になる．上の例では A が過剰に存在するから，(35・14)式は，

$$R = k'[\mathrm{B}]^{\beta} \qquad \text{ここで} \quad k' = k[\mathrm{A}]^{\alpha} \qquad (35\cdot15)$$

と単純になる．k は時間によらず一定であるから，k' も定数とできる．A は大過剰であるから，$[\mathrm{A}]^{\alpha}$ は時間が経過してもほとんど変化しないのである．この極限での反応速度は [B] にしか依存せず，B についての反応次数を求めるには，[B] を変えて反応速度を測定すればよい．もちろん，同じ分離法を使って B を大過剰にし，[A] を変化させて反応速度を測定すれば α を求めることもできる．

反応速度を求める第二の方法は，**初速度の方法**[3]である．この方法では，反応

1) initial rate 2) isolation method 3) method of initial rate

物の一つを除いて濃度を一定に保ったうえで，その反応物の濃度をいろいろ変えて，反応の初速度を測定する．その濃度の関数で変化する初速度を解析すれば，その反応物についての反応次数が求められる．(35･13)式の反応について考えよう．それぞれの反応物について反応次数を求めるには，B の濃度を一定に保っておき，[A] を変えて反応速度を測定すればよい．そこで，二つの [A] の値で得られた反応速度を解析すれば，[A] についての反応次数をつぎのように求めることができる．

$$\frac{R_1}{R_2} = \frac{k[\mathrm{A}]_1^{\alpha}[\mathrm{B}]_0^{\beta}}{k[\mathrm{A}]_2^{\alpha}[\mathrm{B}]_0^{\beta}} = \left(\frac{[\mathrm{A}]_1}{[\mathrm{A}]_2}\right)^{\alpha}$$

$$\ln\left(\frac{R_1}{R_2}\right) = \alpha\ln\left(\frac{[\mathrm{A}]_1}{[\mathrm{A}]_2}\right) \qquad (35\cdot16)$$

ここで，両測定で [B] と k は一定であることに注意しよう．したがって，反応速度の比を求めるときは，どちらも消えてしまう．こうして，(35･16)式を使えば A についての反応次数は簡単に求められる．一方，[A] を一定にして，反応速度の [B] 依存性を測定する実験を行えば β を求めることができる．

例題 35・2

(35･13)式の反応に関するつぎのデータを使って，A と B についての反応次数とこの反応の速度定数を求めよ．

[A]/M	[B]/M	初速度/M s^{-1}
2.30×10^{-4}	3.10×10^{-5}	5.25×10^{-4}
4.60×10^{-4}	6.20×10^{-5}	4.20×10^{-3}
9.20×10^{-4}	6.20×10^{-5}	1.68×10^{-2}

解 答

この表の下の 2 行のデータを使えば，A についての反応次数は，

$$\ln\left(\frac{R_2}{R_3}\right) = \alpha\ln\left(\frac{[\mathrm{A}]_2}{[\mathrm{A}]_3}\right)$$

$$\ln\left(\frac{4.20\times10^{-3}}{1.68\times10^{-2}}\right) = \alpha\ln\left(\frac{4.60\times10^{-4}}{9.20\times10^{-4}}\right)$$

$$-1.386 = \alpha(-0.693)$$

$$2 = \alpha$$

である．この値を使って，表の上側の 2 行のデータを使えば，B についての反応次数が，

$$\frac{R_1}{R_2} = \frac{k[\mathrm{A}]_1^2[\mathrm{B}]_1^{\beta}}{k[\mathrm{A}]_2^2[\mathrm{B}]_2^{\beta}} = \frac{[\mathrm{A}]_1^2[\mathrm{B}]_1^{\beta}}{[\mathrm{A}]_2^2[\mathrm{B}]_2^{\beta}}$$

$$\left(\frac{5.25\times10^{-4}}{4.20\times10^{-3}}\right) = \left(\frac{2.30\times10^{-4}}{4.60\times10^{-4}}\right)^2\left(\frac{3.10\times10^{-5}}{6.20\times10^{-5}}\right)^{\beta}$$

$$0.500 = (0.500)^{\beta}$$

$$1 = \beta$$

と求められる．したがって，この反応は A について 2 次，B について 1 次であり，全体で 3 次である．速度定数は，表のどの行のデータを使っても簡単に

求めることができ，

$$R = k[\mathrm{A}]^2[\mathrm{B}]$$

$$5.25 \times 10^{-4}\,\mathrm{M\,s^{-1}} = k(2.30 \times 10^{-4}\,\mathrm{M})^2\,(3.10 \times 10^{-5}\,\mathrm{M})$$

$$3.20 \times 10^{8}\,\mathrm{M^{-2}\,s^{-1}} = k$$

となる．k が求められたから，全速度式はつぎのように表される．

$$R = (3.20 \times 10^{8}\,\mathrm{M^{-2}\,s^{-1}})[\mathrm{A}]^2[\mathrm{B}]$$

残る疑問は，化学反応の速度を実際どうやって求めるかである．測定法は，大きく化学法と物理法の二つに分類できる．その名の通り，速度論研究のための**化学法**[1]とは，反応進行度の時間変化を求めるのに化学過程を利用するものである．この方法では，化学反応が開始してから，反応中の試料を取出し，その反応を停止させてから扱う．反応の停止法には，試料を急速に冷却したり，反応物の一つを枯渇させる化学種を加えたりする方法がある．それで，反応が停止してから試料を分析する．反応容器から取出した一連の試料について分析を行い，反応開始時からの時間の関数として表せば，反応の速度論を求めることができる．一般に化学法には面倒な操作が伴うから，ゆっくり進行する反応に限られる．

速度論を調べる最近の実験研究は，たいてい**物理法**[2]を採用している．この方法では，反応進行中の系のある物理的性質を監視する．反応によっては，系の圧力や体積が，反応進行度を監視するのに便利な物理的性質となる．たとえば，つぎの $\mathrm{PCl_5}$ の熱分解反応を考えよう．

$$\mathrm{PCl_5(g)} \longrightarrow \mathrm{PCl_3(g)} + \mathrm{Cl_2(g)}$$

反応が進めば，$\mathrm{PCl_5}$ の気体分子 1 個が消費されて，気体分子 2 個が生成される．したがって，体積一定の容器中で反応が進めば，系全体の圧力は増加する．その圧力上昇を時間の関数で測定すれば，反応速度論に関する情報が得られる．

もっと複雑だが，個々の化学種の濃度を時間の関数で監視できる物理法がある．本書で説明する分光法の大半は，このような測定にきわめて役に立つ．たとえば，電子吸収測定を使えば，ある化学種の濃度を分子の電子吸収とベール–ランベルトの法則を使って監視することができる．赤外吸収やラマン散乱を使った振動分光法を使えば，反応物や生成物の振動遷移を監視することによって，その消費や生成に関する情報を得ることができる．また，NMR 分光法は，種々の複雑な系の反応速度を追跡するのに役に立つ手法である．

反応速度論が目指す目標は，十分な時間分解能で測定を行うことにより，注目する化学を詳しく監視することである．ゆっくり進む反応（数秒の程度より長い）であれば，上で述べた化学法を使って速度論を追跡できる．しかしながら，多くの化学反応はピコ秒（10^{-12} s）やフェムト秒（10^{-15} s）という非常に短時間で起こる．このような短い時間スケールで起こる反応は，物理法を使えばずっと容易に研究できる．

溶液中で 1 ms（10^{-3} s）程度の時間スケールで起こる反応であれば，便利な方法として**流通停止法**[3]がある．この手法は，特に生化学研究でよく利用されている．流通停止法を使った実験を図 35·3 に示す．2 個のシリンジそれぞれに反応物 2 種（A と B）が入れてあり，シリンジポンプにつないである．図に示すよう

1）chemical method　2）physical method　3）stopped-flow technique

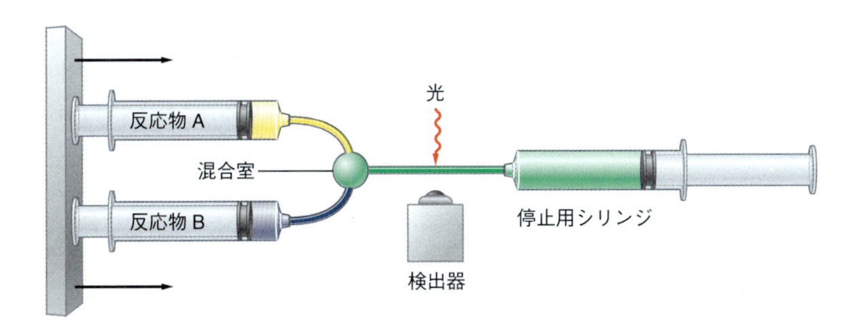

図 35・3　流通停止法の実験の模式図．反応物を入れたシリンジから 2 種の反応物を混合室に導入し，両者を迅速に混合する．混合後の反応速度を監視するのに，試料濃度の時間変化を観測する．この例では，光の吸収を混合後の時間の関数で測定している．

に，これを押せば両者の合流点で反応物が混合するから，そこで反応は開始する．反応混合物の吸光度の時間変化を観測すれば反応を追跡できる．流通停止法の時間分解能は一般に，反応物を混合するのに要する時間で限られる．

光照射で開始できる反応には**閃光光分解法**[1]が使える．閃光光分解では，試料にパルス光を照射して反応を開始させる．電磁スペクトルの可視光領域では 10 fs (10^{-14} s) の超高速パルス光が使えるから，非常に短時間で起こる超高速反応の動力学（ダイナミクス）を調べることができる．参考までに，3000 cm^{-1} の振動モードの周期は約 10 fs であるから，このような短いパルス光を使えば，分子の振動運動と同じ時間スケールで反応を開始させることができる．このような実験が可能になって，化学反応速度論に関する多くの活発な分野が開拓された．これを**フェムト化学**[2]という．その可能性を利用して視覚や光合成，大気の諸過程，半導体における電荷担体のダイナミクスに関わる超高速の反応速度論が研究されてきた．ごく最近では，フェムト化学のいろいろな手法が電磁スペクトルの X 線領域にまで拡張されて，光化学的開始反応による構造変化を時間分解散乱法で直接調べることができるようになってきた．この種の最近の研究については章末の「参考書」にある．短い光パルスを使えば，100 fs の時間スケールで振動分光測定（赤外吸収やラマン散乱）を行うことができる．また，マイクロ秒 (10^{-6} s) より遅い時間スケールで起こる反応には，光吸収や振動分光法のほかに NMR 法も使える．

反応速度を研究するもう一つの方法は，**摂動-緩和法**[3]である．この方法では，はじめ平衡にあった化学系に摂動を加えて，その系を非平衡状態におく．そこで，系が新たな平衡状態に向かうときの緩和を追跡すれば，その反応の速度定数を求められる．その摂動-緩和の実験では，圧力や pH，温度など系の平衡位置に影響を与える変数であれば何でも使える．なかでも温度ジャンプ実験が最もよく使われる．これについては本章の後半で詳しく説明する．

以上をまとめれば，反応速度を求めるための測定法は，反応の具体的な内容だけでなく，その反応が起こる時間スケールによって大きく変わる．いずれにしても，反応速度は実験によって求めるもので，実験をうまく設定したうえで注意深く測定しなければならない．

35・4　反応機構

すでに述べたように，反応次数は反応の量論関係では決まらない．量論係数と反応次数が直接関係しないのは，反応の化学式には化学反応の機構に関する情報

1) flash photolysis technique　2) femtochemistry
3) perturbation-relaxation method

が含まれていないからである．**反応機構**[1]とは，反応物から生成物への転換に関与する個々の速度論過程，つまり素過程が集まったものである．化学反応の速度式は，その反応次数も含めて，すべて反応機構に依存している．これと対照的に，反応のギブズエネルギーは反応物と生成物の平衡濃度に依存しているだけである．反応条件を変えて濃度を調べれば反応の熱力学に関する情報が得られるのと同様に，反応条件を変えて反応速度を調べれば反応機構に関する情報が得られる．

反応機構は，**素反応過程**[2]，つまり1段階で完結する化学過程が集まったものである．素反応の**分子度**†2は，その反応に関与する反応物の量論数に等しい．たとえば，1分子反応では，ある化学種1個しか関与しない．つぎの二原子分子が2個の原子に解離する反応は1分子反応の例である．

$$I_2 \xrightarrow{k_d} 2I \qquad (35\cdot17)$$

この反応は1分子反応というものの，一般には，反応に伴うエンタルピー変化には隣接する分子との衝突による熱の移動が関わっている．まわりの分子との衝突によるエネルギー交換については，1分子解離反応について次の章（36・3節）で考察するときに中心的な役割をするが，ここではそのようなエネルギー交換過程を考えない．2分子反応では反応物2個が相互作用する．たとえば，つぎの一酸化窒素のオゾンとの反応は2分子反応である．

$$NO + O_3 \xrightarrow{k_r} NO_2 + O_2 \qquad (35\cdot18)$$

素反応過程で重要なのは，その反応の分子度に基づいた速度式が書けることである．1分子反応の速度式は1次反応で表される．(35・17)式で表されたI_2の1分子解離素反応の速度式は，

$$R = -\frac{d[I_2]}{dt} = k_d[I_2] \qquad (35\cdot19)$$

で表される．同様にして，NOとO_3による2分子反応の速度式は，

$$R = -\frac{d[NO]}{dt} = k_r[NO][O_3] \qquad (35\cdot20)$$

である．それぞれの反応式と速度式を比べればわかるように，素反応の反応次数は量論係数に等しい．反応の次数と分子度が等しいといえるのは素反応についてだけであることを忘れないでおこう．

速度論で共通する問題は，提案された反応機構のどれが“正しい”のかを突きとめることである．提案された可能な機構を区別できる速度実験を計画するのは簡単ではない．たいていの反応は複雑であるから，有力な反応機構が複数あれば，それらを実験で区別するのは困難な場合が多い．速度論の一般則として，ある反応機構を排除できても，ある特定の機構が絶対に正しいとは言い切れない．その理由はつぎの例を示せばわかるだろう．つぎの反応について考えよう．

$$A \longrightarrow P \qquad (35\cdot21)$$

この式で表されている通り，反応は反応物Aが生成物Pに変換される単純な1次反応であり，実際，単一の素反応によるものかもしれない．しかし，この反応

†2　molecularity．訳注：反応の分子数ともいう．
1) reaction mechanism　2) elementary reaction step

がつぎの2段階の素反応で起こる場合はどうだろうか.

$$\begin{aligned} \mathrm{A} &\xrightarrow{k_1} \mathrm{I} \\ \mathrm{I} &\xrightarrow{k_2} \mathrm{P} \end{aligned} \qquad (35\cdot22)$$

この機構では，反応物Aが消費されて中間化学種（中間体）Iができ，続いてそれが消費されて反応生成物Pができる．この機構を実証する一つの方法は，この中間体の生成を実際に観測することである．しかし，第二の反応段階の速度が最初の反応段階に比べて速ければ，Iの濃度[I]はほとんどないから，この中間体を検出するのは困難である．すぐ後で示すように，この極限では，この生成物の生成の速度論は単一素反応の機構と同じになって，2段階機構によるとはできない．ふつうは，ほかに確かな機構が見当たらない限り，実験で求めた次数に合う最も単純な機構を正しいと仮定している．上の例でいえば，逐次機構で起こるはずの反応条件を誰かが見つけるまでは，単純な単一機構が“正しい”とされるだろう．

ある反応機構が有力であるためには，その機構で予測される反応次数が実験で求めた速度式と一致していなければならない．ある反応機構を検討するには，考えている素反応過程によってその機構が説明できることが先決である．以降の節では，いろいろな素反応過程を調べて，素反応の速度式を導くことにしよう．本章で説明するいろいろな方法は，速度論の複雑な問題を考察するときにも使える．それについては36章で説明する．

35・5 積分形速度式

35･3節で説明した速度式の求め方では，反応実験を行うときにかなりの制約を課すことになる．具体的には，初速度の方法を使うには，反応物の濃度を指定し，望みの割合で混合する必要がある．それだけでなく，この方法では，反応開始直後の反応速度を求めなければならない．残念ながら，たいていの反応では関与する反応物が不安定であったり，注目する反応が速すぎたりして，この方法を使って調べることはできない．このような場合は，ほかの方法を使わねばならない．

一つの方法は，反応次数を仮定したうえで，反応物と生成物の濃度が時間の関数でどう変化するかを求めることである．このモデルによる予測と実験結果を比較し，そのモデルで反応速度がうまく表せるかどうかを調べればよい．**積分形速度式**[1]を使えば，仮定した次数に基づく反応の反応物と生成物の濃度の時間変化の予測が得られる．この節では，これらの式を導出しよう．たいていの素反応については積分形速度式を導くことができ，その一部をこの節で説明する．しかし，もっと複雑な反応ではこの方法でも扱いにくく，反応機構の速度論的な振舞いを求めるのに数値計算法に頼らざるを得ない場合がある．数値計算法については35･6節で説明する．

35・5・1 1次反応

反応物Aが消費されて生成物Pが生成されるつぎの素反応を考えよう．

$$\mathrm{A} \xrightarrow{k} \mathrm{P} \qquad (35\cdot23)$$

この反応が[A]について1次であれば，その速度式は，

1) integrated rate law expression

$$R = k[\mathrm{A}] \tag{35・24}$$

で表される．k はこの反応の速度定数である．この反応速度は，つぎのように [A] の時間についての導関数でも表せる．

$$R = -\frac{\mathrm{d}[\mathrm{A}]}{\mathrm{d}t} \tag{35・25}$$

(35・24)式と (35・25)式は同じであるから，

$$\frac{\mathrm{d}[\mathrm{A}]}{\mathrm{d}t} = -k[\mathrm{A}] \tag{35・26}$$

と書ける．この式は微分形速度式であり，A の時間についての導関数と反応の速度定数と濃度依存性の関係を表したものである．積分公式を使えば，これを積分することもでき，

$$\int_{[\mathrm{A}]_0}^{[\mathrm{A}]} \frac{\mathrm{d}[\mathrm{A}]}{[\mathrm{A}]} = \int_0^t -k\,\mathrm{d}t$$

$$\ln\left(\frac{[\mathrm{A}]}{[\mathrm{A}]_0}\right) = -kt$$

$$[\mathrm{A}] = [\mathrm{A}]_0\,\mathrm{e}^{-kt} \tag{35・27}$$

となる．この式を得るのに使った積分範囲は，反応が始まるときの反応物の初濃度 ($t=0$ で $[\mathrm{A}]=[\mathrm{A}]_0$) と反応が始まってある時間が経過したときの反応物の濃度に相当している．$t=0$ で反応物しか存在しなければ，反応物と生成物の濃度の和はいつも $[\mathrm{A}]_0$ に等しい．このことから，この **1 次反応**[1]における生成物濃度の時間依存性は，

$$[\mathrm{P}] + [\mathrm{A}] = [\mathrm{A}]_0$$

$$[\mathrm{P}] = [\mathrm{A}]_0 - [\mathrm{A}]$$

$$[\mathrm{P}] = [\mathrm{A}]_0(1 - \mathrm{e}^{-kt}) \tag{35・28}$$

で表される．(35・27)式によれば，1 次反応では A の濃度は時間に対して指数関数で減少する．実験結果と比較してグラフに表すには，(35・27)式の両辺の自然対数をとって，つぎのように変形しておけばよい．

$$\ln[\mathrm{A}] = \ln[\mathrm{A}]_0 - kt \tag{35・29}$$

この式によれば，1 次反応なら反応物濃度の自然対数を時間に対してプロットしたとき直線が得られ，その勾配は $-k$ で y 切片は初濃度の自然対数に等しい．図 35・4 は，いろいろな 1 次反応について (35・27)式と (35・29)式で予測される濃度の時間変化を比較したものである．重要なことは，実験データを積分形速度式と比較するには，広い反応時間にわたって，濃度の時間変化が正確にわかっている必要があることで，それで，ある特定の次数を示すかどうかがわかる．

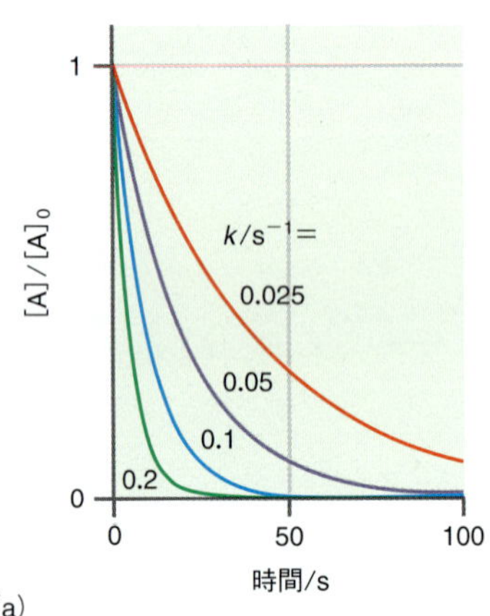

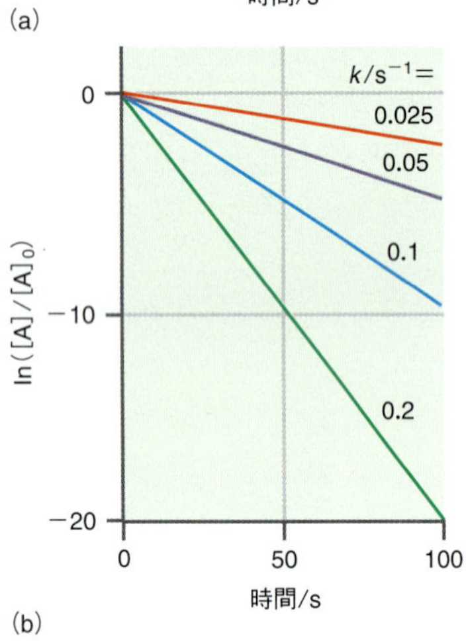

図 35・4 (35・27)式で表される 1 次反応について，反応物濃度を時間の関数で表したグラフ．(a) いろいろな速度定数 k について，$[\mathrm{A}]/[\mathrm{A}]_0$ を時間の関数でプロットしたグラフ．(b) (35・28)式で表したときの反応物濃度 $[\mathrm{A}]/[\mathrm{A}]_0$ の自然対数を時間に対してプロットしたグラフ．

35・5・2 1 次反応の半減期

反応物の濃度が初濃度の半分に減少するまでにかかる時間をその反応の**半減期**[2]といい，これを $t_{1/2}$ で表す．1 次反応の (35・29)式に $t_{1/2}$ の定義を代入すれば，

1) first-order reaction 2) half-life

$$-kt_{1/2} = \ln\left(\frac{[\mathrm{A}]_0/2}{[\mathrm{A}]_0}\right) = -\ln 2$$

$$t_{1/2} = \frac{\ln 2}{k} \tag{35・30}$$

となる．1次反応の半減期は初濃度に無関係であり，$t_{1/2}$ は反応の速度定数のみによることがわかる．

例題 35・3

N_2O_5 の解離反応は，対流圏の大気化学において重要な過程の一つである．この化合物の1次解離反応の半減期は 2.05×10^4 s である．N_2O_5 の試料が解離によって減少し，初期値の60パーセントになる時間はどれだけか．

解 答

(35･30)式を変形して，この解離反応の速度定数を半減期で表せば，

$$k = \frac{\ln 2}{t_{1/2}} = \frac{\ln 2}{2.05\times10^4\,\mathrm{s}} = 3.38\times10^{-5}\,\mathrm{s}^{-1}$$

となる．そこで，この試料が初期値の60パーセントになるのに要する時間は，(35･27)式を使ってつぎのように求められる．

$$[N_2O_5] = 0.6[N_2O_5]_0 = [N_2O_5]_0\,\mathrm{e}^{-(3.38\times10^{-5}\,\mathrm{s}^{-1})t}$$

$$0.6 = \mathrm{e}^{-(3.38\times10^{-5}\,\mathrm{s}^{-1})t}$$

$$\frac{-\ln(0.6)}{3.38\times10^{-5}\,\mathrm{s}^{-1}} = t = 1.51\times10^4\,\mathrm{s}$$

不安定な同位体核種の放射壊変は，1次過程の代表例である．その壊変速度は，ふつう半減期で表す．例題35･4では，炭素を含む材料の年代測定に放射壊変を利用する例を示す．

例題 35・4

炭素-14は，半減期5760年の放射性核種である．木が生きていて外界と炭素の交換が（たとえば CO_2 などで）行える間は，^{14}C が一定濃度に維持される．このとき観測される壊変事象は毎分15.3回である．木が枯れると，含まれていた炭素は外界と交換されることはないから，枯れた時点で木に含まれていた ^{14}C の量は，放射壊変によって時間とともに減衰する．ある化石化した木片が毎分2.4回の壊変事象を示したとしよう．この木片の年代を求めよ．

解 答

壊変事象の数の比をとれば，木が死んだ時点で存在していた ^{14}C の量に対して現在ある量の比が求められる．すなわち，

$$\frac{[^{14}\mathrm{C}]}{[^{14}\mathrm{C}]_0} = \frac{2.40\,\mathrm{min}^{-1}}{15.3\,\mathrm{min}^{-1}} = 0.157$$

である．同位体壊変の速度定数は半減期とつぎの関係にある．

$$k = \frac{\ln 2}{t_{1/2}} = \frac{\ln 2}{5760\,\text{年}} = \frac{\ln 2}{1.82\times10^{11}\,\mathrm{s}} = 3.81\times10^{-12}\,\mathrm{s}^{-1}$$

この速度定数と同位体濃度の比から，化石化したこの木片の年代はつぎのように簡単に求められる．

$$\frac{[^{14}\mathrm{C}]}{[^{14}\mathrm{C}]_0} = \mathrm{e}^{-kt}$$

$$\ln\left(\frac{[^{14}\mathrm{C}]}{[^{14}\mathrm{C}]_0}\right) = -kt$$

$$-\frac{1}{k}\ln\left(\frac{[^{14}\mathrm{C}]}{[^{14}\mathrm{C}]_0}\right) = -\frac{1}{3.81\times10^{-12}\,\mathrm{s}}\ln(0.157) = t$$

$$4.86\times10^{11}\,\mathrm{s} = t$$

この時間は約 15400 年に相当する．

35・5・3　2 次反応（タイプⅠ）

つぎの素反応を考えよう．これは反応物 A について 2 次で表される．

$$2\mathrm{A} \xrightarrow{k} \mathrm{P} \tag{35・31}$$

反応物に単一の化学種が関与する **2 次反応**[1]をタイプⅠという．全体として 2 次となるもう一つの反応では反応物 A と B が関与し，それぞれについては 1 次である．このような反応をタイプⅡの 2 次反応という．まず，タイプⅠについて説明しよう．その速度式は，

$$R = k[\mathrm{A}]^2 \tag{35・32}$$

である．その反応速度は，反応物濃度の時間についての導関数でつぎのように表される．

$$R = -\frac{1}{2}\frac{\mathrm{d}[\mathrm{A}]}{\mathrm{d}t} \tag{35・33}$$

上の 2 式は等価であるから，

$$-\frac{\mathrm{d}[\mathrm{A}]}{\mathrm{d}t} = 2k[\mathrm{A}]^2 \tag{35・34}$$

と書ける．$2k$ という量は一般に，実効的な速度定数 $k_{\text{実効}}$ で表す．そこで，(35・34)式を積分すれば，

$$-\int_{[\mathrm{A}]_0}^{[\mathrm{A}]}\frac{\mathrm{d}[\mathrm{A}]}{[\mathrm{A}]^2} = \int_0^t k_{\text{実効}}\,\mathrm{d}t$$

$$\frac{1}{[\mathrm{A}]} - \frac{1}{[\mathrm{A}]_0} = k_{\text{実効}}t$$

$$\frac{1}{[\mathrm{A}]} = \frac{1}{[\mathrm{A}]_0} + k_{\text{実効}}t \tag{35・35}$$

となる．この式によれば，2 次反応では，反応物濃度の逆数を時間に対してプロッ

1) second-order reaction

トすれば直線が得られ，その勾配は$k_{実効}$，y切片は$1/[A]_0$である．図35･5には，2次反応について時間に対して$[A]/[A]_0$をプロットしたグラフと，その逆数$[A]_0/[A]$をプロットしたグラフを比較してある．(35･35)式で予測される直線的な振舞いがみられる．

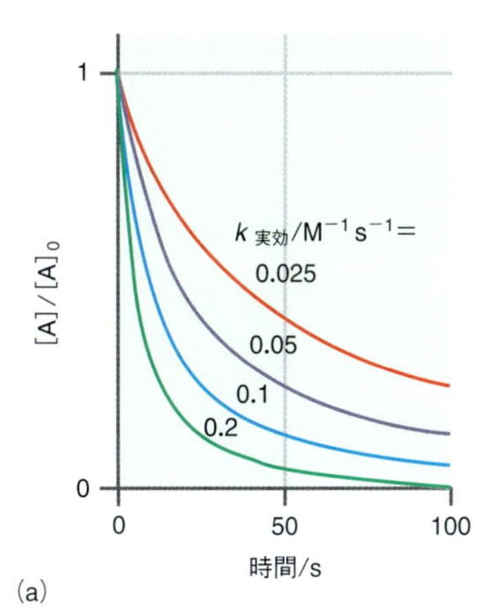

(a)

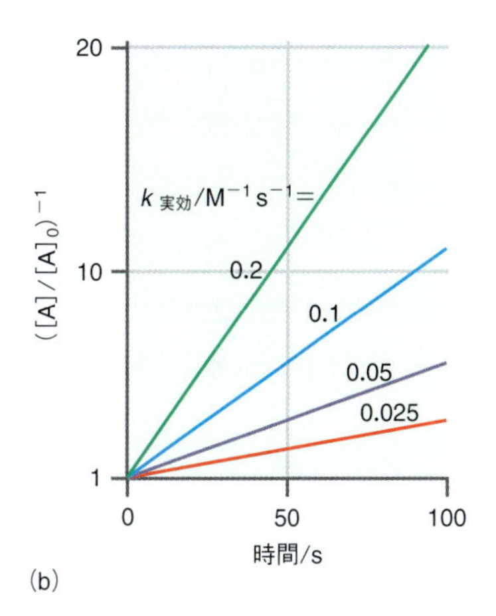

(b)

図35･5 タイプⅠの2次反応について，反応物濃度を時間の関数で表したグラフ．$[A]_0=1\,M$としてある．(a) いろいろな速度定数kについて，$[A]/[A]_0$を時間の関数でプロットしたグラフ．(b) (35･35)式で表したときの反応物濃度$[A]/[A]_0$の逆数を時間に対してプロットしたグラフ．

35・5・4 2次反応(タイプⅠ)の半減期

“半減期”の定義は，反応物濃度が初期値の半分になる時間であるから，タイプⅠの2次反応の半減期は，

$$t_{1/2} = \frac{1}{k_{実効}[A]_0} \tag{35･36}$$

で表される．1次反応の場合と違って，2次反応の半減期は反応物の初濃度に依存しており，初濃度が大きいほど$t_{1/2}$は小さい．1分子過程で1次反応が起こり，2個の化学種が相互作用(たとえば衝突)する2分子過程では2次反応が起こる振舞いは妥当なものである．反応速度の濃度依存性はこのように予測されるのである．

35・5・5 2次反応(タイプⅡ)

タイプⅡの2次反応では，2種の異なる化学種AとBがつぎのように反応に関与する．

$$A + B \xrightarrow{k} P \tag{35･37}$$

この反応がAについてもBについても1次であれば，全体の反応速度は，

$$R = k[A][B] \tag{35･38}$$

で表される．また，反応物濃度の時間についての導関数で反応速度を表せば，

$$R = -\frac{d[A]}{dt} = -\frac{d[B]}{dt} \tag{35･39}$$

である．二つの反応物の消費速度は等しいから，

$$[A]_0 - [A] = [B]_0 - [B]$$

$$[B]_0 - [A]_0 + [A] = [B]$$

$$\Delta + [A] = [B] \tag{35･40}$$

である．この式では[A]を使って[B]を表しており，両者の初濃度の差$[B]_0-[A]_0$をΔとしている．$\Delta \neq 0$の場合(すなわち，AとBの初濃度が異なる)から始め，(35･38)式と(35･39)式を等しいとおけば，

$$\frac{d[A]}{dt} = -k[A][B] = -k[A](\Delta + [A])$$

$$\int_{[A]_0}^{[A]} \frac{d[A]}{[A](\Delta + [A])} = -\int_0^t k\,dt$$

となる．この積分の解はつぎの公式を使えば解ける．

$$\int \frac{dx}{x(c+x)} = -\frac{1}{c}\ln\left(\frac{c+x}{x}\right)$$

こうして積分形速度式は，

$$-\frac{1}{\varDelta}\ln\left(\frac{\varDelta+[\mathrm{A}]}{[\mathrm{A}]}\right)\Bigg|_{[\mathrm{A}]_0}^{[\mathrm{A}]} = -kt$$

$$\frac{1}{\varDelta}\left[\ln\left(\frac{\varDelta+[\mathrm{A}]}{[\mathrm{A}]}\right) - \ln\left(\frac{\varDelta+[\mathrm{A}]_0}{[\mathrm{A}]_0}\right)\right] = kt$$

$$\frac{1}{\varDelta}\left[\ln\left(\frac{[\mathrm{B}]}{[\mathrm{A}]}\right) - \ln\left(\frac{[\mathrm{B}]_0}{[\mathrm{A}]_0}\right)\right] = kt$$

$$\frac{1}{[\mathrm{B}]_0-[\mathrm{A}]_0}\ln\left(\frac{[\mathrm{B}]/[\mathrm{B}]_0}{[\mathrm{A}]/[\mathrm{A}]_0}\right) = kt \qquad (35\cdot41)$$

となる．この式は，$[\mathrm{B}]_0 \neq [\mathrm{A}]_0$ のときに使えるものである．$[\mathrm{B}]_0 = [\mathrm{A}]_0$ の場合の [A] と [B] の濃度は，タイプ I の 2 次反応で $k_{実効} = k$ とした式で表される．反応物濃度の時間変化は，それぞれの反応物の存在量に依存する．また，タイプ II の 2 次反応に半減期の考えは使えない．二つの反応物が量論比（上の例では 1：1）で混合されない限り，両方の化学種の濃度が同時に初濃度の $\frac{1}{2}$ になることはないからである．

35・6 補遺：数値計算による方法

前節で説明した単純な反応なら，その積分形速度式を容易に求めることができる．しかしながら，積分形速度式が得られない速度論の問題がいろいろある．積分形速度式がないとき，実験データを速度論モデルとどう比較すればよいだろうか．この場合は，数値計算法によるいろいろな対処法があり，それによって速度論モデルで予測される濃度の時間変化を求めることができる．この方法を説明するのに，つぎの 1 次反応を考えよう．

$$\mathrm{A} \xrightarrow{k} \mathrm{P} \qquad (35\cdot42)$$

この反応の微分形速度式は，

$$\frac{\mathrm{d}[\mathrm{A}]}{\mathrm{d}t} = -k[\mathrm{A}] \qquad (35\cdot43)$$

である．この時間微分は，無限小時間での [A] の変化に相当している．そう考えれば，有限時間 Δt での [A] の変化は，

$$\frac{\Delta[\mathrm{A}]}{\Delta t} = -k[\mathrm{A}]$$

$$\Delta[\mathrm{A}] = -\Delta t(k[\mathrm{A}]) \qquad (35\cdot44)$$

で表せる．この式の [A] は，ある時刻における [A] の濃度を表している．したがって，この式を使えば，時間間隔 Δt における A の濃度変化，つまり $\Delta[\mathrm{A}]$ を求めることができ，さらに，その濃度変化を使って，その時間間隔の終わりの時刻での濃度を求めることもできる．こうして求めた濃度を使えば，次の時間間隔の [A] の変化を求めることができるから，この手続きを反応が終わるまで続ければよい．これを数学的に表せば，

$$\begin{aligned}[\mathrm{A}]_{t+\Delta t} &= [\mathrm{A}]_t + \Delta[\mathrm{A}] \\ &= [\mathrm{A}]_t - k\Delta t[\mathrm{A}]_t \qquad (35\cdot45)\end{aligned}$$

となる．この式の $[A]_t$ は，考えている時間間隔の始めの時刻での濃度であり，$[A]_{t+\Delta t}$ は同じ時間間隔の終わりの時刻での濃度である．この手続きを図 35・6 に示す．この図では，初濃度の値を使って時間間隔 Δt での $\Delta[A]$ を求めている．次の時刻での濃度 $[A]_1$ を使って，次の時間間隔 Δt での $\Delta[A]$ を求めれば次の濃度 $[A]_2$ が得られる．この手続きを繰返せば，追跡時間全体の濃度変化を求めることができる．

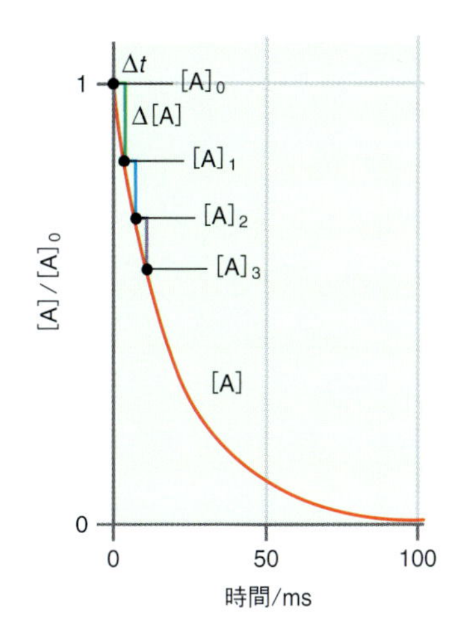

図 35・6　数値計算法で速度式を求める方法．

ここで考えた例は，微分方程式の数値解法である**オイラー法**[1]の特別な場合である．オイラー法を使うには，注目する時間スケールに関する情報が必要であり，時間間隔 Δt を十分小さく選ばなければ，濃度変化を正確に捉えることができない．図 35・7 は，ある 1 次反応の積分形速度式を使って求めた反応物の濃度について，3 種の異なる Δt を使って数値計算した結果を比較したものである．この図からわかるように，この方法の精度は，Δt をうまく選んだかどうかに敏感に依存している．実際には，Δt を減少させて計算し，濃度変化の状況が変わらなくなれば収束したとみなせる．

数値計算法は，微分形速度式がわかっていればどんな速度過程にも使える．オイラー法は，ある特定の速度機構で反応物と生成物の濃度がどう変化するかを予測できる最も直接的な方法である．しかしながら，これはある種の“力ずく”の方法である．すなわち，濃度勾配を正確に再現するには十分小さな時間間隔が必要であり，反応の全過程を再現するには時間間隔を非常に狭くして，非常に多数の繰返し計算が必要である．このように，オイラー法は計算時間のかかる方法である．もっと大きな時間間隔を使えるルンゲ-クッタ法など，数値計算にはもっと洗練された方法があるから，関心のある読者は調べてみるとよい．

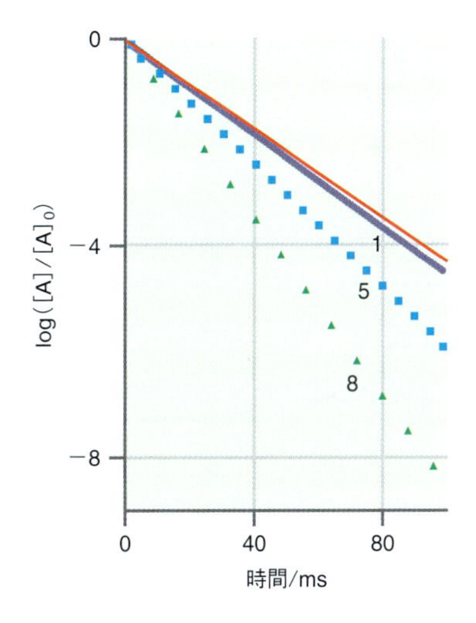

図 35・7　1 次反応の積分形速度式と数値計算による近似法の比較．この反応の速度定数は 0.1 ms^{-1} である．(35・27) 式の積分形速度式で求めた反応物濃度の時間変化は，赤色の実線で表してある．数値計算による近似を比較のために三つ示してあり，それぞれについて用いた時間間隔の大きさ (単位 ms) を図中に示してある．時間間隔を狭くするほど近似はよくなるのがわかる．

35・7 逐次 1 次反応

多くの化学反応では，素反応が多段階で逐次起こることによって，反応物が生成物に変換される．たとえば，つぎの**逐次反応**[2]の様式について考えよう．

$$A \xrightarrow{k_A} I \xrightarrow{k_I} P \tag{35・46}$$

この場合は，反応物 A が消費され中間生成物 I が形成され，これが次に崩壊して生成物 P が生成される．この化学種 I を**反応中間体**[3]という．(35・46) 式で表される逐次反応には，1 組の 1 次素反応が関与している．これを念頭におけば，各化学種の微分形速度式はつぎのように書ける．

$$\frac{d[A]}{dt} = -k_A[A] \tag{35・47}$$

$$\frac{d[I]}{dt} = k_A[A] - k_I[I] \tag{35・48}$$

$$\frac{d[P]}{dt} = k_I[I] \tag{35・49}$$

それぞれは，その素反応に関与する化学種に注目すれば簡単に得られる．たとえば，第 1 段階の反応では A の減少が起こる．この減衰は 1 次過程であり，(35・47) 式の微分形速度式と合っている．(35・49) 式によって，生成物 P の生成も 1 次過程である．中間体 I については，(35・48) 式は A の減衰 (k_A[A]) と P の生成

1) Euler's method　2) sequential reaction　3) intermediate

$(-k_{\rm I}[{\rm I}])$ という二つの素反応が関与することを表している．これに伴い，[I] の微分形速度式は，この二つの反応段階における速度の和で表されている．化学種それぞれの濃度を時間の関数として求めるには，まず (35·47)式から始める．この式は，1 組の初濃度が与えられれば簡単に積分することができる．ここで，$t=0$ では反応物 A しかないものとしよう．すなわち，

$$[{\rm A}]_0 \neq 0 \qquad [{\rm I}]_0 = 0 \qquad [{\rm P}]_0 = 0 \tag{35·50}$$

である．これらの初期条件のもとでは，[A] は前に導いたのとまったく同じ式で表される．すなわち，

$$[{\rm A}] = [{\rm A}]_0\,{\rm e}^{-k_{\rm A}t} \tag{35·51}$$

である．この式の [A] を I の微分形速度式に代入すれば，

$$\begin{aligned}\frac{{\rm d}[{\rm I}]}{{\rm d}t} &= k_{\rm A}[{\rm A}] - k_{\rm I}[{\rm I}] \\ &= k_{\rm A}[{\rm A}]_0\,{\rm e}^{-k_{\rm A}t} - k_{\rm I}[{\rm I}]\end{aligned} \tag{35·52}$$

となる．この式は微分方程式であるが，これを [I] について解けば，

$$[{\rm I}] = \frac{k_{\rm A}}{k_{\rm I}-k_{\rm A}}\left({\rm e}^{-k_{\rm A}t} - {\rm e}^{-k_{\rm I}t}\right)[{\rm A}]_0 \tag{35·53}$$

が得られる．最後に，[P] の式は，この反応の初期条件である A の初濃度 $[{\rm A}]_0$ を使えば簡単に求めることができる．すなわち，$t>0$ では $[{\rm A}]_0$ はすべての化学種の濃度の合計に等しいから，

$$\begin{aligned}[{\rm A}]_0 &= [{\rm A}] + [{\rm I}] + [{\rm P}] \\ [{\rm P}] &= [{\rm A}]_0 - [{\rm A}] - [{\rm I}]\end{aligned} \tag{35·54}$$

である．そこで，(35·51)式と (35·53)式を (35·54)式に代入すれば，[P] を表すつぎの式が得られる．

$$[{\rm P}] = \left(\frac{k_{\rm A}\,{\rm e}^{-k_{\rm I}t} - k_{\rm I}\,{\rm e}^{-k_{\rm A}t}}{k_{\rm I} - k_{\rm A}} + 1\right)[{\rm A}]_0 \tag{35·55}$$

[I] と [P] の式は複雑なかたちをしているが，図 35·8 を見れば，予測される濃度の時間変化はわかりやすい．図 35·8a は，$k_{\rm A}=2k_{\rm I}$ のときの濃度変化を表している．A は指数関数的に減衰し，I が生成されるのがわかる．この中間体もやがて減衰し，生成物が生成している．[I] の時間変化は，その生成の速度定数 $(k_{\rm A})$ と減衰の速度定数 $(k_{\rm I})$ の相対関係に強く依存している．図 35·8b は，$k_{\rm A} > k_{\rm I}$ の場合である．このときの中間体の極大濃度は，最初の場合よりも大きい．逆の極限は図 35·8c に見られる．すなわち，$k_{\rm A} < k_{\rm I}$ のときの中間体の極大濃度はかなり小さい．この振舞いは，直感的にわかりやすいものである．すなわち，もし，中間体が生成される速度より減衰する速度の方が速ければ，中間体の濃度は小さい．$k_{\rm A} > k_{\rm I}$ のとき (図 35·8b) は，その逆がいえる．

35・7・1 中間体の極大濃度

図 35·8 をよく見れば，中間体の化学種の濃度が極大を示す時間は，中間体の生成と減衰の速度定数の相対関係に依存していることがわかる．ここで，[I] が

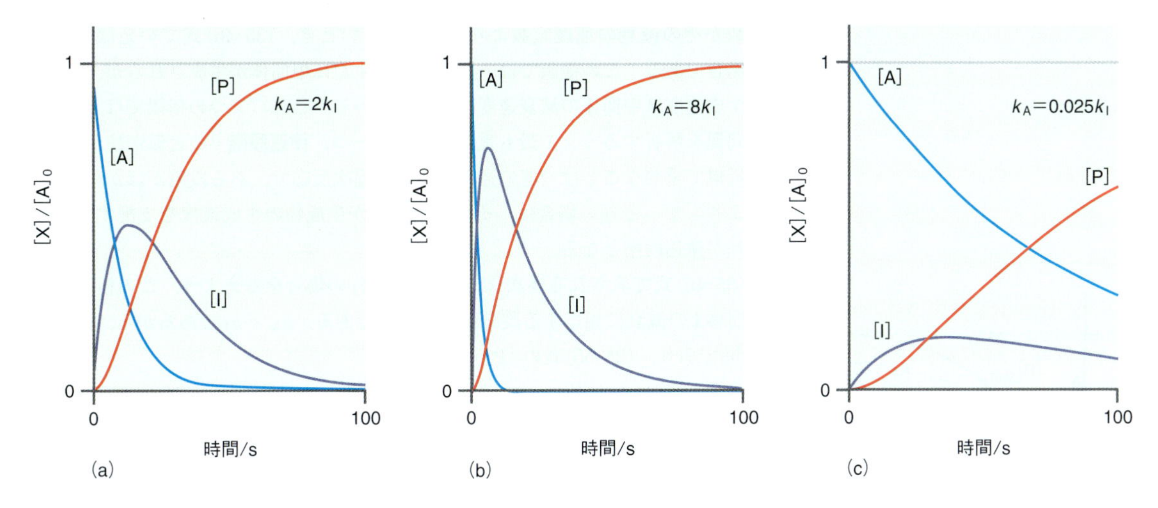

図 35・8　逐次反応における濃度の時間変化．反応物（A, 青色の曲線）からある中間体（I, 紫色の曲線）が生成し，それが減衰して生成物（P, 赤色の曲線）が生成する．(a) $k_A = 2k_I = 0.1\ s^{-1}$ の場合，(b) $k_A = 8k_I = 0.4\ s^{-1}$ の場合．I の極大濃度の大きさだけでなく，極大を示す時間も変化しているのがわかる．(c) $k_A = 0.025k_I = 0.0125\ s^{-1}$ の場合．このときの中間体は少ししか生成されない．また，[I] の極大を示す時間は，前の二つの例よりもずっと遅れる．

極大を示す時間を予測することができるだろうか．中間体の濃度は，[I] の時間についての導関数が 0 のとき極大に到達している．すなわち，

$$\left(\frac{d[I]}{dt}\right)_{t=t_{max}} = 0 \qquad (35 \cdot 56)$$

である．この式に，[I] を表す (35・53) 式を代入すれば，[I] が極大になる時間 t_{max} がつぎのように与えられる．

$$t_{max} = \frac{1}{k_A - k_I} \ln\left(\frac{k_A}{k_I}\right) \qquad (35 \cdot 57)$$

例題 35・5

$k_A = 2k_I = 0.1\ s^{-1}$ のとき，[I] が極大になる時間を求めよ．

解 答

これは図 35・8 の最初の例であり，$k_A = 0.1\ s^{-1}$，$k_I = 0.05\ s^{-1}$ である．この速度定数の値と (35・57) 式を使えば，t_{max} はつぎのように計算できる．

$$t_{max} = \frac{1}{k_A - k_I} \ln\left(\frac{k_A}{k_I}\right) = \frac{1}{0.1\ s^{-1} - 0.05\ s^{-1}} \ln\left(\frac{0.1\ s^{-1}}{0.05\ s^{-1}}\right) = 13.9\ s$$

35・7・2　律 速 段 階

前節で，逐次反応における生成物の生成速度は，中間体となる化学種の生成と減衰の時間スケールに依存することがわかった．逐次反応について，二つの極限的な状況を考えることができる．最初の極限は，中間体の減衰の速度定数がその生成の速度定数よりずっと大きいとき，(35・46) 式でいえば $k_I \gg k_A$ の場合である．この極限では，中間体ができてもすぐに生成物へ移行するから，生成物の生成速度は反応物の減衰速度に依存する．これと逆の極限は，中間体の生成の速度

定数がその減衰の速度定数よりずっと大きいとき，(35·46)式でいえば$k_A \gg k_I$の場合である．この極限では，反応物からすぐに中間体が生成されるが，生成物の生成速度は中間体の減衰速度に依存している．これら二つの極限では，速度論の問題を解析するうえで最も重要な近似の一つ，**律速段階**[1]の近似が使える．この近似で重要なことはつぎの通りである．逐次反応で，ある段階がほかのどの段階よりもずっと遅い場合は，その遅い段階が生成物の生成速度を支配するから，それが律速段階となる．

(35·46)式で表される逐次反応で，$k_A \gg k_I$の場合を考えよう．この極限では，中間体Iの減衰に相当する段階が律速段階である．$k_A \gg k_I$であるから，$e^{-k_A t} \ll e^{-k_I t}$であり，(35·55)式の[P]の式は，

$$\lim_{k_A \gg k_I} [P] = \lim_{k_A \gg k_I} \left(\left(\frac{k_A e^{-k_I t} - k_I e^{-k_A t}}{k_I - k_A} + 1 \right) [A]_0 \right) = (1 - e^{-k_I t})[A]_0 \tag{35·58}$$

となる．k_Iが律速段階のときの[P]の時間依存性は，Iの1次減衰で生成物が生成されるときに予測されるものと同じである．もう一つの極限は$k_I \gg k_A$で，このときは$e^{-k_I t} \ll e^{-k_A t}$であるから[P]の式は，

$$\lim_{k_I \gg k_A} [P] = \lim_{k_I \gg k_A} \left(\left(\frac{k_A e^{-k_I t} - k_I e^{-k_A t}}{k_I - k_A} + 1 \right) [A]_0 \right) = (1 - e^{-k_A t})[A]_0 \tag{35·59}$$

となる．この極限での[P]の時間依存性は，反応物Aの1次減衰で生成物が生成されるときに予測されるものと同じである．

どういう場合に律速段階の近似が使えるのであろうか．いま考えている2段階反応では，速度定数が両者で20倍も違っていれば，速度定数の小さい方が律速段階といえる．図35·9は，(35·55)式で求めた厳密な解を使って求めた[P]と，$k_A = 20k_I = 1\ s^{-1}$と$k_A = 0.04k_I = 0.02\ s^{-1}$の場合の(35·58)式と(35·59)式の律速段階の予測を比較したものである．図35·9aでは，中間体の減衰が生成物生成の律速段階になっている．反応物が急速に減衰して，中間体の濃度がいったんかなり大きくなって，それから[P]の増加とともに中間体の濃度が減少しているのがわかる．[P]の厳密な計算と律速段階の近似曲線がよく似ていることから，この速度定数の比であれば律速段階の近似が使えるのがわかる．逆の極限の場合を図35·9bに示してある．この場合は，反応物の減衰が生成物の生成の律速段階である．反応物の減衰が律速段階のときは，中間体はほとんど生成されない．この場合は，[A]の減少がそのまま[P]の増加となって現れる．この場合も，[P]の厳密な計算と律速段階の近似曲線がよく一致することから，中間体の生成と減衰の速度定数がかなり違えば律速段階の近似が使えるのがわかる．

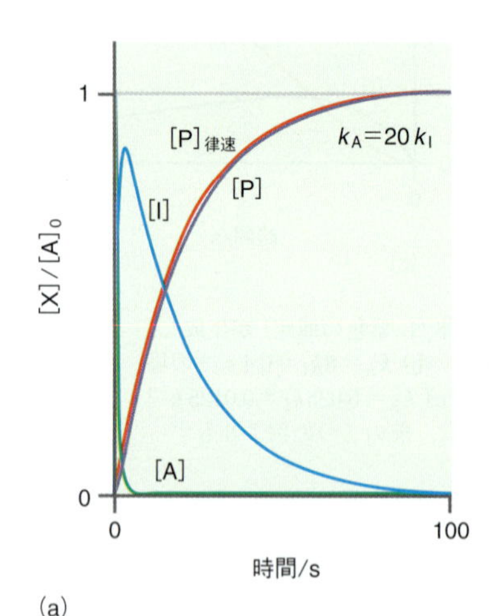

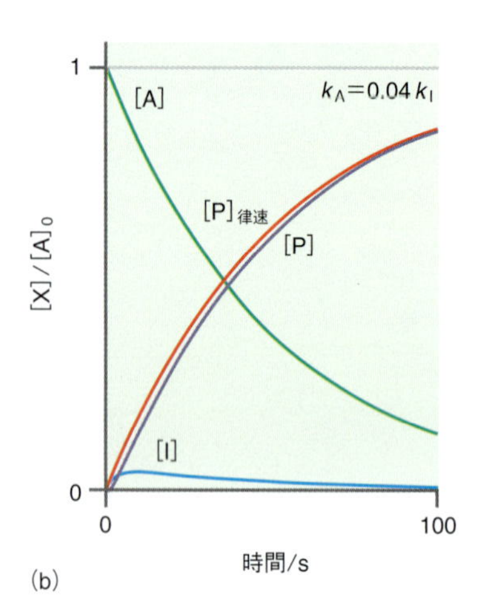

図35·9 逐次反応における律速段階を表す振舞い．(a) $k_A = 20k_I = 1\ s^{-1}$の場合の律速段階は中間体Iの減衰である．この場合は，[I]の減少が[P]の増加となって現れる．この逐次機構で予測される[P]の時間変化を紫色の曲線で示してある．これに対して，律速段階の振舞いを仮定して得られた$[P]_{律速}$の時間変化を赤色の曲線で示してある．(b) (a)とは逆の極限で$k_A = 0.04k_I = 0.02\ s^{-1}$の場合の律速段階は反応物Aの減衰である．

35·7·3 定常状態の近似

つぎの逐次反応について考えよう．

$$A \xrightarrow{k_A} I_1 \xrightarrow{k_1} I_2 \xrightarrow{k_2} P \tag{35·60}$$

この反応では，生成物の生成までに二つの中間体I_1とI_2の生成と減衰が関与している．この逐次反応を微分形速度式で表せば，つぎのようになる．

1) rate-determining step (rate-limiting step)

$$\frac{d[A]}{dt} = -k_A[A] \tag{35・61}$$

$$\frac{d[I_1]}{dt} = k_A[A] - k_1[I_1] \tag{35・62}$$

$$\frac{d[I_2]}{dt} = k_1[I_1] - k_2[I_2] \tag{35・63}$$

$$\frac{d[P]}{dt} = k_2[I_2] \tag{35・64}$$

これら微分形速度式を積分して，この反応に関与する化学種の時々刻々変化する濃度を求めるのは簡単ではない．それでは，どうして求めればよいだろうか．一つの方法は，オイラー法 (35・6 節) を使って，数値計算によって濃度を時間の関数で求めることである．$k_A = 0.02\ s^{-1}$，$k_1 = k_2 = 0.2\ s^{-1}$ の場合に，この方法で計算した結果を図 35・10 に示す．速度定数の比がこの程度であれば，中間体の濃度はあまり大きくならないことがわかる．

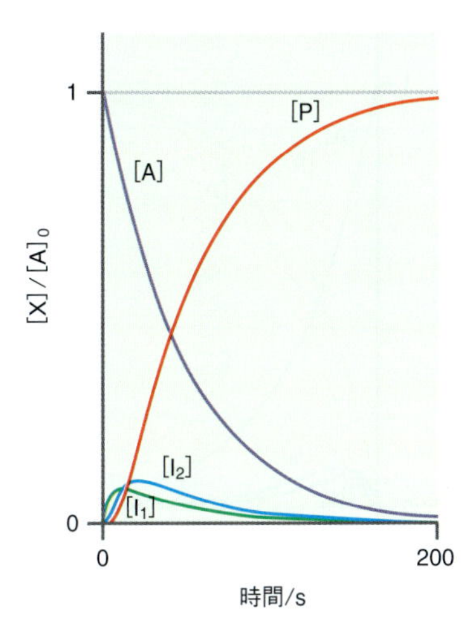

図 35・10　(35・60) 式で表される逐次反応で，数値計算によって求めた濃度の時間変化．$k_A = 0.02\ s^{-1}$ および $k_1 = k_2 = 0.2\ s^{-1}$ とした．

図 35・10 をよく見れば，$[I_1]$ と $[I_2]$ はあまり時間変化していないのがわかる．そこで，これらの濃度の時間についての導関数を 0 に等しいと近似する．

$$\frac{d[I]}{dt} = 0 \tag{35・65}$$

この式を**定常状態の近似**[1]という．この近似を使えば，中間体の濃度の時間についての導関数をすべて 0 とおくだけで，この微分形速度式を計算することができる．この近似は，中間体の減衰速度が生成速度よりずっと速く，中間体の濃度が反応中にほんのわずかしかない場合に使えて (図 35・10 の例のように) 正確なものとなる．上の反応について，I_1 に定常状態の近似を適用すれば，$[I_1]$ の式はつぎのように表される．

$$\frac{d[I_1]_{ss}}{dt} = 0 = k_A[A] - k_1[I_1]_{ss}$$

$$[I_1]_{ss} = \frac{k_A}{k_1}[A] = \frac{k_A}{k_1}[A]_0\,e^{-k_A t} \tag{35・66}$$

ここで，下付きの添え字 ss は，その濃度が定常状態の近似を使って予測したものであることを示している．(35・66) 式の最後の等式は，$[A]_0 \neq 0$ で，A 以外の化学種の濃度はすべて 0 という初期条件のもとで [A] の微分形速度式を積分して得られたものである．$[I_2]$ についても定常状態の近似を使えば，

$$\frac{d[I_2]_{ss}}{dt} = 0 = k_1[I_1]_{ss} - k_2[I_2]_{ss}$$

$$[I_2]_{ss} = \frac{k_1}{k_2}[I_1]_{ss} = \frac{k_A}{k_2}[A]_0\,e^{-k_A t} \tag{35・67}$$

が得られる．最後に，P の微分形速度式は，

$$\frac{d[P]_{ss}}{dt} = k_2[I_2] = k_A[A]_0\,e^{-k_A t} \tag{35・68}$$

で表される．この式を積分すれば，[P] について見なれたつぎの式が得られる．

1) steady-state approximation

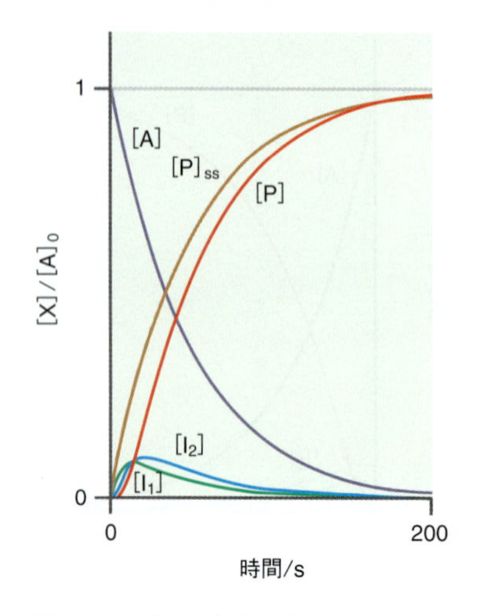

図 35·11 (35·60)式で表される逐次反応で，$k_A = 0.02\ s^{-1}$，$k_1 = k_2 = 0.2\ s^{-1}$ の場合について，数値計算で求めた濃度と定常状態の近似を使って求めた濃度の時間変化の比較．定常状態の近似による濃度を下付き添え字 ss で示してある．

$$[P]_{ss} = [A]_0(1 - e^{-k_A t}) \qquad (35\cdot69)$$

この式によれば，定常状態の近似の範囲では，[P] について予測される速度式は，A の 1 次減衰に見える．

定常状態の近似はどんなときに使えるだろうか．この近似では，中間体の濃度が時間に対して一定である必要がある．定常状態の近似のもとで，最初の中間体の濃度について考えよう．$[I_1]_{ss}$ の時間についての導関数は，

$$\frac{d[I_1]_{ss}}{dt} = \frac{d}{dt}\left(\frac{k_A}{k_1}[A]_0 e^{-k_A t}\right) = -\frac{k_A^2}{k_1}[A]_0 e^{-k_A t} \qquad (35\cdot70)$$

である．この式の値が 0 であれば定常状態の近似が使える．それは，$k_1 \gg k_A^2[A]_0$ のときである．いい換えれば，$[I_1]$ を常に小さく保てるように，k_1 は十分大きくなければならない．同じことは I_2 についてもいえ，$k_2 \gg k_A^2[A]_0$ であれば定常状態の近似が使える．

図 35·11 には，二つの中間体が関与する $k_A = 0.02\ s^{-1}$，$k_1 = k_2 = 0.2\ s^{-1}$ の逐次反応について，数値計算によって求めた濃度と定常状態の近似を使って予測した濃度を比較してある．定常状態の近似が使えると予想されるこのような条件下でも，数値計算による [P] と近似を使った $[P]_{ss}$ の違いは有意であることがわかる．ここで示した例では，定常状態の近似を適用するのは比較的簡単であった．しかし，多くの反応では，中間体の濃度が時間変化せず一定であるという近似は使えない．しかも，注目する機構について導いた微分形速度式から 1 個または 2 個の中間体の濃度が分離して表せないときは，定常状態の近似を使うのはもっと難しい．

例題 35・6

つぎの逐次反応を考えよう．

$$A \xrightarrow{k_A} I \xrightarrow{k_I} P$$

$t = 0$ では反応物 A だけが存在するとして，定常状態の近似を使って予測される [P] の時間変化を求めよ．

解 答

この反応の微分形速度式は (35·47)式～(35·49)式で表される．

$$\frac{d[A]}{dt} = -k_A[A]$$

$$\frac{d[I]}{dt} = k_A[A] - k_I[I]$$

$$\frac{d[P]}{dt} = k_I[I]$$

[I] についての微分形速度式に定常状態の近似を適用し，(35·51)式の [A] についての積分形速度式に代入すれば，

$$\frac{d[I]}{dt} = 0 = k_A[A] - k_I[I]$$

$$\frac{k_A}{k_I}[A] = \frac{k_A}{k_I}[A]_0 e^{-k_A t} = [I]$$

が得られる．生成物の微分形速度式に上の [I] の式を代入して，積分すれば，

$$\frac{d[P]}{dt} = k_I[I] = \frac{k_A}{k_I}(k_I[A]_0 e^{-k_A t})$$

$$\int_0^{[P]} d[P] = k_A[A]_0 \int_0^t e^{-k_A t} dt$$

$$[P] = k_A[A]_0\left[\frac{1}{k_A}(1 - e^{-k_A t})\right]$$

$$[P] = [A]_0(1 - e^{-k_A t})$$

となる．この [P] の式は，この逐次反応における A の減衰を律速段階として扱って得られる式 (35・59 式) と同じものである．

35・8 並 発 反 応

ここまで考えてきた反応では，反応物が減衰したとき，1 種の化学種しか生成しなかった．しかし，単一の反応物からいろいろな生成物が生じる例が多い．このような反応を**並発反応**[1]という．反応物 A から 2 種の生成物 B と C が生成するつぎの反応を考えよう[†3]．

(35・71)

この反応物と生成物についての微分形速度式は，

$$\frac{d[A]}{dt} = -k_B[A] - k_C[A] = -(k_B + k_C)[A] \qquad (35\cdot72)$$

$$\frac{d[B]}{dt} = k_B[A] \qquad (35\cdot73)$$

$$\frac{d[C]}{dt} = k_C[A] \qquad (35\cdot74)$$

で表される．初期条件を $[A]_0 \neq 0$，$[B] = [C] = 0$ として，[A] の式を積分すれば，

$$[A] = [A]_0 e^{-(k_B + k_C)t} \qquad (35\cdot75)$$

が得られる．この [A] の式を上の微分形速度式に代入して，それを積分すれば生成物の濃度はつぎのように求められる．

$$[B] = \frac{k_B}{k_B + k_C}[A]_0(1 - e^{-(k_B+k_C)t}) \qquad (35\cdot76)$$

$$[C] = \frac{k_C}{k_B + k_C}[A]_0(1 - e^{-(k_B+k_C)t}) \qquad (35\cdot77)$$

†3 訳注：本章では，速度定数として k_B が使われている．一方，ボルツマン定数 k_B も現れるので注意しよう．

1) parallel reaction

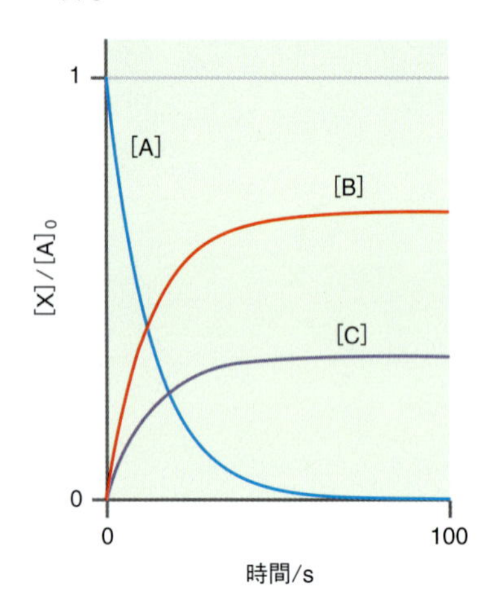

図 35·12　並発反応で，$k_B = 2k_C = 0.1\ s^{-1}$ の場合の濃度の時間変化．

図 35·12 は，この分岐反応で $k_B = 2k_C = 0.1\ s^{-1}$ の場合の反応物と生成物の濃度を表したものである．この図には，分岐反応に見られる一般的な傾向がいくつか現れている．まず，分岐した反応それぞれの速度定数の和 $k_B + k_C$ を見かけの速度定数として A が減衰しているのがわかる．第二に，生成物の濃度比は時間に無関係であるのがわかる．すなわち，どの時間でも，[B]/[C] の比は一定である．この振舞いは，(35·76) 式と (35·77) 式の比を考えればわかる．予測される比は，

$$\frac{[\mathrm{B}]}{[\mathrm{C}]} = \frac{k_B}{k_C} \tag{35·78}$$

で表されるからである．この式は非常に興味深い．この式によれば，分岐反応の一方の速度定数がもう一方より大きくなれば，その生成物の最終濃度も大きくなるのである．また，(35·78) 式の生成物の濃度比には時間依存がないから，反応進行中ずっと生成物の比が同じであるのがわかる．

(35·78) 式によれば，並発反応における生成物生成の相対的な割合は，その速度定数に依存している．この振舞いを確率の観点から見れば，ある過程の速度定数が大きいほどその生成物は生成しやすい．その**収量**[1] $\boldsymbol{\Phi}$ は，反応物の減衰によってある生成物が生成される確率として定義できる．すなわち，

$$\Phi_i = \frac{k_i}{\sum_n k_n} \tag{35·79}$$

である．k_i は，注目する生成物 i を生成する反応の速度定数である．この式の分母は，分岐した反応すべての速度定数の和である．全収量は，それぞれの生成物の収量の和であるから，それをつぎのように規格化しておく．

$$\sum_i \Phi_i = 1 \tag{35·80}$$

図 35·12 には，$k_B = 2k_C$ の場合を示してあり，このときの生成物 C の生成収量は，

$$\Phi_C = \frac{k_C}{k_B + k_C} = \frac{k_C}{(2k_C) + k_C} = \frac{1}{3} \tag{35·81}$$

である．この反応は二つに分岐するだけだから，$\Phi_B = \frac{2}{3}$ である．図 35·12 を見れば [B] = 2[C] になっており，上で計算した収量と合っているのがわかる．

例題 35・7

ベンジルペニシリン (BP) は，酸性条件下でつぎの並発反応を起こす．

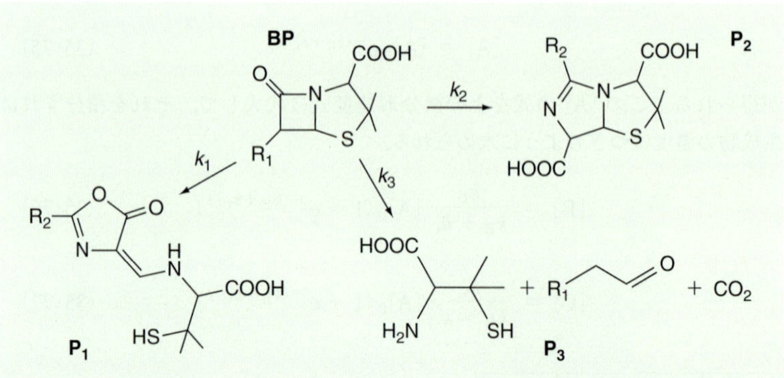

1) yield

図にある分子構造で R_1 と R_2 と示したのはアルキル置換基である．このペニシリンを服用したとしよう．胃の中の pH は約 3 である．この pH では，この過程の 22 °C での速度定数は $k_1 = 7.0 \times 10^{-4}\ \mathrm{s}^{-1}$，$k_2 = 4.1 \times 10^{-3}\ \mathrm{s}^{-1}$，$k_3 = 5.7 \times 10^{-3}\ \mathrm{s}^{-1}$ である．P_1 の生成収量はどれだけか．

解答

(35·79)式を使えば，つぎのように計算できる．

$$\Phi_{\mathrm{P}_1} = \frac{k_1}{k_1 + k_2 + k_3} = \frac{7.0 \times 10^{-4}\ \mathrm{s}^{-1}}{7.0 \times 10^{-4}\ \mathrm{s}^{-1} + 4.1 \times 10^{-3}\ \mathrm{s}^{-1} + 5.7 \times 10^{-3}\ \mathrm{s}^{-1}}$$

$$= 0.067$$

酸触媒で解離を起こす BP のうち，P_1 の生成に至るのは 6.7 パーセントである．

35・9 速度定数の温度依存性

本章の始めで述べたように，速度定数 (k) は一般に温度依存する．実験で測定したデータを使って $\ln(k)$ 対 T^{-1} のプロットをすれば，多くの反応について直線もしくはそれに近い振舞いが見られる．経験的に見いだされた温度と k のつぎの関係式は，アレニウスによって 19 世紀後半に提案されたもので，これを**アレニウスの式**[1]という．

$$k = A\,\mathrm{e}^{-E_\mathrm{a}/RT} \tag{35·82}$$

この式の定数 A を**頻度因子**[2]または**アレニウスの前指数因子**[3]という．E_a は，この反応の**活性化エネルギー**[4]である．頻度因子の単位は速度定数と同じで，その反応の次数によって異なる．活性化エネルギーの単位は，ふつう $\mathrm{kJ\ mol^{-1}}$ で表す．(35·82)式の自然対数をとれば，つぎの式が得られる．

$$\ln(k) = \ln(A) - \frac{E_\mathrm{a}}{R}\frac{1}{T} \tag{35·83}$$

この式の予測によれば，$\ln(k)$ 対 T^{-1} のプロットをすると直線が得られ，その勾配は $-E_\mathrm{a}/R$，y 切片は $\ln(A)$ である．例題 35·8 では (35·83)式を使って，ある反応のアレニウスパラメーターを求める．

例題 35・8

酸触媒によるペニシリンの加水分解（例題 35·7 にある）の温度依存性を調べたところ，k_1 の温度依存性についてつぎの表の結果が得られた．この加水分解反応の活性化エネルギーと頻度因子を求めよ．

温度/°C	k_1/s^{-1}
22.2	7.0×10^{-4}
27.2	9.8×10^{-4}
33.7	1.6×10^{-3}
38.0	2.0×10^{-3}

1) Arrhenius expression　2) frequency factor
3) Arrhenius preexponential factor　4) activation energy

解答

$\ln(k_1)$ 対 T^{-1} のプロットをつぎの図に示す.

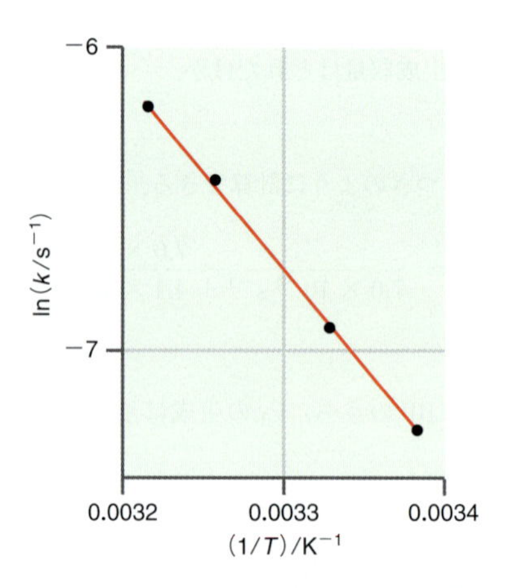

それぞれのデータは点で表してあり,実線は最小二乗法によってデータを直線に合わせた結果である.この直線の式は,

$$\ln(k) = (-6300\ \mathrm{K})\frac{1}{T} + 14.1$$

である.(35・83)式で示したように,この直線の勾配は $-E_a/R$ に等しいから,

$$6300\ \mathrm{K} = \frac{E_a}{R} \ \Rightarrow\ E_a = 52\,400\ \mathrm{J\ mol^{-1}} = 52.4\ \mathrm{kJ\ mol^{-1}}$$

となる.y 切片は $\ln(A)$ に等しいから,A はつぎのように得られる.

$$A = \mathrm{e}^{14.1} = 1.33 \times 10^6\ \mathrm{s^{-1}}$$

アレニウスの式のエネルギー因子の起源は,つぎのように理解すればよいだろう.活性化エネルギーは,その化学反応を起こすのに必要なエネルギーに相当している.化学反応というのは,概念的には図35・13で示すように,あるエネルギー断面に沿って起こるものと考えられる.反応物のエネルギーが活性化エネル

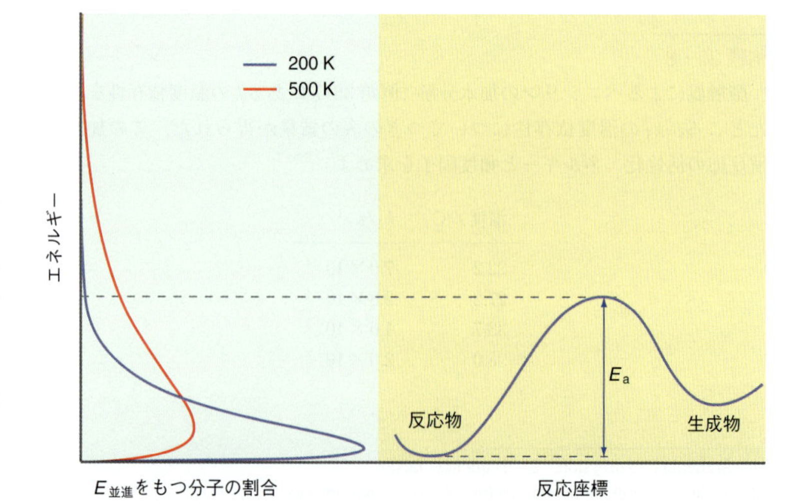

図35・13 化学反応のエネルギー断面図.反応が起こるためには,反応物のエネルギーが活性化エネルギー E_a より大きくなければならない.反応座標は,反応物が生成物に変換されるときの結合や幾何構造の変化を表している.図には200 Kと500 Kにおける分子の並進エネルギー($E_{並進}$)のボルツマン分布を比較してある.E_a より大きな並進エネルギーをもつ分子の割合は,温度とともに増加するのがわかる.

ギーより大きければ，その反応は進行する．図35・13には，200 K と 500 K での並進エネルギーのボルツマン分布を示してある．E_a より大きな並進エネルギーをもつ分子の数は，温度上昇とともに増加するのがわかる．この振舞いは，活性化エネルギーの指数依存性に $\exp(-E_a/RT)$ のかたちで取入れられている．温度が同じなら，活性化エネルギーが大きいほど，反応に必要な十分なエネルギーをもつ分子の割合は少ない．これは，反応速度の減少となって現れる．

すべての反応がアレニウスの振舞いに従うとは限らない．具体的には，(35・83)式が成り立つ本来の仮定は，E_a も A も温度に無関係な量というものである．$\ln(k)$ 対 T^{-1} のプロットが直線を示さない反応は多く，アレニウスパラメーターの少なくとも一方が温度依存する．反応速度に関する最近の理論によれば，速度定数はつぎの振舞いをする．

$$k = aT^m \mathrm{e}^{-E'/RT}$$

この式で，a と E' は温度に依存しない量であり，m は 1 や 1/2，−1/2 のような値をとれるが，それは速度定数を予測する理論の詳細によって決まる．たとえば，あとで説明する活性錯合体理論（35・14節）では，$m=1$ の値が予測されている．この m の値であれば，$\ln(k/T)$ 対 T^{-1} のプロットは直線になり，その勾配は $-E'/R$，y 切片は $\ln(a)$ に等しい．アレニウスの式の限界はよく知られているものの，この関係は依然として，いろいろな種類の反応の速度定数の温度依存性をうまく表している．

35・10 可逆反応と平衡

前半の節で説明した速度論モデルでは，反応物から生成物ができれば，逆向きの反応は起こらないと仮定した．しかしながら，図35・14で示した**反応座標**[1]によれば，反応のエネルギー論によっては，このような逆反応も起こりうる．具体的には，この図からわかるように，反応の活性化エネルギーを越える大きなエネルギーが与えられれば，反応物から生成物が生成する．しかし，反応座標を生成物の側から見ればどうなるだろうか．反応座標を逆向きに進んで，生成物側から見た活性化エネルギー障壁 $E_a{}'$ を越えて，生成物が反応物に戻れるだろうか．この節では，このような**可逆反応**[2]について説明する．

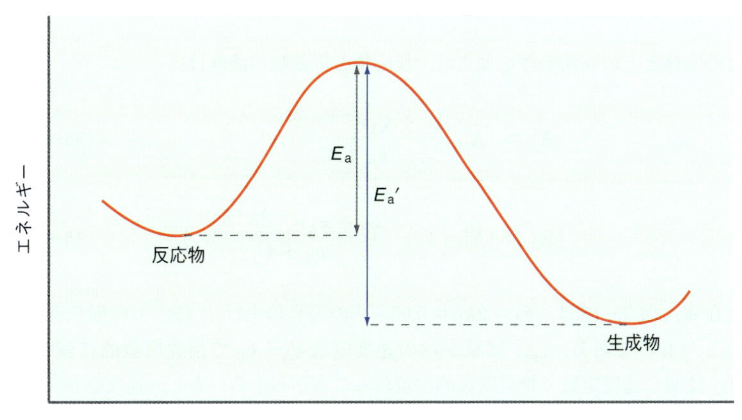

図35・14 この反応座標では，反応物から生成物を生成する活性化エネルギーは E_a であり，生成物から反応物を生成する活性化エネルギーは $E_a{}'$ である．

1) reaction coordinate 2) reversible reaction

正反応がAについて1次で，逆反応がBについて1次のつぎの反応を考えよう．

$$\mathrm{A} \underset{k_\mathrm{B}}{\overset{k_\mathrm{A}}{\rightleftharpoons}} \mathrm{B} \tag{35·84}$$

正反応と逆反応の速度定数は，それぞれ k_A と k_B である．この反応の積分形速度式は，反応物と生成物に関するつぎの微分形速度式から出発して得られる．

$$\frac{\mathrm{d}[\mathrm{A}]}{\mathrm{d}t} = -k_\mathrm{A}[\mathrm{A}] + k_\mathrm{B}[\mathrm{B}] \tag{35·85}$$

$$\frac{\mathrm{d}[\mathrm{B}]}{\mathrm{d}t} = k_\mathrm{A}[\mathrm{A}] - k_\mathrm{B}[\mathrm{B}] \tag{35·86}$$

(35·85)式は，(35·26)式で表される反応物に関する1次の減衰式の微分形速度式とは明らかに違っている．反応物の減衰には，すでに説明した1次の減衰を表す $-k_\mathrm{A}[\mathrm{A}]$ の項だけでなく，第2項として，生成物の減衰で反応物が生成する $k_\mathrm{B}[\mathrm{B}]$ がある．その初期条件は，前節で用いたものと同じである．$t=0$ の反応の始めには反応物しか存在しない．また，$t>0$ での反応物と生成物の濃度の和は，反応物の初濃度に等しいはずである．すなわち，

$$[\mathrm{A}]_0 = [\mathrm{A}] + [\mathrm{B}] \tag{35·87}$$

である．これらの初期条件で (35·85)式を積分すればつぎのようになる．

$$\begin{aligned}\frac{\mathrm{d}[\mathrm{A}]}{\mathrm{d}t} &= -k_\mathrm{A}[\mathrm{A}] + k_\mathrm{B}[\mathrm{B}] \\ &= -k_\mathrm{A}[\mathrm{A}] + k_\mathrm{B}([\mathrm{A}]_0 - [\mathrm{A}]) \\ &= -[\mathrm{A}](k_\mathrm{A} + k_\mathrm{B}) + k_\mathrm{B}[\mathrm{A}]_0\end{aligned}$$

$$\int_{[\mathrm{A}]_0}^{[\mathrm{A}]} \frac{\mathrm{d}[\mathrm{A}]}{[\mathrm{A}](k_\mathrm{A}+k_\mathrm{B}) - k_\mathrm{B}[\mathrm{A}]_0} = -\int_0^t \mathrm{d}t \tag{35·88}$$

この式は，つぎの公式を使えば計算できる．

$$\int \frac{\mathrm{d}x}{(a+bx)} = \frac{1}{b}\ln(a+bx)$$

この関係と上の初期条件を使えば，反応物と生成物の濃度は，

$$[\mathrm{A}] = [\mathrm{A}]_0 \frac{k_\mathrm{B} + k_\mathrm{A}\mathrm{e}^{-(k_\mathrm{A}+k_\mathrm{B})t}}{k_\mathrm{A}+k_\mathrm{B}} \tag{35·89}$$

$$[\mathrm{B}] = [\mathrm{A}]_0 \left(1 - \frac{k_\mathrm{B} + k_\mathrm{A}\mathrm{e}^{-(k_\mathrm{A}+k_\mathrm{B})t}}{k_\mathrm{A}+k_\mathrm{B}}\right) \tag{35·90}$$

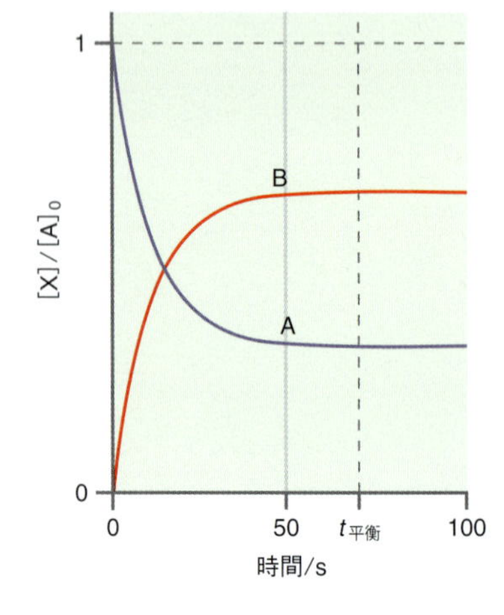

図35·15　反応物Aと生成物Bの間に正反応と逆反応が存在する場合のそれぞれの濃度の時間変化．この例では，$k_\mathrm{A}=2k_\mathrm{B}=0.06\ \mathrm{s}^{-1}$ としている．長時間経過すれば ($t \geq t_{平衡}$)，どちらの濃度も反応が平衡に達したところの一定値を示しているのがわかる．

となる．図35·15は，$k_\mathrm{A}=2k_\mathrm{B}=0.06\ \mathrm{s}^{-1}$ の場合の [A] と [B] の時間依存性を表したものである．[A] は見かけの速度定数 $k_\mathrm{A}+k_\mathrm{B}$ で指数関数的に減衰し，[B] は同じ速度定数で指数関数的に現れることがわかる．もし，逆反応が存在しなければ，[A] は0に向かって減衰するのが予測される．一方，逆反応が存在すれば，長時間が経過しても [A] も [B] も0にはならない．長時間経った後の反応物と生成物の濃度のことを平衡濃度という．両者の平衡濃度は，(35·89)式と

(35・90)式の時間が無限大のときの極限に等しい．すなわち，

$$[\mathrm{A}]_{平衡} = \lim_{t\to\infty}[\mathrm{A}] = [\mathrm{A}]_0 \frac{k_\mathrm{B}}{k_\mathrm{A}+k_\mathrm{B}} \tag{35・91}$$

$$[\mathrm{B}]_{平衡} = \lim_{t\to\infty}[\mathrm{B}] = [\mathrm{A}]_0 \left(1 - \frac{k_\mathrm{B}}{k_\mathrm{A}+k_\mathrm{B}}\right) \tag{35・92}$$

である．両式によれば，反応物と生成物の濃度は，正反応と逆反応の速度定数の相対的な大きさによって決まるある一定の値，つまり平衡値に到達する．

この理屈では，平衡到達までに無限大の時間を待たねばならない．しかし，実際には反応物と生成物の濃度が平衡値にごく近くなり，それらの濃度の時間変化が緩やかになれば，系が平衡に達したと近似しても妥当とみなせる．この時間を図35・15では$t_{平衡}$と表してある．この図を見ればわかるように，$t_{平衡}$より長時間のところでは濃度は平衡である．平衡に達した後の反応物と生成物の濃度の時間依存性はつぎのようになる．

$$\frac{\mathrm{d}[\mathrm{A}]_{平衡}}{\mathrm{d}t} = \frac{\mathrm{d}[\mathrm{B}]_{平衡}}{\mathrm{d}t} = 0 \tag{35・93}$$

下付きの添え字は，平衡到達後しかこの等式が成立しないことを示している．平衡では正反応も逆反応もその速度が0になると誤解しがちである．平衡では正反応と逆反応の速度が等しいのであって，0ではない．それで，反応物も生成物も全体としての濃度は時間変化しないのである．すなわち，正反応も逆反応も依然として起こっているのだが，平衡では両者の速度は等しい．(35・93)式を反応物の微分形速度式 (35・85 式) と組合わせて使えば，つぎのかたちの見なれた式に到達できるだろう．

$$\frac{\mathrm{d}[\mathrm{A}]_{平衡}}{\mathrm{d}t} = \frac{\mathrm{d}[\mathrm{B}]_{平衡}}{\mathrm{d}t} = 0 = -k_\mathrm{A}[\mathrm{A}]_{平衡} + k_\mathrm{B}[\mathrm{B}]_{平衡}$$

$$\frac{k_\mathrm{A}}{k_\mathrm{B}} = \frac{[\mathrm{B}]_{平衡}}{[\mathrm{A}]_{平衡}} = K_c \tag{35・94}$$

この式のK_cは，濃度で表した平衡定数である．これは，熱力学 (6 章) や統計力学 (32 章) で説明したものと同じものである．これで，同じ平衡定数を速度論の

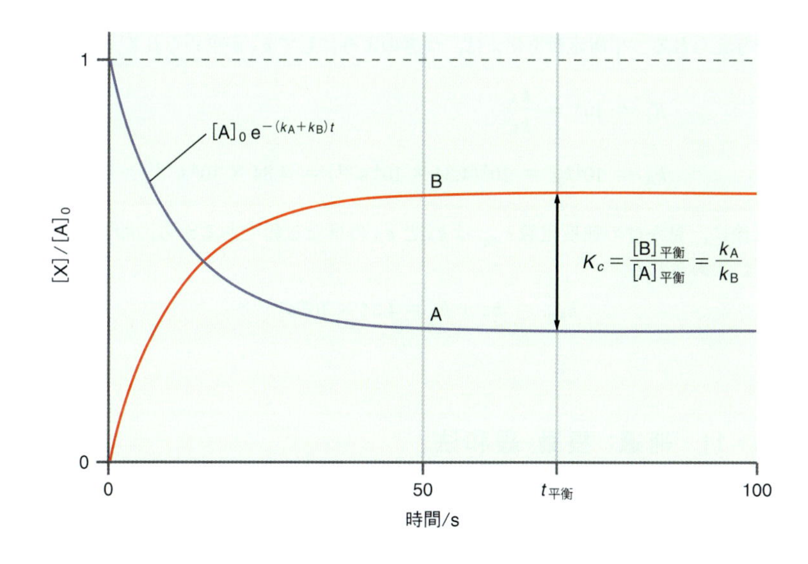

図 35・16 正反応と逆反応の速度定数を求める方法．反応物が減衰する見かけの速度定数は，正反応の速度定数k_Aと逆反応の速度定数k_Bの和に等しい．その平衡定数は$k_\mathrm{A}/k_\mathrm{B}$に等しい．これらを測定すれば，未知数が2個で方程式が2個つくれるから，k_Aとk_Bは簡単に求められる．

観点から表したことになる．このように，(35･94)式は大事な結果であり，三つの異なる観点で表した平衡の概念を結びつけて，それを単純な一つの式にまとめたものである．速度論の観点で見れば，K_c は，正反応の速度定数の逆反応に対する比で表されている．逆反応の速度定数に対して正反応の速度定数が大きくなれば，平衡は反応物側より生成物側に片寄る．

図 35･16 は，正反応と逆反応の速度定数を求める方法を示したものである．具体的にいえば，反応物の減衰速度を測定すれば (生成物の生成速度を測定しても同じである)，それは見かけの速度定数 $k_A + k_B$ を測定したことになる．一方，K_c，したがって反応物と生成物の平衡濃度を測定すれば，正反応と逆反応の速度定数の比を測定したことになる．これらの測定によって方程式が 2 個でき，未知数は k_A と k_B の 2 個であるから，簡単に両者を求めることができる．

例題 35・9

シクロヘキサンの“舟形”配座と“いす形”配座について，つぎの相互転換を考えよう．

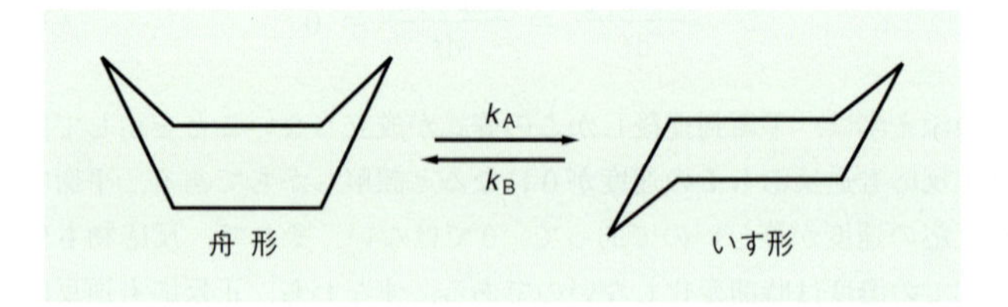

この反応は両方向とも 1 次であり，その平衡定数は 10^4 である．いす形から舟形への転換の活性化エネルギーは $42\ \mathrm{kJ\ mol^{-1}}$ である．アレニウスの式の頻度因子を $10^{12}\ \mathrm{s^{-1}}$ とすれば，反応開始時には舟形配座しかないとしたときの 298 K で予測されるこの反応の速度定数はいくらか．

解 答

(35･82)式のアレニウスの式を使えば，k_B は，

$$k_B = A\mathrm{e}^{-E_a/RT} = 10^{12}\ \mathrm{s^{-1}} \exp\left[\frac{-42\,000\ \mathrm{J\ mol^{-1}}}{(8.314\ \mathrm{J\ K^{-1}\ mol^{-1}})(298\ \mathrm{K})}\right]$$

$$= 4.34 \times 10^4\ \mathrm{s^{-1}}$$

で与えられる．平衡定数を使えば，つぎのようにして k_A が求められる．

$$K_c = 10^4 = \frac{k_A}{k_B}$$

$$k_A = 10^4 k_B = 10^4(4.34 \times 10^4\ \mathrm{s^{-1}}) = 4.34 \times 10^8\ \mathrm{s^{-1}}$$

最後に，見かけの速度定数 k_{app} は k_A と k_B の単なる和であるから，つぎのように求められる．

$$k_{app} = k_A + k_B = 4.34 \times 10^8\ \mathrm{s^{-1}}$$

35・11 補遺：摂動−緩和法

前節で説明したように，正反応と逆反応で速度定数がかなり違う場合は，反応開始後しばらくすれば平衡での濃度値にそれぞれ接近する．このような反応の正

反応と逆反応の速度定数は，平衡に接近したときの反応物または生成物の濃度を監視し，平衡での濃度を測定すれば求められる．しかし，反応の初期条件を自由に設定できないときはどうなるであろうか．たとえば，特定の時刻で反応を開始できず，反応物を分離して表せない場合はどうであろうか．このような状況のときは，前節で説明した方法を使っても，正反応と逆反応の速度定数を求めることはできない．しかしながら，温度や圧力，濃度などを変えて系を攪乱すれば，系は平衡でなくなり，新たな平衡に達するまで変化し続けるだろう．この攪乱(摂動)が系の緩和時間より速く起これば，その緩和速度を監視することによって，正反応と逆反応の速度定数の関係を求めることができる．これが摂動法とその化学反応速度論への応用のもとになる考えである．

摂動法にはいろいろあるが，ここでは**温度ジャンプ**[1]（T-ジャンプ）法に注目し，摂動法を使って得られる情報について説明しよう．ここでも，正反応と逆反応がどちらも1次のつぎの反応を考えよう．

$$\mathrm{A} \underset{k_\mathrm{B}}{\overset{k_\mathrm{A}}{\rightleftharpoons}} \mathrm{B} \tag{35·95}$$

次に，温度が急に変化すれば，正反応と逆反応の速度定数が(35·82)式のアレニウスの式で表されるものに変化して，つぎの新しい平衡が達成される．

$$\mathrm{A} \underset{k_\mathrm{B}^{+}}{\overset{k_\mathrm{A}^{+}}{\rightleftharpoons}} \mathrm{B} \tag{35·96}$$

上付きの記号 + は，速度定数が温度ジャンプ後の条件に相当することを示す．次に説明するように，注目する最終温度にジャンプさせれば，反応はその温度での特徴を備えていることになる．温度ジャンプによって反応物と生成物の濃度は変化し，最終的には，新しい平衡濃度に到達する．この新しい平衡では，反応物の微分形速度式は0に等しいから，

$$\frac{\mathrm{d}[\mathrm{A}]_{平衡}}{\mathrm{d}t} = 0 = -k_\mathrm{A}^{+}[\mathrm{A}]_{平衡} + k_\mathrm{B}^{+}[\mathrm{B}]_{平衡}$$

$$k_\mathrm{A}^{+}[\mathrm{A}]_{平衡} = k_\mathrm{B}^{+}[\mathrm{B}]_{平衡} \tag{35·97}$$

となる．下付き添え字は，その濃度が温度ジャンプ後の新しい平衡値であることを示している．反応物濃度と生成物濃度のジャンプ前の値からジャンプ後の値への変化は，反応進行度（35·2節）を使って表せる．具体的に示すために，ジャンプ前の濃度がジャンプ後の平衡濃度から離れている度合いを表す変数をξとしよう．すなわち，

$$[\mathrm{A}] - \xi = [\mathrm{A}]_{平衡} \tag{35·98}$$

$$[\mathrm{B}] + \xi = [\mathrm{B}]_{平衡} \tag{35·99}$$

である．温度ジャンプ直後から，濃度は平衡に向かって変化する．このような考えを使えば，反応進行度を表す微分形速度式はつぎのようになる．

$$\frac{\mathrm{d}\xi}{\mathrm{d}t} = -k_\mathrm{A}^{+}[\mathrm{A}] + k_\mathrm{B}^{+}[\mathrm{B}]$$

この式の正反応と逆反応の速度定数は，温度ジャンプ後のものであることに注意しよう．(35·98)式と(35·99)式を微分形速度式に代入すれば，

---
1) temperature jump

$$\frac{d\xi}{dt} = -k_A^+(\xi + [A]_{平衡}) + k_B^+(-\xi + [B]_{平衡})$$
$$= -k_A^+[A]_{平衡} + k_B^+[B]_{平衡} - \xi(k_A^+ + k_B^+)$$
$$= -\xi(k_A^+ + k_B^+) \quad (35\cdot100)$$

となる．この2行目の式の最初の2項は，(35･97)式によって消し合う．ここで，緩和時間 τ をつぎのように定義しよう．

$$\tau = (k_A^+ + k_B^+)^{-1} \quad (35\cdot101)$$

この緩和時間を使えば (35･100)式を計算することができ，

$$\frac{d\xi}{dt} = -\frac{\xi}{\tau}$$
$$\int_{\xi_0}^{\xi}\frac{d\xi'}{\xi'} = -\frac{1}{\tau}\int_0^t dt'$$
$$\xi = \xi_0 e^{-t/\tau} \quad (35\cdot102)$$

となる．この式によれば，この反応では濃度が指数関数的に変化し，その緩和時間は反応進行度が初期値の e^{-1} に減衰するのに要する時間である．温度ジャンプ後の緩和時間は，正反応と逆反応の速度定数の和と関係がある．この情報と平衡定数（$[A]_{平衡}$ と $[B]_{平衡}$ を測定すればよい）を使えば，それぞれの速度定数の値を求めることができる．図 35･17 には，この解析過程の概略を示してある．

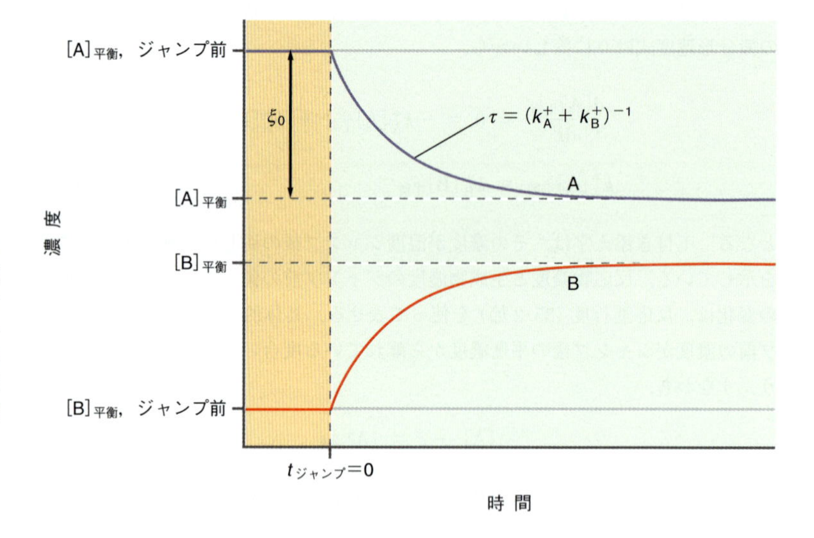

図 35･17　正反応と逆反応がどちらも1次で表される反応の温度ジャンプの実験例．温度ジャンプの前後の時間域を，それぞれオレンジ色と薄緑色で示してある．温度ジャンプ後の [A] は，正反応と逆反応の速度定数の和で表される時定数で減衰する．ジャンプ前後の平衡濃度の変化を ξ_0 で表す．

35・12　補遺：水の自己プロトリシスにおける温度ジャンプ

水の自己プロトリシスで注目する平衡は，

$$H_2O(aq) \underset{k_{逆}}{\overset{k_{正}}{\rightleftharpoons}} H^+(aq) + OH^-(aq) \quad (35\cdot103)$$

である．この反応は，正反応は1次，逆反応は2次で表される．H_2O と H^+ の濃

度の時間変化を表す微分形速度式は,

$$\frac{d[H_2O]}{dt} = -k_{正}[H_2O] + k_{逆}[H^+][OH^-] \quad (35\cdot104)$$

$$\frac{d[H^+]}{dt} = k_{正}[H_2O] - k_{逆}[H^+][OH^-] \quad (35\cdot105)$$

である. 298 K への温度ジャンプで測定された緩和の時定数は 37 μs である. また, この溶液の pH は 7 である. この情報から, 正反応と逆反応の速度定数をつぎのように求めることができる. まず, 温度ジャンプ後の平衡定数は,

$$\frac{k_{正}^{+}}{k_{逆}^{+}} = \frac{[H^+]_{平衡}[OH^-]_{平衡}}{[H_2O]_{平衡}} = K_c \quad (35\cdot106)$$

である. 摂動後の反応進行度の微分形速度式は,

$$\begin{aligned}\frac{d\xi}{dt} &= -k_{正}^{+}[H_2O] + k_{逆}^{+}[H^+][OH^-] \\ &= -k_{正}^{+}(\xi + [H_2O]_{平衡}) + k_{逆}^{+}(\xi - [H^+]_{平衡})(\xi - [OH^-]_{平衡}) \\ &= -k_{正}^{+}\left(\xi + \frac{k_{逆}^{+}}{k_{正}^{+}}[H^+]_{平衡}[OH^-]_{平衡}\right) + k_{逆}^{+}(\xi - [H^+]_{平衡})(\xi - [OH^-]_{平衡}) \\ &= -k_{正}^{+}\xi - k_{逆}^{+}\xi([H^+]_{平衡} + [OH^-]_{平衡}) + O(\xi^2) \end{aligned} \quad (35\cdot107)$$

で与えられる. (35·107)式の最右辺の最後の項は, それが ξ^2 の次数の項であることを示している. 反応進行度が小さいときは, 系の温度摂動が小さいことに相当するから, この項は無視できる. そこで, 反応進行度の式は時間の関数でつぎのように表される.

$$\frac{d\xi}{dt} = -\xi(k_{正}^{+} + k_{逆}^{+}([H^+]_{平衡} + [OH^-]_{平衡})) \quad (35\cdot108)$$

前と同じように進めれば, 緩和時間は,

$$\frac{1}{\tau} = k_{正}^{+} + k_{逆}^{+}([H^+]_{平衡} + [OH^-]_{平衡}) \quad (35\cdot109)$$

で定義される. この式を (35·108)式に代入して積分すれば, 温度ジャンプ後の変化を表す式が得られ, それは (35·102)式で導いた式と同じである. 自己プロトリシスの正反応と逆反応の速度定数を求めるのに必要なパラメーターは, 緩和時間の式 (35·109 式) と平衡定数である. 緩和時間の測定値が 37 μs であったことから,

$$\frac{1}{3.7 \times 10^{-5}\,s} = k_{正}^{+} + k_{逆}^{+}([H^+]_{平衡} + [OH^-]_{平衡}) \quad (35\cdot110)$$

である. 一方, 平衡では pH = 7 であるから, $[H^+]_{平衡} = [OH^-]_{平衡} = 1.0 \times 10^{-7}\,M$ である. また, 水の 298 K での濃度は 55.5 M である. この情報を使えば, 正反応と逆反応の速度定数の比は,

$$\frac{k_{正}^{+}}{k_{逆}^{+}} = \frac{[H^+]_{平衡}[OH^-]_{平衡}}{[H_2O]_{平衡}} = \frac{(1.0 \times 10^{-7}\,M)(1.0 \times 10^{-7}\,M)}{55.5\,M} = 1.8 \times 10^{-16}\,M \quad (35\cdot111)$$

となる．この式を (35·110)式に代入すれば，逆反応の速度定数として，

$$\frac{1}{3.7\times10^{-5}\,\mathrm{s}} = k^{+}_{\text{正}} + k^{+}_{\text{逆}}([\mathrm{H^+}]_{\text{平衡}} + [\mathrm{OH^-}]_{\text{平衡}})$$

$$= 1.8\times10^{-16}\,\mathrm{M}(k^{+}_{\text{逆}}) + k^{+}_{\text{逆}}(2.0\times10^{-7}\,\mathrm{M})$$

$$\frac{1}{(3.7\times10^{-5}\,\mathrm{s})(2.0\times10^{-7}\,\mathrm{M})} = k^{+}_{\text{逆}}$$

$$1.4\times10^{11}\,\mathrm{M^{-1}\,s^{-1}} = k^{+}_{\text{逆}}$$

が得られる．最後に，正反応の速度定数は，

$$k^{+}_{\text{正}} = (k^{+}_{\text{逆}})1.8\times10^{-16}\,\mathrm{M} = (1.4\times10^{11}\,\mathrm{M^{-1}\,s^{-1}})(1.8\times10^{-16}\,\mathrm{M})$$
$$= 2.5\times10^{-5}\,\mathrm{s^{-1}}$$

である．正反応と逆反応で速度定数がかなり違うことがわかり，これは水中には自己プロトリシスによる化学種があまりないことと一致している．また，正反応と逆反応の速度定数は温度依存していて，自己プロトリシス定数も温度依存することがわかる．

35・13　ポテンシャルエネルギー曲面

アレニウスの式の説明で，反応速度を決める重要な要素として反応のエネルギー論を位置づけた．速度論とエネルギー論のこの関係は，ポテンシャルエネルギー曲面を考えるうえで中心となる．この概念を説明するために，つぎの 2 分子反応を考えよう．

$$\mathrm{A + BC \longrightarrow AB + C} \tag{35·112}$$

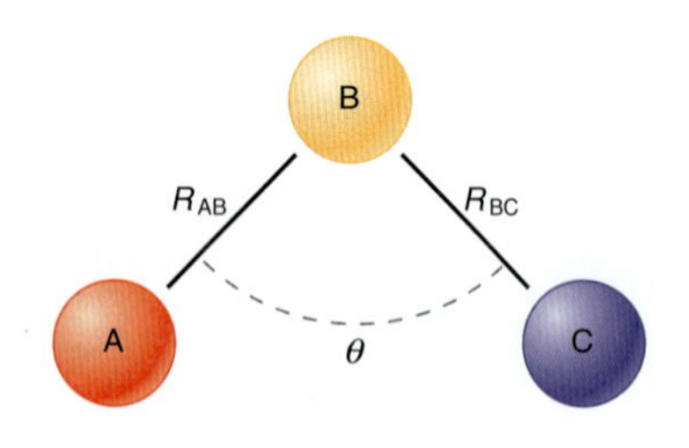

図 35·18　反応 A＋BC ⟶ AB＋C における構造座標の表し方．

2 原子から成る化学種 AB と BC はどちらも安定で，反応中は 3 原子から成る化学種 ABC や 2 原子から成る化学種 AC は生成しないものとする．この反応は，3 原子の相互作用によると考えることができ，原子が集まったときのポテンシャルエネルギーは，それらの相対位置で定義することができる．これらの化学種の間の幾何学的な関係は一般に，図 35·18 で示すように，3 原子が集まったときの 2 原子間の距離 (R_{AB} と R_{BC}) とこれら二つの距離の間をなす角度で定義することができる．

系のポテンシャルエネルギーは，これらの座標の関数で表せる．その座標に沿ったポテンシャルエネルギーの変化は，グラフの上で，**ポテンシャルエネルギー曲面**[1]として表すことができる．正確にいえば，この反応例の曲面は四次元である (幾何座標の三次元とエネルギー)．問題の次元を減らすには，幾何座標のどれか一つの値を固定して反応のエネルギーを考察すればよい．この反応例の場合は，A, B, C の中心が一直線上に並ぶように $\theta = 180°$ となる必要がある．このような拘束条件を課せば，図 35·19 で示すようにポテンシャルエネルギーは三次元の問題にできる．図 35·19a には，R_{AB} と R_{BC} に沿って変位させればエネルギーが変化することを示してあり，矢印は距離の増加方向である．

図 35·19a と 35·19b は，三次元ポテンシャルエネルギー曲面を示したものであり，安定な二原子分子 AB と BC に相当する二つの極小が見える．このポテンシャルエネルギー曲面をもっと見やすくするには，図 35·19c に示すような二次元の**等高線プロット**[2]を使う．それは，図 35·19 の三次元曲面を真上から見たプ

1) potential energy surface　2) contour plot

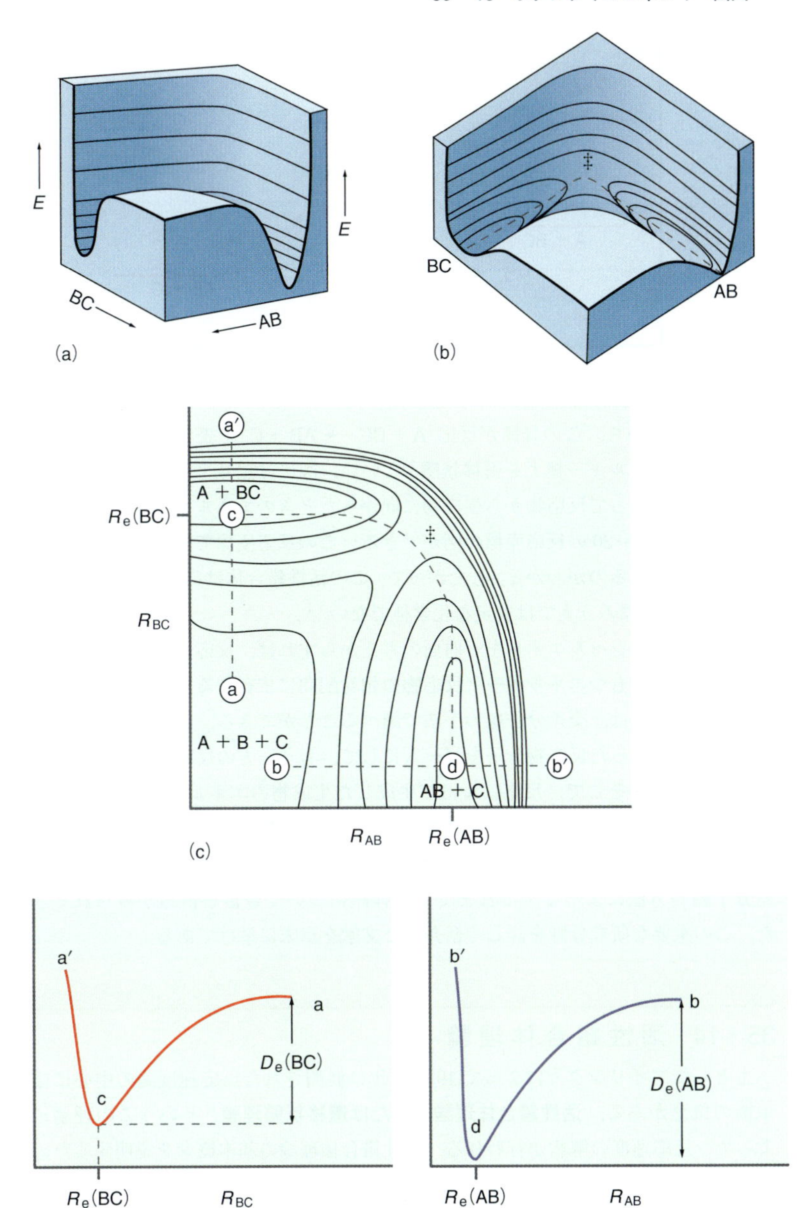

図 35・19 同一直線上（図 35・18 で $\theta=180°$）での反応 A＋BC のポテンシャルエネルギー曲面．(a, b) 三次元の図．(c) 等ポテンシャルエネルギーを表した等高線プロット．曲がった破線で表した経路は，反応が起こるときの可能な経路であり，それは反応座標に相当している．この座標上の遷移状態を記号‡で表してある．(d, e) ポテンシャルエネルギー曲面をそれぞれ直線 a′−a と b′−b で切ったときの断面．この二つの図は，B と C または A と B という 2 体相互作用のポテンシャルを表している．
[Noggle J. H., "Physical Chemistry", 3rd Edition, © 1996 Pearson Education, Inc., Upper Saddle River, New Jersey.]

ロットと考えればよい．等高線プロットにある曲線は，ポテンシャルエネルギーが等しいところを結んだものである．左下の領域は，3 個の原子が離れた解離状態 A＋B＋C のエネルギーに相当する広く平坦な部分である．B＋C から BC が生成する反応経路は，点 a と点 a′ を結ぶ破線で示してある．この線で切ったポテンシャルエネルギー曲線の断面を図 35・19d に示すが，これは二原子分子 BC のポテンシャルエネルギー曲線にほかならない．このポテンシャルの深さは，この二原子分子の解離エネルギー D_e(BC) に等しく，R_{BC} に沿った極小はこの二原子分子の平衡結合長に相当する．図 35・19e は，二原子分子 AB について同じ図を示したものであり，図 35・19c の点 b と点 b′ を結ぶ破線で切ったポテンシャルエネルギー曲線である．

図 35・19c の点 c から点 d に向かう破線は，$\theta=180°$ という拘束条件下で，A が BC に近づき互いに反応し，AB と C が生成するときの系のエネルギーを表し

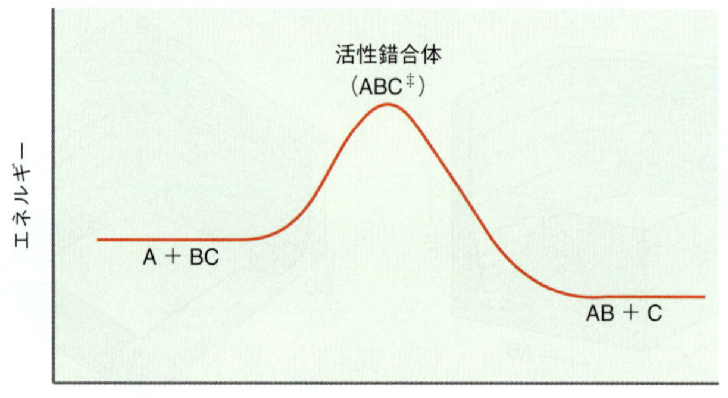

図 35・20　活性錯合体が関与した反応座標図．このグラフは，図 35・19c の等高線図の点 c と点 d を結ぶ破線に相当する反応座標を表している．この座標のエネルギー極大は，遷移状態に相当しており，この極大にある化学種を活性錯合体という．

ている．すなわち，この経路が反応 A＋BC ⟶ AB＋C を表している．この経路に沿ったエネルギー極大を**遷移状態**[1]といい，図には記号‡で示してある．この反応経路に沿って反応物から生成物に向かったときのエネルギー変化をプロットすれば，図 35・20 の反応座標の図ができる．この反応座標では，遷移状態が極大に相当しているのがわかる．したがって，この活性錯合体は(反応中間体と違って)この反応座標のうえでは安定な化学種でない[†4]．

以上のポテンシャルエネルギー曲面の考えからすれば，反応速度と生成物の収量は，反応物がもつエネルギーと反応物の相対配向に依存するであろう．それがどれほど敏感かは，交差分子線の手法で調べることができる．この方法では，エネルギーのそろった反応物分子をビームにして，もう一方の反応物分子のビームと交差させる．そこで，反応によって生成した生成物のエネルギーと空間分布，ビームの配置を分析する．この実験で得られる情報を使えば，ポテンシャルエネルギー曲面をつくることができる (それには，かなりの解析が必要である)．交差分子線の方法によって，これまで反応経路について豊富な情報が得られてきた．この重要な研究分野を詳しく紹介した文献を章末に挙げてある．

35・14　活性錯合体理論

主としてアイリング[2]によって 1930 年代に展開された反応速度論の中心には平衡の概念がある．**活性錯合体理論**[3]または**遷移状態理論**[4]というこの理論によって，反応速度の解釈が行われる．活性錯合体理論の基本概念を説明するために，つぎの 2 分子反応を考えよう．

$$\mathrm{A} + \mathrm{B} \xrightarrow{k} \mathrm{P} \tag{35·113}$$

図 35・21 は，この過程の反応座標を示したもので，A と B が反応してある活性錯合体が生成し，それが崩壊して生成物が生成される．**活性錯合体**[5]とは遷移状態にある系のことである．この錯合体は安定でなく，振動周期の何分の 1 (約 10^{-14} s) の寿命しかない．この理論が提案された当時は，このように短い時間スケールで反応ダイナミクスを追跡する実験はできなかったから，遷移状態に相当する活性錯合体が存在する確証は得られなかった．しかしながら，近年開発された速度論を研究する実験法によって，これらの過渡的な化学種の研究ができるようになった．その研究に関する文献をいくつか章末に挙げてある．

---

†4　訳注：反応中間体は，ポテンシャルエネルギーの浅い (少なくとも RT 程度の) 極小にある．その寿命は分子の振動周期よりも長い．

1) transition state　2) Henry Eyring　3) activated complex theory
4) transition state theory　5) activated complex

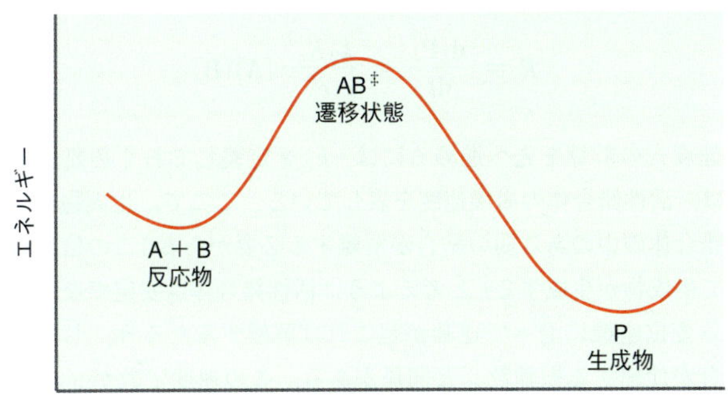

図 35・21 遷移状態理論を表す図．前の反応座標と同じで，反応物（A と B）と生成物（P）の間にエネルギー障壁がある．この遷移状態は，反応座標の上でギブズエネルギーの極大にある活性錯合体である．

活性錯合体理論には大きな仮定がいくつかある．最初の仮定は，反応物と活性錯合体の間に平衡が存在するというものである．また，活性錯合体の解離を示す反応座標は，その活性錯合体のある単一のエネルギー自由度で表せると仮定している．たとえば，生成物の生成に結合の開裂が関与しているときは，反応座標として結合の伸縮に相当する振動自由度をとることにする．

これらの近似を念頭において，この章のはじめに導いた速度論の方法を使えば，生成物の生成速度の式をつくることができる．(35・113)式の 2 分子反応の例でいえば，すでに説明した活性錯合体モデルに相当する反応機構は，

$$\mathrm{A} + \mathrm{B} \underset{k_{-1}}{\overset{k_1}{\rightleftharpoons}} \mathrm{AB}^{\ddagger} \qquad (35\cdot114)$$

$$\mathrm{AB}^{\ddagger} \xrightarrow{k_2} \mathrm{P} \qquad (35\cdot115)$$

と表せる．(35・114)式は反応物と活性錯合体が平衡にあることを表し，(35・115)式は活性錯合体が壊れて生成物が生成することを表している．反応物と活性錯合体が平衡にあるという仮定から，反応物の一つ（この場合は A）の微分形速度式を平衡値である 0 とおけば，$[\mathrm{AB}^{\ddagger}]$ の式はつぎのように得られる．

$$\frac{\mathrm{d}[\mathrm{A}]}{\mathrm{d}t} = 0 = -k_1[\mathrm{A}][\mathrm{B}] + k_{-1}[\mathrm{AB}^{\ddagger}]$$

$$[\mathrm{AB}^{\ddagger}] = \frac{k_1}{k_{-1}}[\mathrm{A}][\mathrm{B}] = \frac{K_c^{\ddagger}}{c^{\circ}}[\mathrm{A}][\mathrm{B}] \qquad (35\cdot116)$$

この式の $K_c^{\ddagger}$ は，反応物と活性錯合体が関わる平衡定数である．それは，31 章で説明したように，これらの化学種の分子分配関数を使って表すことができる．また，c° は標準状態濃度（ふつうは 1 M）であり，$K_c^{\ddagger}$ の定義につぎのかたちで現れる．

$$K_c^{\ddagger} = \frac{[\mathrm{AB}^{\ddagger}]/c^{\circ}}{([\mathrm{A}]/c^{\circ})([\mathrm{B}]/c^{\circ})} = \frac{[\mathrm{AB}^{\ddagger}]c^{\circ}}{[\mathrm{A}][\mathrm{B}]}$$

反応速度は生成物の生成速度に等しいから，(35・115)式によれば，

$$R = \frac{\mathrm{d}[\mathrm{P}]}{\mathrm{d}t} = k_2[\mathrm{AB}^{\ddagger}] \qquad (35\cdot117)$$

に等しい．この式に (35・116)式の $[\mathrm{AB}^{\ddagger}]$ を代入すれば，つぎの反応速度式が得られる．

$$R = \frac{\mathrm{d}[\mathrm{P}]}{\mathrm{d}t} = \frac{k_2 K_c{}^{\ddagger}}{c^{\circ}}[\mathrm{A}][\mathrm{B}] \tag{35·118}$$

この反応速度式の計算を先へ進めるには，k_2 を定義しておく必要がある．この速度定数は，活性錯合体の崩壊速度を表している．ここで，生成物が生成するには，活性錯合体の中のある弱い結合が解離する必要がある（この結合が最終的には開裂して生成物が生成する）と考えよう．活性錯合体は安定でなく，その結合が伸縮する変位座標に沿って運動が起これば解離するだろう．したがって，k_2 はその結合が伸縮する振動数 ν と関係がある．この速度定数が ν にちょうど等しくなるのは，振動するたびに活性錯合体ができ，それが解離して生成物ができる場合に限る．一方，活性錯合体が反応物に戻ることもあるから，その場合は，生成した活性錯合体の一部からしか生成物は生成しない．このことを表すために，透過係数 κ という補正因子を k_2 の定義につぎのように入れておく．

$$k_2 = \kappa\nu \tag{35·119}$$

k_2 をこのように定義しておけば，反応速度は，

$$R = \frac{\kappa\nu K_c{}^{\ddagger}}{c^{\circ}}[\mathrm{A}][\mathrm{B}] \tag{35·120}$$

となる．32 章で説明した方法を使えば，反応物と活性錯合体の分配関数を用いて $K_c{}^{\ddagger}$ を表すことができる．また，活性錯合体の分配関数は，反応座標に相当する振動自由度に関する分配関数と，それ以外のエネルギー自由度に関する分配関数に分離することができる．そこで，$K_c{}^{\ddagger}$ の式から反応座標の分配関数を除けば，

$$K_c{}^{\ddagger} = q_{\mathrm{rc}}\,\overline{K}_c{}^{\ddagger} = \frac{k_{\mathrm{B}}T}{h\nu}\,\overline{K}_c{}^{\ddagger} \tag{35·121}$$

が得られる．q_{rc} は反応座標に相当するエネルギー自由度に関する分配関数であり，$\overline{K}_c{}^{\ddagger}$ はもとの平衡定数 $K_c{}^{\ddagger}$ から q_{rc} を除いた残りの部分である．k_{B} はボルツマン定数である．(35·121) 式の最右辺は，反応振動座標が $h\nu \ll kT$ の弱い結合に相当し，q_{rc} に高温近似が使えると考えて得られる．(35·121) 式を (35·120) 式に代入すれば，生成物の生成の速度定数 (k) を表すつぎの式が得られる．

$$k = \kappa\frac{k_{\mathrm{B}}T}{hc^{\circ}}\,\overline{K}_c{}^{\ddagger} \tag{35·122}$$

この式は，活性錯合体理論の重要な結果であり，生成物の生成の速度定数とその反応に関わっている化学種の分子パラメーターを結びつけている．この速度式を計算するには，活性錯合体と反応物の分配関数と関係のある $\overline{K}_c{}^{\ddagger}$ を求めなければならない．反応物の分配関数は簡単に計算できるが，活性錯合体の分配関数を求めるには何らかの考えが必要である．

活性錯合体の並進分配関数を求めるには，以前に述べた方法を使うこともできるが，回転と振動の分配関数を求めるには，その活性錯合体の構造に関する知見が必要である．振動分配関数を求めるには，さらに，振動自由度のうちの一つを反応座標に指定する必要もある．しかしながら，弱い結合が複数ある活性錯合体では，この座標を決めるのはやっかいなことである．場合によっては，コンピューターを使って活性錯合体の構造を求めて，その分配関数を計算できる場合もある．このように複雑な状況はあるものの，(35·122) 式は化学反応速度論にとって理論的に重要な結果であることに変わりはない．ここで説明した活性錯合

体理論の内容は非常に初歩的なものでしかない．その理論研究は進展中であり，いまではもっと洗練された理論になっている．この分野の最近の進展を解説した文献が章末にある．

最後に，活性錯合体理論の結果を，始めに述べたいろいろな化学反応についての熱力学的な説明と結びつけておこう．つぎの熱力学の定義からわかるように，平衡定数 $K_c{}^{\ddagger}$ は対応するギブズエネルギー変化と関係がある．

$$\Delta^{\ddagger}G = -RT \ln K_c{}^{\ddagger} \qquad (35\cdot123)$$

$\Delta^{\ddagger}G$ は，遷移状態と反応物のギブズエネルギー差である．この $K_c{}^{\ddagger}$ の定義から，k は (簡単のために $\kappa = 1$ とおけば)，

$$k = \frac{k_{\rm B}T}{hc^{\circ}} {\rm e}^{-\Delta^{\ddagger}G/RT} \qquad (35\cdot124)$$

となる．また，$\Delta^{\ddagger}G$ は，対応するエンタルピーとエントロピーとの間につぎの関係がある．

$$\Delta^{\ddagger}G = \Delta^{\ddagger}H - T\Delta^{\ddagger}S \qquad (35\cdot125)$$

この式を (35･124)式に代入すれば，

$$k = \frac{k_{\rm B}T}{hc^{\circ}} {\rm e}^{\Delta^{\ddagger}S/R} {\rm e}^{-\Delta^{\ddagger}H/RT} \qquad (35\cdot126)$$

となる．この式を**アイリングの式**[1]という．遷移状態理論で予測される速度定数の温度依存性は，(35･82)式のアレニウスの式で仮定した依存性と違うことがわかる．なかでも，アイリングの式の頻度因子に見られる温度依存性は，アレニウスの式の頻度因子が温度に無関係であったのと対照的である．しかしながら，アイリングの式もアレニウスの式も，速度定数に温度依存があるという点で共通している．したがって，アイリングの式のパラメーター ($\Delta^{\ddagger}H$ と $\Delta^{\ddagger}S$) は，アレニウスの式のパラメーター ($E_{\rm a}$ と A) と何らかの関係があると予想できる．その関係を導くために，アレニウスの活性化エネルギーを表す (35･82)式をつぎのように変形しておこう．

$$E_{\rm a} = RT^2\left(\frac{{\rm d}\ln k}{{\rm d}T}\right) \qquad (35\cdot127)$$

この式に (35･122)式で与えられた k の式を代入すれば，

$$E_{\rm a} = RT^2\left(\frac{\rm d}{{\rm d}T}\ln\left(\frac{k_{\rm B}T}{hc^{\circ}}\,\overline{K}_c{}^{\ddagger}\right)\right) = RT + RT^2\left(\frac{{\rm d}\ln \overline{K}_c{}^{\ddagger}}{{\rm d}T}\right)$$

となる．熱力学によれば，$\ln(K_c)$ の温度についての導関数は $\Delta U/RT^2$ に等しい．これを上の式に使えば，つぎの式になる．

$$E_{\rm a} = RT + \Delta^{\ddagger}U$$

また，エンタルピーの熱力学定義 $H = U + PV$ を使えば，

$$\Delta^{\ddagger}U = \Delta^{\ddagger}H - \Delta^{\ddagger}(PV) \qquad (35\cdot128)$$

と書ける．この式の $\Delta^{\ddagger}(PV)$ 項は，活性錯合体と反応物における積 PV の差と関係がある．溶液相での反応なら P は一定で，V の変化が無視できるから $\Delta^{\ddagger}U \approx \Delta^{\ddagger}H$ とでき，$\Delta^{\ddagger}H$ を使って表した活性化エネルギーは，

$$E_{\rm a} = \Delta^{\ddagger}H + RT \ (\text{溶液}) \qquad (35\cdot129)$$

1) Eyring equation

となる．この結果を (35·126)式と比較すれば，この場合のアレニウスの式の頻度因子は，

$$A = \frac{\mathrm{e}k_\mathrm{B}T}{hc^\circ}\,\mathrm{e}^{\Delta^\ddagger S/R} \quad (\text{溶液，2 分子反応}) \qquad (35\cdot130)$$

であることがわかる．溶液相での 1 分子反応でも$\Delta^\ddagger U \approx \Delta^\ddagger H$とでき，1 分子溶液相反応の活性化エネルギーは (35·129)式と同じである．2 分子反応の場合と異なるのはアレニウスの式の頻度因子だけであり，c° の因子がないだけであるから (35·116 式を見よ)，

$$A = \frac{\mathrm{e}k_\mathrm{B}T}{h}\,\mathrm{e}^{\Delta^\ddagger S/R} \quad (\text{溶液，1 分子反応}) \qquad (35\cdot131)$$

となる．気相反応では，(35·128)式の $\Delta^\ddagger(PV)$ は，遷移状態と反応物の量論数の差に比例する．1 分子反応 ($\Delta^\ddagger n = 0$) と 2 分子反応 ($\Delta^\ddagger n = -1$) の E_a と A は，

$$\text{気相 1 分子反応} \qquad E_\mathrm{a} = \Delta^\ddagger H + RT; \qquad A = \frac{\mathrm{e}k_\mathrm{B}T}{h}\,\mathrm{e}^{\Delta^\ddagger S/R} \qquad (35\cdot132)$$

$$\text{気相 2 分子反応} \qquad E_\mathrm{a} = \Delta^\ddagger H + 2RT; \qquad A = \frac{\mathrm{e}^2k_\mathrm{B}T}{hc^\circ}\,\mathrm{e}^{\Delta^\ddagger S/R} \qquad (35\cdot133)$$

で与えられる．ここで，アレニウスの式の活性化エネルギーも頻度因子も実は温度依存すると予測される．しかし，$\Delta^\ddagger H \gg RT$であれば，E_aの温度依存性はあまりないのがわかる．また，遷移状態のエンタルピーが反応物より小さければ，温度が下がるほど反応速度は速くなるだろう．一方，反応速度を決めるのに遷移状態と反応物のエントロピー差も重要な役目をしている．このエントロピー差が正で，活性化エネルギーが 0 に近ければ，反応速度はエンタルピー項よりエントロピー項で決まる．

例題 35・10

ハロゲン化ニトロシルの熱分解反応は，対流圏の化学では重要である．たとえば，NOCl の分解を考えよう．

$$2\mathrm{NOCl(g)} \longrightarrow 2\mathrm{NO(g)} + \mathrm{Cl_2(g)}$$

この反応のアレニウスパラメーターは，$A = 1.00 \times 10^{13}\ \mathrm{M^{-1}\,s^{-1}}$，$E_\mathrm{a} = 104.0\ \mathrm{kJ\,mol^{-1}}$ である．この反応の $T = 300\ \mathrm{K}$ における$\Delta^\ddagger H$と $\Delta^\ddagger S$ を計算せよ．

解答

この反応は 2 分子反応であるから，

$$\begin{aligned}\Delta^\ddagger H &= E_\mathrm{a} - 2RT = 104.0\ \mathrm{kJ\,mol^{-1}} - 2(8.314\ \mathrm{J\,K^{-1}\,mol^{-1}})(300\ \mathrm{K}) \\ &= 104.0\ \mathrm{kJ\,mol^{-1}} - (4.99 \times 10^3\ \mathrm{J\,mol^{-1}})\left(\frac{1\ \mathrm{kJ}}{1000\ \mathrm{J}}\right) = 99.0\ \mathrm{kJ\,mol^{-1}}\end{aligned}$$

$$\begin{aligned}\Delta^\ddagger S &= R\ln\left(\frac{Ahc^\circ}{\mathrm{e}^2k_\mathrm{B}T}\right) \\ &= (8.314\ \mathrm{J\,K^{-1}\,mol^{-1}})\ln\left(\frac{(1.00 \times 10^{13}\ \mathrm{M^{-1}\,s^{-1}})(6.626 \times 10^{-34}\ \mathrm{J\,s})(1\ \mathrm{M})}{\mathrm{e}^2(1.38 \times 10^{-23}\ \mathrm{J\,K^{-1}})(300\ \mathrm{K})}\right) \\ &= -12.7\ \mathrm{J\,K^{-1}\,mol^{-1}}\end{aligned}$$

である．この計算が役に立つのは，$\Delta^\ddagger S$の符号と大きさによって，遷移状態に

ある活性錯合体の構造が反応物に比べてどうかという情報が得られることである．この場合は負であるから，この活性錯合体は反応物よりエントロピーが小さい（秩序だっている）ことがわかる．このことは，2 個の反応物分子 NOCl がある 1 個の錯合体をつくり，それが最終的に崩壊して NO と Cl を形成するという機構とも合っている．

35・15　拡散律速反応

溶液中の 2 分子化学反応では，溶媒分子が存在しているから，気相での反応とはかなり違う反応ダイナミクスになりうる．たとえば，その活性化エネルギーや反応性化学種の相対配向は，反応の速度定数を決める鍵になると前節で説明した．図 35･22 で示すような溶液中で起こる反応について考えよう．反応物の平均運動エネルギーは $\frac{3}{2}RT$ であるから，平均の並進速度は気相中と同じである．しかしながら，溶液中では溶媒分子が存在するから，反応物が衝突を起こす前に溶媒–溶質の衝突が頻繁に起こっている．したがって，気相反応で特徴的な反応物の絶え間ない衝突というモデルは，溶液中では反応物が出会うまでは拡散が続くというモデルに置き換えられる．この場合の反応速度は拡散速度で決まる．

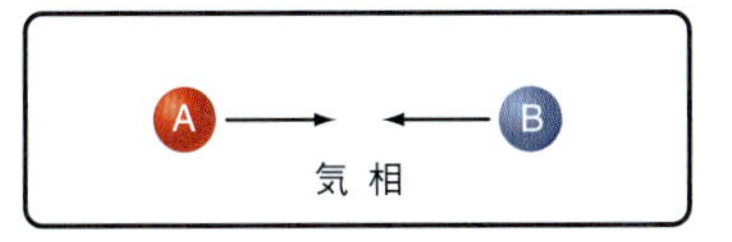

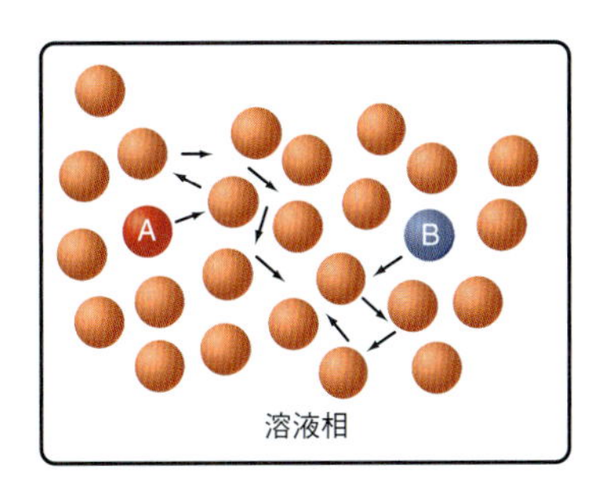

図 35･22　上：気相では反応物 A と B が互いに近づき，衝突する．下：溶液中では，反応物が溶媒と衝突を繰返す．この場合の反応物の接近は，溶液中での反応物の拡散速度に依存している．

溶液相の化学で拡散が果たす役割は，つぎの反応様式で表せる．

$$\mathrm{A} + \mathrm{B} \xrightarrow{k_\mathrm{d}} \mathrm{AB} \tag{35・134}$$

$$\mathrm{AB} \xrightarrow{k_\mathrm{r}} \mathrm{A} + \mathrm{B} \tag{35・135}$$

$$\mathrm{AB} \xrightarrow{k_\mathrm{p}} \mathrm{P} \tag{35・136}$$

この様式では，反応物 A と B が速度定数 k_d で拡散して出会い，中間錯合体 AB をつくる．この錯合体がいったん生成すれば，解離してもとの反応物になったり（このときの速度定数は k_r），反応がさらに進んで生成物ができたりする（このときの速度定数は k_p）．そこで，これを表す反応の速度式は，

$$R = k_\mathrm{p}[\mathrm{AB}] \tag{35・137}$$

である．AB は中間体であるから，定常状態の近似を使って，中間体の濃度をつぎのように反応物の濃度で表すことができる．

$$\frac{\mathrm{d}[\mathrm{AB}]}{\mathrm{d}t} = 0 = k_\mathrm{d}[\mathrm{A}][\mathrm{B}] - k_\mathrm{r}[\mathrm{AB}] - k_\mathrm{p}[\mathrm{AB}]$$

$$[\mathrm{AB}] = \frac{k_\mathrm{d}[\mathrm{A}][\mathrm{B}]}{k_\mathrm{r} + k_\mathrm{p}} \tag{35・138}$$

この [AB] の式を使えば，反応速度は，

$$R = \frac{k_\mathrm{p} k_\mathrm{d}}{k_\mathrm{r} + k_\mathrm{p}}[\mathrm{A}][\mathrm{B}] \tag{35・139}$$

となる．生成物の生成の速度定数が中間体が崩壊して反応物になる速度定数よりずっと大きければ（$k_\mathrm{p} \gg k_\mathrm{r}$），速度式は，

$$R = k_\mathrm{d}[\mathrm{A}][\mathrm{B}] \tag{35・140}$$

となる．これは**拡散律速極限**[1]であり，この場合は反応物の拡散が生成物の生成

1）diffusion-controlled limit

速度を決めている．拡散の速度定数は，反応物の拡散係数とつぎの関係がある．

$$k_{\mathrm{d}} = 4\pi N_{\mathrm{A}}(r_{\mathrm{A}} + r_{\mathrm{B}})D_{\mathrm{AB}} \tag{35·141}$$

r_{A} と r_{B} は反応物の半径であり，D_{AB} は反応物の拡散係数の和で表される相互拡散係数（$D_{\mathrm{AB}} = D_{\mathrm{A}} + D_{\mathrm{B}}$）である．また，溶液中の球形粒子の拡散係数と粘度 η は，ストークス-アインシュタインの式（34 章）の関係がある．すなわち，

$$D = \frac{k_{\mathrm{B}}T}{6\pi\eta r} \tag{35·142}$$

である．k_{B} はボルツマン定数，T は温度，η は溶媒の粘度，r は粒子の半径である．この式によれば，溶媒の粘度の増加とともに反応の速度定数は減少する．

拡散律速の速度定数の大きさを調べるために，水溶液中の酢酸イオン（CH_3COO^-）のプロトン付加について考えよう．CH_3COO^- の拡散係数は $1.1 \times 10^{-5}\ \mathrm{cm^2\ s^{-1}}$，$H^+$ の拡散係数は $9.3 \times 10^{-5}\ \mathrm{cm^2\ s^{-1}}$ であり，溶液中のイオンであれば（$r_{\mathrm{A}} + r_{\mathrm{B}}$）は 5 Å 程度である．この反応が拡散律速で起こるとすれば，その速度定数は反応物 1 対当たり $6.5 \times 10^{-11}\ \mathrm{cm^3\ s^{-1}}$ である．これを N_{A} を使ってモル量にすれば，$k_{\mathrm{d}} = 3.9 \times 10^{10}\ \mathrm{M^{-1}\ s^{-1}}$ が得られる．実験によれば，酸/塩基中和反応の速度定数は拡散律速極限より大きい．それは，イオン間のクーロン相互作用によって衝突頻度が拡散律速極限より加速されるからである．拡散律速極限で予測されるもう一つの現れは，反応速度が溶液の粘度に依存することである．

この反応の逆の極限は，生成物の生成速度が錯合体の解離速度よりずっと小さい場合に起こる．この活性化律速極限では，反応速度の式（35·139 式）は，

$$R = \frac{k_{\mathrm{p}}k_{\mathrm{d}}}{k_{\mathrm{r}}}[\mathrm{A}][\mathrm{B}] \tag{35·143}$$

となる．この極限での反応速度は，k_{p} に含まれるその反応のエネルギー論に依存する．

例題 35・11

25 °C，pH 7.4 の水溶液中でのヘモグロビン（半径 35 Å）の拡散係数は $7.6 \times 10^{-7}\ \mathrm{cm^2\ s^{-1}}$，$O_2$（半径 2.0 Å）の拡散係数は $2.2 \times 10^{-5}\ \mathrm{cm^2\ s^{-1}}$ である．O_2 のヘモグロビンへの結合の速度定数は $4 \times 10^7\ \mathrm{M^{-1}\ s^{-1}}$ である．この反応は拡散律速か．

解答

この反応が拡散律速であるとして予測される速度定数は，

$$\begin{aligned} k_{\mathrm{d}} &= 4\pi N_{\mathrm{A}}(r_{\mathrm{A}} + r_{\mathrm{B}})D_{\mathrm{AB}} \\ &= 4\pi N_{\mathrm{A}}(35 \times 10^{-8}\ \mathrm{cm} + 2.0 \times 10^{-8}\ \mathrm{cm}) \\ &\qquad \times (7.6 \times 10^{-7}\ \mathrm{cm^2\ s^{-1}} + 2.2 \times 10^{-5}\ \mathrm{cm^2\ s^{-1}}) \\ &= 6.4 \times 10^{10}\ \mathrm{M^{-1}\ s^{-1}} \end{aligned}$$

である．拡散律速の速度定数は，実験で測定された速度定数よりずっと大きい．したがって，O_2 のヘモグロビンへの結合反応は拡散律速ではない．

用語のまとめ

アイリングの式	活性錯合体理論	素反応段階	反応中間体
アレニウスの式	収　量	逐次反応	反応次数
アレニウスの前指数因子	初速度	定常状態の近似	頻度因子
1次反応	初速度の方法	転換速度	フェムト化学
オイラー法	積分形速度式	等高線プロット	物理法
温度ジャンプ	摂動–緩和法	2次反応（タイプⅠ）	分子度
化学反応速度論	遷移状態	2次反応（タイプⅡ）	分離法
化学法	遷移状態理論	半減期	並発反応
可逆反応	閃光光分解法	反応機構	ポテンシャルエネルギー曲面
拡散律速極限	速度式	反応座標	律速段階
活性化エネルギー	速度定数	反応速度	流通停止法
活性錯合体			

文章問題

Q 35.1　反応次数が，一般には反応の化学量論で決まらないのはなぜか．

Q 35.2　ある化学種についての反応次数と反応の全次数の違いは何か．

Q 35.3　素反応段階とは何か．また，それを反応速度論でどう使うか．

Q 35.4　化学反応速度を調べるための化学法と物理法の違いは何か．

Q 35.5　化学反応を調べることのできる最も速いタイムスケールはどれだけか．化学反応を調べる実験法三つについて説明せよ．

Q 35.6　初速度の方法とは何か．それが化学反応速度の研究になぜ使われるか．

Q 35.7　速度式とは何か．どのようにして速度式を求めるか．

Q 35.8　1次反応と2次反応の違いは何か．

Q 35.9　半減期とは何か．1次反応の半減期は濃度に依存するか．

Q 35.10　逐次反応の中間体とは何か．

Q 35.11　逐次反応の律速段階とは何か．

Q 35.12　定常状態の近似とは何か．その近似を使えるのはどういうときか．

Q 35.13　同じ反応物から二つの生成物が生成する並発反応で，一方の生成物が他方より多量に生成されるのを決めているのは何か．

Q 35.14　速度論での平衡の定義は何か．

Q 35.15　温度ジャンプの実験で系の温度を変化したとき，それに応じて平衡にも変化が現れるのはなぜか．

Q 35.16　遷移状態とは何か．遷移状態の概念を活性錯合体理論でどう使うか．

Q 35.17　拡散律速反応とは何か．

Q 35.18　水溶液中の拡散律速反応の代表的な速度定数はいくらか．

Q 35.19　アレニウスの式のパラメーターとアイリングの式のパラメーターの関係は何か．

数値問題

赤字番号の問題の解説が解答・解説集にある（上巻 vii 頁参照）．

P 35.1　つぎの反応の各化学種について反応速度を表せ．

a. $2NO(g) + O_2(g) \longrightarrow N_2O_4(g)$

b. $H_2(g) + I_2(g) \longrightarrow 2HI(g)$

c. $ClO(g) + BrO(g) \longrightarrow ClO_2(g) + Br(g)$

P 35.2　一定体積，438 °C で起こるシクロブタンの1次分解反応 $C_4H_8(g) \rightarrow 2C_2H_4(g)$ について考えよう．

a. その反応速度を，温度の関数で変化する全圧力によって表せ．

b. その反応速度定数は，$2.48 \times 10^{-4}\ s^{-1}$ である．半減期はいくらか．

c. 反応開始後，C_4H_8 の初期圧力がその90パーセントにまで下がるのに要する時間はいくらか．

P 35.3　本文で説明したように，系の全圧力を使えば化学反応の進行度を監視できる．反応 $SO_2Cl_2(g) \rightarrow SO_2(g) + Cl_2(g)$ を考えよう．反応が開始してからつぎのデータが得られた．

時間/h	0	3	6	9	12	15
$P_{全}$/kPa	11.07	14.79	17.26	18.90	19.99	20.71

a. この反応は，SO_2Cl_2 について1次か，それとも2次

か.

b. この反応の速度定数はいくらか.

P 35.4　ブロモフェノールブルー（BPB）と OH^- が関与する反応 $HBPB(aq) + OH^-(aq) \longrightarrow BPB^-(aq) + H_2O(l)$ について考えよう. BPB の濃度は, その吸光度を測定し, ベール–ランベルトの法則を使えば追跡監視できる. この法則によれば, 吸光度 A と濃度は直線関係にある.

a. 吸光度の時間変化によって反応速度を表せ.

b. 反応開始時の HBPB による吸光度を A_0 とする. この反応が, どちらの反応物についても 1 次であるとして, HBPB の吸光度はどう時間変化すると予測できるか.

c. (b) の答を使って, どのようなプロットをすれば, この反応の速度定数が求められるか.

P 35.5　つぎの速度式について, 各化学種についての反応次数, この反応の全次数, 速度定数 k の単位は何か.

a. $R = k[ClO][BrO]$

b. $R = k[NO]^2[O_2]$

c. $R = k\dfrac{[HI]^2[O_2]}{[H^+]^{1/2}}$

P 35.6　つぎの速度定数に相当する反応の全次数は何か.

a. $k = 1.63 \times 10^{-4}\ M^{-1}\ s^{-1}$

b. $k = 1.63 \times 10^{-4}\ M^{-2}\ s^{-1}$

c. $k = 1.63 \times 10^{-4}\ M^{-1/2}\ s^{-1}$

P 35.7　反応 $2NO(g) + 2H_2(g) \longrightarrow N_2(g) + 2H_2O(g)$ の反応速度を反応物の初期圧力の関数で調べたところ, つぎのデータが得られた.

実験番号	P_0/kPa(H_2)	P_0/kPa(NO)	速度/kPa s^{-1}
1	53.3	40.0	0.137
2	53.3	20.3	0.033
3	38.5	53.3	0.213
4	19.6	53.3	0.105

この反応の速度式を求めよ.

P 35.8　大気中のオゾン消滅の機構の一つは, $HO_2\cdot$ ラジカルとの反応である.

$$HO_2\cdot(g) + O_3(g) \longrightarrow OH\cdot(g) + 2O_2(g)$$

つぎのデータを使って, この反応の速度式を求めよ.

速度/$cm^{-3}\ s^{-1}$	$[HO_2\cdot]/cm^{-3}$	$[O_3]/cm^{-3}$
1.9×10^8	1.0×10^{11}	1.0×10^{12}
9.5×10^8	1.0×10^{11}	5.0×10^{12}
5.7×10^8	3.0×10^{11}	1.0×10^{12}

P 35.9　二糖のラクトース（乳糖）が分解すれば, それを構成する糖のガラクトースとグルコースができる. この分解は, 酸塩基加水分解または酵素ラクターゼにより行われる. 人の乳糖不耐症は, 小腸の細胞でラクターゼの分泌が少なくて起こる. しかし, 胃は酸性環境にあるから, そこではラクトースの加水分解は効率のよい過程ではないかと思われる. ラクトースの分解の反応速度について, 酸とラクトースの濃度の関数でつぎのようなデータが得られた. この情報を使って, ラクトースの酸塩基加水分解の速度式を求めよ.

初速度/$M^{-1}\ s^{-1}$	[ラクトース]$_0$/M	$[H^+]_0$/M
0.00116	0.01	0.001
0.00232	0.02	0.001
0.00464	0.01	0.004

P 35.10　（挑戦問題）　クロロシクロヘキサンの熱分解反応 $C_6H_{11}Cl(g) \longrightarrow C_6H_{10}(g) + HCl(g)$ は 1 次である. ある体積一定の系の全圧を時間の関数として測定したところ, つぎのデータが得られた.

t/s	P/Torr	t/s	P/Torr
3	237.2	24	332.1
6	255.3	27	341.1
9	271.3	30	349.3
12	285.8	33	356.9
15	299.0	36	363.7
18	311.2	39	369.9
21	322.2	42	375.5

a. 1 次反応について, つぎの関係を導け.

$$P(t_2) - P(t_1) = [P(t_\infty) - P(t_0)]\,e^{-kt_1}[1 - e^{-k(t_2 - t_1)}]$$

この式の $P(t_1)$ と $P(t_2)$ は, それぞれの時刻における圧力である. $P(t_0)$ は反応が始まったときの初期圧力, $P(t_\infty)$ は反応終了時の圧力, k は反応の速度定数である. つぎの手順に従って, 上の関係を導け.

i. 反応が 1 次であることから, ある時刻 t_1 でのクロロシクロヘキサンの圧力を表す式を書け.

ii. 別の時刻 $t_2 = t_1 + \Delta$ でのクロロシクロヘキサンの圧力を表す式を書け. ただし, Δ はある有限時間を表す.

iii. $P(t_\infty) - P(t_1)$ と $P(t_\infty) - P(t_2)$ を表す式を書け.

iv. (iii) の二つの式の差を求めよ.

b. (a) で求めた式の自然対数をとり, 表のデータを使って, クロロシクロヘキサンの分解の速度定数を求めよ. 〔ヒント: $t_2 - t_1 = 9$ s などの一定値として, 与えられた表のデータを変換せよ.〕

P 35.11　アセトアルデヒドの分解について, つぎのデータが与えられた.

初濃度/M	9.72×10^{-3}	4.56×10^{-3}
半減期/s	328	685

この反応の次数と速度定数を求めよ.

P 35.12　反応 $A \xrightarrow{k} P$ について考えよう.

a. この反応が A について 1/2 次であるとき, この反応の積分形速度式を求めよ.

b. この反応の速度定数 k を求めるには, どんなプロットをすればよいか.

c. この反応の半減期はいくらか．それは，反応物の初濃度に依存するか．

P 35.13 1次の反応があり，反応開始後540 sでは最初の反応物の32.5パーセントが残っていた．

a. この反応の速度定数はいくらか．

b. 最初の反応物の10パーセントが残っているのは，反応開始後どれだけの時間が経ったときか．

P 35.14 ^{238}Uの半減期は4.5×10^9年である．この元素の試料10 mgが1 minの間に起こす崩壊は何回か．

P 35.15 フェニルアラニンの芳香環に付いた水素5個を^{3}H（半減期は4.5×10^3日）で標識し，それを使ってある実験を行った．その実験を行うには，試料を受け取ったときの放射活性の10パーセント以下であってはならない．試料を受け取ってから実験を行うまでの時間にどれだけの猶予があるか．

P 35.16 物質の年代測定に^{14}C（半減期は5760年）を使うとき直面する問題は，その標準を入手することである．一つの方法は年輪年代学で使われており，すなわち木の年輪を使って年代を求めることである．この方法によって，10000年前のものと特定された木材がある．この木が朽ちる前には1分間に15.3回の崩壊事象があったとして，現在の崩壊事象の回数はどれだけか．

P 35.17 放射化学研究に用いる簡便なガンマ線源は^{60}Coであり，その崩壊過程は $^{60}_{27}\mathrm{Co}\xrightarrow{k}{}^{60}_{28}\mathrm{Ni}+\beta^-+\gamma$ で表される．^{60}Coの半減期は1.9×10^3日である．

a. この崩壊過程の速度定数はいくらか．

b. ある^{60}Co試料が，もとの濃度の半分になるのにどれだけの時間がかかるか．

P 35.18 バクテリアの集落（コロニー）の成長は，細胞分裂の確率が時間に直線的に起こるという1次過程で表せるから，$\mathrm{d}N/N=\zeta\,\mathrm{d}t$である．$\mathrm{d}N$は時間間隔$\mathrm{d}t$で分裂する細胞数であり，$\zeta$は定数である．

a. 上の式を使って，コロニーにある細胞数が$N=N_0\,\mathrm{e}^{\zeta t}$で与えられることを示せ．$N_0$は$t=0$でコロニー内にある細胞数である．

b. 世代時間とは，細胞数が2倍になるのに要する時間である．(a)の答を使って，世代時間を表す式を導け．

c. 37°Cの牛乳では，バクテリアのラクトバチラスアシドフィラス（好酸性乳酸桿菌）の世代時間は約75分である．このアシドフィラスの濃度の時間変化をプロットせよ．ただし，牛乳瓶にN_0個から成るコロニーを入れてから15, 30, 45, 60, 90, 120, 150分後の濃度を示せ．

P 35.19 タンパク質を放射標識する手法に求電子放射ヨウ素化法があり，チロシン残基にはつぎのように^{131}Iを芳香置換する．

^{131}I ＋ (R, OH置換ベンゼン環) ⟶ (^{131}I, R, OH置換ベンゼン環)

^{131}Iの放射活性を使えば，いろいろな生物過程におけるタンパク質の寿命を測定することができる．^{131}Iは，半減期8.02日でベータ崩壊する．^{131}Iで標識したあるタンパク質がはじめ1.0 μCiであった．それは，毎秒37000の崩壊事象に相当する．そのタンパク質を水溶液中に懸濁させ，酸素に5日間曝した．溶液から分離したそのタンパク質試料は，0.32 μCiであることがわかった．このタンパク質のチロシン残基と酸素が反応して，^{131}Iは減衰するか．

P 35.20 モリブデン-99がベータ崩壊すれば“準安定な”テクネチウム-99（^{99}Tc）ができる．この同位体の寿命は，ガンマ崩壊を起こすほかの同位体核種に比べて非常に長い（半減期は6時間）．^{99}Tcが崩壊するとき放射されるガンマ線は容易に検出できるため，この化学種は単一光子放射断層撮影などのいろいろな医学用イメージングに応用するのに理想的である．ところが，今世紀の初めに原子炉2基が廃炉になり^{99}Tcが不足したため危機的な状況にある［*Science*, 331 227 (2011)］．いま，^{99}Tcを使った撮影をするとしよう．この同位体を患者に注射してから像を得るのに2時間が必要である．この時間に崩壊してしまう^{99}Tcはどれだけか．

P 35.21 反応物Aについてn次（$n>1$）の反応で，四半減期に対する半減期の比$t_{1/2}/t_{1/4}$は，nのみの関数で表せる（この比には濃度依存性がない）ことを示せ．（四半減期とは，初濃度の1/4になる時間である．）

P 35.22 つぎの反応様式と速度定数がわかっているとして，オイラー法を使ってすべての化学種の濃度変化を求めよ．この反応は，初濃度1 Mで存在する反応物Aのみで開始するとする．この計算を行うには，エクセルなどの表計算ソフトウエアを使うのがよい．

$$\mathrm{A}\xrightarrow{k\,=\,1.5\times10^{-3}\,\mathrm{s^{-1}}}\mathrm{B}$$

$$\mathrm{A}\xrightarrow{k\,=\,2.5\times10^{-3}\,\mathrm{s^{-1}}}\mathrm{C}\xrightarrow{k\,=\,1.8\times10^{-3}\,\mathrm{s^{-1}}}\mathrm{D}$$

P 35.23 逐次反応 $\mathrm{A}\xrightarrow{k_\mathrm{A}}\mathrm{B}\xrightarrow{k_\mathrm{B}}\mathrm{C}$ について，速度定数は$k_\mathrm{A}=5\times10^6\,\mathrm{s^{-1}}$，$k_\mathrm{B}=3\times10^6\,\mathrm{s^{-1}}$である．[B]が極大を示す時間を求めよ．

P 35.24 逐次反応 $\mathrm{A}\xrightarrow{k_\mathrm{A}}\mathrm{B}\xrightarrow{k_\mathrm{B}}\mathrm{C}$ について，$k_\mathrm{A}=1.00\times10^{-3}\,\mathrm{s^{-1}}$である．エクセルなどの表計算ソフトウエアを使って，$k_\mathrm{B}=10k_\mathrm{A}$，$k_\mathrm{B}=1.5k_\mathrm{A}$，$k_\mathrm{B}=0.1k_\mathrm{A}$の場合の各化学種の濃度をプロットせよ．反応開始時には反応物だけが存在したとする．

P 35.25 （挑戦問題） 問題P35.24の逐次反応について，$k_\mathrm{B}=k_\mathrm{A}$の場合の各化学種の濃度をプロットせよ．この場合は[B]の解析的な式が使えるか．

P 35.26 タイプIIの2次反応について，$[\mathrm{A}]_0=0.1\,\mathrm{M}$と$[\mathrm{B}]_0=0.5\,\mathrm{M}$のとき，この反応は開始後60 sで60パーセントが完了した．

a. この反応の速度定数はいくらか．

b. 反応開始時の反応物濃度がどちらも半分であれば，

同じ 60 パーセントが完了する時間はどれだけか.

P 35.27 バクテリオロドプシンは，ハロバクテリウム・ハロビウムの細胞にあるタンパク質である．それは，光エネルギーを膜貫通のプロトン勾配へと変換し，ATP 合成に使えるようにしている．このタンパク質によって光が吸収されると，はじめはつぎの逐次反応が起こる．

$$\mathrm{Br} \xrightarrow{k_1 = 2.0 \times 10^{12}\,\mathrm{s^{-1}}} \mathrm{J} \xrightarrow{k_2 = 3.3 \times 10^{11}\,\mathrm{s^{-1}}} \mathrm{K}$$

a. 中間体 J が極大濃度を示す時間はいつか.

b. 各化学種の濃度の時間変化をプロットせよ.

P 35.28 バナナにはカリウムがかなり含まれているから，いくぶん放射性もある．カリウム-40 の崩壊経路にはつぎの二つがある．

$${}^{40}_{19}\mathrm{K} \longrightarrow {}^{40}_{20}\mathrm{Ca} + \beta^- \ \text{(89.3 パーセント)}$$

$${}^{40}_{19}\mathrm{K} \longrightarrow {}^{40}_{18}\mathrm{Ar} + \beta^+ \ \text{(10.7 パーセント)}$$

このカリウムの半減期は 1.3×10^9 a である．a は年を表す単位である．それぞれの経路に相当する速度定数を求めよ．

P 35.29 一酸化塩素は 2 分子反応によって，つぎの三つの組合わせの経路で生成物が生成される (各反応の速度定数が示してある)．

$$\mathrm{ClO\cdot(g) + ClO\cdot(g) \longrightarrow Cl_2(g) + O_2(g)} \quad k = 2.9 \times 10^6\,\mathrm{M^{-1}\,s^{-1}}$$

$$\mathrm{\longrightarrow ClOO\cdot(g) + Cl\cdot(g)} \quad k = 4.8 \times 10^6\,\mathrm{M^{-1}\,s^{-1}}$$

$$\mathrm{\longrightarrow OClO\cdot(g) + Cl\cdot(g)} \quad k = 2.1 \times 10^6\,\mathrm{M^{-1}\,s^{-1}}$$

三つの経路について量子収量を求めよ．

P 35.30 成層圏でオゾンが塩素原子によって酸素分子に転換される反応，$\mathrm{Cl\cdot(g) + O_3(g) \longrightarrow ClO\cdot(g) + O_2(g)}$ の速度定数は，$k = (1.7 \times 10^{10}\,\mathrm{M^{-1}\,s^{-1}})\,\mathrm{e}^{-260\,\mathrm{K}/T}$ で表される．半減期は 5760 年である．

a. 高度 20 km では $[\mathrm{Cl}] = 5 \times 10^{-17}$ M，$[\mathrm{O_3}] = 8 \times 10^{-9}$ M，$T = 220$ K として，この反応の速度を求めよ．

b. 高度 45 km での実際の濃度は $[\mathrm{Cl}] = 3 \times 10^{-15}$ M，$[\mathrm{O_3}] = 8 \times 10^{-11}$ M である．この高度で $T = 270$ K のときの反応速度を求めよ．

c. (発展問題) (a) で与えた濃度を使って，ポテンシャルエネルギーを決めるのは重力であると仮定したときの高度 20 km での濃度を求めよ．

P 35.31 つぎの並発反応について実験を行った．

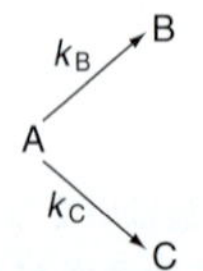

結果の報告が二つある．(1) ある温度での B の収量は 0.3 であった．(2) 速度定数はどちらもアレニウスの式によく従い，B と C の生成の活性化エネルギーは，それぞれ 27，34 kJ mol^{-1} であり，頻度因子は同じであった．これら二つの報告が矛盾していることを示せ．

P 35.32 塩素原子とオゾンのつぎの反応は，成層圏にあるオゾンが Cl· によって触媒分解される第 1 段階である．

$$\mathrm{Cl\cdot(g) + O_3(g) \longrightarrow ClO\cdot(g) + O_2(g)}$$

この反応の 298 K での速度定数は $6.7 \times 10^9\,\mathrm{M^{-1}\,s^{-1}}$ である．実験によれば，アレニウスの式の頻度因子は $1.4 \times 10^{10}\,\mathrm{M^{-1}\,s^{-1}}$ である．この情報を用いて，この反応の活性化エネルギーを求めよ．

P 35.33 成層圏のオゾン破壊には Cl· 以外のハロゲンもかなり関与している．たとえば，Br· とオゾンのつぎの反応を考えよう．

$$\mathrm{Br\cdot(g) + O_3(g) \longrightarrow BrO\cdot(g) + O_2(g)}$$

この反応の 298 K での速度定数は $1.2 \times 10^8\,\mathrm{M^{-1}\,s^{-1}}$ であり，前問の Cl· に比べて約 1/50 である．実験によれば，アレニウスの式の頻度因子は $1.0 \times 10^{10}\,\mathrm{M^{-1}\,s^{-1}}$ である．

a. この反応のエネルギー障壁は Cl の場合より大きいか，それとも小さいか．計算をせずに答えよ．

b. この反応の活性化エネルギーを計算せよ．

P 35.34 熱活性化反応でよく成り立つ経験則は，温度が 10 K 上昇すれば反応速度が 2 倍になるというものである．これは活性化エネルギーの大きさにかかわらずいえるか (ただし，活性化エネルギーは正で，温度によらないとする)．

P 35.35 二つの熱反応について，$T = 298$ K におけるアレニウスの式の頻度因子は同じで，活性化エネルギーが 1.0，10，30 kJ mol^{-1} だけ異なっているとする．両者の速度定数の比をそれぞれ計算せよ．

P 35.36 $\mathrm{NO_2(g)}$ から NO(g) と $\mathrm{O_2(g)}$ への変換はつぎの反応で起こる．

$$\mathrm{NO_2(g) \longrightarrow 2NO(g) + O_2(g)}$$

この反応の活性化エネルギーは 111 kJ mol^{-1}，頻度因子は $2.0 \times 10^{-9}\,\mathrm{M^{-1}\,s^{-1}}$ である．どちらも温度に無関係であるとする．

a. この反応の 298 K での速度定数を求めよ．

b. $T = 225$ K の圏界面でのこの反応の速度定数を求めよ．

P 35.37 ある反応の活性化エネルギーは 50 kJ mol^{-1} である．温度が 273 K から 298 K に変化したとき，この反応の速度定数に与える影響を求めよ．

P 35.38 水素とヨウ素の反応の速度定数は，302 °C で $2.45 \times 10^{-4}\,\mathrm{M^{-1}\,s^{-1}}$，508 °C では $0.950\,\mathrm{M^{-1}\,s^{-1}}$ である．

a. この反応の活性化エネルギーとアレニウスの式の頻度因子を計算せよ．

b. 400 °C での速度定数の値を求めよ．

P 35.39 1.0 atm の $(CH_3)_3COOC(CH_3)_3(g)$ がアセトン $(CH_3)_2CO(g)$ とエタン $C_2H_6(g)$ に気相で熱分解する反応を考えよう．その速度定数は $0.0019\ s^{-1}$ である．反応開始後どれだけの時間で，圧力は 1.8 atm になると予測されるか．

P 35.40 SO_2Cl_2 の 552.3 K での熱分解の速度定数は $1.02 \times 10^{-6}\ s^{-1}$ である．活性化エネルギーが $210\ kJ\ mol^{-1}$ のとき，アレニウスの頻度因子を計算し，600 K での速度定数を求めよ．

P 35.41 二本鎖 DNA から二つの一本鎖ができる融解は，温度ジャンプ法を使って開始できる．二本鎖（DS）DNA と一本鎖（SS）DNA が関与するつぎの平衡に対する温度ジャンプの緩和時間の式を導け．

$$\mathrm{DS} \underset{k_{逆}}{\overset{k_{正}}{\rightleftharpoons}} 2\mathrm{SS}$$

P 35.42 つぎの反応を考えよう．

$$\mathrm{A} + \mathrm{B} \underset{k'}{\overset{k}{\rightleftharpoons}} \mathrm{P}$$

温度ジャンプの実験を行ったところ，緩和の時定数の測定値は 310 μs で，$K_{平衡} = 0.70$，$[\mathrm{P}]_{平衡} = 0.20\ \mathrm{M}$ であった．k と k' を求めよ（単位に注意せよ）．

P 35.43 二つの反応物で拡散係数と半径が同じという極限では，拡散律速反応の速度定数が次式で表せることを示せ．

$$k_\mathrm{d} = \frac{8RT}{3\eta}$$

P 35.44 次の章では，酵素触媒反応を詳しく説明する．その反応の第 1 段階では反応物分子（これを基質という）が酵素の結合サイトに結合する．もし，この結合がきわめて効率的で（すなわち，平衡では酵素と基質が別々にあるより酵素–基質複合体を形成している方が優勢である），生成物の生成が迅速に起これば，触媒作用の速度は拡散律速でありうる．代表的な酵素の値（$D = 1.00 \times 10^{-7}\ cm^2\ s^{-1}$，$r = 40.0$ Å）と小さな分子基質の値（$D = 1.00 \times 10^{-5}\ cm^2\ s^{-1}$，$r = 5.00$ Å）を使って，予測される拡散律速反応の速度定数を求めよ．

P 35.45 イミダゾールは，生物化学でよく見かける分子である．たとえば，アミノ酸ヒスチジンの側鎖を構成している．イミダゾールは溶液中でつぎのようにプロトン付加される．

(イミダゾール) + H⁺ ⟶ [(イミダゾリウム, NH/NH)]⁺

このプロトン付加反応の速度定数は $5.5 \times 10^{10}\ M^{-1}\ s^{-1}$ である．この反応が拡散律速であるとして，$D(H^+) = 9.31 \times 10^{-5}\ cm^2\ s^{-1}$，$r(H^+) \sim 1.0$ Å，r(イミダゾール) = 6.0 Å であるときのイミダゾールの拡散係数を計算せよ．この情報を使って，OH^-（$D = 5.30 \times 10^{-5}\ cm^2\ s^{-1}$，$r \sim 1.5$ Å）によるイミダゾールのプロトン脱離の速度を予測せよ．

P 35.46 カタラーゼは，過酸化水素（H_2O_2）から水と酸素への変換を促進する酵素である．カタラーゼの拡散係数と半径は，それぞれ $6.0 \times 10^{-7}\ cm^2\ s^{-1}$，51.2 Å である．一方，過酸化水素の値はそれぞれ $1.5 \times 10^{-5}\ cm^2\ s^{-1}$，$r \sim 2.0$ Å である．カタラーゼによる過酸化水素の変換反応の実験で求めた速度定数は，$5.0 \times 10^6\ M^{-1}\ s^{-1}$ である．この反応は拡散律速か．

P 35.47 尿素の水溶液中での 1 分子分解を二つの温度で測定したところ，つぎのデータが得られた．

実験番号	温度 /°C	k/s^{-1}
1	60.0	1.20×10^{-7}
2	71.5	4.40×10^{-7}

a. この反応のアレニウスパラメーターを求めよ．

b. これらのアレニウスパラメーターを使って，アイリングの式にある $\Delta^\ddagger H$ と $\Delta^\ddagger S$ を求めよ．

P 35.48 臭化エチルの気相分解は 1 次反応であり，速度定数はつぎの温度依存を示す．

実験番号	温度 /K	k/s^{-1}
1	800	0.0360
2	900	1.410

a. この反応のアレニウスパラメーターを求めよ．

b. これらのアレニウスパラメーターを使って，アイリングの式にある $\Delta^\ddagger H$ と $\Delta^\ddagger S$ を求めよ．

P 35.49 塩素原子による炭化水素からの水素引抜き反応の機構は，大気中の Cl· を消費するものである．エタンと Cl· のつぎの反応を考えよう．

$$C_2H_6(g) + Cl\cdot(g) \longrightarrow C_2H_5\cdot(g) + HCl(g)$$

この反応を実験室で調べたところ，つぎのデータが得られた．

T/K	$k/(10^{-10}\ M^{-1}\ s^{-1})$
270	3.43
370	3.77
470	3.99
570	4.13
670	4.23

a. この反応のアレニウスパラメーターを求めよ．

b. 圏界面（対流圏と成層圏の境界で，高度約 11 km にある）の温度は約 220 K である．この温度で予測される速度定数はいくらか．

c. (a) で求めたアレニウスパラメーターを使って，220 K でのこの反応のアイリングパラメーター $\Delta^{\ddagger}H$ と $\Delta^{\ddagger}S$ を求めよ．

P 35.50 シアン化メチルの "1分子" 異性化反応 $CH_3NC(g) \longrightarrow CH_3CN(g)$ を考えよう．詳しくは 36 章で説明する．この反応のアレニウスパラメーターは，$A = 2.5 \times 10^{16}\ s^{-1}$，$E_a = 272\ kJ\ mol^{-1}$ である．$T = 300\ K$ でのこの反応のアイリングパラメーター $\Delta^{\ddagger}H$ と $\Delta^{\ddagger}S$ を求めよ．

P 35.51 ヒドロキシルラジカル (OH·) が関与する反応は，大気化学できわめて重要である．ヒドロキシルラジカルと水素分子の反応はつぎのように起こる．

$$OH\cdot(g) + H_2(g) \longrightarrow H_2O(g) + H\cdot(g)$$

$A = 8.0 \times 10^{13}\ M^{-1}\ s^{-1}$，$E_a = 42\ kJ\ mol^{-1}$ である．この反応のアイリングパラメーター $\Delta^{\ddagger}H$ と $\Delta^{\ddagger}S$ を求めよ．

P 35.52 一酸化塩素 (ClO·) はつぎの 3 通りの 2 分子自己反応を起こす．

$$\text{反応 1:}\quad ClO\cdot(g) + ClO\cdot(g) \xrightarrow{k_1} Cl_2(g) + O_2(g)$$

$$\text{反応 2:}\quad ClO\cdot(g) + ClO\cdot(g) \xrightarrow{k_2} Cl\cdot(g) + ClOO\cdot(g)$$

$$\text{反応 3:}\quad ClO\cdot(g) + ClO\cdot(g) \xrightarrow{k_3} Cl\cdot(g) + OClO\cdot(g)$$

この反応のアレニウスパラメーターをつぎの表に示す．

	$A/(M^{-1}\ s^{-1})$	$E_a/(kJ\ mol^{-1})$
反応 1	6.08×10^{8}	13.2
反応 2	1.79×10^{10}	20.4
反応 3	2.11×10^{8}	11.4

a. どの反応の $\Delta^{\ddagger}H$ が最も大きいか．また，次に大きい反応との差はどれだけか．

b. どの反応の $\Delta^{\ddagger}S$ が最も小さいか．また，次に小さい反応との差はどれだけか．

計算問題

Spartan Student (学生自習用の分子モデリングソフトウエア) を使ってこの計算を行うときは，ウエブサイト www.masteringchemistry.com にある詳しい説明を見よ．

C 35.1 クロロフルオロカーボン類は，成層圏の塩素原子の供給源になっている．この問題では，CF_3Cl の C−Cl 結合を解離するのに必要なエネルギーを求めよう．

a. フレオン CF_3Cl についてハートリー–フォック 3-21G の計算を行い，この化合物の最小エネルギーを求めよ．

b. C−Cl 結合を選び，つぎの結合長の化合物のエネルギーを求めて，この座標に沿った基底状態のポテンシャルエネルギー曲面を計算せよ．

r_{CCl}/Å	E(ハートリー)	r_{CCl}/Å	E(ハートリー)
1.40		2.40	
1.50		2.60	
1.60		2.80	
1.70		3.00	
1.80		4.00	
2.00		5.00	
2.20		6.00	

c. ポテンシャルエネルギー曲面の最小値と 6.00 Å でのエネルギーの差を使って，解離のエネルギー障壁を求めよ．

d. アレニウスの式の頻度因子を $10^{-12}\ s^{-1}$ とすれば，220 K での計算に基づいて予測される解離の速度定数はいくらか．C−Cl 結合の熱解離は成層圏でかなり起こるか．

C 35.2 $CFCl_3$ の C−F 結合の解離について考えよう．標準結合解離エネルギー 485 kJ mol^{-1} を使うとき，C−F の伸縮座標に沿った零点エネルギーを無視すれば，予測される解離の速度定数に対して何が影響を与えるか．ハートリー–フォック 6-31G* の計算を行い，C−F 伸縮が中心の振動モードの振動数を求めよ．アレニウスの式を使って解離速度を計算せよ．ただし，零点エネルギーを考えず，標準解離エネルギーに零点エネルギーを加えればよい．$A = 10^{10}\ s^{-1}$，$T = 298\ K$ とする．標準解離エネルギーだけを使って同じ計算をせよ．この解離の速度定数に対して，零点エネルギーは有意の差を与えるか．

参考書

Brooks, P. R., ‘Spectroscopy of Transition Region Species’, *Chemical Reviews*, 87, 167 (1987).

Callender, R. H., Dyer, R. B., Blimanshin, R., Woodruff, W. H., ‘Fast Events in Protein Folding: The Time Evolution of a Primary Process’, *Annual Review of Physical Chemistry*, 49, 173 (1998).

Castellan, G. W., “Physical Chemistry”, Addison-Wesley, Reading, MA (1983).

Eyring, H., Lin, S. H., Lin, S. M., “Basic Chemical Kinetics”, Wiley, New York (1980).

Frost, A. A., Pearson, R. G., “Kinetics and Mechanism”, Wiley, New York (1961).

Gagnon, E., Ranitovic, P., Tong, X.-M., Cocke, C. L., Murnane, M. M., Kapteyn, H. C., Sandhu, A. S., 'Soft X-Ray-Driven Femtosecond Molecular Dynamics', *Science*, **317**, 1374 (2007).

Hammes, G. G., "Thermodynamics and Kinetics for the Biological Sciences", Wiley, New York (2000).

Laidler, K. J., "Chemical Kinetics", Harper & Row, New York (1987).

Martin, J.-L., Vos, M. H., 'Femtosecond Biology', *Annual Review of Biophysical and Biomolecular Structure*, **21**, 1999 (1992).

Pannetier, G., Souchay, P., "Chemical Kinetics", Elsevier, Amsterdam (1967).

Schoenlein, R. W., Peteanu, L. A., Mathies, R. A., Shank, C. V., 'The First Step in Vision: Femtosecond Isomerization of Rhodopsin', *Science*, **254**, 412 (1991).

Steinfeld, J. I., Francisco, J. S., Hase, W. L., "Chemical Kinetics and Dynamics", Prentice-Hall, Upper Saddle River, NJ (1999).

Truhlar, D. G., Hase, W. L., Hynes, J. T., 'Current Status in Transition State Theory', *Journal of Physical Chemistry*, **87**, 2642 (1983).

Vos, M. H., Rappaport, F., Lambry, J.-C., Breton, J., Martin, J.-L., 'Visualization of Coherent Nuclear Motion in a Membrane Protein by Femtosecond Spectroscopy', *Nature*, **363**, 320 (1993).

Zewail, H., 'Laser Femtochemistry', *Science*, **242**, 1645 (1988).

36 複雑な反応機構

本章では，前章で説明した反応速度の解析手法を複雑な反応に適用しよう．まず，いろいろな反応機構とそれを使った速度式の予測について述べる．次に，前駆平衡の近似について説明し，それを使って酵素触媒作用などの触媒反応を調べよう．また，均一系および不均一系の触媒過程について説明する．さらに，ラジカル重合やラジカルで開始する爆発など，ラジカルが関与するいろいろな反応について考察しよう．本章の最後では光化学を紹介する．見かけは異なるこれらの反応に共通するテーマは，どの反応機構も素反応を解析する手法を使えばうまく説明できるというものである．複雑に見える反応であっても，一連の素過程に分離することができ，それを解析すれば根底にある化学反応のダイナミクスを正しく理解できる．

36・1 反応機構と速度式

反応機構[1]とは，反応物から生成物への変換に関与する素過程や反応段階の組合わせである．化学反応の速度式や反応次数は，もっぱら反応機構で決まるものである．ある反応機構が妥当なものであるためには，その機構で予測される速度式が実験と一致しなければならない．つぎの反応について考えよう．

$$2N_2O_5(g) \longrightarrow 4NO_2(g) + O_2(g) \qquad (36{\cdot}1)$$

表記を単純にするために，ここからは化学種の相を示さないでおく．この反応で考えられる機構の一つは，2個の N_2O_5 分子による2分子衝突という1段階過程である．このように単一の素過程からなる反応機構のことを**単純反応**[2]という．この機構によれば，N_2O_5 について2次の速度式が予測される．しかしながら，実験で求めたこの反応の速度式は，N_2O_5 について1次であり，2次ではない．したがって，この1段階機構は正しくない．そこで，観測された反応次数を説明するのに，つぎの機構が提案された．

$$2\left\{N_2O_5 \underset{k_{-1}}{\overset{k_1}{\rightleftharpoons}} NO_2 + NO_3\right\} \qquad (36{\cdot}2)$$

$$NO_2 + NO_3 \xrightarrow{k_2} NO_2 + O_2 + NO \qquad (36{\cdot}3)$$

$$NO + NO_3 \xrightarrow{k_3} 2NO_2 \qquad (36{\cdot}4)$$

この機構は，2段階以上の素過程が関与する**複合反応**[3]の一例である．この機構の第1段階である(36・2)式は，N_2O_5 と NO_2，NO_3 の間の平衡を表している．

1) reaction mechanism　2) simple reaction　3) complex reaction

第2段階の(36·3)式では，NO_2とNO_3の2分子反応によって，NO_3が解離してNOとO_2が生成する．そして，最終段階の(36·4)式では，NOとNO_3が2分子反応を起こして2個のNO_2が生成する．

反応物(N_2O_5)と全反応の生成物(NO_2とO_2)だけでなく，全反応の(36·1)式には現れない二つの化学種(NOとNO_3)も反応機構に関与している．この化学種を**反応中間体**[1]という．反応機構のある段階で形成された反応中間体は，続く段階で消費されなければならない．この要請があるから，反応の段階2と3で現れるNO_3と均衡させるには，段階1を2倍しておく必要がある．(36·2)式を2倍したかたちで表してあるのはこのためである．ある反応機構で特定の段階が起こる回数を**量論数**[†1]という．いま考えている機構では，段階1の量論数は2で，ほかの2段階の量論数は1である．正しい量論数を使って素反応段階の和をとれば，注目する反応と化学量論的に等価な全反応をつくることができる．

反応機構が妥当なものであるには，それが実験で求めた速度式と矛盾のないものでなければならない．そこで，(36·2)式～(36·4)式で表された機構を使えば，この反応の速度は，

$$R = -\frac{1}{2}\frac{\mathrm{d}[N_2O_5]}{\mathrm{d}t} = \frac{1}{2}(k_1[N_2O_5] - k_{-1}[NO_2][NO_3]) \qquad (36\cdot5)$$

と書ける．ここで，反応の量論数は微分形速度式に現れていないのがわかる．(36·5)式は，N_2O_5の1分子崩壊による消費とNO_2とNO_3が関与する2分子反応による生成に相当している．上で述べたように，NOとNO_3は反応中間体である．これら中間体について微分形速度式を書いて，その濃度に対して定常状態の近似(35·7·3節)を使えば，

$$\frac{\mathrm{d}[NO]}{\mathrm{d}t} = 0 = k_2[NO_2][NO_3] - k_3[NO][NO_3] \qquad (36\cdot6)$$

$$\frac{\mathrm{d}[NO_3]}{\mathrm{d}t} = 0 = k_1[N_2O_5] - k_{-1}[NO_2][NO_3] - k_2[NO_2][NO_3] - k_3[NO][NO_3] \qquad (36\cdot7)$$

となる．(36·6)式を書き換えれば，[NO]についてつぎの式が得られる．

$$[NO] = \frac{k_2[NO_2]}{k_3} \qquad (36\cdot8)$$

これを(36·7)式に代入すれば，

$$0 = k_1[N_2O_5] - k_{-1}[NO_2][NO_3] - k_2[NO_2][NO_3] - k_3\left(\frac{k_2[NO_2]}{k_3}\right)[NO_3]$$

$$0 = k_1[N_2O_5] - k_{-1}[NO_2][NO_3] - 2k_2[NO_2][NO_3]$$

$$\frac{k_1[N_2O_5]}{k_{-1} + 2k_2} = [NO_2][NO_3] \qquad (36\cdot9)$$

となる．この式を(36·5)式に代入すれば，この機構で予測されるつぎの速度式が得られる．

---

†1　stoichiometric number．訳注：化学量数ともいう．

1)　reaction intermediate

$$R = \frac{1}{2}(k_1[N_2O_5] - k_{-1}[NO_2][NO_3])$$

$$= \frac{1}{2}\left(k_1[N_2O_5] - k_{-1}\left(\frac{k_1[N_2O_5]}{k_{-1} + 2k_2}\right)\right)$$

$$= \frac{k_1 k_2}{k_{-1} + 2k_2}[N_2O_5] = k_{実効}[N_2O_5] \qquad (36\cdot10)$$

この式では，$[N_2O_5]$ に掛かった速度定数をまとめて $k_{実効}$ とおいてある．この機構が $[N_2O_5]$ について1次であるという実験結果と合っているのがわかる．しかしながら，35章で説明したように，ある反応機構が実験で求めた反応次数と合っているからといって，その機構が正しいという証明にはならない．その機構が，実験で求めた反応次数と矛盾しないというだけである．

上の例では，反応機構から出発すれば，反応速度の次数依存性をどう説明できるかを示した．本章では，反応機構と素反応過程の関係を再三取り上げる．すぐあとでわかるように，たいていの複合反応の機構は一連の素過程に分解でき，前章で説明した方法を使えば，これら複雑な速度論の問題を簡単に扱うことができる．

36・2 前駆平衡の近似

前駆平衡の近似は，反応機構を求めるのに使う重要な考えの一つである．この近似が使えるのは，生成物が生成する前に，一部の化学種の間で平衡が成り立つときである．本節では，この前駆平衡の近似について説明する．以降の節で，この近似がきわめて役に立つことがわかるだろう．

36・2・1 一般的な解き方

つぎの反応について考えよう．

$$A + B \underset{k_{逆}}{\overset{k_{正}}{\rightleftharpoons}} I \xrightarrow{k_{生成}} P \qquad (36\cdot11)$$

この式の正反応と逆反応の速度定数は，反応物AとBと中間体Iとを結んでいる．Iが崩壊すれば生成物Pが生成する．もし，反応物と中間体が関与する正反応と逆反応が，この中間体の崩壊で生成物が生成する反応より速ければ，(36・11)式の反応はつぎの2段階で起こるとみなせる．

1. 反応中であっても反応物と中間体の間で常に平衡が成り立っている．
2. 中間体が崩壊して生成物が生成する．

このように表せることを**前駆平衡の近似**[1]という．反応機構に平衡段階が含まれるとき，前駆平衡の近似を使うにはつぎのようにする．生成物の微分形速度式は，

$$\frac{d[P]}{dt} = k_{生成}[I] \qquad (36\cdot12)$$

である．この式の [I] は，この中間体が反応物と平衡にあることから，つぎのように書き換えることができる．

1) preequilibrium approximation

$$\frac{[\mathrm{I}]}{[\mathrm{A}][\mathrm{B}]} = \frac{k_{正}}{k_{逆}} = K_c \tag{36・13}$$

$$[\mathrm{I}] = K_c[\mathrm{A}][\mathrm{B}] \tag{36・14}$$

K_c は，反応物と生成物の濃度で表した平衡定数である．(36・14)式の [I] の定義を (36・12)式に代入すれば，生成物についての微分形速度式は，

$$\frac{\mathrm{d}[\mathrm{P}]}{\mathrm{d}t} = k_{生成}[\mathrm{I}] = k_{生成}K_c[\mathrm{A}][\mathrm{B}] = k_{実効}[\mathrm{A}][\mathrm{B}] \tag{36・15}$$

となる．この式によれば，前駆平衡の近似を使って予測される速度式は全体として 2 次で，反応物それぞれ (A と B) については 1 次であることがわかる．しかも，生成物生成の速度定数は単に $k_{生成}$ では表せず，これに平衡定数 K_c を掛けたものになっている．(36・13)式でわかるように，この K_c は正反応と逆反応の速度定数の比に等しい．

36・2・2 前駆平衡の具体例

NO と O_2 から NO_2 が生成する反応は，その生成機構を前駆平衡の近似を使って表せるよい例である．注目する反応は，

$$2\mathrm{NO(g)} + \mathrm{O_2(g)} \longrightarrow 2\mathrm{NO_2(g)} \tag{36・16}$$

である．この反応についてまず考えられる機構は，NO 分子 2 個と O_2 分子 1 個が関与する 3 分子反応による 1 段階の素過程である．この反応について実験で求めた速度式は，NO について 2 次，O_2 について 1 次であり，この機構と合っている．しかしながら，反応速度の温度依存性をもっと詳しく調べることによって，この機構が正しいかどうかが検討された．もし，正しければ，温度を上げれば衝突回数が増加するから反応速度は増加するはずである．ところが，温度上昇によって反応速度の減少が観測されたのであった．すなわち，3 分子衝突機構は間違っているのがわかった．そこで，これに代わる反応機構として提案されたのは，

$$2\mathrm{NO} \underset{k_{逆}}{\overset{k_{正}}{\rightleftharpoons}} \mathrm{N_2O_2} \tag{36・17}$$

$$\mathrm{N_2O_2} + \mathrm{O_2} \xrightarrow{k_{生成}} 2\mathrm{NO_2} \tag{36・18}$$

である．第 1 段階の (36・17)式は，NO とその二量体 N_2O_2 の平衡を表しており，それが生成物の生成速度に比べて迅速に成り立つ．第 2 段階の (36・18)式は，この二量体と O_2 が関与する 2 分子反応を表しており，これによって生成物である NO_2 が生成する．どちらの段階の量論数も 1 である．この機構を検討するために，第 1 段階について前駆平衡の近似を適用し，N_2O_2 の濃度をつぎのように表す．

$$[\mathrm{N_2O_2}] = \frac{k_{正}}{k_{逆}}[\mathrm{NO}]^2 = K_c[\mathrm{NO}]^2 \tag{36・19}$$

この機構の第 2 段階を使えば，その反応速度は，

$$R = \frac{1}{2}\frac{\mathrm{d}[\mathrm{NO_2}]}{\mathrm{d}t} = k_{生成}[\mathrm{N_2O_2}][\mathrm{O_2}] \tag{36・20}$$

と書ける．この $[NO_2]$ の微分形速度式に (36・19)式を代入すれば，

$$R = k_{生成}[N_2O_2][O_2] = k_{生成}K_c[NO]^2[O_2] = k_{実効}[NO]^2[O_2] \qquad (36\cdot21)$$

となる．そこで，この機構で予測される速度式はNOについて2次，O_2について1次となり，それは実験結果と合っている．それだけでなく，前駆平衡の近似によって，生成物の生成の温度依存性をうまく説明することができる．すなわち，N_2O_2の生成は発熱過程であるから，温度が上昇すればNOとN_2O_2の間の平衡がNOの側にシフトする．そこで，O_2と反応できるN_2O_2が減少するから，NO_2の生成速度は温度上昇によって減少するのである．

36・3 リンデマン機構

速度論と反応機構の関係を表す見事な例は，**1分子反応**[1]（単分子反応）の**リンデマン機構**[2]に見られる．この機構は，つぎのかたちの1分子解離反応で観測された濃度依存性を説明するのに考えられた．

$$A \longrightarrow 分解生成物 \qquad (36\cdot22)$$

この反応で反応物分子が分解するのは，その分子の1個以上の振動モードに，分解に十分なエネルギーが与えられたときである．問題は，そのエネルギーを反応物がどのように獲得し，分解に至るかである．一つの可能性は，反応物が2分子衝突によって十分なエネルギーを獲得することである．しかしながら，分解速度の測定でわかっているのは，反応物濃度が濃いところでは1次の振舞いをするだけで，単一の2分子機構で予測される2次ではない．リンデマン[3]は別の機構を提案して，反応次数が反応物濃度によって変わるのを説明したのであった．

リンデマン機構には2段階が関与している．まず，つぎの2分子衝突によって反応物が反応に十分なエネルギーを獲得する．

$$A + A \xrightarrow{k_1} A^* + A \qquad (36\cdot23)$$

A^*は，分解を起こすのに十分なエネルギーを獲得した“活性化した”反応物である．衝突した相手の反応物分子は，十分なエネルギーが得られず分解はできない．リンデマン機構の第2段階では，この**活性反応物**[4]が2通りの反応を起こす．すなわち，もう1回衝突して失活するか，それとも分解して生成物が生成されるかである．

$$A^* + A \xrightarrow{k_{-1}} A + A \qquad (36\cdot24)$$

$$A^* \xrightarrow{k_2} P \qquad (36\cdot25)$$

この反応を2段階に分けたのがリンデマン機構で鍵となる考えである．すなわち，活性化の段階と失活/生成物生成の段階で，時間スケールが大きく異なっているのである．(36・24)式と(36・25)式で表される機構を見ればわかるように，生成物の生成に至る過程は(36・25)式の最終段階しかない．したがって，生成物の生成速度は，

$$\frac{d[P]}{dt} = k_2[A^*] \qquad (36\cdot26)$$

と書ける．この式を計算するには，反応物濃度[A]で表した[A^*]の式が必要で

1) unimolecular reaction 2) Lindemann mechanism 3) Frederick Lindemann
4) activated reactant

ある．ここで，A* は中間体であるから，[A*] の微分形速度式を書いて，それに定常状態の近似を適用すれば，[A*] と [A] の関係が得られる．すなわち，

$$\frac{\mathrm{d}[\mathrm{A}^*]}{\mathrm{d}t} = k_1[\mathrm{A}]^2 - k_{-1}[\mathrm{A}][\mathrm{A}^*] - k_2[\mathrm{A}^*] = 0$$

$$[\mathrm{A}^*] = \frac{k_1[\mathrm{A}]^2}{(k_{-1}[\mathrm{A}] + k_2)} \tag{36·27}$$

である．この式を (36·26)式に代入すれば，[P] についての微分形速度式がつぎのように得られる．

$$\frac{\mathrm{d}[\mathrm{P}]}{\mathrm{d}t} = \frac{k_1 k_2[\mathrm{A}]^2}{k_{-1}[\mathrm{A}] + k_2} \tag{36·28}$$

この式はリンデマン機構の重要な結果である．実験で得られる [A] の次数は，k_{-1}[A] と k_2 の相対的な大きさによって変わることがわかる．反応物が高濃度の場合は $k_{-1}[\mathrm{A}] > k_2$ であり，(36·28)式は，

$$\frac{\mathrm{d}[\mathrm{P}]}{\mathrm{d}t} = \frac{k_1 k_2}{k_{-1}}[\mathrm{A}] \tag{36·29}$$

となる．この式によれば，反応物の濃度または圧力が高い場合は ($P_\mathrm{A}/RT = n_\mathrm{A}/V = [\mathrm{A}]$ であるから)，生成物の生成速度は [A] について 1 次になる．これは実験結果と一致している．その仕組みとして考えられるのは，高圧では活性分子の生成が分解より速く起こるから，その分解速度が生成物生成の律速段階になることである．反応物の濃度が低ければ $k_2 > k_{-1}[\mathrm{A}]$ であり，(36·28)式は，

$$\frac{\mathrm{d}[\mathrm{P}]}{\mathrm{d}t} = k_1[\mathrm{A}]^2 \tag{36·30}$$

となる．この式によれば，低圧では活性錯合体の生成がこの反応の律速段階となり，生成物の生成速度は [A] について 2 次となる．

リンデマン機構を一般化していろいろな 1 分子反応を表すときは，つぎのように書けばよい．

$$\mathrm{A} + \mathrm{M} \underset{k_{-1}}{\overset{k_1}{\rightleftharpoons}} \mathrm{A}^* + \mathrm{M} \tag{36·31}$$

$$\mathrm{A}^* \xrightarrow{k_2} \mathrm{P} \tag{36·32}$$

この機構の M は衝突相手であり，反応物 (A) そのものであっても，反応系に加えられた非反応性の緩衝気体など別の化学種であってもよい．このときの生成物の生成速度は，

$$\frac{\mathrm{d}[\mathrm{P}]}{\mathrm{d}t} = \frac{k_1 k_2[\mathrm{A}][\mathrm{M}]}{k_{-1}[\mathrm{M}] + k_2} = k_{1\text{分子}}[\mathrm{A}] \tag{36·33}$$

と書ける．この式の $k_{1\text{分子}}$ は，この反応の見かけの速度定数であり，

$$k_{1\text{分子}} = \frac{k_1 k_2[\mathrm{M}]}{k_{-1}[\mathrm{M}] + k_2} \tag{36·34}$$

で表される．M の高濃度極限では $k_{-1}[\mathrm{M}] \gg k_2$ であり，$k_{1\text{分子}} = k_1 k_2/k_{-1}$ であるから，見かけの速度定数は [M] に無関係となる．[M] が減少すれば $k_{1\text{分子}}$ も減少し，$k_2 \gg k_{-1}[\mathrm{M}]$ となれば $k_{1\text{分子}} = k_1[\mathrm{M}]$ であり，見かけの速度定数は M について 1 次を示すことになる．図 36·1 は，Schneider と Rabinovitch によって

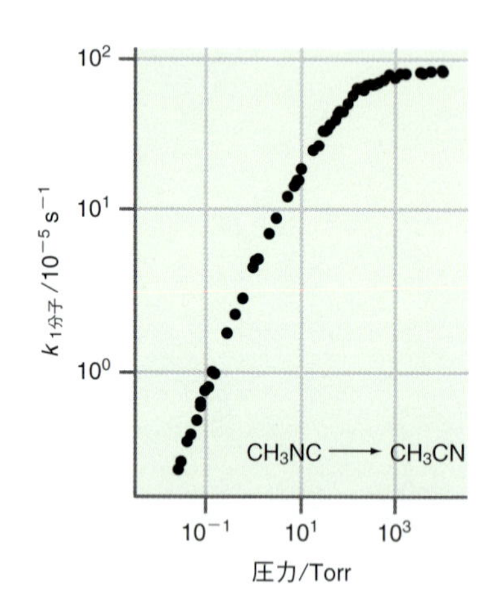

図 36·1 イソシアン化メチルの 1 分子異性化反応について，230.4 °C で観測された速度定数の圧力依存性．[データ: Schneider, Rabinovitch, 'Thermal Unimolecular Isomerization of Methyl Isocyanide-Fall-Off Behavior', *J. American Chemical Society*, **84**, 4215 : (1962).]

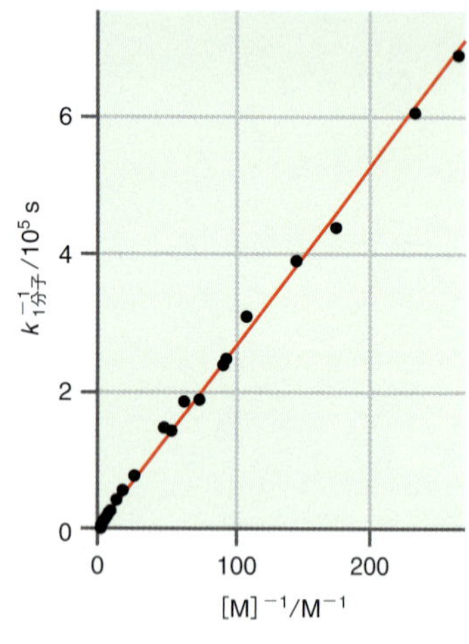

図 36·2 イソシアン化メチルの 230.4 °C での 1 分子異性化反応について，$[\mathrm{M}]^{-1}$ に対して $k_{1\text{分子}}^{-1}$ をプロットしたグラフ．実線はデータに最もよく合う直線．

測定された 230.4 °C でのイソシアン化メチルの異性化反応について，その速度定数を圧力の関数でプロットしたグラフである．この図によれば，低圧では $k_{1分子}$ と圧力の間に予測された直線的な関係(両対数プロットで勾配 1)が観測されているのがわかり，この極限での (36･34) 式の振舞いと一致している．また，高圧では $k_{1分子}$ が一定値に近づいており，この極限でも (36･34) 式の振舞いと一致している．

リンデマン機構によれば，1 分子反応の速度定数が圧力や濃度によってどう変化するかを詳しく予測することができる．(36･34) 式の逆数をとれば，$k_{1分子}$ と反応物の濃度の関係は，

$$\frac{1}{k_{1分子}} = \frac{k_{-1}}{k_1 k_2} + \left(\frac{1}{k_1}\right)\frac{1}{[\mathrm{M}]} \tag{36·35}$$

となる．この式の予測によれば，$[\mathrm{M}]^{-1}$ に対して $k_{1分子}^{-1}$ をプロットすれば直線が得られ，その勾配は $1/k_1$，y 切片は $k_{-1}/k_1 k_2$ に相当している．図 36･1 にプロットしたデータを使って，(36･35) 式に基づいてプロットしたのが図 36･2 である．この図によれば，この反応について測定された $k_{1分子}^{-1}$ と $[\mathrm{M}]^{-1}$ について予測された直線的な関係は，リンデマン機構と合っている．図の実線は，データに合わせた最適の直線である．その勾配から $k_1 = 4.16 \times 10^{-4}\ \mathrm{M^{-1}\ s^{-1}}$ が得られ，この値と y 切片とから $k_{-1}/k_2 = 1.76\ \mathrm{M^{-1}}$ が得られる．

36・4 触 媒 作 用

触媒[1]は，化学反応に参加してその速度を促進する物質でありながら，それ自身は反応終了後もそのままである．触媒の一般的な機能は，反応物を生成物に変換する新たな機構を提供することである．触媒が関与する新しい反応機構が存在することによって，反応物と生成物を結ぶ第二の反応座標がつくられる．この反応座標に沿った活性化エネルギーは，触媒のない場合の反応と比べて低いから，全体としての反応速度は速くなる．たとえば，反応物 A から生成物 B への転換で，触媒ありと なし の場合の反応を表す図 36･3 について考えよう．触媒がない場合の生成物の生成速度を r_0 で表す．触媒が存在すれば第二の経路がつくられて，このときの反応速度はもとの速度に触媒反応の速度を加えた $r_0 + r_{触媒}$ である．

触媒反応は，図 36･3 のように電気回路で表すことができる．“触媒あり” の電気回路では，電流が流れる第二の並列経路が加わるから，“触媒なし” の回路に比べて流れる全電流は大きい．この類推でわかるように，新たに加わった第二の並列経路は，触媒が関与するもう一つの反応機構に相当している．

触媒作用が効率的であるためには，触媒が 1 個以上の反応物またはその反応に関与する中間体と結合しなければならない．反応が起こってしまえば，その後の触媒は遊離して，別の反応物またはつぎの反応の中間体と結合できる．触媒は，反応中に消費されることがないから，たいていの反応では少量の触媒が参加するだけである．触媒過程を表す最も単純な機構は，

$$\mathrm{S} + \mathrm{C} \underset{k_{-1}}{\overset{k_1}{\rightleftharpoons}} \mathrm{SC} \tag{36·36}$$

$$\mathrm{SC} \xrightarrow{k_2} \mathrm{P} + \mathrm{C} \tag{36·37}$$

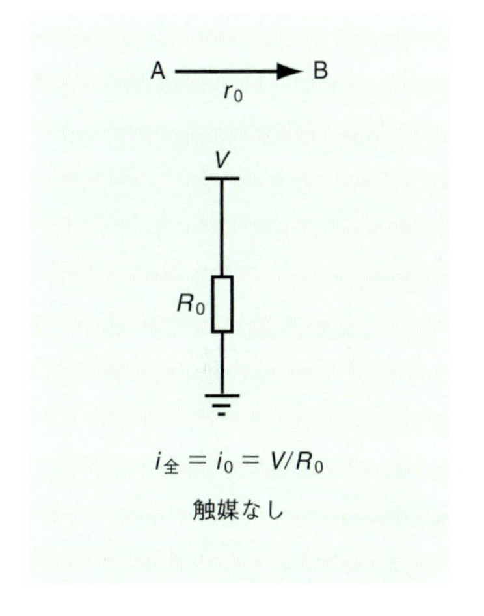

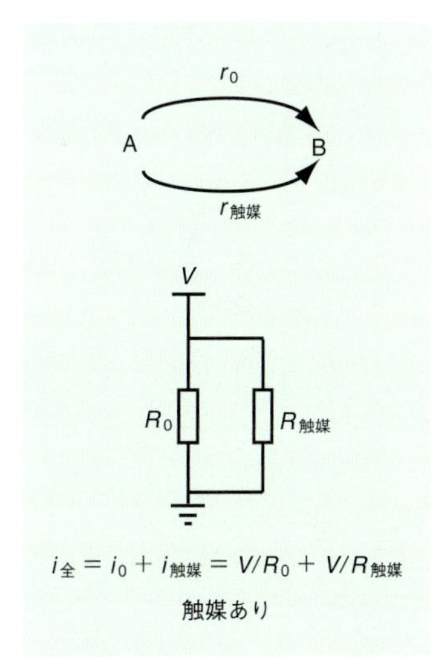

図 36･3　触媒作用の表し方．触媒なしの反応の速度は r_0 である．触媒が存在すれば新しい反応経路による速度 $r_{触媒}$ が加わる．そこで，触媒がある場合の反応の合計の速度は $r_0 + r_{触媒}$ となる．比較のために，これに相当する電気回路を示してある．

1) catalyst

である．S は反応物または基質であり，C は触媒，P は生成物である．**基質–触媒複合体**[1]は SC で表してあり，この機構では中間体の化学種である．生成物生成の微分形速度式は，

$$\frac{d[P]}{dt} = k_2[SC] \tag{36·38}$$

である．SC は中間体であるから，この化学種について微分形速度式を書いて，それに定常状態の近似を適用すれば，

$$\frac{d[SC]}{dt} = k_1[S][C] - k_{-1}[SC] - k_2[SC] = 0$$

$$[SC] = \frac{k_1[S][C]}{k_{-1} + k_2} = \frac{[S][C]}{K_m} \tag{36·39}$$

が得られる．K_m は**複合定数**[2]であり，この場合は，

$$K_m = \frac{k_{-1} + k_2}{k_1} \tag{36·40}$$

である．上の [SC] の式を (36·38)式に代入すれば，生成物の生成速度は，

$$\frac{d[P]}{dt} = \frac{k_2[S][C]}{K_m} \tag{36·41}$$

となる．この式から，生成物の生成速度は基質と触媒の両方の濃度に比例して増加すると予測される．しかし，この式を反応の全過程にわたって求めるのは難しい．それは，(36·41)式にある基質と触媒の濃度は，SC 複合体に含まれていない化学種の分だからであり，その濃度の測定は難しい．簡単な測定は，反応の始めに存在した基質と触媒がどれだけあったかを求めることである．物質保存則があるから，これらの初期濃度と反応開始後に存在するすべての化学種の濃度にはつぎの関係が成り立つ．

$$[S]_0 = [S] + [SC] + [P] \tag{36·42}$$

$$[C]_0 = [C] + [SC] \tag{36·43}$$

(36·42)式と (36·43)式を変形して [S] と [C] について表せば，

$$[S] = [S]_0 - [SC] - [P] \tag{36·44}$$

$$[C] = [C]_0 - [SC] \tag{36·45}$$

となる．これらを (36·39)式に代入すれば，

$$K_m[SC] = [S][C] = ([S]_0 - [SC] - [P])([C]_0 - [SC])$$

$$0 = [[C]_0([S]_0 - [P])] - [SC]([S]_0 + [C]_0 - [P] + K_m) + [SC]^2 \tag{36·46}$$

が得られる．この式は [SC] の 2 次方程式であるから，これを解けばよい．しかしながら，ここで問題を単純にするためにふつうは仮定を二つおく．まず，基質と触媒の初濃度を調節すれば，[SC] が小さいという条件が使える．したがって，(36·46)式にある $[SC]^2$ の項は無視できる．第二に，生成物がほとんど生成して

1）substrate–catalyst complex　2）composite constant

いない反応初期に話を限れば，[P] が関わる項も無視できる．これら二つの近似を使えば，(36・46)式を求めるのは簡単であり，つぎの [SC] の式が得られる．

$$[\mathrm{SC}] = \frac{[\mathrm{S}]_0[\mathrm{C}]_0}{[\mathrm{S}]_0 + [\mathrm{C}]_0 + K_\mathrm{m}} \tag{36・47}$$

この式を (36・38)式に代入すれば，反応速度は次式になる．

$$R_0 = \frac{\mathrm{d}[\mathrm{P}]}{\mathrm{d}t} = \frac{k_2[\mathrm{S}]_0[\mathrm{C}]_0}{[\mathrm{S}]_0 + [\mathrm{C}]_0 + K_\mathrm{m}} \tag{36・48}$$

この式の速度に付けた下付きの 0 は，この式が反応初期に使えることを示しており，それは反応の初速度である．次に，(36・48)式の二つの極限について考えよう．

36・4・1 ケース 1：$[\mathrm{C}]_0 \ll [\mathrm{S}]_0$

触媒作用ではたいていの場合，触媒に比べ基質が大量に存在している．この極限では (36・48)式の分母にある $[\mathrm{C}]_0$ が無視でき，その速度は，

$$R_0 = \frac{k_2[\mathrm{S}]_0[\mathrm{C}]_0}{[\mathrm{S}]_0 + K_\mathrm{m}} \tag{36・49}$$

となる．基質の濃度が $[\mathrm{S}]_0 < K_\mathrm{m}$ の場合は，反応速度は基質の濃度に比例して増加し，その勾配は $k_2[\mathrm{C}]_0/K_\mathrm{m}$ に等しい．k_2 や K_m などのパラメーターは，実験で求めた反応速度と (36・49) 式を比較すれば求められる．これらのパラメーターを求めるもう一つの方法は，(36・49)式の逆数をとって，反応速度と基質の初濃度の関係をつぎの式で表すことである．

$$\frac{1}{R_0} = \left(\frac{K_\mathrm{m}}{k_2[\mathrm{C}]_0}\right)\frac{1}{[\mathrm{S}]_0} + \frac{1}{k_2[\mathrm{C}]_0} \tag{36・50}$$

この式からわかるように，**逆数プロット**[1)]，つまり初速度の逆数を $[\mathrm{S}]_0^{-1}$ に対してプロットすれば直線が得られるはずである．$[\mathrm{C}]_0$ がわかっていれば，この直線の y 切片と勾配から K_m と k_2 が求められる．

基質の濃度が大きく $[\mathrm{S}]_0 \gg K_\mathrm{m}$ であれば，(36・49) 式の分母は $[\mathrm{S}]_0$ と近似できるから，反応速度の式はつぎのようになる．

$$R_0 = k_2[\mathrm{C}]_0 = R_{最大} \tag{36・51}$$

いい換えれば，速度は基質濃度について 0 次となり，反応速度はある極値に達する．この極限で反応速度を増加させるには，触媒の量を増やすしかない．図 36・4 には，基質の初濃度に対する (36・49) 式と (36・50) 式で予測される反応速度の変化を示してある．

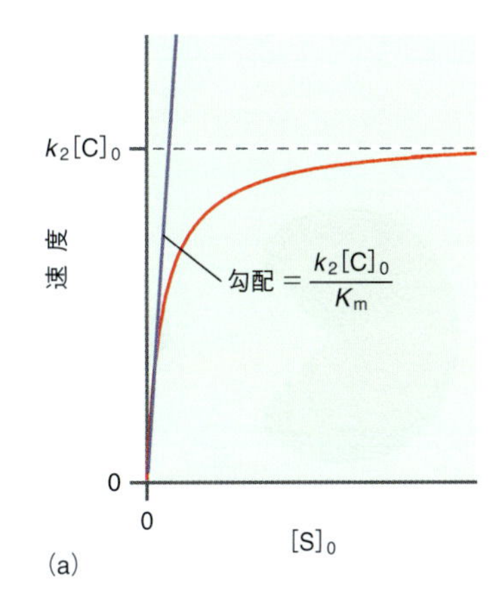

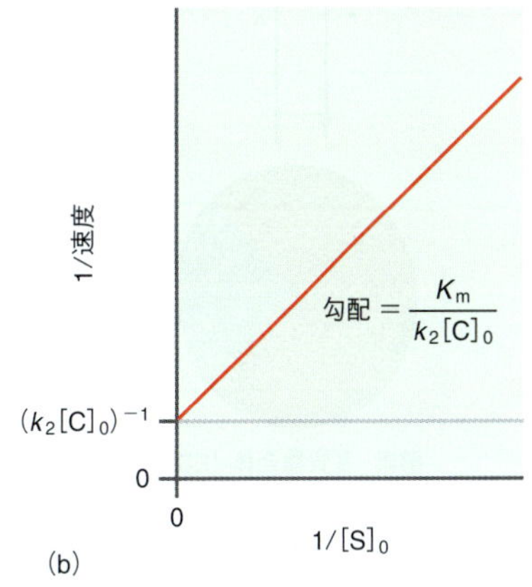

図 36・4 本文にあるケース 1 の条件下での反応速度の基質濃度による変化．(a) 基質濃度に対して反応の初速度 (36・49 式) をプロットしたグラフ．基質濃度が低いところでは，その濃度に比例して反応速度は増加する．高濃度では最大の反応速度 $k_2[\mathrm{C}]_0$ に向かう．(b) この逆数プロットでは，基質濃度の逆数に対して反応速度の逆数 (36・50 式) がプロットしてある．この直線の y 切片は最大反応速度の逆数 $(k_2[\mathrm{C}]_0)^{-1}$ に等しい．また，直線の勾配は $K_\mathrm{m}(k_2[\mathrm{C}]_0)^{-1}$ に等しいから，勾配と y 切片の値から K_m を求めることができる．

36・4・2 ケース 2：$[\mathrm{C}]_0 \gg [\mathrm{S}]_0$

この極限では (36・48)式は，

$$R_0 = \frac{k_2[\mathrm{S}]_0[\mathrm{C}]_0}{[\mathrm{C}]_0 + K_\mathrm{m}} \tag{36・52}$$

となる．この濃度の極限では，反応速度は $[\mathrm{S}]_0$ について 1 次であるが，$[\mathrm{C}]_0$ については，$[\mathrm{C}]_0$ と K_m の相対的な大きさによって，1 次にも 0 次にもなりうる．触媒作用の研究ではふつうこの極限を避ける．それは，いろいろな反応段階の速

1) reciprocal plot

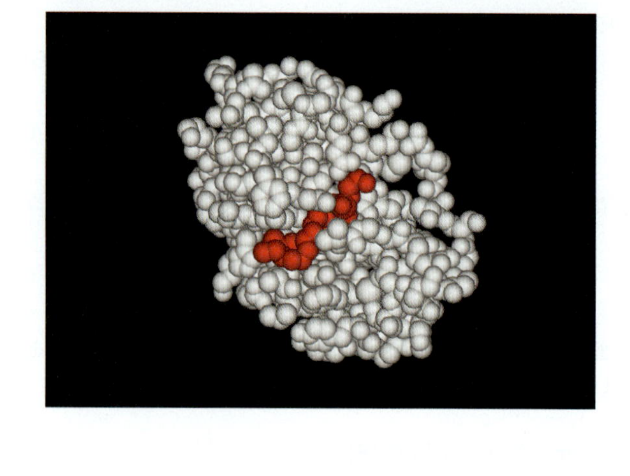

図 36・5 酵素ホスホリパーゼ A_2 (白色) と結合した基質類似体 (赤色) の空間実体模型. 基質類似体には, 酵素の攻撃を受けやすいエステルに代わって安定なホスホン酸基があるから, この基質類似体は酵素加水分解を受けにくく, 酵素–基質複合体は安定なまま X 線回折による構造解析を行うことができる. [Scott, White, Browning, Rosa, Gelb, Sigler, 'Structures of Free Inhibited Human Secretory Phospholipase A_2 from Inflammatory Exudate', *Science*, 5034, 1007 (1991).]

度定数に関して得られる知見は, すでに考えたケース 1 でもっと簡単に得られるからである. また, 良質な触媒は高価であるから, 反応に余分な触媒を使用するのは費用対効果が悪い.

36・4・3 ミカエリス–メンテンの酵素反応速度論

酵素[1]は, 多種多様な化学反応に対して触媒として作用するタンパク質分子である. 触媒には反応特異性があり, そのきわめて特異的に作用する触媒の性質によって, 生物が生命を維持するのに必要な生物学的反応の圧倒的多数に関与している. 酵素の一例をその基質とともに図 36・5 に示す. この図は結晶構造に基づいて作成した空間実体模型であり, ホスホリパーゼ A_2 (白色) と結合した基質類似体 (赤色) の構造を表している. この酵素はリン脂質にあるエステルの加水分解を触媒する. 基質類似体には酵素の攻撃を受けやすいエステルに代わって安定なホスホン酸基が入っているから, 酵素加水分解を受けにくく, 構造測定を行っている間に壊れることがない. 反応性の高い基質であれば, エステル加水分解を起こして, その反応生成物が酵素から離れ, 遊離した酵素は再生されることになる.

ホスホリパーゼ A_2 の触媒作用の反応機構は, 酵素活性の**ミカエリス–メンテン機構**[2]を使って説明できる. それを図 36・6 に示す. この図は, 酵素の反応性に関する "鍵と鍵穴" モデルを示したもので, 反応を触媒する酵素の活性サイトに基質が結合する. 酵素と基質は酵素–基質複合体を形成し, それが解離して生成物と遊離の酵素ができる. この酵素–基質複合体をつくる相互作用が酵素特異的なのである. たとえば, 酵素の活性サイトが基質の 2 カ所以上と結合することもある. その場合は, 幾何学的な歪みが生じて生成物の生成を促進することになる. 酵素が, 反応が最も起こりやすい向きに基質を向かせることもある. このように, 酵素が仲介する化学は, 注目する反応によって細部は大きく変わる. ここでは酵素反応速度論に限って詳しく説明するのではなく, 触媒反応の一部として酵素反応を説明することにしよう.

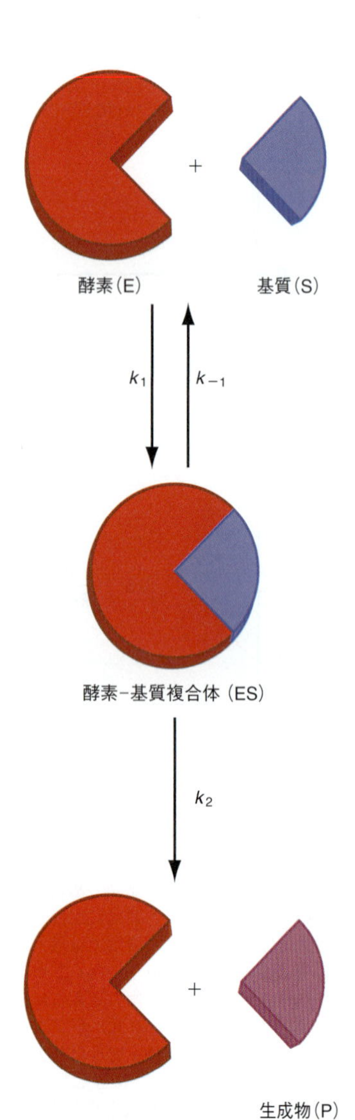

図 36・6 酵素触媒作用の機構

図 36・6 の反応機構はつぎのように表せる.

$$\mathrm{E} + \mathrm{S} \underset{k_{-1}}{\overset{k_1}{\rightleftharpoons}} \mathrm{ES} \xrightarrow{k_2} \mathrm{E} + \mathrm{P} \qquad (36\cdot53)$$

E は酵素, S は基質, ES はその複合体, P は生成物である. この式の機構を

1) enzyme 2) Michaelis–Menten mechanism

(36·36)式と(36·37)式で表した一般の触媒反応の機構と比較すればわかるように，触媒Cが酵素Eに変わっただけで，それ以外はまったく同じである．そこで，基質の初濃度が酵素よりずっと大きい極限（$[S]_0 \gg [E]_0$，つまり，すでに説明したケース1の条件）では，生成物の生成速度は，

$$R_0 = \frac{k_2[S]_0[E]_0}{[S]_0 + K_m} \tag{36·54}$$

で表される．この式の複合定数 K_m のことを，酵素反応の速度式では**ミカエリス定数**[1]といい，(36·54)式を**ミカエリス-メンテンの速度式**[2]という．$[S]_0 \gg K_m$ ではミカエリス定数を無視できるから，つぎの速度式が得られる．

$$R_0 = k_2[E]_0 = R_{最大} \tag{36·55}$$

この式によれば，生成物の生成速度はある最大値で頭打ちになり，その値は酵素の初濃度と生成物生成の速度定数 k_2 の積に等しい．この振舞いは図36·4と同じである．(36·54)式の逆数をとって，反応速度の逆数プロットをつくることもできる．それが，つぎの**ラインウィーバー-バークの式**[3]である．

$$\frac{1}{R_0} = \frac{1}{R_{最大}} + \frac{K_m}{R_{最大}}\frac{1}{[S]_0} \tag{36·56}$$

ミカエリス-メンテン機構が実験結果と合うためには，初速度の逆数を $[S]_0^{-1}$ に対してプロットしたときに直線が得られることで，そうすれば，その y 切片と勾配から最大速度とミカエリス定数を求めることができる．この逆数プロットを**ラインウィーバー-バークのプロット**[4]という．また，実験で $[E]_0$ は簡単に求められるから，最大速度から k_2 を求められる(36·55式)．これをその酵素の**ターンオーバー数**†2という．ターンオーバー数は，生成物に転換できる基質分子の単位時間当たりの最大数と考えることができる．たいていの酵素の生理的条件下のターンオーバー数は，$1\ s^{-1} \sim 10^5\ s^{-1}$ にある．

例題 36・1

De Voe と Kistiakowsky は，酵素炭酸デヒドラターゼによって触媒される CO_2 の水和反応の速度論を研究した［*J. American Chemical Society*, **83**, 274 (1961)］．

$$CO_2 + H_2O \rightleftharpoons HCO_3^- + H^+$$

この反応では，CO_2 が炭酸水素イオンに変換される．炭酸水素イオンは血流によって肺に運ばれ，そこで再び CO_2 に変換される．その反応も炭酸デヒドラターゼによって触媒される．この水和反応について，酵素の初濃度 2.3 nM，温度 0.5 °C でつぎの初速度が得られた．

速度/M s^{-1}	[CO$_2$]/mM
2.78×10^{-5}	1.25
5.00×10^{-5}	2.5
8.33×10^{-5}	5.0
1.67×10^{-4}	20.0

この酵素のこの温度での K_m と k_2 を求めよ．

---

†2 turnover number．訳注：ターンオーバー頻度 (turnover frequency) ともいう．

1) Michaelis constant　2) Michaelis-Menten rate law

3) Lineweaver-Burk equation　4) Lineweaver-Burk plot

解答

(速度)$^{-1}$ 対 $[CO_2]^{-1}$ のラインウィーバー–バークのプロットをつぎに示す.

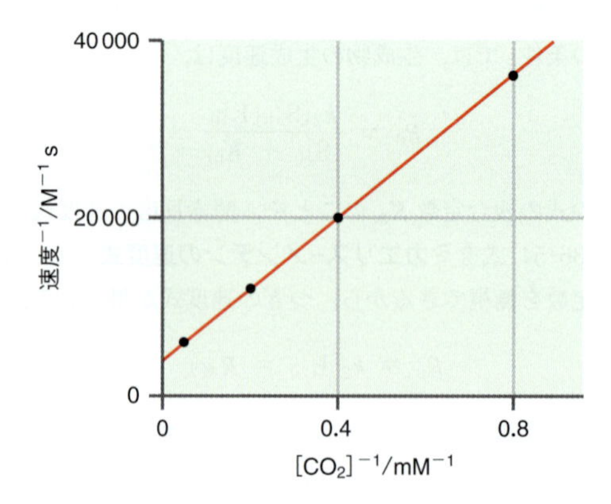

データに合わせた最適直線のy切片は4000 M^{-1} s であり, これは$R_{最大}$ = 2.5×10^{-4} M s^{-1} に相当する. この値と $[E]_0 = 2.3$ nM を使えばk_2は,

$$k_2 = \frac{R_{最大}}{[E]_0} = \frac{2.5\times10^{-4}\,\mathrm{M\,s^{-1}}}{2.3\times10^{-9}\,\mathrm{M}} = 1.1\times10^{5}\,\mathrm{s^{-1}}$$

と求められる. ターンオーバー数k_2の単位は1次反応と同じで, ミカエリス–メンテン機構と一致していることがわかる. この最適直線の勾配は 40 s であるから, (36·56)式からK_mはつぎのように求められる.

$$K_m = 勾配 \times R_{最大} = (40\,\mathrm{s})(2.5\times10^{-4}\,\mathrm{M\,s^{-1}}) = 10\,\mathrm{mM}$$

ラインウィーバー–バークのプロットからだけでなく, 最大速度がわかっていればK_mを求めることができる. たとえば, 初速度が最大速度の半分であれば(36·54)式は,

$$R_0 = \frac{k_2[S]_0[E]_0}{[S]_0 + K_m} = \frac{R_{最大}[S]_0}{[S]_0 + K_m}$$

$$\frac{R_{最大}}{2} = \frac{R_{最大}[S]_0}{[S]_0 + K_m}$$

$$[S]_0 + K_m = 2[S]_0$$

$$K_m = [S]_0 \qquad (36\cdot57)$$

となる. この式によれば, 初速度が最大速度の半分であれば, K_mは基質の初濃度に等しい. したがって, 基質の飽和曲線をよく見ればK_mを求めることができる. 図36·7には, 例題36·1で説明した炭酸デヒドラターゼで触媒されるCO_2の水和反応の場合のプロットを示してある. この図によれば, $[S]_0 = 10$ mM のときに初速度は最大速度の半分に等しいことがわかる. このように比較的簡単な方法で求めたK_mの値でも, ラインウィーバー–バークのプロットから求めた値とよく一致する. 図36·7に示してある最大速度は, 例題で示したラインウィーバー–バークの解析によって求めたものである. この方法でK_mを求めるときは, 反応速度が実際に最大を示すかどうか, 基質の高濃度極限を注意深く調べなければならない.

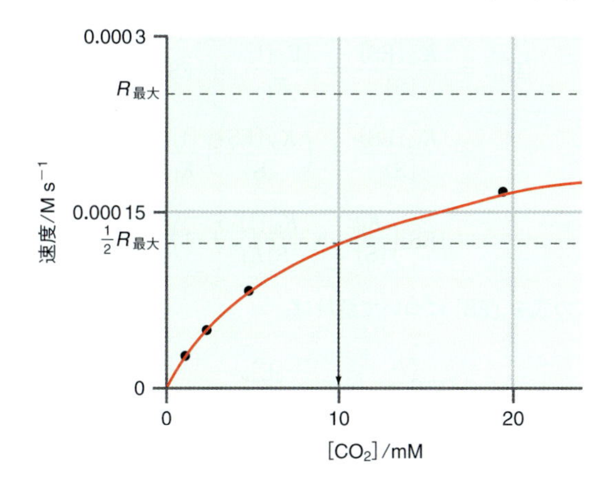

図 36·7　炭酸デヒドラターゼで触媒される CO_2 の水和反応における K_m の求め方．反応速度が最大速度の半分に等しくなる基質濃度が K_m に等しい．

36・4・4　酵素触媒作用における競合阻害

基質の構造とよく似た別の化学種で，それが触媒の活性サイトを占めることのできるものであれば，これを加えることで酵素の活性は影響を受ける．それが酵素の活性サイトに結合してしまえば，本来の基質の場合と違って，その分子に反応性はない．このような分子を**競合阻害剤**[1]という．図 36·5 に示したホスホリパーゼ A_2 に結合した基質類似体は，競合阻害剤の一例である．競合阻害を表すにはつぎの機構を使えばよい．

$$E + S \underset{k_{-1}}{\overset{k_1}{\rightleftharpoons}} ES \tag{36·58}$$

$$ES \xrightarrow{k_2} E + P \tag{36·59}$$

$$E + I \underset{k_{-3}}{\overset{k_3}{\rightleftharpoons}} EI \tag{36·60}$$

I は阻害剤，EI は酵素-阻害剤複合体を表し，それ以外の化学種は (36·53) 式にあるのと同じである．このときの反応速度は，これまで考えてきた阻害のない場合とどう違うだろうか．これに答えるために，酵素の初濃度をつぎのように表しておこう．

$$[E]_0 = [E] + [EI] + [ES] \tag{36·61}$$

次に，k_1, k_{-1}, k_3, $k_{-3} \gg k_2$ と仮定して，(36·58) 式と (36·60) 式を使って前駆平衡の近似を適用すれば，

$$K_S = \frac{[E][S]}{[ES]} \approx K_m \tag{36·62}$$

$$K_I = \frac{[E][I]}{[EI]} \tag{36·63}$$

が得られる．(36·62) 式の酵素と基質を表す定数は，$k_{-1} \gg k_2$ のときは K_m (36·40 式) と書ける．これらの関係から，(36·61) 式は，

1) competitive inhibitor

$$[\mathrm{E}]_0 = \frac{K_\mathrm{m}[\mathrm{ES}]}{[\mathrm{S}]} = \frac{[\mathrm{E}][\mathrm{I}]}{K_\mathrm{I}} + [\mathrm{ES}]$$

$$= \frac{K_\mathrm{m}[\mathrm{ES}]}{[\mathrm{S}]} + \left(\frac{K_\mathrm{m}[\mathrm{ES}]}{[\mathrm{S}]}\right)\frac{[\mathrm{I}]}{K_\mathrm{I}} + [\mathrm{ES}]$$

$$= [\mathrm{ES}]\left(\frac{K_\mathrm{m}}{[\mathrm{S}]} + \frac{K_\mathrm{m}[\mathrm{I}]}{[\mathrm{S}]K_\mathrm{I}} + 1\right) \tag{36·64}$$

と書ける．この式を [ES] について解けば，

$$[\mathrm{ES}] = \frac{[\mathrm{E}]_0}{1 + \dfrac{K_\mathrm{m}}{[\mathrm{S}]} + \dfrac{K_\mathrm{m}[\mathrm{I}]}{[\mathrm{S}]K_\mathrm{I}}} \tag{36·65}$$

が得られる．こうして，生成物の生成速度は最終的に次式で与えられる．

$$R = \frac{\mathrm{d}[\mathrm{P}]}{\mathrm{d}t} = k_2[\mathrm{ES}] = \frac{k_2[\mathrm{E}]_0}{1 + \dfrac{K_\mathrm{m}}{[\mathrm{S}]} + \dfrac{K_\mathrm{m}[\mathrm{I}]}{[\mathrm{S}]K_\mathrm{I}}} = \frac{k_2[\mathrm{S}][\mathrm{E}]_0}{[\mathrm{S}] + K_\mathrm{m}\left(1 + \dfrac{[\mathrm{I}]}{K_\mathrm{I}}\right)}$$

$$R \approx \frac{k_2[\mathrm{S}]_0[\mathrm{E}]_0}{[\mathrm{S}]_0 + K_\mathrm{m}\left(1 + \dfrac{[\mathrm{I}]}{K_\mathrm{I}}\right)} \tag{36·66}$$

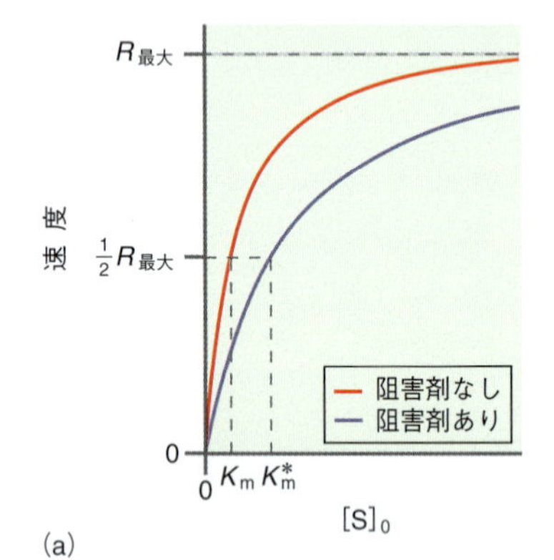

(a)

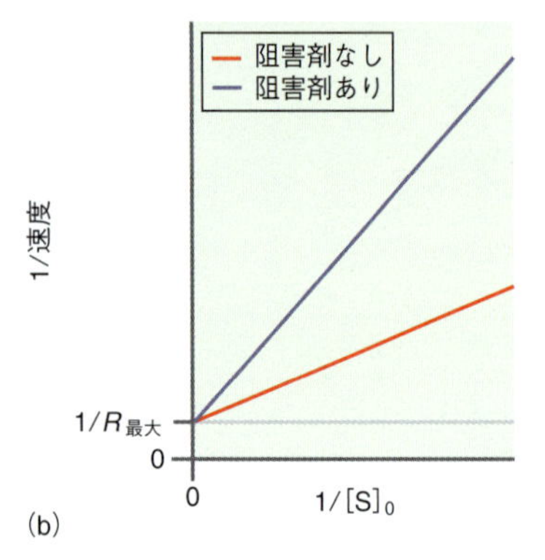

(b)

図 36·8　競合阻害剤がある場合とない場合で，酵素反応の速度を比較したグラフ．(a) 基質の初濃度に対する速度のプロット．K_m と K_m^* の位置を示してある．(b) 逆数プロット ($1/R$ 対 $1/[\mathrm{S}]_0$)．競合阻害剤があってもなくても $1/R_{最大}$ は同じである．

この式では，[ES], [P] ≪ [S] という仮定を使ったから $[\mathrm{S}] \approx [\mathrm{S}]_0$ であり，阻害のない場合の触媒作用の扱いと同じである．(36·66) 式を阻害のない場合の (36·54) 式と比較すれば，競合阻害では新しい見かけのミカエリス定数をつぎのように定義することができる．

$$K_\mathrm{m}^* = K_\mathrm{m}\left(1 + \frac{[\mathrm{I}]}{K_\mathrm{I}}\right) \tag{36·67}$$

ここで，阻害剤がないとき ([I] = 0) は K_m^* は K_m になることに注意しよう．次に，(36·55) 式で定義した最大速度を使えば，競合阻害の場合の反応速度は，

$$R_0 \approx \frac{R_{最大}[\mathrm{S}]_0}{[\mathrm{S}]_0 + K_\mathrm{m}^*} \tag{36·68}$$

と書ける．阻害剤が存在すれば $K_\mathrm{m}^* > K_\mathrm{m}$ であるから，最大速度の半分に到達するには，阻害がない場合に比べて多量の基質が必要である．阻害の効果を見るには，つぎのかたちのラインウィーバー–バークのプロットを使うこともできる．

$$\frac{1}{R_0} = \frac{1}{R_{最大}} + \frac{K_\mathrm{m}^*}{R_{最大}}\frac{1}{[\mathrm{S}]_0} \tag{36·69}$$

$K_\mathrm{m}^* > K_\mathrm{m}$ であるから，ラインウィーバー–バークのプロットの勾配は，阻害剤がある方が阻害剤のない場合より大きい．図 36·8 は，この効果を示したものである．

競合阻害は薬剤設計に利用され，いろいろな抗ウィルス薬や抗菌薬，抗腫瘍薬が開発されてきた．薬剤の多くは，ウィルスやバクテリア，あるいは細胞の複製に必要な酵素に対して競合阻害剤として働く分子である．たとえば，スルファニルアミド (図 36·9) は強力な抗菌薬である．この化合物は，葉酸の生成に参加する酵素ジヒドロプテロイン酸シンターゼの基質，p-アミノ安息香酸と似ている．そこで，スルファニルアミドが存在すると，バクテリアの中にあるこの酵素は葉

酸を生成できなくなり，バクテリアは死滅する．一方，ヒトはこの酵素をもたず，ほかの供給源から葉酸を得ている．したがって，スルファニルアミドに毒性はない．

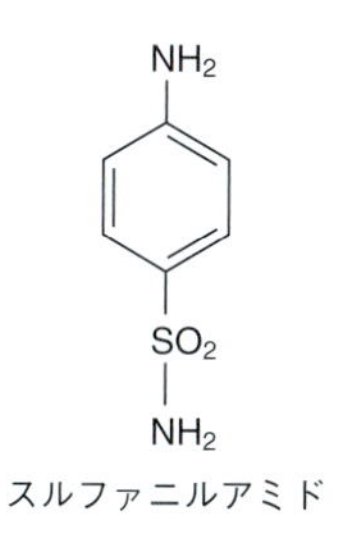

スルファニルアミド

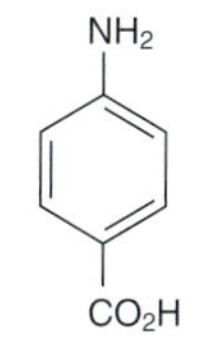

p-アミノ安息香酸

図 36・9　酵素ジヒドロプテロイン酸シンターゼの競合阻害剤であり，抗菌作用を示す薬剤スルファニルアミドと，本来の活性基質である p-アミノ安息香酸の構造の比較．官能基が $-CO_2H$ から $-SO_2NH_2$ に変わると，バクテリアはスルファニルアミドを使って葉酸を合成することはできないから，そのうち死滅する．

36・4・5　均一系触媒作用と不均一系触媒作用

均一系触媒[1]は反応に関与する化学種と同じ相に存在し，**不均一系触媒**[2]は異なる相に存在する触媒である．酵素は均一系触媒の一例であり，溶液中にあって，溶液中で起こる反応を触媒する．気相触媒作用の有名な例は，塩素原子の触媒作用による成層圏のオゾン破壊である．1970 年代の中頃に，F. Sherwood Rowland と Mario Molina は，つぎの機構によって Cl 原子が触媒として作用し，成層圏のオゾンを分解すると提案した．

$$\mathrm{Cl} + \mathrm{O_3} \xrightarrow{k_1} \mathrm{ClO} + \mathrm{O_2} \tag{36・70}$$

$$\mathrm{ClO} + \mathrm{O} \xrightarrow{k_2} \mathrm{Cl} + \mathrm{O_2} \tag{36・71}$$

$$\mathrm{O_3} + \mathrm{O} \longrightarrow 2\mathrm{O_2} \tag{36・72}$$

この機構では，Cl はオゾンと反応して一酸化塩素（ClO）と酸素分子を生成する．その ClO は主として O_3 の光分解でできた酸素原子と 2 番目の反応を起こし，Cl が生成して元に戻され，生成物として O_2 が生成する．正味の反応として，O_3 と O から $2O_2$ が生成される．この正味の反応を見れば，Cl は消費されていないのがわかる．

Cl の触媒効率を求めるには，速度論を調べる標準的な方法がいろいろ使える．触媒がないときの (36・72) 式の反応について実験で求めた速度式は，

$$R_{\text{触媒なし}} = k_{\text{触媒なし}}[\mathrm{O}][\mathrm{O_3}] \tag{36・73}$$

である．この反応が起こる成層圏の温度は約 220 K であり，この温度では $k_{\text{触媒なし}} = 3.30 \times 10^5\ \mathrm{M^{-1}\,s^{-1}}$ である．Cl で触媒されたオゾンの分解では，この温度における速度定数は $k_1 = 1.56 \times 10^{10}\ \mathrm{M^{-1}\,s^{-1}}$，$k_2 = 2.44 \times 10^{10}\ \mathrm{M^{-1}\,s^{-1}}$ である．これらの速度を使って全反応の速度を求めるには，触媒機構の速度式を求めなければならない．この機構では Cl も ClO も中間体である．そこで，定常状態の近似を適用すれば，これら中間体の濃度は一定とおける．また，

$$[\mathrm{Cl}]_{\text{全}} = [\mathrm{Cl}] + [\mathrm{ClO}] \tag{36・74}$$

である．$[\mathrm{Cl}]_{\text{全}}$ は反応中間体の濃度の和である．この式があれば，速度式を導くときに役に立つ．まず，[Cl] の微分形速度式を求めるのに定常状態の近似を使えば，つぎのようになる．

$$\frac{\mathrm{d}[\mathrm{Cl}]}{\mathrm{d}t} = 0 = -k_1[\mathrm{Cl}][\mathrm{O_3}] + k_2[\mathrm{ClO}][\mathrm{O}]$$

$$k_1[\mathrm{Cl}][\mathrm{O_3}] = k_2[\mathrm{ClO}][\mathrm{O}]$$

$$\frac{k_1[\mathrm{Cl}][\mathrm{O_3}]}{k_2[\mathrm{O}]} = [\mathrm{ClO}] \tag{36・75}$$

この式を (36・74) 式に代入すれば，[Cl] についてつぎの式が得られる．

1) homogeneous catalyst　2) heterogeneous catalyst

$$[\mathrm{Cl}] = \frac{k_2[\mathrm{Cl}]_{全}[\mathrm{O}]}{k_1[\mathrm{O_3}] + k_2[\mathrm{O}]} \tag{36·76}$$

この式を使えば，この触媒機構の速度式はつぎのように求められる．

$$R_{触媒} = -\frac{\mathrm{d}[\mathrm{O_3}]}{\mathrm{d}t} = k_1[\mathrm{Cl}][\mathrm{O_3}] = \frac{k_1k_2[\mathrm{Cl}]_{全}[\mathrm{O}][\mathrm{O_3}]}{k_1[\mathrm{O_3}] + k_2[\mathrm{O}]} \tag{36·77}$$

ところで，成層圏の組成は $[\mathrm{O_3}] \gg [\mathrm{O}]$ である．上で示した k_1 と k_2 の値から考えれば，(36·77)式の分母にある $k_2[\mathrm{O}]$ の項は無視でき，この触媒反応の速度式は，

$$R_{触媒} = k_2[\mathrm{Cl}]_{全}[\mathrm{O}] \tag{36·78}$$

となる．触媒ありの反応速度の触媒なしの場合に対する比は，

$$\frac{R_{触媒}}{R_{触媒なし}} = \frac{k_2[\mathrm{Cl}]_{全}}{k_{触媒なし}[\mathrm{O_3}]} \tag{36·79}$$

である．成層圏の $[\mathrm{O_3}]$ は $[\mathrm{Cl}]_{全}$ の約 10^3 倍もあることから，この式は，

$$\frac{R_{触媒}}{R_{触媒なし}} = \frac{k_2}{k_{触媒なし}} \times 10^{-3} = \frac{2.44 \times 10^{10}\ \mathrm{M^{-1}\,s^{-1}}}{3.30 \times 10^{5}\ \mathrm{M^{-1}\,s^{-1}}} \times 10^{-3} \approx 74$$

となる．したがって，Cl の仲介による触媒作用によって O_3 が減少する速度は，O_3 と O が 2 分子反応で直接反応するより約 2 桁も速い．

成層圏の Cl はどこから来たものだろうか．Rowland と Molina によれば，Cl のおもな起源は人間の活動に起因する化合物にあり，その当時，冷媒として一般に使用されていた $CFCl_3$ や CF_2Cl_2 などのクロロフルオロカーボンの光分解によるとされた．これらの分子はきわめて安定であり，大気中に放出されても対流圏を越えて成層圏まで容易にそのままのかたちで運ばれる．いったん成層圏に達すると，これらの分子は十分なエネルギーをもったフォトンを吸収できるから，自らの C−Cl 結合を解離して Cl を生成するのである．この提案が契機となり，成層圏でのオゾン破壊について詳しく理解しようという気運が高まり，クロロフルオロカーボンの工業的な使用を削減するというモントリオール議定書に多数の国が合意したのである．

不均一系触媒は，工業化学できわめて重要である．工業的な触媒の大半は固体である．たとえば，N_2 と H_2 を反応物として NH_3 を合成する反応は Fe を使って触媒される．この反応では反応物も生成物も気相にあるが，触媒は固体であるから不均一系触媒作用の一例である．固体触媒が関与する反応で重要な段階は，その固体表面に一つ以上の反応物が吸着する段階である．まず，分子は固体表面と結合することなく吸着すると仮定する．この過程を**物理吸着**[1]という．遊離の化学種と表面に吸着した化学種，つまり吸着質との間には動的な平衡が成り立っているから，触媒表面を覆う反応物の圧力の関数として平衡を調べれば，表面での吸着と脱着の速度論に関する情報が得られる．表面吸着の状況を表す重要なパラメーターとして**被覆率**[2] θ があり，それはつぎのように定義される．

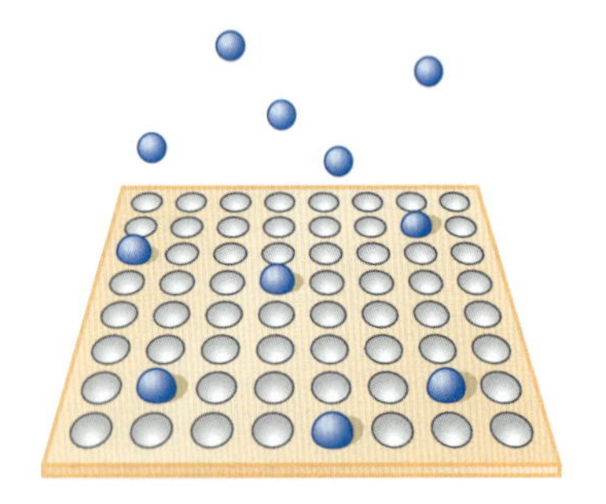

図 36·10　被覆率 θ を表す図．表面（オレンジ色の平行四辺形）には吸着サイト（白色の穴）が整然と並んでいる．反応物（紫色の球）については，遊離のものと吸着質の間に平衡が存在している．被覆率は，占有された吸着サイトの数を表面にある吸着サイトの総数で割ったものである．

$$\theta = \frac{占有された吸着サイトの数}{吸着サイトの総数}$$

図 36·10 には，表面に吸着サイトが整然と並んでいる状況を表している．反応物

1) physisorption　2) fractional coverage

分子 (紫色の球) は，気相または吸着サイトのどれかに存在している．被覆率は，吸着サイトのうち占有されたものの割合である．

被覆率は，$\theta = V_{吸着}/V_{\mathrm{m}}$ と定義することもできる．$V_{吸着}$ はある圧力で吸着質が占める体積であり，V_{m} は高圧極限での吸着質の体積である．V_{m} は，単分子膜として完全に覆われたときの被覆率 (単分子被覆率) 1 に相当している．

吸着について調べるには，ある温度における反応物気体の圧力の関数として吸着の度合い，つまり θ を測定する必要がある．一定温度での θ の圧力変化を**吸着等温線**[†3]という．吸着過程を表す最も単純な速度論モデルは**ラングミュアのモデル**[1)]である．このモデルでは，つぎの機構で吸着を表す．

$$\mathrm{R(g)} + \mathrm{M}(表面) \underset{k_{脱着}}{\overset{k_{吸着}}{\rightleftharpoons}} \mathrm{RM}(表面) \tag{36・80}$$

R は反応物，M (表面) は触媒表面にある占有されていない吸着サイト，RM (表面) はすでに占有されている吸着サイトである．また，$k_{吸着}$ は吸着の速度定数，$k_{脱着}$ は脱着の速度定数である．ラングミュアのモデルではつぎの三つの近似を使う．

1. 吸着は単分子被覆率で完了する．
2. 吸着サイトはすべて等価であり，表面は均一である．
3. 吸着過程や脱着過程は協同的に起こらない．すなわち，ある吸着サイトの占有状態が，隣接サイトの吸着や脱着の確率に影響を及ぼすことはない．

これらの近似を使えば，θ の変化速度はつぎのように，吸着の速度定数 $k_{吸着}$ と反応物の圧力 P，空の吸着サイトの数 $N(1-\theta)$ の積で表される．N は吸着サイトの総数，$(1-\theta)$ は空の吸着サイトの割合である．

$$\left(\frac{\mathrm{d}\theta}{\mathrm{d}t}\right)_{吸着} = k_{吸着}PN(1-\theta) \tag{36・81}$$

一方，脱着による θ の変化速度は，脱着の速度定数 $k_{脱着}$ と占有された吸着サイトの数 $N\theta$ でつぎのように表される．

$$\left(\frac{\mathrm{d}\theta}{\mathrm{d}t}\right)_{脱着} = -k_{脱着}N\theta \tag{36・82}$$

平衡では，被覆率の時間変化は 0 であるから，

$$\frac{\mathrm{d}\theta}{\mathrm{d}t} = 0 = k_{吸着}PN(1-\theta) - k_{脱着}N\theta$$

$$(k_{吸着}PN + k_{脱着}N)\theta = k_{吸着}PN$$

$$\theta = \frac{k_{吸着}P}{k_{吸着}P + k_{脱着}}$$

$$\theta = \frac{KP}{KP+1} \tag{36・83}$$

と書ける．K は平衡定数であり，$k_{吸着}/k_{脱着}$ に等しい．(36・83) 式を**ラングミュアの吸着等温式**[2)]という．図 36・11 は，$k_{吸着}/k_{脱着}$ の値を変えてラングミュアの

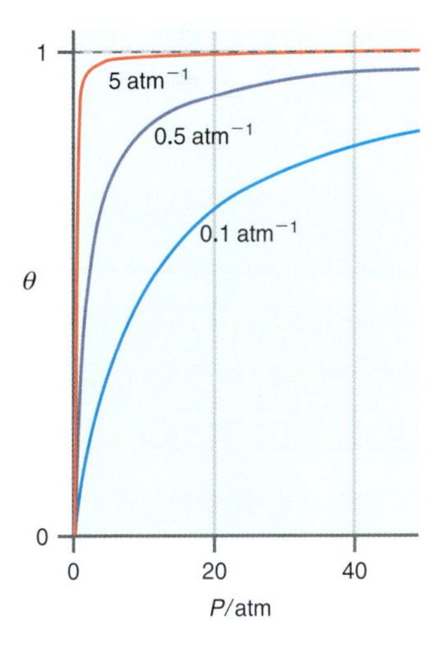

図 36・11　ラングミュアの吸着等温線．$k_{吸着}/k_{脱着}$ の値を変えて表してある．

---

†3　adsorption isotherm．訳注：吸着等温式を表すこともある．
1) Langmuir model　2) Langmuir adsorption isotherm

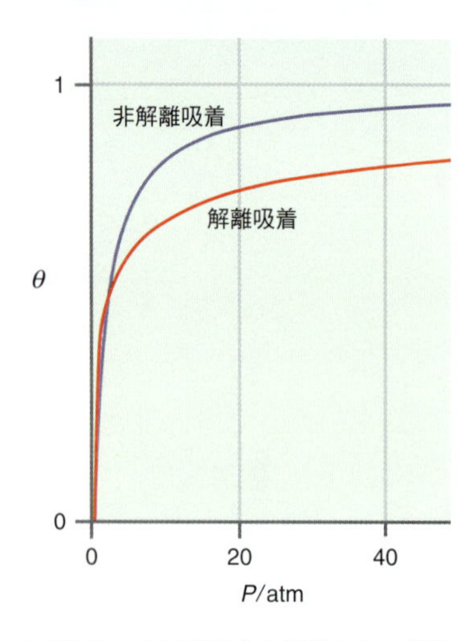

図 36・12　非解離吸着と解離吸着の機構で得られるラングミュアの吸着等温線の比較．$k_{吸着}/k_{脱着} = 0.5\ \mathrm{atm}^{-1}$ としてある．

吸着等温線を表したものである．脱着の速度定数が吸着より大きいほど，$\theta=1$ に接近するには，もっと圧力が高くなければならないのがわかる．これは，吸着と脱着の競合を考えれば理解できるだろう．低圧 ($KP \ll 1$) では $\theta=KP$ であるから，被覆率は圧力に対し直線的に増加する．一方，高圧 ($KP \gg 1$) では $\theta=1$ となり，このとき表面は吸着質で飽和している．

多くの場合，吸着質が解離して吸着が起こる．この過程を**化学吸着**[1]という．それは，つぎの機構で表される．

$$\mathrm{R_2(g)} + \mathrm{2M(表面)} \underset{k_{脱着}}{\overset{k_{吸着}}{\rightleftharpoons}} \mathrm{2RM(表面)}$$

この機構を速度論で解析すれば（章末問題を見よ），θ はつぎの式で表される．

$$\theta = \frac{(KP)^{1/2}}{1+(KP)^{1/2}} \tag{36・84}$$

この式をよく見れば，物理吸着の場合に比べて，表面の被覆率の圧力依存が弱いことがわかる．図 36・12 では，同じ $k_{吸着}/k_{脱着}$ の値で，非解離機構と解離機構を使って予測される等温線を比較してある．また，温度を変えてラングミュアの吸着等温線をいろいろ測定すれば，T の関数として K を求めることができる．その情報から，$\ln K$ 対 $1/T$ のファントホッフのプロットをすれば，勾配が $-\Delta_{吸着}H/R$ の直線が得られるはずである．この解析によって吸着エンタルピー $\Delta_{吸着}H$ を求めることができる．

ラングミュアのモデルで使った仮定は，実際の不均一系ではあまり成り立たない．まず，表面は一般にさほど均一でなく，2 種以上のタイプの吸着サイトが存在している．第二に，吸着や脱着の速度は，隣接する吸着サイトの占有状態に依存する場合がある．さらに，吸着分子は表面を拡散してから吸着の速度論に応じて吸着することがわかってきた．その機構は，ラングミュアのモデルよりずっと複雑なものである．

例題 36・2

Kr の 193.5 K での活性炭への吸着について，つぎのデータが得られた．ラングミュアのモデルを使って吸着等温線を描き，V_m と 吸着/脱着 の平衡定数を求めよ．

$V_{吸着}/\mathrm{cm^3\,g^{-1}}$	P/Torr
5.98	2.45
7.76	3.5
10.1	5.2
12.35	7.2
16.45	11.2
18.05	12.8
19.72	14.6
21.1	16.1

解答

被覆率は，実験で測定した $V_{吸着}$ と関係がある．吸着等温線は，$V_{吸着}$ を P に対してプロットすれば得られる．それを，(36・83)式で予測される振舞いと比較すればよい．その図をここに示す．

1）chemisorption

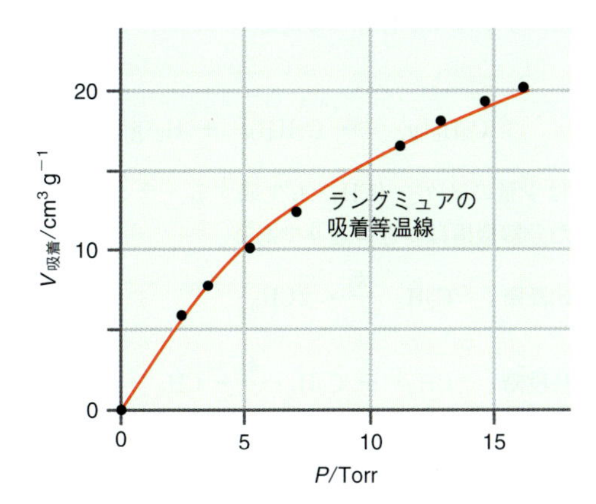

得られた吸着等温線を(36・83)式と比較すれば，活性炭への Kr の吸着を表すのにラングミュアのモデルが妥当であることがわかる．しかし，このままでは V_m などのパラメーターがわからないから，ラングミュアのパラメーターを求めるのは難しい．(36・83)式の逆数をとって，つぎの式のプロットを使えばこれは比較的簡単に得られる．

$$\frac{1}{V_{吸着}} = \left(\frac{1}{KV_m}\right)\frac{1}{P} + \frac{1}{V_m}$$

この式によれば，P^{-1} に対して $V_{吸着}^{-1}$ をプロットすれば直線が得られるはずで，その勾配は $(KV_m)^{-1}$，y 切片は V_m^{-1} である．この逆数プロットのデータに合わせた最適直線をつぎの図に示す．

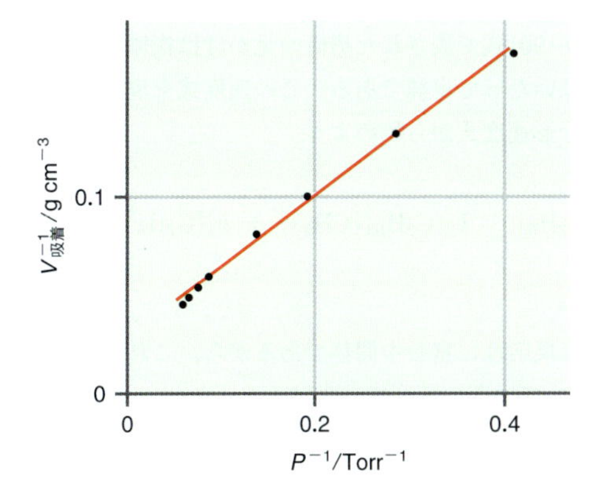

この直線の y 切片は 0.0293 g cm^{-3} であるから，$V_m = 34.1$ cm^3 g^{-1} である．また，この直線の勾配は 0.3449 Torr g cm^{-3} である．この y 切片から求めた V_m を使えば，K は 8.38×10^{-2} Torr^{-1} となる．

36・5 ラジカル連鎖反応

ラジカル[1]は不対電子をもつ化学種である．不対電子のおかげで，ラジカルはきわめて反応性に富む．1934 年，ライスとヘルツフェルトは，多くの有機反応の速度論的な振舞いは，その反応機構にラジカルが存在すると考えるのが妥当と

1) radical

いう見解を示した．ラジカルが仲介する反応の一例は，つぎのエタンの熱分解である．

$$C_2H_6(g) \longrightarrow C_2H_4(g) + H_2(g) \qquad (36\cdot85)$$

この分解反応では少量のメタン（CH_4）も生成する．ライスとヘルツフェルトによって提案された分解機構はつぎの通りである．

$$\text{開始段階} \quad C_2H_6 \xrightarrow{k_1} 2CH_3\cdot \qquad (36\cdot86)$$

$$\text{成長段階} \quad CH_3\cdot + C_2H_6 \xrightarrow{k_2} CH_4 + C_2H_5\cdot \qquad (36\cdot87)$$

$$C_2H_5\cdot \xrightarrow{k_3} C_2H_4 + H\cdot \qquad (36\cdot88)$$

$$H\cdot + C_2H_6 \xrightarrow{k_4} C_2H_5\cdot + H_2 \qquad (36\cdot89)$$

$$\text{停止段階} \quad H\cdot + C_2H_5\cdot \xrightarrow{k_5} C_2H_6 \qquad (36\cdot90)$$

この節では，化学式に点（·）を付けることで，その化学種がラジカルであることを表すことにする．この機構の最初の素過程はメチルラジカルができるもので，これを**開始段階**[1]という（36·86 式）．開始段階では，前駆物質となる化学種からラジカルができる．この機構の次の 3 段階（36·87 式から 36·89 式まで）は**成長段階**[2]である．ここでは，ラジカルが別の化学種と反応して生成物としてラジカルとラジカルでない化学種ができ，そのラジカルは次の反応にひき続き参加する．この機構の最終段階は**停止段階**[3]である．ここでは，2 個のラジカルが結合してラジカルでない化学種を生成する．

(36·86)式～(36·90)式で表された機構の見かけは複雑であるが，この機構で予測される速度式はいたって単純である．この速度式を導くために，エタンの消費を表すつぎの微分形速度式から始めよう．

$$-\frac{d[C_2H_6]}{dt} = k_1[C_2H_6] + k_2[C_2H_6][CH_3\cdot] + k_4[C_2H_6][H\cdot] - k_5[C_2H_5\cdot][H\cdot] \qquad (36\cdot91)$$

メチルラジカルは反応性に富む中間体であるから，これには定常状態の近似が使え，$[CH_3\cdot]$ についてつぎの速度式が書ける．

$$\frac{d[CH_3\cdot]}{dt} = 0 = 2k_1[C_2H_6] - k_2[C_2H_6][CH_3\cdot] \qquad (36\cdot92)$$

$$[CH_3\cdot] = \frac{2k_1}{k_2} \qquad (36\cdot93)$$

(36·92)式にある因子 2 は，35 章で説明したように，反応速度と $CH_3\cdot$ の出現速度の量論関係によるものである．次に，反応中間体であるエチルラジカルと水素原子の微分形速度式にも定常状態の近似を適用する．そこで，

$$\frac{d[C_2H_5\cdot]}{dt} = 0 = k_2[CH_3\cdot][C_2H_6] - k_3[C_2H_5\cdot] + k_4[C_2H_6][H\cdot] - k_5[C_2H_5\cdot][H\cdot] \qquad (36\cdot94)$$

---

1) initiation step　2) propagation step　3) termination step

$$\frac{d[H\cdot]}{dt} = 0 = k_3[C_2H_5\cdot] - k_4[C_2H_6][H\cdot] - k_5[C_2H_5\cdot][H\cdot] \tag{36・95}$$

となる．(36・94)式と (36・95)式，(36・92)式を加えれば，[H・] についてつぎの式が得られる．

$$0 = 2k_1[C_2H_6] - 2k_5[C_2H_5\cdot][H\cdot]$$

$$[H\cdot] = \frac{k_1[C_2H_6]}{k_5[C_2H_5\cdot]} \tag{36・96}$$

これを (36・95)式に代入すれば，

$$0 = k_3[C_2H_5\cdot] - k_4[C_2H_6]\left(\frac{k_1[C_2H_6]}{k_5[C_2H_5\cdot]}\right) - k_5[C_2H_5\cdot]\left(\frac{k_1[C_2H_6]}{k_5[C_2H_5\cdot]}\right)$$

$$0 = k_3[C_2H_5\cdot] - \frac{k_4k_1[C_2H_6]^2}{k_5[C_2H_5\cdot]} - k_1[C_2H_6]$$

$$0 = [C_2H_5\cdot]^2 - \frac{k_4k_1[C_2H_6]^2}{k_5k_3} - \frac{k_1}{k_3}[C_2H_6][C_2H_5\cdot] \tag{36・97}$$

となる．最後の式は，$[C_2H_5\cdot]$ の 2 次方程式であるから，その解は，

$$[C_2H_5\cdot] = [C_2H_6]\left[\frac{k_1}{2k_3} + \left(\left(\frac{k_1}{2k_3}\right)^2 + \left(\frac{k_1k_4}{k_3k_5}\right)\right)^{1/2}\right] \tag{36・98}$$

で与えられる．実験によれば，開始段階の速度定数 k_1 は小さいから，(36・98)式の最低次の項だけを残して，

$$[C_2H_5\cdot] = \left(\frac{k_1k_4}{k_3k_5}\right)^{1/2}[C_2H_6] \tag{36・99}$$

とできる．この式から，(36・96)式の [H・] は，

$$[H\cdot] = \frac{k_1[C_2H_6]}{k_5[C_2H_5\cdot]} = \frac{k_1}{k_5}\left(\frac{k_3k_5}{k_1k_4}\right)^{1/2} = \left(\frac{k_1k_3}{k_4k_5}\right)^{1/2} \tag{36・100}$$

となる．これで [H・] と $[C_2H_5\cdot]$ を表す式が求まったから，エタンの消費を表す微分形速度式 (36・91 式) は，

$$-\frac{d[C_2H_6]}{dt} = \left(k_2[CH_3\cdot] + \left(\frac{k_1k_3k_4}{k_5}\right)^{1/2}\right)[C_2H_6] \tag{36・101}$$

となる．最後に，(36・93)式の $[CH_3\cdot]$ を表す式を使って，k_1 の高次の項を無視すれば，$[C_2H_6]$ を表す微分形速度式は最終的に，

$$-\frac{d[C_2H_6]}{dt} = \left(\frac{k_1k_3k_4}{k_5}\right)^{1/2}[C_2H_6] \tag{36・102}$$

となる．この式によれば，エタンの減衰はエタンについて 1 次であると予測され，これは実験結果と合っている．この結果の見事なところは，非常に複雑な機構から比較的単純な速度式が導けたことである．一般に，最も複雑なライス−ヘルツフェルトのラジカル反応でも，その機構に現れる反応次数は 1/2，1，3/2，2 のどれかでしかない．

例題 36・3

メタンと塩素分子のつぎの反応を考えよう．

$$CH_4(g) + Cl_2(g) \longrightarrow CH_3Cl(g) + HCl(g)$$

実験研究によれば，この反応の速度式は Cl_2 について 1/2 次である．つぎの機構はこの振舞いと合っているか．

$$Cl_2 \xrightarrow{k_1} 2Cl\cdot$$

$$Cl\cdot + CH_4 \xrightarrow{k_2} HCl + CH_3\cdot$$

$$CH_3\cdot + Cl_2 \xrightarrow{k_3} CH_3Cl + Cl\cdot$$

$$Cl\cdot + Cl\cdot \xrightarrow{k_4} Cl_2$$

解答

生成物 HCl の反応速度は，

$$R = \frac{d[HCl]}{dt} = k_2[Cl\cdot][CH_4]$$

で与えられる．Cl· は反応中間体であるから，最終的な速度式には現れず，[Cl·] は $[CH_4]$ と $[Cl_2]$ で表されるはずである．[Cl·] と $[CH_3\cdot]$ の微分形速度式は，

$$\frac{d[Cl\cdot]}{dt} = 2k_1[Cl_2] - k_2[Cl\cdot][CH_4] + k_3[CH_3\cdot][Cl_2] - 2k_4[Cl\cdot]^2$$

$$\frac{d[CH_3\cdot]}{dt} = k_2[Cl\cdot][CH_4] - k_3[CH_3\cdot][Cl_2]$$

で表される．$[CH_3\cdot]$ の式に定常状態の近似を適用すれば，

$$[CH_3\cdot] = \frac{k_2[Cl\cdot][CH_4]}{k_3[Cl_2]}$$

となる．次に，この $[CH_3\cdot]$ を [Cl·] の微分形速度式に代入して，定常状態の近似を適用すれば，

$$0 = 2k_1[Cl_2] - k_2[Cl\cdot][CH_4] + k_3[CH_3\cdot][Cl_2] - 2k_4[Cl\cdot]^2$$

$$0 = 2k_1[Cl_2] - k_2[Cl\cdot][CH_4] + k_3\left(\frac{k_2[Cl\cdot][CH_4]}{k_3[Cl_2]}\right)[Cl_2] - 2k_4[Cl\cdot]^2$$

$$0 = 2k_1[Cl_2] - 2k_4[Cl\cdot]^2$$

$$[Cl\cdot] = \left(\frac{k_1}{k_4}[Cl_2]\right)^{1/2}$$

となる．この結果から，予測される速度式は，

$$R = k_2[Cl\cdot][CH_4] = k_2\left(\frac{k_1}{k_4}\right)^{1/2}[CH_4][Cl_2]^{1/2}$$

となる．この機構は，$[Cl_2]$ について 1/2 次という実験結果と合っている．

36・6 ラジカル連鎖重合

ラジカル反応の中で非常に重要なものに**ラジカル重合反応**[1]がある．この過程では，単量体（モノマー）がラジカル開始剤との反応で活性化されて，単量体ラジカルができる．次に，その単量体ラジカルが別の単量体と反応してラジカル二量体ができる．このラジカル二量体は別の単量体と反応してという具合に，この過程は連続して起こり**高分子鎖**[2]ができる．連鎖重合の機構はつぎの通りである．まず，つぎの開始段階で活性単量体ができる．

$$\mathrm{I} \xrightarrow{k_{\text{開始}}} 2\mathrm{R}\cdot \tag{36・103}$$

$$\mathrm{R}\cdot + \mathrm{M} \xrightarrow{k_1} \mathrm{M}_1\cdot \tag{36・104}$$

この段階では，重合開始剤Iがラジカル R・となり，それが単量体と反応して活性単量体 $\mathrm{M}_1\cdot$ が形成される．次は成長段階であり，活性単量体が別の単量体と反応して活性二量体が形成され，この二量体はつぎのように次々と反応を起こす．

$$\mathrm{M}_1\cdot + \mathrm{M} \xrightarrow{k_{\text{成長}}} \mathrm{M}_2\cdot \tag{36・105}$$

$$\mathrm{M}_2\cdot + \mathrm{M} \xrightarrow{k_{\text{成長}}} \mathrm{M}_3\cdot \tag{36・106}$$

$$\mathrm{M}_{n-1}\cdot + \mathrm{M} \xrightarrow{k_{\text{成長}}} \mathrm{M}_n\cdot \tag{36・107}$$

下付きの数字は，高分子鎖にある単量体の数を示している．また，成長の速度定数 $k_{\text{成長}}$ は高分子鎖の長さには無関係としている．この機構の最終段階は停止段階であり，二つのラジカル鎖がつぎのように反応を起こす．

$$\mathrm{M}_m\cdot + \mathrm{M}_n\cdot \xrightarrow{k_{\text{停止}}} \mathrm{M}_{m+n} \tag{36・108}$$

活性単量体の生成速度は，ラジカル（R・）の生成速度とつぎの関係がある．

$$\left(\frac{\mathrm{d}[\mathrm{M}\cdot]}{\mathrm{d}t}\right)_{\text{生成}} = 2\phi k_{\text{開始}}[\mathrm{I}] \tag{36・109}$$

ϕ は，重合開始剤で生成されたラジカル（R・）がラジカル鎖をつくる確率を表している．活性単量体が結合すれば重合が停止するから（36・108 式），活性単量体の消費速度は停止段階の反応速度に等しい．すなわち，

$$\left(\frac{\mathrm{d}[\mathrm{M}\cdot]}{\mathrm{d}t}\right)_{\text{消費}} = -2k_{\text{停止}}[\mathrm{M}\cdot]^2 \tag{36・110}$$

である．正味の [M・] を表す微分形速度式は，(36・109)式と (36・110)式の和で与えられる．そこで，

$$\frac{\mathrm{d}[\mathrm{M}\cdot]}{\mathrm{d}t} = 2\phi k_{\text{開始}}[\mathrm{I}] - 2k_{\text{停止}}[\mathrm{M}\cdot]^2 \tag{36・111}$$

である．M・ は中間体であるから，(36・111)式に定常状態の近似を使えば，

$$[\mathrm{M}\cdot] = \left(\frac{\phi k_{\text{開始}}}{k_{\text{停止}}}\right)^{1/2}[\mathrm{I}]^{1/2} \tag{36・112}$$

1) radical polymerization reaction　2) polymer chain

である．最後に，単量体の消費は主として成長段階で起こるから，[M] の微分形速度式は，

$$\frac{d[M]}{dt} = -k_{成長}[M\cdot][M] = -k_{成長}\left(\frac{\phi k_{開始}}{k_{停止}}\right)^{1/2}[I]^{1/2}[M] \quad (36\cdot113)$$

となる．この式によれば，単量体の消費速度は全体で 3/2 次で，重合開始剤の濃度について 1/2 次，単量体の濃度について 1 次である．

重合の効率を表す目安の一つに動力学的鎖長 ν がある．これは，生成した活性中心の単量体 1 個当たり，高分子鎖に加わる単量体の平均数で定義される．この ν は，単量体の単位の消費速度を活性単量体の生成速度で割ったものと定義しても同じである．すなわち，

$$\nu = \frac{k_{成長}[M\cdot][M]}{2\phi k_{開始}[I]} = \frac{k_{成長}[M\cdot][M]}{2k_{停止}[M\cdot]^2} = \frac{k_{成長}[M]}{2k_{停止}[M\cdot]} \quad (36\cdot114)$$

である．この式に (36・112) 式を代入すれば，動力学的鎖長を表すつぎの式が得られる．

$$\nu = \frac{k_{成長}[M]}{2k_{停止}\left(\frac{\phi k_{開始}}{k_{停止}}\right)^{1/2}[I]^{1/2}} = \frac{k_{成長}[M]}{2(\phi k_{開始}k_{停止})^{1/2}[I]^{1/2}} \quad (36\cdot115)$$

この式によれば，開始段階や停止段階の速度定数，あるいは重合開始剤の濃度が減少すれば動力学的鎖長は増加すると予測される．したがって，重合反応ではふつう開始剤濃度を最小限にして，活性単量体の数を少なくしておく．

36・7 爆　発

反応中に大量の熱が放出される極端な発熱反応について考えよう．この反応は，ある初速度で始まるが，反応で放出された熱が放散しなければ，系の温度は上昇し，反応速度はますます増加する．この過程の結末は熱爆発である．第二のタイプの爆発には分岐反応が関わっている．前節では，ラジカル中間体の化学種の濃度を求めるのに定常状態の近似を使った．しかしながら，ラジカル中間体の濃度が時間変化して，一定でなければどうなるだろうか．このとき二つの極限が考えられる．時間とともにラジカル中間体の濃度が急速に減少するか，それとも急速に増加するかである．もし，ラジカル中間体の濃度が時間とともに減少すれば，反応は停止することになる．ラジカル中間体の濃度が時間とともに急速に増加すればどうなるだろうか．これまで考察した機構から考えれば，ラジカル中間体の濃度が増加するとラジカル種はもっと生成するだろう．この場合は，ラジカル鎖の数は時間とともに指数関数的に増加し，爆発を起こすことになる．

初等化学では，水素と酸素を入れた風船に点火する演示実験がよくある．もし，二つの気体が適当な量論比で入っていれば，風船に点火したとき大きな音とともに爆発が起こり，大半の生徒は驚くことになる．この反応は，

$$2H_2(g) + O_2(g) \longrightarrow 2H_2O(g) \quad (36\cdot116)$$

である．この反応の見かけは単純であるが，その反応機構は完全にはまだ解明されていない．この反応の仕組みを理解するうえで重要な要素となる段階は，

$$H_2 + O_2 \longrightarrow 2OH\cdot \qquad (36\cdot117)$$

$$H_2 + OH\cdot \longrightarrow H\cdot + H_2O \qquad (36\cdot118)$$

$$H\cdot + O_2 \longrightarrow OH\cdot + \cdot O\cdot \qquad (36\cdot119)$$

$$\cdot O\cdot + H_2 \longrightarrow OH\cdot + H\cdot \qquad (36\cdot120)$$

$$H\cdot + O_2 + M \longrightarrow HO_2\cdot + M^* \qquad (36\cdot121)$$

である．この機構の最初の段階 (36・117) 式は開始段階であり，2 個のヒドロキシルラジカル ($OH\cdot$) が生成する．このラジカルは第 2 段階 (36・118) 式の成長段階で伝搬する．第 3 段階 (36・119) 式と第 4 段階 (36・120) 式は分岐段階であり，これらの反応を**分岐反応**[1]という．この反応によって，1 個のラジカル化学種から 2 個のラジカルが生成している．そこで，これらの分岐段階では反応性の高いラジカルの数が 2 倍に増加する．この分岐段階によって，反応性の高い化学種の濃度は時間とともに急激に増加するから，連鎖爆発が起こる．

この反応で爆発が起こるかどうかは，図 36・13 に示すように温度と圧力に依存している．まず，温度は 460 °C 以上でなければ爆発は起こらない．それ以下の温度では，いろいろなラジカル生成反応の速度が十分でないから，連鎖反応を起こせない．温度に加えて圧力も，連鎖反応を起こすには十分高くなければならない．圧力が低すぎると，生成したラジカルは容器の壁にまで拡散してしまい，そこで消滅する．このような条件では，ラジカルの生成速度と消費速度が均衡してしまうから，反応の連鎖がうまく行われず，爆発は起こらない．圧力を上昇させると最初の爆発領域に到達する．そこは，ラジカルが容器の壁に到達する前に連鎖反応に参加できる状況である．しかし，圧力をもっと増加させれば，そこは爆発が抑制される領域になる．それは，圧力が高すぎてラジカル–ラジカル反応が盛んになり，反応性の化学種の数を減少させてしまうのである．上の機構の最後の反応は，その一例である．この段階では，$H\cdot$ と O_2 が反応して，$HO_2\cdot$ が生成する．しかし，$HO_2\cdot$ は爆発反応に参加しない．この化学種の生成には三体衝突が必要であり，第三の化学種 M が過剰なエネルギーを持ち去ってしまうため，$HO_2\cdot$ ラジカルは安定になる．このような反応は，圧力が高くなければ起こらない．最後に，圧力がずっと高くなれば，もうひとつの爆発領域に到達する．これは熱爆発領域である．ここでは，熱の放散が効果的に行われないので系の温度が急速に上昇してしまい，爆発に至る．

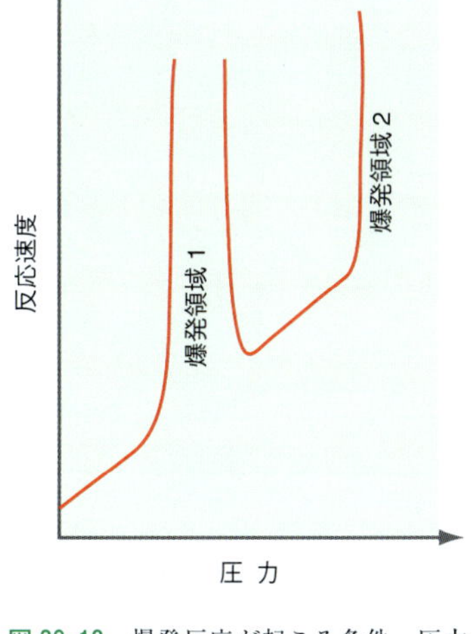

図 36・13　爆発反応が起こる条件．圧力を上昇させたとき，二つの爆発領域がある．圧力の低い側は連鎖反応によるもので，圧力の高い側は熱爆発に相当している．

爆発の起こりやすさは，ラジカル濃度にきわめて敏感に依存している．一般的な連鎖反応の様式はつぎのように表せる．

$$A + B \xrightarrow{k_{開始}} R\cdot \qquad (36\cdot122)$$

$$R\cdot \xrightarrow{k_{分岐}} \phi R\cdot + P_1 \qquad (36\cdot123)$$

$$R\cdot \xrightarrow{k_{停止}} P_2 \qquad (36\cdot124)$$

この反応の第 1 段階では，反応物 A と B が反応してラジカル $R\cdot$ が生成する．第 2 段階は分岐反応であり，生成したラジカルが反応を起こし，連鎖効率 ϕ で別のラジカルを生成する．この機構の最後は停止段階である．最後に残る化学種 P_1 と P_2 はもはや反応性のない生成物である．[R・] の微分形速度式で，この機構に

1) branching reaction

合うものは，

$$\frac{\mathrm{d}[\mathrm{R}\cdot]}{\mathrm{d}t} = k_{\text{開始}}[\mathrm{A}][\mathrm{B}] - k_{\text{分岐}}[\mathrm{R}\cdot] + \phi k_{\text{分岐}}[\mathrm{R}\cdot] - k_{\text{停止}}[\mathrm{R}\cdot]$$
$$= \Gamma + k_{\text{実効}}[\mathrm{R}\cdot] \qquad (36\cdot125)$$

である．ここでは，つぎの定義を使って表してある．

$$\Gamma = k_{\text{開始}}[\mathrm{A}][\mathrm{B}]$$
$$k_{\text{実効}} = k_{\text{分岐}}(\phi - 1) - k_{\text{停止}}$$

(36·125)式は [R·] について解くことができ，

$$[\mathrm{R}\cdot] = \frac{\Gamma}{k_{\text{実効}}}(\mathrm{e}^{k_{\text{実効}}t} - 1) \qquad (36\cdot126)$$

となる．この式によれば，[R·] は $k_{\text{実効}}$ に依存している．$k_{\text{実効}}$ については，$k_{\text{停止}}$ が $k_{\text{分岐}}(\phi-1)$ より大きいかどうかで二つの場合がありうる．$k_{\text{停止}} \gg k_{\text{分岐}}(\phi-1)$ の極限では停止段階が優勢になり，(36·126)式は，

$$\lim_{k_{\text{停止}} \gg k_{\text{分岐}}(\phi-1)} [\mathrm{R}\cdot] = \frac{\Gamma}{k_{\text{停止}}}(1 - \mathrm{e}^{-k_{\text{停止}}t}) \qquad (36\cdot127)$$

となる．この式を見ればわかるように，この極限では，$t=\infty$ におけるラジカル濃度の極限値は $\Gamma/k_{\text{停止}}$ である．この振舞いは，[R·] は分岐段階を起こすほど大きくなれないから，爆発は起こらないものと解釈できる．第二の極限は $k_{\text{分岐}}(\phi-1) \gg k_{\text{停止}}$ の場合で，このとき分岐段階が優勢である．(36·126)式はこの極限で，

$$\lim_{k_{\text{分岐}}(\phi-1) \gg k_{\text{停止}}} [\mathrm{R}\cdot] = \frac{\Gamma}{k_{\text{分岐}}(\phi-1)}(\mathrm{e}^{k_{\text{分岐}}(\phi-1)t} - 1) \qquad (36\cdot128)$$

となる．この式によれば，[R·] は時間とともに指数関数的に増加すると予測され，これが爆発に相当している．この単純な機構でもわかるように，連鎖反応で爆発をひき起こすには効率的な 成長/分岐 の過程が重要なのである．

36・8 フィードバック，非線形性，振動反応

反応速度論について考察するのにここまで扱ってきた系は主として，反応物が結びついて生成物を生成し，その反応が平衡到達まで（反応物と生成物の濃度が全体として，もはや時間変化しないという点で）進行し続けるものであった．しかし，空間的にも時間的にも濃度の周期的な変化が観測されるというタイプの反応がある．この反応を**振動反応**[1]という．振動反応は一般に開放系で起こり，その反応に反応物を供給したり，反応から生成物を取除いたりして，系が平衡に到達しないようにしている．このような条件下では，反応物や生成物，中間体の濃度は，場所によっても変化している．奇妙な反応と思うだろうが，振動反応はいろいろな生物系（細胞内エネルギー，化学走性）や化学系（燃焼，膜成長）で身近に見ることができる．すべての振動反応には，非線形性とフィードバックという二つの速度論的な特徴がある．

フィードバックの例は，爆発やラジカル化学について説明した前節でも示し

1) oscillating reaction

た．具体的にいえば，水素と酸素から水への変換（36·116 式）の反応機構の第1段階は，つぎのヒドロキシルラジカルの生成であった．

$$H_2 + O_2 \longrightarrow 2OH\cdot$$

ヒドロキシルラジカルが生成されると，それが水素分子とつぎのように反応する．

$$H_2 + OH\cdot \longrightarrow H\cdot + H_2O$$

このように，いったん中間体である OH· が生成すれば，それは H_2 と反応するから，H_2 の消費速度が増加し，したがってこの反応の速度が増加することになる．これが**フィードバック**[1]の例である．反応機構のある段階で生じた生成物が別の段階の速度に影響を与えるのである．反応速度が加速されるときは正のフィードバックであり，ある化学種が生成すると反応速度の減少につながるときは負のフィードバックが起こっている．

化学反応が**非線形**[2]であるというのはどういうことだろうか．この概念について調べるために，ふたたび反応進行度 (ξ) について考えよう[†4]．つぎの反応，

$$A + BC \longrightarrow AB + C \qquad (36\cdot129)$$

において，A について ξ を定義すれば，

$$\xi = \frac{[A]_0 - [A]}{[A]_0} \qquad (36\cdot130)$$

である．反応の開始では $\xi = 0$ であり，A が消費されてしまえば $\xi = 1$ である．BC を大過剰にしたときの反応速度を測定すれば，この反応は A について 1 次で表され，ξ で定義した反応速度は，

$$\frac{d\xi}{dt} = k(1 - \xi) \qquad (36\cdot131)$$

である．この式によれば，図 36·14 に示すように，この反応速度は最初に最大を示した後に，反応進行とともに直線的に減少する．しかしながら，もし BC が過剰に存在しなければ，この反応は 2 次なのだろうか．この場合の反応速度は，

$$\frac{d\xi}{dt} = k(1 - \xi)^2 \qquad (36\cdot132)$$

となる．この式によれば，ξ が増加したときの反応速度の減少は，図 36·14 に示

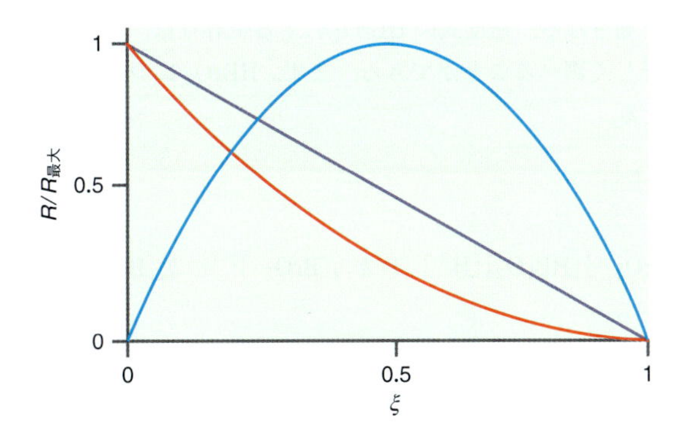

図 36·14 反応速度の反応進行度 (ξ) による依存性．紫色の曲線は，ξ による直線的な依存性（36·131 式），赤色の曲線は 2 次反応の非線形の依存性（36·132 式）である．青色の曲線は，2 次の自触媒作用（36·133 式）を表しており，フィードバックと非線形の振舞いによって，反応が開始した後に反応速度の最大が現れる．

†4 訳注：6 章で導入した反応進行度（6·13 節を見よ）と違って，ここでの ξ は無次元の量（単位なし）である．

1) feedback 2) nonlinear

すように非直線的（非線形）である．ξについての反応速度に非線形性が現れるのは，速度論では比較的よくあることである．この単純な例の場合，この反応は単なる2次反応であり，この反応は非線形である．

フィードバックと非線形性が結びつけば何が起こるだろうか．水素分子と酸素分子の反応に戻って考えれば，その反応速度はヒドロキシルラジカルが生成されるにつれ増加し，反応物が消費されるにつれ減少すると予測できる．この振舞いはξを使ってつぎのように表すことができる．

$$\frac{\mathrm{d}\xi}{\mathrm{d}t} = k\xi(1-\xi) \tag{36·133}$$

この式は，つぎの2次の**自触媒作用**[1]を表す一般的な速度式である．

$$\mathrm{A} + \mathrm{B} \xrightarrow{k} 2\mathrm{B} \qquad R = k[\mathrm{A}][\mathrm{B}] \tag{36·134}$$

この自触媒反応では，反応開始後はじめのうちは［B］が増加するから，反応速度は増加すると予測される．反応が進行すれば［A］はやがて減少するから，ξが1に近づけば反応速度は0に近づくことになる．この自触媒反応の速度のξによる変化を図36·14に示す．

自触媒反応では，濃度と反応速度が自在に時間変化できるから，場合によってはこれらの量が振動する．振動を示す化学反応でおそらく最も有名な反応は，**ベルーゾフ-ザボチンスキー(BZ)反応**[2]であろう．BZ反応のフィードバック段階はつぎにように表される．

$$\mathrm{BrO_3^-} + \mathrm{HBrO_2} + \mathrm{H^+} \underset{k_{-1}}{\overset{k_1}{\rightleftharpoons}} 2\mathrm{BrO_2\cdot} + \mathrm{H_2O} \tag{36·135}$$

$$\mathrm{BrO_2\cdot} + \mathrm{Ce(III)} + \mathrm{H^+} \xrightarrow{k_2} \mathrm{HBrO_2} + \mathrm{Ce(IV)} \tag{36·136}$$

この反応におけるフィードバック機構には$HBrO_2$が関与している．それが反応してBrO_2ラジカル2個を生じ，このラジカルからCe(Ⅲ)の酸化によって反応物$HBrO_2$を生成するのである．もし，BrO_2ラジカルから全部$HBrO_2$が形成されるとすれば，正味の反応として，

$$\mathrm{BrO_3^-} + \mathrm{HBrO_2} + 3\mathrm{H^+} + 2\mathrm{Ce(III)} \longrightarrow 2\mathrm{HBrO_2} + 2\mathrm{Ce(IV)} + \mathrm{H_2O} \tag{36·137}$$

が得られる．(36·134)式と比較すればわかるように，この反応は2次の自触媒作用を示すと予測される．速度式の$HBrO_2$による依存性は，速度論の簡単な解析法を使って詳しく調べることができる．まず，$HBrO_2$についての速度式はつぎのように表せる．

$$\begin{aligned} R &= \frac{\mathrm{d}[\mathrm{HBrO_2}]}{\mathrm{d}t} \\ &= -k_1[\mathrm{BrO_3^-}][\mathrm{HBrO_2}][\mathrm{H^+}] + k_{-1}[\mathrm{BrO_2\cdot}]^2 + k_2[\mathrm{BrO_2\cdot}][\mathrm{Ce(III)}][\mathrm{H^+}] \end{aligned} \tag{36·138}$$

Ce(Ⅲ)の酸化は比較的遅いので，前駆平衡の近似を使えば［BrO_2·］の式をつぎのように導くことができる．

1) autocatalysis　2) Belousov－Zhabotinsky(BZ) reaction

$$[\mathrm{BrO_2\cdot}] = \left\{\frac{k_1[\mathrm{BrO_3}^-][\mathrm{HBrO_2}][\mathrm{H}^+]}{k_{-1}}\right\}^{1/2} \tag{36・139}$$

この式を上の速度式に代入すれば，

$$R = \frac{\mathrm{d}[\mathrm{HBrO_2}]}{\mathrm{d}t} = k_2\left(\frac{k_1}{k_{-1}}\right)^{1/2}[\mathrm{BrO_3}^-]^{1/2}[\mathrm{Ce(III)}][\mathrm{H}^+]^{3/2}[\mathrm{HBrO_2}]^{1/2} \tag{36・140}$$

が得られる．この速度式は，$HBrO_2$ について 1/2 次で表されているから，自触媒作用の振舞いと合っている．これと対照的に，もし，Ce(Ⅲ)/Ce(Ⅳ) の代わりに Fe(Ⅲ)/Fe(Ⅳ) を使った場合は，Fe(Ⅲ) の酸化は速いから，$[\mathrm{BrO_2\cdot}]$ を求めるのに定常状態の近似が使える．この場合の反応の速度式は，つぎのように $HBrO_2$ について 1 次の自触媒作用の振舞いをする．

$$R = \frac{\mathrm{d}[\mathrm{HBrO_2}]}{\mathrm{d}t} = k_1[\mathrm{BrO_3}^-][\mathrm{H}^+][\mathrm{HBrO_2}] \tag{36・141}$$

図 36・15 ベルーゾフ−ザボチンスキー (BZ) 反応．色調の変化は，化学組成が場所によって異なることを示しており，時間的にも空間的にも変化する．

自触媒作用は振動挙動を示すこともある．その場合は，反応物と生成物の濃度が時間とともに極大を繰返す．図 36・15 は BZ 反応を表している．ここで，色調の変化は場所によって濃度が異なることを示している．自触媒作用によって濃度は時間的にも空間的にも振動するから，このパターンも時間とともに変化する．

BZ 反応は非常に複雑である．もっと単純な振動化学反応として，つぎの**ロトカ−ボルテラ機構**[1]がある．

$$\mathrm{A + X \xrightarrow{k_1} 2X} \tag{36・142}$$

$$\mathrm{X + Y \xrightarrow{k_2} 2Y} \tag{36・143}$$

$$\mathrm{Y \xrightarrow{k_3} B} \tag{36・144}$$

この機構にもとづけば，X と Y についての微分形速度式は，

$$\frac{\mathrm{d}[\mathrm{X}]}{\mathrm{d}t} = 2k_1[\mathrm{A}][\mathrm{X}] - k_2[\mathrm{X}][\mathrm{Y}] \tag{36・145}$$

$$\frac{\mathrm{d}[\mathrm{Y}]}{\mathrm{d}t} = 2k_2[\mathrm{X}][\mathrm{Y}] - k_3[\mathrm{Y}] \tag{36・146}$$

で表される．ここで，この反応が A の濃度 [A] を一定に保ったまま起こったとしよう．そのためには，反応の進行に応じて A を継続的に補充してやればよい．また，この反応速度は生成物 B の濃度に依存しないことに注意しよう．これらの条件下では，反応速度に関係するのは中間体の濃度 [X] と [Y] だけである．数値計算の方法 (35・6 節で説明したオイラー法など) によれば，ある速度定数の組と $[\mathrm{A}]_0$ について上の微分形速度式を使って，[X] と [Y] を求めることができる．その計算結果を図 36・16 に示す．[X] も [Y] も振動しており，時間によって周期的に繰返していることがわかる．また，[Y] の極大は [X] の極大の後に現れることもわかる．この機構をよく調べれば，なぜこうなるのかがわかる．この機構の第 1 段階は X について自触媒的であり，X の生成速度を増加させている．一方，いったん X が生成すると，この機構の第 2 段階で X は Y と反応を起こす．

1) Lotka−Volterra mechanism

この第2段階はYについて自触媒的であるからYの生成速度が増加して，Xは減少に転じる．最後に，第3段階として，Yを消費して生成物Bが生成されると[Y]は減少する．ここではロトカ-ボルテラ機構について検討したが，その微分形速度式は"捕食者と餌の方程式"という一般的なタイプの微分方程式を示している．上の例では，Xが餌（被捕食者）であり，Yは捕食者である．はじめに餌の数が増えると，それが捕食者の数の増加を促す．その後，捕食者が餌を消費すれば，餌の数は減少する．餌の数が減少すれば，それに応じて捕食者の数も減少することになる．最終的には，捕食者の減少によって餌の数は増加に転じることになって，最初に戻ってこのサイクルは繰返される．この方程式は，経済の営みや野生動物の個体数，伝染病の蔓延に見られる振動挙動を表すのに使われてきた．

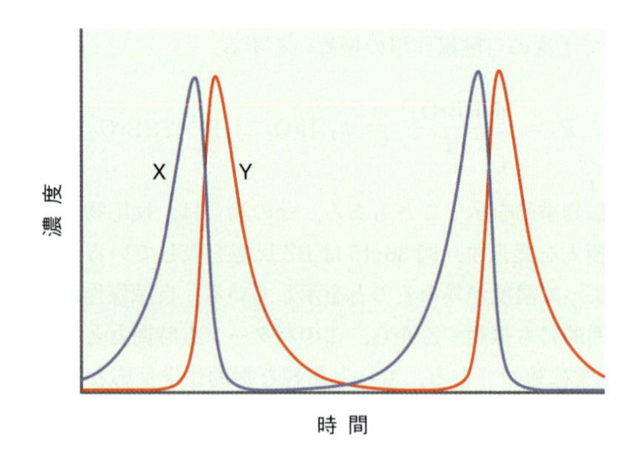

図36·16 ロトカ-ボルテラ機構で予測される中間体の濃度の振動挙動．

36・9 光化学

光化学過程では，フォトンが原子や分子によって吸収されて化学反応が開始する．この反応ではフォトンを反応物とみなすことができ，フォトンが吸収されたときが反応の開始である．光化学反応は，いろいろな分野で重要である．視覚で最初に起こるのは，視物質のロドプシンによるフォトンの吸収である．光合成では，植物やバクテリアによって光エネルギーが化学エネルギーに変換されている．また，大気中でも（オゾンの生成と分解など）地球上の生命にとって重要な多種多様な光化学反応が起こっている．これらの例でわかるように，光化学はきわめて重要な化学の一分野である．この節では光化学反応について説明しよう．

36・9・1 光物理過程

分子がフォトンを吸収すると，フォトンのエネルギーはその分子に移動する．フォトンのエネルギーは，つぎのプランクの式で与えられる．

$$E_{\text{フォトン}} = h\nu = \frac{hc}{\lambda} \qquad (36\cdot147)$$

hはプランク定数（6.626×10^{-34} J s），cは真空中での光速（2.998×10^{8} m s^{-1}），νは光の振動数，λはそれに相当する光の波長である．フォトン1 molのことを1アインシュタインという[†5]．1アインシュタインのフォトンがもつエネルギー

†5 訳注：フォトン1 molのエネルギーを1アインシュタインということが多い．その場合のエネルギーの大きさは，波長または振動数によって変わるから注意が必要である．

は，$E_{フォトン}$ にアボガドロ定数を掛けたものである．光の強度は一般に，単位時間当たり，単位面積当たりのエネルギーで表される．1ワットは $1\,J\,s^{-1}$ であるから，光の強度はふつう $W\,cm^{-2}$ の単位で表される．

最も単純な光化学過程は，つぎのように反応物がフォトンを吸収して生成物が生成するものである．

$$A \xrightarrow{h\nu} P \qquad (36\cdot148)$$

反応物が光励起される速度は，

$$R = -\frac{d[A]}{dt} = \frac{I_{吸収}1000}{l} \qquad (36\cdot149)$$

で与えられる．$I_{吸収}$ は吸収光の強度であり，その単位にはアインシュタイン $cm^{-2}\,s^{-1}$ を使う．l は試料の経路長（単位 cm）であり，この式に1000があるのは cm^3 をLへ変換するための因子である．こうしておけば速度の単位は $M\,s^{-1}$ で表せる．(36・149)式では，フォトン1個を吸収すれば反応物の励起が起こると仮定している．ベール-ランベルトの法則によれば，試料を透過した光の強度（$I_{透過}$）は，

$$I_{透過} = I_0 10^{-\varepsilon l[A]} \qquad (36\cdot150)$$

で与えられる．I_0 は入射光の強度，ε は化学種Aの**モル吸収係数**[1]，[A] は反応物の濃度である．モル吸収係数は励起光の波長によって変化するのを忘れないでおこう．$I_{吸収} = I_0 - I_{透過}$ であるから，

$$I_{吸収} = I_0(1 - 10^{-\varepsilon l[A]}) \qquad (36\cdot151)$$

である．この式の指数項を級数展開すれば，

$$10^{-\varepsilon l[A]} = 1 - 2.303\,\varepsilon l[A] + \frac{(2.303\,\varepsilon l[A])^2}{2!} - \cdots \qquad (36\cdot152)$$

となる．もし，反応物の濃度を低く保てば，(36・152)式の最初の2項で十分であるから，それを (36・151)式に代入すれば，

$$I_{吸収} = I_0(2.303)\varepsilon l[A] \qquad (36\cdot153)$$

が得られる．これを反応物の光励起を表す速度式 (36・149)式に代入し，それを積分すれば，[A] についてつぎの式が得られる．

$$[A] = [A]_0\,e^{-I_0(2303)\varepsilon t} = [A]_0\,e^{-kt} \qquad (36\cdot154)$$

この式によれば，光の吸収で反応物の濃度が減少するから，これは1次の速度論の振舞いと合っている．たいていの光化学反応は1次反応であるから，大半の光化学過程について，反応物濃度の時間変化を表すのに (36・154)式が使える．一方，光化学過程では濃度でなく分子数で表した方がずっと便利なことが多い．しかし，すぐ後でわかるように，この式のままでは個々の分子の**光化学**[2]を考えるのはやっかいである．その場合は，(36・149)式をつぎのかたちで使う．

$$-\frac{dA}{dt} = I_0\frac{2303\,\varepsilon}{N_A}A \qquad (36\cdot155)$$

A は反応物分子の数，N_A はアボガドロ定数である．この式を積分すれば，

---

1) molar absorption coefficient　2) photochemistry

$$A = A_0\,\mathrm{e}^{-I_0(2303\varepsilon/N_A)t} = A_0\,\mathrm{e}^{-I_0\sigma_A t} \qquad (36\cdot156)$$

となる．σ_A は**吸収断面積**[1]であり，光励起の速度定数 $k_{吸収}$ は $I_0\sigma_A$ に等しい．このときの I_0 の単位は，フォトン $\mathrm{cm^{-2}\,s^{-1}}$ である．

光の吸収が起こるのは，そのフォトンのエネルギーが分子の二つの状態のエネルギー差に等しいときである．図36･17には，フォトンの吸収によって電子のエネルギー準位間の遷移（つまり電子遷移）が起こるいろいろな過程を模式的に示してある．このような図のことを，ポーランドの物理学者 Aleksander Jablonski の名に因んで**ジャブロンスキー図**[2]という．電子遷移で始まり，速度の異なるいろいろな過程の表し方を彼は見いだしたのであった．ジャブロンスキー図の縦軸はエネルギーを表している．図に描いてある電子状態は，基底一重項 S_0，第一励起一重項 S_1，三重項 T_1 である．一重項状態では電子スピンは対をつくっていて，スピン多重度は1（つまり一重）であり，三重項状態では電子2個が対をつくらず，スピン多重度は3（つまり三重）である．下付きの数字は，エネルギーの低いものから順に付けてある．三重項状態はふつう電子励起によってつくられるから（この例外でよく知られているのは酸素分子の三重項状態であり，このスピン配置のエネルギーが最低である），エネルギーが最低の三重項状態は T_0 ではなく，T_1 とする．また，各電子状態の最低の振動準位を太い水平線で表し，それよりエネルギーの高い振動準位は細い水平線で表してある．もちろん，各振

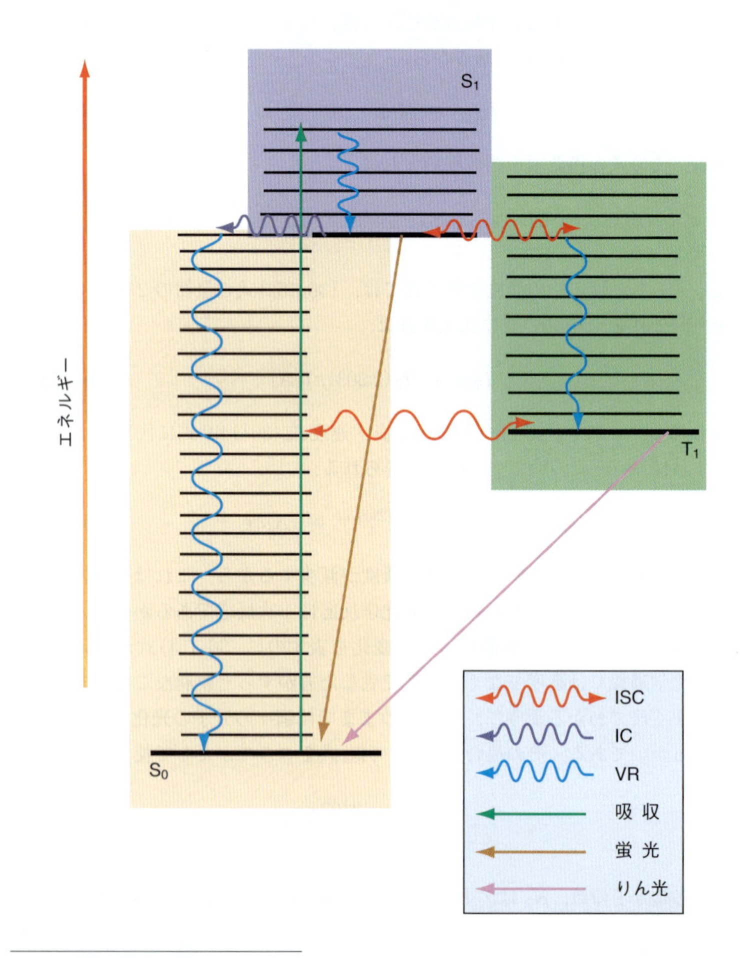

図 36･17　いろいろな光物理過程を表すジャブロンスキー図．S_0 は基底電子一重項状態，S_1 は第一励起一重項状態，T_1 は第一励起三重項状態である．放射過程を直線で示してある．非放射過程の系間交差（ISC），内部転換（IC），振動緩和（VR）は波線で示してある．

1）absorption cross section　2）Jablonski diagram

動準位には回転状態もあるが，図 36・17 では見やすくするために省略してある．

図 36・17 の直線と波線で，電子状態の間を結ぶいろいろな過程を表している．光を吸収してからエネルギー緩和の経路を通る過程を**光物理過程**[1]という．それは，これによって分子の構造が変化しないからである．実際，“光化学”の分野で興味のある過程の多くは，反応物の光化学的な変化を全く伴わない，本質的に光物理的なものである．まず，光を吸収すればエネルギーが最低の一重項状態 S_0 の占有数が減少し，第一励起一重項 S_1 の占有数が増加する．図 36・17 に描いてある吸収遷移は，S_1 の振動状態の高い準位に向かっている．ある特定の振動準位への遷移確率は，S_0 の最低エネルギー振動準位と S_1 のその振動準位の間のフランク-コンドン因子で決まるからである．

S_1 に励起されてからは，振動緩和という振動エネルギーの熱平衡過程が起こる．振動緩和はきわめて速いもので（約 100 fs），これが終わった後の S_1 の振動状態の占有数はボルツマン分布に従っている．振動エネルギー準位の間隔は大きいから，平衡に達すれば，系は S_1 の最低の振動準位にしかない．この S_1 が崩壊して S_0 に戻るには，つぎの三つの経路のどれかを通ることになる．

1. 経路 1:　フォトンを放出して余分の電子エネルギーを失う．この過程を**放射遷移**[2]という．S_1 から S_0 への放射遷移でフォトンが放出される過程を**蛍光**[3]という．この過程は自然放出と同じである．

2. 経路 2:　**系間交差**[4]（図 36・17 の ISC）によって T_1 に移る．この過程はスピン状態の変化を伴うから，量子力学的には禁制である．そこで，系間交差は振動緩和に比べてかなり遅い．一方，三重項状態の占有数が大きくなった系では蛍光との競合が起こる．系間交差の後は，三重項の振動準位の中で振動緩和が起こり，エネルギーが最低の振動準位にまで落ちる．この準位から，第二の放射遷移が起こり，S_0 に移る．このときの余分のエネルギーはフォトンとして放出される．この過程を**りん光**[5]という．T_1-S_0 遷移もスピンの変化を伴うから，スピン選択律によってこれも禁制である．したがって，この過程の速度は遅く，りん光は蛍光（約 10^{-9} s）に比べて長い時間スケール（10^{-6} s から 1 s 程度）にわたって起こる．

3. 経路 3:　放射遷移を行わず，S_1 から S_0 の高い振動準位へ移行する．この過程を**内部転換**[6]，または非放射減衰という．この後には速い振動緩和が起こる．一方，三重項状態を経由してから系間交差で S_0 に移り，それから振動緩和を行う非放射減衰もある．

速度論の観点からは，光の吸収とその後の緩和過程を，反応速度の異なる反応の集まりと見ることもできる．図 36・18 はジャブロンスキー図の変形であり，これらの過程とそれに対応する速度定数を示したものである．それぞれの過程と反応，反応速度の表し方を表 36・1 にまとめる．

36・9・2 蛍光と蛍光の消光

表 36・1 に示した光物理過程は，どの分子系にも存在している．励起状態の寿命を調べるには，この表にはない別の光物理過程，すなわち**衝突による消光**[7]を利用する．この過程では，ある化学種 Q と励起電子状態にある分子が衝突を行う．その結果，その分子からエネルギーが取除かれて，つぎのように S_1 から S_0

1) photophysical process　2) radiative transition　3) fluorescence
4) intersystem crossing　5) phosphorescence　6) internal conversion
7) collisional quenching

表 36·1　光物理過程を反応で表したときの対応する速度式

過　程	反　応	速　度
吸収/光励起	$S_0 + h\nu \rightarrow S_1$	$k_{吸収}[S_0]$ $(k_{吸収} = I_0 \sigma_A)$
蛍光	$S_1 \rightarrow S_0 + h\nu$	$k_{蛍光}[S_1]$
内部転換	$S_1 \rightarrow S_0$	$k_{IC}[S_1]$
系間交差	$S_1 \rightarrow T_1$	$k^S_{ISC}[S_1]$
りん光	$T_1 \rightarrow S_0 + h\nu$	$k_{りん光}[T_1]$
系間交差	$T_1 \rightarrow S_0$	$k^T_{ISC}[T_1]$

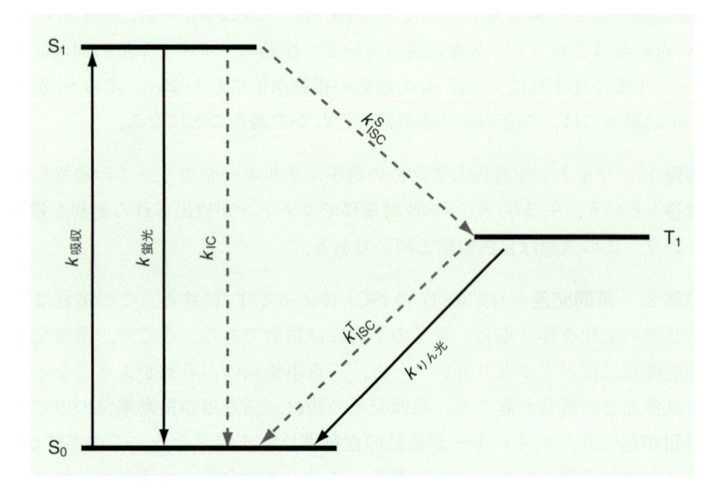

図 36·18　光物理過程の速度論的な表し方. 速度定数を吸収 ($k_{吸収}$), 蛍光 ($k_{蛍光}$), 内部転換 (k_{IC}), S_1 から T_1 への系間交差 (k^S_{ISC}), T_1 から S_0 への系間交差 (k^T_{ISC}), りん光 ($k_{りん光}$) について示してある.

へと転換するのである.

$$S_1 + Q \xrightarrow{k_{消光}} S_0 + Q \qquad (36·157)$$

この過程の速度式は,

$$R_{消光} = k_{消光}[S_1][Q] \qquad (36·158)$$

で表される. 衝突による消光速度を [Q] の関数として調べれば, 最終的には $k_{蛍光}$ を求めることができる. その手順を示す前に, 図 36·18 に示すような速度論的な関係がある系では, S_1 を中間体とみなせることに注目しよう. 一定強度の光照射を続ける限り, この中間体の濃度には変化がない. したがって, S_1 の微分形速度式を書いて, それに定常状態の近似を適用すればよい. すなわち,

$$\frac{d[S_1]}{dt} = 0 = k_{吸収}[S_0] - k_{蛍光}[S_1] - k_{IC}[S_1] - k^S_{ISC}[S_1] - k_{消光}[S_1][Q] \qquad (36·159)$$

である. **蛍光寿命**[1] $\tau_{蛍光}$ は,

$$\frac{1}{\tau_{蛍光}} = k_{蛍光} + k_{IC} + k^S_{ISC} + k_{消光}[Q] \qquad (36·160)$$

で表せる. このとき (36·159) 式は,

1) fluorescence lifetime

$$\frac{\mathrm{d}[\mathrm{S}_1]}{\mathrm{d}t} = 0 = k_{吸収}[\mathrm{S}_0] - \frac{[\mathrm{S}_1]}{\tau_{蛍光}} \qquad (36\cdot161)$$

となる．この式を $[\mathrm{S}_1]$ について解けば，

$$[\mathrm{S}_1] = k_{吸収}[\mathrm{S}_0]\tau_{蛍光} \qquad (36\cdot162)$$

となる．蛍光強度 $I_{蛍光}$ は蛍光速度に依存するから，

$$I_{蛍光} = k_{蛍光}[\mathrm{S}_1] \qquad (36\cdot163)$$

で与えられる．この式に (36・162)式を代入すれば，

$$I_{蛍光} = k_{吸収}[\mathrm{S}_0]k_{蛍光}\tau_{蛍光} \qquad (36\cdot164)$$

が得られる．この式の最後にある二つの因子についてはつぎの関係がある．

$$k_{蛍光}\tau_{蛍光} = \frac{k_{蛍光}}{k_{蛍光} + k_{\mathrm{IC}} + k_{\mathrm{ISC}}^{\mathrm{S}} + k_{消光}[\mathrm{Q}]} = \Phi_{蛍光} \qquad (36\cdot165)$$

すなわち，蛍光の速度定数と蛍光寿命の積は，蛍光の速度定数をすべての過程の速度定数の和で割ったものに等しく，それが S_1 の減衰を起こしているのである．要するに，S_1 の減衰をある種の分岐反応と見ることができ，(36・165)式にある速度定数の比を蛍光の量子収量 $\Phi_{蛍光}$ と書き換えることができる．これは35・8節の反応収量の定義と似ている．この蛍光の量子収量は，蛍光として放射されるフォトンの数を吸収したフォトンの数で割ったものと定義することもできる．この定義と (36・165)式を比較すれば，$k_{蛍光}$ が S_1 の減衰に関与するほかの速度定数に比べてずっと大きな分子では，蛍光量子収量は大きいことがわかる．ここで，(36・164)式の逆数をとって，$\tau_{蛍光}$ の定義を使えば，つぎの式が得られる．

$$\frac{1}{I_{蛍光}} = \frac{1}{k_{吸収}[\mathrm{S}_0]}\left(1 + \frac{k_{\mathrm{IC}} + k_{\mathrm{ISC}}^{\mathrm{S}}}{k_{蛍光}}\right) + \frac{k_{消光}[\mathrm{Q}]}{k_{吸収}[\mathrm{S}_0]\,k_{蛍光}} \qquad (36\cdot166)$$

蛍光収量が1に近い発蛍光団では，$k_{蛍光} \gg k_{\mathrm{IC}}$ および $k_{蛍光} \gg k_{\mathrm{ISC}}^{\mathrm{S}}$ である．蛍光の消光の実験では，蛍光強度は $[\mathrm{Q}]$ の関数で測定される．その測定は一般に，消光剤がないときに測定した蛍光強度 $I_{蛍光}^0$ と比較して行われる．すなわち，

$$\frac{I_{蛍光}^0}{I_{蛍光}} = 1 + \frac{k_{消光}}{k_{蛍光}}[\mathrm{Q}] \qquad (36\cdot167)$$

を測定するのである．この式によれば，蛍光強度の比を $[\mathrm{Q}]$ の関数としてプロットすれば直線が得られ，その勾配は $k_{消光}/k_{蛍光}$ に等しい．このようなプロットを**シュテルン-フォルマーのプロット**[1]という．その一例を図36・19に示す．

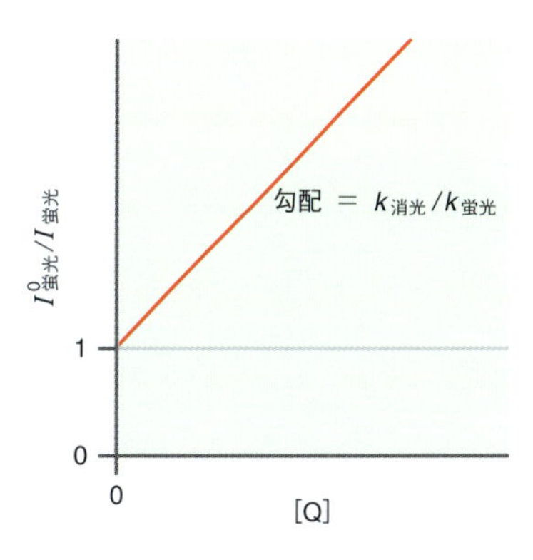

図 36・19 シュテルン-フォルマーのプロット．消光剤がない場合と比較した蛍光強度（実際には逆数）を消光剤の濃度の関数でプロットする．得られた直線の勾配は，消光の速度定数を蛍光の速度定数で割ったものに等しい．

36・9・3 $\tau_{蛍光}$ の 測 定

前節の議論では，調べている系を継続的に照射しているから，$[\mathrm{S}_1]$ に定常状態の近似が適用できると仮定した．しかし，短時間の強いフォトン照射，つまりパルス光で系を光励起する方がずっと便利なことが多い．もし，このパルスの照射時間が S_1 の減衰速度に比べて短ければ，蛍光強度を時間の関数として監視することによって，この状態の減衰を直接測定することができる．パルス幅が 4 fs (4×10^{-15} s) 程度の狭いパルス光をつくることができるから，これによって S_1 の減衰時間よりずっと短い時間スケールで系を励起することができるのである．

短いパルス光による励起の後は，$[\mathrm{S}_1]$ の分子の濃度は有限である．また，$I_0=0$ であるから，励起の速度定数は0である．したがって，S_1 の微分形速度式は，

1）Stern－Volmer plot

$$\frac{d[S_1]}{dt} = -k_{蛍光}[S_1] - k_{IC}[S_1] - k_{ISC}^{S}[S_1] - k_{消光}[Q][S_1]$$

$$\frac{d[S_1]}{dt} = -\frac{[S_1]}{\tau_{蛍光}} \tag{36·168}$$

となる．この式は，$[S_1]$ について解くことができ，

$$[S_1] = [S_1]_0\, e^{-t/\tau_{蛍光}} \tag{36·169}$$

となる．(36·163)式によれば蛍光強度は $[S_1]$ に比例するから，(36·169)式の予測によれば，蛍光強度は時定数 $\tau_{蛍光}$ で指数関数的に減衰する．$k_{蛍光} \gg k_{IC}$ および $k_{蛍光} \gg k_{ISC}^{S}$ の極限では，$\tau_{蛍光}$ は，

$$\lim_{k_{蛍光} \gg k_{IC}, k_{ISC}^{S}} \tau_{蛍光} = \frac{1}{k_{蛍光} + k_{消光}[Q]} \tag{36·170}$$

と近似できる．この極限では，既知濃度の消光剤で蛍光寿命を測定し，シュテルン－フォルマーのプロットで求めた勾配と合わせれば，$k_{蛍光}$ と $k_{消光}$ をそれぞれ求めることができるのである．そこで，(36·170)式の逆数をとれば，

$$\frac{1}{\tau_{蛍光}} = k_{蛍光} + k_{消光}[Q] \tag{36·171}$$

が得られる．この式によれば，$[Q]$ に対して $(\tau_{蛍光})^{-1}$ をプロットすれば直線が得られ，その y 切片は $k_{蛍光}$，勾配は $k_{消光}$ に等しい．

例題 36・4

Thomaz と Stevens は，溶液中でのピレンの蛍光の消光を調べた［"Molecular Luminescence", W. A. Benjamin Inc., New York (1969)］．つぎの情報を使って，消光剤 Br_6C_6 の存在下でのピレンの $k_{蛍光}$ と $k_{消光}$ を求めよ．

$[Br_6C_6]$/M	$\tau_{蛍光}$/s
0.0005	2.66×10^{-7}
0.001	1.87×10^{-7}
0.002	1.17×10^{-7}
0.003	8.50×10^{-8}
0.005	5.51×10^{-8}

解答

(36·171)式を使って，この系の $[Q]$ に対して $(\tau_{蛍光})^{-1}$ をプロットした図をつぎに示す．

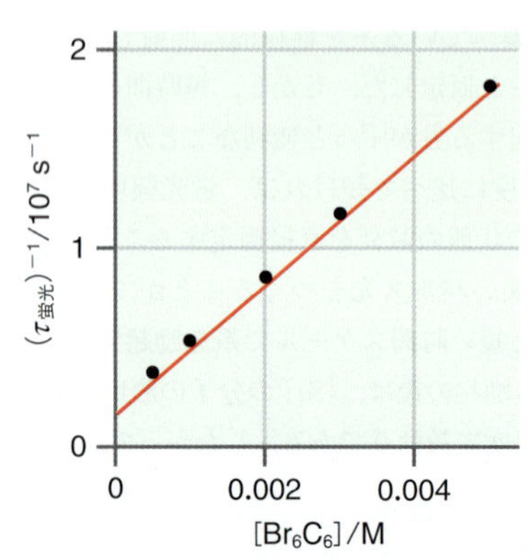

データに合わせた最適直線の勾配は $3.00 \times 10^9\ \mathrm{M^{-1}\,s^{-1}}$ であり，これは(36・171)式から $k_{消光}$ に等しい．また，y 切片は $1.98 \times 10^6\ \mathrm{s^{-1}}$ であり，これは $k_{蛍光}$ に等しい．

36・9・4 単一分子蛍光法

(36・169)式は，S_1 にある分子の占有数がどう時間変化するかを表しており，蛍光強度は指数関数的に減衰すると予測している．この予測された振舞いは，分子の集合体，あるいは集団(アンサンブル)についてのものである．一方，近年の分光法と光検知に関する著しい進歩によって，単一分子からの蛍光を検知できるようになった．図36・20は，共焦点走査顕微鏡法を使って得られた単一分子の像を示している．共焦点顕微鏡法では，励起源と像は同じ焦点距離をもつから，焦点にぴったり合わない試料部分からの蛍光は除去される．レーザー励起と高効率の検出器を用いてこの方法を使えば，単一分子からの蛍光を測定することが可能である．図36・20の明るい部分は，単一分子の蛍光を表している．この像に現れる大きさは試料位置での光ビームの直径(約300 nm)で決まる．

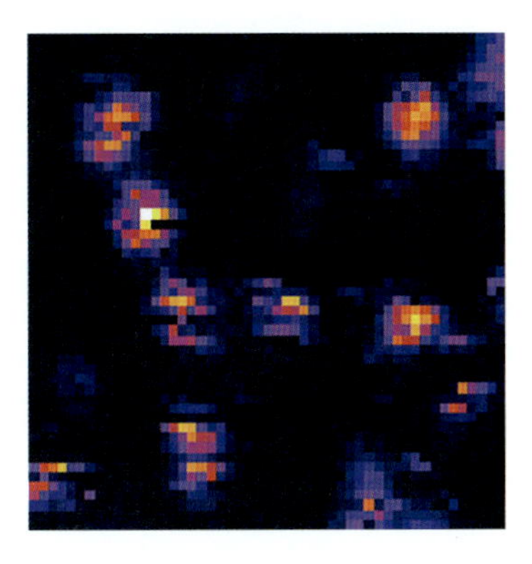

図36・20　ガラス板上に置いた単一のローダミンB色素分子の顕微鏡像．この像は，共焦点走査顕微鏡を使って得られたもので，像に見られる明点は1分子の蛍光に相当している．全体の像のサイズは5 μm × 5 μm である．

単一分子からの蛍光を時間の関数で観測するとどのように見えるだろうか．このとき蛍光として見えるのは S_1 にある分子の占有数ではなく，1個の分子に由来している．図36・21は，連続的に光励起されている単一分子からの蛍光の観測強度である．蛍光は光照射後に観測され，光励起とその後の蛍光を経由した緩和とによって，分子は S_0 と S_1 の間を行き来する．この図で見られる蛍光強度一定の状況は，蛍光が突然停止してしまうまで継続している．このとき，もはや S_1 状態になく，同じ分子でも蛍光を発しない T_1 またはそのほかの状態が生成している．少し時間が経てば，これらの状態が緩和して分子は S_0 に復帰するから，そこで S_1 に励起されれば再び蛍光を発して，それが観測される．このパターンは，分子の構造が失われてしまうような劇的な変化がない限り繰返される．その劇的な変化を光破壊という．光破壊が起これば，分子は発光しない別の化学種に非可逆的に光化学変化してしまう．

図36・21を見れば明らかなように，単一分子で観測される蛍光の振舞いは，分子集合体で予測される振舞いとは全く違っている．この分野で最近注目されてい

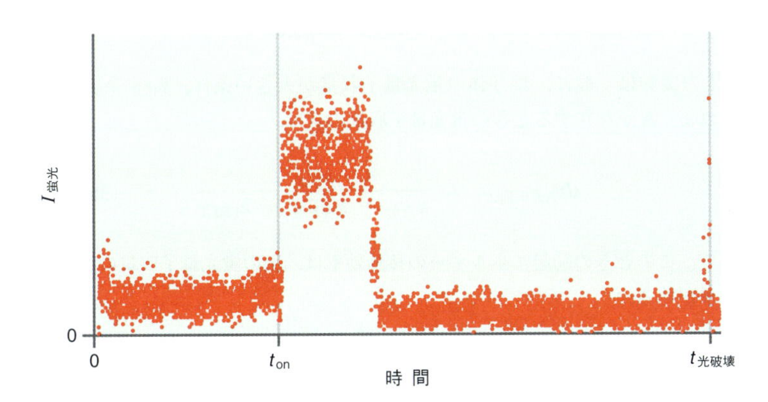

図36・21　ローダミンB色素分子1個からの蛍光．定常的な光照射のもとで，この分子1個からの蛍光が時刻 t_{on} で現れ，そこで蛍光強度 $I_{蛍光}$ が観測されている．この蛍光は，分子の S_1 状態が蛍光を発しないほかの状態に移行するまで続く．この時間軸の右端でも蛍光が観測されているが，これは非蛍光状態から S_0 に戻り，光励起で再び S_1 状態となり蛍光を発したことに相当している．しかし，この第二の蛍光は，分子の光破壊によって短時間で終了している($t_{光破壊}$)．この光破壊によって，分子は蛍光を発しないものに非可逆的に変化したことがわかる．

るのは，単一分子法の適用によって，集合体では見られない分子の振舞いを解明することである．分子の集合体では本質的に不均一な振舞いを示すから，このような研究は分子のダイナミクスを分離して理解するにはきわめて有効である．また，バルクから分離して分子を研究できるから，分子の振舞いと集合体の振舞いの接点に関する手掛かりを与えてくれる．

36・9・5　蛍光共鳴エネルギー移動

蛍光の消光を観測するもう一つの方法では，ある発色団から別の発色団へと励起エネルギーの移動が起こる．これによって，はじめ光励起された発色団で励起状態からの減衰が起こり，別の発色団から蛍光が観測される．この過程は，**蛍光共鳴エネルギー移動**[1]（FRET）というもので，多くの生物学的な系の構造とダイナミクスを測定するのに広く使われてきた．発色団の供与体（D）と受容体（A）の間のエネルギー移動を表すには，つぎの機構が使える．

$$\mathrm{D} \xrightarrow{h\nu} \mathrm{D}^* \tag{36・172}$$

$$\mathrm{D}^* \xrightarrow{k_{\text{蛍光}}} \mathrm{D} \tag{36・173}$$

$$\mathrm{D}^* \xrightarrow{k_{\text{非放射}}} \mathrm{D} \tag{36・174}$$

$$\mathrm{D}^* + \mathrm{A} \xrightarrow{k_{\mathrm{FRET}}} \mathrm{D} + \mathrm{A}^* \tag{36・175}$$

$$\mathrm{A}^* \xrightarrow{k_{\text{蛍光}'}} \mathrm{A} \tag{36・176}$$

この機構では，供与体がまず光励起され，第一励起一重項状態に上がる．この状態からの減衰は，蛍光や非放射減衰（内部転換と系間交差の組合わせ）のほかに，Aへの共鳴エネルギー移動によってこれを第一励起一重項状態（A*）に上げることによって起こる．この受容体の励起状態は蛍光を発することによって減衰する．前節で述べたように考えれば，Aが存在しないときの機構は，蛍光の**量子収量**[2]を表すつぎの式で書ける．

$$\Phi_{\text{蛍光}} = \frac{k_{\text{蛍光}}}{k_{\text{蛍光}} + k_{\text{非放射}}} \tag{36・177}$$

FRETの実験は一般に，供与体の蛍光量子収量が大きい条件，$k_{\text{蛍光}} \gg k_{\text{非放射}}$ で行われる．Aが存在するときの蛍光量子収量の式は，

$$\Phi_{\text{蛍光}+\mathrm{FRET}} = \frac{k_{\text{蛍光}}}{k_{\text{蛍光}} + k_{\text{非放射}} + k_{\mathrm{FRET}}} \tag{36・178}$$

となる．このときの励起エネルギーの移動効率は，上の蛍光量子収量の比とつぎの関係がある．

$$\text{効率} = 1 - \frac{\Phi_{\text{蛍光}+\mathrm{FRET}}}{\Phi_{\text{蛍光}}} \tag{36・179}$$

この式によれば，k_{FRET} が $k_{\text{蛍光}}$ より大きくなるにつれ，エネルギー移動効率は1に近づく．

FRETの効率に影響を与えるのはどんな要因であろうか．共鳴エネルギー移動の理論は，フェルスター[3]によって1940年代の後半にはじめて展開された．フェ

---

1) fluorescence resonance energy transfer　2) quantum yield　3) T. Förster

ルスター理論に特有で重要な点は，共鳴エネルギー移動の効率は供与体と受容体の間の距離に依存し，受容体の吸収バンドは供与体の蛍光バンドと重なっていなければならず（すなわち，S_0–S_1 のエネルギーギャップが，供与体と受容体とで近いこと），しかも，供与体と受容体の相対的な配向がエネルギー移動の効率に影響を与えるというものである．フェルスター理論で予測されるエネルギー移動効率の距離依存性は，

$$\text{効率} = \frac{{r_0}^6}{{r_0}^6 + r^6} \qquad (36\cdot180)$$

である．r は供与体と受容体の距離，r_0 はエネルギー移動効率が 0.5 になる両者の距離であり，それは対によって変わる量である．r_0 の値は，供与体の蛍光バンドと受容体の吸収バンドの重なり具合に依存し，供与体と受容体の間の相対配向によっても変わる．すなわち，

$$r_0/\text{Å} = 8.79 \times 10^{-5}\left(\frac{\kappa^2 J \Phi_{\text{蛍光}}}{n^4}\right)^{1/6} \qquad (36\cdot181)$$

で表される．κ は遷移双極子モーメントの相対配向に依存し，その角度が直角なら 0 で，平行なら 2，配向がランダムなら 1/3 に等しい．κ を求めるのは難しいから，ふつうはランダム配向と仮定する．$\Phi_{\text{蛍光}}$ は供与体の蛍光量子収量，n はエネルギー移動が起こる媒質の屈折率である．また，J は供与体の蛍光バンドと受容体の吸収バンドの重なり積分であり，つぎの式で表される．

$$J = \int \varepsilon_{\text{A}}(\lambda)\, F_{\text{D}}(\lambda)\, \lambda^4\, \text{d}\lambda \qquad (36\cdot182)$$

ε_{A} は受容体の吸収係数，F_{D} は供与体の蛍光スペクトルであり，この積分はすべての波長にわたって行う．この積分値とそれに対応する r_0 の値は，供与体–受容体の対によって変わる．供与体の発光と受容体の吸収，重なり積分の関係を表すために，一例として，図 36・22 にはフルオレセイン/テトラメチルローダミン（TMR）の対について発光と吸収を示し，この FRET 対の J を示してある．

表 36・2 には，FRET の供与体–受容体の対をいくつか掲げてある．FRET を使って距離を測定するときは，注目する長さに近い r_0 をもつ供与体–受容体の対を選ぶことが重要である．$r \gg r_0$ の距離では，FRET 効率は 0 であるから，供与体の蛍光量子収量は受容体の存在にほぼ無関係である．もう一方の極限 $r_0 \gg r$ では，供与体の蛍光エネルギー移動による消光の効率はきわめてよくなり，供与体からの発光はほとんど観測されない．図には，フルオレセインの発光と TMR の吸収を示してある．

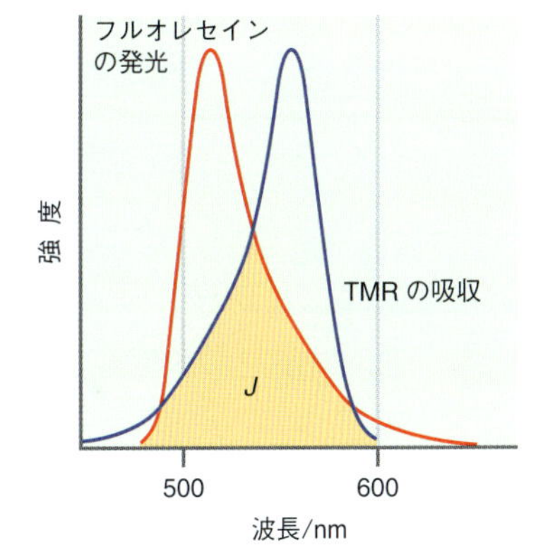

図 36・22　フルオレセイン/テトラメチルローダミン（TMR）の供与体–受容体 FRET 対の重なり積分（$J(\lambda)$）．

表 36・2　いろいろな FRET 対の r_0 の値

供与体	受容体	r_0/Å
EDANS	DABCYL	33
ピレン	クマリン	39
ダンシル	オクタデシルローダミン	43
IAEDANS	フルオレセイン	46
フルオレセイン	テトラメチルローダミン	55

EDANS：5-((2-aminoethyl)amino)naphthalene-1-sulfonic acid
DABCYL：4-((4-(dimethylamino)phenyl)azo)benzoic acid, succinimidyl ester
IAEDANS：5-((((2-iodoacetyl)amino)ethyl)amino)naphthalene-1-sulfonic acid

例題 36・5

基質が結合したときの酵素の構造変化の大きさを求めるために，ある FRET 実験を計画した．サイトに特異的な突然変異誘発法を使って，チロシン残基 1 個とトリプトファン残基 1 個をもつ酵素の変異体をつくった．この残基間の距離は 11 Å である．基質と結合したとき，この残基間の距離が変わるかどうかを求めたい．チロシンの蛍光とトリプトファンの吸収には重なりがあり，したがって，この二つのアミノ酸は FRET 対をつくっており，$r_0 = 9$ Å である．その吸収と発光のスペクトルと (36·181) 式を使えば，この情報が得られる．距離が 11 Å のときの FRET 効率と，この効率がこの実験の検出限界である 20 パーセントだけ減少するには距離がどれだけ増加する必要があるかを計算せよ．

解答

はじめの距離と r_0 を使えば，効率はつぎのように求められる．

$$\text{効率} = \frac{r_0{}^6}{r_0{}^6 + r^6} = \frac{(9\,\text{Å})^6}{(9\,\text{Å})^6 + (11\,\text{Å})^6} = 0.23$$

この実験の検出限界は，効率 = 0.18 に相当する．そこで，r について解けばよい．

$$\text{効率} = 0.18 = \frac{r_0{}^6}{r_0{}^6 + r^6} = \frac{(9\,\text{Å})^6}{(9\,\text{Å})^6 + r^6}$$

$$\frac{(9\,\text{Å})^6}{0.18} = (9\,\text{Å})^6 + r^6$$

$$2.42 \times 10^6\,\text{Å}^6 = r^6$$

$$11.6\,\text{Å} = r$$

この FRET 対を使えば，限られた r の範囲ではあるが，基質が結合したことによるチロシン-トリプトファンの距離の変化を測定できるのがわかる．この例からもわかるように，注目する距離に近い r_0 の FRET 対を選ぶことが重要である．

共鳴エネルギー移動を利用した重要なものに，光合成色素による光捕集過程がある．光の吸収は，緑色植物や藻類にある光合成オルガネラ，葉緑体（クロロプラスト）のチラコイド膜にあるアンテナ（集光性）色素による光捕集過程によってはじめて可能となる．これらの系は進化によって獲得されたものであり，電磁スペクトルの主として可視領域と近赤外領域の光が吸収される．それは，これらの色素の電子遷移に相当している．最も豊富に存在する植物色素は，図 36·23 に示すクロロフィル *a* とクロロフィル *b* である．また，β-カロテンなどのカロテノイドは，集光性色素としても作用する．これらの集光性色素は，集光性複合体を形成する．X 線結晶構造解析によれば，クロロフィル分子は集光性複合体の中で対称的な繰返し構造をとって整列している．クロロフィルと β-カロテンからなる集光性複合体 II の構造を図 36·23 に示す．集光性色素のこのような空間配列によって，フォトンが吸収されればエネルギーを色素間で効率的に移動させることができるし，そのエネルギーを集光性色素の外へ移動させることもできる．

集光性複合体の生物学的な目的は，太陽からの放射を吸収し，そのエネルギーを共鳴エネルギー移動によって反応中心に運ぶことである．太陽光の強度は，クロロフィル分子がフォトン 1 個を吸収する確率がちょうどよいところにある．また，多数のクロロフィルを 1 個の集光性複合体に集積することによって，その効

クロロフィル b では CHO
クロロフィル a では CH_3

フィトール側鎖

(a)

(b)

タンパク質

フィコエリスリンでは CH=CH_2
フィコシアニンでは CH_3

フィコエリスリンでは飽和結合

(c)

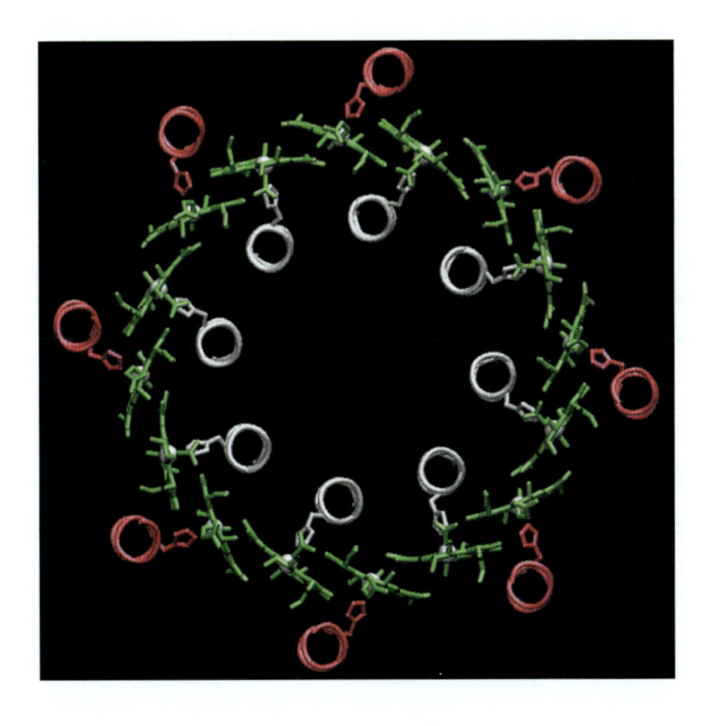

図 36・23　上図：光合成の集光性色素，(a) クロロフィル，(b) β-カロテン，(c) フィコエリスリン．クロロフィル a とクロロフィル b は最も豊富にある植物色素である．下図：紅色光合成細菌の集光性複合体 II の X 線結晶構造．バクテリオクロロフィル（緑色で示す）を含む色素は，まわりのタンパク質（その一部を赤色と白色で示す）によって，このように空間的に複雑な配列をしている．

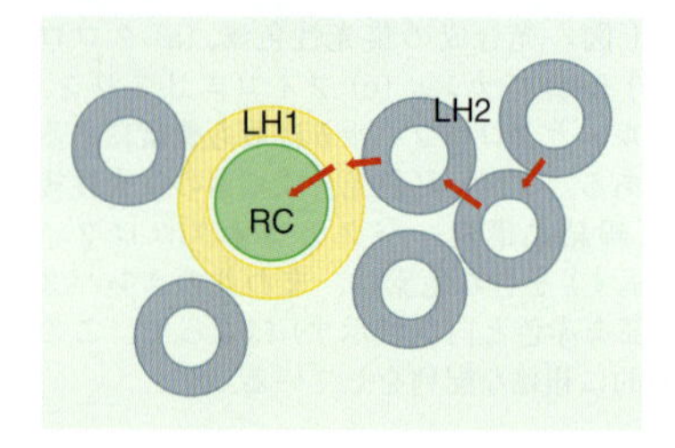

図 36·24　光合成における共鳴エネルギー移動の概念図．はじめに集光性色素(LH)によるフォトンの吸収で得られたエネルギーは，一連の共鳴エネルギー移動段階を経て反応中心(RC)に運ばれる．

率を最大にしている．図 36·24 で示すように，共鳴エネルギー移動によって，吸収したフォトンのエネルギーは集光性複合体から反応中心へと移動する．エネルギーが反応中心に運ばれれば，それが光合成に関与する化学反応の開始となる電子移動過程を開始させる．この電子移動反応については，後の節で詳しく説明する．

36·9·6　光化学過程

すでに述べたように，光化学過程が光物理過程と違うところは，フォトンの吸収によって反応物が化学変化するところである．第一励起一重項 S_1 を経由して起こる光化学過程では，光化学反応を S_1 の減衰をひき起こす別の反応分枝として速度論的に表すことができる．この光化学反応分枝に相当する速度式は，

$$R_{\text{光化学}} = k^{S}_{\text{光化学}}[S_1] \tag{36·183}$$

である．$k_{\text{光化学}}$ はこの光化学反応の速度定数である．T_1 を経由して起こる光化学過程でも，(36·183)式と同様のつぎの速度式がつくれる．

$$R_{\text{光化学}} = k^{T}_{\text{光化学}}[T_1] \tag{36·184}$$

フォトンの吸収で十分なエネルギーを獲得すれば，それで化学反応を開始できる場合もある．しかし，それが光物理過程の起こる範囲であれば，フォトンを吸収したからといって光化学反応が必ず起こるとは限らない．光化学反応が起こる度合いは全量子収量 ϕ で表され，それは，吸収したフォトン 1 個当たりに光化学過程で消費される反応物分子の数で定義されている．全量子収量は 1 を超えることもある．それは，つぎの機構で進行する HI(g) の光化学分解でわかる．

$$\text{HI} + h\nu \longrightarrow \text{H}\cdot + \text{I}\cdot \tag{36·185}$$

$$\text{H}\cdot + \text{HI} \longrightarrow \text{H}_2 + \text{I}\cdot \tag{36·186}$$

$$\text{I}\cdot + \text{I}\cdot \longrightarrow \text{I}_2 \tag{36·187}$$

この機構では，フォトン 1 個の吸収によって HI 分子 2 個が消費されるから $\phi = 2$ である．全量子収量は一般に，例題 36·6 で示すように，消費される反応物分子の数と吸収したフォトンの数を比較することで実験によって求めることができる．

例題 36・6

1,3-シクロヘキサジエンは光化学反応によって *cis*-ヘキサトリエンになる．ある実験で，1,3-シクロヘキサジエンに波長 280 nm の光を 100 W の出力で 27.0 s 照射したところ，2.50 mmol が *cis*-ヘキサトリエンに変化した．照射した光はすべて試料に吸収されたとする．この光化学過程の全量子収量はいくらか．

解答　まず，この試料に吸収されたフォトンの全エネルギー $E_{\text{吸収}}$ は，

$$E_{\text{吸収}} = \text{出力} \times \Delta t = (100\ \text{J s}^{-1})(27.0\ \text{s}) = 2.70 \times 10^{3}\ \text{J}$$

である．次に，波長 280 nm のフォトン 1 個のエネルギーは，

$$E_{\text{フォトン}} = \frac{hc}{\lambda} = \frac{(6.626 \times 10^{-34}\ \text{J s})(2.998 \times 10^{8}\ \text{m s}^{-1})}{2.80 \times 10^{-7}\ \text{m}} = 7.10 \times 10^{-19}\ \text{J}$$

である．したがって，この試料によって吸収されたフォトンの総数は，

$$\frac{E_{吸収}}{E_{フォトン}} = \frac{2.70 \times 10^{3}\,\mathrm{J}}{7.10 \times 10^{-19}\,\mathrm{J\,photon^{-1}}} = 3.80 \times 10^{21}\,\mathrm{photon}$$

である．これをアボガドロ定数で割れば 6.31×10^{-3} アインシュタインとなる．すなわち，このフォトンは 6.31×10^{-3} mol ある．したがって，全量子収量はつぎのように計算できる．

$$\phi = \frac{n_{反応物}}{n_{フォトン}} = \frac{2.50 \times 10^{-3}\,\mathrm{mol}}{6.31 \times 10^{-3}\,\mathrm{mol}} = 0.396 \approx 0.40$$

36・10 電子移動

電子移動[1]反応では，化学種の間で電荷の交換を伴う．この反応は生物化学ではよく見かける．たとえば，光合成では，生物エネルギーの変換に電子移動を伴っている．植物の光合成による正味の反応は，$CO_2(g)$ と $H_2O(l)$ が炭水化物（糖質）と酸素分子に変換するものである．すなわち，

$$6\,CO_2(g) + 6\,H_2O(l) \longrightarrow C_6H_{12}O_6(s) + 6\,O_2(g) \qquad \Delta G^\circ = 2870\,\mathrm{kJ}$$

である．光合成は，ある種のバクテリアでも起こる．たとえば，緑色硫黄細菌では，H_2S が水の代わりの役目を果たす．すなわち，

$$2\,H_2S(aq) + CO_2(g) \longrightarrow CH_2O(g) + H_2O(l) + 2\,S(直方晶) \qquad \Delta G^\circ = 88\,\mathrm{kJ}$$

である．これらの反応では，$CO_2(g)$ の炭素が還元され，H_2O/H_2S は酸化されて，正味の反応には電子移動が関わっている．光合成は，これまでに示したような1段階の反応ではなく，一連の共役反応に基づいている．その正味の反応を見れば，この過程で電子移動がどれほど重要かがわかる．

前節では，集光性複合体から光化学反応中心への放射エネルギーの移動について説明した．この反応中心へ移動した放射エネルギーを使って，一対のクロロフィル分子（特異対という）からその近くにあるフェオフィチン分子（クロロフィルと構造が似ている）への電子移動反応を開始させる．この過程はきわめて速く，約 3 ps (3×10^{-12} s) で起こる．第二の電子移動過程は約 200 ps で起こり，フェオフィチンの電子があるキノンに移動する．最終的には，この電子は別のキノンに 100 μs で移動する．このキノンの電子を使って，水分子をつぎのように“裂く”のである．

$$2\,H_2O(l) \longrightarrow O_2(g) + 4\,H^+(aq) + 4\,e^-$$

電子と水素イオンは一連の逐次反応によって輸送され，最終的には炭水化物と酸素分子を生成する．この輸送の正味の効果は膜貫通のプロトン勾配をつくることであり，細胞はこれを利用して ATP の合成を駆動している．電子移動は，光合成をはじめこれまで説明した生物化学の別の分野でも重要であるから，この節では，電荷移動の単純な速度論モデルについて考察し，電子移動過程を説明する**マーカス理論**[2]について調べよう．

36・10・1 電子移動の速度論モデル

電子移動では供与体分子（D）から受容体分子（A）への電子の移動を伴うから，供与体の酸化（酸化形 D^+）と受容体の還元（還元形 A^-）が起こる．

1) electron transfer 2) Marcus theory

$$\mathrm{D + A \rightleftharpoons D^+ + A^-} \qquad (36\cdot188)$$

溶液中での2分子電子移動反応を説明するための機構は，つぎのようなものである．まず，供与体と受容体が溶液中を拡散することによって出会い，供与体-受容体の複合体をつくる．この供与体-受容体複合体の生成は可逆過程とみなせるから，

$$\mathrm{D + A} \underset{k_{拡散'}}{\overset{k_{拡散}}{\rightleftharpoons}} \mathrm{DA} \qquad (36\cdot189)$$

と書ける．この機構の次の段階では，この複合体の中で供与体から受容体への電子移動が起こる．また，逆向きの電子移動過程も起こるから，供与体-受容体複合体の再生成も起こる．そこで，

$$\mathrm{DA} \underset{k_{逆電子移動}}{\overset{k_{電子移動}}{\rightleftharpoons}} \mathrm{D^+A^-} \qquad (36\cdot190)$$

と書ける．この機構の最終段階では，電子移動後の複合体が解離して，遊離の酸化形供与体と還元形受容体を形成する．すなわち，

$$\mathrm{D^+A^-} \xrightarrow{k_{解離}} \mathrm{D^+ + A^-} \qquad (36\cdot191)$$

である．この機構を表す反応速度式は，つぎのように求められる．まず，この機構の最後の段階は生成物を生成しているから，その反応速度は，

$$R = k_{解離}[\mathrm{D^+A^-}] \qquad (36\cdot192)$$

と書ける．そこで，$\mathrm{D^+A^-}$ についての微分形速度式を書き，定常状態の近似を適用すれば，$[\mathrm{D^+A^-}]$ についてつぎの式が得られる．

$$\frac{\mathrm{d}[\mathrm{D^+A^-}]}{\mathrm{d}t} = 0 = k_{電子移動}[\mathrm{DA}] - k_{逆電子移動}[\mathrm{D^+A^-}] - k_{解離}[\mathrm{D^+A^-}]$$

$$[\mathrm{D^+A^-}] = \frac{k_{電子移動}[\mathrm{DA}]}{k_{逆電子移動} + k_{解離}} \qquad (36\cdot193)$$

供与体-受容体複合体 (DA) も中間体であるから，その微分形速度式を書いて，これに定常状態の近似を使えば，

$$\frac{\mathrm{d}[\mathrm{DA}]}{\mathrm{d}t} = 0 = k_{拡散}[\mathrm{D}][\mathrm{A}] - k_{拡散'}[\mathrm{DA}] - k_{電子移動}[\mathrm{DA}] + k_{逆電子移動}[\mathrm{D^+A^-}]$$

$$[\mathrm{DA}] = \frac{k_{拡散}[\mathrm{D}][\mathrm{A}] + k_{逆電子移動}[\mathrm{D^+A^-}]}{k_{拡散'} + k_{電子移動}} \qquad (36\cdot194)$$

となる．この式を上の $[\mathrm{D^+A^-}]$ に代入すれば，

$$[\mathrm{D^+A^-}] = \frac{k_{電子移動}[\mathrm{DA}]}{k_{逆電子移動} + k_{解離}}$$

$$= \left(\frac{k_{電子移動}}{k_{逆電子移動} + k_{解離}}\right)\left(\frac{k_{拡散}[\mathrm{D}][\mathrm{A}] + k_{逆電子移動}[\mathrm{D^+A^-}]}{k_{拡散'} + k_{電子移動}}\right)$$

$$[\mathrm{D^+A^-}] = \frac{k_{電子移動}k_{拡散}}{k_{逆電子移動}k_{拡散'} + k_{解離}k_{拡散'} + k_{解離}k_{電子移動}}[\mathrm{D}][\mathrm{A}] \qquad (36\cdot195)$$

が得られる．$[\mathrm{D^+A^-}]$ についてのこの式を使えば，この反応の速度は，

$$R = \frac{k_{解離} k_{電子移動} k_{拡散}}{k_{逆電子移動} k_{拡散'} + k_{解離} k_{拡散'} + k_{解離} k_{電子移動}} [D][A] \tag{36・196}$$

となる．この反応は（予想通り）供与体についても受容体についても，その濃度の１次であり，見かけの速度定数は，この機構に関与するいろいろな段階からなる複合的な速度定数から成っている．電子移動後の複合体の解離は逆電子移動に比べてずっと速い（$k_{解離} \gg k_{逆電子移動}$）から，この反応速度は，

$$R = \frac{k_{電子移動} k_{拡散}}{k_{拡散'} + k_{電子移動}} [D][A] \tag{36・197}$$

となる．最後に，もし，電子移動の速度定数が供与体−受容体複合体の解離に比べてずっと大きければ（$k_{電子移動} \gg k_{拡散'}$），供与体と受容体を生成する反応が律速段階となり，電子移動は前章で説明した拡散律速の反応となる．逆の極限（$k_{電子移動} \ll k_{拡散'}$）では電子移動が律速段階となり，その反応速度の式は，

$$R_{k_{拡散'} \gg k_{電子移動}} = k_{電子移動} K_{拡散, 拡散'} [D][A] = k_{実験} [D][A] \tag{36・198}$$

となる．$K_{拡散, 拡散'}$ は上で説明した反応機構の $D + A \rightleftharpoons DA$ の段階の平衡定数であり，$k_{実験}$ は実験で求めた速度定数である．この極限では，電子移動の速度は，移動過程そのものの速度定数で決まっている．この後の極限に相当するのは，供与体と受容体がすでに接触している場合や（供与体と受容体が，たとえば共有結合で結ばれていてもよい），多くの生物学的な系がそうであるように，タンパク質の環境に埋もれて供与体と受容体がある一定距離に置かれた場合である．

36・10・2 マーカス理論

測定された電子移動の速度定数の大きさを決めている要素は何だろうか．上で述べた電子移動の速度論モデルによれば，$k_{実験}$ の値を決めている重要な要素は二つある．まず，このモデルでは，電子移動が起こる前に供与体と受容体は接近していなければならない．したがって，その速度定数は供与体と受容体を隔てている距離に依存しているはずである．その距離依存性は，

$$k_{実験} \propto e^{-\beta r} \tag{36・199}$$

で表される．β は注目する系と電子移動が起こる媒質で決まる定数であり，r は供与体−受容体の距離である．速度定数の測定値に影響を与える第二の要素は，熱力学的な要因である．もし，この電荷移動があるエネルギー障壁を越えて起こるなら，前章で説明した遷移状態理論に戻って考察することができ，供与体−受容体複合体と活性複合体のギブズエネルギー差でその障壁を表したモデルによって説明できる．この場合の活性複合体は，供与体−受容体複合体と電子移動後の複合体を結ぶ反応座標上にできたギブズエネルギーの極大に相当している．したがって，実験で求めた電子移動の速度定数は，活性化ギブズエネルギー $\Delta^{\ddagger}G$ につぎのように依存している．

$$k_{実験} \propto e^{-\Delta^{\ddagger}G/k_{B}T} \tag{36・200}$$

そこで，電子移動の速度定数は，

$$k_{実験} \propto e^{-\beta r} e^{-\Delta^{\ddagger}G/k_{B}T} \tag{36・201}$$

と書ける．マーカス[1)]は，この関係を見いだし，$\Delta^{\ddagger}G$ の値を決めている重要な

1) Rudolph Marcus

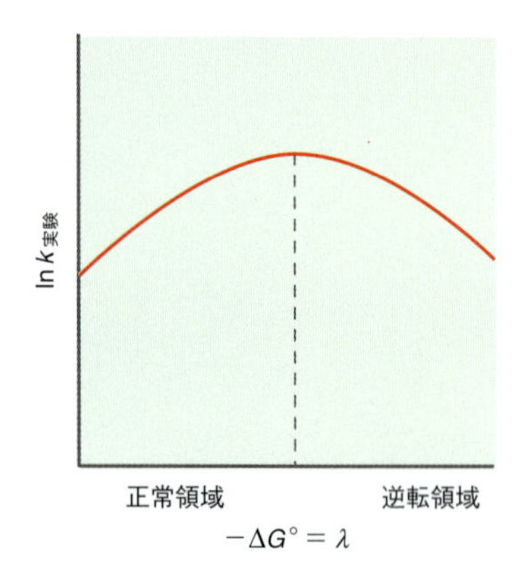

図 36・25　マーカスの正常領域と逆転領域．反応の駆動力が増せば，実験で求めた速度定数は増加すると予測される．その領域は正常領域である．$-\Delta G^\circ = \lambda$ のとき速度定数は最大になる．この点を超えて反応の駆動力が増加すれば，そこは逆転領域であり，駆動力が増すほど速度定数は減少する．

化学因子について研究した業績により 1992 年にノーベル化学賞を受賞している．具体的にいえば，マーカスは，電子移動が起こった後の溶媒と溶質はどちらも緩和することを示した．溶質については，電子の移動によって結合次数が変化し，その核は緩和して新しい平衡構造をとるとしている．一方，溶媒は，D^+ と A^- の生成に伴う電荷分布の変化に応じて再配置される．マーカスはこれらの要素を考慮に入れて，電荷移動 ($DA \rightleftharpoons D^+A^-$) に伴う標準ギブズエネルギー変化と，**再組織化エネルギー**[1] λ という溶媒と溶質の緩和に伴うギブズエネルギー変化によって，この活性化ギブズエネルギーをつぎのように表したのである．

$$\Delta^{\ddagger} G = \frac{(\Delta G^\circ + \lambda)^2}{4\lambda} \qquad (36 \cdot 202)$$

この再組織化エネルギーは，供与体と受容体における結合の再配列と電子移動反応座標に沿った変化をしたときの溶媒の再配列に伴うギブズエネルギーと考えることができる．この式によれば，その活性化ギブズエネルギーは $-\Delta G^\circ = \lambda$ のとき最小である．もし，供与体と受容体の距離が固定していれば，この ΔG° の値のとき実験で求められる速度定数は最大になる．ln ($k_{実験}$) 対 $-\Delta G^\circ$ のプロットを図 36・25 に模式的に示してある．速度定数の最大値は $-\Delta G^\circ = \lambda$ のときに得られるが，電荷移動状態のギブズエネルギーが中性状態より低くなるにつれ，速度定数は小さくなると予測される．これがいわゆる電荷移動のマーカスの逆転領域である．

反応の速度定数と反応物と生成物のギブズエネルギーとの関係を図 36・26 に示す．2 種類の曲線があり，一つは中性の供与体と受容体である．もう一つは，電子移動の結果できた供与体カチオンと受容体アニオンである．供与体と受容体の配置を表すポテンシャルエネルギー曲面が放物線であるのは，エネルギーが核の振動座標に沿った変位について 2 次の依存性を示す (つまり，$V(x) = \frac{1}{2}kx^2$ である．ここで，k は結合の力の定数，x は変位である) のと合っている．電子移動は二つの曲線が交差する反応座標のところで起こり，このときの移動なら，エネルギーが保存される．また，電子移動は核の動きより速いから，反応座標上ではある一点で起こると考えられる．正常領域の ΔG° の値であれば，電子移動を行うために越えるべき障壁が存在する状況である．この障壁は，すでに述べた $\Delta^{\ddagger}G$ に相当するものである．電荷移動状態のギブズエネルギーが反応物の状態より低いほど，その反応の熱力学的駆動力は大きく，$-\Delta G^\circ = \lambda$ のとき電子移動の障壁がなくなると予測され，それは電子移動の速度定数の最大に相当している．生成物のギブズエネルギーが反応物よりもっと小さくなれば，電子移動の障

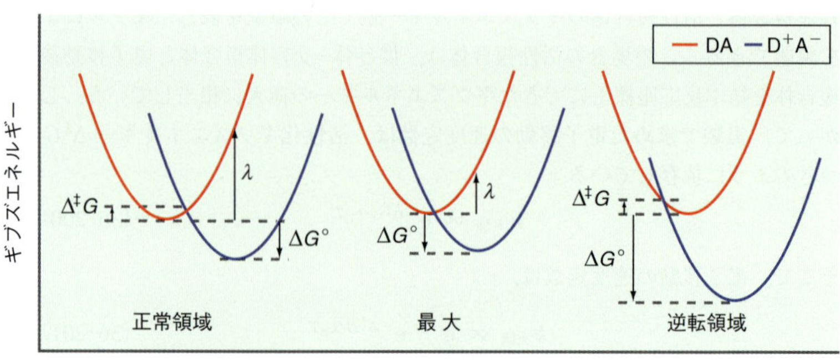

図 36・26　電子移動の反応座標に対してギブズエネルギーをプロットしたグラフ．マーカスの正常領域，最大，逆転領域に相当する ΔG° を示してある．

1) reorganization energy

壁は大きくなり，反応の速度定数は小さくなって，それはマーカスの逆転領域に相当する．

マーカスの理論の妥当性を検討するために，これまでに多くの実験研究が行われてきた．特に，逆転領域に関する知見を得るのが目的であった．逆転領域でうまく説明できた例を図36・27に示す．この場合は，ビフェニル供与体がシクロヘキサン骨格を介していろいろな受容体と結合された．受容体を変えれば，$\Delta G°$を変えられるからである．このデータによれば，駆動力が約1.1 eVを超える反応では，それが増加するほど電子移動の速度定数の測定値は明らかに小さくなっている．これ以外の系では，逆転領域の振舞いは観測されていない．たいていの系では，電子移動過程に溶質の振動の自由度が関与するために，逆転領域の活性複合体生成の障壁が低下するのである．したがって，反応の駆動力が大きくなっ

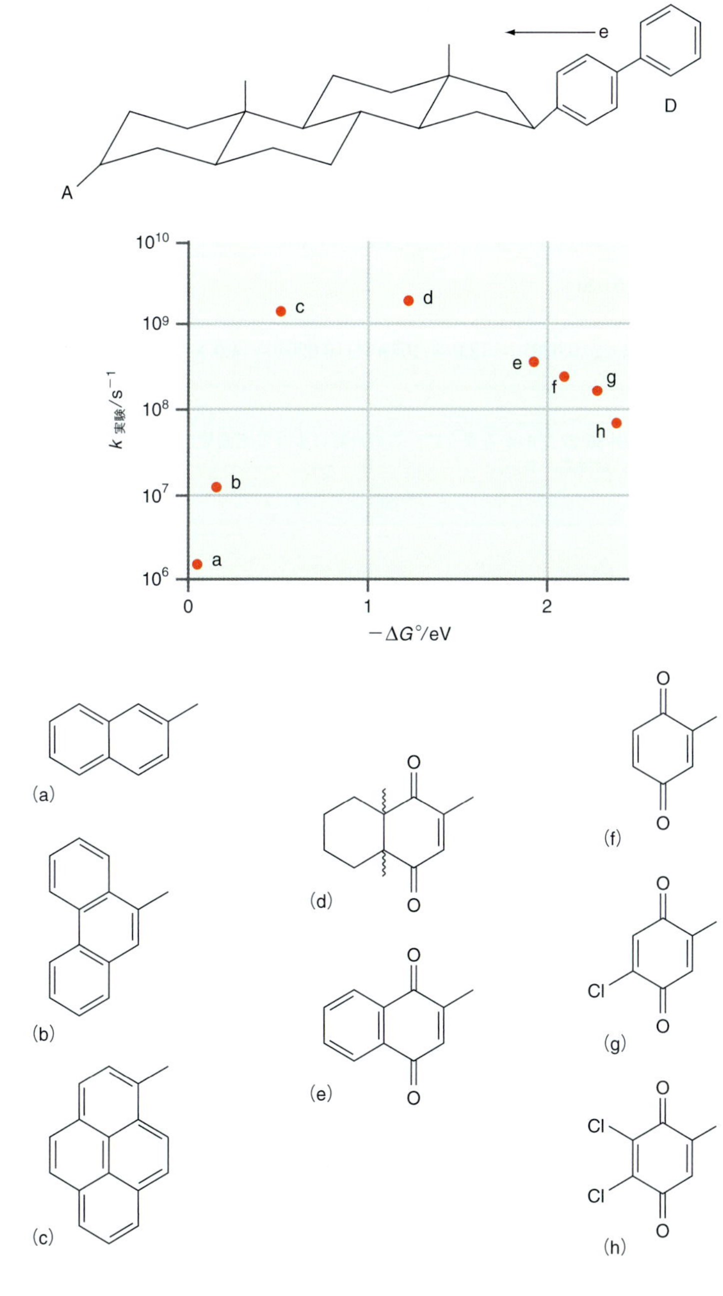

図36・27　マーカスの電子移動の逆転領域の実験による検証．この実験では，2-メチルテトラヒドロフラン中でのビフェニル供与体といろいろな受容体の間の電子移動速度が296 Kで測定された．反応の駆動力に相当する$-\Delta G°$が増加すれば，速度定数は最大を示してから再び減少する．この図は，Miller *et al.*, *J. American Chemical Society*, **106**, 3047 (1984) による．

ても速度定数は最大値に近いままである．

例題 36・7

上に示した実験結果によれば，$-\Delta G^\circ = 1.23\ \mathrm{eV}$ のとき電子移動の速度定数は最大である（約 $2.0 \times 10^9\ \mathrm{s^{-1}}$）．この結果をもとに，2–ナフトキノイル基を受容体としたとき（$-\Delta G^\circ = 1.93\ \mathrm{eV}$）の電子移動の速度定数を求めよ．

解答

電子移動の速度定数は $-\Delta G^\circ = \lambda$ のとき最大になると予測される．したがって，$\lambda = 1.23\ \mathrm{eV}$ である．この情報を使えば，電子移動の障壁はつぎのように求められる．

$$\Delta^{\ddagger} G = \frac{(\Delta G^\circ + \lambda)^2}{4\lambda} = \frac{(-1.93\ \mathrm{eV} + 1.23\ \mathrm{eV})^2}{4(1.23\ \mathrm{eV})} = 0.100\ \mathrm{eV}$$

この電子移動の障壁から，速度定数はつぎのように計算される[†6]．

$$\begin{aligned}\frac{k_{1.93\ \mathrm{eV}}}{k_{\text{最大}}} &= \mathrm{e}^{-\Delta^{\ddagger} G/k_{\mathrm{B}}T} \\ &= \exp\left(-0.100\ \mathrm{eV} \times \frac{1.60 \times 10^{-19}\ \mathrm{J}}{\mathrm{eV}} \Big/ (1.38 \times 10^{-23}\ \mathrm{J\ K^{-1}})(296\ \mathrm{K})\right) \\ &= 0.020\end{aligned}$$

$$k_{1.93\ \mathrm{eV}} = k_{\text{最大}}(0.020) = (2.0 \times 10^9\ \mathrm{s^{-1}})(0.020) = 4.0 \times 10^7\ \mathrm{s^{-1}}$$

†6 訳注：図 36･27 でわかるように，この計算によって実測値の傾向は再現できるが，定量的な一致はよくない．

用語のまとめ

1 分子反応（単分子反応）
開始段階
化学吸着
活性反応物
基質–触媒複合体
逆数プロット
吸収断面積
吸着等温線（吸着等温式）
競合阻害剤
均一系触媒
系間交差
蛍　光
蛍光共鳴エネルギー移動（FRET）
蛍光寿命
光化学過程
酵　素
高分子鎖
再組織化エネルギー
自触媒作用
ジャブロンスキー図
シュテルン–フォルマーのプロット
衝突による消光
触　媒
振動反応
成長段階
前駆平衡の近似
ターンオーバー数
単純反応
停止段階
電子移動
内部転換
反応機構
反応中間体
光物理過程
非線形反応
被 覆 率
フィードバック
不均一系触媒
複合定数
複合反応
物理吸着
分岐反応
ベルーゾフ–ザボチンスキー（BZ）反応
放射遷移
マーカス理論
ミカエリス定数
ミカエリス–メンテン機構
ミカエリス–メンテンの速度式
モル吸収係数
ラインウィーバー–バークの式
ラインウィーバー–バークのプロット
ラジカル
ラジカル重合反応
ラングミュアの吸着等温式（吸着等温線）
ラングミュアのモデル
量子収量
量 論 数
り ん 光
リンデマン機構
連鎖反応
ロトカ–ボルテラ機構

文章問題

Q 36.1 単純反応と複合反応の違いは何か.

Q 36.2 ある反応機構が正しいためには，どんな性質を示さなければならないか.

Q 36.3 反応中間体とは何か．全反応の速度式に中間体が入ることはあるか.

Q 36.4 前駆平衡の近似とは何か．どんな条件のときに使えると考えられるか.

Q 36.5 1分子反応のリンデマン機構のおもな仮定は何か.

Q 36.6 触媒はどう定義できるか．それは反応速度をどのようにして増加させるか.

Q 36.7 酵素とは何か．酵素触媒作用を説明する一般的な機構は何か.

Q 36.8 ミカエリス－メンテンの速度式はどんなものか．その速度式から予測される最大速度はいくらか.

Q 36.9 競合阻害を表すには，標準的な酵素速度論をどう変更すればよいか．競合阻害を表し，阻害に伴う速度論パラメーターを求めるには，どんなプロットをすればよいか.

Q 36.10 均一系触媒と不均一系触媒の違いは何か.

Q 36.11 表面吸着に関するラングミュアのモデルで設定する仮定は何か.

Q 36.12 ラジカルとは何か．ラジカルが関与する反応機構にはどんな素過程が関係しているか.

Q 36.13 ラジカル重合反応は，一般のラジカル反応とどういう点で類似しているか.

Q 36.14 自触媒作用とは何か.

Q 36.15 振動反応とは何か.

Q 36.16 光化学とは何か．フォトンのエネルギーを計算するにはどうすればよいか.

Q 36.17 第一励起一重項状態から脱励起する経路にどんなものがあるか．第一励起三重項状態についてはどうか.

Q 36.18 シュテルン－フォルマーのプロットから，励起状態の寿命の消光剤の濃度による変化はどう予測されるか.

Q 36.19 フェルスターのモデルで予測される蛍光共鳴エネルギー移動の距離依存性はどんなものか.

Q 36.20 マーカス理論によれば，電子移動の速度定数に影響を与える二つの要素は何か.

数値問題

赤字番号の問題の解説が解答･解説集にある(上巻 vii 頁参照).

P 36.1 $NO_2(g)$ と $O_3(g)$ から $N_2O_5(g)$ を生成する反応の機構として，つぎの反応が提案されている.

$$NO_2(g) + O_3(g) \xrightarrow{k_1} NO_3(g) + O_2(g)$$

$$NO_2(g) + NO_3(g) + M(g) \xrightarrow{k_2} N_2O_5(g) + M(g)$$

この機構による $N_2O_5(g)$ の生成反応の速度式を求めよ.

P 36.2 一酸化窒素 $NO(g)$ と水素分子 $H_2(g)$ の反応によって，つぎのように窒素分子と水が生成する.

$$2NO(g) + 2H_2(g) \longrightarrow N_2(g) + 2H_2O(g)$$

この反応について実験で求めた速度式は，$H_2(g)$ について1次，$NO(g)$ について2次であった.

a. この反応式のかたちは，実験で求めた次数と合っているか.

b. この反応の機構として有力なのは，つぎの反応である.

$$H_2(g) + 2NO(g) \xrightarrow{k_1} N_2O(g) + H_2O(g)$$

$$H_2(g) + N_2O(g) \xrightarrow{k_2} N_2(g) + H_2O(g)$$

この機構は実験で求めた速度式と合っているか.

c. この反応で考えられるもう一つの機構は，つぎのようなものである.

$$2NO(g) \underset{k_{-1}}{\overset{k_1}{\rightleftharpoons}} N_2O_2(g) \text{（速い）}$$

$$H_2(g) + N_2O_2(g) \xrightarrow{k_2} N_2O(g) + H_2O(g)$$

$$H_2(g) + N_2O(g) \xrightarrow{k_3} N_2(g) + H_2O(g)$$

この機構が実験で求めた速度式と合っていることを示せ.

P 36.3 対流圏では，一酸化炭素と二酸化窒素がつぎの反応を起こす.

$$NO_2(g) + CO(g) \longrightarrow NO(g) + CO_2(g)$$

この反応の実験で求めた速度式は $NO_2(g)$ について2次であり，$NO_3(g)$ は中間体とされた．これらの実験結果と合う反応機構を考えよ.

P 36.4 アセトアルデヒド $CH_3CO(g)$ の熱分解のライス－ヘルツフェルトの機構は，つぎのようなものである.

$$CH_3CHO(g) \xrightarrow{k_1} CH_3\cdot(g) + CHO\cdot(g)$$

$$CH_3\cdot(g) + CH_3CHO(g) \xrightarrow{k_2} CH_4(g) + CH_2CHO\cdot(g)$$

$$CH_2CHO\cdot(g) \xrightarrow{k_3} CO(g) + CH_3\cdot(g)$$

$$CH_3\cdot(g) + CH_3\cdot(g) \xrightarrow{k_4} C_2H_6(g)$$

定常状態の近似を使って，メタン $CH_4(g)$ の生成速度を求めよ.

P 36.5 オゾンの熱分解について，つぎの機構を考えよう．

$$O_3(g) \underset{k_{-1}}{\overset{k_1}{\rightleftharpoons}} O_2(g) + O(g)$$

$$O_3(g) + O(g) \xrightarrow{k_2} 2O_2(g)$$

a. $O_3(g)$ の消費を表す速度式を導け．

b. $O_3(g)$ の分解反応の速度式は，どんな条件なら $O_3(g)$ について1次となるか．

P 36.6 相補的な2個の一本鎖（S と S′）から，中間体ヘリックス（IH）が介在するつぎの機構によって二本鎖（DS）DNA が生成する反応について考えよう．

$$S + S' \underset{k_{-1}}{\overset{k_1}{\rightleftharpoons}} IH$$

$$IH \xrightarrow{k_2} DS$$

a. 前駆平衡の近似を使って，この反応の速度式を導け．

b. 中間体 IH について定常状態の近似を使って，この反応の速度式を求めよ．

P 36.7 水素-臭素の反応，$H_2(g) + Br_2(g) \rightleftharpoons 2HBr(g)$ によって，$H_2(g)$ と $Br_2(g)$ から HBr(g) が生成する．この反応は速度式が複雑なことで有名であり，それは1906年にボーデンシュタインとリンドによってつぎのように求められた．

$$\frac{d[HBr]}{dt} = \frac{k[H_2][Br_2]^{1/2}}{1 + \dfrac{m[HBr]}{[Br_2]}}$$

k と m は定数である．この反応について可能な機構が提案されるのに13年もかかった．この偉業はクリスチャンセンとヘルツフェルド，ポラニによっても同時に成し遂げられた．その機構はつぎの通りである．

$$Br_2(g) \underset{k_{-1}}{\overset{k_1}{\rightleftharpoons}} 2Br\cdot(g)$$

$$Br\cdot(g) + H_2(g) \xrightarrow{k_2} HBr(g) + H\cdot(g)$$

$$H\cdot(g) + Br_2(g) \xrightarrow{k_3} HBr(g) + Br\cdot(g)$$

$$HBr(g) + H\cdot(g) \xrightarrow{k_4} H_2(g) + Br\cdot(g)$$

つぎの段階を経ながら，この水素-臭素の反応に対する速度式をつくれ．

a. [HBr] の微分形速度式を書け．

b. [Br·] と [H·] の微分形速度式を書け．

c. Br·(g) と H·(g) は反応中間体であるから，(b) の結果に定常状態の近似を適用せよ．

d. (c) で求めた二つの式を加えて，$[Br_2]$ を使って [Br·] を求めよ．

e. (c) で導いた [H·] の式に [Br·] の式を代入し，[H·] について解け．

f. (e) で求めた [Br·] と [H·] の式を [HBr] の微分形速度式に代入し，この反応の速度式を導け．

P 36.8

a. 問題 P36.7 で示した水素-臭素の反応について，Br_2 と H_2 だけしか存在せずに反応が開始したとしよう．$t=0$ での速度式が次式で表されることを示せ．

$$\left(\frac{d[HBr]}{dt}\right)_{t=0} = 2k_2\left(\frac{k_1}{k_{-1}}\right)^{1/2}[H_2]_0[Br_2]_0^{1/2}$$

b. 速度定数の活性化エネルギーはつぎの通りである．

速度定数	ΔE_a/kJ mol^{-1}
k_1	192
k_2	0
k_{-1}	74

この反応全体の活性化エネルギーはいくらか．

c. 温度が 298 K から 400 K に上昇したとき，反応速度はどれだけ変化するか．

P 36.9 水溶液中での反応，$I^-(aq) + OCl^-(aq) \rightleftharpoons OI^-(aq) + Cl^-(aq)$ では，つぎの機構が提案された．

$$OCl^-(aq) + H_2O(l) \underset{k_{-1}}{\overset{k_1}{\rightleftharpoons}} HOCl(aq) + OH^-(aq)$$

$$I^-(aq) + HOCl(aq) \xrightarrow{k_2} HOI(aq) + Cl^-(aq)$$

$$HOI(aq) + OH^-(aq) \xrightarrow{k_3} H_2O(l) + OI^-(aq)$$

a. この機構にもとづいて，この反応の速度式を導け．〔ヒント：速度式には $[OH^-]$ が現れる．〕

b. Chia と Connick によって，この反応の初速度が濃度の関数で調べられ，つぎのデータが得られた［*J. Physical Chemistry*, **63**, 1518 (1959)］．

$[I^-]_0$/M	$[OCl^-]_0$/M	$[OH^-]_0$/M	初速度/M s^{-1}
2.0×10^{-3}	1.5×10^{-3}	1.00	1.8×10^{-4}
4.0×10^{-3}	1.5×10^{-3}	1.00	3.6×10^{-4}
2.0×10^{-3}	3.0×10^{-3}	2.00	1.8×10^{-4}
4.0×10^{-3}	3.0×10^{-3}	1.00	7.2×10^{-4}

上の機構で導いた速度式の予測は，このデータと合っているか．

P 36.10 前駆平衡の近似を使って，つぎの機構で予測される速度式を導け．

$$A_2 \underset{k_{-1}}{\overset{k_1}{\rightleftharpoons}} 2A$$

$$A + B \xrightarrow{k_2} P$$

P 36.11 つぎの機構で生成物Pが生成される反応を考えよう．

$$A \underset{k_{-1}}{\overset{k_1}{\rightleftharpoons}} B \underset{k_{-2}}{\overset{k_2}{\rightleftharpoons}} C$$

$$B \xrightarrow{k_3} P$$

$t=0$ では化学種Aしか存在しないとしたとき，Pの濃度の時間変化を表す式を求めよ．この式を導くには，前駆平衡の近似が使える．

P 36.12 シクロプロパンの気相でのつぎの異性化反応について考えよう．

$$\text{(CH}_2)_3 \text{ (cyclopropane)} \longrightarrow CH_3CH{=}CH_2$$

圧力の関数として測定したつぎの速度定数のデータは，リンデマン機構と合っているか．

P/Torr	$k/10^4\ s^{-1}$	P/Torr	$k/10^4\ s^{-1}$
84.1	2.98	1.36	1.30
34.0	2.82	0.569	0.857
11.0	2.23	0.170	0.486
6.07	2.00	0.120	0.392
2.89	1.54	0.067	0.303

P 36.13 リンデマン機構では，反応物分子Aと別の反応物分子Aの衝突による活性化速度は，反応物でない緩衝気体などの分子Mとの衝突と同じと仮定した．この二つの過程の活性化速度が異なるとしたらどうなるだろうか．この場合の反応機構はつぎのようになる．

$$A + M \underset{k_{-1}}{\overset{k_1}{\rightleftharpoons}} A^* + M$$

$$A + A \underset{k_{-2}}{\overset{k_2}{\rightleftharpoons}} A^* + A$$

$$A^* \xrightarrow{k_3} P$$

a. この機構の速度式が次式で表せることを示せ．

$$R = \frac{k_3(k_1[A][M] + k_2[A]^2)}{k_{-1}[M] + k_{-2}[A] + k_3}$$

b. $[M]=0$ のとき，この速度式は予想されるかたちになるか．

P 36.14 シクロブタンからブチレンへの1分子異性化反応について，350 K での $k_{1分子}$ が圧力の関数で測定され，つぎのデータが得られた．

P_0/Torr	110	210	390	760
$k_{1分子}/s^{-1}$	9.58	10.3	10.8	11.1

この反応はリンデマン機構でよく説明できると仮定して，k_1 および k_{-1}/k_2 の比を求めよ．

P 36.15 つぎの機構で起こる $N_2O_5(g)$ の衝突誘起の解離反応を考えよう．

$$N_2O_5(g) + N_2O_5(g) \underset{k_{-1}}{\overset{k_1}{\rightleftharpoons}} N_2O_5(g)^* + N_2O_5(g)$$

$$N_2O_5(g)^* \xrightarrow{k_2} NO_2(g) + NO_3(g)$$

はじめの反応式にある * は，衝突によって活性化された反応物であることを示している．この反応は，$N_2O_5(g)$ の濃度によって，$N_2O_5(g)$ について1次か2次になることが実験でわかっている．この結果に合う速度式を導け．

P 36.16 酵素フマラーゼはフマル酸の加水分解反応，フマル酸(aq) + H_2O(l) → L-リンゴ酸(aq) を触媒する．この酵素のターンオーバー数は $2.5 \times 10^3\ s^{-1}$，ミカエリス定数は 4.2×10^{-6} M である．この酵素の初濃度 1×10^{-6} M，フマル酸の初濃度 2×10^{-4} M であったとして，フマル酸の変換速度を求めよ．

P 36.17 酵素カタラーゼは，過酸化水素の分解を触媒する．反応速度のデータが基質濃度の関数としてつぎのように得られている．

$[H_2O_2]_0$/M	0.001	0.002	0.005
初速度/M s^{-1}	1.38×10^{-3}	2.67×10^{-3}	6.00×10^{-3}

カタラーゼの濃度は 3.50×10^{-9} M である．これらのデータを使って，$R_{最大}$，K_m，この酵素のターンオーバー数を求めよ．

P 36.18 酵素セリンプロテアーゼの一種を使ってペプチド結合の加水分解を行った．この名称は，酵素の機能として重要なセリン残基が高度に保持されるという性質に由来している．この酵素の一員にキモトリプシンがあり，それはフェニルアラニンやロイシン，チロシンなどの疎水性側鎖をもつアミノ酸残基のC末端側を優先的に切断する機能がある．たとえば，N-ベンゾイル-チロシルアミド(NBT)や N-アセチル-チロシルアミド(NAT)はキモトリプシンによって開裂される．

N-ベンゾイル-チロシルアミド(NBT)　　N-アセチル-チロシルアミド(NAT)

a. キモトリプシンによるNBTの開裂が調べられ，基質濃度の関数としてつぎの反応速度が測定された．

[NBT]/mM	1.00	2.00	4.00	6.00	8.00
R_0/mM s^{-1}	0.040	0.062	0.082	0.099	0.107

これらのデータを使って，NBTを基質としたときのキモ

トリプシンの K_m と $R_{最大}$ を求めよ．

b. NAT の開裂についても調べられ，基質濃度の関数としてつぎの反応速度が測定された．

[NAT]/mM	1.00	2.00	4.00	6.00	8.00
R_0/mM s^{-1}	0.004	0.008	0.016	0.022	0.028

これらのデータを使って，NAT を基質としたときのキモトリプシンの K_m と $R_{最大}$ を求めよ．

P 36.19　タンパク質チロシンホスファターゼ（PTP アーゼ）は，糖尿病や肥満症などいろいろな疾病過程に関与する酵素の一般的な分類名である．計算手法を使った Z.-Y. Zhang らの研究によって［*J. Medicinal Chemistry*, **43**, 146 (2000)］，PTP1B という特定の PTP アーゼについて有望な競合阻害剤が見いだされた．その競合阻害剤の一つの構造をつぎに示す．

PTP1B 阻害剤

阻害剤 I がある場合とない場合で反応速度を求めたところ，基質濃度の関数としてつぎの初速度が得られた．

[S]/μM	R_0/μM s^{-1}([I] = 0)	R_0/μM s^{-1} ([I] = 200 μM)
0.299	0.071	0.018
0.500	0.100	0.030
0.820	0.143	0.042
1.22	0.250	0.070
1.75	0.286	0.105
2.85	0.333	0.159
5.00	0.400	0.200
5.88	0.500	0.250

a. PTP1B について，K_m と $R_{最大}$ を求めよ．

b. この阻害が競合的であることを示し，K_I を求めよ．

P 36.20　反応物または生成物がキラルである場合は，その試料の旋光の変化を測定すれば反応速度を求めることができる．この方法は，糖類が関与する酵素触媒作用の速度論研究に特に有効である．たとえば，酵素インベルターゼは，光学活性な糖であるスクロースの加水分解を触媒する．スクロースの濃度の関数として測定された初速度はつぎの通りである．

[スクロース]$_0$/M	R_0/M s^{-1}
0.029	0.182
0.059	0.266
0.088	0.310
0.117	0.330
0.175	0.362
0.234	0.361

これらのデータを使って，インベルターゼのミカエリス定数を求めよ．

P 36.21　酵素グリコーゲンシンターゼ（グリコーゲン合成酵素）キナーゼ 3β（GSK-3β）は，アルツハイマー病で中心的な役割をする．アルツハイマー病の始まりは，"τ" という高度にリン酸化したタンパク質が生成することによる．GSK-3β は τ の過剰リン酸化に関与しているから，この酵素の活性を阻害すればアルツハイマー病の薬を開発する道筋が与えられる．Ro 31-8220 という化合物は，GSK-3β の競合阻害剤である．GSK-3β の活性の速度について，この Ro 31-8220 がある場合とない場合でつぎのデータが得られた［A. Martinez *et al.*, *J. Medicinal Chemistry*, **45**, 1292 (2002)］．

[S]/μM	R_0/μM s^{-1}([I] = 0)	R_0/μM s^{-1} ([I] = 200 μM)
66.7	4.17×10^{-8}	3.33×10^{-8}
40.0	3.97×10^{-8}	2.98×10^{-8}
20.0	3.62×10^{-8}	2.38×10^{-8}
13.3	3.27×10^{-8}	1.81×10^{-8}
10.0	2.98×10^{-8}	1.39×10^{-8}
6.67	2.31×10^{-8}	1.04×10^{-8}

GSK-3β について，K_m と $R_{最大}$ を求めよ．また，阻害剤があるときのデータを使って，K_m^* と K_I を求めよ．

P 36.22　ミカエリス-メンテン機構では，酵素-基質の複合体から生成物が生成する反応は非可逆的であると仮定している．ここでは，生成物の生成段階が可逆なつぎの場合について考えよう．

$$\mathrm{E + S} \underset{k_{-1}}{\overset{k_1}{\rightleftharpoons}} \mathrm{ES} \underset{k_{-2}}{\overset{k_2}{\rightleftharpoons}} \mathrm{E + P}$$

$[S]_0 \gg [E]_0$ の極限でのこの機構のミカエリス定数の式を導け．

P 36.23　ある酵素がミカエリス-メンテンの速度論に合うかどうかを求めたり，その速度論パラメーターを求めたりするには，逆数プロットをすれば比較的簡単である．しかしながら，このプロットで勾配を求めるときには，基質の低濃度側にかなり補外する必要がある．この逆数プロットに代わるもう一つのイーディー-ホフステーのプロットでは，速度を基質濃度で割った量に対して速度をプロットして，データに直線を合わせる．

a. ミカエリス-メンテン機構で与えられる一般的なつぎの速度式から始め，

$$R_0 = \frac{R_{最大}[S]_0}{[S]_0 + K_m}$$

これを変形して，イーディー-ホフステーのプロットに使えるつぎの式をつくれ．

$$R_0 = R_{最大} - K_m\left(\frac{R_0}{[S]_0}\right)$$

b. つぎのデータとイーディー–ホフステーのプロットを使って，酵素インベルターゼによるスクロースの加水分解に対する $R_{最大}$ と K_m を求めよ．

[スクロース]$_0$/M	R_0/M s^{-1}
0.029	0.182
0.059	0.266
0.088	0.310
0.117	0.330
0.175	0.362
0.234	0.361

P 36.24　つぎのラジカル連鎖反応で予測される速度式を求めよ．

$$A_2 \xrightarrow{k_1} 2A\cdot$$

$$A\cdot \xrightarrow{k_2} B\cdot + C$$

$$A\cdot + B\cdot \xrightarrow{k_3} P$$

$$A\cdot + P \xrightarrow{k_4} B\cdot$$

P 36.25　炭化水素 (RH) のハロゲン化の全反応で，ハロゲンとして Br を使ったときの反応 $RH(g) + Br_2(g) \longrightarrow RBr(g) + HBr(g)$ について考えよう．つぎの機構が提案されてきた．

$$Br_2(g) \xrightarrow{k_1} 2Br\cdot(g)$$

$$Br\cdot(g) + RH(g) \xrightarrow{k_2} R\cdot(g) + HBr(g)$$

$$R\cdot(g) + Br_2(g) \xrightarrow{k_3} RBr(g) + Br\cdot(g)$$

$$Br\cdot(g) + R\cdot(g) \xrightarrow{k_4} RBr(g)$$

この機構で予測される速度式を求めよ．

P 36.26　塩化ビニルの塩素化反応 $C_2H_3Cl + Cl_2 \longrightarrow C_2H_3Cl_3$ は，つぎの機構で進行すると考えられている．

$$Cl_2 \xrightarrow{k_1} 2Cl\cdot$$

$$Cl\cdot + C_2H_3Cl \xrightarrow{k_2} C_2H_3Cl_2\cdot$$

$$C_2H_3Cl_2\cdot + Cl_2 \xrightarrow{k_3} C_2H_3Cl_3 + Cl\cdot$$

$$C_2H_3Cl_2\cdot + C_2H_3Cl_2\cdot \xrightarrow{k_4} \text{安定化学種}$$

この機構にもとづいて，塩化ビニルの塩素化反応の速度式を導け．

P 36.27　本文で述べた吸着に解離を伴うつぎの解離性吸着機構について，被覆率を圧力の関数で表した式を求めよ．

$$R_2(g) + 2M(\text{表面}) \underset{k_d}{\overset{k_a}{\rightleftharpoons}} 2RM(\text{表面})$$

P 36.28　活性炭の試料への塩化エチルの吸着について，0°C で圧力をいろいろ変えて測定し，つぎのデータを得た．

$P_{C_2H_5Cl}$/Torr	$V_{吸着}$/mL
20	3.0
50	3.8
100	4.3
200	4.7
300	4.8

ラングミュアの吸着等温式を使って，それぞれの圧力における被覆率と V_m を求めよ．

P 36.29　ラングミュアの吸着モデルには限界があるから，経験的に得られたいろいろな吸着等温式が提案され，それによって実験で得られた等温線の再現が改善されてきた．そのうちの一つに $V_{吸着} = r\ln(sP)$ で表されるテムキンの等温式がある．$V_{吸着}$ は吸着した気体の体積，P は圧力，r と s は実験で得られる定数である．

a. テムキンの等温式では，どんなプロットをすれば直線が得られると予測できるか．

b. (a) の答を使って，問題 P36.28 に示したデータに合う r と s を求めよ．

P 36.30　つぎのデータを使って，マイカ表面に吸着した窒素を表すラングミュアの吸着等温式を求めよ．

$V_{吸着}$/cm^3 g^{-1}	P/Torr
0.494	2.1×10^{-3}
0.782	4.60×10^{-3}
1.16	1.30×10^{-2}

P 36.31　多くの表面反応では，2 種以上の気体の吸着が必要である．気体が 2 種ある場合，表面サイトに気体が吸着すればそれだけ使える表面サイトの数が減るものと仮定して，それぞれの気体の被覆率を表す式を導け．

P 36.32　DNA マイクロアレイ，または“DNA チップ”は 1996 年に市場にはじめて現れた．このチップは多数の正方形パッチに区分されており，それぞれのパッチの基板には同じ結合順序(シーケンス)をもつ DNA のストランドが固定してある．これらのパッチは，DNA のシーケンスの違いによって区別される．そこで，シーケンスのわからない DNA または mRNA をチップに導入し，加えたストランドがどのパッチで結合するかを監視するものである．この手法はゲノムマッピングなど多くの分野で応用されている．

このチップを結合サイトがある表面と考え，それぞれのパッチに DNA が付くのをラングミュアのモデルで表すことにしよう．このとき，298 K で濃度が同じ 2 本の DNA ストランドについて，パッチの被覆率を 0.90 から 0.10 に変化させるのに必要な結合ギブズエネルギーの差はいくらか．この計算を行うには，被覆率を表す式の圧力 (P) を濃度 (c) で置き換える．また，$K = \exp(-\Delta G/RT)$ である．

P 36.33　別のタイプの自触媒反応として，つぎの素過程で表される3次反応がある．

$$A + 2B \longrightarrow 3B$$

この素過程の速度式を書け．これに相当するξ（反応進行度）についての微分形速度式を書け．

P 36.34（挑戦問題）“ブリュッセレーター”というつぎの反応機構（この機構を最初に見いだしたブリュッセルの研究グループに因んだ名称）では，3次の自触媒反応が重要である．

$$A \xrightarrow{k_1} X$$

$$2X + Y \xrightarrow{k_2} 3X$$

$$B + X \xrightarrow{k_3} Y + C$$

$$X \xrightarrow{k_4} D$$

もし，[A]と[B]を一定に保てば，この機構は興味深い振動挙動を示す．ここではそれを調べよう．

a. この機構における自己触媒はどれか．

b. [X]と[Y]について微分形速度式を書け．

c. これらの微分形速度式を使って，オイラー法（35·6節）を用いて[X]と[Y]の時間変化を計算せよ．ただし，$k_1 = 1.2\ \mathrm{s^{-1}}$，$k_2 = 0.5\ \mathrm{M^{-2}\,s^{-1}}$，$k_3 = 3.0\ \mathrm{M^{-1}\,s^{-1}}$，$k_4 = 1.2\ \mathrm{s^{-1}}$，$[A]_0 = [B]_0 = 1\ \mathrm{M}$とする．まず，$[X]_0 = 0.5\ \mathrm{M}$，$[Y]_0 = 0.1\ \mathrm{M}$から始めよ．[X]に対して[Y]をプロットすれば，つぎの図の上側のグラフが得られるはずである．

d. $[X]_0 = 3.0\ \mathrm{M}$，$[Y]_0 = 3.0\ \mathrm{M}$として，(c)と同じ計算を行え．[X]に対して[Y]をプロットすれば，つぎの図の下側のグラフが得られるはずである．

e. 二つのグラフを比較すればわかるように，反応開始の条件（黒点で表してある）が違っている．系が示す振動状態について，これらのグラフは何を表しているか．

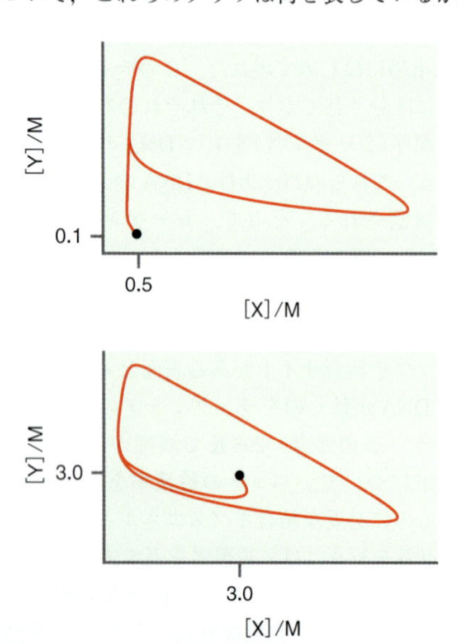

P 36.35 カーマック-マッケンドリックのモデルは，感染症の流行によって感染者数が増えたり減ったりするのを説明するのに提案された．このモデルでは，感受性保持（免疫をもたない）者(S)と感染者(I)，免疫保持者(R)がつぎの機構によって相互作用を行う．

$$S + I \xrightarrow{k_1} I + I$$

$$I \xrightarrow{k_2} R$$

a. S, I, Rについてそれぞれ微分形速度式を書け．

b. この機構で鍵となる量は疫学的なしきい値であり，それは$[S]k_1/k_2$の比で定義される．この比が1より大きければ，この感染症は広がる．一方，このしきい値が1より小さければ，感染症は収束する．この機構にもとづいて，この振舞いがなぜ観測されるかを説明せよ．

P 36.36 日焼けは，太陽光の主としてUVBバンドによって起こる．それは，波長290 nmから320 nmの光である．日焼け（紅斑）を生じるのに必要な最小の放射線量をMED（最小紅斑線量）という．日焼けに対して平均的な耐性をもつ人のMEDは$50.0\ \mathrm{mJ\,cm^{-2}}$である．

a. このMEDに相当する波長290 nmのフォトンの数を求めよ．ただし，全部のフォトンが吸収されるものとする．同じ計算を波長320 nmのフォトンについて行え．

b. 緯度20°の地表での太陽光のUVBバンドの流束は$1.45\ \mathrm{mW\,cm^{-2}}$である．フォトンはすべて吸収されるとして，皮膚を防御していない人が1 MEDを受けるまで太陽に向かえる時間はどれだけか．

P 36.37 アセトアルデヒドの光分解反応で考えられる機構は，

$$CH_3CHO(g) + h\nu \longrightarrow CH_3\cdot(g) + CHO\cdot(g)$$

$$CH_3\cdot(g) + CH_3CHO(g) \xrightarrow{k_1} CH_4(g) + CH_3CO\cdot(g)$$

$$CH_3CO\cdot(g) \xrightarrow{k_2} CO(g) + CH_3\cdot(g)$$

$$CH_3\cdot(g) + CH_3\cdot(g) \xrightarrow{k_3} C_2H_6(g)$$

である．この機構にもとづいて，CO(g)の生成を表す速度式を求めよ．

P 36.38 $\tau_{蛍光} = 1\times10^{-10}\ \mathrm{s}$，$k_{IC} = 5\times10^{8}\ \mathrm{s^{-1}}$ のとき，$\phi_{蛍光}$はいくらか．系間交差と消光の速度定数は小さく，これらの過程は無視できると仮定する．

P 36.39 気体アセトンの光分解で生成するCO(g)の量子収量は，250 nmと320 nmの間の波長については1である．313 nmの光を20.0分間照射したところ，$18.4\ \mathrm{cm^3}$のCO(g)が生成した（22 °Cで測定して1008 Paであった）．吸収したフォトンの数と吸収強度（単位$\mathrm{J\,s^{-1}}$）を計算せよ．

P 36.40 100 Wの白熱球では，そのエネルギーの10パーセントが平均波長600 nmの可視光のかたちで放出されるとして，この電球から放出されるフォトンの数は毎秒何個か．

P 36.41 77 K のガラス状態のアルコール–エーテル中でのフェナントレンの三重項状態の寿命の測定値 $\tau_{りん光}$ は 3.3 s，蛍光の量子収量は 0.12，りん光の量子収量は 0.13 であった．消光も一重項状態からの内部転換も起こらないと仮定する．$k_{りん光}$，k_{ISC}^{T}，$k_{ISC}^{S}/k_{蛍光}$ を求めよ．

P 36.42 この問題では，単一分子の蛍光実験に関係するパラメーターについて調べよう．具体的には，妥当な信号対雑音比（S/N 比）で 1 個の分子を観察するのに必要な入力フォトンの強度を求めよう．

a. ローダミン色素分子は，蛍光量子収量が大きいため，この実験によく使われる．ローダミン B（特定のローダミン色素）の蛍光量子収量を求めよ．ただし，$k_{蛍光} = 1 \times 10^9\ s^{-1}$，$k_{IC} = 1 \times 10^8\ s^{-1}$ である．答を導くのに，系間交差と消光は無視してよい．

b. 実験のための光学系と検出器の選定に十分注意を払えば，検出効率 10 パーセントというのは達成しやすい．また，検出器のノイズが実験の限界を決めることが多く，そのノイズはふつう毎秒 10 カウント程度である．10：1 の S/N 比が必要であるとすれば，毎秒 100 カウントを検出する必要がある．ローダミン B の蛍光量子収量とモル吸収係数（約 40 000 $M^{-1}\ cm^{-1}$）を使って，この実験に必要な光の強度を求めよ．フォトン $cm^{-2}\ s^{-1}$ の単位で答えよ．

c. 従来の屈折光学系を使った顕微鏡で得られる集束点の最小直径は，入射光の波長の約半分である．ローダミン B の研究にはふつう 532 nm の光を使うから，その集束点の直径は約 270 nm である．この直径の値を使って，この実験を行うのに必要な入射光の強度（単位 W）を求めよ．この値は意外に小さいと思うことだろう．

P 36.43 飛行機を設計するときの重要な課題は，翼の揚力を改善することである．もっと効率のよい翼を設計するために風洞テストが行われる．このとき，翼のいろいろな箇所の圧力を測定するが，ふつうは最小限の圧力素子しか使用しない．近年では，感圧性塗料が開発され，翼にかかる圧力がもっと詳しくわかるようになった．この塗料には，酸素透過性の塗料に発光分子が分散させてあり，これで飛行機の翼が塗られる．翼を風洞の中に置いて，塗料からの発光を測定する．その発光強度を監視して O_2 の圧力変化を測定するのである．その強度が弱ければ，その部分は O_2 の圧力が高くて消光が効果的に起こっていることになる．

a. 感圧性塗料の酸素検知素子として白金オクタエチルポルフィリン（PtOEP）を使ったという報告が Gouterman らの論文にある［*Review of Scientific Instruments*, **61**, 3340 (1990)］．この論文では，発光強度と圧力に成り立つつぎの関係を導いてある．$I_0/I = A + B(P/P_0)$．I_0 は常圧 P_0 での発光強度であり，I は任意の圧力 P での発光強度である．シュテルン–フォルマーの式，$k_{全} = 1/\tau_{発光} = k_{発光} + k_{消光}[Q]$ を使って，上の式の係数 A と B を求めよ．ここで，$\tau_{発光}$ は発光の寿命，$k_{発光}$ は発光の速度定数，$k_{消光}$ は消光の速度定数である．また，発光の強度比は，つぎのように常圧での発光量子収量 Φ_0 と任意の圧力での発光量子収量 Φ の比に等しい．

$$\Phi_0/\Phi = I_0/I$$

b. PtOEP で測定された圧力に対する強度比のつぎの校正データを使って，A と B を求めよ．

I_0/I	P/P_0	I_0/I	P/P_0
1.0	1.0	0.65	0.46
0.9	0.86	0.61	0.40
0.87	0.80	0.55	0.34
0.83	0.75	0.50	0.28
0.77	0.65	0.46	0.20
0.70	0.53	0.35	0.10

c. 常圧 1 atm では，翼の前方と後方でそれぞれ $I_0 = 50\,000$（単位は任意）と 40 000 であった．風洞を作動させて流速をマッハ 0.36 にしたときは，前方と後方でそれぞれ 65 000 と 45 000 であった．このときの翼の前方と後方の圧力差はいくらか．

P 36.44 生物学的な系を調べるのに，酸素検出法が重要になることは多い．たとえば，樹木の辺材内部の酸素含量の変化が del Hierro らによって詳しく測定された［*J. Experimental Botany*, **53**, 559 (2002)］．それは，光ファイバーを樹木に挿入して酸素含量を監視するもので，その光ファイバーの先端に付けたゾル–ゲル物質に捕捉された $[Ru(dpp)_3]^{2+}$ の発光強度を測定する．酸素含量が多いほど，このルテニウム錯体からの発光は消光される．O_2 による $[Ru(dpp)_3]^{2+}$ の消光については，すでに Bright らによって測定され，つぎのデータが得られていた［*Applied Spectroscopy*, **52**, 750 (1998)］．

I_0/I	O_2 の相対濃度（パーセント）
3.6	12
4.8	20
7.8	47
12.2	100

a. この表のデータを使ってシュテルン–フォルマーのプロットをつくれ．$[Ru(dpp)_3]^{2+}$ では $k_r = 1.77 \times 10^5\ s^{-1}$ である．$k_{消光}$ を求めよ．

b. シュテルン–フォルマーの予測を実際の消光データと比較した著者らは，ゾル–ゲル環境にある $[Ru(dpp)_3]^{2+}$ 分子の一部は O_2 に均等に触れることができないと考えた．どういう結果から著者らはそう考えるに至ったと思うか．

P 36.45 ピレン/クマリンの FRET 対（$r_0 = 39$ Å）を使って，反応進行中の酵素の構造のゆらぎを調べた．計算によれば，ある配置ではこの対は 35 Å 離れており，別の配置では 46 Å である．この二つの配置状態の間で予測される

FRET 効率の差はどれだけか．

P 36.46　T4 リゾチームにおけるコンホメーションの変化を監視する FRET 実験で，蛍光強度は毎秒 5000 カウントと 10 000 カウントの間でゆらぎを示した．7500 カウントが FRET 効率 0.5 に相当するとして，反応進行中の FRET 対の距離の変化を求めよ．使用したテトラメチルローダミン/テキサスレッドの FRET 対では，$r_0 = 50$ Å である．

P 36.47　FRET を使った場合にやっかいなのは，局所環境のゆらぎが供与体や受容体の S_0-S_1 のエネルギー差に影響を及ぼすことである．このゆらぎが FRET 実験にどう影響するかを説明せよ．

P 36.48　FRET を使えば，DNA の 2 個の相補ストランドのハイブリッド形成を追跡することができる．2 本のストランドが結合して二重らせんができれば，供与体から受容体へと FRET が起こるから，らせん形成の速度論を監視することができる（この手法については，*Biochemistry*, **34**, 285 (1995) を見よ）．そこで，$r_0 = 59.6$ Å の FRET 対を使った実験を計画した．B 形 DNA の 1 残基当たりのらせん長は 3.46 Å である．もし，FRET 効率を 0.10 まで正確に測定できれば，この FRET 対を使って調べることのできる最も長い DNA には残基が何個あるか．

P 36.49　電子移動のマーカス理論では，再組織化エネルギーを溶媒と溶質の寄与に分けている．溶媒を連続的な誘電媒質と考えれば，溶媒の再組織化エネルギーは，

$$\lambda_{溶媒} = \frac{(\Delta e)^2}{4\pi\varepsilon_0}\left(\frac{1}{d_1}+\frac{1}{d_2}-\frac{1}{r}\right)\left(\frac{1}{n^2}-\frac{1}{\varepsilon}\right)$$

で与えられる．Δe は移動した電荷量，d_1 と d_2 はイオン生成物のイオン直径，r は反応物間の距離，n は媒質の屈折率，ε は媒質の誘電率である．また，$(4\pi\varepsilon_0)^{-1} = 8.99 \times 10^9$ J m C^{-2} である．

a.　水（$n = 1.33$，$\varepsilon = 80$）の中での電子移動では，両イオンのイオン直径は 6 Å，その間隔は 15 Å である．予測される溶媒再組織化エネルギーはいくらか．

b.　あるタンパク質中で起こる同じ反応について，上と同じ計算を行え．ここで，タンパク質の誘電率は，その結合シーケンスや構造，含水量によって異なる．ふつうは疎水性環境と同じと考えて誘電率を 4 とする．一方，光散乱測定を使って求めたタンパク質の誘電率は約 1.5 である．

P 36.50　長さの異なる DNA の小片に電子供与体と電子受容体を付けることで，両者間の距離をいろいろ変え，その間の電子移動の速度定数を測定する実験を行った．距離の関数で測定した電子移動の速度定数はつぎの通りであった．

$k_{実験}$/s^{-1}	2.10×10^8	2.01×10^7	2.07×10^5	204
距離/Å	14	17	23	32

a.　電子移動の速度定数の距離依存性を表す β の値を求めよ．

b.　DNA は，長距離にわたって電子移動できる π タイプの電子として作用すると提案されてきた．上の表の距離 17 Å での速度定数を使って，ただし，電子移動速度が距離 23 Å で 1/10 にしか減少しないような β の値を求めよ．

参　考　書

"CRC Handbook of Photochemistry and Photophysics", CRC Press, Boca Raton, FL (1990).

Eyring, H., Lin, S. H., Lin, S. M., "Basic Chemical Kinetics", Wiley, New York (1980).

Pannetier, G., Souchay, P., "Chemical Kinetics", Elsevier, Amsterdam (1967).

Hammes, G. G., "Thermodynamics and Kinetics for the Biological Sciences", Wiley, New York (2000).

Fersht, A., "Enzyme Structure and Mechanism", W. H. Freeman, New York (1985).

Fersht, A., "Structure and Mechanism in Protein Science", W. H. Freeman, New York (1999).

Laidler, K. J., "Chemical Kinetics", Harper & Row, New York (1987).

Robinson, P. J., Holbrook, K. A., "Unimolecular Reactions", Wiley, New York (1972).

Turro, N. J., "Modern Molecular Photochemistry", Benjamin Cummings, Menlo Park, CA (1978).

Simons, J. P., "Photochemistry and Spectroscopy", Wiley, New York (1971).

Lim, E. G., "Molecular Luminescence", Benjamin Cummings, Menlo Park, CA (1969).

Noggle, J. H., "Physical Chemistry", HarperCollins, New York (1996).

Scott, S. K., "Oscillations, Waves, and Chaos in Chemical Kinetics", Oxford University Press, Oxford (2004).

付　　録

付録 B

データ表

本文で引用したデータの表をここに掲げる.（ ）内にそのページ数を示してある.

（下巻分）

付録 C

点群の指標表

C・1 回転対称軸のない点群

C_1	E
A	1

C_s	E	σ_h		
A′	1	1	x, y, R_z	x^2, y^2, z^2, xy
A″	1	−1	z, R_x, R_y	yz, xz

C_i	E	i		
A_g	1	1	R_x, R_y, R_z	$x^2, y^2, z^2, xy, xz, yz$
A_u	1	−1	x, y, z	

C・2 C_n 群

C_2	E	C_2		
A	1	1	z, R_z	x^2, y^2, z^2, xy
B	1	−1	x, y, R_x, R_y	yz, xz

C_4	E	C_4	C_2	C_4^3		
A	1	1	1	1	z, R_z	x^2+y^2, z^2
B	1	−1	1	−1		x^2-y^2, xy
E	$\left\{\begin{matrix}1 \\ 1\end{matrix}\right.$	$\begin{matrix}\mathrm{i} \\ -\mathrm{i}\end{matrix}$	$\begin{matrix}-1 \\ -1\end{matrix}$	$\left.\begin{matrix}-\mathrm{i} \\ \mathrm{i}\end{matrix}\right\}$	$(x, y), (R_x, R_y)$	(yz, xz)

C・3 D_n 群

D_2	E	$C_2(z)$	$C_2(y)$	$C_2(x)$		
A	1	1	1	1		x^2, y^2, z^2
B_1	1	1	−1	−1	z, R_z	xy
B_2	1	−1	1	−1	y, R_y	xz
B_3	1	−1	−1	1	x, R_x	yz

D_3	E	$2C_3$	$3C_2$		
A_1	1	1	1		x^2+y^2, z^2
A_2	1	1	−1	z, R_z	
E	2	−1	0	$(x, y), (R_x, R_y)$	$(x^2-y^2, xy), (xz, yz)$

D_4	E	$2C_4$	$C_2(=C_4^2)$	$2C_2'$	$2C_2''$		
A_1	1	1	1	1	1		x^2+y^2, z^2
A_2	1	1	1	−1	−1	z, R_z	
B_1	1	−1	1	1	−1		x^2-y^2
B_2	1	−1	1	−1	1		xy
E	2	0	−2	0	0	$(x, y), (R_x, R_y)$	(xz, yz)

D_5	E	$2C_5$	$2C_5^2$	$5C_2$		
A_1	1	1	1	1		x^2+y^2, z^2
A_2	1	1	1	−1	z, R_z	
E_1	2	2 cos 72°	2 cos 144°	0	$(x, y), (R_x, R_y)$	(xz, yz)
E_2	2	2 cos 144°	2 cos 72°	0		(x^2-y^2, xy)

D_6	E	$2C_6$	$2C_3$	C_2	$3C_2'$	$3C_2''$		
A_1	1	1	1	1	1	1		x^2+y^2, z^2
A_2	1	1	1	1	−1	−1	z, R_z	
B_1	1	−1	1	−1	1	−1		
B_2	1	−1	1	−1	−1	1		
E_1	2	1	−1	−2	0	0	$(x, y), (R_x, R_y)$	(xz, yz)
E_2	2	−1	−1	2	0	0		(x^2-y^2, xy)

C・4 C_{nv} 群

C_{2v}	E	C_2	$\sigma_v(xz)$	$\sigma_v'(yz)$		
A_1	1	1	1	1	z	x^2, y^2, z^2
A_2	1	1	−1	−1	R_z	xy
B_1	1	−1	1	−1	x, R_y	xz
B_2	1	−1	−1	1	y, R_x	yz

C_{3v}	E	$2C_3$	$3\sigma_v$		
A_1	1	1	1	z	x^2+y^2, z^2
A_2	1	1	−1	R_z	
E	2	−1	0	$(x, y), (R_x, R_y)$	$(x^2-y^2, xy), (xz, yz)$

C_{4v}	E	$2C_4$	C_2	$2\sigma_v$	$2\sigma_d$		
A_1	1	1	1	1	1	z	x^2+y^2, z^2
A_2	1	1	1	−1	−1	R_z	
B_1	1	−1	1	1	−1		x^2-y^2
B_2	1	−1	1	−1	1		xy
E	2	0	−2	0	0	$(x, y), (R_x, R_y)$	(xz, yz)

C_{5v}	E	$2C_5$	$2C_5^2$	$5\sigma_v$		
A_1	1	1	1	1	z	x^2+y^2, z^2
A_2	1	1	1	−1	R_z	
E_1	2	2 cos 72°	2 cos 144°	0	$(x, y), (R_x, R_y)$	(xz, yz)
E_2	2	2 cos 144°	2 cos 72°	0		(x^2-y^2, xy)

C_{6v}	E	$2C_6$	$2C_3$	C_2	$3\sigma_v$	$3\sigma_d$		
A_1	1	1	1	1	1	1	z	x^2+y^2, z^2
A_2	1	1	1	1	−1	−1	R_z	
B_1	1	−1	1	−1	1	−1		
B_2	1	−1	1	−1	−1	1		
E_1	2	1	−1	−2	0	0	(x, y), (R_x, R_y)	(xz, yz)
E_2	2	−1	−1	2	0	0		(x^2-y^2, xy)

C・5　C_{nh}　群

C_{2h}	E	C_2	i	σ_h		
A_g	1	1	1	1	R_z	x^2, y^2, z^2, xy
B_g	1	−1	1	−1	R_x, R_y	xz, yz
A_u	1	1	−1	−1	z	
B_u	1	−1	−1	1	x, y	

C_{4h}	E	C_4	C_2	C_4^3	i	S_4^3	σ_h	S_4		
A_g	1	1	1	1	1	1	1	1	R_z	x^2+y^2, z^2
B_g	1	−1	1	−1	1	−1	1	−1		x^2-y^2, xy
E_g	{1	i	−1	−i	1	i	−1	−i}	(R_x, R_y)	(xz, yz)
	{1	−i	−1	i	1	−i	−1	i}		
A_u	1	1	1	1	−1	−1	−1	−1	z	
B_u	1	−1	1	−1	−1	1	−1	1		
E_u	{1	i	−1	−i	−1	−i	1	−i}	(x, y)	
	{1	−i	−1	i	−1	i	1	i}		

C・6　D_{nh}　群

D_{2h}	E	$C_2(z)$	$C_2(y)$	$C_2(x)$	i	$\sigma(xy)$	$\sigma(xz)$	$\sigma(yz)$		
A_g	1	1	1	1	1	1	1	1		x^2, y^2, z^2
B_{1g}	1	1	−1	−1	1	1	−1	−1	R_z	xy
B_{2g}	1	−1	1	−1	1	−1	1	−1	R_y	xz
B_{3g}	1	−1	−1	1	1	−1	−1	1	R_x	yz
A_u	1	1	1	1	−1	−1	−1	−1		
B_{1u}	1	1	−1	−1	−1	−1	1	1	z	
B_{2u}	1	−1	1	−1	−1	1	−1	1	y	
B_{3u}	1	−1	−1	1	−1	1	1	−1	x	

D_{3h}	E	$2C_3$	$3C_2$	σ_h	$2S_3$	$3\sigma_v$		
A_1'	1	1	1	1	1	1		x^2+y^2, z^2
A_2'	1	1	−1	1	1	−1	R_z	
E'	2	−1	0	2	−1	0	(x, y)	(x^2-y^2, xy)
A_1''	1	1	1	−1	−1	−1		
A_2''	1	1	−1	−1	−1	1	z	
E''	2	−1	0	−2	1	0	(R_x, R_y)	(xz, yz)

D_{4h}	E	$2C_4$	C_2	$2C_2'$	$2C_2''$	i	$2S_4$	σ_h	$2\sigma_v$	$2\sigma_d$		
A_{1g}	1	1	1	1	1	1	1	1	1	1		x^2+y^2, z^2
A_{2g}	1	1	1	−1	−1	1	1	1	−1	−1	R_z	
B_{1g}	1	−1	1	1	−1	1	−1	1	1	−1		x^2-y^2
B_{2g}	1	−1	1	−1	1	1	−1	1	−1	1		xy
E_g	2	0	−2	0	0	2	0	−2	0	0	(R_x, R_y)	(xz, yz)
A_{1u}	1	1	1	1	1	−1	−1	−1	−1	−1		
A_{2u}	1	1	1	−1	−1	−1	−1	−1	1	1	z	
B_{1u}	1	−1	1	1	−1	−1	1	−1	−1	1		
B_{2u}	1	−1	1	−1	1	−1	1	−1	1	−1		
E_u	2	0	−2	0	0	−2	0	2	0	0	(x, y)	

D_{6h}	E	$2C_6$	$2C_3$	C_2	$3C_2'$	$3C_2''$	i	$2S_3$	$2S_6$	σ_h	$3\sigma_d$	$3\sigma_v$		
A_{1g}	1	1	1	1	1	1	1	1	1	1	1	1		x^2+y^2, z^2
A_{2g}	1	1	1	1	−1	−1	1	1	1	1	−1	−1	R_z	
B_{1g}	1	−1	1	−1	1	−1	1	−1	1	−1	1	−1		
B_{2g}	1	−1	1	−1	−1	1	1	−1	1	−1	−1	1		
E_{1g}	2	1	−1	−2	0	0	2	1	−1	−2	0	0	(R_x, R_y)	(xz, yz)
E_{2g}	2	−1	−1	2	0	0	2	−1	−1	2	0	0		(x^2-y^2, xy)
A_{1u}	1	1	1	1	1	1	−1	−1	−1	−1	−1	−1		
A_{2u}	1	1	1	1	−1	−1	−1	−1	−1	−1	1	1	z	
B_{1u}	1	−1	1	−1	1	−1	−1	1	−1	1	−1	1		
B_{2u}	1	−1	1	−1	−1	1	−1	1	−1	1	1	−1		
E_{1u}	2	1	−1	−2	0	0	−2	−1	1	2	0	0	(x, y)	
E_{2u}	2	−1	−1	2	0	0	−2	1	1	−2	0	0		

D_{8h}	E	$2C_8$	$2C_8^3$	$2C_4$	C_2	$4C_2'$	$4C_2''$	i	$2S_8$	$2S_8^3$	$2S_4$	σ_h	$4\sigma_d$	$4\sigma_v$		
A_{1g}	1	1	1	1	1	1	1	1	1	1	1	1	1	1		x^2+y^2, z^2
A_{2g}	1	1	1	1	1	−1	−1	1	1	1	1	1	−1	−1	R_z	
B_{1g}	1	−1	−1	1	1	1	−1	1	−1	−1	1	1	1	−1		
B_{2g}	1	−1	−1	1	1	−1	1	1	−1	−1	1	1	−1	1		
E_{1g}	2	$\sqrt{2}$	$-\sqrt{2}$	0	−2	0	0	2	$\sqrt{2}$	$-\sqrt{2}$	0	−2	0	0	(R_x, R_y)	(xz, yz)
E_{2g}	2	0	0	−2	2	0	0	2	0	0	−2	2	0	0		(x^2-y^2, xy)
E_{3g}	2	$-\sqrt{2}$	$\sqrt{2}$	0	−2	0	0	2	$-\sqrt{2}$	$\sqrt{2}$	0	−2	0	0		
A_{1u}	1	1	1	1	1	1	1	−1	−1	−1	−1	−1	−1	−1		
A_{2u}	1	1	1	1	1	−1	−1	−1	−1	−1	−1	−1	1	1	z	
B_{1u}	1	−1	−1	1	1	1	−1	−1	1	1	−1	−1	−1	1		
B_{2u}	1	−1	−1	1	1	−1	1	−1	1	1	−1	−1	1	−1		
E_{1u}	2	$\sqrt{2}$	$-\sqrt{2}$	0	−2	0	0	−2	$-\sqrt{2}$	$\sqrt{2}$	0	2	0	0	(x, y)	
E_{2u}	2	0	0	−2	2	0	0	−2	0	0	2	−2	0	0		
E_{3u}	2	$-\sqrt{2}$	$\sqrt{2}$	0	−2	0	0	−2	$\sqrt{2}$	$-\sqrt{2}$	0	2	0	0		

C・7 D_{nd} 群

D_{2d}	E	$2S_4$	C_2	$2C_2'$	$2\sigma_d$		
A_1	1	1	1	1	1		x^2+y^2, z^2
A_2	1	1	1	−1	−1	R_z	
B_1	1	−1	1	1	−1		x^2-y^2
B_2	1	−1	1	−1	1	z	xy
E	2	0	−2	0	0	$(x, y), (R_x, R_y)$	(xz, yz)

D_{3d}	E	$2C_3$	$3C_2$	i	$2S_6$	$3\sigma_d$		
A_{1g}	1	1	1	1	1	1		x^2+y^2, z^2
A_{2g}	1	1	−1	1	1	−1	R_z	
E_g	2	−1	0	2	−1	0	(R_x, R_y)	(x^2-y^2, xy), (xz, yz)
A_{1u}	1	1	1	−1	−1	−1		
A_{2u}	1	1	−1	−1	−1	1	z	
E_u	2	−1	0	−2	1	0	(x, y)	

D_{4d}	E	$2S_8$	$2C_4$	$2S_8^3$	C_2	$4C_2'$	$4\sigma_d$		
A_1	1	1	1	1	1	1	1		x^2+y^2, z^2
A_2	1	1	1	1	1	−1	−1	R_z	
B_1	1	−1	1	−1	1	1	−1		
B_2	1	−1	1	−1	1	−1	1	z	
E_1	2	$\sqrt{2}$	0	$-\sqrt{2}$	−2	0	0	(x, y)	
E_2	2	0	−2	0	2	0	0		(x^2-y^2, xy)
E_3	2	$-\sqrt{2}$	0	$\sqrt{2}$	−2	0	0	(R_x, R_y)	(xz, yz)

D_{6d}	E	$2S_{12}$	$2C_6$	$2S_4$	$2C_3$	$2S_{12}^5$	C_2	$6C_2'$	$6\sigma_d$		
A_1	1	1	1	1	1	1	1	1	1		x^2+y^2, z^2
A_2	1	1	1	1	1	1	1	−1	−1	R_z	
B_1	1	−1	1	−1	1	−1	1	1	−1		
B_2	1	−1	1	−1	1	−1	1	−1	1	z	
E_1	2	$\sqrt{3}$	1	0	−1	$-\sqrt{3}$	−2	0	0	(x, y)	
E_2	2	1	−1	−2	−1	1	2	0	0		(x^2-y^2, xy)
E_3	2	0	−2	0	2	0	−2	0	0		
E_4	2	−1	−1	2	−1	−1	2	0	0		
E_5	2	$-\sqrt{3}$	1	0	−1	$\sqrt{3}$	−2	0	0	(R_x, R_y)	(xz, yz)

C・8　立方対称の点群

T_d	E	$8C_3$	$3C_2$	$6S_4$	$6\sigma_d$		
A_1	1	1	1	1	1		$x^2+y^2+z^2$
A_2	1	1	1	−1	−1		
E	2	−1	2	0	0		$(2z^2-x^2-y^2, x^2-y^2)$
T_1	3	0	−1	1	−1	(R_x, R_y, R_z)	
T_2	3	0	−1	−1	1	(x, y, z)	(xy, xz, yz)

O	E	$8C_3$	$3C_2(=C_4^2)$	$6C_4$	$6C_2$		
A_1	1	1	1	1	1		$x^2+y^2+z^2$
A_2	1	1	1	−1	−1		
E	2	−1	2	0	0		$(2z^2-x^2-y^2, x^2-y^2)$
T_1	3	0	−1	1	−1	(R_x, R_y, R_z), (x, y, z)	
T_2	3	0	−1	−1	1		(xy, xz, yz)

O_h	E	$8C_3$	$6C_2$	$6C_4$	$3C_2(=C_4^2)$	i	$6S_4$	$8S_6$	$3\sigma_h$	$6\sigma_d$		
A_{1g}	1	1	1	1	1	1	1	1	1	1		$x^2+y^2+z^2$
A_{2g}	1	1	−1	−1	1	1	−1	1	1	−1		
E_g	2	−1	0	0	2	2	0	−1	2	0		$(2z^2-x^2-y^2,\ x^2-y^2)$
T_{1g}	3	0	−1	1	−1	3	1	0	−1	−1	(R_x, R_y, R_z)	
T_{2g}	3	0	1	−1	−1	3	−1	0	−1	1		(xz, yz, xy)
A_{1u}	1	1	1	1	1	−1	−1	−1	−1	−1		
A_{2u}	1	1	−1	−1	1	−1	1	−1	−1	1		
E_u	2	−1	0	0	2	−2	0	1	−2	0		
T_{1u}	3	0	−1	1	−1	−3	−1	0	1	1	(x, y, z)	
T_{2u}	3	0	1	−1	−1	−3	1	0	1	−1		

C・9 直線形分子の $C_{\infty v}$ 群と $D_{\infty h}$ 群

$C_{\infty v}$	E	$2C_\infty^\phi$	…	$\infty\sigma_v$		
$A_1(\Sigma^+)$	1	1	…	1	z	x^2+y^2, z^2
$A_2(\Sigma^-)$	1	1	…	−1	R_z	
$E_1(\Pi)$	2	$2\cos\phi$	…	0	$(x, y), (R_x, R_y)$	(xz, yz)
$E_2(\Delta)$	2	$2\cos 2\phi$	…	0		$(x^2-y^2,\ xy)$
$E_3(\Phi)$	2	$2\cos 3\phi$	…	0		
…	…	…	…	…		

$D_{\infty h}$	E	$2C_\infty^\phi$	…	$\infty\sigma_v$	i	$2S_\infty^\phi$	…	∞C_2		
Σ_g^+	1	1	…	1	1	1	…	1		$x^2+y^2,\ z^2$
Σ_g^-	1	1	…	−1	1	1	…	−1	R_z	
Π_g	2	$2\cos\phi$	…	0	2	$-2\cos\phi$	…	0	(R_x, R_y)	(xy, yz)
Δ_g	2	$2\cos 2\phi$	…	0	2	$2\cos 2\phi$	…	0		$(x^2-y^2,\ xy)$
…	…	…	…	…	…	…	…	…		
Σ_u^+	1	1	…	1	−1	−1	…	−1	z	
Σ_u^-	1	1	…	−1	−1	−1	…	1		
Π_u	2	$2\cos\phi$	…	0	−2	$2\cos\phi$	…	0	(x, y)	
Δ_u	2	$2\cos 2\phi$	…	0	−2	$-2\cos 2\phi$	…	0		
…	…	…	…	…	…	…	…	…		

付録 D

章末問題の解答

数値問題の一部について解答を示す．問題番号が赤字の問題については，詳しい解説が下記別冊にある．
"Student's Solutions Manual for Physical Chemistry", Pearson Education, Inc. (2012).
ISBN 978-0321766687（英語版．日本語版はない．）

1 章

P 1.1 1.27×10^6
P 1.2 2.33×10^3 L
P 1.3 26.9 bar
P 1.4 $x_{CO_2}=0.235$，$x_{H_2O}=0.314$，$x_{O_2}=0.451$
P 1.5 32.0 モルパーセント
P 1.6 1.11×10^{21}
P 1.7 8.37 g
P 1.8 37.9 L
P 1.9 a. N_2 67.8 モルパーセント，O_2 18.2 モルパーセント
Ar 0.869 モルパーセント，H_2O 13.1 モルパーセント
b. 20.6 L
c. 0.981
P 1.10 3.7×10^3
P 1.11 33.8 bar，34.8 bar
P 1.12 3.66×10^5 Pa
P 1.13 $x_{H_2}=0.366$，$x_{O_2}=0.634$
P 1.14 0.280 mol
P 1.16 18.6 L
P 1.17 0.27 mol
P 1.18 a. 2.18×10^{-2} bar
b. $x_{O_2}=0.0136$，$x_{N_2}=0.805$，$x_{CO}=0.181$
$P_{O_2}=2.97\times10^{-4}$ bar，$P_{N_2}=1.76\times10^{-2}$ bar
$P_{CO}=3.94\times10^{-3}$ bar
P 1.19 21.4 bar
P 1.20 a. 3.86×10^4 Pa
b. 6.68×10^4 （乱流混合がない場合）
1.49×10^5 （乱流混合がある実際の場合）
P 1.21 0.149 L
P 1.22 2.20×10^{-2} L
P 1.23 7.95×10^4 Pa
P 1.24 91 回
P 1.25 2.69×10^{25}
P 1.26 a. $P_{H_2}=2.48\times10^6$ Pa，$P_{O_2}=1.52\times10^5$ Pa
$P_{全}=2.64\times10^6$ Pa
H_2 94.2 モルパーセント，O_2 5.78 モルパーセント
b. $P_{N_2}=1.34\times10^5$ Pa，$P_{O_2}=8.23\times10^4$ Pa
$P_{全}=2.17\times10^5$ Pa
N_2 62.0 モルパーセント，O_2 38.0 モルパーセント
c. $P_{NH_3}=1.63\times10^5$ Pa，$P_{CH_4}=2.06\times10^5$ Pa
$P_{全}=3.69\times10^5$ Pa
NH_3 44.2 モルパーセント，CH_4 55.8 モルパーセント
P 1.27 0.557
P 1.28 1.36×10^3 K
P 1.29 34.8 L
P 1.30 0.0040
P 1.31 O_2 29.5 モルパーセント，H_2 70.5 モルパーセント
P 1.32 0.0919 L atm K^{-1} mol^{-1}，265.0
P 1.33 2.37 L
P 1.34 $V_{N_2}=0.0521$ L，$V_{CO_2}=0.312$ L
$V_{全}=0.364$ L
P 1.35 6.44×10^8 L
P 1.36 77.2 g mol^{-1}

2 章

P 2.1 7.82×10^3 J，0.642 m
P 2.2 $q=0$，$w=\Delta U=838$ J，$\Delta H=1.40\times10^3$ J
P 2.3 a. $w=-754$ J，$\Delta U=\Delta H=0$，$q=-w=754$ J
b. $\Delta U=-1.68\times10^3$ J
$w=0$，$q=\Delta U=-1.68\times10^3$ J
$\Delta H=-2.81\times10^3$ J
$\Delta U_{全}=-1.68\times10^3$ J
$w_{全}=-754$ J，$q_{全}=-930$ J
$\Delta H_{全}=-2.81\times10^3$ J
P 2.4 15 g
P 2.5 30 m
P 2.6 a. -2.64×10^3 J，b. -4.55×10^3 J
P 2.7 $q=0$，$\Delta U=w=-4.90\times10^3$ J，$\Delta H=-8.17\times10^3$ J
P 2.8 $w=-4.68\times10^3$ J，1.06 bar
P 2.9 $w=-0.172$ J
$q=34.6\times10^3$ J
$\Delta H=34.6\times10^3$ J
$\Delta U=34.6\times10^3$ J
P 2.10 0.46 J
P 2.11 a. $w=4.63\times10^3$ J，418 K
b. 954 K，30.4×10^3 J
P 2.12 $q=0$，$\Delta U=w=-1300$ J，$\Delta H=-2.17\times10^3$ J
P 2.13 322 K
P 2.14 a. -3.76×10^3 J，b. -1.82×10^3 J
P 2.15 134.0×10^3 Pa，129.7×10^3 Pa
P 2.16 1.12×10^3 K，$q=0$，$w=\Delta U=22.7\times10^3$ J
$\Delta H=3.79\times10^4$ J
P 2.17 301 K
P 2.19 段階 1：0，段階 2：-22.0×10^3 J，段階 3：8.90×10^3 J
周回過程：-13.1×10^3 J
P 2.20 $w=3.58\times10^3$ J
$q=0$
$\Delta H=5.00\times10^3$ J
$\Delta U=3.58\times10^3$ J
P 2.21 -35.6×10^3 J
P 2.22 $T_f=168$ K
$q=0$
$w=\Delta U=-8.40\times10^3$ J
$\Delta H=-10.8\times10^3$ J
P 2.23 $q=0$
a. $T_f=213$ K，b. 248 K
a. $w=-2.66\times10^3$ J，b. -3.17×10^3 J
a. $\Delta H=-4.44\times10^3$ J，b. -4.44×10^3 J
a. $\Delta U=-2.66\times10^3$ J，b. -3.17×10^3 J
P 2.24 a. -17.393×10^3 J

b. -17.675×10^3 J，-1.57 パーセント
P 2.25　0.60 K
P 2.26　a. $\Delta U=\Delta H=0$，$w=-q=-1.27\times10^3$ J
b. $w=0$
$q=\Delta U=-1.14\times10^3$ J，$\Delta H=-1.91\times10^3$ J
全過程：$w=-1.27\times10^3$ J
$q=130$ J，$\Delta U=-1.14\times10^3$ J
$\Delta H=-1.91\times10^3$ J
P 2.27　a. $P_1=5.83\times10^5$ Pa，$w=-6.44\times10^3$ J
$\Delta U=0$，$\Delta H=0$
$q=-w=6.44\times10^3$ J
b. $P_2=7.35\times10^5$ Pa，$\Delta U=2.29\times10^3$ J
$w=0$，$q=2.29\times10^3$ J
$\Delta H=3.81\times10^3$ J
全過程：
$q=8.73\times10^3$ J，$w=-6.44\times10^3$ J
$\Delta U=2.29\times10^3$ J，$\Delta H=3.81\times10^3$ J
P 2.28　$q=0$，$\Delta U=w=-4.90\times10^3$ J，$\Delta H=-8.16\times10^3$ J
P 2.29　408 K
P 2.30　$\Delta U=-1.77\times10^3$ J，$\Delta H=q_P=-2.96\times10^3$ J
$w=1.18\times10^3$ J
P 2.31　5.6 K
P 2.32　18.9×10^3 J，7.30×10^3 J，0
P 2.33　251 K
P 2.34　a. -19.2 K　b. 0 K　c. 18.0 K
P 2.35　a. 158 K　b. 204 K
P 2.36　-1190 J
P 2.37　$\Delta H=5.88\times10^4$ J，$\Delta U=4.78\times10^4$ J
P 2.38　$w=0$，$\Delta U=q=1.31\times10^4$ J，$\Delta H=1.83\times10^4$ J
P 2.39　c. 984 kg，1.38×10^3 kg
P 2.41　0.35 kg
P 2.42　2.2×10^{-19} J
P 2.43　$w=1.22\times10^4$ J，$\Delta U=0$，$\Delta H=0$
$q=-1.22\times10^4$ J
P 2.44　0.99 J

3 章

P 3.3　$\Delta H=q=8.58\times10^4$ J
$\Delta U=7.18\times10^4$ J
$w=-1.39\times10^4$ J
P 3.5　292 K
P 3.6　93.4 bar
P 3.8　369 K
P 3.9　1.78×10^3 J，0
P 3.11　314 K
P 3.12　$q=\Delta H=8.51\times10^4$ J
$w=-8.85\times10^3$ J
$\Delta U=7.62\times10^4$ J

4 章

P 4.1　Si−F：596 kJ mol^{-1}，593 kJ mol^{-1}
Si−Cl：398 kJ mol^{-1}，396 kJ mol^{-1}
C−F：489 kJ mol^{-1}，487 kJ mol^{-1}
N−F：279 kJ mol^{-1}，276 kJ mol^{-1}
O−F：215 kJ mol^{-1}，213 kJ mol^{-1}
H−F：568 kJ mol^{-1}，565 kJ mol^{-1}
P 4.2　-49.39 kJ mol^{-1}
P 4.3　$\Delta_f U^\circ=-361$ kJ mol^{-1}，$\Delta_f H^\circ=-362$ kJ mol^{-1}
P 4.4　91.7 kJ mol^{-1}
P 4.5　$\Delta H=5.80\times10^{17}$ kJ
P 4.7　a. 416 kJ mol^{-1}，413 kJ mol^{-1}
b. 329 kJ mol^{-1}，329 kJ mol^{-1}
c. 589 kJ mol^{-1}，588 kJ mol^{-1}
P 4.8　a. 428.22 kJ mol^{-1}，425.74 kJ mol^{-1}
b. 926.98 kJ mol^{-1}，922.02 kJ mol^{-1}
c. 498.76 kJ mol^{-1}，498.28 kJ mol^{-1}
P 4.9　-182.9 kJ mol^{-1}
P 4.11　134.68 kJ mol^{-1}
P 4.12　a. -73.0 kJ mol^{-1}
b. -804 kJ mol^{-1}
P 4.13　$\Delta_R H^\circ=-3268$ kJ mol^{-1}
$\Delta_R U^\circ=-3264$ kJ mol^{-1}，0.0122
P 4.14　-59.8 kJ mol^{-1}
P 4.15　6.64×10^3 JK^{-1}
P 4.16　$\Delta H=7.89\times10^{17}$ kJ
P 4.17　a. -1815 kJ mol^{-1}，-1817.5 kJ mol^{-1}
b. -116.2 kJ mol^{-1}，-113.7 kJ mol^{-1}
c. 62.6 kJ mol^{-1}，52.7 kJ mol^{-1}
d. -111.6 kJ mol^{-1}，-111.6 kJ mol^{-1}
e. 205.9 kJ mol^{-1}，200.9 kJ mol^{-1}
f. -172.8 kJ mol^{-1}，-167.8 kJ mol^{-1}
P 4.18　-2.4×10^3 J mol^{-1}
P 4.19　a. 696.8 kJ mol^{-1}
b. -1165.1 kJ mol^{-1}
c. -816.7 kJ mol^{-1}
P 4.20　a. $\Delta_{燃焼} H^\circ=-1.364\times10^3$ kJ mol^{-1}
b. $\Delta_f H^\circ=-280.0$ kJ mol^{-1}
P 4.21　-812.2 kJ mol^{-1}
P 4.22　a. $\Delta U=\Delta H=-5.635\times10^3$ kJ mol^{-1}
b. $\Delta_f H^\circ=-2.231\times10^3$ kJ mol^{-1}
c. 1.19×10^3 J K^{-1}
P 4.23　-1811 kJ mol^{-1}
P 4.24　-20.6 kJ mol^{-1}，-178.2 kJ mol^{-1}
P 4.25　180 kJ mol^{-1}
P 4.26　-393.6 kJ mol^{-1}
P 4.27　15.3 kJ mol^{-1}，13.1 パーセント
P 4.28　-266.3 kJ mol^{-1}，-824.2 kJ mol^{-1}
P 4.29　415.8 kJ mol^{-1}，1.2 パーセント
P 4.30　-134 kJ mol^{-1}，≈ 0
P 4.31　49.6 kJ mol^{-1}
P 4.32　356.5 kJ mol^{-1}
P 4.33　49 g
P 4.34　1.8 個
P 4.35　6.5 °C

5 章

P 5.1　298 K では，
$\Delta S^\circ=-262.4$ J K^{-1} mol^{-1}
$\Delta H^\circ=2803$ kJ mol^{-1}
$\Delta S^\circ_{外界}=-9.40\times10^3$ J K^{-1} mol^{-1}
$\Delta S^\circ_{宇宙}=-9.66\times10^3$ J K^{-1} mol^{-1}
310 K では，
$\Delta S^\circ=-273.4$ J K^{-1} mol^{-1}
$\Delta H^\circ=2799$ kJ mol^{-1}
$\Delta S^\circ_{外界}=-9.03\times10^3$ J K^{-1} mol^{-1}
$\Delta S^\circ_{宇宙}=-9.30\times10^3$ J K^{-1} mol^{-1}
P 5.2　a. 0.627，b. 0.398，c. 110.7 t
P 5.3　1.57×10^6 g
P 5.4　4.85×10^8 J
P 5.5　57.2 J K^{-1}
P 5.6　a. $w=-6.83\times10^3$ J，$\Delta U=10.2\times10^3$ J
$q=\Delta H=17.1\times10^3$ J，$\Delta S=36.4$ J K^{-1}
b. $w=0$，$\Delta U=q=10.2\times10^3$ J

$\Delta H=17.1\times10^3$ J，$\Delta S=21.8$ J K^{-1}
c. $\Delta U=\Delta H=0$
$w=-q=-6.37\times10^3$ J
$\Delta S=20.6$ J K^{-1}

P 5.7 a. $V_c=113$ L，$V_d=33.0$ L
b. $w_{ab}=-9.44\times10^3$ J，$w_{bc}=-11.2\times10^3$ J
$w_{cd}=3.96\times10^3$ J，$w_{da}=11.2\times10^3$ J
$w_{全}=-5.49\times10^3$ J
c. 0.581，1.72 kJ

P 5.8 $\Delta S=256$ kJ K^{-1}

P 5.9 a. $\Delta S_{外界}=0$，$\Delta S=0$，$\Delta S_{全}=0$　非自発過程
b. $\Delta S=30.9$ J K^{-1}，$\Delta S_{外界}=0$
$\Delta S_{全}=30.9$ J K^{-1}　自発過程
c. $\Delta S=30.9$ J K^{-1}
$\Delta S_{外界}=-30.9$ J K^{-1}
$\Delta S_{全}=0$　非自発過程

P 5.10 0.538，0.661

P 5.11 $\Delta U=-17.9\times10^3$ J，$\Delta H=-25.0\times10^3$ J
$\Delta S=-80.5$ J K^{-1}

P 5.12 27.9 J K^{-1}

P 5.13 -0.0765 J K^{-1}，-0.0765 J K^{-1}

P 5.14 -191.2 J K^{-1} mol^{-1}

P 5.15 -2.5 K

P 5.16 a. $q=0$，$\Delta U=w=-4.96\times10^3$ J
$\Delta H=-8.26\times10^3$ J，$\Delta S=0$
b. $q=0$
$\Delta U=w=-3.72\times10^3$ J，$\Delta H=-6.19\times10^3$ J
$\Delta S=10.1$ J K^{-1}
c. $w=0$，$\Delta U=\Delta H=0$，$q=0$
$\Delta S=34.3$ J K^{-1}

P 5.17 2.4 倍

P 5.18 a ⟶ b：$\Delta U=\Delta H=0$，$q=-w=9.44\times10^3$ J
b ⟶ c：$\Delta U=w=-11.2\times10^3$ J，$q=0$
$\Delta H=-15.6\times10^3$ J
c ⟶ d：$\Delta U=\Delta H=0$，$q=-w=-3.96\times10^3$ J
d ⟶ a：$\Delta U=w=11.2\times10^3$ J，$q=0$
$\Delta H=15.6\times10^3$ J
全サイクル：$q=5.49\times10^3$ J$=-w$
$\Delta U=\Delta H=0$

P 5.19 a. 1.0 J K^{-1} mol^{-1}，b. 3.14 J K^{-1} mol^{-1}
c. $\Delta_{転移}S=8.24$ J K^{-1} mol^{-1}，$\Delta_{融解}H=9.84$ kJ mol^{-1}
$\Delta_{融解}S=25.1$ J K^{-1} mol^{-1}

P 5.20 $\Delta U=49.7$ J，$w=-5.55\times10^3$ J
$\Delta H=85.2$ J，$q=5.59\times10^3$ J，$\Delta S=18.8$ J K^{-1}

P 5.21 104.5 J K^{-1} mol^{-1}

P 5.22 $\Delta H=3.75$ kJ，$\Delta S=12.1$ J K^{-1}

P 5.23 a. 105 J K^{-1}，b. 74.8 J K^{-1}

P 5.25 50.1 J K^{-1} mol^{-1}

P 5.26 3.0 J K^{-1}

P 5.27 $\Delta S^\circ=175$ J K^{-1} mol^{-1}
$\Delta S^\circ_{外界}=225$ J K^{-1} mol^{-1}
$\Delta S^\circ_{全}=400$ J K^{-1} mol^{-1}

P 5.28 $\Delta S=53.0$ J K^{-1}，$\Delta S_{外界}=-143$ J K^{-1}
$\Delta S_{宇宙}=-90.0$ J K^{-1}

P 5.29 $\Delta S=-21.48$ J K^{-1}，$\Delta S_{外界}=21.78$ J K^{-1}
$\Delta S_{全}=0.30$ J K^{-1}

P 5.30 $\Delta S=-1.66\times10^6$ J K^{-1}
$\Delta S_{外界}=2.03\times10^6$ J K^{-1}
$\Delta S_{宇宙}=3.72\times10^5$ J K^{-1}

P 5.31 135.1 J K^{-1} mol^{-1}

P 5.32 a. $\Delta S_{全}=\Delta S+\Delta S_{外界}=0+0=0$　非自発過程
b. $\Delta S_{全}=\Delta S+\Delta S_{外界}=10.1$ J K$^{-1}+0=10.1$ J K^{-1}
自発過程

P 5.33 773 W

P 5.34 a ⟶ b：$\Delta S=-\Delta S_{外界}=12.8$ J K^{-1}
$\Delta S_{全}=0$
b ⟶ c：$\Delta S=-\Delta S_{外界}=0$，$\Delta S_{全}=0$
c ⟶ d：$\Delta S=-\Delta S_{外界}=-12.8$ J K^{-1}
$\Delta S_{全}=0$
d ⟶ a：$\Delta S=-\Delta S_{外界}=0$，$\Delta S_{全}=0$
全サイクル：$\Delta S=\Delta S_{外界}=\Delta S_{全}=0$

P 5.35 $\Delta H=5.65\times10^3$ J，$\Delta S=17.9$ J K^{-1}

P 5.36 $\Delta S_{外界}=-20.6$ J K^{-1}
$\Delta S_{全}=0$　自発的でない

P 5.37 206 J K^{-1} mol^{-1}

P 5.38 32.6 J K^{-1} mol^{-1}

P 5.39 a. 2.71 J K^{-1} mol^{-1}，b. 154 J K^{-1} mol^{-1}

P 5.40 26.0 J K^{-1}

P 5.41 135.2 J K^{-1} mol^{-1}

P 5.42 19.4 m^2

P 5.43 a. $q=0$
$\Delta U=w=-3.56\times10^3$ J，$\Delta H=-4.98\times10^3$ J
$\Delta S=0$，$\Delta S_{外界}=0$，$\Delta S_{全}=0$
b. $w=0$，$\Delta U=q=3.56\times10^3$ J，$\Delta H=4.98\times10^3$ J
$\Delta S=16.0$ J K^{-1}
c. $\Delta H=\Delta U=0$，$w=-q=4.40\times10^3$ J
$\Delta S=-16.0$ J K^{-1}
全サイクル：$w=840$ J，$q=-840$ J
$\Delta U=0$，$\Delta H=0$
$\Delta S=0$

P 5.44 $\Delta_{変性}S=620$ J K^{-1} mol^{-1}

P 5.45 a. 108.5 J K^{-1} mol^{-1}
b. 25.7×10^3 J mol^{-1}

6 章

P 6.1 $\Delta_R G^\circ=-3203\times10^3$ kJ mol^{-1}
$\Delta_R A^\circ=-3199\times10^3$ kJ mol^{-1}

P 6.2 2.29×10^6(298 K)，2.37×10^2(490 K)

P 6.3 a. 2.11×10^{-2}
c. N_2(g)：1.96 mol，H_2(g)：3.88 mol
NH_3(g)：1.58 mol

P 6.4 a. 0.379(700 K)，1.28(800 K)
b. $\Delta_R H^\circ=56.7\times10^3$ J mol^{-1}
$\Delta_R G^\circ=35.0\times10^3$ J mol^{-1}

P 6.5 c. 4.0×10^3 bar

P 6.6 a. 0.141，b. 2.01×10^{-18}
c. 101 kJ mol^{-1}

P 6.7 グラファイト：173 J mol^{-1}，ヘリウム：14.3 kJ mol^{-1}，82.9 倍

P 6.8 a. 15.0 kJ mol^{-1}
b. 2.97×10^{-3}

P 6.9 b. 0.55，d. 0.72

P 6.10 4.76×10^6

P 6.11 a. 0.464，$\Delta_R G^\circ=7.28\times10^3$ J mol^{-1}
b. -28.6 kJ mol^{-1}

P 6.12 132.9 kJ mol^{-1}

P 6.13 a. 2.10×10^{-2}，b. 0.0969 bar

P 6.14 8.56×10^3 J

P 6.15 a. 275 kJ mol^{-1}
b. 5.42×10^{-49}

P 6.16 $\Delta A=w_{可逆}=-0.015$ J
$\Delta S=1.61\times10^{-4}$ J K^{-1}
$\Delta U=-0.035$ J

P 6.17 -65.0×10^3 J mol^{-1}

P 6.18 -40.99 kJ g^{-1}，-117.6 kJ g^{-1}

P 6.19 1.2×10^3 K，0.43 Torr

P 6.20 -9.54×10^3 J
P 6.21 c. 0.0820，0.0273，d. -1.49 パーセント
P 6.22 -17.9×10^3 J，51.4 J K^{-1}
P 6.23 178 g
P 6.24 a. $\Delta_R H^\circ=-19.0$ kJ mol^{-1}
$\Delta_R G^\circ(700\ ^\circ C)=3.03$ kJ mol^{-1}
$\Delta_R S^\circ(700\ ^\circ C)=-22.6$ J K^{-1} mol^{-1}
b. $x_{CO_2}=0.408$
P 6.27 9.00 mol，-58.8×10^3 J mol^{-1}
P 6.28 539 K，1.03×10^4
P 6.29 -215.2×10^3 J mol^{-1}，-5.8 パーセント
P 6.30 0.241
P 6.31 -1363 kJ mol^{-1}，-1364 kJ mol^{-1}
P 6.32 -257.2×10^3 J mol^{-1}(298.15 K)
-231.1×10^3 J mol^{-1}(600 K)
P 6.33 a. -11.7×10^3 J，-11.7×10^3 J
b. aと同じ
P 6.34 a. -34.3 kJ，b. -47.3 kJ
c. -13.0 kJ
P 6.35 b. 23.3 Pa
c. 39.5 Pa
P 6.36 c. 9.32×10^{-33}(600 K)，3.30×10^{-29}(700 K)
d. 9.32×10^{-33}(1.00 bar)
2.10×10^{-32}(2.25 bar)
P 6.37 28.0 kJ mol^{-1}
P 6.38 a. $K_P(700\ K)=3.85$，$K_P(800\ K)=1.56$
b. $\Delta_R H^\circ=-42.0$ kJ mol^{-1}
$\Delta_R S^\circ(700\ K)=-48.7$ J K^{-1} mol^{-1}
$\Delta_R S^\circ(800\ K)=-48.7$ J K^{-1} mol^{-1}
c. -27.4 kJ mol^{-1}
P 6.39 -0.015 J
P 6.40 -126 kJ mol^{-1}(298.15 K)，-128 kJ mol^{-1}(310 K)

7 章

P 7.1 $b=3.97\times10^{-5}$ m^3 mol^{-1}
$a=6.43\times10^{-2}$ m^6 Pa mol^{-2}
P 7.2 a. $R=0.0833$ L bar K^{-1} mol^{-1}
$a=5.56$ L^2 bar mol^{-2}，$b=0.0305$ L mol^{-1}
b. $a=5.53$ L^2 bar mol^{-2}，$b=0.0305$ L mol^{-1}
P 7.4 310 K(理想気体)，309 K (ファンデルワールス気体)
P 7.5 670 K，127 bar
P 7.6 $a=0.692$ L^2 bar mol^{-2}，$b=0.0537$ L mol^{-1}
$V_m=24.8$ L
P 7.7 $P=150$，250，350，450，550 bar について，
それぞれ $\gamma=0.414$，0.357，0.436，0.755，1.86
P 7.8 $V_m=0.0167$ L mol^{-1}，$z=0.942$
P 7.9 4.65 mol L^{-1}(理想気体)，4.25 mol L^{-1}(ファンデルワールス気体)
P 7.10 -16.9×10^3 J(理想気体)，-16.8×10^3 J(ファンデルワールス気体)，1.2 パーセント
P 7.12 1.62×10^{-10} m
P 7.14 0.399 L mol^{-1}，-8.9 パーセント
P 7.17 $b=0.04286$ dm^3 mol^{-1}
$a=3.657$ dm^6 bar mol^{-2}
P 7.18 $a=14.29$ dm^6 bar $K^{\frac{1}{2}}$ mol^{-2}
$b=0.02010$ dm^3 mol^{-1}
P 7.19 0.521 L mol^{-1}(理想気体)，0.180 L mol^{-1}(ファンデルワールス気体)
P 7.22 224 g L^{-1}(理想気体)，216 g L^{-1}(ファンデルワールス気体)
P 7.24 371 bar(理想気体)
408 bar(ファンデルワールス気体)，407 bar(レドリッヒ-クウォン気体)
P 7.25 0.344 L mol^{-1}(理想気体)
0.129 L mol^{-1}(ファンデルワールス気体)
0.115 L mol^{-1}(レドリッヒ-クウォン気体)
P 7.26 111 K(H_2)，426 K(N_2)，643 K(CH_4)

8 章

P 8.1 32.3 kJ mol^{-1}
P 8.4 342 K，6.70×10^4 Pa
$\Delta_{昇華}H=33.2$ kJ mol^{-1}
$\Delta_{蒸発}H=30.0$ kJ mol^{-1}
$\Delta_{融解}H=3.2$ kJ mol^{-1}
P 8.7 2.89×10^{-9} J
P 8.8 a. 582 bar
b. 2.2×10^2 bar
c. $-1.5\ ^\circ C$
P 8.10 1.04×10^4 Pa
P 8.11 193 K，18.7 Pa
$\Delta_{昇華}H=53.4$ kJ mol^{-1}
$\Delta_{蒸発}H=31.8$ kJ mol^{-1}
$\Delta_{融解}H=21.6$ kJ mol^{-1}
P 8.13 1.95 atm
P 8.14 425 Pa
P 8.16 51.1 kJ mol^{-1}
P 8.17 a. 26.6 Torr，b. 25.2 Torr
P 8.18 a. 351 K
b. $\Delta_{蒸発}H(298\ K)=43.0$ kJ mol^{-1}
$\Delta_{蒸発}H(351\ K)=40.6$ kJ mol^{-1}
P 8.19 23.5 kJ mol^{-1}
P 8.20 T_b(通常)$=342.8$ K，T_b(標準)$=343.4$ K
P 8.21 a. 0.583 bar，b. 0.553 bar
P 8.22 1.76×10^4 Pa
P 8.23 6.78×10^4 Pa
P 8.24 a. $\Delta_{蒸発}H=14.4$ kJ mol^{-1}，$\Delta_{昇華}H=18.4$ kJ mol^{-1}
b. $\Delta_{融解}H=4.0$ kJ mol^{-1}
c. $T_{tp}=117$ K，$P_{tp}=33.5$ Torr
P 8.25 344 K
P 8.26 a. 7.77×10^6 Pa
b. 3.53×10^5 Pa
P 8.27 2.33×10^4 Pa，1.39 倍
P 8.28 27.4 kJ mol^{-1}
P 8.31 4.40 kJ mol^{-1}
P 8.33 -0.717 K(100 bar)，-3.58 K(500 bar)
P 8.34 a. $\Delta_{蒸発}H=32.1\times10^3$ J mol^{-1}
$\Delta_{昇華}H=37.4\times10^3$ J mol^{-1}
b. 5.4×10^3 J mol^{-1}
c. 349.5 K，91.8 J K^{-1} mol^{-1}
d. $T_{tp}=264$ K，$P_{tp}=2.84\times10^3$ Pa
P 8.35 3567 Pa K^{-1}，3564 Pa K^{-1}，0.061 パーセント
P 8.36 16.4×10^3 J mol^{-1}，38.4 J K^{-1} mol^{-1}
P 8.37 360 K，1.89×10^4 Pa
P 8.38 27.1 kJ mol^{-1}
P 8.39 1.51×10^3 Pa
P 8.40 a. 49.5 J mol^{-1}
b. 267 J mol^{-1}
P 8.41 2.62×10^4 Pa
P 8.42 a. 56.1 Torr
b. 52.5 Torr
P 8.43 $-3.5\ ^\circ C$
P 8.44 142 K，2.94×10^3 Torr
$\Delta_{蒸発}H=9.38\times10^3$ J mol^{-1}
$\Delta_{融解}H=0.69\times10^3$ J mol^{-1}

$\Delta_{昇華}H = 10.1 \times 10^3$ J mol^{-1}

P 8.45　a.　気相と液相，b.　868 L，c.　0.0200 L

9　章

P 9.2　$a_A = 0.489$，$\gamma_A = 1.58$，$a_B = 1.00$，$\gamma_B = 1.45$

P 9.4　a.　0.697，b.　0.893

P 9.5　-8.0 cm^3

P 9.6　57.9 cm^3 mol^{-1}

P 9.7　1.45×10^3 g mol^{-1}

P 9.8　170 Torr

P 9.9　0.312

P 9.10　7.14×10^{-3} g，2.67×10^{-3} g

P 9.11　a.　25.0 Torr，0.500
b.　$Z_{臭化エチル} = (1 - Z_{塩化エチル}) = 0.39$

P 9.12　a.　$P_A = 27.0$ Torr，$P_B = 28.0$ Torr
b.　$P_A = 41.4$ Torr，$P_B = 21.0$ Torr

P 9.14　1.86 K kg mol^{-1}

P 9.15　a.　$a_1 = 0.9504$，$\gamma_1 = 1.055$
$a_2 = 1.411$，$\gamma_2 = 14.20$
b.　121.8 Torr

P 9.16　2.68×10^{-6} mol L^{-1}

P 9.17　5.6×10^{-9} M

P 9.19　$P_A^* = 0.874$ bar，$P_B^* = 0.608$ bar

P 9.20　413 Torr

P 9.21　61.9 Torr

P 9.22　-0.10 L

P 9.24　0.466

P 9.25　123 g mol^{-1}

P 9.26　6.15 m，6.01×10^4 Pa

P 9.27　0.116 bar

P 9.28　$x_{ブロモ} = 0.769$，$y_{ブロモ} = 0.561$

P 9.29　0.450

P 9.30　a.　2.65×10^3 Torr
b.　0.525
c.　$Z_{クロロ} = 0.614$

P 9.31　$K = 9.5 \times 10^4$ M^{-1}
$N = 0.12$

P 9.32　$a_{CS_2}^R = 0.872$，$\gamma_{CS_2}^R = 1.21$，$a_{CS_2}^H = 0.255$，$\gamma_{CS_2}^H = 0.353$

P 9.33　$M = 41.3$ g mol^{-1}，$\Delta T_f = -1.16$ K，$\dfrac{P}{P^*} = 0.983$
$\pi = 4.93 \times 10^5$ Pa

10　章

P 10.3　a.　0.91，b.　0.895，c.　0.641

P 10.4　a.　0.119 mol kg^{-1}
b.　0.0750 mol kg^{-1}
c.　0.0750 mol kg^{-1}
d.　0.171 mol kg^{-1}

P 10.5　a.　0.48，b.　0.60，c.　0.51

P 10.6　0.0547

P 10.7　0.0113(0.150 mol kg^{-1})，0.00372(1.50 mol kg^{-1})
イオン間相互作用を無視したとき 0.0107(0.150 mol kg^{-1})，0.00341(1.50 mol kg^{-1})

P 10.8　a.　0.144　b.　0.0663　c.　0.155

P 10.9　a.　0.106　b.　0.0592　c.　0.0437

P 10.10　$\Delta_R H^\circ = 17$ kJ mol^{-1}，$\Delta_R G^\circ = 16.5$ kJ mol^{-1}

P 10.12　-426×10^3 J mol^{-1}

P 10.13　0.321 mol kg^{-1}

P 10.14　$I = 0.072$ mol kg^{-1}，$\gamma_\pm = 0.389$，$a_\pm = 0.0106$

P 10.16　0.41 nm

P 10.17　a.　6.28×10^{-5} mol L^{-1}
b.　1.22×10^{-5} mol kg^{-1}

P 10.20　0.239 mol kg^{-1}，0.0539

P 10.21　a.　0.0544　b.　0.109

P 10.22　a.　0.515　b.　0.425

P 10.23　1.4 nm

P 10.24　$I = 0.215$ mol kg^{-1}
$\gamma_\pm = 0.114$
$a_\pm = 0.00740$

P 10.25　$I = 0.105$ mol kg^{-1}
$\gamma_\pm = 0.320$
$a_\pm = 0.0128$

P 10.26　a.　0.225 mol kg^{-1}
b.　0.0750 mol kg^{-1}
c.　0.300 mol kg^{-1}
d.　0.450 mol kg^{-1}

P 10.27　a.　5.5×10^{-3} mol kg^{-1}
b.　8.7×10^{-3} mol kg^{-1}
c.　5.5×10^{-3} mol kg^{-1}

P 10.28　$\Delta_R H^\circ = -65.4$ kJ mol^{-1}，$\Delta_R G^\circ = -55.7$ kJ mol^{-1}

P 10.29　4.39，4.63

P 10.30　0.791

11　章

P 11.1　a.　2.65×10^6
b.　-36.7 kJ mol^{-1}

P 11.2　-103.8 kJ mol^{-1}

P 11.3　-131.2 kJ mol^{-1}

P 11.4　$+0.7680$ V，1.38×10^{21}

P 11.5　a.　$+1.216$ V，b.　$+1.172$ V，-3.73 パーセント

P 11.6　$+0.337$ V，2.47×10^{11}

P 11.7　a.　$+1.108$ V，b.　$+1.099$ V，-0.8 パーセント

P 11.8　$+2.413$ V，7.44×10^{77}

P 11.9　-131.1 kJ mol^{-1}

P 11.10　$+1.42$ V，$+8.55 \times 10^{-5}$ V K^{-1}

P 11.11　b.　$+1.154$ V，6.61×10^{35}，204.5 kJ mol^{-1}

P 11.12　$\Delta_R G = -33.4$ kJ mol^{-1}，$\Delta_R S = -29.9$ J K^{-1} mol^{-1}
$\Delta_R H = -43.1$ kJ mol^{-1}

P 11.13　a.　-210.7 kJ mol^{-1}，7.21×10^{36}，b.　-210.374 kJ mol^{-1}

P 11.15　a.　1.11×10^8，b.　6.67×10^{-56}

P 11.16　0.769

P 11.17　c.　-1108 kJ

P 11.18　a.　$+1.110$ V，b.　Zn^{2+}：0.733，Cu^{2+}：0.626，c.　$+1.108$ V

P 11.19　$\Delta_R G^\circ = -219.0$ kJ mol^{-1}，$\Delta_R S^\circ = -7.91$ J K^{-1} mol^{-1}
$\Delta_R H^\circ = -221.4$ kJ mol^{-1}

P 11.20　-0.913 V

P 11.21　$\Delta_R G = -370.1$ kJ mol^{-1}，-370.6 kJ mol^{-1}
$\Delta_R S = 15.4$ J K^{-1} mol^{-1}，25.4 J K^{-1} mol^{-1}
$\Delta_R H = -365.9$ kJ mol^{-1}，-363.1 kJ mol^{-1}

P 11.22　1.10×10^{-11}

P 11.24　-713.2 kJ mol^{-1}，9.06×10^{124}

P 11.25　4.16×10^{-4}

P 11.26　8.28×10^{-84}，-1.22869 V

P 11.28　a.　9.95，b.　0.100

P 11.29　4.90×10^{-13}

P 11.30　a.　6.56×10^{-81}，b.　7.62×10^{-14}

12　章

P 12.1　$\Delta v_{H_2} = 1.131$ m s^{-1}，$\dfrac{\Delta v}{v_{rms}} = 4.55 \times 10^{-4}$

P 12.2　$\dfrac{\overline{E}_{osc} - k_B T}{\overline{E}_{osc}} = -0.0219$(1000 K)，$-0.0368$(600 K)，

-0.116(200 K)

P 12.3 ライマン系列，バルマー系列，パッシェン系列の順に $\tilde{\nu}_{max}=109677\ \mathrm{cm^{-1}}$，$27419.3\ \mathrm{cm^{-1}}$，$12186.3\ \mathrm{cm^{-1}}$
$E_{max}=2.17871\times10^{-18}$ J，5.44676×10^{-19} J，2.42078×10^{-19} J

P 12.4 10^4 nm，500 nm，100 nm，0.1 nm のフォトンの順に $7.93\times10^2\ \mathrm{m\ s^{-1}}$(959 K)，$3.55\times10^3\ \mathrm{m\ s^{-1}}$($1.92\times10^4$ K)，$7.93\times10^3\ \mathrm{m\ s^{-1}}$($9.59\times10^4$ K)，$2.51\times10^5\ \mathrm{m\ s^{-1}}$($9.59\times10^7$ K)

P 12.5 2.17871×10^{-18} J

P 12.6 8.18×10^{15} 個，$E=2.27\times10^{-19}$ J
$v=7.06\times10^5\ \mathrm{m\ s^{-1}}$

P 12.7 $1.108\times10^{-3}\ \mathrm{J\ m^{-3}}$(1100 K)，$0.9815\ \mathrm{J\ m^{-3}}$(6000 K)

P 12.8 $0.0467\ \mathrm{m\ s^{-1}}$

P 12.9 $0.152\ \mathrm{m\ s^{-1}}$

P 12.10 $\dfrac{E-E_{近似}}{E}=-0.0369$(5000 K)，$-0.130$(1500 K)，$-0.933$(300 K)

P 12.11 26 K(He)，2.6 K(Ar)

P 12.12 $5.82\times10^6\ \mathrm{m\ s^{-1}}$，$1.54\times10^{-17}$ J

P 12.13 H_2 については 1.26×10^{-10} m(200 K)，5.93×10^{-11} m(900 K).
Ar については 2.83×10^{-11} m(200 K)，1.33×10^{-11} m(900 K).

P 12.14 4.26×10^{-6} m(675 K)，2.50×10^{-6} m(1150 K)，4.64×10^{-7} m(6200 K)

P 12.15 4.31 cm

P 12.16 16.7 V

P 12.17 6.5647×10^{-5} m，3.6471×10^{-5} m

P 12.18 $\lambda=0.992$ nm，$n=2.18\times10^{14}\ \mathrm{s^{-1}}$

P 12.19 $\phi\approx4.0\times10^{-19}$ J つまり 2.5 eV，$h\approx7.0\times10^{-34}$ J s

P 12.20 3.95×10^{26} W

P 12.21 $\nu\geq1.26\times10^{15}\ \mathrm{s^{-1}}$，$v=5.87\times10^5\ \mathrm{m\ s^{-1}}$

P 12.22 5.08×10^{20} 個

P 12.23 1.21569×10^{-5} m，9.11768×10^{-6} m

P 12.24 $6.23\times10^{18}\ \mathrm{s^{-1}}$

P 12.25 $1.30\times10^5\ \mathrm{J\ s^{-1}}$，0.0475 m

P 12.27 a. $3.50\times10^7\ \mathrm{J\ s^{-1}}$，b. 7.71×10^{17} 個

13 章

P 13.2 $N=\sqrt{\dfrac{1}{d}}$

P 13.6 a. $r=\sqrt{11}$，$\theta=1.26$ rad，$\phi=0.322$ rad
b. $x=-\dfrac{5}{2}$，$y=\dfrac{5}{2}$，$z=\dfrac{5}{\sqrt{2}}$

P 13.9 a. $\sqrt{61}\exp(0.876\mathrm{i})$，b. $2\exp(\mathrm{i}\pi/2)$
c. $4\exp(-0\mathrm{i})$，d. $\dfrac{\sqrt{26}}{5}\exp(1.125\mathrm{i})$
e. $\sqrt{\dfrac{5}{2}}\exp(-1.249\mathrm{i})$

P 13.12 a. 固有関数でない．b. $\dfrac{-(4\pi^2)}{a^2}$ c. -4 d. $-\left(\dfrac{a^2}{\pi^2}\right)$
e. 固有関数でない

P 13.14 a. -2，b. $-4\mathrm{i}$，c. -6

P 13.16 $x_0=0.796$ m，$t_0=-5.50\times10^{-4}$ s

P 13.18 $\dfrac{n_4}{n_1}(125\ \mathrm{K})=0.874$，$\dfrac{n_4}{n_1}(750\ \mathrm{K})=3.10$
$\dfrac{n_8}{n_1}(125\ \mathrm{K})=0.0135$，$\dfrac{n_8}{n_1}(750\ \mathrm{K})=2.76$

P 13.26 $T=127$ K($n_2/n_1=0.175$)
$T=316$ K($n_2/n_1=0.750$)

P 13.35 a. $-2\mathrm{i}$，b. $(2+2\mathrm{i})\sqrt{6}$，c. -1，d. $\dfrac{\sqrt{\dfrac{5}{2}}\,(1+\mathrm{i})}{1+\sqrt{2}}$

15 章

P 15.1 a. $\alpha=7.79\times10^{10}$，b. 1.58×10^{-31} J
c. 3.85×10^{-11}

P 15.5 c. 3/16，3/8，7/16，d. $\langle E\rangle=43\,E_1/16$

P 15.9 $\sqrt{\dfrac{30}{b}}$，$\dfrac{b}{2}$，$\dfrac{2b^2}{7}$

P 15.10 $\omega=5.14\times10^{17}\ \mathrm{s^{-1}}$
$\lambda=6.67\times10^{-11}$ m

P 15.12 a. 7.07 倍，b. 24.5 倍，c. 0.223 倍

P 15.15 6.34×10^{-6} m

P 15.16 1.01×10^{36}

P 15.20 a. 8.25×10^{-38} J，b. 1.99×10^{-17}

P 15.22 5.84×10^{-22} J，0.141

P 15.25 a. 2，b. 3

P 15.29 3.0×10^{-9} m

P 15.34 a. 0.045，b. 0.00041

16 章

P 16.1 e. $\left|\dfrac{F}{A}\right|^2=0.1$ となるのは $E=1.5\times10^{-19}$ J，
0.02 となるのは $E=1.1\times10^{-19}$ J

P 16.2 $T_{Si}=900$ K，$T_C=4.4\times10^3$ K

P 16.3 b. $\dfrac{\Delta P_{全}(x)}{\langle P_{全}(x)\rangle}=0.15$，c. $\dfrac{\Delta P_{n=11}(x)}{\langle\Delta P_{全}(x)\rangle}=0.18$，d. 7.6

P 16.4 $\lambda=239$ nm

P 16.5 $\lambda=368$ nm

P 16.6 銅線：$2.8\times10^6\ \mathrm{A\ m^{-2}}$，STM：$1.3\times10^9\ \mathrm{A\ m^{-2}}$

P 16.7 b. 4.76×10^{-20} J，1.86×10^{-19} J，3.95×10^{-19} J

P 16.8 反射確率 0.016，透過確率 0.98

17 章

P 17.5 c. 寿命 1.0×10^9 s の場合，$\Delta\nu=8.0\times10^7\ \mathrm{s^{-1}}$，$0.00265\ \mathrm{cm^{-1}}$
寿命 1.0×10^{-11} s の場合，$8.0\times10^9\ \mathrm{s^{-1}}$，$0.265\ \mathrm{cm^{-1}}$

P 17.10 $p=2.11\times10^{-23}\ \mathrm{kg\ m\ s^{-1}}$，$\dfrac{\lambda}{b}=0.00314$

P 17.12 $E=0.953$ eV

P 17.18 c. $z=\pm9.42\times10^{-3}$ m

P 17.23 $\Delta x=8.5\times10^{-34}$ m

18 章

P 18.1 a. 0，b. 2.59×10^{-22} J

P 18.3 1，7.04，4.09，7.95×10^{-2}

P 18.4 0.420 rad，0.752 rad，0.991 rad，1.20 rad，1.39 rad，1.57 rad およびこれらの角度を π から引いた値.

P 18.5 振動遷移：$1.24\times10^{14}\ \mathrm{s^{-1}}$，回転遷移：$1.25\times10^{12}\ \mathrm{s^{-1}}$

P 18.8 $575\ \mathrm{N\ m^{-1}}$，2.55×10^{-2} m

P 18.9 0，1.23，4.50，17.2

P 18.13 $E_0=2.78\times10^{-32}$ J，$E_0/k_BT=6.75\times10^{-12}$
$2.92\times10^{-15}\ \mathrm{m\ s^{-1}}$

P 18.14 $3.15\times10^{13}\ \mathrm{s^{-1}}$，$9.52\times10^{-6}$ m

P 18.16 $324\ \mathrm{kg\ s^{-2}}$，0.742 kg

P 18.18 a. $18.5\ \mathrm{N\ m^{-1}}$
b. 2.48×10^{-33} J
c. 4.85×10^{-5} J
d. 9.76×10^{28}

P 18.19 a. F から 4.618 pm の点
b. D から 24.73 pm の点

P 18.22 5.56×10^{-21} J，$309\ \mathrm{m\ s^{-1}}$，$|v|/|v_{rms}|=0.946$

P 18.23 a. 2.29×10^{-20} J，b. 6.92×10^{13} s^{-1}
P 18.24 I_2：0.357，0.127，891 K
H_2：6.78×10^{-10}，4.60×10^{-19}，1.83×10^4 K
P 18.25 a. 0，b. 4.16×10^{-22} J
P 18.31 0.0595($n=0$)，0.103($n=1$)，0.133($n=2$)
P 18.34 a. $E_{回転}=1.51\times10^{-20}$ J，3.66，$E_{振動}=2.97\times10^{-20}$ J
7.17，b. $T_{回転}=1.85\times10^{-13}$ s，$T_{振動}=1.11\times10^{-14}$ s
$\frac{T_{回転}}{T_{振動}}=16.6$
P 18.35 a. 0，9.70×10^{-24} J，2.91×10^{-23} J，5.82×10^{-23} J，
9.70×10^{-23} J
b. 0，4.85×10^{-24} J，1.94×10^{-23} J，4.36×10^{-23} J，
7.76×10^{-23} J
P 18.37 8.37×10^{-28} kg，4.60×10^{-48} kg m^2，1.49×10^{-34} J s，
2.42×10^{-21} J

19 章

P 19.1 a. $E_0=2.94\times10^{-20}$ J，$E_1=8.65\times10^{-20}$ J
$E_2=1.41\times10^{-19}$ J，$E_3=1.93\times10^{-19}$ J
b. $\nu_{0\to1}=8.61\times10^{13}$ s^{-1}，$\nu_{0\to2}=1.69\times10^{14}$ s^{-1}
$\nu_{0\to3}=2.48\times10^{14}$ s^{-1}
誤差−2.1 パーセント($\nu_{0\to2}$)，−4.4 パーセント($\nu_{0\to3}$)
P 19.2 250 N m^{-1}，3.66×10^{-14} s
P 19.3 2.3 cm，0.54 cm
P 19.5 116.227 pm(C−O)，156.014 pm(O−S)
P 19.7 1.09769×10^{-10} m
P 19.9 $E_0^{HF}=4.11\times10^{-20}$ J
$E_0^{DF}=2.98\times10^{-20}$ J
$\frac{E_0^{HF}-E_0^{DF}}{k_BT}=2.75$
P 19.14 7.5229 cm^{-1}，4.5108×10^{11} s^{-1}
P 19.16 F_2：$n_1/n_0=0.0123$(300 K)，0.267(1000 K)
$n_2/n_0=1.52\times10^{-4}$(300 K)，0.0715(1000 K)
I_2：$n_1/n_0=0.357$(300 K)，0.734(1000 K)
$n_2/n_0=0.127$(300 K)，0.539(1000 K)
P 19.17 1.4243×10^{-10} m，1.4880×10^{-10} m
P 19.18 8.5×10^5 cm，3.7×10^2 cm
P 19.20 1.56660×10^{-10} m
P 19.23 H_2：7.240×10^{-19} J，D_2：7.368×10^{-19} J
P 19.25 0.913 倍
P 19.28 1.06×10^{13} s^{-1}，3.52×10^{-21} J
P 19.30 3.89×10^{13} s^{-1}，2.57×10^{-14} s
1.29×10^{-20} J，0.0805 eV
P 19.31 123.10 pm
P 19.33 1.401×10^{-46} kg m^2，4.718×10^{-34} J s
7.943×10^{-23} J
P 19.35 1.738×10^{-18} J
1.034×10^3 kJ mol^{-1}
P 19.37 11
P 19.39 8.6 パーセント
P 19.40 267.3 pm
P 19.41 5.775×10^{-34} J s
P 19.42 267.3 pm

20 章

P 20.1 最高のエネルギー：109678 cm^{-1}，
27419.5 cm^{-1}，12186.4 cm^{-1}
最低のエネルギー：82258.5 cm^{-1}，
15233.1 cm^{-1}，5331.57 cm^{-1}
P 20.3 0.3849
P 20.4 -4.358×10^{-18} J
P 20.5 0.439
P 20.6 $r=4a_0$
P 20.7 $1.5a_0$
P 20.9 H：2.179×10^{-18} J
He^+：8.717×10^{-18} J
Li^{2+}：19.61×10^{-18} J
Be^{3+}：34.87×10^{-18} J
P 20.10 $\langle r\rangle_H=(3/2)a_0$, $\langle r\rangle_{He^+}=(3/4)a_0$
$\langle r\rangle_{Li^{2+}}=(1/2)a_0$, $\langle r\rangle_{Be^{3+}}=(3/8)a_0$
P 20.11 19，0.03767 eV
P 20.12 1.4×10^{-2}，0.83，0.999
P 20.13 $2.65a_0$
P 20.14 a. 145 kg m^{-3}，b. 4.00×10^{17} kg m^{-3}，c. 0.0789 kg m^{-3}
P 20.15 $(3/4)a_0^2$
P 20.16 0，a_0^2
P 20.17 $\langle F\rangle_{1s}=-\frac{e^2}{2\pi\varepsilon_0a_0^2}$

$\langle F\rangle_{2p_z}=-\frac{e^2}{48\pi\varepsilon_0a_0^2}$
P 20.19 $30\mu a_0^2$
P 20.20 $I_H=13.61$ eV，$I_{He^+}=54.42$ eV
$I_{Li^{2+}}=122.4$ eV，$I_{Be^{3+}}=217.7$ eV
P 20.21 $5a_0$
P 20.27 1.26
P 20.30 $(3/2)a_0$，a_0
P 20.33 0.81，0.12，6.2×10^{-3}

21 章

P 21.2 54.7°，125.3°
P 21.6 $2\hbar^2$，$2\hbar^2$
P 21.7 $2\hbar^2$，0
P 21.8 $a_{最適}=\frac{m_ee^2}{4\pi\varepsilon_0\hbar^2}$

22 章

P 22.7 $\Delta\nu=1.70\times10^9$ s^{-1}
$\frac{\Delta\nu}{\nu}=3.33\times10^{-6}$
P 22.8 $-\frac{128\sqrt{2}\ e}{243}a_0$
P 22.10 b. 3.86×10^{-8}，8.67×10^{-5}，4.65×10^{-5}
P 22.11 364
P 22.12 ライマン系列
82258 cm^{-1}　$\lambda=121.6$ nm
97491 cm^{-1}　$\lambda=102.6$ nm
109678 cm^{-1}　$\lambda=91.18$ nm
バルマー系列
15233 cm^{-1}　$\lambda=656.5$ nm
20565 cm^{-1}　$\lambda=486.3$ nm
23032 cm^{-1}　$\lambda=434.2$ nm
27419 cm^{-1}　$\lambda=364.7$ nm
パッシェン系列
5331.5 cm^{-1}　$\lambda=1876$ nm
7799.3 cm^{-1}　$\lambda=1282$ nm
9139.8 cm^{-1}　$\lambda=1094$ nm
12186.4 cm^{-1}　$\lambda=820.6$ nm
P 22.13 $E_{max}=2.178\times10^{-18}$ J
$\nu_{max}=3.288\times10^{15}$ s^{-1}=109678 cm^{-1}
$\lambda_{max}=91.18$ nm
$E_{min}=1.634\times10^{-18}$ J

$\nu_{min}=2.466\times10^{15}\ s^{-1}=82258\ cm^{-1}$
$\lambda_{min}=121.6\ nm$

P 22.14　39 eV
P 22.15　b.　44°
P 22.18　$3.08255\times10^{15}\ s^{-1}$，$3.08367\times10^{15}\ s^{-1}$
P 22.23　$E(3p\ ^2P_{1/2})=3.369\times10^{-19}\ J=2.102\ eV$
$E(3p\ ^2P_{3/2})=3.373\times10^{-19}\ J=2.105\ eV$
$E(4s\ ^2S_{1/2})=5.048\times10^{-19}\ J=3.150\ eV$
$E(5s\ ^2S_{1/2})=6.597\times10^{-19}\ J=4.118\ eV$
$E(3d\ ^2D_{3/2})=5.797\times10^{-19}\ J=3.618\ eV$
$E(4d\ ^2D_{3/2})=6.869\times10^{-19}\ J=4.287\ eV$
P 22.28　4，3，2，1
P 22.30　3.4 eV
P 22.31　$E(4p\ ^2P)=6.015\times10^{-19}\ J=3.754\ eV$
$E(5s\ ^2S)=6.597\times10^{-19}\ J=4.117\ eV$
P 22.33　a.　0，3/2　　b.　4，3/2
c.　1，1　　d.　2，1/2
P 22.35　3.65，4.70

23 章

P 23.1　b.　0.577，0.875，0.970
P 23.9　$\varepsilon_2=-5.93\ eV$，$c_{2\,F}=-0.82$，$c_{2\,H}=1.1$
$\varepsilon_1=-20.3\ eV$，$c_{1\,F}=0.76$，$c_{1\,H}=0.39$
P 23.10　結合性 MO：0.72(F)，0.28(H)
反結合性 MO：0.28(F)，0.72(H)
P 23.15　8.67×10^{-30} C m$=$2.6 D
P 23.16　$S_{12}=0.15$：-11.8 eV，-14.9 eV
$S_{12}=0.30$：-9.23 eV，-16.0 eV
$S_{12}=0.45$：-5.25 eV，-16.8 eV
P 23.21　$S_{HF}=0.075$：-13.4 eV，-18.7 eV
$S_{HF}=0.18$：-12.4 eV，-19.1 eV
$S_{HF}=0.40$：-7.65 eV，-20.1 eV
P 23.22　$S_{HF}=0.075$：0.97
$S_{HF}=0.18$：0.89
$S_{HF}=0.40$：0.74

24 章

P 24.11　a.　3.34×10^{-19}　　b.　0.21

25 章

P 25.2　a.　1.263 μm，757.86 nm
P 25.3　a.　1.14，b.　0.456
P 25.5　a.　0，0.981；1，0.0196；2，1.96×10^{-4}；3，1.31×10^{-6}；4，6.54×10^{-9}；5，2.61×10^{-11}，b.　0，0.135；1，0.271；2，0.271；3，0.180；4，0.902；5，0.361
P 25.6　a.　$n=152$
P 25.7　a.　$n=17$，b.　7.34×10^{-19} J，c.　$n=16$，7.21×10^{-19} J
P 25.8　a.　$n=15$，b.　325 cm^{-1}
P 25.9　a.　4.72 nm，b.　3.61 nm
P 25.10　0.5 nm，$5.5\times10^{12}\ s^{-1}$；1.0 nm，$8.6\times10^{10}\ s^{-1}$；
2.0 nm，$1.3\times10^{9}\ s^{-1}$；3.0 nm，$1.2\times10^{8}\ s^{-1}$；
5.0 nm，$5.5\times10^{6}\ s^{-1}$
P 25.11　2.0 nm，$9.45\times10^{10}\ s^{-1}$；7.0 nm，$5.1\times10^{7}\ s^{-1}$；
12.0 nm，$2.0\times10^{6}\ s^{-1}$

27 章

P 27.3　C_{2h}
P 27.4　3，二次元が 1 個と一次元が 2 個
P 27.5　a.　30
b.　7，A_{2u}，E_{1u}
c.　A_{1u} は一重，E_{1u} は二重
d.　12，A_{1g}，E_{1g}，E_{2g}
e.　E_{1g} と E_{2g} は二重
f.　ない
P 27.6　a.　6
b.　6，$2A_1$，2E
c.　A_1 は一重，E は二重
d.　62，A_1，2E
f.　すべて
P 27.10　D_{2d}
P 27.12　C_s
P 27.13　$\Gamma_{可約}=A_1+A_2+B_1+B_2$
P 27.15　D_{3h}
P 27.18　C_{3v}
P 27.21　$\Gamma_{可約}=A_1+2A_2+E$
P 27.24　5，一次元が 4 個と二次元が 1 個

28 章

P 28.3　5.87 T，23.3 T，14.5 T
P 28.6　-2.04，0.680

29 章

P 29.1　a.　4/52
b.　1/52
c.　12/52 と 3/52
P 29.2　a.　0.002
b.　1.52×10^{-6}
P 29.3　a.　1/6
b.　1/9
c.　21/36
P 29.4　a.　8/49
b.　6/49
c.　23/49
P 29.5　a.　10^7
b.　160
c.　1.6×10^9
P 29.6　a.　2.56×10^{10}
b.　5.08×10^9
P 29.7　a.　0.372
b.　0.569
P 29.8　a.　0.06
b.　0.0006
P 29.9　a.　720
b.　360
c.　1
d.　3.73×10^{16}
P 29.10　120
P 29.11　a.　1
b.　15
c.　1
d.　1.03×10^{10}
P 29.12　a.　4.57×10^5
b.　1.76×10^4
c.　3.59×10^5
P 29.13　a.　9.52×10^{-7}
b.　9.52×10^{-7}
c.　1.27×10^{-6} と 3.77×10^{-7}
P 29.14　a.　1.0×10^{-5}
b.　2.2×10^{-8}
c.　3.0×10^{-6}
P 29.15　0.004
P 29.16　a.　4.52×10^{-8}

b. 1.04×10^{-6}
c. 8.66×10^{-9}

P 29.17 a. ボソン：220，フェルミオン：45
b. ボソン：1.72×10^5，フェルミオン：1.62×10^5

P 29.18 a. 7.41×10^{11}
b. 2.97×10^{10}
c. 2.04×10^6

P 29.19 a. 9.77×10^{-4}
b. 0.044
c. 0.246
d. 0.044

P 29.20 a. 1.69×10^{-5}
b. 3.05×10^{-3}
c. 0.137
d. 0.195

P 29.21 a. 9.54×10^{-7}
b. 0.176
c. 0.015

P 29.22 a. $(n)(n-1)$
b. $(n)(n-1)(n-2)\cdots(n/2+1)/(n+2)!$

P 29.24 $1.91

P 29.25 b. $\ln(2)/k$

P 29.26 a. 9.6×10^{-6} s
b. 0.37

P 29.27 c 182 J mol^{-1}

P 29.28 c. 0.245 と 0.618

P 29.29 a. $2/a$
b. $a/2$
c. $a^2\left(\frac{1}{3}-\frac{1}{2\pi^2}\right)$
d. $a^2\left(\frac{1}{12}-\frac{1}{2\pi^2}\right)$

P 29.30 a. $\left(\frac{m}{2\pi k_B T}\right)^{1/2}$
b. 0
c. $k_B T/m$
d. $k_B T/m$

P 29.31 $\langle x\rangle=0$

P 29.32 1.6×10^4 m

P 29.33 $x_{最確}=a^{1/2}$

P 29.34 a. 0
b. 1/3

P 29.35 a. 0.175
b. 0.0653
c. 0.0563

30 章

P 30.1 b. exp(693)
c. exp(673)

P 30.2 10^{694}

P 30.4 0.25

P 30.5 a. 2.6×10^6
b. 1287

P 30.8 $P_{N_2}=0.230$ atm，$P_{O_2}=0.052$ atm

P 30.9 a. 250 K
b. 180 K

P 30.10 a. 250 K
b. 180 K

P 30.11 a. 6.07×10^{-20} J
b. C

P 30.12 a. 500 cm^{-1}
$W=1287$
b. 500 cm^{-1}
$W=2860$
c. 500 cm^{-1}
$W=858$

P 30.13 極限値：0.333

P 30.14 721 K

P 30.15 4152 K

P 30.16 1.28，5.80

P 30.17 0.781，0.00294

P 30.18 25300 K

P 30.19 0.999998

P 30.20 $a_-=0.333334$
$a_0=0.333333$
$a_+=0.333333$

P 30.22 432 K

P 30.23 1090 K

P 30.24 300 K，$p=0.074$，F_2 では 523 K に相当
1000 K，$p=0.249$，F_2 では 1740 K に相当

P 30.25 1.06×10^{-9}

P 30.27 5.85×10^4 K

P 30.29 100 K，$p=0.149$
500 K，$p=0.414$
2000 K，$p=0.479$

P 30.30 b. 10300 K

P 30.31 1780 K

31 章

P 31.1 H_2：2.77×10^{26}
N_2：1.43×10^{28}

P 31.2 $q_T=5.66\times10^{29}$
$q_T(^{37}Cl_2)=1.087\times q_T(^{35}Cl_2)$

P 31.3 $q_T=4.46\times10^{24}$

P 31.4 $q_T(Ar)=2.44\times10^{29}$，$T=590$ K

P 31.5 0.0680 K

P 31.6 3.90×10^{17}

P 31.7 4.38×10^4

P 31.8 1.99×10^5

P 31.9 a. 1
b. 2
c. 2
d. 12
e. 2

P 31.10 CCl_4：12
$CFCl_3$：3
CF_2Cl_2：2
CF_3Cl：3

P 31.11 回転：HD，並進：D_2

P 31.12 H_2：1.00，HD：1.22

P 31.13 $q_R=401$

P 31.14 $q_R=424$

P 31.15 a. 使えない
b. 使えない
c. 使える
d. 使える

P 31.16 5840

P 31.17 3.77×10^4

P 31.18 a. 616 K
b. $J=5$ から $J=6$

P 31.19 $J=19$ から $J=20$

P 31.20 $J=4$ から $J=5$

P 31.21 $q_R=5.02$，和から求めれば $q_R=20.6$

P 31.22 0.419012 cm^{-1}，$q_R=494$

P 31.23 a.

J	P_J
0	0.041
1	0.113
2	0.160
3	0.175
4	0.167
5	0.132
6	0.095
7	0.062
8	0.037
9	0.019

b.

J	P_J
0	0.043
1	0.117
2	0.116
3	0.179
4	0.163
5	0.131
6	0.093
7	0.059
8	0.034
9	0.018

P 31.24 a. $B_A = B_B = B_C = 5.27\ \mathrm{cm^{-1}}$
b. 使える

P 31.25 0.418 K

P 31.26 300 K：$q_V = 1$，$p_0 = 1$
3000 K：$q_V = 1.32$，$p_0 = 0.762$

P 31.27 1820

P 31.28 IF：300 K：$q_V = 1.06$，$p_0 = 0.946$，$p_1 = 0.051$，$p_2 = 0.003$
3000 K：$q_V = 3.94$，$p_0 = 0.254$，$p_1 = 0.189$，$p_2 = 0.141$
IBr：300 K：$q_V = 1.38$，$p_0 = 0.725$，$p_1 = 0.199$，$p_2 = 0.055$
3000 K：$q_V = 8.26$，$p_0 = 0.121$，$p_1 = 0.106$，$p_2 = 0.094$

P 31.29 $q_V = 1.67$

P 31.30 $q_V = 1.10$

P 31.31 $q_V = 1.69$

P 31.32 $q_V = 4.09$

P 31.33 $p_0 = 1$，$p_1 = 0$

P 31.34 a. $1601\ \mathrm{cm^{-1}}$

P 31.35 a. $q_V = 1.00$
b. 1710 K

P 31.37 $453\ \mathrm{cm^{-1}}$

P 31.39 a. $q = L/\Lambda$
b. $q = V/\Lambda^3$

P 31.41 a. $q_V = 1$，$q_R = 1.29$
b. $q_V = 1$，$q_R = 1.26$

P 31.42 $q_E = 10.2$

P 31.43 a. $q_E = 4.77$
b. 2320 K

P 31.44 a. $q_E = 3.11$
b. 251 K

P 31.45 $q_E = 1.00$

P 31.46 $q = 1.71 \times 10^{34}$

P 31.47 $q = 1.30 \times 10^{29}$

P 31.48 $q_R = 265$

32　章

P 32.2 655 K

P 32.3 b

P 32.4 1310 K

P 32.5 Nk_BT

P 32.6 $U = \frac{1}{2}Nk_BT$，$C_V = \frac{1}{2}Nk_B$

P 32.8

分子	Θ_R/K	均分定理	Θ_V/K	均分定理
$H^{35}Cl$	15.2	使えない	4150	使えない
$^{12}C^{16}O$	2.78	使える	3120	使えない
^{39}KI	0.088	使える	233	使えない
CsI	0.035	使える	173	使えない

P 32.9 $1.71\ \mathrm{kJ\ mol^{-1}}$

P 32.10 $307\ \mathrm{J\ mol^{-1}}$

P 32.12 $3.72\ \mathrm{kJ\ mol^{-1}}$

P 32.13 $6.20\ \mathrm{kJ\ mol^{-1}}$

P 32.14 U_R は同じ
$U_V(\mathrm{BrCl}) - U_V(\mathrm{BrF}) = 434\ \mathrm{J\ mol^{-1}}$

P 32.16 C_V への寄与（単位は $\mathrm{J\ K^{-1}\ mol^{-1}}$）はつぎの通り．

	298 K	500 K	1000 K
$2041\ \mathrm{cm^{-1}}$	0.042	0.808	4.24
$712\ \mathrm{cm^{-1}}$	3.37	5.93	7.62
$3329\ \mathrm{cm^{-1}}$	0.00	0.048	1.56
合　計	6.78	12.7	21.0

P 32.17 $0.751\,R$

P 32.18 $0.0586\,R$

P 32.19 a. $1.85\ \mathrm{J\ K^{-1}\ mol^{-1}}$

P 32.20 c. $352\ \mathrm{m\ s^{-1}}$

P 32.21 b. $24.6\ \mathrm{J\ K^{-1}\ mol^{-1}}$

P 32.22 $7.82\ \mathrm{J\ K^{-1}\ mol^{-1}}$

P 32.25 200 K：$122\ \mathrm{J\ K^{-1}\ mol^{-1}}$，300 K：$128\ \mathrm{J\ K^{-1}\ mol^{-1}}$
500 K：$135\ \mathrm{J\ K^{-1}\ mol^{-1}}$

P 32.26 $1.28 \times 10^{-10}\ \mathrm{m}$

P 32.27 $219\ \mathrm{J\ K^{-1}\ mol^{-1}}$

P 32.28 $256\ \mathrm{J\ K^{-1}\ mol^{-1}}$

P 32.29 $176\ \mathrm{J\ K^{-1}\ mol^{-1}}$

P 32.30 $191\ \mathrm{J\ K^{-1}\ mol^{-1}}$，$260\ \mathrm{J\ K^{-1}\ mol^{-1}}$

P 32.31 $186\ \mathrm{J\ K^{-1}\ mol^{-1}}$

P 32.33 $49.1\ \mathrm{J\ K^{-1}\ mol^{-1}}$

P 32.34 $79.5\ \mathrm{J\ K^{-1}\ mol^{-1}}$

P 32.35 $211\ \mathrm{J\ K^{-1}\ mol^{-1}}$

P 32.38 $11.5\ \mathrm{J\ K^{-1}\ mol^{-1}}$

P 32.39 a. $R\ln 2$　b. $R\ln 4$
c. $R\ln 2$　d. 0

P 32.43 Ne：$-40.0\ \mathrm{kJ\ mol^{-1}}$，Kr：$-45.3\ \mathrm{kJ\ mol^{-1}}$

P 32.45 $-57.2\ \mathrm{kJ\ mol^{-1}}$

P 32.46 $G^\circ_{R,m} = -15.4\ \mathrm{kJ\ mol^{-1}}$，$G^\circ_{V,m} = -0.30\ \mathrm{kJ\ mol^{-1}}$

P 32.47 2.25×10^{-9}

P 32.49 0.824

P 32.50 $0.977\exp(-2720)$

P 32.51 a. $143.4\ \mathrm{mJ\ mol^{-1}}$
b. 28.0

33　章

P 33.2

	$v_{最確}/\mathrm{m\ s^{-1}}$	$v_{平均}/\mathrm{m\ s^{-1}}$	$v_{rms}/\mathrm{m\ s^{-1}}$
Ne	495	559	607
Kr	243	274	298
CH_4	555	626	680
C_2H_6	406	458	497
C_{60}	82.9	93.6	102

P 33.3

	$v_{最確}$/m s^{-1}	$v_{平均}$/m s^{-1}	v_{rms}/m s^{-1}
300 K	395	446	484
500 K	510	575	624

$v(H_2)=3.98\,v(O_2)$

P 33.4

	H_2O	HOD	D_2O
$v_{平均}$/m s^{-1}	592	576	562

P 33.5 $v_{平均}(CCl_4)=202$ m s^{-1}，$v_{平均}(O_2)=444$ m s^{-1}，平均運動エネルギーはどちらも 6.17×10^{-21} J
P 33.6 444 m(O_2)，274 m(Kr)
P 33.7 a. 5.66×10^{-4} s
b. 2.11×10^{-3} s
c. 0.534
P 33.8 a. $\dfrac{v_{平均}}{v_{最確}}=\dfrac{2}{\sqrt{\pi}}$　$\dfrac{v_{rms}}{v_{最確}}=\sqrt{\dfrac{3}{2}}$
P 33.9 81.5 K
P 33.10 1240 K
P 33.11 0.843，0.157
P 33.12 a. Ne：828 m s^{-1}，Kr：406 m s^{-1}，Ar：589 m s^{-1}
b. 2100 K
P 33.13 0.392
P 33.14 a. 2.10×10^5 K
b. 3.00×10^4 K
P 33.15 298 K では 0.132，500 K では 0.071
P 33.16 b. 557 m s^{-1}
P 33.23 1.47×10^{24} 回
P 33.24 a. 4.97 s
b. 6.03×10^{-4} kg
P 33.25 6×10^{11} s^{-1}
P 33.26 a. 1.64×10^{25} 回
b. 3.60×10^{14} s^{-1}
P 33.27 1×10^{-5} m^2
P 33.28 a. 7×10^9 s^{-1}
b. 0.38 atm
c. 1.3×10^{-7} m
P 33.29 a. 2.18×10^{-7} m
b. 7.78×10^{-5} m
P 33.30 a. 8.44×10^{34} m^{-3} s^{-1}
b. 1380 K
P 33.31 a. $z_{11}=9.35\times10^3$ s^{-1}，$\lambda=0.051$ m
b. $z_{11}=9.35\times10^{-4}$ s^{-1}，$\lambda=5.1\times10^5$ m
P 33.32 a. 1.60×10^{-7} m
b. 1.60×10^{-5} m
c. 1.60×10^{-2} m
P 33.33 Ne：2.0×10^{-7} m，Kr：9.3×10^{-8} m，CH_4：1.0×10^{-7} m
P 33.34 4.6×10^{-4} Torr
P 33.36 a. 1.00×10^8 s^{-1}
b. 1.87×10^{28} m^{-3} s^{-1}
c. 4.40×10^{-6} m

34 章

P 34.1 0.318 nm^2
P 34.2 1.06×10^{-5} m^2 s^{-1}
P 34.3 a. 0.368 nm^2
b. 0.265 nm^2
P 34.4 a. 319 s
b. 6.13×10^{-10} s
P 34.5 a. 1.60×10^{-3} s
c. 2.40×10^{-3} s
P 34.6 b. 2.58×10^{-5} m
P 34.7 a. -9.60 J s^{-1}
b. -33.6 J s^{-1}
c. -22.8 J s^{-1}
P 34.8 断熱性は悪い，$\kappa_{Ar}=2.09\,\kappa_{Kr}$ でなければならない
P 34.9 1.80×10^{-4} W cm^{-2}
P 34.10 a. 0.0052 J K^{-1} m^{-1} s^{-1}
b. 0.0025 J K^{-1} m^{-1} s^{-1}
c. 0.0051 J K^{-1} m^{-1} s^{-1}
P 34.11 1.5×10^{-19} m^2
P 34.12 1.6×10^{-19} m^2
P 34.13 c. 1.5×10^{-19} m^2
P 34.14 a. 1.14
b. 0.659
P 34.15 1.33
P 34.16 a. 6.22×10^{-19} m^2
b. 0.00389 J K^{-1} m^{-1} s^{-1}
P 34.17 a. 2.05×10^{-3} m^3 s^{-1}
b. 1.88×10^{-3} m^3 s^{-1}
P 34.18 a. 37.3 m s^{-1}
b. 0.893 m s^{-1}
P 34.19 D_2：119 μP，HD：103 μP
P 34.20 1.89 cP
P 34.21 22 s
P 34.22 b. 1.34×10^{-5} m^2 s^{-1}
P 34.23 b. 6.59×10^{-3} J K^{-1} m^{-1} s^{-1}
c. 1.47×10^{-2} J K^{-1} m^{-1} s^{-1}
P 34.24 b. $E=10.7$ kJ mol^{-1}，$A=8.26\times10^{-3}$
P 34.25 4.07 Pa
P 34.26 0.265 L s^{-1}
P 34.27 a. 1.89 nm
b. 16.8 kg mol^{-1}
P 34.28 $f=7.25\times10^{-8}$ g s^{-1}，$r=3.85$ nm
P 34.29 a. カタラーゼ：238 kg mol^{-1}
アルコールデヒドロゲナーゼ：74.2 kg mol^{-1}
b. 3.10×10^4 s
P 34.30 a. 1.69×10^{-13} s
b. 1.90 nm
P 34.31 77.7 kg mol^{-1}
P 34.32 3.75×10^{20} 個
P 34.33 0.0125 S m^2 mol^{-1}
P 34.34 強電解質，$\Lambda_m^0=0.0125$ S m^2 mol^{-1}
P 34.35 $\Lambda_m^0=0.00898$ S m^2 mol^{-1}
P 34.37 10 歩：4.39×10^{-2}，20 歩：7.39×10^{-2}，100 歩：6.66×10^{-2}
P 34.38 1.17×10^{-10} m^2 s^{-1}
P 34.39 a. 4.4810×10^{-2} S m^{-1} Ω
b. 4.3395×10^{-6} S m^{-1}
P 34.40 b. $K_w=1.00\times10^{-14}$

35 章

P 35.2 b. 2.79×10^3 s
c. 425 s
P 35.3 1 次，$k=3.79\times10^{-5}$ s^{-1}
P 35.5 a. ClO について 1 次
BrO について 1 次
全次数は 2 次
k の単位：M^{-1} s^{-1}
b. NO について 2 次
O_2 について 1 次
全次数は 3 次
k の単位：M^{-2} s^{-1}

c. HI について 2 次
O_2 について 1 次
H^+ について $-\frac{1}{2}$ 次
全次数は 2.5 次
k の単位：$M^{-3/2}\ s^{-1}$

P 35.6 a. 2 次
b. 3 次
c. 1.5 次

P 35.9 $R=116\ M^{-1}\ s^{-1}$[ラクトース][H^+]

P 35.11 2 次
$k=0.317\ M^{-1}\ s^{-1}$

P 35.13 a. $k=2.08\times10^{-3}\ s^{-1}$
b. $t=1.11\times10^3\ s$

P 35.14 1.43×10^{24} 回

P 35.15 1.50×10^4 日

P 35.16 毎分 4.61 回

P 35.17 a. $k=3.65\times10^{-4}\ d^{-1}$
b. 1.90×10^3 日

P 35.20 20 パーセント

P 35.23 $2.6\times10^{-7}\ s$

P 35.26 a. $k=0.03\ M^{-1}\ s^{-1}$
b. 120 s

P 35.27 a. $1.08\times10^{-12}\ s$

P 35.28 $k_1=4.76\times10^{-10}\ a^{-1}$, $k_2=5.70\times10^{-11}\ a^{-1}$

P 35.29 $\Phi_1=0.30$, $\Phi_2=0.49$, $\Phi_3=0.21$

P 35.30 a. $R=2.1\times10^{-15}\ M^{-1}\ s^{-1}$
b. $R=1.6\times10^{-15}\ M^{-1}\ s^{-1}$
c. $[Cl]=1.1\times10^{-18}\ M$
$[O_3]=4.2\times10^{-11}\ M$

P 35.32 $1800\ J\ mol^{-1}$

P 35.33 b. $11\ kJ\ mol^{-1}$

P 35.36 a. $7.0\times10^{-11}\ M^{-1}\ s^{-1}$
b. $3.5\times10^{-11}\ M^{-1}\ s^{-1}$

P 35.37 6.3 倍

P 35.38 a. $E_a=1.50\times10^5\ J\ mol^{-1}$, $A=1.02\times10^{10}\ M^{-1}\ s^{-1}$
b. $k=0.0234\ M^{-1}\ s^{-1}$

P 35.39 269 s

P 35.40 $A=7.38\times10^{13}\ s^{-1}$, $k=3.86\times10^{-5}\ s^{-1}$

P 35.42 $k=1300\ M^{-1}\ s^{-1}$, $k'=1800\ s^{-1}$

P 35.44 $3.44\times10^{10}\ M^{-1}\ s^{-1}$

P 35.45 $D=1.1\times10^{-5}\ cm^2\ s^{-1}$, $k=3.6\times10^{10}\ M^{-1}\ s^{-1}$

P 35.46 拡散律速でない．
拡散律速であれば $k=6.3\times10^{10}\ M^{-1}\ s^{-1}$

P 35.47 a. $E_a=108\ kJ\ mol^{-1}$, $A=1.05\times10^{10}\ s^{-1}$
b. $\Delta^{\ddagger}S=-62.3\ J\ K^{-1}\ mol^{-1}$, $\Delta^{\ddagger}H=105\ kJ\ mol^{-1}$

P 35.48 a. $E_a=219\ kJ\ mol^{-1}$, $A=7.20\times10^{12}\ s^{-1}$
b. $\Delta^{\ddagger}S=-15.3\ J\ K^{-1}\ mol^{-1}$, $\Delta^{\ddagger}H=212\ kJ\ mol^{-1}$

P 35.49 a. $E_a=790\ J\ mol^{-1}$, $A=4.88\times10^{10}\ M^{-1}\ s^{-1}$
b. $k=3.17\times10^{10}\ M^{-1}\ s^{-1}$
c. $\Delta^{\ddagger}S=-57.9\ J\ K^{-1}\ mol^{-1}$, $\Delta^{\ddagger}H=-2.87\ kJ\ mol^{-1}$

P 35.50 $\Delta^{\ddagger}S=60.6\ J\ K^{-1}\ mol^{-1}$, $\Delta^{\ddagger}H=270\ kJ\ mol^{-1}$

P 35.51 $\Delta^{\ddagger}S=4.57\ J\ K^{-1}\ mol^{-1}$, $\Delta^{\ddagger}H=37.0\ kJ\ mol^{-1}$

36 章

P 36.8 b. $59\ kJ\ mol^{-1}$
c. 434 倍

P 36.14 $k_1=1.19\times10^4\ M^{-1}\ s^{-1}$, $k_{-1}/k_2=1.05\times10^3\ M^{-1}$

P 36.16 $2.45\times10^{-3}\ M\ s^{-1}$

P 36.17 $R_{最大}=3.75\times10^{-2}\ M\ s^{-1}$
$K_m=2.63\times10^{-2}\ M$
$k_2=1.08\times10^7\ s^{-1}$

P 36.18 a. $K_m=2.42\ mM$, $R_{最大}=0.137\ mM\ s^{-1}$
b. $K_m=73.3\ mM$, $R_{最大}=0.0298\ mM\ s^{-1}$

P 36.19 a. $K_m=2.5\times10^{-6}\ M$
$R_{最大}=6.5\times10^{-7}\ M\ s^{-1}$
b. $K_m=1.3\times10^{-5}\ M$
$R_{最大}=7.9\times10^{-7}\ M\ s^{-1}$
$K_I=4.8\times10^{-5}\ M$

P 36.20 0.0431 M

P 36.21 $K_m=6.49\ \mu M$, $R_{最大}=4.74\times10^{-8}\ \mu M\ s^{-1}$,
$K_m^*=24.9\ \mu M$,
$K_I=70.4\ \mu M$

P 36.23 $K_m=0.0392\ M$, $R_{最大}=0.437\ M\ s^{-1}$

P 36.28

P/Torr	θ
20	0.595
50	0.754
100	0.853
200	0.932
300	0.952

P 36.29 b. $r=0.674\ mL$, $s=4.99\ Torr^{-1}$

P 36.30 $V_m=1.56\ cm^3\ g^{-1}$, $K=220\ Torr^{-1}$

P 36.32 $11\ kJ\ mol^{-1}$

P 36.36 a. 298 nm：7.29×10^{16} フォトン cm^{-2}
320 nm：8.05×10^{16} フォトン cm^{-2}
b. 34.5 s

P 36.38 0.95

P 36.39 4.55×10^{18} 個，$I=2.41\times10^{-3}\ J\ s^{-1}$

P 36.40 3.02×10^{19} フォトン s^{-1}

P 36.41 $k_{ISC}^{S}/k_{蛍光}=7.33$, $k_{りん光}=3.88\times10^{-2}\ s^{-1}$, $k_{ISC}^{T}=0.260\ s^{-1}$

P 36.42 a. 0.91
b. 7.2×10^{18} フォトン $cm^{-2}\ s^{-1}$
c. 1.5 nW

P 36.43 b. $A=0.312$, $B=0.697$
c. -0.172 atm

P 36.44 $k_{消光}=1.71\times10^4$(パーセント O_2)$^{-1}\ s^{-1}$

P 36.45 0.39

P 36.46 12 Å

P 36.48 25 個

P 36.49 a. $3.4\times10^{-19}\ J$
b. $1.2\times10^{-19}\ J$

P 36.50 a. $0.768\ Å^{-1}$
b. $0.384\ Å^{-1}$

図版出典（下巻分）

22 章

p.564 Photo courtesy of Pacific Northwest National Laboratory. © Liang *et al*., "Proceedings—Electrochemical Society" (2001). Reproduced by permisson of the Electrochemical Society, Inc.

24 章

p.625 Reprinted with permission from Repp, J., Meyer, G., Stojkovic, S., Gourdon, A., Joachim, C., 'Molecules on Insulating Films: Scanning-Tunneling Microscopy Imaging of Individual Molecular Orbitals'. *Physical Review Letters*, **94**, no. 2 026803 (2005). Copyright 2011 by the American Physical Society.

28 章

p.785 M. Kulyk/Photo Researchers, Inc.

36 章

p.1051 Copyright © 1991 Richard Megna - Fundamental Photographs.

索　引

あ

い

う

え

立体の数字は上巻(p.1〜514 および A1〜A43)，斜体の数字は下巻(p.515〜)のページを示す．

お

か

す

せ

そ

た

ち

つ

て

と

な

に，ぬ

ね，の

は

や 行

ら

り

る, れ

ろ

稲葉　章（いなば　あきら）

1949年 大阪に生まれる
1971年 大阪大学理学部 卒
1976年 大阪大学大学院理学研究科 修了
大阪大学名誉教授
専攻 物理化学
理学博士

第1版 第1刷 2016年1月5日 発行

エンゲル・リード 物理化学（下）
原著第3版

訳　者　稲　葉　　章
発行者　小　澤　美　奈　子
発　行　株式会社 東京化学同人
東京都文京区千石3丁目36-7（〒112-0011）
電　話（03）3946-5311・FAX（03）3946-5317
URL　http://www.tkd-pbl.com

印刷・製本　株式会社　アイワード

ISBN978-4-8079-0864-6
Printed in Japan

同位体核種の質量と天然存在率

核　種	記　号	質量/u	存在百分率
H	^{1}H	1.0078	99.985
	^{2}H	2.0140	0.015
He	^{3}He	3.0160	0.00013
	^{4}He	4.0026	100
Li	^{6}Li	6.0151	7.42
	^{7}Li	7.0160	92.58
B	^{10}B	10.0129	19.78
	^{11}B	11.0093	80.22
C	^{12}C	12（厳密）	98.89
	^{13}C	13.0034	1.11
N	^{14}N	14.0031	99.63
	^{15}N	15.0001	0.37
O	^{16}O	15.9949	99.76
	^{17}O	16.9991	0.037
	^{18}O	17.9992	0.204
F	^{19}F	18.9984	100
P	^{31}P	30.9738	100
S	^{32}S	31.9721	95.0
	^{33}S	32.9715	0.76
	^{34}S	33.9679	4.22
Cl	^{35}Cl	34.9688	75.53
	^{37}Cl	36.9651	24.4
Br	^{79}Br	79.9183	50.54
	^{81}Br	80.9163	49.46
I	^{127}I	126.9045	100